KB072972

위험물기능사 총정리 필기

서상희 편저

일진사

머리말

산업의 발전과 함께 석유화학공업도 함께 발전하면서 위험물을 취급하고 사용하는 산업체가 늘어나고, 취급 및 관리 잘못으로 인하여 사고가 발생하면 인적 및 물적 손실이 큰 것이 현실입니다. 이런 이유로 위험물은 안전하게 취급하고 관리하여야 할 전문기술인력이 많이 필요하게 되었습니다. 각 산업현장에서 위험물 분야의 전문기술인력으로 취업하기 위해서는 위험물 관련 자격증은 필수 조건이며, 이 분야에서 가장 기본적인 자격증이 위험물기능사입니다.

지금까지 위험물기능사 필기시험은 시험지에 주어진 문제를 읽고 해당하는 답안을 OMR카드에 마킹한 후 제출하면 일정기간 지난 후에 합격자를 발표하는 과정으로 시행되었지만 2016년 5회 시험부터는 CBT 필기시험으로 변경되어 시행되고 있습니다.

이에 저자는 수년간의 강단에서의 강의와 관련 자료를 준비하여 CBT 대비 위험물기능사 필기시험을 준비하는 수험생들의 실력 배양 및 합격에 도움이 되고자 다음과 같은 부분에 중점을 두어 이 책을 출간하게 되었습니다.

첫째, 한국산업인력공단의 위험물기능사 필기 출제기준에 맞추어 각 과목별로 정리하였습니다.

둘째, 2016년까지의 출제문제를 분석하여 각 과목 세부 단원별 핵심이론정리와 예상문제를 수록하여 CBT 필기시험에 대비할 수 있도록 하였습니다.

셋째, 각 세부 단원별 이론 내용을 학습한 후 관련 예상문제를 곧바로 학습할 수 있도록 하였고, 예상문제 중에서 과년도에 변형되어 출제된 문제를 함께 수록하여 학습능률 증대와 함께 변형된 문제에 대비할 수 있도록 하였습니다.

넷째, 2012년부터 2016년 제4회까지 시행되었던 5년간의 필기문제를 자세한 해설과 함께 수록하였습니다.

다섯째, CBT 대비 모의고사를 자세한 해설과 함께 수록하여 CBT 필기시험 전에 실력을 점검·확인할 수 있도록 하였습니다.

여섯째, 저자가 직접 인터넷 카페(네이버:cafe.naver.com/gas21)를 개설, 관리하여 온라인상으로 질문 및 답변과 함께 시험정보를 공유할 수 있는 공간을 마련하였습니다.

끝으로 이 책으로 위험물기능사 필기시험을 준비하는 수험생 여러분께 합격의 영광이 있길 바라며, 책이 출판될 때까지 많은 지도와 격려를 보내주신 분들과 **일진사** 직원 여러분께 깊은 감사를 드립니다.

저자 씀

CBT 필기시험 안내

■ CBT(Computer Based Test) 필기시험은 컴퓨터 기반 시험을 의미하며, 국가기술자격 기능사 전종목이 2016년 5회 필기시험부터 시행되기 시작하여 2017년 이후에는 기능사 전종목, 전회 필기시험에 시행되고 있습니다.

■ CBT 필기시험은 CBT 문제은행에서 개인별로 상이하게 문제가 출제되므로 시험문제는 비공개로 되며, 수험자가 답안을 제출함과 동시에 합격여부를 확인할 수 있습니다.

■ CBT 시험과정은 큐넷(q-net.or.kr)에서 CBT 체험하기를 통해 실제 컴퓨터 필기 자격시험 환경과 동일하게 구성한 가상 체험 서비스를 제공받을 수 있습니다.

위험물기능사 검정현황

종목명	연도	필기			실기		
		응시	합격	합격률(%)	응시	합격	합격률(%)
소계		134,582	45,595	33.9%	64,332	25,641	39.9%
위험물기능사	2019	19,498	8,433	43.3%	12,342	4,656	37.7%
위험물기능사	2018	17,658	7,432	42.1%	11,065	4,226	38.2%
위험물기능사	2017	17,426	7,133	40.9%	9,266	3,723	40.2%
위험물기능사	2016	17,615	5,472	31.1%	7,380	3,109	42.1%
위험물기능사	2015	17,107	4,951	28.9%	7,380	3,578	48.5%
위험물기능사	2014	16,873	4,902	29.1%	6,801	2,907	42.7%
위험물기능사	2013	14,926	3,661	24.5%	5,753	2,018	35.1%
위험물기능사	2012	13,479	3,611	26.8%	4,345	1,424	32.8%

※ 2011년까지는 위험물 제1류부터 제6류까지 각각 시험을 시행하고 자격증을 발급하였고, 2012년부터는 6개 자격증이 통합되어 '위험물기능사'로 시행되고 있으며, 2011년까지의 자료는 공개되지 않고 있습니다.

■ 본 교재에 수록된 법령을 다음과 같이 줄여서 표시했음을 알려드립니다.

- 위험물 안전관리법 → 법
- 위험물 안전관리법 시행령 → 시행령
- 위험물 안전관리법 시행규칙 → 시행규칙
- 위험물안전관리에 관한 세부기준 → 세부기준

원소주기율표

족 / 주기	1A	2A	3A	4A	5A	6A	7A	8			1B	2B	3B	4B	5B	6B	7B	0	족 / 주기
	알칼리 금속 원소	알칼리 토금속 원소						철족 원소(위 3개) 백금족 원소(아래 6개)			구리족원소	아연족원소	붕소족원소	탄소족원소	질소족원소	산소족원소	할로겐족원소	비활성기체	
1	1.00797 1 H 1 수소																	4.0026 0 He 2 헬륨	1
2	6.939 1 Li 3 리튬	9.0122 2 Be 4 베릴륨											10.811 3 B 5 붕소	12.01115 2, ±4 C 6 탄소	14.0067 ±3, 5 N 7 질소	15.9994 −2 O 8 산소	18.9984 −1 F 9 플루오린	20.179 0 Ne 10 네온	2
3	22.9898 *1 Na 11 나트륨	24.312 2 Mg 12 마그네슘											26.9815 3 Al 13 알루미늄	28.086 4 Si 14 규소	30.9738 ±3, 5 P 15 인	32.064 −2, 4, 6 S 16 황	35.453 −1, 3, 5, 7 Cl 17 염소	39.948 0 Ar 18 아르곤	3
4	39.098 *1 K 19 칼륨	40.08 2 Ca 20 칼슘	44.956 3 Sc 21 스칸듐	47.9 3, 4 Ti 22 타이타늄	50.942 3, 5 V 23 바나듐	51.996 2, 3, 6 Cr 24 크로뮴	54.9380 2, 3, 4, 6, 7 Mn 25 망가니즈	55.847 2, 3 Fe 26 철	58.9332 2, 3 Co 27 코발트	58.7 2, 3 Ni 28 니켈	63.546 1, 2 Cu 29 구리	65.38 2 Zn 30 아연	69.72 2, 3 Ga 31 갈륨	72.59 4 Ge 32 저마늄	74.9216 ±3, 5 As 33 비소	78.96 −2, 4, 6 Se 34 셀레늄	79.904 −1, 3, 5, 7 Br 35 브로민	83.8 0 Kr 36 크립톤	4
5	85.47 1 Rb 37 루비듐	87.62 2 Sr 38 스트론튬	88.905 3 Y 39 이트륨	91.22 4 Zr 40 지르코늄	92.906 3, 5 Nb 41 나이오븀	95.94 3, 4, 6 Mo 42 몰리브데넘	[97] 6, 7 Tc 43 테크네튬	101.07 3, 4, 6, 8 Ru 44 루테늄	102.905 3 Rh 45 로듐	106.4 2, 4, 6 Pd 46 팔라듐	107.868 1 Ag 47 은	112.40 2 Cd 48 카드뮴	114.82 3 In 49 인듐	118.69 2, 4 Sn 50 주석	121.75 3, 5 Sb 51 안티모니	127.6 −2, 4, 6 Te 52 텔루륨	126.9044 −1, 3, 5, 7 I 53 아이오딘	131.3 0 Xe 54 제논	5
6	132.905 1 Cs 55 세슘	137.34 2 Ba 56 바륨	⊙ 란타넘 계열 57~71	178.49 4 Hf 72 하프늄	180.948 5 Ta 73 탄탈럼	183.85 6 W 74 텅스텐	186.2 1, 4, 7 Re 75 레늄	190.2 2, 3, 4, 8 Os 76 오스뮴	192.2 3, 4 Ir 77 이리듐	195.09 2, 4 Pt 78 백금	196.967 1, 3 Au 79 금	200.59 1, 2 Hg 80 수은	204.37 1, 3 Tl 81 탈륨	207.19 2, 4 Pb 82 납	208.980 3, 5 Bi 83 비스무트	[209] 2, 4 Po 84 폴로늄	[210] 1, 3, 5, 7 At 85 아스타틴	[222] 0 Rn 86 라돈	6
7	[223] 1 Fr 87 프랑슘	[226] 2 Ra 88 라듐	◈ 악티늄 계열 89~																

양쪽성 원소

금속 원소

비금속 원소

전이원소, 나머지는 전형원소

[ ] 안의 원자량은 가장 안전한 동위체의 질량수

원자량 → 55.847 2, 3 ← 원자가
원소기호 → Fe ← 고딕글자는 보다 안정한 원자가
원자번호 → 26
원소명 → 철

계열															
⊙ 란타넘 계열	138.91 3 La 57 란타넘	140.12 3, 4 Ce 58 세륨	140.907 3 Pr 59 프라세오디뮴	144.24 3 Nd 60 네오디뮴	[145] 3 Pm 61 프로메튬	150.35 2, 3 Sm 62 사마륨	151.96 2, 3 Eu 63 유로퓸	157.25 3 Gd 64 가돌리늄	158.925 3 Tb 65 터븀	162.5 3 Dy 66 디스프로슘	164.93 3 Ho 67 홀뮴	167.26 3 Er 68 어븀	168.934 3 Tm 69 툴륨	173.04 2, 3 Yb 70 이터븀	174.97 3 Lu 71 루테튬
◈ 악티늄 계열	[227] 3 Ac 89 악티늄	232.038 4 Th 90 토륨	[231] 5 Pa 91 프로트악티늄	238.03 4, 6 U 92 우라늄	[237] 4, 5, 6 Np 93 넵투늄	[244] 3, 4, 5, 6 Pu 94 플루토늄	[243] 3 Am 95 아메리슘	[247] 3 Cm 96 퀴륨	[247] 3, 4 Bk 97 버클륨	[251] 3 Cf 98 캘리포늄	[254] 3 Es 99 아인슈타이늄	[257] Fm 100 페르뮴	[258] Md 101 멘델레븀	[259] No 102 노벨륨	[260] Lr 103 로렌슘

출제기준(필기)

직무 분야	화학	중직무 분야	위험물	자격 종목	위험물기능사	적용 기간	2020.1.1.~2024.12.31.

○ 직무내용 : 위험물을 저장 · 취급 · 제조하는 제조소등에서 위험물을 안전하게 저장 · 취급 · 제조하고 일반 작업자를 지시 감독하며, 각 설비에 대한 점검과 재해 발생 시 응급조치 등의 안전관리 업무를 수행하는 직무이다.

필기 검정 방법	객관식	문제 수	60	시험 시간	1시간

필기 과목명	출제 문제 수	주요 항목	세부 항목	세세 항목
화재예방과 소화방법, 위험물의 화학적 성질 및 취급	60	1. 화재 예방 및 소화 방법	(1) 화학의 이해	① 물질의 상태 및 성질 ② 화학의 기초법칙 ③ 유기, 무기화합물의 특성
			(2) 화재 및 소화	① 연소이론 ② 소화이론 ③ 폭발의 종류 및 특성 ④ 화재의 분류 및 특성
			(3) 화재 예방 및 소화 방법	① 위험물의 화재 예방 ② 위험물의 화재 발생 시 조치방법
		2. 소화약제 및 소화기	(1) 소화약제	① 소화약제의 종류 ② 소화약제별 소화원리 및 효과
			(2) 소화기	① 소화기의 종류 및 특성 ② 소화기별 원리 및 사용법
		3. 소방시설의 설치 및 운영	(1) 소화설비의 설치 및 운영	① 소화설비의 종류 및 특성 ② 소화설비 설치기준 ③ 위험물별 소화설비의 적응성 ④ 소화설비 사용법
			(2) 경보 및 피난설비의 설치기준	① 경보설비 종류 및 특징 ② 경보설비 설치기준 ③ 피난설비의 설치기준
		4. 위험물의 종류 및 성질	(1) 제1류 위험물	① 제1류 위험물의 종류 ② 제1류 위험물의 성질 ③ 제1류 위험물의 위험성 ④ 제1류 위험물의 화재 예방 및 진압 대책
			(2) 제2류 위험물	① 제2류 위험물의 종류 ② 제2류 위험물의 성질 ③ 제2류 위험물의 위험성 ④ 제2류 위험물의 화재 예방 및 진압 대책
			(3) 제3류 위험물	① 제3류 위험물의 종류 ② 제3류 위험물의 성질 ③ 제3류 위험물의 위험성 ④ 제3류 위험물의 화재 예방 및 진압 대책
			(4) 제4류 위험물	① 제4류 위험물의 종류 ② 제4류 위험물의 성질 ③ 제4류 위험물의 위험성 ④ 제4류 위험물의 화재 예방 및 진압 대책
			(5) 제5류 위험물	① 제5류 위험물의 종류 ② 제5류 위험물의 성질 ③ 제5류 위험물의 위험성 ④ 제5류 위험물의 화재 예방 및 진압 대책

필기 과목명	출제 문제 수	주요 항목	세부 항목	세세 항목
			(6) 제6류 위험물	① 제6류 위험물의 종류 ② 제6류 위험물의 성질 ③ 제6류 위험물의 위험성 ④ 제6류 위험물의 화재예방 및 진압 대책
		5. 위험물안전 관리 기준	(1) 위험물 저장·취급·운반·운송기준	① 위험물의 저장기준 ② 위험물의 취급기준 ③ 위험물의 운반기준 ④ 위험물의 운송기준
		6. 기술기준	(1) 제조소등의 위치구조 설비기준	① 제조소의 위치구조 설비기준 ② 옥내저장소의 위치구조 설비기준 ③ 옥외탱크저장소의 위치구조 설비기준 ④ 옥내탱크저장소의 위치구조 설비기준 ⑤ 지하탱크저장소의 위치구조 설비기준 ⑥ 간이탱크저장소의 위치구조 설비기준 ⑦ 이동탱크저장소의 위치구조 설비기준 ⑧ 옥외저장소의 위치구조 설비기준 ⑨ 암반탱크저장소의 위치구조 설비기준 ⑩ 주유취급소의 위치구조 설비기준 ⑪ 판매취급소의 위치구조 설비기준 ⑫ 이송취급소의 위치구조 설비기준 ⑬ 일반취급소의 위치구조 설비기준
			(2) 제조소등의 소화설비, 경보설비 및 피난설비 기준	① 제조소등의 소화난이도 등급 및 그에 따른 소화설비 ② 위험물의 성질에 따른 소화설비의 적응성 ③ 소요단위 및 능력단위 산정법 ④ 옥내소화전의 설치기준 ⑤ 옥외소화전의 설치기준 ⑥ 스프링클러의 설치기준 ⑦ 물분무소화설비의 설치기준 ⑧ 포소화설비의 설치기준 ⑨ 불활성가스 소화설비의 설치기준 ⑩ 할로겐화물소화설비의 설치기준 ⑪ 분말소화설비의 설치기준 ⑫ 수동식 소화기의 설치기준 ⑬ 경보설비의 설치기준 ⑭ 피난설비의 설치기준
		7. 위험물안전 관리법상 행정사항	(1) 제조소등 설치 및 후속 절차	① 제조소등 허가 ② 제조소등 완공검사 ③ 탱크안전성능검사 ④ 제조소등 지위승계 ⑤ 제조소등 용도폐지
			(2) 행정 처분	① 제조소등 사용정지, 허가취소 ② 과징금 처분
			(3) 안전관리 사항	① 유지·관리 ② 예방규정 ③ 정기점검 ④ 정기검사 ⑤ 자체소방대
			(4) 행정 감독	① 출입 검사 ② 각종 행정명령 ③ 벌금 및 과태료

차 례

제1편 화재예방과 소화방법

제1장 화학의 이해

제2장 연소 및 폭발

제3장 소화 이론

제4장 소화기 및 사용법

제5장 위험물 화재

제2편 위험물의 종류 및 성질

제1장 위험물의 종류

제2장 제1류 위험물

제3장 제2류 위험물

제4장 제3류 위험물

제3장 경보 및 피난설비 설치기준

제4장 위험물 저장·취급·운반·운송기준

제5장 제조소등의 위치·구조·설비기준

제4편 위험물 안전관리법

부록 Ⅰ 과년도 출제문제

부록 Ⅱ CBT 모의고사

화재예방과 소화방법

Chapter 01

화학의 이해

1-1 원소 주기율표

1 원소의 주기율

원소를 원자 번호 순으로 나열하면 성질이 비슷한 원소가 주기적으로 나타내는 성질을 원소의 주기율이라 한다.

족 / 주기	1	2	3	4	5	6	7	8	9	10	11	12	13	14	15	16	17	18
1	H																	He
2	Li	Be											B	C	N	O	F	Ne
3	Na	Mg											Al	Si	P	S	Cl	Ar
4	K	Ca	Sc	Ti	V	Cr	Mn	Fe	Co	Ni	Cu	Zn	Ga	Ge	As	Se	Br	Kr
5	Rb	Sr	Y	Zr	Nb	Mo	Te	Ru	Rh	Pd	Ag	Cd	In	Sn	Sb	Te	I	Xe
6	Cs	Ba	La~Lu	Hf	Ta	W	Re	Os	Ir	Pt	Au	Hg	Tl	Pb	Bi	Po	At	Rn
7	Fr	Ra	Ac~Lr															

2 화학 기호

화학 기호란 원소를 간단히 표시하기 위하여 원자를 1개 또는 2개의 알파벳 또는 로마자로 표기한 문자를 말한다.

족수 / 주기	A 1족 B	A 2족 B	A 3족	A 4족	A 5족	A 6족 B	A 7족	0족
1주기	H							He
2주기	Li	Be	B	C	N	O	F	Ne
3주기	Na	Mg	Al	Si	P	S	Cl	Ar
4주기	K Cu	Ca Zn		Ge	As	Cr	Br	Kr
5주기	Ag	Sr Cd		Sn	Sb	Mo	I	Xe
6주기	Au	Ba Hg		Pb	Bi	W		Rn

① 1족 : H(수소), Li(리튬), Na(나트륨), K(칼륨), Cu(구리), Ag(은), Au(금)
② 2족 : Be(베릴륨), Mg(마그네슘), Ca(칼슘), Sr(스트론튬), Ba(바륨), Zn(아연), Cd(카드뮴), Hg(수은)
③ 3족 : B(붕소), Al(알루미늄)
④ 4족 : C(탄소), Si(규소), Ge(게르마늄), Sn(주석), Pb(납)
⑤ 5족 : N(질소), P(인), As(비소), Sd(안티몬), Bi(비스무스)
⑥ 6족 : O(산소), S(황), Cr(크롬), Mo(몰리브덴), W(텅스텐)
⑦ 7족 : F(불소), Cl(염소), Br(브롬), I(요오드)
⑧ 0족 : He(헬륨), Ne(네온), Ar(아르곤), Kr(크립톤), Xe(크세논), Rn(라돈)

3 원자량, 분자량, 화학식량

(1) 원자번호

원자핵이 갖는 양자의 수로 원자핵이 갖는 양전하를 전기소량을 단위로 하여 나타낸 수이며 양성자수와 같다.

원소의 주기율표

족 / 주기	제1족	제2족	제3족	제4족	제5족	제6족	제7족	0족
제1주기	$^{1}_{1}H$							$^{4}_{2}He$
제2주기	$^{7}_{3}Li$	$^{9}_{4}Be$	$^{10}_{5}B$	$^{12}_{6}C$	$^{14}_{7}N$	$^{16}_{8}O$	$^{19}_{9}F$	$^{20.2}_{10}Ne$
제3주기	$^{23}_{11}Na$	$^{24}_{12}Mg$	$^{27}_{13}Al$	$^{28}_{14}Si$	$^{31}_{15}P$	$^{32}_{16}S$	$^{35.1}_{17}Cl$	$^{40}_{18}Ar$
제4주기	$^{39}_{19}K$	$^{40}_{20}Ca$					$^{80}_{35}Br$	$^{84}_{35}Kr$
제5주기							$^{127}_{53}I$	$^{131}_{54}Xe$
제6주기							$^{210}_{85}At$	$^{222}_{85}Rn$

(2) 원자량

질량수 12인 탄소 원자를 기준으로 이것을 12로 하여 다른 원자와의 질량의 비교값을 원자량이라 한다.

원소명	H	He	Li	Be	B	C	N	O	F	Ne
원자량	1	4	7	9	10	12	14	16	10	20.2
원소명	Na	Mg	Al	Si	P	S	Cl	Ar	K	Ca
원자량	23	24	27	28	31	32	35.5	40	39	40

㈜ 굵은 선으로 표시된 항목은 반드시 암기하여야 함

(3) 분자량

분자를 구성하고 있는 각 원자의 원자량 합을 분자량이라 한다.

① g 분자 : 분자량에 'g'단위를 붙여 표시한 양을 '1g 분자' 또는 1몰(mol)이라 한다.

② 분자량 구하는 방법

㈎ 이산화탄소(CO_2) : C(12) + O_2(16×2) = 44

㈏ 물(H_2O) : H_2(1×2) + O(16) = 18

㈐ 아세톤(CH_3COCH_3) : C(12) + H_3(1×3) + C(12) + O(16) + C(12) + H_3(1×3) = 58

㈑ 에테르($C_2H_5OC_2H_5$) : C_2(12×2) + H_5(1×5) + O(16) + C_2(12×2) + H_5(1×5) = 74

㈒ 과염소산암모늄(NH_4ClO_4) : N(14) + H_4(1×4) + Cl(35.5) + O_4(16×4) = 117.5

㈓ 삼불화브롬(BrF_3) : Br(80) + F(19×3) = 137

(4) 화학식

화학 물질의 조성과 구조를 원소 기호를 사용하여 나타낸 식으로 실험식, 분자식, 시성식, 구조식 등이 있다.

① 실험식 : 물질의 조성을 원소 기호로 가장 간단하게 표시한 식이다.

② 분자식 : 한 개의 분자 중에 들어 있는 원자의 종류와 그 수를 나타낸 식이다.

③ 시성식 : 분자 속에 들어 있는 작용기를 구별해서 나타낸 식이다.

④ 구조식 : 분자 내의 원자 결합 상태를 원소 기호와 선을 이용하여 표시한 식이다.

구 분	실험식	분자식	시성식	구조식
아세틸렌	CH	C_2H_2	CH·CH	H−C≡C−H
초산	CH_2O	$C_2H_4O_2$	CH_3COOH	H O │ ‖ H−C−C−O−H │ H
에틸알코올	C_2H_5OH	C_2H_6O	$CH_3 \cdot CH_2 \cdot OH$	H H │ │ H−C−C−O−H │ │ H H

(5) 아보가드로(Avogadro)의 법칙

온도와 압력이 같으면 모든 기체는 같은 부피 속에 같은 수의 분자가 들어 있다.

참고

표준상태(STP상태 : 0℃, 1기압)에서 기체 1몰(mol)의 부피는 22.4L, 분자수는 6.02×10^{23}개이다.

단원 예상문제

1. 1분자 내에 포함된 탄소의 수가 가장 많은 것은?

① 아세톤　② 톨루엔　③ 아세트산　④ 이황화탄소

해설 ㉮ 각 위험물의 분자기호 및 탄소의 수

명 칭	탄소의 수	명 칭	탄소의 수
아세톤(CH_3COCH_3)	3개	아세트산(CH_3COOH)	2개
톨루엔($C_6H_5CH_3$)	7개	이황화탄소(CS_2)	1개

㉯ 예제에 주어진 위험물 중에서 탄소의 수가 가장 많은 것은 톨루엔($C_6H_5CH_3$)이고, 가장 적은 것은 이황화탄소(CS_2)이다.

2. 다음 중 분자량이 가장 큰 위험물은?

① 과염소산　② 과산화수소　③ 질산　④ 히드라진

해설 ㉮ 각 원소의 원자량 : 수소(H) 1, 질소(N) 14, 산소(O) 16, 염소(Cl) 35.5

㉯ 각 위험물의 분자기호 및 분자량

㉠ 과염소산($HClO_4$) : $1+35.5+(16\times4)=100.5$

㉡ 과산화수소(H_2O_2) : $(1\times2)+(16\times2)=34$

㉢ 질산(HNO_3) : $1+14+(16\times3)=63$

㉣ 히드라진(N_2H_4) : $(14\times2)+(1\times4)=32$

3. 다음 중 제6류 위험물로써 분자량이 약 63인 것은?

① 과염소산　② 질산　③ 과산화수소　④ 삼불화브롬

해설 제6류 위험물의 분자량 계산

㉮ 과염소산($HClO_4$) : $1+35.5+(16\times4)=100.5$

㉯ 질산(HNO_3) : $1+14+(16\times3)=63$

㉰ 과산화수소(H_2O_2) : $(1\times2)+(16\times2)=34$

㉱ 삼불화브롬(BrF_3) : $80+(19\times3)=137$

4. 1몰의 이황화탄소와 고온의 물이 반응하여 생성되는 유독한 기체물질의 부피는 표준상태에서 얼마인가?

① 22.4L　② 44.8L　③ 67.2L　④ 134.4L

해설 ㉮ 이황화탄소(CS_2)와 물(H_2O)과의 반응식

$CS_2+2H_2O \rightarrow CO_2+2H_2S$

㉯ 유독한 기체물질(황화수소) 부피 계산 : 이황화탄소(CS_2) 1몰(mol)이 물과 반응하면 2몰(mol)의 황화수소(H_2S)가 발생되며, 표준상태에서 1몰(mol)의 기체 부피는 22.4L에 해당된다.

∴ 황화수소의 부피 $=2\text{mol}\times22.4\text{L/mol}=44.8\text{L}$

5. 다음과 같은 반응에서 $5m^3$의 탄산가스를 만들기 위해 필요한 탄산수소나트륨의 양은 약 몇 kg인가? (단, 표준상태이고, 나트륨의 원자량은 23이다.)

$$2NaHCO_3 \rightarrow Na_2CO_3 + CO_2 + H_2O$$

① 18.75 ② 37.5 ③ 56.25 ④ 75

해설 탄산수소나트륨($NaHCO_3$)의 분자량은 84이고, 탄산가스(CO_2) 1kmol의 체적은 $22.4m^3$이다.

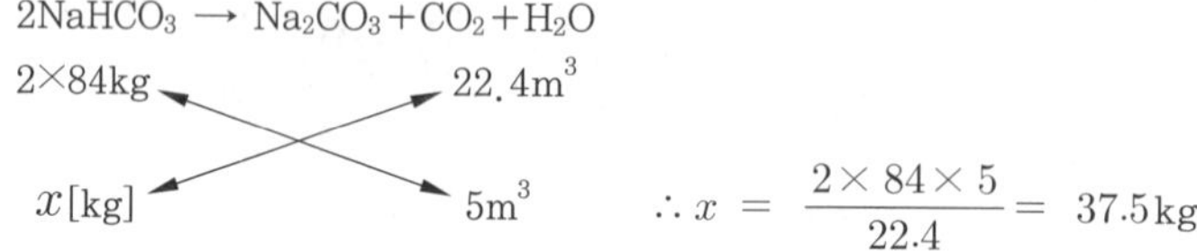

$$\therefore x = \frac{2\times 84\times 5}{22.4} = 37.5\text{kg}$$

6. 소화기 속에 압축되어 있는 이산화탄소 1.1kg을 표준상태에서 분사하였다. 이산화탄소 부피는 몇 m^3가 되는가?

① 0.56 ② 5.6 ③ 11.2 ④ 24.6

해설 표준상태(0℃, 1기압)에서 이산화탄소 1몰(mol)의 분자량은 44g이며, 이때의 부피는 22.4L이다. (1kmol의 상태의 분자량(질량)은 44kg, 부피는 $22.4m^3$이다.)

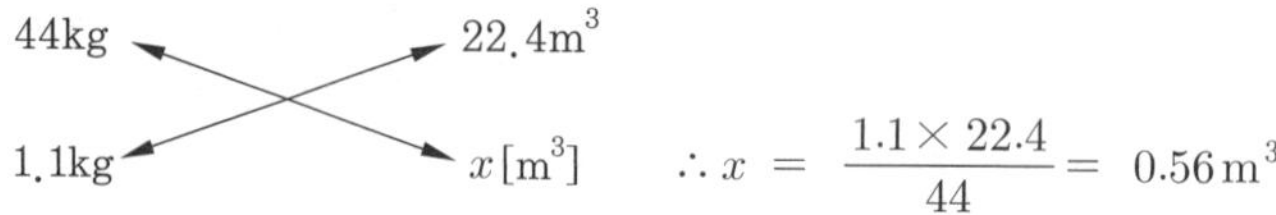

$$\therefore x = \frac{1.1\times 22.4}{44} = 0.56\,m^3$$

정답 1. ② 2. ① 3. ② 4. ② 5. ② 6. ①

1-2 ∘ 물질의 상태와 화학적 성질

1 물질의 상태

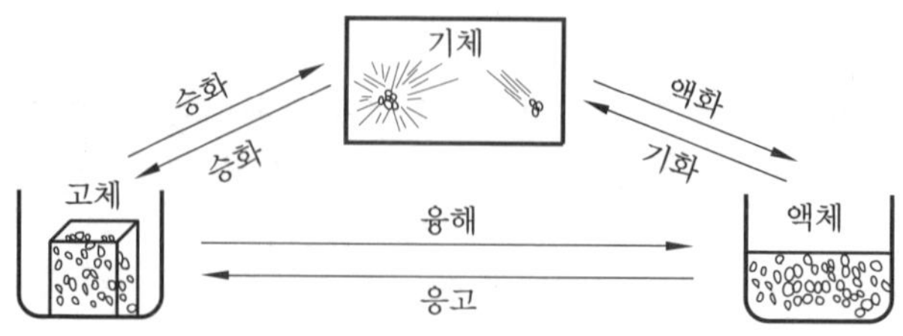

① 기화(氣化) : 액체 상태의 물질이 외부에서 열에너지를 얻어 기체 상태의 물질로 되는 현상을 말하며, 이때 흡수한 열을 기화열 또는 증발 잠열이라고 한다.

② 승화 : 물질이 고체 상태에서 융해되지 않고 기체 상태로 변화하는 현상 및 그 반대 현상으로 장뇌와 나프탈렌, 드라이아이스 등을 공기 중에 방치하면 상온에서 액체로 되지 않고 모두 기체가 된다.

③ 액화 : 기체 상태에 있는 물질의 열에너지를 제거하여 액체 상태의 물질로 변화하는 현상이다.

2 열

(1) 열량의 단위

① 1kcal : 대기압 상태에서 물 1kg의 온도를 1℃ 상승시키는 데 필요한 열량

② 1BTU : 대기압 상태에서 물 1lb의 온도를 1°F 상승시키는 데 필요한 열량

③ 1CHU : 대기압 상태에서 물 1lb의 온도를 1℃ 상승시키는 데 필요한 열량

(2) 현열과 잠열

① 현열(감열) : 물질의 상태 변화 없이 온도 변화에 필요한 열이다.

$$Q = G \cdot C \cdot \Delta t$$

여기서, Q : 현열량(kcal) G : 물질의 중량(kgf)
C : 물질의 비열(kcal/kgf·℃) Δt : 온도변화(℃)

② 잠열(숨은열) : 물질의 온도 변화 없이 상태 변화에 필요한 열이다.

$$Q = G \cdot \gamma$$

여기서, Q : 잠열량(kcal) G : 물질의 중량(kgf)
γ : 물질의 잠열(kcal/kgf·℃)

(3) 비열

어떤 물질 1kg을 1℃ 변화시키는 데 필요한 열량으로 단위는 kcal/kgf·℃ 또는 kJ/kg·℃를 사용한다.

① 정압비열(C_p) : 압력을 일정하게 유지하면서 가열할 때의 비열

② 정적비열(C_v) : 체적을 일정하게 유지하면서 가열할 때의 비열

③ 비열비(k) : 정적비열에 대한 정압비열의 비로 항상 1보다 크다.

$$k = \frac{C_p}{C_v} > 1$$

단원 예상문제

1. 물질의 상태변화 현상 중 승화에 대하여 옳게 설명한 것은?

① 고체가 액체를 거쳐 기체로 되는 현상
② 액체가 고체를 거치지 않고 기체로 되는 현상
③ 고체가 액체를 거치지 않고 기체로 되는 현상
④ 액체가 고체로 되었다가 다시 기체로 되는 현상

해설 물질의 상태 변화
㉮ 기화(氣化) : 액체 상태의 물질이 기체 상태의 물질로 되는 현상
㉯ 액화 : 기체 상태에 있는 물질이 액체 상태로 변화하는 현상
㉰ 승화 : 물질이 고체 상태에서 융해되지 않고 기체 상태로 변화하는 현상 및 그 반대 현상

2. 현열에 대한 설명에서 옳은 것은?

① 물질이 상태 변화 없이 온도가 변할 때 필요한 열이다.
② 물질이 온도 변화 없이 상태가 변할 때 필요한 열이다.
③ 물질이 상태, 온도 모두 변할 때 필요한 열이다.
④ 물질이 온도 변화 없이 압력이 변할 때 필요한 열이다.

해설 현열과 잠열
㉮ 현열(감열) : 상태 불변, 온도 변화에 소요된 열량
㉯ 잠열(숨은열) : 온도 불변, 상태 변화에 소요된 열량

3. 액체가 기체로 변하기 위해 필요한 열은?

① 융해열 ② 응축열 ③ 승화열 ④ 기화열

해설 필요한 열(잠열)
㉮ 기화열 : 액체가 기체로 변할 때 필요한 열
㉯ 융해열 : 고체가 액체로 변할 때 필요한 열
㉰ 승화열 : 고체가 기체로 변할 때 필요한 열 또는 기체가 고체로 변할 때 제거해야 할 열
㉱ 응축열 : 기체가 액체로 변할 때 제거해야 할 열
㉲ 응고열 : 액체가 고체로 변할 때 제거해야 할 열

4. 20℃의 물 100kg이 100℃ 수증기로 증발하면 최대 몇 kcal의 열량을 흡수할 수 있는가? (단, 물의 증발잠열은 540kcal이다.)

① 540 ② 7800 ③ 62000 ④ 108000

해설 소요열량 계산
㉮ 20℃ 물 → 100℃ 물 : 현열 $\therefore Q_1 = G \times C \times \Delta t = 100 \times 1 \times (100-20) = 8000\,\text{kcal}$
㉯ 100℃ 물 → 100℃ 수증기 : 잠열 $\therefore Q_2 = G \times \gamma = 100 \times 540 = 54000\,\text{kcal}$
㉰ 합계 소요열량 계산 $\therefore Q = Q_1 + Q_2 = 8000 + 54000 = 62000\,\text{kcal}$

5. 15℃의 기름 100g에 8000J의 열량을 주면 기름의 온도는 몇 ℃가 되겠는가? (단, 기름의 비열은 2J/g·℃이다.)

① 25　　② 45　　③ 50　　④ 55

해설 현열식 $Q = G \times C \times (t_2 - t_1)$ 에서

$$\therefore t_2 = \frac{Q}{G \times C} + t_1 = \frac{8000}{100 \times 2} + 15 = 55\,℃$$

6. 비열에 대한 설명 중 틀린 것은?

① 단위는 kcal/kgf·℃이다.
② 비열이 크면 열용량도 크다.
③ 비열이 크면 온도가 빨리 상승한다.
④ 구리(銅)는 물보다 비열이 작다.

해설 ㉮ 현열식 $Q = G \cdot C \cdot (t_2 - t_1)$ 에서 $t_2 = \frac{Q}{G \cdot C} + t_1$이므로 비열($C$)이 크면 온도상승이 늦다.

㉯ 구리(銅)와 물의 비열 비교
㉠ 구리(銅) 비열 : 0.0931 kcal/kg·℃
㉡ 4℃ 물의 비열 : 1 kcal/kg·℃

참고 비열이 크면 온도를 상승시키는 데 많은 열이 필요하고, 시간도 오래 걸리는 반면 상승된 온도는 잘 식지 않고 오래간다.

정답 1. ③ 2. ① 3. ④ 4. ③ 5. ④ 6. ③

1-3 기체의 상태 변화

1 보일-샤를의 법칙

(1) 보일의 법칙

일정온도 하에서 일정량의 기체가 차지하는 부피는 압력에 반비례한다.

$$P_1 \cdot V_1 = P_2 \cdot V_2$$

(2) 샤를의 법칙

일정압력 하에서 일정량의 기체가 차지하는 부피는 절대온도에 비례한다.

$$\frac{V_1}{T_1} = \frac{V_2}{T_2}$$

(3) 보일-샤를의 법칙

일정량의 기체가 차지하는 부피는 압력에 반비례하고, 절대온도에 비례한다.

$$\frac{P_1 \cdot V_1}{T_1} = \frac{P_2 \cdot V_2}{T_2}$$

여기서, P_1 : 변하기 전의 절대압력　　P_2 : 변한 후의 절대압력
V_1 : 변하기 전의 부피　　V_2 : 변한 후의 부피
T_1 : 변하기 전의 절대온도(K)　　T_2 : 변한 후의 절대온도(K)

2 이상기체 상태 방정식

(1) 이상기체의 성질

① 보일-샤를의 법칙을 만족한다.
② 아보가드로의 법칙에 따른다.
③ 내부에너지는 온도만의 함수이다.
④ 온도에 관계없이 비열비는 일정하다.
⑤ 기체의 분자력과 크기도 무시되며 분자 간의 충돌은 완전 탄성체이다.
⑥ 줄의 법칙이 성립한다.

(2) 이상기체 상태 방정식

① 절대단위

$$PV = nRT \qquad PV = \frac{W}{M}RT \qquad PV = Z\frac{W}{M}RT$$

여기서, P : 압력(atm)　　V : 체적(L)　　n : 몰(mol)수
R : 기체상수(0.082 L·atm/mol·K)　　M : 분자량(g)
W : 질량(g)　　T : 절대온도(K)　　Z : 압축계수

② SI단위

$$PV = GRT$$

여기서, P : 압력(kPa·a)　　V : 체적(m^3)　　G : 질량(kg)
T : 절대온도(K)　　R : 기체상수$\left(\frac{8.314}{M}\text{[kJ/kg·K]}\right)$

③ 공학단위

$$PV = GRT$$

여기서, P : 압력($kgf/m^2 \cdot a$)　　V : 체적(m^3)　　G : 중량(kgf)
T : 절대온도(K)　　R : 기체상수$\left(\frac{848}{M}\text{[kgf·m/kg·K]}\right)$

3 비중, 밀도, 비체적

(1) 비중

기준이 되는 유체와 무게비를 말하며, 기체 비중(공기와 비교), 액체 비중(물과 비교), 고체 비중이 있다.

① 액체의 비중 : 특정온도에 있어서 4℃ 순수한 물의 밀도에 대한 액체의 밀도비를 말한다.

$$\text{액체 비중}=\frac{t\text{℃ 물질의 밀도}}{4\text{℃ 물의 밀도}}$$

② 기체의 비중 : 표준상태(STP : 0℃, 1기압 상태)의 공기 일정 부피당 질량과 같은 부피의 기체 질량과의 비를 말한다.

$$\text{기체 비중}=\frac{\text{기체 분자량(질량)}}{\text{공기의 평균분자량(29)}}$$

(2) 가스 밀도

가스의 단위 체적당 질량이다.

$$\text{가스 밀도}(\text{g/L, kg/m}^3)=\frac{\text{분자량}}{22.4}$$

(3) 가스 비체적

단위 질량당 체적으로 가스 밀도의 역수이다.

$$\text{가스 비체적}(\text{L/g, m}^3\text{/kg})=\frac{22.4}{\text{분자량}}=\frac{1}{\text{밀도}}$$

단원 예상문제

1. 온도가 일정할 때 일정량의 기체가 차지하는 체적은 절대압력에 반비례하는 것으로 설명할 수 있는 것은 어떤 법칙인가?

① 보일의 법칙
② 샤를의 법칙
③ 보일-샤를의 법칙
④ 아보가드로의 법칙

해설 보일의 법칙 : 온도가 일정할 때 일정량의 기체가 차지하는 부피는 절대압력에 반비례한다.

$\therefore P_1 V_1 = P_2 V_2$

2. 압력이 650mmHg인 10L의 질소는 압력 760mmHg에서는 약 몇 L 인가? (단, 온도는 일정하다고 본다.)

① 8.5L ② 10.5L
③ 15.5L ④ 20.5L

해설 $P_1 V_1 = P_2 V_2$에서 $\therefore V_2 = \frac{P_1 \cdot V_1}{P_2} = \frac{650 \times 10}{760} = 8.55\,\text{L}$

3. 2몰의 브롬산칼륨이 모두 열분해되어 생긴 산소의 양은 2기압 27℃에서 약 몇 L 인가?

① 32.42 ② 36.92
③ 41.34 ④ 45.64

해설 ㉮ 브롬산칼륨($KBrO_3$)의 열분해 반응식

$2KBrO_3 \rightarrow 2KBr + 3O_2$

∴ 표준상태(0℃, 1기압)에서 2몰(mol)의 브롬산칼륨이 열분해하면 발생되는 산소는 3몰(mol)이므로 체적으로는 3×22.4L이다.

㉯ 2기압, 27℃에서 산소의 양 계산 : 보일–샤를의 법칙 $\frac{P_1 V_1}{T_1} = \frac{P_2 V_2}{T_2}$에서

$$\therefore V_2 = \frac{P_1 V_1 T_2}{P_2 T_1} = \frac{1 \times (3 \times 22.4) \times (273 + 27)}{2 \times (273 + 0)} = 36.923\,\text{L}$$

참고 브롬산칼륨($KBrO_3$) : 제1류 위험물 중 브롬산염류에 해당된다.

4. 액화 이산화탄소 1kg이 25℃, 2atm에서 방출되어 모두 기체가 되었다. 방출된 기체상의 이산화탄소 부피는 약 몇 L 인가?

① 278 ② 556
③ 1111 ④ 1985

해설 ㉮ 이산화탄소(CO_2)의 분자량(M) 계산 : 12+(16×2)=44

㉯ 기체상태의 이산화탄소 부피(L) 계산 : 이상기체 상태 방정식 $PV = \frac{W}{M} RT$를 이용하여 계산

$$\therefore V = \frac{WRT}{PM} = \frac{(1 \times 10^3) \times 0.082 \times (273 + 25)}{2 \times 44} = 277.681\,\text{L}$$

㉰ 이상기체 상태방정식 공식 : $PV = \frac{W}{M} RT$

P : 압력(atm) → 2atm
V : 부피(L) → 구하여야 할 부피임
M : 분자량(g/mol) → 44
W : 질량(g) → 1kg=1×10^3g=1000g
R : 기체상수(0.082L·atm/mol·K)
T : 절대온도(K) → 273+25K

5. 다음 위험물 중 물보다 가벼운 것은?

① 메틸에틸케톤 ② 니트로벤젠 ③ 에틸렌글리콜 ④ 글리세린

해설 제4류 위험물의 액체 비중

품 명		액체 비중
메틸에틸케톤($CH_3COC_2H_5$)	제1석유류	0.81
니트로벤젠($C_6H_5NO_2$)	제3석유류	1.2
에틸렌글리콜[$C_2H_4(OH)_2$]	제3석유류	1.116
글리세린[$C_3H_5(OH)_3$]	제3석유류	1.26

주 1. 액체 비중이 1보다 작은 것은 물보다 가벼운 것이고, 1보다 큰 것은 물보다 무거운 것이다.
2. 액체 비중은 계산할 수 있는 것이 아니고 실험실 등에서 측정된 값으로 필요한 경우 암기하여야 한다.

6. 다음 물질 중 물보다 비중이 작은 것으로만 이루어진 것은?

① 에테르, 이황화탄소 ② 벤젠, 글리세린
③ 가솔린, 에탄올 ④ 글리세린, 아닐린

해설 제4류 위험물의 액체 비중

품 명		액체 비중	품 명		액체 비중
에테르	특수인화물	0.719	가솔린	제1석유류	0.65~0.8
이황화탄소	특수인화물	1.263	에탄올	알코올류	0.79
벤젠	제1석유류	0.88	아닐린	제3석유류	1.02
글리세린	제3석유류	1.26			

7. 위험물 안전관리법령에서 정한 메틸알코올의 지정수량을 kg 단위로 환산하면 얼마인가? (단, 메틸알코올의 비중은 0.8 이다.)

① 200 ② 320 ③ 400 ④ 450

해설 메틸알코올(CH_3OH : 메탄올) : 제4류 위험물 중 알코올류에 해당되며, 지정수량 400L이다.

$\therefore$ 무게 = 체적(L) × 비중 = 400 × 0.8 = 320 kg

8. 에틸알코올의 증기 비중은 약 얼마인가?

① 0.72 ② 0.91 ③ 1.13 ④ 1.59

해설 에틸알코올

㉮ 분자기호 : C_2H_5OH
㉯ 분자량 계산 : $(12\times2)+(1\times5)+16+1=46$
㉰ 증기 비중 계산

$$\therefore \text{비중} = \frac{\text{분자량}}{29} = \frac{46}{29} = 1.586$$

참고 증기(기체) 비중은 분자량을 이용하여 계산할 수 있으므로 각 위험물의 분자기호를 암기하고, 분자량을 계산할 수 있어야 한다.

9. 벤젠 증기의 비중에 가장 가까운 값은?

① 0.7 ② 0.9 ③ 2.7 ④ 3.9

해설 ㉮ 벤젠(C_6H_6)의 분자량 계산 : M=(12×6)+(1×6)=78

㉯ 증기 비중 계산 : 증기 비중 $= \frac{\text{분자량}}{29} = \frac{78}{29} = 2.689$

10. 이황화탄소 기체는 수소 기체보다 20℃, 1기압에서 몇 배 더 무거운가?

① 11 ② 22 ③ 32 ④ 38

해설 기체의 경우 무거운지, 가벼운지 비교는 기체 비중으로 비교하면 되고, 기체 비중은 분자량을 공기의 평균 분자량으로 나눈 값이다. 그러므로 이황화탄소와 수소의 무게 비교는 분자량으로 할 수 있다.

㉮ 이황화탄소(CS_2) 분자량 계산 : 12+(32×2)=76

㉯ 수소(H_2) 분자량 계산 : 1×2=2

㉰ 무게 비교 : $\frac{\text{이황화탄소 분자량}}{\text{수소 분자량}} = \frac{76}{2} = 38$ 배

11. 다음 중 증기의 밀도가 가장 큰 것은?

① 디에틸에테르 ② 벤젠 ③ 가솔린(옥탄 100%) ④ 에틸알코올

해설 ㉮ 제4류 위험물의 분자량 및 증기 밀도

품 명	분자량	증기밀도
디에틸에테르($C_2H_5OC_2H_5$)	74	3.3
벤젠(C_6H_6)	78	3.48
가솔린(C_8H_{18})	114	5.09
에틸알코올(C_2H_5OH)	46	2.05

㉯ 증기 밀도 $= \frac{\text{기체 분자량}}{22.4}$ 이므로 분자량이 큰 것이 증기 밀도가 크다(증기밀도 단위 : g/L, kg/m^3).

12. 0.99atm, 55℃에서 이산화탄소의 밀도는 약 몇 g/L 인가?

① 0.62 ② 1.62 ③ 9.65 ④ 12.65

해설 ㉮ 이산화탄소(CO_2)의 분자량(M) 계산 : 12+(16×2)=44

㉯ 0.99atm, 55℃에서 이산화탄소의 밀도 계산 : 대기압(1atm) 상태에서 이산화탄소의 비점은 −78.5℃ 이므로 55℃ 상태에서는 기체 상태이다. 그러므로 이상기체 상태방정식 $PV = \frac{W}{M}RT$를 이용하여 현재 조건에서의 밀도를 계산한다.

$\therefore \rho = \frac{W}{V} = \frac{PM}{RT} = \frac{0.99 \times 44}{0.082 \times (273+55)} = 1.619\,\text{g/L}$

정답 1. ① 2. ① 3. ② 4. ① 5. ① 6. ③ 7. ② 8. ④ 9. ③ 10. ④ 11. ③ 12. ②

Chapter 02

연소 및 폭발

2-1 연소 이론

1 연소(燃燒)

(1) 연소의 정의

연소란 가연성 물질이 공기 중의 산소와 반응하여 빛과 열을 발생하는 화학반응(산화반응 또는 발열반응)을 말한다.

(2) 연소의 3요소

가연성 물질, 산소 공급원, 점화원

① 가연성 물질 : 산화(연소)하기 쉬운 물질로서 일반적으로 연료로 사용하는 것으로 다음과 같은 구비조건을 갖추어야 한다.

(가) 발열량이 크고, 열전도율이 작을 것

(나) 산소와 친화력이 좋고 표면적이 넓을 것

(다) 활성화 에너지(점화에너지)가 작을 것

(라) 연쇄반응이 있고, 건조도가 높을 것(수분 함량이 적을 것)

② 산소 공급원 : 연소를 도와주거나 촉진시켜 주는 조연성 물질로, 공기 제1류 위험물(산화성 고체), 제5류 위험물(자기연소성 물질), 제6류 위험물(산화성 액체) 등이 있다.

③ 점화원 : 가연물에 활성화 에너지를 주는 것으로 점화원의 종류에는 전기불꽃(아크), 정전기, 단열압축, 마찰 및 충격불꽃, 산화열의 축적 등이 있다.

참고 연소의 4요소

가연성물질, 산소공급원, 점화원, 연쇄반응

단원 예상문제

1. 연소의 3요소를 모두 포함하는 것은?

① 과염소산, 산소, 불꽃
② 마그네슘분말, 연소열, 수소
③ 아세톤, 수소, 산소
④ 불꽃, 아세톤, 질산암모늄

해설 ㉮ 연소의 3요소 : 가연물질, 산소공급원, 점화원
㉯ 가연물질은 아세톤, 산소공급원은 질산암모늄, 점화원은 불꽃이 해당된다.

| 변형된 출제문제 |

1-1 연소의 3요소를 모두 갖춘 것은 어느 것인가? [16. 1회]

① 휘발유+공기+수소
② 적린+수소+성냥불
③ 성냥불+황+염소산암모늄
④ 알코올+수소+염소산암모늄

해설 성냥불 : 점화원, 황 : 가연물질, 염소산암모늄 : 산소공급원

답 1-1 ③

2. 산화제와 환원제를 연소의 4요소와 연관 지어 연결한 것으로 옳은 것은?

① 산화제 – 산소공급원, 환원제 – 가연물
② 산화제 – 가연물, 환원제 – 산소공급원
③ 산화제 – 연쇄반응, 환원제 – 점화원
④ 산화제 – 점화원, 환원제 – 가연물

해설 산화제와 환원제
㉮ 산화제 : 자신은 환원되면서 다른 물질을 산화시키는 것으로, 일반적으로 산소공급원을 의미한다.
㉯ 환원제 : 자신은 산화되면서 다른 물질을 환원시키는 것으로, 일반적으로 가연물을 의미한다.

참고 연소의 4요소 : 연소의 3요소에 "연쇄반응"을 추가한 것이다.

3. 가연물이 되기 쉬운 조건이 아닌 것은?

① 산소와 친화력이 클 것
② 열전도율이 클 것
③ 발열량이 클 것
④ 활성화 에너지가 작을 것

해설 가연물의 구비조건
㉮ 발열량이 크고, 열전도율이 작을 것
㉯ 산소와 친화력이 좋고 표면적이 넓을 것
㉰ 활성화 에너지(점화에너지)가 작을 것
㉱ 연쇄반응이 있고, 건조도가 높을 것(수분 함량이 적을 것)

| 변형된 출제문제 |

3-1 연소가 잘 이루어지는 조건으로 거리가 먼 것은? [16. 1회]

① 가연물의 발열량이 클 것
② 가연물의 열전도율이 클 것
③ 가연물과 산소와의 접촉 표면적이 클 것
④ 가연물의 활성화 에너지가 작을 것

해설 가연물의 열전도율이 크게 되면 자신이 보유하고 있는 열이 적게 되어 착화 및 연소가 어려워지게 된다.

답 3-1 ②

4. 다음 중 연소반응이 일어날 수 있는 가능성이 가장 큰 물질은?

① 산소와 친화력이 작고, 활성화 에너지가 작은 물질
② 산소와 친화력이 크고, 활성화 에너지가 큰 물질
③ 산소와 친화력이 작고, 활성화 에너지가 큰 물질
④ 산소와 친화력이 크고, 활성화 에너지가 작은 물질

해설 산소와 친화력이 크고, 활성화 에너지(점화에너지)가 작은 물질이 연소반응이 일어날 가능성이 크다.

5. 점화에너지 중 물리적 변화에서 얻어지는 것은?

① 압축열 ② 산화열
③ 중합열 ④ 분해열

해설 점화에너지의 분류
㉮ 물리적 에너지 : 압축열, 마찰열
㉯ 화학적 에너지 : 산화열, 중합열, 분해열, 연소열
㉰ 전기적 에너지 : 전기저항, 정전기, 낙뢰

6. 기체 연료가 완전 연소하기에 유리한 이유로 가장 거리가 먼 것은?

① 활성화 에너지가 크다.
② 공기 중에서 확산되기 쉽다.
③ 산소를 충분히 공급받을 수 있다.
④ 분자의 운동이 활발하다.

해설 기체 연료가 완전 연소하기에 유리한 이유
㉮ 공기 중에서 확산되기 쉽다. ㉯ 산소를 충분히 공급받을 수 있다.
㉰ 산소와 혼합이 잘 이루어진다. ㉱ 분자의 운동이 활발하다.
㉲ 활성화 에너지가 작다.

7. 가연물이 고체 덩어리보다 분말 가루일 때 위험성이 더 큰 이유로 가장 옳은 것은?

① 공기와 접촉 면적이 크기 때문이다.
② 열전도율이 크기 때문이다.
③ 흡열반응을 하기 때문이다.
④ 활성 에너지가 크기 때문이다.

해설 가연물이 고체 덩어리보다 분말 가루일 때 위험성이 더 커지는 이유는 공기(산소)와 접촉 면적이 커지고, 활성화 에너지가 작아지기 때문이다.

정답 **1.** ④ **2.** ① **3.** ② **4.** ④ **5.** ① **6.** ① **7.** ①

2 인화점 및 발화점

(1) 인화점(인화온도)

가연성 물질이 공기 중에서 점화원에 의하여 연소할 수 있는 최저온도이다.

(2) 발화점(발화온도)

가연성 물질이 공기 중에서 온도를 상승시킬 때 점화원 없이 스스로 연소를 개시할 수 있는 최저의 온도로 착화점 또는 착화온도라 한다.

① 발화점에 영향을 주는 인자(요소)

(가) 가연성 가스와 공기와의 혼합비
(나) 발화가 생기는 공간의 형태와 크기
(다) 기벽의 재질과 촉매 효과
(라) 가열속도와 지속시간
(마) 점화원의 종류와 에너지 투여법

② 발화점이 낮아지는 조건

(가) 압력이 높을 때
(나) 발열량이 높을 때
(다) 열전도율이 작을 때
(라) 산소와 친화력이 클 때
(마) 산소농도가 높을 때
(바) 분자구조가 복잡할수록
(사) 반응활성도가 클수록

단원 예상문제

1. "인화점 50℃"의 의미를 가장 옳게 설명한 것은?

① 주변의 온도가 50℃ 이상이 되면 자발적으로 점화원 없이 발화한다.
② 액체의 온도가 50℃ 이상이 되면 가연성 증기를 발생하여 점화원에 의해 인화한다.
③ 액체를 50℃ 이상으로 가열하면 발화한다.
④ 주변의 온도가 50℃일 경우 액체가 발화한다.

해설 ㉮ 인화점 : 가연성 물질이 공기 중에서 점화원에 의하여 연소할 수 있는 최저온도이다.
㉯ "인화점 50℃"의 의미 : 액체의 온도가 50℃ 이상이 되면 가연성 증기를 발생하여 점화원에 의해 인화한다.

참고 ①번은 "발화점 50℃"의 의미를 설명한 것임

2. 발화점이 달라지는 요인으로 가장 거리가 먼 것은?

① 가연성 가스와 공기의 조성비
② 발화를 일으키는 공간의 형태와 크기
③ 가열속도와 가열시간
④ 가열도구와 내구연한

해설 발화점에 영향을 주는 인자(요인)
㉮ 가연성 가스와 공기와의 혼합비
㉯ 발화를 일으키는 공간의 형태와 크기
㉰ 기벽의 재질과 촉매 효과
㉱ 가열속도와 지속시간(가열시간)
㉲ 점화원의 종류와 에너지 투여법

3. 물질의 발화온도가 낮아지는 경우는?

① 발열량이 작을 때
② 산소의 농도가 작을 때
③ 화학적 활성도가 클 때
④ 산소와 친화력이 작을 때

해설 발화온도가 낮아지는 조건
㉮ 압력이 높을 때
㉯ 발열량이 높을 때
㉰ 열전도율이 작고 습도가 낮을 때
㉱ 산소와 친화력이 클 때
㉲ 산소농도가 높을 때
㉳ 분자구조가 복잡할수록
㉴ 반응활성도가 클수록

4. 다음 물질 중 인화점이 가장 낮은 것은?

① CH_3COCH_3
② $C_2H_5OC_2H_5$
③ $CH_3(CH_2)_3OH$
④ CH_3OH

해설 제4류 위험물의 인화점

품 명		인화점
아세톤(CH_3COCH_3)	제1석유류	−18℃
디에틸에테르($C_2H_5OC_2H_5$)	특수인화물	−45℃
부틸알코올[$CH_3(CH_2)_3OH$]	알코올류	28℃
메탄올(CH_3OH)	알코올류	11℃

5. 인화점이 낮은 것부터 높은 순서로 나열된 것은?

① 톨루엔 – 아세톤 – 벤젠 ② 아세톤 – 톨루엔 – 벤젠
③ 톨루엔 – 벤젠 – 아세톤 ④ 아세톤 – 벤젠 – 톨루엔

해설 제4류 위험물의 인화점

품 명		인화점
아세톤	제1석유류	−18℃
벤젠	제1석유류	−11.1℃
톨루엔	제1석유류	4.5℃

6. 다음 위험물 중 착화온도가 가장 낮은 것은?

① 이황화탄소 ② 디에틸에테르 ③ 아세톤 ④ 아세트알데히드

해설 각 물질의 착화온도(발화점)

명 칭	착화온도	명 칭	착화온도
이황화탄소	100℃	아세톤	538℃
디에틸에테르	180℃	아세트알데히드	185℃

7. 다음 위험물 중 발화점이 가장 낮은 것은?

① 황 ② 삼황화인 ③ 황린 ④ 아세톤

해설 각 위험물의 발화점

품 명		발화점
황	제2류 위험물	233℃
삼황화인	제2류 위험물 중 황화린	100℃
황린	제3류 위험물	34℃
아세톤	제4류 위험물 중 제1석유류	538℃

8. 다음 위험물 중 착화온도가 가장 높은 것은?

① 이황화탄소 ② 디에틸에테르
③ 아세트알데히드 ④ 산화프로필렌

해설 제4류 위험물 중 특수인화물의 착화온도

품 명	착화온도(발화점)	품 명	착화온도(발화점)
이황화탄소	100℃	아세트알데히드	185℃
디에틸에테르	180℃	산화프로필렌	465℃

정답 1. ② 2. ④ 3. ③ 4. ② 5. ④ 6. ① 7. ③ 8. ④

3 연소범위 및 위험도

(1) 연소범위

공기에 대한 가연성 가스의 혼합농도의 백분율(체적%)로서, 폭발하는 최고농도를 연소상한계, 최저농도를 연소하한계라 하며 그 차이를 연소범위(폭발범위)라 한다.

① 온도의 영향 : 온도가 높아지면 폭발범위는 넓어지고, 온도가 낮아지면 폭발범위는 좁아진다.

② 압력의 영향 : 압력이 상승하면 폭발범위는 넓어진다(단, 일산화탄소(CO)는 압력상승 시 폭발범위가 좁아지며, 수소(H_2)는 압력상승 시 폭발범위가 좁아지다가 계속압력을 올리면 폭발범위가 넓어진다).

③ 불연성 기체의 영향(산소의 영향) : 이산화탄소(CO_2), 질소(N_2) 등 불연성 기체는 공기와 혼합하여 산소농도를 낮추며, 이로 인해 폭발범위는 좁아진다(공기 중에 산소농도가 증가하면 폭발범위는 넓어진다).

(2) 위험도

연소범위 상한과 하한의 차이를 연소범위 하한값으로 나눈 것으로 H로 표시한다.

$$H = \frac{U - L}{L}$$

여기서, H : 위험도　　U : 폭발범위 상한 값　　L : 폭발범위 하한 값

단원 예상문제

1. 메틸알코올의 연소범위를 더 좁게 하기 위하여 첨가하는 물질이 아닌 것은?

① 질소　② 산소　③ 이산화탄소　④ 아르곤

해설 가연성 물질에 산소를 첨가하면 산소농도 증가에 의하여 연소범위가 넓어지며, 불연성 기체(아르곤, 이산화탄소, 질소, 수증기 등)를 첨가하면 산소의 농도가 낮아져 연소범위가 좁아지게 된다.

2. 다음 중 폭발범위가 가장 넓은 물질은?

① 메탄　② 톨루엔　③ 에틸알코올　④ 에틸에테르

해설 각 위험물의 공기 중에서 폭발범위

품 명	폭발범위	품 명	폭발범위
메탄	5~15%	에틸알코올	4.3~19%
톨루엔	1.4~6.7%	에틸에테르	1.9~48%

3. 아세톤의 위험도를 구하면 얼마인가? (단, 아세톤의 연소범위는 2~13 vol%이다.)

① 0.846 ② 1.23 ③ 5.5 ④ 7.5

해설 $H = \frac{U-L}{L} = \frac{13-2}{2} = 5.5$

정답 **1.** ② **2.** ④ **3.** ③

4 연소의 분류

(1) 연소형태에 의한 분류

① 표면연소 : 고체 가연물이 열분해나 증발을 하지 않고 표면에서 산소와 반응하여 연소하는 것으로 목탄(숯), 코크스 등의 연소가 이에 해당된다.

② 분해연소 : 충분한 착화에너지를 주어 가열분해에 의해 연소하며 휘발분이 있는 고체연료(종이, 석탄, 목재 등) 또는 증발이 일어나기 어려운 액체연료(중유 등)가 이에 해당된다.

③ 증발연소 : 가연성 액체의 표면에서 기화되는 가연성 증기가 착화되어 화염을 형성하고 이 화염의 온도에 의해 액체표면이 가열되어 액체의 기화를 촉진시켜 연소를 계속하는 것으로 가솔린, 등유, 경유, 알코올, 양초, 유황 등이 이에 해당된다.

④ 확산연소 : 가연성 기체를 대기 중에 분출 확산시켜 연소하는 것으로 기체연료의 연소가 이에 해당된다.

⑤ 자기연소 : 제5류 위험물과 같이 자체 내에 산소를 함유하고 있어 공기 중의 산소를 필요로 하지 않고 그 자체의 산소로 연소하는 것이다.

(2) 연료에 따른 분류

① 액체연료

㈎ 액면연소(pool burning) : 액체연료의 표면에서 연소하는 것으로 화염의 복사열 및 대류로 연료가 가열되어 발생된 증기가 공기와 혼합하여 연소하는 방법이다.

㈏ 등심연소(wick combustion) : 연료를 심지로 빨아올려 대류나 복사열에 의하여 발생한 증기가 등심(심지)의 상부나 측면에서 연소하는 것이다.

㈐ 분무연소(spray combustion) : 액체연료를 노즐에서 고속으로 분출, 무화(霧化)시켜 표면적을 크게 하여 공기나 산소와의 혼합을 좋게 하여 연소시키는 것이다.

㈑ 증발연소(evaporating combustion) : 액체연료를 증발관 등에서 미리 증발시켜 기

체연료와 같은 형태로 연소시키는 방법이다.

② 기체 연료

(가) 예혼합연소(premixed combustion) : 기체연료와 연소에 필요한 공기 또는 산소를 미리 혼합한 혼합기를 연소시키는 방법으로 내부 혼합방식이다.

(나) 확산연소(diffusion combustion) : 공기(또는 산소)와 기체연료를 각각 연소실에 공급하고, 연료와 공기의 경계면에서 자연확산으로 연소하는 것으로 외부 혼합방식이다.

(3) 연소속도

① 연소속도 : 가연물과 산소와의 반응(산화반응)을 일으키는 속도이다.

② 연소속도에 영향을 주는 인자(요소)

(가) 기체의 확산 및 산소와의 혼합

(나) 연소용 공기 중 산소의 농도 : 산소 농도가 클수록 연소속도가 빨라진다.

(다) 연소 반응물질 주위의 압력 : 압력이 높을수록 연소속도가 빨라진다.

(라) 온도 : 온도가 상승하면 연소속도가 빨라진다.

(마) 촉매

㉮ 정촉매 : 정반응 및 역반응 활성화 에너지를 감소시키므로 반응속도를 빠르게 한다.

㉯ 부촉매 : 정반응 및 역반응 활성화 에너지를 증가시키므로 반응속도를 느리게 한다.

③ 정상 연소속도는 일반적으로 0.1~10m/s, 폭굉의 경우 1000~3500m/s에 해당된다.

단원 예상문제

1. 연소의 종류와 가연물을 연결한 것이 잘못된 것은?

① 증발연소 – 가솔린, 알코올 ② 표면연소 – 코크스, 목탄

③ 분해연소 – 목재, 종이 ④ 자기연소 – 에테르, 나프탈렌

해설 연소의 종류에 따른 가연물

㉮ 표면연소 : 목탄(숯), 코크스

㉯ 분해연소 : 종이, 석탄, 목재, 중유

㉰ 증발연소 : 가솔린, 등유, 경유, 알코올, 양초, 유황

㉱ 확산연소 : 가연성 기체(수소, 프로판, 부탄, 아세틸렌 등)

㉲ 자기연소 : 제5류 위험물(니트로셀룰로오스, 셀룰로이드, 니트로글리세린 등)

참고 에테르는 제4류 위험물 중 특수인화물, 나프탈렌은 비위험물이다.

| 변형된 출제문제 |

1-1 가연성 물질과 주된 연소형태의 연결이 틀린 것은? [15. 2회]

① 종이, 섬유 – 분해연소　② 셀룰로이드, TNT – 자기연소
③ 목재, 석탄 – 표면연소　④ 유황, 알코올 – 증발연소

해설 목재, 석탄과 같은 일반적인 고체 가연물은 분해연소에 해당된다.

1-2 금속분, 목탄, 코크스 등의 연소형태에 해당하는 것은? [13. 5회]

① 자기연소　② 증발연소
③ 분해연소　④ 표면연소

해설 표면연소를 하는 것은 코크스, 숯, 금속분 등이다.

1-3 주된 연소형태가 증발연소인 것은? [14. 4회]

① 나트륨　② 코크스
③ 양초　④ 니트로셀룰로오스

해설 각 위험물의 연소형태
㉮ 나트륨, 코크스 : 표면연소　㉯ 양초 : 증발연소
㉰ 니트로셀룰로오스 : 자기연소

1-4 니트로화합물과 같은 가연성 물질이 자체 내에 산소를 함유하고 있어 공기 중의 산소를 필요로 하지 않고 자체의 산소에 의하여 연소되는 현상은? [13. 1회]

① 자기연소　② 등심연소
③ 훈소연소　④ 분해연소

해설 니트로화합물은 제5류 위험물에 해당되며 연소종류는 자기연소이다.

답 **1-1** ③ **1-2** ④ **1-3** ③ **1-4** ①

2. 연료의 일반적인 연소형태에 관한 설명 중 틀린 것은?

① 목재와 같은 고체연료는 연소 초기에는 불꽃을 내면서 연소하나 후기에는 점점 불꽃이 없어져 무염(無炎)연소 형태로 연소한다.
② 알코올과 같은 액체연료는 증발에 의해 생긴 증기가 공기 중에서 연소하는 증발연소의 형태로 연소한다.
③ 기체연료는 액체연료, 고체연료와 다르게 비정상적 연소인 폭발현상이 나타나지 않는다.
④ 석탄과 같은 고체연료는 열분해하여 발생한 가연성 기체가 공기 중에서 연소하는 분해연소 형태로 연소한다.

해설 기체연료는 확산연소 형태로 연소하고, 연소속도가 빨라 혼합기체가 단시간 내에 연소하며 압력 상승이 급격이 일어나는 폭발현상이 나타날 수 있다.

3. 수소, 아세틸렌과 같은 가연성 가스가 공기 중 누출되어 연소하는 형식에 가장 가까운 것은?

① 확산연소 ② 증발연소
③ 분해연소 ④ 표면연소

해설 확산연소 : 가연성 가스를 대기 중에 분출 확산시켜 연소하는 것으로 수소, 아세틸렌, 프로판, 부탄 등의 연소가 이에 해당된다.

4. 액체연료의 연소형태가 아닌 것은?

① 확산연소 ② 증발연소
③ 액면연소 ④ 분무연소

해설 액체연료의 연소형태 종류

㉮ 액면연소 : 액체연료의 표면에서 연소하는 것으로 화염의 복사열 및 대류로 연료가 가열되어 발생된 증기가 공기와 혼합하여 연소하는 방법이다.

㉯ 등심연소 : 연료를 심지로 빨아올려 대류나 복사열에 의하여 발생한 증기가 등심(심지)의 상부나 측면에서 연소하는 것이다.

㉰ 분무연소 : 액체연료를 노즐에서 고속으로 분출, 무화(霧化)시켜 표면적을 크게 하여 공기나 산소와의 혼합을 좋게 하여 연소시키는 것이다.

㉱ 증발연소 : 액체연료를 증발관 등에서 미리 증발시켜 기체연료와 같은 형태로 연소시키는 방법이다.

참고 확산연소는 공기(또는 산소)와 기체연료를 각각 연소실에 공급하고, 적당한 혼합기를 형성한 부분에서 연소가 일어나는 것으로 외부 혼합형에 해당된다.

5. 다음 중 연소속도와 의미가 가장 가까운 것은?

① 기화열의 발생속도
② 환원속도
③ 착화속도
④ 산화속도

해설 연소속도 : 가연물과 산소와의 반응(산화반응)을 일으키는 속도이다.

6. 고온체의 색깔이 휘적색일 경우의 온도는 약 몇 ℃ 정도인가?

① 500 ② 950
③ 1300 ④ 1500

해설 연소 빛에 따른 온도

구분	암적색	적색	휘적색	황적색	백적색	휘백색
온도	700℃	850℃	950℃	1100℃	1300℃	1500℃

정답 1. ④ 2. ③ 3. ① 4. ① 5. ④ 6. ②

5 자연발화

물질이 서서히 산화되어 축적된 산화열이 발화하는 현상이다.

(1) 자연발화의 조건

① 열의 축적이 많을수록 발화가 용이하다.
② 열전도율이 작을수록 발화가 용이하다.
③ 발열량이 클수록 발화가 용이하다.
④ 공기 유통이 원활하지 못하면 발화가 용이하다.
⑤ 수분 및 온도가 높을수록 발화가 용이하다.

(2) 자연발화 방지법

① 통풍을 잘 시킬 것
② 저장실의 온도를 낮출 것
③ 습도가 높은 곳을 피하고, 건조하게 보관할 것
④ 열의 축적을 방지할 것
⑤ 가연성가스 발생을 조심할 것
⑥ 불연성가스를 주입하여 공기와의 접촉을 피할 것
⑦ 물질의 표면적을 최대한 작게 할 것
⑧ 정촉매 작용을 하는 물질과의 접촉을 피할 것

단원 예상문제

1. 위험물의 자연발화를 방지하는 방법으로 가장 거리가 먼 것은?

① 통풍을 잘 시킬 것
② 저장실의 온도를 낮출 것
③ 습도가 높은 곳에 저장할 것
④ 정촉매 작용을 하는 물질과의 접촉을 피할 것

해설 위험물의 자연발화를 방지하는 방법

㉮ 통풍을 잘 시킬 것
㉯ 저장실의 온도를 낮출 것
㉰ 습도가 높은 곳을 피하고, 건조하게 보관할 것
㉱ 열의 축적을 방지할 것
㉲ 가연성가스 발생을 조심할 것
㉳ 불연성가스를 주입하여 공기와의 접촉을 피할 것
㉴ 물질의 표면적을 최대한 작게 할 것
㉵ 정촉매 작용을 하는 물질과의 접촉을 피할 것

정답 1. ③

6 정전기 제거설비 설치 [시행규칙 별표4]

위험물을 취급함에 있어서 정전기가 발생할 우려가 있는 설비에는 다음 중 하나에 해당하는 방법으로 정전기를 유효하게 제거할 수 있는 설비를 설치하여야 한다.

① 접지에 의한 방법
② 공기 중의 상대습도를 70% 이상으로 하는 방법
③ 공기를 이온화하는 방법

단원 예상문제

1. 연소 위험성이 큰 휘발유 등은 배관을 통하여 이송할 경우 안전을 위하여 유속을 느리게 해주는 것이 바람직하다. 이는 배관 내에서 발생할 수 있는 어떤 에너지를 억제하기 위함인가?

① 유도에너지 ② 분해에너지 ③ 정전기에너지 ④ 아크에너지

해설 정전기 발생 억제대책
㉮ 유속을 1m/s 이하로 유지한다.
㉯ 분진 및 먼지 등의 이물질을 제거한다.
㉰ 액체 및 기체의 분출을 방지한다.

참고 유체의 속도가 빠르면 마찰로 인하여 발생하는 정전기 에너지가 크기 때문에 유속을 느리게 해 주어야 한다.

2. 위험물 안전관리법에서 정한 정전기를 유효하게 제거할 수 있는 방법에 해당하지 않는 것은?

① 위험물 이송 시 배관 내 유속을 빠르게 하는 방법
② 공기를 이온화하는 방법
③ 접지에 의한 방법
④ 공기 중의 상대습도를 70% 이상으로 하는 방법

해설 위험물의 유속이 높으면 정전기가 발생할 가능성이 높아지므로 유속을 낮추어야 한다.

| 변형된 출제문제 |

2-1 위험물을 취급함에 있어서 정전기를 유효하게 제거하기 위한 설비를 설치하고자 한다. 위험물 안전관리법령상 공기 중의 상대습도를 몇 % 이상 되게 하여야 하는가? [16. 1회] [13. 1회]

① 50 ② 60
③ 70 ④ 80

해설 정전기 제거설비 설치[시행규칙 별표4] 규정에 공기 중의 상대습도를 70% 이상으로 하는 방법이 있다.

답 2-1 ③

3. **점화원으로 작용할 수 있는 정전기를 방지하기 위한 예방 대책이 아닌 것은?**

① 정전기 발생이 우려되는 장소에 접지시설을 한다.
② 실내의 공기를 이온화하여 정전기 발생을 억제한다.
③ 정전기는 습도가 낮을 때 많이 발생하므로 상대습도를 70% 이상으로 한다.
④ 전기의 저항이 큰 물질은 대전이 용이하므로 비전도체 물질을 사용한다.

해설 전기가 통하지 않는 비전도체는 정전기가 발생할 가능성이 더 높아진다.

정답 **1.** ③ **2.** ① **3.** ④

2-2 폭발의 종류 및 특성

1 폭발

(1) 폭발의 정의

혼합기체의 온도를 고온으로 상승시켜 자연착화를 일으키고, 혼합기체의 전부분이 극히 단시간 내에 연소하는 것으로서 압력 상승이 급격한 현상을 말한다.

(2) 폭발의 종류

① 산화폭발 : 가연성 기체 또는 가연성 액체의 증기와 조연성 기체가 일정한 비율로 혼합된 기체에 점화원에 의하여 착화되어 일어나는 폭발이다.

② 분해폭발 : 분해할 때 발열반응 하는 기체가 분해될 때 점화원에 의하여 착화되어 일어나는 폭발로 아세틸렌(C_2H_2), 산화에틸렌(C_2H_4O), 오존(O_3), 히드라진(N_2H_4) 등이 있다.

③ 분무폭발 : 가연성 액체의 무적(안개방울)이 공기 중 일정농도 이상으로 분산되어 있을 때 점화원에 의하여 착화되어 일어나는 폭발로 유압기기의 기름분출에 의한 유적(油滴)폭발이 있다.

④ 분진폭발 : 제2류 위험물인 금속분 등 가연성 고체의 미분(微分)이 어떤 농도 이상으로 공기 중에 분산된 상태에 놓여 있을 때 점화원(착화에너지)에 의하여 일어나는 폭발이다.

(가) 폭연성 분진 : 금속 분말(Mg, Al, Fe 등)

(나) 가연성 분진 : 소맥분, 전분, 합성수지류, 황, 코코아, 리그린, 석탄분말, 고무분말, 담배분말 등

단원 예상문제

1. 폭발의 종류에 따른 물질이 잘못 짝지어진 것은?

① 분해폭발 – 아세틸렌, 산화에틸렌　② 분진폭발 – 금속분, 밀가루
③ 중합폭발 – 시안화수소, 염화비닐　④ 산화폭발 – 히드라진, 과산화수소

해설 폭발의 종류에 따른 물질
㉮ 산화폭발 : 가연성 기체 또는 가연성 액체의 증기
㉯ 분해폭발 : 아세틸렌, 산화에틸렌, 과산화수소
㉰ 분무폭발 : 가연성 액체의 무적(안개방울)
㉱ 분진폭발 : 가연성 고체의 미분
㉲ 중합폭발 : 산화에틸렌, 시안화수소, 염화비닐, 히드라진

2. 가연성 고체의 미세한 분말이 일정 농도 이상 공기 중에 분산되어 있을 때 점화원에 의하여 연소 폭발되는 현상은?

① 분진폭발　② 산화폭발　③ 분해폭발　④ 중합폭발

해설 분진폭발 : 가연성 고체의 미분이 공기 중에 분산된 상태에서 점화원에 의해서 일어나는 폭발이다.

3. 다음 중 분진폭발의 원인 물질로 작용할 위험성이 가장 낮은 것은?

① 마그네슘 분말　② 밀가루　③ 담배 분말　④ 시멘트 분말

해설 분진폭발을 일으키는 물질
㉮ 폭연성 분진 : 금속 분말(Mg, Al, Fe 등)
㉯ 가연성 분진 : 소맥분, 전분, 합성수지류, 황, 코코아, 리그린, 석탄분말, 고무분말, 담배분말 등

참고 시멘트 분말, 대리석 분말 등은 불연성물질로 분진폭발과는 관련이 없다.

정답 1. ④　2. ①　3. ④

2 폭굉(detonation)

가스 중의 음속보다도 화염 전파속도가 큰 경우로서 파면선단에 충격파라고 하는 압력파가 생겨 격렬한 파괴작용을 일으키는 현상이다.

(1) 폭굉 유도거리

최초의 완만한 연소가 격렬한 폭굉으로 발전될 때까지의 거리로 시간을 의미한다.

(2) 폭굉 유도거리가 짧아지는 조건

① 정상 연소속도가 큰 혼합가스일수록
② 관 속에 방해물이 있거나 관지름이 가늘수록

③ 압력이 높을수록
④ 점화원의 에너지가 클수록

단원 예상문제

1. 폭발 시 연소파의 전파속도 범위에 가장 가까운 것은?

① 0.1~10m/s ② 100~1000m/s
③ 2000~3500m/s ④ 5000~10000m/s

해설 연소파 및 폭굉의 속도
㉮ 연소파 전파속도(연소속도) : 0.1~10m/s ㉯ 폭굉의 속도(폭속) : 1000~3500m/s

2. 폭굉유도거리(DID)가 짧아지는 경우는?

① 정상 연소속도가 작은 혼합가스일수록 짧아진다.
② 압력이 높을수록 짧아진다.
③ 관지름이 넓을수록 짧아진다.
④ 점화원의 에너지가 약할수록 짧아진다.

해설 폭굉유도거리(DID)가 짧아지는 조건
㉮ 정상 연소속도가 큰 혼합가스일수록
㉯ 관 속에 방해물이 있거나 관지름이 가늘수록
㉰ 압력이 높을수록
㉱ 점화원의 에너지가 클수록

정답 1. ① 2. ②

3 BLEVE와 증기운 폭발

(1) BLEVE

가연성 액체 저장탱크 주변에서 화재가 발생하여 기상부의 탱크가 국부적으로 가열되면 그 부분이 강도가 약해져 탱크가 파열된다. 이때, 내부의 액화가스가 급격히 유출 팽창되어 화구(fire ball)를 형성하여 폭발하는 형태로 비등 액체 팽창 증기 폭발(Boiling Liquid Expanding Vapor Explosion)이라 한다.

(2) 증기운 폭발

대기 중에 대량의 가연성가스나 인화성 액체가 유출시 다량의 증기가 대기 중의 공기와 혼합하여 폭발성의 증기운(vapor cloud)을 형성하고 이때 착화원에 의해 화구(fire ball)를 형성하여 폭발하는 형태로 UVCE(Unconfined Vapor Cloud Explosion)라 한다.

단원 예상문제

1. 탱크화재 현상 중 BLEVE(boiling liquid expanding vapor explosion)에 대한 설명으로 옳은 것은?

① 기름 탱크에서의 수증기 폭발 현상이다.
② 비등상태의 액화가스가 기화하여 팽창하고 폭발하는 현상이다.
③ 화재 시 기름 속의 수분이 급격히 증발하여 기름 거품이 되고 팽창해서 기름 탱크에서 밖으로 내뿜어져 나오는 현상이다.
④ 고점도의 기름 속에 수증기를 포함한 볼 형태의 물방울이 형성되어 탱크 밖으로 넘치는 현상이다.

해설 BLEVE(boiling liquid expanding vapor explosion) 현상 : 비등액체팽창증기폭발이라 하며 가연성 액체 저장탱크 주변에서 화재가 발생하여 기상부의 탱크가 국부적으로 가열되면 그 부분이 강도가 약해져 탱크가 파열된다. 이때, 내부의 액화가스가 급격히 유출 팽창되어 화구(fire ball)를 형성하여 폭발하는 형태를 말한다.

2. 가연성 액화가스의 탱크 주위에서 화재가 발생한 경우에 탱크의 가열로 인하여 그 부분의 강도가 약해져 탱크가 파열됨으로 내부의 가열된 액화가스가 급속히 팽창하면서 폭발하는 현상은?

① 블레이브(BLEVE) 현상
② 보일오버(boil over) 현상
③ 플래시백(flash back) 현상
④ 백드래프트(back draft) 현상

해설 BLEVE(boiling liquid expanding vapor explosion) 현상 : 비등액체팽창증기폭발

정답 1. ② 2. ①

2-3 화재의 분류 및 특성

1 화재의 정의

화재(火災)란 인간이 의도하지 않은 또는 고의로 불을 낸 것을 의미하며 손실과 피해를 가져다 주는 연소현상을 의미한다.

2 화재의 분류 및 특성

(1) 일반 화재(A급 화재 : 백색)

종이, 목재, 섬유류 등의 화재로 주로 백색 연기가 발생하며 연소 후 재가 남는다. 일반적

으로 물을 사용하는 냉각소화를 한다.

(2) 유류 화재(B급 화재 : 황색)

제4류 위험물(석유, 등유, 알코올 등)의 화재로 검은색 연기가 발생하며 연소 후 아무것도 남기지 않는다. 일반적으로 질식소화를 한다.

(3) 전기 화재(C급 화재 : 청색)

전기기계, 기구 등 전기설비에서 발생하는 화재로 1차적 전기화재에서 2차적으로 일반화재, 유류화재 등으로 나타날 수 있다. 일반적으로 질식소화를 한다.

(4) 금속 화재(D급 화재 : 무색)

제1류 위험물(무기과산화물), 제2류 위험물(금속분류), 제3류 위험물(칼륨, 나트륨, 인화석회, 황린, 카바이드 등)의 화재로 팽창질석, 팽창진주암, 마른 모래(건조사) 등을 사용하는 질식소화를 한다.

단원 예상문제

1. 위험물의 화재위험에 관한 제반조건을 설명한 것으로 옳은 것은?

① 인화점이 높을수록, 연소범위가 넓을수록 위험하다.
② 인화점이 낮을수록, 연소범위가 좁을수록 위험하다.
③ 인화점이 높을수록, 연소범위가 좁을수록 위험하다.
④ 인화점이 낮을수록, 연소범위가 넓을수록 위험하다.

해설 위험물의 화재위험이 높아지는 경우
㉮ 인화점 및 발화점이 낮을수록
㉯ 연소범위가 넓을수록
㉰ 연소범위 하한값이 낮을수록
㉱ 위험물의 온도 및 압력이 높을수록
㉲ 위험물의 활성화에너지가 작을수록

2. 화재의 종류와 가연물이 옳게 연결된 것은?

① A급 – 플라스틱 ② B급 – 섬유
③ A급 – 페인트 ④ B급 – 나무

해설 화재의 분류 및 표시 색상

구분	화재종류	표시 색상	구분	화재종류	표시 색상
A급 화재	일반화재	백색	C급 화재	전기 화재	청색
B급 화재	유류, 가스 화재	황색	D급 화재	금속 화재	–

| 변형된 출제문제 |

2-1 유류 화재의 급수와 표시 색상으로 옳은 것은? [13. 1회]

① A급, 백색 ② B급, 백색
③ A급, 황색 ④ B급, 황색

2-2 전기화재의 급수와 표시색상을 옳게 나타낸 것은? [14. 1회]

① C급 – 백색 ② D급 – 백색
③ C급 – 청색 ④ D급 – 청색

답 2-1 ④ 2-2 ③

3. 금속화재에 대한 설명으로 틀린 것은?

① 마그네슘과 같은 가연성 금속의 화재를 말한다.
② 주수소화 시 물과 반응하여 가연성 가스를 발생하는 경우가 있다.
③ 화재 시 금속화재용 분말 소화약제를 사용할 수 있다.
④ D급 화재라고 하며 표시하는 색상은 청색이다.

해설 금속화재 : 일반적으로 제2류 위험물 가연성 고체에서 발생하는 화재로 D급 화재로 분류하며 표시하는 색은 없다.

| 변형된 출제문제 |

3-1 다음 중 D급 화재에 해당하는 것은? [16. 2회]

① 플라스틱 화재
② 나트륨 화재
③ 휘발유 화재
④ 전기 화재

해설 나트륨(Na) : 제3류 위험물로 공기 중에서 노란 불꽃을 내며 연소하며 화재 분류 시 금속화재인 D급으로 분류한다.

3-2 위험물 안전관리법령상 제2류 위험물 중 지정수량이 500kg인 물질에 의한 화재는 어느 것인가? [15. 1회]

① A급 화재 ② B급 화재
③ C급 화재 ④ D급 화재

해설 ㉮ 제2류 위험물 중 지정수량이 500kg에 해당하는 품명은 철분, 마그네슘, 금속분이다.
㉯ 철분, 마그네슘, 금속분은 금속화재에 해당되며 화재 분류 시 D급이다.

답 3-1 ② 3-2 ④

정답 1. ④ 2. ① 3. ④

3 화재 현상

(1) 화재현장에서 발생하는 현상

① 플래시 오버(flash over) 현상 : 화재로 발생한 열이 주변의 모든 물체가 연소되기 쉬운 상태에 도달하였을 때 순간적으로 강한 화염을 분출하면서 내부 전체를 급격히 태워버리는 현상으로 화재성장기(제1단계)에서 발생한다.

② 백 드래프트(back draft) 현상 : 폐쇄된 건축물 내에서 산소가 부족한 상태로 연소가 되다가 갑자기 실내에 다량의 공기가 공급될 때 폭발적 발화현상이 발생하는 것으로 화재의 성장기와 감퇴기에서 주로 발생된다.

(2) 유류 저장탱크 화재에서 일어나는 현상

① 보일 오버(boil over) 현상 : 유류탱크 화재 시 탱크 저부의 비점이 낮은 불순물이 연소열에 의하여 이상팽창하면서 다량의 기름이 탱크 밖으로 비산하는 현상을 말한다.

② 슬롭 오버(slop over) 현상 : 유류 저장탱크 화재 시 포소화약제를 방사하면 물이 기화되어 다량의 기름이 탱크 밖으로 비산하는 현상을 말한다.

단원 예상문제

1. 플래시 오버(flash over)에 대한 설명으로 옳은 것은?

① 대부분 화재 초기(발화기)에 발생한다.
② 대부분 화재 종기(쇠퇴기)에 발생한다.
③ 내장재의 종류와 개구부의 크기에 영향을 받는다.
④ 산소의 공급이 주요 요인이 되어 발생한다.

해설 플래시 오버(flash over) 현상 : 전실화재라 하며 화재로 발생한 열이 주변의 모든 물체가 연소되기 쉬운 상태에 도달하였을 때 순간적으로 강한 화염을 분출하면서 내부 전체를 급격히 태워버리는 현상으로 화재성장기(제1단계)에서 발생한다.

2. 플래시 오버에 대한 설명으로 틀린 것은?

① 국소화재에서 실내의 가연물들이 연소하는 대화재로의 전이
② 환기 지배형 화재에서 연료 지배형 화재로의 전이
③ 실내의 천장 쪽에 축적된 미연소 가연성 증기나 가스를 통한 화염의 급격한 전파
④ 내화건축물의 실내화재 온도 상황으로 보아 성장기에서 최성기로의 진입

해설 플래시 오버(flash over) 현상 : 연료지배형 화재에서 환기지배형 화재로 전이되는 경향이 있다.

3. 유류 저장탱크 화재에서 일어나는 현상으로 거리가 먼 것은?

① 보일 오버
② 플래시 오버
③ 슬롭 오버
④ BLEVE

해설 유류 저장탱크 화재 시 일어나는 현상
㉮ 블레이브(BLEVE) 현상 : 비등액체팽창 증기폭발
㉯ 보일 오버(boil over) 현상 : 유류 저장탱크 화재 시 탱크 저부의 비점이 낮은 불순물이 연소열에 의하여 이상팽창하면서 다량의 기름이 탱크 밖으로 비산하는 현상
㉰ 슬롭 오버(slop over) 현상 : 유류 저장탱크 화재 시 포소화약제를 방사하면 물이 기화되어 다량의 기름이 탱크 밖으로 비산하는 현상

4. 유류화재 시 발생하는 이상 현상인 보일 오버(boil over)의 방지대책으로 가장 거리가 먼 것은?

① 탱크 하부에 배수관을 설치하여 탱크 저면의 수층을 방지한다.
② 적당한 시기에 모래나 팽창질석, 비등석을 넣어 물의 과열을 방지한다.
③ 냉각수를 대량 첨가하여 유류와 물의 과열을 방지한다.
④ 탱크 내용물의 기계적 교반을 통하여 에멀션 상태로 하여 수층 형성을 방지한다.

해설 보일 오버(boil over) 현상 : 유류탱크 화재 시 탱크 저부의 비점이 낮은 불순물이 연소열에 의하여 이상팽창하면서 다량의 기름이 탱크 밖으로 비산하는 현상으로 냉각수를 대량 첨가하면 보일 오버 현상을 더 크게 할 수 있어 위험한 상태가 되므로 금지한다.

정답 1. ③ 2. ② 3. ② 4. ③

Chapter 03

소화 이론

3-1 소화 방법

1 소화

연소의 4요소 중 일부를 제거하거나 연소의 화학반응을 지연시키거나 역반응시켜 연소를 방지하는 것을 말한다.

(1) 물리적 소화 방법

① 화재를 물 등을 이용하여 냉각시켜 소화하는 방법 : 냉각소화
② 유전화재를 강풍으로 불어 소화하는 방법 : 제거소화
③ 산소공급을 차단하여 소화하는 방법 : 질식소화

(2) 화학적 소화 방법

화학적으로 제조된 소화약제를 이용한 것으로 부촉매효과(억제소화)가 해당된다.

2 소화 방법의 종류

(1) 제거소화

화재 현장에서 가연물을 제거함으로써 화재의 확산을 저지하는 방법으로 가스 화재의 경우 가스의 주밸브를 폐쇄하는 방법, 목재 등 가연물질 표면을 방염물질(메타인산)로 코팅하는 방법이다.

(2) 질식소화

산소공급원을 차단하여 연소 진행을 억제하는 방법으로 불연성 포말 또는 불연성 기체로 연소물을 감싸는 방법, 고체로 연소물을 감싸는 방법이다.

(3) 냉각소화

물 등을 사용하여 활성화 에너지(점화원)를 냉각시켜 가연물을 발화점 이하로 낮추어 연

소가 계속 진행할 수 없도록 하는 방법이다.

(4) 부촉매소화(억제소화, 화학소화)

산화반응에는 직접 관계없는 물질을 가하여 연쇄반응의 억제작용을 이용하는 방법이다.

(5) 희석소화

수용성 가연성 위험물인 알코올, 에테르 등의 화재 시 다량의 물을 살포하여 가연성 위험물의 농도를 연소농도 이하가 되도록 하여 화재를 소화시키는 방법이다.

단원 예상문제

1. 다음 중 화학적 소화에 해당하는 것은?

① 냉각소화 ② 질식소화
③ 제거소화 ④ 억제소화

해설 소화 방법의 분류
㉮ 물리적 소화 방법 : 냉각소화, 제거소화, 질식소화
㉯ 화학적 소화 방법 : 억제소화(부촉매효과)

2. 소화작용에 대한 설명 중 옳지 않은 것은?

① 가연물의 온도를 낮추는 소화는 냉각작용이다.
② 물의 주된 소화작용 중 하나는 냉각작용이다.
③ 연소에 필요한 산소의 공급원을 차단하는 소화는 제거작용이다.
④ 가스화재 시 밸브를 차단하는 것은 제거작용이다.

해설 산소공급원을 차단하여 연소 진행을 억제하는 방법으로 소화하는 것은 질식소화이다.

| 변형된 출제문제 |

2-1 가연물이 연소할 때 공기 중의 산소 농도를 떨어뜨려 연소를 중단시키는 소화 방법은? [13. 4회]

① 제거소화 ② 질식소화
③ 냉각소화 ④ 억제소화

2-2 금속화재에 마른 모래를 피복하여 소화하는 방법은? [16. 1회]

① 제거소화 ② 질식소화
③ 냉각소화 ④ 억제소화

답 2-1 ② 2-2 ②

3. 연소의 연쇄반응을 차단 및 억제하여 소화하는 방법은?

① 냉각소화 ② 부촉매소화 ③ 질식소화 ④ 제거소화

해설 부촉매소화(억제소화) : 산화반응에 직접 관계없는 물질을 가하여 연쇄반응의 억제작용을 이용하는 방법으로 소화하는 것이다.

4. 수용성 가연성 물질의 화재 시 다량의 물을 방사하여 가연물질의 농도를 연소농도 이하가 되도록 하여 소화시키는 것은 무슨 소화 원리인가?

① 제거소화 ② 촉매소화 ③ 희석소화 ④ 억제소화

해설 희석소화 : 수용성 가연성 위험물인 알코올, 에테르 등의 화재 시 다량의 물을 살포하여 가연성 위험물의 농도를 낮게 하여 화재를 소화시키는 방법이다.

정답 1. ④ 2. ③ 3. ② 4. ③

3-2 소화 약제

1 소화약제의 종류 및 특징

(1) 물 소화약제

① 물(H_2O)의 특징

(가) 증발잠열이 539kcal/kg으로 매우 크다.
(나) 냉각소화에 효과적이다.
(다) 쉽게 구할 수 있고 비용이 저렴하다.
(라) 취급이 간편하다.

② 주수형태

(가) 봉상주수(stream) : 긴 물줄기 형태로 방사되는 옥내 소화전 설비, 옥외 소화전 설비에 해당된다.

(나) 적상주수(drop) : 지름 0.5~0.6mm의 물방울 형태로 방사되는 스프링클러 설비, 연결 살수 설비가 해당되며 고체 가연물 화재에 적용한다.

(다) 무상주수(spray) : 안개, 운상 형태로 미세한 물입자로 넓게 방사되는 물 분무 소화설비가 해당되며 질식 및 냉각소화에 적용한다.

③ 적응화재

(가) A급 화재
(나) B급 화재 : 제4류 위험물 제3석유류의 중유화재에 무상주수(유화소화효과)한다.
(다) C급 화재 : 무상주수(질식 및 냉각소화)한다.

(2) 산·알칼리 소화약제

① 원리 : 중탄산나트륨($NaHCO_3$)과 황산(H_2SO_4)의 화학반응으로 생긴 탄산가스(이산화탄소 : CO_2)를 압력원으로 사용하며 소화효과는 냉각소화이다.

② 산·알칼리 소학약제 화학 반응식

$$2NaHCO_3 + H_2SO_4 \rightarrow Na_2SO_4 + 2H_2O\uparrow + 2CO_2\uparrow$$

③ 적응화재 : A급 화재에는 봉상주수, B급 및 C급 화재에는 무상주수로 유효하다.

(3) 강화액 소화약제

① 특징

(가) 물에 탄산칼륨(K_2CO_3)을 용해하여 빙점을 −30℃ 정도까지 낮추어 겨울철 및 한랭지에서도 사용할 수 있도록 한 소화약제이다.

(나) 축압식(소화약제+압축공기)과 가압식으로 구분한다.

(다) 소화효과는 냉각소화, 부촉매효과(억제효과), 일부 질식소화이다.

② 적응화재 : A급 화재에는 봉상 주수, B급 및 C급 화재에는 무상주수가 유효하다.

(4) 이산화탄소(CO_2) 소화약제

① 특징

(가) 무색, 무미, 무취의 기체로 공기보다 무겁고 불연성이다.

(나) 독성이 없지만 과량 존재 시 산소부족으로 질식할 수 있다.

(다) 비점 −78.5℃로 냉각, 압축에 의하여 액화된다.

(라) 전기의 불량도체이고, 장기간 저장이 가능하다.

(마) 소화약제에 의한 오손이 없고, 질식효과와 냉각효과가 있다.

(바) 자체압력을 이용하므로 압력원이 필요하지 않고 할로겐 소화약제보다 경제적이다.

② 소화 효과 : 질식소화와 냉각소화 효과가 있다.

③ 이산화탄소 소화약제 저장용기 설치장소

(가) 방호구역 외의 장소에 설치할 것

(나) 온도가 40℃ 이하이고 온도 변화가 적은 곳에 설치할 것

(다) 직사광선 및 빗물이 침투할 우려가 없는 곳에 설치할 것

(라) 방화문으로 구획된 실에 설치할 것

(마) 용기의 설치장소에는 해당 용기가 설치된 곳임을 표시하는 표지를 할 것

(바) 용기간의 간격은 점검에 지장이 없도록 3cm 이상의 간격을 유지할 것

(사) 저장용기와 집합관을 연결하는 연결배관에는 체크밸브를 설치할 것. 다만, 저장용기가 하나의 방호구역만을 담당하는 경우에는 그러하지 아니하다.

참고 할로겐화합물 및 불활성기체 소화설비의 화재안전기준(NFSC 107A) 제3조

1. "할로겐화합물 및 불활성기체 소화약제"란 할로겐화합물(할로 1301, 할론 2402, 할론 1211 제외) 및 불활성기체로서 전기적으로 비전도성이며 휘발성이 있거나 증발 후 잔여물을 남기지 않는 소화약제를 말한다.
2. "할로겐화합물 소화약제"란 불소, 염소, 브롬 또는 요오드 중 하나 이상의 원소를 포함하고 있는 유기화합물을 기본 성분으로 하는 소화약제를 말한다.
3. "불활성기체 소화약제"란 헬륨, 네온, 아르곤 또는 질소가스 중 하나 이상의 원소를 기본 성분으로 하는 소화약제를 말한다.

(5) 할로겐화합물 소화약제

① 특징

(가) 화학적 부촉매에 의한 연소 억제작용이 커서 소화능력이 우수하다.

(나) 인체에 영향을 주는 독성이 적다.

(다) 약제의 분해 및 변질이 거의 없어 반영구적이다.

(라) 소화 후 약제에 의한 오염 및 소손이 적다.

(마) 가격이 고가이다.

② 소화약제의 종류

(가) 할론 1301(CF_3Br) 특징

㉮ 무색, 무취이고 액체 상태로 저장 용기에 충전한다.

㉯ 비점이 낮아서 기화가 용이하며, 상온에서 기체이다.

㉰ 할론 소화약제 중 독성이 가장 적은 반면 오존 파괴 지수가 가장 높다.

㉱ 전기 전도성이 없고, 기체 비중이 5.17로 공기보다 무거워 심부화재에 효과적이다.

㉲ 소화 시 시야를 방해하지 않기 때문에 피난 시에 방해가 없다.

(나) 할론 1211(CF_2ClBr) 특징

㉮ 할론 소화약제 중 안정성이 가장 높다.

㉯ A급, B급, C급 화재에 모두 사용할 수 있다.

㉰ 알루미늄 및 금속에 대한 부식성이 존재한다.

(다) 할론 2402($C_2F_4Br_2$) 특징

㉮ 상온, 상압에서 액체로 존재하기 때문에 국소방출방식에 주로 사용된다.

㉯ 독성과 부식성이 비교적 적고, 내절연성이 양호하다.

③ 할론(Halon) 구조식

Halon-abcd

(가) a : 탄소(C)의 수　(나) b : 불소(F)의 수

(다) c : 염소(Cl)의 수　(라) d : 취소(Br : 브롬)의 수

참고

① Halon 1301의 분자식 : 탄소(C) 원자 1개, 불소(F) 원자 3개, 염소(Cl) 원자 0개, 취소(Br) 원자 1개이다. → 분자식 : CF_3Br

② Halon 1001의 분자식 : 탄소(C) 원자 1개, 불소(F) 원자 0개, 염소(Cl) 원자 0개, 취소(Br) 원자 1개이다. 그런데 탄소(C) 원자에는 4개의 원자들이 연결되어 있어야 하는데, Halon 1001은 탄소(C) 1개, 취소(Br : 브롬) 1개만 존재하므로 3개의 자리가 비워져 있고 그 자리에는 수소(H) 원자가 채워져야 한다. 그러므로 Halon 1001의 분자식은 CH_3Br이 된다.

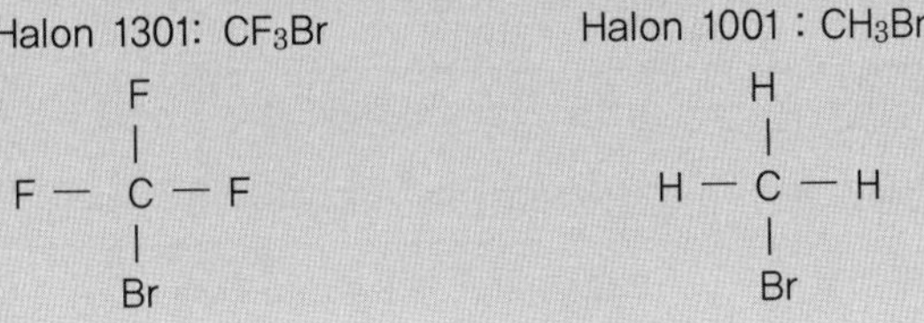

(6) 포(foam) 소화약제

물에 첨가제를 혼합한 후 여기에 공기를 주입하면 포(泡 ; foam)가 발생되며 이것을 연소물의 표면을 덮어 공기와의 접촉을 차단시켜 질식효과와 함께 사용된 물에 의한 냉각효과를 이용하는 소화약제이다.

① 종류

(가) 화학포 : 탄산수소나트륨($NaHCO_3$)의 수용액과 황산알루미늄[$Al_2(SO_4)_3$] 수용액과의 화학 반응에 따라 발생하는 이산화탄소(CO_2)를 이용하여 포를 발생시킨다.

㉮ 반응식

$6NaHCO_3$[A제] + $Al_2(SO_4)_3$ [B제] + $18H_2O$ → $3Na_2SO_4 + 2Al(OH)_3 + 6CO_2 \uparrow + 18H_2O \uparrow$

㉯ 포 안정제 : 카세인, 젤라틴, 사포닝, 가수분해 단백질, 계면활성제 등

(나) 공기포(기계포) : 기제로 사용하는 용액(동식물 성분의 가수분해 생성물, 계면활성제)을 물에 희석한 것을 기계적으로 교란시키면서 공기를 흡입하여 포를 발생시킨다.

㉮ 단백포 소화약제 : 기포 안정제로 염화제일철염을 사용하며 내열성이 강하며 가격이 저렴하지만 유동 및 내유성이 매우 나쁘다.

㉯ 합성 계면활성제포 소화약제 : 계면활성제를 기제로 하며 유동성이 빠르고, 쉽게 변질되지 않아 반영구적이다. A급 화재, B급 화재에 적응한다.

㉰ 수성막포 소화약제 : 인체에 유해하지 않으며, 유동성이 좋아 소화속도가 빠르다. 단백포에 비해 3배 효과가 있으며 기름화재 진압용으로 가장 우수하다.

㉱ 불화단백포 소화약제 : 플루오르계 계면활성제를 물과 혼합하여 제조한 것으로 수명이 길지만 가격이 고가이다.

㉲ 내알코올포 소화약제 : 알코올과 같은 수용성 액체에는 포가 파괴되는 현상으로

인해 소화효과를 잃게 되되는 것을 방지하기 위해 단백질 가스분해물에 합성세제를 혼합하여 제조한 소화약제이다.

(7) 분말 소화약제

방습 처리한 미세한 건조분말에 유동성을 갖게 하기 위해 분산매체를 첨가한 것으로 분말약제를 연소물에 방사하면 화재열로 생성된 이산화탄소(CO_2), 수증기(H_2O), 메타인산(HPO_3) 등에 의한 질식효과와 냉각효과를 이용하는 소화약제이다.

약제의 종류	주성분	화학반응식	분말색상	적응화재
제1종 소화 분말	중탄산나트륨	$2NaHCO_3 \rightarrow Na_2CO_3 + H_2O + CO_2$	백색	B.C
제2종 소화 분말	중탄산칼륨	$2KHCO_3 \rightarrow K_2CO_3 + H_2O + CO_2$	자색	B.C
제3종 소화 분말	제1인산암모늄	$NH_4H_2PO_4 \rightarrow HPO_3 + NH_3 + H_2O$	담홍색	A.B.C
제4종 소화 분말	중탄산칼륨+요소	$2KHCO_3 + (NH_2)_2CO \rightarrow K_2CO_3 + 2NH_3 + 2CO_2$	회색	B.C

단원 예상문제

1. 물이 소화약제로 쓰이는 이유로 가장 거리가 먼 것은?

① 쉽게 구할 수 있다. ② 제거소화가 잘 된다.
③ 취급이 간편하다. ④ 기화잠열이 크다.

해설 소화약제로 물의 장점
㉮ 증발(기화)잠열이 539kcal/kg으로 매우 크다.
㉯ 냉각소화에 효과적이다.
㉰ 쉽게 구할 수 있고 비용이 저렴하다.
㉱ 취급이 간편하다.

2. 제4류 위험물의 화재 시 물을 이용한 소화를 시도하기 전에 고려해야 하는 위험물의 성질로 가장 옳은 것은?

① 수용성, 비중 ② 증기비중, 끓는점
③ 색상, 발화점 ④ 분해온도, 녹는점

해설 제4류 위험물은 인화성 액체로 물에 녹는지 여부(수용성)와 물보다 가벼운지, 무거운지를 판단하는 비중을 고려해야 한다. 물에 녹는 수용성인 경우 물을 소화제로 사용하면 냉각효과와 함께 희석효과를 기대할 수 있는 반면, 비수용성이며 비중이 1보다 작은(물보다 가벼운 경우) 경우에는 화재를 확대시킬 위험이 있으므로 물을 소화제로 사용하는 것은 부적합하다.

3. 물은 냉각소화가 주된 대표적인 소화약제이다. 물의 소화효과를 높이기 위하여 무상주수를 함으로써 부가적으로 작용하는 소화효과로 이루어진 것은?

① 질식 소화작용, 제거 소화작용
② 질식 소화작용, 유화 소화작용
③ 타격 소화작용, 유화 소화작용
④ 타격 소화작용, 피복 소화작용

해설 물은 화재 시 봉상주수하여 증발잠열을 이용한 냉각소화가 주된 소화효과지만, 안개모양으로 무상주수를 하여 산소를 차단시키는 질식효과와 유류 화재 시에 뿌려진 물이 얇은 막을 형성하여 유류 표면을 뒤덮는 유화효과도 갖는다.

4. 물의 소화능력을 향상시키고 동절기 또는 한랭지에서도 사용할 수 있도록 탄산칼륨 등의 알칼리 금속염을 첨가한 소화약제는?

① 강화액
② 할로겐화합물
③ 이산화탄소
④ 포(Foam)

해설 강화액 소화약제의 특징

㉮ 물에 탄산칼륨(K_2CO_3)을 용해하여 빙점을 −30℃ 정도까지 낮추어 겨울철 및 한랭지에서도 사용할 수 있도록 한 소화약제이다.
㉯ 소화약제의 구성은 '물+K_2CO_3'으로 pH12 정도의 알칼리성이다.
㉰ 축압식(소화약제+압축공기)과 가압식으로 구분한다.
㉱ 소화효과는 냉각소화, 부촉매효과(억제효과), 일부 질식소화이다.

| 변형된 출제문제 |

4-1 강화액 소화약제인 주성분에 해당하는 것은? [16. 2회]

① K_2CO_3
② K_2O_2
③ CaO_2
④ $KBrO_3$

해설 강화액 소화약제의 주성분은 탄산칼륨(K_2CO_3)이다.

4-2 탄산칼륨을 물에 용해시킨 강화액 소화약제의 pH에 가장 가까운 값은? [16. 4회]

① 1 ② 4 ③ 7 ④ 12

해설 강화액 소화약제의 주성분인 탄산칼륨(K_2CO_3)은 pH12 정도로 알칼리성을 나타낸다.

4-3 강화액 소화약제의 주된 소화 원리에 해당하는 것은? [16. 4회]

① 냉각 소화
② 절연 소화
③ 제거 소화
④ 발포 소화

해설 강화액 소화약제의 구성은 '물+탄산칼륨(K_2CO_3)'으로 주된 소화원리(소화효과)는 냉각소화이며 일부 억제소화 및 질식소화의 효과가 있다.

답 4-1 ① 4-2 ④ 4-3 ①

5. 이산화탄소가 소화약제로 사용되는 이유에 대한 설명으로 가장 옳은 것은?

① 산소와의 반응이 느리기 때문이다.
② 산소와 반응하지 않기 때문이다.
③ 착화되어도 곧 불이 꺼지기 때문이다.
④ 산화반응이 되어도 열 발생이 없기 때문이다.

해설 이산화탄소(CO_2)는 산소와 반응하지 않는 불연성 가스로 공기 중의 산소 농도를 낮추어 질식소화의 효과를 나타내므로 물을 사용할 수 없는 전기설비화재 등에 사용한다.

6. 이산화탄소 소화약제에 관한 설명 중 틀린 것은?

① 소화약제에 의한 오손이 없다.
② 소화약제 중 증발잠열이 가장 크다.
③ 전기절연성이 있다.
④ 장기간 저장이 가능하다.

해설 소화약제 중 증발잠열이 가장 큰 것은 물이다.

참고 0℃에서의 증발잠열은 이산화탄소가 56kcal/kg, 물은 597kcal/kg이다.

7. 위험물 제조소 등에 설치하는 이산화탄소 소화설비의 소화약제 저장용기 설치장소로 적합하지 않은 곳은?

① 방호구역 외의 장소
② 온도가 40℃ 이하이고 온도 변화가 적은 장소
③ 빗물이 침투할 우려가 적은 장소
④ 직사일광이 잘 들어오는 장소

해설 이산화탄소 소화약제 저장용기는 직사광선 및 빗물이 침투할 우려가 없는 곳에 설치하여야 한다.

8. 화재 시 이산화탄소를 사용하여 공기 중 산소의 농도를 21 vol%에서 13 vol%로 낮추려면 공기 중 이산화탄소의 농도는 약 몇 vol%가 되어야 하는가?

① 34.3
② 38.1
③ 42.5
④ 45.8

해설 공기 중 산소의 체적비율이 21%인 상태에서 이산화탄소(CO_2)에 의하여 산소농도가 감소되는 것이고, 산소농도가 감소되어 발생되는 차이가 공기 중 이산화탄소의 농도가 된다.

$$\therefore CO_2 = \frac{21 - O_2}{21} \times 100 = \frac{21 - 13}{21} \times 100 = 38.095\,\%$$

9. Halon 1301 소화약제에 대한 설명으로 틀린 것은?

① 저장 용기에 액체상으로 충전한다.
② 화학식을 CF_3Br이다.
③ 비점이 낮아서 기화가 용이하다.
④ 공기보다 가볍다.

해설 할론 1301(CF_3Br) 특징

㉮ 무색, 무취이고 액체 상태로 저장 용기에 충전한다.
㉯ 비점이 낮아서 기화가 용이하며, 상온에서 기체이다.
㉯ 할론 소화약제 중 독성이 가장 적은 반면 오존파괴지수가 가장 높다.
㉰ 전기전도성이 없고, 기체 비중이 5.17로 공기보다 무거워 심부화재에 효과적이다.
㉱ 소화 시 시야를 방해하지 않기 때문에 피난 시에 방해가 없다.

10. 다음은 어떤 화합물의 구조식인가?

```
      Cl
      |
H — C — H
      |
      Br
```

① 할론 1301　② 할론 1201　③ 할론 1011　④ 할론 2402

해설 ㉮ 할론(Halon)−abcd → "탄·불·염·취"로 암기
㉠ a : 탄소(C)의 수　㉡ b : 불소(F)의 수　㉢ c : 염소(Cl)의 수　㉣ d : 취소(Br : 브롬)의 수
㉯ 주어진 구조식에서 탄소(C) 1개, 불소(F) 0개, 염소(Cl) 1개, 취소(Br : 브롬) 1개이므로 할론 1011에 해당된다.

| 변형된 출제문제 |

10-1 Halon 1001의 화학식에서 수소원자의 수는? [16. 4회]

① 0　② 1　③ 2　④ 3

해설 할로겐화합물은 탄소(C) 원자에 4개의 원자들이 연결되어 있어야 하는데 Halon 1001은 탄소(C) 1개, 취소(Br 브롬) 1개만 존재하므로 3개의 자리가 비워져 있고 그 자리에는 수소(H) 원자가 채워져야 한다. 그러므로 Halon 1001의 분자식은 CH_3Br이 되고 수소(H) 원자의 수는 3개가 된다.

10-2 할로겐 화합물의 소화약제 중 할론 2402의 화학식은? [15. 1회]

① $C_2Br_4F_2$　② $C_2Cl_4F_2$　③ $C_2Cl_4Br_2$　④ $C_2F_4Br_2$

해설 주어진 할론 번호에서 탄소(C) 2개, 불소(F) 4개, 염소(Cl) 0개, 취소(Br : 브롬) 2개이므로 할론 2402에 해당되는 화학식(분자식)은 $C_2F_4Br_2$이다.

10-3 Halon 1211에 해당하는 물질의 분자식은? [15. 5회]

① CBr_2FCl　② CF_2ClBr　③ CCl_2FBr　④ FC_2BrCl

해설 할론 번호 '1211'에서 탄소(C) 1개, 불소(F) 2개, 염소(Cl) 1개, 취소(Br : 브롬) 1개이므로 화학식(분자식)은 CF_2ClBr이다.

답 10-1 ④　10-2 ④　10-3 ②

11. 다음 중 오존층 파괴지수가 가장 큰 것은?

① Halon 104　② Halon 1211　③ Halon 1301　④ Halon 2402

해설 할로겐 화합물의 오존층 파괴지수(ODP) : 오존층 파괴지수의 숫자가 클수록 오존파괴 정도가 크다는 의미이다.

구 분	오존층 파괴지수	구 분	오존층 파괴지수
Halon 104	1.1	Halon 1301($CBrF_3$)	10
Halon 1211($CBrClF_2$)	3.0	Halon 2402($C_2Br_2F_4$)	6.0

12. 불활성기체 소화약제의 기본 성분이 아닌 것은?

① 헬륨 ② 질소
③ 불소 ④ 아르곤

해설 "불활성기체소화약제"란 헬륨, 네온, 아르곤 또는 질소가스 중 하나 이상의 원소를 기본성분으로 하는 소화약제를 말한다.

13. 공기포 소화약제가 아닌 것은?

① 단백포 소화약제
② 합성 계면활성제포 소화약제
③ 화학포 소화약제
④ 수성막포 소화약제

해설 포 소화약제의 분류
㉮ 화학포 소화약제 : 탄산수소나트륨($NaHCO_3$)의 수용액과 황산알루미늄($Al_2(SO_4)_3$) 수용액과의 화학 반응에 따라 발생하는 이산화탄소(CO_2)를 이용하여 포를 발생시킨다.
㉯ 공기포(기계포) 소화약제 : 기제로 사용하는 용액(동식물 성분의 가수분해 생성물, 계면활성제)을 물에 희석한 것을 기계적으로 교란시키면서 공기를 흡입하여 포를 발생시키는 것으로 단백포 소화약제, 합성 계면활성제포 소화약제, 수성막포 소화약제, 내알코올포 소화약제 등이 있다.

14. 유류화재 소화 시 분말소화약제를 사용할 경우 소화 후에 재발화 현상이 가끔씩 발생할 수 있다. 다음 중 이러한 현상을 예방하기 위하여 병용하여 사용하면 가장 효과적인 포 소화약제는?

① 단백포 소화약제
② 수성막포 소화약제
③ 알코올형포 소화약제
④ 합성 계면활성제포 소화약제

해설 공기포(기계포) 소화약제의 종류 및 특징
㉮ 단백포 소화약제 : 기포 안정제로 염화제일철염을 사용하며 내열성이 강하며 가격이 저렴하지만 유동 및 내유성이 매우 나쁘다.
㉯ 합성 계면활성제포 소화약제 : 계면활성제를 기제로 하며 유동성이 빠르고, 쉽게 변질되지 않아 반영구적이다. A급 화재, B급 화재에 적응한다.
㉰ 수성막포 소화약제 : 인체에 유해하지 않으며, 유동성이 좋아 소화속도가 빠르다. 단백포에 비해 3배 효과가 있으며 기름화재 진압용으로 가장 우수하다.
㉱ 불화단백포 소화약제 : 플루오르계 계면활성제를 물과 혼합하여 제조한 것으로 수명이 길지만 가격이 고가이다.
㉲ 내알코올포 소화약제 : 알코올과 같은 수용성 액체에는 포가 파괴되는 현상으로 인해 소화효과를 잃게 되는 것을 방지하기 위해 단백질 가스분해물에 합성세제를 혼합하여 제조한 소화약제이다.

15. 물과 친화력이 있는 수용성 용매의 화재에 보통의 포 소화약제를 사용하면 포가 파괴되기 때문에 소화효과를 잃게 된다. 이와 같은 단점을 보완한 소화약제로 가연성인 수용성 용매의 화재에 유효한 효과를 가지고 있는 것은?

① 알코올형포 소화약제　② 단백포 소화약제
③ 합성 계면활성제포 소화약제　④ 수성막포 소화약제

해설 알코올형포(내알코올포) 소화약제 : 알코올과 같은 수용성 액체에는 포가 파괴되는 현상으로 인해 소화효과를 잃게 되는 것을 방지하기 위해 단백질 가스분해물에 합성세제를 혼합하여 제조한 소화약제이다.

| 변형된 출제문제 |

15-1 화재 시 내알코올포 소화약제를 사용하는 것이 가장 적합한 위험물은? [12. 1회]

① 아세톤　② 휘발유　③ 경유　④ 등유

해설 ㉮ 내알코올포 소화약제 : 알코올과 같은 수용성 액체에 적합한 소화약제이다.
㉯ 각 위험물의 성질

품 명	성 질	품 명	성 질
아세톤	수용성	경유	비수용성
휘발유	비수용성	등유	비수용성

답 15-1 ①

16. 제1종, 제2종, 제3종 분말 소화약제의 주성분에 해당하지 않는 것은?

① 탄산수소나트륨　② 황산마그네슘　③ 탄산수소칼륨　④ 인산암모늄

해설 분말소화약제의 종류 및 적응화재

분말 종류	주성분	적응화재	착 색
제1종	중탄산나트륨[탄산수소나트륨]($NaHCO_3$: 중조)	B.C	백색
제2종	중탄산칼륨[탄산수소칼륨]($KHCO_3$)	B.C	자색(보라색)
제3종	제1인산암모늄($NH_4H_2PO_4$)	A.B.C	담홍색
제4종	중탄산칼륨+요소($KHCO_3+(NH_2)_2CO$)	B.C	회색

| 변형된 출제문제 |

16-1 제1종 분말 소화약제의 주성분으로 사용되는 것은? [15. 5회]

① $KHCO_3$　② H_2SO_4　③ $NaHCO_3$　④ $NH_4H_2PO_4$

16-2 제3종 분말소화약제의 주요 성분에 해당하는 것은? [12. 1회]

① 인산암모늄　② 탄산수소나트륨
③ 탄산수소칼륨　④ 요소

답 16-1 ③　16-2 ①

17. A급, B급, C급 화재에 모두 적용이 가능한 소화약제는?

① 제1종 분말소화약제 ② 제2종 분말소화약제
③ 제3종 분말소화약제 ④ 제4종 분말소화약제

해설 분말소화약제의 적응화재

종 류	적응화재	착 색	종 류	적응화재	착 색
제1종 분말	B.C	백색	제3종 분말	A.B.C	담홍색
제2종 분말	B.C	자색	제4종 분말	B.C	회색

| 변형된 출제문제 |

17-1 제1종 분말 소화약제의 적응화재 종류는 어느 것인가? [15. 4회]

① A급 ② B.C급 ③ A.B급 ④ A.B.C급

17-2 B, C급 화재뿐만 아니라 A급 화재까지도 사용이 가능한 분말 소화약제는 어느 것인가? [15. 2회]

① 제1종 분말 소화약제 ② 제2종 분말 소화약제
③ 제3종 분말 소화약제 ④ 제4종 분말 소화약제

답 17-1 ② 17-2 ③

18. 식용유 화재 시 제1종 분말 소화약제를 이용하여 화재의 제어가 가능하다. 이때의 소화원리에 가장 가까운 것은?

① 촉매효과에 의한 질식소화
② 비누화 반응에 의한 질식소화
③ 요오드화에 의한 냉각소화
④ 가스분해 반응에 의한 냉각소화

해설 유지(기름)를 가수분해시켜 지방산을 염으로 만들 때 알칼리(Na)를 충분히 넣어주면 쉽게 가수분해가 이루어지고 비누화가 되기 때문에 식용유 화재의 제어가 가능하며, 제1종 분말소화약제가 여기에 해당된다.

19. 분말 소화약제 중 제1종과 제2종 분말이 각각 열분해될 때 공통적으로 생성되는 물질은?

① N_2, CO_2 ② N_2, O_2
③ H_2O, CO_2 ④ H_2O, N_2

해설 분말 소화약제의 열분해 반응식

㉮ 제1종 : $2NaHCO_3 \rightarrow NaCO_3 + CO_2 + H_2O$
㉯ 제2종 : $2KHCO_3 \rightarrow K_2CO_3 + CO_2 + H_2O$
㉰ 제3종 : $NH_4H_2PO_4 \rightarrow HPO_3 + NH_3 + H_2O$
㉱ 제4종 : $2KHCO_3 + (NH_2)_2CO \rightarrow K_2CO_3 + 2NH_3 + 2CO_2$

| 변형된 출제문제 |

19-1 제3종 분말 소화약제의 열분해 반응식을 옳게 나타낸 것은? [15. 1회]

① $NH_4H_2PO_4 \rightarrow HPO_3 + NH_3 + H_2O$
② $2KNO_3 \rightarrow 2KNO_2 + O_2$
③ $KClO_4 \rightarrow KCl + 2O_2$
④ $2CaHCO_3 \rightarrow 2CaO + H_2CO_3$

19-2 제3종 분말 소화약제의 열분해 시 생성되는 메타인산의 화학식은? [16. 1회]

① H_3PO_4　　② HPO_3
③ $H_4P_2O_7$　　④ $CO(NH_2)_2$

해설 ㉮ 제3종 분말 소화약제 주성분인 제1인산암모늄($NH_4H_2PO_4$)의 열분해 시 생성되는 것은 메타인산(HPO_3), 암모니아(NH_3), 물(H_2O)이다.
㉯ 반응식 : $NH_4H_2PO_4 \rightarrow HPO_3 + NH_3 + H_2O$

답 19-1 ① 19-2 ②

20. 위험물 안전관리법령상 분말소화설비의 기준에서 규정한 전역방출방식 또는 국소방출방식 분말 소화설비의 가압용 또는 축압용 가스에 해당하는 것은?

① 네온 가스　　② 아르곤 가스
③ 수소 가스　　④ 이산화탄소 가스

해설 분말소화설비의 가압용 또는 축압용 가스[세부기준 136조] : 질소 또는 이산화탄소

정답 1. ② 2. ① 3. ② 4. ① 5. ② 6. ② 7. ④ 8. ② 9. ④ 10. ③ 11. ③ 12. ③ 13. ③ 14. ② 15. ① 16. ② 17. ③ 18. ② 19. ③ 20. ④

2 소화약제별 소화효과

① 물 : 냉각효과
② 산·알칼리 소화약제 : 냉각효과
③ 강화액 소화약제 : 냉각소화, 부촉매효과, 일부질식효과
④ 이산화탄소 소화약제 : 질식효과, 냉각효과
⑤ 할로겐화합물 소화약제 : 억제효과(부촉매효과)
⑥ 포 소화약제 : 질식효과, 냉각효과
⑦ 분말 소화약제 : 질식효과, 냉각효과, 제3종 분말소화약제는 부촉매효과도 있음

단원 예상문제

1. 강화액 소화약제의 주된 소화 원리에 해당하는 것은?

① 냉각 소화　　② 절연 소화
③ 제거 소화　　④ 발포 소화

해설 강화액 소화약제의 구성은 '물+탄산칼륨(K_2CO_3)'으로 주된 소화원리(소화효과)는 냉각소화이며 일부 억제소화(부촉매효과) 및 질식소화의 효과가 있다.

2. 할로겐화합물 소화약제의 가장 주된 소화효과에 해당하는 것은?

① 제거 효과
② 억제 효과
③ 냉각 효과
④ 질식 효과

해설 할로겐화합물 소화약제의 주된 소화효과는 억제효과(부촉매효과)에 해당된다.

3. 소화효과에 대한 설명으로 틀린 것은?

① 기화잠열이 큰 소화약제를 사용할 경우 냉각소화 효과를 기대할 수 있다.
② 이산화탄소에 의한 소화는 주로 질식소화로 화재를 진압한다.
③ 할로겐화합물 소화약제는 주로 냉각소화를 한다.
④ 분말 소화약제는 질식효과와 부촉매효과 등으로 화재를 진압한다.

4. 소화약제에 따른 주된 소화효과로 틀린 것은?

① 수성막포 소화약제 : 질식효과
② 제2종 분말소화약제 : 탈수탄화효과
③ 이산화탄소 소화약제 : 질식효과
④ 할로겐화합물 소화약제 : 화학억제효과

해설 분말 소화약제의 주된 소화효과는 질식효과와 냉각효과이다.

5. 소화효과 중 부촉매효과를 기대할 수 있는 소화약제는?

① 물 소화약제
② 포 소화약제
③ 분말 소화약제
④ 이산화탄소 소화약제

해설 분말 소화약제의 소화효과는 질식효과와 냉각효과이지만 제3종 분말 소화약제는 부촉매효과도 있다.

정답 1. ① 2. ② 3. ③ 4. ② 5. ③

Chapter 04

소화기 및 사용법

4-1 소화기의 종류 및 특성

1 포말(泡沫 : foam) 소화기

(1) 화학포

① A제 : 중조, 탄산소다, 가성소다, 석명사, 아미노벤젠, 단백질, 기타 유기물의 화합물

② B제 : 황산알루미늄

③ 기포 안정제 : 카세인, 젤라틴, 사포닝, 가수분해 단백질, 계면활성제 등

④ 반응식 : $6NaHCO_3$[A제] + $Al_2(SO_4)_3$ [B제] + $18H_2O$

$\rightarrow 3Na_2SO_4 + 2Al(OH)_3 + 6CO_2\uparrow + 18H_2O\uparrow$

(2) 기계포

① 구조

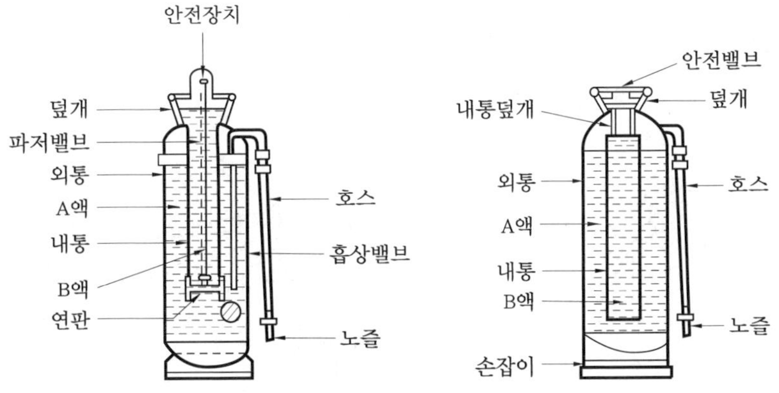

기계포 소화기 구조

② 특징

(가) 거품의 pH가 평균 7.4로 중성포(中性泡)이므로 기물의 손상이 없다.

(나) 방사시간은 1분, 방사거리는 10m 이상이다.

(다) 다량의 기포로 재연소 방지에 강력한 효과가 있다.

③ 용도 : 일반 화재(목재, 섬유류 등), 유류 화재

(3) 포의 성질로서 갖추어야 할 조건

① 화재면에 부착성이 있을 것
② 열에 대한 센막을 가지고 유동성이 있을 것
③ 바람 등에 견디고 응집성과 안정성이 있을 것

(4) 포말 소화기 유지 및 관리사항

① 사용 후에는 즉시 내외면 및 호스 내부를 깨끗이 세척할 것
② 액온이 5℃ 이하가 되지 않도록 보온조치를 할 것
③ 운반 시에 전도 및 전락을 방지할 것
④ 전기화재에는 사용하지 말 것

2 분말 소화기(드라이케미컬)

미세한 건조분말을 이용하는 것으로 분말에는 자체 압력이 없기 때문에 가압원(N_2, CO_2 등)이 필요한 소화기이다.

(1) 종류

① 축압식 : 철제로 제작된 용기 내부에 분말 소화약제를 충진하고 방출 압력원으로 질소가스를 충전한 것으로 압력계가 부착되어 있다.
② 가스가압식(봄베식) : 용기 내부 또는 외부에 소화약제 방출원인 이산화탄소(CO)를 충전하여 이용하는 것이다.

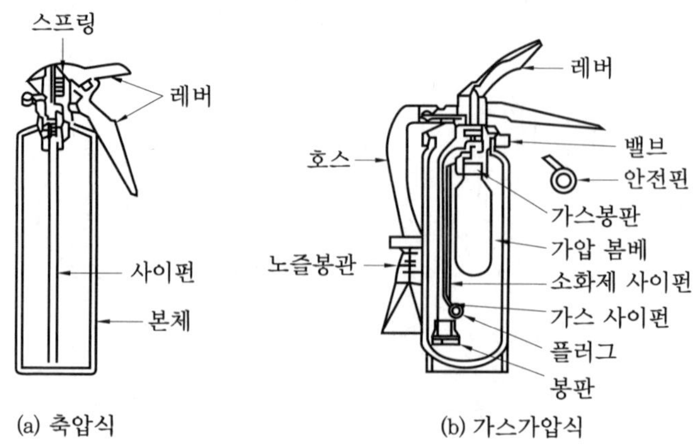

(a) 축압식　　(b) 가스가압식

분말소화기 구조

(2) 소화약제의 종류

① 제1종 소화약제 : 주성분은 중탄산나트륨($NaHCO_3$: 중조)으로 질식, 냉각효과가 있으며 백색 분말이고 가격이 저렴한 편이다. 습기 방지제로 스테아르산 아연, 스테아르산 알루미늄을 사용하고 B급, C급 화재에 유효하다.

$$2NaHCO_3 \rightarrow Na_2CO_3 + H_2O + CO_2$$

② 제2종 소화약제 : 주성분은 중탄산칼륨($KHCO_3$)으로 자색(보라색)으로 착색되어 있으며 중탄산나트륨보다 약 2배의 소화효과가 있으며 B급, C급 화재에 유효하다.

$$2KHCO_3 \rightarrow K_2CO_3 + H_2O + CO_2$$

③ 제3종 소화약제 : 주성분은 제1인산암모늄($NH_4H_2PO_4$)으로 담홍색으로 착색되어 있으며 ABC급 화재에 유효하여 ABC 소화기로 불려진다. 메타인산(HPO_3)에 의하여 약품 자체가 방염성을 가지고 있으며 금속 비누, 실리콘 수지로 표면처리를 하여 방습성을 가지고 있다.

$$NH_4H_2PO_4 \rightarrow HPO_3 + NH_3 + H_2O$$

④ 제4종 소화약제 : 주성분은 중탄산칼륨+요소[$KHCO_3 + (NH_2)_2CO$]로 회색으로 착색되어 있으며 B급, C급 화재에 유효하다.

$$2KHCO_3 + (NH_2)_2CO \rightarrow K_2CO_3 + 2NH_3 + 2CO_2$$

(3) 특징

① 신속한 진화작용, 소염작용 및 휘발물과 연소물에 대한 피복작용을 하므로 재연소를 방지하기에 효과적이다.

② 어떤 종류의 화재에도 모두 사용이 가능하며 특히 B급, C급 화재에 효과가 뛰어나다.

③ 소화 후 기물 손상이 없어 피해가 적은 편이다.

(4) 용도

① ABC급 화재 : 제3종 분말소화기

② BC급 화재 : 제1종 분말소화기, 제2종 분말소화기, 제3종 분말소화기, 제4종 분말소화기

3 할로겐 화합물 소화기

할로겐 화합물 소화약제의 효과는 억제 효과(부촉매 효과), 희석 효과, 냉각 효과이다. 증발성 액체는 비점이 낮아 연소물에 뿌리면 바로 기화하면서 공기보다 무거운 불연성 기체가 되어 연소물을 덮어 공기와의 접촉을 차단하는 소화 방법이다.

(1) 특성

① 할로겐 원소의 부촉매 효과가 큰 순서 : 옥소(I) > 불소(F) > 취소(Br) > 염소(Cl)

② 할로겐 화합물의 3대 소화 효과 : 질식소화, 부촉매소화, 냉각소화

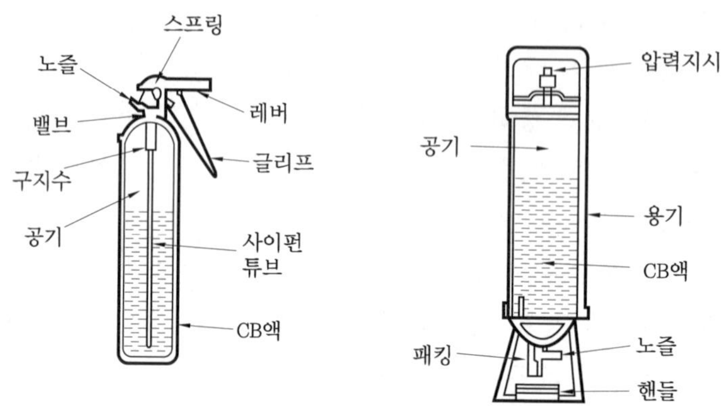

할로겐화합물 소화기 구조

(2) 종류

① 일염화일취화메탄(CH_2ClBr) 소화기 : 할론 1011

㈎ 할론 1011(CH_2ClBr : 일염화일브롬화메탄)로, 일명 CB 소화기라 한다.

㈏ 무색, 투명하고 특이한 냄새가 나는 불연성 액체이다.

㈐ 사염화탄소(CCl_4)에 비해 약 3배의 소화능력이 있다.

㈑ 금속에 대한 부식성이 있다.

㈒ 유류화재, 화학약품 화재, 전기 화재 등에 사용한다.

㈓ 방사 후에는 밸브를 확실히 폐쇄하여 내압이나 소화제의 누출을 방지한다.

㈔ 액은 연소면에 직사로 하여 한쪽으로부터 순차적으로 소화한다.

② 이취화사불화에탄($CBrF_2 \cdot CBrF_2$) 소화기 : 할론 2402

㈎ 할론 2402($C_2F_4Br_2$: 이브롬화사플루오르화메탄)로, 일명 FB 소화기라 한다.

㈏ 사염화탄소(CCl_4)나 일염화일취화메탄(CH_2ClBr)에 비교해서 우수하다.

㈐ 독성과 부식성이 비교적 적고, 내절연성도 양호하다.

③ 사염화탄소(CCl_4) 소화기

㈎ 사염화탄소(CCl_4)를 압축압력으로 방사하며, 일명 CTC 소화기라 한다.

㈏ 협소한 실내에서 사용할 경우 유독가스에 의한 인체장애에 주의하여야 한다.

㈐ 금속을 부식시키므로 용기사용에 주의한다.

㈑ 지하층, 무창층, 밀폐된 거실 또는 사무실로서 바닥면적이 $20m^2$ 미만인 곳에서는 사용을 금지한다.

(마) 사염화탄소 소화기를 사용할 때 유독성 가스인 포스겐($COCl_2$)이 생성되는 반응식

㉮ 건조한 공기 중에서 : $2CCl_4 + O_2 \rightarrow 2COCl_2 + 2Cl_2$

㉯ 습한 공기 중에서 : $CCl_4 + H_2O \rightarrow COCl_2 + 2HCl$

㉰ 탄산가스 중에서 : $CCl_4 + CO_2 \rightarrow 2COCl_2$

㉱ 산화철이 존재할 때 : $3CCl_4 + Fe_2O_3 \rightarrow 3COCl_2 + 2FeCl_3$

④ 브로모트리플루오르메탄(CF_3Br) 소화기 : 할론 1301

(가) 할론 1301(CF_3Br : 일브롬화삼플루오르화메탄)로, 독성이 있다.

(나) 할론 소화약제 중 독성이 가장 적은 반면 오존파괴지수가 가장 높다.

⑤ 브로모클로로디플루오르메탄(CF_2ClBr) 소화기 : 할론 1211

(가) 할론 1211(CF_2ClBr : 일브롬화일염화이플루오르화메탄)로, 일명 BCF 소화기라 한다.

(나) 알루미늄 및 금속에 대한 부식성이 존재한다.

4 이산화탄소(CO_2 ; 탄산가스) 소화기

불연성 가스인 이산화탄소(탄산가스)를 고압으로 압축하여 액화한 것으로, 가스 상태로 방사하여 질식과 냉각효과를 이용한 것으로 자체 압력을 이용하므로 별도의 압력원이 필요하지 않다.

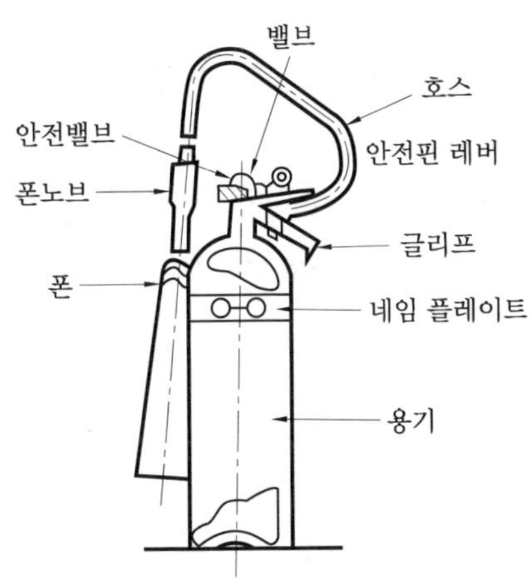

이산화탄소 소화기 구조

(1) 특징

① 많은 가연성 물질이 연소하는 A급 화재에는 효과가 적으나, 가연물이 소량이고 그 표면만을 연소할 때는 산소 억제에 효과가 있다.

② 소규모의 인화성 액체 화재(B급 화재)나 부전도성의 소화제를 필요로 하는 전기설비 화재(C급 화재)에 그 효력이 크다.

③ 전기 절연성이 공기보다 1.2배 정도 우수하고, 피연소물에 피해를 주지 않아 소화 후 증거보존에 유리하다.

④ 방사거리가 짧아 화점에 접근하여 사용하여야 하며, 금속분에는 연소면 확대로 사용을 제한한다.

5 강화액 소화기

① 물에 탄산칼륨(K_2CO_3)이라는 알칼리 금속 염류를 용해한 고농도의 수용액을 질소가스를 이용하여 방출한다.

② 어는점(빙점)을 -30℃ 정도까지 낮추어 겨울철 및 한랭지에서도 사용할 수 있다.

③ A급 화재에 적응성이 있으며 무상주수(분무)로 하면 B급, C급 화재에도 적응성이 있다.

6 산·알칼리 소화기

중탄산나트륨($NaHCO_3$)과 황산(H_2SO_4)의 화학반응으로 생긴 탄산가스(이산화탄소 : CO_2)를 압력원으로 사용한다.

7 간이 소화제

① 마른 모래(건조사) : 습기가 생기지 않도록 주의하며 저장소 내에서 삽, 양동이 등 부속 기구를 비치하여야 한다.

② 팽창질석 및 팽창진주암 : 발화점이 낮은 알킬알루미늄 등의 화재에 사용하는 불연성 고체로 가열하면 1000~1400℃에서 10~15배 팽창되므로 매우 가볍다.

단원 예상문제

1. 질식소화 효과를 주로 사용하는 소화기는?

① 포 소화기
② 강화액 소화기
③ 수(물) 소화기
④ 할로겐화합물 소화기

해설 포(foam) 소화기는 화학포 소화기와 기계포(공기포) 소화기로 분류되며, 방출되는 거품으로 연소물의 덮어 산소를 차단하는 질식소화 효과를 이용하는 소화기이다.

2. 분말소화기의 소화약제로 사용되지 않는 것은?

① 탄산수소나트륨 ② 탄산수소칼륨
③ 과산화나트륨 ④ 인산암모늄

해설 분말소화약제의 종류 및 적응화재

분말 종류	주성분	적응화재	착색
제1종	중탄산나트륨[탄산수소나트륨]($NaHCO_3$: 중조)	B.C	백색
제2종	중탄산칼륨[탄산수소칼륨]($KHCO_3$)	B.C	자색(보라색)
제3종	제1인산암모늄($NH_4H_2PO_4$)	A.B.C	담홍색
제4종	중탄산칼륨+요소[$KHCO_3$+$(NH_2)_2CO$]	B.C	회색

참고 과산화나트륨(Na_2O_2) : 제1류 위험물(산화성 고체) 중 무기과산화물에 해당되며, 가열하면 분해되어 산화나트륨(Na_2O)과 산소(O_2)가 발생되는 성질이 있다.

3. BCF 소화기의 약제를 화학식으로 옳게 나타낸 것은?

① CCl_4 ② CH_2ClBr ③ CF_3Br ④ CF_2ClBr

해설 할로겐화합물 소화기 분류

분 류	소화기 명칭	화학식
CTC 소화기	사염화탄소 소화기	CCl_4
CB 소화기	할론 1011 소화기	CH_2ClBr
MTB 소화기	할론 1301 소화기	CF_3Br
BCF 소화기	할론 1211 소화기	CF_2ClBr
FB 소화기	할론 2402 소화기	$C_2F_4Br_2$

참고 BCF는 할로겐화합물 소화약제 중에서 탄소(C), 불소(F), 염소(Cl), 취소(Br : 브롬)를 모두 포함하는 것으로 할론 1211(CF_2ClBr)이다.

4. 이산화탄소 소화기의 특징에 대한 설명으로 틀린 것은?

① 소화약제에 의한 오손이 거의 없다.
② 약제 방출 시 소음이 없다.
③ 전기화재에 유효하다.
④ 장시간 저장해도 물성의 변화가 거의 없다.

해설 이산화탄소 소화기의 특징

㉮ 소화 후 소화약제에 의한 물품의 오손이 거의 없다.
㉯ 전기 절연성이고 장시간 저장해도 물성의 변화가 거의 없다.
㉰ 한랭지에서도 동결의 우려가 없다.
㉱ 자체 압력으로 방출되기 때문에 방출용 동력이 필요하지 않다.
㉲ 약제 방출 시 소음이 발생한다.

5. 화재 시 사용하면 독성의 $COCl_2$ 가스를 발생시킬 위험이 가장 높은 소화약제는?

① 액화이산화탄소
② 제1종 분말
③ 사염화탄소
④ 공기포

해설 ㉮ 사염화탄소(CCl_4) 소화약제를 사용할 때 유독성 가스인 포스겐($COCl_2$)이 생성될 위험성이 있다.
㉯ 반응식 : $2CCl_4 + O_2 \rightarrow 2COCl_2 + 2Cl_2$

6. Mg, Na의 화재에 이산화탄소 소화기를 사용하였다. 화재 현장에서 발생되는 현상은?

① 이산화탄소가 부착면을 만들어 질식소화 된다.
② 이산화탄소가 방출되어 냉각소화 된다.
③ 이산화탄소가 Mg, Na과 반응하여 화재가 확대된다.
④ 부촉매 효과에 의해 소화된다.

해설 ㉮ 제2류 위험물인 마그네슘(Mg)과 제3류 위험물인 나트륨(Na)의 화재에 이산화탄소 소화기를 사용하면 가연성물질인 탄소(C)를 발생시켜 화재를 확대시킨다.
㉯ 반응식 : $2Mg + CO_2 \rightarrow 2MgO + C$

7. 강화액 소화기에 대한 설명이 아닌 것은?

① 알칼리 금속염류가 포함된 고농도의 수용액이다.
② A급 화재에 적응성이 있다.
③ 어는점이 낮아서 동절기에도 사용이 가능하다.
④ 물의 표면장력을 강화시킨 것으로 심부화재에 효과적이다.

해설 강화액 소화기 특징
㉮ 물에 탄산칼륨(K_2CO_3)이라는 알칼리 금속 염류를 용해한 고농도의 수용액을 질소가스를 이용하여 방출한다.
㉯ 어는점(빙점)을 −30℃ 정도까지 낮추어 겨울철 및 한랭지에서도 사용할 수 있다.
㉰ A급 화재에 적응성이 있으며 무상주수(분무)로 하면 B급, C급 화재에도 적응성이 있다.

| 변형된 출제문제 |

7-1 영하 20℃ 이하의 겨울철이나 한랭지에서 사용하기에 적합한 소화기는? [14. 4회]

① 분무 주수 소화기
② 봉상 주수 소화기
③ 물 주수 소화기
④ 강화액 소화기

해설 강화액 소화기는 물에 탄산칼륨(K_2CO_3)을 용해하여 빙점을 −30℃ 정도까지 낮추어 겨울철 및 한랭지에서도 사용할 수 있도록 한 것이다.

답 7-1 ④

정답 1. ① 2. ③ 3. ④ 4. ② 5. ③ 6. ③ 7. ④

4-2 화재 종류 및 소화기 사용법

1 화재 종류 및 적응 소화기

(1) 화재의 종류에 따른 적응 소화기

화재의 종류에 따른 적응 소화기

구분	화재의 종류	색상	적응 소화기 종류
A급	일반화재	백색	물 소화기, 산·알칼리 소화기, 강화액 소화기, 포말 소화기, ABC 분말소화기
B급	유류 및 가스화재	황색	강화액 소화기(분무), 분말 소화기, 포말 소화기, 이산화탄소 소화기, 할로겐화합물 소화기
C급	전기화재	청색	강화액 소화기(분무), 분말 소화기, 이산화탄소 소화기, 할로겐화합물 소화기
D급	금속화재	–	마른 모래(건조사), 팽창질석, 팽창진주암

(2) 소화기 외부 표시사항

① 소화기의 명칭 ② 적응화재 표시 ③ 사용방법
④ 용기합격 및 중량 표시 ⑤ 취급상 주의사항 ⑥ 능력다위
⑦ 제조연월일

2 소화기 사용 및 관리

(1) 소화기의 공통적 적용 사항

① 바닥으로부터 1.5m 이하의 높이가 되도록 비치할 것
② 통행이나 피난에 지장이 없고, 사용 시 쉽게 지출할 수 있는 곳에 비치할 것
③ 각 소화제가 동결, 변질 또는 분출할 염려가 없는 곳에 비치할 것
④ 설치된 지점은 잘 보일 수 있도록 '소화기' 표시를 할 것

(2) 소화기 사용방법

① 적응화재에만 사용할 것
② 성능에 따라 불 가까이 접근하여 사용할 것
③ 바람을 등지고 풍상(風上)에서 풍하(風下)의 방향으로 소화작업을 할 것
④ 소화는 양옆으로 비로 쓸 듯이 골고루 방사할 것

(3) 소화기 관리 시 주의사항

① 겨울철에는 소화약제가 동결되지 않도록 보온에 유의한다.

② 넘어지지 않게 안전한 장소에 비치한다.

③ 사용 후에는 내외부를 깨끗이 닦고, 허가받은 업체에서 검정품을 재충전한다.

④ 온기가 적은 서늘하고 건조한 장소에 비치한다.

⑤ 소화기 상부의 레버부분에는 어떠한 물품도 올려놓지 않도록 한다.

⑥ 비상시에 대비하여 1년에 1~2회에 걸쳐 약제의 변질 상태 및 가압가스 용기 내의 가스 유무를 점검하도록 한다.

⑦ 소화기의 뚜껑은 완전히 잠그고, 반드시 안전하게 봉인하도록 한다.

단원 예상문제

1. 어떤 소화기에 "ABC"라고 표시되어 있을 때 사용할 수 없는 화재는?

① 금속화재 ② 유류화재 ③ 전기화재 ④ 일반화재

해설 화재 종류의 표시

구분	화재 종류	표시 색	구분	화재 종류	표시 색
A급	일반화재	백색	C급	전기화재	청색
B급	유류화재	황색	D급	금속화재	–

2. 소화기에 "A–2"로 표시되어 있었다면 숫자 "2"가 의미하는 것은 무엇인가?

① 소화기의 제조번호 ② 소화기의 소요단위

③ 소화기의 능력단위 ④ 소화기의 사용순위

해설 소화기 표시 "A–2" 의미

㉮ A : 소화기의 적응 화재 → A급 화재로 일반화재

㉯ 2 : 소화기의 능력 단위

3. 다음 중 소화기 사용방법으로 잘못된 것은?

① 적응 화재에 따라 사용할 것 ② 성능에 따라 방출거리 내에서 사용할 것

③ 바람을 마주보며 소화할 것 ④ 양옆으로 비로 쓸 듯이 방사할 것

해설 소화기 사용방법

㉮ 적응화재에만 사용할 것

㉯ 성능에 따라 불 가까이 접근하여 사용할 것

㉰ 바람을 등지고 풍상(風上)에서 풍하(風下)의 방향으로 소화작업을 할 것

㉱ 소화는 양옆으로 비로 쓸 듯이 골고루 방사할 것

정답 1. ① 2. ③ 3. ③

Chapter 05

위험물 화재

5-1 화재예방 및 소화방법

1 제1류 위험물

(1) 화재 예방

① 가열, 충격, 마찰을 피하고 분해를 촉진시키는 약품류와의 접촉을 멀리하여 분해를 일으키는 조건을 제거한다.

② 열원이 될 수 있는 것이나 산화되기 쉬운 물질은 격리하여 저장한다.

③ 복사열이 없고, 환기가 잘 되며 서늘한 곳에 저장한다.

④ 용기의 파손으로 인한 위험물의 유출에 주의한다.

⑤ 조해성(潮解性) 물질은 방습에 주의한다.

⑥ 무기과산화물은 물과의 접촉을 피한다.

참고 조해성(潮解性) : 고체가 대기 중의 수분(습기)을 흡수하여 스스로 녹는 성질이다.

(2) 소화 방법

① 산화제의 분해를 억제해야 하므로, 물로 냉각시켜 분해온도 이하로 낮추어 가연물의 연소를 막는다.

② 질식효과용의 소화제는 효과가 없으므로, 대부분 주수소화를 한다.

③ 과산화물이 물과 접촉하면 위험하므로 마른 모래 등으로 덮어 씌워 질식소화한다.

2 제2류 위험물

(1) 화재 예방

① 산화제와의 접촉을 피한다.

② 불꽃, 기타 고온체의 접근, 가열을 피한다.

③ 금속분은 ②항 외에 물, 습기, 산을 피한다.

④ 용기의 파손, 위험물의 누출에 주의한다.

(2) 소화 방법

① 금속분 이외의 것은 주수에 의하여 냉각소화한다.
② 금속분은 마른 모래 등을 덮어 씌워 질식소화한다.

3 제3류 위험물

(1) 화재 예방

① 용기의 파손, 부식을 방지한다.
② 얼음, 물 등 수분의 접촉을 피한다.
③ 소분하여 저장하는 것이 좋다.
④ 보호액 중에 저장할 경우에는 보호액이 유출되지 않도록 한다.

(2) 소화 방법

① 주수소화는 절대로 금지한다.
② 마른 모래나 이불, 담요 등으로 덮어 씌워 질식소화한다.

4 제4류 위험물

(1) 화재 예방

① 가연성 액체는 인화점 이하를 유지하여 저장한다.
② 액체 및 증기의 누출을 방지한다.
③ 증기는 높은 곳으로 배출되도록 충분히 통풍을 시킨다.
④ 용기, 기기(특히 밸브) 등의 누전을 방지한다.
⑤ 밀폐된 용기 속에 혼합기가 생기지 않도록 한다.
⑥ 정전기, 불꽃의 발생을 방지한다.

(2) 소화 방법

① 공기를 차단하는 것이 제일 좋다.
② 연소물질을 제거한다.
③ 액체를 인화점 이하로 냉각시킨다.
④ 소화제의 사용은 각각의 효력을 고려하여 사용한다.
⑤ 소형 소화기 여러 개보다는 같은 양이라도 대형 소화기를 사용하는 것이 더 효과적이다.

5 제5류 위험물

(1) 화재 예방

① 실온의 상승이나 습기에 주의하여 저장한다.

② 통풍을 양호하게 유지한다.

③ 가열, 충격, 마찰을 피한다.

④ 불꽃, 고온체의 접근을 피한다.

⑤ 운반 용기의 포장에 '화기엄금', '충격주의' 등의 표시를 한다.

(2) 소화 방법

① 제5류 위험물은 다른 유의 위험물에 비해 그 연소속도가 매우 빠르고 폭발적이므로 소화가 매우 어렵다.

② 제5류 위험물은 화재 예방에서 특히 세심한 주의가 요구된다.

6 제6류 위험물

(1) 화재 예방

① 가연물이나 분해를 촉진시키는 약품류와의 접촉을 피한다.

② 용기의 파손에 주의하며, 위험물이 유출되어 다른 물질과 혼합되지 않도록 한다.

③ 물과의 접촉을 피한다.

(2) 소화 방법

① 주수소화는 적합하지 않지만, 안개 형태의 주수가 효과적일 경우도 있다.

② 모래, 탄산가스로 소화하는 것이 좋다.

③ 사염화탄소는 산화되어 매우 유독한 포스겐을 발생하므로, 지하실이나 창이 없는 곳에서는 사용하지 않는다.

5-2 화재 발생 시 조치 방법

1 제1류 위험물

(1) 아염소산염류

포 소화약제, 다량의 물로 소화한다.

(2) 염소산염류, 과염소산염류

주수소화가 효과적이다.

(3) 무기과산화물류

① 과산화나트륨 : 건조사(마른 모래)에 의한 피복질식소화
② 과산화칼륨, 과산화마그네슘 : 건조사(마른 모래)에 의한 질식소화
③ 과산화칼슘 : 건조사(마른 모래)에 의한 질식소화, 주수 소화 일부 가능
④ 과산화바륨 : 탄산가스(CO_2), 건조사(마른 모래)에 의한 질식소화

(4) 질산염류

① 질산나트륨, 질산칼륨, 질산암모늄 : 주수소화에 의한 냉각소화

2 제2류 위험물

① 황화린 : 탄산가스(CO_2), 건조사(마른 모래), 분말 소화약제에 의한 질식소화
② 적린 : 주수 소화에 의한 냉각소화, 건조사(마른 모래)에 질식소화
③ 유황 : 다량의 물이나 탄산가스(CO_2), 건조사(마른 모래) 등의 질식소화
④ 철분 : 탄산수소염류 분말 소화약제, 건조사(마른 모래)에 의한 질식소화
⑤ 금속분(알루미늄, 아연) : 마른 모래에 의한 질식소화
⑥ 마그네슘 : 마른 모래에 의한 질식소화

3 제3류 위험물

① 칼륨 : 건조사(마른 모래), 분말 소화약제 사용(물과 반응 시 수소 가스 발생)
② 나트륨 : 건조사(마른 모래), 분말 소화약제 사용(물 소화약제 절대 엄금)
③ 알킬알루미늄, 알킬리튬 : 건조사(마른 모래)에 의한 질식소화
④ 황린 : 주수소화(단, 물 소화약제 고압 방사 절대 금지), 건조사(마른 모래)
⑤ 알칼리금속, 알칼리토금속 : 건조사(마른 모래)에 의한 질식소화
⑥ 인화석회, 탄화칼슘, 탄화알루미늄 : 건조사(마른 모래)에 의한 질식소화

4 제4류 위험물

① 수용성 위험물 : 내알코올포 사용

참고 수용성 위험물

아세톤, 초산메틸에스테르류, 의산에스테르류, 메틸알코올, 에탄올, 메틸에틸케톤, 피리딘, 초산, 글리세린, 에틸렌글리콜

② 비수용성 위험물 : 공기 차단에 의한 질식소화

③ 이황화탄소 : 이산화탄소, 할론 소화약제, 분말 소화약제에 의한 질식소화

5 제5류 위험물

① 유기과산화물(과산화벤조일) : 다량의 물로 냉각소화하는 것이 효과적이다. 소량일 경우 이산화탄소, 소화 분말, 마른 모래, 소다회를 사용한다.

② 질산에스테르류, 니트로화합물 : 다량의 물로 냉각소화

6 제6류 위험물

산화성 액체로 다량의 물로 희석소화가 효과적이다.

단원 예상문제

1. 제1류 위험물인 과산화나트륨의 보관 용기에 화재가 발생하였다. 소화약제로 가장 적당한 것은?

① 포 소화약제

② 물

③ 마른 모래

④ 이산화탄소

해설 과산화나트륨(Na_2O_2 : 제1류 위험물)은 흡습성이 있으며 물과 반응하여 많은 열과 함께 산소(O_2)가 발생하므로 소화 시 주수소화는 부적합하므로 마른 모래(건조사)를 이용하여 소화한다.

| 변형된 출제문제 |

1-1 과산화나트륨의 화재 시 물을 사용한 소화가 위험한 이유는? [15. 4회]

① 수소와 열을 발생하므로

② 산소와 열을 발생하므로

③ 수소를 발생하고 이 가스가 폭발적으로 연소하므로

④ 산소를 발생하고 이 가스가 폭발적으로 연소하므로

해설 ㉮ 과산화나트륨(Na_2O_2)은 제1류 위험물로 물(H_2O)과 반응하여 많은 열과 함께 산소(O_2)가 발생하므로 소화 시 주수소화는 부적합하다.

㉯ 반응식 : $2Na_2O_2 + 2H_2O \rightarrow 4NaOH + O_2 \uparrow$

답 1-1 ②

2. 제2류 위험물에 대한 설명으로 옳지 않은 것은?

① 대부분 물보다 가벼우므로 주수소화는 어려움이 있다.
② 점화원으로부터 멀리하고 가열을 피한다.
③ 금속분은 물과의 접촉을 피한다.
④ 용기 파손으로 인한 위험물의 누설에 주의한다.

해설 제2류 위험물의 성질은 가연성 고체로 물보다 무거운 것들이 대부분이고 황화린, 철분, 금속분, 마그네슘 외의 품명은 화재 시 주수소화가 효과적이다(황화린, 철분, 금속분, 마그네슘은 건조사를 이용하여 소화).

3. 금속분의 화재 시 주수해서는 안 되는 이류로 가장 옳은 것은?

① 산소가 발생하기 때문에
② 수소가 발생하기 때문에
③ 질소가 발생하기 때문에
④ 유독가스가 발생하기 때문에

해설 ㉮ 금속분(제2류 위험물, 지정수량 500kg)은 물(H_2O)과 접촉하면 반응하여 가연성인 수소(H_2)를 발생하여 폭발의 위험이 있기 때문에 주수소화는 부적합하므로 건조사(마른 모래)를 이용한다.
㉯ 알루미늄(Al)분과 물의 반응식 : $2Al + 6H_2O \rightarrow 2Al(OH)_3 + 3H_2 \uparrow$

4. 위험물의 소화방법으로 적합하지 않은 것은?

① 적린은 다량의 물로 소화한다.
② 황화인의 소규모 화재 시에는 모래로 질식 소화한다.
③ 알루미늄분은 다량의 물로 소화한다.
④ 황의 소규모 화재 시에는 모래로 질식 소화한다.

해설 제3류 위험물 중 금속분에 해당되는 알루미늄분은 물과 접촉하면 가연성 가스인 수소(H_2)가 발생하므로 물을 이용한 소화방법은 부적합하다.

5. 알킬알루미늄의 소화방법으로 가장 적합한 것은?

① 팽창질석에 의한 소화
② 알코올포에 의한 소화
③ 주수에 의한 소화
④ 산·알칼리 소화약제에 의한 소화

해설 알킬알루미늄
㉮ 제3류 위험물로 금수성물질에 해당되며, 물, 산·알칼리, 알코올과 반응하여 가연성가스를 발생한다.
㉯ 적응성이 있는 소화설비는 탄산수소염류 분말소화설비 및 분말소화기, 건조사, 팽창질석 또는 팽창진주암이다.

6. 위험물의 저장창고에 화재가 발생하였을 때 주수(注水)에 의한 소화가 오히려 더 위험한 것은?

① 염소산칼륨
② 과염소산나트륨
③ 질산암모늄
④ 탄화칼슘

해설 탄화칼슘(CaC_2)
㉮ 제3류 위험물로 탄화칼슘 자체는 불연성이지만 물과 반응하여 가연성 가스인 아세틸렌(C_2H_2)이 발생되기 때문에 주수에 의한 소화는 화재를 확대시킨다.
㉯ 적응성이 있는 소화설비 : 탄산수소염류 분말소화설비 및 분말소화기, 건조사, 팽창질석 또는 팽창진주암

7. 휘발유의 소화방법으로 옳지 않은 것은?

① 분말 소화약제를 사용한다.
② 포 소화약제를 사용한다.
③ 물통 또는 수조로 주수소화를 한다.
④ 이산화탄소에 의한 질식소화를 한다.

해설 휘발유(제4류 위험물 중 제1석유류)는 비수용성이기 때문에 소화방법은 포말소화나 탄산가스, 분말을 이용한 질식소화가 효과적이다.

8. 제5류 위험물의 화재 시 소화방법에 대한 설명으로 옳은 것은?

① 가연성 물질로서 연소속도가 빠르므로 질식소화가 효과적이다.
② 할로겐화합물 소화기가 적응성이 있다.
③ CO_2 및 분말소화기가 적응성이 있다.
④ 다량의 주수에 의한 냉각소화가 효과적이다.

해설 제5류 위험물(자기반응성 물질)은 가연성 물질이며 그 자체가 산소를 함유하고 있으므로 질식소화가 불가능하므로 다량의 주수에 의한 냉각소화가 효과적이다.

9. 제6류 위험물의 화재예방 및 진압대책으로 적합하지 않은 것은?

① 가연물과의 접촉을 피한다.
② 과산화수소를 장기 보존할 때는 유리용기를 사용하여 밀전한다.
③ 옥내소화전설비를 사용하여 소화할 수 있다.
④ 물분무 소화설비를 사용하여 소화할 수 있다.

해설 제6류 위험물은 산화성 액체로 가연물과의 접촉을 피하고 화재 시 주수소화가 효과적이다.
참고 유리용기는 알칼리성으로 과산화수소(H_2O_2)의 분해를 촉진하므로 장기 보존하지 않아야 한다.

정답 1. ③ 2. ① 3. ② 4. ③ 5. ① 6. ④ 7. ③ 8. ④ 9. ②

위험물의 종류 및 성질

Chapter 01

위험물의 종류

1-1 위험물 용어

1 위험물 안전관리법 총칙

(1) 목적 및 적용 제외 [법 제1조 및 제3조]

① 목적 : 위험물 안전관리법은 위험물의 저장·취급 및 운반과 이에 따른 안전관리에 관한 사항을 규정함으로써 위험물로 인한 위해를 방지하여 공공의 안전을 확보함을 목적으로 한다.

② 적용 제외 : 위험물 안전관리법은 항공기·선박(선박법에 따른 선박을 말한다)·철도 및 궤도에 의한 위험물의 저장·취급 및 운반에 있어서는 이를 적용하지 아니한다.

(2) 용어의 정의 [법 제2조]

① 위험물 : 인화성 또는 발화성 등의 성질을 가지는 것으로서 대통령령으로 정하는 물품을 말한다.

② 지정수량 : 위험물의 종류별로 위험성을 고려하여 대통령령이 정하는 수량으로서 '제조소등'의 설치허가 등에 있어서 최저의 기준이 수량을 말한다.

③ 제조소 : 위험물을 제조할 목적으로 지정수량 이상의 위험물을 취급하기 위하여 법 제6조 제1항의 규정에 따른 허가를 받은 장소를 말한다.

④ 저장소 : 지정수량 이상의 위험물을 저장하기 위한 대통령령이 정하는 장소로서 법 제6조 제1항의 규정에 따른 허가를 받은 장소를 말한다.

⑤ 취급소 : 지정수량 이상의 위험물을 제조 외의 목적으로 취급하기 위한 대통령령으로 정하는 장소로서 법 제6조 제1항의 규정에 따른 허가를 받은 장소를 말한다.

⑥ 제조소등 : 제조소, 저장소 및 취급소를 말한다.

2 위험물 및 지정수량

(1) 위험물 및 지정수량 [시행령 별표1]

위험물			지정수량
유 별	성 질	품 명	
제1류	산화성 고체	1. 아염소산염류	50kg
		2. 염소산염류	
		3. 과염소산염류	
		4. 무기과산화물	
		5. 브롬산염류	300kg
		6. 질산염류	
		7. 요오드산염류	
		8. 과망간산염류	1000kg
		9. 중크롬산염류	
		10. 그 밖에 행정안전부령으로 정하는 것 : 과요오드산염류, 과요오드산, 크롬·납 또는 요오드의 산화물, 아질산염류, 차아염소산염류, 염소화이소시아눌산, 퍼옥소이황산염류, 퍼옥소붕산염류	50kg, 300kg 또는 1000kg
		11. 제1호 내지 제10호의 1에 해당하는 어느 하나 이상을 함유한 것	
제2류	가연성 고체	1. 황화린	100kg
		2. 적린	
		3. 유황	
		4. 철분	500kg
		5. 금속분	
		6. 마그네슘	
		7. 그 밖에 행정안전부령으로 정하는 것	100kg 또는 500kg
		8. 제1호 내지 제7호의 1에 해당하는 어느 하나 이상을 함유한 것	
		9. 인화성고체	1000kg

제3류	자연발화성 물질 및 금수성 물질	1. 칼륨		10kg
		2. 나트륨		
		3. 알킬알루미늄		
		4. 알킬리튬		
		5. 황린		20kg
		6. 알칼리금속(칼륨 및 나트륨을 제외한다) 및 알칼리금속		50kg
		7. 유기금속화합물(알킬알루미늄 및 알킬리튬을 제외한다)		
		8. 금속의 수소화물		300kg
		9. 금속의 인화물		
		10. 칼슘 또는 알루미늄의 탄화물		
		11. 그 밖의 행정안전부령으로 정하는 것 : 염소규소화화합물		10kg, 20kg, 50kg 또는 300kg
		12. 제1호 내지 제11호의 1에 해당하는 어느 하나 이상을 함유한 것		
제4류	인화성 액체	1. 특수인화물		50L
		2. 제1석유류	비수용성액체	200L
			수용성액체	400L
		3. 알코올류		
		4. 제2석유류	비수용성액체	1000L
			수용성액체	2000L
		5. 제3석유류	비수용성액체	
			수용성액체	4000L
		6. 제4석유류		6000L
		7. 동식물유류		10000L
제5류	자기반응성 물질	1. 유기과산화물		10kg
		2. 질산에스테르류		
		3. 니트로화합물		200kg
		4. 니트로소화합물		
		5. 아조화합물		
		6. 디아조화합물		
		7. 히드라진유도체		
		8. 히드록실아민		100kg
		9. 히드록실아민염류		
		10. 그 밖에 행정안전부령으로 정하는 것 : 금속의 아지화합물, 질산구아니딘		10kg, 100kg 또는 200kg
		11. 제1호 내지 제10호의 1에 해당하는 어느 하나 이상을 함유한 것		

제6류	산화성 액체	1. 과염소산	300kg
		2. 과산화수소	
		3. 질산	
		4. 그 밖에 행정안전부령으로 정하는 것 : 할로겐간화합물[오불화요오드(IF_5), 오불화브롬(BrF_5), 삼불화브롬(BrF_3)]	
		5. 제1호 내지 제4호의 1에 해당하는 어느 하나 이상을 함유한 것	

㈜ 위험물 유별 성질, 품명에 따른 세부명칭 및 지정수량 등은 반드시 암기하여야 할 항목임

(2) 2가지 이상 포함하는 물품(복수성상 물품)이 속하는 품명 [시행령 별표1]

① 산화성고체 및 가연성고체의 성상을 가지는 경우 : 제2류 가연성고체의 품명

② 산화성고체 및 자기반응성물질의 성상을 가지는 경우 : 제5류 자기반응성물질의 품명

③ 가연성고체와 자연발화성물질 및 금수성물질의 성상을 가지는 경우 : 제3류 자연발화성물질 및 금수성물질의 품명

④ 자연발화성물질, 금수성물질 및 인화성액체의 성상을 가지는 경우 : 제3류 자연발화성물질 및 금수성물질의 품명

⑤ 인화성액체 및 자기반응성물질의 성상을 가지는 경우 : 제5류 자기반응성물질의 품명

(3) 지정수량 미만인 위험물의 저장 취급 [법 제4조]

지정수량 미만인 위험물의 저장 또는 취급에 관한 기술상의 기준은 특별시·광역시·특별자치시·도 및 특별자치도(이하 "시·도"라 한다)의 조례로 정한다.

(4) 위험물의 저장 및 취급의 제한 [법 제5조]

① 지정수량 이상의 위험물을 저장소·제조소등이 아닌 장소에서 저장·취급하여서는 아니 된다.

② 제조소등이 아닌 장소에서 지정수량 이상의 위험물을 취급할 수 있는 경우(임시로 저장 또는 취급하는 장소의 기준과 위치·구조 및 설비의 기준은 시·도의 조례로 정한다.)

㈎ 시·도의 조례에 따라 관할소방서장의 승인을 받아 지정수량 이상의 위험물을 90일 이내의 기간 동안 임시로 저장 또는 취급하는 경우

㈏ 군부대가 지정수량 이상의 위험물을 군사목적으로 임시로 저장 또는 취급하는 경우

③ 둘 이상의 위험물을 같은 장소에서 저장 또는 취급하는 경우에 각 위험물의 수량을 그 위험물의 지정수량으로 각각 나누어 얻은 수의 합계가 1 이상인 경우 지정수량 이상의 위험물로 본다.

단원 예상문제

1. 위험물 안전관리법의 목적으로 잘못된 설명된 것은?

① 위험물의 저장·취급에 따른 안전관리에 관한 사항을 규정한다.
② 위험물의 운반에 따른 안전관리에 관한 사항을 규정한다.
③ 위험물을 사용할 때에 따른 안전관리에 관한 사항을 규정한다.
④ 위험물로 인한 위해를 방지하여 공공의 안전을 확보한다.

해설 위험물 안전관리법의 목적[법 제1조] : 위험물 안전관리법은 위험물의 저장·취급 및 운반과 이에 따른 안전관리에 관한 사항을 규정함으로써 위험물로 인한 위해를 방지하여 공공의 안전을 확보함을 목적으로 한다.

2. 위험물 안전관리법의 적용 제외와 관련된 내용으로 ( ) 안에 알맞은 것을 모두 나타낸 것은?

> 위험물 안전관리법은 ( )에 의한 위험물의 저장 · 취급 및 운반에 있어서는 이를 적용하지 아니한다.

① 항공기·선박(선박법 제1조의2 제1항에 따른 선박을 말한다)·철도 및 궤도
② 항공기·선박(선박법 제1조의2 제1항에 따른 선박을 말한다)·철도
③ 항공기·철도 및 궤도
④ 철도 및 궤도

해설 적용제외[법 제3조] : 위험물 안전관리법은 항공기·선박(선박법 규정에 따른 선박을 말한다)·철도 및 궤도에 의한 위험물의 저장·취급 및 운반에 있어서는 이를 적용하지 아니한다.

3. 위험물 안전관리법에서 정의하는 다음 용어는 무엇인가?

> "인화성 또는 발화성 등의 성질을 가지는 것으로서 대통령령이 정하는 물품을 말한다."

① 위험물 ② 인화성물질
③ 자연발화성물질 ④ 가연물

해설 위험물의 정의[법 제2조] : 위험물은 인화성 또는 발화성 등의 성질을 가지는 것으로서 대통령령으로 정하는 물품을 말한다.

4. 위험물의 유별과 성질을 잘못 연결한 것은?

① 제2류 - 가연성 고체 ② 제3류 - 자연발화성 및 금수성 물질
③ 제5류 - 자기반응성물질 ④ 제6류 - 산화성 고체

해설 위험물의 유별 성질

㉮ 제1류 위험물 : 산화성 고체 ㉯ 제2류 위험물 : 가연성 고체
㉰ 제3류 위험물 : 자연발화성 및 금수성 물질 ㉱ 제4류 위험물 : 인화성 액체
㉲ 제5류 위험물 : 자기반응성 물질 ㉳ 제6류 위험물 : 산화성 액체

5. 위험물 안전관리법에서 사용하는 용어의 정의 중 틀린 것은?

① "지정수량"은 위험물의 종류별로 위험성을 고려하여 대통령령이 정하는 수량이다.
② "제조소"라 함은 위험물을 제조할 목적으로 지정수량 이상의 위험물을 취급하기 위하여 규정에 따라 허가를 받은 장소이다.
③ "저장소"라 함은 지정수량 이상의 위험물을 저장하기 위한 대통령령이 정하는 정소로서 규정에 따라 허가를 받은 장소를 말한다.
④ "제조소등"이라 함은 제조소, 저장소 및 이동탱크를 말한다.

해설 용어의 정의[법 제2조]

㉮ "위험물"이라 함은 인화성 또는 발화성 등의 성질을 가지는 것으로서 대통령령이 정하는 물품을 말한다.
㉯ "지정수량"이라 함은 위험물의 종류별로 위험성을 고려하여 대통령령이 정하는 수량으로서 '제조소등'의 설치허가 등에 있어서 최저의 기준이 수량을 말한다.
㉰ "제조소"라 함은 위험물을 제조할 목적으로 지정수량 이상의 위험물을 취급하기 위하여 법 제6조 제1항의 규정에 따른 허가를 받은 장소를 말한다.
㉱ "저장소"라 함은 지정수량 이상의 위험물을 저장하기 위한 대통령령이 정하는 장소로서 법 제6조 제1항의 규정에 따른 허가를 받은 장소를 말한다.
㉲ "취급소"라 함은 지정수량 이상의 위험물을 제조 외의 목적으로 취급하기 위한 대통령령으로 정하는 장소로서 법 제6조 제1항의 규정에 따른 허가를 받은 장소를 말한다.
㉳ "제조소등"이라 함은 제조소·저장소 및 취급소를 말한다.

| 변형된 출제문제 |

5-1 다음 중 위험물 제조소등의 종류가 아닌 것은? [15. 5회]

① 간이탱크 저장소 ② 일반 취급소
③ 이송 취급소 ④ 이동판매 취급소

해설 취급소는 주유취급소, 판매취급소, 이송취급소, 일반취급소가 해당되며 이동판매취급소는 법 규정에는 없는 것이다.

답 5-1 ④

6. 다음 중 지정수량이 가장 큰 것은?

① 과염소산칼륨 ② 트리니트로톨루엔
③ 황린 ④ 유황

해설 각 위험물의 지정수량

품 명		지정수량
과염소산칼륨($KClO_4$)	제1류 위험물 과염소산염류	50kg
트리니트로톨루엔[$C_6H_2CH_3(NO_2)_3$]	제5류 위험물 니트로화합물	200kg
황린	제3류 위험물	20kg
유황	제2류 위험물	100kg

7. 위험물 안전관리법령상 지정수량이 다른 하나는?

① 인화칼슘　　② 루비듐
③ 칼슘　　④ 차아염소산칼륨

해설 각 위험물 지정수량

품 명		지정수량
인화칼슘(Ca_3P_2)	제3류 위험물 금속의 인화물	300kg
루비듐(Rb)	제3류 위험물 알칼리금속	50kg
칼슘(Ca)	제3류 위험물 칼슘 또는 알루미늄의 탄화물	300kg
차아염소산칼륨(KClO)	제1류 위험물	300kg

㈜ 차아염소산칼륨은 제1류 위험물 중 행정안전부령으로 정하는 것[시행규칙 제3조]에 해당된다.

8. 복수의 성상을 가지는 위험물에 대한 품명지정의 기준상 유별의 연결이 틀린 것은?

① 산화성 고체의 성상 및 가연성 고체의 성상을 가지는 경우 : 가연성 고체
② 산화성 고체의 성상 및 자기반응성물질의 성상을 가지는 경우 : 자기반응성물질
③ 가연성 고체의 성상과 자연발화성물질의 성상을 가지는 경우 : 자연발화성물질 및 금수성물질
④ 인화성 액체의 성상 및 자기반응성물질의 성상을 가지는 경우 : 인화성 액체

해설 복수성상 물품에 속하는 품명[시행령 별표1]

㉮ 산화성고체 및 가연성고체의 성상을 가지는 경우 : 제2류 가연성고체의 품명
㉯ 산화성고체 및 자기반응성물질의 성상을 가지는 경우 : 제5류 자기반응성물질의 품명
㉰ 가연성고체와 자연발화성물질 및 금수성물질의 성상을 가지는 경우 : 제3류 자연발화성물질 및 금수성물질의 품명
㉱ 자연발화성물질, 금수성물질 및 인화성액체의 성상을 가지는 경우 : 제3류 자연발화성물질 및 금수성물질의 품명
㉲ 인화성액체 및 자기반응성물질의 성상을 가지는 경우 : 제5류 자기반응성물질의 품명

9. 과산화벤조일과 과염소산의 지정수량의 합은 몇 kg 인가?

① 310　　② 350
③ 400　　④ 500

해설 ㉮ 각 위험물의 지정수량

품 명	유 별	지정수량
과산화벤조일	제5류 위험물 중 유기과산화물	10kg
과염소산	제6류 위험물	300kg

㉯ 지정수량 합 계산
∴ 지정수량 합=10+300=310kg

10 위험물 안전관리법령상의 규제에 관한 설명 중 틀린 것은?

① 지정수량 미만의 위험물의 저장·취급 및 운반은 시·도 조례에 의하여 규제한다.
② 항공기에 의한 위험물의 저장·취급 및 운반은 위험물 안전관리법의 규제대상이 아니다.
③ 궤도에 의한 위험물의 저장·취급 및 운반은 위험물 안전관리법의 규제대상이 아니다.
④ 선박법의 선박에 의한 위험물의 저장·취급 및 운반은 위험물 안전관리법의 규제대상이 아니다.

해설 위험물 안전관리법

㉮ 적용제외[법 제3조] : 위험물 안전관리법은 항공기·선박법에 따른 선박·철도 및 궤도에 의한 위험물의 저장·취급 및 운반에 있어서는 적용하지 않는다.
㉯ 지정수량 미만인 위험물의 저장·취급(법 제4조) : 특별시·광역시·특별자치시·도 및 특별자치도(이하 "시·도"라 한다)의 조례로 정한다.
㉰ 지정수량 미만의 위험물 운반은 위험물 안전관리법의 적용을 받는다.

11. 시·도 조례가 정하는 바에 따라 관할 소방서장의 승인을 받아 지정수량 이상의 위험물을 제조소등이 아닌 장소에서 임시로 저장 또는 취급하는 기간은 최대 며칠 이내인가?

① 30 ② 60 ③ 90 ④ 120

해설 지정수량 이상의 위험물을 임시로 저장 또는 취급하는 기간[법 제5조] : 90일 이내

12. Ca_3P_2 600kg을 저장하려 한다. 지정수량의 배수는 얼마인가?

① 2배 ② 3배 ③ 4배 ④ 5배

해설 인화칼슘(Ca_3P_2)

㉮ 제3류 위험물로 지정수량은 300kg이다.
㉯ 지수량 배수 계산 : 지정수량 배수는 위험물량을 지정수량으로 나눈 값이다.

$$\therefore \text{지정수량 배수} = \frac{\text{위험물량}}{\text{지정수량}} = \frac{600}{300} = 2\text{ 배}$$

13. 옥내저장소에 질산 600L를 저장하고 있다. 저장하고 있는 질산은 지정수량의 몇 배인가? (단, 질산의 비중은 1.5 이다.)

① 1 ② 2 ③ 3 ④ 4

해설 질산(HNO_3)

㉮ 제6류 위험물로 지정수량은 300kg이다.
㉯ 질산 600L를 무게(kg)로 환산

$\therefore$ 무게 = 체적(L) × 비중 = 600 × 1.5 = 900kg

㉰ 지수량 배수 계산 : 지정수량 배수는 위험물량을 지정수량으로 나눈 값이다.

$$\therefore \text{지정수량 배수} = \frac{\text{위험물량}}{\text{지정수량}} = \frac{600}{300} = 3\text{ 배}$$

14. 특수인화물 200L와 제4석유류 12000L를 저장할 때 각각의 지정수량 배수의 합은 얼마인가?

① 3　　② 4
③ 5　　④ 6

해설 제4류 위험물 지정수량
㉮ 특수인화물 : 50L
㉯ 제4석유류 : 6000L
㉰ 지정수량 배수의 합 계산 : 지정수량 배수의 합은 각 위험물량을 지정수량으로 나눈 값의 합이다.

$$\therefore \text{지정수량 배수의 합} = \frac{A\text{위험물량}}{\text{지정수량}} + \frac{B\text{위험물량}}{\text{지정수량}} = \frac{200}{50} + \frac{12000}{6000} = 6$$

15. 니트로셀룰로오스 5kg과 트리니트로페놀을 함께 저장하려고 한다. 이때 지정수량 1배로 저장하려면 트리니트로페놀을 몇 kg 저장하여야 하는가?

① 5　　② 10
③ 50　　④ 100

해설 ㉮ 제5류 위험물의 품명 및 지정수량

품 명		지정수량
니트로셀룰로오스	질산에스테르류	10kg
트리니트로페놀(피크린산)	니트로화합물	200kg

㉯ 트리니트로페놀 저장량 계산 : 지정수량 배수의 합은 각 위험물량을 지정수량으로 나눈 값의 합이다.

$$\text{지정수량 배수의 합} = \frac{A\text{위험물량}}{\text{지정수량}} + \frac{B\text{위험물량}}{\text{지정수량}}$$

$$1 = \frac{5}{10} + \frac{x}{200}$$

$$1 - \frac{5}{10} = \frac{x}{200}$$

$$1 - 0.5 = \frac{x}{200}$$

$$\therefore x = 200 \times (1 - 0.5) = 100\,\text{kg}$$

정답 1. ③ 2. ① 3. ① 4. ④ 5. ④ 6. ② 7. ① 8. ④ 9. ① 10. ① 11. ③ 12. ① 13. ③ 14. ④ 15. ④

1-2 반응 생성물

1 가연성 가스를 발생하는 위험물

(1) 물과 반응하여 산소 및 가연성 가스를 발생하는 위험물

① 제1류 위험물 : 산화성 고체

(가) 무기과산화물

㉮ 과산화나트륨(Na_2O_2) : 물(H_2O)과 반응하여 열과 함께 산소(O_2)를 발생

$2Na_2O_2+2H_2O \rightarrow 4NaOH+O_2\uparrow+Q$[kcal]

㉯ 과산화칼륨(K_2O_2) : 물(H_2O)과 반응하여 산소(O_2)를 발생

$2K_2O_2+2H_2O \rightarrow 4KOH+O_2\uparrow$

㉰ 과산화마그네슘(MgO_2) : 물(H_2O)과 반응하여 발생기 산소[O]를 발생

$MgO_2+H_2O \rightarrow Mg(OH)_2+[O]$

㉱ 과산화바륨(BaO_2) : 온수(H_2O)에 분해되어 과산화수소(H_2O_2)와 산소(O_2)가 발생하면서 발열

$BaO_2+2H_2O \rightarrow Ba(OH)_2+H_2O_2$

$H_2O_2 \rightarrow H_2O+\frac{1}{2}O_2\uparrow$

② 제2류 위험물 : 가연성 고체

(가) 황화린 : 물(H_2O), 알칼리와 반응하여 황화수소(H_2S)가 발생

$P_2S_5+8H_2O \rightarrow 5H_2S+2H_3PO_4$

(나) 철분 : 물(H_2O)과 반응하여 수소(H_2)를 발생

$3Fe+4H_2O \rightarrow Fe_3O_4+4H_2\uparrow$

(다) 금속분

㉮ 알루미늄(Al)분 : 물(H_2O)과 반응하여 수소(H_2)를 발생

$2Al+6H2O \rightarrow 2Al(OH)_3+3H_2\uparrow$

(라) 마그네슘 : 온수(H_2O)와 반응하여 수소(H_2)를 발생

$Mg+2H_2O \rightarrow Mg(OH)_2+H_2\uparrow$

③ 제3류 위험물 : 자연발화성 물질 및 금수성 물질

(가) 칼륨 : 수분(H_2O)과 반응하여 수소(H_2)를 발생

$2K+2H_2O \rightarrow 2KOH+H_2\uparrow+9.8$kcal

(나) 나트륨 : 물(H_2O)이나 알코올 등과 격렬히 반응하여 수소(H_2)를 발생

$2Na + 2H_2O \rightarrow 2NaOH + H_2 \uparrow + 88.2kcal$

$2Na + 2C_2H_5OH \rightarrow 2C_2H_5ONa + H_2 \uparrow$

㈐ 알킬알루미늄

㉮ 트리메틸알루미늄[$(CH_3)_3Al$] : 물(H_2O)과 반응하여 메탄(CH_4) 가스를 발생

$(CH_3)_3Al + 3H_2O \rightarrow Al(OH)_3 + 3CH_4 \uparrow$

㉰ 트리에틸알루미늄[$(C_2H_5)_3Al$] : 물(H_2O)이나 알코올과 반응하여 에탄(C_2H_6) 가스를 발생

$(C_2H_5)_3Al + 3H_2O \rightarrow Al(OH)_3 + 3C_2H_6 \uparrow$

$(C_2H_5)_3Al + 3CH_3OH \rightarrow Al(CH_3O)_3 + 3C_2H_6 \uparrow$

㈑ 알칼리금속 : 리튬(Li), 루비듐(Rb), 세슘(Cs), 프랑슘(Fr)

㉮ 물(H_2O)과 반응하여 발열과 수소를 발생

$Li + H_2O \rightarrow LiOH + \frac{1}{2}H_2 \uparrow + 52.7kcal$

㈒ 알칼리토금속 : 베릴륨(Be), 칼슘(Ca), 스트론튬(Sr), 바륨(Ba), 라듐(Ra)

㉮ 칼슘(Ca) : 물(H_2O)과 반응하여 수소(H_2)를 발생하고 발열

$Ca + 2H_2O \rightarrow Ca(OH)_2 + H_2 \uparrow + 102kcal$

㈓ 금속의 수소화물

㉮ 수소화칼륨(KH) : 물(H_2O)과 반응하여 수소(H_2)를 발생

$KH + H_2O \rightarrow KOH + H_2 \uparrow$

㉯ 수소화붕소나트륨($NaBH_4$) : 물(H_2O)을 가하면 분해하여 수소를 발생

$NaBH_4 + 2H_2O \rightarrow NaBO_2 + H_2 \uparrow$

㉰ 수소화칼슘(CaH_2) : 물(H_2O)과 반응하여 수소를 발생하면서 발열

$CaH_2 + 2H_2O \rightarrow Ca(OH)_2 + 2H_2 \uparrow + 48kcal$

㈔ 칼슘

㉮ 탄화칼슘(CaC_2) : 물(H_2O)과 반응하여 아세틸렌(C_2H_2)이 발생

$CaC_2 + 2H_2O \rightarrow Ca(OH)_2 + C_2H_2 \uparrow + 27.8kcal$

㈕ 금속탄화물 : 물(H_2O)과 반응하여

㉮ 탄화알루미늄(Al_4C_3) : 메탄(CH_4)을 발생

$Al_4C_3 + 12H_2O \rightarrow 4Al(OH)_3 + 3CH_4 \uparrow$

㉯ 탄화망간(Mn_3C) : 메탄(CH_4)과 수소(H_2)가 발생

$Mn_3C + 6H_2O \rightarrow 3Mn(OH)_2 + CH_4 \uparrow + H_2 \uparrow$

㉰ 탄화나트륨(Na_2C_2) : 아세틸렌(C_2H_2)을 발생

$Na_2C_2 + 2H_2O \rightarrow 2NaOH + C_2H_2 \uparrow$

㉣ 탄화마그네슘(MgC_2) : 아세틸렌(C_2H_2) 발생

$MgC_2 + 2H_2O \rightarrow Mg(OH)_2 + C_2H_2 \uparrow$

(자) 탄화알루미늄(Al_4C_3) : 물과 반응하여 메탄(CH_4) 발생

$Al_4C_3 + 12H_2O \rightarrow 4Al(OH)_3 + 3CH_4 \uparrow + 360kcal$

④ 제4류 위험물 : 인화성 액체

(가) 특수인화물

㉮ 이황화탄소(CS_2) : 물과 150℃ 이상 가열하면 분해하여 황화수소(H_2S) 발생

$CS_2 + 2H_2O \rightarrow CO_2 \uparrow + 2H_2S \uparrow$

(2) 산·알칼리와 반응하여 가연성 가스를 발생하는 위험물

① 제2류 위험물

(가) 금속분

㉮ 알루미늄(Al)분 : 산과 알칼리에 녹아 수소(H_2)를 발생

$2Al + 6HCl \rightarrow 2AlCl_3 + 3H_2 \uparrow$

$2Al + 2NaOH + 2H_2O \rightarrow 2NaAlO_2 + 3H_2 \uparrow$

㉯ 아연(Zn)분 : 산과 알칼리에 녹아서 수소(H_2)를 발생

$Zn + 2HCl \rightarrow ZnCl_2 + H_2 \uparrow$

$Zn + 2NaOH \rightarrow Na_2ZnO_2 + H_2 \uparrow$

(나) 마그네슘 : 산(염산)과 반응하여 수소(H_2)를 발생

$Mg + 2HCl \rightarrow MgCl_2 + H_2 \uparrow$

2 유독한 가스를 발생하는 위험물

① 황화린 : 물, 알칼리에 의해 황화수소(H_2S)가 발생

$P_2S_5 + 8H_2O \rightarrow 5H_2S + 2H_3PO_4$

② 제3류 위험물

(가) 황린 : 알칼리(KOH) 용액과 반응하여 맹독성의 포스겐($COCl_2$) 가스를 발생

$P_4 + 3KOH + 3H_2O \rightarrow PH_3 \uparrow + 3KH_2PO_2$

(나) 금속의 인화물

㉮ 인화석회(Ca_2P_2) : 물, 산과 반응하여 인화수소(PH_3 : 포스핀)를 발생

$Ca_3P_2 + 6H_2O \rightarrow 3Ca(OH)_2 + 2PH_3 \uparrow + Q[kcal]$

$Ca_3P_2 + 6HCl \rightarrow 3CaCl_2 + 2PH_3 \uparrow + Q[kcal]$

단원 예상문제

1. 서로 반응할 때 수소가 발생하지 않는 것은?

① 리튬+염산 ② 탄화칼슘+물 ③ 수소화칼륨+물 ④ 루비듐+물

해설 ㉮ 탄화칼슘(CaC_2)이 물(H_2O)과 반응하면 아세틸렌(C_2H_2)가스가 발생한다.
㉯ 반응식 : $CaC_2+2H_2O \rightarrow Ca(OH)_2+C_2H_2\uparrow$

2. 물과 반응하여 가연성 가스를 발생하지 않는 것은?

① 나트륨 ② 과산화나트륨 ③ 탄화알루미늄 ④ 트리에틸알루미늄

해설 각 위험물이 물(H_2O)과 반응하였을 때 발생하는 가스
㉮ 나트륨(Na)과 물 : 수소(H_2) – $2Na+2H_2O \rightarrow 2NaOH+H_2$
㉯ 과산화나트륨(Na_2O_2)과 물 : 산소(O_2) – $2Na_2O_2+2H_2O \rightarrow 4NaOH+O_2$
㉰ 탄화알루미늄(Al_4C_3)과 물 : 메탄(CH_4) – $Al_4C_3+12H_2O \rightarrow 4Al(OH)_3+3CH_4$
㉱ 트리에틸알루미늄[$(C_2H_5)_3Al$]과 물 : 에탄(C_2H_6) – $(C_2H_5)_3Al+3H_2O \rightarrow Al(OH)_3+3C_2H_6$

3. 다음 중 물과의 반응성이 가장 낮은 것은?

① 인화알루미늄 ② 트리에틸알루미늄
③ 오황화인 ④ 황린

해설 각 위험물의 물과의 반응성
㉮ 인화알루미늄(AlP) : 제3류 위험물 중 금속의 인화물에 해당되며 물과 반응하면 가연성 가스이면서 유독한 인화수소(PH_3 : 포스핀)을 발생한다.
㉯ 트리에틸알루미늄 : 제3류 위험물 중 알킬알루미늄에 해당되며 물과 반응하면 가연성 가스인 에탄(C_2H_6)을 발생한다.
㉰ 오황화인(P_2S_5) : 제2류 위험물 중 황화린에 해당되며 물과 반응하면 가연성 가스이면서 유독한 황화수소(H_2S)가 발생한다.
㉱ 황린(P_4) : 제3류 위험물로 물과의 반응성이 아주 낮은 것으로 자연발화의 가능성 때문에 물속에 넣어 보관한다.

4. 연소 시 발생하는 가스를 옳게 나타낸 것은?

① 황린 – 황산가스 ② 황 – 무수인산가스
③ 적린 – 아황산가스 ④ 삼황화사인(삼황화인) – 아황산가스

해설 각 위험물이 연소 시 발생하는 가스
㉮ 황린 : 오산화인(P_2O_5)을 발생 – $P_4+5O_2 \rightarrow 2P_2O_5\uparrow$
㉯ 황 : 아황산가스(SO_2)를 발생 – $S+O_2 \rightarrow SO_2\uparrow$
㉰ 적린 : 오산화인(P_2O_5)을 발생 – $P_4+5O_2 \rightarrow 2P_2O_5\uparrow$
㉱ 삼황화사인(삼황화인) : 오산화인(P_2O_5)과 아황산가스(SO_2)를 발생 – $P_4S_3+8O_2 \rightarrow 2P_2O_5\uparrow+3SO_2\uparrow$

정답 1. ② 2. ② 3. ④ 4. ④

Chapter 02

제1류 위험물

2-1 제1류 위험물의 종류

1 제1류 위험물의 종류 및 지정수량

유별	성질	품명	지정수량	위험등급
제1류 위험물	산화성 고체	1. 아염소산염류	50kg	Ⅰ
		2. 염소산염류	50kg	
		3. 과염소산염류	50kg	
		4. 무기과산화물	50kg	
		5. 브롬산염류	300kg	Ⅱ
		6. 질산염류	300kg	
		7. 요오드산염류	300kg	
		8. 과망간산염류	1000kg	Ⅲ
		9. 중크롬산염류	1000kg	
		10. 그 밖에 행정안전부령으로 정하는 것	50kg, 300kg 또는 1000kg	Ⅰ ~ Ⅲ
		11. 제1호 내지 제10호의 1에 해당하는 어느 하나 이상을 함유한 것		

[비고] 위험물 안전관리법 시행령 별표1

1. "산화성 고체"라 함은 고체[액체(1기압 및 20℃에서 액상인 것 또는 20℃ 초과 40℃ 이하에서 액상인 것을 말한다. 이하 같다) 또는 기체(1기압 및 20℃에서 기상인 것을 말한다) 외의 것을 말한다. 이하 같다]로서 산화력의 잠재적인 위험성 또는 충격에 대한 민감성을 판단하기 위하여 소방청장이 정하여 고시(이하 "고시"라 한다)하는 시험에서 고시로 정하는 성질과 상태를 나타내는 것을 말한다. 이 경우 "액상"이라 함은 수직으로 된 시험관(안지름 30mm, 높이 120mm의 원통형 유리관을 말한다)에 시료를 55mm까지 채운 다음 당해 시험관을 수평으로 하였을 때 시료액면의 선단이 30mm를 이동하는 데 걸리는 시간이 90초 이내에 있는 것을 말한다.
2. 그 밖에 행정안전부령으로 정하는 것[시행규칙 제3조] : 과요오드산염류, 과요오드산, 크롬·납 또는 요오드의 산화물, 아질산염류, 차아염소산염류, 염소화이소시아눌산, 퍼옥소이황산염류, 퍼옥소붕산염류

2 제1류 위험물의 공통적인 성질

① 대부분 무색 결정, 백색 분말로 비중이 1보다 크다.

② 물에 잘 녹는 것이 많으며 물과 작용하여 열과 산소를 발생시키는 것도 있다.

③ 반응성이 커서 가열, 충격, 마찰 등에 의해서 분해되기 쉽다.

④ 일반적으로 불연성이며 산소를 많이 함유한 강산화제로서 가연물과 혼입하면 폭발의 위험성이 크다.

3 저장 및 취급 시 주의사항

① 재해 발생의 위험이 있는 가열, 충격, 마찰 등을 피한다.

② 조해성인 것은 습기에 주의하며, 용기는 밀폐하여 저장한다.

참고 조해성(潮解性)

고체가 대기 중의 수분(습기)을 흡수하여 스스로 녹는 성질이다.

③ 분해를 촉진하는 물품의 접근을 피하고, 환기가 잘 되고 서늘한 곳에 저장한다.

④ 가연물이나 다른 약품과의 접촉 및 혼합을 피한다.

예 유황, 목탄, 마그네슘, 알루미늄 분말, 차아인산염, 유기물질 등

⑤ 용기의 파손 및 위험물의 누설에 주의한다.

4 소화 방법

① 산화성에 의한 분해를 막도록 물로 분해온도 이하로 낮춘다.

② 알칼리 금속(Li, Na, K, Rb 등)의 과산화물은 물과 급격히 발열반응하므로 건조사로 피복 소화한다.

③ 유기과산화물은 그 자체가 가연성이고 폭발의 위험이 있으므로 취급에 주의한다.

④ 질산염류는 유독가스가 심하므로 가스에 주의한다.

단원 예상문제

1. 위험물 안전관리법령상 염소화이소시아눌산은 제 몇 류 위험물인가?

① 제1류 ② 제2류 ③ 제3류 ④ 제4류

해설 제1류 위험물 중 그 밖에 행정안전부령으로 정하는 것[시행규칙 제3조] : 과요오드산염류, 과요오드산, 크롬·납 또는 요오드의 산화물, 아질산염류, 차아염소산염류, 염소화이소시아눌산, 퍼옥소이황산염류, 퍼옥소붕산염류

2. 제1류 위험물에 해당하지 않는 것은?

① 납의 산화물 ② 질산구아니딘 ③ 퍼옥소이황산염류 ④ 염소화이소시아눌산

해설 제5류 위험물 중 행정안전부령으로 정하는 것 : 질산구아니딘, 금속의 아지화합물

| 변형된 출제문제 |

2-1 위험물 안전관리법령상 행정안전부령으로 정하는 제1류 위험물에 해당하지 않는 것은 어느 것인가? [15. 1회]

① 과요오드산 ② 질산구아니딘 ③ 차아염소산염류 ④ 염소화이소시아눌산

2-2 다음 중 제1류 위험물에 해당되지 않는 것은? [16. 4회]

① 염소산칼륨 ② 과염소산암모늄 ③ 과산화바륨 ④ 질산구아니딘

답 2-1 ② 2-2 ④

3. 제1류 위험물의 일반적인 성질에 해당하지 않는 것은?

① 고체 상태이다. ② 분해하여 산소를 발생한다.
③ 가연성 물질이다. ④ 산화제이다.

해설 제1류 위험물의 공통적인 성질은 산화성 고체이다.

4. 산화성 고체의 저장 및 취급 방법으로 옳지 않은 것은?

① 가연물과 접촉 및 혼합을 피한다.
② 분해를 촉진하는 물품의 접근을 피한다.
③ 조해성 물질의 경우 물속에 보관하고 과열, 충격, 마찰 등을 피하여야 한다.
④ 알칼리금속의 과산화물은 물과의 접촉을 피하여야 한다.

해설 산화성 고체(제1류 위험물)의 저장 및 취급방법 : ①, ②, ④ 외
㉮ 조해성인 것은 습기에 주의하며, 용기는 밀폐하여 환기가 잘 되고 서늘한 곳에 저장한다.
㉯ 용기의 파손 및 위험물의 누설에 주의한다.

| 변형된 출제문제 |

4-1 제1류 위험물의 저장 방법에 대한 설명으로 틀린 것은? [13. 1회]

① 조해성 물질은 방습에 주의한다.
② 무기과산화물은 물속에 보관한다.
③ 분해를 촉진하는 물품과의 접촉을 피하여 저장한다.
④ 복사열이 없고 환기가 잘 되는 서늘한 곳에 저장한다.

해설 산화성 고체(제1류 위험물)의 무기과산화물 그 자체는 연소하지 않으나 물과 급속히 반응하여 산소를 방출하므로 물과의 접촉을 금지한다.

답 4-1 ②

정답 1. ① 2. ② 3. ③ 4. ③

2-2 제1류 위험물의 성질 및 위험성

1 아염소산염류(지정수량 : 50kg)

(1) 아염소산나트륨($NaClO_2$: 아염소산소다)

① 일반적 성질

㈎ 자신은 불연성이며, 무색의 결정성 분말로 조해성이 있고 물에 잘 녹는다.

㈏ 분해온도는 350℃ 이상이지만 수분을 함유한 것은 120~130℃에서 분해한다.

㈐ 산과 반응하면 유독가스 이산화염소(ClO_2)가 발생된다.

② 위험성

㈎ 단독으로 폭발이 가능하며 분해온도 이상에서는 산소가 발생한다.

㈏ 수용액도 강한 산화력이 있다.

㈐ 티오황산나트륨, 디에틸에테르 등과 혼합하면 혼촉발화의 위험이 있다.

③ 저장 및 취급 방법

㈎ 비교적 안정하나 유기물, 금속분 등 환원성 물질과 격리시킨다.

㈏ 건조한 냉암소에 저장한다.

㈐ 강산류, 분해를 촉진하는 물품과의 접촉을 피한다.

㈑ 습기에 주의하여 밀봉, 밀전한다.

④ 소화 방법 : 소량의 물은 폭발 위험이 있으므로 다량의 물로 주수 소화한다.

단원 예상문제

1. 다음 중 산을 가하면 이산화염소를 발생시키는 물질은?

① 아염소산나트륨 ② 브롬산나트륨
③ 옥소산칼륨(요오드산칼륨) ④ 중크롬산나트륨

해설 아염소산나트륨($NaClO_2$)은 산(HCl : 염산)과 반응하면 유독가스 이산화염소(ClO_2) 및 염화나트륨(NaCl), 과산화수소(H_2O_2)가 발생된다.

2. 아염소산나트륨의 저장 및 취급 시 주의사항으로 가장 거리가 먼 것은?

① 물속에 넣어 냉암소에 저장한다. ② 강산류와 접촉을 피한다.
③ 취급 시 충격, 마찰을 피한다. ④ 가연성 물질과 접촉을 피한다.

해설 순수한 아염소산나트륨($NaClO_2$)의 분해온도는 350℃ 이상이지만, 수분을 함유한 것은 120~130℃에서 분해된 후 산소가 발생하므로 저장 및 취급할 때에는 습기에 주의 하여 밀봉, 밀전한다.

정답 1. ① 2. ①

2 염소산염류(지정수량 : 50kg)

(1) 염소산칼륨($KClO_3$: 염소산칼리, 클로르산칼리)

① 일반적 성질

㈎ 자신은 불연성 물질이며, 광택이 있는 무색의 단사계정 결정 또는 백색 분말이다.

㈏ 글리세린 및 온수에 잘 녹고, 알코올 및 냉수에는 녹기 어렵다.

㈐ 비중 2.32, 융점 368.4℃, 용해도(20℃) 7.3이다.

㈑ 400℃ 부근에서 분해되기 시작하여 540~560℃에서 과염소산칼륨($KClO_4$)을 거쳐 염화칼륨(KCl)과 산소(O_2)를 방출한다.

$2KClO_3 \rightarrow KCl + KClO_4 + O_2 \uparrow$

$KClO_4 \rightarrow KCl + 2O_2 \uparrow$

② 위험성

㈎ 가연성이나 산화성 물질 및 강산 촉매인 중금속염의 혼합은 폭발의 위험성이 있다.

㈏ 차가운 맛이 있으며, 인체에 유독하다.

③ 저장 및 취급 방법

㈎ 산화하기 쉬운 물질이므로 강산, 중금속류와의 혼합을 피하고 가열, 충격, 마찰에 주의한다.

㈏ 환기가 잘 되고 서늘한 곳에 보관한다.

㈐ 용기가 파손되거나 노출되지 않도록 밀봉하여 저장한다.

④ 소화 방법 : 주수 소화

(2) 염소산나트륨($NaClO_3$: 클로르산나트륨, 염산소다)

① 일반적 성질

㈎ 무색, 무취의 입방정형 주상 결정이다.

㈏ 조해성이 강하며, 흡수성이 있고 알코올, 글리세린, 에테르, 물 등에 잘 녹는다.

㈐ 300℃ 정도에서 분해하기 시작하여 산소가 발생한다.

$2NaClO_3 \rightarrow 2NaCl + 3O_2 \uparrow$

㈑ 비중 2.5, 융점 240℃, 용해도(20℃) 101이다.

② 위험성

㈎ 강력한 산화제로 철과 반응하여 철제용기를 부식시킨다.

㈏ 방습성이 있으므로 섬유, 나무, 먼지 등에 흡수되기 쉽다.

㈐ 산과 반응하여 유독한 이산화염소(ClO_2)가 발생하며, 폭발 위험이 있다.

$3NaClO_3 \rightarrow NaClO_4 + Na_2O + 3ClO_2 \uparrow$

㈑ 분진이 있는 대기 중에 오래 있으면 피부, 점막 및 눈을 잃기 쉬우며 다량 섭취(15~30g 정도)한 때에는 생명이 위험하다.

③ 저장 및 취급 방법

㈎ 조해성이 크므로 방습에 주의하여야 한다.

㈏ 강력한 산화제로 철을 부식시키므로 철제용기에 저장은 피해야 한다.

㈐ 용기는 공기와의 접촉을 방지하기 위하여 밀전하여 보관한다.

㈑ 환기가 잘 되는 냉암소에 보관한다.

④ 소화 방법 : 주수 소화

(3) 염소산암모늄(NH_4ClO_3)

① 무색의 결정이며 물보다 무겁다.

② 폭발성과 부식성이 크며 조해성이 있고, 수용액은 산성이다.

단원 예상문제

1. 염소산염류에 대한 설명으로 옳은 것은?

① 염소산칼륨은 환원제이다.
② 염소산나트륨은 조해성이 있다.
③ 염소산암모늄은 위험물이 아니다.
④ 염소산칼륨은 냉수와 알코올에 잘 녹는다.

해설 각 항목의 옳은 설명

① 염소산칼륨은 산화제이다.
③ 염소산암모늄은 제1류 위험물 중 염소산염류에 해당하는 위험물이다.
④ 염소산칼륨은 글리세린 및 온수에 잘 녹고, 알코올 및 냉수에는 녹기 어렵다.

2. 염소산칼륨의 성질에 대한 설명으로 옳은 것은?

① 가연성 고체이다.
② 강력한 산화제이다.
③ 물보다 가볍다.
④ 열분해하면 수소를 발생한다.

해설 염소산칼륨($KClO_3$)의 특징

㉮ 자신은 불연성 물질이며, 광택이 있는 무색의 고체 또는 백색 분말이다.
㉯ 글리세린 및 온수에 잘 녹고, 알코올 및 냉수에는 녹기 어렵다.
㉰ 열분해하면 산소(O_2)가 발생한다.
㉱ 가연성이나 산화성 물질 및 강산 촉매인 중금속염의 혼합은 폭발의 위험성이 있다.
㉲ 강력한 산화제이므로 강산, 중금속류와의 혼합을 피하고 가열, 충격, 마찰에 주의한다.
㉳ 비중 2.32, 융점 368.4℃, 용해도(20℃) 7.3이다.

3. 염소산나트륨에 대한 설명으로 틀린 것은?

① 조해성이 크므로 보관용기는 밀봉하는 것이 좋다.
② 무색, 무취의 고체이다.
③ 산과 반응하여 유독성의 이산화나트륨 가스가 발생한다.
④ 물, 알코올, 글리세린에 녹는다.

해설 염소산나트륨($NaClO_3$)의 특징
㉮ 무색, 무취의 결정으로 물, 알코올, 글리세린, 에테르 등에 잘 녹는다.
㉯ 불연성 물질이고 조해성이 강하다.
㉰ 300℃ 정도에서 분해하기 시작하여 산소가 발생한다.
㉱ 강력한 산화제로 철과 반응하여 철제용기를 부식시킨다.
㉲ 방습성이 있으므로 섬유, 나무, 먼지 등에 흡수되기 쉽다.
㉳ 산과 반응하여 유독한 이산화염소(ClO_2)가 발생하며, 폭발 위험이 있다.

4. 염소산나트륨의 저장 및 취급 시 주의사항으로 틀린 것은?

① 철제용기에 저장은 피해야 한다.
② 열분해 시 이산화탄소가 발생하므로 질식에 유의한다.
③ 조해성이 있으므로 방습에 유의한다.
④ 용기에 밀전(密栓)하여 보관한다.

해설 염소산나트륨($NaClO_3$)의 저장 및 취급 : ①, ③, ④ 외
㉮ 환기가 잘 되는 냉암소에 보관한다.
㉯ 열분해 시 산소가 발생하므로 취급에 유의한다.

정답 1. ② 2. ② 3. ③ 4. ②

3 과염소산염류(지정수량 : 50kg)

(1) 과염소산칼륨($KClO_4$)

① 일반적 성질

㈎ 무색, 무취, 사방정계 결정으로 물에 녹기 어렵고 알코올, 에테르에도 불용이다.
㈏ 비중 2.52, 융점 610℃, 용해도(20℃) 1.8이다.
㈐ 400℃에서 분해하기 시작하여 610℃에서 완전 분해되어 산소를 방출한다.

$KClO \rightarrow KCl + 2O_2 \uparrow$

② 위험성

㈎ 자신은 불연성 물질이지만 강력한 산화제이다.
㈏ 진한 황산과 접촉하면 폭발성 가스를 생성하고 튀는 것과 같은 폭발 위험이 있다.
㈐ 인, 황, 마그네슘, 유기물 등이 섞여 있을 때 가열, 충격, 마찰에 의해 폭발한다.

③ 저장 및 취급 방법

㈎ 인, 황, 마그네슘, 알루미늄과 함께 저장하지 못한다.

㈏ 환기가 잘 되고 서늘한 곳에 보관한다.

㈐ 용기가 파손되거나 노출되지 않도록 밀봉하여 저장한다.

④ 소화 방법 : 주수 소화

(2) 과염소산나트륨($NaClO_4$: 과염산소다)

① 일반적 성질

㈎ 무색, 무취의 사방정계 결정으로 조해성이 있다.

㈏ 공기 중에서 가열하면 약 58℃에서 무수물이 생기며, 50℃ 이하에서는 일수염($NaClO_4 \cdot H_2O$)이 석출된다.

$NaClO_4 \rightarrow NaCl$(염화나트륨)$+ 2O_2 \uparrow$

㈐ 물이나 에틸알코올, 아세톤에 잘 녹으나 에테르에는 녹지 않으며(불용), 200℃에서 결정수를 잃고, 400℃ 부근에서 분해하여 산소를 방출한다.

㈑ 비중 2.50, 융점 482℃, 용해도(0℃) 170이다.

② 위험성

㈎ 자신은 불연성 물질이지만 강력한 산화제이다.

㈏ 진한 황산과 접촉하면 폭발성가스를 생성하고 튀는 것과 같은 폭발 위험이 있다.

㈐ 히드라진, 비소, 안티몬, 금속분, 목탄분, 유기물 등이 섞여 있을 때 가열, 충격, 마찰에 의해 폭발한다.

③ 저장 및 취급 방법

㈎ 인, 황, 마그네슘, 알루미늄과 함께 저장하지 못한다.

㈏ 환기가 잘 되고 서늘한 곳에 보관한다.

㈐ 용기가 파손되거나 노출되지 않도록 밀봉하여 저장한다.

④ 소화 방법 : 주수 소화

(3) 과염소산암모늄(NH_4ClO_4)

① 일반적 성질

㈎ 무색, 무취의 결정으로 물, 알코올, 아세톤에는 용해되나 에테르에는 녹지 않는다.

㈏ 비중 1.87, 분해온도 130℃이다.

② 위험성

㈎ 강한 충격이나 마찰, 급격히 가열하면 폭발의 위험이 있다.

㈏ 강산과 접촉하거나 가연성 물질 또는 산화성 물질과 혼합하면 폭발 위험이 있다.

㈐ 상온에서 비교적 안정하나 130℃에서 분해하기 시작하여 300℃ 부근에서 급격히 분해하여 폭발한다.

$2NH_4ClO_4 \rightarrow N_2\uparrow + Cl_2\uparrow + O_2\uparrow + 4H_2O\uparrow$

③ 저장 및 취급 방법 : 염소산칼륨에 준하다.

④ 소화 방법 : 주수 소화

단원 예상문제

1. 과염소산칼륨의 일반적인 성질에 대한 설명 중 틀린 것은?

① 강한 산화제이다.
② 불연성 물질이다.
③ 과일향이 나는 보라색 결정이다.
④ 가열하여 완전 분해시키면 산소가 발생한다.

해설 과염소산칼륨($KClO_4$)의 특징

㉮ 무색, 무취의 결정으로 물에 녹기 어렵고 알코올, 에테르에도 불용이다.
㉯ 가열하여 610℃에서 완전 분해되어 산소를 방출한다.
㉰ 자신은 불연성 물질이지만 강력한 산화제이다.
㉱ 진한 황산과 접촉하면 폭발성 가스를 생성하고 폭발 위험이 있다.
㉲ 인, 황, 마그네슘, 유기물 등이 섞여 있을 때 가열, 충격, 마찰에 의해 폭발한다.
㉳ 비중 2.52, 융점 610℃, 용해도(20℃) 1.8이다.

| 변형된 출제문제 |

1-1 과염소산칼륨의 성질에 대한 설명 중 틀린 것은? [14. 5회]

① 무색, 무취의 결정으로 물에 잘 녹는다.
② 화학식은 $KClO_4$이다.
③ 에탄올, 에테르에는 녹지 않는다.
④ 화약, 폭약, 섬광제 등에 쓰인다.

해설 과염소산칼륨($KClO_4$)은 물에 녹기 어렵고 알코올, 에테르에도 녹지 않는다.

1-2 과염소산칼륨의 성질에 관한 설명 중 틀린 것은? [15. 5회]

① 무색, 무취의 결정이다.
② 알코올, 에테르에 잘 녹는다.
③ 진한 황산과 접촉하면 폭발할 위험이 있다.
④ 400℃ 이상으로 가열하면 분해하여 산소가 발생할 수 있다.

해설 과염소산칼륨($KClO_4$)은 알코올, 에테르에 녹지 않는다.

답 1-1 ① 1-2 ②

2. 과염소산칼륨과 가연성 고체 위험물이 혼합되는 것은 위험하다. 그 주된 이유는 무엇인가?

① 전기가 발생하고 자연 가열되기 때문이다.
② 중합반응을 하여 열이 발생되기 때문이다.
③ 혼합하면 과염소산칼륨이 연소하기 쉬운 액체로 변하기 때문이다.
④ 가열, 충격 및 마찰에 의하여 발화, 폭발 위험이 높아지기 때문이다.

해설 과염소산칼륨($KClO_4$)의 제1류 위험물로 자신은 불연성이지만 가연성 고체 위험물(인, 황, 마그네슘, 유기물)이 혼합되는 것이 위험한 이유는 강력한 산화제이기 때문에 가열, 충격, 마찰에 의해 발화, 폭발의 위험이 높아지기 때문이다.

3. 과염소산나트륨의 성질이 아닌 것은?

① 황색의 분말로 물과 반응하여 산소를 발생한다.
② 가열하면 분해되어 산소를 방출한다.
③ 융점은 약 482℃이고 물에 잘 녹는다.
④ 비중은 약 2.5로 물보다 무겁다.

해설 과염소산나트륨($NaClO_4$)의 특징
㉮ 무색, 무취의 사방정계 결정으로 조해성이 있다.
㉯ 물이나 에틸알코올, 아세톤에 잘 녹으나 에테르에는 녹지 않는다.
㉰ 400℃ 부근에서 분해하여 산소를 방출한다.
㉱ 자신은 불연성 물질이지만 강력한 산화제이다.
㉲ 진한 황산과 접촉하면 폭발성가스를 생성하고 폭발 위험이 있다.
㉳ 가열, 충격, 마찰에 의해 폭발한다.
㉴ 비중 2.50, 융점 482℃, 용해도(0℃) 170이다.

| 변형된 출제문제 |

3-1 과염소산나트륨에 대한 설명으로 옳지 않은 것은? [14. 2회]

① 가열하면 분해하여 산소를 방출한다.
② 환원제이며 수용액은 강한 환원성이 있다.
③ 수용성이며 조해성이 있다.
④ 제1류 위험물이다.

해설 과염소산나트륨은 제1류 위험물로 강력한 산화제이다.

3-2 과염소산나트륨의 성질이 아닌 것은? [13. 1회]

① 수용성이다. ② 조해성이 있다.
③ 분해온도는 약 400℃이다. ④ 물보다 가볍다.

해설 과염소산나트륨의 비중은 2.50으로 물보다 무겁다.

답 3-1 ② 3-2 ④

4. 과염소산암모늄의 위험성에 대한 설명으로 올바르지 않은 것은?

① 급격히 가열하면 폭발의 위험이 있다.
② 건조 시에는 안정하나, 수분 흡수 시에는 폭발한다.
③ 가연성 물질과 혼합하면 위험하다.
④ 강한 충격이나 마찰에 의해 폭발의 위험이 있다.

해설 과염소산암모늄(NH_4ClO_4)의 특징 및 위험성
㉮ 무색, 무취의 결정으로 물, 알코올, 아세톤에는 용해되나 에테르에는 녹지 않는다.
㉯ 강한 충격이나 마찰, 급격히 가열하면 폭발의 위험이 있다.
㉰ 강산과 접촉하거나 가연성 물질 또는 산화성 물질과 혼합하면 폭발 위험이 있다.
㉱ 상온에서 비교적 안정하나 300℃ 부근에서 급격히 분해하여 폭발한다.
㉲ 비중 1.87, 분해온도 130℃이다.

참고 과염소산암모늄은 물에 녹을 때 흡열반응을 하기 때문에 수분을 흡수하여도 폭발의 위험성이 없으며, 화재 시 다량의 주수 소화를 한다.

5. 과염소산칼륨과 아염소산나트륨의 공통 성질이 아닌 것은?

① 지정수량이 50kg이다.
② 열분해 시 산소를 방출한다.
③ 강산화성 물질이며 가연성이다.
④ 상온에서 고체의 형태이다.

해설 과염소산칼륨($KClO_4$)과 아염소산나트륨($NaClO_2$)의 공통 성질
㉮ 제1류 위험물로 지정수량 50kg이고, 위험등급 Ⅰ등급이다.
㉯ 열분해 시 산소를 방출한다.
㉰ 자신은 불연성이지만 강력한 산화제이다.
㉱ 상온에서 고체의 형태이다(과염소산칼륨 : 사방정계결정, 아염소산나트륨 : 무색의 결정성 분말).

정답 1. ③ 2. ④ 3. ① 4. ② 5. ③

4 무기과산화물(지정수량 : 50kg)

(1) 과산화나트륨(Na_2O_2 : 과산화소다)

① 일반적 성질

㈎ 순수한 것은 백색이지만 보통은 담황색을 띠고 있는 정방정계 결정분말이다.

㈏ 공기 중에서 탄산가스를 흡수하여 탄산염이 되며, 물에 의해서는 발열반응이므로 수산화나트륨과 산소로 분해된다.

$$2Na_2O_2 + 2CO_2 \rightarrow 2Na_2CO_3 + O_2 \uparrow$$

$$Na_2CO_3 + H_2O \rightarrow 2NaOH + \frac{1}{2}O_2 \uparrow$$

(다) 조해성이 있으며 물과 반응하여 많은 열과 함께 산소(O_2)와 수산화나트륨(NaOH)이 발생한다.

$2Na_2O_2 + 2H_2O \rightarrow 4NaOH + O_2 \uparrow + Q[kcal]$

(라) 가열하면 분해되어 산화나트륨(Na_2O)과 산소가 발생한다.

$2Na_2O_2 \rightarrow 2Na_2O + O_2 \uparrow$

(마) 강산화제로 용융물은 금, 니켈을 제외한 금속을 부식시킨다.

(바) 알코올에는 녹지 않으나, 묽은 산과 반응하여 과산화수소(H_2O_2)를 생성시킨다.

$Na_2O_2 + 2CH_3COOH \rightarrow H_2O_2 + 2CH_3COONa$

(사) 비중 2.805, 융점 및 분해온도 460℃이다.

② 위험성

(가) 탄화칼슘(CaC_2), 마그네슘, 알루미늄 분말, 초산(CH_3COOH), 에테르($C_2H_5OC_2H_5$), 젖산[$CH_3CH(OH)-COOH$] 등과 혼합하면 발화하거나 폭발의 위험이 있다.

(나) 불연성이지만 물과 접촉하면 발열하며 대량의 경우에는 폭발한다.

(다) 피부에 닿으면 부식된다.

③ 저장 및 취급 방법

(가) 가열, 마찰, 충격을 피하고 가연물, 유기물, 유황분, 알루미늄분의 혼입을 방지한다.

(나) 물과 습기가 들어가지 않도록 용기는 밀전, 밀봉한다.

④ 소화 방법 : 주수 소화는 금물이고, 마른 모래(건조사)나 암분으로 피복 소화한다.

(2) 과산화칼륨(K_2O_2 : 과산화칼리, 이산화칼리)

① 일반적 성질

(가) 무색 또는 오렌지색의 등축정계 결정분말이다.

(나) 가열하면 열분해하여 산화칼륨(K_2O)과 산소가 발생한다.

$2K_2O_2 \rightarrow K_2O + O_2 \uparrow$

(다) 흡습성이 있으므로 물과 접촉하면 수산화칼륨(KOH)과 산소가 발생한다.

$2K_2O_2 + 2H_2O \rightarrow 4KOH + O_2 \uparrow$

(라) 공기 중의 탄산가스를 흡수하여 탄산염이 생성된다.

$2K_2O_2 + CO_2 \rightarrow 2K_2CO_3 + O_2 \uparrow$

(마) 에탄올(에틸알코올)에 잘 녹는다.

(바) 비중 2.9, 융점 490℃이다.

② 위험성

(가) 물과 작용하여 많은 열과 산소를 발생하여 폭발할 위험이 있다.

(나) 가열하면 위험하며 가열물의 혼입, 마찰 또는 물과의 접촉은 극히 위험하다.

③ 저장 및 취급 방법 : 과산화나트륨에 준한다.

④ 소화 방법 : 주수 소화는 금물이고, 마른 모래(건조사)나 암분으로 피복 소화한다.

(3) 과산화마그네슘(MgO_2 : 과산화마그네시아)

① 일반적 성질

㈎ 백색 분말로 시판품의 과산화마그네슘(MgO_2) 함량은 15~25% 정도이다.

㈏ 물에 녹지 않으며, 산에 녹아 과산화수소(H_2O_2)를 발생시킨다.

$MgO_2 + 2HCl \rightarrow MgCl_2 + H_2O_2 \uparrow$

$MgO_2 + H_2SO_4 \rightarrow MgSO_4 + H_2O_2 \uparrow$

㈐ 습기 또는 물과 반응하여 발생기 산소[O]를 낸다.

$MgO_2 + H_2O \rightarrow Mg(OH)_2 + [O]$

㈑ 공기와 오래 접촉하면 산소를 잃으며, 가열하면 산소가 발생되면서 마그네시아를 만든다.

$2MgO_2 \rightarrow 2MgO + O_2 \uparrow$

② 위험성 : 환원제, 유기물과 섞였을 때 마찰 또는 가열, 충격에 의해서 폭발의 위험이 있다.

③ 저장 및 취급 방법

㈎ 유기물질의 혼입, 가열, 충격, 마찰을 피한다.

㈏ 습기의 접촉이 없도록 밀봉, 밀전한다.

㈐ 산류와 격리하고 용기 파손에 의한 누출이 없도록 주의한다.

④ 소화 방법 : 마른 모래(건조사) 또는 주수 소화

(4) 과산화칼슘(CaO_2 : 과산화석회)

① 일반적 성질

㈎ 무정형 백색 분말로 물에 녹기 어렵고, 알코올이나 에테르에는 녹지 않는다.

㈏ 산에 녹아 과산화수소를 만들고 온수에 의해서도 분해된다.

$CaO_2 + 2HCl \rightarrow CaCl_2 + H_2O_2 \uparrow$

② 위험성

㈎ 분해온도 275℃ 이상으로 가열하면 폭발 위험이 있다.

㈏ 묽은 산류에 녹으면 과산화수소가 생긴다.

③ 저장 및 취급 방법 : 과산화나트륨에 준한다.

④ 소화 방법 : 주수 소화도 사용하지만 마른 모래(건조사)에 의한 피복 소화가 더 효과적이다.

(5) 과산화바륨(BaO_2)

① 일반적 성질

(가) 백색 또는 회색의 정방정계 결정분말로 알칼리토금속의 과산화물 중 제일 안정하다.

(나) 물에는 약간 녹으나 알코올, 에테르, 아세톤에는 녹지 않는다.

(다) 묽은 산에는 녹으며, 수화물($BaO_2 \cdot 8H_2O$)은 100℃에서 결정수를 잃는다.

(라) 비중 4.96, 융점 450℃, 분해온도 840℃이다.

② 위험성

(가) 고온으로 가열하면 산소의 발생과 동시에 폭발하기도 한다.

$$2BaO_2 \rightarrow 2BaO + O_2 \uparrow$$

(나) 산 및 온수에 분해되어(반응하여) 과산화수소(H_2O_2)와 산소가 발생하면서 발열한다.

$$BaO_2 + 2H_2O \rightarrow Ba(OH)_2 + H_2O_2$$

$$H_2O_2 \rightarrow H_2O + \frac{1}{2}O_2 \uparrow$$

(다) 산화되기 쉬운 물질, 습한 종이, 섬유소 등과 섞이면 폭발하는 경우도 있다.

③ 저장 및 취급 방법 : 과산화나트륨에 준하다.

④ 소화 방법 : 탄산가스(CO_2), 사염화탄소(CCl_4) 및 마른 모래(건조사)의 질식 소화

(6) 기타 과산화물

과산화리튬(Li_2O_2), 과산화루비듐(Rb_2O_2), 과산화세슘(Cs_2O_2) 등이 있다.

단원 예상문제

1. 무기과산화물의 일반적인 성질에 대한 설명으로 틀린 것은?

① 과산화수소의 수소가 금속으로 치환된 화합물이다.
② 산화력이 강해 스스로 쉽게 산화한다.
③ 가열하면 분해되어 산소가 발생한다.
④ 물과의 반응성이 크다.

해설 무기과산화물의 일반적인 성질

㉮ 과산화수소(H_2O_2)의 수소가 나트륨(Na), 칼륨(K)으로 치환하는 경우 과산화나트륨(Na_2O_2), 과산화칼륨(K_2O_2)과 같은 무기과산화물이 생성된다.

㉯ 무기과산화물은 산화성 고체로 가연물이 연소할 때 산소를 잃으므로 자신은 환원하는 성질을 갖는다.

㉰ 가열하면 분해되면서 산소가 발생한다.

㉱ 물과의 반응성이 커서 많은 열과 함께 산소가 발생한다.

2. **과산화나트륨에 대한 설명 중 틀린 것은?**

① 순수한 것은 백색이다.
② 상온에서 물과 반응하여 수소 가스를 발생시킨다.
③ 화재 발생 시 주수소화는 위험할 수 있다.
④ CO 및 CO_2 제거제를 제조할 때 사용된다.

해설 과산화나트륨(Na_2O_2)의 특징
㉮ 순수한 것은 백색이지만 보통은 담황색을 띠고 있는 결정분말이다.
㉯ 조해성이 있으며 물과 반응하여 많은 열과 함께 산소(O_2)와 수산화나트륨(NaOH)이 발생한다.
㉰ 가열하면 분해되어 산화나트륨(Na_2O)과 산소가 발생한다.
㉱ 강산화제로 용융물은 금, 니켈을 제외한 금속을 부식시킨다.
㉲ 알코올에는 녹지 않으나, 묽은 산과 반응하여 과산화수소(H_2O_2)를 생성시킨다.
㉳ 탄화칼슘(CaC_2), 마그네슘, 알루미늄 분말, 초산(CH_3COOH), 에테르($C_2H_5OC_2H_5$) 등과 혼합하면 발화하거나 폭발의 위험이 있다.
㉴ 비중 2.805, 융점 및 분해온도 460℃이다.
㉵ 주수 소화는 금물이고, 마른 모래(건조사)를 이용한다.

| 변형된 출제문제 |

2-1 **과산화나트륨에 대한 설명으로 틀린 것은?** [16. 4회]

① 알코올에 잘 녹아서 산소와 수소를 발생시킨다.
② 상온에서 물과 격렬하게 반응한다.
③ 비중이 약 2.80이다.
④ 조해성 물질이다.

해설 과산화나트륨(Na_2O_2)은 알코올에는 녹지 않으며 물과 반응하여 많은 열과 함께 산소(O_2)가 발생한다.

답 2-1 ①

3. **과산화나트륨 78g과 충분한 양의 물이 반응하여 생성되는 기체의 종류와 생성량을 옳게 나타낸 것은?**

① 수소, 1g　　② 산소, 16g
③ 수소, 2g　　④ 산소, 32g

해설 ㉮ 과산화나트륨(Na_2O_2)과 물(H_2O)이 반응하면 수산화나트륨(NaOH)과 산소(O_2)가 생성된다.
㉯ 생성되는 산소량 계산

$2Na_2O_2 + 2H_2O \rightarrow 4NaOH + O_2$

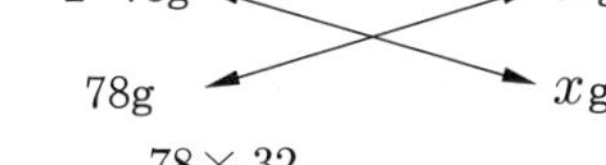

$$\therefore x = \frac{78 \times 32}{2 \times 78} = 16\,g$$

4. 과산화나트륨의 화재 시 물을 사용한 소화가 위험한 이유는?

① 수소와 열이 발생하므로
② 수소가 발생하고 이 가스가 폭발적으로 연소하므로
③ 산소와 열이 발생하므로
④ 산소가 발생하고 이 가스가 폭발적으로 연소하므로

해설 과산화나트륨(Na_2O_2)은 물과 반응하여 많은 열과 함께 산소(O_2)가 발생하므로 소화 시 주수 소화는 부적합하다.

5. 제1류 위험물 중의 과산화칼륨을 다음과 같이 반응시켰을 때 공통적으로 발생되는 기체는?

㉠ 물과 반응을 시켰다. ㉡ 가열하였다. ㉢ 탄산가스와 반응시켰다.

① 수소 ② 이산화탄소 ③ 산소 ④ 이산화황

해설 ㉮ 과산화칼륨(K_2O_2)을 물(H_2O), 이산화탄소(CO_2)와 반응시킨 경우와 가열했을 때 산소(O_2)가 발생된다.
㉯ 반응식
㉠ 물과 반응 : $2K_2O_2+2H_2O \rightarrow 4KOH+O_2\uparrow$
㉡ 가열 : $2K_2O_2 \rightarrow K_2O+O_2\uparrow$
㉢ CO_2와 반응 : $2K_2O_2+CO_2 \rightarrow 2K_2CO_3+O_2\uparrow$

6. 과산화마그네슘에 대한 설명으로 옳은 것은?

① 산화제, 표백제, 살균제 등으로 사용된다.
② 물에 녹지 않기 때문에 습기와 접촉해도 무방하다.
③ 물과 반응하여 금속 마그네슘을 생성한다.
④ 염산과 반응하면 산소와 수소가 발생한다.

해설 과산화마그네슘의 특징
㉮ 순수한 것은 백색이지만 보통은 담황색을 띠고 있는 결정분말이다.
㉯ 공기 중에서 탄산가스를 흡수하여 탄산염이 되며, 물에 의해서는 수산화나트륨과 산소로 분해된다.
㉰ 가열하면 분해되어 산화나트륨(Na_2O)과 산소가 발생한다.
㉱ 강산화제로 ~~용융물은~~ 금, 니켈을 제외한 금속을 부식시킨다.
㉲ 묽은 산(HCl : 염산)과 반응하여 과산화수소(H_2O_2)를 생성시킨다.
㉳ 산화제, 표백제, 살균제 등으로 사용된다.

7. 과산화리튬의 화재 현장에서 주수 소화가 불가능한 경우는?

① 수소가 발생하기 때문에 ② 산소가 발생하기 때문에
③ 이산화탄소가 발생하기 때문에 ④ 일산화탄소가 발생하기 때문에

해설 과산화리튬(Li_2O_2) : 제1류 위험물 중 무기과산화물로 물과 반응하여 많은 열과 함께 산소(O_2)를 발생하므로 화재 현장에서 주수 소화가 불가능하기 때문에 건조사를 이용한다.

8. 분자량이 약 169인 백색의 정방정계 분말로서 알칼리토금속의 과산화물 중 매우 안정한 물질이며 테르밋의 점화제 용도로 사용되는 제1류 위험물은?

① 과산화칼슘
② 과산화바륨
③ 과산화마그네슘
④ 과산화칼륨

해설 과산화바륨(BaO_2) 특징
㉮ 백색 또는 회색의 정방정계 결정분말로 알칼리토금속의 과산화물 중 제일 안정하다.
㉯ 물에는 약간 녹으나 알코올, 에테르, 아세톤에는 녹지 않는다.
㉰ 묽은 산에는 녹으며, 수화물($BaO_2 \cdot 8H_2O$)은 100℃에서 결정수를 잃는다.
㉱ 산 및 온수에 분해되어 과산화수소(H_2O_2)와 산소가 발생하면서 발열한다.
㉲ 고온으로 가열하면 열분해되어 산소가 발생하고, 폭발하기도 한다.
㉳ 산화되기 쉬운 물질, 습한 종이, 섬유소 등과 섞이면 폭발하는 경우도 있다.
㉴ 비중 4.96, 융점 450℃, 분해온도 840℃이다.

정답 1. ② 2. ② 3. ② 4. ③ 5. ③ 6. ① 7. ② 8. ②

5 브롬산염류(지정수량 : 300kg)

(1) 브롬산칼륨($KBrO_3$: 취소산칼륨, 브롬산칼리)

① 일반적 성질
㈎ 백색 결정 또는 결정성 분말로 물에는 잘 녹으나 알코올에는 잘 녹지 않는다.
㈏ 비중 3.27, 융점 370℃이다.
㈐ 융점 이상으로 가열하면 분해되어 산소를 방출한다.

$$2KBrO_3 \rightarrow 2KBr + 3O_2 \uparrow$$

② 위험성
㈎ 유황, 숯, 마그네슘 분말, 기타 다른 가연물과 혼합되어 있을 때 가열하면 폭발한다.
㈏ 분진을 흡입하면 구토나 위장에 해를 입힌다.
㈐ 혈액 속에 메타헤모글로빈 증세를 일으킨다.

③ 저장 및 취급 방법
㈎ 분진이 날아가지 않도록 조심히 다루며 밀봉, 밀전한다.
㈏ 습기에 주의하며, 열원을 멀리한다.

④ 소화 방법 : 대량의 주수 소화가 효과적이다.

(2) 브롬산나트륨($NaBrO_3$: 취소산나트륨, 브롬산소다, 취소산소다)

① 무색의 결정이고 물에 잘 녹는다.

② 비중 3.8, 융점 381℃이다.

(3) 브롬산아연[$Zn(BrO_3)_2 \cdot 6H_2O$: 취소산아연]

① 무색 결정으로 물에 잘 녹는다.

② 가연물과 혼합되었을 때는 폭발적으로 연소하는 위험이 있다.

③ 비중 2.56, 융점 100℃이다.

(4) 브롬산바륨[$Ba(BrO_3)_2 \cdot H_2O$: 취소산바륨]

① 무색 결정으로 물에 약간 녹으며, 가열하면 산소가 발생한다.

② 가연물과 접촉하면 발화한다.

③ 비중 3.99, 융점 260℃이다.

(5) 브롬산마그네슘[$Mg(BrO_3)_2 \cdot H_2O$: 취소산마그네슘]

① 무색 또는 백색 결정으로 물에 잘 녹는다.

② 200℃에서 무수물이 되며, 가열하면 분해하여 산소를 발생하면서 브롬 증기를 낸다.

$$2Mg(BrO_3)_2 \rightarrow 2MgO + 2Br_2\uparrow + 5O_2\uparrow$$

(6) 기타 브롬산염(취소산염)

브롬산납[$Mg(BrO_3)_2 \cdot H_2O$], 브롬산암모늄(NH_4BrO_3)

단원 예상문제

1. 브롬산칼륨의 저장이나 취급방법으로 잘못된 것은?

① 분진이 날아가지 않도록 조심히 다루며 밀봉, 밀전한다.
② 분진이 발생하지 않도록 물속에 넣어 보관한다.
③ 목탄 등과 혼합되었을 때 폭발의 위험이 있으므로 멀리한다.
④ 열원을 멀리하여 저장 및 취급한다.

해설 브롬산칼륨($KBrO_3$)은 물에 잘 녹으므로 습기에 주의하여 보관한다.

정답 1. ②

6 질산염류(지정수량 : 300kg)

(1) 질산칼륨(KNO_3 : 질산칼리, 초석)

① 일반적 성질

(가) 무색 또는 백색 결정분말로 짠맛과 자극성이 있다.

(나) 물이나 글리세린에는 잘 녹으나 알코올에는 녹지 않는다.

(다) 강산화제로 가연성 분말이나 유기물과의 접촉은 매우 위험하다.

(라) 흡습성이나 조해성이 없다.

(마) 400℃ 정도로 가열하면 아질산칼륨(KNO_2)과 산소(O_2)가 발생한다.

$$2KNO_3 \rightarrow 2KNO_2 + O_2 \uparrow$$

(바) 비중 2.10, 융점 339℃, 용해도(15℃) 26, 분해온도 400℃이다.

② 위험성

(가) 흑색 화약의 원료(질산칼륨 75%, 황 15%, 목탄 10%)로 사용하며, 취급하는 데 세심한 주의가 필요하다.

(나) 혼촉발화가 가능한 물질로는 황린, 유황, 금속분(Al, Mg, Fe, Ge), 목탄분, 나트륨아미드, 나트륨, 에테르, 이황화탄소, 아세톤, 톨루엔, 크실렌, 등유, 에탄올, 에틸렌글리콜, 황화티탄, 황화안티몬 등이 있다.

③ 저장 및 취급 방법

(가) 유기물과 접촉을 피하고, 건조한 장소에 보관한다.

(나) 가연물, 산류와 혼합되어 있을 때 가열, 충격, 마찰에 주의한다.

④ 소화 방법 : 주수 소화

(2) 질산나트륨($NaNO_3$: 질산소다, 초조, 칠레초석)

① 일반적 성질

(가) 무색, 무취, 투명한 결정 또는 백색 분말이다.

(나) 조해성이 있으며 물, 글리세린에 잘 녹는다.

(다) 강한 산화제이며 수용액은 중성으로 무수 알코올에는 잘 녹지 않는다.

(라) 분해온도(380℃)에서 분해되면 아질산나트륨($NaNO_2$)과 산소를 생성한다.

$$2NaNO_3 \rightarrow 2NaNO_2 + O_2 \uparrow$$

(마) 비중 2.27, 융점 308℃, 용해도(0℃) 73이다.

② 위험성

㈎ 강한 산화제로 황산과 접촉 시 분해하여 질산을 유리한다.

㈏ 가연물, 유기물, 차아황산나트륨과 함께 가열하면 폭발한다.

㈐ 고온으로 가열하면 폭발한다.

③ 저장 및 취급 방법 : 질산칼륨에 준한다.

④ 소화 방법 : 주수 소화

(3) 질산암모늄(NH_4NO_3 : 질산암몬, 질안, 초안)

① 일반적 성질

㈎ 무취의 백색 결정 고체로 물, 알코올, 알칼리에 잘 녹는다.

㈏ 조해성이 있으며 물에 녹을 때는 흡열반응을 나타낸다.

㈐ 220℃에서 분해되어 아산화질소(N_2O)와 수증기(H_2O)를 발생하며, 계속 가열하면 폭발한다.

$$NH_4NO_3 \rightarrow N_2O\uparrow + 2H_2O\uparrow$$

② 위험성

㈎ 가연물, 유기물을 섞거나 가열, 충격, 마찰을 주면 폭발한다.

㈏ 경유 6%, 질산암모늄 94%를 혼합한 것은 안투폭약이라 하며, 공업용 폭약이 된다.

㈐ 급격한 가열이나 충격을 주면 단독으로도 분해·폭발한다.

$$2NH_4NO_3 \rightarrow 4H_2O + 2N_2\uparrow + O_2\uparrow$$

③ 저장 및 취급 방법 : 질산칼륨에 준한다.

④ 소화 방법 : 주수 소화

(4) 기타 질산염류

질산바륨[$Ba(NO_3)_2$], 질산코발트[$Co(NO_3)_2$], 질산니켈[$Ni(NO_3)_2$], 질산구리[$Cu(NO_3)_2$], 질산카드뮴[$Cd(NO_3)_2$], 질산납[$Pb(NO_3)_2$], 질산마그네슘[$Mg(NO_3)_2$], 질산은[$AgNO_3$], 질산철[$Fe(NO_3)_2$], 질산스트론튬[$Sr(NO_3)_2$] 등은 취급법에 있어서 약간 차이는 있으나 전반적으로 질산나트륨과 비슷한 성질을 가지고 있다.

단원 예상문제

1. 질산칼륨의 성질에 해당하는 것은?

① 무색 또는 흰색 결정이다. ② 물과 반응하면 폭발의 위험이 있다.
③ 물에 녹지 않으나 알코올에 잘 녹는다. ④ 황산, 목분과 혼합하면 흑색 화약이 된다.

해설 질산칼륨(KNO_3)의 특징

㉮ 무색 또는 백색 결정분말로 짠맛과 자극성이 있다.
㉯ 물이나 글리세린에는 잘 녹으나 알코올에는 녹지 않는다.
㉰ 강산화제로 가연성 분말이나 유기물과의 접촉은 매우 위험하다.
㉱ 흡습성이나 조해성이 없다.
㉲ 400℃ 정도로 가열하면 아질산칼륨(KNO_2)과 산소(O_2)가 발생한다.
㉳ 흑색 화약의 원료(질산칼륨 75%, 황 15%, 목탄 10%)로 사용한다.
㉴ 비중 2.10, 융점 339℃, 용해도(15℃) 26, 분해온도 400℃이다.

| 변형된 출제문제 |

1-1 제1류 위험물 중 흑색화약의 원료로 사용되는 것은? [16. 2회]

① KNO_3 ② $NaNO_3$ ③ BaO_2 ④ NH_4NO_3

1-2 흑색 화약 원료로 사용되는 위험물의 유별을 옳게 나타낸 것은? [15. 1회]

① 제1류, 제2류 ② 제1류, 제4류 ③ 제2류, 제4류 ④ 제4류, 제5류

해설 흑색 화약의 원료별 유별 구분

원료 명칭	비 율	유별 및 품명
질산칼륨(KNO_3)	75%	제1류 위험물 중 질산염류
황(S)	15%	제2류 위험물 중 유황
목탄	10%	–

답 1-1 ① 1-2 ①

2. 질산나트륨의 성상에 대한 설명 중 틀린 것은?

① 조해성이 있다. ② 강력한 환원제이며 물보다 가볍다.
③ 열분해하여 산소를 방출한다. ④ 가연물과 혼합하면 충격에 의해 발화할 수 있다.

해설 질산나트륨($NaNO_3$)의 특징

㉮ 무색, 무취, 투명한 결정 또는 백색 분말이다.
㉯ 조해성이 있으며 물, 글리세린에 잘 녹는다.
㉰ 강력한 산화제이며 수용액은 중성으로 무수 알코올에는 잘 녹지 않는다.
㉱ 분해온도(380℃)에서 분해되면 아질산나트륨($NaNO_2$)과 산소를 생성한다.
㉲ 가연물, 유기물, 차아황산나트륨과 함께 가열하면 폭발한다.
㉳ 비중 2.27, 융점 308℃, 용해도(0℃) 73이다.

참고 질산나트륨은 강력한 산화제이며 비중이 2.27로 물보다 무겁다.

3. 질산암모늄에 대한 설명으로 옳은 것은?

① 물에 녹을 때 발열 반응한다.
② 가열하면 폭발적으로 분해하여 산소와 암모니아를 생성한다.
③ 소화 방법으로 질식 소화가 좋다.
④ 단독으로도 급격한 가열, 충격으로 분해, 폭발할 수 있다.

해설 질산암모늄(NH_4NO_3)의 특징

㉮ 무취의 백색 결정 고체로 물, 알코올, 알칼리에 잘 녹는다.
㉯ 조해성이 있으며 물에 녹을 때는 흡열반응을 나타낸다.
㉰ 220℃에서 분해되어 아산화질소(N_2O)와 수증기(H_2O)를 발생하며, 급격한 가열이나 충격을 주면 단독으로 분해·폭발한다.
㉱ 가연물, 유기물을 섞거나 가열, 충격, 마찰을 주면 폭발한다.
㉲ 경유 6%, 질산암모늄 94%를 혼합한 것은 안투폭약이라 하며, 공업용 폭약이 된다.
㉳ 화재 시 소화방법으로는 주수 소화가 적합하다.

정답 1. ① 2. ② 3. ④

7 요오드(옥소)산염류(지정수량 : 300kg)

(1) 요오드산칼륨(KIO_3 : 옥소산칼륨, 옥소산칼리)

① 광택이 나는 무색의 결정성 분말로 물이나 진한 황산에는 용해하나 알코올에는 용해되지 않는다.
② 탄소, 기타 가연물과 혼합하여 가열하면 폭발한다.
③ 비중 3.89, 융점 560℃이다.

(2) 요오드산칼륨[$Ca(IO_3)_2 \cdot 6H_2O$: 옥소산칼륨]

① 백색의 조해성 결정으로 물에 잘 녹는다.
② 융점 42℃, 무수물 575℃이다.

(3) 기타 요오드산(옥소산염)

요오드산아연[$Zn(IO_3)_2 \cdot 6H_2O$: 옥소산아연], 요오드산은($AgIO_3$: 옥소산은), 요오드산나트륨($NaIO_3$: 옥소산나트륨), 요오드산바륨[$Ba(IO_3)_2 \cdot H_2O$: 옥소산바륨], 요오드마그네슘[$Mg(IO_3)_2 \cdot 4\sim10H_2O$: 옥산마그네슘] 등이 있다.

8 과망간산염류(지정수량 : 1000kg)

(1) 과망간산칼륨($KMnO_4$: 과망간산칼리, 카멜레온)

① 일반적 성질

(가) 흑자색의 사방정계 결정으로 붉은색 금속광택이 있고 단맛이 있다.

(나) 염산과 반응하여 염소를 발생시킨다.

(다) 물에 녹아 진한 보라색이 되며, 강한 산화력과 살균력이 있다.

(라) 메탄올, 빙초산, 아세톤에 녹는다.

(마) 240℃에서 가열하면 망간산칼륨, 이산화망간, 산소가 발생한다.

(바) 2분자가 중성 또는 알칼리성과 반응하면 3원자의 산소를 방출한다.

(사) 비중 2.7, 분해온도 240℃이다.

② 위험성

(가) 강산화제이며, 진한 황산과 접촉하면 폭발적으로 반응한다.

$$2KMnO_4 + H_2SO_4 \rightarrow K_2SO_4 + 2HMnO_4$$

$$2HMnO_4 \rightarrow Mn_2O_7 + H_2O$$

$$Mn_2O_7 \rightarrow 2MnO_2 + \frac{3}{2}O_2 \uparrow$$

(나) 목탄, 황 등 환원성 물질과 접촉 시 폭발의 위험이 있다.

(다) 알코올, 에테르, 글리세린 등 유기물과 접촉을 금한다.

③ 저장 및 취급 방법

(가) 직사광선(일광)을 차단하고 냉암소에 저장한다.

(나) 용기는 금속 또는 유리 용기를 사용하며 산, 가연물, 유기물과 격리하여 저장한다.

④ 소화 방법 : 다량의 주수 소화 또는 마른 모래(건조사)로 피복 소화한다.

(2) 과망간산나트륨($NaMnO_4$: 과망간산소다)

① 일반적 성질

(가) 적자색 결정으로 물에 대단히 잘 녹는다.

(나) 조해성이 강하여 수용액($NaMnO_4 \cdot 3H_2O$)으로 시판한다.

(다) 비중 2.47, 융점 이상으로 가열하면 산소를 방출한다.

② 기타 : 과망간산칼륨에 준하다.

(3) 과망간산칼슘[$Ca(MnO_4)_2 \cdot 2H_2O$]

비중 2.4의 자색 결정으로 물에 잘 녹는다. 나머지는 과망간산칼륨과 비슷하다.

(4) 과망간산암모늄(NH_4MnO_4)

흑자색 결정으로 조해성이 있는 수용액이다.

9 중크롬산염류(지정수량 : 1000kg)

(1) 중크롬산칼륨($K_2Cr_2O_7$: 중크롬산칼리, 이크롬산칼리)

① 일반적 성질

㈎ 흡습성이 있는 등적색 결정으로 쓴맛이 있다.

㈏ 물에는 녹으나 알코올에는 용해되지 않는다.

㈐ 산성 용액에서 강한 산화제 역할을 한다.

$$K_2Cr_2O_7 + 4H_2SO_4 \rightarrow K_2SO_4 + Cr_2(SO_4)_3 + 4H_2O + 3[O]$$

㈑ 열분해하면 산소(O_2)를 발생한다.

㈒ 산화제, 의약품 등에 사용한다.

㈓ 비중 2.69, 융점 398℃, 분해온도 500℃이다.

② 위험성

㈎ 부식성이 강하여 피부와 접촉 시 점막을 자극하고, 30g 이상 복용하면 사망한다.

㈏ 단독으로는 안정하지만 가열하거나 유기물, 기타 가연물과 접촉하여 마찰 및 열을 주게 되면 발화 또는 폭발한다.

③ 저장 및 취급 방법

㈎ 취급 시 보호구를 착용한다. ㈏ 환기가 잘 되는 곳에 저장한다.

④ 소화 방법 : 주수 소화

(2) 중크롬산나트륨($Na_2Cr_2O_7 \cdot 2H_2O$)

① 오렌지색의 단사정계 결정이고 물에 용해하나 알코올에는 녹지 않는다.

② 비중 2.52, 융점 356℃, 분해온도 400℃이며, 기타 사항은 중크롬산칼륨과 비슷하다.

(3) 중크롬산암모늄[$(NH_4)_2Cr_2O_7$]

① 오렌지색의 단사정계 결정이며 물, 알코올에 녹는다.

② 강산을 가하면 급격하게 반응하고 유기물이 섞이면 폭발하는 수도 있다.

③ 비중 2.15, 분해온도 225℃이다.

(4) 기타 중크롬산염류

중크롬산아연($ZnCr_2O_7 \cdot 3H_2O$), 중크롬산칼슘($CaCr_2O_7 \cdot 3H_2O$), 중크롬산제2철[$Fe_2(Cr_2O_7)_3$] 등이 있다.

단원 예상문제

1. 요오드(아이오딘)산 아연의 성질에 대한 설명으로 가장 거리가 먼 것은?

① 결정성 분말이다.
② 유기물과 혼합 시 연소위험이 있다.
③ 환원력이 강하다.
④ 제1류 위험물이다.

해설 요오드(아이오딘)산 아연[$Zn(IO_3)_2 \cdot 6H_2O$]의 특징
㉮ 제1류 위험물 중 요오드산염류에 해당되며 지정수량은 300kg이다.
㉯ 산화력이 강한 고체 또는 분말이다.
㉰ 유기물과 혼합 시 연소위험이 있다.

2. 과망간산칼륨의 일반적인 성질에 관한 설명 중 틀린 것은?

① 강한 살균력과 산화력이 있다.
② 금속성 광택이 있는 무색의 결정이다.
③ 가열 분해시키면 산소를 방출한다.
④ 비중은 약 2.7이다.

해설 과망간산칼륨($KMnO_4$)의 특징
㉮ 흑자색의 사방정계 결정으로 붉은색 금속광택이 있고 단맛이 있다.
㉯ 염산과 반응하여 염소를 발생시킨다.
㉰ 물에 녹아 진한 보라색이 되며, 강한 산화력과 살균력이 있다.
㉱ 메탄올, 빙초산, 아세톤에 녹는다.
㉲ 240℃에서 가열하면 망간산칼륨, 이산화망간, 산소를 발생한다.
㉳ 강산화제이며 목탄, 황 등 환원성 물질과 접촉 시 폭발의 위험이 있다.
㉴ 비중 2.7, 분해온도 240℃이다.

3. 과망간산칼륨의 위험성에 대한 설명 중 틀린 것은?

① 진한 황산과 접촉하면 폭발적으로 반응한다.
② 알코올, 에테르, 글리세린 등 유기물과 접촉을 금한다.
③ 가열하면 약 60℃에서 분해하여 수소를 방출한다.
④ 목탄, 황과 접촉 시 충격에 의해 폭발할 위험성이 있다.

해설 과망간산칼륨($KMnO_4$)의 위험성 : ①, ②, ④ 외 240℃에서 가열하면 망간산칼륨, 이산화망간, 산소가 발생한다.

4. 중크롬산칼륨에 대한 설명으로 틀린 것은?

① 열분해하여 산소를 발생시킨다.
② 물과 알코올에 잘 녹는다.
③ 등적색의 결정으로 쓴맛이 있다.
④ 산화제, 의약품 등에 사용된다.

해설 중크롬산칼륨($K_2Cr_2O_7$)의 특징 : ①, ③, ④ 외
㉮ 물에는 녹으나 알코올에는 용해되지 않는다.
㉯ 부식성이 강하여 피부와 접촉 시 점막을 자극하고, 30g 이상 복용하면 사망한다.
㉰ 비중 2.69, 융점 398℃, 분해온도 500℃이다.

정답 1. ③ 2. ② 3. ③ 4. ②

Chapter 03

제2류 위험물

3-1 제2류 위험물의 종류

1 제2류 위험물의 종류 및 지정수량

유별	성질	품 명	지정수량	위험등급
제2류 위험물	가연성 고체	1. 황화린	100kg	Ⅱ
		2. 적린	100kg	
		3. 유황	100kg	
		4. 철분	500kg	Ⅲ
		5. 금속분	500kg	
		6. 마그네슘	500kg	
		7. 그 밖에 행정안전부령으로 정하는 것	100kg 또는 500kg	Ⅱ~Ⅲ
		8. 제1호 내지 제10호의 1에 해당하는 어느 하나 이상을 함유한 것		
		9. 인화성 고체	1000kg	Ⅲ

[비고] 위험물 안전관리법 시행령 별표1

1. "가연성 고체"라 함은 고체로서 화염에 의한 발화의 위험성 또는 인화의 위험성을 판단하기 위하여 고시로 정하는 시험에서 고시로 정하는 성질과 상태를 나타내는 것을 말한다.
2. 유황은 순도가 60 중량% 이상인 것을 말한다. 이 경우 순도측정에 있어서 불순물은 활석 등 불연성물질과 수분에 한한다.
3. "철분"이라 함은 철의 분말로서 53마이크로미터의 표준체를 통과하는 것이 50 중량% 미만인 것은 제외한다.
4. "금속분"이라 함은 알칼리금속·알칼리토류금속·철 및 마그네슘 외의 금속의 분말을 말하고, 구리분·니켈분 및 150마이크로미터의 체를 통과하는 것이 50 중량% 미만인 것은 제외한다.
5. 마그네슘 및 제2류 제8호의 물품 중 마그네슘을 함유한 것에 있어서는 다음 각목의 ㉮에 해당하는 것은 제외한다.
   ㉮ 2밀리미터의 체를 통과하지 아니하는 덩어리 상태의 것
   ㉯ 직경 2밀리미터 이상의 막대 모양의 것
6. 황화린·적린·유황 및 철분은 1.의 규정에 의한 성상이 있는 것으로 본다.
7. "인화성 고체"라 함은 고형알코올 그 밖에 1기압에서 인화점이 40℃ 미만인 고체를 말한다.

2 제2류 위험물의 공통적인 성질

① 비교적 낮은 온도에서 착화하기 쉬운 가연성 물질이다.
② 비중은 1보다 크며, 연소 시 유독가스를 발생하는 것도 있다.
③ 연소속도가 대단히 빠르며, 금속분은 물이나 산과 접촉하면 확산 폭발한다.
④ 대부분 물에는 불용이며, 산화하기 쉬운 물질이다.
⑤ 강력한 환원성 물질로 산화제와 접촉, 마찰로 착화되면 급격히 연소한다.

3 저장 및 취급 시 주의사항

① 점화원에서 멀리하고 가열을 피한다.
② 용기 파손으로 위험물의 누설에 주의하고 산화제와의 접촉을 피한다.
③ 습기를 유의하고 용기는 밀봉해야 한다.
④ 금속분의 물이나 산과의 접촉을 피한다.

4 소화 방법

① 주수에 의한 냉각 소화
② 금속분의 화재에는 마른 모래(건조사)의 피복 소화

단원 예상문제

1. 제2류 위험물이 아닌 것은?

① 황화린 ② 적린 ③ 황린 ④ 철분

해설 황린은 제3류 위험물에 해당된다.

2. 위험물 안전관리법령상 품명이 금속분에 해당하는 것은? (단, 150μm의 체를 통과하는 것이 50wt% 이상인 경우이다.)

① 니켈분 ② 마그네슘분 ③ 알루미늄분 ④ 구리분

해설 제2류 위험물(가연성 고체)

㉮ 금속분의 정의[시행령 별표1] : 알칼리금속, 알칼리토금속, 철 및 마그네슘 외의 금속의 분말을 말하며 구리분, 니켈분 및 150μm의 체를 통과하는 것이 50wt% 미만인 것은 제외한다.
㉯ 알루미늄분 : 제2류 위험물 중 금속분 품명에 해당되며, 아연(Zn)분, 안티몬(Sb)분, 주석(Sn)분도 금속분에 포함된다.
㉰ 마그네슘 : 제2류 위험물에 해당되지만 품명이 금속분이 아닌 마그네슘 품명으로 분류된다.
㉱ 구리분, 니켈분 : 제2류 위험물 중 금속분 품명에서 제외되는 것이다.

| 변형된 출제문제 |

2-1 다음의 분말은 모두 150마이크로미터의 체를 통과하는 것이 50중량퍼센트 이상이 된다. 이 분말 중 위험물 안전관리법령상 품명이 "금속분"으로 분류되는 것은? [16. 2회]

① 철분 ② 구리분
③ 알루미늄분 ④ 니켈분

해설 알루미늄분 : 제2류 위험물 중 금속분 품명에 해당되며, 아연(Zn)분, 안티몬(Sb)분, 주석(Sn)분도 금속분에 포함된다.

참고 구리분, 니켈분 : 제2류 위험물 중 금속분 품명에서 제외되는 것이다.

2-2 분말의 형태로서 150마이크로미터(μm)의 체를 통과하는 것이 50중량퍼센트 이상인 것만 위험물로 취급되는 것은? [12. 1회]

① Fe ② Sn ③ Ni ④ Cu

2-3 분말의 형태로서 150마이크로미터(μm)의 체를 통과하는 것이 50중량퍼센트 이상인 것만 위험물로 취급되는 것은? [15. 5회]

① Zn ② Fe
③ Ni ④ Cu

답 **2-1** ③ **2-2** ② **2-3** ①

3. 제2류 위험물과 산화제를 혼합하면 위험한 이유로 가장 적합한 것은?

① 제2류 위험물이 가연성 액체이기 때문에
② 제2류 위험물이 환원제로 작용하기 때문에
③ 제2류 위험물은 자연발화의 위험이 있기 때문에
④ 제2류 위험물은 물 또는 습기를 잘 머금고 있기 때문에

해설 제2류 위험물은 강력한 환원성 물질로 산화제와 접촉, 마찰로 착화되면 급격히 연소한다.

참고 환원성 물질이라는 것은 가연물이라는 것이고 제2류 위험물의 성질은 "가연성 고체"이다.

| 변형된 출제문제 |

3-1 제2류 위험물의 일반적 성질에 대한 설명으로 가장 거리가 먼 것은? [14. 2회]

① 가연성 고체 물질이다.
② 연소 시 연소열이 크고 연소속도가 빠르다.
③ 산소를 포함하여 조연성 가스의 공급 없이 연소가 가능하다.
④ 비중이 1보다 크고 물에 녹지 않는다.

해설 산소를 포함하여 조연성 가스의 공급 없이 연소가 가능한 것은 제5류 위험물이다.

답 **3-1** ③

4. 금속은 덩어리 상태보다 분말 상태일 때 연소 위험성이 증가하기 때문에 금속분을 제2류 위험물로 분류하고 있다. 다음 중 연소 위험성이 증가하는 이유로 잘못된 것은?

① 비표면적이 증가하여 반응면적이 증대되기 때문에
② 비열이 증가하여 열의 축적이 용이하기 때문에
③ 복사열의 흡수율이 증가하여 열의 축적이 용이하기 때문에
④ 대전성이 증가하여 정전기가 발생되기 쉽기 때문에

해설 비열은 물질 1kg을 1℃ 상승시키는 데 필요한 열량(kcal, kJ)으로 비열이 증가하면 온도를 상승시키는 데 많은 열량이 필요한 것이므로 열의 축적이 어렵게 되기 때문에 연소 위험성은 감소한다.

정답 1. ③ 2. ③ 3. ② 4. ②

3-2 제2류 위험물의 성질 및 위험성

1 황화린(황화인, 지정수량 : 100kg)

(1) 삼황화인(P_4S_3), 오황화인(P_2S_5), 칠황화인(P_4S_7)

① 일반적 성질

㈎ 삼황화인(P_4S_3)은 물, 염소, 염산, 황산에는 녹지 않으나 질산, 이황화탄소, 알칼리에는 녹는다.

㈏ 오황화인(P_2S_5)은 물, 알칼리에 의해 황화수소(H_2S)와 인산(H_3PO_4)으로 분해된다.

$$P_2S_5 + 8H_2O \rightarrow 5H_2S + 2H_3PO_4$$

㈐ 칠황화인(P_4S_7)은 찬물에는 서서히, 더운물에는 급격히 녹아 분해되면서 황화수소와 인산을 발생한다.

황화린(황화인)의 종류 및 성질

성질 \ 종류	삼황화인(P_4S_3)	오황화인(P_2S_5)	칠황화인(P_4S_7)
색상	황색 결정	담황색 결정	담황색 결정
비중	2.03	2.09	2.19
비점	407℃	514℃	523℃
융점	172.5℃	290℃	310℃
물에 대한 용해성	불용성	조해성	조해성
CS_2에 대한 용해도	소량	76.9g/100g	0.029g/100g

② 위험성

㈎ 황화린(황화인)이 분해하면 발생하는 황화수소(H_2S) 가스는 가연성이며 유독하다.

㈏ 황린, 과산화물, 과망간산염, 금속분(Pb, Sn, 유기물)과 접촉하면 자연 발화한다.

㈐ 미립자를 흡수했을 때는 기관지 및 눈의 점막을 자극한다.

㈑ 삼황화인이 공기 중에서 연소하면 오산화인(P_2O_5)과 아황산가스(SO_2)가 발생한다.

$$P_4S_3 + 8O_2 \rightarrow 2P_2O_5 + 3SO_2 \uparrow$$

③ 저장 및 취급 방법

㈎ 자연 발화성이므로 산화제, 금속분, 과산화물, 과망간산염 등과 격리하여 저장한다.

㈏ 소량이면 유리병에 넣고, 대량일 때는 양철통에 넣은 다음 나무상자 속에 보관한다.

㈐ 가열, 충격, 마찰을 피하고 통풍이 잘 되는 냉암소에 저장한다.

④ 소화 방법 : 마른 모래(건조사), 탄산가스(CO_2), 건조소금 분말 등으로 질식 소화한다.

단원 예상문제

1. 황화인에 대한 설명 중 옳지 않은 것은 어느 것인가?

① 삼황화인은 황색 결정으로 공기 중 약 100℃에서 발화할 수 있다.
② 오황화인은 담황색 결정으로 조해성이 있다.
③ 오황화인은 물과 접촉하여 유독성 가스를 발생할 위험이 있다.
④ 삼황화인은 연소하여 황화수소 가스를 발생할 위험이 있다.

해설 황화린(황화인)의 특징

㉮ 삼황화인(P_4S_3)은 황색 결정으로 물, 염소, 염산, 황산에는 녹지 않으나 질산, 이황화탄소, 알칼리에는 녹는다. 공기 중에서 연소하면 오산화인(P_2O_5)과 아황산가스(SO_2)가 발생한다.

㉯ 오황화인(P_2S_5)은 담황색 결정으로 조해성이 있으며 물, 알칼리에 의해 유독한 황화수소(H_2S)와 인산(H_3PO_4)으로 분해된다.

㉰ 칠황화인(P_4S_7)은 담황색 결정으로 조해성이 있으며 찬물에는 서서히, 더운물에는 급격히 녹아 분해되면서 황화수소(H_2S)와 인산(H_3PO_4)이 발생한다.

2. 삼황화인과 오황화인의 공통점이 아닌 것은?

① 물과 접촉하여 인화수소가 발생한다.
② 가연성 고체이다.
③ 분자식이 P와 S로 이루어져 있다.
④ 연소 시 오산화인과 이산화황이 생성된다.

해설 삼황화인(P_4S_3)과 오황화인(P_2S_5)이 물과 접촉하면 황화수소(H_2S)와 인산(H_3PO_4)이 발생한다.

| 변형된 출제문제 |

2-1 삼황화인의 연소 시 발생하는 가스에 해당하는 것은? [14. 4회]

① 이산화황 ② 황화수소 ③ 산소 ④ 인산

해설 삼황화인(P_4S_3)이 연소하면 오산화인(P_2O_5)과 이산화황(SO_2 : 아황산가스)이 발생한다.

2-2 삼황화인의 연소 생성물을 옳게 나열한 것은? [14. 5회]

① P_2O_5, SO_2 ② P_2O_5, H_2S ③ H_3PO_4, SO_2 ④ H_3PO_4, H_2S

답 **2-1** ① **2-2** ①

정답 **1.** ④ **2.** ①

2 적린(지정수량 : 100kg)

(1) 적린(P_4 : 자인, 홍인, 붉은인)

① 일반적 성질

(가) 안정한 암적색, 무취의 분말로 황린과 동소체이다.

(나) 물, 에틸알코올, 가성소다(NaOH), 이황화탄소(CS_2), 에테르, 암모니아에 용해하지 않는다.

(다) 독성이 없고 어두운 곳에서 인광을 내지 않는다.

(라) 상온에서 할로겐원소와 반응하지 않는다.

(마) 비중 2.2, 융점(43atm) 590℃, 승화점 400℃, 발화점 260℃이다.

② 위험성

(가) 독성이 없고 자연발화의 위험성이 없으나 산화물(염소산염류 등의 산화제)과 공존하면 낮은 온도에서도 발화할 수 있다.

(나) 공기 중에서 연소하면 오산화인(P_2O_5)이 되면서 백색 연기를 낸다.

$$P_4 + 5O_2 \rightarrow 2P_2O_5$$

③ 저장 및 취급 방법

(가) 서늘한 장소에 저장하며, 화기접근을 금지한다.

(나) 산화제, 특히 염소산염류의 혼합은 절대 금지한다.

(다) 인화성, 발화성, 폭발성 물질 등과는 멀리하여 저장한다.

④ 소화 방법 : 주수에 의한 냉각 소화나 마른 모래(건조사) 등에 의한 질식 소화

단원 예상문제

1. 적린의 성질에 대한 설명 중 틀린 것은?

① 물이나 이황화탄소에 녹지 않는다.
② 발화온도는 약 260℃ 정도이다.
③ 연소할 때 인화수소 가스가 발생한다.
④ 산화제가 섞여 있으면 마찰에 의해 착화하기 쉽다.

해설 적린(P_4)의 특징 : ①, ②, ④ 외
㉮ 안정한 암적색, 무취의 분말로 황린과 동소체이다.
㉯ 독성이 없고 상온에서 할로겐원소와 반응하지 않는다.
㉰ 공기 중에서 연소하면 오산화인(P_2O_5)이 되면서 백색 연기를 낸다.
㉱ 적린의 성질 : 비중 2.2, 융점(43atm) 590℃, 승화점 400℃, 발화점 260℃

| 변형된 출제문제 |

1-1 적린에 관한 설명 중 틀린 것은? [12. 5회]

① 물에 잘 녹는다.
② 화재 시 물로 냉각소화할 수 있다.
③ 황린에 비해 안정하다.
④ 황린과 동소체이다.

해설 적린은 물, 에틸알코올, 가성소다(NaOH), 이황화탄소(CS_2), 에테르, 암모니아에 용해하지 않는다.

1-2 적린의 일반적인 성질에 대한 설명으로 틀린 것은? [14. 4회]

① 비금속 원소이다.
② 암적색의 분말이다.
③ 승화온도가 약 260℃이다.
④ 이황화탄소에 녹지 않는다.

해설 적린의 승화온도는 400℃, 발화온도는 260℃이다.

1-3 적린의 성질에 대한 설명 중 옳지 않은 것은? [15. 1회]

① 황린과 성분 원소가 같다.
② 발화온도는 황린보다 낮다.
③ 물, 이황화탄소에 녹지 않는다.
④ 브롬화인에 녹는다.

해설 적린의 발화온도는 260℃, 황린의 발화온도는 34℃로 적린이 높다.

답 1-1 ① 1-2 ③ 1-3 ②

2. 적린의 위험성에 관한 설명 중 옳은 것은?

① 공기 중에 방치하면 폭발한다.
② 산소와 반응하여 포스핀가스를 발생한다.
③ 연소 시 적색의 오산화인이 발생한다.
④ 강산화제와 혼합하면 충격, 마찰에 의해 발화할 수 있다.

해설 적린(P_4)의 위험성

㉮ 자연발화의 위험성이 없으나 산화물(염소산염류 등의 산화제)과 공존하면 낮은 온도에서도 발화할 수 있다.
㉯ 공기 중에서 연소하면 오산화인(P_2O_5)이 되면서 백색 연기를 낸다.
㉰ 서늘한 장소에 저장하며, 화기접근을 금지한다.

참고 산소와 반응하는 것이 공기 중에서 연소하는 것과 같은 것이다.

정답 1. ③ 2. ④

3 유황(지정수량 : 100kg)

(1) 사방황, 단사황, 고무상황

① 일반적 성질

㈎ 노란색 고체로 열 및 전기의 불량도체이며 물이나 산에 녹지 않는다.
㈏ 저온에서는 안정하나 높은 온도에서는 여러 원소와 황화물을 만든다.
㈐ 사방정계를 가열하면 95.5℃에서 단사정계가 되고 단사정계를 계속 가열하면 갈색(160℃)에서 흑색 불투명으로 변하여 250℃에서 유동성이 되고 445℃에서 끓는다.
㈑ 공기 중에서 연소하면 푸른 불꽃을 발하며, 유독한 아황산가스(SO_2)가 발생한다.

$S + O_2 \rightarrow SO_2$

유황의 종류 및 성질

성질 \ 종류	사방황	단사황	고무상황
색상	노란색	노란색	흑갈색
비중	2.07	1.95	1.92
융점	113℃	119℃	-
결정형	팔면체	바늘 모양	무정형
온도에 대한 안정성	95.5℃ 이하에서 안정	95.5℃ 이상에서 안정	-
CS_2에 대한 용해도	잘 녹음	잘 녹음	안 녹음

② 위험성

㈎ 산화제나 목탄가루 등과 혼합되어 있을 때 마찰이나 열에 의해 착화, 폭발을 일으킨다.

㈏ 황가루가 공기 중에 떠 있을 때는 분진 폭발의 위험성이 있다.

㈐ 용융황은 염소(Cl_2)와 적열된 코크스(C)와 반응하여 인화성이 강한 염화황(S_2Cl_2), 이황화탄소(CS_2)가 되므로 위험하다.

$Cl_2 + 2S \rightarrow S_2Cl_2$, $C + 2S \rightarrow CS_2$

③ 저장 및 취급 방법

㈎ 산화제와 멀리하고 화기에 주의한다.

㈏ 정전기의 축적을 방지하며 가열, 충격, 마찰을 피한다.

㈐ 분말은 분진 폭발의 위험이 있으므로 취급하는 데 특히 주의하여야 한다.

④ 소화 방법 : 다량의 물이나 탄산가스(CO_2), 모래 등의 질식 소화

단원 예상문제

1. 황의 성질에 대한 설명 중 틀린 것은 어느 것인가?

① 물에 녹지 않으나 이황화탄소에 녹는다.
② 공기 중에서 연소하여 아황산가스를 발생한다.
③ 전도성 물질이므로 정전기 발생에 유의하여야 한다.
④ 분진폭발의 위험성에 주의하여야 한다.

해설 황(유황)의 특징

㉮ 노란색 고체로 열 및 전기의 불량도체이므로 정전기 발생에 유의하여야 한다.
㉯ 물이나 산에는 녹지 않지만 이황화탄소(CS_2)에는 녹는다(단, 고무상 황은 녹지 않음).
㉰ 저온에서는 안정하나 높은 온도에서는 여러 원소와 황화물을 만든다.
㉱ 공기 중에서 연소하면 푸른 불꽃을 발하며, 유독한 아황산가스(SO_2)가 발생한다.
㉲ 산화제나 목탄가루 등과 혼합되어 있을 때 마찰이나 열에 의해 착화, 폭발을 일으킨다.
㉳ 황가루가 공기 중에 떠 있을 때는 분진 폭발의 위험성이 있다.

| 변형된 출제문제 |

1-1 황의 성질로 옳은 것은? [13. 2회]

① 전기 양도체이다.
② 물에는 매우 잘 녹는다.
③ 이산화탄소와 반응한다.
④ 미분은 분진폭발의 위험성이 있다.

해설 ㉮ 황은 전기의 불량도체이고, 물에는 녹지 않는다.
㉯ 저온에서는 안정하나 높은 온도에서는 여러 원소와 황화물을 만들지만 이산화탄소와는 반응하지 않는다.

1-2 유황에 대한 설명으로 옳지 않은 것은? [14. 5회]

① 연소 시 황색 불꽃을 보이며 유독한 이황화탄소를 발생한다.
② 미세한 분말상태에서 부유하면 분진폭발의 위험이 있다.
③ 마찰에 의해 정전기가 발생할 우려가 있다.
④ 고온에서 용융된 유황은 수소와 반응한다.

해설 공기 중에서 연소하면 푸른 불꽃을 발하며, 유독한 아황산가스(SO_2)가 발생한다.

1-3 황의 성상에 관한 설명으로 틀린 것은? [15. 4회]

① 연소할 때 발생하는 가스는 냄새를 가지고 있으나 인체에 무해하다.
② 미분이 공기 중에 떠 있을 때 분진폭발의 우려가 있다.
③ 용융된 황을 물에서 급냉하면 고무상 황을 얻을 수 있다.
④ 연소할 때 아황산가스가 발생한다.

해설 연소할 때 발생하는 아황산가스(SO_2)는 인체에 유해한 독성가스이다.

답 1-1 ④ 1-2 ① 1-3 ①

2. 적린과 유황의 공통되는 일반적 성질이 아닌 것은?

① 비중이 1보다 크다. ② 연소하기 쉽다.
③ 산화되기 쉽다. ④ 물에 잘 녹는다.

해설 적린과 유황 모두 물에 녹지 않는 성질을 갖는다.

정답 1. ③ 2. ④

4 철분(지정수량 : 500kg)

① 일반적 성질

(가) 회백색의 분말이며, 강자성체이지만 776℃에서 강자성을 상실한다.

(나) 강산화제인 발연질산에 넣었다 꺼내면 산화피복을 형성하여 부동태(passivity)가 된다.

(다) 알칼리에 녹지 않지만 산화력을 갖지 않는 묽은 산에 용해된다.

$$Fe + 4HNO_3 \rightarrow Fe(NO_3)_3 + NO + 2H_2O$$

(라) 산소기류 중에서 연소하여 가열하면 수증기(H_2O)와 작용하여 수소(H_2)를 발생시키고 사산화삼철(Fe_3O_4)을 만든다.

$$3Fe + 4H_2O \rightarrow Fe_3O_4 + 4H_2\uparrow$$

(마) 분자량 55.8, 비중 7.86, 융점 1530℃, 비등점 2750℃이다.

(바) 공기 중에서 서서히 산화하여 은백색의 광택을 잃으면서 황갈색으로 변화된다.

$$4Fe + 3O_2 \rightarrow 2Fe_2O_3$$

② 위험성 : 비교적 다른 금속분에 비하여 위험성은 적으나 기름이 묻은 분말은 자연 발화하는 경우도 있다.

③ 저장 및 취급 방법

㈎ 가열, 충격, 마찰을 피한다.

㈏ 직사광선을 피하고 냉암소에 보관한다.

㈐ 산화제와 격리한다.

④ 소화 방법 : 탄산수소염류 또는 마른 모래(건조사)로 소화한다.

단원 예상문제

1. 공기 중에서 서서히 산화되어 황갈색으로 변하는 은백색의 분말로 기름이 묻은 분말은 자연발화의 위험이 있는 것은?

① 철분 ② 적린 ③ 황화린 ④ 알루미늄분

해설 ㉮ 철분은 공기 중에서 서서히 산화하여 은백색의 광택을 잃으면서 황갈색으로 변화된다.
㉯ 반응식 : $4Fe + 3O_2 \rightarrow 2Fe_2O_3$

정답 1. ①

5 금속분(지정수량 : 500kg)

(1) 알루미늄(Al)분

① 일반적 성질

㈎ 은백색의 경금속으로 전성, 연성이 풍부하며 열전도율 및 전기전도도가 크다.

㈏ 공기 중에 방치하면 표면에 얇은 산화피막(산화알루미늄, 알루미나)을 형성하여 내부를 부식으로부터 보호한다.

$$4Al + 3O_2 \rightarrow 2Al_2O_3 + 339kcal$$

㈐ 산과 알칼리에 녹아 수소(H_2)를 발생시킨다.

$$2Al + 6HCl \rightarrow 2AlCl_3 + 3H_2 \uparrow$$

$$2Al + 2NaOH + 2H_2O \rightarrow 2NaAlO_2 + 3H_2 \uparrow$$

㈑ 진한 질산과는 반응이 잘 되지 않으나 묽은 염산, 황산, 묽은 질산에는 잘 녹는다.

㈒ 금속 산화물을 환원시킨다.

$$3Fe_3O_4 + 8Al \rightarrow 4Al_2O_3 + 9Fe$$

(바) 물(H_2O)과 반응하여 수소를 발생시킨다.

$2Al + 6H_2O \rightarrow 2Al(OH)_3 + 3H_2 \uparrow$

(사) 비중 2.71, 융점 658.8℃, 비점 2060℃이다.

② 위험성

(가) 산화제와 혼합 시 가열, 충격, 마찰에 의하여 착화한다.

(나) 할로겐원소와 접촉하면 자연발화의 위험성이 있다.

(다) 알칼리금속보다 착화성은 적으나, 연소되면 많은 열을 발생시킨다.

$4Al + 3O_2 \rightarrow 2Al_2O_3 + 339kcal$

(라) 습기나 수분에 의해 자연 발화하기도 한다.

③ 저장 및 취급 방법

(가) 산화제, 수분, 할로겐원소와 접촉을 금지한다.

(나) 분진폭발 위험이 있으므로 분진이 날리지 않도록 하고 화기에 주의한다.

④ 소화 방법 : 마른 모래(건조사)를 이용한다.

(2) 아연(Zn)분

① 일반적 성질

(가) 은백색의 분말로 공기 중에서 가열하면 빛을 내며 산화아연(ZnO)이 된다.

$2Zn + O_2 \rightarrow 2ZnO$

(나) 산과 알칼리에 녹아서 수소를 발생시킨다.

$Zn + 2HCl \rightarrow ZnCl_2 + H_2 \uparrow$

$Zn + 2NaOH \rightarrow Na_2ZnO_2 + H_2 \uparrow$

(다) 비중 7.142, 융점 419.5℃, 비점 907℃이다.

② 위험성 : 마그네슘(Mg)과 비슷하지만 위험성은 적다.

③ 저장 및 취급 방법 : 직사광선, 높은 온도를 피하고 냉암소에 저장한다.

④ 소화 방법 : 마그네슘(Mg)분에 준한다.

(3) 안티몬(Sb)분

① 일반적 성질

(가) 은백색의 광택이 나는 금속 분말이다.

(나) 흑색 안티몬 분말은 공기 중에서 쉽게 산화하고 폭발한다.

$4Sb + 3O_2 \rightarrow 2Sb_2O_2$

(다) 비중 6.69, 융점 630℃, 비점 1750℃이다.

② 위험성

(가) 유독하며 흑색 안티몬은 공기 중에서 쉽게 발화한다.

(나) 산화하기 쉽고, 약간의 자극, 가열에 의해 폭발적으로 회색 안티몬으로 변한다.

(다) 물, 염산, 묽은 황산, 알칼리 수용액에 녹지 않지만 왕수, 뜨겁고 진한 황산에는 녹는다.

③ 저장 및 취급 방법

(가) 가열, 충격, 마찰을 피한다.

(나) 직사광선을 피하고 냉암소에 저장한다.

④ 소화 방법 : 마른 모래(건조사)를 이용한다.

단원 예상문제

1. 알루미늄분의 성질에 대한 설명으로 옳은 것은?

① 금속 중에서 연소열량이 가장 작다.

② 끓는 물과 반응해서 수소를 발생시킨다.

③ 수산화나트륨 수용액과 반응해서 산소를 발생시킨다.

④ 안전한 저장을 위해 할로겐 원소와 혼합한다.

해설 알루미늄(Al)분의 특징

㉮ 은백색의 경금속으로 전성, 연성이 풍부하며 열전도율 및 전기전도도가 크다.

㉯ 물, 산(HCl : 염산), 알칼리(NaOH : 수산화나트륨)와 반응하여 수소(H_2)를 발생시킨다.

㉰ 알칼리금속보다 착화성은 적으나, 연소되면 많은 열을 발생시킨다.

㉱ 진한 질산과는 반응이 잘 되지 않으나 묽은 염산, 황산, 묽은 질산에는 잘 녹는다.

㉲ 할로겐원소와 접촉하면 자연발화의 위험성이 있다.

㉳ 비중 2.71, 융점 658.8℃, 비점 2060℃이다.

2. 알루미늄의 위험성에 대한 설명 중 틀린 것은?

① 할로겐원소와 접촉 시 자연발화의 위험성이 있다.

② 산과 반응하여 가연성 가스인 수소를 발생시킨다.

③ 발화하면 다량의 열이 발생시킨다.

④ 뜨거운 물과 격렬히 반응하여 산화알루미늄을 발생시킨다.

해설 알루미늄(Al)분의 위험성

㉮ 산화제와 혼합 시 가열, 충격, 마찰에 의하여 착화한다.

㉯ 할로겐원소와 접촉하면 자연발화의 위험성이 있다.

㉰ 발화(연소)하면 많은 열이 발생한다.

㉱ 산, 알칼리, 물과 반응하여 가연성 가스인 수소를 발생시킨다.

참고 물(뜨거운 물)과 반응하면 수소(H_2)와 수산화알루미늄[$Al(OH)_3$]이 발생한다.

$2Al + 6H_2O \rightarrow 2Al(OH)_3 + 3H_2 \uparrow$

3. 알루미늄분이 염산과 반응하였을 경우 생성되는 가연성 가스는?

① 산소 ② 질소 ③ 메탄 ④ 수소

해설 알루미늄(Al)분 : 제2류 위험물로 금속분에 해당된다.

㉮ 물과 반응하여 수소(H_2)를 발생시킨다.

$2Al+6H_2O \rightarrow 2Al(OH)_3+3H_2\uparrow$

㉯ 산(HCl : 염산), 알칼리(NaOH : 가성소다)와 반응하여 수소(H_2)를 발생시킨다.

$2Al+6HCl \rightarrow 2AlCl_3+3H_2\uparrow$

$2Al+2NaOH+2H_2O \rightarrow 2NaAlO_2+3H_2\uparrow$

4. 알루미늄 분말의 저장 방법 중 옳은 것은?

① 에틸알코올 수용액에 넣어 보관한다.
② 밀폐 용기에 넣어 건조한 곳에 보관한다.
③ 폴리에틸렌병에 넣어 수분이 많은 곳에 보관한다.
④ 염산 수용액에 넣어 보관한다.

해설 알루미늄 분말의 저장 방법

㉮ 제2류 위험물 중 금속분에 해당되며 물이나 산과 접촉하여 가연성 가스인 수소가 발생된다.
㉯ 할로겐원소와 접촉하면 자연발화의 위험성이 있다.
㉰ 이런 이유 때문에 알루미늄분은 밀폐 용기에 넣어 건조한 곳에 보관하여야 한다.

정답 **1.** ② **2.** ④ **3.** ④ **4.** ②

6 마그네슘(지정수량 : 500kg)

① 일반적 성질

(가) 은백색의 광택이 있는 가벼운 금속 분말이다.
(나) 알루미늄보다 열전도율 및 전기전도도가 낮다.
(다) 알칼리금속에는 침식당하지 않지만 산이나 염류에는 침식된다.
(라) 산 및 더운물과 반응하여 수소(H_2)를 발생시킨다.

$Mg+2HCl \rightarrow MgCl_2+H_2\uparrow$

$Mg+2H_2O \rightarrow Mg(OH)_2+H_2\uparrow$

(마) 비중 1.74, 융점 651℃, 비점 1102℃, 발화점 400℃ 부근이다.

② 위험성

(가) 공기 중의 습기나 수분에 의하여 자연 발화하는 경우도 있다.
(나) 산화제와의 혼합물은 타격이나 충격에 의해 쉽게 착화된다.
(다) 점화가 되면 발열량이 크고 온도가 높아져서 자외선을 품은 불꽃을 내면서 연소하므로 소화하기가 곤란하고 위험성도 크다.

$2Mg + O_2 \rightarrow 2MgO + 287.4kcal$

㈑ 질소(N_2) 속에서 강열하면 질화마그네슘(Mg_3N_2)이 된다.

$3Mg + N_2 \rightarrow Mg_3N_2$

㈒ 화재 시 이산화탄소 소화약제를 사용하면 탄소(C) 및 유독성이고 가연성인 일산화탄소(CO)가 발생하므로 부적합하다.

$2Mg + CO_2 \rightarrow 2MgO + C$

$Mg + CO_2 \rightarrow MgO + CO\uparrow$

③ 저장 및 취급 방법

㈎ 가열, 마찰, 충격을 피하고 산화제, 수분, 할로겐원소와 접촉을 피한다.

㈏ 분진폭발 위험이 있으므로 분진이 날리지 않도록 포장해서 주의하여 이동한다.

④ 소화 방법 : 분말의 비산을 막기 위하여 마른 모래, 담요 등으로 피복 후 주수 소화를 한다.

단원 예상문제

1. 제2류 위험물인 마그네슘에 대한 설명으로 옳지 않은 것은?

① 2mm 체를 통과한 것만 위험물에 해당된다.
② 화재 시 이산화탄소 소화약제로 소화가 가능하다.
③ 가연성 고체로 산소와 반응하여 산화 반응을 한다.
④ 주수 소화를 하면 가연성의 수소 가스가 발생한다.

해설 ㉮ 마그네슘(Mg) 화재 시 이산화탄소 소화약제를 사용하면 탄소(C) 및 유독성이고 가연성인 일산화탄소가 발생하므로 부적합하다(제3류 위험물인 나트륨(Na)도 동일함).

㉯ 반응식 : $2Mg + CO_2 \rightarrow 2MgO + C$ $Mg + CO_2 \rightarrow MgO + CO\uparrow$

㉰ 마그네슘 화재에 적응 소화설비는 탄산수소염류 분말소화설비 및 분말소화기, 건조사(마른 모래), 팽창질석 및 팽창진주암이 해당된다.

2. 마그네슘의 위험성에 관한 설명 중 틀린 것은?

① 더운물과 작용시키면 산소 가스가 발생한다.
② 이산화탄소 중에서도 연소한다.
③ 습기와 반응하여 열이 축적되면 자연발화의 위험이 있다.
④ 공기 중에 부유하면 분진 폭발의 위험이 있다.

해설 마그네슘(Mg)의 위험성

㉮ 마그네슘을 더운물과 작용시키면 수소(H_2) 가스가 발생한다.

㉯ 반응식 : $Mg + 2H_2O \rightarrow Mg(OH)_2 + H_2\uparrow$

정답 1. ② 2. ①

7 인화성 고체(지정수량 : 1000kg)

(1) 고형알코올

① 합성수지에 메틸알코올을 침투시켜 만든 고체 상태로 인화점은 30℃이다.

② 가연성 증기, 화학적 성질, 위험성 및 기타 소화 방법은 메틸알코올과 유사하다.

(2) 래커퍼티

① 백색 진탕 상태이고 공기 중에는 비교적 단시간 내에 고체화된다.

② 휘발성 물질을 함유하고 있어 대기 중에 인화성 증기를 발생시킨다.

③ 인화점은 21℃ 미만이다.

(3) 고무풀

① 생고무에 휘발유나 기타 인화성 용제를 가공하여 풀과 같은 상태로 만든 것으로 가화에 의하여 경화된다.

② 가솔린 등을 함유하고 있어 상온 이하에서 인화성 증기를 발생한다.

③ 상온에서 고체인 것으로서 40℃ 미만에서 가연성 증기를 발생한다.

(4) 메타알데히드

① 무색 침상의 결정으로 111.7~115.6℃에서 승화하고 공기 중에 장치하면 파라알데히드 [$(CH_3CHO)_3$]로 변한다.

② 중합도가 4인 것은 인화점이 36℃이며, 중합도가 증가할수록 인화점도 증가한다.

(5) 제3부틸알코올

① 무색의 결정으로 물, 알코올, 에테르 등 유기용제와는 자유로이 혼합한다.

② 정부틸알코올보다 알코올로서 특성이 약하여 탈수제에 의해 쉽게 탈수되어 이소부틸렌이 되며 이것은 불안정하여 비누화된다.

③ 비중 0.78, 비점 82.4℃, 융점 25.6℃, 인화점 11.1℃이다.

단원 예상문제

1. 다음은 위험물 안전관리법령에서 정한 내용이다. ( ) 안에 알맞은 용어는?

( )라 함은 고형 알코올 그 밖에 1기압에서 인화점이 섭씨 40도 미만인 고체를 말한다.

① 가연성 고체　② 산화성 고체　③ 인화성 고체　④ 자기반응성 고체

해설 제2류 위험물 중 품명[시행령 별표1] : "인화성 고체"라 함은 고형 알코올 그 밖에 1기압에서 인화점이 40℃ 미만인 고체를 말한다.

정답 1. ③

Chapter 04

제3류 위험물

4-1 제3류 위험물의 종류

1 제3류 위험물의 종류 및 지정수량

유별	성질	품 명	지정수량	위험등급
제3류 위험물	자연 발화성 물질 및 금수성 물질	1. 칼륨	10kg	Ⅰ
		2. 나트륨	10kg	
		3. 알킬알루미늄	10kg	
		4. 알킬리튬	10kg	
		5. 황린	20kg	
		6. 알칼리금속(칼륨 및 나트륨을 제외한다) 및 알칼리토금속	50kg	Ⅱ
		7. 유기금속화합물(알킬알루미늄 및 알킬리튬을 제외한다)	50kg	
		8. 금속의 수소화물	300kg	Ⅲ
		9. 금속의 인화물	300kg	
		10. 칼슘 또는 알루미늄의 탄화물	300kg	
		11.그 밖에 행정안전부령으로 정하는 것	10kg, 20kg, 50kg 또는 300kg	Ⅰ ~ Ⅲ
		12. 제1호 내지 제11호의 1에 해당하는 어느 하나 이상을 함유한 것		

[비고] 위험물 안전관리법 시행령 별표1

1. “자연발화성 물질 및 금수성 물질”이라 함은 고체 또는 액체로서 공기 중에서 발화의 위험성이 있거나 물과 접촉하여 발화하거나 가연성가스를 발생하는 위험성이 있는 것을 말한다.
2. 칼륨·나트륨·알킬알루미늄·알킬리튬 및 황린은 1.항의 규정에 의한 성상이 있는 것으로 본다.
3. 그 밖에 행정안전부령으로 정하는 것[시행규칙 제3조] : 염소화규소화합물

2 제3류 위험물의 공통적인 성질

① 대부분이 무기물의 고체이나 알킬알루미늄과 같은 유기물의 액체도 있다.
② 물과 접촉하면 가연성 가스를 내면서 발열반응 또는 발화를 한다(단, 황린은 제외).
③ 물과 반응하여 화학적으로 활성화된다.
④ 불연성이지만 금속 칼륨, 금속 나트륨은 공기 중에서 연소하므로 가연성이다.

3 저장 및 취급 시 주의사항

① 작게 나눠(小分 : 소분) 저장하고, 물과의 접촉을 피한다.
② 보호액 속에 저장하는 것은 노출되지 않도록 주의한다.
③ 용기의 파손 및 부식을 방지한다.

4 소화 방법

마른 모래(건조사) 및 금속화재용 분말소화약제와 팽창질석 및 팽창진주암을 사용한다.

단원 예상문제

1. 제3류 위험물에 해당하는 것은?

① NaH ② Al ③ Mg ④ P_4S_3

해설 각 위험물의 유별 구분

품 명		지정수량
수소화나트륨(NaH)	제3류 위험물 금속의 수소화물	300kg
알루미늄(Al)	제2류 위험물 금속분	500kg
마그네슘(Mg)	제2류 위험물 마그네슘	500kg
삼황화인(P_4S_3)	제2류 위험물 황화린	100kg

2. 위험물 안전관리법령상의 제3류 위험물 중 금수성 물질에 해당하는 것은?

① 황린 ② 적린 ③ 마그네슘 ④ 칼륨

해설 각 위험물의 유별 및 성질

품 명	유별 및 성질	지정수량
황린	제3류 위험물 자연발화성 물질	20kg
적린	제2류 위험물 가연성 고체	100kg
마그네슘		500kg
칼륨	제3류 위험물 금수성 물질	10kg

3. 위험물 안전관리법령상 염소화규소화합물은 제 몇 류 위험물에 해당하는가?

① 제1류 ② 제2류 ③ 제3류 ④ 제5류

해설 염소화규소화합물은 제3류 위험물 중 행정안전부령으로 정하는 물품이다[시행규칙 제3조].

정답 1. ① 2. ④ 3. ③

4-2 제3류 위험물의 성질 및 위험성

1 칼륨(지정수량 : 10kg)

① 일반적 성질

㈎ 분자기호 K로 일명 칼리, 포타슘이라 하는 은백색을 띠는 무른 금속으로 녹는점 이상 가열하면 보라색의 불꽃을 내면서 연소한다.

㈏ 공기 중의 산소와 반응하여 광택을 잃고 산화칼륨(K_2O)의 회백색으로 변화한다.

$$2K+\frac{1}{2}O_2 \rightarrow K_2O$$

㈐ 공기 중에서 수분과 반응하면 수산화물(KOH : 수산화칼륨)과 수소(H_2)가 발생한다.

$$2K+2H_2O \rightarrow 2KOH+H_2\uparrow +9.8kcal$$

㈑ 연소하면 과산화칼륨(K_2O_2)이 된다.

$$2K+O_2 \rightarrow K_2O_2$$

㈒ 화학적으로 활성이 크며, 알코올과 반응하여 칼륨에틸레이트(C_2H_5OK)와 가연성 기체인 수소(H_2)를 발생시킨다.

$$2K+2C_2H_5OH \rightarrow 2C_2H_5OK+H_2\uparrow$$

㈓ 비중 0.86, 융점 63.7℃, 비점 762℃이다.

② 위험성

㈎ 연소할 때의 증기는 수산화칼륨(KOH)를 함유하므로 피부에 접촉하거나 호흡하면 자극을 준다.

㈏ 피부에 접촉되면 화상을 입는다.

③ 저장 및 취급 방법

㈎ 습기나 물과 접촉하지 않도록 한다.

㈏ 산화를 방지하기 위하여 보호액(등유, 경유, 파라핀) 속에 넣어 저장한다.

(다) 용기 파손 및 보호액 누설에 주의하고, 소량으로 나누어 저장한다.

(라) 오랫동안 저장하면 표면이 수산화물이 된다(제거할 때 금속 칼륨이 떨어지므로 조심해서 제거하여야 한다).

④ 소화 방법 : 마른 모래(건조사)로 질식 소화한다.

단원 예상문제

1. 비중은 0.86이고 은백색의 무른 경금속으로 보라색 불꽃을 내면서 연소하는 제3류 위험물은?

① 칼슘 ② 나트륨 ③ 칼륨 ④ 리튬

해설 칼륨(K)의 특징

㉮ 은백색을 띠는 무른 금속으로 녹는점 이상 가열하면 보라색의 불꽃을 내면서 연소한다.

㉯ 공기 중의 산소와 반응하여 광택을 잃고 산화칼륨(K_2O)의 회백색으로 변화한다.

㉰ 공기 중에서 수분과 반응하여 수산화물(KOH)과 수소(H_2)를 발생시키고, 연소하면 과산화칼륨(K_2O_2)이 된다.

㉱ 화학적으로 활성이 크며, 알코올과 반응하여 칼륨에틸레이트(C_2H_5OK)를 만든다.

㉲ 피부에 접촉되면 화상을 입으며, 연소할 때 발생하는 증기를 호흡하거나 피부에 접촉하면 자극을 준다.

㉳ 산화를 방지하기 위하여 보호액(등유, 경유, 파라핀) 속에 넣어 저장한다.

㉴ 비중 0.86, 융점 63.7℃, 비점 762℃이다.

2. 칼륨이 에틸알코올과 반응할 때 나타나는 현상은?

① 산소 가스를 발생한다.

② 칼륨과 물이 반응할 때와 동일한 생성물을 생성한다.

③ 칼륨에틸레이트를 생성한다.

④ 에틸알코올이 산화되어 아세트알데히드를 생성한다.

해설 ㉮ 칼륨이 에틸알코올(C_2H_5OH : 제4류 위험물)과 반응할 때 나타나는 현상

㉠ 수소(H_2) 가스가 발생하고, 칼륨에틸레이트(C_2H_5OK)를 생성한다.

㉡ 반응식 : $2K + 2C_2H_5OH \rightarrow 2C_2H_5OK + H_2\uparrow$

㉯ 칼륨과 수분(물)이 반응하면 수산화칼륨(KOH)과 수소(H_2)가 발생한다.

참고 에틸알코올이 산화되면 아세트알데히드를 생성하지만, 에틸알코올이 칼륨과 반응하는 과정에서는 산화가 이루어지지 않는다.

3. 금속나트륨, 금속칼륨 등을 보호액 속에 저장하는 이유를 가장 옳게 설명한 것은?

① 온도를 낮추기 위하여 ② 승화하는 것을 막기 위하여

③ 공기와의 접촉을 막기 위하여 ④ 운반 시 충격을 적게 하기 위하여

해설 금속나트륨, 금속칼륨 등을 등유, 경유, 파라핀과 같은 보호액 속에 저장하는 이유는 공기 중의 수분과 반응하여 가연성인 수소를 발생시키는 것과 산소와 반응하여 산화되는 것을 방지하기 위한 것이다.

| 변형된 출제문제 |

3-1 칼륨의 저장 시 사용하는 보호물질로 다음 중 가장 적합한 것은? [12. 2회]

① 에탄올
② 사염화탄소
③ 등유
④ 이산화탄소

해설 칼륨(K)의 산화를 방지하기 위하여 보호액(등유, 경유, 파라핀) 속에 넣어 저장한다.

3-2 금속칼륨의 보호액으로 적당하지 않은 것은? [13. 4회]

① 등유
② 유동파라핀
③ 경유
④ 에탄올

해설 ㉮ 칼륨(K)의 보호액 : 등유, 경유, 파라핀
㉯ 에탄올(C_2H_5OH)은 칼륨과 반응하여 가연성 기체인 수소(H_2)를 발생시키므로 보호액으로 사용하는 것은 부적합하다.

3-3 금속 칼륨과 금속 나트륨은 어떻게 보관하여야 하는가? [15. 1회]

① 공기 중에 노출하여 보관
② 물속에 넣어서 밀봉하여 보관
③ 석유 속에 넣어서 밀봉하여 보관
④ 그늘지고 통풍이 잘 되는 곳에 산소 분위기에서 보관

해설 금속칼륨, 금속나트륨의 보호액 : 등유, 경유, 파라핀

답 3-1 ③ 3-2 ④ 3-3 ③

정답 1. ③ 2. ③ 3. ③

2 나트륨(지정수량 : 10kg)

① 일반적 성질

㈎ 분자기호 Na로 일명 금속소다, 금조라 하는 은백색의 가벼운 금속으로 연소시키면 노란 불꽃을 내며 과산화나트륨이 된다.

$4Na + O_2 \rightarrow 2Na_2O_2$

㈏ 화학적으로 활성이 크며, 모든 비금속 원소와 잘 반응한다.

㈐ 상온에서 물이나 알코올 등과 격렬히 반응하여 수소(H_2)를 발생시킨다.

$2Na + 2H_2O \rightarrow 2NaOH + H_2 \uparrow + 88.2kcal$

$2Na + 2C_2H_5OH \rightarrow 2C_2H_5ONa + H_2 \uparrow$

㈑ 비중 0.97, 융점 97.7℃, 비점 880℃, 발화점 121℃이다.

② 위험성 : 피부에 접촉되면 화상을 입는다.

③ 저장 및 취급 방법

㈎ 산화를 방지하기 위하여 보호액(등유, 경유, 파라핀) 속에 넣어 저장한다.

㈏ 용기 파손 및 보호액 누설에 주의하고, 습기나 물과 접촉하지 않도록 저장한다.

㈐ 다량 연소하면 소화가 어려우므로 가급적 소량으로 나누어(소분하여) 저장한다.

④ 소화 방법 : 마른 모래(건조사)로 질식 소화한다.

단원 예상문제

1. 금속 나트륨에 대한 설명으로 옳지 않은 것은?

① 물과 격렬히 반응하여 발열하고 수소 가스를 발생시킨다.
② 에틸알코올과 반응하여 나트륨에틸라이트와 수소 가스를 발생시킨다.
③ 할로겐화합물 소화약제는 사용할 수 없다.
④ 은백색의 광택이 있는 중금속이다.

해설 나트륨(Na)의 특징

㉮ 은백색의 가벼운 금속으로 연소시키면 노란 불꽃을 내며 과산화나트륨이 된다.
㉯ 물(H_2O)과 반응하여 발열과 함께 수소(H_2)가 발생한다.
㉰ 알코올(C_2H_5OH)과 반응하여 나트륨에틸라이트(C_2H_5ONa)와 수소(H_2)를 발생시킨다.
㉱ 산화를 방지하기 위해 등유, 경유 속에 넣어 저장한다.
㉲ 용기 파손 및 보호액 누설에 주의하고, 습기나 물과 접촉하지 않도록 저장한다.
㉳ 비중 0.97, 융점 97.7℃, 비점 880℃, 발화점 121℃이다.

| 변형된 출제문제 |

1-1 금속 나트륨에 관한 설명으로 옳은 것은? [12. 1회] [15. 5회]

① 물보다 무겁다.
② 융점이 100℃ 보다 높다.
③ 물과 격렬히 반응하여 산소를 발생하고 발열한다.
④ 등유는 반응이 일어나지 않아 저장액으로 이용된다.

해설 나트륨(Na)의 성질

㉮ 나트륨의 비중은 0.97로 물보다 가볍고, 융점은 97.7℃로 100℃보다 낮다.
㉯ 상온에서 물이나 알코올 등과 격렬히 반응하여 수소(H_2)를 발생시킨다.

답 1-1 ④

2. 금속나트륨의 올바른 취급으로 가장 거리가 먼 것은?

① 보호액 속에서 노출되지 않도록 주의한다.
② 수분 또는 습기와 접촉되지 않도록 주의한다.
③ 용기에서 꺼낼 때는 손을 깨끗이 닦고 만져야 한다.
④ 다량 연소하면 소화가 어려우므로 가급적 소량으로 나누어 저장한다.

해설 나트륨의 저장 및 취급 방법
㉮ 산화를 방지하기 위하여 보호액(등유, 경유, 파라핀) 속에 넣어 저장한다.
㉯ 용기 파손 및 보호액 누설에 주의하고, 습기나 물과 접촉하지 않도록 저장한다.
㉰ 다량 연소하면 소화가 어려우므로 가급적 소량으로 나누어(소분하여) 저장한다.
㉱ 피부에 접촉되면 화상을 입으므로 보호구를 착용하고 취급한다.

3. 금속 나트륨과 금속 칼륨의 공통적인 성질에 대한 설명으로 옳은 것은?

① 불연성 고체이다.
② 물과 반응하여 산소를 발생시킨다.
③ 은백색의 매우 단단한 금속이다.
④ 물보다 가벼운 금속이다.

해설 금속 나트륨과 금속 칼륨의 공통적인 성질
㉮ 제3류 위험물로 지정수량 10kg 이다.
㉯ 은백색의 경금속으로 금수성 물질이며 가연성 고체이다.
㉰ 물과 반응 시 수소(H_2)를 발생시킨다.
㉱ 나트륨 비중 0.97, 칼륨 비중 0.86으로 물보다 가벼운 금속이다.
㉲ 산화를 방지하기 위하여 보호액(등유, 경유, 파라핀) 속에 넣어 저장한다.
㉳ 소화 방법은 건조사(마른 모래)를 이용한 질식 소화를 한다.

정답 1. ④ 2. ③ 3. ④

3 알킬알루미늄(지정수량 : 10kg)

① 일반적 성질

㈎ 알킬알루미늄의 종류 및 성질은 표와 같다.

화학명	약호	화학식	끓는점	녹는점	비중	상태
트리메틸알루미늄	TMAL	$(CH_3)_3Al$	127.1℃	15.3℃	0.748	무색 액체
트리에틸알루미늄	TEAL	$(C_2H_5)_3Al$	186.6℃	-45.5℃	0.832	무색 액체
디에티알루미늄하이드라이드	DEAH	$(C_2H_5)_2AlH$	227.4℃	-59℃	0.794	무색 액체
트리프로필알루미늄	TNPA	$(C_3H_7)_3Al$	196.0℃	-60℃	0.821	무색 액체
트리이소부틸알루미늄	TIBAL	iso-$(C_4H_9)_3Al$	분해	1.0℃	0.788	무색 액체
디에틸알루미늄클로라이드	DEAC	$(C_2H_5)_2AlCl$	214℃	-74℃	0.971	무색 액체
에틸알루미늄디클로라이드	EADC	$C_2H_5AlCl_3$	194.0℃	22℃	1.252	무색 고체

(나) 무색의 액체 또는 고체로 독성이 있으며 자극적인 냄새가 난다.

(다) 물과 폭발적으로 반응하여 에탄(C_2H_6) 가스를 발생시킨다.

$(C_2H_5)_3Al + 3H_2O \rightarrow Al(OH)_3 + 3C_2H_6\uparrow$

② 위험성

(가) $C_1 \sim C_4$까지는 공기와 접촉하면 자연 발화한다.

$2(C_2H_5)_3Al + 21O_2 \rightarrow 12CO_2 + Al_2O_3 + 15H_2O + 1470.4kcal$

(나) 물과 폭발적 반응하여 에탄(C_2H_6) 가스를 발생시켜 발화, 비산하는 위험이 있다.

$(C_2H_5)_3Al + 3H_2O \rightarrow Al(OH)_3 + 3C_2H_6\uparrow$

(다) 피부에 노출되면 심한 화상을 입으며, 화재 시 백색 연기를 마시면 연무열을 일으키고 기관지나 폐에 유해하다.

(라) 산과 반응하여 에탄을 발생시킨다.

$(C_2H_5)_3Al + HCl \rightarrow (C_2H_5)_2AlCl + C_2H_6\uparrow$

(마) 알코올과는 폭발적인 반응을 한다.

$(C_2H_5)_3Al + 3CH_3OH \rightarrow Al(CH_3O)_3 + 3C_2H_6\uparrow$

(바) 할로겐과 반응하여 가연성 가스를 발생시킨다.

$(C_2H_5)_3Al + 3Cl_2 \rightarrow AlCl_3 + 3C_2H_6Cl\uparrow$

(사) 알킬알루미늄의 인화점은 정확하지 않지만 융점 이하이므로 매우 위험하고, 200℃ 이상으로 가열하면 폭발적으로 분해하여 가연성 가스를 발생시킨다.

③ 저장 및 취급 방법

(가) 용기는 밀봉하고, 공기와 접촉을 금한다.

(나) 취급설비와 탱크 저장 시에는 질소 등의 불활성가스 봉입장치를 설치한다.

(다) 용기 파손으로 인한 공기 중에 누출을 방지한다.

④ 소화 방법 : 마른 모래, 팽창질석, 팽창진주암 사용

단원 예상문제

1. 알킬알루미늄을 저장하는 용기에 봉입하는 가스로 다음 중 가장 적합한 것은?

① 포스겐　　② 인화수소

③ 질소가스　　④ 아황산가스

해설 알킬알루미늄(제3류 위험물, 지정수량 10kg)은 공기 중의 수분과 접촉하여 가연성 기체인 에탄(C_2H_6)을 발생시키므로 취급설비와 탱크 저장 시에는 질소 등의 불활성가스를 봉입하여 저장한다.

2. 알킬알루미늄의 저장 및 취급방법으로 옳은 것은?

① 용기는 완전 밀봉하고 CH_4, C_3H_8 등을 봉입한다.
② C_6H_6 등의 희석제를 넣어준다.
③ 용기의 마개에 다수의 미세한 구멍을 뚫는다.
④ 통기구가 달린 용기를 사용하여 압력상승을 방지한다.

해설 알킬알루미늄(제3류 위험물)의 저장 및 취급방법
㉮ 용기는 밀봉하고 공기와의 접촉을 금한다.
㉯ 물과 반응하여 가연성 기체인 에탄(C_2H_6)을 발생시키므로 접촉을 피한다.
㉰ 취급설비와 탱크 저장 시에는 질소 등의 불활성가스 봉입장치를 설치하여 벤젠(C_6H_6), 헥산(C_6H_{14})과 같은 희석제를 첨가한다.
㉱ 용기 파손으로 인한 공기 중에 누출을 방지한다.

참고 알킬알루미늄은 공기 중에서 자연발화의 위험성이 있으므로 용기 마개에 구멍을 뚫거나 통기구가 달린 용기를 사용하여 공기와 접촉되도록 하거나 가연성인 메탄(CH_4), 프로판(C_3H_8)을 봉입용 가스로 사용하는 것은 잘못된 저장 및 취급방법이다.

3. 트리메틸알루미늄이 물과 반응 시 생성되는 물질은?

① 산화알루미늄 ② 메탄 ③ 메틸알코올 ④ 에탄

해설 트리메틸알루미늄[$(CH_3)_3Al$] : 제3류 위험물 중 알킬알루미늄에 해당
㉮ 물(H_2O)과 반응하면 수산화알루미늄[$Al(OH)_3$]과 메탄(CH_4)이 발생한다.
㉯ 반응식 : $(CH_3)_3Al + 3H_2O \rightarrow Al(OH)_3 + 3CH_4$

4. 알킬알루미늄의 소화방법으로 가장 적합한 것은?

① 팽창질석에 의한 소화 ② 알코올포에 의한 소화
③ 주수에 의한 소화 ④ 산·알칼리 소화약제에 의한 소화

해설 알킬알루미늄
㉮ 제3류 위험물로 금수성 물질에 해당된다.
㉯ 적응성이 있는 소화설비는 탄산수소염류 분말소화설비 및 분말소화기, 건조사, 팽창질석 또는 팽창진주암이다.

| 변형된 출제문제 |

4-1 트리에틸알루미늄의 화재 시 사용할 수 있는 소화약제(설비)가 아닌 것은? [12. 5회] [15. 5회]

① 마른 모래 ② 팽창질석 ③ 팽창진주암 ④ 이산화탄소

해설 트리에틸알루미늄[TEAL : $(C_2H_5)_3Al$] : 제3류 위험물 중 알킬알루미늄으로 금수성물질에 해당되며, 적응성이 있는 소화약제(설비)로는 건조사(마른 모래), 팽창질석 또는 팽창진주암, 탄산수소염류 분말소화설비 및 분말소화기가 있다.

답 4-1 ④

정답 1. ③ 2. ② 3. ② 4. ①

4 알킬리튬(지정수량 : 10kg)

파라핀계 탄화수소에서 수소 1원자를 뺀 나머지의 원자단으로 일반식 C_nH_{2n+1}으로 나타내는 1가의 기를 말한다. 메틸(n=1), 에틸(n=2), 프로필(n=3), 부틸(n=4), 아밀(n=5), 헥실(n=6) 등이 있으며 일반적으로 알킬은 'R'로 표시된다. 일례로 알킬리튬은 'LiR'이다.

① 일반적 성질

(가) 가연성의 액체이며 이산화탄소와 격렬히 반응한다.

(나) 공기 또는 물과 접촉하면 분해 폭발한다.

(다) 소화방법은 건조사, 팽창질석 또는 팽창진주암, 탄산수소염류 분말소화설비 및 분말소화기를 사용한다.

② 위험성, 저장 및 취급 방법 : 알킬알루미늄에 준한다.

단원 예상문제

1. 알킬리튬에 대한 설명으로 틀린 것은?

① 제3류 위험물이고 지정수량은 10kg이다.
② 가연성의 액체이다.
③ 이산화탄소와는 격렬하게 반응한다.
④ 소화방법으로는 물로 주수는 불가하며 할로겐화합물 소화약제를 사용하여야 한다.

해설 알킬리튬(LiR)의 소화방법은 건조사, 팽창질석 또는 팽창진주암, 탄산수소염류 분말소화설비 및 분말소화기를 사용한다.

정답 1. ④

5 황린(지정수량 : 20kg)

① 일반적 성질

(가) 백색 또는 담황색 고체로 일명 백린이라 한다.

(나) 강한 마늘 냄새가 나고, 증기는 공기보다 무거운 가연성이며 맹독성 물질이다.

(다) 물에 녹지 않고 벤젠, 알코올에 약간 용해하며 이황화탄소, 염화황, 삼염화인에 잘 녹는다.

(라) 공기를 차단하고 약 260℃로 가열하면 적린이 된다(증기 비중은 4.4로 공기보다 무겁다).

(마) 상온에서 증기가 발생하고 서서히 산화하므로 어두운 곳에서 청백색의 인광을 발한다.

(바) 다른 원소와 반응하여 인화합물을 만들며, 연소할 때 유독성의 오산화인(P_2O_5)이 발생하면서 백색 연기가 난다.

$$P_4 + 5O_2 \rightarrow 2P_2O_5 \uparrow$$

(사) 액체 비중 1.82, 증기비중 4.3, 융점 44℃, 비점 280℃, 발화점 34℃이다.

② 위험성

(가) 공기와의 접촉은 자연발화(40~50℃)의 원인이 되므로 위험하다.

(나) 독성이 강하여 0.0098g에서 중독현상, 0.02~0.05g에서는 사망한다.

(다) 피부에 노출되면 화상을 입으며, 근육 또는 뼈 속으로 흡수되는 성질이 있다.

(라) KOH 등 강알칼리 용액과 반응하면 맹독성의 포스겐($COCl_2$) 가스가 발생한다.

$$P_4 + 3KOH + 3H_2O \rightarrow PH_3 \uparrow + 3KH_2PO_2$$

(마) 온도가 높아지면 용해도는 증가한다.

③ 저장 및 취급 방법

(가) 자연 발화의 가능성이 있으므로 물속에만 저장하며, 온도가 상승 시 물의 산성화가 빨라져 용기를 부식시키므로 직사광선을 막는 차광 덮개를 하여 저장한다.

(나) 맹독성 물질이므로 고무장갑, 보호복, 보호안경을 착용하고 취급한다.

(다) 황린을 보관하는 물은 석회(CaO)나 소석회[$Ca(OH)_2$: 수산화칼슘]를 넣어 약알칼리성으로 보관하되, 강알칼리가 되어서는 안 된다(pH9 이상이 되면 인화수소(PH_3)가 발생한다).

(라) 용기는 금속 또는 유리용기를 사용하고 밀봉한다.

(마) 피부에 노출되었을 경우 다량의 물로 세척하거나, 질산은($AgNO_3$) 용액으로 제거한다.

④ 소화 방법 : 분무 주수 또는 모래, 흙 등을 이용한 질식 소화

단원 예상문제

1. 황린에 관한 설명 중 틀린 것은?

① 물에 잘 녹는다.
② 화재 시 물로 냉각소화할 수 있다.
③ 적린에 비해 불안정하다.
④ 적린과 동소체이다.

해설 황린(P_4)의 특징

㉮ 제2류 위험물인 적린과 동소체이며 적린에 비해 불안정하다.
㉯ 백색 또는 담황색 고체로 일명 백린이라 한다.
㉰ 강한 마늘 냄새가 나고, 증기는 공기보다 무거운 가연성이며 맹독성 물질이다.
㉱ 물에 녹지 않고 벤젠, 알코올에 약간 용해하며 이황화탄소, 염화황, 삼염화인에 잘 녹는다.
㉲ 공기를 차단하고 약 260℃로 가열하면 적린이 된다.
㉳ 상온에서 증기를 발생하고 서서히 산화하므로 어두운 곳에서 청백색의 인광을 발한다.
㉴ 연소할 때 유독성의 오산화인(P_2O_5)이 발생하면서 백색 연기가 난다.
㉵ 자연 발화의 가능성이 있으므로 물속에 저장하며, 직사광선을 막는 차광 덮개를 한다.
㉶ 액체 비중 1.82, 증기비중 4.3, 융점 44℃, 비점 280℃, 발화점 34℃이다.

| 변형된 출제문제 |

1-1 황린에 대한 설명으로 옳지 않은 것은? [12. 5회]

① 연소하면 악취가 있는 것은 검은색 연기를 낸다.
② 공기 중에서 자연발화할 수 있다.
③ 수중에 저장하여야 한다.
④ 자체 증기도 유독하다.

해설 연소할 때 유독성의 오산화인(P_2O_5)이 발생되면서 백색 연기가 난다.

1-2 지정수량은 20kg이고, 백색 또는 담황색 고체이며 비중은 약 1.82이고 융점은 약 44℃이며, 비점은 약 280℃이고 증기 비중은 약 4.3인 위험물은? [12. 1회]

① 적린 ② 황린 ③ 유황 ④ 마그네슘

해설 황린의 액체 비중 1.92, 증기비중 4.3, 융점 44℃, 비점 280℃, 발화점 34℃이다.

1-3 위험물 안전관리법령상 제3류 위험물에 속하는 담황색의 고체로서 물속에 보관해야 하는 것은? [14. 1회]

① 황린 ② 적린 ③ 유황 ④ 니트로글리세린

해설 황린은 담황색의 고체로 공기 중에서 자연 발화의 가능성이 있으므로 물속에 저장한다.

1-4 공기를 차단하고 황린을 약 몇 ℃로 가열하면 적린이 생성되는가? [15. 5회]

① 60 ② 100 ③ 150 ④ 260

해설 황린을 공기를 차단하고 약 260℃로 가열하면 적린이 된다.

답 1-1 ① 1-2 ② 1-3 ① 1-4 ④

2. 황린의 위험성에 대한 설명으로 틀린 것은?

① 공기 중에서 자연발화의 위험성이 있다.
② 연소 시 발생되는 증기는 유독하다.
③ 화학적 활성이 커서 CO_2, H_2O와 격렬히 반응한다.
④ 강알칼리 용액과 반응하여 독성가스를 발생한다.

해설 황린(P_4)의 위험성

㉮ 공기와의 접촉은 자연발화의 원인이 되므로 위험하다.
㉯ 공기보다 무거운 가연성이며 맹독성 물질이다.
㉰ 연소하면 발생되는 백색의 증기는 유독성의 오산화인(P_2O_5)이다.
㉱ 피부에 노출되면 화상을 입으며, 근육 또는 뼈 속으로 흡수되는 성질이 있다.
㉲ KOH 등 강알칼리 용액과 반응하여 맹독성의 포스겐($COCl_2$) 가스를 발생시킨다.
㉳ 자연발화의 위험성이 있어 물속에 저장한다.

참고 다른 원소와 반응하여 인화합물을 만들지만 물(H_2O), 이산화탄소(CO_2)와는 반응하지 않는다.

3. 황린의 저장 및 취급에 있어서 주의할 사항 중 옳지 않은 것은?

① 독성이 있으므로 취급에 주의할 것 ② 물과의 접촉을 피할 것
③ 산화제와의 접촉을 피할 것 ④ 화기의 접근을 피할 것

해설 황린(P_4)은 자연 발화의 가능성이 있으므로 물속에 저장하며, 온도 상승 시 물의 산성화가 빨라져 용기를 부식시키므로 직사광선을 막는 차광 덮개를 하여 저장한다.

| 변형된 출제문제 |

3-1 황린의 저장 방법으로 옳은 것은? [14. 2회]

① 물속에 저장한다. ② 공기 중에 보관한다.
③ 벤젠 속에 저장한다. ④ 이황화탄소 속에 보관한다.

해설 황린(P_4 : 제3류 위험물)은 자연 발화의 위험성이 있어 물속에 저장한다.

3-2 저장용기에 물을 넣어 보관하고 $Ca(OH)_2$을 넣어 pH9의 약 알칼리성으로 유지시키면서 저장하는 물질은? [13. 5회]

① 적린 ② 황린 ③ 질산 ④ 황화인

해설 황린을 보관하는 물은 석회(CaO)나 수산화칼슘[$Ca(OH)_2$: 소석회]를 넣어 약알칼리성으로 보관하되, 강알칼리가 되어서는 안 된다(pH9 이상이 되면 인화수소(PH_3)가 발생한다).

답 3-1 ① 3-2 ②

정답 1. ① 2. ③ 3. ②

6 알칼리금속 및 알칼리토금속(지정수량 : 50kg)

(1) 알칼리금속(K, Na 제외)

① 리튬(Li)

(가) 은백색의 무르고 연한 금속으로 비중은 0.534, 융점은 180℃이다.

(나) 알칼리금속이지만 나트륨(Na), 칼륨(K)보다 화학반응성이 격렬하지 않다(화학반응성이 크지 않다).

(다) 공기 중에서 서서히 가열해도 발화하여 연소하며, 탄산가스 속에서도 꺼지지 않고 연소한다.

(라) 질소와 직접 결합하여 적색 결정의 질화리튬(LiN)을 생성한다.

$$6Li + N \rightarrow 2LiN$$

(마) 알칼리금속은 물과 만나면 심하게 발열하고 수소를 발생하여 위험하다.

$$Li + H_2O \rightarrow LiOH + \frac{1}{2}H_2\uparrow + 52.7kcal$$

② 루비듐(Rb)

㈎ 은백색의 부드러운 금속이며, 비중은 1.522, 융점은 38.5℃이다.

㈏ 화학적 성질은 칼륨(K)과 비슷하지만 보다 활성적이다.

③ 세슘(Cs)

㈎ 은백색의 연한 금속이며, 비중은 1.87, 융점은 28.5℃이다.

㈏ 다른 알칼리금속에 수반하여 매우 소량이지만 널리 산출된다.

㈐ 주요 광석을 폴사이트($CsAlSi_2O_6$)이다.

④ 프랑슘(Fr)

㈎ 악티늄계 핵종이 천연으로 존재한다.

㈏ 가장 무거운 알칼리금속 원소이다.

(2) 알칼리토금속

① 베릴륨(Be)

㈎ 천연에는 연주석(緣住石) $3BeO \cdot Al_2O_3 \cdot 6SiO_2$로서 산출된다.

㈏ 상온에서는 무르지만 고온에서는 연성과 전성이 있다.

㈐ 고온에서는 급속히 산화되며, 분말인 경우에는 연소한다.

㈑ 비중 1.857, 융점 1285℃이다.

② 칼슘(Ca)

㈎ 은백색의 고체이며, 납보다는 단단하고 연성과 전성이 있다.

㈏ 공기 중에서 가열하면 연소한다.

$$Ca + \frac{1}{2}O_2 \rightarrow CaO$$

㈐ 물과 반응하면 상온에서는 서서히, 고온에서는 심하게 수소(H_2)가 발생하고 발열한다.

$$Ca + 2H_2O \rightarrow Ca(OH)_2 + H_2\uparrow + 102kcal$$

③ 스트론튬(Sr)

㈎ 연한 은백색의 금속으로 불꽃 반응은 적색이다.

㈏ 화학적으로 칼슘(Ca) 및 바륨(Ba)과 비슷하다.

㈐ 비중 2.615, 융점 797℃이다.

④ 바륨(Ba)

㈎ 은백색의 부드러운 금속으로 차량용 베어링 합금 등에 사용된다.

㈏ 비중 3.5, 융점 710℃이다.

⑤ 라듐(Ra)

㈎ 백색의 금속으로 알칼리토금속에서 가장 무겁다.

(나) 알칼리토금속 중에서 반응성이 가장 풍부하다.

7 유기금속 화합물(지정수량 : 50kg)

알킬기 또는 아미드기 등 탄화소기와 금속 원자가 결합한 화합물(탄소-금속 사이에 치환결합을 갖는 화합물)로 부틸리튬(C_4H_9Li), 디메틸카드뮴[$(CH_3)_2Cd$], 테트라에틸납[$(C_2H_5)_4Pb$], 테트라페닐주석[$(C_6H_5)_4Sn$], 그리냐르 시약(RMgX) 등이 해당된다. 단, 알킬알루미늄 및 알킬리튬은 제외한다.

8 금속의 수소화물(지정수량 : 300kg)

(1) 수소화리튬(LiH)

① 유리모양의 무색, 투명한 고체로 물과 작용하여 수소를 발생시킨다.
② 알코올에는 녹지 않고 알칼리금속 수소화물 중 가장 안정적이다.
③ 비중 0.82, 분해온도 800℃이다.

(2) 수소화나트륨(NaH)

① 회색 입방정계 결정으로 비중 0.93, 분해온도 800℃이다.
② 습한 공기 중에서 분해하고, 물과는 심하게 반응하여 수소(H_2)를 발생시킨다.
③ 유기용매, 액체 암모니아에 용해하지 않는다.

(3) 수소화칼륨(KH)

① 회백색의 등축정계인 결정성 분말이며, 결정은 암염형 구조이다.
② 화학적 활성은 수소화나트륨(NaH)보다 강하고, 공기 중에서는 상온에서 연소하며, 물과 격렬하게 반응하여 수산화칼륨(KOH)과 수소(H_2)를 발생시킨다.

$$KH + H_2O \rightarrow KOH + H_2\uparrow$$

③ 고온에서는 칼륨과 수소로 분해한다.
④ 암모니아(NH_3)와 고온에서 반응하면 칼륨아미드(KNH_2)를 생성한다.

$$KH + NH_3 \rightarrow KNH_2 + H_2\uparrow$$

⑤ 비중 1.4, 융점 815℃이다.

(4) 수소화붕소나트륨($NaBH_4$)

① 무색의 결정으로 400℃까지는 안정하고, 물에 용해하지만 에테르에는 녹지 않는다.
② 물을 가하면 분해하여 수소를 발생한다.

$NaBH_4 + 2H_2O \rightarrow NaBO_2 + H_2 \uparrow$

③ 수소화알루미늄리튬($LiAlH_4$)보다는 약한 환원제이며 알데히드, 케톤, 산염화물, 락톤 등을 환원하나 카르복시산, 에스테르, 아민, 니트릴, 방향족 니트로 화합물, 할로겐 화합물 등은 환원하지 않는다.

④ 금속 염화물과는 저온에서 반응하여 그 금속염을 만든다.

(5) 수소화칼슘(CaH_2)

① 무색의 사방정계 결정으로 물과 작용하여 수소를 발생시키면서 발열한다.

$CaH_2 + 2H_2O \rightarrow Ca(OH)_2 + 2H_2 \uparrow + 48kcal$

② 675℃ 이하에서는 비교적 안정하지만 그 이상이 되면 수소와 칼슘으로 분해된다.

③ 알칼리금속 수소화물과 비슷하여 화학적 활성이 강하지만 스트론튬(Sr), 바륨(Ba)의 수소화물보다는 안정하다.

④ 비중 1.7, 융점 817℃이다.

(6) 수소화알루미늄리튬($LiAlH_4$)

① 백색 또는 회백색 분말로 물에 의해서 수소(H_2)를 발생시키며, 에테르에는 용해된다.

$LiAlH_4 + 4H_2O \rightarrow LiOH + Al(OH)_3 + 4H_2 \uparrow$

② 환원제를 가하거나 가열하면 리튬(Li), 알루미늄(Al)과 수소(H_2)로 분해된다.

③ 부드러운 분말이 될 때 인화성이 증가하고 분쇄할 때 발화의 가능성이 있다.

단원 예상문제

1. 수소화나트륨의 소화약제로 적당하지 않은 것은?

① 물 ② 건조사 ③ 팽창질석 ④ 팽창진주암

해설 수소화나트륨(NaH)

㉮ 습한 공기 중에서 분해하고, 물과는 심하게 반응하여 가연성 기체인 수소(H_2)를 발생시키므로 물은 소화약제로 부적합하다.

㉯ 소화약제로는 탄산수소염류 분말소화설비 및 소화기, 건조사(마른 모래), 팽창질석 또는 팽창진주암을 사용한다.

2. 수소화칼슘이 물과 반응하였을 때의 생성물은?

① 칼슘과 수소 ② 수산화칼슘과 수소
③ 칼슘과 산소 ④ 수산화칼슘과 산소

해설 수소화칼슘(CaH_2)이 물과 반응하면 수산화칼슘[$Ca(OH)_2$]과 수소(H_2)를 발생하면서 발열한다.

정답 1. ① 2. ②

9 금속의 인화물(지정수량 : 300kg)

(1) 인화석회(Ca_3P_2 : 인화칼슘)

① 일반적 성질

㈎ 적갈색의 괴상의 고체이다.

㈏ 건조한 공기 중에서 안정하나 300℃ 이상에서 산화한다.

㈐ 물, 산과 반응하여 인화수소(PH_3 : 포스핀)를 발생시킨다.

$Ca_3P_2 + 6H_2O \rightarrow 3Ca(OH)_2 + 2PH_3 \uparrow + Q[kcal]$

$Ca_3P_2 + 6HCl \rightarrow 3CaCl_2 + 2PH_3 \uparrow + Q[kcal]$

㈑ 비중 2.51, 융점 1600℃이다.

② 위험성 : 인화수소(PH_3 : 포스핀)는 악취가 나는 맹독성, 가연성 가스이다.

③ 저장 및 취급 방법 : 탄화칼슘(CaC_2)에 준한다.

④ 소화 방법 : 마른 모래(건조사)

(2) 인화아연(Zn_3P_2), 인화알루미늄(AlP)

단원 예상문제

1. 인화칼슘이 물과 반응하였을 때 발생하는 가스에 대한 설명으로 옳은 것은?

① 폭발성인 수소를 발생한다. ② 유독한 인화수소를 발생한다.
③ 조연성인 산소를 발생한다. ④ 가연성인 아세틸렌을 발생한다.

해설 인화칼슘($Ca3P_2$) : 인화석회

㉮ 물(H_2O), 산(HCl : 염산)과 반응하여 유독한 인화수소(PH_3 : 포스핀)를 발생시킨다.

㉯ 반응식 : $Ca_3P_2 + 6H_2O \rightarrow 3Ca(OH)_2 + 2PH_3 \uparrow + Q[kcal]$

$Ca_3P_2 + 6HCl \rightarrow 3CaCl_2 + 2PH_3 \uparrow + Q[kcal]$

| 변형된 출제문제 |

1-1 인화칼슘이 물과 반응할 경우에 대한 설명 중 틀린 것은? [16. 2회]

① 발생 가스는 가연성이다. ② 포스겐 가스가 발생한다.
③ 발생 가스는 독성이 강하다. ④ $Ca(OH)_2$ 가 생성된다.

해설 인화칼슘(Ca_3P_2 : 인화석회)이 물과 반응하여 발생하는 가스는 독성가스인 포스핀(PH_3 : 인화수소)이다.

참고 포스겐($COCl_2$)은 사염화탄소(CCl_4) 소화기를 사용할 때 발생하는 것으로 독성가스이고, 불연성가스이다.

1-2 인화칼슘이 물과 반응하였을 때 발생하는 가스는? [16. 4회]

① 수소 ② 포스겐 ③ 포스핀 ④ 아세틸렌

답 1-1 ② 1-2 ③

2. 살충제 원료로 사용되기도 하는 암회색 물질로 물과 반응하여 포스핀 가스를 발생할 위험이 있는 것은?

① 인화아연 ② 수소화나트륨
③ 칼륨 ④ 나트륨

해설 인화아연(Zn_3P_2)의 특징
㉮ 제3류 위험물 중 금속의 인화물에 해당되며 지정수량은 300kg이다.
㉯ 암회색의 물질로 살충제 원료로 사용한다.
㉰ 물과 반응하여 악취가 나는 맹독성이고 가연성 가스인 인화수소(PH_3 : 포스핀)를 발생시킨다.
$Zn_3P_2 + 6H_2O \rightarrow 3Zn(OH)_2 + 2PH_3 \uparrow$

정답 1. ② 2. ①

10 칼슘 또는 알루미늄의 탄화물(지정수량 : 300kg)

(1) 탄화칼슘(CaC_2 : 카바이드, 탄화석회, 칼슘아셀리드)

① 일반적 성질

㈎ 백색의 입방체 결정으로 시판품은 회색, 회흑색을 띠고 있다.
㈏ 높은 온도에서 강한 환원성을 가지며, 많은 산화물을 환원시킨다.
㈐ 공업적으로 석회와 탄소를 전기로에서 가열하여 제조한다.
㈑ 수증기 및 물과 반응하여 수산화칼슘[$Ca(OH)_2$]과 가연성 가스인 아세틸렌(C_2H_2)이 발생한다.

$CaC_2 + 2H_2O \rightarrow Ca(OH)_2 + C_2H_2 \uparrow + 27.8kcal$

㈒ 상온에서 안정하지만 350℃에서 산화되며, 700℃ 이상에서는 질소와 반응하여 석회질소($CaCN_2$: 칼슘시아나이드)를 생성한다.

$CaC_2 + N_2 \rightarrow CaCN_2 + C + 74.6kcal$

㈓ 비중 2.22, 융점 2370℃, 착화온도 335℃이다.

② 위험성

㈎ 탄화칼슘(CaC_2) 자체는 불연성이나 물이나 습기와 만나면 아세틸렌(C_2H_2) 가스가 발생하며, 격렬할 때는 폭발의 위험성이 있다.
㈏ 공기 중에서 아세틸렌의 폭발범위는 2.5~81%로 대단히 넓고 폭발하기 쉽다.
㈐ 착화온도가 335℃로 낮으므로 주의해야 한다.
㈑ 시판품은 불순물이 포함되어 있어 유독한 황화수소(H_2S), 인화수소(PH_3 : 포스핀), 암모니아(NH_3) 등을 발생시킨다.

③ 저장 및 취급 방법

㈎ 물, 습기와의 접촉을 피하고 통풍이 잘 되는 건조한 냉암소에 밀봉하여 저장한다.

㈏ 저장 중에 아세틸렌가스의 발생 유무를 점검한다.

㈐ 장기간 저장할 용기는 질소 등 불연성가스를 충전하여 저장한다.

㈑ 화기로부터 멀리 떨어진 곳에 저장한다.

㈒ 운반 중에 가열, 마찰, 충격불꽃 등에 주의한다.

④ 소화 방법 : 마른 모래(건조사), 사염화탄소(CCl_4), 탄산가스(CO_2), 소화 분말

(2) 금속탄화물(카바이드)

일반적으로 금속탄화물을 카바이드로 총칭하며 칼슘카바이드(CaC_2)를 카바이드라고 불려진다. 금속탄화물에는 Li_2C_2, Na_2C_2, K_2C_2, Be_2C, MgC_2, Mn_3C, Al_4C_3 등이 있으며 이것은 물, 묽은 산과 반응하여 아세틸렌(C_2H_2), 메탄(CH_4), 수소(C_2H_2) 등 가연성 가스를 발생시키고, 발화 및 폭발의 위험이 있다.

① 물과 반응하여 생성되는 물질

㈎ 탄화알루미늄(Al_4C_3) : 수산화알루미늄[$Al(OH)_3$]과 메탄(CH_4)을 생성

$Al_4C_3 + 12H_2O \rightarrow 4Al(OH)_3 + 3CH_4\uparrow$

㈏ 탄화망간(Mn_3C) : 메탄(CH_4)과 수소(H_2)가 발생

$Mn_3C + 6H_2O \rightarrow 3Mn(OH)_2 + CH_4\uparrow + H_2\uparrow$

㈐ 탄화나트륨(Na_2C_2) : 수산화나트륨($NaOH$)과 아세틸렌(C_2H_2)을 생성

$Na_2C_2 + 2H_2O \rightarrow 2NaOH + C_2H_2\uparrow$

㈑ 탄화마그네슘(MgC_2) : 수산화마그네슘[$Mg(OH)_2$]과 아세틸렌(C_2H_2) 생성

$MgC_2 + 2H_2O \rightarrow Mg(OH)_2 + C_2H_2\uparrow$

(3) 탄화알루미늄(Al_4C_3)

① 일반적 성질

㈎ 황색 결정 또는 분말로 1400℃ 이상이 되면 분해된다.

㈏ 비중 2.36, 융점 2200℃, 승화점 1800℃이다.

② 위험성 : 물과 반응하여 가연성인 메탄(CH_4) 가스를 발생하므로 인화폭발의 위험성이 있다.

$Al_4C_3 + 12H_2O \rightarrow 4Al(OH)_3 + 3CH_4\uparrow + 360kcal$

단원 예상문제

1. 탄화칼슘에 대한 설명으로 틀린 것은?

① 시판품은 흑회색이며 불규칙한 형태의 고체이다.
② 물과 작용하여 산화칼슘과 아세틸렌을 만든다.
③ 고온에서 질소와 반응하여 칼슘시안아미드(석회질소)가 생성된다.
④ 비중은 약 2.2 이다.

해설 탄화칼슘(카바이드 : CaC_2)의 특징
㉮ 백색의 입방체 결정으로 시판품은 회색, 회흑색을 띠고 있다.
㉯ 높은 온도에서 강한 환원성을 가지며, 많은 산화물을 환원시킨다.
㉰ 수증기 및 물과 반응하여 가연성 가스인 아세틸렌(C_2H_2)과 수산화칼슘[$Ca(OH)_2$]이 발생한다.
㉱ 상온에서 안정하지만 350℃에서 산화되며, 700℃ 이상에서는 질소와 반응하여 석회질소($CaCN_2$: 칼슘시아나이드)를 생성한다.
㉲ 시판품은 불순물이 포함되어 있어 유독한 황화수소(H_2S), 인화수소(PH_3 : 포스핀), 암모니아(NH_3) 등을 발생시킨다.
㉳ 비중 2.22, 융점 2370℃, 착화온도 335℃이다.

2. 탄화칼슘의 성질에 대하여 옳게 설명한 것은?

① 공기 중에서 아르곤과 반응하여 불연성 기체를 발생시킨다.
② 공기 중에서 질소와 반응하여 유독한 기체를 낸다.
③ 물과 반응하면 탄소가 생성된다.
④ 물과 반응하여 아세틸렌가스가 생성된다.

해설 탄화칼슘(CaC_2)이 물(H_2O)과 반응하면 가연성인 아세틸렌(C_2H_2) 가스가 발생한다.
참고 반응식 : $CaC_2 + 2H_2O \rightarrow Ca(OH)_2 + C_2H_2$

| 변형된 출제문제 |

2-1 탄화칼슘은 물과 반응 시 위험성이 증가하는 물질이다. 주수 소화 시 물과 반응하면 어떤 가스가 발생하는가? [16. 4회]

① 수소 ② 메탄
③ 에탄 ④ 아세틸렌

2-2 물과 반응하여 아세틸렌을 발생시키는 것은? [12. 1회]

① NaH ② Al_4C_3
③ CaC_2 ④ $(C_2H_5)_3Al$

해설 탄화칼슘(CaC_2)이 물(H_2O)과 반응하여 수산화칼슘[$Ca(OH)_2$]과 가연성 가스인 아세틸렌(C_2H_2)이 발생한다.

2-3 탄화칼슘과 물이 반응하였을 때 발생하는 가연성 가스의 연소범위에 가장 가까운 것은? [14. 4회]

① 2.1~9.5 vol% ② 2.5~81 vol%
③ 4.1~74.2 vol% ④ 15.0~28 vol%

해설 탄화칼슘(CaC_2)이 물과 반응하여 발생하는 아세틸렌(C_2H_2)의 연소범위(폭발범위)는 2.5~81 vol% 이다.

2-4 탄화칼슘을 습한 공기 중에 보관하면 위험한 이유로 가장 옳은 것은? [13. 1회]

① 아세틸렌과 공기가 혼합하면 폭발성 가스가 생성될 수 있으므로
② 에틸렌과 공기 중 질소가 혼합된 폭발성 가스가 생성될 수 있으므로
③ 분진 폭발의 위험성이 증대하기 때문에
④ 포스핀과 같은 독성가스가 발생하기 때문에

답 2-1 ④ 2-2 ③ 2-3 ② 2-4 ①

3. 탄화칼슘의 취급방법에 대한 설명으로 옳지 않은 것은?

① 물, 습기와의 접촉을 피한다.
② 건조한 장소에 밀봉·밀전하여 보관한다.
③ 습기와 작용하여 다량의 메탄이 발생하므로 저장 중에 메탄가스의 발생 유무를 조사한다.
④ 저장용기에 질소가스 등 불활성가스를 충전하여 저장한다.

해설 탄화칼슘(CaC_2 : 카바이드) 자체는 불연성이나 공기 중 수분 및 물과 접촉하면 가연성인 아세틸렌(C_2H_2) 가스를 발생시키므로 건조하고 환기가 잘 되는 장소에 보관하여야 한다.

4. 탄화알루미늄이 물과 반응하여 폭발의 위험이 있는 것은 어떤 가스가 발생하기 때문인가?

① 수소 ② 메탄 ③ 아세틸렌 ④ 암모니아

해설 ㉮ 탄화알루미늄(Al_4C_3 : 제3류 위험물)이 물(H_2O)과 반응하여 발생하는 가스는 가연성인 메탄(CH_4)이다.
㉯ 물(H_2O)과의 반응식 : $Al_4C_3+12H_2O \rightarrow 4Al(OH)_3+3CH_4\uparrow$

5. 물과 반응하여 가연성 가스를 발생하지 않는 것은?

① 리튬 ② 나트륨 ③ 유황 ④ 칼슘

해설 ㉮ 리튬, 나트륨, 칼슘은 제3류 위험물로 물(H_2O)과 반응하여 가연성 가스인 수소(H_2)가 발생
㉠ 리튬(Li) : $Li+HO \rightarrow LiOH+\frac{1}{2}H_2\uparrow +52.7kcal$
㉡ 나트륨(Na) : $2Na+2H_2O \rightarrow 2NaOH+H_2\uparrow +88.2kcal$
㉢ 칼슘(Ca) : $Ca+2H_2O \rightarrow Ca(OH)_2+H_2\uparrow +102kcal$
㉯ 유황(제2류 위험물)은 물에 녹지 않으므로 물과 반응하지 않는다.

정답 1. ② 2. ④ 3. ③ 4. ② 5. ③

Chapter 05

제4류 위험물

5-1 제4류 위험물의 종류

1 제4류 위험물의 종류 및 지정수량

유별	성질	품 명		지정수량	위험등급
제4류 위험물	인화성 액체	1. 특수인화물		50L	Ⅰ
		2. 제1석유류	비수용성 액체	200L	Ⅱ
			수용성 액체	400L	
		3. 알코올류		400L	
		4. 제2석유류	비수용성 액체	1000L	Ⅲ
			수용성 액체	2000L	
		5. 제3석유류	비수용성 액체	2000L	
			수용성 액체	4000L	
		6. 제4석유류		6000L	
		7. 동식물유류		10000L	

[비고] "인화성 액체"라 함은 액체(제3석유류, 제4석유류 및 동식물유류의 경우 1기압과 20℃에서 액체인 것만 해당한다)로서 인화의 위험성이 있는 것을 말한다.

2 제4류 위험물의 성상에 의한 품명 분류 [위험물 안전관리법 시행령 별표1]

① 특수인화물 : 이황화탄소, 디에틸에테르 그 밖에 1기압에서 발화점이 100℃ 이하인 것 또는 인화점이 -20℃ 이하이고 비점이 40℃ 이하인 것을 말한다.

② 제1석유류 : 아세톤, 휘발유 그 밖에 1기압에서 인화점이 21℃ 미만인 것을 말한다.

③ 알코올류 : 1분자를 구성하는 탄소원자의 수가 1개부터 3개까지인 포화1가 알코올(변성알코올을 포함한다)을 말한다. 다만, 다음 각목의 1에 해당하는 것은 제외한다.

(가) 1분자를 구성하는 탄소원자의 수가 1개 내지 3개의 포화1가 알코올의 함유량이 60 중량% 미만인 수용액

(나) 가연성 액체량이 60 중량% 미만이고 인화점 및 연소점(태그개방식 인화점 측정기에 의한 연소점을 말한다. 이하 같다)이 에틸알코올 60 중량% 수용액의 인화점 및 연소

점을 초과하는 것

④ 제2석유류 : 등유, 경유 그 밖에 1기압에서 인화점이 21℃ 이상 70℃ 미만인 것을 말한다. 다만, 도료류 그 밖의 물품에 있어서 가연성 액체량이 40 중량% 이하이면서 인화점이 40℃ 이상인 동시에 연소점이 60℃ 이상인 것은 제외한다.

⑤ 제3석유류 : 중유, 클레오소트유 그 밖에 1기압에서 인화점이 70℃ 이상 200℃ 미만인 것을 말한다. 다만, 도료류 그 밖의 물품은 가연성 액체량이 40 중량% 이하인 것은 제외한다.

⑥ 제4석유류 : 기어유, 실린더유 그 밖에 1기압에서 인화점이 200℃ 이상 250℃ 미만의 것을 말한다. 다만, 도료류 그 밖의 물품은 가연성 액체량이 40 중량% 이하인 것은 제외한다.

⑦ 동식물유류 : 동물의 지육 등 또는 식물의 종자나 과육으로부터 추출한 것으로서 1기압에서 인화점이 250℃ 미만의 것을 말한다. 다만, 법 제20조 제1항의 규정에 의하며 행정안전부령으로 정하는 용기기준과 수납·저장기준에 따라 수납되어 저장·보관되고 용기의 외부에 물품의 통칭명, 수량 및 화기엄금(화기엄금과 동일한 의미를 갖는 표시를 포함한다)의 표시가 있는 경우를 제외한다.

3 제4류 위험물의 공통적인 성질

① 상온에서 액체이며, 대단히 인화되기 쉽다.
② 물보다 가볍고, 대부분 물에 녹기 어렵다.
③ 증기는 공기보다 무겁다.
④ 착화온도가 낮은 것은 위험하다.
⑤ 증기와 공기가 약간 혼합되어 있어도 연소한다.

4 저장 및 취급 시 주의사항

① 인화점 이하로 유지하고, 용기는 밀전(密栓) 저장한다.
② 액체의 누설 및 증기의 누설을 방지한다.
③ 서늘하고, 통풍이 잘 되는 곳에 저장한다.
④ 화기 및 점화원으로부터 멀리 떨어져 저장한다.
⑤ 정전기 현상이 일어나지 않도록 주의한다.

밀전(密栓)

새지 않게 마개를 꼭 막는다는 뜻으로 저장용기 내용물이 새지 않도록 마개를 꼭 막는다는 것임

5 소화 방법

물은 화재를 확대시킬 위험이 있으므로 사용을 금지하고 이산화탄소, 할로겐화합물, 소화 분말, 포(foam) 등을 사용하는 질식 소화가 효과적이다.

단원 예상문제

1. 제4류 위험물에 대한 설명으로 가장 옳은 것은?

① 물과 접촉하면 발열하는 것 ② 자기 연소성 물질
③ 많은 산소를 함유하는 강산화제 ④ 상온에서 액상인 가연성 액체

해설 제4류 위험물은 상온에서 액체 상태로 인화의 위험성이 있는 가연성 액체이다.

2. 위험물 안전관리법령상 "특수인화물"이라 함은 이황화탄소, 디에틸에테르 그 밖에 1기압에서 발화점이 섭씨 ( )도 이하인 것 또는 인화점이 섭씨 영하 ( )도 이하이고 비점이 섭씨 40도 이하인 것을 말한다. 괄호 안에 알맞은 수치를 차례대로 옳게 나열한 것은?

① 100, 20 ② 25, 0 ③ 100, 0 ④ 25, 20

해설 특수인화물의 정의[시행령 별표1] : 이황화탄소, 디에틸에테르 그 밖에 1기압에서 발화점이 100℃ 이하인 것 또는 인화점이 −20℃ 이하이고 비점이 40℃ 이하인 것을 말한다.

3. 위험물 분류에서 제1석유류에 대한 설명으로 옳은 것은?

① 아세톤, 휘발유 그 밖에 1기압에서 인화점이 섭씨 21도 미만인 것
② 등유, 경유 그 밖에 액체로서 인화점이 섭씨 21도 이상 70도 미만의 것
③ 중유, 도료류로서 인화점이 섭씨 70도 이상 200도 미만의 것
④ 기계유, 실린더유 그 밖의 엑체로서 인화점이 섭씨 200도 이상 250도 미만인 것

해설 제4류 위험물의 분류[시행령 별표1]
㉮ 제1석유류 : 아세톤, 휘발유 그 밖의 액체로서 인화점이 21℃ 미만인 것
㉯ 예제의 위험물 품명
②번 항목 : 제4류 위험물 중 제2석유류
③번 항목 : 제4류 위험물 중 제3석유류
④번 항목 : 제4류 위험물 중 제4석유류

4. 다음 설명 중 제2석유류에 해당하는 것은? (단, 1기압 상태이다.)

① 착화점이 21℃ 미만인 것 ② 착화점이 30℃ 이상 50℃ 미만인 것
③ 인화점이 21℃ 이상 70℃ 미만인 것 ④ 인화점이 21℃ 이상 90℃ 미만인 것

해설 제2석유류 정의 : 등유, 경유 그 밖에 1기압에서 인화점이 21℃ 이상 70℃ 미만인 것을 말한다. 다만, 도료류 그 밖의 물품에 있어서 가연성 액체량이 40 중량% 이하이면서 인화점이 40℃ 이상인 동시에 연소점이 60℃ 이상인 것은 제외한다.

5. 위험물 안전관리법상 제3석유류의 액체상태의 판단기준은?

① 1기압과 섭씨 20도에서 액상인 것
② 1기압과 섭씨 25도에서 액상인 것
③ 기압에 무관하게 섭씨 20도에서 액상인 것
④ 기압에 무관하게 섭씨 25도에서 액상인 것

해설 "제3석유류"라 함은 중유, 클레오소트유 그 밖에 1기압에서 인화점이 70℃ 이상 200℃ 미만인 것을 말한다. 다만, 도료류 그 밖의 물품은 가연성 액체량이 40 중량% 이하인 것은 제외한다.

6. 1기압 20℃에서 액상이며 인화점이 200℃ 이상인 물질은?

① 벤젠 ② 톨루엔 ③ 글리세린 ④ 실린더유

해설 제4석유류의 정의[시행령 별표1] : 제4석유류라 함은 기어유, 실린더유 그 밖에 1기압에서 인화점이 200℃ 이상 250℃ 미만의 것을 말한다. 다만, 도료류 그 밖의 물품은 가연성 액체량이 40 wt% 이하인 것은 제외한다.

7. 위험물 안전관리법령에서 정의한 동식물유류에 관한 내용이다. ( ) 안에 알맞은 수치는?

> 동물의 지육 등 또는 식물의 종자나 과육으로부터 추출한 것으로서 1기압에서 인화점이 섭씨 ( )도 미만인 것을 말한다.

① 21 ② 200 ③ 250 ④ 300

해설 동식물유류의 정의[시행령 별표1] : 동물의 지육 등 또는 식물의 종자나 과육으로부터 추출한 것으로서 1기압에서 인화점이 250℃ 미만의 것을 말한다. 다만, 법 제20조 제1항의 규정에 의하며 행정안전부령으로 정하는 용기기준과 수납·저장기준에 따라 수납되어 저장·보관되고 용기의 외부에 물품의 통칭명, 수량 및 화기엄금(화기엄금과 동일한 의미를 갖는 표시를 포함한다)의 표시가 있는 경우를 제외한다.

8. 제4류 위험물의 일반적 성질에 대한 설명으로 틀린 것은?

① 발생증기가 가연성이며 공기보다 무거운 물질이 많다.
② 정전기에 의해서도 인화할 수 있다.
③ 상온에서 액체이다.
④ 전기도체이다.

해설 제4류 위험물의 공통적인(일반적인) 성질
㉮ 상온에서 액체이며, 대단히 인화되기 쉽다.
㉯ 물보다 가볍고, 대부분 물에 녹기 어렵다.
㉰ 증기는 공기보다 무겁다.
㉱ 착화온도가 낮은 것은 위험하다.
㉲ 증기와 공기가 약간 혼합되어 있어도 연소한다.
㉳ 전기의 불량도체라 정전기 발생의 가능성이 높고, 정전기에 의하여 인화할 수 있다.

| 변형된 출제문제 |

8-1 제4류 위험물에 대한 일반적인 설명으로 옳지 않은 것은? [15. 5회]

① 대부분 연소 하한값이 낮다.
② 발생증기는 가연성이며 대부분 공기보다 무겁다.
③ 대부분 무기화합물이므로 정전기 발생에 주의한다.
④ 인화점이 낮을수록 화재 위험성이 높다.

해설 제4류 위험물은 대부분 유기화합물에 해당된다.

8-2 제4류 위험물의 일반적인 성질에 대한 설명 중 틀린 것은? [16. 4회]

① 대부분 유기화합물이다. ② 액체 상태이다.
③ 대부분 물보다 가볍다. ④ 대부분 물에 녹기 쉽다.

해설 제4류 위험물 대부분은 물에 녹지 않지만 알코올류와 같이 물에 녹는 수용성도 있다.

답 8-1 ③ 8-2 ④

정답 1. ④ 2. ① 3. ① 4. ③ 5. ① 6. ④ 7. ③ 8. ④

5-2 제4류 위험물의 성질 및 위험성

1 특수인화물(지정수량 : 50L)

(1) 디에틸에테르($C_2H_5OC_2H_5$: 에테르, 산화에틸, 에틸에테르)

① 일반적 성질

(가) 비점(34.48℃)이 낮고 무색투명하며 독특한 냄새가 있는 인화되기 쉬운 액체이다.

(나) 물에는 녹기 어려우나 알코올에는 잘 녹는다.

(다) 전기의 불량도체라 정전기가 발생되기 쉽다.

(라) 액체 비중 0.719(증기비중 2.55), 비점 34.48℃, 발화점 180℃, 인화점 -45℃, 연소범위 1.91~48%이다.

② 위험성

(가) 제4류 위험물 중 인화점이 가장 낮다.

(나) 휘발성이 강하고 증기는 마취성이 있어 장시간 흡입하면 위험하다.

(다) 공기와 장시간 접촉하면 과산화물이 생성되어 가열, 충격, 마찰에 의하여 폭발한다.

(라) 착화온도가 낮고 연소범위가 넓다.

(마) 건조 시 정전기에 의하여 발화하는 경우도 있다.

③ 저장 및 취급 방법

(가) 불꽃 등 화기를 멀리하고 통풍이 잘 되는 곳에 저장한다.

(나) 공기와 접촉 시 과산화물이 생성되는 것을 방지하기 위해 용기는 갈색병을 사용한다.

(다) 증기 누설을 방지하고, 밀전하여 냉암소에 보관한다.

(라) 용기의 공간용적은 10% 이상 여유 공간을 확보한다.

④ 소화 방법 : 탄산가스(CO_2)가 가장 효과적이다.

(2) 이황화탄소(CS_2 : 유화탄소, 황화탄소, 이유화탄소)

① 일반적 성질

(가) 무색, 투명한 액체로 시판품은 불순물로 인하여 황색을 나타내며 불쾌한 냄새가 난다.

(나) 물에는 녹지 않으나 알코올, 에테르, 벤젠 등 유기용제에는 잘 녹으며 유지, 수지, 생고무, 황, 황린 등을 녹인다.

(다) 독성이 있고 직사광선에 의해 서서히 변질되고, 점화하면 청색불꽃을 내며 연소하면서 아황산가스(SO_2)를 발생시킨다.

$$CS_2 + 3O_2 \rightarrow CO_2 + 2SO_2$$

(라) 인화성이 강하고 유독하며, 물과 150℃ 이상 가열하면 분해하여 이산화탄소(CO_2)와 황화수소(H_2S)를 발생시킨다.

$$CS_2 + 2H_2O \rightarrow CO_2\uparrow + 2H_2S\uparrow$$

(마) 액체 비중 1.263(증기비중 2.62), 비점 46.45℃, 발화점(착화점) 100℃, 인화점 -30℃, 연소범위 1.2~44%이다.

② 위험성

(가) 휘발하기 쉽고 인화성이 강하며 유독하다.

(나) 연소범위(1.2~44%)가 넓고 하한값이 낮아 위험하다.

(다) 발화점(착화점)이 100℃로 제4류 위험물 중 가장 낮다.

③ 저장 및 취급 방법

(가) 발화점이 낮으므로 화기를 멀리한다.

(나) 직사광선을 피하고 통풍이 잘 되는 냉암소에 저장한다.

(다) 밀봉, 밀전하여 액체나 증기의 누설을 방지한다.

(라) 물보다 무겁고 물에 녹기 어려우므로 물(수조) 속에 저장한다.

④ 소화 방법 : 탄산가스(CO_2), 불연성 가스, 할로겐화합물 또는 분무상의 주수 소화

(3) 아세트알데히드(CH_3CHO : 알데히드, 초산알데히드, 메틸알데히드)

① 일반적 성질

㈎ 자극성의 냄새가 있는 무색의 액체로 인화성이 강하다.

㈏ 물과 유기용제에 잘 녹으며, 유기물을 녹이는 성질이 있다.

㈐ 환원성이 커서 여러 물질과 작용한다.

$2Ag(NH_3)_2OH + RCHO \rightarrow RCOOH + 2Ag\downarrow + 4NH_3 + H_2O$(은거울 반응)

㈑ 화학적 활성이 크며, 고무를 녹이는 성질이 있다.

㈒ 공기 중에서 산화하여 발열한다.

$2CH_3CHO + 5O_2 \rightarrow 4CO_2 + 4H_2O + 281.9kcal$

㈓ 액체 비중 0.783(증기비중 1.52), 비점 21℃, 인화점 -39℃, 발화점 185℃, 연소범위 4.1~57%이다.

② 위험성

㈎ 비점(21℃)이 매우 낮아 휘발하거나 인화하기가 쉽다.

㈏ 자극성이 강해 증기 및 액체는 인체에 유해하다(피부점막에 자극을 준다).

㈐ 발화온도(착화온도)가 낮고 연소범위가 넓어 폭발 위험이 있다.

㈑ 구리, 마그네슘 등 금속과 접촉하면 폭발적으로 반응이 일어난다.

③ 저장 및 취급 방법

㈎ 화학적 활성이 큰 가연성 액체이므로 강산화제와의 접촉을 피한다.

㈏ 구리, 마그네슘 등의 금속과 접촉하면 폭발적으로 반응하므로 취급설비에는 구리 합금의 사용을 피한다.

㈐ 공기와 접촉 시 과산화물을 생성하므로 밀봉, 밀전하여 냉암소에 저장한다.

㈑ 용기 및 탱크 내부에는 질소, 아르곤 등 불연성가스를 주입하여 봉입한다.

④ 소화 방법 : 분무상의 주수나 탄산가스(CO_2), 소화 분말을 사용한다.

(4) 산화프로필렌(CH_3CHOCH_2 : 프로필렌옥사이드)

① 일반적 성질

㈎ 무색, 투명한 에테르 냄새가 나는 휘발성 액체이다.

㈏ 물, 에테르, 벤젠 등의 많은 용제에 녹는다.

㈐ 화학적 활성이 크며 산, 알칼리, 마그네슘의 촉매하에서 중합반응을 한다.

㈑ 액체 비중 0.83(증기비중 2.0), 비점 34℃, 인화점 -37℃, 발화점 465℃, 연소범위 2.1~38.5%이다.

② 위험성

㈎ 휘발성이 좋아 인화하기 쉽고, 연소범위가 넓어 위험성이 크다.

(나) 증기압이 매우 높아(20℃에서 45.5mmHg) 상온에서 쉽게 위험농도에 도달한다.

(다) 증기와 액체는 구리, 은, 마그네슘 등의 금속이나 합금과 접촉하면 폭발성인 아세틸라이드를 생성한다.

$C_3H_6O + 2Cu \rightarrow Cu_2C_2 + CH_4 + H_2O$ (동아세틸라이드 : Cu_2C_2)

(라) 증기는 유독하며, 흡입하였을 때 두통, 현기증, 구토증을 일으키고 심할 경우 폐부종이 발행하고, 눈에 들어가면 화상을 입고, 피부에 접촉되면 동상과 같은 증상이 나타난다.

③ 저장 및 취급 방법 : 아세트알데히드에 준한다.

④ 소화 방법 : 소화 분말, 탄산가스(CO_2), 증발성 액체를 사용한다.

단원 예상문제

1. 디에틸에테르에 관한 설명 중 틀린 것은?

① 비전도성이므로 정전기를 발생하지 않는다.
② 무색 투명한 유동성의 액체이다.
③ 휘발성이 매우 높고, 마취성을 가진다.
④ 공기와 장시간 접촉하면 폭발성의 과산화물이 생성된다.

해설 디에틸에테르($C_2H_5OC_2H_5$: 에테르) 전기의 불량도체라 정전기가 발생되기 쉽다.

| 변형된 출제문제 |

1-1 디에틸에테르의 보관·취급에 관한 설명으로 틀린 것은? [13. 1회] [15. 4회]

① 용기는 밀봉하여 보관한다.
② 환기가 잘 되는 곳에 보관한다.
③ 정전기가 발생하지 않도록 취급한다.
④ 저장용기에 빈 공간이 없게 가득 채워 보관한다.

해설 저장용기의 공간용적은 10% 이상 여유 공간을 확보한다.

1-2 디에틸에테르의 성질에 대한 설명으로 옳은 것은? [15. 2회]

① 발화온도는 400℃이다.
② 증기는 공기보다 가볍고, 액상은 물보다 무겁다.
③ 알코올에 용해되지 않지만 물에 잘 녹는다.
④ 연소범위는 1.9~48% 정도이다.

해설 각 항목의 옳은 설명
① 발화온도는 180℃이다.
② 증기비중 2.55로 공기보다 무겁고, 액체 비중은 0.719로 물보다 가볍다.
③ 물에는 녹기 어려우나 알코올에는 잘 녹는다.

1-3 공기 중에서 산소와 반응하여 과산화물을 생성하는 물질은? [14. 4회]

① 디에틸에테르 ② 이황화탄소 ③ 에틸알코올 ④ 과산화나트륨

해설 디에틸에테르($C_2H_5OC_2H_5$: 에테르) : 공기와 장시간 접촉하면 과산화물이 생성되어 가열, 충격, 마찰에 의하여 폭발한다. 저장 시에는 갈색병을 사용한다.

답 1-1 ④ 1-2 ④ 1-3 ①

2. 디에틸에테르에 대한 설명으로 틀린 것은?

① 일반식은 R−CO−R'이다. ② 연소범위는 약 1.9~48%이다.
③ 증기 비중 값이 비중 값보다 크다. ④ 휘발성이 높고 마취성을 가진다.

해설 ㉮ 디에틸에테르의 분자기호 $C_4H_{10}O$을 $C_2H_5OC_2H_5$로 표시할 수 있으며 알킬(R, R')과 알킬사이에 산소(O)가 결합된 것으로 일반식은 R−O−R'로 표기된다.

㉯ 일반식 R−CO−R'로 표기되는 것은 아세톤(CH_3COCH_3)이다.

3. 이황화탄소에 대한 설명으로 틀린 것은?

① 순수한 것은 황색을 띠고 냄새가 없다.
② 증기는 유독하며 신경계통에 장애를 준다.
③ 물에 녹지 않는다.
④ 연소 시 유독성의 가스를 발생한다.

해설 이황화탄소(CS_2)의 특징

㉮ 무색, 투명한 액체로 시판품은 불순물로 인하여 황색을 나타내며 불쾌한 냄새가 난다.

㉯ 물에는 녹지 않으나 알코올, 에테르, 벤젠 등 유기용제에는 잘 녹으며 유지, 수지, 생고무, 황, 황린 등을 녹인다.

㉰ 독성이 있고 직사광선에 의해 서서히 변질되고, 점화하면 청색불꽃을 내며 연소하면서 아황산가스(SO_2)를 발생한다.

㉱ 인화성이 강하고 유독하며, 물과 150℃ 이상 가열하면 분해하여 이산화탄소(CO_2)와 황화수소(H_2S)를 발생한다.

㉲ 물보다 무겁고 물에 녹기 어려우므로 물(수조) 속에 저장한다.

㉳ 액체 비중 1.263(증기비중 2.62), 비점 46.45℃, 발화점(착화점) 100℃, 인화점 −30℃, 연소범위 1.2~44%이다.

| 변형된 출제문제 |

3-1 이황화탄소의 성질에 대한 설명 중 틀린 것은? [12. 5회]

① 연소할 때 주로 황화수소를 발생한다.
② 증기 비중은 약 2.6이다.
③ 보호액으로 물을 사용한다.
④ 인화점이 약 −30℃이다.

해설 이황화탄소(CS_2)가 연소하면 유독한 아황산가스(SO_2)를 발생한다.

3-2 이황화탄소에 관한 설명으로 틀린 것은? [14. 1회]

① 비교적 무거운 무색의 고체이다.
② 인화점이 0℃ 이하이다.
③ 약 100℃에서 발화할 수 있다.
④ 이황화탄소의 증기는 유독하다.

해설 이황화탄소(CS_2)는 무색, 투명한 액체로 시판품은 불순물로 인하여 황색을 나타내며 불쾌한 냄새가 난다.

3-3 비스코스레이온 원료로서 비중이 약 1.3, 인화점이 약 −30℃이고, 연소 시 유독한 아황산가스를 발생시키는 위험물은? [14. 4회]

① 황린
② 이황화탄소
③ 테레핀유
④ 장뇌유

해설 이황화탄소(CS_2)의 액체 비중 1.263, 증기비중 2.62, 비점 46.45℃, 발화점(착화점) 100℃, 인화점 −30℃, 연소범위 1.2~44%이다.

답 3-1 ① 3-2 ① 3-3 ②

4. 이황화탄소 저장 시 물속에 저장하는 이유로 가장 옳은 것은?

① 공기 중 수소와 접촉하여 산화되는 것을 방지하기 위하여
② 공기와 접촉 시 환원하기 때문에
③ 가연성 증기의 발생을 억제하기 위해서
④ 불순물을 제거하기 위하여

해설 이황화탄소(CS_2)는 물보다 무겁고 물에 녹기 어려우므로 물(수조) 속에 저장하여 가연성 증기의 발생을 억제한다.

5. 아세트알데히드의 저장, 취급 시 주의사항으로 틀린 것은?

① 강산화제와의 접촉을 피한다.
② 취급설비에는 구리 합금의 사용을 피한다.
③ 수용성이기 때문에 화재 시 물로 희석소화가 가능하다.
④ 옥외저장 탱크에 저장 시 조연성 가스를 주입한다.

해설 아세트알데히드의 저장, 취급 시 주의사항

㉮ 화학적 활성이 큰 가연성 액체이므로 강산화제와의 접촉을 피한다.
㉯ 구리, 마그네슘 등의 금속과 접촉하면 폭발적으로 반응하므로 취급설비에는 구리 합금의 사용을 피한다.
㉰ 공기와 접촉 시 과산화물을 생성하므로 밀봉, 밀전하여 냉암소에 저장한다.
㉱ 용기 및 탱크 내부에는 질소, 아르곤 등 불연성가스를 주입하여 봉입한다.
㉲ 물에 잘 녹는 수용성이기 때문에 화재 시 희석소화가 가능하다.

6. 산화프로필렌의 성상에 대한 설명 중 틀린 것은?

① 청색의 휘발성이 강한 액체이다.　　② 인화점이 낮은 인화성 액체이다.
③ 물에 잘 녹는다.　　④ 에테르향의 냄새를 가진다.

해설 산화프로필렌(CH_3CHOCH_2)은 무색, 투명한 에테르 냄새가 나는 휘발성 액체로 물, 에테르, 벤젠 등의 많은 용제에 녹는다.

정답 1. ①　2. ①　3. ①　4. ③　5. ④　6. ①

2 제1석유류(지정수량 : 비수용성 액체 200L, 수용성 액체 400L)

(1) 아세톤(CH_3COCH_3 : 디메틸케톤)

① 일반적 성질

(가) 무색의 휘발성 액체로 독특한 냄새가 있는 인화성 물질이다.

(나) 물, 알코올, 에테르, 가솔린, 클로로포름 등 유기용제와 잘 섞인다.

(다) 직사광선에 의해 분해하고, 보관 중 황색으로 변색되며 수지, 유지, 섬유, 고무, 유기물 등을 용해시킨다.

(라) 액체 비중 0.79(증기비중 2.0), 비점 56.6℃, 발화점 538℃, 인화점 -18℃, 연소범위 2.6~12.8%이다.

② 위험성

(가) 비점과 인화점이 낮아 인화의 위험이 크다.

(나) 독성은 거의 없으나 피부에 닿으면 탈지작용이 나타나고, 증기를 다량으로 흡입하면 구토 현상이 나타난다.

③ 저장 및 취급 방법

(가) 화기에 주의하고, 통풍이 잘 되는 곳에 저장한다.

(나) 저장용기는 밀봉하여 냉암소에 보관한다.

④ 소화 방법 : 분무상의 주수, 탄산가스(CO_2), 알코올포를 사용한 질식 소화

(2) 가솔린(C_5H_{12}~C_9H_{20} : 휘발유)

① 일반적 성질

(가) 탄소수 C_5~C_9까지의 포화(알칸), 불포화(알켄) 탄화수소의 혼합물로 휘발성 액체이다.

(나) 특이한 냄새가 나는 무색의 액체로 비점이 낮다.

(다) 물에는 용해되지 않지만 유기용제와는 잘 섞이며 고무, 수지, 유지를 잘 녹인다.

(라) 전기의 불량도체이며, 물보다 가볍다.

㈎ 옥탄가를 높이기 위해 첨가제(사에틸납)를 넣으며, 착색된다.

㈏ 액체 비중 0.65~0.8(증기비중 3~4), 인화점 -20 ~ -43℃, 발화점 300℃, 연소범위 1.4~7.6%이다.

② 위험성

㈎ 증기는 공기보다 3~4배 무거워 누설 시 낮은 곳에 체류하여 연소를 확대시킨다.

㈏ 휘발 및 인화하기 쉽고, 정전기 발생에 의한 인화의 위험성이 크다.

㈐ 사에틸납[$(C_2H_5)_4Pb$]의 첨가로 유독성이 있다.

㈑ 불순물에 의해서 연소 시 아황산(SO_2) 가스를 발생시키며, 내연기관에서는 고온에 의해 질소산화물을 생성한다.

③ 저장 및 취급 방법

㈎ 화기를 피하고 통풍이 잘 되는 냉암소에 저장한다.

㈏ 용기의 누설 및 증기의 배출이 되지 않도록 주의한다.

㈐ 팽창계수(0.00135/℃)가 크므로 온도상승에 따른 체적팽창을 감안하여 밀폐용기는 10% 이상의 여유공간을 남겨야 한다.

④ 소화 방법 : 포말 소화나 탄산가스(CO_2), 분말의 질식 소화

(3) 벤젠(C_6H_6 : 벤졸, 페닐하이드로라이드)

① 일반적 성질

㈎ 무색, 투명한 휘발성이 강한 액체로 증기는 마취성과 독성이 있는 방향족 유기화합물이다.

㈏ 물에는 녹지 않으나 알코올, 에테르 등과 잘 섞이고 수지, 유지, 고무 등을 잘 녹인다.

㈐ 탄소수에 비해 수소수가 적어 불을 붙이면 그을음(C)을 많이 내면서 연소한다.

$$2C_6H_6 + 9O_2 \rightarrow 6CO_2 + 6C + 6H_2O$$

㈑ 융점이 5.5℃로 겨울철 찬 곳에서 고체가 되는 현상이 발생한다.

㈒ 액체 비중 0.88(증기비중 2.7), 비점 80.1℃, 발화점 562.2℃, 인화점 -11.1℃, 융점 5.5℃, 연소범위 1.4~7.1%이다.

② 위험성 : 증기는 마취성과 독성이 강하여 2% 이상의 고농도 증기를 5~10분 동안 흡입하면 치명적이고, 100ppm 정도의 증기도 장시간 호흡하면 빈혈, 식욕부진, 조혈기관 장애를 가져온다.

③ 저장 및 취급 방법, 소화 방법 : 가솔린에 준한다.

(4) 톨루엔($C_6H_5CH_3$: 메틸벤젠, 페닐메탄, 톨루올)

① 일반적 성질

㈎ 벤젠의 수소 원자 하나가 메틸기($-CH_3$)로 치환된 것이다.

(나) 독특한 냄새가 있는 무색의 액체로 벤젠보다는 독성이 약하다.

(다) 물에는 녹지 않으나 알코올, 에테르, 벤젠과는 잘 섞이며 수지, 유지, 고무 등을 녹인다.

(라) 액체 비중 0.89(증기비중 3.14), 비점 110.6℃, 발화점 552℃, 인화점 4.5℃, 연소범위 1.4~6.7%이다.

② 위험성, 저장 및 취급 방법, 소화 방법 : 가솔린에 준한다.

(5) 크실렌[$C_6H_4(CH_3)_2$: 디메틸벤젠, 크시롤]

① 일반적 성질

(가) 벤젠핵에 메틸기($-CH_3$)가 2개 결합된 것이다.

(나) 독특한 냄새가 나는 무색의 액체로 톨루엔과 비슷하다.

② 크실렌의 이성질체 종류 및 성질

명칭	*o*-크실렌	*m*-크실렌	*p*-크실렌
구조식	(벤젠 고리: 1,2-위치 CH_3, CH_3)	(벤젠 고리: 1,3-위치 CH_3, CH_3)	(벤젠 고리: 1,4-위치 CH_3, CH_3)
액체 비중	0.88	0.86	0.86
융점	-25.2℃	-47.9℃	13.3℃
비점	144.4℃	139.1℃	138.4℃
인화점	17.2℃	23.2℃	23.0℃
착화점	463.9℃	527.8℃	528.9℃
증기비중	3.66	1.1~7.0	3.68
연소범위	1.0~6.0%	1.0~6.0%	1.1~7.0%
구분	제1석유류	제2석유류	제2석유류

㈜ *m*-크실렌과 *p*-크실렌은 인화점이 21℃ 이상이기 때문에 제2석유류에 속하는 것이다.

(6) 초산에스테르류

① 초산에스테르류는 초산(CH_3COOH)에서 카르복시기($-COOH$)의 수소(H)가 알킬기(C_nH_{2n+1})와 치환된 화합물을 초산에스테르류(CH_3COOR)라 하며, 모두 향기로운 냄새를 갖는 중성의 액체로 분자량이 증가할수록 인화점이 높아진다.

② 종류 : 초산메틸(CH_3COOCH_3 : 아세트산메틸, 초산메틸에스테르, 메틸아세테이트), 초산에틸($CH_3COOC_2H_5$: 초산에스테르, 아세트산에틸, 에틸아세테이트), 초산프로필에스테르($CH_3COOC_3H_7$: 정초산프로필), 부틸에스테르($CH_3COOC_4H_9$: 초산부탄올, 정초

산부틸), 초산아밀에스테르($CH_3COOC_5H_{11}$: 정초산아밀, 바나나오일)

(7) 의산(개미산) 에스테르류(지정수량 : 400L)

① 개미산(HCOOH)의 수소(H)가 알킬기(C_nH_{2n+1})로 치환된 모양으로 대부분 특이한 냄새를 가지고 있으며 분자량 증가에 따라 인화점은 높아지고 수용성은 감소하며 초산에스테르류와 비슷한 성질을 가지고 있다.

② 종류 : 의산메틸($HCOOCH_3$: 개미산메틸, 의산메틸에스테르, 포름산메틸에스테르), 의산에틸($HCOOC_2H_5$: 개미산에틸, 포름산에틸에스테르), 의산프로필($HCOOC_3H_7$), 의산부틸($HCOOC_4H_9$), 의산아밀($HCOOC_5H_{11}$)

(8) 메틸에틸케톤($CH_3COC_2H_5$: MEK, Z-부탄올, 에틸메틸케톤) (지정수량 : 200L)

① 일반적 성질

㈎ 아세톤과 같은 냄새가 나는 휘발성 액체로, 용해도 26.8%로 물에 잘 녹지 않는다.

㈏ 알코올, 에테르, 벤젠 등에 잘 녹고 수지, 유지, 셀로로오스 유도체를 잘 녹인다.

㈐ 열에 대하여 비교적 안정하지만 500℃ 이상에서는 열분해되어 케텐 및 메틸케텐을 생성한다.

㈑ 비중 0.81(증기비중 2.41), 비점 80℃, 발화점 516℃, 인화점 -1℃, 연소범위 1.8 ~ 10%이다.

② 위험성

㈎ 비점, 인화점이 낮아 인화에 대한 위험이 크다.

㈏ 탈지작용이 있으므로 피부가 접촉되지 않도록 주의한다.

㈐ 증기를 다량 마시면 마취성과 구토를 일으킨다.

③ 저장 및 취급 방법

㈎ 화기를 멀리하고 직사광선을 피하며 통풍이 잘 되는 냉암소에 저장한다.

㈏ 용기는 갈색병을 사용하여 밀전하되 용기 내부는 10% 이상의 여유공간을 남긴다.

④ 소화 방법 : 분무상의 물이나 탄산가스(CO_2), 알코올포를 사용한다.

(9) 피리딘(C_5H_5N : 아딘) (지정수량 : 400L)

① 일반적 성질

㈎ 순수한 것은 무색 액체이나 불순물 때문에 담황색을 나타낸다.

㈏ 강한 악취와 흡수성이 있고, 질산과 함께 가열해도 분해하지 않는다.

㈐ 산·알칼리에 안정하고 물, 알코올, 에테르, 유류 등에 잘 녹으며 많은 유기물들을 녹인다.

㈑ 약 알칼리성을 나타내고 독성이 있다.

㈒ 과산화물에 산화되어 N-옥시드(C_5H_5NO)로 되며, 이것은 흡습성의 백색 결정으로 아민산화물의 성질을 가지고 있다.

㈓ 반응에서 니트로기($-NO_2$), 브롬기(-Br), 술폰기($-HSO_3$)는 약 300℃에서 β위치에 들어간다.

㈔ 비중 0.973(증기비중 2.73), 비점 115.5℃, 발화점 482.2℃, 인화점 20℃, 연소범위 1.8~12.4%이다.

② 위험성

㈎ 상온에서 인화의 위험이 있으므로 화기에 주의한다.

㈏ 강한 악취와 독성을 가지고 있으므로 허용량 이상을 흡입하면 신장 및 간장에 유해하고, 심하면 사망할 수도 있다.

③ 저장 및 취급 방법

㈎ 화기를 멀리하고 통풍이 잘 되는 냉암소에 저장한다.

㈏ 취급 시에는 피부에 액체를 접촉시키거나, 증기를 흡입하지 않도록 주의한다.

④ 소화 방법 : 알코올포나 탄산가스(CO_2), 소화 분말을 사용한다.

단원 예상문제

1. 아세톤의 성질에 대한 설명으로 옳은 것은?

① 자연발화성 때문에 유기용제로서 사용할 수 없다.
② 무색, 무취이고 겨울철에 쉽게 응고한다.
③ 증기 비중은 약 0.79이고 요오드포름 반응을 한다.
④ 물에 잘 녹으며 끓는점이 60℃보다 낮다.

해설 아세톤(CH_3COCH_3)의 특징

㉮ 무색의 휘발성 액체로 독특한 냄새가 있는 인화성 물질이다.

㉯ 물, 알코올, 에테르, 가솔린, 클로로포름 등 유기용제와 잘 섞인다.

㉰ 직사광선에 의해 분해하고, 보관 중 황색으로 변색되며 수지, 유지, 섬유, 고무, 유기물 등을 용해시킨다.

㉱ 비점과 인화점이 낮아 인화의 위험이 크다.

㉲ 독성은 거의 없으나 피부에 닿으면 탈지작용이 나타나고, 증기를 다량으로 흡입하면 구토 현상이 나타난다.

㉳ 액체 비중 0.79(증기비중 2.0), 비점 56.6℃, 발화점 538℃, 인화점 -18℃, 연소범위 2.6~12.8% 이다.

참고 아세톤은 자연발화성은 없으며, 유기용제로 사용할 수 있으며, 요오드포름반응을 한다.

| 변형된 출제문제 |

1-1 아세톤의 성질에 관한 설명으로 옳은 것은? [12. 4회]

① 비중은 1.02이다.
② 물에 불용이고, 에테르에 잘 녹는다.
③ 증기 자체는 무해하나, 피부에 닿으면 탈지작용이 있다.
④ 인화점이 0℃ 보다 낮다.

해설 아세톤(CH_3COCH_3)의 액체 비중 0.79(증기비중 2.0), 인화점 -18℃이고 물에 잘 녹는 수용성이라 지정수량이 400L이다. 에테르에도 잘 녹으며 독성은 거의 없으나 피부에 닿으면 탈지작용이 나타나고, 다량으로 흡입하면 구토 현상이 나타난다.

답 1-1 ④

2. 휘발유에 대한 설명으로 옳지 않은 것은?

① 전기양도체이므로 정전기 발생에 주의해야 한다.
② 빈 드럼통이라도 가연성 가스가 남아 있을 수 있으므로 취급에 주의해야 한다.
③ 취급, 저장 시 환기를 잘 시켜야 한다.
④ 직사광선을 피해 통풍이 잘 되는 곳에 저장한다.

해설 휘발유(가솔린)의 특징

㉮ 탄소수 C_5~C_9까지의 포화(알칸), 불포화(알켄) 탄화수소의 혼합물로 휘발성 액체이다.
㉯ 특이한 냄새가 나는 무색의 액체로 비점이 낮다.
㉰ 물에는 용해되지 않지만 유기용제와는 잘 섞이며 고무, 수지, 유지를 잘 녹인다.
㉱ 액체는 물보다 가볍고, 증기는 공기보다 무겁다.
㉲ 옥탄가를 높이기 위해 첨가제(사에틸납)를 넣으며, 착색된다.
㉳ 증기는 공기보다 3~4배 무거워 누설 시 낮은 곳에 체류하여 연소를 확대시킨다.
㉴ 전기의 불량도체이며, 정전기 발생에 의한 인화의 위험성이 크다.
㉵ 액체 비중 0.65~0.8(증기비중 3~4), 인화점 -20 ~ -43℃, 발화점 300℃, 연소범위 1.4~7.6%이다.

| 변형된 출제문제 |

2-1 휘발유의 일반적인 성질에 관한 설명으로 틀린 것은? [15. 2회]

① 인화점이 0℃보다 낮다.
② 위험물 안전관리법령상 제1석유류에 해당한다.
③ 전기에 대해 비전도성 물질이다.
④ 순수한 것은 청색이나 안전을 위해 검은색으로 착색해서 사용해야 한다.

해설 휘발유(가솔린)의 착색 상태

㉮ 공업용 : 무색 ㉯ 자동차용 : 오렌지색 ㉰ 항공기용 : 청색, 붉은 오렌지색

2-2 휘발유에 대한 설명으로 옳지 않은 것은? [13. 1회]

① 지정수량은 200L이다.
② 전기의 불량도체로서 정전기 축적이 용이하다.
③ 원유의 성질, 상태, 처리 방법에 따라 탄화수소와 혼합 비율이 다르다.
④ 발화점은 −43 ~ −20℃ 정도이다.

해설 휘발유(가솔린)의 발화점은 300℃이고, 인화점이 −20 ~ −43℃이다.

2-3 휘발유에 대한 설명으로 옳은 것은? [13. 5회]

① 가연성 증기가 발생하기 쉬우므로 주의한다.
② 발생된 증기는 공기보다 가벼워서 주변으로 확산하기 쉽다.
③ 전기를 잘 통하는 도체이므로 정전기를 발생시키지 않도록 조치한다.
④ 인화점이 상온보다 높으므로 여름철에 각별한 주의가 필요하다.

해설 휘발유(가솔린)의 특징
㉮ 증기비중 3~4 정도로 발생된 증기는 공기보다 무거워 주변으로 확산하지 않고 낮은 곳에 체류한다.
㉯ 전기의 불량도체이기 때문에 정전기가 발생되지 않도록 조치하여야 한다.
㉰ 인화점이 −20 ~ −43℃로 상온보다 낮아 여름철에 각별한 주의가 필요하다.

2-4 가솔린의 연소범위(vol%)에 가장 가까운 것은? [16. 1회]

① 1.4~7.6 ② 8.3~11.4 ③ 12.5~19.7 ④ 22.3~32.8

해설 공기 중에서 가솔린의 연소범위(폭발범위)는 1.4~7.6 vol%이다.

답 2-1 ④ 2-1 ④ 2-3 ① 2-4 ①

3. 휘발유의 성질 및 취급 시의 주의사항에 관한 설명 중 틀린 것은?

① 증기가 모여 있지 않도록 통풍을 잘 시킨다.
② 인화점이 상온이므로 상온 이상에서는 취급 시 각별한 주의가 필요하다.
③ 정전기 발생에 주의해야 한다.
④ 강산화제 등과 혼촉 시 발화할 위험이 있다.

해설 인화점이 −20 ~ −43℃로 상온보다 낮으므로 취급 시 각별한 주의가 필요하며 특히, 여름철에 주의하여야 한다.

4. 휘발유의 소화방법으로 옳지 않은 것은?

① 분말 소화약제를 사용한다. ② 포 소화약제를 사용한다.
③ 물통 또는 수조로 주수 소화한다. ④ 이산화탄소에 의한 질식 소화를 한다.

해설 휘발유(제4류 위험물 중 제1석유류)는 비수용성이기 때문에 소화방법은 포말소화나 탄산가스, 분말을 이용한 질식 소화가 효과적이다.

5. 벤젠에 관한 설명 중 틀린 것은?

① 인화점은 약 −11℃ 정도이다.
② 이황화탄소보다 착화온도가 높다.
③ 벤젠 증기는 마취성은 있으나 독성은 없다.
④ 취급할 때 정전기 발생을 조심해야 한다.

해설 벤젠(C_6H_6)의 특징
㉮ 무색, 투명한 휘발성이 강한 액체로 증기는 마취성과 독성이 있다.
㉯ 분자량 78의 방향족 유기화합물로 증기는 공기보다 무겁다.
㉰ 물에는 녹지 않으나 알코올, 에테르 등 유기용제와 잘 섞이고 수지, 유지, 고무 등을 잘 녹인다.
㉱ 불을 붙이면 그을음(C)을 많이 내면서 연소한다.
㉲ 융점이 5.5℃로 겨울철 찬 곳에서 고체가 되는 현상이 발생한다.
㉳ 전기의 불량도체로 취급할 때 정전기 발생을 조심해야 한다.
㉴ 액체 비중 0.88(증기비중 2.7), 비점 80.1℃, 발화점 562.2℃, 인화점 −11.1℃, 융점 5.5℃, 연소범위 1.4~7.1%이다.

참고 이황화탄소(CS)의 발화점(착화점)은 100℃이다.

| 변형된 출제문제 |

5-1 벤젠(C_6H_6)의 일반 성질로서 틀린 것은? [15. 2회]

① 휘발성이 강한 액체이다.
② 인화점은 가솔린보다 낮다.
③ 물에 녹지 않는다.
④ 화학적으로 공명구조를 이루고 있다.

해설 벤젠의 인화점은 −11.0℃이고, 가솔린의 인화점은 −20 ~ −43℃ 정도이다. 그러므로 벤젠은 가솔린보다 인화점이 높다.

답 5-1 ②

6. 벤젠의 저장 및 취급 시 주의사항에 대한 설명으로 틀린 것은?

① 정전기 발생에 주의한다.
② 피부에 닿지 않도록 주의한다.
③ 증기는 공기보다 가벼워 높은 곳에 체류하므로 환기에 주의한다.
④ 통풍이 잘 되는 서늘하고 어두운 곳에 저장한다.

해설 벤젠(C_6H_6)은 분자량 78의 방향족 유기화합물로 증기는 공기보다 무거워 낮은 곳에 체류하므로 환기에 주의해야 한다.

7. 톨루엔에 대한 설명으로 틀린 것은?

① 벤젠의 수소 원자 하나가 메틸기로 치환된 것이다.
② 증기는 벤젠보다 가볍고, 휘발성은 더 높다.
③ 독특한 향기를 가진 무색의 액체이다.
④ 물에 녹지 않는다.

해설 톨루엔($C_6H_5CH_3$)의 특징

㉮ 벤젠의 수소 원자 하나가 메틸기($-CH_3$)로 치환된 것이다.
㉯ 독특한 냄새가 있는 무색의 액체로 벤젠보다는 독성이 약하다.
㉰ 물에는 녹지 않으나 알코올, 에테르, 벤젠과는 잘 섞이며 수지, 유지, 고무 등을 녹인다.
㉱ 액체 비중 0.89(증기비중 3.14), 비점 110.6℃, 착화점 552℃, 인화점 4.5℃, 연소범위 1.4~6.7%이다.

참고 톨루엔($C_6H_5CH_3$)의 분자량 92, 벤젠(C_6H_6)의 분자량은 78이므로 톨루엔의 증기는 벤젠보다 무겁고, 휘발성은 낮다.

| 변형된 출제문제 |

7-1 톨루엔에 대한 설명으로 틀린 것은? [15. 2회]

① 휘발성이 있고 가연성 액체이다.
② 증기는 마취성이 있다.
③ 알코올, 에테르, 벤젠 등과 잘 섞인다.
④ 노란색 액체로 냄새가 없다.

해설 톨루엔($C_6H_5CH_3$)은 독특한 냄새가 있는 무색의 액체로 벤젠보다는 독성이 약하다.

답 7-1 ④

8. 아세트산에틸의 일반 성질 중 틀린 것은 어느 것인가?

① 과일 냄새를 가진 휘발성 액체이다.
② 증기는 공기보다 무거워 낮은 곳에 체류한다.
③ 강산화제와의 혼촉은 위험하다.
④ 인화점은 −20℃ 이하이다.

해설 아세트산에틸($CH_3COOC_2H_5$: 초산에틸)의 특징

㉮ 무색, 투명한 가연성 액체로 딸기향의 과일 냄새가 난다.
㉯ 물에는 약간 녹으며 알코올, 아세톤, 에테르 등 유기용매에 잘 녹는다.
㉰ 유지, 수지, 셀룰로오스 유도체 등을 잘 녹인다.
㉱ 가수분해되기 쉬우며 물이 있으면 상온에서 서서히 초산과 에틸알코올로 분해한다.
㉲ 휘발성, 인화성이 커서 수용액 상태에서도 인화의 위험이 있다.
㉳ 비중 0.9, 비점 77℃, 발화점 427℃, 인화점 −4.4℃, 폭발범위 2.2~11.4%이다.

9. 피리딘의 일반적인 성질에 대한 설명 중 틀린 것은?

① 순수한 것은 무색 액체이다.
② 약알칼리성을 나타낸다.
③ 물보다 가볍고, 증기는 공기보다 무겁다.
④ 흡습성이 없고 비수용성이다.

해설 피리딘(C_5H_5N)의 특징
㉮ 순수한 것은 무색 액체이나 불순물 때문에 담황색을 나타낸다.
㉯ 강한 악취와 흡수성이 있고, 질산과 함께 가열해도 분해하지 않는다.
㉰ 산, 알칼리에 안정하고 물, 알코올, 에테르, 유류 등에 잘 녹으며 많은 유기물을 들을 녹인다.
㉱ 약 알칼리성을 나타내고 독성이 있으므로 취급할 때 증기를 흡입하지 않도록 주의한다.
㉲ 화기를 멀리하고 통풍이 잘 되는 냉암소에 보관한다.
㉳ 비중 0.973(증기비중 2.73), 비점 115.5℃, 발화점 482.2℃, 인화점 20℃, 연소범위 1.8~12.4%이다.

정답 1. ④ 2. ① 3. ② 4. ③ 5. ③ 6. ③ 7. ② 8. ④ 9. ④

3 알코올류(지정수량 : 400L)

알코올은 탄화수소의 수소(H)가 수산기(-OH)로 치환된 화합물로 수산기(-OH)의 수에 따라 1가, 2가, 3가 알코올 및 4가 알코올로 나누어진다. 알코올류는 일반적으로 수용성이지만 분자량이 증가함에 따라 물에 녹기 어려워지고 분자량이 커질수록 이성질체도 많아진다.

(1) 메틸알코올(CH_3OH : 메탄올, 목정, 카르빈올)

① 일반적 성질

(가) 휘발성이 강한 무색, 투명한 액체로 물과는 어떤 비율로도 혼합된다.
(나) 유지, 수지 등을 잘 녹이며, 유기용매에는 농도에 따라서 녹는 정도가 다르다.
(다) 백금(Pt), 산화구리(CuO) 존재 하에 공기 중에서 서서히 산화하면 포르말린(HCHO), 빠르면 의산(HCOOH)을 거쳐 이산화탄소(CO_2)로 된다.
(라) 액체 비중 0.79(증기비중 1.1), 비점 63.9℃, 발화점 464℃, 인화점 11℃, 연소범위 7.3~36%이다.

② 위험성

(가) 독성이 강하여 소량 마시면 시신경을 마비시키고, 8~20g 정도 먹으면 두통, 복통을 일으키거나 실명을 하며, 30~50g 정도 먹으면 사망한다.

(나) 인화점 이상이 되면 폭발성 혼합기체를 발생하고, 밀폐된 상태에서는 폭발한다.

(다) 밝은 곳에서 연소 시 화염의 색깔이 연해서 잘 보이지 않으므로 화상 등에 주의한다.

(라) 증기는 환각성 물질이고 계절적으로 여름에 위험하다.

③ 저장 및 취급 방법

(가) 화기를 멀리하고 액체의 온도가 인화점 이상으로 되지 않도록 주의한다.

(나) 에틸알코올과 혼동하기 쉬우므로 라벨을 붙여 구분한다.

(다) 밀봉, 밀전하여 통풍이 잘 되는 냉암소에 저장하고, 용기는 10% 이상의 여유공간을 확보해 둔다.

④ 소화 방법 : 알코올포, 탄산가스(CO_2), 분말 소화약제를 이용한 질식 소화를 한다.

(2) 에틸알코올(C_2H_5OH : 에탄올, 주정)

① 일반적 성질

(가) 무색, 투명하고 향긋한 냄새를 가진 액체로 물과 잘 혼합된다.

(나) 일정한 조건에서 유기용제(벤젠, 아세톤, 가솔린 등)와 잘 혼합된다.

(다) 메틸알코올과 달리 독성이 없다.

(라) 고온에서 열분해하면 에틸렌과 물 또는 아세트알데히드와 수소가 된다.

(마) 액체 비중 0.79(증기비중 1.59), 비점 78.3℃, 인화점 13℃, 발화점 423℃, 연소범위 4.3~19%이다.

② 위험성 및 기타 : 메틸알코올에 준한다.

(3) 이소프로필알코올[$(CH_3)_2CHOH$]

① 일반적 성질

(가) 무색, 투명한 액체로 에틸알코올보다 약간 강한 향기가 있다.

(나) 물, 에테르, 아세톤에 녹으며 유지, 수지 등 많은 유기화합물을 녹인다.

(다) 액체 비중 0.79(증기비중 2.07), 비점 81.8℃, 인화점 11.7℃, 발화점 398.9℃, 연소범위 2.0~12%이다.

② 위험성 및 기타 : 메틸알코올에 준한다.

(4) 변성알코올

에틸알코올(C_2H_5OH)과 메틸알코올(CH_3OH)이 혼합된 것으로 혼합된 비율에 따라 종류가 나누어지고 용도가 결정된다.

단원 예상문제

1. 메탄올에 관한 설명으로 옳지 않은 것은?

① 인화점은 약 11℃이다. ② 술의 원료로 사용된다.
③ 휘발성이 강하다. ④ 최종 산화물은 의산(포름산)이다.

해설 메탄올(CH_3OH : 메틸알코올)의 특징
㉮ 휘발성이 강한 무색, 투명한 액체로 물과는 어떤 비율로도 혼합된다.
㉯ 유지, 수지 등을 잘 녹이며, 유기용매에는 농도에 따라서 녹는 정도가 다르다.
㉰ 백금(Pt), 산화구리(CuO) 존재 하에 공기 중에서 서서히 산화하면 포르말린(HCHO), 빠르면 의산(HCOOH)을 거쳐 이산화탄소(CO_2)로 된다.
㉱ 밀봉, 밀전하여 통풍이 잘 되는 냉암소에 저장하고, 용기는 10% 이상의 여유공간을 확보해 둔다.
㉲ 액체 비중 0.79(증기비중 1.1), 비점 63.9℃, 착화점 464℃, 인화점 11℃, 연소범위 7.3~36%이다.

참고 술의 원료로 사용하는 것은 에탄올(C_2H_5OH : 에틸알코올)이다.

2. 메틸알코올의 위험성에 대한 설명으로 틀린 것은?

① 겨울에는 인화의 위험이 여름보다 작다.
② 증기 밀도는 가솔린보다 크다.
③ 독성이 있다.
④ 연소범위는 에틸알코올보다 넓다.

해설 ㉮ 메틸알코올(CH_3OH : 메탄올)의 위험성
㉠ 독성이 강하고 인화점(11℃) 이상이 되면 폭발성 혼합기체를 발생하고 폭발한다.
㉡ 밝은 곳에서 연소 시 화염의 색깔이 연해서 잘 보이지 않으므로 화상 등에 주의한다.
㉢ 증기는 환각성 물질이고 계절적으로 여름에 위험하다.
㉣ 연소범위 7.3~36%이다(에틸알코올 : 4.3~19%).

㉯ 메틸알코올과 가솔린의 증기 밀도 비교 : 증기 밀도$(\rho) = \frac{\text{분자량}}{22.4}$이다.
㉠ 메틸알코올(CH_3OH)의 분자량은 32이다. $\therefore \rho = \frac{32}{22.4} = 1.428\,g/L$
㉡ 가솔린(C_8H_{18})의 분자량은 114이다. $\therefore \rho = \frac{114}{22.4} = 5.089\,g/L$

참고 증기 밀도는 메틸알코올이 가솔린보다 작다.

| 변형된 출제문제 |

2-1 메틸알코올의 위험성으로 옳지 않은 것은? [15. 1회]

① 나트륨과 반응하여 수소기체를 발생한다.
② 휘발성이 강하다.
③ 연소범위가 알코올류 중 가장 좁다.
④ 인화점이 상온(25℃)보다 낮다.

해설 메틸알코올의 연소범위 7.3~36%, 에틸알코올의 연소범위는 4.3~19%이다.

2-2 연소할 때 연기가 거의 나지 않아 밝은 곳에서 연소상태를 잘 느끼지 못하는 물질로 독성이 매우 강해 먹으면 실명 또는 사망에 이를 수 있는 것은? [16. 1회]

① 메틸알코올
② 에틸알코올
③ 등유
④ 경유

해설 메틸알코올(CH_3OH : 메탄올)은 독성이 강하여 소량 마시면 시신경을 마비시키고, 8~20g 정도 먹으면 두통, 복통을 일으키거나 실명을 하며, 30~50g 정도 먹으면 사망한다.

답 2-1 ③ 2-2 ①

3. 에틸알코올에 관한 설명 중 옳은 것은 어느 것인가?

① 인화점은 0℃ 이하이다.
② 비점은 물보다 낮다.
③ 증기밀도는 메틸알코올보다 작다.
④ 수용성이므로 이산화탄소 소화기는 효과가 없다.

해설 에틸알코올(C_2H_5OH : 에탄올)의 특징

㉮ 무색, 투명하고 향긋한 냄새를 가진 액체로 물과 잘 혼합된다.
㉯ 일정한 조건에서 유기용제(벤젠, 아세톤, 가솔린 등)와 잘 혼합된다.
㉰ 메틸알코올과 달리 독성이 없다.
㉱ 고온에서 열분해하면 에틸렌과 물 또는 아세트알데히드와 수소가 된다.
㉲ 소화 방법은 알코올포, 탄산가스(CO_2), 분말 소화약제를 이용한 질식 소화를 한다.
㉳ 액체 비중 0.79(증기비중 1.59), 비점 78.3℃, 인화점 13℃, 착화점 423℃, 연소범위 4.3~19%이다.

참고 증기 밀도$=\frac{\text{분자량}}{22.4}$ 이고, 에틸알코올의 분자량은 46, 메틸알코올의 분자량은 32 이므로 분자량이 큰 에틸알코올의 증기밀도는 메틸알코올보다 크다.

| 변형된 출제문제 |

3-1 에틸알코올의 증기 비중은 약 얼마인가? [16. 2회]

① 0.72 ② 0.91 ③ 1.13 ④ 1.59

해설 에틸알코올(C_2H_5OH)

㉮ 분자량 계산 : $(12\times2)+(1\times5)+16+1=46$
㉯ 증기 비중 계산

$$\text{증기 비중}=\frac{\text{분자량}}{29}=\frac{46}{29}=1.586$$

답 3-1 ④

4. **메탄올과 비교한 에탄올의 성질에 대한 설명으로 틀린 것은?**

① 인화점이 낮다. ② 발화점이 낮다. ③ 증기 비중이 크다. ④ 비점이 높다.

해설 메탄올(CH_3OH)과 에탄올(C_2H_5OH)의 비교

구 분	메탄올	에탄올	구 분	메탄올	에탄올
인화점	11℃	13℃	액체 비중	0.79	0.79
발화점	464℃	423℃	비점	63.9℃	78.3℃
증기 비중	1.1	1.59			

정답 1. ② 2. ② 3. ② 4. ①

4 제2석유류(지정수량 : 비수용성 액체 1000L, 수용성 액체 2000L)

(1) 등유(케로신)

① 일반적 성질

(가) 탄소수가 C_9~C_{18}인 포화, 불포화탄화수소의 혼합물이다.

(나) 석유 특유의 냄새가 있으며, 무색 또는 연한 담황색을 나타낸다.

(다) 원유 증류 시 등유와 중유 사이에서 유출되며, 유출온도 범위는 150~300℃이다.

(라) 물에는 녹지 않는 불용성이며, 유기용제와 잘 혼합되고 유지, 수지를 잘 녹인다.

(마) 액체 비중 0.79~0.85(증기비중 4~5), 인화점 30~60℃, 발화점 254℃, 융점 -51℃, 연소범위 1.1~6.0%이다.

② 위험성

(가) 누출되어 안개 모양이 되거나 천에 스며들었을 때 공기와 접촉하면 인화의 위험이 있다.

(나) 정전기에 의한 인화의 위험이 있다.

③ 저장 및 취급 방법

(가) 화기를 피하고, 통풍이 잘 되는 냉암소에 저장한다.

(나) 누출에 주의하고 용기 내부는 항상 10% 이상의 여유 공간을 확보한다.

④ 소화 방법 : 알코올포, 탄산가스(CO_2), 소화 분말을 사용한다.

(2) 경유(디젤유, 라이트오일)

① 일반적 성질

(가) 탄소수가 C_{15}~C_{20}인 포화, 불포화탄화수소의 혼합물로 유출온도의 범위는 200~350℃이다.

(나) 담황색 또는 담갈색의 액체로 등유와 비슷한 성질을 갖고 있다.

(다) 물에는 녹지 않는 불용성이며, 품질은 세탄가로 정한다.

(라) 액체 비중 0.82~0.85(증기비중 4~5), 인화점 50~70℃, 발화점 257℃, 연소범위 1~6% 이다.

② 위험성 및 기타 : 등유에 준한다.

(3) 의산(HCOOH : 개미산, 포름산)

① 일반적 성질

(가) 자극성 냄새가 나는 무색, 투명한 액체이다.

(나) 초산보다 산성이 강하며, 피부에 닿으면 발포(수종)을 일으킨다.

(다) 강한 환원제이며 물, 알코올, 에테르에 어떤 비율로도 혼합된다.

(라) 시판품은 90% 정도가 순수한 의산이고, 나머지는 황산, 염산, 수산 등의 불순물로 함유되어 있다.

(마) 황산과 함께 가열하면 분해하여 일산화탄소(CO)가 발생한다.

(바) 불이 붙으면 푸른 불꽃을 내면서 연소한다.

$$2HCOOH + O_2 \rightarrow 2CO_2 + 2H_2O$$

(사) 액체 비중 1.22(증기비중 1.59), 인화점 69℃, 착화점 601℃이다.

② 위험성 : 피부에 닿으면 수종을 일으키고, 기타 등유에 준한다.

(4) 초산(CH_3COOH : 빙초산, 식초산, 아세트산, 에탄산)

① 일반적 성질

(가) 무색, 투명하고 식초와 같은 자극적인 냄새를 가진 액체이다.

(나) 알코올, 에테르에 잘 용해하며, 묽은 것은 부식성이 강하고 진한 것일수록 약해진다.

(다) 물에 잘 녹으며, 융점(16.7℃) 이하에서는 얼음과 같이 되며 연소 시 파란 불꽃을 낸다.

(라) 알루미늄 이외의 일반 금속과 작용하여 수용성 염을 만든다.

(마) 액체 비중 1.05(증기비중 2.07), 비점 118.3℃, 융점 16.7℃, 인화점 42.8℃, 발화점 427℃, 연소범위 5.4~16%이다.

② 위험성

(가) 피부에 닿으면 화상을 입고, 증기를 흡입하면 점막을 자극하는 염증을 일으킨다.

(나) 질산과 과산화나트륨과 반응하면 폭발하는 경우도 있다.

③ 저장 및 취급 방법 : 용기는 내산성 용기를 사용하며, 기타 등유에 준한다.

④ 소화 방법 : 수용성이므로 알코올포나 주수 소화한다.

(5) 테레빈유(탄펜유, 송정유[松精油])

① 일반적 성질

㈎ 소나무와 식물 및 뿌리에서 채집하여 증류 정제하여 만든 물질로서 강한 침엽수 수지 냄새가 나는 무색 또는 담황색의 액체로 주성분은 피넨($C_{10}H_{16}$)이다.

㈏ 공기 중에 방치하면 근기 있는 수지 상태의 물질이 되고, 산화되기 쉬우며, 독성이 있다.

㈐ 물에는 녹지 않으나 무수알코올, 클로로포름, 에테르, 벤젠 등 유기용제에는 잘 녹는다.

㈑ 비중 0.86, 비점 155~170℃, 인화점 33.9℃, 발화점 253℃, 연소범위 0.8% 이상이다.

② 위험성 : 공기 중에서 산화, 중합하므로 천이나 포에 묻혀서 방치하면 자연 발화의 위험이 있다.

③ 취급 및 기타 : 등유에 준한다.

(6) 장뇌유($C_{10}H_{16}O$: 캄파라, 캠플유)

① 일반적 성질

㈎ 주성분이 장뇌($C_{10}H_{16}O$)로 엷은 황색의 액체이며, 유출온도에 따라 백색유, 적색유, 감색유로 분류한다.

㈏ 물에는 녹지 않으나 알코올, 에테르, 이황화탄소에 녹는다.

② 위험성 및 기타 : 등유에 준한다.

(7) 스티렌($C_6H_5CHCH_2$: 비닐벤젠, 페닐에틸렌, 스티롤, 스티로렌, 신나맨)

① 일반적 성질

㈎ 무색, 독특한 냄새를 가진 액체로 물에는 녹지 않으나 메탄올, 에탄올, 에테르, 이황화탄소에 잘 녹는다.

㈏ 빛, 가열 또는 과산화물에 의해 쉽게 중합체를 만든다.

㈐ 액체 비중 0.91(증기비중 3.6), 비점 146℃, 발화점 490℃, 인화점 32.2℃, 연소범위 1.1~6.1%이다.

② 위험성 및 기타 : 벤젠에 준한다.

(8) 송근유(파인유, 파인오일, 우드테레핀유)

① 일반적 성질

㈎ 엷은 황색 또는 진한 갈색의 액체로 소나무 뿌리, 폐목재 등을 건류해서 추출한 것이다.

(나) 물에는 녹지 않고 테레빈유와 같은 용해성이 있다.

(다) 비중은 0.86~0.87, 비점 155~180℃, 인화점 54~78℃, 발화점 약 355℃이다.

② 위험성 및 기타 : 등유에 준한다.

(9) 에틸셀르솔브($C_2H_5OCH_2CH_2OH$: 에틸글리콜, 에틸렌글리콜모노에틸에테르)

① 일반적 성질

(가) 약간 상쾌한 냄새가 나는 무색 액체로 물, 알코올, 에테르, 아세톤 등과는 어떤 비율로도 혼합이 된다.

(나) 유지, 수지, 니트로셀룰로오스 등을 잘 녹인다.

(다) 비중 0.93(증기비중 3.1), 비점 135℃, 발화점 238℃, 인화점 40℃, 연소범위 1.8~14%이다.

② 위험성

(가) 섭취하면 급성중독을 일으키고, 열이나 불꽃에 접촉하면 폭발성이 있다.

(나) 인화점은 상온보다 높지만, 제2석유류에서는 낮은 편에 속한다.

③ 저장 및 취급 방법 : 등유에 준한다.

④ 소화 방법 : 탄산가스(CO_2), 사염화탄소, 소화 분말(드라이케미컬)을 사용한다.

(10) 메틸셀르솔브($CH_3OC_2H_4OH$: 메틸글리콜, 에틸렌글리콜모노메틸에테르)

① 일반적 성질

(가) 무색의 액체로 약간 상쾌한 냄새가 있으며 휘발성을 갖고 있다.

(나) 액체 비중 0.968(증기비중 2.62), 비점 124.4℃, 발화점 288℃, 인화점 43℃, 연소범위 2.5~19.8%이다.

② 위험성

(가) 섭취하면 급성, 만성의 중독을 일으킨다.

(나) 흡입에 의해서도 만성중독을 일으킨다.

③ 저장 및 취급 방법 : 밀봉, 밀전하여 통풍이 잘 되는 냉암소에 보관한다.

④ 소화 방법 : 탄산가스(CO_2), 사염화탄소, 소화 분말(드라이케미컬)을 사용한다.

(11) 클로로벤젠(C_6H_5Cl : 염화페닐, 모노클로벤젠, 크로벤)

① 일반적 성질

(가) 석유와 비슷한 냄새를 가진 무색의 액체로 물에는 녹지 않으나(불용) 유기용제와는 잘 혼합된다.

(나) 증기는 약한 독성(허용농도 75ppm)과 마취성이 있다.

㈐ 액체 비중 1.1(증기비중 3.9), 비점 132.2℃, 인화점 32℃, 발화점 637.7℃, 연소범위 1.3~7.1%이다.

② 위험성

㈎ 마취성이 있고 독성이 있으나 벤젠(C_6H_6)보다는 약하다.

㈏ 증기는 공기와 혼합되면 폭발의 위험이 있다.

③ 저장 및 취급 방법 : 피리딘에 준한다.

(12) 히드라진(N_2H_4)

① 무색의 수용성 액체로 물과 같이 투명하다.

② 물, 알코올과는 어떤 비율로도 혼합되며 클로로포름, 에테르에는 녹지 않는다.

② 유리를 침식하고 코르크나 고무를 분해한다.

③ 공기 중에서 가열하면 약 180℃에서 암모니아(NH_3)와 질소(N_2)가 발생한다.

④ 증기가 공기와 혼합하면 폭발적으로 연소한다.

$$N_2H_4 + O_2 \rightarrow N_2 + 2H_2O$$

단원 예상문제

1. 등유의 성질에 대한 설명 중 틀린 것은 어느 것인가?

① 증기는 공기보다 가볍다.　② 인화점이 상온보다 높다.

③ 전기에 대해 불량도체이다.　④ 물보다 가볍다.

해설 등유의 특징

㉮ 탄소수가 C_9~C_{18}인 포화, 불포화탄화수소의 혼합물이다.

㉯ 석유 특유의 냄새가 있으며, 무색 또는 연한 담황색을 나타낸다.

㉰ 원유 증류 시 등유와 중유 사이에서 유출되며, 유출온도 범위는 150~300℃이다.

㉱ 물에는 녹지 않는 불용성이며, 유기용제와 잘 혼합되고 유지, 수지를 잘 녹인다.

㉲ 전기의 불량도체로 정전기 발생에 의한 인화의 위험이 있다.

㉳ 액체 비중 0.79~0.85(증기비중 4~5), 인화점 30~60℃, 발화점 254℃, 융점(녹는점) -51℃, 연소범위 1.1~6.0%이다.

참고 등유 증기는 공기보다 무겁고, 액체는 물보다 가볍다.

| 변형된 출제문제 |

1-1 다음 중 등유에 관한 설명으로 틀린 것은? [15. 2회]

① 물보다 가볍다.　② 녹는점은 상온보다 높다.

③ 발화점은 상온보다 높다.　④ 증기는 공기보다 무겁다.

해설 등유 증기는 공기보다 무겁고, 액체는 물보다 가볍고, 융점(녹는점)이 -51℃로 상온보다 매우 낮은 편이다.

답 1-1 ②

2. 경유에 대한 설명으로 틀린 것은?

① 품명은 제3석유류이다.
② 디젤기관의 연료로 사용할 수 있다.
③ 원유의 증류 시 등유와 중유 사이에서 유출된다.
④ K, Na의 보호액으로 사용할 수 있다.

해설 경유의 특징

㉮ 제4류 위험물 중 제2석유류이며, 지정수량은 1000L이다.
㉯ 탄소수가 C_{15}~C_{20}인 포화, 불포화탄화수소의 혼합물로 유출온도의 범위는 200~350℃이다.
㉰ 담황색 또는 담갈색의 액체로 등유와 비슷한 성질을 갖고 있으며 디젤기관의 연료로 사용한다.
㉱ 물에는 녹지 않는 불용성이며, 품질은 세탄가로 정한다.
㉲ 칼륨(K), 나트륨(Na)의 보호액으로 사용할 수 있다.
㉳ 액체 비중 0.82~0.85(증기비중 4~5), 인화점 50~70℃, 발화점 257℃, 연소범위 1~6%이다.

| 변형된 출제문제 |

2-1 경유에 대한 설명으로 틀린 것은? [14. 5회]

① 물에 녹지 않는다.
② 비중은 1 이하이다.
③ 발화점은 인화점보다 높다.
④ 인화점은 상온 이하이다.

해설 경유의 인화점 50~70℃로 상온 이상에 해당된다.

답 2-1 ④

3. 포름산에 대한 설명으로 옳지 않은 것은?

① 물, 알코올, 에테르에 잘 녹는다.
② 개미산이라고도 한다.
③ 강한 산화제이다.
④ 녹는점이 상온보다 낮다.

해설 포름산(HCOOH)의 특징

㉮ 의산, 개미산으로 불려진다.
㉯ 자극성 냄새가 나는 무색, 투명한 액체이다.
㉰ 초산보다 산성이 강하며, 피부에 닿으면 수종을 일으킨다.
㉱ 강한 환원제이며 물, 알코올, 에테르에 어떤 비율로도 혼합된다.
㉲ 황산과 함께 가열하면 분해하여 일산화탄소(CO)가 발생한다.
㉳ 불이 붙으면 푸른 불꽃을 내면서 연소한다.
㉴ 액체 비중 1.22(증기비중 1.59), 인화점 69℃, 착화점 601℃이다.

정답 1. ① 2. ① 3. ③

5 제3석유류(지정수량 : 비수용성 액체 2000L, 수용성 액체 4000L)

(1) 중유(벙커유)

① 일반적 성질

(가) 갈색 또는 암갈색인 액체로 석유류분 중 비점 300℃ 이상의 유분으로 다음과 같이 3가지로 분류한다.

㉮ 직류 중유 : 비중 0.85~0.93, 인화점 60~150℃, 발화점 254~405℃로 포화탄화수소가 많아 점도가 낮고 분무성이 좋아 착화가 잘 된다.

㉯ 분해 중유 : 비중 0.95~1.00, 인화점 70~150℃, 착화점 380℃ 이하로 불포화탄화수소가 많아 점도와 비중이 직류 중유보다 높고 분무성도 좋지 않다.

㉰ 혼합 중유 : 순수한 중유에 등유와 경유를 용도에 따라서 혼합한 것으로 비중, 인화점, 착화점이 일정하지 않다.

(나) 점도 차이에 따라 A중유, B중유, C중유로 분류한다.

② 위험성

(가) 인화점이 높아서 가열하지 않으면 위험은 없으나 80℃로 예열해서 사용하므로 인화의 위험이 있다.

(나) 분해 중유는 불포화탄화수소이므로 산화 중합되기 쉽고, 액체의 누설은 자연 발화의 위험이 있다.

③ 저장 및 취급 방법 : 등유에 준한다.

④ 소화 방법

(가) 탄산가스(CO_2)나 분말소화가 효과적이다.

(나) 수분이 있는 포(foam)을 사용하면 수분이 비등 증발하여 포가 파괴되며 슬롭오버(slop over) 현상이 일어나 소화가 곤란하게 된다.

(2) 클레오소트유(creosote oil : 타르유, 액체피치유)

① 일반적 성질

(가) 콜타르를 230~300℃에서 증류할 때 얻는 혼합물로 주성분은 나프탈렌과 안트라센을 포함하고 있는 혼합물이다.

(나) 황색 또는 암녹색 기름 모양의 액체로 독특한 냄새가 있으며 증기는 독성을 가지고 있다.

(다) 물에는 녹지 않는 불용이지만 알코올, 에테르, 벤젠, 톨루엔에 잘 녹는다.

(라) 비중 1.02~1.05, 비점 194~400℃, 인화점 74℃, 발화점 336℃이다.

② 위험성

(가) 타르산이 많이 포함된 것은 금속에 대한 부식성이 있다.

(나) 기타 사항은 중유에 준한다.

③ 저장 및 취급 방법 : 타르산이 많이 포함된 것은 내산성 용기에 저장한다.

(3) 에틸렌글리콜($C_2H_4(OH)_2$: 글리콜)

① 일반적 성질

(가) 무색, 무취의 단맛이 나고 흡습성이 있는 끈끈한 액체로 2가 알코올이다.

(나) 물, 알코올, 아세톤, 글리세린에 잘 녹고 사염화탄소(CCl_4), 이황화탄소(CS_2), 클로로포름($CHCl_3$)에는 녹지 않는다.

(다) 독성이 있으며 유기산이나 무기산과 반응하여 에스테르를 만든다.

(라) 비중 1.116, 융점 −12℃, 비점 197.2℃, 인화점 111℃, 발화점 421.8℃, 연소범위 3.2% 이상이다.

② 위험성

(가) 마셨을 때 급성중독이 심하고, 치사량은 100mL 정도이다.

(나) 가연성이고 산화제와 반응하며, 자연 발화성은 없다.

③ 저장 및 취급 방법 : 중유에 준한다.

④ 소화 방법 : 수용성이므로 포말은 소포되므로 알코올포나 탄산가스(CO_2), 소화 분말 등에 의한 질식 소화를 실시한다.

(4) 글리세린($C_3H_5(OH)_3$: 글리세롤, 감색유, 리스린)

① 일반적 성질

(가) 무색, 투명하고 단맛이 있는 끈끈한 액체로 흡습성이 있는 3가의 알코올이다.

(나) 물, 알코올과는 어떤 비율로도 혼합이 되며 에테르, 벤젠, 클로로포름 등에는 녹지 않는다.

(다) 비중 1.26, 비점 290℃, 인화점 160℃, 발화점 393℃이다.

② 위험성 : 에틸렌글리콜에 준한다.

(5) 니트로벤젠($C_6H_5NO_2$: 니트로벤졸, 미루반유)

① 일반적 성질

(가) 담황색 또는 갈색의 독특한 냄새가 나는 액체로 독성이 있다.

(나) 물보다 무겁고, 물에 녹기 어려우나 유기용제에는 잘 녹는다.

(다) 산이나 알칼리에는 비교적 안정하나 주석(Sn), 철(Fe) 등 금속의 촉매에 의해 염산을 부가시키면 환원되면서 아닐린이 생성된다.

(라) 비중 1.2, 비점 210.8℃, 인화점 87.8℃, 발화점 482℃이다.

② 위험성

㈎ 비점이 높아 증기를 흡입할 가능성은 적지만 독성이 강하여 피부와 접촉하게 되면 쉽게 흡수된다.

㈏ 증기를 오래 흡입하게 되면 혈액 속에서 메타헤모글로빈을 생성하므로 두통, 졸음, 구토 현상이 나타나고 심하면 의식불명 내지 사망을 하게 된다.

③ 저장 및 취급 방법 : 화기를 피하고, 취급 시 피부나 호흡기 보호에 주의한다.

(6) 아닐린($C_6H_5NH_2$: 아닐린유, 페닐아민)

① 일반적 성질

㈎ 황색 또는 담황색 기름 모양의 액체로 특이한 냄새가 나며 햇빛이나 공기의 작용에 의해 흑갈색으로 변한다.

㈏ 물보다 무겁고 잘 녹지 않으나 유기용제에는 잘 녹는다.

㈐ 알칼리금속 및 알칼리토금속과 반응하여 수소와 아닐리드를 생성한다.

㈑ 비중 1.02, 비점 184.2℃, 융점 −6.2℃, 인화점 75.8℃, 발화점 538℃이다.

② 위험성 : 가연성이며, 독성이 강하여 증기를 흡입하거나 피부에 노출되면 급성 또는 만성 중독을 일으킨다.

③ 저장 및 취급, 소화 방법 : 니트로벤젠에 준한다.

(7) 담금질유

철, 강철 등 금속을 900℃ 정도로 가열하여 기름 속에 넣어 급격히 냉각시켜 금속의 기계적 성질을 향상시킬 때 사용하는 기름이다. 인화점은 170℃ 이상의 여러 종류가 있으나 그 중에서 200℃ 이상의 것은 제4석유류에 속한다.

단원 예상문제

1. 클레오소트유에 대한 설명으로 틀린 것은?

① 제3석유류에 속한다.
② 무취이고 증기는 독성이 없다.
③ 상온에서 액체이다.
④ 물보다 무겁고 물에 녹지 않는다.

해설 클레오소트유(타르유, 액체피치유) 특징

㉮ 콜타르를 230~300℃에서 증류할 때 얻는 혼합물로 주성분은 나프탈렌과 안트라센을 포함하고 있는 혼합물이다.

㉯ 황색 또는 암녹색 기름 모양의 액체로 독특한 냄새가 있으며 증기는 독성을 가지고 있다.

㉰ 물에는 녹지 않지만 알코올, 에테르, 벤젠, 톨루엔에 잘 녹는다.

㉱ 타르산이 많이 포함된 것은 금속에 대하여 부식성이 있으며, 살균성이 있다.

㉲ 타르산이 많이 포함된 것은 내산성 용기에 저장한다.

㉳ 비중 1.02~1.05, 비점 194~400℃, 인화점 74℃, 발화점 336℃이다.

2. 아닐린에 대한 설명으로 옳은 것은?

① 특유의 냄새를 가진 기름상 액체이다.
② 인화점이 0℃ 이하이어서 상온에서 인화의 위험이 높다.
③ 황산과 같은 강산화제와 접촉하면 중화되어 안정하게 된다.
④ 증기는 공기와 혼합하여 인화, 폭발의 위험이 없는 안정한 상태가 된다.

해설 아닐린($C_6H_5NH_2$)의 특징

㉮ 황색 또는 담황색 기름 모양의 액체로 특이한 냄새가 나며 햇빛이나 공기의 작용에 의해 흑갈색으로 변한다.
㉯ 물보다 무겁고 잘 녹지 않으나 유기용제에는 잘 녹는다.
㉰ 알칼리금속 및 알칼리토금속과 반응하여 수소와 아닐리드를 생성한다.
㉱ 가연성이며, 독성이 강하여 증기를 흡입하거나 피부에 노출되면 급성 또는 만성 중독을 일으킨다.
㉲ 비중 1.02, 비점 184.2℃, 융점 -6.2℃, 인화점 75.8℃, 발화점 538℃이다.

정답 1. ② 2. ①

6 제4석유류(지정수량 : 6000L)

① 기어유 : 기계의 축받이나 기어 등 마찰 부분에 사용하는 기름이다.
② 실린더유 : 내연기관의 내부에서 사용하는 기름이다.
③ 그 밖의 것 : 방청유, 전기절연유, 절삭유, 윤활유, 가소제 등

7 동식물유류(저장수량 : 10000L)

① 오오드값에 따른 분류

(가) 건성유 : 요오드값이 130 이상인 것으로 이중결합이 많아 불포화도가 높기 때문에 공기 중에서 산화되어 액표면에 피막을 만드는 기름으로 들기름(190~206), 아마인유(168~176), 해바라기유(125~136), 오동유(148~171) 등이 해당된다.

(나) 반건성유 : 요오드값이 100 이상 130 미만인 것으로 공기 중에서 건성유보다 얇은 피막을 만드는 기름으로 목화씨유(101~117), 참기름(103~112), 채종유(97~107) 등이 해당된다.

(다) 불건성유 : 요오드값이 100 미만인 것으로 공기 중에서 피막을 만들지 않는 안정된 기름으로 땅콩기름(낙화생유), 올리브유, 피마자유(81~90) 팜유, 야자유, 동백유 등이 해당된다.

참고 요오드값

유지 100g에 부가되는 요오드의 g수로 요오드값에 따라 건성유, 반건성유, 불건성유로 분류된다.

요오드값이 ─┬ 크면 : 불포화도가 커진다. → 건성유
　　　　　　└ 작으면 : 불포화도가 작아진다. → 불건성유

※ 불포화결합이 많이 포함되어 있을수록 자연발화를 일으키기 쉽다.

② 위험성

㈎ 인화점이 높으므로 상온에서는 인화하기 어려우나 가열되어 인화점 이상에 도달하면 위험성은 석유류와 같다.

㈏ 대체로 인화점은 220~250℃ 정도이므로 연소 위험성 측면에서는 제4석유류와 유사하다.

㈐ 건성유는 걸레 등 섬유에 배어 있는 상태로 자연 방치해 두면 자연 발화가 일어나는데 그것은 분자 속의 불포화결합이 공기 중의 산소에 의하여 산화 중합을 일으킬 때 발생한 열이 축적되기 때문이다.

㈑ 화재 시 액온이 상승하여 대형 화재로 발전하기 때문에 소화가 곤란하다.

③ 저장 및 취급 방법

㈎ 액체 누설에 주의하고 화기 접근을 금지한다.

㈏ 인화점 이상으로 가열되지 않도록 주의한다.

㈐ 건성유는 섬유에 스며들지 않도록 한다.

④ 소화 방법 : 대량의 분무주수, 탄산가스(CO_2) 및 분말 소화약제를 사용한다.

단원 예상문제

1. 동식물유류에 대한 설명으로 틀린 것은?

① 아마인유는 건성유이다.
② 불포화결합이 적을수록 자연발화의 위험이 커진다.
③ 요오드값이 100 이하인 것을 불건성유라 한다.
④ 건성유는 공기 중 산화중합으로 생긴 고체가 도막을 형성할 수 있다.

해설 동식물유류 특징

㉮ 요오드값이 크면 불포화도가 커지고, 작아지면 불포화도가 작아진다.
㉯ 불포화결합이 많이 포함되어 있을수록 자연발화를 일으키기 쉽다.

| 변형된 출제문제 |

1-1 동·식물유류에 대한 설명 중 틀린 것은 어느 것인가? [16. 1회]

① 연소하면 열에 의해 액온이 상승하여 화재가 커질 위험이 있다.
② 요오드값이 낮을수록 자연발화의 위험이 높다.
③ 동유는 건성유이므로 자연발화의 위험이 있다.
④ 요오드값이 100~130인 것을 반건성유라고 한다.

해설 요오드값이 크면 불포화도가 커지고, 불포화결합이 많이 포함되어 있을수록 자연발화를 일으키기 쉽다.

답 1-1 ②

2. 다음 중 요오드값이 가장 낮은 것은?

① 해바라기유 ② 오동유
③ 아마인유 ④ 낙화생유

해설 요오드값에 따른 동식물유류의 분류 및 종류

구 분	요오드값	종 류
건성유	130 이상	들기름, 아마인유, 해바라기유, 오동유
반건성유	100~130 미만	목화씨유, 참기름, 채종유
불건성유	100 미만	땅콩기름(낙화생유), 올리브유, 피마자유, 야자유, 동백유

| 변형된 출제문제 |

2-1 건성유에 해당되지 않는 것은? [14. 1회]

① 들기름 ② 오동유
③ 아마인유 ④ 피마자유

해설 건성유의 종류 : 들기름, 아마인유, 해바라기유, 오동유 등

2-2 자연발화의 위험성이 가장 큰 물질은? [14. 2회]

① 아마인유 ② 야자유
③ 올리브유 ④ 피마자유

해설 ㉮ 동식물유류를 요오드값에 의하여 분류할 때 요오드값이 크게 되면 불포화도(불포화결합)가 커져 자연발화의 위험이 커진다.
㉯ 불포화도가 큰 동식물유가 건성유에 해당된다.

답 2-1 ④ 2-2 ①

정답 1. ② 2. ④

Chapter 06

제5류 위험물

6-1 제5류 위험물의 종류

1 제5류 위험물의 종류 및 지정수량

<table>
<tr><th>유별</th><th>성질</th><th>품 명</th><th>지정수량</th><th>위험등급</th></tr>
<tr><td rowspan="11">제5류
위험물</td><td rowspan="11">자기반응성
물질</td><td>1. 유기과산화물</td><td>10kg</td><td rowspan="2">I</td></tr>
<tr><td>2. 질산에스테르류</td><td>10kg</td></tr>
<tr><td>3. 니트로화합물</td><td>200kg</td><td rowspan="7">II</td></tr>
<tr><td>4. 니트로소화합물</td><td>200kg</td></tr>
<tr><td>5. 아조화합물</td><td>200kg</td></tr>
<tr><td>6. 디아조화합물</td><td>200kg</td></tr>
<tr><td>7. 히드라진 유도체</td><td>200kg</td></tr>
<tr><td>8. 히드록실아민</td><td>100kg</td></tr>
<tr><td>9. 히드록실아민염류</td><td>100kg</td></tr>
<tr><td>10. 그 밖에 행정안전부령으로 정하는 것</td><td rowspan="2">10kg, 100kg
또는 200kg</td><td rowspan="2">I ~ II</td></tr>
<tr><td>11. 제1호 내지 제10호의 1에 해당하는 어느 하나 이상을 함유한 것</td></tr>
</table>

[비고] 위험물 안전관리법 시행령 별표1

1. "자기반응성 물질"이라 함은 고체 또는 액체로서 폭발의 위험성 또는 가열분해의 격렬함을 판단하기 위하여 고시로 정하는 시험에서 고시로 정하는 성질과 상태를 나타내는 것을 말한다.
2. 제5류 제11호의 물품에 있어서는 유기과산화물을 함유하는 것 중에서 불활성 고체를 함유하는 것으로서 다음 각목의 ㉮에 해당하는 것은 제외한다.
   - ㉮ 과산화벤조일의 함유량이 35.5 중량% 미만인 것으로서 전분가류, 황산칼슘2수화물 또는 인산1수소칼슘2수화물과의 혼합물
   - ㉯ 비스(4클로로벤조일)퍼옥사이드의 함유량이 30 중량% 미만인 것으로서 불활성고체와의 혼합물
   - ㉰ 과산화지크밀의 함유량이 40 중량% 미만인 것으로서 불활성고체와의 혼합물
   - ㉱ 1·4비스(2-터셔리부틸퍼옥시이소프로필) 벤젠의 함유량이 40 중량% 미만인 것으로서 불활성고체와의 혼합물
   - ㉲ 시크로헥사놀퍼옥사이드의 함유량이 30 중량% 미만인 것으로서 불활성고체와의 혼합물
3. 그 밖에 행정안전부령으로 정하는 것[시행규칙 제3조] : 금속의 아지화합물, 질산구아니딘

2 제5류 위험물의 공통적인 성질

① 가연성 물질이며 그 자체가 산소를 함유하므로 자기연소(내부연소)를 일으키기 쉽다.
② 유기물질이며 연소속도가 대단히 빨라서 폭발성이 있다.
③ 가열, 마찰, 충격에 의하여 인화 폭발하는 것이 많다.
④ 장기간 저장하면 산화반응이 일어나 열분해되어 자연 발화를 일으키는 경우도 있다.

3 저장 및 취급 시 주의사항

① 가열, 마찰, 충격 등을 피하고 화기로부터 멀리한다.
② 실온, 통풍, 습기에 주의하고 분해를 촉진시키는 원인을 제거한다.
③ 운반용기 및 포장 외부에는 '화기엄금', '충격주의' 등을 표시한다.

4 소화 방법

산소를 함유하고 있어 질식소화는 효과가 없고 다량의 주수에 의한 냉각소화가 좋다.

단원 예상문제

1. 제5류 위험물 중 유기과산화물을 함유한 것으로서 위험물에서 제외되는 것의 기준이 아닌 것은?

① 과산화벤조일의 함유량이 35.5 중량퍼센트 미만인 것으로서 전분가루, 황산칼슘2수화물 또는 인산1수소칼슘2수화물과의 혼합물
② 비스(4클로로벤조일)퍼옥사이드의 함유량이 30 중량퍼센트 미만인 것으로서 불활성 고체와의 혼합물
③ 1·4비스(2-터셔리부틸퍼옥시이소프로필) 벤젠의 함유량이 40 중량퍼센트 미만인 것으로서 불활성 고체와의 혼합물
④ 시크로헥사놀퍼옥사이드의 함유량이 40 중량퍼센트 미만인 것으로서 불활성 고체와의 혼합물

해설 제5류 위험물에서 유기과산화물을 함유하는 것 중에서 위험물에서 제외되는 것(시행령 별표1) : ①, ②, ③ 외 시크로헥사놀퍼옥사이드의 함유량이 30wt% 미만인 것으로서 불활성고체와의 혼합물

참고 wt% : 중량%, vol% : 체적%

2. 제5류 위험물의 일반적인 성질에 대한 설명 중 틀린 것은?

① 자기연소를 일으키며 연소 속도가 빠르다.
② 무기물이므로 폭발의 위험이 있다.
③ 운반용기 외부에 "화기엄금" 및 "충격주의" 주의사항 표시를 하여야 한다.
④ 강산화제 또는 강 산류와 접촉 시 위험성이 증가한다.

해설 제5류 위험물은 유기물질의 가연성 물질이며 그 자체가 산소를 함유하므로 자기연소(내부연소)를 일으킨다.

| 변형된 출제문제 |

2-1 제5류 위험물의 일반적 성질에 관한 설명으로 옳지 않은 것은? [14. 2회]

① 화재발생 시 소화가 곤란하므로 적은 양으로 나누어 저장한다.
② 운반용기 외부에 충격주의, 화기엄금의 주의사항을 표시한다.
③ 자기연소를 일으키며 연소속도가 대단히 빠르다.
④ 가연성 물질이므로 질식 소화하는 것이 가장 좋다.

해설 제5류 위험물(자기반응성 물질)은 가연성 물질이며 그 자체가 산소를 함유하고 있으므로 질식 소화가 불가능하므로 다량의 주수에 의한 냉각 소화가 효과적이다.

2-2 제5류 위험물의 위험성에 대한 설명으로 옳지 않은 것은? [15. 1회]

① 가연성 물질이다.
② 대부분 외부의 산소 없이도 연소하며, 연소속도가 빠르다.
③ 물에 잘 녹지 않으며 물과의 반응 위험성이 크다.
④ 가열, 충격, 타격 등에 민감하여 강산화제 또는 강산류와 접촉 시 위험하다.

해설 제5류 위험물은 물에 잘 녹지 않기 때문에 물과의 반응 위험성이 적어 화재 시 다량의 물로 냉각 소화한다.

답 **2-1** ④ **2-2** ③

정답 **1.** ④ **2.** ②

6-2 제5류 위험물의 성질 및 위험성

1 유기과산화물(지정수량 : 10kg)

(1) 유기과산화물 주의사항

① 저장상의 주의사항

㈎ 직사일광을 피하고 냉암소에 저장한다.
㈏ 불꽃, 불티 등의 화기 및 열원으로부터 멀리하고 산화제, 환원제와도 격리한다.
㈐ 용기의 손상으로 유기과산화물이 누설하거나 오염되지 않도록 한다.
㈑ 같은 장소에 종류가 다른 약품과 함께 저장하지 않는다.
㈒ 알코올류, 아민류, 금속분류, 기타 가연성 물질과 혼합하지 않는다.

② 취급상의 주의사항

㈎ 보호안경과 보호구를 착용한다.

㈏ 취급 장소에는 필요 이상의 양을 두지 않도록 하고 불필요한 것은 저장소로 옮긴다.

㈐ 피부나 눈에 들어갔을 때는 비누액이나 다량의 물로 씻어낸다.

㈑ 취급 시 포장용 라벨 및 주의사항을 숙지하고 이를 엄수한다.

㈒ 누설되었을 경우 흡수제 등을 사용하여 이를 제거한 후 폐기처분한다.

㈓ 물기는 착화, 분해의 원인이 되므로 멀리하고 설비류는 항상 청결하게 둔다.

③ 폐기 처분시의 주의사항

㈎ 누설된 유기과산화물은 배수구로 흘려버리지 말아야 하며, 강철제의 곡괭이나 삽 등을 사용해서는 안 된다.

㈏ 누설되었을 때 액체이면 팽창질석과 진주암으로 흡수시키고, 고체이면 팽창질석과 진주암을 혼합하여 제거한다.

㈐ 흡수 또는 혼합된 유기과산화물은 조금씩 소각하거나 흙 속에 매몰한다.

(2) 과산화벤조일[$(C_6H_5CO)_2O_2$: 벤조일퍼옥사이드]

① 일반적 성질

㈎ 무색, 무미의 결정 고체로 물에는 잘 녹지 않으나 알코올에는 약간 녹는다.

㈏ 상온에서 안정하며, 강한 산화작용이 있다.

㈐ 가열하면 100℃ 부근에서 백색 연기를 내며 분해한다.

㈑ 비중(25℃) 1.33, 융점 103~105℃(분해온도), 발화점 125℃이다.

② 위험성

㈎ 상온에서 안정하나 빛, 열, 충격, 마찰 등에 의해 폭발의 위험이 있다.

㈏ 강한 산화성 물질로 진한 황산, 질산, 초산 등과 접촉하면 화재나 폭발의 우려가 있다.

㈐ 수분의 흡수나 불활성 희석제(프탈산디메틸, 프탈산디부틸)의 첨가에 의해 폭발성을 낮출 수도 있다.

③ 저장 및 취급 방법

㈎ 이물질의 혼입과 누출을 방지하며 마찰, 충격, 화기를 피한다.

㈏ 직사광선을 피하고 소분하여 냉암소에 저장한다.

㈐ 분진은 눈이나 폐를 자극하므로 보호구(보호안경이나 마스크)를 착용한다.

④ 소화 방법 : 다량의 물이 좋으나 소량일 때는 탄산가스, 소화분말, 건조사, 소다회, 암분 등을 사용한 질식 소화를 한다.

(3) 메틸에틸케톤퍼옥사이드[$((CH_3COC_2H_5)_2O_2$: MEKPO, 과산화메틸에틸케톤]

① 일반적 성질

㈎ 독특한 냄새가 있는 기름 모양의 무색의 액체이다.

㈏ 강한 산화작용으로 자연분해되며 알칼리금속, 알칼리토금속의 수산화물, 산화철 등에는 급격하게 반응한다.

㈐ 물에 약간 용해되며 알코올, 에테르, 케톤류에는 잘 녹는다.

㈑ 시판품은 희석제인 프탈산디메틸, 프탈산디부틸 등이 50~60% 첨가되어 있다.

㈒ 발화점 205℃, 융점 -20℃ 이하, 인화점 58℃ 이상이다.

② 위험성

㈎ 상온에서 안정하며, 80~100℃에서 급격히 발포하면서 분해되고, 110℃ 이상이 되면 심하게 발연하면서 발화한다.

㈏ 상온에서 헝겊, 쇳녹 등과 접하면 분해 발화하며, 많이 연소할 대는 폭발의 위험이 있다.

㈐ 강한 산화성 물질이며 상온(30℃)에서 규조토, 탈지면과 장시간 접촉하면 연기를 내면서 발화한다.

③ 저장 및 취급 방법 : 과산화벤조일에 준한다.

단원 예상문제

1. 유기과산화물의 저장 또는 운반 시 주의사항으로 옳은 것은?

① 일광이 드는 건조한 곳에 저장한다.
② 가능한 한 대용량으로 저장한다.
③ 알코올류 등 제4류 위험물과 혼재하여 운반할 수 있다.
④ 산화제이므로 다른 강산화제와 같이 저장해도 좋다.

해설 유기과산화물의 저장 시 주의사항

㉮ 직사일광을 피하고 냉암소에 저장한다.
㉯ 불꽃, 불티 등의 화기 및 열원으로부터 멀리하고 산화제, 환원제와도 격리한다.
㉰ 용기의 손상으로 유기과산화물이 누설하거나 오염되지 않도록 한다.
㉱ 같은 장소에 종류가 다른 약품과 함께 저장하지 않는다.
㉲ 알코올류, 아민류, 금속분류, 기타 가연성 물질과 혼합하지 않는다.
㉳ 화재 발생에 대비해 소량씩 나누어 분산 저장한다.

참고 유기과산화물은 제5류 위험물이므로 운반할 때 제4류 위험물과 혼재가 가능하다.

| 변형된 출제문제 |

1-1 유기과산화물의 화재예방상 주의사항으로 틀린 것은? [12. 1회]

① 열원으로부터 멀리한다.
② 직사광선을 피해야 한다.
③ 용기의 파손에 의해서 누출되면 위험하므로 정기적으로 점검하여야 한다.
④ 산화제와 격리하고 환원제와 접촉시켜야 한다.

해설 화기 및 열원으로부터 멀리하고 산화제, 환원제와도 격리한다.

답 1-1 ④

2. 벤조일퍼옥사이드에 대한 설명으로 틀린 것은?

① 무색, 무취의 투명한 액체이다.
② 가급적 소분하여 저장한다.
③ 제5류 위험물에 해당한다.
④ 품명은 유기과산화물이다.

해설 벤조일퍼옥사이드(과산화벤조일)의 특징

㉮ 무색, 무미의 결정 고체로 물에는 잘 녹지 않으나 알코올에는 약간 녹는다.
㉯ 상온에서 안정하며, 강한 산화작용이 있다.
㉰ 가열하면 100℃ 부근에서 백색 연기를 내며 분해한다.
㉱ 빛, 열, 충격, 마찰 등에 의해 폭발의 위험이 있다.
㉲ 강한 산화성 물질로 진한 황산, 질산, 초산 등과 접촉하면 화재나 폭발의 우려가 있다.
㉳ 수분의 흡수나 불활성 희석제(프탈산디메틸, 프탈산디부틸)의 첨가에 의해 폭발성을 낮출 수도 있다.
㉴ 직사광선을 피하고 소분하여 냉암소에 저장한다.
㉵ 비중(25℃) 1.33, 융점 103~105℃(분해온도), 발화점 125℃이다.

| 변형된 출제문제 |

2-1 과산화벤조일(벤조일퍼옥사이드)에 대한 설명 중 틀린 것은? [14. 5회]

① 환원성 물질과 격리하여 저장한다.
② 물에 녹지 않으나 유기용매에 녹는다.
③ 희석제로 묽은 질산을 사용한다.
④ 결정성의 분말 형태이다.

해설 폭발성을 낮추기 위해 프탈산디메틸, 프탈산디부틸을 희석제로 첨가한다.

2-2 벤조일퍼옥사이드의 위험성에 대한 설명으로 틀린 것은? [12. 2회]

① 상온에서 분해되며 수분이 흡수되면 폭발성을 가지므로 건조된 상태로 보관, 운반한다.
② 강산에 의해 분해 폭발의 위험이 있다.
③ 충격, 마찰 등에 의해 분해되어 폭발할 위험이 있다.
④ 가연성 물질과 접촉하면 발화의 위험이 높다.

해설 가열하면 100℃ 부근에서 백색 연기를 내며 분해하며, 수분의 흡수는 폭발성을 낮출 수 있다.

2-3 과산화벤조일의 일반적인 성질로 옳은 것은? [14. 1회]

① 비중은 약 0.33이다.
② 무미, 무취의 고체이다.
③ 물에는 잘 녹지만 디에틸에테르에는 녹지 않는다.
④ 녹는점은 약 300℃이다.

해설 비중 1.33, 융점 103~105℃(분해온도), 발화점 125℃이다.

답 2-1 ③ 2-2 ① 2-3 ②

정답 1. ③ 2. ①

2 질산에스테르류(지정수량 : 10kg)

(1) 니트로셀룰로오스($[C_6H_7O_2(ONO_2)_3]_n$: 질화면, 초화면, 질산섬유소, 질산셀룰로오스, NC)

① 일반적 성질

(가) 천연 셀룰로오스에 진한 질산(3)과 진한 황산(1)의 혼합액을 작용시켜 제조한다.

(나) 맛과 냄새가 없고 초산에틸, 초산아밀, 아세톤, 에테르 등에는 용해하나 물에는 녹지 않는다.

(다) 에테르(2), 알코올 (1)의 혼합액에서 녹는 것을 약면약(N<12.8 : 약질화면), 녹지 않는 것을 강면약(N>12 : 강질화면)이라 하며, N=12.5~12.8% 범위를 피로면약(피로콜로디온)이라 한다.

(라) 건조된 면약은 충격, 마찰에 민감하여 발화되기 쉽고, 점화되면 폭발하여 폭굉을 일으킨다.

(마) 햇빛, 산, 알칼리에 의해 분해, 자연 발화한다.

(바) 비중 1.7, 인하점 13℃, 착화점 180℃이다.

② 위험성

㈎ 130℃ 정도에서 서서히 분해되고 180℃에서 불꽃을 내며 급격히 연소하여 완전 분해되면 150배의 기체가 된다.

㈏ 햇빛, 열, 산에 의해 자연 발화한다.

③ 저장 및 취급 방법

㈎ 불꽃 등 화기를 멀리하고 마찰, 충격에 주의하고 냉암소에 저장한다.

㈏ 물과 혼합할수록 위험성이 감소되므로 저장, 수송할 때는 물 20%나 알코올 30%로 습윤시킨다. 즉, 건조상태에 이르면 축축한 상태로 유지시킨다.

④ 소화 방법 : 다량의 주수, 마른 모래(건조사)를 사용한다.

(2) 질산에틸($C_2H_5ONO_2$)

① 일반적 성질

㈎ 무색, 투명한 액체로 향긋한 냄새와 단맛이 있다.

㈏ 물에는 녹지 않으나 알코올, 에테르에 녹으며 인화성이 있다.

㈐ 에탄올을 진한 질산에 작용시켜서 얻는다.

㈑ 액체 비중 1.11(증기비중 3.14), 비점 88℃, 융점 −112℃, 인화점 −10℃이다.

② 위험성

㈎ 인화점이 낮아 비점 이상으로 가열하면 폭발한다.

㈏ 아질산과 같이 있으면 폭발한다.

㈐ 제4류 위험물의 제1석유류와 비슷하다.

③ 저장 및 취급 방법

㈎ 화기를 피하고, 통풍이 잘 되는 냉암소에 저장한다.

㈏ 용기는 갈색병을 사용하고 밀전한다.

④ 소화 방법 : 분무상태의 물이 가장 좋다.

(3) 질산메틸(CH_3ONO_2)

① 일반적 성질

㈎ 무색, 투명한 액체로 향긋한 냄새와 단맛이 있다.

㈏ 물에는 녹지 않으나 알코올, 에테르에 녹으며 인화성이 있다.

㈐ 액체 비중 1.22(증기비중 2.65), 비점 66℃이다.

② 위험성 및 기타 : 질산에틸에 준한다.

(4) 니트로글리세린[$C_3H_5(ONO_2)_3$]

① 일반적 성질

㈎ 순수한 것은 상온에서 무색, 투명한 기름 모양의 액체이나 공업적으로 제조한 것은 담황색을 띠고 있다.

㈏ 상온에서 액체이지만 약 10℃에서 동결하므로 겨울에는 백색의 고체 상태이다.

㈐ 물에는 거의 녹지 않으나 벤젠, 알코올, 클로로포름, 아세톤에 녹는다.

㈑ 점화하면 적은 양은 타기만 하지만 많은 양은 폭굉에 이른다.

㈒ 규조토에 흡수시켜 다이너마이트를 제조할 때 사용된다.

㈓ 체적 수축으로 비중이 15℃에서 1.6이나 10℃에서는 1.735가 된다.

㈔ 비점 160℃, 융점 2.8℃, 증기비중 7.84이다.

② 위험성

㈎ 충격이나 마찰에 예민하여 액체 운반은 금지되어 있다.

㈏ 증기는 약간의 단맛이 있으나 많이 흡입하면 머리가 아프거나, 경련이 일어난다.

③ 저장 및 취급 방법

㈎ 가열, 충격, 마찰을 금지한다.

㈏ 화재 시 폭굉을 일으키므로 접근하지 않도록 한다.

④ 소화 방법 : 폭발적으로 연소하므로 확대 연소 위험이 있는 것을 제거하는 방법밖에 없다.

(5) 니트로글리콜[$C_2H_4(ONO_2)_2$: 엔지, NG]

① 일반적 성질

㈎ 순수한 것은 무색이고, 공업용은 담황색 또는 분홍색을 나타낸다.

㈏ 유동성과 휘발성이 있으며 알코올, 벤젠, 클로로포름, 아세톤에 잘 녹는다.

㈐ 비중 1.5, 응고점 −22℃, 질소량 18.4%이다.

② 위험성

㈎ 충격이나 급격한 가열에 의해 폭굉이 발생하지만 그 강도는 니트로글리세린보다 약하다.

㈏ 산의 존재 하에서 분해가 촉진되고 폭발할 수도 있다.

③ 저장 및 취급 방법

㈎ 가열, 마찰, 충격을 가하지 않는다.

㈏ 화재 시는 폭굉을 일으키므로 접근하지 않도록 주의한다.

(6) 셀룰로이드류

셀룰로이드류는 니트로셀룰로오스를 주제로 한 제품 및 반제품, 부스러기를 지칭하는 것으로 질화도가 낮은 니트로셀룰로오스(질소 함유량 10.5~11.5%)를 장뇌와 알코올에 녹여서 교질상태로 만든 후에 알코올 성분을 증발시켜 성형한 것이다.

① 일반적 성질

㈎ 무색 투명한 상태 또는 황색의 반투명하고 탄력성이 있는 고체이다.

㈏ 물에는 녹지 않으며 알코올, 아세톤, 초산에스테르류에 잘 녹는다.

㈐ 질소를 함유하면서 탄소가 함유된 유기물이다.

㈑ 장시간 방치된 것은 햇빛, 고온 등에 의해 분해가 촉진된다.

㈒ 비중 1.4, 발화온도 180℃이다.

② 위험성

㈎ 압력, 충격 등에는 발화하지 않지만, 화기에 접촉하면 연소한다.

㈏ 습도가 높고 온도가 높으면 자연발화의 위험이 있다.

㈐ 연소하면 유독한 가스가 발생한다.

③ 저장 및 취급 방법

㈎ 저장실의 온도를 20℃ 이하로 유지되도록 통풍이 잘 되는 냉암소에 저장한다.

㈏ 화기, 열원 등을 멀리하고 발열성, 인화성 물질의 접근을 피한다.

㈐ 산, 알칼리와 접촉하면 분해되므로 운반 시에는 혼재하지 않도록 한다.

④ 소화 방법 : 다량의 물에 의한 냉각 소화

단원 예상문제

1. 위험물 안전관리법령상 품명이 질산에스테르류에 속하지 않는 것은?

① 질산에틸 ② 니트로글리세린
③ 니트로톨루엔 ④ 니트로셀룰로오스

해설 제5류 위험물 중 질산에스테르류의 종류

㉮ 니트로셀룰로오스($[C_6H_7O_2(ONO_2)_3]_n$)
㉯ 질산에틸($C_2H_5ONO_2$)
㉰ 질산메틸(CH_3ONO_2)
㉱ 니트로글리세린[$C_3H_5(ONO_2)_3$]
㉲ 니트로글리콜[$C_2H_4(ONO_2)_2$]
㉳ 셀룰로이드류

참고 니트로톨루엔은 제4류 위험물 중 제3석유류에 해당된다.

2. 니트로셀룰로오스에 관한 설명으로 옳은 것은?

① 용제에는 전혀 녹지 않는다.
② 질화도가 클수록 위험성이 증가한다.
③ 물과 작용하여 수소를 발생시킨다.
④ 화재발생 시 질식 소화가 가장 적합하다.

해설 니트로셀룰로오스($[C_6H_7O_2(ONO_2)_3]_n$)의 특징

㉮ 천연 셀룰로오스에 진한 질산과 진한 황산을 작용시켜 제조한다.
㉯ 맛과 냄새가 없고 초산에틸, 초산아밀, 아세톤, 에테르 등에는 용해하나 물에는 녹지 않는다.
㉰ 햇빛, 산, 알칼리에 의해 분해, 자연 발화한다.
㉱ 질화도가 클수록 폭발의 위험성이 증가하며 폭약의 원료로 사용한다.
㉲ 건조한 상태에서는 발화의 위험이 있다.
㉳ 물과 혼합할수록 위험성이 감소하므로 저장 및 수송할 때에는 함수알코올(물+알코올)을 습윤시킨다.
㉴ 소화 방법은 다량의 주수나 건조사를 사용한다.

3. 니트로셀룰로오스의 자연발화는 일반적으로 무엇에 기인한 것인가?

① 산화열
② 중합열
③ 흡착열
④ 분해열

해설 니트로셀룰로오스($[C_6H_7O_2(ONO_2)_3]_n$)는 직사광선, 산, 알칼리 등에 의하여 분해되어 자연발화가 발생되며, 자연발화는 분해열에 기인한 것이다.

4. 니트로셀룰로오스의 저장, 취급방법으로 틀린 것은?

① 직사광선을 피해 저장한다.
② 되도록 장기간 보관하여 안정화된 후에 사용한다.
③ 유기과산화물류, 강산화제와의 접촉을 피한다.
④ 건조 상태에 이르면 위험하므로 습한 상태를 유지한다.

해설 니트로셀룰로오스($[C_6H_7O_2(ONO_2)_3]_n$)의 저장, 취급방법

㉮ 햇빛, 산, 알칼리에 의해 분해되어 자연 발화하므로 직사광선을 피해 저장한다.
㉯ 건조한 상태에서는 발화의 위험이 있으므로 함수알코올(물+알코올)을 습윤시킨다.
㉰ 자기반응성 물질이므로 유기과산화물류, 강산화제와의 접촉을 피한다.

참고 장기간 보관하면 니트로셀룰로오스는 자기반응성 물질이라 위험성이 증대할 수 있다.

| 변형된 출제문제 |

4-1 니트로셀룰로오스의 저장, 취급방법으로 옳은 것은? [12. 5회]

① 건조한 상태로 보관하여야 한다.
② 물 또는 알코올 등을 첨가하여 습윤시켜야 한다.
③ 물기에 접촉하면 위험하므로 제습제를 첨가하여야 한다.
④ 알코올에 접촉하면 자연발화의 위험이 있으므로 주의하여야 한다.

해설 니트로셀룰로오스(제5류 위험물)는 건조한 상태에서는 발화의 위험이 있기 때문에 물 또는 알코올 등을 첨가하여 습윤시킨 상태로 저장한다.

4-2 니트로셀룰로오스의 저장 방법으로 올바른 것은? [14. 5회]

① 물이나 알코올로 습윤시킨다.
② 에탄올과 에테르 혼액에 침윤시킨다.
③ 수은염을 만들어 저장한다.
④ 산에 용해시켜 저장한다.

답 4-1 ② 4-2 ①

5. 니트로셀룰로오스의 위험성에 대하여 옳게 설명한 것은?

① 물과 혼합하면 위험성이 감소된다.
② 공기 중에서 산화되지만 자연발화의 위험은 없다.
③ 건조할수록 발화의 위험성이 낮다.
④ 알코올과 반응하여 발화한다.

해설 니트로셀룰로오스의 위험성
㉮ 햇빛, 산, 알칼리에 의해 분해되면서 자연발화한다.
㉯ 건조할수록 충격, 마찰에 민감하여 발화되기 쉽다.
㉰ 물과 혼합할수록 위험성이 감소되므로 저장하거나 수송할 때는 물 20%나 알코올 30%로 습윤시킨다.
㉱ 130℃ 정도에서 서서히 분해되고 180℃에서 불꽃을 내며 급격히 연소하여 완전 분해되면 150배의 기체가 된다.
㉲ 불꽃 등 화기를 멀리하고 마찰, 충격에 주의하고 냉암소에 저장한다.

6. 니트로셀룰로오스 화재 시 가장 적합한 소화 방법은?

① 할로겐화합물 소화기를 사용한다.
② 분말소화기를 사용한다.
③ 이산화탄소 소화기를 사용한다.
④ 다량의 물을 사용한다.

해설 니트로셀룰로오스는 산소가 없어도 연소가 가능한 제5류 위험물로 질식소화의 효과는 없으므로 다량의 물을 이용한 주수 소화가 효과적이다.

7. 질산에틸에 대한 설명 중 틀린 것은?

① 액체 형태이다.
② 물보다 무겁다.
③ 알코올에 녹는다.
④ 증기는 공기보다 가볍다.

해설 질산에틸($C_2H_5NO_3$)의 특징
㉮ 무색, 투명한 액체로 향긋한 냄새와 단맛이 있다.
㉯ 물에는 녹지 않으나 알코올, 에테르에 녹으며 인화성이 있다.
㉰ 에탄올을 진한 질산에 작용시켜서 얻는다.
㉱ 인화점이 낮아 비점 이상으로 가열하면 폭발한다.
㉲ 액체 비중 1.11(증기비중 3.14), 비점 88℃, 융점 −112℃, 인화점 −10℃이다.

참고 질산에틸 액체는 물보다 무겁고, 기체는 공기보다 무겁다.

8. 질산메틸의 성질에 대한 설명으로 틀린 것은?

① 비점은 약 66℃이다. ② 증기는 공기보다 가볍다.
③ 무색 투명한 액체이다. ④ 자기반응성 물질이다.

해설 질산메틸(CH_3ONO_2)의 특징

㉮ 무색, 투명한 액체로 향긋한 냄새와 단맛이 있다.
㉯ 물에는 녹지 않으나 알코올, 에테르에 녹는다.
㉰ 인화성이 있고 자기반응성 물질이다.
㉱ 액체 비중 1.22, 증기비중 2.65, 비점 66℃이다.

9. 니트로글리세린에 관한 설명으로 틀린 것은?

① 상온에서 액체 상태이다.
② 물에는 잘 녹지만 유기 용매에는 녹지 않는다.
③ 충격 및 마찰에 민감하므로 주의해야 한다.
④ 다이너마이트의 원료로 쓰인다.

해설 니트로글리세린[$C_3H_5(ONO_2)_3$]의 특징

㉮ 순수한 것은 상온에서 무색, 투명한 기름 모양의 액체이나 공업적으로 제조한 것은 담황색을 띠고 있다.
㉯ 상온에서 액체이지만 약 10℃에서 동결하므로 겨울에는 백색의 고체 상태이다.
㉰ 물에는 거의 녹지 않으나 벤젠, 알코올, 클로로포름, 아세톤에 녹는다.
㉱ 점화하면 적은 양은 타기만 하지만 많은 양은 폭굉에 이른다.
㉲ 규조토에 흡수시켜 다이너마이트를 제조할 때 사용된다.
㉳ 충격이나 마찰에 예민하여 액체 운반은 금지되어 있다.

| 변형된 출제문제 |

9-1 순수한 것은 무색, 투명한 기름상의 액체이고 공업용은 담황색인 위험물로 충격, 마찰에는 매우 예민하고 겨울철에는 동결할 우려가 있는 것은? [14. 1회]

① 펜트리트 ② 트리니트로벤젠
③ 니트로글리세린 ④ 질산메틸

9-2 규조토에 흡수시켜 다이너마이트를 제조할 때 사용되는 위험물은? [14. 1회]

① 디니트로톨루엔 ② 질산에틸
③ 니트로글리세린 ④ 니트로셀룰로오스

9-3 충격이나 마찰에 민감하고 가수분해반응을 일으키는 단점을 가지고 있어 이를 개선하여 다이너마이트를 발명하는 데 주원료로 사용한 위험물은? [14. 5회]

① 셀룰로이드 ② 니트로글리세린
③ 트리니트로톨루엔 ④ 트리니트로페놀

9-4 니트로글리세린을 다공질의 규조토에 흡수시켜 제조한 물질은? [14. 2회]

① 흑색 화약 ② 니트로셀룰로오스
③ 다이너마이트 ④ 면 화약

답 9-1 ③ 9-2 ③ 9-3 ② 9-4 ③

10. 니트로글리세린은 여름철(30℃)과 겨울철(0℃)에 어떤 상태인가?

① 여름 – 기체, 겨울 – 액체
② 여름 – 액체, 겨울 – 액체
③ 여름 – 액체, 겨울 – 고체
④ 여름 – 고체, 겨울 – 고체

해설 니트로글리세린[$C_3H_5(ONO_2)_3$]은 비점 160℃, 융점 2.8℃로 약 10℃ 정도에서 동결하므로 겨울에는 고체 상태, 여름에는 액체 상태이다.

11. 셀룰로이드에 관한 설명 중 틀린 것은 어느 것인가?

① 물에 잘 녹으며, 자연발화의 위험이 있다.
② 지정수량은 10kg이다.
③ 탄력성이 있는 고체의 형태이다.
④ 장시간 방치된 것은 햇빛, 고온 등에 의해 분해가 촉진된다.

해설 셀룰로이드 특징

㉮ 제5류 위험물 중 질산에스테르류에 해당되며 지정수량은 10kg이다.
㉯ 무색 또는 황색의 반투명하고 탄력성이 있는 고체이다.
㉰ 물에는 녹지 않으며 알코올, 아세톤, 초산에스테르류에 잘 녹는다.
㉱ 질소를 함유하면서 탄소가 함유된 유기물이다.
㉲ 장시간 방치된 것은 햇빛, 고온 등에 의해 분해가 촉진된다.
㉳ 습기가 많고 온도가 높으면 자연발화의 위험이 있고, 연소하면 유독한 가스가 발생된다.
㉴ 비중 1.4, 발화온도 180℃이다.

정답 1. ③ 2. ② 3. ④ 4. ② 5. ① 6. ④ 7. ④ 8. ② 9. ② 10. ③ 11. ①

3 니트로 화합물(지정수량 : 200kg)

(1) 피크르산[$C_6H_2(NO_2)_3OH$: 트리니트로페놀, TNP]

① 일반적 성질

㈎ 강한 쓴맛과 독성이 있는 휘황색을 나타내는 편평한 침상 결정이다.
㈏ 찬물에는 거의 녹지 않으나 온수, 알코올, 에테르, 벤젠 등에는 잘 녹는다.

(다) 중금속(Fe, Cu, Pb 등)과 반응하여 민감한 피크린산염을 형성한다.

(라) 공기 중에서 서서히 연소하나 뇌관으로는 폭굉을 일으킨다.

(마) 황색 염료, 농약, 산업용 도폭선의 심약, 뇌관의 첨장약, 군용 폭파약, 피혁공업에 사용한다.

(바) 비중 1.8, 융점 121℃, 비점 255℃, 발화점 300℃이다.

② 위험성

(가) 단독으로는 타격, 마찰에 둔감하고, 연소할 때 검은 연기(그을음)를 낸다.

(나) 금속염은 매우 위험하여 가솔린, 알코올, 옥소, 황 등과 혼합된 것에 약간의 마찰이나 타격을 주어도 심하게 폭발한다.

③ 저장 및 취급 방법

(가) 건조된 것일수록 주의하여 다루고, 화기를 멀리해야 한다.

(나) 산화하기 쉬운 물질과 혼합되지 않도록 주의한다.

④ 소화 방법 : 다량의 주수 소화에 의한 냉각 소화

(2) 트리니트로톨루엔[$C_6H_2CH_3(NO_2)_3$: TNT]

① 일반적 성질

(가) 담황색의 주상결정으로 햇빛을 받으면 다갈색으로 변한다.

(나) 물에는 녹지 않는 불용이지만 알코올, 벤젠, 에테르, 아세톤에는 잘 녹는다.

(다) 충격감도는 피크린산보다 약간 둔하지만 급격한 타격을 주면 폭발한다.

(라) 3개의 이성질체($\alpha-$, $\beta-$, $\gamma-$)가 있으며 α형인 2, 4, 6-트리니트로톨루엔이 폭발력이 가장 강하다.

(마) 비중 1.8, 융점 81℃, 비점 240℃, 발화점 300℃이다.

② 위험성

(가) 가열, 마찰, 충격을 가하면 폭발한다.

(나) 폭발력이 크고, 피해범위도 넓고, 위험성이 크므로 세심한 주의가 요구된다.

③ 저장 및 취급 방법

(가) 마찰, 충격, 타격을 피하고 화기로부터 멀리한다.

(나) 취급할 때 세심한 주의를 요한다.

④ 소화 방법 : 다량의 주수 소화를 하지만 소화가 곤란하다.

단원 예상문제

1. 분자 내의 니트로기와 같이 쉽게 산소를 유리할 수 있는 기를 가지고 있는 화합물의 연소형태는?

① 표면연소
② 분해연소
③ 증발연소
④ 자기연소

해설 니트로화합물은 유기화합물의 수소 원자(H)가 니트로기($-NO_2$)로 치환된 화합물로 피크린산, 트리니트로톨루엔(TNT)이 대표적이며 제5류 위험물로 분류되며, 제5류 위험물의 연소형태는 자기연소에 해당된다.

2. 트리니트로페놀에 대한 일반적인 설명으로 틀린 것은?

① 가연성 물질이다.
② 공업용은 보통 휘황색의 결정이다.
③ 알코올에 녹지 않는다.
④ 납과 화합하여 예민한 금속염을 만든다.

해설 트리니트로페놀($C_6H_2(NO_2)_3OH$: 피크르산)의 특징
㉮ 강한 쓴맛과 독성이 있는 휘황색을 나타내는 편평한 침상 결정이다.
㉯ 찬물에는 거의 녹지 않으나 온수, 알코올, 에테르, 벤젠 등에는 잘 녹는다.
㉰ 중금속(Fe, Cu, Pb 등)과 반응하여 민감한 피크린산염을 형성한다.
㉱ 공기 중에서 서서히 연소하나 뇌관으로는 폭굉을 일으킨다.
㉲ 황색 염료, 농약, 산업용 도폭선의 심약, 뇌관의 첨장약, 군용 폭파약, 피혁공업에 사용한다.
㉳ 단독으로는 타격, 마찰에 둔감하고, 연소할 때 검은 연기(그을음)를 낸다.
㉴ 금속염은 매우 위험하여 가솔린, 알코올, 옥소, 황 등과 혼합된 것에 약간의 마찰이나 타격을 주어도 심하게 폭발한다.
㉵ 비중 1.8, 융점 121℃, 비점 255℃, 발화점 300℃이다.

3. 피크르산 제조에 사용되는 물질과 가장 관계가 있는 것은?

① C_6H_6
② $C_6H_5CH_3$
③ $C_3H_5(OH)_3$
④ C_6H_5OH

해설 피크르산[$C_6H_2(NO_2)_3OH$: 트리니트로페놀]은 페놀(C_6H_5OH)을 진한 황산(H_2SO_4)과 질산(HNO_3)의 혼산으로 니트로화하여 제조한다.

4. 트리니트로톨루엔에 대한 설명으로 가장 거리가 먼 것은?

① 물에 녹지 않으나 알코올에는 녹는다.
② 직사광선에 노출되면 다갈색으로 변한다.
③ 공기 중에 노출되면 쉽게 가수분해한다.
④ 이성질체가 존재한다.

해설 트리니트로톨루엔($C_6H_2CH_3(NO_2)_3$: TNT)의 특징
㉮ 담황색의 주상결정으로 햇빛을 받으면 다갈색으로 변한다.
㉯ 물에는 녹지 않으나 알코올, 벤젠, 에테르, 아세톤에는 잘 녹는다.
㉰ 충격감도는 피크르산보다 약간 둔하지만 급격한 타격을 주면 폭발한다.
㉱ 3개의 이성질체($\alpha-$, $\beta-$, $\gamma-$)가 있으며 α형인 2, 4, 6-트리니트로톨루엔이 폭발력이 가장 강하다.
㉲ 폭발력이 크고, 피해범위도 넓고, 위험성이 크므로 세심한 주의가 요구된다.
㉳ 비중 1.8, 융점 81℃, 비점 240℃, 발화점 300℃이다.

| 변형된 출제문제 |

4-1 트리니트로톨루엔에 관한 설명으로 옳지 않은 것은? [12. 5회]

① 일광을 쪼이면 갈색으로 변한다.
② 녹는점은 약 81℃이다.
③ 아세톤에 잘 녹는다.
④ 비중은 약 1.8인 액체이다.

해설 비중 1.8인 담황색의 고체이다.

4-2 트리니트로톨루엔의 성질에 대한 설명 중 옳지 않은 것은? [15. 1회]

① 담황색의 결정이다.
② 폭약으로 사용된다.
③ 자연분해의 위험성이 적어 장기간 저장이 가능하다.
④ 조해성과 흡습성이 매우 크다.

해설 트리니트로톨루엔은 물에 녹지 않기 때문에 조해성과 흡습성은 없다.

4-3 $C_6H_2CH_3(NO_2)_3$을 녹이는 용제가 아닌 것은? [15. 4회]

① 물 ② 벤젠
③ 에테르 ④ 아세톤

해설 트리니트로톨루엔($C_6H_2CH_3(NO_2)_3$: TNT)은 물에는 녹지 않지만 알코올, 벤젠, 에테르, 아세톤에는 잘 녹는다. 그러므로 용제로 사용하는 것이 알코올, 벤젠, 에테르, 아세톤이다.

답 4-1 ④ 4-2 ④ 4-3 ①

정답 1. ④ 2. ③ 3. ④ 4. ③

4 니트로소 화합물(지정수량 : 200kg)

(1) 파라 디니트로소 벤젠[$C_6H_4(NO)_2$]

① 가열, 충격에 의하여 폭발하며, 그 폭발력은 그다지 크지 않다.
② 고무가황제 또는 퀴논디옥시움의 제조, 합성고무특성 개량제 등에 사용된다.

(2) 디니트로소 레조르신[$C_6H_2(OH)_2(NO)_2$]

① 회흑색의 결정으로 폭발성이 있다.
② 물이나 유기용매에 녹으며, 목면의 나염 등에 사용된다.

(3) 디니트로소 펜타메틸렌테드라민[$C_5H_{10}N_4(NO)_2$: DDT]

① 광택이 있는 크림색의 미세한 분말이다.
② 가열하거나 산을 가하면 폭발한다.
③ 스펀지 성형 시 에틸렌수지, 페놀수지, 발포제로 사용된다.

5 아조 화합물(지정수량 : 200kg)

(1) 아조벤젠($C_6H_5N=NC_6H_5$)

① 트랜스(trans)형과 시스(sis)형이 있다.
② 트랜스형 아조벤젠은 등적색의 결정으로 융점 68℃, 비등점 293℃이며, 물에 잘 녹지 않고 알코올 및 에테르에 잘 녹는다.
③ 시스형 아조벤젠은 트랜스 아조벤젠의 용액에 빛을 조사(照射)하면 일부가 시스형으로 이성화한다.

(2) 히드록시아조벤젠($C_6H_5N=NC_6H_4OH$)

① 3가지 이성질체($o-$, $m-$, $p-$)가 있다.
② 모두 황색 결정으로 염료로서 중요하다.

(3) 아미노아조벤젠($C_6H_5N=NC_6H_4NH_2$)

① 보통의 것은 $p-$아미노아벤젠, 황색 결정으로 융점이 127℃이다.
② 디아조아미노벤젠의 전위(轉位)에 의해 만들어진다.

(4) 기타

히드라조벤젠($C_6H_5NHHNC_6H_5$), 아족시벤젠($C_{12}H_{10}N_2O$), 아조디카본아마이드(ADCA), 아조비스이소부틸로니트릴(AIBN) 등이 있다.

6 디아조 화합물(지정수량 : 200kg)

(1) 디아조메탄(CH_2N_2)

① 황색, 무취의 기체이다.

② $n-$ 니트로소 메틸우레탄에 수산화칼륨을 작용시키면 생성된다.

(2) 디아조카르복실산 에스테르

① RCH_2COOR'형의 사슬식 카르복실산에스테르의 디아조 치환체 $RC(=N_2)COOR'$를 말한다.

② 매우 반응성이 강한 사슬식 디아조화합물이다.

(3) 기타

디아조디니트로페놀(DDNP), 디아조아세트산에틸, 디아조나프톨슬폰산나트륨 등이 있다.

7 히드라진 유도체(지정수량 : 200kg)

(1) 페닐히드라진($C_6H_5NHNH_2$)

① 비중 1.091, 융점 23℃, 비등점 241℃인 무색의 판상결정 또는 액체로 유독하다.

② 공기 중에서 산화되어 갈색으로 변하기 쉽다.

(2) 히드라조벤젠($C_6H_5NHHNC_6H_5$)

① 무색 결정으로 융점 126℃이며, 물, 아세트산에는 녹지 않으며 유기용제에는 녹는다.

② 아조벤젠의 환원으로 얻어지며 산화되어 아조벤젠이 되기 쉽다.

③ 강하게 환원하면 아닐린으로 변한다.

8 히드록실아민(NH_2OH, 지정수량 : 100kg)

조해되기 쉽고 독성이 있는 무색의 바늘 모양 결정으로 화학적으로는 암모니아와 비슷하며, 수용액은 강알칼리성으로 환원제로 사용한다.

9 히드록실아민염류(지정수량 : 100kg)

자극성이 있고 유독하며 가열하면 폭발한다.

단원 예상문제

1. 상온에서 액체인 물질로만 조합된 것은?

① 질산에틸, 니트로글리세린
② 피크린산, 질산메틸
③ 트리니트로톨루엔, 디니트로벤젠
④ 니트로글리콜, 테트릴

해설 제5류 위험물의 상온에서 상태

품 명		상태
질산에틸	질산에스테르류	액체
니트로글리세린	질산에스테르류	액체
피크린산	니트로화합물	고체
질산메틸	질산에스테르류	액체
트리니트로톨루엔	니트로화합물	고체
디니트로벤젠	니트로화합물	고체
니트로글리콜	질산에스테르류	액체
테트릴	니트로화합물	고체

2. 제5류 위험물에 관한 내용으로 틀린 것은?

① $C_2H_5ONO_2$: 상온에서 액체이다.
② $C_6H_2OH(NO_2)_3$: 공기 중 자연분해가 매우 잘 된다.
③ $C_6H_3(NO_2)_2CH_3$: 담황색의 결정이다.
④ $C_3H_5(ONO_2)_3$: 혼산 중에 글리세린을 반응시켜 제조한다.

해설 제5류 위험물 중 각 품명의 성질

㉮ 질산에틸($C_2H_5ONO_2$) : 녹는점 −112℃로 상온에서 액체이며 물에 녹는다.
㉯ 피크린산[$C_6H_2OH(NO_2)_3$] : 강한 쓴맛과 독성이 있으며 단독으로는 타격, 마찰에 둔감하며 공기 중에서 자연분해가 되지 않고, 중금속(Fe, Cu, Pb)과 반응하여 피크린산염을 생성한다.
㉰ 디니트로톨루엔[$C_6H_3(NO_2)_2CH_3$] : 니트로화합물로 물, 알코올, 에테르에 약간 녹는 담황색의 결정이다.
㉱ 니트로글리세린[$C_3H_5(ONO_2)_3$] : 폭발성이 있는 무색, 투명한 기름 모양의 액체로 글리세린을 반응시켜 제조하며, 규조토에 흡수시켜 다이너마이트를 제조할 때 사용한다.

정답 1. ① 2. ②

Chapter 07

제6류 위험물

7-1 제6류 위험물의 종류

1 제6류 위험물의 종류 및 지정수량

유별	성질	품 명	지정수량	위험등급
제6류 위험물	산화성 액체	1. 과염소산	300kg	I
		2. 과산화수소	300kg	
		3. 질산	300kg	
		4. 그 밖에 행정안전부령으로 정하는 것 : 할로겐간 화합물[오불화요오드(IF_5), 오불화브롬(BrF_5), 삼불화브롬(BrF_3)]	300kg	
		5. 제1호 내지 제4호의 1에 해당하는 어느 하나 이상을 함유한 것	300kg	

[비고] 위험물 안전관리법 시행령 별표1

1. "산화성 액체"라 함은 액체로서 산화력의 잠재적인 위험성을 판단하기 위하여 고시로 정하는 시험에서 고시로 정하는 성질과 상태를 나타내는 것을 말한다.
2. 과산화수소는 그 농도가 36 중량% 이상인 것에 한하며, 1.항의 성상이 있는 것으로 본다.
3. 질산은 그 비중이 1.49 이상인 것에 한하며, 1.항의 성상이 있는 것으로 본다.

2 제6류 위험물의 공통적인 성질

① 불연성 물질이지만 산소를 많이 포함하고 있어 다른 물질의 연소를 돕는 조연성 물질이다.

② 강산성의 액체로 비중이 1보다 크며 물에 잘 녹고 물과 접촉하면 발열한다.

③ 부식성이 강하며 증기는 유독하고 제1류 위험물과 혼합하면 폭발할 수도 있다.

④ 가연물과 유기물 등과의 혼합으로 발화한다.

3 저장 및 취급 시 주의사항

① 물, 가연물, 유기물 및 산화제와의 접촉을 피한다.
② 저장 용기는 내산성 용기를 사용하며 밀전, 밀봉하여 액체가 누설되지 않도록 한다.
③ 증기는 유독하므로 취급 시에는 보호구를 착용한다.

단원 예상문제

1. 다음 중 제6류 위험물에 해당하는 것은?

① IF_5 ② $HClO_3$ ③ NO_3 ④ H_2O

해설 제6류 위험물(산화성 액체) 종류
㉮ 과염소산($HClO_4$), 과산화수소(H_2O_2), 질산(HNO_3)
㉯ 그 밖에 행정안전부령으로 정하는 것 : 할로겐간 화합물 → 오불화요오드(IF_5), 오불화브롬(BrF_5), 삼불화브롬(BrF_3)

| 변형된 출제문제 |

1-1 위험물 안전관리법령상 제6류 위험물이 아닌 것은? [13. 1회]

① H_3PO_4 ② IF_5
③ BrF_5 ④ BrF_3

해설 제6류 위험물 중 그 밖에 행정안전부령으로 정하는 것 : 할로겐간 화합물 → 오불화요오드(IF_5), 오불화브롬(BrF_5), 삼불화브롬(BrF_3)

1-2 위험물 안전관리법령상 산화성 액체에 해당하지 않는 것은? [13. 5회]

① 과염소산 ② 과산화수소
③ 과염소산나트륨 ④ 질산

해설 과염소산나트륨($NaClO_4$)은 제1류 위험물(산화성 고체) 중 과염소산염류에 해당된다.

답 1-1 ① 1-2 ③

2. 제6류 위험물에 대한 설명으로 틀린 것은?

① 위험등급 Ⅰ에 속한다. ② 자신이 산화되는 산화성 물질이다.
③ 지정수량이 300kg이다. ④ 오불화브롬은 제6류 위험물이다.

해설 제6류 위험물은 불연성 물질이지만 산소를 많이 포함하고 있어 다른 물질의 연소를 돕는 조연성 물질이다.

참고 오불화브롬(BrF_5)은 할로겐간 화합물(행정안전부령으로 정하는 것)로 제6류 위험물에 속한다.

정답 1. ① 2. ②

7-2 제6류 위험물의 성질 및 위험성

1 과염소산($HClO_4$, 지정수량 : 300kg)

① 일반적 성질

㈎ 무색의 유동하기 쉬운 액체이며, 염소 냄새가 난다.

㈏ 불연성 물질로 가열하면 유독성 가스가 발생한다.

㈐ 염소산 중에서 가장 강한 산이다.

㈑ 액체 비중 1.76(증기비중 3.47), 융점 -112℃, 비점 39℃이다.

② 위험성

㈎ 공기 중에 방치하면 분해되고, 가열하면 폭발한다.

㈏ 산화력이 강하여 종이, 나무부스러기 등과 접촉하면 연소와 동시에 폭발하기 때문에 접촉을 피한다.

㈐ 물과 접촉하면 심하게 반응하며 발열한다.

③ 저장 및 취급 방법

㈎ 유리나 도자기 등의 밀폐용기에 넣어, 저온에서 통풍이 잘 되는 곳에 저장한다.

㈏ 직사광선을 차단하고 유기물, 가연성 물질의 접촉을 피한다.

㈐ 비, 눈 등의 물과의 접촉을 피하고 충격, 마찰을 주지 않도록 주의한다.

④ 용도 : 산화제, 전해 연마제, 탈수제, 유기화합물 합성 촉매 등에 사용한다.

2 과산화수소(H_2O_2, 지정수량 : 300kg)

① 일반적 성질

㈎ 순수한 것은 점성이 있는 무색의 액체이나 양이 많을 경우에는 청색을 나타낸다.

㈏ 강한 산화성이 있고 물, 알코올, 에테르 등에는 용해하지만 석유, 벤젠에는 녹지 않는다.

㈐ 알칼리 용액에서는 급격히 분해하나 약산성에서는 분해하기 어렵다.

㈑ 일반 시판품은 30~40%의 수용액으로 분해되기 쉬워 안정제[인산(H_3PO_4), 요산($C_5H_4N_4O_3$)]를 가한다.

㈒ 소독약으로 사용되는 옥시풀은 과산화수소 3%인 용액이다.

㈓ 비중(0℃) 1.465, 융점 -0.89℃, 비점 80.2℃이다.

② 위험성

㈎ 열, 햇빛에 의해서 쉽게 분해하여 산소를 방출한다.

(나) 은(Ag), 백금(Pt) 등 금속분말 또는 산화물(MnO_2, PbO, HgO, CoO_3)과 혼합하면 급격히 반응하여 산소를 방출하여 폭발하기도 한다.

(다) 용기가 가열되면 내부에 분해 산소가 발생하기 때문에 용기가 파열하는 경우도 있다.

(라) 농도가 높아질수록 불안정하며, 온도가 높아질수록 분해 속도가 증가하고 비점 이하에서 폭발한다.

(마) 농도가 60% 이상의 것은 충격에 의해 단독 폭발의 가능성이 있다.

(바) 농도가 진한 액이 피부에 접촉되면 화상을 입는다.

③ 저장 및 취급 방법

(가) 직사광선을 피하고 냉암소에 저장한다.

(나) 용기는 밀전하면 안 되고, 구멍이 뚫린 마개를 사용하며, 누설되었을 때는 다량의 물로 씻어낸다.

(다) 유리 용기는 알칼리성으로 과산화수소의 분해를 촉진하므로 장기 보존하지 않아야 한다.

④ 소화 방법 : 주수 소화를 한다.

3 질산(HNO_3, 지정수량 : 300kg)

① 일반적 성질

(가) 물을 함유하지 않은 순수한 질산은 무색의 액체로 공기 중에서 물을 흡수하는 성질이 강하다.

(나) 물과 임의적인 비율로 혼합하면 발열한다.

(다) 진한 질산을 −42℃ 이하로 냉각시키면 응축, 결정된다.

(라) 은(Ag), 구리(Cu), 수은(Hg) 등은 다른 산과 작용하지 않지만 질산과는 반응을 하여 질산염과 산화질소를 만든다.

(마) 진한 질산은 부식성이 크고 산화성이 강하며, 황화수소와 접촉하면 폭발을 일으킨다.

(바) 진한 질산을 가열하면 분해하면서 유독성인 이산화질소(NO_2)의 적갈색 증기를 발생한다.

$$4HNO_3 \rightarrow 2H_2O + 4NO_2 + O_2$$

② 위험성

(가) 산화력과 부식성이 강해 피부에 접촉되면 화상을 입는다.

(나) 질산 자체는 연소성, 폭발성은 없지만 환원성이 강한 물질[황화수소(H_2S), 아민 등]과 혼합하면 발화 또는 폭발한다.

㈐ 불연성이지만 다른 물질의 연소를 돕는 조연성 물질이다.

㈑ 화재 시 열에 의해 유독성의 질소산화물을 발생시키고 여러 금속과 반응하여 가스를 방출한다.

③ 저장 및 취급 방법

㈎ 직사광선에 의해 분해되므로 갈색병에 넣어 냉암소에 저장한다.

㈏ 테레핀유, 탄화칼슘, 금속분 및 가연성 물질과는 격리시켜 저장하여야 한다.

④ 용도 : 야금용, 폭약 및 니트로화합물의 제조, 질산 염류의 제조 등에 사용한다.

단원 예상문제

1. 다음에서 설명하는 위험물에 해당하는 것은?

• 지정수량은 300kg이다.
• 산화성 액체 위험물이다.
• 가열하면 분해하며 유독성 가스를 발생한다.
• 증기 비중은 약 3.5이다.

① 브롬산칼륨 ② 클로벤젠

③ 질산 ④ 과염소산

해설 과염소산($HClO_4$) 특징

㉮ 무색의 유동하기 쉬운 액체이며, 염소 냄새가 난다.

㉯ 불연성 물질로 가열하면 유독성 가스가 발생한다.

㉰ 산화력이 강하여 종이, 나무부스러기 등과 접촉하면 연소와 동시에 폭발하기 때문에 접촉을 피한다.

㉱ 물과 접촉하면 심하게 반응하며 발열한다.

㉲ 액체 비중 1.76(증기비중 3.47), 융점 -112℃, 비점 39℃이다.

| 변형된 출제문제 |

1-1 과염소산에 대한 설명으로 틀린 것은? [14. 1회]

① 물과 접촉하면 발열한다. ② 불연성이지만 유독성이 있다.

③ 증기 비중은 약 3.5이다. ④ 산화제이므로 쉽게 산화할 수 있다.

해설 불연성 물질로 다른 가연물의 연소(산화)를 돕는 조연성 물질이다.

1-2 과염소산에 대한 설명 중 틀린 것은? [12. 2회]

① 산화제로 이용된다.

② 휘발성이 강한 가연성 물질이다.

③ 철, 아연, 구리와 격렬하게 반응한다.

④ 증기 비중이 약 3.5이다.

해설 무색의 유동하기 쉬운 산화성 액체이다.

1-3 과염소산의 성질로 옳지 않은 것은? [15. 4회]

① 산화성 액체이다.
② 무기화합물이며 물보다 무겁다.
③ 불연성 물질이다.
④ 증기는 공기보다 가볍다.

해설 과염소산의 증기비중은 3.47로 공기보다 무겁다.

답 1-1 ④ 1-2 ② 1-3 ④

2. 과염소산의 저장 및 취급 방법으로 틀린 것은?

① 종이, 나무부스러기 등과의 접촉을 피한다.
② 직사광선을 피하고, 통풍이 잘 되는 장소에 보관한다.
③ 금속분과의 접촉을 피한다.
④ 분해방지제로 NH_3 또는 $BaCl_2$를 사용한다.

해설 암모니아(NH_3)는 가연성이기 때문에 접촉 시 격렬하게 반응하여 폭발, 비산의 위험이 있다.

3. 보기에서 설명하는 물질은 무엇인가?

| 보기 |
- 살균제 및 소독제로 사용된다.
- 분해할 때 발생하는 발생기 산소 [O]는 난분해성 유기물질을 산화시킬 수 있다.

① $HClO_4$
② CH_3OH
③ H_2O_2
④ H_2SO_4

해설 과산화수소(H_2O_2) 특징
㉮ 순수한 것은 점성이 있는 무색의 액체이나 양이 많을 경우에는 청색을 나타낸다.
㉯ 강한 산화성이 있고 물, 알코올, 에테르 등에는 용해하지만 석유, 벤젠에는 녹지 않는다.
㉰ 알칼리 용액에서는 급격히 분해하나 약산성에서는 분해하기 어렵다.
㉱ 일반 시판품은 30~40%의 수용액으로 분해되기 쉬워 안정제[인산(H_3PO_4), 요산($C_5H_4N_4O_3$)]를 가한다.
㉲ 소독약으로 사용되는 옥시풀은 과산화수소 3%인 용액이다.
㉳ 비중(0℃) 1.465, 융점 -0.89℃, 비점 80.2℃이다.

4. 과산화수소의 성질에 대한 설명으로 옳지 않은 것은?

① 산화성이 강한 무색, 투명한 액체이다.
② 위험물 안전관리법령상 일정 비중 이상일 때 위험물로 취급한다.
③ 가열에 의해 분해하면 산소가 발생한다.
④ 소독약으로 사용할 수 있다.

해설 과산화수소는 그 농도가 36 중량% 이상인 것에 한하여 위험물로 간주한다.

| 변형된 출제문제 |

4-1 무색 또는 옅은 청색의 액체로 농도가 36 wt% 이상인 것을 위험물로 간주하는 것은? [12. 1회]

① 과산화수소
② 과염소산
③ 질산
④ 초산

답 4-1 ①

5. 과산화수소의 위험성으로 옳지 않은 것은?

① 산화제로서 불연성 물질이지만 산소를 함유하고 있다.
② 이산화망간 촉매하에서 분해가 촉진된다.
③ 분해를 막기 위해 히드라진을 안정제로 사용할 수 있다.
④ 고농도의 것은 피부에 닿으면 화상의 위험이 있다.

해설 과산화수소(H_2O_2)의 분해를 방지하기 위하여 안정제로 인산(H_3PO_4), 요산($C_5H_4N_4O_3$)을 사용한다.

| 변형된 출제문제 |

5-1 과산화수소의 성질에 대한 설명 중 틀린 것은? [15. 4회]

① 알칼리성 용액에 의해 분해될 수 있다.
② 산화제로 사용할 수 있다.
③ 농도가 높을수록 안정하다.
④ 열, 햇빛에 의해 분해될 수 있다.

해설 농도가 높아질수록 불안정하며, 온도가 높아질수록 분해 속도가 증가하고 비점 이하에서 폭발한다.

5-2 과산화수소의 분해 방지제로서 적합한 것은? [13. 5회]

① 아세톤
② 인산
③ 황
④ 암모니아

해설 과산화수소(H_2O_2 : 제6류 위험물)의 분해 방지제(안정제)로 사용되는 것에는 인산(H_3PO_4), 요산($C_5H_4N_4O_3$)이 있다.

답 5-1 ③ 5-2 ②

6. HNO$_3$에 대한 설명으로 틀린 것은?

① Al, Fe은 진한 질산에서 부동태를 생성해 녹지 않는다.
② 질산과 염산을 3 : 1 비율로 제조한 것을 왕수라고 한다.
③ 부식성이 강하고 흡습성이 있다.
④ 직사광선에서 분해하여 NO$_2$를 발생한다.

해설 질산(HNO$_3$)의 특징

㉮ 순수한 질산은 무색의 액체로 공기 중에서 물을 흡수하는 성질이 강하다.
㉯ 물과 임의적인 비율로 혼합하면 발열한다.
㉰ 진한 질산을 −42℃ 이하로 냉각시키면 응축, 결정된다.
㉱ 은(Ag), 구리(Cu), 수은(Hg) 등은 다른 산과 작용하지 않지만 질산과는 반응을 하여 질산염과 산화질소를 만든다.
㉲ 진한 질산은 부식성이 크고 산화성이 강하며, 피부에 접촉되면 화상을 입는다.
㉳ 진한 질산을 가열하면 분해하면서 유독성인 이산화질소(NO$_2$)의 적갈색 증기를 방출한다.
㉴ 질산 자체는 연소성, 폭발성은 없지만 환원성이 강한 물질[황화수소(H$_2$S), 아민 등]과 혼합하면 발화 또는 폭발한다.
㉵ 불연성이지만 다른 물질의 연소를 돕는 조연성 물질이다.

참고 왕수 : 진한 질산과 진한 염산을 1 : 3의 체적비로 혼합한 액체로 염산이나 질산으로 녹일 수 없는 금이나 백금을 녹이는 성질을 갖는다.

7. 질산의 저장 및 취급법이 아닌 것은?

① 직사광선을 차단한다.
② 분해 방지를 위해 요산, 인산 등을 가한다.
③ 유기물과 접촉을 피한다.
④ 갈색병에 넣어 보관한다.

해설 분해 방지를 위해 요산(C$_5$H$_4$N$_4$O$_3$), 인산(H$_3$PO$_4$) 등의 안정제를 가하는 것은 제6류 위험물인 과산화수소(H$_2$O$_2$)이다.

| 변형된 출제문제 |

7-1 질산이 직사일광에 노출될 때 어떻게 되는가? [15. 1회]

① 분해되지는 않으나 붉은색으로 변한다.
② 분해되지는 않으나 녹색으로 변한다.
③ 분해되어 질소를 발생한다.
④ 분해되어 이산화질소를 발생한다.

해설 질산(HNO$_3$)은 공기 중에서 분해하면서 유독성인 이산화질소(NO$_2$)의 적갈색 증기를 발생한다.

참고 반응식 : $4HNO_3 \rightarrow 2H_2O + 4NO_2 + O_2$

답 7-1 ④

정답 1. ④ 2. ④ 3. ③ 4. ② 5. ③ 6. ② 7. ②

위험물기능사

위험물 안전관리 및 기술기준

※ 본문 및 예상문제 해설에 표시한 법령은 다음과 같이 표기했으니 참고하시기 바랍니다.

- 위험물 안전관리법 → 법
- 위험물 안전관리법 시행령 → 시행령
- 위험물 안전관리법 시행규칙 → 시행규칙
- 위험물안전관리에 관한 세부기준 → 세부기준

Chapter 01

소화설비 설치기준

1-1 소방시설의 종류 및 특성

1 소방시설의 종류

(1) 소방시설 [화재예방, 소방시설 설치·유지 및 안전관리에 관한법(소방시설법) 제2조]

"소방시설"이란 소화설비, 경보설비, 피난구조설비, 소화용수설비 그 밖에 소화활동설비로서 대통령령으로 정하는 것을 말한다.

(2) 소화설비 [소방시설법 시행령 별표1]

물 또는 그 밖의 소화약제를 사용하여 소화하는 기계, 기구 또는 설비이다.

① 소화기구
② 자동소화장치
③ 옥내소화전설비(호스릴옥내소화전설비를 포함한다)
④ 스프링클러설비등
⑤ 물분무등 소화설비
⑥ 옥외소화전설비

2 소화설비 설치의 구분 [세부기준 제128조]

① 옥내소화전설비 및 이동식 물분무등 소화설비는 화재발생 시 연기가 충만할 우려가 없는 장소 등 쉽게 접근이 가능하고 화재 등에 의한 피해를 받을 우려가 적은 장소에 한하여 설치한다.

② 옥외소화전설비는 건축물의 1층 및 2층 부분만을 방사능력범위로 하고 건축물의 지하층 및 3층 이상의 층에 대하여 다른 소화설비를 설치한다. 또한 옥외소화전설비를 옥외공작물에 대한 소화설비로 하는 경우에도 유효방수거리 등을 고려한 방사능력범위에 따라 설치한다.

③ 제4류 위험물을 저장 또는 취급하는 탱크에 포소화설비를 설치하는 경우에는 고정식

포소화설비를 설치한다.

④ 소화난이도등급 Ⅰ의 제조소 또는 일반취급소에 옥내·소화전설비, 스프링클러설비 또는 물분무등소화설비를 설치 시 당해 제조소 또는 일반취급소의 취급탱크(인화점 21℃ 미만의 위험물을 취급하는 것에 한한다)의 펌프설비, 주입구 또는 토출구가 옥내·외소화전설비, 스프링클러설비 또는 물분무등소화설비의 방사능력범위 내에 포함되도록 한다. 이 경우 당해 취급탱크의 펌프설비, 주입구 또는 토출구에 접속하는 배관의 내경이 200mm 이상인 경우에는 당해 펌프설비, 주입구 또는 토출구에 대하여 적응성이 있는 소화설비는 이동식 외의 물분무등소화설비에 한한다.

⑤ 포소화설비 중 포모니터노즐방식은 옥외의 공작물(펌프설비 등을 포함한다) 또는 옥외에 저장 또는 취급하는 위험물을 방호대상물로 한다.

3 소화설비 특성

(1) 옥내소화전설비

화재 초기에 소방 대상물의 거주가가 소화전 함에 비치되어 있는 호스 및 노즐을 이용하여 소화 작업을 행하는 설비이다.

㈎ 수원, 가압송수장치, 배관 및 개폐밸브, 호스, 노즐 등을 격납하는 상자로 구성되어 있다.

㈏ 옥내소화전함에는 그 표면에 "소화전"이라고 표시한다.

㈐ 옥내 소화전설비의 위치를 표시하는 표시등은 함의 상부에 설치하되 그 불빛이 부착면과 15° 이상의 범위 안에서 부착지점으로부터 10m 떨어진 곳에서 용이하게 식별할 수 있는 적색등을 설치한다.

(2) 스프링클러설비

화재가 발생한 경우 천장면에 설치된 스프링클러헤드가 감열(感熱) 작동에 의하여 자동적으로 화재를 발견함과 동시에 그 헤드로부터 화원과 그 주변에 물을 살수하여 화재를 초기의 단계에서 효율적으로 소화하는 고정식 소화설비로 수원, 가압송수장치, 자동경보장치, 배관, 스프링클러헤드, 말단시험밸브, 송수구 등으로 구성되어 있다.

① 장점

㈎ 화재 초기 진화 작업에 효과적이다.

㈏ 소화제가 물이므로 가격이 저렴하고 소화 후 시설 복구가 용이하다.

㈐ 조작이 간편하며 안전하다.

㈑ 감지부가 기계적으로 작동되어 오동작이 없다.

(마) 사람이 없는 야간에도 자동적으로 화재를 감지하여 소화 및 경보를 해 준다.

② 단점

(가) 초기 시설비가 많이 소요된다.

(나) 시공이 복잡하고, 물로 인한 피해가 클 수 있다.

③ 종류

(가) 폐쇄형 : 상시 가압된 물이 배관 내에 가득 채워져 있는 습식과 스프링클러 헤드로부터 건식유수검지장치 사이에 압축공기를 채워 넣은 건식으로 분류된다.

(나) 개방형 : 헤드에 감열부분이 없는 개방형 헤드를 사용하는 방식이다.

(3) 물 분무 소화설비

스프링클러설비와 마찬가지로 소화약제로 물을 사용하는 것으로 특수한 헤드로부터 0.02~2.5mm의 미립자(微粒子) 형태의 안개비로 대상물을 모두 감싸주는 방식으로 소화하는 설비이다.

(4) 포 소화설비

포(foam)와 물을 혼합한 소화제에 공기를 혼입시키거나 화학 변화를 일으킬 때 생기는 포를 이용하는 설비로 물만으로는 소화가 불가능하거나 소화효과가 적을 때 또는 주수에 의하여 오히려 화재를 확대시킬 우려가 있는 경우에 사용된다.

단원 예상문제

1. 다음 중 소방시설의 종류가 아닌 것은?

① 소화설비 ② 경보설비
③ 방화설비 ④ 피난구조설비

해설 소방시설[소방시설법 제2조] : "소방시설"이란 소화설비, 경보설비, 피난구조설비, 소화용수설비 그 밖에 소화활동설비로서 대통령령으로 정하는 것을 말한다.

2. 소화설비에 해당하지 않는 것은 어느 것인가?

① 옥내소화전설비 ② 스프링클러설비
③ 유도등설비 ④ 물분무등 소화설비

해설 소화설비 정의[소방시설법 시행령 별표1]

㉮ 소화설비란 물 또는 그 밖의 소화약제를 사용하여 소화하는 기계, 기구 또는 설비이다.

㉯ 종류 : 소화기수, 자동소화장치, 옥내소화전설비, 스프링클러설비등, 불분무등 소화설비, 옥외소화전설비

참고 유도등은 피난구조설비에 해당된다.

3. 소화설비의 주된 소화효과를 옳게 설명한 것은?

① 옥내·옥외 소화설비 : 질식소화
② 스프링클러 설비, 물분무 소화설비 : 억제소화
③ 포, 분말 소화설비 : 억제소화
④ 할로겐화합물 소화설비 : 억제소화

해설 소화설비의 주된 소화효과
㉮ 옥내·옥외 소화설비 : 냉각소화
㉯ 스프링클러 설비, 물분무등 소화설비 : 냉각소화
㉰ 포, 분말 소화설비 : 질식소화
㉱ 할로겐화합물 소화설비 : 억제소화(부촉매효과)

4. 위험물 안전관리법령상 건축물의 1층 및 2층 부분만을 방사 능력범위로 하고 지하층 및 3층 이상의 층에 대하여 다른 소화설비를 설치해야 하는 소화설비는?

① 스프링클러 소화설비
② 포 소화설비
③ 옥외 소화전설비
④ 물분무 소화설비

해설 옥외소화전설비는 건축물의 1층 및 2층 부분만을 방사 능력범위로 하고 건축물의 지하층 및 3층 이상의 층에 대하여 다른 소화설비를 설치한다. 또한 옥외소화전설비를 옥외 공작물에 대한 소화설비로 하는 경우에도 유효방수거리 등을 고려한 방사 능력범위에 따라 설치한다.

5. 스프링클러설비의 장점이 아닌 것은?

① 화재의 초기 진압에 효율적이다.
② 사용 약제를 쉽게 구할 수 있다.
③ 자동으로 화재를 감지하고 소화할 수 있다.
④ 다른 소화설비보다 구조가 간단하고 시설비가 적다.

해설 스프링클러설비의 장점
㉮ 화재 초기 진화작업에 효과적이다.
㉯ 소화제가 물이므로 가격이 저렴하고 소화 후 시설 복구가 용이하다.
㉰ 조작이 간편하며 안전하다.
㉱ 감지부가 기계적으로 작동되어 오동작이 없다.
㉲ 사람이 없는 야간에도 자동적으로 화재를 감지하여 소화 및 경보를 해 준다.

참고 단점
㉮ 초기 시설비가 많이 소요된다.
㉯ 시공이 복잡하고, 물로 인한 피해가 클 수 있다.

정답 **1.** ③ **2.** ③ **3.** ④ **4.** ③ **5.** ④

1-2 위험물 제조소등의 소화설비 기준

1 소화설비의 기준

(1) 소화설비의 기준 [시행규칙 제41조]

① 제조소등에는 화재발생 시 소화가 곤란한 정도에 따라 적응성이 있는 소화설비를 설치한다.

② 소화가 곤란한 정도에 따른 소화난이도는 소화난이도등급 Ⅰ, 소화난이도등급 Ⅱ 및 소화난이도등급 Ⅲ으로 구분한다.

(2) 제조소등의 기준의 특례 [시행규칙 제47조]

① 시·도지사 또는 소방서장은 다음에 해당하는 경우에는 시행규칙 '제3장 제조소등의 위치·구조 및 설비의 기준'의 규정을 적용하지 아니한다.

㈎ 위험물의 품명 및 최대수량, 지정수량의 배수, 위험물의 저장 또는 취급의 방법 및 제조소등의 주위의 지형 그 밖의 상황 등에 비추어 볼 때 화재의 발생 및 연소의 정도나 화재 등의 재난에 의한 피해가 규정에 의한 경우와 동등 이하가 된다고 인정하는 경우

㈏ 예상하지 아니한 특수한 구조나 설비를 이용하는 것으로 규정에 의한 경우와 동등 이상의 효력이 있다고 인정되는 경우

2 옥내소화전 설비

(1) 옥내소화전설비 설치기준 [시행규칙 별표17]

① 옥내소화전은 제조소 등의 건축물의 층마다 호스 접속구까지의 수평거리가 25m 이하가 되도록 설치한다. 이 경우 옥내소화전은 각층의 출입구 부근에 1개 이상을 설치하여야 한다.

② 수원의 수량은 옥내소화전이 가장 많이 설치된 층의 옥내소화전 설치개수(설치개수가 5개 이상인 경우는 5개)에 $7.8m^3$를 곱한 양 이상이 되도록 설치한다.

③ 옥내소화전설비는 각층을 기준으로 당해 층의 모든 옥내소화전(설치개수가 5개 이상인 경우는 5개)을 동시에 사용할 경우에 각 노즐선단의 방수압력이 350kPa(0.35MPa) 이상이고 방수량이 1분당 260L 이상의 성능이 되도록 한다.

④ 옥내소화전설비에는 비상전원을 설치한다.

(2) 옥내소화전설비의 기준 [세부기준 제129조]

① 옥내소화전의 개폐밸브 및 호스접속구는 바닥면으로부터 1.5m 이하의 높이에 설치한다.

② 옥내소화전의 개폐밸브 및 방수용기구를 격납하는 상자(이하 "소화전함"이라 한다)는 불연재료로 제작한다.

③ 가압송수장치의 시동을 알리는 표시등(이하 "시동표시등"이라 한다)은 적색으로 하고 옥내소화전함의 내부 또는 그 직근의 장소에 설치한다.

④ 옥내소화전설비의 설치의 표시

(가) 옥내소화전함에는 "소화전"이라고 표시한다.

(나) 적색의 표시등은 부착면과 15° 이상의 각도에서 10m 떨어진 곳에서 식별이 가능하도록 한다.

⑤ 물올림장치 설치

(가) 전용의 물올림탱크를 설치한다.

(나) 물올림탱크의 용량은 가압송수장치를 유효하게 작동할 수 있도록 한다.

(다) 감수경보장치 및 물을 자동으로 보급하기 위한 장치가 설치되어 있어야 한다.

⑥ 옥내소화전설비의 비상전원은 자가발전설비 또는 축전지설비로 옥내소화전설비를 45분 이상 작동시키는 것이 가능해야 한다.

⑦ 가압송수장치 설치기준

(가) 고가수조를 이용한 가압송수장치

$$H = h_1 + h_2 + 35\,\mathrm{m}$$

여기서, H : 필요낙차(m)　h_1 : 방수용 호스의 마찰손실수두(m)　h_2 : 배관의 마찰손실수두(m)

(나) 압력수조를 이용한 가압송수장치

$$P = P_1 + P_2 + P_3 + 0.35\,\mathrm{MPa}$$

여기서, P : 필요한 압력(MPa)　P_1 : 소방용 호스의 마찰손실 수두압(MPa)
P_2 : 배관의 마찰손실 수두압(MPa)　P_3 : 낙차의 환산수두압(MPa)

(다) 펌프를 이용한 가압송수장치

㉮ 펌프의 토출량은 옥내소화전이 가장 많은 층의 설치개수(5개 이상인 경우에는 5개)에 260L/min를 곱한 양 이상이 되도록 한다.

㉯ 펌프의 전양정 계산식

$$H = h_1 + h_2 + h_3 + 35\,\mathrm{m}$$

여기서, H : 펌프의 전양정(m)　h_1 : 소방용 호스의 마찰손실수두(m)
h_2 : 배관의 마찰손실수두(m)　h_3 : 낙차(m)

㉰ 펌프의 토출량이 정격토출량의 150%인 경우에는 전양정은 정격 전양정의 65% 이

상이어야 한다.

㉣ 펌프는 전용으로 하고 토출측에 압력계, 흡입측에 연성계를 설치한다.

㈑ 가압송수장치는 옥내 소화전의 노즐선단에서 방수압력이 0.7MPa을 초과하지 않아야 한다.

단원 예상문제

1. 위험물 안전관리법령상 옥내소화전설비의 설치기준에서 옥내소화전은 제조소등의 건축물의 층마다 해당 층의 각 부분에서 하나의 호스 접속구까지의 수평거리가 몇 m 이하가 되도록 설치하여야 하는가?

① 5 ② 10 ③ 15 ④ 25

해설 옥내소화전설비 호스 접속구까지의 수평거리 : 25m 이하

2. 위험물 제조소 등에 옥내소화전설비를 설치할 때 옥내소화전이 가장 많이 설치된 층의 소화전의 개수가 4개일 때 확보하여야 할 수원의 수량은?

① 10..4m^3 ② 20.8m^3 ③ 31.2m^3 ④ 41.6m^3

해설 옥내소화전설비의 수원 수량

㉮ 수원의 수량은 옥내소화전이 가장 많이 설치된 층의 설치개수(5개 이상인 경우는 5개)에 7.8m^3를 곱한 양 이상이 되도록 설치해야 한다.

㉯ 수원의 수량 계산 : 수량=옥내소화전 설치개수 × 7.8=4 × 7.8=31.2m^3

3. 위험물 안전관리법령상 옥내소화전설비의 기준에 따르면 펌프를 이용한 가압송수장치에서 펌프의 토출량은 옥내 소화전의 설치개수가 가장 많은 층에 대해 해당 설치개수(5개 이상인 경우에는 5개)에 얼마를 곱한 양 이상이 되도록 하여야 하는가?

① 260L/min ② 360L/min

③ 460L/min ④ 560L/min

해설 옥내소화전설비는 각층을 기준으로 당해 층의 모든 옥내소화전(설치개수가 5개 이상인 경우는 5개)을 동시에 사용할 경우에 각 노즐선단의 방수압력이 350kPa(0.35MPa) 이상이고 방수량이 1분당 260L 이상의 성능이 되도록 하여야 한다.

4. 위험물 안전관리법령상 압력수조를 이용한 옥내 소화전설비의 가압송수장치에서 압력수조의 최소압력(MPa)은? (단, 소방용 호스의 마찰손실 수두압은 3MPa, 배관의 마찰손실 수두압은 1MPa, 낙차의 환산수두압은 1.35MPa이다.)

① 5.35 ② 5.70 ③ 6.00 ④ 6.35

해설 압력수조를 이용한 옥내소화전설비의 최소압력 계산

$\therefore P = P_1 + P_2 + P_3 + 0.35 = 3+1+1.35+0.35 = 5.7$MPa

5. 위험물 안전관리법상 옥내소화전 설비의 비상전원은 몇 분 이상 작동할 수 있어야 하는가?

① 45분 ② 30분 ③ 20분 ④ 10분

해설 옥내소화전 설비의 비상전원

㉮ 비상전원은 자가발전설비 또는 축전지설비에 의한다.

㉯ 용량은 옥내소화전설비를 유효하게 45분 이상 작동시키는 것이 가능해야 한다.

6. 위험물 안전관리법령에 따라 옥내소화전 설비를 설치할 때 배관의 설치기준에 대한 설명으로 옳지 않은 것은?

① 배관용 탄소강관(KS D 3507)을 사용할 수 있다.

② 주 배관의 입상관 구경은 최소 60mm 이상으로 한다.

③ 펌프를 이용한 가압송수장치의 흡수관은 펌프마다 전용으로 설치한다.

④ 원칙적으로 급수 배관은 생활용수 배관과 같이 사용할 수 없으며 전용 배관으로만 사용한다.

해설 옥내소화전 설비의 주배관 중 입상관은 직경이 50mm 이상인 것으로 한다.

정답 1. ④ 2. ③ 3. ① 4. ② 5. ① 6. ②

3 옥외소화전 설비

(1) 옥외소화전설비 설치기준 [시행규칙 별표17]

① 옥외소화전은 방호대상물의 각 부분(건축물의 경우 1층 및 2층 부분에 한한다)에서 하나의 호스접속구까지의 수평거리가 40m 이하가 되도록 설치한다. 이 경우 그 설치개수가 1개일 때는 2개로 하여야 한다.

② 수원의 수량은 옥외소화전의 설치개수(4개 이상인 경우는 4개)에 13.5m^{3}를 곱한 양 이상이 되도록 설치한다.

③ 옥외소화전설비는 모든 옥외소화전(설치개수가 4개 이상인 경우는 4개)을 동시에 사용할 경우에 각 노즐선단의 방수압력이 350kPa 이상이고, 방수량이 1분당 450L 이상의 성능이 되도록 한다.

④ 옥외소화전설비에는 비상전원을 설치한다.

(2) 옥외소화전설비의 기준 [세부기준 제130조]

① 옥외소화전의 개폐밸브 및 호스접속구는 지반면으로부터 1.5m 이하의 높이에 설치한다.

② 방수용 기구를 격납하는 함("옥외소화전함"이라 한다)은 불연재료로 제작하고 옥외소화전으로부터 보행거리 5m 이하의 장소에 설치한다.

③ 옥외소화전설비의 설치 표시

㈎ 옥외소화전함에는 "호스격납함"이라고 표시한다. 다만, 호스접속구 및 개폐밸브를 옥외소화전함의 내부에 설치하는 경우에는 "소화전"이라고 표시할 수도 있다.

㈏ 옥외소화전에는 직근의 보기 쉬운 장소에 "소화전"이라고 표시한다.

단원 예상문제

1. 위험물 제조소에 옥외소화전이 5개가 설치되어 있다. 이 경우 확보하여야 하는 수원의 법정 최소량은 몇 m^3인가?

① 28　② 35　③ 54　④ 67.5

해설 ㉮ 옥외소화전설비 수원의 수량은 옥외소화전의 설치개수(4개 이상인 경우는 4개)에 $13.5m^3$를 곱한 양 이상이 되도록 설치한다.

㉯ 수원의 양 계산 : 수원의 최소량 $=4\times13.5=54m^3$

| 변형된 출제문제 |

1-1 위험물 제조소등에 옥외 소화전을 6개 설치할 경우 수원의 수량은 몇 m^3 이상이어야 하는가? [14. 4회]

① $48m^3$ 이상　② $54m^3$ 이상

③ $60m^3$ 이상　④ $81m^3$ 이상

해설 수원의 수량 $=4\times13.5=54m^3$ 이상

답 1-1 ②

2. 위험물 안전관리법령에 따른 옥외소화전 설비의 설치기준에 대해 다음 ( ) 안에 알맞은 수치를 차례대로 나타낸 것은?

> 옥외소화전설비는 모든 옥외소화전(설치 개수가 4개 이상인 경우는 4개의 옥외소화전)을 동시에 사용할 경우에 각 노즐선단의 방수압력이 ( )kPa 이상이고, 방수량이 1분당 ( )L 이상의 성능이 되도록 할 것

① 350, 260　② 300, 260

③ 350, 450　④ 300, 450

해설 옥외소화전설비 설치

㉮ 호스 접속구까지의 수평거리 : 40m 이하

㉯ 최소 설치 개수 : 2개

㉯ 수원의 수량 : 설치개수(4개 이상인 경우는 4개)에 $13.5m^3$를 곱한 값 이상

㉰ 노즐선단의 방수압력 350kPa 이상, 방수량 450L/min 이상

3. 위험물 제조소등에 설치하는 옥외 소화전설비의 기준에서 옥외 소호전함은 옥외 소화전으로부터 보행거리 몇 m 이하의 장소에 설치하여야 하는가?

① 1.5 ② 5 ③ 7.5 ④ 10

해설 ㉮ 옥외소화전의 개폐밸브 및 호스접속구는 지반면으로부터 1.5m 이하의 높이에 설치한다.
㉯ 방수용기구를 격납하는 함("옥외소화전함")은 불연재료로 제작하고 옥외소화전으로부터 보행거리 5m 이하의 장소에 설치한다.

정답 1. ③ 2. ③ 3. ②

4 스프링클러 설비

(1) 스프링클러설비 설치기준 [시행규칙 별표17]

① 스프링클러 헤드는 방호대상물의 천장 또는 건축물의 최상부 부근(천장이 설치되지 아니한 경우)에 설치하되, 하나의 스프링클러 헤드까지의 수평거리가 1.7m 이하가 되도록 설치한다.

② 개방형 스프링클러 헤드를 이용한 방사구역은 150m^2 이상으로 한다.

③ 수원의 수량 : 스프링클러 헤드 설치개수에 2.4m^{3}를 곱한 양 이상이 되도록 설치한다.

(가) 폐쇄형 헤드를 사용하는 것 : 30(헤드의 설치개수가 30 미만인 방호대상물인 경우에는 당해 설치개수)

(나) 개방형 헤드를 사용하는 것 : 가장 많이 설치된 방사구역의 설치개수

④ 방사압력 100kPa 이상, 방수량 80L/min 이상

⑤ 스프링클러설비에는 비상전원을 설치한다.

(2) 스프링클러설비의 기준 [세부기준 제131조]

① 개방형스프링클러헤드 설치

(가) 스프링클러헤드의 반사판으로부터 하방으로 0.45m, 수평방향으로 0.3m의 공간을 보유해야 한다.

(나) 스프링클러헤드는 헤드의 축심이 당해 헤드의 부착면에 대하여 직각이 되도록 설치한다.

② 폐쇄형스프링클러헤드 설치

(가) 스프링클러헤드의 반사판과 당해 헤드의 부착면과의 거리는 0.3m 이하이어야 한다.

(나) 헤드의 부착면으로부터 0.4m 이상 돌출한 보 등에 의하여 구획된 부분마다 설치한다.

(다) 급배기용 덕트의 긴변의 길이가 1.2m를 초과하는 경우 당해 덕트의 아랫면에도 설

치한다.

㈑ 스프링클러헤드 표시온도

부착장소 최고주위온도	표시온도
28℃ 미만	58℃ 미만
28℃ 이상 39℃ 미만	58℃ 이상 79℃ 미만
39℃ 이상 64℃ 미만	79℃ 이상 121℃ 미만
64℃ 이상 106℃ 미만	121℃ 이상 162℃ 미만
106℃ 이상	162℃ 이상

③ 일제개방밸브 또는 수동식개방밸브는 바닥면으로부터 1.5m 이하의 높이에 설치하고, 수동식개방밸브를 개방조작하는 데 필요한 힘이 15kgf 이하가 되도록 한다.

단원 예상문제

1. 다음 ( ) 안에 들어갈 수치를 순서대로 올바르게 나열한 것은? (단, 제4류 위험물에 적응성을 갖기 위한 살수밀도기준을 적용하는 경우를 제외한다.)

> 위험물 제조소등에 설치하는 폐쇄형 헤드의 스프링클러설비는 30개의 헤드를 동시에 사용할 경우 각 선단의 방사압력이 ( )kPa 이상이고 방수량이 1분당 ( )L 이상이어야 한다.

① 100, 80 ② 120, 80 ③ 100, 100 ④ 120, 100

해설 스프링클러설비 설치기준

㉮ 방사압력과 방수량 : 폐쇄형 헤드 30개를 동시에 사용할 경우 각 선단의 방사압력이 100kPa 이상이고, 방수량이 1분당 80L 이상의 성능이 되도록 하여야 한다.

㉯ 수원의 수량 : 폐쇄형 헤드를 사용하는 것은 30(헤드의 설치개수가 30 미만인 것은 당해 설치개수), 개방형 헤드를 사용하는 것은 가장 많이 설치된 방사구역의 설치개수에 2.4m^3를 곱한 이상이 되도록 설치하여야 한다.

2. 위험물 제조소등에 설치해야 하는 각 소화설비의 설치기준에 있어서 각 노즐 또는 헤드 선단의 방사압력 기준이 나머지 셋과 다른 설비는?

① 옥내소화전설비 ② 옥외소화전설비 ③ 스프링클러설비 ④ 물분무소화설비

해설 각 소화설비 방사압력[시행규칙 별표17]

명 칭	방사압력	방수량(L/min)
옥내소화전설비	350kPa 이상	260 이상
옥외소화전설비	350kPa 이상	450 이상
스프링클러설비	100kPa 이상	80 이상
물분무소화설비	350kPa 이상	–

참고 물분무소화설비의 분무헤드는 방호대상물 표면적 1m^2당 1분당 20L의 비율로 계산된 수량을 표준방사량으로 방사할 수 있는 수로 배치하고, 수원은 30분간 방사할 수 있도록 한다.

3. 위험물 안전관리법령에 따른 스프링클러 헤드의 설치방법에 대한 설명으로 옳지 않은 것은?

① 개방형 헤드는 반사판으로부터 하방으로 0.45m, 수평방향으로 0.3m 공간을 확보할 것

② 폐쇄형 헤드는 가연성물질 수납 부분에 설치 시 반사판으로부터 하방으로 0.9m, 수평방향으로 0.4m의 공간을 확보할 것

③ 폐쇄형 헤드 중 개구부에 설치하는 것은 해당 개구부의 상단으로부터 높이 0.15m 이내의 벽면에 설치할 것

④ 폐쇄형 헤드 설치 시 급배기용 덕트의 긴 변의 길이가 1.2m를 초과하는 것이 있는 경우에는 해당 덕트의 윗부분에만 헤드를 설치할 것

해설 폐쇄형 스프링클러헤드 설치 기준[세부기준 제131조] : 급배기용 덕트 등의 긴변의 길이가 1.2m를 초과하는 것이 있는 경우에는 당해 덕트 등의 아랫면에도 스프링클러헤드를 설치할 것

4. 위험물 안전관리법령상 개방형 스프링클러 헤드를 이용하는 스프링클러설비에서 수동식 개방밸브를 개방 조작하는 데 필요한 힘은 얼마 이하가 되도록 설치하여야 하는가?

① 5kgf　② 10kgf

③ 15kgf　④ 20kgf

해설 개방형 스프링클러헤드를 이용하는 스프링클러설비 중 일제개방밸브 및 수동식 개방밸브 기준[세부기준 제131조]

㉮ 일제개방밸브의 기동조작부 및 수동식 개방밸브는 바닥면으로부터 1.5m 이하의 높이에 설치할 것

㉯ 방수구역마다 설치할 것

㉰ 작용하는 압력은 당해 밸브의 최고사용압력 이하로 할 것

㉱ 2차측 배관부분에는 당해 방수구역에 방수하지 않고 당해 밸브의 작동시험을 할 수 있는 장치를 설치할 것

㉲ 수동식 개방밸브를 개방하는데 필요한 힘이 15kgf 이하가 되도록 설치할 것

정답 1. ① 2. ③ 3. ④ 4. ③

5 물분무 소화설비

(1) 물분무 소화설비 설치기준 [시행규칙 별표17]

① 분무헤드의 개수 및 배치

㈎ 분무헤드로부터 방사되는 물분무에 의하여 방호대상물의 모든 표면을 유효하게 소화할 수 있도록 설치한다.

㈏ 방호대상물 표면적 $1m^3$당 1분당 20L의 비율로 계산된 수량을 표준방사량으로 방사할 수 있도록 설치한다.

② 물분무 소화설비의 방사구역은 150m^2 이상(방호대상물의 표면적이 150m^2 미만인 경우에는 당해 표면적)으로 한다.

③ 수원의 수량 : 분무헤드가 가장 많이 설치된 방사구역의 모든 분무헤드를 동시에 사용할 경우에 표면적 1m^{2}당 1분당 20L의 비율로 계산한 양으로 30분간 방사할 수 있는 양 이상이 되도록 설치한다.

④ 물분무 소화설비는 방사압력은 350kPa 이상으로 표준방사량을 방사할 수 있는 성능이 되도록 한다.

⑤ 물분무 소화설비에는 비상전원을 설치한다.

단원 예상문제

1. 위험물 제조소의 방사구역 면적이 300m^{2}일 때 설치하여야 할 물분무 소화설비의 방사구역 면적은 얼마로 하여야 하는가?

① 100m^2 이상
② 150m^2 이상
③ 300m^2 이상
④ 450m^2 이상

해설 물분무 소화설비의 방사구역[시행규칙 별표17] : 물분무소화설비의 방사구역은 150m^2 이상(방호대상물의 표면적이 150m^2 미만인 경우에는 당해 표면적)으로 할 것

2. 위험물 안전관리법령에서 정한 물분무 소화설비의 설치기준으로 적합하지 않은 것은?

① 고압의 전기설비가 있는 장소에는 해당 전기설비와 분무헤드 및 배관과 사이에 전기절연을 위하여 필요한 공간을 보유한다.
② 스트레이너 및 일제 개방밸브는 제어밸브의 하류측 부근에 스트레이너, 일제 개방밸브의 순으로 설치한다.
③ 물분무 소화설비에 2 이상의 방사구역을 두는 경우에는 화재를 유효하게 소화할 수 있도록 인접하는 방사구역이 상호 중복되도록 한다.
④ 수원의 수위가 수평회전식 펌프보다 낮은 위치에 있는 가압송수장치의 물올림 장치는 타 설비와 겸용하여 설치한다.

해설 물분무 소화설비의 기준[세부기준 제132조] : 수원의 수위가 수평회전식 펌프보다 낮은 위치에 있는 가압송수장치의 물올림 장치는 전용의 물올림탱크를 설치하고, 물올림탱크의 용량은 가압송수장치를 유효하게 작동할 수 있도록 할 것

정답 1. ② 2. ④

6 포소화설비

(1) 포소화설비 설치기준 [시행규칙 별표17]

① 고정식 포소화설비의 포방출구 등은 방호대상물의 형상, 구조, 성질, 수량 또는 취급 방법에 따라 표준방사량으로 화재를 소화할 수 있도록 필요한 개수를 적당한 위치에 설치한다.

② 이동식 포소화설비(포소화전 등 고정된 포수용액 공급장치로부터 호스를 통하여 포수용액을 공급받아 이동식 노즐에 의하여 방사하도록 된 소화설비를 말한다)

㈎ 포소화전을 옥내에 설치하는 것 : 옥내소화전 설치기준 ①의 규정을 준용한다.

㈏ 포소화전을 옥외에 설치하는 것 : 옥외소화전 설치기준 ①의 규정을 준용한다.

③ 수원의 수량 및 포소화약제의 저장량은 방호대상물의 화재를 유효하게 소화할 수 있는 양 이상이 되도록 한다.

④ 포소화설비에는 비상전원을 설치한다.

(2) 포소화설비의 기준 [세부기준 제133조]

① 고정식 포방출구 종류

㈎ I형 : 고정지붕구조의 탱크에 상부포주입법(고정포방출구를 탱크옆판의 상부에 설치하여 액표면상에 포를 방출하는 방법을 말한다)을 이용하는 것이다.

㈏ Ⅱ형 : 고정지붕구조 또는 부상덮개부착 고정지붕구조(옥외저장탱크의 액상에 금속제의 플로팅, 팬 등의 덮개를 부착한 고정지붕구조의 것을 말한다)의 탱크에 상부포주입법을 이용하는 것이다.

㈐ 특형 : 부상지붕구조의 탱크에 상부포주입법을 이용하는 것이다.

㈑ Ⅲ형 : 고정지붕구조의 탱크에 저부포주입법(탱크의 액면하에 설치된 포방출구로부터 포를 탱크 내에 주입하는 방법을 말한다)을 이용하는 것이다.

㈒ Ⅳ형 : 고정지붕구조의 탱크에 저부포주입법을 이용하는 것이다.

② 포헤드 방식의 포헤드 설치기준

㈎ 포헤드는 방호대상물의 모든 표면이 포헤드의 유효사정 내에 있도록 설치한다.

㈏ 방호대상물의 표면적(건축물의 경우에는 바닥면적) $9m^2$당 1개 이상의 헤드를 설치한다.

㈐ 방호대상물의 표면적 $1m^2$당의 방사량이 6.5L/min 이상의 비율로 계산한 양을 표준방사량으로 방사할 수 있도록 설치한다.

㈑ 방사구역은 $100m^2$ 이상(방호대상물의 표면적이 $100m^2$ 미만인 경우에는 당해 표면적)으로 한다.

단원 예상문제

1. 고정식 포소화설비의 포방출구 종류가 아닌 것은?

① Ⅰ형 ② Ⅱ형
③ 소형 ④ 특형

해설 고정식 포방출구 종류 : Ⅰ형, Ⅱ형, Ⅲ형, Ⅳ형, 특형

2. 위험물 제조소등에 설치하는 고정식 포 소화설비의 기준에서 포헤드 방식의 포헤드는 방호대상물의 표면적 몇 m^2당 1개 이상의 헤드를 설치하여야 하는가?

① 3 ② 9
③ 15 ④ 30

해설 포헤드 방식의 포헤드는 방호대상물의 표면적 $9m^2$당 1개를, $1m^2$당 방사량이 6.5L/min 이상의 비율로 계산한 양의 포수용액을 표준방사량으로 방사할 수 있도록 설치할 것

정답 1. ③ 2. ②

7 불활성가스 소화설비

(1) 불활성가스 소화설비 설치기준 [시행규칙 별표17]

① 전역방출방식 분사헤드 : 불연재료의 벽·기둥·바닥·보 및 지붕(천장이 있는 경우에는 천장)으로 구획되고 개구부에 자동폐쇄장치가 설치되어 있는 부분(방호구역)에 표준방사량으로 방호대상물의 화재를 유효하게 소화할 수 있도록 필요한 개수를 적당한 위치에 설치한다.

② 국소방출방식 분사헤드 : 방호대상물의 형상, 구조, 성질, 수량 또는 취급방법에 따라 방호대상물에 이산화탄소 소화약제를 직접 방사하여 표준방사량으로 방호대상물의 화재를 유효하게 소화할 수 있도록 필요한 개수를 적당한 위치에 설치한다.

③ 이동식 불활성가스 소화설비의 호스 접속구는 수평거리 15m 이하가 되도록 설치한다.

④ 용기에 저장하는 소화약제의 양은 화재를 유효하게 소화할 수 있는 양 이상이 되도록 한다.

⑤ 불활성가스 소화설비(전역 및 국소방출방식)에는 비상전원을 설치한다.

(2) 불활성가스 소화설비의 기준 [세부기준 제134조]

① 전역방출방식 분사헤드 방사압력

㈎ 이산화탄소를 방사하는 분사헤드

㉮ 고압식(소화약제가 상온으로 용기에 저장되어 있는 것) : 2.1MPa 이상

㉯ 저압식(소화약제가 -18℃ 이하의 온도로 용기에 저장되어 있는 것) : 1.05MPa 이상

(나) 질소 또는 질소와 아르곤 및 이산화탄소를 혼합한 것을 방사하는 분사헤드 : 1.9MPa 이상

(다) 규정량 소화약제 방사시간

㉮ 이산화탄소 : 60초 이내

㉯ IG-100, IG-50, IG-541 : 소화약제 양의 95% 이상을 60초 이내

② 국소방출방식(이산화탄소 소화약제에 한한다) 분사헤드

(가) 방호대상물의 모든 표면이 분사헤드의 유효사정 내에 있도록 설치한다.

(나) 소화약제의 방사에 의해서 위험물이 비산되지 않는 장소에 설치한다.

(다) 소화약제는 30초 이내에 균일하게 방사한다.

③ 저장용기

(가) 이산화탄소 충전비(용기 내용적과 소화약제중량의 비율)

㉮ 고압식인 경우 : 1.5 이상 1.9 이하

㉯ 저압식인 경우 : 1.1 이상 1.4 이하

(나) IG-100, IG-55 또는 IG-541의 저장용기의 충전압력 : 21℃에서 32MPa 이하

단원 예상문제

1. 질소와 아르곤과 이산화탄소의 용량비가 52 : 40 : 8인 혼합물 소화약제에 해당하는 것은?

① IG - 541 ② HCFC BLEND A
③ HFC - 125 ④ HFC - 23

해설 불활성가스 소화설비 용량비에 따른 명칭
㉮ 질소 100% : IG-100
㉯ 질소 50%, 아르곤 50% : IG-55
㉰ 질소 52%, 아르곤 40%, 이산화탄소 8% : IG-541

2. 국소방출방식의 이산화탄소 소화설비의 분사헤드에서 방출되는 소화약제의 방사기준은?

① 10초 이내에 균일하게 방사할 수 있을 것
② 15초 이내에 균일하게 방사할 수 있을 것
③ 30초 이내에 균일하게 방사할 수 있을 것
④ 60초 이내에 균일하게 방사할 수 있을 것

해설 불활성가스 소화설비(이산화탄소 소화설비) 국소방출방식의 분사헤드에서 방출되는 소화약제는 방호구역의 체적 $1m^3$당 방사되는 소화약제의 양을 30초 이내에 균일하게 방사하여야 한다.

3. 위험물 제조소등에 설치하는 이산화탄소 소화설비의 소화약제 저장용기 설치장소로 적합하지 않은 곳은?

① 방호구역 외의 장소
② 온도가 40℃ 이하이고 온도 변화가 적은 장소
③ 빗물이 침투할 우려가 적은 장소
④ 직사일광이 잘 들어오는 장소

해설 이산화탄소 소화약제 저장용기 설치 기준
㉮ 방호구역 외의 장소에 설치할 것
㉯ 온도가 40℃ 이하이고 온도변화가 적은 장소에 설치할 것
㉰ 직사일광 및 빗물이 침투할 우려가 적은 장소에 설치할 것
㉱ 저장용기에는 안전장치를 설치할 것
㉲ 저장용기의 외면에 소화약제의 종류와 양, 제조년도 및 제조자를 표시할 것

정답 1. ① 2. ③ 3. ④

8 기타 소화설비

(1) 기타 소화설비 설치기준 [시행규칙 별표17]

① 할로겐화합물 소화설비의 설치기준은 불활성가스 소화설비의 기준을 준용한다.
② 분말소화설비의 설치기준은 불활성가스 소화설비의 기준을 준용한다.
③ 대형수동식 소화기 설치기준은 방호대상물 각 부분으로부터 보행거리가 30m 이하가 되도록 설치한다.
④ 소형수동식 소화기 설치기준은 방호대상물 각 부분으로부터 보행거리가 20m 이하가 되도록 설치한다.

(2) 할로겐화합물 소화설비의 기준 [세부기준 제135조]

① 전역방출방식 분사헤드
(가) 방사된 소화약제가 방호구역의 전역에 균일하고 신속하게 확산할 수 있도록 설치한다.
(나) 다이브로모테트라플루오로에탄(할론 2402)을 방사하는 분사헤드는 소화약제를 무상(霧狀)으로 방사하는 것이어야 한다.
(다) 분사헤드의 압력
㉮ 다이브로모테트라플루오로에탄(할론 2402) : 0.1MPa 이상
㉯ 브로모클로로다이플루오로메탄(할론 1211) : 0.2MPa 이상

㉰ 브로모트라이플루오로메탄(할론 1301) : 0.9MPa 이상

㉱ 트라이플루오로메탄(HFC-23) : 0.9MPa 이상

㉲ 펜타플루오로에탄(HFC-125) : 0.9MPa 이상

㉳ 헵타플루오로프로판(HFC-227ea), 도데카플루오로-2-메틸펜탄-3-원(FK-5-1-12) : 0.3MPa 이상

(라) 소화약제 방사시간

㉮ 할론 2402, 할론 1211, 할론 1301 : 30초 이내

㉯ HFC-23, HFC-125, HFC-227ea, FK-5-1-12 : 10초 이내

② 국소방출방식 분사헤드

(가) 방사된 소화약제가 방호구역의 전역에 균일하고 신속하게 확산할 수 있도록 설치한다.

(나) 다이브로모테트라플루오로에탄(할론 2402)을 방사하는 분사헤드는 소화약제를 무상(霧狀)으로 방사하는 것이어야 한다.

(다) 분사헤드의 압력

㉮ 다이브로모테트라플루오로에탄(할론 2402) : 0.1MPa 이상

㉯ 브로모클로로다이플루오로메탄(할론 1211) : 0.2MPa 이상

㉰ 브로모트라이플루오로메탄(할론 1301) : 0.9MPa 이상

(라) 분사헤드는 방호대상물의 모든 표면이 분사헤드의 유효사정 내에 있도록 설치한다.

(마) 소화약제의 방사에 의하여 위험물이 비산되지 않는 장소에 설치한다.

(바) 소화약제 방사시간 : 30초 이내

③ 방출방식에 따른 사용 소화약제

(가) 국소방출방식 : 할론 2402, 할론 1211, 할론 1301

(나) 전역방출방식

제조소등의 구분		소화약제 종류
제4류 위험물을 저장 또는 취급하는 제조소등	방호구획의 체적이 1000m^3 이상의 것	할론 2402, 할론 1211, 할론 1301
	방호구획의 체적이 1000m^3 미만의 것	할론 2402, 할론 1211, 할론 1301, HFC-23, HFC-125, HFC-227ea, FK-5-1-12
제4류 외의 위험물을 저장 또는 취급하는 제조소등		할론 2402, 할론 1211, 할론 1301

(3) 분말소화설비의 기준 [세부기준 제136조]

① 전역방출방식 분사헤드

㈎ 방사된 소화약제가 방호구역의 전역에 균일하고 신속하게 확산할 수 있도록 설치한다.

㈏ 분사헤드의 방사압력은 0.1MPa 이상이어야 한다.

㈐ 소화약제는 30초 이내에 균일하게 방사한다.

② 국소방출방식 분사헤드

㈎ 분사헤드의 방사압력은 0.1MPa 이상이어야 한다.

㈏ 분사헤드는 방호대상물의 모든 표면이 분사헤드의 유효사정 내에 있도록 설치한다.

㈐ 소화약제의 방사에 의하여 위험물이 비산되지 않는 장소에 설치한다.

㈑ 소화약제는 30초 이내에 균일하게 방사한다.

③ 전역방출방식 또는 국소방출방식 기준

㈎ 저장용기등에는 잔류가스를 배출하기 위한 배출장치를, 배관에는 잔류소화약제를 처리하기 위한 클리닝장치를 설치한다.

㈏ 가압용 또는 축압용 가스는 질소 또는 이산화탄소로 한다.

단원 예상문제

1. 위험물 안전관리법령에 따른 대형 수동식 소화기의 설치기준에서 방호대상물의 각 부분으로부터 하나의 대형 수동식 소화기까지의 보행거리는 몇 m 이하가 되도록 설치하여야 하는가? (단, 옥내소화전설비, 옥외소화전설비, 스프링클러설비 또는 물분무등 소화설비와 함께 설치하는 경우는 제외한다.)

① 10　② 15
③ 20　④ 30

해설 수동식 소화기 보행거리 기준
㉮ 대형 : 30m 이하　㉯ 소형 : 20m 이하

2. 위험물 안전관리법령상 분말소화설비의 기준에서 규정한 전역방출방식 또는 국소방출방식 분말 소화설비의 가압용 또는 축압용 가스에 해당하는 것은?

① 네온 가스　② 아르곤 가스
③ 수소 가스　④ 이산화탄소 가스

해설 분말소화설비의 가압용 또는 축압용 가스 : 질소 또는 이산화탄소

정답 1. ④　2. ④

소화설비 설치 및 운영

2-1 소화설비 설치

1 소화난이도등급 Ⅰ의 제조소등 및 소화설비 [시행규칙 별표17]

(1) 소화난이도 등급 Ⅰ에 해당하는 제조소등

제조소등의 구분	제조소등의 규모, 저장 또는 취급하는 위험물의 품명 및 최대수량 등
제조소 일반취급소	연면적 $1000m^2$ 이상인 것
	지정수량의 100배 이상인 것(고인화점 위험물만을 100℃ 미만의 온도에서 취급하는 것 및 제48조의 위험물을 취급하는 것은 제외)
	지반면으로부터 6m 이상의 높이에 위험물 취급설비가 있는 것(고인화점 위험물만을 100℃ 미만의 온도에서 취급하는 것은 제외)
	일반취급소로 사용되는 부분 외의 부분을 갖는 건축물에 설치된 것(내화구조로 개구부 없이 구획된 것, 고인화점 위험물만을 100℃ 미만의 온도에서 취급하는 것 및 별표16 Ⅹ의 2의 화학실험의 일반취급소는 제외)
주유취급소	별표13 Ⅴ 제2호에 따른 면적의 합이 $500m^2$를 초과하는 것
옥내저장소	지정수량의 150배 이상인 것(고인화점위험물만을 저장하는 것 및 제48조의 위험물을 저장하는 것은 제외)
	연면적 $150m^2$를 초과하는 것($150m^2$ 이내마다 불연재료로 개구부 없이 구획된 것 및 인화성고체 외의 제2류 위험물 또는 인화점 70℃ 이상의 제4류 위험물만을 저장하는 것은 제외)
	처마높이가 6m 이상인 단층건물의 것
	옥내저장소로 사용되는 부분 외의 부분이 있는 건축물에 설치된 것(내화구조로 개구부 없이 구획된 것 및 인화성고체 외의 제2류 위험물 또는 인화점 70℃ 이상의 제4류 위험물만을 저장하는 것은 제외)
옥외탱크 저장소	액표면적이 $40m^2$ 이상인 것(제6류 위험물을 저장하는 것 및 고인화점위험물만을 100℃ 미만의 온도에서 저장하는 것은 제외)
	지반면으로부터 탱크 옆판의 상단까지 높이가 6m 이상인 것(제6류 위험물을 저장하는 것 및 고인화점위험물만을 100℃ 미만의 온도에서 저장하는 것은 제외)

	지중탱크 또는 해상탱크로서 지정수량의 100배 이상인 것(제6류 위험물을 저장하는 것 및 고인화점위험물만을 100℃ 미만의 온도에서 저장하는 것은 제외)
	고체위험물을 저장하는 것으로서 지정수량의 100배 이상인 것
옥내탱크 저장소	액표면적이 $40m^2$ 이상인 것(제6류 위험물을 저장하는 것 및 고인화점위험물만을 100℃ 미만의 온도에서 저장하는 것은 제외)
	바닥면으로부터 탱크 옆판의 상단까지 높이가 6m 이상인 것(제6류 위험물을 저장하는 것 및 고인화점위험물만을 100℃ 미만의 온도에서 저장하는 것은 제외)
	탱크전용실이 단층건물 외의 건축물에 있는 것으로서 인화점 38℃ 이상 70℃ 미만의 위험물을 지정수량의 5배 이상 저장하는 것(내화구조로 개구부 없이 구획된 것은 제외한다)
옥외저장소	덩어리 상태의 유황을 저장하는 것으로서 경계표시 내부의 면적(2 이상의 경계표시가 있는 경우에는 각 경계표시의 내부의 면적을 합한 면적)이 $100m^2$ 이상인 것
	별표11 Ⅲ의 위험물을 저장하는 것으로서 지정수량의 100배 이상인 것
암반탱크 저장소	액표면적이 $40m^2$ 이상인 것(제6류 위험물을 저장하는 것 및 고인화점위험물만을 100℃ 미만의 온도에서 저장하는 것은 제외)
	고체위험물만을 저장하는 것으로서 지정수량의 100배 이상인 것
이송취급소	모든 대상

[비고] 제조소등의 구분별로 오른쪽란에 정한 제조소등의 규모, 저장 또는 취급하는 위험물의 수량 및 최대수량 등의 어느 하나에 해당하는 제조소등은 소화난이도등급 Ⅰ에 해당하는 것으로 한다.

(2) 소화난이도등급 Ⅰ의 제조소등에 설치하여야 하는 소화설비

제조소등의 구분		소화설비
제조소 및 일반취급소		옥내소화전설비, 옥외소화전설비, 스프링클러설비 또는 물분무등 소화설비(화재발생시 연기가 충만할 우려가 있는 장소에는 스프링클러설비 또는 이동식 외의 물분무등 소화설비에 한한다)
주유취급소		스프링클러설비(건축물에 한정한다), 소형수동식 소화기등(능력단위의 수치가 건축물 그 밖의 공작물 및 위험물의 소요단위의 수치에 이르도록 설치할 것)
옥내 저장소	처마높이가 6m 이상인 단층건물 또는 다른 용도의 부분이 있는 건축물에 설치한 옥내저장소	스프링클러설비 또는 이동식 외의 물분무등 소화설비
	그 밖의 것	옥외소화전설비, 스프링클러설비, 이동식 외의 물분무등 소화설비 또는 이동식 포소화설비(포소화전을 옥외에 설치하는 것에 한한다)

<table>
<tr><td rowspan="6">옥외
탱크
저장소</td><td rowspan="4">지중탱크
또는
해상탱크
외의 것</td><td>유황만을
취급하는 것</td><td>물분무 소화설비</td></tr>
<tr><td>인화점 70℃
이상의 제4류
위험물만을 저장
취급하는 것</td><td>물분무 소화설비 또는 고정식 포소화설비</td></tr>
<tr><td>그 밖의 것</td><td>고정식 포소화설비(포소화설비가 적응성이 없는 경우에는 분말소화설비)</td></tr>
<tr><td colspan="2">지중탱크</td><td>고정식 포소화설비, 이동식 이외의 불활성가스 소화설비 또는 이동식 이외의 할로겐화합물소화설비</td></tr>
<tr><td colspan="2">해상탱크</td><td>고정식 포소화설비, 물분무 소화설비, 이동식 이외의 불활성가스소화설비 또는 이동식 이외의 할로겐화합물소화설비</td></tr>
<tr><td rowspan="3">옥내
탱크
저장소</td><td colspan="2">유황만을 저장 취급하는 것</td><td>물분무 소화설비</td></tr>
<tr><td colspan="2">인화점 70℃ 이상의 제4류
위험물만을 저장 취급하는 것</td><td>물분무 소화설비, 고정식 포소화설비, 이동식 이외의 불활성가스소화설비, 이동식 이외의 할로겐화합물소화설비 또는 이동식 이외의 분말소화설비</td></tr>
<tr><td colspan="2">그 밖의 것</td><td>고정식 포소화설비, 이동식 이외의 불활성가스소화설비, 이동식 이외의 할로겐화합물소화설비 또는 이동식 이외의 분말소화설비</td></tr>
<tr><td colspan="3">옥외저장소 및 이송취급소</td><td>옥내소화전설비, 옥외소화전설비, 스프링클러설비 또는 물분무등소화설비(화재발생시 연기가 충만할 우려가 있는 장소에는 스프링클러설비 또는 이동식 이외의 물분무등 소화설비에 한한다)</td></tr>
<tr><td rowspan="3">암반
탱크
저장소</td><td colspan="2">유황만을 저장 취급하는 것</td><td>물분무 소화설비</td></tr>
<tr><td colspan="2">인화점 70℃ 이상의 제4류
위험물만을 저장 취급하는 것</td><td>물분무 소화설비 또는 고정식 포소화설비</td></tr>
<tr><td colspan="2">그 밖의 것</td><td>고정식 포소화설비(포소화설비가 적응성이 없는 경우에는 분말소화설비)</td></tr>
</table>

[비고]

1. 위 표 오른쪽란의 소화설비를 설치함에 있어서는 당해 소화설비의 방사범위가 당해 제조소, 일반취급소, 옥내저장소, 옥외탱크저장소, 옥내탱크저장소, 옥외저장소, 암반탱크저장소(암반탱크에 관계되는 부분을 제외한다) 또는 이송취급소(이송기지 내에 한한다)의 건축물, 그 밖의 공작물 및 위험물을 포함하도록 하여야 한다. 다만, 고인화점위험물만을 100℃ 미만의 온도에서 취급하는 제조소 또는 일반취급소의 경우에는 당해 제조소 또는 일반취급소의 건축물 및 그 밖의 공작물만 포함하도록 할 수 있다.
2. 고인화점위험물만을 100℃ 미만의 온도에서 취급하는 제조소 또는 일반취급소의 위험물에 대해서는 대형수동식소화기 1개 이상과 당해 위험물의 소요단위에 해당하는 능력단위의 소형수동식소화기를 설치하여야 한다. 다만, 당해 제조소 또는 일반취급소에 옥내·외소화전설비, 스프링클러설비 또는 물분무등 소화설비를 설치한 경우에는 당해 소화설비의 방사능력 범위 내에는 대형수동식소화기를 설치하지 아니할 수 있다.

3. 가연성증기 또는 가연성미분이 체류할 우려가 있는 건축물 또는 실내에는 대형수동식소화기 1개 이상과 당해 건축물, 그 밖의 공작물 및 위험물의 소요단위에 해당하는 능력단위의 소형수동식소화기 등을 추가로 설치하여야 한다.
4. 제4류 위험물을 저장 또는 취급하는 옥외탱크저장소 또는 옥내탱크저장소에는 소형수동식소화기 등을 2개 이상 설치하여야 한다.
5. 제조소, 옥내탱크저장소, 이송취급소, 또는 일반취급소의 작업공정상 소화설비의 방사능력 범위 내에 당해 제조소등에서 저장 또는 취급하는 위험물의 전부가 포함되지 아니하는 경우에는 당해 위험물에 대하여 대형수동식소화기 1개 이상과 당해 위험물의 소요단위에 해당하는 능력단위의 소형수동식소화기 등을 추가로 설치하여야 한다.

2 소화난이도등급 Ⅱ의 제조소등 및 소화설비

(1) 소화난이도등급 Ⅱ에 해당하는 제조소등

제조소등의 구분	제조소등의 규모, 저장 또는 취급하는 위험물의 품명 및 최대수량 등
제조소 일반취급소	연면적 600m^2 이상인 것
	지정수량의 10배 이상인 것(고인화점위험물만을 100℃ 미만의 온도에서 취급하는 것 및 제48조의 위험물을 취급하는 것은 제외)
	별표16 Ⅱ·Ⅲ·Ⅳ·Ⅷ·Ⅸ·Ⅹ 또는 Ⅹ의 2의 일반취급소로서 소화난이도등급 Ⅰ의 제조소등에 해당하지 아니하는 것(고인화점 위험물만을 100℃ 미만의 온도에서 취급하는 것은 제외)
옥내저장소	단층건물 이외의 것
	별표5 Ⅱ 또는 Ⅳ 제1호의 옥내저장소
	지정수량의 10배 이상인 것(고인화점위험물만을 저장하는 것 및 제48조의 위험물을 저장하는 것은 제외)
	연면적 150m^2 초과인 것
	별표5 Ⅲ의 옥내저장소로서 소화난이도등급 Ⅰ의 제조소등에 해당하지 아니하는 것
옥외탱크저장소 옥내탱크저장소	소화난이도등급 Ⅰ의 제조소등 외의 것(고인화점위험물만을 100℃ 미만의 온도로 저장하는 것 및 제6류 위험물만을 저장하는 것은 제외)
옥외저장소	덩어리 상태의 유황을 저장하는 것으로서 경계표시 내부의 면적(2 이상의 경계표시가 있는 경우에는 각 경계표시의 내부의 면적을 합한 면적)이 5m^2 이상 100m^2 미만인 것
	별표11 Ⅲ의 위험물을 저장하는 것으로서 지정수량의 10배 이상 100배 미만인 것
	지정수량의 100배 이상인 것(덩어리 상태의 유황 또는 고인화점위험물을 저장하는 것은 제외)
주유취급소	옥내주유취급소로서 소화난이도등급 Ⅰ의 제조소등에 해당하지 아니하는 것
판매취급소	제2종 판매취급소

[비고] 제조소등의 구분별로 오른쪽란에 정한 제조소등의 규모, 저장 또는 취급하는 위험물의 수량 및 최대수량 등의 어느 하나에 해당하는 제조소등은 소화난이도등급 Ⅱ에 해당하는 것으로 한다.

(2) 소화난이도등급 Ⅱ의 제조소등에 설치하여야 하는 소화설비

제조소등의 구분	소화설비
제조소 옥내저장소 옥외저장소 주유취급소 판매취급소 일반취급소	방사능력 범위 내에 당해 건축물, 그 밖의 공작물 및 위험물이 포함되도록 대형수동식소화기를 설치하고, 당해 위험물의 소요단위의 1/5 이상에 해당되는 능력단위의 소형수동식 소화기등을 설치할 것
옥외탱크저장소 옥내탱크저장소	대형수동식 소화기 및 소형수동식 소화기등을 각각 1개 이상 설치할 것

[비고]

1. 옥내소화전설비, 옥외소화전설비, 스프링클러설비 또는 물분무등 소화설비를 설치한 경우에는 당해 소화설비의 방사능력 범위 내의 부분에 대해서는 대형수동식 소화기를 설치하지 아니할 수 있다.
2. 소형수동식 소화기등이란 제4호의 규정에 의한 소형수동식 소화기 또는 기타 소화설비를 말한다. 이하 같다.

3 소화난이도등급 Ⅲ의 제조소등 및 소화설비

(1) 소화난이도등급 Ⅲ에 해당하는 제조소등

제조소등의 구분	제조소등의 규모, 저장 또는 취급하는 위험물의 품명 및 최대수량 등
제조소 일반취급소	제48조의 위험물을 취급하는 것
	제48조의 위험물 외의 것을 취급하는 것으로서 소화난이도등급Ⅰ 또는 소화난이도등급 Ⅱ의 제조소등에 해당하지 아니하는 것
옥내저장소	제48조의 위험물을 취급하는 것
	제48조의 위험물 외의 것을 취급하는 것으로서 소화난이도등급Ⅰ 또는 소화난이도등급 Ⅱ의 제조소등에 해당하지 아니하는 것
지하탱크저장소 간이탱크저장소	모든 대상
옥외저장소	덩어리 상태의 유황을 저장하는 것으로서 경계표시 내부의 면적(2 이상의 경계표시가 있는 경우에는 각 경계표시의 내부의 면적을 합한 면적)이 $5m^2$ 미만인 것
	덩어리 상태의 유황 외의 것을 저장하는 것으로서 소화난이도등급Ⅰ 또는 소화난이도등급 Ⅱ의 제조소등에 해당하지 아니하는 것
주유취급소	옥내주유취급소 외의 것으로서 소화난이도등급 Ⅰ의 제조소등에 해당하지 아니하는 것
제1종 판매취급소	모든 대상

[비고] 제조소등의 구분별로 오른쪽란에 정한 제조소등의 규모, 저장 또는 취급하는 위험물의 수량 및 최대수량 등의 어느 하나에 해당하는 제조소등은 소화난이도등급 Ⅲ에 해당하는 것으로 한다.

(2) 소화난이도등급 Ⅲ의 제조소등에 설치하여야 하는 소화설비

제조소등의 구분	소화설비	설치기준	
지하탱크 저장소	소형수동식 소화기등	능력단위의 수치가 3 이상	2개 이상
이동탱크저장소	자동차용 소화기	무상의 강화액 8L 이상	2개 이상
		이산화탄소 3.2kg 이상	
		일브롬화일염화이플루오르화메탄(CF_2ClBr) 2L 이상	
		일브롬화삼플루오르화메탄(CF_3Br)2L 이상	
		이브롬화사플루오르화에탄($C_2F_4Br_2$) 1L 이상	
		소화분말 3.3kg 이상	
	마른 모래 및 팽창질석 또는 팽창진주암	마른 모래 150L 이상	
		팽창질석 또는 팽창진주암 640L 이상	
그 밖의 제조소등	소형수동식 소화기등	능력단위의 수치가 건축물 그 밖의 공작물 및 위험물의 소요단위의 수치에 이르도록 설치할 것. 다만, 옥내소화전설비, 옥외소화전설비, 스프링클러설비, 물분무등 소화설비 또는 대형수동식소화기를 설치한 경우에는 당해 소화설비의 방사능력범위내의 부분에 대하여는 수동식 소화기등을 그 능력단위의 수치가 당해 소요단위의 수치의 1/5 이상이 되도록 하는 것으로 족하다.	

[비고] 알킬알루미늄 등을 저장 또는 취급하는 이동탱크저장소에 있어서는 자동차용 소화기를 설치하는 외에 마른모래나 팽창질석 또는 팽창진주암을 추가로 설치하여야 한다.

단원 예상문제

1. 연면적이 1000m²이고 지정수량의 80배의 위험물을 취급하며 지반면으로부터 5m 높이에 위험물 취급설비가 있는 제조소의 소화난이도 등급은?

① 소화난이도 등급 Ⅰ ② 소화난이도 등급 Ⅱ
③ 소화난이도 등급 Ⅲ ④ 제시된 조건으로 판단할 수 없음

해설 제조소, 일반 취급소의 소화난이도 등급 Ⅰ에 해당되는 시설

㉮ 연면적 1000m² 이상인 것
㉯ 지정수량의 100배 이상인 것(고인화점 위험물만을 100℃ 미만의 온도에서 취급하는 것 및 제48조의 위험물을 취급하는 것은 제외)
㉰ 지반면으로부터 6m 이상의 높이에 위험물 취급설비가 있는 것(고인화점 위험물만을 100℃ 미만의 온도에서 취급하는 것은 제외)
㉱ 일반취급소로 사용되는 부분 외의 부분을 갖는 건축물에 설치된 것(내화구조로 개구부 없이 구획된 것, 고인화점 위험물만을 100℃ 미만의 온도에서 취급하는 것 및 별표16 Ⅹ의 2의 화학실험의 일반취급소는 제외)

참고 문제에서 주어진 조건 중 연면적이 소화난이도 등급 Ⅰ에 해당된다.

2. 벤젠을 저장하는 옥외탱크 저장소가 액표면적이 45m²인 경우 소화난이도 등급은?

① 소화난이도 등급 Ⅰ ② 소화난이도 등급 Ⅱ
③ 소화난이도 등급 Ⅲ ④ 제시된 조건으로 판단할 수 없음

해설 소화난이도 등급 Ⅰ에 해당하는 옥외탱크 저장소

㉮ 액표면적이 40m² 이상인 것(제6류 위험물을 저장하는 것 및 고인화점위험물만을 100℃ 미만의 온도에서 저장하는 것은 제외)
㉯ 지반면으로부터 탱크 옆판의 상단까지 높이가 6m 이상인 것(제6류 위험물을 저장하는 것 및 고인화점위험물만을 100℃ 미만의 온도에서 저장하는 것은 제외)
㉰ 지중탱크 또는 해상탱크로서 지정수량의 100배 이상인 것(제6류 위험물을 저장하는 것 및 고인화점위험물만을 100℃ 미만의 온도에서 저장하는 것은 제외)
㉱ 고체위험물을 저장하는 것으로서 지정수량의 100배 이상인 것

3. 소화난이도 등급 Ⅰ의 옥내저장소에 설치하여야 하는 소화설비에 해당하지 않는 것은?

① 옥외소화전설비 ② 연결살수설비
③ 스프링클러설비 ④ 물분무 소화설비

해설 소화난이도등급 Ⅰ에 해당하는 옥내저장소에 갖추어야 할 소화설비

㉮ 처마높이가 6m 이상인 단층 건물 또는 다른 용도의 부분이 있는 건축물에 설치한 옥내저장소 : 스프링클러설비 또는 이동식 외의 물분무등 소화설비
㉯ 그 밖의 것 : 옥외소화전설비, 스프링클러설비, 이동식 외의 물분무등 소화설비 또는 이동식 포소화설비(포소화전을 옥외에 설치하는 것에 한한다)

4. 소화난이도 등급 Ⅰ인 옥외탱크 저장소에 있어서 제4류 위험물 중 인화점이 섭씨 70도 이상인 것을 저장, 취급하는 경우 어느 소화설비를 설치해야 하는가? (단, 지중탱크 또는 해상탱크 외의 것이다.)

① 스프링클러 소화설비
② 물분무 소화설비
③ 이산화탄소 소화설비
④ 분말 소화설비

해설 소화난이도 등급 Ⅰ인 옥외탱크 저장소에 설치하여야 할 소화설비

구 분			소화설비
옥외탱크저장소	지중탱크 또는 해상탱크 외의 것	유황만을 취급하는 것	물분무소화설비
		인화점 70℃ 이상의 제4류 위험물만을 저장 취급하는 것	물분무소화설비 또는 고정식 포소화설비
		그 밖의 것	고정식 포소화설비(포소화설비가 적응성이 없는 경우 분말소화설비)
	지중탱크		고정식 포소화설비, 이동식 이외의 불활성가스 소화설비 또는 이동식 이외의 할로겐화합물소화설비
	해상탱크		고정식 포소화설비, 물분무소화설비, 이동식 이외의 불활성가스소화설비 또는 이동식 이외의 할로겐화합물소화설비

5. 소화난이도 등급 Ⅰ의 옥내탱크 저장소에 설치하는 소화설비가 아닌 것은? (단, 인화점이 70℃ 이상인 제4류 위험물만을 저장, 취급하는 장소이다.)

① 물분무 소화설비, 고정식 포소화설비
② 이동식 외의 이산화탄소 소화설비, 고정식 포소화설비
③ 이동식의 분말 소화설비, 스프링클러 설비
④ 이동식 외의 할로겐화합물 소화설비, 물분무 소화설비

해설 소화난이도 등급 Ⅰ인 옥내탱크 저장소에 설치하여야 할 소화설비

구 분	소화설비
유황만을 저장 취급하는 것	물분무 소화설비
인화점 70℃ 이상의 제4류 위험물만을 저장 취급하는 것	물분무 소화설비, 고정식 포소화설비, 이동식 이외의 불활성가스소화설비, 이동식 이외의 할로겐화합물소화설비 또는 이동식 이외의 분말소화설비
그 밖의 것	고정식 포소화설비, 이동식 이외의 불활성가스소화설비, 이동식 이외의 할로겐화합물소화설비 또는 이동식 이외의 분말소화설비

6. 위험물 안전관리법령상 옥내 주유취급소의 소화난이도 등급은?

① Ⅰ　　② Ⅱ
③ Ⅲ　　④ Ⅳ

해설 주유취급소의 소화난이도 등급[시행규칙 별표17]

㉮ 소화난이도 등급 Ⅰ : 주유취급소 직원 외의 자가 출입하는 부분 면적의 합이 500m²를 초과하는 것

㉯ 소화난이도 등급 Ⅱ : 옥내 주유취급소로서 소화난이도 등급 Ⅰ의 제조소등에 해당하지 아니하는 것

㉰ 소화난이도 등급 Ⅲ : 옥내 주유취급소 외의 것으로서 소화난이도등급 Ⅰ의 제조소등에 해당하지 아니하는 것

참고 옥내 주유취급소의 소화난이도 등급은 Ⅱ에 해당된다.

7. 제6류 위험물을 저장하는 옥내탱크 저장소로서 단층 건물에 설치된 것의 소화 난이도 등급은?

① Ⅰ 등급　　② Ⅱ 등급
③ Ⅲ 등급　　④ 해당 없음

해설 소화난이도 등급

㉮ 옥내탱크 저장소로서 단층 건물에 위험물을 취급하는 것은 소화난이도등급 Ⅱ에 해당되지만 제6류 위험물만을 저장하는 경우에는 제외되는 경우이다.

㉯ 옥내탱크 저장소에 6류 위험물을 저장하는 경우 소화난이도 등급은 어디에도 해당되지 않는다.

8. 소화난이도 등급 Ⅱ의 제조소에 소화설비를 설치할 때 대형 수동식 소화기와 함께 설치하여야 하는 소형 수동식 소화기의 능력단위에 관한 설명으로 옳은 것은?

① 위험물의 소요단위에 해당하는 능력단위의 소형 수동식 소화기등을 설치할 것
② 위험물의 소요단위의 1/2 이상에 해당하는 능력단위의 소형 수동식 소화기등을 설치할 것
③ 위험물의 소요단위의 1/5 이상에 해당하는 능력단위의 소형 수동식 소화기등을 설치할 것
④ 위험물의 소요단위의 10배 이상에 해당하는 능력단위의 소형 수동식 소화기등을 설치할 것

해설 소화난이도 등급 Ⅱ의 제조소에 소화설비를 설치 기준

㉮ 방사능력 범위 내에 당해 건축물, 그 밖의 공작물 및 위험물이 포함되도록 대형수동식소화기를 설치할 것

㉯ 당해 위험물의 소요단위의 1/5 이상에 해당되는 능력단위의 소형수동식 소화기등을 설치할 것

정답 1. ① 2. ① 3. ② 4. ② 5. ③ 6. ② 7. ④ 8. ③

2-2 위험물 성질에 따른 소화설비 기준 [시행규칙 별표17]

1 소화설비의 적응성

대상물의 구분 / 소화설비의 구분			대상물 구분											
			건축물 · 그 밖의 공작물	전기설비	제1류 위험물		제2류 위험물			제3류 위험물		제4류 위험물	제5류 위험물	제6류 위험물
					알칼리금속 과산화물 등	그 밖의 것	철분 · 금속분 · 마그네슘 등	인화성고체	그 밖의 것	금수성물품	그 밖의 것			
옥내소화전 또는 옥외소화전설비			○			○		○	○		○		○	○
스프링클러설비			○			○		○	○		○	△	○	○
물분무등 소화설비	물분무소화설비		○	○		○		○	○		○	○	○	○
	포소화설비		○			○		○	○		○	○	○	○
	불활성가스소화설비			○				○				○		
	할로겐화합물소화설비			○				○				○		
	분말소화설비	인산염류 등	○	○		○		○	○			○		○
		탄산수소염류 등		○	○		○	○		○		○		
		그 밖의 것			○		○			○				
대형 · 소형 수동식 소화기	봉상수(棒狀水) 소화기		○			○		○	○		○		○	○
	무상수(霧狀水) 소화기		○	○		○		○	○		○		○	○
	봉상강화액소화기		○			○		○	○		○		○	○
	무상강화액소화기		○	○		○		○	○		○	○	○	○
	포소화기		○			○		○	○		○	○	○	○
	이산화탄소소화기			○				○				○		△
	할로겐화합물소화기			○				○				○		
	분말소화기	인산염류소화기	○	○		○		○	○			○		○
		탄산수소염류소화기		○	○		○	○		○		○		
		그 밖의 것			○		○			○				
기타	물통 또는 건조사		○			○		○	○		○		○	○
	건조사				○	○	○	○	○	○	○	○	○	○
	팽창질석 또는 팽창진주암				○	○	○	○	○	○	○	○	○	○

[비고] "○"는 소화설비가 적응성이 있음을 표시하고,
"△"는 제4류 위험물을 저장 또는 취급하는 장소의 살수기준면적에 따라 스프링클러설비의 살수밀도가 규정에 정하는 기준 이상인 경우에는 당해 스프링클러설비가 제4류 위험물에 대하여 적응성이 있음을 표시하고, 제6류 위험물을 저장 또는 취급하는 장소로서 폭발의 위험이 없는 장소에 한하여 이산화탄소 소화기가 제6류 위험물에 대하여 적응성이 있음을 각각 표시한다.

단원 예상문제

1. 위험물 안전관리법령상 소화설비에 해당하지 않는 것은?

① 옥외 소화전설비
② 스프링클러설비
③ 할로겐화합물 소화설비
④ 연결살수설비

해설 위험물 안전관리법령상 소화설비의 종류 : 옥내소화전 또는 옥외소화전, 스프링클러설비, 물분무등 소화설비(물분무소화설비, 포소화설비, 불활성가스소화설비, 할로겐화합물 소화설비, 분말소화설비), 대형·소형 수동식소화기, 건조사

참고 연결살수설비는 소화활동설비에 해당된다.

2. 위험물 안전관리법령상 위험물 제조소등에서 전기설비가 있는 곳에 적응하는 소화설비는?

① 옥내 소화전설비
② 스프링클러설비
③ 포 소화설비
④ 할로겐화합물 소화설비

해설 전기설비에 적응성이 있는 소화설비
㉮ 물분무 소화설비
㉯ 불활성가스 소화설비
㉰ 할로겐화합물 소화설비
㉱ 인산염류 및 탄산수소염류 분말소화설비
㉲ 무상수(霧狀水) 소화기
㉳ 무상강화액 소화기
㉴ 이산화탄소 소화기
㉵ 할로겐화합물 소화기
㉶ 인산염류 및 탄산수소염류 분말소화기

참고 적응성이 없는 소화설비 : 옥내소화전 또는 옥외소화전설비, 스플링클러설비, 포소화설비, 봉상수(棒狀水) 소화기, 봉상강화액 소화기, 포소화기, 건조사

| 변형된 출제문제 |

2-1 전기설비에 적응성이 없는 소화설비는? [12. 1회] [12. 2회] [15. 2회]

① 불활성가스 소화설비 ② 물분무 소화설비
③ 포 소화설비 ④ 할로겐화합물 소화설비

해설 전기설비에 적응성이 없는 소화설비[시행규칙 별표17] : 옥내소화전 또는 옥외소화전설비, 스플링클러설비, 포소화설비, 봉상수(棒狀水) 소화기, 봉상강화액 소화기, 포소화기, 건조사

답 **2-1** ③

3. 알칼리금속 과산화물 저장창고에 화재가 발생하였을 때 가장 적합한 소화약제는?

① 마른 모래 ② 물
③ 이산화탄소 ④ 할론 1211

해설 알칼리금속의 과산화물(제1류 위험물)에 적응성이 있는 소화설비
㉮ 탄산수소염류 분말소화설비 및 분말소화기
㉯ 건조사(마른 모래)
㉰ 팽창질석 또는 팽창진주암

| 변형된 출제문제 |

3-1 알칼리금속 과산화물에 적응성이 있는 소화설비는? [12. 2회] [16. 4회]

① 할로겐화합물 소화설비 ② 탄산수소염류분말 소화설비
③ 물분무 소화설비 ④ 스프링클러설비

답 **3-1** ②

4. 철분, 금속분, 마그네슘의 화재에 적응성이 있는 소화약제는?

① 탄산수소염류분말 ② 할로겐화합물
③ 물 ④ 이산화탄소

해설 제2류 위험물 중 철분, 금속분, 마그네슘에 적응성이 있는 소화설비
㉮ 탄산수소염류 분말소화설비 및 분말소화기
㉯ 건조사
㉰ 팽창질석 또는 팽창진주암

참고 제2류 위험물 중 인화성 고체는 모든 소화설비의 적응성이 있다.

| 변형된 출제문제 |

4-1 철분, 마그네슘, 금속분에 적응성이 있는 소화설비는? [12. 2회]

① 스프링클러설비 ② 할로겐화합물 소화설비
③ 대형 수동식 포 소화기 ④ 건조사

4-2 **위험물 안전관리법령상 철분, 금속분, 마그네슘에 적응성이 있는 소화설비는 다음 중 어느 것인가?** [16. 2회]

① 불활성가스 소화설비
② 할로겐화합물 소화설비
③ 포 소화설비
④ 탄산수소염류 소화설비

답 4-1 ④ 4-2 ④

5. 위험물 안전관리법령상 제3류 위험물의 금수성 물품 화재 시 적응성이 있는 소화약제는?

① 할로겐화합물　　② 물
③ 이산화탄소　　④ 탄산수소염류분말

해설 제3류 위험물 중 금수성 물품에 적응성이 있는 소화설비
㉮ 탄산수소염류 분말소화설비 및 분말소화기
㉯ 건조사
㉰ 팽창질석 또는 팽창진주암

| 변형된 출제문제 |

5-1 **금속칼륨에 대한 초기의 소화약제로서 적합한 것은?** [13. 1회]

① 물　　② 마른 모래
③ CCl_4　　④ CO_2

해설 금속칼륨(K)은 제3류 위험물 중 금수성 물품에 해당된다.

5-2 **제3류 위험물 중 금수성 물질에 적응할 수 있는 소화설비는?** [13. 4회] [15. 4회]

① 포소화설비
② 이산화탄소 소화설비
③ 탄산수소염류 분말소화설비
④ 할로겐화합물 소화설비

5-3 **위험물 안전관리법령에서 정한 제3류 위험물 금수성 물질의 소화설비로 적응성이 있는 것은?** [14. 5회] [15. 1회]

① 이산화탄소 소화설비
② 할로겐화합물 소화설비
③ 인산염류 등 분말 소화설비
④ 탄산수소염류등 분말 소화설비

답 5-1 ② 5-2 ③ 5-3 ④

6. 휘발유, 등유, 경유 등의 제4류 위험물에 화재가 발생하였을 때 소화방법으로 가장 옳은 것은?

① 포 소화설비로 질식 소화시킨다.
② 다량의 물을 위험물에 직접 주수하여 소화한다.
③ 강산화성 소화제를 사용하여 중화시켜 소화한다.
④ 염소산칼륨 또는 염화나트륨이 주성분인 소화약제로 표면을 덮어 소화한다.

해설 제4류 위험물에 적응성이 있는 소화설비

㉮ 물분무 소화설비
㉯ 포 소화설비
㉰ 불활성가스 소화설비
㉱ 할로겐화합물 소화설비
㉲ 분말 소화설비
㉳ 무상강화액 소화기
㉴ 포 소화기
㉵ 이산화탄소 소화기
㉶ 할로겐화합물 소화기
㉷ 인산염류 및 탄산수소염류 소화기
㉸ 건조사
㉹ 팽창질석 또는 팽창진주암
㉺ 스프링클러설비 : 경우에 따라 적응성이 있음

참고 제4류 위험물은 물을 이용한 냉각소화보다는 포, 이산화탄소, 할로겐화합물, 분말 등을 이용한 질식소화가 효과적이다.

7. 위험물 안전관리법령상 제5류 위험물에 적응성이 있는 소화설비는?

① 포 소화설비
② 이산화탄소 소화설비
③ 할로겐화합물 소화설비
④ 탄산수소염류 소화설비

해설 제5류 위험물에 적응성이 있는 소화설비

㉮ 옥내소화전 또는 옥외소화전설비
㉯ 스프링클러설비
㉰ 물분무 소화설비
㉱ 포 소화설비
㉲ 봉상수(棒狀水) 소화기
㉳ 무상수(霧狀水) 소화기
㉴ 봉상강화액 소화기
㉵ 무상강화액 소화기
㉶ 포소화기
㉷ 물통 또는 건조사
㉸ 건조사
㉹ 팽창질석 또는 팽창진주암

8. 제6류 위험물을 저장하는 제조소 등에 적응성이 없는 소화설비는?

① 옥외 소화전설비
② 탄산수소염류 분말 소화설비
③ 스프링클러설비
④ 포 소화설비

해설 제6류 위험물에 적응성이 없는 소화설비

㉮ 불활성가스 소화설비
㉯ 할로겐화합물 소화설비 및 소화기
㉰ 탄산수소염류 분말 소화설비 및 분말 소화기
㉱ 이산화탄소 소화기

9. 위험물 안전관리법령상 할로겐화합물 소화기가 적응성이 있는 위험물은?

① 나트륨 ② 질산메틸
③ 이황화탄소 ④ 과산화나트륨

해설 ㉮ 할로겐화합물 소화기가 적응성이 있는 위험물[시행규칙 별표17] : 전기설비, 제2류 위험물 중 인화성고체, 제4류 위험물
㉯ 각 물질의 유별 및 적응성이 있는 소화기
㉠ 나트륨 : 제3류 위험물(금수성물질) → 탄산수소염류 분말소화기
㉡ 질산메틸 : 제5류 위험물 → 봉상수(棒狀水) 소화기, 무상수(霧狀水) 소화기, 봉상강화액 소화기, 무상강화액 소화기, 포 소화기
㉢ 이황화탄소 : 제4류 위험물 → 무상강화액 소화기, 포 소화기, 이산화탄소 소화기, 할로겐화합물 소화기, 인산염류 분말 소화기, 탄산수소염류 분말 소화기
㉣ 과산화나트륨 : 제1류 위험물(과산화물) → 탄산수소염류 분말 소화기

10. 위험물 안전관리법령에 따른 소화설비의 적응성에 관한 내용 중 ( ) 안에 적합한 내용은?

> 제6류 위험물을 저장 또는 취급하는 장소로서 폭발의 위험이 없는 장소에 한하여 ( ) 가[이] 제6류 위험물에 대하여 적응성이 있다.

① 할로겐화합물 소화기
② 분말 소화기 – 탄산수소염류 소화기
③ 분말 소화기 – 그 밖의 것
④ 이산화탄소 소화기

해설 소화설비의 적응성 중 "△" 표시
㉮ 제4류 위험물을 저장 또는 취급하는 장소의 살수기준면적에 따라 스프링클러설비의 살수밀도가 규정에 정하는 기준 이상인 경우에는 당해 스프링클러설비가 제4류 위험물에 대하여 적응성이 있음을 표시한다.
㉯ 제6류 위험물을 저장 또는 취급하는 장소로서 폭발의 위험이 없는 장소에 한하여 이산화탄소 소화기가 제6류 위험물에 대하여 적응성이 있음을 표시한다.

정답 1. ④ 2. ④ 3. ① 4. ① 5. ④ 6. ① 7. ① 8. ② 9. ③ 10. ④

2 소요단위 및 능력단위 산정법

(1) 전기설비의 소화설비

제조소등에 전기설비가 설치된 경우에 면적 100m^2 마다 소형수동식 소화기를 1개 이상 설치한다.

(2) 소요단위 및 능력단위

① 소요단위 : 소화설비의 설치대상이 되는 건축물 그 밖의 공작물의 규모 또는 위험물의 양의 기준단위

② 능력단위 : ①의 소요단위에 대응하는 소화설비의 소화능력의 기준단위

(3) 소요단위의 계산방법

① 제조소 또는 취급소의 건축물

㈎ 외벽이 내화구조인 것 : 연면적 $100m^2$를 1소요단위로 한다.

㈏ 외벽이 내화구조가 아닌 것 : 연면적 $50m^2$를 1소요단위로 한다.

② 저장소의 건축물

㈎ 외벽이 내화구조인 것 : 연면적 $150m^2$를 1소요단위로 한다.

㈏ 외벽이 내화구조가 아닌 것 : 연면적 $75m^2$를 1소요단위로 한다.

③ 제조소등의 옥외에 설치된 공작물은 외벽이 내화구조인 것으로 간주하고, 공작물의 최대수평투영면적을 연면적으로 간주하여 ① 및 ②의 규정에 의하여 소요단위를 산정한다.

④ 위험물 : 지정수량의 10배를 1소요단위로 한다.

$$\text{위험물 소요단위} = \frac{\text{저장량}}{\text{지정수량} \times 10}$$

(4) 소화설비의 능력단위

① 수동식 소화기 능력단위 : 형식승인 받은 수치로 한다.

② 기타 소화설비의 능력단위

소화설비	용량	능력단위
소화전용(轉用) 물통	8L	0.3
수조(소화전용 물통 3개 포함)	80L	1.5
수조(소화전용 물통 6개 포함)	190L	2.5
마른 모래(삽 1개 포함)	50L	0.5
팽창질석 또는 팽창진주암(삽 1개 포함)	160L	1.0

단원 예상문제

1. **위험물 안전관리법령에서 정한 소화설비의 설치기준에 따라 다음 ( )에 알맞은 숫자를 차례대로 나타낸 것은?**

> "제조소등에 전기설비(전기배선, 조명기구 등은 제외한다)가 설치된 경우에는 당해 장소의 면적 ( )m^2 마다 소형 수동식 소화기를 ( )개 이상 설치할 것"

① 50, 1 ② 50, 2 ③ 100, 1 ④ 100, 2

해설 전기설비의 소화설비 : 제조소등에 전기설비(전기배선, 조명기구 등을 제외한다)가 설치된 경우에는 당해 장소의 면적 100m^2 마다 소형수동식 소화기를 1개 이상 설치한다.

2. **제조소등의 소화설비 설치 시 소요단위 산정에 관한 내용으로 다음 ( ) 안에 알맞은 수치를 차례대로 나열한 것은?**

> 제조소 또는 취급소의 건축물은 외벽이 내화구조인 것은 연면적 ( )m^2를 1소요단위로 하며, 외벽이 내화구조가 아닌 것은 연면적 ( )m^2를 1소요단위로 한다.

① 200, 100 ② 150, 100 ③ 150, 50 ④ 100, 50

해설 소요단위 계산방법

㉮ 제조소 또는 취급소의 건축물
 ㉠ 외벽이 내화구조인 것 : 연면적 100m^2를 1소요단위로 한다.
 ㉡ 외벽이 내화구조가 아닌 것 : 연면적 50m^2를 1소요단위로 한다.

㉯ 저장소의 건축물
 ㉠ 외벽이 내화구조인 것 : 연면적 150m^2를 1소요단위로 한다.
 ㉡ 외벽이 내화구조가 아닌 것 : 연면적 75m^2를 1소요단위로 한다.

㉰ 위험물 : 지정수량의 10배를 1소요단위로 한다.

㉱ 제조소등의 옥외에 설치된 공작물은 외벽이 내화구조인 것으로 간주하고 공작물의 최대수평투영면적을 연면적으로 간주하여 ㉮ 및 ㉯의 규정에 의하여 소요단위를 산정한다.

| 변형된 출제문제 |

2-1 **위험물 취급소의 건축물은 외벽이 내화구조인 경우 연면적 몇 m^2를 1소요단위로 하는가?** [13. 4회]

① 50 ② 100 ③ 150 ④ 200

해설 취급소의 건축물 외벽이 내화구조인 경우 연면적 100m^2를 1소요단위로 한다.

2-2 **제조소등의 소요단위 산정 시 위험물은 지정수량의 몇 배를 1소요단위로 하는가?** [14. 5회]

① 5배 ② 10배 ③ 20배 ④ 50배

해설 위험물은 지정수량의 10배를 1소요단위로 한다.

2-3 위험물 안전관리법령에서 정한 소화설비의 소요단위 산정방법에 대한 설명 중 옳은 것은? [14. 4회]

① 위험물은 지정수량의 100배를 1소요단위로 함
② 저장소용 건축물로 외벽이 내화구조인 것은 연면적 $100m^2$를 1소요단위로 함
③ 제조소용 건축물로 외벽이 내화구조가 아닌 것은 연면적 $50m^2$를 1소요단위로 함
④ 저장소용 건축물로 외벽이 내화구조가 아닌 것은 연면적 $25m^2$를 1소요단위로 함

해설 각 항목의 옳은 내용
① 위험물은 지정수량의 10배를 1소요단위로 한다.
② 저장소용 건축물 외벽이 내화구조인 것은 연면적 $150m^2$를 1소요단위로 한다.
④ 저장소용 건축물 외벽이 내화구조가 아닌 것은 연면적 $75m^2$를 1소요단위로 한다.

2-4 위험물 안전관리법령에 따른 건축물 그 밖의 공작물 또는 위험물의 소요단위의 계산방법의 기준으로 옳은 것은? [12. 5회]

① 위험물은 지정수량의 100배를 1소요단위로 할 것
② 저장소의 건축물은 외벽에 내화구조인 것은 연면적 $100m^2$를 1소요단위로 할 것
③ 저장소의 건축물은 외벽이 내화구조가 아닌 것은 연면적 $50m^2$를 1소요단위로 할 것
④ 제조소 또는 취급소용으로서 옥외에 있는 공작물인 경우 최대수평투영면적 $100m^2$를 1소요단위로 할 것

해설 각 항목의 옳은 내용
① 위험물은 지정수량의 10배를 1소요단위로 한다.
② 저장소의 건축물은 외벽이 내화구조인 것은 연면적 $150m^2$를 1소요단위로 한다.
③ 저장소의 건축물은 외벽이 내화구조가 아닌 것은 연면적 $75m^2$를 1소요단위로 한다.

답 2-1 ② 2-2 ② 2-3 ③ 2-4 ④

3. 위험물 안전관리법령상 연면적이 $450m^2$인 저장소의 건축물 외벽이 내화구조가 아닌 경우 이 저장소의 소화기 소요단위는?

① 3　　② 4.5
③ 6　　④ 9

해설 저장소 건축물 외벽이 내화구조가 아닌 것은 연면적 $75m^2$를 1소요단위로 한다.

$$\therefore 소요단위 = \frac{건축물\ 연면적}{1소요단위\ 면적} = \frac{450}{75} = 6\ 단위$$

| 변형된 출제문제 |

3-1 건축물 외벽이 내화구조이며 연면적 $300m^2$인 위험물 옥내저장소의 건축물에 대하여 소화설비의 소화능력 단위는 최소한 몇 단위 이상이 되어야 하는가?

① 1단위 ② 2단위
③ 3단위 ④ 4단위

해설 저장소의 건축물 외벽이 내화구조인 것은 연면적 $150m^2$를 1소요단위로 한다.

$$\therefore \text{소요단위} = \frac{\text{건축물 연면적}}{\text{1소요단위 면적}} = \frac{300}{150} = 2\text{ 단위}$$

답 3-1 ②

4. 알코올류 20000L에 대한 소화설비 설치 시 소요단위는?

① 5 ② 10 ③ 15 ④ 20

해설 ㉮ 알코올 : 제4류 위험물로 지정수량은 400L이다.
㉯ 1소요단위는 지정수량의 10배이다.

$$\therefore \text{소요 단위} = \frac{\text{위험물의 양}}{\text{지정수량} \times 10} = \frac{20000}{400 \times 10} = 5$$

| 변형된 출제문제 |

4-1 소화설비의 설치기준에서 유기과산화물 1000kg은 몇 소요단위에 해당하는가? [12. 1회] [15. 5회]

① 10 ② 20
③ 30 ④ 40

해설 ㉮ 유기과산화물 : 제5류 위험물로 지정수량은 10kg이다.
㉯ 지정수량의 10배를 1소요단위로 한다.

$$\therefore \text{소요단위} = \frac{\text{저장량}}{\text{지정수량} \times 10} = \frac{1000}{10 \times 10} = 10$$

답 4-1 ①

5. 질산의 비중이 1.5일 때 1소요 단위는 몇 L 인가?

① 150 ② 200 ③ 1500 ④ 2000

해설 ㉮ 질산 : 제6류 위험물로 지정수량은 300kg이다.
㉯ 1소요단위 : 지정수량의 10배이다.
∴ 1소요단위=300×10=3000kg
㉰ 무게를 체적단위로 환산

$$\therefore \text{체적(L)} = \frac{\text{무게(kg)}}{\text{비중(kg/L)}} = \frac{3000}{1.5} = 2000\text{L}$$

6. 아염소산염류 500kg과 질산염류 3000kg을 함께 저장하는 경우 위험물의 소요단위는 얼마인가?

① 2　② 4
③ 6　④ 8

해설 ㉮ 아염소산염류 : 제1류 위험물로 지정수량은 50kg이다.
㉯ 질산염류 : 제1류 위험물로 지정수량은 300kg이다.
㉰ 지정수량의 10배를 1소요단위로 하며, 위험물이 2종류 이상을 함께 저장하는 경우 각각 소요단위를 계산하여 합산한다.

$$\therefore \text{소요단위} = \frac{\text{A 저장량}}{\text{지정수량} \times 10} + \frac{\text{B 저장량}}{\text{지정수량} \times 10}$$

$$= \frac{500}{50 \times 10} + \frac{3000}{300 \times 10} = 2$$

7. 소화전용 물통 8리터의 능력단위는 얼마인가?

① 0.1　② 0.3
③ 0.5　④ 1.0

해설 소화설비의 능력단위[시행규칙 별표17]

소화설비 종류	용량	능력단위
소화전용 물통	8L	0.3
수조(소화전용 물통 3개 포함)	80L	1.5
수조(소화전용 물통 6개 포함)	190L	2.5
마른모래(삽 1개 포함)	50L	0.5
팽창질석 또는 팽창진주암(삽 1개 포함)	160L	1.0

| 변형된 출제문제 |

7-1 소화전용 물통 3개를 포함한 수조 80L의 능력단위는? [14. 4회]

① 0.3　② 0.5
③ 1.0　④ 1.5

7-1 팽창진주암(삽 1개 포함)의 능력단위 1은 용량이 몇 L인가? [15. 4회]

① 70　② 100
③ 130　④ 160

답 7-1 ④ 7-2 ④

정답 1. ③ 2. ④ 3. ③ 4. ① 5. ④ 6. ① 7. ②

Chapter 03

경보 및 피난설비 설치기준

3-1 경보 및 피난설비 종류

1 경보설비 [소방시설법 시행령 별표1]

화재발생 사실을 통보하는 기계, 기구 또는 설비이다.

① 단독경보형 감지기
② 비상경보설비 : 비상벨 설비, 자동식 사이렌설비
③ 시각경보기
④ 자동화재탐지설비
⑤ 비상방송설비
⑥ 자동화재속보설비
⑦ 통합감시시설
⑧ 누전경보기
⑨ 가스누설경보기

2 피난구조설비 [소방시설법 시행령 별표1]

화재가 발생할 경우 피난하기 위하여 사용하는 기구 또는 설비이다.

① 피난기구 : 피난사다리, 구조대, 완강기, 그 밖에 소방청장이 정하여 고시하는 것
② 인명구조기구 : 방열복, 방화복(안전헬멧, 보호장갑 및 안전화를 포함한다), 공기호흡기, 인공소생기
③ 유도등 : 피난유도선, 피난유도등, 통로유도등, 객석유도등, 유도표시
④ 비상조명등 및 휴대용비상조명등

3 소화용수설비, 소화활동설비 [소방시설법 시행령 별표1]

(1) 소화용수설비

화재를 진압하는 데 필요한 물을 공급하거나 저장하는 설비이다.

① 상수도소화용수설비
② 소화수조, 저수조, 그 밖의 소화용수설비

(2) 소화활동설비

화재를 진압하거나 인명구조활동을 위하여 사용하는 설비이다.

① 제연설비
② 연결송수관설비
③ 연결살수설비
④ 비상콘센트설비
⑤ 무선통신보조설비
⑥ 연소방지설비

3-2 경보설비 설치 기준

1 경보설비

(1) 경보설비의 기준 [시행규칙 제42조]

① 지정수량의 10배 이상의 위험물을 저장 또는 취급하는 제조소등(이동탱크저장소를 제외한다)에는 화재발생 시 이를 알릴 수 있는 경보설비를 설치한다.

② 경보설비는 자동화재 탐지설비·비상경보설비(비상벨장치 또는 경종을 포함한다)·확성장치(휴대용확성기를 포함한다) 및 비상방송설비로 구분한다.

③ 자동신호장치를 갖춘 스프링클러설비 또는 물분무등 소화설비를 설치한 제조소등에 있어서는 자동화재 탐지설비를 설치한 것으로 본다.

(2) 제조소등별로 설치하여야 하는 경보설비의 종류 [시행규칙 별표17]

제조소등의 구분	제조소등의 규모, 저장 또는 취급하는 위험물의 종류 및 최대수량 등	경보설비
1. 제조소 및 일반취급소	• 연면적 500m² 이상인 것 • 옥내에서 지정수량의 100배 이상을 취급하는 것(고인화점 위험물만을 100℃ 미만의 온도에서 취급하는 것을 제외한다) • 일반취급소로 사용되는 부분 외의 부분이 있는 건축물에 설치된 일반취급소(일반취급소와 일반취급소 외의 부분이 내화구조의 바닥 또는 벽으로 개구부 없이 구획된 것을 제외한다)	자동화재 탐지설비
2. 옥내저장소	• 지정수량의 100배 이상을 저장 또는 취급하는 것(고인화점위험물만을 저장 또는 취급하는 것을 제외한다) • 저장창고의 연면적이 150m²를 초과하는 것[당해저장창고가 연면적 150m² 이내마다 불연재료의 격벽으로 개구부 없이 완전히 구획된 것과 제2류 또는 제4류 위험물(인화성고체 및 인화점이 70℃ 미만인 제4류 위험물을 제외한다)만을 저장 또는 취	

	급하는 것에 있어서는 저장창고의 연면적이 500m² 이상의 것에 한한다] • 처마높이가 6m 이상인 단층건물의 것 • 옥내저장소로 사용되는 부분 외의 부분이 있는 건축물에 설치된 옥내저장소[옥내저장소와 옥내저장소 외의 부분이 내화구조의 바닥 또는 벽으로 개구부 없이 구획된 것과 제2류 또는 제4류 위험물(인화성고체 및 인화점이 70℃ 미만인 제4류 위험물을 제외한다)만을 저장 또는 취급하는 것을 제외한다]	
3. 옥내탱크저장소	단층 건물 외의 건축물에 설치된 옥내탱크저장소로서 소화난이도등급 Ⅰ에 해당하는 곳	
4. 주유취급소	옥내주유취급소	
5. 제1호 내지 제4호의 자동화재 탐지설비 설치대상에 해당하지 아니하는 제조소등	지정수량의 10배 이상을 저장 또는 취급하는 것	자동화재 탐지설비, 비상경보설비, 확성장치 또는 비상방송설비 중 1종 이상

[비고] 이송취급소의 경보설비는 별표15 Ⅳ 제14호의 규정에 의한다. → 이송기지에는 비상벨장치 및 확성장치를 설치한다.

2 자동화재 탐지설비 설치기준 [시행규칙 별표17]

① 자동화재 탐지설비의 경계구역(화재가 발생한 구역을 다른 구역과 구분하여 식별할 수 있는 최소단위의 구역을 말한다)은 건축물 그 밖의 공작물의 2 이상의 층에 걸치지 아니하도록 할 것. 다만, 하나의 경계구역의 면적이 500m² 이하이면서 당해 경계구역이 두 개의 층에 걸치는 경우이거나 계단·경사로·승강기의 승강로 그 밖에 이와 유사한 장소에 연기감지기를 설치하는 경우에는 그러하지 아니하다.

② 하나의 경계구역의 면적은 600m² 이하로 하고 그 한 변의 길이는 50m(광전식분리형 감지기를 설치할 경우에는 100m) 이하로 한다. 다만, 당해 건축물 그 밖의 공작물의 출입구에서 그 내부의 전체를 볼 수 있는 경우에는 그 면적을 1000m² 이하로 할 수 있다.

③ 자동화재 탐지설비의 감지기는 지붕(상층이 있는 경우에는 상층의 바닥) 또는 벽의 옥내에 면한 부분(천장이 있는 경우에는 천장 또는 벽의 옥내에 면한 부분 및 천장의 뒷부분)에 유효하게 화재의 발생을 감지할 수 있도록 설치한다.

④ 자동화재 탐지설비에는 비상전원을 설치한다.

단원 예상문제

1. 지정수량의 몇 배 이상의 위험물을 취급하는 제조소에는 화재발생 시 이를 알릴 수 있는 경보설비를 설치하여야 하는가?

① 5 ② 10 ③ 20 ④ 100

해설 경보설비의 기준

㉮ 지정수량의 10배 이상의 위험물을 저장 또는 취급하는 제조소등(이동탱크저장소를 제외한다)에는 화재발생 시 이를 알릴 수 있는 경보설비를 설치하여야 한다.

㉯ 경보설비는 자동화재 탐지설비·비상경보설비(비상벨장치 또는 경종을 포함한다)·확성장치(휴대용확성기를 포함한다) 및 비상방송설비로 구분한다.

㉰ 자동신호장치를 갖춘 스프링클러설비 또는 물분무등 소화설비를 설치한 제조소등에 있어서는 자동화재 탐지설비를 설치한 것으로 본다.

2. 위험물 안전관리법령에서 정한 경보설비가 아닌 것은?

① 자동화재 탐지설비② 비상조명설비 ③ 비상경보설비 ④ 비상방송설비

해설 경보설비의 구분(종류)

㉮ 자동화재 탐지설비 ㉯ 비상경보설비(비상벨장치 또는 경종을 포함한다)

㉰ 확성장치(휴대용확성기를 포함한다) ㉱ 비상방송설비

참고 비상조명설비는 피난설비에 해당된다.

| 변형된 출제문제 |

2-1 위험물 안전관리법령상 지정수량 10배 이상의 위험물을 저장하는 제조소에 설치하여야 하는 경보설비의 종류가 아닌 것은? [15. 2회]

① 자동화재 탐지설비 ② 자동화재 속보설비

③ 휴대용 확성기 ④ 비상방송설비

해설 '소방시설법'에 자동화재 속보설비는 경보설비에 해당되지만 위험물 안전관리법령에는 설치하여야 하는 경보설비에는 포함되지 않는다.

답 2-1 ②

3. 위험물 제조소 등에 경보설비를 설치해야 하는 경우가 아닌 것은? (단, 지정수량의 10배 이상을 저장 또는 취급하는 경우이다.)

① 이동탱크 저장소

② 단층 건물로 처마 높이가 6m인 옥내저장소

③ 단층 건물 외의 건축물에 설치된 옥내탱크 저장소로서 소화난이도 등급 Ⅰ에 해당하는 것

④ 옥내주유 취급소

해설 이동탱크 저장소는 경보설비 설치제외 대상이다.

4. **지정수량 10배의 위험물을 저장 또는 취급하는 제조소에 있어서 연면적이 최소 몇 m^2이면 자동화재 탐지설비를 설치해야 하는가?**

① 100 ② 300

③ 500 ④ 1000

해설 제조소 및 일반취급소에 자동화재 탐지설비만을 설치해야 하는 대상

㉮ 연면적 $500m^2$ 이상인 것

㉯ 옥내에서 지정수량의 100배 이상을 취급하는 것(고인화점 위험물만을 100℃ 미만의 온도에서 취급하는 것을 제외한다)

㉰ 일반취급소로 사용되는 부분 외의 부분이 있는 건축물에 설치된 일반취급소(일반취급소와 일반취급소 외의 부분이 내화구조의 바닥 또는 벽으로 개구부 없이 구획된 것을 제외한다)

| 변형된 출제문제 |

4-1 위험물 안전관리법령상 경보설비로 자동화재 탐지설비를 설치해야 할 위험물 제조소의 규모의 기준에 대한 설명으로 옳은 것은? [15. 4회]

① 연면적 $500m^2$ 이상인 것

② 연면적 $1000m^2$ 이상인 것

③ 연면적 $1500m^2$ 이상인 것

④ 연면적 $2000m^2$ 이상인 것

4-2 위험물 제조소의 경우 연면적이 최소 몇 m^2 이면 자동화재 탐지설비를 설치해야 하는가? (단, 원칙적인 경우에 한한다.) [16. 1회]

① 100 ② 300

③ 500 ④ 1000

답 4-1 ① 4-2 ③

5. **옥내에서 지정수량의 100배 이상을 취급하는 일반취급소에 설치하여야 하는 경보설비는? (단, 고인화점 위험물만을 취급하는 경우는 제외한다.)**

① 비상경보설비

② 자동화재 탐지설비

③ 비상방송설비

④ 비상벨설비 및 확성장치

해설 옥내저장소의 자동화재 탐지설비 설치 대상

㉮ 지정수량의 100배 이상을 저장 또는 취급하는 것(고인화점위험물만을 저장 또는 취급하는 것을 제외한다)

㉯ 저장창고의 연면적이 $150m^2$를 초과하는 것

㉰ 처마높이가 6m 이상인 단층건물의 것

㉱ 옥내저장소로 사용되는 부분 외의 부분이 있는 건축물에 설치된 옥내저장소

6. 위험물 제조소등에 설치하여야 하는 자동화재 탐지설비의 설치기준에 대한 설명 중 틀린 것은?

① 자동화재 탐지설비의 경계구역은 건축물 그 밖의 공작물의 2 이상의 층에 걸치도록 할 것
② 하나의 경계구역에서 그 한 변의 길이는 50m(광전식 분리형 감지기를 설치한 경우에는 100m) 이하로 할 것
③ 자동화재 탐지설비의 감지기는 지붕 또는 벽의 옥내에 면한 부분에 유효하게 화재의 발생을 감지할 수 있도록 설치할 것
④ 자동화재 탐지설비에는 비상전원을 설치할 것

해설 자동화재 탐지설비 설치기준

㉮ 자동화재 탐지설비의 경계구역은 건축물 그 밖의 공작물의 2 이상의 층에 걸치지 아니하도록 한다. 다만, 하나의 경계구역의 면적이 500m^2 이하이면서 당해 경계구역이 두 개의 층에 걸치는 경우이거나 계단·경사로·승강기의 승강로 그 밖에 이와 유사한 장소에 연기감지기를 설치하는 경우에는 그러하지 아니하다.

㉯ 하나의 경계구역의 면적은 600m^2 이하로 하고 그 한 변의 길이는 50m(광전식분리형 감지기를 설치할 경우에는 100m) 이하로 한다. 다만, 당해 건축물 그 밖의 공작물의 출입구에서 그 내부의 전체를 볼 수 있는 경우에는 그 면적을 1000m^2 이하로 할 수 있다.

㉰ 자동화재 탐지설비의 감지기는 지붕(상층이 있는 경우에는 상층의 바닥) 또는 벽의 옥내에 면한 부분(천장이 있는 경우에는 천장 또는 벽의 옥내에 면한 부분 및 천장의 뒷부분)에 유효하게 화재의 발생을 감지할 수 있도록 설치한다.

㉱ 자동화재 탐지설비에는 비상전원을 설치한다.

| 변형된 출제문제 |

6-1 위험물 안전관리법령상 자동화재 탐지설비의 설치기준으로 옳지 않은 것은 어느 것인가? [16. 1회]

① 경계구역은 건축물의 최소 2개 이상의 층에 걸치도록 할 것
② 하나의 경계구역의 면적은 600m^2 이하로 할 것
③ 감지기는 지붕 또는 벽의 옥내에 면한 부분에 유효하게 화재의 발생을 감지할 수 있도록 설치할 것
④ 비상전원을 설치할 것

해설 자동화재 탐지설비의 경계구역은 건축물 그 밖의 공작물의 2 이상의 층에 걸치지 않도록 하여야 한다.

6-2 위험물 안전관리법령상 자동화재 탐지설비의 경계구역 하나의 면적은 몇 m^2 이하이어야 하는가? (단, 원칙적인 경우에 한한다.) [14. 5회]

① 250 ② 300 ③ 400 ④ 600

해설 하나의 경계구역의 면적은 600m^2 이하로 한다.

6-3 위험물 안전관리법령에서 정한 자동화재 탐지설비에 대한 기준으로 틀린 것은? (단, 원칙적인 경우에 한한다.) [12. 4회] [15. 2회]

① 경계구역은 건축물, 그 밖의 공작물의 2 이상의 층에 걸치지 아니하도록 할 것
② 하나의 경계구역의 면적은 $600m^2$ 이하로 할 것
③ 하나의 경계구역의 한 변 길이는 30m 이하로 할 것
④ 자동화재 탐지설비에는 비상전원을 설치할 것

해설 하나의 경계구역 한 변의 길이는 50m(광전식분리형 감지기를 설치할 경우에는 100m) 이하로 하여야 한다.

6-4 위험물 시설에 설비하는 자동화재 탐지설비의 하나의 경계구역 면적과 그 한 변의 길이의 기준으로 옳은 것은? (단, 광전식 분리형 감지기를 설치하지 않은 경우이다.) [15. 4회]

① $300m^2$ 이하, 50m 이하
② $300m^2$ 이하, 100m 이하
③ $600m^2$ 이하, 50m 이하
④ $600m^2$ 이하, 100m 이하

해설 하나의 경계구역의 면적은 $600m^2$ 이하로 하고 그 한 변의 길이는 50m(광전식 분리형 감지기를 설치할 경우에는 100m) 이하로 한다.

6-5 위험물 제조소 및 일반 취급소에 설치하는 자동화재 탐지설비의 설치기준으로 틀린 것은? [15. 4회]

① 하나의 경계구역은 $600m^2$ 이하로 하고, 한 변의 길이는 50m 이하로 한다.
② 주요한 출입구에서 내부전체를 볼 수 있는 겨우 경계구역은 $1000m^2$ 이하로 할 수 있다.
③ 광전식 분리형 감지기를 설치할 경우에는 하나의 경계구역을 $1000m^2$ 이하로 할 수 있다.
④ 비상전원을 설치하여 한다.

해설 광전식 분리형 감지기를 설치하는 경우는 경계구역 한 변의 길이를 정할 때 예외규정에 적용된다.

답 6-1 ① 6-2 ④ 6-3 ③ 6-4 ③ 6-5 ③

정답 1. ② 2. ② 3. ① 4. ③ 5. ② 6. ①

3-3 피난설비의 설치 기준

1 피난설비

(1) 피난설비 설치 대상 [시행규칙 제43조]

① 주유취급소 중 건축물의 2층 이상의 부분을 점포·휴게음식점 또는 전시장의 용도로 사용하는 것

② 옥내주유취급소

(2) 피난설비 설치기준 [시행규칙 별표17]

① 주유취급소 중 건축물의 2층 이상의 부분을 점포·휴게음식점 또는 전시장의 용도로 사용하는 것에 있어서는 당해 건축물의 2층 이상으로부터 주유취급소의 부지 밖으로 통하는 출입구와 당해 출입구로 통하는 통로·계단 및 출입구에 유도등을 설치하여야 한다.

② 옥내주유취급소에 있어서는 당해 사무소 등의 출입구 및 피난구와 당해 피난구로 통하는 통로·계단 및 출입구에 유도등을 설치하여야 한다.

③ 유도등에는 비상전원을 설치하여야 한다.

단원 예상문제

1. 피난설비를 설치하여야 하는 위험물 제조소등에 해당하는 것은?

① 건축물의 2층 부분을 자동차 정비소로 사용하는 주유취급소
② 건축물의 2층 부분을 전시장으로 사용하는 주유취급소
③ 건축물의 1층 부분을 주유사무소로 사용하는 주유취급소
④ 건축물의 1층 부분을 관계자의 주거시설로 사용하는 주유취급소

해설 피난설비 설치 대상

㉮ 주유취급소 중 건축물의 2층 이상의 부분을 점포·휴게음식점 또는 전시장의 용도로 사용하는 것

㉯ 옥내주유취급소

2. 위험물 안전관리법령에 따라 다음 ( ) 안에 알맞은 용어는?

> 주유취급소 중 건축물의 2층 이상의 부분을 점포, 휴게음식점 또는 전시장의 용도로 사용하는 것에 있어서는 당해 건축물의 2층 이상으로부터 직접 주유취급소의 부지 밖으로 통하는 출입구와 당해 출입구로 통하는 통로, 계단 및 출입구에 ( )을[를] 설치하여야 한다.

① 피난사다리 ② 경보기
③ 유도등 ④ CCTV

해설 피난설비 설치기준

㉮ 주유취급소 중 건축물의 2층 이상의 부분을 점포·휴게음식점 또는 전시장의 용도로 사용하는 것에 있어서는 당해 건축물의 2층 이상으로부터 주유취급소의 부지 밖으로 통하는 출입구와 당해 출입구로 통하는 통로·계단 및 출입구에 유도등을 설치하여야 한다.

㉯ 옥내주유취급소에 있어서는 당해 사무소 등의 출입구 및 피난구와 당해 피난구로 통하는 통로·계단 및 출입구에 유도등을 설치하여야 한다.

㉰ 유도등에는 비상전원을 설치하여야 한다.

| 변형된 출제문제 |

2-1 주유 취급소 중 건축물의 2층에 휴게음식점의 용도로 사용하는 것에 있어 해당 건축물의 2층으로부터 직접 주유 취급소의 부지 밖으로 통하는 출입구와 해당 출입구로 통하는 통로·계단에 설치하여야 하는 것은? [14. 1회] [16. 4회]

① 비상경보설비 ② 유도등
③ 비상조명등 ④ 확성장치

2-2 위험물 안전관리법령상 옥내 주유 취급소에 있어서 해당 사무소 등의 출입구 및 피난구와 당해 피난구로 통하는 통로, 계단 및 출입구에 무엇을 설치해야 하는가? [15. 5회]

① 화재감지기 ② 스프링클러설비
③ 자동화재 탐지설비 ④ 유도등

답 2-1 ② 2-2 ④

정답 1. ② 2. ③

Chapter 04

위험물 저장·취급·운반·운송기준

4-1 위험물의 저장 및 취급 장소

1 위험물을 저장 및 취급하기 위한 장소

(1) 저장소 : 지정수량 이상의 위험물을 저장하기 위한 장소 [시행령 제4조, 별표2]

저장소의 구분	지정수량 이상의 위험물을 저장하기 위한 장소
옥내저장소	1. 옥내(지붕과 기둥 또는 벽 등에 의하여 둘러싸인 곳을 말한다. 이하 같다)에 저장(위험물을 저장하는 데 따르는 취급을 포함한다)하는 장소. 다만, 옥내탱크저장소는 제외한다.
옥외탱크저장소	2. 옥외에 있는 탱크(4항 내지 6항 및 8항에 규정된 탱크를 제외한다)에 위험물을 저장하는 장소
옥내탱크저장소	3. 옥내에 있는 탱크(4항 내지 6항 및 8항에 규정된 탱크를 제외한다)에 위험물을 저장하는 장소
지하탱크저장소	4. 지하에 매설한 탱크에 위험물을 저장하는 장소
간이탱크저장소	5. 간이탱크에 위험물을 저장하는 장소
이동탱크저장소	6. 차량(피견인자동차에 있어서는 앞 차축을 갖지 아니하는 것으로서 당해 피견인자동차의 일부가 견인자동차에 적재되고 당해 피견인자동차와 그 적재물의 중량의 상당부분이 견인자동차에 의하여 지탱되는 구조의 것에 한한다)에 고정된 탱크에 위험물을 저장하는 장소
옥외저장소	7. 옥외에 다음 하나에 해당하는 위험물을 저장하는 장소. 다만, 2호 '옥외탱크저장소'를 제외한다. ㈎ 제2류 위험물 중 유황 또는 인화성고체(인화점이 0℃ 이상인 것에 한한다) ㈏ 제4류 위험물중 제1석유류(인화점이 0℃ 이상인 것에 한한다)·알코올류·제2석유류·제3석유류·제4석유류 및 동식물유류 ㈐ 제6류 위험물 ㈑ 제2류 위험물 및 제4류 위험물 중 특별시·광역시 또는 도의 조례에서 정하는 위험물(관세법 제154조의 규정에 의한 보세구역 안에 저장하는 경우에 한한다) ㈒ '국제해사기구에 관한 협약'에 의하여 설치된 국제해사기구가 채택한 '국제해상위험물규칙(IMDG Code)'에 적합한 용기에 수납된 위험물
암반탱크저장소	8. 암반 내의 공간을 이용한 탱크에 액체의 위험물을 저장하는 장소

(2) 취급소 : 위험물을 제조 외의 목적으로 취급하기 위한 장소 [시행령 제5조, 별표3]

저장소의 구분	위험물을 제조 외의 목적으로 취급하기 위한 장소
주유취급소	1. 고정된 주유설비(항공기에 주유하는 경우에는 차량에 설치된 주유설비를 포함한다)에 의하여 자동차·항공기 또는 선박 등의 연료탱크에 직접 주유하기 위하여 위험물('석유 및 석유대체연료 사업법' 제29조의 규정에 의한 가짜석유제품에 해당하는 물품을 제외한다. 이하 제2호에서 같다)을 취급하는 장소(위험물을 옮겨 담거나 차량에 고정된 5천 L 이하의 탱크에 주입하기 위하여 고정된 급유설비를 병설한 장소를 포함한다)
판매취급소	2. 점포에서 위험물을 용기에 담아 판매하기 위하여 지정수량의 40배 이하의 위험물을 취급하는 장소
이송취급소	3. 배관 및 이에 부속된 설비에 의하여 위험물을 이송하는 장소. 다만, 다음 하나에 해당하는 경우의 장소를 제외한다. (가) '송유관 안전관리법'에 의한 송유관에 의하여 위험물을 이송하는 경우 (나) 제조소등에 관계된 시설(배관을 제외한다) 및 그 부지가 같은 사업소 안에 있고 당해 사업소 안에서만 위험물을 이송하는 경우 (다) 사업소와 사업소의 사이에 도로(폭 2m 이상의 일반교통에 이용되는 도로로서 자동차의 통행이 가능한 것을 말한다)만 있고 사업소와 사업소 사이의 이송배관이 그 도로를 횡단하는 경우 (라) 사업소와 사업소 사이의 이송배관이 제3자(당해 사업소와 관련이 있거나 유사한 사업을 하는 자에 한한다)의 토지만을 통과하는 경우로서 당해 배관의 길이가 100m 이하인 경우 (마) 하상구조물에 설치된 배관(이송되는 위험물이 별표1의 제4류 위험물 중 제1석유류인 경우에는 배관의 내경이 30cm 미만인 것에 한한다)으로서 당해 해상구조물에 설치된 배관이 길이가 30m 이하인 경우 (바) 사업소와 사업소 사이의 이송배관이 (다)항 내지 (마)항의 규정에 의한 경우 중 2 이상에 해당하는 경우 (사) '농어촌 전기공급사업 촉진법'에 따라 설치된 자가발전시설에 사용되는 위험물을 이송하는 경우
일반취급소	4. 제1호 내지 제3호 외의 장소('석유 및 석유대체연료 사업법' 제29조의 규정에 의한 가짜석유제품에 해당하는 물품을 제외한다)

단원 예상문제

1. 위험물 저장소에 해당하지 않는 것은?

① 옥외 저장소 ② 지하탱크 저장소 ③ 이동탱크 저장소 ④ 판매 저장소

해설 ㉮ 저장소의 정의[법 제2조] : 지정수량 이상의 위험물을 저장하기 위한 대통령령이 정하는 장소로서 법 제6조 제1항의 규정에 따른 허가를 받은 장소를 말한다.

㉯ 대통령령이 정하는 장소(위험물을 저장하기 위한 장소)[시행령 제4조 별표2]

㉠ 옥내저장소 ㉡ 옥외탱크저장소 ㉢ 옥내탱크저장소
㉣ 지하탱크저장소 ㉤ 간이탱크저장소 ㉥ 이동탱크저장소
㉦ 옥외저장소 ㉧ 암반탱크저장소

2. 다음 위험물 중에서 옥외 저장소에서 저장, 취급할 수 없는 것은? (단, 특별시, 광역시 또는 도의 조례에서 정하는 위험물과 IDMG code에 적합한 용기에 수납된 위험물의 경우는 제외한다.)

① 아세트산 ② 에틸렌글리콜 ③ 크레오소트유 ④ 아세톤

해설 ㉮ 옥외저장소에 지정수량 이상의 위험물을 저장할 수 있는 위험물

㉠ 제2류 위험물 중 유황 또는 인화성고체(인화점이 0℃ 이상인 것에 한한다)

㉡ 제4류 위험물중 제1석유류(인화점이 0℃ 이상인 것에 한한다)·알코올류·제2석유류·제3석유류·제4석유류 및 동식물유류

㉢ 제6류 위험물

㉣ 제2류 위험물 및 제4류 위험물 중 특별시·광역시 또는 도의 조례에서 정하는 위험물(관세법 제154조의 규정에 의한 보세구역 안에 저장하는 경우에 한한다)

㉤ '국제해사기구에 관한 협약'에 의하여 설치된 국제해사기구가 채택한 '국제해상위험물규칙(IMDG Code)'에 적합한 용기에 수납된 위험물

㉯ 예제에 주어진 위험물의 구분

㉠ 아세트산(CH_3COOH) : 제4류 위험물 중 제2석유류

㉡ 에틸렌글리콜[$C_2H_4(OH)_2$] : 제4류 위험물 중 제3석유류

㉢ 크레오소트유 : 제4류 위험물 중 제3석유류

㉣ 아세톤(CH_3COCH_3) : 제4류 위험물 중 제1석유류

참고 아세톤은 제4류 위험물 중 제1석유류로 인화점이 -18℃이기 때문에 옥외저장소에서 저장·취급할 수 없다.

| 변형된 출제문제 |

2-1 옥외 저장소에서 저장 또는 취급할 수 위험물이 아닌 것은? (단, 국제해상 위험물규칙에 적합한 용기에 수납된 위험물의 경우는 제외한다.) [15. 4회]

① 제2류 위험물 중 유황

② 제1류 위험물 중 과염소산염류

③ 제6류 위험물

④ 제2류 위험물 중 인화점이 10℃인 인화성 고체

해설 모든 제1류 위험물은 옥외저장소에 저장할 수 없다.

2-2 위험물 안전관리법령에 의해 옥외저장소에 저장을 허가받을 수 없는 위험물은? [15. 1회]

① 제2류 위험물 중 유황(금속제 드럼에 수납)

② 제4류 위험물 중 가솔린(금속제 드럼에 수납)

③ 제6류 위험물

④ 국제해상 위험물규칙(IMDG code)에 적합한 용기에 수납된 위험물

해설 옥외저장소에 지정수량 이상의 위험물을 저장할 수 있는 위험물에서 제4류 위험물 중 제1석유류는 인화점이 0℃ 이상인 것에 한하여 허용되는데, 가솔린은 제4류 위험물 중 제1석유류로 인화점이 -20 ~ -43℃이기 때문에 옥외저장소에 저장을 허가 받을 수 없다.

2-3 위험물 안전관리법령상 위험물 옥외저장소에 저장할 수 있는 품명은? (단, 국제해상 위험물규칙에 적합한 용기에 수납하는 경우이다.) [13. 4회]

① 특수인화물 ② 무기과산화물 ③ 알코올류 ④ 칼륨

해설 ㉮ 알코올류는 제4류 위험물에 해당되기 때문에 옥외저장소에 저장할 수 있다.
㉯ 각 위험물의 품명
㉠ 특수인화물 : 제4류 위험물로 특수인화물은 옥외저장소에 저장할 수 없는 품명이다.
㉡ 무기과산화물 : 제1류 위험물이며, 모든 제1류 위험물은 옥외저장소에 저장할 수 없다.
㉢ 칼륨 : 제3류 위험물이며, 모든 제3류 위험물은 옥외저장소에 저장할 수 없다.

답 2-1 ② 2-2 ② 2-3 ③

3. 다음은 위험물 안전관리법령에 따른 판매 취급소에 대한 정의이다. ( )에 알맞은 말은?

판매 취급소라 함은 점포에서 위험물을 용기에 담아 판매하기 위하여 지정수량의 (ⓐ)배 이하의 위험물을 (ⓑ)하는 장소

① ⓐ : 20, ⓑ : 취급
② ⓐ : 40, ⓑ : 취급
③ ⓐ : 20, ⓑ : 저장
④ ⓐ : 40, ⓑ : 저장

해설 판매취급소 : 점포에서 위험물을 용기에 담아 판매하기 위하여 지정수량의 40배 이하의 위험물을 취급하는 장소

정답 1. ④ 2. ④ 3. ②

4-2 위험물의 저장, 취급기준

1 위험물 저장 및 취급

(1) 지정수량 미만인 위험물의 저장·취급 [법 제4조]

지정수량 미만인 위험물의 저장 또는 취급에 관한 기술상의 기준은 특별시·광역시·특별자치시·도 및 특별자치도(이하 시·도라 한다)의 조례로 정한다.

(2) 위험물의 저장 및 취급의 제한 [법 제5조]

① 지정수량 이상의 위험물을 저장소가 아닌 장소에서 저장하거나 제조소등이 아닌 장소에서 취급하여서는 아니 된다.

② 제조소등이 아닌 장소에서 지정수량 이상의 위험물을 취급할 수 있는 경우(임시로 저장 또는 취급기준과 장소의 위치·구조 및 설비의 기준은 시·도의 조례로 정한다.)
  ㈎ 관할소방서장의 승인받아 위험물을 90일 이내의 기간 동안 임시로 저장 또는 취급하는 경우
  ㈏ 군부대가 지정수량 이상의 위험물을 군사목적으로 임시로 저장 또는 취급하는 경우
③ 제조소등에서의 위험물의 저장 또는 취급에는 중요기준 및 세부기준을 따라야 한다.
  ㈎ 중요기준 : 화재 등 위해의 예방과 응급조치에 있어서 큰 영향을 미치거나 그 기준을 위반하는 경우 직접적으로 화재를 일으킬 가능성이 큰 기준
  ㈏ 세부기준 : 화재 등 위해의 예방과 응급조치에 있어서 중요기준보다 상대적으로 적은 영향을 미치거나 그 기준을 위반하는 경우 간접적으로 화재를 일으킬 수 있는 기준 및 위험물의 안전관리에 필요한 표시와 서류·기구 등의 비치에 관한 기준
④ 제조소등의 위치·구조 및 설비의 기술기준은 행정안전부령으로 정한다.
⑤ 둘 이상의 위험물을 같은 장소에서 저장 또는 취급하는 경우 각 위험물의 수량을 지정수량으로 각각 나누어 얻은 수의 합계가 1 이상인 경우 당해 위험물은 지정수량 이상의 위험물로 본다.

2 제조소등에서의 위험물의 저장 및 취급에 관한 기준 [시행규칙 별표18]

(1) 저장·취급의 공통기준

① 제조소등에서 허가 및 신고와 관련되는 품명 외의 위험물 또는 지정수량의 배수를 초과하는 위험물을 저장 또는 취급하지 않아야 한다.
② 위험물을 저장 또는 취급하는 건축물 그 밖의 공작물 또는 설비는 당해 위험물 성질에 따라 차광 또는 환기를 실시한다.
③ 위험물의 성질에 맞는 적정한 온도, 습도 또는 압력을 유지하도록 저장·취급한다.
④ 위험물의 변질, 이물의 혼입 등에 의하여 위험성이 증대되지 않도록 필요한 조치를 강구한다.
⑤ 설비, 기계·기구, 용기 등을 수리하는 경우에는 안전한 장소에서 위험물을 완전하게 제거한 후 실시한다.
⑥ 위험물을 용기에 수납하여 저장 또는 취급할 때에는 위험물의 성질에 적응하고 파손·부식·균열 등이 없는 것으로 한다.
⑦ 가연성의 액체·증기 또는 가스가 새거나 체류할 수 있는 장소 또는 가연성의 미분이 부유할 수 있는 장소에서는 전선과 전기기구를 완전히 접속하고 불꽃을 발하는 기계·기구·공구·신발 등을 사용하지 않는다.

⑧ 위험물을 보호액 중에 보존하는 경우에 보호액으로부터 노출되지 않도록 한다.

(2) 위험물의 유별 저장·취급의 공통기준 : 중요기준

① 제1류 위험물은 가연물과의 접촉·혼합, 분해를 촉진하는 물품과의 접근 또는 과열·충격·마찰 등을 피하고, 알칼리금속의 과산화물 및 이를 함유한 것은 물과의 접촉을 피한다.

② 제2류 위험물은 산화제와의 접촉·혼합, 불티·불꽃·고온체와의 접근 또는 과열을 피하고, 철분·금속분·마그네슘 및 이를 함유한 것은 물이나 산과의 접촉을 피하고 인화성 고체는 증기를 발생시키지 않는다.

③ 제3류 위험물 중 자연발화성물질은 불티·불꽃 또는 고온체와의 접근·과열 또는 공기와의 접촉을 피하고, 금수성물질은 물과의 접촉을 피한다.

④ 제4류 위험물은 불티·불꽃·고온체와의 접근 또는 과열을 피하고, 증기를 발생시키지 않는다.

⑤ 제5류 위험물은 불티·불꽃·고온체와의 접근이나 과열·충격 또는 마찰을 피한다.

⑥ 제6류 위험물은 가연물과의 접촉·혼합이나 분해를 촉진하는 물품과 접근 또는 과열을 피한다.

⑦ ①내지 ⑥의 기준은 위험물을 저장 또는 취급함에 있어서 각 호의 기준에 의하지 않는 것이 통상인 경우는 각호를 적용하지 않는다. 이 경우 저장 또는 취급에는 재해발생을 방지하기 위한 조치를 강구한다.

(3) 유별을 달리하는 위험물의 동일한 저장소에 저장 기준 : 중요기준

① 유별을 달리하는 위험물은 동일한 저장소(내화구조의 격벽으로 완전히 구획된 실이 2 이상 있는 저장소에 있어서는 동일한 실)에 저장하지 아니하여야 한다.

② 동일한 저장소에 저장할 수 있는 경우 : 옥내저장소 또는 옥외저장소에 위험물을 유별로 정리하여 서로 1m 이상의 간격을 두는 경우

㈎ 제1류 위험물(알칼리금속의 과산화물 또는 이를 함유한 것 제외)과 제5류 위험물

㈏ 제1류 위험물과 제6류 위험물

㈐ 제1류 위험물과 제3류 위험물 중 자연발화성물질(황린 또는 이를 함유한 것에 한한다)

㈑ 제2류 위험물 중 인화성고체와 제4류 위험물

㈒ 제3류 위험물 중 알킬알루미늄등과 제4류 위험물(알킬알루미늄 또는 알킬리튬을 함유한 것에 한한다)

㈓ 제4류 위험물 중 유기과산화물 또는 이를 함유한 것과 제5류 위험물 중 유기과산화물 또는 이를 함유한 것

(4) 동일한 장소에 저장하지 아니하여야 할 위험물 : 중요기준

제3류 위험물 중 황린 그 밖에 물속에 저장하는 물품과 금수성물질

(5) 옥내저장소 저장기준

① 옥내저장소에 위험물은 용기에 수납하여 저장한다. 다만, 덩어리상태의 유황과 화약류는 그러하지 않다.

② 옥내저장소에 동일 품명의 위험물이라도 자연발화의 우려가 있는 것 또는 재해가 현저하게 증대할 우려가 있는 위험물을 다량 저장하는 경우에는 지정수량의 10배 이하마다 구분하여 상호간 0.3m 이상의 간격을 두어 저장한다.

③ 옥내저장소에 위험물을 저장하는 경우 다음의 높이를 초과하여 용기를 겹쳐 쌓지 않는다.

㈎ 기계에 의하여 하역하는 용기 : 6m

㈏ 제4류 위험물 중 제3석유류, 제4석유류 및 동식물유류를 수납하는 용기 : 4m

㈐ 그 밖의 경우 : 3m

④ 옥내저장소에 용기에 수납하는 위험물의 온도가 55℃를 넘지 않도록 한다.

3 취급의 기준

(1) 위험물의 취급 중 제조에 관한 기준 : 중요기준

① 증류공정 : 액체 또는 증기가 새지 않도록 한다.

② 추출공정 : 내부압력이 비정상으로 상승하지 않도록 한다.

③ 건조공정 : 온도가 국부적으로 상승하지 않는 방법으로 가열 또는 건조한다.

④ 분쇄공정 : 위험물의 분말이 부유하거나, 기계·기구 등에 부착된 상태로 취급하지 않는다.

(2) 위험물의 취급 중 용기에 옮겨 담는 데 대한 기준

위험물을 용기에 옮겨 담는 경우에는 '위험물의 용기 및 수납 기준'에 따라 수납한다.

(3) 위험물의 취급 중 소비에 관한 기준 : 중요기준

① 분사도장작업 : 방화상 격벽 등으로 구획된 장소에서 실시한다.

② 담금질 또는 열처리작업 : 위험한 온도에 이르지 않도록 하여 실시한다.

③ 버너를 사용하는 경우 : 역화를 방지하고 위험물이 넘치지 않도록 한다.

(4) 주유취급소 취급기준

① 자동차 등에 주유할 때에는 고정주유설비를, 이동저장탱크에 급유할 때에는 고정급유설비를 사용한다.

② 자동차 등에 인화점 40℃ 미만의 위험물을 주유할 때에는 원동기를 정지시킨다. 다만, 가연성 증기를 회수하는 설비가 부착된 경우는 그러하지 않다.

③ 탱크에 위험물을 주입할 때에는 탱크에 접속된 고정주유설비, 고정급유설비 사용을 중지한다.

④ 자동차 등에 주유할 때 탱크 주입구로부터 4m 이내에 다른 자동차의 주차를 금지한다.

⑤ 주유원 간이대기실 내에서는 화기를 사용하지 않는다.

단원 예상문제

1. 산화성 액체 위험물의 화재예방 상 가장 주의해야 할 점은?

① 0℃ 이하로 냉각시킨다.
② 공기와의 접촉을 피한다.
③ 가연물과의 접촉을 피한다.
④ 금속용기에 저장한다.

해설 산화성 액체 위험물은 제6류 위험물로 가연물과의 접촉·혼합이나 분해를 촉진하는 물품과의 접근 또는 과열을 피한다.

2. 위험물 안전관리법령은 위험물의 유별에 따른 저장, 취급상의 유의사항을 규정하고 있다. 이 규정에서 특히 과열, 충격, 마찰을 피하여야 할 류(類)에 속하는 위험물 품명을 옳게 나열한 것은?

① 히드록실아민, 금속의 아지화합물
② 금속의 산화물, 칼슘의 탄화물
③ 무기금속화합물, 인화성 고체
④ 무기과산화물, 금속의 산화물

해설 위험물의 유별 저장·취급의 공통기준

㉮ 과열, 충격, 마찰을 피하여야 할 위험물 : 제1류 위험물, 제5류 위험물
㉯ 히드록실아민, 금속의 아지화합물은 제5류 위험물에 해당된다.

참고 예제의 위험물 유별 구분 : 금속의 산화물(비위험물), 칼슘의 탄화물(제3류), 무기금속화합물(비위험물), 인화성 고체(제2류), 무기과산화물(제1류)

3. 종류(유별)가 다른 위험물을 동일한 옥내저장소의 동일한 실에 같이 저장하는 경우에 대한 설명으로 틀린 것은? (단, 유별로 정리하여 1m 이상의 간격을 두는 경우에 한한다.)

① 제1류 위험물과 황린은 동일한 옥내저장소에 저장할 수 있다.
② 제1류 위험물과 제6류 위험물은 동일한 옥내저장소에 저장할 수 있다.
③ 제1류 위험물 중 알칼리금속의 과산화물과 제5류 위험물은 동일한 옥내저장소에 저장할 수 있다.
④ 제2류 위험물 중 인화성 고체와 제4류 위험물을 동일한 옥내저장소에 저장할 수 있다.

해설 유별을 달리하는 위험물을 동일한 저장소에 저장할 수 있는 경우 : 유별로 정리하여 서로 1m 이상의 간격을 두는 경우

㉮ 제1류 위험물(알칼리금속의 과산화물 또는 이를 함유한 것 제외)과 제5류 위험물
㉯ 제1류 위험물과 제6류 위험물
㉰ 제1류 위험물과 제3류 위험물 중 자연발화성물질(황린 또는 이를 함유한 것에 한한다)
㉱ 제2류 위험물 중 인화성고체와 제4류 위험물
㉲ 제3류 위험물 중 알킬알루미늄등과 제4류 위험물(알킬알루미늄 또는 알킬리튬을 함유한 것에 한한다)
㉳ 제4류 위험물 중 유기과산화물 또는 이를 함유한 것과 제5류 위험물 중 유기과산화물 또는 이를 함유한 것

4. 휘발유를 저장하던 이동저장탱크에 등유나 경유를 탱크 상부로부터 주입할 때 액 표면이 일정 높이가 될 때까지 위험물의 주입관 내 유속을 몇 m/s 이하로 하여야 하는가?

① 1 ② 2 ③ 3 ④ 5

해설 휘발유를 저장하던 이동저장탱크에 등유나 경유를 주입할 때 또는 등유나 경유를 저장하던 이동저장탱크에 휘발유를 주입할 때에는 다음의 기준에 따라 정전기등에 의한 재해를 방지하기 위한 조치를 한다.

㉮ 이동저장탱크의 상부로부터 주입할 때에는 액표면이 주입관의 선단을 넘는 높이가 될 때까지 주입관 내의 유속을 1m/s 이하로 할 것
㉯ 이동저장탱크의 밑부분으로부터 주입할 때에는 위험물의 액표면이 주입관의 정상부분을 넘는 높이가 될 때까지 주입배관 내의 유속을 1m/s 이하로 할 것
㉰ 그 밖의 방법에 의한 위험물의 주입은 이동저장탱크에 가연성증기가 잔류하지 아니하도록 조치하고 안전한 상태로 있음을 확인한 후에 할 것

5. 위험물 안전관리법령에서 정한 알킬알루미늄 등을 저장 또는 취급하는 이동탱크 저장소에 비치해야 하는 물품이 아닌 것은?

① 방호복 ② 고무장갑 ③ 비상조명등 ④ 휴대용 확성기

해설 제조소등에서의 저장 기준

㉮ 알킬알루미늄등을 저장 또는 취급하는 이동탱크저장소에는 긴급시의 연락처, 응급조치에 관하여 필요한 사항을 기재한 서류, 방호복, 고무장갑, 밸브 등을 죄는 결합공구 및 휴대용 확성기를 비치하여야 한다.
㉯ 이동탱크저장소에는 당해 이동탱크저장소의 완공검사필증 및 정기점검기록을 비치하여야 한다.

6. 이동저장탱크에 알킬알루미늄을 저장하는 경우에 불활성 기체를 봉입하는데 이때의 압력은 몇 kPa 이하이어야 하는가?

① 10 ② 20 ③ 30 ④ 40

해설 알킬알루미늄등, 아세트알데히드등 및 디에틸에테르등의 저장기준

㉮ 옥외저장탱크 또는 옥내저장탱크 중 압력탱크에 있어서는 알킬알루미늄등의 취출에 의하여 압력이 상용압력 이하로 저하하지 아니하도록 하고, 압력탱크 외의 탱크에 있어서는 알킬알루미늄등의 취출이나 온도의 저하의 의한 공기의 혼입을 방지할 수 있도록 불활성의 기체를 봉입할 것

㉯ 옥외저장탱크·옥내저장탱크 또는 이동저장탱크에 새롭게 알킬알루미늄등을 주입하는 때에는 미리 당해 탱크 안의 공기를 불활성기체와 치환하여 둘 것

㉰ 이동저장탱크에 알킬알루미늄등을 저장하는 경우에는 20kPa 이하의 압력으로 불활성의 기체를 봉입하여 둘 것

7. 위험물 옥외저장탱크 중 압력탱크에 저장하는 디에틸에테르 등의 저장온도는 몇 ℃ 이하이어야 하는가?

① 60 ② 40 ③ 30 ④ 15

해설 알킬알루미늄등, 아세트알데히드등 및 디에밀에테르등의 저장기준

㉮ 옥외저장탱크·옥내저장탱크 또는 지하저장탱크 중 압력탱크 외의 탱크에 저장하는 디에틸에테르등 또는 아세트알데히드등의 온도

㉠ 산화프로필렌과 이를 함유한 것 또는 디에틸에테르등 : 30℃ 이하로 유지

㉡ 아세트알데히드 또는 이를 함유한 것 : 15℃ 이하로 유지

㉯ 옥외저장탱크·옥내저장탱크 또는 지하저장탱크 중 압력탱크에 저장하는 아세트알데히드등 또는 디에틸에테르등의 온도 : 40℃ 이하로 유지

㉰ 보랭장치가 있는 이동저장탱크에 저장하는 아세트알데히드등 또는 디에틸에테르등의 온도 : 당해 위험물의 비점 이하로 유지할 것

㉱ 보랭장치가 없는 이동저장탱크에 저장하는 아세트알데히드등 또는 디에틸에테르등의 온도 : 40℃ 이하로 유지

8. 위험물 안전관리법령상 다음 ( ) 안에 알맞은 수치는?

옥내저장소에서 위험물을 저장하는 경우 기계에 의하여 하역하는 구조로 된 용기만을 겹쳐 쌓는 경우에 있어서는 ( )미터 높이를 초과하여 용기를 겹쳐 쌓지 아니하여야 한다.

① 2 ② 4 ③ 6 ④ 8

해설 옥내저장소에 용기를 겹쳐 쌓는 높이

㉮ 기계에 의하여 하역하는 구조로 된 용기 : 6m를 초과하지 않아야 한다.

㉯ 제4류 위험물 중 제3석유류, 제4석유류 및 동식물유류 용기 : 4m를 초과하지 않아야 한다.

㉰ 그 밖에 경우 : 3m를 초과하지 않아야 한다.

정답 1. ③ 2. ① 3. ③ 4. ① 5. ③ 6. ② 7. ② 8. ③

4-3 위험물의 운반 기준 [시행규칙 별표 19]

1 운반용기

① 운반용기의 재질은 강판·알루미늄판·양철판·유리·금속판·종이·플라스틱·섬유판·고무류·합성섬유·삼·짚·또는 나무로 한다.

② 운반용기는 견고하여 쉽게 파손될 우려가 없고, 그 입구로부터 수납된 위험물이 샐 우려가 없도록 한다.

2 적재방법

(1) 운반용기에 의한 수납 적재기준

① 위험물이 온도변화 등에 의하여 누설되지 아니하도록 운반용기를 밀봉하여 수납한다.

② 수납하는 위험물의 성질에 적합한 재질의 운반용기에 수납한다.

③ 고체 위험물은 내용적의 95% 이하로 수납한다.

④ 액체 위험물은 내용적의 98% 이하로 수납하되, 55℃에서 누설되지 않도록 공간용적을 유지한다.

⑤ 하나의 외장용기에는 다른 종류의 위험물을 수납하지 아니한다.

⑥ 제3류 위험물의 운반용기 수납기준

(가) 자연발화성 물질은 불활성 기체를 봉입하여 공기와 접하지 않도록 한다.

(나) 자연발화성 물질외의 물품은 파라핀·경유·등유 등의 보호액으로 채우거나, 불활성 기체를 봉입하여 수분과 접하지 않도록 한다.

(다) 자연발화성 물질 중 알킬알루미늄 등은 내용적의 90% 이하의 수납률로 수납하되, 50℃의 온도에서 5% 이상의 공간용적을 유지한다.

참고 운반용기에 의한 수납 적재에서 제외되는 경우

① 덩어리 상태의 유황을 운반하기 위하여 적재하는 경우
② 위험물을 동일구내에 있는 제조소등의 상호간에 운반하기 위하여 적재하는 경우

⑦ 위험물이 전락(轉落), 운반용기가 전도·낙하 또는 파손되지 않도록 적재한다.

⑧ 운반용기는 수납구를 위로 향하게 적재한다.

⑨ 운반용기를 겹쳐 쌓는 경우에 높이를 3m 이하로 한다.

(2) 적재하는 위험물의 성질에 따른 조치

① 차광성 피복으로 가리는 위험물 : 제1류 위험물, 제3류 위험물 중 자연발화성 물질, 제4류 위험물 중 특수인화물, 제5류 위험물 또는 제6류 위험물

② 방수성 피복으로 덮는 위험물 : 제1류 위험물 중 알칼리금속의 과산화물 또는 이를 함유한 것, 제2류 위험물 중 철분·금속분·마그네슘 또는 이들 중 어느 하나 이상을 함유한 것 또는 제3류 위험물 중 금수성 물질

③ 제5류 위험물 중 55℃ 이하에서 분해될 우려가 있는 것은 보랭 컨테이너에 수납한다.

④ 액체 위험물 또는 위험등급 Ⅱ의 고체 위험물을 기계에 의하여 하역하는 구조로 된 운반용기에 수납하여 적재하는 경우에는 용기에 대한 충격을 방지하는 조치를 한다. 다만, 위험등급 Ⅱ의 고체 위험물을 플렉시블(flexible)의 운반용기, 파이버판제의 운반용기 및 목제의 운반용기 외에 수납하여 적재하는 경우는 제외한다.

(3) 혼재 금지

① 혼재가 금지되고 있는 위험물

② 고압가스 안전관리법에 의한 고압가스(소방청장이 정하여 고시하는 것을 제외한다)

(가) 위험물과 혼재가 가능한 고압가스[세부기준 제149조]

㉮ 내용적이 120L 미만의 용기에 충전한 불활성가스

㉯ 내용적이 120L 미만의 용기에 충전한 액화석유가스 또는 압축천연가스(제4류 위험물과 혼재하는 경우에 한한다)

(4) 유별을 달리하는 위험물의 혼재 기준 [시행규칙 별표19 부표2]

위험물의 구분	제1류	제2류	제3류	제4류	제5류	제6류
제1류		×	×	×	×	○
제2류	×		×	○	○	×
제3류	×	×		○	×	×
제4류	×	○	○		○	×
제5류	×	○	×	○		×
제6류	○	×	×	×	×	

[비고]

1. "×"표시는 혼재할 수 없음을 표시한다.
2. "○"표시는 혼재할 수 있음을 표시한다.
3. 이 표는 지정수량의 $\frac{1}{10}$ 이하의 위험물에 대하여는 적용하지 아니한다.

단원 예상문제

1. 위험물 안전관리법령에 명기된 위험물의 운반용기 재질에 포함되지 않는 것은?

① 고무류 ② 유리
③ 도자기 ④ 종이

해설 운반용기 재질 : 강판·알루미늄판·양철판·유리·금속판·종이·플라스틱·섬유판·고무류·합성섬유·삼·짚 또는 나무

2. 위험물 안전관리법령상 위험물의 운반 시 운반용기는 다음의 기준에 따라 수납 적재하여야 한다. 다음 중 틀린 것은?

① 수납하는 위험물과 위험한 반응을 일으키지 않아야 한다.
② 고체 위험물은 운반용기 내용적의 95% 이하로 수납하여야 한다.
③ 액체 위험물은 운반용기 내용적의 95% 이하로 수납하여야 한다.
④ 하나의 외장용기에는 다른 종류의 위험물을 수납하지 않는다.

해설 운반용기에 의한 수납 적재 기준
㉮ 위험물이 누설되지 아니하도록 밀봉하여 수납한다.
㉯ 수납하는 위험물과 위험한 반응을 일으키지 않는 적합한 재질의 운반용기에 수납한다.
㉰ 고체 위험물은 운반용기 내용적의 95% 이하로 수납한다.
㉱ 액체 위험물은 운반용기 내용적의 98% 이하로 수납하되, 55℃에서 누설되지 않도록 공간용적을 유지한다.
㉲ 하나의 외장용기에는 다른 종류의 위험물을 수납하지 않는다.
㉳ 위험물이 전락(轉落), 운반용기가 전도·낙하 또는 파손되지 않도록 적재한다.
㉴ 운반용기는 수납구를 위로 향하게 적재한다.
㉵ 운반용기를 겹쳐 쌓는 경우에는 높이를 3m 이하로 한다.

| 변형된 출제문제 |

2-1 위험물 안전관리법령에 따른 위험물의 적재 방법에 대한 설명으로 옳지 않은 것은? [13. 2회]

① 원칙적으로는 운반 용기를 밀봉하여 수납할 것
② 고체 위험물은 용기 내용적의 95% 이하의 수납률로 수납할 것
③ 액체 위험물은 용기 내용적의 99% 이상의 수납률로 수납할 것
④ 하나의 외장 용기에는 다른 종류의 위험물을 수납하지 않을 것

해설 액체 위험물은 운반용기 내용적의 98% 이하로 수납한다.

2-2 액체 위험물을 운반용기에 수납할 때 내용적의 몇 % 이하의 수납률로 수납하여야 하는가? [14. 1회] [15. 1회]

① 95 ② 96 ③ 97 ④ 98

2-3 위험물의 운반에 관한 기준에서 적재방법 기준으로 틀린 것은? [12. 2회]

① 고체 위험물은 운반용기의 내용적 95% 이하의 수납률로 수납할 것
② 액체 위험물은 운반용기의 내용적 98% 이하의 수납률로 수납할 것
③ 알킬알루미늄은 운반용기 내용적의 95% 이하의 수납률로 수납하되, 50℃의 온도에서 5% 이상의 공간용적을 유지할 것
④ 제3류 위험물 중 자연발화성 물질에 있어서는 불활성 기체를 봉입하여 밀봉하는 등 공기와 접하지 아니하도록 할 것

해설 알킬알루미늄등은 운반용기의 내용적의 90% 이하로 수납하되, 50℃에서 5% 이상의 공간용적을 유지한다.

2-4 다음 ( ) 안에 적합한 숫자를 차례대로 나열한 것은? [14. 5회]

> 자연발화성 물질 중 알킬알루미늄 등은 운반용기의 내용적의 ( )% 이하의 수납률로 수납하되, 50℃의 온도에서 ( )% 이상의 공간용적을 유지하도록 할 것

① 90, 5 ② 90, 10 ③ 95, 5 ④ 95, 10

답 2-1 ③ 2-2 ④ 2-3 ③ 2-4 ①

3. 위험물 운반용기에 수납하여 적재할 때 차광성이 있는 피복으로 가려야 하는 위험물이 아닌 것은?

① 제1류 위험물 ② 제2류 위험물 ③ 제5류 위험물 ④ 제6류 위험물

해설 적재하는 위험물의 성질에 따른 조치

㉮ 차광성 피복으로 가리는 위험물 : 제1류 위험물, 제3류 위험물 중 자연발화성 물질, 제4류 위험물 중 특수인화물, 제5류 위험물, 제6류 위험물
㉯ 방수성 피복으로 덮는 위험물 : 제1류 위험물 중 알칼리금속의 과산화물, 제2류 위험물 중 철분·금속분·마그네슘, 제3류 위험물 중 금수성 물질
㉰ 보랭 컨테이너에 수납하는 위험물 : 제5류 위험물 중 55℃ 이하에서 분해될 우려가 있는 것
㉱ 액체 위험물, 위험등급 Ⅱ의 위험물을 기계에 의하여 하역하는 구조로 된 운반용기 : 충격방지조치

| 변형된 출제문제 |

3-1 운반을 위하여 위험물을 적재하는 경우에 차광성이 있는 피복으로 가려주어야 하는 것은? [14. 2회]

① 특수인화물 ② 제1석유류 ③ 알코올류 ④ 동식물유류

해설 차광성 피복으로 가리는 위험물 : 제1류 위험물, 제3류 위험물 중 자연발화성 물질, 제4류 위험물 중 특수인화물, 제5류 위험물, 제6류 위험물

3-2 위험물 안전관리법령상 위험물 운반 시 차광성이 있는 피복으로 덮지 않아도 되는 것은? [15. 1회]

① 제1류 위험물
② 제2류 위험물
③ 제3류 위험물 중 자연발화성 물질
④ 제5류 위험물

해설 차광성 피복으로 가리는 위험물 중에서 제2류 위험물은 제외된다.

3-3 위험물 안전관리법령상 위험물 운반 시 방수성 덮개를 하지 않아도 되는 위험물은? [16. 1회]

① 나트륨 ② 적린
③ 철분 ④ 과산화칼륨

해설 방수성 피복으로 덮는 위험물 : 제1류 위험물 중 알칼리금속의 과산화물, 제2류 위험물 중 철분·금속분·마그네슘, 제3류 위험물 중 금수성 물질

참고 적린은 제2류 위험물이지만 방수성 덮개를 하는 것에서 제외된다.

3-4 위험물의 운반에 관한 기준에서 다음 ( )에 알맞은 온도는 몇 ℃ 인가? [16. 4회]

> 적재하는 제5류 위험물 중 ( )℃ 이하의 온도에서 분해될 우려가 있는 것은 보랭 컨테이너에 수납하는 등 적정한 온도관리를 유지하여야 한다.

① 40 ② 50
③ 55 ④ 60

해설 적재하는 제5류 위험물 중 55℃ 이하의 온도에서 분해될 우려가 있는 것은 보랭 컨테이너에 수납하는 등 적정한 온도관리를 한다.

답 3-1 ① 3-2 ② 3-3 ② 3-4 ③

4. 위험물 안전관리법령에 따라 위험물 운반을 위해 적재하는 경우 제4류 위험물과 혼재가 가능한 액화석유가스 또는 압축천연가스의 용기 내용적은 몇 L 미만인가?

① 120 ② 150
③ 180 ④ 200

해설 위험물과 혼재가 가능한 고압가스

㉮ 내용적이 120L 미만의 용기에 충전한 불활성가스
㉯ 내용적이 120L 미만의 용기에 충전한 액화석유가스 또는 압축천연가스(제4류 위험물과 혼재하는 경우에 한한다)

5. 지정수량 10배의 위험물을 운반할 때 혼재가 가능한 것은?

① 제1류 위험물과 제2류 위험물
② 제1류 위험물과 제4류 위험물
③ 제4류 위험물과 제5류 위험물
④ 제5류 위험물과 제3류 위험물

해설 ㉮ 위험물 운반할 때 혼재 기준[시행규칙 별표19, 부표2]

구분	제1류	제2류	제3류	제4류	제5류	제6류
제1류		×	×	×	×	○
제2류	×		×	○	○	×
제3류	×	×		○	×	×
제4류	×	○	○		○	×
제5류	×	○	×	○		×
제6류	○	×	×	×	×	

○ : 혼합 가능, × : 혼합 불가능

㉯ 이 표는 지정수량의 $\frac{1}{10}$ 이하의 위험물에 대하여는 적용하지 않는다.

★ 암기법 : 1월6일 이사오(245)고, 3월4일 사위삼으(4235)러 간다.
→ 1류와 6류, 2류와 4류·5류, 3류와 4류, 4류와 2류·3류·5류, 5류는 2류·4류, 6류는 1류와 혼재가 가능한 것이다. 5류와 6류는 4류까지 암기한 부분 뒤에서 반대로 생각한다.
★ 혼재 여부를 묻는 문제는 출제가 가장 많이 된 내용인 반면 반복되는 문제는 없이 다른 유형으로 변형되어 출제되고 있으니 반드시 암기한다.

6. 위험물의 운반에 관한 기준에서 제4석유류와 혼재할 수 없는 위험물은? (단, 위험물은 각각 지정수량의 2배인 경우이다.)

① 황화인
② 칼륨
③ 유기과산화물
④ 과염소산

해설 위험물의 유별 구분과 제4류 위험물과 혼재 여부

품 명	유 별	혼재 여부	품 명	유 별	혼재 여부
황화인	제2류 위험물	○	유기과산화물	제5류 위험물	○
칼륨	제3류 위험물	○	과염소산	제6류 위험물	×

7. 위험물 안전관리법령상 위험물을 운반하기 위해 적재할 때 예를 들어 제6류 위험물은 1가지 유별(제1류 위험물)하고만 혼재할 수 있다. 다음 중 가장 많은 유별과 혼재가 가능한 것은? (단, 지정수량의 1/10을 초과하는 위험물이다.)

① 제1류
② 제2류
③ 제3류
④ 제4류

해설 위험물 6종류 중 다른 유별과 혼재가 가장 많이 가능한 유별은 제4류 위험물로 제2류, 제3류, 제5류 등 3종류이다.

8. 위험물 안전관리법령상 위험물의 운반에 관한 기준에 따르면 지정수량 얼마 이하의 위험물에 대하여는 "유별을 달리하는 위험물의 혼재기준"을 적용하지 아니하여도 되는가?

① $\frac{1}{2}$ ② $\frac{1}{3}$ ③ $\frac{1}{5}$ ④ $\frac{1}{10}$

해설 유별을 달리하는 위험물 운반할 때 혼재 기준(시행규칙 별표19, 부표2)에서 지정수량의 $\frac{1}{10}$ 이하의 위험물에 대하여는 적용하지 않는다.

정답 1. ③ 2. ③ 3. ② 4. ① 5. ③ 6. ④ 7. ④ 8. ④

3 운반용기의 외부 표시사항 [시행규칙 별표19]

(1) 공통 표시사항

① 위험물의 품명·위험등급·화학명 및 수용성("수용성"표시는 제4류 위험물로서 수용성인 것에 한한다)

② 위험물의 수량

(2) 수납하는 위험물에 따른 주의사항

① 제1류 위험물

㈎ 알칼리금속의 과산화물 또는 이를 함유한 것 : "화기·충격주의", "물기엄금" 및 "가연물접촉주의"

㈏ 그 밖의 것 : "화기·충격주의" 및 "가연물접촉주의"

② 제2류 위험물

㈎ 철분·금속분·마그네슘 또는 이들 중 어느 하나 이상을 함유한 것 : "화기주의" 및 "물기엄금"

㈏ 인화성 고체 : "화기엄금"

㈐ 그 밖의 것 : "화기주의"

③ 제3류 위험물

㈎ 자연발화성 물질 : "화기엄금" 및 "공기접촉엄금"

㈏ 금수성 물질 : "물기엄금"

④ 제4류 위험물 : "화기엄금"

⑤ 제5류 위험물 : "화기엄금" 및 "충격주의"

⑥ 제6류 위험물 : "가연물접촉주의"

단원 예상문제

1. 위험물 안전관리법령상 위험물 운반용기의 외부에 표시하여야 하는 사항에 해당하지 않는 것은?

① 위험물에 따라 규정된 주의사항　② 위험물의 지정수량
③ 위험물의 수량　④ 위험물의 품명

해설 운반용기 외부 표시사항
㉮ 공통 표시사항 : 위험물의 품명·위험등급·화학명 및 수용성("수용성"표시는 제4류 위험물로서 수용성인 것에 한한다), 위험물의 수량
㉯ 위험물에 따른 주의사항

| 변형된 출제문제 |

1-1 위험물 안전관리법령상 제4류 위험물 운반용기의 외부에 표시해야 하는 사항이 아닌 것은? [15. 2회]

① 규정에 의한 주의사항　② 위험물의 품명 및 위험등급
③ 위험물의 관리자 및 지정수량　④ 위험물의 화학명

답 1-1 ③

2. 위험물 안전관리법령의 규정에 따라 운반용기의 외부에 "화기엄금" 및 "충격주의"를 표시하고, 적재하는 경우 차광성이 있는 피복으로 가리며, 55℃ 이하에서 분해될 우려가 있는 경우 보랭 컨테이너에 수납하여 적정한 온도관리를 하는 예방조치를 하여야 하는 위험물은?

① 제1류 위험물　② 제2류 위험물　③ 제3류 위험물　④ 제5류 위험물

해설 ㉮ 운반용기의 외부 표시사항

유 별	구 분	표시사항
제1류	알칼리금속의 과산화물 또는 이를 함유한 것	화기·충격주의, 물기엄금, 가연물 접촉주의
	그 밖의 것	화기·충격주의 및 가연물 접촉주의
제2류	철분, 금속분, 마그네슘 또는 어느 하나 이상을 함유한 것	화기주의, 물기엄금
	인화성 고체	화기엄금
	그 밖의 것	화기주의
제3류	자연발화성 물질	화기엄금 및 공기접촉엄금
	금수성물질	물기엄금
제4류		화기엄금
제5류		화기엄금 및 충격주의
제6류		가연물접촉주의

㉯ 제5류 위험물 중 55℃ 이하에서 분해될 우려가 있는 것은 보랭 컨테이너에 수납하는 등 적정한 온도관리를 한다.

| 변형된 출제문제 |

2-1 위험물 안전관리법령상 제4류 위험물 운반용기의 외부에 표시하여야 하는 주의사항을 모두 옳게 나타낸 것은? [15. 5회]

① 화기엄금 및 충격주의 ② 가연물 접촉주의
③ 화기엄금 ④ 화기주의 및 충격주의

해설 제4류 위험물인 경우 표시하여야 하는 주의사항은 "화기엄금"이다.

2-2 과산화수소의 운반용기 외부에 표시하여야 하는 주의사항은? [14. 1회]

① 화기주의 ② 충격주의
③ 물기엄금 ④ 가연물 접촉주의

해설 과산화수소(H_2O_2)는 제6류 위험물이므로 운반용기 외부에 "가연물접촉주의"를 표시한다.

답 2-1 ③ 2-2 ④

3. 위험물 안전관리법령에 따라 기계에 의하여 하역하는 구조로 된 운반용기의 외부에 행하는 표시 내용에 해당하지 않은 것은? (단, 국제해상위험물 규칙에 정한 기준 또는 소방청장이 정하여 고시하는 기준에 적합한 표시를 한 경우는 제외한다.)

① 운반용기의 제조년월
② 제조자의 명칭
③ 겹쳐쌓기 시험하중
④ 용기의 유효기간

해설 기계에 의하여 하역하는 구조로 된 운반용기의 외부에 행하는 표시 내용
㉮ 운반용기의 제조년월 및 제조자의 명칭
㉯ 겹쳐쌓기 시험하중
㉰ 운반용기 종류에 따른 중량
㉠ 플렉시블 외의 운반용기 : 최대총중량
㉡ 플렉시블 운반용기 : 최대수용중량
㉱ 소방청장이 정하여 고시하는 것

정답 1. ② 2. ④ 3. ④

4 위험물의 위험등급 [시행규칙 별표19]

(1) 위험등급 Ⅰ의 위험물

① 제1류 위험물 중 아염소산염류, 염소산염류, 과염소산염류, 무기과산화물 그 밖에 지정수량이 50kg인 위험물

② 제3류 위험물 중 칼륨, 나트륨, 알킬알루미늄, 알킬리튬, 황린 그 밖에 지정수량이 10kg 또는 20kg인 위험물
③ 제4류 위험물 중 특수인화물
④ 제5류 위험물 중 유기과산화물, 질산에스테르류 그 밖에 지정수량이 10kg인 위험물
⑤ 제6류 위험물

(2) 위험등급 Ⅱ의 위험물

① 제1류 위험물 중 브롬산염류, 질산염류, 요오드산염류 그 밖에 지정수량이 300kg인 위험물
② 제2류 위험물 중 황화린, 적린, 유황 그 밖에 지정수량이 100kg인 위험물
③ 제3류 위험물 중 알칼리금소(칼륨 및 나트륨을 제외한다) 및 알칼리토금속, 유기금속화합물(알킬알루미늄 및 알킬리튬을 제외한다) 그 밖에 지정수량이 50kg인 위험물
④ 제4류 위험물 중 제1석유류 및 알코올류
⑤ 제5류 위험물 중 위험등급 Ⅰ 외의 것

(3) 위험등급 Ⅲ의 위험물

(1) 및 (2)에 정하지 아니한 위험물

단원 예상문제

1. 위험물 안전관리법령에서 정하는 위험등급 Ⅰ에 해당하지 않는 것은?

① 제3류 위험물 중 지정수량이 20kg인 위험물
② 제4류 위험물 중 특수인화물
③ 제1류 위험물 중 무기과산화물
④ 제5류 위험물 중 지정수량이 100kg인 위험물

해설 위험등급 Ⅰ의 위험물

㉮ 제1류 위험물 중 아염소산염류, 염소산염류, 과염소산염류, 무기과산화물 그 밖에 지정수량이 50kg인 위험물
㉯ 제3류 위험물 중 칼륨, 나트륨, 알킬알루미늄, 알킬리튬, 황린 그 밖에 지정수량이 10kg 또는 20kg인 위험물
㉰ 제4류 위험물 중 특수인화물
㉱ 제5류 위험물 중 유기과산화물, 질산에스테르류 그 밖에 지정수량이 10kg인 위험물
㉲ 제6류 위험물

참고 제5류 위험물 중 위험등급 Ⅰ 외의 것은 위험등급 Ⅱ에 해당된다.

| 변형된 출제문제 |

1-1 위험물 안전관리법령상 위험등급 Ⅰ의 위험물로 옳은 것은 어느 것인가?
[14. 5회] [15. 2회] [16. 1회]

① 무기과산화물　② 황화인, 적린, 유황
③ 제1석유류　④ 알코올류

해설 각 위험물의 유별 구분에 의한 위험등급 분류
㉮ 무기과산화물 : 제1류 위험물로 위험등급 Ⅰ이다.
㉯ 황화인, 적린, 유황 : 제2류 위험물로 위험등급 Ⅱ이다.
㉰ 제1석유류, 알코올류 : 제4류 위험물로 위험등급 Ⅱ이다.

1-2 다음 중 위험등급 Ⅰ의 위험물이 아닌 것은? [15. 4회]

① 무기과산화물　② 적린
③ 나트륨　④ 과산화수소

해설 적린은 제2류 위험물로 위험등급 Ⅱ에 해당된다.

답 1-1 ①　1-2 ②

2. 위험물 안전관리법령에서 정하는 위험등급 Ⅱ에 해당하지 않는 것은?

① 제1류 위험물 중 질산염류　② 제2류 위험물 중 적린
③ 제3류 위험물 중 유기금속화합물　④ 제4류 위험물 중 제2석유류

해설 위험등급 Ⅱ의 위험물
㉮ 제1류 위험물 중 브롬산염류, 질산염류, 요오드산염류 그 밖에 지정수량이 300kg인 위험물
㉯ 제2류 위험물 중 황화린, 적린, 유황 그 밖에 지정수량이 100kg인 위험물
㉰ 제3류 위험물 중 알칼리금소(칼륨 및 나트륨을 제외한다) 및 알칼리토금속, 유기금속화합물(알킬알루미늄 및 알킬리튬을 제외한다) 그 밖에 지정수량이 50kg인 위험물
㉱ 제4류 위험물 중 제1석유류 및 알코올류
㉲ 제5류 위험물 중 위험등급 Ⅰ 외의 것

참고 제4류 위험물 중 제2석유류는 위험등급 Ⅲ에 해당된다.

3. 제4류 위험물 중 제2석유류의 위험등급 기준은?

① 위험등급 Ⅰ의 위험물　② 위험등급 Ⅱ의 위험물
③ 위험등급 Ⅲ의 위험물　④ 위험등급 Ⅳ의 위험물

해설 제4류 위험물의 위험등급

분류	위험등급	분류	위험등급
특수인화물	Ⅰ	제2석유류	Ⅲ
제1석유류	Ⅱ	제3석유류	
알코올류	Ⅱ	제4석유류	
		동식물유류	

| 변형된 출제문제 |

3-1 위험물 안전관리법령상 위험물의 운반에 관한 기준에 따르면 알코올류의 위험등급은 얼마인가? [14. 4회]

① 위험등급 Ⅰ
② 위험등급 Ⅱ
③ 위험등급 Ⅲ
④ 위험등급 Ⅳ

해설 알코올류는 위험등급 Ⅱ에 해당된다.

3-2 위험물 운반용기의 외부에 "제4류"와 "위험등급 Ⅱ"의 표시만 보이고 품명이 잘 보이지 않을 때 예상할 수 있는 수납 위험물의 품명은? [15. 4회]

① 제1석유류
② 제2석유류
③ 제3석유류
④ 제4석유류

해설 제4류 위험물 중 위험등급 Ⅱ에 해당되는 것은 제1석유류와 알코올류이다.

답 3-1 ② 3-2 ①

4. 위험물 안전관리법령상 제5류 위험물의 위험등급에 대한 설명 중 틀린 것은?

① 유기과산화물과 질산에스테르류는 위험등급 Ⅰ에 해당한다.
② 지정수량 100kg인 히드록실아민과 히드록실아민염류는 위험등급 Ⅱ에 해당한다.
③ 지정수량 200kg에 해당되는 품명은 모두 위험등급 Ⅲ에 해당한다.
④ 지정수량 10kg인 품명만 위험등급 Ⅰ에 해당한다.

해설 제5류 위험물의 위험등급 분류
㉮ 위험등급 Ⅰ : 유기과산화물, 질산에스테르류 그 밖에 지정수량이 10kg인 위험물
㉯ 위험등급 Ⅱ : 위험등급 Ⅰ 외의 것
㉰ 위험등급 Ⅲ : 해당되는 것 없음

정답 1. ④ 2. ④ 3. ③ 4. ③

5 운반용기의 최대용적 또는 중량 [시행규칙 별표19 부표1]

(1) 고체 위험물

운반용기				수납 위험물의 종류									
내장 용기		외장 용기		제1류			제2류		제3류			제5류	
용기의 종류	최대용적 또는 중량	용기의 종류	최대용적 또는 중량	Ⅰ	Ⅱ	Ⅲ	Ⅱ	Ⅲ	Ⅰ	Ⅱ	Ⅲ	Ⅰ	Ⅱ
유리용기 또는 플라스틱 용기	10L	나무상자 또는 플라스틱상자(필요에 따라 불활성의 완충재를 채울 것)	125kg	○	○	○	○	○	○	○	○	○	○
			225kg		○	○		○		○	○		○
		파이버판상자(필요에 따라 불활성의 완충재를 채울 것)	40kg	○	○	○	○	○	○	○	○	○	○
			55kg		○	○		○		○	○		○
금속제 용기	30L	나무상자 또는 플라스틱상자	125kg	○	○	○	○	○	○	○	○	○	○
			225kg		○	○		○		○	○		○
		파이버판상자	40kg	○	○	○	○	○	○	○	○	○	○
			55kg		○	○		○		○	○		○
플라스틱 필름포대 또는 종이포대	5kg	나무상자 또는 플라스틱상자	50kg	○	○	○	○	○		○	○	○	○
	50kg		50kg	○	○	○	○	○					○
	125kg		125kg		○	○	○	○					
	225kg		225kg			○		○					
	5kg	파이버판상자	40kg	○	○	○	○	○		○	○	○	○
	40kg		40kg	○	○	○	○	○					○
	55kg		55kg			○		○					
		금속제용기(드럼 제외)	60L	○	○	○	○	○	○	○	○	○	○
		플라스틱용기(드럼 제외)	10L		○	○	○	○		○	○		○
			30L			○		○					○
		금속제드럼	250L	○	○	○	○	○	○	○	○	○	○
		플라스틱드럼 또는 파이버드럼 (방수성이 있는 것)	60L	○	○	○	○	○	○	○	○	○	○
			250L		○	○		○		○	○		○
		합성수지포대(방수성이 있는 것), 플라스틱필름포대, 섬유포대(방수성이 있는 것) 또는 종이포대(여러 겹으로서 방수성이 있는 것)	50kg		○	○	○	○		○	○		○

[비고]

1. "○"표시는 수납위험물의 종류별 각 란에 정한 위험물에 대하여 당해 각 란에 정한 운반용기가 적응성이 있음을 표시한다.
2. 내장용기는 외장용기에 수납하여야 하는 용기로서 위험물을 직접 수납하기 위한 것을 말한다.
3. 내장용기의 용기의 종류란이 공란인 것은 외장용기에 위험물을 직접 수납하거나 유리용기, 플라스틱용기, 금속제용기, 폴리에틸렌포대 또는 종이포대를 내장용기로 할 수 있음을 표시한다.

(2) 액체 위험물

운반용기				수납 위험물의 종류								
내장 용기		외장 용기		제3류			제4류			제5류		제6류
용기의 종류	최대용적 또는 중량	용기의 종류	최대용적 또는 중량	Ⅰ	Ⅱ	Ⅲ	Ⅰ	Ⅱ	Ⅲ	Ⅰ	Ⅱ	Ⅰ
유리용기	5L	나무상자 또는 플라스틱상자(불활성의 완충재를 채울 것)	75kg	○	○	○	○	○	○	○	○	○
	10L		125kg		○	○		○	○		○	
			225kg						○			
	5L	파이버판상자(불활성의 완충재를 채울 것)	40kg	○	○	○	○	○	○	○	○	○
	10L		55kg						○			
플라스틱용기	10L	나무상자 또는 플라스틱상자(필요에 따라 불활성의 완충재를 채울 것)	75kg	○	○	○	○	○	○	○	○	○
			125kg		○	○		○	○		○	
			225kg						○			
		파이버판상자(필요에 따라 불활성의 완충재를 채울 것)	40kg	○	○	○	○	○	○	○	○	○
			55kg						○			
금속제용기	30L	나무 또는 플라스틱상자	125kg	○	○	○	○	○	○	○	○	○
			225kg						○			
		파이버판상자	40kg	○	○	○	○	○	○	○	○	○
			55kg		○	○		○	○		○	
		금속제용기(금속제드럼 제외)	60L		○	○		○	○		○	
		플라스틱용기(플라스틱드럼 제외)	10L		○	○		○	○		○	
			20L					○	○			
			30L						○		○	
		금속제드럼(뚜껑고정식)	250L	○	○	○	○	○	○	○	○	○
		금속제드럼(뚜껑탈착식)	250L					○	○			
		플라스틱 또는 파이버드럼(플라스틱 내 용기부착의 것)	250L		○	○			○		○	

[비고]
1. "○"표시는 수납위험물의 종류별 각 란에 정한 위험물에 대하여 해당 각 란에 정한 운반용기가 적응성이 있음을 표시한다.
2. 내장용기는 외장용기에 수납하여야 하는 용기로서 위험물을 직접 수납하기 위한 것을 말한다.
3. 내장용기의 용기의 종류란이 공란인 것은 외장용기에 위험물을 직접 수납하거나 유리용기, 플라스틱용기 또는 금속제용기를 내장용기로 할 수 있음을 표시한다.

6 운반방법

① 위험물 또는 위험물을 수납한 운반용기가 마찰 또는 동요를 일으키지 않도록 운반한다.
② 지정수량 이상의 위험물을 차량으로 운반하는 경우에는 위험물의 위험성을 알리는 표지를 설치한다.
③ 지정수량 이상의 위험물을 차량으로 운반하는 경우에 차량을 일시 정차시킬 때에는 안전한 장소를 택하고 위험물의 안전 확보에 주의한다.
④ 지정수량 이상의 위험물을 차량으로 운반하는 경우에 적응성이 있는 소형수동식 소화기를 소요단위에 상응하는 능력단위 이상 갖추어야 한다.
⑤ 위험물의 운반도중 위험물이 현저하게 새는 등 재난발생의 우려가 있는 경우에는 응급조치와 동시에 가까운 소방관서 그 밖의 관계기관에 통보한다.
⑥ 품명 또는 지정수량을 달리하는 2 이상의 위험물을 운반하는 경우는 각각의 위험물 수량을 지정수량으로 나누어 얻은 수의 합이 1 이상인 때에는 지정수량 이상의 위험물을 운반하는 것으로 본다.

단원 예상문제

1. 아염소산염류의 운반용기 중 적응성 있는 내장용기의 종류와 최대 용적이나 중량을 옳게 나타낸 것은? (단, 외장용기의 종류는 나무상자 또는 플라스틱상자이고, 외장용기의 최대 중량은 125kg으로 한다.)

① 금속제 용기 : 20L　② 종이 포대 : 55kg
③ 플라스틱 필름 포대 : 60kg　④ 유리 용기 : 10L

해설 운반용기의 최대용적 또는 중량
㉮ 아염소산염류 : 제1류 위험물 중 위험등급 Ⅰ등급, 고체 위험물에 해당된다.
㉯ 외장용기의 종류가 나무상자 또는 플라스틱상자이고, 외장용기의 최대 중량은 125kg일 때 내장용기의 종류 및 최대용적 또는 중량 → 시행규칙 별표19 부표1의 표에서 찾아야 한다.
㉠ 유리용기 또는 플라스틱 용기 : 10L → 나무상자 또는 플라스틱상자에 '필요에 따라 불활성의 완충재를 채울 것'의 조건이 있는 경우
㉡ 금속제 용기 : 30L
㉢ 플라스틱 필름포대 또는 종이포대 : 해당용기 무

정답 1. ④

4-4 위험물의 운송 기준

1 위험물의 운송 [법 제21조]

(1) 위험물 운송자

이동탱크저장소에 위험물을 운송하는 자(운송책임자 및 이동탱크 저장소 운전자를 말하며, 이하 "위험물 운송자"라 한다)는 국가기술자격자 또는 규정에 따른 안전교육을 받은 자이어야 한다.

(2) 위험물의 운송

대통령령이 정하는 위험물의 운송에는 운송책임자(위험물 운송의 감독 또는 지원을 하는 자를 말한다. 이하 같다)의 감독 또는 지원을 받아 운송하여야 한다.

① 운송책임자의 감독 또는 지원을 받는 위험물 종류 : 대통령령이 정하는 위험물 [시행령 제19조]

㈎ 알킬알루미늄

㈏ 알킬리튬

㈐ 알킬알루미늄 또는 알킬리튬을 함유하는 위험물

② 위험물 운송자 준수 사항 : 이동탱크 저장소에 의하여 위험물을 운송하는 때에는 기준을 준수하는 등 위험물의 안전확보를 위하여 세심한 주의를 기울어야 한다.

2 운송책임자의 감독 또는 지원 방법 [시행규칙 별표21]

① 운송책임자가 이동탱크 저장소에 동승하여 운전자에게 필요한 감독 또는 지원을 하는 방법이다. 다만, 운전자가 운송책임자의 자격이 있으면 운송책임자의 자격이 없는 자가 동승할 수 있다.

② 운송의 감독 또는 지원을 위하여 마련한 별도의 사무실에 운송책임자가 대기하면서 이행하는 방법

㈎ 운송경로를 미리 파악하고 관할소방서 또는 관련업체(비상대응에 관한 협력을 얻을 수 있는 업체를 말한다)에 대한 연락체계를 갖추는 것

㈏ 이동탱크 저장소의 운전자에 대하여 수시로 안전확보 상황을 확인하는 것

㈐ 비상시의 응급처치에 관하여 조언하는 것

㈑ 그 밖에 위험물의 운송 중 안전확보에 관한 정보를 제공하고 감독 또는 지원하는 것

3 이동탱크 저장소에 의한 위험물 운송 시 준수사항 [시행규칙 별표21]

① 위험물 운송자는 운송의 개시 전에 이동저장탱크의 배출밸브와 폐쇄장치, 맨홀 및 주입구의 뚜껑, 소화기 등의 점검을 실시한다.

② 위험물 운송자는 장거리(고속국도 340km 이상, 그 밖의 도로 200km 이상)에 걸치는 운송을 하는 때에는 2명 이상의 운전자로 한다. 다만, 다음에 해당하는 경우에는 그러하지 않다.

㈎ 규정에 의하여 운송책임자를 동승시킨 경우

㈏ 운송하는 위험물이 제2류 위험물·제3류 위험물(칼슘 또는 알루미늄의 탄화물과 이것만을 함유한 것에 한한다) 또는 제4류 위험물(특수인화물을 제외한다)인 경우

㈐ 운송도중에 2시간 이내마다 20분 이상씩 휴식하는 경우

③ 위험물 운송자는 이동탱크 저장소를 일시 정차시킬 때에는 안전한 장소를 택하고, 이동탱크 저장소의 안전을 위한 감시를 할 수 있는 위치에 있는 등 위험물의 안전확보에 주의한다.

④ 위험물 운송자는 이동저장탱크로부터 재해발생의 우려가 있는 경우에는 응급조치를 하는 동시에 소방관서 그 밖의 관계기관에 통보한다.

⑤ 위험물(제4류 위험물에 있어서는 특수인화물 및 제1석유류에 한한다)을 운송하는 자는 위험물 안전카드를 휴대하여야 한다.

⑥ 위험물 운송자는 위험물 안전카드를 휴대하고 당해 카드에 기재된 내용에 따른다. 다만, 재난 그 밖의 불가피한 이유가 있는 경우에는 당해 기재된 내용에 따르기 아니할 수 있다.

단원 예상문제

1. 운송책임자의 감독, 지원을 받아 운송하여야 하는 위험물은?

① 알킬알루미늄
② 금속나트륨
③ 메틸에틸케톤
④ 트리니트로톨루엔

해설 운송책임자의 감독, 지원을 받아 운송하여야 하는 위험물 종류 : 알킬알루미늄, 알킬리튬, 알킬알루미늄 또는 알킬리튬을 함유하는 위험물

| 변형된 출제문제 |

1-1 위험물 안전관리법령상 운송책임자의 감독, 지원을 받아 운송하여야 하는 위험물은? [15. 2회]

① 알킬리튬 ② 과산화수소
③ 가솔린 ④ 경유

1-2 위험물 안전관리법령상 운송책임자의 감독, 지원을 받아 운송하여야 하는 위험물에 해당하는 것은? [15. 5회]

① 알킬알루미늄, 산화프로필렌, 알킬리튬
② 알킬알루미늄, 산화프로필렌
③ 알킬알루미늄, 알킬리튬
④ 산화프로필렌, 알킬리튬

답 **1-1** ① **1-2** ③

2. 위험물 안전관리법령에 따른 위험물의 운송에 관한 설명 중 틀린 것은?

① 알킬리튬과 알킬알루미늄 또는 이 중 어느 하나 이상을 함유한 것은 운송책임자의 감독, 지원을 받아야 한다.
② 이동탱크 저장소에 의하여 위험물을 운송할 때의 운송책임자에는 법정의 교육을 이수하고 관련 업무에 2년 이상 경력이 있는 자도 포함된다.
③ 서울에서 부산까지 금속의 인화물 300kg을 1명의 운전자가 휴식 없이 운송해도 규정 위반이 아니다.
④ 운송책임자의 감독 또는 지원의 방법에는 동승하는 방법과 별도의 사무실에서 대기하면서 규정된 사항을 이행하는 방법이 있다.

해설 위험물 운송 시에 준수사항
㉮ 2명 이상의 운전자로 해야 하는 경우
㉠ 고속국도에서 340km 이상 운송하는 때
㉡ 그 밖의 도로에서 200km 이상 운송하는 때
㉯ 1명의 운전자로 할 수 있는 경우
㉠ 운송책임자를 동승시킨 경우
㉡ 운송하는 위험물이 제2류 위험물·제3류 위험물(칼슘 또는 알루미늄의 탄화물과 이것만을 함유한 것에 한한다) 또는 제4류 위험물(특수인화물을 제외한다)인 경우
㉢ 운송도중에 2시간 이내마다 20분 이상씩 휴식하는 경우

참고 서울에서 부산까지는 340km 이상이기 때문에 휴식 없이 운송하기 위해서는 2명 이상의 운전자로 해야 한다.

| 변형된 출제문제 |

2-1 위험물 안전관리법령상 이동탱크 저장소에 의한 위험물의 운송 시 장거리에 걸친 운송을 하는 때에는 2명 이상의 운전자로 하는 것이 원칙이다. 다음 중 예외적으로 1명의 운전자가 운송하여도 되는 경우의 기준으로 옳은 것은? [15. 5회]

① 운송 도중에 2시간 이내마다 10분 이상씩 휴식하는 경우
② 운송 도중에 2시간 이내마다 20분 이상씩 휴식하는 경우
③ 운송 도중에 4시간 이내마다 10분 이상씩 휴식하는 경우
④ 운송 도중에 4시간 이내마다 20분 이상씩 휴식하는 경우

해설 운송도중에 2시간 이내마다 20분 이상씩 휴식하는 경우에는 1명의 운전자가 운송하여도 된다.

답 2-1 ②

3. 위험물 운송책임자의 감독 또는 지원의 방법으로 운송의 감독 또는 지원을 위하여 마련한 별도의 사무실에 운송책임자가 대기하면서 이행하는 사항에 해당하지 않은 것은?

① 운송 후에 운송경로를 파악하여 관할 경찰관서에 신고하는 것
② 이동탱크 저장소의 운전자에 대하여 수시로 안전확보 상황을 확인하는 것
③ 비상시의 응급처치에 관하여 조언을 하는 것
④ 위험물의 운송 중 안전확보에 관하여 필요한 정보를 제공하고 감독 또는 지원하는 것

해설 위험물운송책임자가 사무실에 대기하면서 이행하는 사항

㉮ 운송경로를 미리 파악하고 관할소방서 또는 관련업체에 대한 연락체계를 갖추는 것
㉯ 이동탱크저장소의 운전자에 대하여 수시로 안전확보 상황을 확인하는 것
㉰ 비상시의 응급처치에 관하여 조언하는 것
㉱ 그 밖에 위험물의 운송 중 안전확보에 관하여 정보를 제공하고 감독 또는 지원하는 것

4. 이동탱크 저장소에 의한 위험물의 운송 시 준수하여야 하는 기준에서 다음 중 어떤 위험물을 운송할 때 위험물 운송자는 위험물 안전카드를 휴대하여야 하는가?

① 특수인화물 및 제1석유류
② 알코올류 및 제2석유류
③ 제3석유류 및 동식물유류
④ 제4석유류

해설 위험물(제4류 위험물에 있어서는 특수인화물 및 제1석유류에 한한다)을 운송하게 하는 자는 위험물안전카드를 위험물운송자로 하여금 휴대하게 하여야 한다.

정답 1. ① 2. ③ 3. ① 4. ①

제조소등의 위치·구조·설비기준

5-1 제조소 기준 [시행규칙 제28조, 별표4]

1 위치 기준

(1) 안전거리

해당 대상물	안전거리
7000V 초과 35000V 이하의 특고압가공전선	3m 이상
35000V 초과하는 특고압가공전선	5m 이상
건축물, 주거용 공작물	10m 이상
고압가스, LPG, 도시가스 시설	20m 이상
학교·병원·극장(300명 이상 수용), 다수인 수용시설(20명 이상)	30m 이상
유형문화재, 지정문화재	50m 이상

(2) 보유공지

취급하는 위험물의 최대수량	공지의 너비
지정수량의 10배 이하	3m 이상
지정수량의 10배 초과	5m 이상

① 보유공지 제외 사항 : 제조소와 작업장 사이에 방화상 유효한 격벽을 설치한 때
- ㈎ 방화벽은 내화구조로 한다. 다만, 제6류 위험물인 경우 불연재료로 할 수 있다.
- ㈏ 방화벽에 설치하는 출입구 및 창에는 자동폐쇄식의 갑종방화문을 설치한다.
- ㈐ 방화벽의 양단 및 상단이 외벽 또는 지붕으로부터 50cm 이상 돌출하도록 한다.

단원 예상문제

1. 위험물 제조소등에서 위험물 안전관리법상 안전거리 규제 대상이 아닌 것은?

① 제6류 위험물을 취급하는 제조소를 제외한 모든 제조소
② 주유취급소
③ 옥외저장소
④ 옥외탱크저장소

해설 주유취급소는 위험물을 제조 외의 목적으로 취급하기 위한 취급소에 해당되므로 제조소의 안전거리 기준이 적용되지 않는다.

2. 위험물 제조소의 안전거리 기준으로 틀린 것은?

① 초·중등교육법 및 고등교육법에 의한 학교 : 20m 이상
② 의료법에 의한 병원급 의료기관 : 30m 이상
③ 문화재보호법 규정에 의한 지정문화재 : 50m 이상
④ 사용전압이 35000V를 초과하는 특고압 가공전선 : 5m 이상

해설 제조소의 안전거리[시행규칙 별표4]

해당 대상물	안전거리
7000V 초과 35000V 이하의 특고압가공전선	3m 이상
35000V 초과하는 특고압가공전선	5m 이상
건축물, 주거용 공작물	10m 이상
고압가스, LPG, 도시가스 시설	20m 이상
학교·병원·극장(300명 이상 수용), 다수인 수용시설(20명 이상)	30m 이상
유형문화재, 지정문화재	50m 이상

| 변형된 출제문제 |

2-1 제3류 위험물을 취급하는 제조소는 300명 이상을 수용할 수 있는 극장으로부터 몇 m 이상의 안전거리를 유지하여야 하는가? [12. 2회] [15. 5회]

① 5 ② 10 ③ 30 ④ 70

해설 300명 이상을 수용할 수 있는 극장과 제조소는 30m 이상의 안전거리를 유지한다.

2-2 위험물 안전관리법령상 위험물 제조소와의 안전거리가 가장 먼 것은? [15. 1회]

① '고등교육법'에서 정하는 학교
② '의료법'에 따른 병원급 의료기관
③ '고압가스 안전관리법'에 의하여 허가를 받은 고압가스 제조시설
④ '문화재 보호법'에 의한 유형문화재와 기념물 중 지정문화재

해설 제조소와 유지하는 안전거리가 가장 먼 것은 50m 이상을 유지해야 하는 '문화재 보호법'에 의한 유형문화재와 기념물 중 지정문화재이다.

답 2-1 ③ 2-2 ④

3. 위험물 제조소에서 지정수량 이상의 위험물을 취급하는 건축물(시설)에는 원칙상 최소 몇 m 이상의 보유공지를 확보하여야 하는가? (단, 최대수량은 지정수량의 10배이다.)

① 1m 이상 ② 3m 이상 ③ 5m 이상 ④ 7m 이상

해설 취급하는 위험물의 최대수량이 지정수량의 10배 이하일 때 보유공지는 3m 이상이다.

정답 1. ② 2. ① 3. ②

2 구조 및 설비 기준

(1) 표지 및 게시판

① 제조소에 "위험물 제조소"라는 표지 설치

㈎ 규격 : 한 변의 길이가 0.3m 이상, 다른 한 변의 길이가 0.6m 이상인 직사각형

㈏ 색상 : 백색바탕에 흑색문자

② 게시판 : 방화에 관하여 필요한 사항을 게시

㈎ 규격 : 한 변의 길이가 0.3m 이상, 다른 한 변의 길이가 0.6m 이상인 직사각형

㈏ 기재 사항 : 위험물의 유별·품명 및 저장최대수량 또는 취급최대수량, 지정수량의 배수 및 안전관리자의 성명 또는 직명

㈐ 색상 : 백색바탕에 흑색문자

㈑ 위험물 종류별 주의사항을 표시한 게시판

위험물의 종류	내용	색상
• 제1류 위험물 중 알칼리금속의 과산화물과 이를 함유한 것 • 제3류 위험물 중 금수성물질	"물기엄금"	청색바탕에 백색문자
• 제2류 위험물(인화성 고체를 제외한다)	"화기주의"	적색바탕에 백색문자
• 제2류 위험물 중 인화성 고체 • 제3류 위험물 중 자연발화성물질 • 제4류 위험물 • 제5류 위험물	"화기엄금"	

(2) 건축물의 구조

① 지하층이 없도록 한다. 다만, 위험물을 취급하지 않는 지하층으로서 위험물 또는 가연성의 증기가 흘러 들어갈 우려가 없는 구조는 그러하지 않다.

② 벽·기둥·바닥·보·서까래 및 계단은 불연재료로, 연소의 우려가 있는 외벽은 출입구 외의 개구부가 없는 내화구조의 벽으로 한다.

③ 지붕은 가벼운 불연재료로 한다.

④ 출입구와 비상구는 갑종방화문 또는 을종방화문을 설치한다.

⑤ 위험물을 취급하는 건축물의 창 및 출입구의 유리는 망입유리로 한다.

⑥ 액체의 위험물을 취급하는 건축물의 바닥은 적당한 경사를 두어 최저부에 집유설비를 한다.

(3) 채광·조명 및 환기설비

① 채광설비 : 불연재료로 연소의 우려가 없는 장소에 채광면적을 최소로 한다.

② 조명설비 기준

㈎ 가연성가스 등이 체류할 우려가 있는 장소는 방폭등으로 한다.

㈏ 전선은 내화·내열전선으로 하고 점멸스위치는 출입구 바깥부분에 설치한다.

③ 환기설비 기준

㈎ 환기는 자연배기방식으로 한다.

㈏ 급기구는 바닥면적 $150m^2$ 마다 1개 이상, 급기구의 크기는 $800cm^2$ 이상으로 한다. 다만, 바닥면적이 $150m^2$ 미만인 경우에는 다음의 크기로 한다.

바닥면적	급기구의 면적
$60m^2$ 미만	$150cm^2$ 이상
$60m^2$ 이상 $90m^2$ 미만	$300cm^2$ 이상
$90m^2$ 이상 $120m^2$ 미만	$450cm^2$ 이상
$120m^2$ 이상 $150m^2$ 미만	$600cm^2$ 이상

㈐ 급기구는 낮은 곳에 설치, 가는 눈의 구리망 등으로 인화방지망 설치한다.

㈑ 환기구는 지붕 위 또는 지상 2m 이상 높이에 회전식 고정벤추레이터, 루프팬 방식으로 설치한다.

(4) 배출설비

① 배출설비 기능(역할) : 가연성의 증기 또는 미분이 체류할 우려가 있는 건축물에는 그 증기 또는 미분을 옥외의 높은 곳으로 배출할 수 있도록 하는 설비이다.

② 배출설비 설치 기준

㈎ 배출설비는 국소방식으로 한다.

㈏ 배출설비는 배풍기·배출덕트·후드 등을 이용하여 강제적으로 배출하는 것으로 한다.

㈐ 배출능력은 1시간당 배출장소 용적의 20배 이상(전역방식은 바닥면적 $1m^2$ 당 $18m^3$ 이상)인 것으로 하여야 한다.

㈑ 급기구 및 배출구 기준

㉮ 급기구는 높은 곳에 설치하고, 가는 눈의 구리망으로 인화방지망을 설치한다.

㉯ 배출구는 지상 2m 이상으로 연소의 우려가 없는 장소에 설치, 배출덕트가 관통하는 벽부분에 방화댐퍼를 설치한다.

(마) 배풍기는 강제배기방식으로 하고, 옥내덕트의 내압이 대기압 이상이 되지 않는 위치에 설치한다.

(5) 옥외에서 액체위험물을 취급하는 설비의 바닥

① 바닥의 둘레에 높이 0.15m 이상의 턱을 설치한다.

② 턱이 있는 쪽이 낮게 경사지게 하고, 바닥의 최저부에 집유설비를 한다.

③ 위험물(온도 20℃의 물 100g에 용해되는 양이 1g 미만인 것에 한한다)을 취급하는 설비의 집유설비에 유분리장치를 설치한다.

(6) 기타 설비

① 압력계 및 안전장치 : 위험물을 가압하는 설비 또는 압력이 상승할 우려가 있는 설비에는 압력계 및 다음 중 하나에 해당하는 안전장치를 설치한다. 다만, 파괴판은 위험물의 성질에 따라 안전밸브의 작동이 곤란한 가압설비에 한한다.

(가) 자동적으로 압력의 상승을 정지시키는 장치

(나) 감압측에 안전밸브를 부착한 감압밸브

(다) 안전밸브를 병용하는 경보장치

(라) 파괴판

② 정전기 제거설비 : 정전기를 유효하게 제거할 수 있는 설비를 설치한다.

(가) 접지에 의한 방법

(나) 공기 중의 상대습도를 70% 이상으로 하는 방법

(다) 공기를 이온화하는 방법

③ 피뢰설비 : 지정수량의 10배 이상을 취급하는 제조소(제6류 위험물을 취급하는 위험물 제조소를 제외한다)

(7) 위험물 취급 탱크

① 옥외에 있는 위험물 취급 탱크 설치 기준(용량이 지정수량의 5분의 1 미만인 것을 제외)

(가) 액체 위험물(이황화탄소를 제외한다)을 취급하는 것의 주위에 방유제를 설치한다.

㉮ 하나의 취급탱크 주위에 설치하는 방유제의 용량 : 탱크용량의 50% 이상

㉯ 2 이상의 취급탱크 주위에 하나의 방유제를 설치하는 경우 방유제의 용량 : 용량이 최대인 것의 50%에 나머지 탱크용량 합계의 10%를 가산한 양 이상

② 옥내에 있는 위험물취급탱크 설치 기준(용량이 지정수량의 5분의 1 미만인 것을 제외)

㈎ 위험물취급탱크의 주위에는 턱(방유턱)을 설치 : 탱크에 수납하는 위험물의 양을 전부 수용

㈏ 하나의 방유턱 안에 2 이상의 탱크가 있는 경우 : 탱크 중 실제로 수납하는 위험물의 양이 최대인 탱크의 양을 전부 수용

단원 예상문제

1. 위험물 제조소 표지 및 게시판에 대한 설명이다. 위험물 안전관리법령상 옳지 않은 것은?

① 표지는 한 변의 길이가 0.3m, 다른 한 변의 길이가 0.6m 이상으로 하여야 한다.
② 표지의 바탕은 백색, 문자는 흑색으로 하여야 한다.
③ 취급하는 위험물에 따라 규정에 의한 주의사항을 표시한 게시판을 설치하여야 한다.
④ 제2류 위험물(인화성 고체 제외)은 "화기엄금" 주의사항 게시판을 설치하여야 한다.

해설 표지 및 게시판

㉮ 표지 : 보기 쉬운 곳에 "위험물 제조소"라는 표지를 설치
　㉠ 크기 : 한 변의 길이가 0.3m 이상, 다른 한 변의 길이가 0.6m 이상인 직사각형
　㉡ 색상 : 백색 바탕에 흑색 문자

㉯ 주의사항 게시판

위험물의 종류	내 용	색 상
• 제1류 위험물 중 알칼리금속의 과산화물 • 제3류 위험물 중 금수성물질	"물기엄금"	청색바탕에 백색문자
• 제2류 위험물(인화성 고체 제외)	"화기주의"	적색바탕에 백색문자
• 제2류 위험물 중 인화성 고체 • 제3류 위험물 중 자연발화성물질 • 제4류 위험물 • 제5류 위험물	"화기엄금"	

| 변형된 출제문제 |

1-1 제2류 위험물 중 인화성 고체의 제조소에 설치하는 주의사항 게시판에 표시할 내용을 옳게 나타낸 것은? [16. 4회]

① 적색바탕에 백색문자로 "화기엄금" 표시
② 적색바탕에 백색문자로 "화기주의" 표시
③ 백색바탕에 적색문자로 "화기엄금" 표시
④ 백색바탕에 적색문자로 "화기주의" 표시

해설 제2류 위험물 주의사항 게시판

㉮ 제2류 위험물 중 인화성 고체 : 적색바탕에 백색문자 "화기엄금"
㉯ 제2류 위험물 중 인화성 고체 제외 : 적색바탕에 백색문자 "화기주의"

1-2 **위험물 안전관리법령상 제3류 위험물 중 금수성 물질의 제조소에 설치하는 주의사항 게시판의 바탕색과 문자색을 옳게 나타낸 것은?** [12. 2회] [16. 4회]

① 청색바탕에 황색문자
② 황색바탕에 청색문자
③ 청색바탕에 백색문자
④ 백색바탕에 청색문자

해설 제3류 위험물 주의사항 게시판
㉮ 제3류 위험물 중 금수성물질 : 청색바탕에 백색문자 "물기엄금"
㉯ 제3류 위험물 중 자연발화성물질 : 적색바탕에 백색문자 "화기엄금"

1-3 **제4류 위험물을 저장 및 취급하는 위험물 제조소에 설치한 "화기엄금" 게시판의 색상으로 올바른 것은?** [15. 2회]

① 적색바탕에 흑색문자
② 흑색바탕에 적색문자
③ 백색바탕에 적색문자
④ 적색바탕에 백색문자

해설 제4류 위험물 주의사항 게시판 : 적색바탕에 백색문자 "화기엄금"

1-4 **제5류 위험물을 취급하는 위험물 제조소에 설치하는 주의사항 게시판에서 표시하는 내용과 바탕색, 문자색으로 옳은 것은?** [13. 2회]

① "화기주의", 백색바탕에 적색문자
② "화기주의", 적색바탕에 백색문자
③ "화기엄금", 백색바탕에 적색문자
④ "화기엄금", 적색바탕에 백색문자

해설 제5류 위험물 주의사항 게시판 : 적색바탕에 백색문자 "화기엄금"

답 **1-1** ① **1-2** ③ **1-3** ④ **1-4** ④

2. **위험물 안전관리법령상 위험물 옥외탱크 저장소에 방화에 관하여 필요한 사항을 게시한 게시판에 기재하여야 하는 내용이 아닌 것은?**

① 위험물의 지정수량의 배수
② 위험물의 저장최대수량
③ 위험물의 품명
④ 위험물의 성질

해설 제조소에 설치하는 방화에 관한 게시판
㉮ 크기 : 한 변의 길이가 0.3m 이상, 다른 한 변의 길이 0.6m 이상인 직사각형
㉯ 내용 : 저장 또는 취급하는 위험물의 유별·품명, 저장최대수량, 지정수량의 배수, 안전관리자의 성명 또는 직명
㉰ 색상 : 백색바탕에 흑색문자

3. 위험물 제조소의 기준에 있어서 위험물을 취급하는 건축물의 구조로 적당하지 않은 것은?

① 지하층이 없도록 하여야 한다.
② 연소의 우려가 있는 외벽은 내화구조의 벽으로 하여야 한다.
③ 출입구는 연소의 우려가 있는 외벽에 설치하는 경우 을종방화문을 설치하여야 한다.
④ 지붕은 폭발력이 위로 방출될 정도의 가벼운 불연재료로 덮는다.

해설 제조소의 건축물 기준
㉮ 지하층이 없도록 하여야 한다.
㉯ 벽·기둥·바닥·보·서까래 및 계단을 불연재료로 하고, 연소의 우려가 있는 외벽은 출입구 외의 개구부가 없는 내화구조의 벽으로 한다.
㉰ 지붕은 가벼운 불연재료로 덮어야 한다.
㉱ 출입구와 비상구는 갑종방화문 또는 을종방화문을 설치하되, 연소의 우려가 있는 외벽에 설치하는 출입구에는 자동폐쇄식의 갑종방화문을 설치한다.
㉲ 건축물의 창 및 출입구의 유리는 망입유리로 한다.
㉳ 액체의 위험물을 취급하는 건축물의 바닥은 적당한 경사를 두어 그 최저부에 집유설비를 한다.

| 변형된 출제문제 |

3-1 위험물 제조소의 위치, 구조 및 설비의 기준에 대한 설명 중 틀린 것은? [13. 1회]

① 벽, 기둥, 바닥, 보, 서까래는 내화재료로 하여야 한다.
② 제조소의 표지판은 한 변이 30cm, 다른 한 변이 60cm 이상의 크기로 한다.
③ "화기엄금"을 표시하는 게시판은 적색 바탕에 백색 문자로 한다.
④ 지정수량의 10배를 초과한 위험물을 취급하는 제조소는 보유공지의 너비가 5m 이상이어야 한다.

해설 벽·기둥·바닥·보·서까래 및 계단을 불연재료로 하고, 연소의 우려가 있는 외벽은 출입구 외의 개구부가 없는 내화구조의 벽으로 하여야 한다.

답 3-1 ①

4. 위험물 안전관리법령상 "연소의 우려가 있는 외벽"은 기산점이 되는 선으로부터 3m(2층 이상의 층에 대해서는 5m) 이내에 있는 제조소등의 외벽을 말하는데, 이 기산점이 되는 선에 해당하지 않는 것은?

① 동일 부지 내의 다른 건축물과 제조소 부지 간의 중심선
② 제조소등에 인접한 도로의 중심선
③ 제조소등이 설치된 부지의 경계선
④ 제조소등의 외벽과 동일 부지 내의 다른 건축물의 외벽 간의 중심선

해설 연소의 우려가 있는 외벽[세부기준 제41조] : 연소의 우려가 있는 외벽은 다음에 정하는 선을 기산점으로 하여 3m(2층 이상의 층에 대해서는 5m) 이내에 있는 제조소등의 외벽을 말한다.
㉮ 제조소등이 설치된 부지의 경계
㉯ 제조소등에 인접한 도로의 중심선
㉰ 제조소등의 외벽과 동일부지 내의 다른 건축물의 외벽간의 중심선

5. 위험물 제조소의 환기설비 중 급기구는 급기구가 설치된 실의 바닥면적 몇 m^2 마다 1개 이상으로 설치하여야 하는가?

① 100
② 150
③ 200
④ 800

해설 제조소의 환기설비 기준

㉮ 환기는 자연배기방식으로 한다.
㉯ 급기구는 바닥면적 $150m^2$ 마다 1개 이상으로 하되, 크기는 $800cm^2$ 이상으로 한다.
㉰ 급기구는 낮은 곳에 설치하고 가는 눈의 구리망 등으로 인화방지망을 설치한다.
㉱ 환기구는 지붕 위 또는 지상 2m 이상의 높이에 회전식 고정벤추레이터 또는 루프팬방식으로 설치한다.

6. 위험물 안전관리법령상 위험물 제조소에 설치하는 배출설비에 대한 내용으로 틀린 것은 어느 것인가?

① 배출설비는 예외적인 경우를 제외하고는 국소방식으로 하여야 한다.
② 배출설비는 강제배출 방식으로 한다.
③ 급기구는 낮은 장소에 설치하고 인화방지망을 설치한다.
④ 배출구는 지상 2m 이상 높이에 연소의 우려가 없는 곳에 설치한다.

해설 제조소의 배출설비 설치기준

㉮ 배출설비는 국소방식으로 하여야 한다.
㉯ 배풍기·배출덕트·후드 등을 이용하여 강제적으로 배출하는 것으로 한다.
㉰ 배출능력은 1시간당 배출장소 용적의 20배 이상인 것으로 한다(전역방식의 경우에는 바닥면적 $1m^2$당 $18m^3$ 이상으로 한다).
㉱ 급기구는 높은 곳에 설치하고, 인화방지망을 설치한다.
㉲ 배출구는 지상 2m 이상의 연소의 우려가 없는 장소에 설치하고, 배출덕트가 관통하는 벽부분에 방화댐퍼를 설치한다.
㉳ 배풍기는 강제배기방식으로 하고, 옥내덕트의 내압이 대기압 이상이 되지 않는 위치에 설치한다.

| 변형된 출제문제 |

6-1 위험물 제조소에서 국소방식의 배출설비 배출능력은 1시간당 배출장소 용적의 몇 배 이상인 것으로 하여야 하는가? [15. 2회]

① 5
② 10
③ 15
④ 20

해설 배출설비 배출능력

㉮ 국소방식 : 1시간당 배출장소 용적의 20배 이상
㉯ 전역방식 : 바닥면적 $1m^2$당 $18m^3$ 이상

6-2 위험물 안전관리법령상 제조소의 위치, 구조 및 설비의 기준에 따르면 가연성 증기가 체류할 우려가 있는 건축물은 배출장소의 용적이 500m³일 때 시간당 배출능력(국소방식)을 얼마 이상인 것으로 하여야 하는가? [12. 2회]

① 5000m³ ② 10000m³ ③ 20000m³ ④ 40000m³

해설 제조소의 배출설비 중 국소방식의 배출능력은 1시간당 배출장소 용적의 20배 이상인 것으로 하여야 한다.

∴ 배출능력＝배출장소 용적×20＝500×20＝10000m³

답 6-1 ④ 6-2 ②

7. 위험물 제조소에 설치하는 안전장치 중 위험물의 성질에 따라 안전밸브의 작동이 곤란한 가압설비에 한하여 설치하는 것은?

① 파괴판
② 안전밸브를 병용하는 경보장치
③ 연성계
④ 감압측에 안전밸브를 부착한 감압밸브

해설 압력계 및 안전장치 설치 : 위험물을 가압하는 설비 또는 압력이 상승할 우려가 있는 설비에 압력계 및 안전장치를 설치한다. 다만, 파괴판은 위험물의 성질에 따라 안전밸브의 작동이 곤란한 가압설비에 한한다.

㉮ 자동적으로 압력의 상승을 정지시키는 장치
㉯ 감압측에 안전밸브를 부착한 감압밸브
㉰ 안전밸브를 병용하는 경보장치
㉱ 파괴판

8. 지정수량의 10배 이상의 위험물을 취급하는 제조소에는 피뢰침을 설치하여야 하지만 제 몇 류 위험물을 취급하는 경우는 이를 제외할 수 있는가?

① 제2류 위험물 ② 제4류 위험물 ③ 제5류 위험물 ④ 제6류 위험물

해설 제조소의 피뢰설비 기준 : 지정수량의 10배 이상의 위험물을 취급하는 제조소(제6류 위험물을 취급하는 위험물 제조소를 제외한다)에는 피뢰침을 설치하여야 한다.

9. 위험물 안전관리법령상 위험물 제조소의 옥외에 있는 하나의 액체 위험물 취급탱크 주위에 설치하는 방유제의 용량은 해당 탱크용량의 몇 % 이상으로 하여야 하는가?

① 50% ② 60% ③ 100% ④ 110%

해설 제조소의 옥외에 있는 방유제 용량

㉮ 하나의 액체 위험물 탱크 : 탱크용량의 50% 이상
㉯ 2 이상의 액체 위험물 탱크 : 용량이 최대인 것의 50%에 나머지 탱크용량 합계의 10%를 가산한 양 이상

| 변형된 출제문제 |

9-1 제조소의 옥외에 모두 3기의 휘발유 취급탱크를 설치하고 그 주위에 방유제를 설치하고자 한다. 방유제 안에 설치하는 각 취급탱크의 용량이 5만 L, 3만 L, 2만 L 일 때 필요한 방유제의 용량은 몇 L 이상인가? [12. 4회] [15. 5회]

① 66000 ② 60000
③ 33000 ④ 30000

해설 제조소의 방유제 용량
㉮ 위험물 제조소의 옥외에 있는 위험물 취급탱크의 방유제 용량
㉠ 1기일 때 : 탱크용량×0.5
㉡ 2기 이상일 때 : (최대탱크용량×0.5)+(나머지 탱크 용량 합계×0.1)
㉯ 방유제 용량 계산
∴ 방유제 용량=(50000×0.5)+(30000×0.1)+(20000×0.1)=30000L

답 9-1 ④

10. 위험물 제조소 내의 위험물을 취급하는 배관에 대한 설명으로 옳지 않은 것은?

① 배관을 지하에 매설하는 경우 접합부분에는 점검구를 설치하여야 한다.
② 배관을 지하에 매설하는 경우 금속성 배관의 외면에는 부식 방지 조치를 하여야 한다.
③ 최대상용압력의 1.5배 이상의 압력으로 수압시험을 실시하여 이상이 없어야 한다.
④ 지상에 설치하는 경우에는 안전한 구조의 지지물로 지면에 밀착하여 설치하여야 한다.

해설 제조소 내의 배관
㉮ 배관의 재질은 강관 그 밖에 이와 유사한 금속성으로 한다.
㉯ 배관에 걸리는 최대상용압력의 1.5배 이상의 압력으로 수압시험을 실시하여 누설 그 밖의 이상이 없는 것으로 한다.
㉰ 배관을 지상에 설치하는 경우에는 지진·풍압·지반침하 및 온도변화에 안전한 구조의 지지물에 설치하되, 지면에 닿지 아니하도록 하고 배관의 외면에 부식방지를 위한 도장을 한다.

11. 알킬알루미늄등 또는 아세트알데히드등을 취급하는 제조소의 특례기준으로서 옳은 것은?

① 알킬알루미늄등을 취급하는 설비에는 불활성기체 또는 수증기를 봉입하는 장치를 설치한다.
② 알킬알루미늄등을 취급하는 설비는 은, 수은, 동, 마그네슘을 성분으로 하는 것으로 만들지 않는다.
③ 아세트알데히드등을 취급하는 탱크에는 냉각장치 또는 보랭장치 및 불활성기체 봉입장치를 설치한다.
④ 아세트알데히드등을 취급하는 설비의 주위에는 누설범위를 국한하기 위한 설비와 누설되었을 때 안전한 장소에 설치된 저장실에 유입시킬 수 있는 설비를 갖춘다.

해설 알킬알루미늄등 또는 아세트알데히드등을 취급하는 제조소의 특례기준

㉮ 알킬알루미늄등을 취급하는 제조소의 특례기준

㉠ 알킬알루미늄등을 취급하는 설비의 주위에는 누설범위를 국한하기 위한 설비와 누설된 알킬알루미늄등을 안전한 장소에 설치된 저장실에 유입시킬 수 있는 설비를 갖출 것

㉡ 알킬알루미늄등을 취급하는 설비에는 불활성기체를 봉입하는 장치를 갖출 것

㉯ 아세트알데히드등을 취급하는 제조소의 특례기준

㉠ 아세트알데히드등을 취급하는 설비는 은·수은·동·마그네슘 또는 이들을 성분으로 하는 합금으로 만들지 아니할 것

㉡ 아세트알데히드등을 취급하는 설비에는 연소성 혼합기체의 생성에 의한 폭발을 방지하기 위한 불활성기체 또는 수증기를 봉입하는 장치를 갖출 것

㉢ 아세트알데히드등을 취급하는 탱크에는 냉각장치 또는 저온을 유지하기 위한 장치(보랭장치) 및 연소성 혼합기체의 생성에 의한 폭발을 방지하기 위한 불활성기체를 봉입하는 장치를 갖출 것. 다만 지하에 있는 탱크가 아세트알데히드등의 온도를 저온으로 유지할 수 있는 구조인 경우에는 냉각장치 및 보랭장치를 갖추지 아니할 수 있다.

㉣ 냉각장치 또는 보랭장치는 2 이상 설치하여 하나의 냉각장치 또는 보랭장치가 고장난 때에도 일정 온도를 유지할 수 있도록 하고, 비상전원을 갖출 것

㉤ 아세트알데히드등을 취급하는 탱크를 지하에 매설하는 경우에는 당해 탱크를 탱크전용실에 설치할 것

| 변형된 출제문제 |

11-1 위험물 안전관리법령에서 정한 아세트알데히드 등을 취급하는 제조소의 특례에 관한 내용이다. ( ) 안에 해당하는 물질이 아닌 것은? [15. 2회] [15. 5회]

> "아세트알데히드등을 취급하는 설비는 ( )·( )·( )·( ) 또는 이들을 성분으로 하는 합금으로 만들지 아니할 것

① 동 ② 은

③ 금 ④ 마그네슘

해설 아세트알데히드등을 취급하는 제조소의 특례기준 : 아세트알데히드등을 취급하는 설비는 은·수은·동·마그네슘 또는 이들을 성분으로 하는 합금으로 만들지 아니할 것

답 11-1 ③

정답 1. ④ 2. ④ 3. ③ 4. ① 5. ② 6. ③ 7. ① 8. ④ 9. ① 10. ④ 11. ③

5-2 옥내저장소 기준 [시행규칙 제29조, 별표5]

1 위치 기준

(1) 안전거리

① 옥내저장소에는 '제조소의 안전거리' 규정에 준하여 안전거리를 두어야 한다.

② 안전거리 제외 대상

(가) 제4석유류 또는 동식물유류의 위험물을 저장 또는 취급하는 옥내저장소로서 그 최대수량이 지정수량의 20배 미만인 것

(나) 제6류 위험물을 저장 또는 취급하는 옥내저장소

(다) 지정수량의 20배(하나의 저장창고의 바닥면적이 150m^2 이하인 경우에는 50배) 이하의 위험물을 저장 또는 취급하는 옥내저장소로서 다음 기준에 적합한 것

㉮ 저장창고의 벽·기둥·바닥·보 및 지붕이 내화구조인 것

㉯ 저장창고의 출입구에 수시로 열 수 있는 자동폐쇄방식의 갑종방화문이 설치되어 있을 것

㉰ 저장창고에 창을 설치하지 아니할 것

(2) 보유공지

저장 또는 취급하는 위험물의 최대수량	공지의 너비	
	벽·기둥 및 바닥이 내화구조로 된 건축물	그 밖의 건축물
지정수량의 5배 이하	–	0.5m 이상
지정수량의 5배 초과 10배 이하	1m 이상	1.5m 이상
지정수량의 10배 초과 20배 이하	2m 이상	3m 이상
지정수량의 20배 초과 50배 이하	3m 이상	5m 이상
지정수량의 50배 초과 200배 이하	5m 이상	10m 이상
지정수량의 200배 초과	10m 이상	15m 이상

㈜ 지정수량의 20배를 초과하는 옥내저장소와 동일한 부지 내에 있는 다른 옥내저장소와의 사이에는 표에서 정하는 공지 너비의 3분의 1(당해 수치가 3m 미만인 경우에는 3m)로 할 수 있다.

2 구조 및 설비 기준

(1) 저장창고

① 저장창고는 위험물의 저장을 전용으로 하는 독립된 건축물로 한다.

② 처마높이

㈎ 처마높이(지면에서 처마까지의 높이)가 6m 미만인 단층건물로 바닥을 지반면보다 높게 한다.

㈏ 제2류 또는 제4류의 위험물만을 저장하는 창고로서 다음에 적합한 경우에는 20m 이하로 할 수 있다.

㉮ 벽·기둥·보 및 바닥을 내화구조로 할 것

㉯ 출입구에 갑종방화문을 설치할 것

㉰ 피뢰침을 설치할 것

③ 하나의 저장창고 바닥면적

㈎ 바닥면적 1000m^2 이하로 하는 위험물

㉮ 제1류 위험물 중 아염소산염류, 염소산염류, 과염소산염류, 무기과산화물 그 밖에 지정수량이 50kg인 위험물

㉯ 제3류 위험물 중 칼륨, 나트륨, 알킬알루미늄, 알킬리튬 그 밖에 지정수량이 10kg 인 위험물 및 황린

㉰ 제4류 위험물 중 특수인화물, 제1석유류 및 알코올류

㉱ 제5류 위험물 중 유기과산화물, 질산에스테르류 그 밖에 지정수량이 10kg인 위험물

㉲ 제6류 위험물

㈏ 바닥면적 2000m^2 이하로 하는 위험물 : ㈎항의 위험물 외의 위험물을 저장하는 창고

㈐ 바닥면적 1500m^2 이하로 하는 경우 : ㈎항의 위험물과 ㈏항의 위험물을 내화구조의 격벽으로 완전히 구획된 실에 각각 저장하는 창고[㈎항의 위험물을 저장하는 실의 면적은 500m^{2}를 초과할 수 없다.]

④ 재료

㈎ 벽·기둥 및 바닥은 내화구조로 하고, 보와 서까래는 불연재료로 한다. 다만, 지정수량의 10배 이하의 위험물 또는 제2류와 제4류의 위험물(인화성고체 및 인화점이 70℃ 미만인 제4류 위험물을 제외한다)만의 저장창고는 벽·기둥 및 바닥은 불연재료로 할 수 있다.

㈏ 지붕은 가벼운 불연재료로 하고, 천장을 만들지 않는다. 다만, 제2류 위험물(분상의 것과 인화성고체를 제외)과 제6류 위험물만의 저장창고는 온도를 저온으로 유지하

기 위하여 난연재료 또는 불연재료로 된 천장을 설치할 수 있다.

(다) 출입구에는 갑종방화문 또는 을종방화문을 설치하되, 연소의 우려가 있는 외벽의 출입구에는 자동폐쇄식의 갑종방화문을 설치한다.

(라) 창 또는 출입구에 유리를 이용하는 경우는 망입유리로 한다.

⑤ 구조

(가) 바닥의 물이 스며 나오거나 스며들지 않는 구조로 하여야 할 위험물

㉮ 제1류 위험물 중 알칼리금속의 과산화물 또는 이를 함유하는 것

㉯ 제2류 위험물 중 철분·금속분·마그네슘 또는 이중 어느 하나 이상을 함유하는 것

㉰ 제3류 위험물 중 금수성물질 또는 제4류 위험물

(나) 액상의 위험물 저장창고 바닥은 적당하게 경사지게 하여 최저부에 집유설비를 한다.

⑥ 채광·조명 및 환기의 설비

(가) 제조소 기준에 준하여 설비를 갖추어야 한다.

(나) 인화점이 70℃ 미만인 위험물의 저장창고에는 내부에 체류한 가연성 증기를 지붕 위로 배출하는 설비를 갖추어야 한다.

⑦ 피뢰침 설치 : 지정수량의 10배 이상의 저장창고(제6류 위험물의 저장창고를 제외)

⑧ 제5류 위험물 중 셀룰로이드 그 밖에 온도 상승에 의하여 분해·발화할 우려가 있는 것은 위험물이 발화하는 온도에 달하지 않는 구조로 하거나 비상전원을 갖춘 통풍장치 또는 냉방장치 등의 설비를 2 이상 설치한다.

단원 예상문제

1. 저장하는 위험물의 최대수량이 지정수량의 15배일 경우 건축물의 벽·기둥 및 바닥이 내화구조로 된 위험물 옥내저장소의 보유공지는 몇 m 이상이어야 하는가?

① 0.5 ② 1 ③ 2 ④ 3

해설 옥내저장소의 보유공지 기준

저장 또는 취급하는 위험물의 최대수량	공지의 너비	
	벽·기둥 및 바닥이 내화구조로 된 건축물	그 밖의 건축물
지정수량의 5배 이하	–	0.5m 이상
지정수량의 5배 초과 10배 이하	1m 이상	1.5m 이상
지정수량의 10배 초과 20배 이하	2m 이상	3m 이상
지정수량의 20배 초과 50배 이하	3m 이상	5m 이상
지정수량의 50배 초과 200배 이하	5m 이상	10m 이상
지정수량의 200배 초과	10m 이상	15m 이상

| 변형된 출제문제 |

1-1 옥내저장소에 제3류 위험물인 황린을 저장하면서 위험물 안전관리법령에 의한 최소한의 보유공지로 3m를 옥내저장소 주위에 확보하였다. 이 옥내저장소에 저장하고 있는 황린의 수량은? (단, 옥내저장소의 구조는 벽, 기둥 및 바닥이 내화구조로 되어 있고 그 외의 다른 사항은 고려하지 않는다.) [16. 2회]

① 100kg 초과 500kg 이하
② 400kg 초과 1000kg 이하
③ 500kg 초과 5000kg 이하
④ 1000kg 초과 40000kg 이하

해설 ㉮ 황린은 제3류 위험물로 지정수량은 20kg이다.
㉰ 문제에서 옥내저장소의 구조는 내화구조와 보유공지가 3m로 주어졌으므로 보유공지 표에서 해당되는 지정수량을 찾으면 '20배 초과 50배 이하'에 해당된다.
㉱ 황린의 수량 계산 : 지정수량의 20배와 50배 적용
∴ 20kg×20배=400kg, 20kg×50배=1000kg
㉲ 황린의 수량은 400kg 초과 1000kg 이하에 해당된다.

답 1-1 ②

2. 위험물 안전관리법령상 제4류 위험물의 품명에 따른 위험등급과 옥내저장소 하나의 저장창고 바닥면적 기준을 옳게 나열한 것은? (단, 전용의 독립된 단층건물에 설치하며, 구획된 실이 없는 하나의 저장창고인 경우에 한한다.)

① 제1석유류 : 위험등급 Ⅰ, 최대 바닥면적 1000m^2
② 제2석유류 : 위험등급 Ⅰ, 최대 바닥면적 2000m^2
③ 제3석유류 : 위험등급 Ⅱ, 최대 바닥면적 2000m^2
④ 알코올류 : 위험등급 Ⅱ, 최대 바닥면적 1000m^2

해설 ㉮ 옥내저장소에서 하나의 저장창고 바닥면적을 1000m^2 이하로 하는 위험물
㉠ 제1류 위험물 중 아염소산염류, 염소산염류, 과염소산염류, 무기과산화물 그 밖에 지정수량이 50kg인 위험물
㉡ 제3류 위험물 중 칼륨, 나트륨, 알킬알루미늄, 알킬리튬 그 밖에 지정수량이 10kg인 위험물 및 황린
㉢ 제4류 위험물 중 특수인화물, 제1석유류 및 알코올류
㉣ 제5류 위험물 중 유기과산화물, 질산에스테르류 그 밖에 지정수량이 10kg인 위험물
㉤ 제6류 위험물
㉯ 제4류 위험물의 위험등급 분류
㉠ 위험등급 Ⅰ : 특수인화물
㉡ 위험등급 Ⅱ : 제1석유류, 알코올류
㉢ 위험등급 Ⅲ : ㉠, ㉡에 정하지 아니한 것

3. **지정수량 20배 이상의 제1류 위험물을 저장하는 옥내저장소에서 내화구조로 하지 않아도 되는 것은? (단, 원칙적인 경우에 한한다.)**

① 바닥 ② 보 ③ 기둥 ④ 벽

해설 옥내저장소 저장창고 재료
㉮ 벽·기둥 및 바닥은 내화구조로 하고, 보와 서까래는 불연재료로 한다.
㉯ 지붕은 가벼운 불연재료로 하고, 천장을 만들지 아니한다.
㉰ 출입구에는 갑종방화문 또는 을종방화문을 설치한다.
㉱ 창 또는 출입구의 유리는 망입유리로 한다.

4. **위험물 안전관리법령상 옥내저장소 저장창고의 바닥은 물이 스며 나오거나 스며들지 아니하는 구조로 하여야 한다. 다음 중 반드시 이 구조로 하지 않아도 되는 위험물은?**

① 제4류 위험물 ② 제1류 위험물 중 알칼리금속의 과산화물
③ 제5류 위험물 ④ 제2류 위험물 중 철분

해설 옥내저장소 저장창고 바닥의 물이 스며 나오거나 스며들지 않는 구조로 하여야 할 위험물
㉮ 제1류 위험물 중 알칼리금속의 과산화물 또는 이를 함유하는 것
㉯ 제2류 위험물 중 철분·금속분·마그네슘 또는 이중 어느 하나 이상을 함유하는 것
㉰ 제3류 위험물 중 금수성물질 또는 제4류 위험물

참고 제5류 위험물 전체는 적용받지 않는 규정이다.

5. **위험물 안전관리법령상 배출설비를 설치하여야 하는 옥내저장소의 기준에 해당하는 것은?**

① 가연성 증기가 액화할 우려가 있는 장소
② 모든 장소의 옥내저장소
③ 가연성 미분이 체류할 우려가 있는 장소
④ 인화점이 70℃ 미만인 위험물의 옥내저장소

해설 옥내저장소 배출설비 기준 : 인화점이 70℃ 미만인 위험물의 저장창고(옥내저장소)에 있어서는 내부에 체류한 가연성의 증기를 지붕 위로 배출하는 설비를 갖추어야 한다.

6. **위험물의 성질에 따라 강화된 기준을 적용하는 지정과산화물을 저장하는 옥내저장소에서 지정과산화물에 대한 설명으로 옳은 것은?**

① 지정과산화물이란 제5류 위험물 중 유기과산화물 또는 이를 함유한 것으로서 지정수량이 10kg인 것을 말한다.
② 지정과산화물에는 제4류 위험물에 해당하는 것도 포함된다.
③ 지정과산화물이란 유기과산화물과 알킬알루미늄을 말한다.
④ 지정과산화물이란 유기과산화물 중 소방청 고시로 지정한 물질을 말한다.

해설 지정과산화물 : 제5류 위험물 중 유기과산화물 또는 이를 함유하는 것으로서 지정수량이 10kg인 것을 말한다.

참고 옥내저장소에서 위험물의 성질에 따라 강화된 기준을 적용하는 위험물 종류 : 지정과산화물, 알킬알루미늄, 히드록실아민 등

7. 지정과산화물 옥내저장소의 저장창고 출입구 및 창의 설치기준으로 틀린 것은?

① 창은 바닥면으로부터 2m 이상의 높이에 설치한다.
② 하나의 창의 면적을 $0.4m^2$ 이내로 한다.
③ 하나의 벽면에 두는 창의 면적의 합계를 해당 벽면의 면적의 80분의 1이 초과되도록 한다.
④ 출입구에는 갑종방화문을 설치한다.

해설 지정과산화물 옥내저장소의 저장창고 기준
㉮ 저장창고는 $150m^2$ 이내마다 격벽으로 구획한다.
㉯ 외벽은 두께 20cm 이상의 철근콘크리트조나 철골철근콘크리트조 또는 두께 30cm 이상의 보강콘크리트블록조로 한다.
㉰ 출입구에는 갑종방화문을 설치한다.
㉱ 창은 바닥면으로부터 2m 이상의 높이에 설치한다.
㉲ 하나의 벽면에 두는 창의 면적의 합계를 당해 벽면의 80분의 1 이내로 한다.
㉳ 하나의 창의 면적은 $0.4m^2$ 이내로 한다.
㉴ 지붕은 중도리 또는 서까래의 간격은 30cm 이하로 한다.

| 변형된 출제문제 |

7-1 옥내저장소의 저장창고에 $150m^2$ 이내마다 일정 규격의 격벽을 설치하여 저장하여야 하는 위험물은? [14. 2회]

① 제5류 위험물 중 지정과산화물
② 알킬알루미늄 등
③ 아세트알데히드 등
④ 히드록실아민 등

해설 옥내저장소의 저장창고를 $150m^2$ 이내마다 격벽으로 구획하는 것은 지정과산화물 저장창고이고 지정과산화물은 제5류 위험물 중 유기과산화물 또는 이를 함유하는 것으로서 지정수량이 10kg인 것이 해당된다.

7-2 지정과산화물을 저장 또는 취급하는 위험물 옥내저장소의 저장창고 기준에 대한 설명으로 틀린 것은? [14. 2회]

① 서까래의 간격은 30cm 이하로 할 것
② 저장창고의 출입구에는 갑종방화문을 설치할 것
③ 저장창고의 외벽을 철근콘크리트조로 할 경우 두께를 10cm 이상으로 할 것
④ 저장창고의 창은 바닥면으로부터 2m 이상의 높이에 둘 것

해설 옥내저장소의 저장창고 외벽은 두께 20cm 이상의 철근콘크리트조나 철골철근콘크리트조 또는 두께 30cm 이상의 보강콘크리트블록조로 해야 한다.

답 7-1 ① 7-2 ③

8. 옥내저장소에 관한 위험물 안전관리법령의 내용으로 옳지 않은 것은?

① 지정과산화물을 저장하는 옥내저장소의 경우 바닥면적 150m^2 이내마다 격벽으로 구획을 하여야 한다.

② 옥내저장소에는 원칙상 안전거리를 두어야 하나, 제6류 위험물을 저장하는 경우에는 안전거리를 두지 않을 수 있다.

③ 아세톤을 처마높이 6m 미만인 단층건물에 저장하는 경우 저장창고의 바닥면적은 1000m^2 이하로 하여야 한다.

④ 복합용도의 건축물에 설치하는 옥내저장소는 해당 용도로 사용하는 부분의 바닥면적을 100m^2 이하로 하여야 한다.

해설 복합용도 건축물의 옥내저장소 기준

㉮ 벽·기둥·바닥 및 보가 내화구조인 건축물의 1층 또는 2층의 어느 하나에 설치한다.

㉯ 바닥은 지면보다 높게 설치하고, 층고를 6m 미만으로 한다.

㉰ 바닥면적은 75m^2 이하로 한다.

㉱ 출입구 외의 개구부가 없는 두께 70mm 이상의 철근콘크리트조 또는 동등 이상의 강도가 있는 구조의 바닥 또는 벽으로 다른 부분과 구획되도록 한다.

㉲ 출입구는 수시로 열 수 있는 자동폐쇄방식의 갑종방화문을 설치한다.

㉳ 옥내저장소로 사용되는 부분에는 창을 설치하지 않는다.

㉴ 환기설비 및 배출설비에는 방화댐퍼를 설치한다.

정답 1. ③ 2. ④ 3. ② 4. ③ 5. ④ 6. ① 7. ③ 8. ④

5-3 옥외탱크 저장소 기준 [시행규칙 제30조, 별표6]

1 위치 기준

(1) 안전거리

옥외탱크 저장소에는 '제조소의 안전거리' 규정에 준하여 안전거리를 두어야 한다.

(2) 보유공지

① 제6류 위험물 외의 옥외저장탱크(지정수량의 4000배를 초과하여 저장 또는 취급하는 옥외저장탱크를 제외)를 동일한 방유제 안에 2개 이상 인접하여 설치하는 경우 인접하는 방향의 보유공지는 규정에 의한 보유공지의 3분의 1 이상으로 할 수 있다. 이 경우 보유공지 너비는 3m 이상이 되어야 한다.

② 제6류 위험물 옥외저장탱크는 규정에 의한 보유공지의 3분의 1 이상으로 할 수 있다.

이 경우 보유공지 너비는 1.5m 이상이 되어야 한다.

③ 제6류 위험물 옥외저장탱크를 동일구내에 2개 이상 인접하여 설치하는 경우 인접하는 방향의 보유공지는 ②의 규정에 의하여 산출된 너비의 3분의 1 이상으로 할 수 있다. 이 경우 보유공지 너비는 1.5m 이상이 되어야 한다.

⑤ 옥외저장탱크("공지단축 옥외저장탱크"라 한다)에 물분무설비로 방호조치를 하는 경우에는 보유공지를 규정에 의한 보유공지의 2분의 1 이상의 너비(최소 3m 이상)로 할 수 있다. 이 경우 공지단축 옥외저장탱크의 화재 시 $1m^2$ 당 20kW 이상의 복사열에 노출되는 표면을 갖는 인접한 옥외저장탱크가 있으면 당해 표면에도 다음 기준에 적합한 물분무설비로 방호조치를 함께하여야 한다.

㈎ 탱크의 표면에 방사하는 물의 양은 탱크의 원주길이 1m에 대하여 분당 37L 이상으로 한다.

㈏ 수원의 양은 ㈎항의 규정에 의한 수량으로 20분 이상 방사할 수 있는 수량으로 한다.

㈐ 탱크에 보강링이 설치된 경우에는 보강링의 아래에 분무헤드를 설치하되, 분무헤드는 탱크의 높이 및 구조를 고려하여 분무가 적정하게 이루어 질 수 있도록 배치한다.

㈑ 물분무소화설비의 설치기준에 준한다.

저장 또는 취급하는 위험물의 최대수량	공지의 너비
지정수량의 500배 이하	3m 이상
지정수량의 500배 초과 1000배 이하	5m 이상
지정수량의 1000배 초과 2000배 이하	9m 이상
지정수량의 2000배 초과 3000배 이하	12m 이상
지정수량의 3000배 초과 4000배 이하	15m 이상
지정수량의 4000배 초과	당해 탱크의 수평단면의 최대지름(횡형인 경우에는 긴 변)과 높이 중 큰 것과 같은 거리 이상. 다만, 30m 초과의 경우에는 30m 이상으로 할 수 있고, 15m 미만의 경우에는 15m 이상으로 하여야 한다.

2 구조 및 설비 기준

(1) 표지 및 게시판

① 옥외저장탱크 저장소에는 제조소 기준에 따라 "위험물 옥외저장탱크저장소"라는 표시를 한 표지와 방화에 관하여 필요한 사항을 게시한 게시판을 설치한다.

② 탱크의 군(群)에 있어서는 표지 및 게시판을 일괄하여 설치할 수 있다. 이 경우 게시판과 각 탱크가 대응할 수 있도록 하는 조치를 강구한다.

(2) 옥외저장탱크 외부구조 및 설비

① 두께 : 3.2mm 이상의 강철판 또는 소방청장이 정하여 고시하는 규격에 적합한 재료

② 수압시험

㈎ 압력탱크 : 최대상용압력의 1.5배의 압력으로 10분간 실시하여 새거나 변형되지 않을 것

㈏ 압력탱크 외의 탱크 : 충수시험

③ 통기관 설치

㈎ 밸브 없는 통기관

㉮ 직경은 30mm 이상이어야 한다.

㉯ 선단은 수평면보다 45° 이상 구부려 빗물 등의 침투를 막는 구조로 한다.

㉰ 가는 눈의 구리망 등으로 인화방지장치를 할 것. 다만, 인화점 70℃ 이상의 위험물만을 인화점 미만의 온도로 저장 또는 취급하는 탱크의 통기관은 그러하지 않다.

㉱ 가연성의 증기를 회수하기 위한 밸브를 통기관에 설치하는 경우

㉠ 저장탱크에 위험물을 주입하는 경우를 제외하고는 항상 개방되어 있는 구조로 한다.

㉡ 폐쇄하였을 경우에는 10kPa 이하의 압력에서 개방되는 구조로 한다(유효 단면적은 777.15mm^2 이상이어야 한다).

㈏ 대기밸브 부착 통기관 작동압력 : 5kPa 이하의 압력차

④ 펌프 설비

㈎ 펌프설비의 주위에는 너비 3m 이상의 공지를 보유한다. 다만, 방화상 유효한 격벽으를 설치하는 경우와 제6류 위험물 또는 지정수량의 10배 이하 위험물의 옥외저장탱크는 그러하지 아니한다.

㈏ 펌프설비로부터 옥외저장탱크까지의 사이에는 당해 옥외저장탱크의 보유공지 너비의 3분의 1 이상의 거리를 유지한다.

㈐ 펌프설비는 견고한 기초 위에 고정한다.

㈑ 펌프실의 벽·기중·바닥 및 보는 불연재료로 한다.

㈒ 펌프실 지붕은 가벼운 불연재료로 한다.

㈓ 펌프실의 창 및 출입구는 갑종방화문 또는 을종방화문을 설치하고, 유리는 망입유리로 한다.

㈔ 펌프실의 바닥의 주위에는 높이 0.2m 이상의 턱을 만들고, 바닥은 경사지게 하여 최저부에는 집유설비를 설치한다.

㈕ 펌프실에는 채광·조명 및 환기설비를 설치한다.

㈜ 가연성 증기가 체류할 우려가 있는 경우 옥외의 높은 곳으로 배출하는 설비를 갖추어야 한다.

㈓ 펌프실 외의 장소에 설치하는 펌프설비

㉮ 지반면 주위에 높이 0.15m 이상의 턱을 만든다.

㉯ 바닥은 경사지게 하고 최저부에 집유설비를 설치한다.

㉰ 제4류 위험물(20℃의 물 100g에 용해되는 양이 1g 미만인 것에 한한다)을 취급하는 경우 집유설비에 유분리장치를 설치한다.

㈔ 펌프설비에는 "옥외저장탱크 펌프설비"와 방화에 관하여 필요한 사항을 게시한 게시판을 설치한다.

(3) 액체 위험물 옥외저장탱크

① 자동계량장치(위험물의 양을 자동적으로 표시하는 장치) 설치

㈎ 기밀부유식 계량장치

㈏ 부유식 계량장치 : 증기가 비산하지 않는 구조이어야 한다.

㈐ 전기압력 자동방식 또는 방사성동위원소를 이용한 방식

㈑ 유리게이지

② 주입구 기준

㈎ 화재예방 상 지장이 없는 장소에 설치한다.

㈏ 주입호스 또는 주입관과 결합할 수 있고, 결합하였을 때 새지 않아야 한다.

㈐ 주입구에는 밸브 또는 뚜껑을 설치한다.

㈑ 주입구 부근에 정전기를 유효하게 제거하기 위한 접지전극을 설치한다.

㈒ 인화점이 21℃ 미만인 위험물의 경우 게시판을 설치한다.

㉮ 게시판은 한 변이 0.3m 이상, 다른 한 변이 0.6m 이상인 직사각형으로 한다.

㉯ "옥외저장탱크 주입구"라고 표시 외에 주의사항을 표시한다.

㉰ 백색바탕에 흑색문자로 한다(단, 주의사항은 적색문자).

㈓ 주입구 주위에는 방유턱 및 집유설비 등의 장치를 설치한다.

(4) 방유제

① 방유제의 기능 : 저장 중인 인화성 액체 위험물이 주위로 누설 시 피해 확산을 방지하기 위하여 설치하는 담이다.

② 용량 기준

㈎ 탱크가 하나인 경우 : 탱크 용량의 110% 이상

(나) 2기 이상인 경우 : 탱크 중 용량이 최대인 것의 110% 이상

③ 설치 기준

(가) 방유제는 높이 0.5m 이상 3m 이하, 두께 0.2m 이상, 지하매설깊이 1m 이상으로 한다.

(나) 방유제 내의 면적은 8만m^2 이하로 한다.

(다) 옥외저장탱크의 수는 10 이하로 한다(방유제 내에 설치하는 모든 옥외저장탱크의 용량이 20L 이하이고 당해 옥외저장탱크에 저장 또는 취급하는 위험물의 인화점이 70℃ 이상 200℃ 미만인 경우에는 20 이하로 한다).

(라) 방유제 외면의 2분의 1 이상은 3m 이상의 노면 폭을 확보한 구내도로에 직접 접하도록 한다.

(마) 방유제와 탱크의 옆판까지 유지거리

㉮ 탱크 지름이 15m 미만인 경우 : 탱크 높이의 3분의 1 이상

㉯ 탱크 지름이 15m 이상인 경우 : 탱크 높이의 2분의 1 이상

④ 재료

(가) 방유제 : 철근콘크리트

(나) 방유제와 옥외저장탱크 사이의 지표면 : 불연성과 불침윤성이 구조(철근콘크리드 등)

(다) 누출된 위험물을 수용할 수 있는 전용유조(專用油槽) 및 펌프 등의 설비를 갖춘 경우에는 지표면을 흙으로 할 수 있다.

⑤ 간막이 둑 설치

(가) 설치 대상 : 용량이 1000만 L 이상인 탱크마다

(나) 높이 0.3m 이상으로 하되, 방유제의 높이보다 0.2m 이상 낮게 한다.

(다) 간막이 둑은 흙 또는 철근콘크리트로 한다.

(라) 용량은 둑안에 설치된 탱크 용량의 100% 이상이어야 한다.

⑥ 방유제에는 그 내부에 고인 물을 외부로 배출하기 위한 배수구를 설치하고 이를 개폐하는 밸브 등을 방유제의 외부에 설치한다.

⑦ 높이가 1m를 넘는 방유제 및 간막이 둑의 안팎에는 계단 또는 경사로를 50m 마다 설치한다.

단원 예상문제

1. 위험물 옥외저장탱크 저장소와 병원과는 안전거리를 얼마 이상 두어야 하는가?

① 10m ② 20m
③ 30m ④ 50m

해설 옥외저장탱크 저장소의 안전거리 : 제조소의 안전거리[시행규칙 별표4] 규정을 준용함

해당 대상물	안전거리
7000V 초과 35000V 이하의 특고압가공전선	3m 이상
35000V 초과하는 특고압가공전선	5m 이상
건축물, 주거용 공작물	10m 이상
고압가스, LPG, 도시가스 시설	20m 이상
학교·병원·극장(300명 이상 수용), 다수인 수용시설(20명 이상)	30m 이상
유형문화재, 지정문화재	50m 이상

2. 위험물 안전관리법령상 제4류 위험물을 지정수량의 3000배 초과 4000배 이하로 저장하는 옥외탱크 저장소의 보유공지는 얼마인가?

① 6m 이상 ② 9m 이상
③ 12m 이상 ④ 15m 이상

해설 옥외탱크저장소의 보유공지 기준

저장 또는 취급하는 위험물의 최대수량	공지의 너비
지정수량의 500배 이하	3m 이상
지정수량의 500배 초과 1000배 이하	5m 이상
지정수량의 1000배 초과 2000배 이하	9m 이상
지정수량의 2000배 초과 3000배 이하	12m 이상
지정수량의 3000배 초과 4000배 이하	15m 이상

주 지정수량의 4000배 초과의 경우 당해 탱크의 수평단면의 최대지름(횡형인 경우에는 긴 변)과 높이 중 큰 것과 같은 거리 이상. 다만, 30m 초과의 경우에는 30m 이상으로 할 수 있고, 15m 미만의 경우에는 15m 이상으로 하여야 한다.

| 변형된 출제문제 |

2-1 저장 또는 취급하는 위험물의 최대수량이 지정수량의 500배 이하일 때 옥외저장탱크의 측면으로부터 몇 m 이상의 보유공지를 유지하여야 하는가? (단, 제6류 위험물은 제외한다.) [12. 2회] [16. 1회]

① 1 ② 2
③ 3 ④ 4

해설 지정수량의 500배 이하일 때 유지하여야 하는 보유공지는 3m 이상이다.

답 2-1 ③

3. 높이 15m, 지름 20m인 옥외저장탱크에 보유공지의 단축을 위해서 물분무설비로 방호조치를 하는 경우 수원의 양은 약 몇 L 이상으로 하여야 하는가?

① 46496　② 58090
③ 70259　④ 95880

해설 공지단축 옥외저장탱크에 물분무설비로 방호조치를 하는 경우에 보유공지의 2분의 1 이상의 너비(최소 3m 이상)로 할 수 있는 방사량 및 수원 기준

㉮ 탱크의 표면에 방사하는 물의 양은 탱크의 원주길이 1m에 대하여 분당 37L 이상으로 할 것
㉯ 수원의 양은 규정에 의한 수량으로 20분 이상 방사할 수 있는 수량으로 할 것
㉰ 수원의 양 계산 : 탱크의 원주길이는 $\pi \times D$이다.

∴ 수원의 양=탱크 원주길이(m) × 37(L/min·m) × 20(min)

$=(\pi \times 20) \times 37 \times 20 = 46495.571\text{L}$

4. 제4류 위험물의 옥외저장탱크에 설치하는 밸브 없는 통기관은 지름이 얼마 이상인 것으로 설치해야 되는가? (단, 압력탱크는 제외한다.)

① 10mm　② 20mm
③ 30mm　④ 40mm

해설 옥외탱크저장소의 밸브 없는 통기관 지름은 30mm 이상으로 한다.

| 변형된 출제문제 |

4-1 위험물 옥외저장탱크의 통기관에 관한 사항으로 옳지 않은 것은 어느 것인가? [12. 5회] [16. 4회]

① 밸브 없는 통기관의 직경은 30mm 이상으로 한다.
② 대기밸브부착 통기관은 항시 열려 있어야 한다.
③ 밸브 없는 통기관의 선단은 수평면보다 45도 이상 구부려 빗물 등의 침투를 막는 구조로 한다.
④ 대기밸브부착 통기관은 5kPa 이하의 압력차이로 작동할 수 있어야 한다.

해설 대기밸브 부착 통기관은 밸브가 부착되어 있는 통기관으로 평상시에는 닫혀 있다가 압력차이가 발생하면 5kPa 이하에서 밸브가 개방되는 통기관이다.

4-2 제4류 위험물의 옥외 저장탱크에 대기 밸브 부착 통기관을 설치할 때 몇 kPa 이하의 압력 차이로 작동하여야 하는가? [14. 1회]

① 5kPa 이하　② 10kPa 이하
③ 15kPa 이하　④ 20kPa 이하

해설 대기밸브 부착 통기관은 5kPa 이하의 압력차이로 작동할 수 있어야 한다.

답 4-1 ②　4-2 ①

5. 지정수량 20배의 알코올류를 저장하는 옥외탱크 저장소의 경우 펌프실 외의 장소에 설치하는 펌프설비의 기준으로 옳지 않은 것은?

① 펌프설비 주위에는 3m 이상의 공지를 보유한다.
② 펌프설비 그 직하의 지반면 주위에 높이 0.15m 이상의 턱을 만든다.
③ 펌프설비 그 직하의 지반면의 최저부에는 집유설비를 만든다.
④ 집유설비에는 위험물이 배수구에 유입되지 않도록 유분리장치를 만든다.

해설 제4류 위험물을 취급하는 펌프설비에 있어서 위험물이 직접 배수구에 유입하지 않도록 집유설비에 유분리장치를 설치하는 조건은 20℃의 물 100g에 용해되는 양이 1g 미만인 것에 적용되는 기준이다. 그러므로 문제에서 주어진 알코올은 수용성이므로 유분리장치를 설치하지 않아도 된다.

6. 인화성 액체 위험물을 저장 또는 취급하는 옥외탱크 저장소의 방유제 내에 용량 10만 L와 5만 L인 옥외저장탱크 2기를 설치하는 경우에 확보하여야 하는 방유제의 용량은?

① 50000 L 이상
② 80000 L 이상
③ 110000 L 이상
④ 150000 L 이상

해설 옥외탱크 저장소 방유제 용량 기준
㉮ 탱크가 하나인 경우 : 탱크 용량의 110% 이상
㉯ 2기 이상인 경우 : 탱크 중 용량이 최대인 것의 110% 이상
∴ 방유제 용량=100000×1.1=110000L 이상

| 변형된 출제문제 |

6-1 위험물 안전관리법령상 옥외탱크 저장소의 기준에 따라 다음의 인화성 액체위험물을 저장하는 옥외저장탱크 1~4호를 동일의 방유제 내에 설치하는 경우 방유제에 필요한 최소 용량으로서 옳은 것은? (단, 암반탱크 또는 특수액체위험물 탱크의 경우는 제외한다.) [16. 2회]

- 1호 탱크 : 등유 1500kL
- 2호 탱크 : 가솔린 1000kL
- 3호 탱크 : 경유 500kL
- 4호 탱크 : 중유 250kL

① 1650kL
② 150kL
③ 500kL
④ 250kL

해설 옥외탱크 저장소 방유제 용량은 탱크가 2기 이상인 경우 탱크 중 용량이 최대인 것의 110% 이상이다.
∴ 방유제 용량=1500×1.1=1650kL

답 6-1 ①

7. 인화점이 21℃ 미만인 액체 위험물의 옥외저장탱크 주입구에 설치하는 "옥외저장탱크 주입구"라고 표시한 게시판의 바탕 및 문자색을 옳게 나타낸 것은?

① 백색바탕 – 적색문자
② 적색바탕 – 백색문자
③ 백색바탕 – 흑색문자
④ 흑색바탕 – 백색문자

해설 액체 위험물 옥외저장탱크 주입구 게시판 기준
㉮ 게시판은 한 변이 0.3m 이상, 다른 한 변이 0.6m 이상인 직사각형으로 할 것
㉯ "옥외저장탱크 주입구"라는 표시 외에 주의사항을 표시
㉰ 백색바탕에 흑색문자로 할 것(단, 주의사항은 적색문자)

8. 인화성 액체 위험물을 저장하는 옥외탱크 저장소에 설치하는 방유제의 높이 기준은?

① 0.5m 이상 1m 이하
② 0.5m 이상 3m 이하
③ 0.3m 이상 1m 이하
④ 0.3m 이상 3m 이하

해설 옥외탱크 저장소 방유제는 높이 0.5m 이상 3m 이하, 두께 0.2m 이상, 지하매설깊이 1m 이상으로 하고, 방유제 내의 면적은 8만m^2 이하로 한다.

9. 경유를 저장하는 옥외저장탱크의 반지름이 2m이고, 높이가 12m일 때 탱크 옆판으로부터 방유제까지의 거리는 몇 m 이상이어야 하는가?

① 4
② 5
③ 6
④ 7

해설 옥외탱크저장소의 방유제와 탱크 옆판까지 유지거리
㉮ 지름이 15m 미만인 경우 : 탱크 높이의 3분의 1 이상
㉯ 지름이 15m 이상인 경우 : 탱크 높이의 2분의 1 이상
㉰ 인화점이 200℃ 이상인 위험물을 저장 또는 취급하는 것은 거리를 유지하지 않아도 된다.
㉱ 유지거리 계산 : 탱크 지름이 15m 미만인 경우에 해당된다.
∴ 유지거리 = 탱크높이 $\times \frac{1}{3} = 12 \times \frac{1}{3} = 4$m 이상

| 변형된 출제문제 |

9-1 인화점이 200℃ 미만인 위험물을 저장하기 위하여 높이가 15m이고 지름이 18m인 옥외 저장탱크를 설치하는 경우 옥외 저장탱크와 방유제와의 사이에 유지하여야 하는 거리는? [13. 1회]

① 5.0m 이상 ② 6.0m 이상
③ 7.5m 이상 ④ 9.0m 이상

해설 ㉮ 지름이 15m 이상인 경우 : 탱크 높이의 $\frac{1}{2}$ 이상
㉯ 유지거리 계산 : 탱크 지름이 15m 이상인 경우에 해당된다.
∴ 유지거리 = 탱크높이 $\times \frac{1}{2} = 15 \times \frac{1}{2} = 7.5$m 이상

답 9-1 ③

10. 옥외탱크 저장소에 연소성 혼합기체의 생성에 의한 폭발을 방지하기 위하여 불활성의 기체를 봉입하는 장치를 설치하여야 하는 위험물질은?

① $CH_3COC_2H_5$ ② C_5H_5N
③ CH_3CHO ④ C_6H_5Cl

해설 아세트알데히드(CH_3CHO)등의 옥외탱크 저장소 기준
㉮ 옥외저장탱크의 설비는 동·마그네슘·은·수은 또는 합금으로 만들지 아니할 것
㉯ 옥외저장탱크에는 냉각장치 또는 보랭장치, 그리고 연소성 혼합기체의 생성에 의한 폭발을 방지하기 위한 불활성 기체를 봉입하는 장치를 설치할 것

참고 각 항목의 위험물 명칭
① 메틸에틸케톤($CH_3COC_2H_5$) ② 피리딘(C_5H_5N)
③ 아세트알데히드(CH_3CHO) ④ 클로로벤젠(C_6H_5Cl)

| 변형된 출제문제 |

10-1 위험물 안전관리법령에 명시된 아세트알데히드의 옥외 저장탱크에 필요한 설비가 아닌 것은? [13. 4회]

① 보랭장치
② 냉각장치
③ 동합금 배관
④ 불활성 기체를 봉입하는 장치

해설 아세트알데히드(CH_3CHO)등의 옥외 저장탱크의 설비는 동·마그네슘·은·수은 또는 이들을 성분으로 하는 합금으로 만들지 않아야 한다.

답 10-1 ③

정답 1. ③ 2. ④ 3. ① 4. ③ 5. ④ 6. ③ 7. ③ 8. ② 9. ① 10. ③

5-4 옥내탱크 저장소 기준 [시행규칙 제31조, 별표7]

▸ 옥내탱크 저장소는 옥내에 있는 탱크에 위험물을 저장하는 장소로 '안전거리', '보유공지'에 대한 기준이 없다.

(1) 위치·구조 및 설비의 기준

① 옥내저장탱크는 단층 건축물에 설치된 탱크전용실에 설치한다.

② 옥내저장탱크와 탱크전용실의 벽과의 사이 및 옥내저장탱크 상호간에는 0.5m 이상의 간격을 유지한다. 다만, 탱크의 점검 및 보수에 지장이 없는 경우에는 그러하지 아니하다.

③ 옥내저장탱크의 용량은 지정수량의 40배 이하이어야 한다(제4석유류 및 동식물유류 외의 제4류 위험물에 있어서 당해 수량이 2만 L를 초과할 때에는 2만 L 이하일 것).

④ 옥내저장탱크의 구조는 '옥외저장탱크의 구조'를 준용한다.

⑤ 통기관 설치

㈎ 통기관의 선단은 건축물의 창·출입구 등의 개구부로부터 1m 이상 떨어진 옥외에 설치한다.

㈏ 지면으로부터 4m 이상의 높이로 설치한다.

㈐ 통기관은 가스 등이 체류할 우려가 있는 굴곡이 없도록 한다.

㈑ 인화점이 40℃ 미만인 위험물 탱크의 통기관은 부지경계선으로부터 1.5m 이상 이격한다.

㈒ 고인화점 위험물만을 100℃ 미만의 온도로 저장 또는 취급하는 탱크의 통기관은 그 선단을 탱크전용실 내에 설치할 수 있다.

(2) 탱크 전용실 재료 및 구조

① 벽·기둥 및 바닥 : 내화구조

② 보 : 불연재료

③ 연소의 우려가 있는 외벽 : 출입구 외에는 개구부가 없도록 한다.

④ 지붕 및 천장 : 지붕은 불연재료로 하고 천장을 설치하지 아니한다.

⑤ 창 및 출입구 : 갑종방화문 또는 을종방화문으로 하고, 유리는 망입유리로 한다.

⑥ 액상의 위험물 옥내저장탱크를 설치하는 경우 : 바닥은 위험물이 침투하지 않는 구조로 하고, 적당한 경사를 두고, 집유설비를 설치한다.

⑦ 출입구 턱의 높이 : 당해 탱크 전용실내의 옥내저장탱크 용량을 수용할 수 있는 높이 이상으로 하거나 옥내저장탱크로부터 누설된 위험물이 탱크 전용실외의 부분으로 유출하지 않는 구조로 한다.

⑧ 채광·조명·환기 및 배출 설비는 '옥내저장소'의 기준을 준용한다.

(3) 탱크 전용실 위치·구조 및 설비의 기준

① 옥내저장탱크는 탱크 전용실에 설치한다. 이 경우 제2류 위험물 중 황화린·적린 및 덩어리 유황, 제3류 위험물 중 황린, 제6류 위험물 중 질산의 탱크 전용실은 건축물의 1층 또는 지하층에 설치하여야 한다.

② 주입구 부근에는 위험물의 양을 표시하는 장치를 설치한다.

③ 탱크 전용실은 벽·기둥·바닥 및 보를 내화구조로 한다.

④ 탱크 전용실은 상층이 있는 경우에는 상층을 내화구조로 하고, 상층이 없는 경우에는 지붕을 불연재료로 하며, 천장은 설치하지 않는다.

⑤ 탱크 전용실에는 창을 설치하지 말고, 출입구에는 자동폐쇄식의 갑종방화문을 설치한다.

⑥ 탱크 전용실의 환기 및 배출의 설비에는 방화상 유효한 댐퍼 등을 설치한다.

⑦ 옥내저장탱크의 용량

(가) 1층 이하의 층 : 지정수량의 40배(제4석유류 및 동식물유류 외의 제4류 위험물이 2만 L를 초과할 때에는 2만 L) 이하일 것

(나) 2층 이상의 층 : 지정수량의 10배(제4석유류 및 동식물유류 외의 제4류 위험물이 5천 L를 초과할 때에는 5천 L) 이하일 것

단원 예상문제

1. 위험물 안전관리법령상 옥내저장탱크와 탱크전용실의 벽과의 사이 및 옥내저장탱크의 상호간에는 몇 m 이상의 간격을 유지하여야 하는가? (단, 탱크의 점검 및 보수에 지장이 없는 경우는 제외한다.)

① 0.5 ② 1 ③ 1.5 ④ 2

해설 옥내저장탱크와 탱크전용실의 벽과의 사이 및 옥내저장탱크 상호간에는 0.5m 이상의 간격을 유지한다. 다만, 탱크의 점검 및 보수에 지장이 없는 경우에는 그러하지 아니하다.

2. 위험물 안전관리법령상 제4석유류를 저장하는 옥내저장탱크의 용량은 지정수량의 몇 배 이하이어야 하는가?

① 20 ② 40 ③ 100 ④ 150

해설 옥내저장탱크의 용량은 지정수량의 40배 이하이어야 한다(제4석유류 및 동식물유류 외의 제4류 위험물에 있어서 당해 수량이 2만 L를 초과할 때에는 2만 L 이하일 것).

| 변형된 출제문제 |

2-1 단층 건물에 설치하는 옥내탱크 저장소의 탱크전용실에 비수용성의 제2석유류 위험물을 저장하는 탱크 1개를 설치할 경우 설치할 수 있는 탱크의 최대용량은 얼마인가? [16. 1회]

① 10000L ② 20000L ③ 40000L ④ 80000L

해설 문제에서 제2석유류를 저장하는 경우이므로 지정수량에 관계없이 탱크의 최대용량은 20000L이 되는 것이다.

답 2-1 ②

3. 옥내탱크 저장소 중 탱크 전용실을 단층건물 외의 건축물에 설치하는 경우 탱크 전용실을 건축물의 1층 또는 지하층에만 설치하여야 하는 위험물이 아닌 것은 어느 것인가?

① 제2류 위험물 중 덩어리 유황
② 제3류 위험물 중 황린
③ 제4류 위험물 중 인화점이 38℃ 이상인 위험물
④ 제6류 위험물 중 질산

해설 탱크 전용실이 건축물의 1층 또는 지하층에 설치해야 하는 위험물
㉮ 제2류 위험물 중 황화린·적린 및 덩어리 유황
㉯ 제3류 위험물 중 황린
㉰ 제6류 위험물 중 질산

정답 1. ① 2. ② 3. ③

5-5 지하탱크 저장소 기준 [시행규칙 제32조, 별표8]

▸ 지하탱크 저장소는 지하에 매설한 탱크에 위험물을 저장하는 장소로 '안전거리', '보유공지'에 대한 기준이 없다.

(1) 탱크 전용실 설치 기준

① 지하저장탱크는 지면 하에 설치된 탱크전용실에 설치한다. 다만, 제4류 위험물의 지하저장탱크가 다음 기준에 적합한 때에는 그러하지 아니하다.

㈎ 당해 탱크를 지하철·지하가 또는 지하터널로부터 수평거리 10m 이내의 장소 또는 지하건축물 내의 장소에 설치하지 아니한다.

㈏ 당해 탱크를 그 수평투영의 세로 및 가로보다 각각 0.6m 이상 크고 두께가 0.3m 이상인 철근콘크리트조의 뚜껑으로 덮는다.

㈐ 뚜껑에 걸리는 중량이 직접 당해 탱크에 걸리지 아니하는 구조이어야 한다.

(라) 당해 탱크를 견고한 기초 위에 고정한다.

(마) 당해 탱크를 지하의 가장 가까운 벽·피트·가스관 등의 시설물 및 대지경계선으로부터 0.6m 이상 떨어진 곳에 매설한다.

② 탱크 전용실 기준

(가) 지하의 가장 가까운 벽·피트·가스관 등의 시설물 및 대지 경계선으로부터 0.1m 이상 떨어진 곳에 설치한다.

(나) 지하저장탱크와 탱크전용실의 안쪽과의 사이는 0.1m 이상의 간격을 유지한다.

(다) 당해 탱크의 주위에 마른 모래 또는 습기 등에 의하여 응고되지 아니하는 입자지름 5mm 이하의 마른 자갈분을 채워야 한다.

③ 지하저장탱크 윗부분과 지면과의 거리 : 0.6m 이상

④ 지하저장탱크를 2 이상 인접 설치하는 경우 간격 : 상호간에 1m(당해 2 이상의 지하저장탱크의 용량 합계가 지정수량의 100배 이하인 때에는 0.5m) 이상의 간격 유지

(2) 탱크 전용실의 벽·바닥 및 뚜껑 기준

① 벽·바닥 및 뚜껑은 두께 0.3m 이상의 철근콘크리트구조 또는 이와 동등 이상의 강도가 있는 구조로 설치한다.

② 벽·바닥 및 뚜껑 내부에는 직경 9mm부터 13mm까지의 철근을 가로 및 세로로 5cm부터 20cm까지의 간격으로 배치한다.

③ 벽·바닥 및 뚜껑의 재료에 수밀콘크리트를 혼입하거나, 중간에 아스팔트층을 만드는 방법으로 방수조치를 한다.

(3) 저장탱크 설치

① 저장탱크 외면에는 방청도장을 한다.

② 저장탱크 누설 검사관 설치

(가) 이중관으로 적당한 위치에 4개소 이상 설치한다.

(나) 재료는 금속관 또는 경질합성수지관으로 한다.

(다) 관은 탱크전용실의 바닥 또는 탱크의 기초까지 닿게 한다.

(라) 관의 밑 부분으로부터 탱크의 중심 높이까지의 부분에는 소공이 뚫려 있도록 한다.

(마) 상부는 물이 침투하지 않는 구조로 하고, 뚜껑은 검사 시에 쉽게 열 수 있도록 한다.

③ 과충전 방지장치 설치

(가) 탱크용량을 초과하는 위험물이 주입될 때 자동으로 그 주입구를 폐쇄하거나 위험물의 공급을 자동으로 차단하는 방법

(나) 탱크 용량의 90%가 찰 때 경보음을 울리는 방법

단원 예상문제

1. 위험물 안전관리법령상 지하탱크 저장소의 위치, 구조 및 설비의 기준에 따라 다음 ( )에 들어갈 수치로 옳은 것은?

> 탱크 전용실은 지하의 가장 가까운 벽 · 피트 · 가스관 등의 시설물 및 대지 경계선으로부터 (㉠)m 이상 떨어진 곳에 설치하고, 지하 저장탱크와 탱크 전용실의 안쪽과의 사이는 (㉡)m 이상의 간격을 유지하도록 하며, 당해 탱크의 주위에 마른 모래 또는 습기 등에 의하여 응고되지 아니하는 입자 지름 (㉢)mm 이하의 마른 자갈분을 채워야 한다.

① ㉠ : 0.1, ㉡ : 0.1, ㉢ : 5
② ㉠ : 0.1, ㉡ : 0.3, ㉢ : 5
③ ㉠ : 0.1, ㉡ : 0.1, ㉢ : 10
④ ㉠ : 0.1, ㉡ : 0.3, ㉢ : 10

해설 지하탱크 저장소 탱크 전용실 기준
㉮ 지하의 가장 가까운 벽·피트·가스관 등의 시설물 및 대지 경계선으로부터 0.1m 이상 떨어진 곳에 설치한다.
㉯ 지하저장탱크와 탱크전용실의 안쪽과의 사이는 0.1m 이상의 간격을 유지한다.
㉰ 당해 탱크의 주위에 마른 모래 또는 습기 등에 의하여 응고되지 아니하는 입자지름 5mm 이하의 마른 자갈분을 채워야 한다.

| 변형된 출제문제 |

1-1 지하탱크 저장소 탱크전용실의 안쪽과 지하저장탱크와의 사이는 몇 m 이상의 간격을 유지하여야 하는가? [12. 4회] [16. 2회]

① 0.1 ② 0.2 ③ 0.3 ④ 0.5

해설 지하저장탱크와 탱크전용실의 안쪽과의 사이는 0.1m 이상의 간격을 유지한다.

답 1-1 ①

2. 지하탱크 저장소에 대한 설명으로 옳지 않은 것은?

① 탱크전용실의 벽의 두께는 0.3m 이상이어야 한다.
② 지하저장탱크의 윗부분은 지면으로부터 0.6m 이상 아래에 있어야 한다.
③ 지하저장탱크와 탱크전용실 안쪽과의 간격은 0.1m 이상의 간격을 유지한다.
④ 지하저장탱크에는 두께 0.1m 이상의 철근콘크리트조로 된 뚜껑을 설치한다.

해설 지하저장탱크의 벽·바닥 및 뚜껑은 두께 0.3m 이상의 철근콘크리트구조 또는 이와 동등 이상의 강도가 있는 구조로 설치한다.

3. 지하탱크 저장소에서 인접한 2개의 지하 저장탱크 용량의 합계가 지정수량의 100배일 경우 탱크 상호간의 최소거리는 얼마인가?

① 0.1m ② 0.3m ③ 0.5m ④ 1m

해설 지하저장탱크를 2 이상 인접 설치하는 경우 당해 2 이상의 지하저장탱크의 용량 합계가 지정수량의 100배 이하인 때에는 0.5m 이상의 간격을 유지한다.

4. 위험물의 지하저장탱크 중 압력탱크 외의 탱크에 대해 수압시험을 실시할 때 몇 kPa의 압력으로 하여야 하는가? (단, 소방청장이 정하여 고시하는 기밀시험과 비파괴시험을 동시에 실시하는 방법으로 대신하는 경우는 제외한다.)

① 40 ② 50 ③ 60 ④ 70

해설 지하저장탱크 수압시험

㉮ 압력탱크 외의 탱크 : 70kPa의 압력
㉯ 압력탱크(최대상용압력이 46.7kPa 이상인 탱크) : 최대상용압력의 1.5배
㉰ 수압시험 시간 : 10분간
㉱ 수압시험은 소방청장이 정하여 고시하는 기밀시험과 비파괴시험을 동시에 실시하는 방법으로 대신할 수 있다.

5. 지하저장탱크에 경보음이 울리는 방법으로 과충전 방지장치를 설치하고자 한다. 탱크 용량의 최소 몇 %가 찰 때 경보음이 울리도록 하여야 하는가?

① 80 ② 85 ③ 90 ④ 95

해설 지하탱크 저장소의 과충전 방지장치 설치

㉮ 탱크용량을 초과하는 위험물이 주입될 때 자동으로 그 주입구를 폐쇄하거나 위험물의 공급을 자동으로 차단하는 방법
㉯ 탱크 용량의 90%가 찰 때 경보음을 울리는 방법

6. 위험물 안전관리법령상 지하탱크 저장소에 설치하는 강제 이중벽 탱크에 관한 설명으로 틀린 것은?

① 탱크 본체와 외벽 사이에는 3mm 이상의 감지층을 둔다.
② 스페이서는 탱크 본체와 재질을 다르게 하여야 한다.
③ 탱크 전용실이 없이 지하에 직접 매설할 수도 있다.
④ 탱크 외면에는 최대시험압력을 지워지지 않도록 표시하여야 한다.

해설 강제 이중벽탱크의 구조 [세부기준 제106조]

㉮ 외벽은 완전용입용접 또는 양면겹침이음용접으로 틈이 없도록 제작할 것
㉯ 탱크의 본체와 외벽의 사이에 3mm 이상의 감지층을 둘 것
㉰ 탱크본체와 외벽 사이의 감지층 간격을 유지하기 위한 스페이서를 다음에 의하여 설치할 것
  ㉠ 스페이서는 탱크의 고정밴드 위치 및 기초대 위치에 설치할 것
  ㉡ 재질은 원칙적으로 탱크본체와 동일한 재료로 할 것
  ㉢ 스페이서와 탱크의 본체와의 용접은 전주필렛용접 또는 부분용접으로 하되, 부분용접으로 하는 경우에는 한 변의 용접비드는 25mm 이상으로 할 것
  ㉣ 스페이서 크기는 두께 3mm, 폭 50mm, 길이 380mm 이상일 것
㉱ 누설감지설비는 강제강화플라스틱계 이중벽탱크의 누설감지설비의 기준을 준용할 것
㉲ 강제 이중벽탱크의 외면에는 위험물의 종류 및 사용온도범위와 함께 표시사항(제조업체·제조년월 및 제조번호, 탱크의 용량·규격 및 최대시험압력, 형식번호·탱크안전성능 실시자 등)이 지워지지 아니하도록 표시할 것

정답 1. ① 2. ④ 3. ③ 4. ④ 5. ③ 6. ②

5-6 간이탱크 저장소 기준 [시행규칙 제33조, 별표9]

(1) 설치 장소 기준

① 간이탱크(간이저장탱크)는 옥외에 설치하여야 한다.

② 전용실 안에 설치할 수 있는 기준(조건)

㈎ 전용실의 구조는 '옥내탱크 저장소의 탱크전용실의 구조' 기준에 적합할 것

㈏ 전용실의 창 및 출입구는 '옥내탱크 저장소의 창 및 출입구' 기준에 적합할 것

㈐ 전용실의 바닥은 '옥내탱크 저장소의 탱크전용실 바닥의 구조' 기준에 적합할 것

㈑ 전용실의 채광·조명·환기 및 배출의 설비는 '옥내저장소의 채광·조명·환기 및 배출의 설비' 기준에 적합할 것

(2) 설치 수

② 하나의 간이탱크저장소에 설치하는 간이저장탱크 수는 3 이하로 한다.

③ 동일한 품질의 위험물의 간이저장탱크를 2 이상 설치하지 않는다.

(3) 두께 및 수압시험 기준

① 두께 : 3.2mm 이상의 강판으로 제작한다.

② 수압시험 : 70kPa의 압력으로 10분간 실시하여 새거나 변형되지 않아야 한다.

③ 외면에는 녹을 방지하기 위한 도장을 한다.

(4) 설치 기준

① 간이저장탱크의 용량은 600L 이하이어야 한다.

② 간이탱크 저장소에는 "위험물 간이탱크저장소"라는 표지와 방화에 관하여 필요한 사항을 게시한 게시판을 설치한다.

③ 간이저장탱크는 움직이거나 넘어지지 않도록 지면 또는 가설대에 고정시킨다.

④ 옥외에 설치하는 경우에는 너비 1m 이상의 공지를 둔다.

⑤ 전용실 안에 설치하는 경우에는 탱크와 전용실의 벽과의 사이에 0.5m 이상의 간격을 유지한다.

(5) 통기관 설치 기준

① 밸브 없는 통기관

㈎ 지름은 25mm 이상으로 한다.

㈏ 옥외에 설치하되, 그 선단의 높이는 지상 1.5m 이상으로 한다.

㈐ 선단은 수평면에 대하여 아래로 45° 이상 구부려 빗물 등이 침투하지 않도록 한다.
㈑ 가는 눈의 구리망 등으로 인화방지장치를 한다. 다만, 인화점 70℃ 이상의 위험물만을 해당 위험물의 인화점 미만의 온도로 저장 또는 취급하는 탱크의 통기관은 그러하지 아니하다.

② 대기밸브 부착 통기관
㈎ 옥외에 설치하되, 그 선단의 높이는 지상 1.5m 이상으로 한다.
㈏ 가는 눈의 구리망 등으로 인화방지장치를 한다.
㈐ 5kPa 이하의 압력차이로 작동할 수 있어야 한다.

단원 예상문제

1. 위험물 안전관리법령상 간이탱크 저장소에 대한 설명 중 틀린 것은?
① 간이탱크 저장소의 용량은 600L 이하여야 한다.
② 하나의 간이탱크 저장소에 설치하는 간이저장탱크는 5개 이하여야 한다.
③ 간이저장탱크는 두께 3.2mm 이상의 강판으로 흠이 없도록 제작하여야 한다.
④ 간이저장탱크는 70kPa의 압력으로 10분간의 수압시험을 실시하여 새거나 변형되지 않아야 한다.

해설 간이탱크 저장소 설치 수
㉮ 하나의 간이탱크저장소에 설치하는 간이저장탱크 수는 3 이하로 한다.
㉯ 동일한 품질의 위험물의 간이저장탱크를 2 이상 설치하지 않는다.

2. 위험물을 저장하는 간이탱크 저장소의 구조 및 설비의 기준으로 옳은 것은?
① 탱크의 두께 2.5mm 이상, 용량 600L 이하
② 탱크의 두께 2.5mm 이상, 용량 800L 이하
③ 탱크의 두께 3.2mm 이상, 용량 600L 이하
④ 탱크의 두께 3.2mm 이상, 용량 800L 이하

해설 간이탱크 저장소 기준
㉮ 탱크의 두께 : 3.2mm 이상의 강판
㉯ 용량 : 600L 이하
㉰ 설치 수 : 3 이하(동일한 품질의 위험물 : 2 이상 설치하지 않는다)
㉱ 수압시험 : 70kPa의 압력으로 10분간 실시한다.
㉲ 옥외에 설치하는 경우에 너비 1m 이상의 공지를 둔다.

정답 1. ② 2. ③

5-7 이동탱크 저장소 기준 [시행규칙 제34조, 별표10]

1 상치 장소 기준

(1) 옥외에 있는 상치 장소

① 화기를 취급하는 장소 또는 인근의 건축물로부터 5m(인근의 건축물이 1층인 경우에는 3m) 이상의 거리를 확보한다.

② 하천의 공지나 수면, 내화구조 또는 불연재료의 담 또는 벽 그 밖에 이와 유사한 것에 접하는 경우는 제외한다.

(2) 옥내에 있는 상치 장소

벽·바닥·보·서까래 및 지붕이 내화구조 또는 불연재료로 된 건축물의 1층에 설치한다.

2 이동저장탱크의 구조

(1) 이동저장탱크 구조 기준

① 탱크 및 구조물 두께

(가) 탱크(맨홀 및 주입관의 뚜껑 포함한다) 두께 : 3.2mm 이상의 강철판 또는 소방청장이 고시하는 동등 이상의 재료

(나) 칸막이 : 두께 3.2mm 이상의 강철판 또는 동등 이상의 금속성 재료로 4000L 이하마다 설치

(다) 방파판 : 두께 1.6mm 이상의 강철판 또는 동등 이상의 금속성 재료

(라) 측면틀 : 외부로부터 하중에 견딜 수 있는 구조로 할 것

(마) 방호틀 : 두께 3.2mm 이상의 강철판 또는 동등 이상의 기계적 성질이 있는 재료

② 안전장치 및 방파판 설치

(가) 안전장치 작동압력

㉮ 상용압력이 20kPa 이하인 탱크 : 20kPa 이상 24kPa 이하의 압력

㉯ 상용압력이 20kPa 초과하는 탱크 : 상용압력의 1.1배 이하의 압력

(나) 방파판

㉮ 하나의 구획된 부분에 2개 이상의 방파판을 이동탱크저장소의 진행방향과 평행하게 설치한다.

㉯ 각 방파판은 그 높이 및 칸막이로부터의 거리를 다르게 설치한다.

㈐ 하나의 구획된 부분에 설치하는 각 방파판의 면적 합계는 당해 구획부분의 최대 수직단면적의 50% 이상으로 한다. 다만, 수직단면이 원형이거나 짧은 지름이 1m 이하의 타원형일 경우에는 40% 이상으로 할 수 있다.

③ 측면틀 및 방호틀 설치

㈎ 측면틀 : 이동저장탱크의 전복 사고 시 탱크 보호 및 전복 방지를 위하여 설치

㈏ 방호틀 : 맨홀·주입구 및 안전장치 등의 탱크의 상부로 돌출되어 있는 경우 부속장치의 손상을 방지하기 위하여 설치

④ 수압시험

㈎ 압력탱크(최대상용압력이 46.7kPa 이상인 탱크를 말한다) 외의 탱크 : 70kPa의 압력

㈏ 압력탱크 : 최대상용압력의 1.5배의 압력

㈐ 시험시간 : 10분간 실시하여 새거나 변형되지 않을 것

㈑ 수압시험은 용접부에 대한 비파괴시험과 기밀시험으로 대신할 수 있다.

(3) 위험성 경고 표지 및 탱크외부 도장

① 위험성 경고표지[위험물 운송·운송 시의 위험성 경고표지에 관한 기준 제3조] : 위험물 수송차량의 외부에 위험물 표지, UN번호 및 그림문자를 표시하여야 한다.

구분	표지	UN번호	그림문자
위치	이동탱크저장소 : 전면 상단 및 후면 상단 위험물 운반차량 : 전면 및 후면	위험물 수송차량의 후면 및 양 측면	위험물 수송차량의 후면 및 양 측면
규격 및 형상	60cm 이상 × 30cm 이상의 횡형 사각형	30cm 이상 × 12cm 이상의 횡형 사각형	25cm 이상 × 25cm 이상의 마름모꼴
색상 및 문자	흑색 바탕에 황색 문자	흑색 테두리선(굵기 1cm)과 오렌지색 바탕에 흑색 문자	위험물의 품목별로 해당하는 심벌을 표기, 그림문자 하단에 분류·구분 번호 표기
내용	위험물	UN 번호 (글자의 높이 6.5cm 이상)	심벌 및 분류·구분 번호 (글자 높이 2.5cm 이상)
모양	위 험 물	1 2 3 4	3 3

② 이동탱크저장소의 탱크외부에는 소방청장이 정하여 고시하는 바에 따라 도장 등을 하여 쉽게 식별할 수 있도록 하고, 보기 쉬운 곳에 상치장소의 위치를 표시하여야 한다[세부기준 제109조].

유 별	도장의 색상	비 고
제1류 위험물	회색	1. 탱크의 앞면과 뒷면을 제외한 면적의 40% 이내의 면적은 다른 유별의 색상 외의 색상으로 도장하는 것이 가능하다. 2. 제4류에 대해서는 도장의 색상 제한이 없으나 적색을 권장한다.
제2류 위험물	적색	
제3류 위험물	청색	
제4류 위험물	–	
제5류 위험물	황색	
제6류 위험물	청색	

단원 예상문제

1. **다음은 위험물 안전관리법령에 따른 이동 저장탱크의 구조에 관한 기준이다. ( ) 안에 알맞은 수치는?**

> 이동 저장탱크는 그 내부에 (㉠)L 이하마다 (㉡)mm 이상의 강철판 또는 이와 동등 이상의 강도, 내열성 및 내식성이 있는 금속성의 것으로 칸막이를 설치하여야 한다. 다만, 고체인 위험물을 저장하거나 고체인 위험물을 가열하여 액체 상태로 저장하는 경우에는 그러하지 아니하다.

① ㉠ 2000, ㉡ 1.6　　② ㉠ 2000, ㉡ 3.2
③ ㉠ 4000, ㉡ 1.6　　④ ㉠ 4000, ㉡ 3.2

해설 이동저장탱크의 칸막이
㉮ 이동저장탱크는 그 내부에 4000L 이하마다 3.2mm 이상의 강철판 또는 이와 동등 이상의 강도·내열성 및 내식성이 있는 금속성의 것으로 칸막이를 설치하여야 한다.
㉯ 고체인 위험물을 저장하거나 고체인 위험물을 가열하여 액체 상태로 저장하는 경우에는 그러하지 아니하다.

2. **위험물 안전관리법령에 따른 이동저장탱크의 구조 기준에 대한 설명으로 틀린 것은?**

① 압력탱크는 최대상용압력의 1.5배의 압력으로 10분간 수압시험을 하여 새지 말 것
② 상용압력이 20kPa를 초과하는 탱크의 안전장치는 상용압력의 1.5배 이하의 압력에서 작동할 것
③ 방파판은 두께 1.6mm 이상의 강철판 또는 이와 동등 이상의 강도, 내식성 및 내열성이 있는 금속성의 것으로 할 것
④ 탱크는 두께 3.2mm 이상의 강철판 또는 이와 동등 이상의 강도, 내식성 및 내열성을 갖는 재질로 할 것

해설 이동저장탱크의 안전장치 작동압력
㉮ 상용압력이 20kPa 이하인 탱크 : 20kPa 이상 24kPa 이하의 압력
㉯ 상용압력이 20kPa 초과하는 탱크 : 상용압력의 1.1배 이하의 압력

3. 위험물 이동저장탱크의 외부 도장 색상으로 적합하지 않은 것은?

① 제2류 – 적색 ② 제3류 – 청색
③ 제5류 – 황색 ④ 제6류 – 회색

해설 위험물 이동저장탱크의 외부 도장

유 별	도장의 색상	비 고
제1류	회색	1. 탱크의 앞면과 뒷면을 제외한 면적의 40% 이내의 면적은 다른 유별의 색상 외의 색상으로 도장하는 것이 가능하다. 2. 제4류에 대해서는 도장의 색상 제한이 없으나 적색을 권장한다.
제2류	적색	
제3류	청색	
제4류	–	
제5류	황색	
제6류	청색	

| 변형된 출제문제 |

3-1 위험물 안전관리법령에서 정한 제5류 위험물 이동저장탱크의 외부 도장 색상은 어느 것인가? [14. 5회]

① 황색 ② 회색 ③ 적색 ④ 청색

해설 제5류 위험물 이동저장탱크 외부 도장 색상은 황색이다.

답 3-1 ①

정답 1. ④ 2. ② 3. ④

5-8 옥외 저장소 기준 [시행규칙 제35조, 별표11]

(1) 안전거리

옥외 저장소에는 '제조소의 안전거리' 규정에 준하여 안전거리를 두어야 한다.

(2) 설치 위치 및 구조

① 옥외저장소는 습기가 없고, 배수가 잘 되는 장소에 설치한다.

② 위험물을 저장 또는 취급하는 장소의 주위에는 경계표시(울타리의 기능이 있는 것에 한한다)를 하여 명확하게 구분한다.

③ 과산화수소 또는 과염소산을 저장하는 옥외 저장소에는 불연성 또는 난연성의 천막 등을 설치하여 햇빛을 가리어야 한다.

④ 눈·비 등을 피하거나 차광 등을 위하여 옥외저장소에 캐노피 또는 지붕을 설치하는 경우에는 환기 및 소화활동에 지장을 주지 아니하는 구조로 한다. 이 경우 기둥은 내화

구조로 하고, 캐노피 또는 지붕을 불연재료로 하며, 벽을 설치하지 아니하여야 한다.

(3) 보유공지

① 경계표시의 주위에는 저장 또는 취급하는 위험물의 최대수량에 따라 다음 표에 의한 너비의 공지를 보유할 것

저장 또는 취급하는 위험물의 최대수량	공지의 너비
지정수량의 10 이하	3m 이상
지정수량의 10배 초과 20배 이하	5m 이상
지정수량의 20배 초과 50배 이하	9m 이상
지정수량의 50배 초과 200배 이하	12m 이상
지정수량의 200배 초과	15m 이상

② 제4류 위험물 중 제4석유류와 제6류 위험물을 저장 또는 취급하는 옥외저장소는 보유공지 너비의 3분의 1 이상의 너비로 할 수 있다.

(4) 덩어리 상태의 유황을 경계표시 안쪽에서 저장 또는 취급하는 기준

① 하나의 경계표시의 내부 면적은 $100m^2$ 이하이어야 한다.

② 2 이상의 경계표시를 설치하는 경우에 있어서는 각각의 경계표시 내부를 합산한 면적은 $1000m^2$ 이하로 하고, 인접하는 경계표시와 경계표시와의 간격은 보유공지 너비의 2분의 1 이상으로 한다.

③ 경계표시는 불연재료로 만드는 동시에 유황이 새지 않는 구조로 한다.

④ 경계표시의 높이는 1.5m 이하로 한다.

⑤ 경계표시에는 유황이 넘치거나 비산하는 것을 방지하기 위한 천막 등을 고정하는 장치를 설치하되, 천막 등을 고정하는 장치는 경계표시의 길이 2m 마다 한 개 이상 설치한다.

⑥ 유황을 저장 또는 취급하는 장소의 주위에는 배수구와 분리장치를 설치한다.

단원 예상문제

1. 위험물 옥외저장소에서 지정수량 200배 초과의 위험물을 저장할 경우 보유공지의 너비는 몇 m 이상으로 하여야 하는가? (단, 제4류 위험물과 제6류 위험물이 아닌 경우이다.)

① 0.5 ② 2.5 ③ 10 ④ 15

해설 위험물 옥외저장소에서 지정수량 200배 초과일 때 보유공지의 너비는 15m 이상이다.

2. 옥외저장소에 덩어리 상태의 유황만을 지반면에 설치한 경계표시의 안쪽에서 저장할 경우 하나의 경계표시의 내부면적은 몇 m^2 이하 이어야 하는가?

① 75 ② 100 ③ 300 ④ 500

해설 덩어리 상태의 유황만을 저장하는 옥외저장소 하나의 경계표시 내부 면적은 $100m^2$ 이하이다.

3. 위험물 안전관리법령상 옥외저장소 중 덩어리 상태의 유황만을 지반면에 설치한 경계표시의 안쪽에서 저장 또는 취급할 때 경계표시의 높이는 몇 m 이하로 하여야 하는가?

① 1 ② 1.5 ③ 2 ④ 2.5

해설 덩어리 상태의 유황만을 저장하는 옥외저장소의 경계표시의 높이는 1.5m 이하로 한다.

정답 1. ④ 2. ② 3. ②

5-9 암반탱크 저장소 기준 [시행규칙 제36조, 별표12]

(1) 암반탱크 설치 기준

① 암반탱크에는 암반투수계수가 1초당 10만분의 1m 이하인 천연암반 내에 설치한다.
② 암반탱크는 저장할 위험물의 증기압을 억제할 수 있는 지하수면 하에 설치한다.
③ 암반탱크의 내벽은 암반균열에 낙반을 방지할 수 있도록 볼트·콘크리트 등으로 보강한다.

(2) 암반탱크 수리 조건

① 암반탱크 내로 유입되는 지하수의 양은 암반 내의 지하수 충전량보다 적어야 한다.
② 암반탱크의 상부로 물을 주입하여 수압을 유지할 필요가 있는 경우에는 수벽공을 설치한다.
③ 암반탱크에 가해지는 지하수압은 저장소의 최대운영압보다 항상 크게 유지한다.

(3) 지하수위 관측공의 설치

암반탱크 저장소 주위에는 지하수위 및 지하수의 흐름 등을 확인·통제할 수 있는 관측공을 설치한다.

(4) 계량장치

암반탱크 저장소에는 위험물의 양과 내부로 유입되는 지하수의 양을 측정할 수 있는 계량구와 자동측정이 가능한 계량장치를 설치한다.

(5) 배수시설

암반탱크 저장소에는 유입되는 침출수를 자동으로 배출할 수 있는 시설을 설치하고 침출수에 섞인 위험물이 직접 배수구로 흘러 들어가지 않도록 유분리장치를 설치한다.

(6) 위험물 제조소 및 옥외탱크저장소에 관한 기준의 준용

① 암반탱크 저장소에는 "위험물 암반탱크저장소"라는 표지와 방화에 관하여 필요한 사항의 게시판을 설치한다.

② 암반탱크 저장소의 압력계·안전장치, 정전기 제거설비, 배관 및 주입구의 설치한다.

단원 예상문제

1. 위험물 안전관리법령에 따른 암반탱크 저장소의 설치 기준이다. ( ) 안에 알맞은 수치로 옳은 것은?

> 암반탱크에는 암반투수계수가 ( )초당 ( )만분의 ( )m 이하인 천연암반 내에 설치한다.

① 1, 10, 1　② 1, 10, 2　③ 10, 1, 1　④ 10, 1, 2

해설 암반탱크 설치 기준
㉮ 암반탱크에는 암반투수계수가 1초당 10만분의 1 m 이하인 천연암반 내에 설치할 것
㉯ 암반탱크는 저장할 위험물의 증기압을 억제할 수 있는 지하수면 하에 설치할 것
㉰ 암반탱크의 내벽은 암반균열에 낙반을 방지할 수 있도록 볼트·콘크리트 등으로 보강할 것

2. 암반탱크 저장소에 설치하여야 할 설비 종류가 아닌 것은?

① 지하수 수질측정장치　② 계량장치
③ 펌프설비　④ 배수시설

해설 설치하여야 할 설비 종류 : 지하수위 관측공, 계량장치, 펌프설비, 배수시설

3. 암반탱크 저장소에 "위험물 암반탱크저장소"라는 표지의 바탕색과 문자색으로 옳은 것은?

① 청색바탕에 백색문자　② 백색바탕에 흑색문자
③ 적색바탕에 백색문자　④ 백색바탕에 흑색문자

해설 표지 기준 : 제조소 기준을 준용한다.
㉮ 한 변의 길이가 0.3m 이상, 다른 한 변의 길이가 0.6m 이상인 직사각형으로 한다.
㉯ 백색바탕에 흑색 문자로 한다.

정답 1. ① 2. ① 3. ②

5-10 주유 취급소 기준 [시행규칙 제37조, 별표13]

(1) 주유공지 및 급유공지

① 주유공지 : 고정주유설비의 주위에 주유를 받으려는 자동차 등이 출입할 수 있도록 한 공지를 말한다.

(가) 고정주유설비 : 펌프기기 및 호스기기로 되어 위험물을 자동차 등에 직접 주유하기 위한 설비로서 현수식의 것을 포함한다.

(나) 주유공지 기준 : 고정주유설비 주위에 너비 15m 이상, 길이 6m 이상의 콘크리트 등으로 포장한 공지를 보유하여야 한다.

② 급유공지 : 고정급유설비의 호스기기의 주위에 필요한 공지를 말한다.

(가) 고정급유설비 : 펌프기기 및 호스기기로 되어 위험물을 용기에 옮겨 담거나 이동저장탱크에 주입하기 위한 설비로서 현수식의 것을 포함한다.

(나) 급유공지 기준 : 필요한 공지를 보유하여야 한다.

③ 주유공지 및 급유공지의 바닥은 주위 지면보다 높게 한다.

④ 공지의 표면을 적당하게 경사지게 하여 새어나온 기름 그 밖의 액체가 외부로 유출되지 않도록 배수구·집유설비 및 유분리장치를 설치한다.

(2) 표지 및 게시판

① "위험물 주유취급소"라는 표지와 방화에 관하여 필요한 사항을 게시한 게시판을 설치한다.

② 황색바탕에 흑색문자로 "주유중엔진정지"라는 표시를 한 게시판을 설치한다.

(3) 탱크 설치 기준

① 주유취급소에 설치 가능한 탱크

(가) 자동차 등에 주유하기 위한 고정주유설비에 직접 접속하는 전용탱크 : 50000L 이하

(나) 고정급유설비에 직접 접속하는 전용탱크 : 50000L 이하

(다) 보일러 등에 직접 접속하는 전용탱크 : 10000L 이하

(라) 자동차 등을 점검·정비하는 작업장 등에서 사용하는 폐유·윤활유의 전용탱크 : 2000L 이하

(마) 고정주유설비 또는 고정급유설비에 직접 접속하는 3기 이하의 간이탱크

(바) 고속국도 주유취급소 : 60000L 이하

② ①항의 ㈎ 내지 ㈑의 탱크[㈐ 및 ㈑의 탱크는 용량이 10000L를 초과하는 것에 한한다]는 옥외의 지하 또는 캐노피 아래의 지하(캐노피 기둥의 하부 제외)에 매설하여야 한다.

(4) 고정주유설비

① 주유취급소에는 고정주유설비를 설치한다.

② 고정주유설비 또는 고정급유설비 구조 기준

㈎ 펌프기기의 주유관 선단에서의 최대토출량

㉮ 제1석유류 : 50L/min 이하

㉯ 경유 : 180L/min 이하

㉰ 등유 : 80L/min 이하

㉱ 이동저장탱크에 주입하기 위한 고정급유설비 : 300L/min 이하

㉲ 토출량 200L/min 이상인 주유설비에 관계된 모든 배관의 안지름 : 40mm 이상

㈏ 이동저장탱크 상부를 통하여 주입하는 고정급유설비의 주유관에는 당해 탱크의 밑부분에 달하는 주입관을 설치하고, 토출량이 80L/min를 초과하는 것은 이동저장탱크에 주입하는 용도로만 사용한다.

㈐ 고정주유설비 또는 고정급유설비의 외장은 난연성 재료를 사용한다.

㈑ 고정주유설비 또는 고정급유설비의 본체 또는 노즐 손잡이에 정전기 제거장치를 설치한다.

③ 고정주유설비 또는 고정급유설비 주유관 길이 : 5m 이내(현수식의 경우 지면 위 0.5m의 수평면에 수직으로 내려 만나는 점을 중심으로 반경 3m 이내)

④ 고정주유설비 또는 고정급유설비 설치 위치

㈎ 고정주유설비의 중심선을 기점으로 하여

㉮ 도로경계선까지 : 4m 이상

㉯ 부지경계선·담 및 건축물의 벽까지 : 2m 이상(개구부가 없는 벽까지는 1m 이상)

㈏ 고정급유설비의 중심선을 기점으로 하여

㉮ 도로경계선까지 : 4m 이상

㉯ 부지경계선 및 담까지 : 1m 이상

㉰ 건축물의 벽까지 : 2m 이상(개구부가 없는 벽까지는 1m 이상)

㈐ 고정주유설비와 고정급유설비 사이 유지거리 : 4m 이상

(5) 건축물 등의 제한 등

① 주유취급소에 허용되는 건축물 또는 시설

㈎ 주유 또는 등유·경유를 옮겨 담기 위한 작업장

㈏ 주유취급소의 업무를 행하기 위한 사무소

㈐ 자동차 등의 점검 및 간이정비를 위한 작업장
㈑ 자동차 등의 세정을 위한 작업장
㈒ 주유취급소에 출입하는 사람을 대상으로 한 점포·휴게음식점 또는 전시장
㈓ 주유취급소의 관계자가 거주하는 주거시설
㈔ 전기자동차용 충전설비
㈕ 그 밖의 소방청장이 정하여 고시하는 건축물 또는 시설

② 주유취급소의 직원 외의 자가 출입하는 ㈏, ㈐, ㈒의 용도에 제공하는 부분의 면적 합은 $1000m^2$를 초과할 수 없다.

③ 옥내주유취급소는 소방청장이 고시하는 용도로 사용하는 부분이 없는 건축물에 설치할 수 있다.

(6) 건축물 등의 구조

① 건축물, 창 및 출입구의 구조 기준
㈎ 건축물의 벽·기둥·바닥·보 및 지붕 : 내화구조 또는 불연재료
㈏ 창 및 출입구 : 방화문 또는 불연재료로 된 문
㈐ 사무실 등의 창 및 출입구 유리 : 망입유리 또는 강화유리
㉮ 창에 설치하는 강화유리 두께 : 8mm 이상
㉯ 출입구에 설치하는 강화유리 두께 : 12mm 이상
㈑ 건축물 중 사무실 그 밖의 화기를 사용하는 곳은 누설한 가연성의 증기가 내부에 유입되지 않도록 다음 기준에 적합한 구조로 한다.
㉮ 출입구는 안에서 밖으로 수시로 개방할 수 있는 자동폐쇄식의 것으로 한다.
㉯ 출입구 또는 사이통로의 문턱의 높이를 15cm 이상으로 한다.
㉰ 높이 1m 이하의 부분에 있는 창 등은 밀폐시킨다.
㈒ 자동차 등의 점검·정비를 행하는 설비 기준
㉮ 고정주유설비로부터 4m 이상, 도로경계선으로부터 2m 이상 떨어지게 한다.
㉯ 위험물을 취급하는 설비는 위험물의 누설·넘침 또는 비산을 방지할 수 있는 구조로 한다.
㈓ 자동차 등의 세정을 행하는 설비 기준
㉮ 증기세차기를 설치하는 경우 : 주위에 불연재료로 된 1m 이상의 담을 설치하고, 출입구가 고정주유설비에 면하지 않도록 하고, 담은 고정주유설비로부터 4m 이상 떨어지게 한다.
㉯ 증기세차기 외의 세차기를 설치하는 경우 : 고정주유설비로부터 4m 이상, 도로경계선으로부터 2m 이상 떨어지게 설치한다.

(사) 주유원 간이대기실 기준

㉮ 불연재료로 한다.

㉯ 바퀴가 부착되지 아니한 고정식이어야 한다.

㉰ 차량의 출입 및 주유작업에 장애를 주지 아니하는 위치에 설치한다.

㉱ 바닥면적이 $2.5m^2$ 이하이어야 한다. 다만, 주유공지 및 급유공지 외의 장소에 설치하는 것은 그러하지 아니하다.

(7) 취급기준 [시행규칙 별표18]

① 자동차 등에 주유할 때에는 고정주유설비를, 이동저장탱크에 급유할 때에는 고정급유설비를 사용한다.

② 자동차 등에 인화점 40℃ 미만의 위험물을 주유할 때에는 원동기를 정지시킨다. 다만, 가연성 증기를 회수하는 설비가 부착된 경우는 그러하지 않다.

③ 탱크에 위험물을 주입할 때에는 탱크에 접속된 고정주유설비, 고정급유설비 사용을 중지한다.

④ 자동차 등에 주유할 때 탱크 주입구로부터 4m 이내에 다른 자동차의 주차를 금지한다.

⑤ 주유원 간이대기실 내에서는 화기를 사용하지 않는다.

단원 예상문제

1. 위험물 안전관리법령에서 정한 주유취급소의 고정 주유설비 주위에 보유하여야 하는 주유공지의 기준은?

① 너비 10m 이상, 길이 6m 이상
② 너비 15m 이상, 길이 6m 이상
③ 너비 10m 이상, 길이 10m 이상
④ 너비 15m 이상, 길이 10m 이상

해설 주유공지 기준

㉮ 주유공지 : 고정주유설비의 주위에 주유를 받으려는 자동차 등이 출입할 수 있도록 한 공지

㉯ 주유공지 기준 : 고정주유설비 주위에 너비 15m 이상, 길이 6m 이상의 콘크리트 등으로 포장한 공지를 보유하여야 한다.

2. 주유취급소에 설치하는 "주유중엔진정지"라는 표시를 한 게시판의 바탕과 문자의 색상을 차례대로 옳게 나타낸 것은?

① 황색, 흑색
② 흑색, 황색
③ 백색, 흑색
④ 흑색, 백색

해설 주유취급소의 표지 및 게시판 설치

㉮ "위험물 주유취급소"라는 표지와 방화에 관하여 필요한 사항을 게시한 게시판을 설치(백색바탕에 흑색문자)한다.

㉯ 황색바탕에 흑색문자로 "주유중엔진정지"라는 표시한 게시판을 설치한다.

㉰ 크기 : 한 변의 길이 0.3m 이상, 다른 한 변의 길이 0.6m 이상

3. 주유 취급소의 고정 주유설비에서 펌프기기의 주유관 선단에서 최대 토출량으로 틀린 것은?

① 휘발유는 분당 50L 이하
② 경유는 분당 180L 이하
③ 등유는 분당 80L 이하
④ 제1석유류(휘발유 제외)는 분당 100L 이하

해설 주유취급소의 고정주유설비 구조 기준(펌프기기의 주유관 선단에서의 최대토출량)
㉮ 제1석유류 : 50L/min 이하
㉯ 경유 : 180L/min 이하
㉰ 등유 : 80L/min 이하
㉱ 이동저장탱크에 주입하기 위한 고정급유설비 : 300L/min 이하
㉲ 토출량 200L/min 이상인 주유설비에 관계된 모든 배관의 안지름 : 40mm 이상

참고 휘발유(가솔린)는 제1석유류에 해당되므로 ㉮항의 규정이 적용되는 것임

4. 위험물 안전관리법령상 고정주유설비는 주유설비의 중심선을 기점으로 하여 도로경계까지 몇 m 이상의 거리를 유지해야 하는가?

① 1 ② 3
③ 4 ④ 6

해설 주유취급소 고정주유설비설치 위치 : 고정주유설비의 중심선을 기점으로 하여
㉮ 도로경계선까지 : 4m 이상
㉯ 부지경계선·담 및 건축물의 벽까지 : 2m 이상(개구부가 없는 벽까지는 1m 이상)

5. 주유취급소의 벽(담)에 유리를 부착할 수 있는 기준에 대한 설명으로 옳은 것은?

① 유리부착 위치는 주입구, 고정주유설비로부터 2m 이상 이격되어야 한다.
② 지반면으로부터 50cm를 초과하는 부분에 한하여 설치하여야 한다.
③ 하나의 유리판 가로의 길이는 2m 이내로 한다.
④ 유리의 구조는 기준에 맞는 강화유리로 하여야 한다.

해설 주유취급소 벽에 유리를 부착할 수 있는 기준
㉮ 유리를 부착하는 위치는 주입구, 고정주유설비 및 고정급유설비로부터 4m 이상 이격될 것
㉯ 지반면으로부터 70cm를 초과하는 부분에 한하여 유리를 부착할 것
㉰ 하나의 유리판의 가로의 길이는 2m 이내일 것
㉱ 유리판의 테두리를 금속제의 구조물에 견고하게 고정하고 해당 구조물을 담 또는 벽에 견고하게 부착할 것
㉲ 유리의 구조는 접합유리로 하되 '유리구획 부분의 내화시험방법(KS F 2845)'에 따라 시험하여 비차열 30분 이상의 방화성능이 인정될 것
㉳ 유리를 부착하는 범위는 전체 담 또는 벽 길이의 10분의 2를 초과하지 아니할 것

6. 위험물 안전관리법령상 주유취급소에 설치, 운영할 수 없는 건축물 또는 시설은?

① 주유 취급소를 출입하는 사람을 대상으로 하는 그림 전시장
② 주유 취급소를 출입하는 사람을 대상으로 하는 일반음식점
③ 주유원 주거 시설
④ 주유 취급소를 출입하는 사람을 대상으로 하는 휴게음식점

해설 주유취급소에 휴게음식점은 설치가 가능하지만 일반음식점은 설치할 수 없는 시설이다.

7. 주유 취급소에서 자동차 등에 위험물을 주유할 때에 자동차 등의 원동기를 정지시켜야 하는 위험물의 인화점 기준은? (단, 연료탱크에 위험물을 주유하는 동안 방출되는 가연성 증기를 회수하는 설비가 부착되지 않은 고정주유설비에 의하여 주유하는 경우이다.)

① 20℃ 미만
② 30℃ 미만
③ 40℃ 미만
④ 50℃ 미만

해설 자동차 등에 인화점 40℃ 미만의 위험물을 주유할 때는 자동차의 원동기(엔진)를 정지시켜야 한다.

| 변형된 출제문제 |

7-1 위험물 안전관리법령상 주유취급소에서의 위험물 취급기준으로 옳지 않은 것은 어느 것인가? [15. 5회]

① 자동차에 주유할 때에는 고정 주유설비를 이용하여 직접 주유할 것
② 자동차에 경유 위험물을 주유할 때에는 자동차의 원동기를 반드시 정지시킬 것
③ 고정 주유설비에는 당해 주유설비에 접속한 전용탱크 또는 간이탱크의 배관 외의 것을 통하여서는 위험물을 공급하지 아니할 것
④ 고정 주유설비에 접속하는 탱크에 위험물을 주입할 때에는 당해 탱크에 접속된 고정 주유설비의 사용을 중지할 것

해설 경유는 인화점이 50~70℃이므로 반드시 원동기를 정지시킬 필요는 없다.

답 7-1 ②

정답 1. ② 2. ① 3. ④ 4. ③ 5. ③ 6. ② 7. ③

5-11 판매 취급소 기준 [시행규칙 제38조, 별표14]

1 제1종 판매취급소 기준

(1) 위치·구조 및 설비 기준

① 제1종 판매취급소 : 저장 또는 취급하는 위험물이 지정수량의 20배 이하

② 제1종 판매취급소는 건축물 1층에 설치한다.

③ 제1종 판매취급소에는 "위험물 판매취급소(제1종)"라는 표지와 방화에 관하여 필요한 사항을 게시한 게시판을 설치하여야 한다.

④ 제1종 판매취급소의 용도로 사용하는 건축물의 보는 불연재료로 하고, 천장을 설치하는 경우에는 불연재료로 한다.

⑤ 제1종 판매취급소의 용도로 사용하는 부분에 상층이 있는 경우에 상층의 바닥은 내화구조로 하고, 상층이 없는 경우에는 지붕을 내화구조 또는 불연재료로 한다.

⑥ 제1종 판매취급소의 용도로 사용하는 부분의 창 및 출입구는 갑종방화문 또는 을종방화문을 설치하고, 유리는 망입유리로 한다.

(2) 위험물을 배합하는 실의 기준

① 바닥면적은 $6m^2$ 이상 $15m^2$ 이하로 한다.

② 내화구조 또는 불연재료로 된 벽으로 구획한다.

③ 바닥은 위험물이 침투하지 아니하는 구조로 하여 적당한 경사를 두고 집유설비를 한다.

④ 출입구에는 수시로 열 수 있는 자동폐쇄식의 갑종방화문을 설치한다.

⑤ 출입구 문턱의 높이는 바닥면으로부터 0.1m 이상으로 한다.

⑥ 내부에 체류한 가연성의 증기 또는 가연성의 미분을 지붕 위로 방출하는 설비를 한다.

2 제2종 판매취급소 기준

(1) 위치·구조 및 설비 기준

① 제2종 판매취급소 : 저장 또는 취급하는 위험물이 지정수량의 40배 이하

② 제2종 판매취급소는 제1종 판매취급소의 기준 (1)의 ②, ③, ⑥항목과 (2)의 기준을 준용한다.

③ 제2종 판매취급소의 벽·기둥·바닥 및 보를 내화구조로 하고, 천장은 불연재료로 하며, 다른 부분과의 격벽은 내화구조로 한다.

④ 제2종 판매취급소의 창 또는 출입구에 유리는 망입유리로 한다.

⑤ 제2종 판매취급소의 용도로 사용하는 부분에 상층이 있는 경우에 상층의 바닥은 내화구조로 하는 동시에 상층으로의 연소를 방지하기 위한 조치를 하고, 상층이 없는 경우에는 지붕을 내화구조로 한다.

⑥ 제2종 판매취급소의 부분 중 연소의 우려가 없는 부분에 한하여 창을 두되, 창에는 갑종방화문 또는 을종방화문을 설치한다.

⑦ 제2종 판매취급소 출입구는 갑종방화문 또는 을종방화문을 설치한다. 다만, 연소의 우려가 있는 벽 또는 창의 부분에 설치하는 출입구에는 자동폐쇄식의 갑종방화문을 설치한다.

단원 예상문제

1. 위험물 판매취급소에 관한 설명 중 틀린 것은?

① 위험물을 배합하는 실의 바닥면적은 $6m^2$ 이상 $15m^2$ 이하이어야 한다.
② 제1종 판매취급소는 건축물의 1층에 설치하여야 한다.
③ 일반적으로 페인트점, 화공약품점이 이에 해당된다.
④ 취급하는 위험물의 종류에 따라 제1종과 제2종으로 구분된다.

해설 위험물 판매취급소 구분 : 저장 또는 취급하는 위험물의 지정수량에 의한다.
㉮ 제1종 판매취급소 : 지정수량의 20배 이하인 판매취급소
㉯ 제2종 판매취급소 : 지정수량의 40배 이하인 판매취급소

2. 위험물 안전관리법령상 판매취급소에 관한 설명으로 옳지 않은 것은?

① 건축물의 1층에 설치하여야 한다.
② 위험물을 저장하는 탱크시설을 갖추어야 한다.
③ 건축물의 다른 부분과는 내화구조의 격벽으로 구획하여야 한다.
④ 제조소와 달리 안전거리 또는 보유공지에 관한 규제를 받지 않는다.

해설 판매취급소는 점포에서 위험물을 용기에 담아 판매하기 위하여 위험물을 취급하는 장소로 위험물을 저장하는 탱크시설을 갖추지 않아도 된다.

3. 1종 판매취급소에 설치하는 위험물 배합실의 기준으로 틀린 것은?

① 바닥면적은 $6m^2$ 이상 $15m^2$ 이하일 것
② 내화구조 또는 불연재료로 된 벽으로 구획할 것
③ 출입구는 수시로 열 수 있는 자동폐쇄식의 갑종 방화문으로 설치할 것
④ 출입구 문턱의 높이는 바닥면으로부터 0.2m 이상일 것

해설 위험물을 배합하는 실의 출입구 문턱의 높이는 바닥면으로부터 0.1m 이상으로 한다.

4. 위험물 판매취급소에 대한 설명 중 틀린 것은?

① 제1종 판매취급소라 함은 저장 또는 취급하는 위험물의 수량이 지정수량의 20배 이하인 판매취급소를 말한다.
② 위험물을 배합하는 실의 바닥면적은 $6m^2$ 이상 $15m^2$ 이하이어야 한다.
③ 판매취급소에서는 도료류 외의 제1석유류를 배합하거나 옮겨 담는 작업을 할 수 있다.
④ 제1종 판매취급소는 건축물의 2층까지만 설치가 가능하다.

해설 제1종 및 제2종 판매취급소는 건축물 1층에 설치하여야 한다.

정답 1. ④ 2. ② 3. ④ 4. ④

5-12 이송 취급소 기준 [시행규칙 제39조, 별표15]

(1) 설치 금지 장소

① 철도 및 도로의 터널 안
② 고속국도 및 자동차 전용도로의 차도·길어깨 및 중앙분리대
③ 호수·저수지 등으로서 수리의 수원이 되는 곳
④ 급경사 지역으로서 붕괴의 위험이 있는 지역

(2) 배관의 지하매설 기준

① 배관 외면으로부터 안전거리
㈎ 건축물(지하가 내의 건축물을 제외한다) : 1.5m 이상
㈏ 지하가 및 터널 : 10m 이상
㈐ '수도법'에 의한 수도시설(위험물의 유입우려가 있는 것에 한한다) : 300m 이상
② 다른 공작물과 거리 : 0.3m 이상

③ 배관 외면과 지표면과의 거리(매설깊이)
(가) 산이나 들 : 0.9m 이상
(나) 그 밖의 지역 : 1.2m 이상
(다) 방호구조물 안에 설치하는 경우 : 매설깊이를 유지하지 아니하여도 된다.

④ 배관 하부와 상부에는 사질토 또는 모래로 채울 것
(가) 배관의 하부 : 20cm(자동차 등의 하중이 없는 경우 10cm) 이상
(나) 배관의 상부 : 30cm(자동차 등의 하중이 없는 경우 20cm) 이상

(3) 긴급차단밸브

① 긴급차단밸브 설치 장소 및 간격
(가) 시가지에 설치하는 경우 : 약 4km의 간격
(나) 하천·호소(湖沼) 등을 횡단하여 설치하는 경우 : 횡단하는 부분의 양 끝
(다) 해상 또는 해저를 통과하여 설치하는 경우 : 통과하는 부분의 양 끝
(라) 산림지역에 설치하는 경우 : 약 10km의 간격
(마) 도로 또는 철도를 횡단하여 설치하는 경우 : 횡단하는 부분의 양 끝

② 긴급차단밸브의 기능
(가) 원격조작 및 현지조작에 의하여 폐쇄되는 기능
(나) 누설검지장치에 의하여 이상이 검지된 경우에 자동으로 폐쇄되는 기능

③ 긴급차단밸브의 개폐상태는 설치장소에서 용이하게 확인될 수 있어야 한다.

④ 긴급차단밸브를 지하에 설치하는 경우에는 점검상자 안에 유지하여야 한다.

⑤ 긴급차단밸브는 관계자외의 자가 수동으로 개폐할 수 없도록 한다.

단원 예상문제

1. 이송취급소의 지하매설배관 외면으로부터 건축물과 유지하여야 할 안전거리는 얼마인가?

① 1.5m 이상
② 5.0m 이상
③ 10.0m 이상
④ 300m 이상

해설 배관 외면으로부터 안전거리
㉮ 건축물(지하가 내의 건축물을 제외한다) : 1.5m 이상
㉯ 지하가 및 터널 : 10m 이상
㉰ '수도법'에 의한 수도시설(위험물의 유입우려가 있는 것에 한한다) : 300m 이상

2. **이송취급소의 배관이 하천을 횡단하는 경우 하천 밑에 매설하는 배관의 외면과 계획하상(계획하상이 최소 하상보다 높은 경우에는 최심하상)과의 거리는?**

① 1.2m 이상　　② 2.5m 이상
③ 3.0m 이상　　④ 4.0m 이상

해설 이송취급소 배관의 하천 등 횡단설치
㉮ 배관에 과대한 응력이 생기지 아니하도록 필요한 조치를 하여 교량에 설치할 것
㉯ 배관을 금속관 또는 방호구조물 안에 설치하고, 당해 금속관 또는 방호구조물의 부양이나 선박의 닻 내림 등에 의한 손상을 방지하기 위한 조치를 할 것
㉰ 하천 또는 수로의 밑에 배관을 매설하는 경우에는 배관의 외면과 계획하상(계획하상이 최심하상보다 높은 경우에는 최심하상)과의 거리는 다음의 거리로 함
㉠ 하천을 횡단하는 경우 : 4.0m 이상
㉡ 수로를 횡단하는 경우
ⓐ 하수도(상부가 개방되는 구조로 된 것에 한한다) 또는 운하 : 2.5m 이상
ⓑ ⓐ의 규정에 의한 수로에 해당되지 아니하는 좁은 수로(용수로 제외) : 1.2m 이상

3. **이송취급소의 교체밸브, 제어밸브 등의 설치기준으로 틀린 것은?**

① 밸브는 원칙적으로 이송기지 또는 전용부지 내에 설치할 것
② 밸브는 그 개폐상태를 설치장소에서 쉽게 확인할 수 있도록 할 것
③ 밸브를 지하에 설치하는 경우에는 점검상자 안에 설치할 것
④ 밸브는 해당 밸브의 관리에 관계하는 자가 아니면 수동으로만 개폐할 수 있도록 할 것

해설 이송취급소의 교체밸브, 제어밸브 등의 설치기준
㉮ 밸브는 원칙적으로 이송기지 또는 전용부지 내에 설치할 것
㉯ 밸브는 그 개폐상태가 당해 밸브의 설치장소에서 쉽게 확인할 수 있도록 할 것
㉰ 밸브를 지하에 설치하는 경우에는 점검상자 안에 설치할 것
㉱ 밸브는 당해 밸브의 관리에 관계하는 자가 아니면 수동으로 개폐할 수 없도록 할 것

4. **위험물 안전관리법령상 이송취급소에 설치하는 경보설비의 기준에 따라 이송기지에 설치하여야 하는 경보설비로만 이루어진 것은?**

① 확성장치, 비상벨장치
② 비상방송설비, 비상경보설비
③ 확성장치, 비상방송설비
④ 비상방송설비, 자동화재탐지설비

해설 이송취급소에 설치하는 경보설비
㉮ 이송기지에는 비상벨장치 및 확성장치를 설치할 것
㉯ 가연성증기를 발생하는 위험물을 취급하는 펌프실등에는 가연성증기 경보설비를 설치할 것

정답 1. ① 2. ④ 3. ④ 4. ①

5-13 탱크 용량 계산 및 수압시험

1 탱크 용량 계산

(1) 탱크 용적의 산정기준 [시행규칙 제5조]

위험물을 저장 또는 취급하는 탱크의 용량은 해당 탱크의 내용적에서 공간용적을 뺀 용적으로 한다. 이 경우 위험물을 저장 또는 취급하는 차량에 고정된 탱크("이동저장탱크"라 한다)의 용량은 최대적재량 이하로 하여야 한다.

∴ 탱크 용량=탱크 내용적 - 공간용적

(2) 탱크의 내용적 계산방법 [세부기준 제25조, 별표1]

① 타원형 탱크의 내용적

(가) 양쪽이 볼록한 것

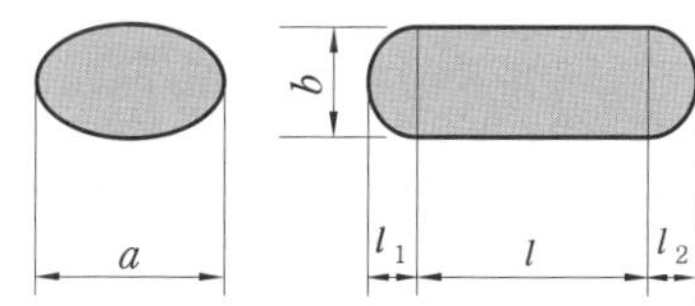

$$내용적=\frac{\pi ab}{4}\times\left(l+\frac{l_1+l_2}{3}\right)$$

(나) 한쪽은 볼록하고, 다른 한쪽은 오목한 것

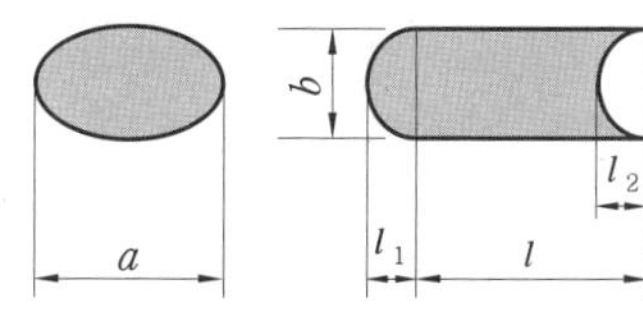

$$내용적=\frac{\pi ab}{4}\times\left(l+\frac{l_1-l_2}{3}\right)$$

② 원통형 탱크의 내용적

(가) 횡으로 설치한 것

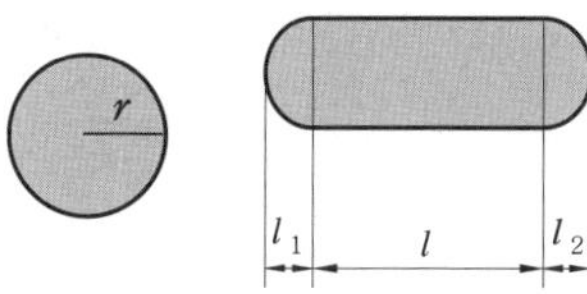

$$내용적=\pi r^2\times\left(l+\frac{l_1+l_2}{3}\right)$$

(나) 종으로 설치한 것

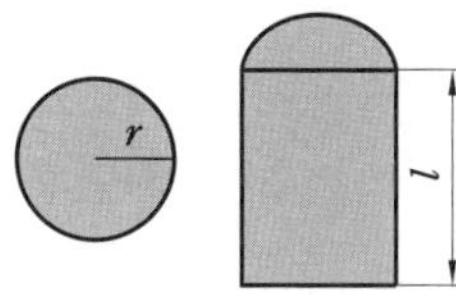

$$내용적=\pi r^2 l$$

③ 그 밖의 탱크 : 통상의 수학적 계산방법에 의한다. 다만, 쉽게 그 내용적을 계산하기 어려운 탱크는 내용적의 근사계산에 의할 수 있다.

(3) 탱크의 공간용적 [세부기준 제25조]

① 탱크의 공간용적은 탱크의 내용적의 $\frac{5}{100}$ 이상 $\frac{10}{100}$ 이하의 용적으로 한다.

② 소화설비(소화약제 방출구를 탱크 안의 윗부분에 설치하는 것에 한한다)를 설치하는 탱크의 공간용적은 소화방출구 아래의 0.3m 이상 1m 미만 사이의 면으로부터 윗부분의 용적으로 한다.

③ 암반탱크는 당해 탱크 내에 용출하는 7일간의 지하수의 양에 상당하는 용적과 당해 탱크의 내용적의 $\frac{1}{100}$ 용적 중에서 보다 큰 용적을 공간용적으로 한다.

2 탱크의 수압시험(변형시험)

(1) 옥내탱크 저장소 및 옥외탱크 저장소

① 압력탱크 : 최대상용압력의 1.5배의 압력으로 10분간 수압시험을 실시하여 새거나 변형되지 않아야 한다.

② 압력탱크 외의 탱크 : 충수시험

(2) 지하탱크 저장소 및 이동탱크 저장소

① 압력탱크(최대상용압력 46.7kPa 이상인 탱크) : 최대상용압력의 1.5배의 압력으로 10분간 수압시험을 실시하여 새거나 변형되지 않아야 한다.

② 압력탱크 외의 탱크 : 70kPa의 압력으로 10분간 수압시험을 실시하여 새거나 변형되지 않아야 한다.

③ 알킬알루미늄 이동저장탱크 : 1MPa 이상의 압력으로 10분간 실시하는 수압시험에서 새거나 변형하지 않아야 한다.

(3) 간이탱크 저장소

70kPa의 압력으로 10분간 수압시험을 실시하여 새거나 변형되지 않아야 한다.

단원 예상문제

1. 위험물 안전관리법령상 위험물의 탱크 내용적 및 공간용적에 관한 기준으로 틀린 것은?

① 위험물을 저장 또는 취급하는 탱크의 용량은 해당 탱크 내용적에서 공간용적을 뺀 용적으로 한다.

② 탱크의 공간용적은 탱크의 내용적의 $\frac{5}{100}$ 이상 $\frac{10}{100}$ 이하의 용적으로 한다.

③ 소화설비(소화약제 방출구를 탱크 안의 윗부분에 설치하는 것에 한한다)를 설치하는 탱크의 공간용적은 해당 소화설비의 소화약제 방출구 아래의 0.3m 이상 1m 미만 사이의 면으로부터 윗부분의 용적으로 한다.

④ 암반탱크에 있어서는 해당 탱크 내에 용출하는 30일간의 지하수의 양에 상당하는 용적과 해당 탱크의 내용적의 $\frac{1}{100}$의 용적 중에서 보다 큰 용적을 공간용적으로 한다.

해설 탱크의 공간용적

㉮ 탱크의 공간용적은 탱크의 내용적의 $\frac{5}{100}$ 이상 $\frac{10}{100}$ 이하의 용적으로 한다.

㉯ 소화설비(소화약제 방출구를 탱크 안의 윗부분에 설치하는 것에 한한다)를 설치하는 탱크의 공간용적은 소화방출구 아래의 0.3m 이상 1m 미만 사이의 면으로부터 윗부분의 용적으로 한다.

㉰ 암반탱크는 당해 탱크 내에 용출하는 7일간의 지하수의 양에 상당하는 용적과 당해 탱크의 내용적의 $\frac{1}{100}$ 용적 중에서 보다 큰 용적을 공간용적으로 한다.

| 변형된 출제문제 |

1-1 다음은 위험물을 저장하는 탱크의 공간용적 산정기준이다. (　　)에 알맞은 수치로 옳은 것은? [13. 2회]

> 가. 위험물을 저장 또는 취급하는 탱크의 공간용적은 탱크 내용적의 (A) 이상 (B) 이하의 용적으로 한다. 다만, 소화설비(소화약제 방출구를 탱크 안의 윗부분에 설치하는 것에 한한다.)를 설치하는 탱크의 공간용적은 당해 소화설비의 소화약제 방출구 아래의 0.3m 이상 1m 미만 사이의 면으로부터 윗부분의 용적으로 한다.
>
> 나. 암반탱크에 있어서는 당해 탱크 내에 용출하는 (C)일 간의 지하수의 양에 상당하는 용적과 당해 탱크의 내용적의 (D)의 용적 중에서 보다 큰 용적을 공간용적으로 한다.

① A : $\frac{3}{100}$ B : $\frac{10}{100}$, C : 10, D : $\frac{1}{100}$

② A : $\frac{5}{100}$, B : $\frac{5}{100}$, C : 10, D : $\frac{1}{100}$

③ A : $\frac{5}{100}$, B : $\frac{10}{100}$, C : 7, D : $\frac{1}{100}$

④ A : $\frac{5}{100}$, B : $\frac{10}{100}$, C : 10, D : $\frac{3}{100}$

1-2 탱크의 공간용적은 탱크 내용적의 100분의 ( ) 이상, 100분의 ( ) 이하의 용적으로 한다. 괄호 안의 숫자를 차례대로 올바르게 나열한 것은? (단, 소화설비를 설치하는 경우와 암반탱크는 제외한다.) [12. 1회]

① 5, 10 ② 5, 15 ③ 10, 15 ④ 10, 20

해설 탱크의 공간용적은 탱크의 내용적의 $\frac{5}{100}$ 이상 $\frac{10}{100}$ 이하의 용적으로 한다.

답 1-1 ③ 1-2 ①

2. 횡으로 설치한 원통형 위험물 저장탱크의 내용적이 500L일 때 공간용적은 최소 몇 L 이어야 하는가? (단, 원칙적인 경우에 한한다.)

① 15 ② 25 ③ 35 ④ 50

해설 탱크의 공간용적은 탱크의 내용적의 $\frac{5}{100}$ 이상 $\frac{10}{100}$ 이하의 용적으로 한다.

$\therefore$ 최소공간용적 = 탱크 내용적 $\times \frac{5}{100} = 500 \times \frac{5}{100} = 25\,\text{L}$

3. 다음 그림과 같은 위험물 저장탱크의 내용적은 약 몇 m^3인가?

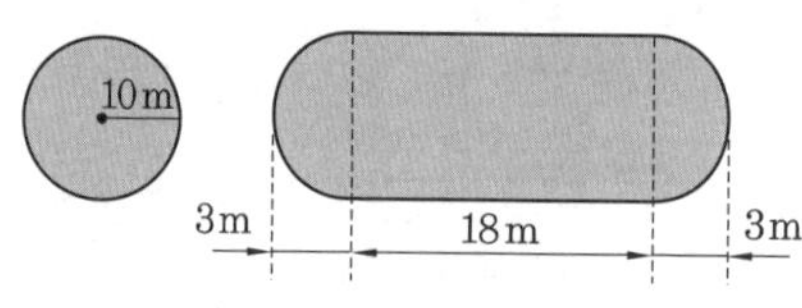

① 4681 ② 5482 ③ 6283 ④ 7080

해설 $V = \pi \times r^2 \times \left(l + \frac{l_1 + l_2}{3}\right)$

$= \pi \times 10^2 \times \left(18 + \frac{3+3}{3}\right) = 6283.185\,\text{m}^3$

4. 다음 그림과 같이 횡으로 설치한 원형탱크의 용량은 약 몇 m^3인가? (단, 공간용적은 내용적의 $\frac{10}{100}$이다.)

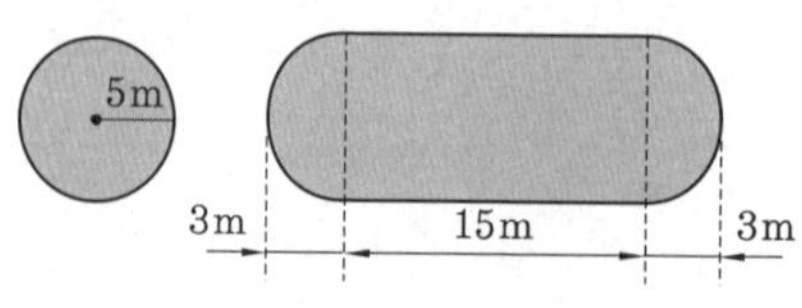

① 1690.9 ② 1335.1 ③ 1268.4 ④ 1201.7

해설 공간용적은 내용적의 10% 이므로 탱크용량은 내용적의 90%에 해당된다.

$\therefore V = \pi \times r^2 \times \left(l + \frac{l_1 + l_2}{3}\right) \times 0.9 = \pi \times 5^2 \times \left(15 + \frac{3+3}{3}\right) \times 0.9 = 1201.659\,\text{m}^3$

5. 다음 그림과 같이 횡으로 설치한 원통형 위험물 탱크에 대하여 탱크의 용량을 구하면 약 몇 m^3인가? (단, 공간용적은 내용적의 $\frac{5}{100}$로 한다.)

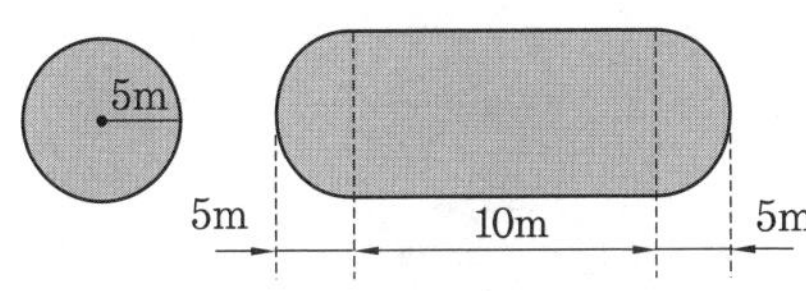

① 196.3　② 261.6
③ 785.0　④ 994.8

해설 공간용적은 내용적의 5%이므로 탱크용량은 내용적의 95%에 해당된다.

$$\therefore V = \pi \times r^2 \times \left(l + \frac{l_1 + l_2}{3}\right) \times 0.95$$

$$= \pi \times 5^2 \times \left(10 + \frac{5+5}{3}\right) \times 0.95 = 994.837\,\text{m}^3$$

6. 위험물 저장탱크의 내용적이 300L일 때 탱크에 저장하는 위험물의 총량의 범위로 적합한 것은?

① 240~270L　② 270~285L
③ 290~295L　④ 295~298L

해설 탱크에 저장하는 위험물의 총량 범위 계산은 탱크의 내용적에서 공간용적 범위 $\left(\text{탱크의 내용적의 } \frac{5}{100} \text{ 이상 } \frac{10}{100}\right)$를 적용하여 계산한다.

∴ 탱크 총량 범위=탱크 내용적−공간용적

$$= \text{탱크 내용적} - \left(\text{탱크 내용적} \times \frac{5}{100} \sim \frac{10}{100}\right)$$

$$= 300 - \left(300 \times \frac{5}{100} \sim \frac{10}{100}\right) = 300 - (15 \sim 30) = 270 \sim 285\text{L}$$

7. 내용적이 20000L인 옥내 저장탱크에 대하여 저장 또는 취급의 허가를 받을 수 있는 최대 용량은? (단, 원칙적인 경우에 한한다.)

① 18000L　② 19000L
③ 19400L　④ 20000L

해설 탱크의 최대 용량은 공간용적을 최소로 하여야 위험물을 허가 받을 수 있는 최대 용량이 된다.

$$\therefore \text{탱크 최대 용량} = \text{탱크 내용적} - \text{공간용적} = \text{탱크 내용적} - \left(\text{탱크 내용적} - \frac{5}{100}\right)$$

$$= 20000 - \left(20000 \times \frac{5}{100}\right) = 19000\text{L}$$

8. 다음 그림의 원통형 종으로 설치된 탱크에서 공간용적을 내용적의 10%라고 하면 탱크용량(허가용량)은 약 얼마인가?

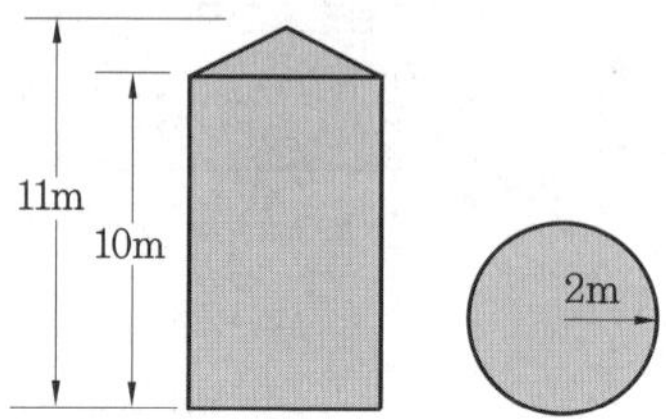

① 113.04 ② 124.04
③ 129.06 ④ 138.16

해설 문제에서 공간용적은 내용적의 10%로 주어졌으므로 탱크의 허가용량은 내용적의 90%에 해당되며, 탱크 지름(D)은 반지름(r)의 2배이다.

∴ 탱크 허가용량＝탱크 내용적－공간용적＝탱크 내용적－(탱크 내용적×0.1)

＝탱크 내용적×0.9＝$(\pi \times D \times L) \times 0.9$

$= \{\pi \times (2 \times 2) \times 10\} \times 0.9 = 113.097\,m^3$

9. 위험물 탱크의 용량은 탱크의 내용적에서 공간용적을 뺀 용적으로 한다. 이 경우 소화약제 방출구를 탱크 안의 윗부분에 설치하는 탱크의 공간용적은 당해 소화설비 소화약제 방출구 아래의 어느 범위의 면으로부터 윗부분의 용적으로 하는가?

① 0.1m 이상 0.5m 미만 사이의 면
② 0.3m 이상 1m 미만 사이의 면
③ 0.5m 이상 1m 미만 사이의 면
④ 0.5m 이상 1.5m 미만 사이의 면

해설 소화설비(소화약제 방출구를 탱크 안의 윗부분에 설치하는 것에 한한다)를 설치하는 탱크의 공간용적은 소화방출구 아래의 0.3m 이상 1m 미만 사이의 면으로부터 윗부분의 용적으로 한다.

정답 1. ④ 2. ② 3. ③ 4. ④ 5. ④ 6. ② 7. ② 8. ① 9. ②

위험물 안전관리법

※ 본문 및 예상문제 해설에 표시한 법령은 다음과 같이 표기했으니 참고하시기 바랍니다.

- 위험물 안전관리법 → 법
- 위험물 안전관리법 시행령 → 시행령
- 위험물 안전관리법 시행규칙 → 시행규칙
- 위험물안전관리에 관한 세부기준 → 세부기준

Chapter 01

제조소등 설치 및 후속절차

1-1 제조소등 허가

1 위험물시설의 설치 및 변경 허가

(1) 설치 및 변경 허가 [법 제6조]

① 제조소등 설치장소를 관할하는 특별시장·광역시장·특별자치시장·도지사 또는 특별자치도지사(이하 "시·도지사"라 한다)의 허가를 받아야 한다.

② 제조소등의 위치·구조 또는 설비의 변경 없이 위험물의 품명·수량 또는 지정수량의 배수를 변경하고자 하는 자는 변경하고자 하는 날의 1일 전까지 행정안전부령이 정하는 바에 따라 시·도지사에게 신고하여야 한다.

③ 허가를 받지 않고 제조소등을 설치하거나 그 위치·구조 또는 설비를 변경할 수 있으며, 신고를 하지 않고 위험물의 품명·수량 또는 지정수량의 배수를 변경할 수 있는 경우

㈎ 주택의 난방시설(공동주택의 중앙난방시설을 제외한다)을 위한 저장소 또는 취급소

㈏ 농예용·축산용 또는 수산용으로 필요한 난방시설 또는 건조시설을 위한 지정수량 20배 이하의 저장소

(2) 제조소등 설치허가의 취소와 사용정지등 [법 제12조]

시·도지사는 제조소등의 관계인이 다음 어느 하나에 해당하는 때에는 허가를 취소하거나 6월 이내의 기간을 정하여 제조소등의 전부 또는 일부의 사용정지를 명할 수 있다.

① 변경허가를 받지 아니하고 제조소등의 위치·구조 또는 설비를 변경한 때

② 완공검사를 받지 아니하고 제조소등을 사용한 때

③ 수리·개조 또는 이전의 명령을 위한한 때

④ 위험물 안전관리자를 선임하지 아니한 때

⑤ 위험물 안전관리자 대리자를 지정하지 아니한 때

⑥ 정기점검을 하지 아니한 때

⑦ 정기검사를 받지 아니한 때
⑧ 저장·취급기준 준수명령을 위반한 때

2 제조소등의 완공검사

(1) 완공검사 [법 제9조]

① 제조소등의 설치허가를 받은 자가 제조소등의 설치를 마쳤거나 그 위치·구조 또는 설비의 변경을 마친 때에는 당해 제조소등마다 시·도지사가 행하는 완공검사를 받아 기술기준에 적합하다고 인정받은 후가 아니면 이를 사용하여서는 안 된다. 다만, 제조소등의 위치·구조 또는 설비를 변경함에 있어서 변경허가를 신청하는 때에 화재예방에 관한 조치사항을 기재한 서류를 제출하는 경우에는 당해 변경공사와 관계가 없는 부분은 완공검사를 받기 전에 미리 사용할 수 있다.
② ①항 규정에 따른 완공검사를 받고자 하는 자가 제조소등의 일부에 대한 설치 또는 변경을 마친 후 그 일부를 미리 사용하고자 하는 경우에는 당해 제조소등의 일부에 대하여 완공검사를 받을 수 있다.

(2) 완공검사의 신청 시기 [시행규칙 제20조]

① 지하탱크가 있는 제조소등의 경우 : 당해 지하탱크를 매설하기 전
② 이동탱크저장소의 경우 : 이동저장탱크를 완공하고 상치장소를 확보한 후
③ 이송취급소의 경우 : 이송배관의 공사의 전체 또는 일부를 완료한 후. 다만, 지하·하천 등에 매설하는 이송배관의 공사의 경우에는 이송배관을 매설하기 전
④ 전체 공사가 완료된 후에는 완공검사를 실시하기 곤란한 경우에는 다음에서 정하는 시기
㈎ 위험물설비 또는 배관의 설치가 완료되어 기밀시험 또는 내압시험을 실시하는 시기
㈏ 배관을 지하에 설치하는 경우에는 시·도지사, 소방서장 또는 기술원이 지정하는 부분을 매몰하기 직전
㈐ 기술원이 지정하는 부분의 비파괴시험을 실시하는 시기
⑤ ①항 내지 ④항에 해당하지 아니하는 제조소등의 경우 : 제조소등의 공사를 완료한 후

단원 예상문제

1. 제조소등을 설치하고자 하는 자는 누구의 허가를 받아야 하는가?

① 시·도지사
② 시장·군수·구청장
③ 행정안전부장관
④ 소방청장

해설 위험물시설의 설치 및 변경 허가[법 제6조] : 제조소등을 설치하고자 하는 자는 대통령령이 정하는 바에 따라 그 설치장소를 관할하는 시·도지사의 허가를 받아야 한다. 제조소등의 위치·구조를 변경하고자 하는 때에도 같다.

2. 위험물 제조소등의 허가에 관계된 설명으로 옳은 것은?

① 제조소등을 변경하고자 하는 경우에는 언제나 허가를 받아야 한다.
② 위험물의 품명을 변경하고자 하는 경우에는 언제나 허가를 받아야 한다.
③ 농예용으로 필요한 난방시설을 위한 지정수량 20배 이하의 저장소는 허가 대상이 아니다.
④ 저장하는 위험물의 변경으로 지정수량의 배수가 달라지는 경우는 언제나 허가대상이 아니다.

해설 위험물 제조소등의 설치 및 변경허가

㉮ 제조소등의 위치·구조 또는 설비 가운데 행정안전부령이 정하는 사항[시행규칙 별표1의2에 따른 사항]을 변경하고자 하는 때에는 시·도지사의 허가를 받아야 한다[법 제6조].

㉯ 제조소등의 위치·구조 또는 설비의 변경 없이 당해 제조소등에서 저장하거나 취급하는 위험물의 품명·수량 또는 지정수량의 배수를 변경하고자 하는 자는 변경하고자 하는 날의 1일 전까지 행정안전부령이 정하는 바(제조소등 완공검사필증 첨부 등)에 따라 시·도지사에게 신고하여야 한다[법 제6조].

㉰ 허가를 받지 않거나, 신고를 하지 않고 할 수 있는 경우[법 제6조]

㉠ 주택의 난방시설(공동주택의 중앙난방시설을 제외한다)을 위한 저장소 또는 취급소

㉡ 농예용·축산용 또는 수산용으로 필요한 난방시설 또는 건조시설을 위한 지정수량 20배 이하의 저장소

3. 제조소등의 위치, 구조 또는 설비의 변경 없이 해당 제조소 등에서 저장하거나 취급하는 위험물의 품명, 수량 또는 지정수량의 배수를 변경하고자 하는 자는 변경하고자 하는 날의 며칠 전까지 행정안전부령이 정하는 바에 따라 시·도지사에게 신고하여야 하는가?

① 1일
② 14일
③ 21일
④ 30일

해설 위험물 시설의 설치 및 변경 등[법 제6조] : 제조소등의 위치·구조 또는 설비의 변경 없이 위험물의 품명·수량 또는 지정수량의 배수를 변경하고자 하는 자는 변경하고자 하는 날의 1일 전까지 행정안전부령이 정하는 바에 따라 시·도지사에게 신고하여야 한다.

4. 위험물 안전관리법상 설치허가 및 완공검사 절차에 관한 설명으로 틀린 것은?

① 지정수량의 3천배 이상의 위험물을 취급하는 제조소는 한국소방산업기술원으로부터 당해 제조소의 구조, 설비에 관한 기술검토를 받아야 한다.

② 50만 리터 이상인 옥외탱크 저장소는 한국소방산업기술원으로부터 당해 탱크의 기초, 지반 및 탱크본체에 관한 기술검토를 받아야 한다.

③ 지정수량의 1천배 이상의 제4류 위험물을 취급하는 일반취급소의 완공검사는 한국소방산업기술원이 실시한다.

④ 50만 리터 이상인 옥외탱크 저장소의 완공검사는 한국소방산업기술원이 실시한다.

해설 (1) 제조소 등의 설치 및 변경의 허가[시행령 제6조]

㉮ 지정수량의 3천배 이상의 위험물을 취급하는 제조소 또는 일반취급소의 구조, 설비에 관한 사항의 기술검토는 한국소방산업기술원으로부터 받는다.

㉯ 저장용량 50만 리터 이상인 옥외탱크 저장소 또는 암반탱크 저장소의 위험물 탱크의 기초, 지반, 탱크본체 및 소화설비에 관한 사항의 기술검토는 한국소방산업기술원으로부터 받는다.

(2) 한국소방산업기술원에 완공검사 업무를 위탁[시행령 제22조]

㉮ 지정수량의 3천배 이상의 위험물을 취급하는 제조소 또는 일반취급소의 설치 또는 변경에 따른 완공검사

㉯ 저장용량 50만 리터 이상인 옥외탱크 저장소 또는 암반탱크 저장소의 설치 또는 변경에 따른 완공검사

5. 위험물 안전관리법상 제조소등의 허가취소 또는 사용정지의 사유에 해당되지 않는 것은?

① 안전교육 대상자가 교육을 받지 아니한 때

② 완공검사를 받지 않고 제조소 등을 사용한 때

③ 위험물 안전관리자를 선임하지 아니한 때

④ 제조소 등의 정기검사를 받지 아니한 때

해설 제조소등 허가취소 또는 사용정지의 사유[법 제12조]

㉮ 변경허가를 받지 아니하고 제조소등의 위치·구조 또는 설비를 변경한 때

㉯ 완공검사를 받지 아니하고 제조소등을 사용한 때

㉰ 수리·개조 또는 이전의 명령을 위반한 때

㉱ 위험물 안전관리자를 선임하지 아니한 때

㉲ 위험물 안전관리자 대리자를 지정하지 아니한 때

㉳ 정기점검을 하지 아니한 때

㉴ 정기검사를 받지 아니한 때

㉵ 저장·취급기준 준수명령을 위반한 때

참고 시·도지사, 소방본부장 또는 소방서장은 교육대상자가 교육을 받지 아니한 때에는 그 교육대상자가 교육을 받을 때까지 이 법의 규정에 따라 그 자격으로 행하는 행위를 제한할 수 있다[법 제28조].

6. 위험물 안전관리법에서 규정하고 있는 내용으로 틀린 것은?

① 민사집행법에 의한 경매, 국세징수법 또는 지방세법에 의한 압류재산의 매각절차에 따라 제조소 등의 시설의 전부를 인수한 자는 그 설치자의 지위를 승계한다.

② 금치산자 또는 한정치산자, 탱크시험자의 등록이 취소된 날로부터 2년이 지나지 아니한 자는 탱크시험자로 등록하거나 탱크시험자의 업무에 종사할 수 없다.

③ 농예용, 축산용으로 필요한 난방시설 또는 건조시설을 위한 지정수량 20배 이하의 취급소는 신고를 하지 아니하고 위험물의 품명, 수량을 변경할 수 있다.

④ 법정의 완공검사를 받지 아니하고 제조소 등을 사용한 때 시·도지사는 허가를 취소하거나 6월 이내의 기간을 정하여 사용정지를 명할 수 있다.

해설 위험물시설의 설치 및 변경 등[법 제6조] : 허가를 받지 않거나, 신고를 하지 않고 할 수 있는 경우

㉮ 주택의 난방시설(공동주택의 중앙난방시설을 제외한다)을 위한 저장소 또는 취급소

㉯ 농예용·축산용 또는 수산용으로 필요한 난방시설 또는 건조시설을 위한 지정수량 20배 이하의 저장소

정답 1. ① 2. ③ 3. ① 4. ③ 5. ① 6. ③

1-2 제조소등의 지위승계 및 용도폐지

1 제조소등 설치자의 지위승계

(1) 지위승계 [법 제10조]

① 제조소등의 설치자가 사망하거나 그 제조소등을 양도·인도한 때 또는 법인인 제조소등의 설치자의 합병이 있는 때에는 그 상속인, 제조소등을 양수·인수한 자 또는 합병 후 존속하는 법인이나 합병에 의하여 설립되는 법인은 그 설치자의 지위를 승계한다.

② 경매, 환가, 압류재산의 매각 절차에 따라 제조소등의 시설의 전부를 인수한 자는 그 설치자의 지위를 승계한다.

③ ①항 또는 ②항의 규정에 따라 지위를 승계한 자는 행정안전부령이 정하는 바에 따라 승계한 날부터 30일 이내에 시·도지사에게 그 사실을 신고하여야 한다.

(2) 지위승계의 신고 [시행규칙 제22조]

제조소등의 완공검사필증과 지위승계를 증명하는 서류를 첨부하여 시·도지사 또는 소방서장에게 제출하여야 한다.

2 제조소등의 용도 폐지

(1) 제조소등의 폐지 [법 제11조]

제조소등 관계인(소유자·점유자 또는 관리자를 말한다)은 당해 제조소등의 용도를 폐지(장래에 대하여 위험물시설로서의 기능을 완전히 상실시키는 것을 말한다)한 때에는 행정안전부령이 정하는 바에 따라 제조소등의 용도를 폐지한 날부터 14일 이내에 시·도지사에게 신고하여야 한다.

(2) 용도폐지의 신고 [시행규칙 제23조]

① 제조소등의 용도폐지신고를 하고자 하는 자는 신고서와 제조소등의 완공검사필증을 첨부하여 시·도지사 또는 소방서장에게 제출하여야 한다.

② 신고서를 접수한 시·도지사 또는 소방서장은 당해 제조소등을 확인하여 위험물시설의 철거 등 용도폐지에 필요한 안전조치를 한 것으로 인정하는 경우에는 당해 신고서의 사본에 수리사실을 표시하여 용도폐지신고를 한 자에게 통보하여야 한다.

단원 예상문제

1. 위험물 제조소등을 경매에 의해 시설의 전부를 인수한 자는 지위를 승계한 날부터 며칠 이내에 시·도지사에게 신고하여야 하는가?

① 7일 ② 14일 ③ 30일 ④ 즉시

해설 지위승계 신고[법 제10조] : 경매, 환가, 압류재산의 매각 절차에 따라 제조소등의 시설의 전부를 인수한 자는 그 설치자의 지위를 승계하며 지위를 승계한 자는 승계한 날부터 30일 이내에 시·도지사에게 그 사실을 신고하여야 한다.

2. 위험물 제조소등의 용도 폐지신고에 대한 설명으로 옳지 않은 것은?

① 용도폐지 후 30일 이내에 신고하여야 한다.
② 완공검사필증을 첨부한 용도 폐지신고서를 제출하는 방법으로 신고한다.
③ 전자문서로 된 용도 폐지신고서를 제출하는 방법으로 신고한다.
④ 신고의무의 주체는 해당 제조소등의 관계인이다.

해설 제조소등의 용도 폐지신고[법 제11조]

㉮ 제조소등 관계인은 제조소등의 용도를 폐지한 때에는 용도를 폐지한 날부터 14일 이내에 시·도지사에게 신고하여야 한다.

㉯ 제조소등의 용도폐지신고를 하고자 하는 자는 신고서와 제조소등의 완공검사필증을 첨부하여 시·도지사 또는 소방서장에게 제출하여야 한다[시행규칙 제23조].

정답 1. ③ 2. ①

1-3 탱크안전 성능검사

1 탱크안전 성능검사

(1) 탱크안전 성능검사 [법 제8조]

① 위험물을 저장 또는 취급하는 탱크로서 대통령령이 정하는 탱크(이하 "위험물탱크"라 한다)가 있는 제조소등의 설치허가를 받은 자가 변경공사를 하는 때에는 완공검사를 받기 전에 시·도지사가 실시하는 탱크안전 성능검사를 받아야 한다. 이 경우 탱크안전 성능시험자 또는 기술원으로부터 탱크안전 성능검사를 받은 경우에는 전부 또는 일부를 면제할 수 있다.

㈎ 시·도지사가 면제할 수 있는 검사 [시행령 제9조] : 충수·수압검사

② 탱크안전성능검사의 종류 [시행령 제8조 제2호]

㈎ 기초·지반검사

㈏ 충수·수압검사

㈐ 용접부검사

㈑ 암반탱크검사

③ 탱크안전성능검사의 신청 등 [시행규칙 제18조]

㈎ 신청서 제출 기관 : 해당 위험물탱크의 설치장소를 관할하는 소방서장 또는 기술원

㈏ 신청 시기

㉮ 기초·지반검사 : 위험물탱크의 기초 및 지반에 관한 공사의 개시 전

㉯ 충수·수압검사 : 위험물을 저장 또는 취급하는 탱크에 배관 그 밖의 부속설비를 부착하기 전

㉰ 용접부검사 : 탱크본체에 관한 공사의 개시 전

㉱ 암반탱크검사 : 암반탱크의 본체에 관한 공사의 개시 전

(2) 탱크안전성능검사의 대상이 되는 위험물탱크 [시행령 제8조]

① 기초·지반검사 : 옥외탱크저장소의 액체위험물탱크 중 그 용량이 100만 L 이상인 탱크

② 충수(充水)·수압검사 : 액체위험물을 저장 또는 취급하는 탱크. 다만, 다음 어느 하나에 해당하는 탱크는 제외한다.

㈎ 제조소 또는 일반취급소에 설치된 탱크로서 용량이 지정수량 미만인 것

㈏ '고압가스안전관리법'에 따른 특정설비에 관한 검사에 합격한 탱크

㈐ '산업안전보건법'에 따른 안전인증을 받은 탱크

③ 용접부 검사 : ①항의 규정에 의한 탱크(옥외탱크저장소의 액체위험물탱크 중 그 용량이 100만 L 이상인 탱크). 다만, 탱크의 저부에 관계된 변경공사 시에 행하여진 정기검사에 의하여 용접부에 관한 사항이 행정안전부령으로 정하는 기준에 적합하다고 인정된 탱크를 제외한다.

④ 암반탱크검사 : 액체위험물을 저장 또는 취급하는 암반 내의 공간을 이용한 탱크

2 탱크시험자

(1) 탱크시험자 등록 [법 제16조]

① 탱크시험자 : 시·도지사 또는 제조소등의 관계인은 안전관리업무를 전문적이고 효율적으로 수행하기 위한 탱크안전성능시험자를 말한다.

② 탱크시험자 등록 및 업무 종사 제한자

㈎ 피성년후견인 또는 피한정후견인

㈏ '위험물 안전관리법', '소방기본법', '소방시설법', '소방시설공사업'에 따른 금고 이상의 실형의 선고를 받고 그 집행이 종료되거나 집행이 면제된 날부터 2년이 지나지 아니한 자

㈐ '위험물 안전관리법', '소방기본법', '소방시설법', '소방시설공사업'에 따른 금고 이상의 형의 집행유예 선고를 받고 그 유예기간 중에 있는 자

㈑ 탱크시험자의 등록이 취소된 날부터 2년이 지나지 아니한 자

㈒ 법인으로서 그 대표자가 ㈎항 내지 ㈑항의 하나에 해당하는 경우

③ 탱크시험자 등록 취소 및 업무정지에 해당하는 경우

㈎ 허위 그 밖의 부정한 방법으로 등록을 한 경우

㈏ 등록기준의 결격사용에 해당하게 된 경우

㈐ 등록증을 다른 자에게 빌려준 경우

㈑ 등록기준에 미달하게 된 경우

㈒ 탱크안전성능시험 또는 점검을 허위로 하거나 이 법에 의한 기준에 맞지 아니하게 시험 또는 검검을 실시하는 경우 등 탱크시험자로서 적합하지 아니하다고 인정하는 경우

㈓ 업무정지를 명할 수 있는 자 및 기간

㉮ 업무정지를 명할 수 있는 자 : 시·도지사

㉯ 업무정지 기간 : 6월 이내

④ 탱크시험자 등록 : 시·도지사

㈎ 시·도지사는 등록신청을 접수한 경우에 다음 어느 하나에 해당하는 경우를 제외하

고는 등록을 해 주어야 한다.

㉮ 기술능력·시설 및 장비 기준을 갖추지 못한 경우

㉯ 등록을 신청한 자가 등록 및 업무종사자 제한 규정의 어느 하나에 해당하는 경우

㉰ 위험물 안전관리법령 또는 다른 법령에 따른 제한에 위반되는 경우

(나) 등록사항 변경 시 : 30일 이내에 시·도지사에게 변경신고

(2) 탱크시험자의 기술능력·시설 및 장비 [시행령 제14조, 별표7]

① 기술능력 : 필수인력

(가) 위험물기능장·위험물산업기사 또는 위험물기능사 중 1명 이상

(나) 비파괴검사기술사 1명 이상 또는 초음파비파괴검사·자기비파괴검사 및 침투비파괴검사별로 기사 또는 산업기사 각 1명 이상

② 시설 : 전용사무실

③ 필수장비 : 자기탐상시험기, 초음파두께측정기 및 영상초음파탐상시험기, 방사선투과시험기 및 초음파탐상시험기 중 하나

단원 예상문제

1. 위험물 안전관리법령에서 정한 탱크 안전성능 검사의 구분에 해당하지 않는 것은 어느 것인가?

① 기초·지반검사 ② 층수·수압검사
③ 용접부 검사 ④ 배관 검사

해설 탱크안전성능검사의 종류[시행령 제8조] : 기초·지반검사, 충수·수압검사, 용접부검사, 암반탱크검사

2. 위험물탱크 성능시험자가 갖추어야 할 등록기준에 해당되지 않는 것은?

① 기술능력 ② 시설
③ 장비 ④ 경력

해설 탱크시험자의 기술능력·시설 및 장비[시행령 별표7]

㉮ 기술능력 : 필수능력

㉠ 위험물기능장·위험물산업기사 또는 위험물기능사 중 1명 이상

㉡ 비파괴검사기술사 1명 이상 또는 초음파비파괴검사·자기비파괴검사 및 침투비파괴검사별로 기사 또는 산업기사 각 1명 이상

㉯ 시설 : 전용사무실

㉰ 장비 : 필수장비

정답 **1.** ④ **2.** ④

Chapter 02

행정감독 및 처분

2-1 행정감독

1 과징금

(1) 과징금 처분 [법 제13조]

① 과징금 부과사유 : 법 12조 '제조소등 설치허가의 취소와 사용정지 등' 규정의 어느 하나에 해당하는 경우로서 제조소등에 대한 사용의 정지가 그 이용자에게 심한 불편을 주거나 그 밖에 공익을 해칠 우려가 있는 때

② 과징금 부관권자 : 시·도지사

③ 과징금 금액 : 사용정지처분에 갈음하여 2억원 이하를 부과할 수 있다.

(2) 과징금 징수절차 [시행규칙 제27조]

과징금 징수절차에 관하여는 '국고금 관리법 시행규칙'을 준용한다.

2 감독 및 조치명령

(1) 출입·검사 등 [법 제22조]

① 소방청장(중앙119고조본부장 및 그 소속기관의 장을 포함한다), 시·도지사, 소방본부장 또는 소방서장은 위험물의 저장 또는 취급에 따른 화재의 예방 또는 진압대책을 위하여 필요한 때에는 관계인에 대하여 필요한 보고 또는 자료제출을 명할 수 있으며, 관계공무원으로 하여금 당해 장소에 출입하여 그 장소의 위치·구조·설비 및 위험물의 저장·취급상황에 대하여 검사하게 하거나 관계인에게 질문하게 하고 시험에 필요한 최소한의 위험물 또는 물품을 수거하게 할 수 있다.

② 개인의 주거는 관계인의 승낙을 얻은 경우 또는 화재발생의 우려가 커서 긴급한 필요가 있는 경우가 아니면 출입할 수 없다.

③ 주행 중의 이동탱크저장소를 정지시켜 위험물취급에 관한 국가기술자격증 또는 교육수료증의 제시 요구권자 : 소방공무원 또는 국가경찰공무원
④ 출입·검사 등은 그 장소의 공개시간이나 근무시간 내 또는 해가 뜬 후부터 해가 지기 전까지의 시간 내에 행하여야 한다.
⑤ 출입·검사 등을 행하는 관계공무원은 관계인의 정당한 업무를 방해하거나, 알게된 비밀을 다른 자에게 누설하여서는 아니 된다.
⑥ 시·도지사, 소방본부장 또는 소방서장은 탱크시험자에 대하여 필요한 보고 또는 자료제출을 명하거나 관계공무원으로 하여금 당해 사무소에 출입하여 검사하게 하거나 관계인에게 질문하게 할 수 있다.
⑦ 출입·검사 등을 하는 관계공무원은 그 권한을 표시하는 증표를 지니고 관계인에게 이를 내보여야 한다.

(2) 위험물 누출 등의 사고 조사 [법 제22조의2]

① 소방청장, 소방본부장 또는 소방서장은 위험물의 누출·화재·폭발 등의 사고가 발생한 경우 사고의 원인 및 피해 등을 조사하여야 한다.
② 사고 조사에 필요한 경우 자문을 하기 위하여 관련 분야에 전문지식이 있는 사람으로 구성된 사고조사위원회를 둘 수 있다.

3 각종 행정 명령 [법 제23조~제27조]

① 명령권자 : 시·도지사, 소방본부장 또는 소방서장
② 각종 행정 명령 종류
㈎ 탱크시험자에 대한 명령
㈏ 무허가장소의 위험물에 대한 조치명령
㈐ 제조소등에 대한 긴급 사용정지 명령 등
㈑ 저장·취급기준 준수 명령 등
㈒ 응급조치·통보 및 조치 명령

4 벌금 및 과태료

(1) 벌칙 [법 제33조~법 제37조]

① 1년 이상 10년 이하의 징역 : 제조소등에서 위험물을 유출·방출 또는 확산시켜 사람의 생명·신체 또는 재산에 대하여 위험을 발생시킨 자 [법 제33조]

② 무기 또는 5년 이상의 징역 : ①항의 규정에 따른 죄를 범하여 사람을 사망에 이르게 한 때 [법 제33조]

③ 무기 또는 3년 이상의 징역 : ①항의 규정에 따른 죄를 범하여 사람을 상해(傷害)에 이르게 한 때 [법 제33조]

④ 10년 이하의 징역 또는 금고나 1억원 이하의 벌금 : 업무상 과실로 제조소등에서 위험물을 유출·방출 또는 확산시켜 사람을 사상(死傷)에 이르게 한 자 [법 제34조]

⑤ 7년 이하의 금고 또는 7천만원 이하의 벌금 : 업무상 과실로 제조소등에서 위험물을 유출·방출 또는 확산시켜 사람의 생명·신체 또는 재산에 대하여 위험을 발생시킨 자 [법 제34조]

⑥ 5년 이하의 징역 또는 1억원 이하의 벌금 : 제조소등의 설치허가를 받지 아니하고 제조소등을 설치한 자 [법 제34조의2]

⑦ 3년 이하의 징역 또는 3천만원 이하의 벌금 : 저장소 또는 제조소등이 아닌 장소에서 지정수량 이상의 위험물을 저장 또는 취급한 자 [법 제34조의3]

⑧ 1년 이하의 징역 또는 1천만원 이하의 벌금 [법 제35조]

㈎ 탱크시험자로 등록하지 아니하고 탱크시험자의 업무를 한 자

㈏ 정기점검을 받지 아니하거나 점검기록을 허위로 작성한 관계인으로서 규정에 따른 허가를 받은 자

㈐ 정기검사를 받지 아니한 관계인으로서 규정에 따른 허가를 받은 자

㈑ 자체소방대를 두지 아니한 관계인으로서 규정에 따른 허가를 받은 자

㈒ 운반용기에 대한 검사를 받지 아니하고 운반용기를 사용하거나 유통시킨 자

㈓ 명령을 위반하여 보고 또는 자료제출을 하지 아니하거나 허위의 보고 또는 자료제출을 한 자 또는 관계공무원의 출입·검사 또는 수거를 거부·방해 또는 기피한 자

㈔ 제조소등에 대한 긴급 사용정지·제한명령을 위반한 자

⑨ 1천 500만원 이하의 벌금 [법 제36조]

㈎ 위험물의 저장 또는 취급에 관한 중요기준에 따르지 아니한 자

㈏ 변경허가를 받지 아니하고 제조소등을 변경한 자

㈐ 완공검사를 받지 아니하고 위험물을 저장·취급한 자

㈑ 제조소등의 사용정지명령을 위반한 자

㈒ 수리·개조 또는 이전의 명령에 따르지 아니한 자

㈓ 안전관리자를 선임하지 아니한 관계인으로 허가를 받은 자

(사) 안전관리자 대리자를 지정하지 아니한 관계인으로 허가를 받은 자
(아) 업무정지명령을 위반한 자
(자) 탱크안전성능시험 또는 점검에 관한 업무를 허위로 하거나 그 결과를 증명하는 서류를 허위로 교부한 자
(차) 예방규정을 제출하지 아니한 자
(카) 주행 중의 이동탱크저장소에 대한 정지지시를 거부하거나 증명서의 제시요구에 응하지 아니한 자
(타) 탱크시험자에 대한 감독상 명령에 따르지 아니한 자

⑩ 1천만원 이하의 벌금 [법 제37조]
(가) 위험물 취급에 관한 안전관리와 감독을 하지 아니한 자
(나) 안전관리자 또는 그 대리자가 참여하지 아니한 상태에서 위험물을 취급한 자
(다) 변경한 예방규정을 제출하지 아니한 관계인으로 허가를 받은 자
(라) 위험물 운반에 관한 중요기준에 따르지 아니한 자
(마) 국가기술자격자 또는 안전교육을 받지 않고 위험물을 운송한 자
(바) 관계인의 정당한 업무를 방해하거나 출입·검사 등을 수행하면서 알게 된 비밀을 누설한 자

(2) 과태료

① 200만원 이하의 과태료 [법 제39조]
(가) 임시저장기간의 승인을 받지 아니한 자
(나) 위험물의 저장 또는 취급에 관한 세부기준을 위반한 자
(다) 위험물 품명 등의 변경신고를 기간 이내에 하지 아니하거나 허위로 한 자
(라) 위험물 제조소등의 지위승계신고를 기간 이내에 하지 아니하거나 허위로 한 자
(마) 제조소등의 폐지신고 또는 안전관리자의 선임신고를 기간 이내에 하지 아니하거나 허위로 한 자
(바) 등록사항의 변경신고를 기간 이내에 하지 아니하거나 허위로 한 자
(사) 위험물 제조소등의 정기점검결과를 기록·보존하지 아니한 자
(아) 위험물의 운반에 관한 세부기준을 위반한 자
(자) 위험물 운송에 관한 기준을 따르지 아니한 자

② 과태료는 시·도지사, 소방본부장 또는 소방서장이 부과·징수한다.

2-2 행정처분 [시행규칙 별표2]

1 일반기준

① 위반행위가 2 이상인 때에는 그 중 중한 처분기준(중한 처분기준이 동일한 때에는 그 중 하나의 처분기준을 말한다. 이하 이 호에서 같다)에 의하되, 2 이상의 처분기준이 동일한 사용정지이거나 업무정지인 경우에는 중한 처분의 2분의 1까지 가중 처분할 수 있다.

② 사용정지 또는 업무정지의 처분기간 중에 사용정지 또는 업무정지에 해당하는 새로운 위반행위가 있는 때에는 종전의 처분기간 만료일의 다음 날부터 새로운 위반행위에 따른 사용정지 또는 업무정지의 행정처분을 한다.

③ 차수에 따른 행정처분기준은 최근 2년간 같은 위반행위로 행정처분을 받은 경우에 적용한다. 이 경우 기준적용일은 최근의 위반행위에 대한 행정처분일과 그 처분 후에 같은 위반행위를 한 날을 기준으로 한다.

④ 사용정지 또는 업무정지의 처분기간이 완료될 때까지 위반행위가 계속되는 경우에는 사용정지 또는 업무정지의 행정처분을 다시 한다.

⑤ 사용정지 또는 업무정지에 해당하는 위반행위로서 위반행위의 동기·내용·횟수 또는 그 결과 등을 고려할 때 제2호 각목의 기준을 적용하는 것이 불합리하다고 인정되는 경우에는 그 처분기준의 2분의 1기간까지 경감하여 처분할 수 있다.

2 행정처분

(1) 제조소등에 대한 행정처분기준

위반사항	행정처분기준		
	1차	2차	3차
수리·개조 또는 이전의 명령을 위반한 때	사용정지 30일	사용정지 90일	허가취소
저장·취급기준 준수명령을 위반한 때	사용정지 30일	사용정지 60일	허가취소
완공검사를 받지 아니하고 제조소등을 사용한 때	사용정지 15일	사용정지 60일	허가취소
위험물안전관리자를 선임하지 아니한 때			
변경허가를 받지 아니하고 제조소등의 위치·구조 또는 설비를 변경한 때	경고 또는 사용정지 15일	사용정지 60일	허가취소
위험물안전관리자 대리자를 지정하지 아니한 때	사용정지 10일	사용정지 30일	허가취소
정기점검을 받지 아니한 때			
정기검사를 받지 아니한 때			

(2) 탱크시험자에 대한 행정처분기준

위반사항	행정처분기준		
	1차	2차	3차
허위 그 밖의 부정한 방법으로 등록을 한 경우	등록취소	-	-
등록의 결격사유에 해당하게 된 경우	등록취소	-	-
다른 자에게 등록증을 빌려준 경우	등록취소	-	-
등록기준에 미달하게 된 경우	업무정지 30일	업무정지 60일	등록취소
탱크안전성능시험 또는 점검을 허위로 하거나 이 법에 의한 기준에 맞지 아니하게 탱크안전성능시험 또는 점검을 실시하는 경우 등 탱크시험자로서 적합하지 아니하다고 인정되는 경우	업무정지 30일	업무정지 90일	등록취소

단원 예상문제

1. 위험물 안전관리법상 제조소등에 대한 긴급 사용정지 명령에 관한 설명으로 옳은 것은?

① 시·도지사는 명령을 할 수 없다.
② 제조소등의 관계인 뿐 아니라 해당시설을 사용하는 자에게도 명령할 수 있다.
③ 제조소등의 관계자에게 위법사유가 없는 경우에도 명령할 수 있다.
④ 제조소등의 위험물 취급설비의 중대한 결함이 발견되거나 사고우려가 인정되는 경우에만 명령할 수 있다.

해설 제조소등에 대한 긴급 사용정지 명령 등[법 제25조] : 시·도지사, 소방본부장 또는 소방서장은 공공의 안전을 유지하거나 재해의 발생을 방지하기 위하여 긴급한 필요가 있다고 인정하는 때에는 제조소등의 관계인에 대하여 당해 제조소등의 사용을 일시 정지하거나 그 사용을 제한할 것을 명할 수 있다.

2. 위험물 안전관리법령상 제조소등에 대한 긴급 사용정지 명령 등을 할 수 있는 권한이 없는 자는?

① 시·도지사 ② 소방본부장
③ 소방서장 ④ 소방청장

해설 제조소등에 대한 긴급 사용정지 명령 등[법 제25조] : 시·도지사, 소방본부장 또는 소방서장은 공공의 안전을 유지하거나 재해의 발생을 방지하기 위하여 긴급한 필요가 있다고 인정하는 때에는 제조소등의 관계인에 대하여 당해 제조소등의 사용을 일시 정지하거나 그 사용을 제한할 것을 명할 수 있다.

3. **제조소등에서 위험물을 유출시켜 사람의 신체 또는 재산에 대하여 위험을 발생시킨 자에 대한 벌칙기준으로 옳은 것은 어느 것인가?**

① 1년 이상 3년 이하의 징역
② 1년 이상 5년 이하의 징역
③ 1년 이상 7년 이하의 징역
④ 1년 이상 10년 이하의 징역

해설 제조소등에서 위험물을 유출·방출 또는 확산시켜 사람의 생명·신체 또는 재산에 대하여 위험을 발생시킨 자의 벌칙[법 제33조] : 1년 이상 10년 이하의 징역 벌칙

4. **위험물 안전관리법령상 벌칙의 기준이 나머지 셋과 다른 하나는?**

① 제조소등에 대한 긴급 사용정지 제한 명령을 위반한 자
② 탱크시험자로 등록하지 아니하고 탱크시험자의 업무를 한 자
③ 자체소방대를 두지 아니한 관계인으로서 규정에 따른 허가를 받은 자
④ 제조소등의 완공검사를 받지 아니하고 위험물을 저장, 취급한 자

해설 벌칙 기준[법 제33조~법 제37조]
㉮ ①, ②, ③번 항목 : 1년 이하의 징역 또는 1천만원 이하의 벌금
㉯ ④번 항목 : 1천 500만원 이하의 벌금

5. **위험물 안전관리법령상 제조소등의 위치, 구조 또는 설비 가운데 행정안전부령이 정하는 사항을 변경허가를 받지 아니하고 제조소등의 위치, 구조 또는 설비를 변경한 때 1차 행정처분 기준으로 옳은 것은?**

① 사용정지 15일
② 경고 또는 사용정지 15일
③ 사용정지 30일
④ 경고 또는 업무정지 30일

해설 제조소의 변경허가를 받지 아니하고 제조소등의 위치·구조 또는 설비를 변경한 때에 대한 행정처분
㉮ 1차 : 경고 또는 사용정지 15일
㉯ 2차 : 사용정지 60일
㉰ 3차 : 허가취소

정답 **1.** ④ **2.** ④ **3.** ④ **4.** ④ **5.** ②

Chapter 03

안전관리 사항

3-1 위험물시설의 안전관리

1 위험물시설의 유지·관리 [법 제14조]

① 제조소등의 관계인은 당해 제조소등의 위치·구조 및 설비가 규정에 따른 기술기준에 적합하도록 유지·관리하여야 한다.

② 시·도지사, 소방본부장 또는 소방서장은 유지·관리의 상황이 규정에 따른 기술기준에 부적합하다고 인정하는 때에는 그 기술기준에 적합하도록 제조소등의 위치·구조 및 설비의 수리·개조 또는 이전을 명할 수 있다.

2 위험물 안전관리자

(1) 위험물 안전관리자 [법 제15조]

제조소등의 관계인은 위험물의 안전관리에 관한 직무를 수행하게 하기 위하여 제조소등마다 위험물의 취급에 관한 자격이 있는 자(이하 "위험물취급자격자"라 한다)를 위험물안전관리자(이하 "안전관리자"라 한다)로 선임하여야 한다.

① 안전관리자를 해임, 퇴직한 때 선임 기간 : 해임, 퇴직한 날부터 30일 이내

② 안전관리자를 선임한 경우 신고 기간 : 선임한 날부터 14일 이내에 소방본부장 또는 소방서장에게 신고

③ 안전관리자 대리자(代理者)의 직무를 대행 기간 : 30일을 초과할 수 없다.

(2) 안전관리자의 선임신고 등 [시행규칙 제53조]

① 선임신고자 : 제조소등의 관계인

② 선임신고 : 소방본부장 또는 소방서장에게 신고

③ 선임신고 서류

㈎ 위험물안전관리 업무대행 계약서(법 57조에 따른 안전관리대행기관에 한한다)

㈏ 위험물안전관리교육 수료증(안전관리자 강습교육을 받은 자에 한한다)
㈐ 위험물안전관리자를 겸직할 수 있는 관련 안전관리자로 선임된 사실을 증명할 수 있는 서류
㈑ 소방공무원 경력증명서(소방공무원 경력자에 한한다)

(3) 안전관리자의 대리자 [시행규칙 제54조]

① 안전교육을 받은 자
② 제조소등의 위험물 안전관리업무에 있어서 안전관리자를 지휘·감독하는 직위에 있는 자

(4) 안전관리자의 책무 [시행규칙 제55조]

① 위험물의 취급 작업에 참여하여 당해 작업이 규정에 의한 저장 또는 취급에 관한 기술기준과 예방규정에 적합하도록 해당 작업자(당해 작업에 참여하는 위험물취급자격자를 포함한다)에 대하여 지시 및 감독하는 업무
② 화재 등의 재난이 발생한 경우 응급조치 및 소방관서 등에 대한 연락업무
③ 위험물시설의 안전을 담당하는 자를 따로 두는 제조소등의 경우에는 그 담당자에게 다음 규정에 의한 업무의 지시, 그 밖의 제조소등의 경우에는 다음의 업무
㈎ 제조소등의 위치·구조 및 설비를 기술기준에 적합하도록 유지하기 위한 점검과 점검상황의 기록·보존
㈏ 제조소등의 구조 또는 설비의 이상을 발견한 경우 관계자에 대한 연락 및 응급조치
㈐ 화재가 발생하거나 화재발생의 위험성이 현저한 경우 소방관서 등에 대한 연락 빛 응급조치
㈑ 제조소등의 계측장치·제어장치 및 안전장치 등의 적정한 유지·관리
㈒ 제조소등의 위치·구조 및 설비에 관한 설계도서 등의 정비·보존 및 제조소등의 구조 및 설비의 안전에 관한 사무의 처리
④ 화재 등의 재해의 방지와 응급조치에 관하여 인접하는 제조소등과 그 밖의 관련되는 시설의 관계자와 협조체제의 유지
⑤ 위험물의 취급에 관한일지의 작성·기록
⑥ 그 밖에 위험물을 수납한 용기를 차량에 적재하는 작업, 위험물설비를 보수하는 작업 등 위험물의 취급과 관련된 작업의 안전에 관하여 필요한 감독의 수행

(5) 위험물안전관리자로 선임할 수 있는 위험물취급자격자 등 [시행령 제11조, 별표5]

위험물취급자격자의 구분	취급할 수 있는 위험물
위험물기능장, 위험물산업기사, 위험물기능사의 자격을 취득한 사람	시행령 별표1에서 정한 모든 위험물
안관리자교육이수자(소방청장이 실시하는 안전관리자교육을 이수한 자를 말한다)	시행령 별표1에서 정한 위험물 중 제4류 위험물
소방공무원 경력자(소방공무원으로 근무한 경력이 3년 이상인 자를 말한다)	시행령 별표1에서 정한 위험물 중 제4류 위험물

3 안전교육

(1) 안전교육 [법 제28조]

① 위험물의 안전관리와 관련된 업무를 수행하는 자로서 해당 업무에 관한 능력의 습득 또는 향상을 위하여 소방청장이 실시하는 교육을 받아야 한다.

② 제조소등의 관계인은 교육대상자에 대하여 필요한 안전교육을 받게 하여야 한다.

③ 교육의 과정 및 기간과 그 밖에 교육의 실시에 관하여 필요한 사항은 행정안전부령으로 정한다.

④ 시·도지사, 소방본부장 또는 소방서장은 교육대상자가 교육을 받지 아니한 때에는 그 교육대상자가 교육을 받을 때까지 이 법의 규정에 따라 그 자격으로 행하는 행위를 제한할 수 있다.

⑤ 권한의 위탁[법 제30조, 시행령 제21조] : 안전교육은 한국소방안전원("안전원"이라 한다) 또는 한국소방산업기술원("기술원"이라 한다)에 위탁할 수 있다.

(2) 안전교육 대상자 [시행령 제20조]

① 안전관리자로 선임된 자

② 탱크시험자의 기술인력으로 종사하는 자

③ 위험물운송자로 종사하는 자

(2) 안전교육 [시행규칙 제78조]

① 소방청장은 안전교육을 강습교육과 실무교육으로 구분하여 실시한다.

② 기술원 또는 안전원은 매년 교육실시계획을 수립하여 소방청장의 승인을 받아야 하고, 해당 연도의 교육실시결과를 교육을 실시한 해의 다음 연도 1월 31일까지 소방청장에게 보고한다.

③ 소방본부장은 매년 10월말까지 관할구역 안의 실무교육대상자 현황을 안전원에 통보

하고 안전원이 실시하는 안전교육에 관하여 지도·감독하여야 한다.

④ 안전교육의 과정·기간과 그 밖의 교육의 실시에 관한 사항 [시행규칙 별표24]

교육과정	교육대상자	교육시간	교육시기	교육기관
강습교육	안전관리자가 되고자 하는 자	24시간	신규종사 전	안전원
	위험물운송자가 되고자 하는 자	16시간		
실무교육	안전관리자	8시간 이내	신규종사 후 2년마다 1회	
	위험물운송자	8시간 이내	신규종사 후 3년마다 1회	
	탱크시험자의 기술인력	8시간 이내	가. 신규종사 후 6개월 이내 나. 가목에 따른 교육을 받은 후 2년마다 1회	기술원

[비고]

1. 안전관리자 강습교육 및 위험물운송자 강습교육의 공통과목에 대하여 둘 중 어느 하나의 강습교육과정에서 교육을 받은 경우에는 나머지 강습교육 과정에서도 교육을 받은 것으로 본다.
2. 안전관리자 실무교육 및 위험물운송자 실무교육의 공통과목에 대하여 둘 중 어느 하나의 강습교육과정에서 교육을 받은 경우에는 나머지 강습교육 과정에서도 교육을 받은 것으로 본다.
3. 안전관리자 및 위험물운송자 실무교육 시간 중 일부(4시간 이내)를 사이버교육의 방법으로 실시할 수 있다. 다만, 교육대상자가 사이버교육의 방법으로 수강하는 것에 동의하는 경우에 한정한다.

단원 예상문제

1. 위험물 안전관리자를 해임한 후 며칠 이내에 후임자를 선임하여야 하는가?

① 14일 ② 15일
③ 20일 ④ 30일

해설 위험물 안전관리자[법 제15조]
㉮ 안전관리자를 해임, 퇴직한 때 선임 기간 : 해임, 퇴직한 날부터 30일 이내
㉯ 선임 신고 : 선임한 날부터 14일 이내

2. 위험물 안전관리자의 책무에 해당하지 않는 것은?

① 화재 등의 재난이 발생한 경우 소방관서 등에 대한 연락업무
② 화재 등의 재난이 발생한 경우 응급조치
③ 위험물의 취급에 관한일지의 작성, 기록
④ 위험물 안전관리자의 선임, 신고

해설 위험물 안전관리자의 선임 및 신고는 관계인이 하여야 하는 사항이다.

3. 위험물 안전관리자에 대한 설명 중 옳지 않은 것은?

① 이동탱크 저장소는 위험물 안전관리자 선임대상에 해당되지 않는다.
② 위험물 안전관리자가 퇴직한 경우 퇴직한 날부터 30일 이내에 다시 안전관리자를 선임하여야 한다.
③ 위험물 안전관리자를 선임한 경우에는 선임한 날로부터 14일 이내에 소방본부장 또는 소방서장에게 신고하여야 한다.
④ 위험물 안전관리자가 일시적으로 직무를 수행할 수 없는 경우에는 안전교육을 받고 6개월 이상 실무 경력이 있는 사람을 대리자로 지정할 수 있다.

해설 ㉮ 안전관리자를 선임한 제조소등의 관계인은 안전관리자가 일시적으로 직무를 수행할 수 없거나 안전관리자의 해임 또는 퇴직과 동시에 다른 안전관리자를 선임하지 못하는 경우에는 행정안전부령이 정하는 자를 대리자(代理者)로 지정하여 그 직무를 대행하게 하여야 한다. 이 경우 직무를 대행하는 기간은 30일을 초과할 수 없다.
㉯ 행정안전부령이 정하는 대리자[시행규칙 제54조]
㉠ 안전교육을 받은 자
㉡ 제조소등의 위험물 안전관리업무에 있어서 안전관리자를 지휘·감독하는 직위에 있는 자

4. 위험물 안전관리법령에 의한 안전교육에 대한 설명으로 옳은 것은?

① 제조소등의 관계인은 교육대상자에 대하여 안전교육을 받게 할 의무가 있다.
② 안전관리자, 탱크시험자의 기술인력 및 위험물운송자는 안전교육을 받을 의무가 없다.
③ 탱크시험자의 업무에 대한 강습교육을 받으면 탱크시험자의 기술인력이 될 수 있다.
④ 소방서장은 교육대상자가 교육을 받지 아니한 때에는 그 자격을 정지하거나 취소할 수 있다.

해설 안전교육
㉮ 안전관리자로 선임된 자, 탱크시험자의 기술인력으로 선임된 자, 위험물운송자로 종사하는 자는 소방청장이 실시하는 교육을 받아야 한다.
㉯ 제조소등의 관계인은 교육대상자에 대하여 필요한 안전교육을 받게 하여야 한다.
㉰ 시·도지사, 소방본부장 또는 소방서장은 교육대상자가 교육을 받지 아니한 때에는 그 교육대상자가 교육을 받을 때까지 이 법의 규정에 따라 그 자격으로 행하는 행위를 제한할 수 있다.
㉱ 안전관리자 및 위험물운송자가 되고자 하는 자는 신규종사 전에 강습교육을 받으면 업무를 할 수 있다(탱크시험자의 경우는 강습교육을 받고 기술인력이 될 수 없고 규정에 따른 자격이 있어야 한다).

참고 탱크시험자의 기술인력으로 선임된 자는 기술원에서 실시하는 실무교육을 받아야 한다.

정답 1. ④ 2. ④ 3. ④ 4. ①

3-2 예방규정

1 관계인이 예방규정을 정하여야 하는 제조소등

(1) 예방규정 [법 제17조]

① 대통령령이 정하는 제조소등의 관계인은 당해 제조소등의 화재예방과 화재 등 재해발생 시의 비상조치를 위하여 예방규정을 정하여 당해 제조소등의 사용을 시작하기 전에 시·도지사에게 제출하여야 한다.

② 시·도지사는 제출한 예방규정이 기준에 적합하지 아니하거나 화재예방이나 재해발생 시의 비상조치를 위하여 필요하다고 인정하는 때에는 이를 반려하거나 그 변경을 명할 수 있다.

③ 제조소등의 관계인과 그 종업원은 예방규정을 충분히 잘 익히고 준수하여야 한다.

(2) 예방규정을 정하여야 하는 제조소등(대통령령이 정하는 제조소등) [시행령 제15조]

① 지정수량의 10배 이상의 위험물을 취급하는 제조소

② 지정수량의 100배 이상의 위험물을 저장하는 옥외저장소

③ 지정수량의 150배 이상의 위험물을 저장하는 옥내저장소

④ 지정수량의 200배 이상의 위험물을 저장하는 옥외탱크저장소

⑤ 암반탱크저장소

⑥ 이송취급소

⑦ 지정수량의 10배 이상의 위험물을 취급하는 일반취급소. 다만, 제4류 위험물(특수인화물을 제외한다)만을 지정수량의 50배 이하로 취급하는 일반취급소(제1석유류·알코올류의 취급량이 지정수량의 10배 이하인 경우에 한한다)로서 다음 각목의 어느 하나에 해당하는 것을 제외한다.

㈎ 보일러·버너 또는 이와 비슷한 것으로서 위험물을 소비하는 장치로 이루어진 일반취급소

㈏ 위험물을 용기에 옮겨 담거나 차량에 고정된 탱크에 주입하는 일반취급소

2 예방규정의 작성 등 [시행규칙 제63조]

(1) 예방규정에 포함되어야 하는 사항

① 위험물의 안전관리업무를 담당하는 자의 직무 및 조직에 관한 사항

② 안전관리자가 여행·질병 등으로 인하여 그 직무를 수행할 수 없을 경우 그 직무의 대리자에 관한 사항
③ 자체소방대를 설치하여야 하는 경우에는 자체소방대의 편성과 화학소방자동차의 배치에 관한 사항
④ 위험물의 안전에 관계된 작업에 종사하는 자에 대한 안전교육 및 훈련에 관한 사항
⑤ 위험물시설 및 작업장에 대한 안전순찰에 관한 사항
⑥ 위험물시설·소방시설 그 밖의 관련시설에 대한 점검 및 정비에 관한 사항
⑦ 위험물시설의 운전 또는 조작에 관한 사항
⑧ 위험물 취급작업의 기준에 관한 사항
⑨ 이송취급소에 있어서는 배관공사 현장책임자의 조건 등 배관공사 현장에 대한 감독체제에 관한 사항과 배관주위에 있는 이송취급소 시설 외의 공사를 하는 경우 배관의 안전확보에 관한 사항
⑩ 재난 그 밖의 비상시의 경우에 취하여야 하는 조치에 관한 사항
⑪ 위험물의 안전에 관한 기록에 관한 사항
⑫ 제조소등의 위치·구조 및 설비를 명시한 서류와 도면의 정비에 관한 사항
⑬ 그 밖에 위험물의 안전관리에 관하여 필요한 사항

(2) 기타 사항

① 예방규정은 '산업안전보건법'에 의한 안전보건관리규정과 통합하여 작성할 수 있다.
② 제조소등의 관계인은 예방규정을 제정하거나 변경한 경우에는 예방규정 1부를 첨부하여 시·도지사 또는 소방서장에게 제출하여야 한다.

단원 예상문제

1. 위험물 안전관리법령상 제조소등의 관계인은 예방규정을 정하여 누구에게 제출하여야 하는가?

① 소방청장 또는 행정안전부장관　② 소방청장 또는 소방서장
③ 시·도지사 또는 소방서장　④ 한국소방안전원장 또는 소방청장

해설 예방규정[법 제17조]

㉮ 제조소등의 관계인은 화재예방과 화재 등 재해발생 시의 비상조치를 위하여 예방규정을 정하여 제조소등의 사용을 시작하기 전에 시·도지사에게 제출하여야 한다.
㉯ 시·도지사는 제출한 예방규정이 기준에 적합하지 아니하거나 화재예방이나 재해발생 시의 비상조치를 위하여 필요하다고 인정하는 때에는 이를 반려하거나 그 변경을 명할 수 있다.

참고 시행령 제21조에 따라 예방규정의 수리·반려 및 변경명령은 소방서장에게 권한이 위임된다.

| 변형된 출제문제 |

1-1 위험물 안전관리법령상 제조소등의 관계인은 제조소등의 화재예방과 재해발생 시의 비상조치에 필요한 사항을 서면으로 작성하여 허가청에 제출하여야 한다. 이는 무엇에 관한 설명인가? [14. 4회]

① 예방규정
② 소방계획서
③ 비상계획서
④ 화재영향 평가서

답 1-1 ①

2. 위험물 안전관리법령에 따라 제조소등의 관계인이 예방규정을 정하여야 하는 제조소등에 해당하지 않는 것은?

① 지정수량의 200배 이상의 위험물을 저장하는 옥외 탱크 저장소
② 지정수량의 10배 이상의 위험물을 취급하는 제조소
③ 암반탱크 저장소
④ 지하탱크 저장소

해설 예방규정을 정하여야 하는 제조소 등[시행령 제15조]
㉮ 지정수량의 10배 이상의 위험물을 취급하는 제조소
㉯ 지정수량의 100배 이상의 위험물을 저장하는 옥외저장소
㉰ 지정수량의 150배 이상의 위험물을 저장하는 옥내저장소
㉱ 지정수량의 200배 이상의 위험물을 저장하는 옥외탱크저장소
㉲ 암반탱크 저장소
㉳ 이송취급소
㉴ 지정수량의 10배 이상의 위험물을 취급하는 일반취급소

| 변형된 출제문제 |

2-1 제조소등의 관계인이 예방규정을 정하여야 하는 제조소등이 아닌 것은? [14. 5회]

① 지정수량 100배의 위험물을 저장하는 옥외탱크 저장소
② 지정수량 150배의 위험물을 저장하는 옥내저장소
③ 지정수량 10배의 위험물을 취급하는 제조소
④ 지정수량 5배의 위험물을 취급하는 이송취급소

해설 예방규정을 정하여야 하는 옥외탱크 저장소는 지정수량의 200배 이상의 위험물을 저장하는 경우이다.

답 2-1 ①

정답 1. ③ 2. ④

3-3 정기점검 및 검사

1 정기점검 및 정기검사

(1) 정기점검 및 정기검사 [법 제18조]

① 제조소등의 관계인은 그 제조소등에 대하여 기술기준에 적합한지의 여부를 정기적으로 점검하고 점검결과를 기록하여 보존하여야 한다.

② 정기점검의 대상이 되는 제조소등의 관계인 가운데 소방본부장 또는 소방서장으로부터 당해 제조소등이 기술기준에 적합하게 유지되고 있는지 정기적으로 검사를 받아야 한다.

③ 정기점검 횟수 [시행규칙 제64조] : 연 1회 이상

(2) 정기점검의 대상인 제조소등 [시행령 제16조]

① 관계인이 예방규정을 정하여야 하는 제조소등

② 지하탱크저장소

③ 이동탱크저장소

④ 위험물을 취급하는 탱크로서 지하에 매설된 탱크가 있는 제조소·주유취급소 또는 일반취급소

(3) 정기점검 실시자 [시행규칙 제67조]

① 제조소등의 정기점검 : 안전관리자 또는 위험물운송자(이송탱크저장소의 경우에 한한다)가 실시

② 안전관리대행기관 또는 탱크시험자에게 의뢰

2 정기검사

(1) 정기검사 대상인 제조소등 [시행령 제17조]

액체위험물을 저장 또는 취급하는 50만 리터 이상의 옥외탱크저장소

(2) 정기검사의 시기 [시행규칙 제70조]

① 특정·준특정옥외탱크저장소

㈎ 특정·준특정옥외탱크저장소의 설치허가에 따른 완공검사필증을 발급받은 날부터 12년 이내

㈏ 최근의 정기검사를 받은 날부터 11년 이내

② 특정·준특정옥외탱크저장소의 관계인은 정기검사를 구조안전점검을 실시하는 때에 함께 받을 수 있다.

단원 예상문제

1. 위험물 안전관리법령상 예방규정을 정하여야 하는 제조소등의 관계인은 위험물 제조소등에 대하여 기술기준에 적합한지의 여부를 정기적으로 점검을 하여야 한다. 법적 최소 점검주기에 해당하는 것은? (단, 100만 L 이상의 옥외탱크 저장소는 제외한다.)

① 주 1회 이상 ② 월 1회 이상
③ 6개월 1회 이상 ④ 연 1회 이상

해설 제조소등의 정기점검 횟수[시행규칙 제64조] : 연 1회 이상

2. 위험물 안전관리법령상 정기점검 대상인 제조소등의 조건이 아닌 것은?

① 예방규정 작성대상인 제조소등
② 지하탱크 저장소
③ 이동탱크 저장소
④ 지정수량 5배의 위험물을 취급하는 옥외탱크를 둔 제조소

해설 ㉮ 정기점검 대상 제조소등[시행령 제16조]
㉠ 관계인이 예방규정을 정하여야 하는 제조소등
㉡ 지하탱크저장소 ㉢ 이동탱크저장소
㉣ 위험물을 취급하는 탱크로서 지하에 매설된 탱크가 있는 제조소·주유취급소 또는 일반취급소
㉯ 관계인이 예방규정을 정하여야 하는 제조소등[시행령 제15조]
㉠ 지정수량의 10배 이상의 위험물을 취급하는 제조소
㉡ 지정수량의 100배 이상의 위험물을 저장하는 옥외저장소
㉢ 지정수량의 150배 이상의 위험물을 저장하는 옥내저장소
㉣ 지정수량의 200배 이상의 위험물을 저장하는 옥외탱크저장소
㉤ 암반탱크저장소 ㉥ 이송취급소
㉦ 지정수량의 10배 이상의 위험물을 취급하는 일반취급소

| 변형된 출제문제 |

2-1 정기점검 대상 제조소등에 해당하지 않는 것은? [12. 2회] [13. 4회] [16. 1회]

① 이동탱크 저장소
② 지정수량 100배 이상의 위험물 옥외저장소
③ 지정수량 100배 이상의 위험물 옥내저장소
④ 이송 취급소

해설 위험물 옥내저장소는 지정수량의 150배 이상이 정기점검 대상에 해당된다.

2-2 위험물 안전관리법령상 제조소 등의 관계인이 정기적으로 점검하여야 할 대상이 아닌 것은? [16. 2회]

① 지정수량의 10배 이상의 위험물을 취급하는 제조소
② 지하탱크 저장소
③ 이동탱크 저장소
④ 지정수량의 100배 이상의 위험물을 저장하는 옥외탱크 저장소

해설 위험물 옥외탱크 저장소는 지정수량의 200배 이상이 정기점검 대상에 해당된다.

답 2-1 ③ 2-2 ④

정답 1. ④ 2. ④

3-4 자체소방대

1 자체소방대 [법 제19조]

다량의 위험물을 저장·취급하는 제조소등으로서 대통령령이 정하는 제조소등이 있는 동일한 사업소에서 대통령령으로 정하는 수량 이상의 위험물을 저장 또는 취급하는 경우 당해 사업소의 관계인은 대통령령이 정하는 바에 따라 사업소에 자체소방대를 설치하여야 한다.

2 자체소방대를 설치하여야 하는 사업소 [시행령 제18조]

(1) 대통령령이 정하는 제조소 및 수량

지정수량의 3000배 이상의 제4류 위험물을 취급하는 제조소 또는 일반취급소

(2) 자체소방대에 두는 화학소방자동차 및 인원 [시행령 제18조, 별표8]

사업소의 구분 (제조소 또는 일반취급소에서 취급하는 제4류 위험물의 최대수량의 합)	화학소방자동차	자체소방대원의 수
지정수량의 12만배 미만인 사업소	1대	5인
지정수량의 12만배 이상 24배만 미만인 사업소	2대	10인
지정수량의 24만배 이상 48만배 미만인 사업소	3대	15인
지정수량의 48만배 이상인 사업소	4대	20인

[비고] 화학소방자동차에는 행정안전부령으로 정하는 소화능력 및 설비를 갖추어야 하고, 소화활동에 필요한 소화약제 및 기구(방열복 등 개인장구를 포함한다)를 비치하여야 한다.

① 자체소방대 편성의 특례[시행규칙 제74조] : 2 이상의 사업소가 상호응원에 관한 협정을 체결하고 있는 경우에는 화학소방차 대수의 2분의 1 이상의 대수와 화학소방자동차마다 5인 이상의 자체소방대원을 두어야 한다.

② 화학소방차의 기준 등[시행규칙 제75조] : 포수용액을 방사하는 화학소방자동차의 대수는 화학소방자동차의 대수의 3분의 2 이상으로 하여야 한다.

(3) 화학소방자동차에 갖추어야 하는 소화능력 및 설비의 기준 [시행규칙 별표23]

화학소방자동차의 구분	소화능력 및 설비의 기준
포수용액 방사차	포수용액의 방사능력이 매분 2000L 이상일 것
	소화약액탱크 및 소화약액 혼합장치를 비치할 것
	10만 L 이상의 포수용액을 방사할 수 있는 양의 소화약제를 비치할 것
분말 방사차	분말의 방사능력이 매초 35kg 이상일 것
	분말탱크 및 가압용 가스설비를 비치할 것
	1400kg 이상의 분말을 비치할 것
할로겐화합물 방사차	할로겐화합물의 방사능력이 매초 40kg 이상일 것
	할로겐화합물 및 가압용 가스설비를 비치할 것
	1000kg 이상의 할로겐화합물을 비치할 것
이산화탄소 방사차	이산화탄소의 방사능력이 매초 40kg 이상일 것
	이산화탄소 저장용기를 비치할 것
	3000kg 이상의 이산화탄소를 비치할 것
제독차	가성소다 및 규조토를 각각 50kg 이상 비치할 것

3 자체소방대의 설치 제외 대상인 일반취급소 [시행규칙 제73조]

(1) 행정안전부령이 정하는 일반취급소

① 보일러, 버너 그 밖에 이와 유사한 장치로 위험물을 소비하는 일반취급소

② 이동저장탱크 그 밖에 이와 유사한 것에 위험물을 주입하는 일반취급소

③ 용기에 위험물을 옮겨 담는 일반취급소

④ 유압장치, 윤활유순환장치 그 밖에 이와 유사한 장치로 위험물을 취급하는 일반취급소

⑤ '광산보안법'의 적용을 받는 일반취급소

단원 예상문제

1. 위험물 안전관리법령상 사업소의 관계인이 자체 소방대를 설치하여야 할 제조소 등의 기준으로 옳은 것은?

① 제4류 위험물을 지정수량의 3천배 이상 취급하는 제조소 또는 일반취급소
② 제4류 위험물을 지정수량의 5천배 이상 취급하는 제조소 또는 일반취급소
③ 제4류 위험물 중 특수인화물을 지정수량의 3천배 이상 취급하는 제조소 또는 일반취급소
④ 제4류 위험물 중 특수인화물을 지정수량의 5천배 이상 취급하는 제조소 또는 일반취급소

해설 제조소등에 자체소방대를 두어야 할 대상[시행령 18조] : 지정수량 3000배 이상의 제4류 위험물을 취급하는 제조소 또는 일반취급소

2. 위험물 안전관리법령상 제조소에서 취급하는 제4류 위험물의 최대수량의 합이 지정수량의 12만배 미만인 사업소에 두어야 하는 화학소방자동차 및 자체소방대원의 수의 기준으로 옳은 것은?

① 1대 - 5인
② 2대 - 10인
③ 3대 - 15인
④ 4대 - 20인

해설 자체소방대에 두는 화학소방자동차 및 인원[시행령 별표8]

위험물의 최대수량의 합	화학 소방자동차	소방대원(조작인원)
지정수량의 12만배 미만	1대	5인
지정수량의 12만배 이상 24만배 미만	2대	10인
지정수량의 24만배 이상 48만배 미만	3대	15인
지정수량의 48만배 이상	4대	20인

3. 취급하는 제4류 위험물의 수량이 지정수량의 30만 배인 일반 취급소가 있는 사업장에 자체소방대를 설치함에 있어서 전체 화학소방차 중 포 수용액을 방사하는 화학소방차는 몇 대 이상 두어야 하는가?

① 필수적인 것은 아니다.
② 1
③ 2
④ 3

해설 화학소방차의 기준 등[시행규칙 제75조] : 포수용액을 방사하는 화학소방자동차의 대수는 화학소방자동차의 대수의 3분의 2 이상으로 하여야 한다.
∴ 지정수량 30만 배인 일반취급소에 두어야 하는 화학소방자동차는 3대이지만 포수용액을 방사하는 경우이므로 보유대수는 2대가 된다.

정답 1. ① 2. ① 3. ③

과년도 출제문제

- 2013년도 출제문제
- 2014년도 출제문제
- 2015년도 출제문제
- 2016년도 출제문제

※ 2016년 제5회부터는 CBT 방식으로 시행되어 문제가 공개되지 않습니다.

2013년도 출제문제

2013. 1. 27 시행 (제1회)

1. 제1종 분말소화약제의 적응 화재 급수는?

① A급 ② BC급
③ AB급 ④ ABC급

해설 분말소화약제의 종류 및 적응화재

분말 종류	주성분	적응 화재	착색
제1종	중탄산나트륨 ($NaHCO_3$)	B.C	백색
제2종	중탄산칼륨($KHCO_3$)	B.C	자색 (보라색)
제3종	제1인산암모늄 ($NH_4H_2PO_4$)	A.B.C	담홍색
제4종	중탄산칼륨+요소 [$KHCO_3+(NH_2)_2CO$]	B.C	회색

2. 제1류 위험물의 저장 방법에 대한 설명으로 틀린 것은?

① 조해성 물질은 방습에 주의한다.
② 무기과산화물은 물속에 보관한다.
③ 분해를 촉진하는 물품과의 접촉을 피하여 저장한다.
④ 복사열이 없고 환기가 잘 되는 서늘한 곳에 저장한다.

해설 제1류 위험물의 저장 및 취급방법
㉮ 재해 발생의 위험이 있는 가열, 충격, 마찰 등을 피한다.
㉯ 조해성인 것은 습기에 주의하며, 용기는 밀폐하여 저장한다.
㉰ 분해를 촉진하는 물품의 접근을 피하고, 환기가 잘 되고 서늘한 곳에 저장한다.
㉱ 가연물이나 다른 약품과의 접촉 및 혼합을 피한다.
㉲ 용기의 파손 및 위험물의 누설에 주의한다.
㉳ 알칼리 금속(Li, Na, K, Rb 등)의 과산화물은 물과 급격히 발열반응하므로 접촉을 피하여야 한다.

3. 유류 화재의 급수와 표시 색상으로 옳은 것은?

① A급, 백색 ② B급, 백색
③ A급, 황색 ④ B급, 황색

해설 화재의 분류 및 표시 색상

구분	화재종류	표시 색상
A급 화재	일반화재	백색
B급 화재	유류, 가스 화재	황색
C급 화재	전기 화재	청색
D급 화재	금속 화재	–

4. 소화기 사용방법으로 잘못된 것은?

① 적응 화재에 따라 사용할 것
② 성능에 따라 방출거리 내에서 사용할 것
③ 바람을 마주보며 소화할 것
④ 양옆으로 비로 쓸 듯이 방사할 것

해설 소화기 사용방법
㉮ 적응화재에만 사용할 것
㉯ 성능에 따라 불 가까이 접근하여 사용할 것
㉰ 바람을 등지고 풍상(風上)에서 풍하(風下)의 방향으로 소화작업을 할 것
㉱ 소화는 양옆으로 비로 쓸 듯이 골고루 방사할 것

정답 1. ② 2. ② 3. ④ 4. ③

5. 분진폭발의 위험성이 가장 낮은 것은?

① 밀가루 ② 알루미늄 분말
③ 모래 ④ 석탄

해설 분진폭발을 일으키는 물질
㉮ 폭연성 분진 : 금속분말(Mg, Al, Fe 등)
㉯ 가연성 분진 : 소맥분, 전분, 합성수지류, 황, 코코아, 리그린, 석탄분말, 고무분말, 담배분말 등
참고 시멘트 분말, 대리석 분말, 모래 등은 불연성 물질로 분진폭발과는 관련이 없다.

6. 열의 이동 원리 중 복사에 관한 예로 적당하지 않은 것은?

① 그늘이 시원한 이유
② 더러운 눈이 빨리 녹는 현상
③ 보온병 내부를 거울 벽으로 만드는 것
④ 해풍과 육풍이 일어나는 원리

해설 열의 이동방법
㉮ 전도(conduction) : 고체를 매개체로 하여 열이 고온에서 저온으로 이동하는 현상
㉯ 대류(convection) : 고체 벽이 온도가 다른 유체와 접촉하고 있을 때 유체에 유동이 생기면서 열이 유동하는 현상
㉰ 복사(radiation) : 중간의 매개물 없이 한 물체에서 다른 물체로 열 에너지가 이동하는 현상
참고 해풍과 육풍이 일어나는 원리는 대류에 해당된다.

7. 그림과 같이 횡으로 설치한 원통형 위험물 탱크에 대하여 탱크의 용량을 구하면 약 몇 m^3인가? (단, 공간용적은 내용적의 100분의 5로 한다.)

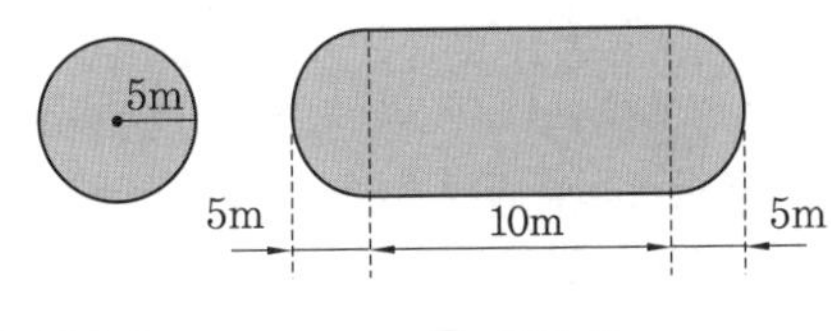

① 196.3 ② 261.6
③ 785.0 ④ 994.8

해설 공간용적은 내용적의 5%이므로 탱크용량은 내용적의 95%에 해당된다.

$$\therefore V = \pi \times r^2 \times \left(l + \frac{l_1 + l_2}{3}\right) \times 0.95$$
$$= \pi \times 5^2 \times \left(10 + \frac{5+5}{3}\right) \times 0.95$$
$$= 994.837\text{m}^3$$

8. 위험물 안전관리법령상의 규제에 관한 설명 중 틀린 것은?

① 지정수량 미만의 위험물의 저장·취급 및 운반은 시·도 조례에 의하여 규제한다.
② 항공기에 의한 위험물의 저장·취급 및 운반은 위험물 안전관리법의 규제대상이 아니다.
③ 궤도에 의한 위험물의 저장·취급 및 운반은 위험물 안전관리법의 규제대상이 아니다.
④ 선박법의 선박에 의한 위험물의 저장·취급 및 운반은 위험물 안전관리법의 규제대상이 아니다.

해설 위험물 안전관리법
㉮ 적용제외[법 제3조] : 위험물 안전관리법은 항공기·선박법에 따른 선박·철도 및 궤도에 의한 위험물의 저장·취급 및 운반에 있어서는 적용하지 아니한다.
㉯ 지정수량 미만인 위험물의 저장·취급[법 제4조] : 지정수량 미만인 위험물의 저장 또는 취급에 관한 기술상의 기준은 특별시·광역시·특별자치시·도 및 특별자치도(이하 "시·도"라 한다)의 조례로 정한다.
㉰ 지정수량 미만의 위험물 운반은 위험물 안전관리법의 적용을 받는다.

9. 제4류 위험물로만 나열된 것은?

① 특수인화물, 황산, 질산
② 알코올, 황린, 니트로화합물
③ 동식물류, 질산, 무기과산화물
④ 제1석유류, 알코올류, 특수인화물

정답 5. ③ 6. ④ 7. ④ 8. ① 9. ④

해설 ㉮ 제4류 위험물 : 특수인화물, 제1석유류, 알코올류, 제2석유류, 제3석유류, 제4석유류, 동식물유류
㉯ 각 항목의 위험물 분류(제4류 이외의 것)
㉠ 황산 : 비위험물, 질산 : 제6류 위험물
㉡ 황린 : 제3류 위험물, 니트로화합물 : 제5류 위험물
㉢ 질산 : 제6류 위험물, 무기과산화물 : 제1류 위험물

10. 위험물 안전관리법상 옥내소화전 설비의 비상전원은 몇 분 이상 작동할 수 있어야 하는가?

① 45분 ② 30분
③ 20분 ④ 10분

해설 옥내소화전 설비의 비상전원[세부기준 제129조]
㉮ 비상전원은 자가발전설비 또는 축전지설비에 의한다.
㉯ 용량은 옥내소화전설비를 유효하게 45분 이상 작동시키는 것이 가능하여야 한다.

11. 니트로화합물과 같은 가연성 물질이 자체 내에 산소를 함유하고 있어 공기 중의 산소를 필요로 하지 않고 자체의 산소에 의하여 연소되는 현상은?

① 자기연소 ② 등심연소
③ 훈소연소 ④ 분해연소

해설 연소의 종류에 따른 가연물
㉮ 표면연소 : 목탄(숯), 코크스
㉯ 분해연소 : 종이, 석탄, 목재, 중유
㉰ 증발연소 : 가솔린, 등유, 경유, 알코올, 양초, 유황
㉱ 확산연소 : 가연성 기체
㉲ 자기연소 : 제5류 위험물(니트로셀룰로오스, 셀룰로이드, 니트로글리세린, 니트로화합물 등)

12. 제1류 위험물인 과산화나트륨의 보관 용기에 화재가 발생하였다. 소화약제로 가장 적당한 것은?

① 포 소화약제 ② 물
③ 마른 모래 ④ 이산화탄소

해설 과산화나트륨(Na_2O_2 : 제1류 위험물)은 흡습성이 있으며 물과 반응하여 많은 열과 함께 산소(O_2)가 발생하므로 소화 시 주수 소화는 부적합하므로 마른 모래(건조사)를 이용하여 소화한다.

13. 위험물 안전관리법령에 따라 옥내소화전 설비를 설치할 때 배관의 설치기준에 대한 설명으로 옳지 않은 것은?

① 배관용 탄소강관(KS D 3507)을 사용할 수 있다.
② 주 배관의 입상관 구경은 최소 60mm 이상으로 한다.
③ 펌프를 이용한 가압송수장치의 흡수관은 펌프마다 전용으로 설치한다.
④ 원칙적으로 급수 배관은 생활용수 배관과 같이 사용할 수 없으며 전용 배관으로만 사용한다.

해설 옥내소화전 설비의 주배관 중 입상관은 관의 직경이 50mm 이상인 것으로 한다.

14. 위험물의 화재별 소화 방법으로 옳지 않은 것은?

① 황린 : 분무주수에 의한 냉각소화
② 인화칼슘 : 분무주수에 의한 냉각소화
③ 톨루엔 : 포에 의한 질식소화
④ 질산메틸 : 주수에 의한 냉각소화

해설 인화칼슘(Ca_3P_2)은 제3류 위험물 중 금속의 인화물로 물과 반응하여 유독한 인화수소(PH_3 : 포스핀)를 발생하므로 분무주수에 의한 냉각소화는 부적합하다. 건조사를 이용하여 소화하여야 한다.

정답 10. ① 11. ① 12. ③ 13. ② 14. ②

15. 옥내에서 지정수량의 100배 이상을 취급하는 일반취급소에 설치하여야 하는 경보설비는? (단, 고인화점 위험물만을 취급하는 경우는 제외한다.)

① 비상경보설비
② 자동화재 탐지설비
③ 비상방송설비
④ 비상벨설비 및 확성장치

해설 제조소 및 일반취급소 자동화재 탐지설비 설치 대상[시행규칙 별표17]
㉮ 연면적 $500m^2$ 이상인 것
㉯ 옥내에서 지정수량의 100배 이상을 취급하는 것

16. 강화액 소화기에 대한 설명이 아닌 것은?

① 알칼리 금속염류가 포함된 고농도의 수용액이다.
② A급 화재에 적응성이 있다.
③ 어는점이 낮아서 동절기에도 사용이 가능하다.
④ 물의 표면장력을 강화시킨 것으로 심부화재에 효과적이다.

해설 강화액 소화기 특징
㉮ 물에 탄산칼륨(K_2CO_3)이라는 알칼리금속염류를 용해한 고농도의 수용액을 질소가스를 이용하여 방출한다.
㉯ 어는점(빙점)을 −30℃ 정도까지 낮추어 겨울철 및 한랭지에서도 사용할 수 있다.
㉰ A급 화재에 적응성이 있으며 무상주수(분무)로 하면 B급, C급 화재에도 적응성이 있다.

17. 인화점이 200℃ 미만인 위험물을 저장하기 위하여 높이가 15m이고 지름이 18m인 옥외 저장탱크를 설치하는 경우 옥외 저장탱크와 방유제와의 사이에 유지하여야 하는 거리는?

① 5.0m 이상 ② 6.0m 이상
③ 7.5m 이상 ④ 9.0m 이상

해설 옥외탱크저장소의 방유제와 탱크 옆판까지 유지거리[시행규칙 별표6]
㉮ 지름이 15m 미만인 경우 : 탱크 높이의 3분의 1 이상
㉯ 지름이 15m 이상인 경우 : 탱크 높이의 2분의 1 이상
㉰ 인화점이 200℃ 이상인 위험물을 저장 또는 취급하는 것은 옥외저장탱크와 방유제 사이의 거리를 유지하지 않아도 된다.
㉱ 유지거리 계산

$$\therefore \text{유지거리} = \text{탱크높이} \times \frac{1}{2} = 15 \times \frac{1}{2} = 7.5\text{m 이상}$$

18. 금속칼륨에 대한 초기의 소화약제로서 적합한 것은?

① 물 ② 마른 모래
③ CCl_4 ④ CO_2

해설 제3류 위험물 중 금수성 물품에 적응성이 있는 소화설비[시행규칙 별표17]
㉮ 탄산수소염류 분말소화설비 및 분말소화기
㉯ 건조사
㉰ 팽창질석 또는 팽창진주암

참고 금속칼륨(K)은 제3류 위험물 중 금수성 물질에 해당된다.

19. 위험물을 취급함에 있어서 정전기를 유효하게 제거하기 위한 설비를 설치하고자 한다. 위험물 안전관리법령상 공기 중의 상대습도를 몇 % 이상 되게 하여야 하는가?

① 50 ② 60
③ 70 ④ 80

해설 정전기 제거 방법[시행규칙 별표4]
㉮ 접지에 의한 방법
㉯ 공기 중의 상대습도를 70% 이상으로 하는 방법
㉰ 공기를 이온화하는 방법

정답 15. ② 16. ④ 17. ③ 18. ② 19. ③

2013

20. 위험물 안전관리법령에 따른 자동화재 탐지설비의 설치기준에서 하나의 경계구역의 면적은 얼마 이하로 하여야 하는가? (단, 해당 건축물 그 밖의 공작물의 주요한 출입구에서 그 내부의 전체를 볼 수 없는 경우이다.)

① $500m^2$　② $600m^2$
③ $800m^2$　④ $1000m^2$

해설 자동화재 탐지설비 설치기준[시행규칙 별표17]

㉮ 자동화재 탐지설비의 경계구역은 건축물 그 밖의 공작물의 2 이상의 층에 걸치지 아니하도록 할 것. 다만, 하나의 경계구역의 면적이 $500m^2$ 이하이면서 당해 경계구역이 두 개의 층에 걸치는 경우이거나 계단·경사로·승강기의 승강로 그 밖에 이와 유사한 장소에 연기감지기를 설치하는 경우에는 그러하지 아니하다.

㉯ 하나의 경계구역의 면적은 $600m^2$ **이하**로 하고 그 한 변의 길이는 50m(광전식분리형 감지기를 설치할 경우에는 100m) 이하로 할 것. 다만, 당해 건축물 그 밖의 공작물의 출입구에서 그 **내부의 전체를 볼 수 있는 경우**에는 그 면적을 $1000m^2$ **이하**로 할 수 있다.

㉰ 자동화재 탐지설비의 감지기는 지붕(상층이 있는 경우에는 상층의 바닥) 또는 벽의 옥내에 면한 부분(천장이 있는 경우에는 천장 또는 벽의 옥내에 면한 부분 및 천장의 뒷부분)에 유효하게 화재의 발생을 감지할 수 있도록 설치할 것

㉱ 자동화재 탐지설비에는 비상전원을 설치할 것

21. 위험물 안전관리법령상 위험물에 해당하는 것은?

① 황산
② 비중이 1.41인 질산
③ 53마이크로미터의 표준체를 통과하는 것이 50 중량% 미만인 철의 분말
④ 농도가 40 중량%인 과산화수소

해설 위험물 안전관리법령상 위험물[시행령 별표1]

㉮ **황산 : 비위험물**(위험물에 해당되지 않음)
㉯ **질산** : 비중이 1.49 **이상**인 것에 한한다.
㉰ **철의 분말**(철분) : 철의 분말로서 53μm의 표준체를 통과하는 것이 50wt% **미만**인 것은 **제외**한다.
㉱ 과산화수소 : 농도가 36wt% 이상인 것에 한한다.

22. 위험물 안전관리법령에 의한 위험물 운송에 관한 규정으로 틀린 것은?

① 이동탱크 저장소에 의하여 위험물을 운송하는 자는 당해 위험물을 취급할 수 있는 국가기술자격자 또는 안전교육을 받은 자 이어야 한다.
② 안전관리자, 탱크시험자, 위험물 운송자 등 위험물의 안전관리와 관련된 업무를 수행하는 자는 시·도지사가 실시하는 안전교육을 받아야 한다.
③ 운송책임자의 범위, 감독 또는 지원의 방법 등에 관한 구체적인 기준은 행정안전부령으로 정한다.
④ 위험물 운송자는 행정안전부령이 정하는 기준을 준수하는 등 당해 위험물의 안전 확보를 위해 세심한 주의를 기울어야 한다.

해설 안전교육[법 제28조] : 안전관리자·탱크시험자·위험물운송자 등 위험물의 안전관리와 관련된 업무를 수행하는 자는 **소방청장**이 실시하는 교육을 받아야 한다.

23. 과산화바륨의 성질에 대한 설명 중 틀린 것은?

① 고온에서 열분해하여 산소를 발생한다.
② 황산과 반응하여 과산화수소를 만든다.
③ 비중이 약 4.96이다.
④ 온수와 접촉하면 수소가스를 발생한다.

정답 20. ② 21. ④ 22. ② 23. ④

해설 과산화바륨(BaO_2) 특징

㉮ 백색 또는 회색의 정방정계 결정분말로 알칼리토금속의 과산화물 중 제일 안정하다.
㉯ 물에는 약간 녹으나 알코올, 에테르, 아세톤에는 녹지 않는다.
㉰ 묽은 산에는 녹으며, 수화물($BaO_2 \cdot 8H_2O$)은 100℃에서 결정수를 잃는다.
㉱ **산** 및 **온수**에 분해되어 **과산화수소**(H_2O_2)와 **산소가 발생**하면서 **발열**한다.
㉲ 고온으로 가열하면 열분해되어 산소를 발생하고, 폭발하기도 한다.
㉳ 산화되기 쉬운 물질, 습한 종이, 섬유소 등과 섞이면 폭발하는 경우도 있다.
㉴ 비중 4.96, 융점 450℃, 분해온도 840℃이다.

24. 과염소산칼륨의 일반적인 성질에 대한 설명 중 틀린 것은?

① 강한 산화제이다.
② 불연성 물질이다.
③ 과일향이 나는 보라색 결정이다.
④ 가열하여 완전 분해시키면 산소를 발생한다.

해설 과염소산칼륨($KClO_4$)의 특징

㉮ 제1류 위험물 중 과염소산염류로 지정수량 50kg이다.
㉯ **무색, 무취의 결정**으로 물에 녹기 어렵고 알코올, 에테르에도 불용이다.
㉰ 가열하여 610℃에서 완전 분해되어 산소를 방출한다.
㉱ 자신은 불연성 물질이지만 강력한 산화제이다.
㉲ 진한 황산과 접촉하면 폭발성 가스를 생성하고 폭발 위험이 있다.
㉳ 인, 황, 마그네슘, 유기물 등이 섞여 있을 때 가열, 충격, 마찰에 의해 폭발한다.
㉴ 비중 2.52, 융점 610℃, 용해도(20℃) 1.8이다.

25. 물과 접촉하면 위험성이 증가하므로 주수소화를 할 수 없는 물질은?

① $C_6H_2CH_3(NO_2)_3$ ② $NaNO_3$
③ $(C_2H_5)_3Al$ ④ $(C_6H_5CO)_2O_2$

해설 ㉮ 트리에틸알루미늄[$(C_2H_5)_3Al$] : 제3류 위험물 중 알킬알루미늄으로 지정수량 10kg이다. 물과 폭발적으로 반응하여 가연성 기체인 에탄(C_2H_6)을 발생하므로 주수소화는 부적합하고, 마른 모래를 이용하여 소화한다.
㉯ 트리니트로톨루엔[$C_6H_2CH_3(NO_2)_3$] : 제5류 위험물로 물에 녹지 않으므로 주수소화가 가능하다.
㉰ 질산나트륨($NaNO_3$) : 제1류 위험물로 물에 잘 녹지만 산소나 가연성 기체를 생성하지 않아 주수소화가 가능하다.
㉱ 과산화벤조일[$(C_6H_5CO)_2O_2$] : 제5류 위험물로 물에 잘 녹지 않으므로 주수소화가 가능하다.

26. 위험물에 대한 설명으로 옳은 것은?

① 적린은 암적색의 분말로서 조해성이 있는 자연발화성 물질이다.
② 황화린은 황색의 액체이며 상온에서 자연 분해하여 이산화황과 오산화인을 발생한다.
③ 유황은 미황색의 고체 또는 분말이며 많은 이성질체를 갖고 있는 전기 도체이다.
④ 황린은 가연성 물질이며 마늘 냄새가 나는 맹독성 물질이다.

해설 각 물질의 특징

㉮ 적린 : 제2류 위험물 가연성고체이며 안정한 암적색, 무취의 분말로 황린과 동소체이다. 물에 용해하지 않기 때문에 조해성은 없다.
㉯ 황화린 : 제2류 위험물 황색의 가연성고체로 자연발화성이며 연소하면 오산화인(P_2O_5)과 아황산가스(SO_2)가 발생한다.
㉰ 유황 : 제2류 위험물의 노란색 고체로 열 및 전기절연체이며 여러 원소와 황화합물을 만든다.
㉱ 황린 : 제3류 위험물로 자연발화성이고 강한 마늘 냄새가 나고, 증기는 공기보다 무거운 가연성이며 맹독성 물질이다.

2013

정답 24. ③ 25. ③ 26. ④

27. 지정수량이 200kg인 물질은?

① 질산 ② 피크린산
③ 질산메틸 ④ 과산화벤조일

해설 각 위험물의 지정수량

품명	유별	지정수량
질산(HNO_3)	제6류	300kg
피크린산[$C_6H_2(NO_2)_3OH$]	제5류	200kg
질산메틸(CH_3ONO_2)	제5류	10kg
과산화벤조일[$(C_6H_5CO)_2O_2$]	제5류	10kg

28. 위험물 안전관리법령상 제6류 위험물이 아닌 것은?

① H_3PO_4 ② IF_5
③ BrF_5 ④ BrF_3

해설 제6류 위험물(산화성 액체) 종류 및 지정수량

품명	지정수량
과염소산($HClO_4$)	300kg
과산화수소(H_2O_2)	300kg
질산(HNO_3)	300kg
그 밖에 행정안전부령으로 정하는 것 : 할로겐간 화합물 → 오불화요오드(IF_5), 오불화브롬(BrF_5), 삼불화브롬(BrF_3)	300kg

㈜ 인산(H_3PO_4)은 위험물에 해당되지 않는다.

29. 제4류 위험물의 공통적인 성질이 아닌 것은?

① 대부분 물보다 가볍고 물에 녹기 어렵다.
② 공기와 혼합된 증기는 연소의 우려가 있다.
③ 인화되기 쉽다.
④ 증기는 공기보다 가볍다.

해설 제4류 위험물의 공통적인(일반적인) 성질
㉮ 상온에서 액체이며, 대단히 인화되기 쉽다.
㉯ 물보다 가볍고, 대부분 물에 녹기 어렵다.
㉰ 증기는 공기보다 무겁다.
㉱ 착화온도가 낮은 것은 위험하다.
㉲ 증기와 공기가 약간 혼합되어 있어도 연소한다.
㉳ 전기의 불량도체라 정전기 발생의 가능성이 높고, 정전기에 의하여 인화할 수 있다.

30. 수소화나트륨의 소화약제로 적당하지 않은 것은?

① 물 ② 건조사
③ 팽창질석 ④ 팽창진주암

해설 수소화나트륨(NaH)
㉮ 제3류 위험물 중 금속의 수소화물로 지정수량은 300kg이다.
㉯ 습한 공기 중에서 분해하고, 물과는 심하게 반응하여 가연성 기체인 수소(H_2)를 발생하므로 물은 소화약제로 부적합하다.
㉰ 소화약제로는 탄산수소염류 분말소화설비 및 소화기, 건조사(마른 모래), 팽창질석 또는 팽창진주암을 사용한다.

31. 과염소산나트륨의 성질이 아닌 것은?

① 수용성이다.
② 조해성이 있다.
③ 분해온도는 약 400℃이다.
④ 물보다 가볍다.

해설 과염소산나트륨($NaClO_4$)의 특징(성질)
㉮ 제1류 위험물 중 과염소산염류에 해당되며 지정수량 50kg이다.
㉯ 무색, 무취의 사방정계 결정으로 조해성이 있다.
㉰ 물이나 에틸알코올, 아세톤에 잘 녹으나 에테르에는 녹지 않는다.
㉱ 400℃ 부근에서 분해하여 산소를 방출한다.
㉲ 자신은 불연성 물질이지만 강력한 산화제이다.
㉳ 진한 황산과 접촉하면 폭발성가스를 생성하고 폭발 위험이 있다.
㉴ 유기물 등이 섞여 있을 때 가열, 충격, 마찰에 의해 폭발한다.

정답 27. ② 28. ① 29. ④ 30. ① 31. ④

㉮ 비중 2.50, 융점 482℃, 용해도(0℃) 170 이다.

32. **위험물 제조소의 위치, 구조 및 설비의 기준에 대한 설명 중 틀린 것은?**

① 벽, 기둥, 바닥, 보, 서까래는 내화재료로 하여야 한다.
② 제조소의 표지판은 한 변이 30cm, 다른 한 변이 60cm 이상의 크기로 한다.
③ "화기엄금"을 표시하는 게시판은 적색 바탕에 백색 문자로 한다.
④ 지정수량의 10배를 초과한 위험물을 취급하는 제조소는 보유공지의 너비가 5m 이상이어야 한다.

해설 제조소의 건축물 기준[시행규칙 별표4]
㉮ 지하층이 없도록 하여야 한다.
㉯ 벽·기둥·바닥·보·서까래 및 계단을 불연재료로 하고, 연소의 우려가 있는 외벽은 출입구 외의 개구부가 없는 내화구조의 벽으로 하여야 한다.
㉰ 지붕은 가벼운 불연재료로 덮어야 한다.
㉱ 출입구와 비상구는 갑종방화문 또는 을종방화문을 설치하되, 연소의 우려가 있는 외벽에 설치하는 출입구에는 자동폐쇄식의 갑종방화문을 설치하여야 한다.
㉲ 위험물을 취급하는 건축물의 창 및 출입구의 유리는 망입유리로 하여야 한다.
㉳ 액체의 위험물을 취급하는 건축물의 바닥은 적당한 경사를 두어 최저부에 집유설비를 하여야 한다.

33. **물과 작용하여 메탄과 수소를 발생시키는 것은?**

① Al_4C_3
② Mn_3C
③ Na_2C_2
④ MgC_2

해설 제3류 위험물 중 칼슘 또는 알루미늄의 탄화물(금속탄화물)이 물과 반응하여 생성하는 물질
㉮ 탄화알루미늄(Al_4C_3) : 수산화알루미늄[$Al(OH)_3$]과 메탄(CH_4)을 생성
$Al_4C_3 + 12H_2O \rightarrow 4Al(OH)_3 + 3CH_4\uparrow$
㉯ 탄화망간(Mn_3C) : 메탄(CH_4)과 수소(H_2)가 발생
$Mn_3C + 6H_2O \rightarrow 3Mn(OH)_2 + CH_4\uparrow + H_2\uparrow$
㉰ 탄화나트륨(Na_2C_2) : 수산화나트륨($NaOH$)과 아세틸렌(C_2H_2)을 생성
$Na_2C_2 + 2H_2O \rightarrow 2NaOH + C_2H_2\uparrow$
㉱ 탄화마그네슘(MgC_2) : 수산화마그네슘[$Mg(OH)_2$]과 아세틸렌(C_2H_2) 생성
$MgC_2 + 2H_2O \rightarrow Mg(OH)_2 + C_2H_2\uparrow$

34. **연면적이 $1000m^2$이고 지정수량의 80배의 위험물을 취급하며 지반면으로부터 5m 높이에 위험물 취급설비가 있는 제조소의 소화난이도 등급은?**

① 소화난이도 등급 Ⅰ
② 소화난이도 등급 Ⅱ
③ 소화난이도 등급 Ⅲ
④ 제시된 조건으로 판단할 수 없음

해설 제조소, 일반 취급소의 소화난이도 등급 Ⅰ에 해당되는 시설[시행규칙 별표17]
㉮ 연면적 $1000m^2$ 이상인 것
㉯ 지정수량의 100배 이상인 것(고인화점 위험물만을 100℃ 미만의 온도에서 취급하는 것은 제외)
㉰ 지반면으로부터 6m 이상의 높이에 위험물 취급설비가 있는 것(고인화점 위험물만을 100℃ 미만의 온도에서 취급하는 것은 제외)
㉱ 일반취급소로 사용되는 부분 외의 부분을 갖는 건축물에 설치된 것(내화구조로 개구부 없이 구획된 것, 고인화점 위험물만을 100℃ 미만의 온도에서 취급하는 것 및 화학실험의 일반취급소는 제외)

35. **트리니트로톨루엔의 작용기에 해당하는 것은?**

① $-NO$
② $-NO_2$
③ $-NO_3$
④ $-NO_4$

정답 32. ① 33. ② 34. ① 35. ②

해설 트리니트로톨루엔[$C_6H_2CH_3(NO_2)_3$] : 제5류 위험물 중 니트로화합물에 해당된다. 톨루엔($C_6H_5CH_3$)의 수소 3개를 니트로기($-NO_2$)로 치환된 화합물로 3개의 이성질체가 있으며 일명 TNT라 불려진다.

36. 위험물 안전관리법령상 위험등급이 나머지 셋과 다른 하나는?

① 알코올류 ② 제2석유류
③ 제3석유류 ④ 동식물유류

해설 제4류 위험물의 위험등급
㉮ 위험등급 Ⅰ : 특수인화물
㉯ 위험등급 Ⅱ : 제1석유류, 알코올류
㉰ 위험등급 Ⅲ : 제2석유류, 제3석유류, 제4석유류, 동식물유류

37. 위험물 안전관리법령상 운송책임자의 감독·지원을 받아 운송하여야 하는 위험물은?

① 특수인화물 ② 알킬리튬
③ 질산구아니딘 ④ 히드라진 유도체

해설 운송책임자의 감독·지원을 받아 운송하여야 하는 위험물 종류[시행령 제19조] : 알킬알루미늄, 알킬리튬, 알킬알루미늄 또는 알킬리튬을 함유하는 위험물

38. 다음 위험물 중 상온에서 액체인 것은 어느 것인가?

① 질산에틸 ② 트리니트로톨루엔
③ 셀룰로이드 ④ 피크린산

해설 제5류 위험물의 상온에서 상태

품명		상태
질산에틸	질산에스테르류	액체
트리니트로톨루엔	니트로화합물	고체
셀룰로이드	질산에스테르류	고체
피크린산	니트로화합물	고체

39. 위험물 제조소의 게시판에 "화기주의"라고 쓰여 있다. 제 몇 류 위험물 제조소인가?

① 제1류 ② 제2류 ③ 제3류 ④ 제4류

해설 제조소의 주의사항 게시판[시행규칙 별표4]

위험물의 종류	내용	색상
• 제1류 위험물 중 알칼리금속의 과산화물 • 제3류 위험물 중 금수성물질	"물기엄금"	청색바탕에 백색문자
• 제2류 위험물(인화성 고체 제외)	"화기주의"	적색바탕에 백색문자
• 제2류 위험물 중 인화성 고체 • 제3류 위험물 중 자연발화성물질 • 제4류 위험물 • 제5류 위험물	"화기엄금"	

40. 제6류 위험물에 대한 설명으로 옳은 것은?

① 과염소산은 독성은 없지만 폭발의 위험이 있으므로 밀폐하여 보관한다.
② 과산화수소는 농도가 3% 이상일 때 단독으로 폭발하므로 취급에 주의한다.
③ 질산은 자연발화의 위험이 높으므로 저온 보관한다.
④ 할로겐화합물의 지정수량은 300kg이다.

해설 각 항목의 옳은 설명
① 과염소산($HClO_4$)은 무색의 유동하기 쉬운 액체이며, 염소 냄새가 난다. **불연성물질**로 가열하면 유독성가스를 발생한다. 유리나 도자기 등의 밀폐용기에 넣어, 저온에서 통풍이 잘 되는 곳에 저장한다.
② 과산화수소(H_2O_2)는 농도가 **60% 이상**의 것은 충격에 의해 단독 폭발의 가능성이 있으므로 취급에 주의한다. 소독약으로 사용되는 옥시풀은 과산화수소 3%인 용액이다.
③ 질산(HNO_3) 자체는 **연소성, 폭발성은 없지만** 환원성이 강한 물질(황화수소(H_2S), 아민 등)과 혼합하면 발화 또는 폭발한다. 직사광선에 의해 분해되므로 갈색병에 넣어 냉암소에 저장한다.

정답 36. ① 37. ② 38. ① 39. ② 40. ④

④ 할로겐간 화합물 : 지정수량 300kg으로 오불화요오드(IF_5), 오불화브롬(BrF_5), 삼불화브롬(BrF_3) 등이 해당된다.

41. 적린의 성질에 대한 설명 중 틀린 것은?

① 물이나 이황화탄소에 녹지 않는다.
② 발화온도는 약 260℃ 정도이다.
③ 연소할 때 인화수소 가스가 발생한다.
④ 산화제가 섞여 있으면 마찰에 의해 착화하기 쉽다.

해설 적린(P_4)의 특징

㉮ 제2류 위험물로 지정수량 100kg이다.
㉯ 안정한 암적색, 무취의 분말로 황린과 동소체이다.
㉰ 물, 에틸알코올, 가성소다(NaOH), 이황화탄소(CS_2), 에테르, 암모니아에 용해하지 않는다.
㉱ 독성이 없고 상온에서 할로겐원소와 반응하지 않는다.
㉲ 자연발화의 위험성이 없으나 산화제와 공존하면 낮은 온도에서도 발화할 수 있다.
㉳ 공기 중에서 연소하면 **오산화인(P_2O_5)**이 되면서 백색 연기를 낸다.
㉴ 비중 2.2, 융점(43atm) 590℃, 승화점 400℃, 발화점 260℃

42. 트리니트로페놀의 성상에 대한 설명 중 틀린 것은?

① 융점은 약 61℃이고, 비점은 약 120℃이다.
② 쓴맛이 있으며 독성이 있다.
③ 단독으로는 마찰, 충격에 비교적 안정하다.
④ 알코올, 에테르, 벤젠에 녹는다.

해설 트리니트로페놀($C_6H_2(NO_2)_3OH$: 피크린산)의 특징

㉮ 제5류 위험물 중 니트로화합물로 지정수량 200kg이다.
㉯ 강한 쓴맛과 독성이 있는 휘황색을 나타내는 편평한 침상 결정이다.
㉰ 찬물에는 거의 녹지 않으나 온수, 알코올, 에테르, 벤젠 등에는 잘 녹는다.
㉱ 중금속(Fe, Cu, Pb 등)과 반응하여 민감한 피크린산염을 형성한다.
㉲ 공기 중에서 서서히 연소하나 뇌관으로는 폭굉을 일으킨다.
㉳ 황색 염료, 농약, 산업용 도폭선의 심약, 뇌관의 첨장약, 군용 폭파약, 피혁공업에 사용한다.
㉴ 단독으로는 타격, 마찰에 둔감하고, 연소할 때 검은 연기(그을음)를 낸다.
㉵ 금속염은 매우 위험하여 가솔린, 알코올, 옥소, 황 등과 혼합된 것에 약간의 마찰이나 타격을 주어도 심하게 폭발한다.
㉶ 비중 1.8, **융점** 121℃, **비점** 255℃, 발화점 300℃이다.

43. 위험물 안전관리법령에서 제3류 위험물에 해당하지 않는 것은?

① 알칼리 금속　② 칼륨
③ 황화인　④ 황린

해설 황화인(황화린)은 제3류 위험물에 해당된다.

44. 위험물 안전관리법령상 정기점검 대상인 제조소등의 조건이 아닌 것은?

① 예방규정 작성대상인 제조소등
② 지하탱크 저장소
③ 이동탱크 저장소
④ 지정수량 5배의 위험물을 취급하는 옥외탱크를 둔 제조소

해설 정기점검 대상인 제조소[시행령 제16조]

㉮ 관계인이 예방규정을 정하여야 하는 제조소등
㉯ 지하탱크저장소
㉰ 이동탱크저장소
㉱ 위험물을 취급하는 탱크로서 지하에 매설된 탱크가 있는 제조소·주유취급소 또는 일반취급소

정답 41. ③ 42. ① 43. ③ 44. ④

45. Ca_3P_2 600kg을 저장하려 한다. 지정수량의 배수는 얼마인가?

① 2배 ② 3배
③ 4배 ④ 5배

해설 인화칼슘(Ca_3P_2)

㉮ 제3류 위험물로 지정수량은 300kg이다.

㉯ 지수량 배수 계산 : 지정수량 배수는 위험물량을 지정수량으로 나눈 값이다.

$$\therefore \text{지정수량배수} = \frac{\text{위험물량}}{\text{지정수량}} = \frac{600}{300} = 2\text{배}$$

46. 디에틸에테르의 보관·취급에 관한 설명으로 틀린 것은?

① 용기는 밀봉하여 보관한다.
② 환기가 잘 되는 곳에 보관한다.
③ 정전기가 발생하지 않도록 취급한다.
④ 저장용기에 빈 공간이 없게 가득 채워 보관한다.

해설 디에틸에테르($C_2H_5OC_2H_5$: 에테르)의 특징

㉮ 제4류 위험물 중 특수인화물에 해당되며 지정수량 50L이다.

㉯ 비점(34.48℃)이 낮고 무색투명하며 독특한 냄새가 있는 인화되기 쉬운 액체이다.

㉰ 물에는 녹기 어려우나 알코올에는 잘 녹는다.

㉱ 전기의 불량도체라 정전기가 발생되기 쉽다.

㉲ 휘발성이 강하고 증기는 마취성이 있어 장시간 흡입하면 위험하다.

㉳ 공기와 장시간 접촉하면 과산화물이 생성되어 가열, 충격, 마찰에 의하여 폭발한다.

㉴ 인화점 및 발화온도가 낮고 연소범위가 넓다.

㉵ 건조 시 정전기에 의하여 발화하는 경우도 있다.

㉳ 불꽃 등 화기를 멀리하고 통풍이 잘 되는 곳에 저장한다.

㉴ 공기와 접촉 시 과산화물이 생성되는 것을 방지하기 위해 용기는 갈색병을 사용한다.

㉵ 증기 누설을 방지하고, 밀전하여 냉암소에 보관한다.

㉶ 용기의 공간용적은 10% 이상 여유 공간을 확보한다.

㉷ 액체 비중 0.719(증기비중 2.55), 비점 34.48℃, 발화점 180℃, 인화점 −45℃, 연소범위 1.91 ~48%이다.

47. 아닐린에 대한 설명으로 옳은 것은?

① 특유의 냄새를 가진 기름상 액체이다.
② 인화점이 0℃ 이하이어서 상온에서 인화의 위험이 높다.
③ 황산과 같은 강산화제와 접촉하면 중화되어 안정하게 된다.
④ 증기는 공기와 혼합하여 인화, 폭발의 위험이 없는 안정한 상태가 된다.

해설 아닐린($C_6H_5NH_2$)의 특징

㉮ 제4류 위험물 중 제3석유류에 해당되며 지정수량 4000L이다.

㉯ 황색 또는 담황색 기름 모양의 액체로 특이한 냄새가 나며 햇빛이나 공기의 작용에 의해 흑갈색으로 변한다.

㉰ 물보다 무겁고 잘 녹지 않으나 유기용제에는 잘 녹는다.

㉱ 알칼리금속 및 알칼리토금속과 반응하여 수소와 아닐리드를 생성한다.

㉲ 가연성이며, 독성이 강하여 증기를 흡입하거나 피부에 노출되면 급성 또는 만성 중독을 일으킨다.

㉳ 비중 1.02, 비점 184.2℃, 융점 −6.2℃, 인화점 75.8℃, 발화점 538℃이다.

48. 벤젠의 저장 및 취급 시 주의사항에 대한 설명으로 틀린 것은?

① 정전기 발생에 주의한다.
② 피부에 닿지 않도록 주의한다.
③ 증기는 공기보다 가벼워 높은 곳에 체류하므로 환기에 주의한다.
④ 통풍이 잘 되는 서늘하고 어두운 곳에 저장한다.

정답 45. ① 46. ④ 47. ① 48. ③

해설 벤젠(C_6H_6)의 특징

㉮ 제4류 위험물 중 제1석유류에 해당되며 지정수량은 200L이다.

㉯ 무색, 투명한 휘발성이 강한 액체로 증기는 마취성과 독성이 있다.

㉰ 분자량 78의 방향족 유기화합물로 증기는 공기보다 무겁다.

㉱ 물에는 녹지 않으나 알코올, 에테르 등 유기용제와 잘 섞이고 수지, 유지, 고무 등을 잘 녹인다.

㉲ 불을 붙이면 그을음(C)을 많이 내면서 연소한다.

㉳ 융점이 5.5℃로 겨울철 찬 곳에서 고체가 되는 현상이 발생한다.

㉴ 액체 비중 0.88(**증기비중** 2.7), 비점 80.1℃, 발화점 562.2℃, 인화점 −11.1℃, 융점 5.5℃, 연소범위 1.4~7.1%이다.

49. 질산칼륨의 성질에 해당하는 것은?

① 무색 또는 흰색 결정이다.
② 물과 반응하면 폭발의 위험이 있다.
③ 물에 녹지 않으나 알코올에 잘 녹는다.
④ 황산, 목분과 혼합하면 흑색 화약이 된다.

해설 질산칼륨(KNO_3)의 특징

㉮ 제1류 위험물 중 질산염류에 해당되며 지정수량은 300kg이다.

㉯ 무색 또는 백색 결정분말로 짠맛과 자극성이 있다.

㉰ 물이나 글리세린에는 잘 **녹으나 알코올**에는 **녹지 않는다.**

㉱ **강산화제**로 가연성 분말이나 유기물과의 접촉은 매우 위험하다.

㉲ 흡습성이나 조해성이 없다.

㉳ 400℃ 정도로 가열하면 아질산칼륨(KNO_2)과 산소(O_2)가 발생한다.

㉴ **흑색 화약**의 원료(**질산칼륨** 75%, **황** 15%, 목탄 10%)로 사용한다.

㉵ 유기물과 접촉을 피하고, 건조한 장소에 보관한다.

㉶ 비중 2.10, 융점 339℃, 용해도(15℃) 26, 분해온도 400℃이다.

50. 위험물 제조소 등에 자체소방대를 두어야 할 대상의 위험물 안전관리법령상 기준으로 옳은 것은? (단, 원칙적인 경우에 한한다.)

① 지정수량의 3000배 이상의 위험물을 저장하는 저장소 또는 제조소
② 지정수량의 3000배 이상의 위험물을 취급하는 제조소 또는 일반취급소
③ 지정수량의 3000배 이상의 제4류 위험물을 저장하는 저장소 또는 제조소
④ 지정수량의 3000배 이상의 제4류 위험물을 취급하는 제조소 또는 일반취급소

해설 제조소등에 자체소방대를 두어야 할 대상[시행령 18조] : 지정수량 3000배 이상의 제4류 위험물을 취급하는 제조소 또는 일반취급소

51. 보기의 위험물을 위험등급 Ⅰ, 위험등급 Ⅱ, 위험등급 Ⅲ의 순서로 옳게 나열한 것은?

보기
황린, 인화칼슘, 리듐

① 황린, 인화칼슘, 리듐
② 황린, 리듐, 인화칼슘
③ 인화칼슘, 황린, 리듐
④ 인화칼슘, 리듐, 황린

해설 ㉮ 제3류 위험물 위험등급[시행규칙 별표19]

㉠ 위험등급 Ⅰ : 칼륨, 나트륨, 알킬알루미늄, 알킬리튬, 황린 그 밖에 지정수량이 10kg 또는 20kg인 위험물

㉠ 위험등급 Ⅱ : 알칼리금소(칼륨 및 나트륨을 제외한다) 및 알칼리토금속, 유기금속화합물(알킬알루미늄 및 알킬리튬을 제외한다) 그 밖에 지정수량이 50kg인 위험물

㉢ ㉠항 및 ㉡항에서 정하지 아니한 위험물

㉯ 보기의 위험물 품명, 지정수량 및 위험등급

정답 49. ① 50. ④ 51. ②

품명		지정수량	위험등급
황린		20kg	I
인화칼슘	금속의 인화물	300kg	Ⅲ
리튬	알칼리금속	50kg	Ⅱ

52. **다음 중 휘발유에 대한 설명으로 옳지 않은 것은?**

① 지정수량은 200L이다.
② 전기의 불량도체로서 정전기 축적이 용이하다.
③ 원유의 성질, 상태, 처리 방법에 따라 탄화수소와 혼합 비율이 다르다.
④ 발화점은 −43∼−20℃ 정도이다.

해설 휘발유(가솔린)의 특징
㉮ 제4류 위험물 중 제1석유류에 해당되며 지정수량 200L이다.
㉯ 탄소수 C_5~C_9까지의 포화(알칸), 불포화(알켄) 탄화수소의 혼합물로 휘발성 액체이다.
㉰ 특이한 냄새가 나는 무색의 액체로 비점이 낮다.
㉱ 물에는 용해되지 않지만 유기용제와는 잘 섞이며 고무, 수지, 유지를 잘 녹인다.
㉲ 액체는 물보다 가볍고, 증기는 공기보다 무겁다.
㉳ 옥탄가를 높이기 위해 첨가제(사에틸납)를 넣으며, 착색된다.
㉴ 휘발 및 인화하기 쉽고, 증기는 공기보다 3~4배 무거워 누설 시 낮은 곳에 체류하여 연소를 확대시킨다.
㉵ 전기의 불량도체이며, 정전기 발생에 의한 인화의 위험성이 크다.
㉶ 액체 비중 0.65 ~ 0.8(증기비중 3~4), 인화점 −20 ~ −43℃, **발화점** 300℃, 연소범위 1.4 ~ 7.6%이다.

53. **위험물 운반 시 동일한 트럭에 제1류 위험물과 함께 적재할 수 있는 유별은? (단, 지정수량의 5배 이상인 경우이다.)**

① 제3류 ② 제4류
③ 제6류 ④ 없음

해설 ㉮ 위험물 운반할 때 혼재 기준[시행규칙 별표19, 부표2]

구분	제1류	제2류	제3류	제4류	제5류	제6류
제1류		×	×	×	×	○
제2류	×		×	○	○	×
제3류	×	×		○	×	×
제4류	×	○	○		○	×
제5류	×	○	×	○		×
제6류	○	×	×	×	×	

○ : 혼합 가능, × : 혼합 불가능

㉯ 이 표는 지정수량의 $\frac{1}{10}$ 이하의 위험물에 대하여는 적용하지 않는다.

54. **황린의 저장 및 취급에 있어서 주의할 사항 중 옳지 않은 것은?**

① 독성이 있으므로 취급에 주의할 것
② 물과의 접촉을 피할 것
③ 산화제와의 접촉을 피할 것
④ 화기의 접근을 피할 것

해설 황린(P_4)의 저장 및 취급 방법
㉮ 자연 발화의 가능성이 있으므로 **물속에 저장**하며, 온도가 상승 시 물의 산성화가 빨라져 용기를 부식시키므로 직사광선을 막는 차광 덮개를 하여 저장한다.
㉯ 맹독성 물질이므로 고무장갑, 보호복, 보호안경을 착용하고 취급한다.
㉰ 인을 덮고 있는 물은 약알칼리성의 석회나 소다회로 중화시켜 보관하되, 강알칼리가 되어서는 안 된다[pH9 이상이 되면 인화수소(PH_3)를 발생한다].
㉱ 용기는 금속 또는 유리용기를 사용하고 밀봉한다.
㉲ 피부에 노출되었을 경우 다량의 물로 세척하거나, 질산은($AgNO_3$) 용액으로 제거한다.

참고 황린은 물에 녹지 않으므로 물과 접촉하여도 위험이 없다.

정답 52. ④ 53. ③ 54. ②

55. 위험물 안전관리법상 제조소등의 허가취소 또는 사용정지의 사유에 해당되지 않는 것은?

① 안전교육 대상자가 교육을 받지 아니한 때
② 완공검사를 받지 않고 제조소등을 사용한 때
③ 위험물 안전관리자를 선임하지 아니한 때
④ 제조소등의 정기검사를 받지 아니한 때

해설 제조소등 허가취소 또는 사용정지의 사유 [법 제12조]

㉮ 변경허가를 받지 아니하고 제조소등의 위치·구조 또는 설비를 변경한 때
㉯ 완공검사를 받지 아니하고 제조소등을 사용한 때
㉰ 수리·개조 또는 이전의 명령을 위한한 때
㉱ 위험물 안전관리자를 선임하지 아니한 때
㉲ 위험물 안전관리자 대리자를 지정하지 아니한 때
㉳ 정기점검을 하지 아니한 때
㉴ 정기검사를 받지 아니한 때
㉵ 저장·취급기준 준수명령을 위반한 때

참고 교육대상자가 교육을 받지 아니한 때에는 그 교육대상자가 교육을 받을 때까지 이 법의 규정에 따라 그 자격으로 행하는 행위를 제한할 수 있다[법 제28조].

56. 위험물의 유별 구분이 나머지 셋과 다른 하나는?

① 니트로글리콜
② 벤젠
③ 아조벤젠
④ 디니트로벤젠

해설 각 위험물의 유별 구분

품명		유별	지정수량
니트로글리콜	질산에스테르류	제5류	10kg
벤젠	제1석유류	제4류	200L
아조벤젠	아조화합물	제5류	200kg
디니트로벤젠	니트로화합물	제5류	200kg

57. 제4류 위험물 중 제1석유류에 속하는 것은?

① 에틸렌글리콜
② 글리세린
③ 아세톤
④ n−부탄올

해설 ㉮ 제4류 위험물 중 제1석유류 : 아세톤(CH_3COCH_3 : 디메틸케톤), 가솔린(C_5H_{12}~ C_9H_{20} : 휘발유), 벤젠(C_6H_6 : 벤졸), 톨루엔($C_6H_5CH_3$: 메틸벤젠), 크실렌[$C_6H_4(CH_3)_2$: 디메틸벤젠], 초산에스테르류, 의산(개미산) 에스테르류, 메틸에틸케톤($CH_3COC_2H_5$), 피리딘(C_5H_5N) 등
㉯ 에틸렌 글리콜, 글리세린 : 제4류 위험물 중 제3석유류
㉰ n−부탄올 : 제4류 위험물 중 제2석유류

58. 횡으로 설치한 원통형 위험물 저장탱크의 내용적이 500L일 때 공간용적은 최소 몇 L 이어야 하는가? (단, 원칙적인 경우에 한한다.)

① 15 ② 25
③ 35 ④ 50

해설 탱크의 공간용적[세부기준 제25조]

㉮ 탱크의 공간용적은 탱크의 내용적의 $\frac{5}{100}$ 이상 $\frac{10}{100}$ 이하의 용적으로 한다.
㉯ 소화설비(소화약제 방출구를 탱크 안의 윗부분에 설치하는 것에 한한다)를 설치하는 탱크의 공간용적은 소화방출구 아래의 0.3m 이상 1m 미만 사이의 면으로부터 윗부분의 용적으로 한다.
㉰ 암반탱크는 당해 탱크 내에 용출하는 7일간의 지하수의 양에 상당하는 용적과 당해 탱크의 내용적의 $\frac{1}{100}$ 용적 중에서 보다 큰 용적을 공간용적으로 한다.

∴ 최소공간용적 = 탱크 내용적 $\times \frac{5}{100}$

$= 500 \times \frac{5}{100} = 25$ L

정답 55. ① 56. ② 57. ③ 58. ②

59. 탄화칼슘을 습한 공기 중에 보관하면 위험한 이유로 가장 옳은 것은?

① 아세틸렌과 공기가 혼합하면 폭발성 가스가 생성될 수 있으므로
② 에틸렌과 공기 중 질소가 혼합된 폭발성 가스가 생성될 수 있으므로
③ 분진 폭발의 위험성이 증대하기 때문에
④ 포스핀과 같은 독성가스가 발생하기 때문에

해설 ㉮ 탄화칼슘(CaC_2) : 제3류 위험물로 물(H_2O)과 반응하여 가연성 가스인 아세틸렌(C_2H_2)이 발생한다.
㉯ 반응식 : $CaC_2 + 2H_2O \rightarrow Ca(OH)_2 + C_2H_2$

60. 인화성 액체 위험물을 저장 또는 취급하는 옥외탱크 저장소의 방유제 내에 용량 10만 L와 5만 L인 옥외저장탱크 2기를 설치하는 경우에 확보하여야 하는 방유제의 용량은?

① 50000 L 이상
② 80000 L 이상
③ 110000 L 이상
④ 150000 L 이상

해설 옥외탱크 저장소 방유제 용량 기준[시행규칙 별표6]
㉮ 탱크가 하나인 경우 : 탱크 용량의 110% 이상
㉯ 2기 이상인 경우 : 탱크 중 용량이 최대인 것의 110% 이상
∴ 방유제 용량=100000×1.1=110000L 이상

정답 59. ① 60. ③

2013. 4. 14 시행 (제2회)

1. 분말소화약제의 식별 색을 옳게 나타낸 것은?

① $KHCO_3$: 백색
② $NH_4H_2PO_4$: 담홍색
③ $NaHCO_3$: 보라색
④ $KHCO_3+(NH_2)_2CO$: 초록색

해설 분말소화약제의 종류 및 적응화재

종류	주성분	적응 화재	착색
제1종 분말	중탄산나트륨 ($NaHCO_3$)	B.C	백색
제2종 분말	중탄산칼륨 ($KHCO_3$)	B.C	자색 (보라색)
제3종 분말	제1인산암모늄 ($NH_4H_2PO_4$)	A.B.C	담홍색
제4종 분말	중탄산칼륨+요소 [$KHCO_3+(NH_2)_2CO$]	B.C	회색

2. 유류화재 소화 시 분말소화약제를 사용할 경우 소화 후에 재발화 현상이 가끔씩 발생할 수 있다. 다음 중 이러한 현상을 예방하기 위하여 병용하여 사용하면 가장 효과적인 포소화약제는?

① 단백포 소화약제
② 수성막포 소화약제
③ 알코올형포 소화약제
④ 합성계면활성제포 소화약제

해설 포(foam) 소화약제 중 공기포(기계포) 특징

㉮ 단백포 소화약제 : 기포 안정제로 염화제일철염을 사용하며 내열성이 강하며 가격이 저렴하지만 유동 및 내유성이 매우 나쁘다.

㉯ 합성 계면활성제포 소화약제 : 계면활성제를 기제로 하며 유동성이 빠르고, 쉽게 변질되지 않아 반영구적이다. A급 화재, B급 화재에 적응한다.

㉰ **수성막포 소화약제** : 인체에 유해하지 않으며, 유동성이 좋아 소화속도가 빠르다. 단백포에 비해 3배 효과가 있으며 **기름화재 진압용으로 가장 우수**하다.

㉱ 불화단백포 소화약제 : 플로오르계 계면활성제를 물과 혼합하여 제조한 것으로 수명이 길지만 가격이 고가이다.

㉲ 내알코올포 소화약제 : 알코올과 같은 수용성 액체에는 포가 파괴되는 현상으로 인해 소화 효과를 잃게 되는 것을 방지하기 위해 단백질 가스분해물에 합성세제를 혼합하여 제조한 소화약제이다.

3. 위험물 제조소등의 소화설비의 기준에 관한 설명으로 옳은 것은?

① 제조소등 중에서 소화난이도 등급 Ⅰ, Ⅱ 또는 Ⅲ의 어느 것에도 해당하지 않는 것도 있다.
② 옥외탱크 저장소의 소화난이도 등급을 판단하는 기준 중 탱크의 높이는 기초를 제외한 탱크 측판의 높이를 말한다.
③ 제조소의 소화난이도 등급을 판단하는 기준 중 면적에 관한 기준은 건축물 외에 설치된 것에 대해서는 수평투영면적을 기준으로 한다.
④ 제4류 위험물을 저장, 취급하는 제조소등에도 스프링클러 소화설비가 적응성이 인정되는 경우가 있으며 이는 수원의 수량을 기준으로 판단한다.

해설 ㉮ 소화설비의 기준[시행규칙 제41조] : 소화가 곤란한 정도에 따른 소화난이도는 소화난이도등급 Ⅰ, 소화난이도등급 Ⅱ 및 소화난이도등급 Ⅲ으로 구분하되, 시행규칙 제47조에 의하여 규정을 적용하지 않는 특례 조항이 있다.

㉯ 각 항목의 옳은 설명 : 제조소등 소화설비 기준[시행규칙 별표17]

② 옥외탱크 저장소의 소화난이도 등급 Ⅰ을

2013

정답 1. ② 2. ② 3. ①

판단하는 기준 중 탱크의 높이는 지반면으로부터 탱크 옆판의 상단까지 높이가 6m 이상인 것을 말한다.

③ 제조소등의 옥외에 설치된 공작물은 외벽이 내화구조인 것으로 간주하고 공작물의 최대수평투영면적을 연면적으로 간주하여 제조소 또는 취급소의 건축물 및 저장소의 건축물의 규정에 의하여 소요단위를 산정한다.

④ 제4류 위험물을 저장 또는 취급하는 장소의 살수기준면적에 따라 스프링클러설비의 살수밀도가 규정에 정하는 기준 이상인 경우에는 당해 스프링클러설비가 제4류 위험물에 대하여 적응성이 있다.

4. 수소화나트륨 240g과 충분한 물이 완전 반응하였을 때 발생하는 수소의 부피는? (단, 표준상태를 가정하며, 나트륨의 원자량은 23이다.)

① 22.4L ② 224L
③ $22.4m^3$ ④ $224m^3$

해설 ㉮ 수소화나트륨(NaH)과 물의 반응식

$NaH + H_2O \rightarrow NaOH + H_2$

㉯ 수소화나트륨(NaH) 240g이 반응할 때 수소 부피 계산 : 수소화나트륨의 분자량은 24이다.

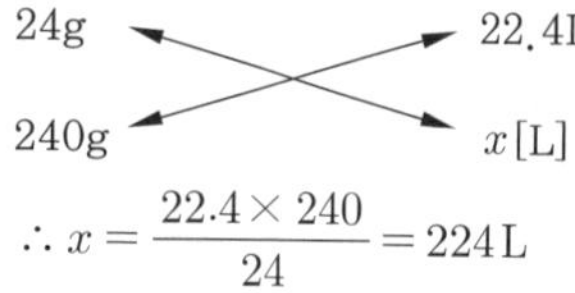

$$\therefore x = \frac{22.4 \times 240}{24} = 224\text{L}$$

5. 소화난이도 등급 I인 옥외탱크 저장소에 있어서 제4류 위험물 중 인화점이 섭씨 70도 이상인 것을 저장, 취급하는 경우 어느 소화설비를 설치해야 하는가? (단, 지중탱크 또는 해상탱크 외의 것이다.)

① 스프링클러 소화설비
② 물분무 소화설비
③ 이산화탄소 소화설비
④ 분말 소화설비

해설 소화난이도 등급 I인 옥외탱크 저장소에 설치하여야 할 소화설비[시행규칙 별표17]

구 분		소화설비
지중탱크 또는 해상탱크 외의 것	유황만을 취급하는 것	물분무소화설비
	인화점 70℃ 이상의 제4류 위험물만을 저장 취급하는 것	물분무소화설비 또는 고정식 포소화설비
	그 밖의 것	고정식 포소화설비(포소화설비가 적응성이 없는 경우 분말소화설비)

6. 위험물 제조소 내의 위험물을 취급하는 배관에 대한 설명으로 옳지 않은 것은?

① 배관을 지하에 매설하는 경우 접합부분에는 점검구를 설치하여야 한다.
② 배관을 지하에 매설하는 경우 금속성 배관의 외면에는 부식 방지 조치를 하여야 한다.
③ 최대상용압력의 1.5배 이상의 압력으로 수압시험을 실시하여 이상이 없어야 한다.
④ 지상에 설치하는 경우에는 안전한 구조의 지지물로 지면에 밀착하여 설치하여야 한다.

해설 제조소 내의 배관[시행규칙 별표4]

㉮ 배관의 재질은 강관 그 밖에 이와 유사한 금속성으로 하여야 한다.

㉯ 배관에 걸리는 최대상용압력의 1.5배 이상의 압력으로 수압시험(불연성의 액체 또는 기체를 이용하여 실시하는 시험을 포함한다)을 실시하여 누설 그 밖의 이상이 없는 것으로 한다.

㉰ 배관을 **지상에 설치**하는 경우에는 지진·풍압·지반침하 및 온도변화에 안전한 구조의 지지물에 설치하되, **지면에 닿지 아니하도록** 하고 배관의 외면에 부식방지를 위한 도장을 하여야 한다.

㉱ 배관을 지하에 매설하는 경우 기준

정답 4. ② 5. ② 6. ④

㉠ 금속성 배관의 외면에는 부식방지를 위하여 도복장·코팅 또는 전기방식 등의 필요한 조치를 할 것
㉡ 배관의 접합부분(용접 접합부 제외)에는 위험물의 누설여부를 점검할 수 있는 점검구를 설치할 것
㉢ 지면에 미치는 중량이 당해 배관에 미치지 아니하도록 보호할 것
㉤ 배관에 가열 또는 보온을 위한 설비를 설치하는 경우에는 화재예방상 안전한 구조로 하여야 한다.

7. **위험물 제조소등의 화재예방 등 위험물 안전관리에 관한 직무를 수행하는 위험물 안전관리자의 선임 시기는?**

① 위험물 제조소등의 완공검사를 받은 후 즉시
② 위험물 제조소등의 허가 신청 전
③ 위험물 제조소등의 설치를 마치고 완공검사를 신청하기 전
④ 위험물 제조소등에서 위험물을 저장 또는 취급하기 전

해설 위험물 안전관리자의 선임 시기 : 위험물 제조소 등에서 위험물을 저장 또는 취급하기 전

8. **소화효과 중 부촉매 효과를 기대할 수 있는 소화약제는?**

① 물 소화약제 ② 포 소화약제
③ 분말 소화약제 ④ 이산화탄소 소화약제

해설 소화약제의 소화효과
㉮ 물 : 냉각효과
㉯ 산·알칼리 소화약제 : 냉각효과
㉰ 강화액 소화약제 : 냉각소화, 부촉매 효과, 일부질식효과
㉱ 이산화탄소 소화약제 : 질식효과, 냉각효과
㉲ 할로겐화합 소화약제 : 억제효과(부촉매 효과)
㉳ 포 소화약제 : 질식효과, 냉각효과
㉴ 분말 소화약제 : 질식효과, 냉각효과, 제3종 분말소화약제는 부촉매 효과도 있음

9. **고온체의 색깔이 휘적색일 경우의 온도는 약 몇 ℃ 정도인가?**

① 500 ② 950 ③ 1300 ④ 1500

해설 연소 빛에 따른 온도

구분	암적색	적색	휘적색	황적색	백적색	휘백색
온도	700℃	850℃	950℃	1100℃	1300℃	1500℃

10. **다음 중 연소속도와 의미가 가장 가까운 것은?**

① 기화열의 발생속도
② 환원속도
③ 착화속도
④ 산화속도

해설 연소속도 : 가연물과 산소와의 반응(산화반응)을 일으키는 속도이다.

11. **지정수량의 몇 배 이상의 위험물을 취급하는 제조소에는 화재발생 시 이를 알릴 수 있는 경보설비를 설치하여야 하는가?**

① 5 ② 10 ③ 20 ④ 100

해설 경보설비의 기준[시행규칙 제42조]
㉮ 지정수량의 10배 이상의 위험물을 저장 또는 취급하는 제조소등(이동탱크저장소를 제외한다)에는 화재발생 시 이를 알릴 수 있는 경보설비를 설치하여야 한다.
㉯ 경보설비는 자동화재 탐지설비·비상경보설비(비상벨장치 또는 경종을 포함한다)·확성장치(휴대용확성기를 포함한다) 및 비상방송설비로 구분한다.
㉰ 자동신호장치를 갖춘 스프링클러설비 또는 물분무등 소화설비를 설치한 제조소등에 있어서는 자동화재 탐지설비를 설치한 것으로 본다.

12. **이산화탄소의 특성에 대한 설명으로 옳지 않은 것은?**

① 전기전도성이 우수하다.
② 냉각, 압축에 의하여 액화된다.

정답 7. ④ 8. ③ 9. ② 10. ④ 11. ② 12. ①

③ 과량 존재 시 질식할 수 있다.
④ 상온, 상압에서 무색, 무취의 불연성 기체이다.

해설 이산화탄소(CO_2)의 특징
㉮ 무색, 무미, 무취의 기체로 공기보다 무겁고 불연성이다.
㉯ 독성이 없지만 과량 존재 시 산소부족으로 질식할 수 있다.
㉰ 비점 −78.5℃로 냉각, 압축에 의하여 액화된다.
㉱ 전기의 불량도체이고, 장기간 저장이 가능하다.
㉲ 소화약제에 의한 오손이 없고, 질식효과와 냉각효과가 있다.
㉳ 자체압력을 이용하므로 압력원이 필요하지 않고 할로겐소화약제보다 경제적이다.

13. 이동탱크 저장소에 의한 위험물의 운송에 있어서 운송 책임자의 감독 또는 지원을 받아야 하는 위험물은?

① 금속분 ② 알킬알루미늄
③ 아세트알데히드 ④ 히드록실아민

해설 운송책임자의 감독, 지원을 받아 운송하여야 하는 위험물 종류[시행령 제19조]
㉮ 알킬알루미늄
㉯ 알킬리튬
㉰ 알킬알루미늄 또는 알킬리튬을 함유하는 위험물

14. 위험물 안전관리법령에 근거하여 자체 소방대에 두어야 하는 제독차의 경우 가성소다 및 규조토를 각각 몇 kg 이상 비치하여야 하는가?

① 30 ② 50 ③ 60 ④ 100

해설 화학소방자동차에 갖추어야 하는 소화능력 및 설비의 기준[시행규칙 별표23] → 비치해야 할 소화약제만 발췌 정리한 것임
㉮ 포수용액 방사차 : 10만 L 이상의 포수용액
㉯ 분말 방사차 : 1400kg 이상의 분말
㉰ 할로겐화합물 방사차 : 1000kg 이상의 할로겐화합물
㉱ 이산화탄소 방사차 : 3000kg 이상의 이산화탄소
㉲ 제독차 : 가성소다 및 규조토를 각각 50kg 이상

15. 인화점이 낮은 것부터 높은 순서로 나열된 것은?

① 톨루엔 – 아세톤 – 벤젠
② 아세톤 – 톨루엔 – 벤젠
③ 톨루엔 – 벤젠 – 아세톤
④ 아세톤 – 벤젠 – 톨루엔

해설 제4류 위험물의 인화점

품 명		인화점
아세톤	제1석유류	−18℃
벤젠	제1석유류	−11.1℃
톨루엔	제1석유류	4.5℃

16. 화재 시 이산화탄소를 방출하여 산소의 농도를 12.5%로 낮추어 소화하려면 공기 중의 이산화탄소의 농도는 약 몇 vol%로 해야 하는가?

① 30.7 ② 32.8 ③ 40.5 ④ 68.0

해설 공기 중 산소의 체적비율이 21%인 상태에서 이산화탄소(CO_2)에 의하여 산소농도가 감소되는 것이고, 산소농도가 감소되어 발생되는 차이가 공기 중 이산화탄소의 농도가 된다.

$$\therefore CO_2 = \frac{21 - O_2}{21} \times 100$$
$$= \frac{21 - 12.5}{21} \times 100 = 40.476\%$$

17. 위험물 안전관리법령상 고정주유설비는 주유설비의 중심선을 기점으로 하여 도로경계까지 몇 m 이상의 거리를 유지해야 하는가?

① 1 ② 3 ③ 4 ④ 6

해설 주유취급소 고정주유설비 또는 고정급유설비 설치 위치[시행규칙 별표13]
㉮ **고정주유설비의 중심선을 기점으로 하여**
㉠ **도로경계선까지** : 4m 이상

정답 13. ② 14. ② 15. ④ 16. ③ 17. ③

㉡ 부지경계선·담 및 건축물의 벽까지 : 2m 이상(개구부가 없는 벽까지는 1m 이상)

㉯ 고정급유설비의 중심선을 기점으로 하여

㉠ 도로경계선까지 : 4m 이상

㉡ 부지경계선 및 담까지 : 1m 이상

㉢ 건축물의 벽까지 : 2m 이상(개구부가 없는 벽까지는 1m 이상)

㉰ 고정주유설비와 고정급유설비 사이 유지거리 : 4m 이상

18. 위험물 옥외저장소에서 지정수량 200배 초과의 위험물을 저장할 경우 보유공지의 너비는 몇 m 이상으로 하여야 하는가? (단, 제4류 위험물과 제6류 위험물이 아닌 경우이다.)

① 0.5 ② 2.5 ③ 10 ④ 15

해설 위험물 옥외저장소 보유공지 기준[시행규칙 별표11]

저장 또는 취급하는 위험물의 최대수량	공지의 너비
지정수량의 10배 이하	3m 이상
지정수량의 10배 초과 20배 이하	5m 이상
지정수량의 20배 초과 50배 이하	9m 이상
지정수량의 50배 초과 200배 이하	12m 이상
지정수량의 200배 초과	**15m 이상**

㈜ 제4류 위험물 중 제4석유류와 제6류 위험물을 저장 또는 취급하는 옥외저장소는 보유공지 너비의 3분의 1 이상의 너비로 할 수 있다.

19. 소화설비의 주된 소화효과를 옳게 설명한 것은?

① 옥내·옥외 소화설비 : 질식소화

② 스프링클러 설비, 물분무 소화설비 : 억제소화

③ 포, 분말 소화설비 : 억제소화

④ 할로겐화합물 소화설비 : 억제소화

해설 소화설비의 소화효과

㉮ 옥내·옥외 소화설비 : 냉각소화

㉯ 스프링클러 설비, 물분무 소화설비 : 냉각소화

㉰ 포, 분말 소화설비 : 질식소화

㉱ 할로겐화합물 소화설비 : 억제소화(부촉매효과)

20. 다음 위험물의 화재 시 물에 의한 소화 방법이 가장 부적합한 것은?

① 황린 ② 적린

③ 마그네슘분 ④ 황분

해설 ㉮ 마그네슘은 제2류 위험물(지정수량 500kg)로 물(H_2O)과 접촉하면 반응하여 가연성인 수소(H_2)를 발생하여 폭발의 위험이 있기 때문에 물에 의한 소화는 부적합하므로 탄산수소염류 분말소화설비 및 분말소화기, 건조사(마른 모래), 팽창질석 및 팽창진주암을 이용한다.

㉯ 물과 반응식 : $Mg + 2H_2O \rightarrow Mg(OH)_2 + H_2 \uparrow$

21. 위험물 옥외저장탱크 저장소와 병원과는 안전거리를 얼마 이상 두어야 하는가?

① 10m ② 20m ③ 30m ④ 50m

해설 옥외저장탱크 저장소의 안전거리[시행규칙 별표6]

해당 대상물	안전거리
7000V 초과 35000V 이하 전선	3m 이상
35000V 초과 전선	5m 이상
건축물, 주거용 공작물	10m 이상
고압가스, LPG, 도시가스 시설	20m 이상
학교·**병원**·극장(300명 이상 수용), 다수인 수용시설(20명 이상)	30m 이상
유형문화재, 지정문화재	50m 이상

22. 질산의 수소 원자를 알킬기로 치환한 제5류 위험물의 지정수량은?

① 10kg ② 100kg

③ 200kg ④ 300kg

해설 질산에스테르류는 질산($HONO_2$)의 수소 원자를 알킬기(C_nH_{2n+1})로 치환한 화합물의 총칭으로 지정수량은 10kg이다.

정답 18. ④ 19. ④ 20. ③ 21. ③ 22. ①

23. 위험물 제조소에 옥외소화전이 5개가 설치되어 있다. 이 경우 확보하여야 하는 수원의 법정 최소량은 몇 m^3 인가?

① 28 ② 35 ③ 54 ④ 67.5

해설 ㉮ 옥외소화전설비 설치기준[시행규칙 별표 17] : 수원의 수량은 옥외소화전의 설치개수(설치개수가 4개 이상인 경우는 4개)에 $13.5m^3$를 곱한 양 이상이 되도록 설치할 것

㉯ 수원의 최소량 계산

∴ 수원의 최소량 $=4\times13.5=54m^3$

24. 다음은 위험물을 저장하는 탱크의 공간용적 산정기준이다. ( )에 알맞은 수치로 옳은 것은?

> 가. 위험물을 저장 또는 취급하는 탱크의 공간용적은 탱크 내용적의 (A) 이상 (B) 이하의 용적으로 한다. 다만, 소화설비(소화약제 방출구를 탱크 안의 윗부분에 설치하는 것에 한한다)를 설치하는 탱크의 공간용적은 당해 소화설비의 소화약제 방출구 아래의 0.3m 이상 1m 미만 사이의 면으로부터 윗부분의 용적으로 한다.
> 나. 암반탱크에 있어서는 당해 탱크 내에 용출하는 (C)일 간의 지하수의 양에 상당하는 용적과 당해 탱크의 내용적의 (D)의 용적 중에서 보다 큰 용적을 공간용적으로 한다.

① A : $\frac{3}{100}$, B : $\frac{10}{100}$, C : 10, D : $\frac{1}{100}$

② A : $\frac{5}{100}$, B : $\frac{5}{100}$, C : 10, D : $\frac{1}{100}$

③ A : $\frac{5}{100}$, B : $\frac{10}{100}$, C : 7, D : $\frac{1}{100}$

④ A : $\frac{5}{100}$, B : $\frac{10}{100}$, C : 10, D : $\frac{3}{100}$

해설 탱크의 공간용적[위험물안전관리에 관한 세부기준 제25조]

㉮ 탱크의 공간용적은 탱크의 내용적의 $\frac{5}{100}$ 이상 $\frac{10}{100}$ 이하의 용적으로 한다.

㉯ 소화설비(소화약제 방출구를 탱크 안의 윗부분에 설치하는 것에 한한다)를 설치하는 탱크의 공간용적은 소화방출구 아래의 0.3m 이상 1m 미만 사이의 면으로부터 윗부분의 용적으로 한다.

㉰ 암반탱크는 당해 탱크 내에 용출하는 7일간의 지하수의 양에 상당하는 용적과 당해 탱크의 내용적의 $\frac{1}{100}$ 용적 중에서 보다 큰 용적을 공간용적으로 한다.

25. 다음 중 제6류 위험물로써 분자량이 약 63인 것은?

① 과염소산 ② 질산
③ 과산화수소 ④ 삼불화브롬

해설 제6류 위험물의 분자량 계산

㉮ 과염소산($HClO_4$) : $1+35.5+(16\times4)=100.5$

㉯ 질산(HNO_3) : $1+14+(16\times3)=63$

㉰ 과산화수소(H_2O_2) : $(1\times2)+(16\times2)=34$

㉱ 삼불화브롬(BrF_3) : $80+(19\times3)=137$

26. 인화칼슘이 물과 반응하였을 때 발생하는 가스에 대한 설명으로 옳은 것은?

① 폭발성인 수소를 발생한다.
② 유독한 인화수소를 발생한다.
③ 조연성인 산소를 발생한다.
④ 가연성인 아세틸렌을 발생한다.

해설 인화칼슘(Ca_3P_2 : 인화석회)

㉮ 제3류 위험물 중 금속의 인화물로 지정수량 300kg이다.

㉯ 물(H_2O), 산(HCl : 염산)과 반응하여 유독한 인화수소(PH_3 : 포스핀)를 발생시킨다.

㉰ 반응식

$Ca_3P_2+6H_2O \rightarrow 3Ca(OH)_2+2PH_3\uparrow+Q[kcal]$

$Ca_3P_2+6HCl \rightarrow 3CaCl_2+2PH_3\uparrow+Q[kcal]$

정답 23. ③ 24. ③ 25. ② 26. ②

27. 다음 중 위험물 안전관리법령에 따른 위험물의 적재 방법에 대한 설명으로 옳지 않은 것은?

① 원칙적으로는 운반 용기를 밀봉하여 수납할 것
② 고체 위험물은 용기 내용적의 95% 이하의 수납률로 수납할 것
③ 액체 위험물은 용기 내용적의 99% 이상의 수납률로 수납할 것
④ 하나의 외장 용기에는 다른 종류의 위험물을 수납하지 않을 것

해설 운반용기에 의한 수납 적재 기준[시행규칙 별표19] : ①, ②, ④ 외
㉮ **액체 위험물**은 운반용기 내용적의 **98% 이하**로 수납하되, 55℃에서 누설되지 않도록 공간용적을 유지할 것
㉯ 수납하는 위험물과 반응을 일으키지 않는 등 위험물의 성질에 적합한 재질의 운반용기에 수납할 것
㉰ 위험물이 전락(轉落), 운반용기가 전도·낙하 또는 파손되지 않도록 적재할 것
㉱ 운반용기는 수납구를 위로 향하게 적재한다.
㉲ 운반용기를 겹쳐 쌓는 경우에는 높이를 3m 이하로 할 것

28. 주유 취급소에서 자동차 등에 위험물을 주유할 때에 자동차 등의 원동기를 정지시켜야 하는 위험물의 인화점 기준은? (단, 연료탱크에 위험물을 주유하는 동안 방출되는 가연성 증기를 회수하는 설비가 부착되지 않은 고정주유설비에 의하여 주유하는 경우이다.)

① 20℃ 미만
② 30℃ 미만
③ 40℃ 미만
④ 50℃ 미만

해설 자동차 등에 인화점 40℃ 미만의 위험물을 주유할 때는 자동차의 원동기(엔진)를 정지시켜야 한다[시행규칙 별표18].

29. 저장하는 위험물의 최대수량이 지정수량의 15배일 경우 건축물의 벽·기둥 및 바닥이 내화구조로 된 위험물 옥내 저장소의 보유공지는 몇 m 이상이어야 하는가?

① 0.5 ② 1 ③ 2 ④ 3

해설 옥내 저장소의 보유공지 기준[시행규칙 별표5]

저장 또는 취급하는 위험물의 최대수량	공지의 너비	
	벽·기둥 및 바닥이 내화구조로 된 건축물	그 밖의 건축물
지정수량의 5배 이하	–	0.5m 이상
지정수량의 5배 초과 10배 이하	1m 이상	1.5m 이상
지정수량의 10배 초과 20배 이하	2m 이상	3m 이상
지정수량의 20배 초과 50배 이하	3m 이상	5m 이상
지정수량의 50배 초과 200배 이하	5m 이상	10m 이상
지정수량의 200배 초과	10m 이상	15m 이상

30. 위험물 안전관리법령에 따른 이동저장탱크의 구조 기준에 대한 설명으로 틀린 것은?

① 압력탱크는 최대상용압력의 1.5배의 압력으로 10분간 수압시험을 하여 새지 말 것
② 상용압력이 20kPa를 초과하는 탱크의 안전장치는 상용압력의 1.5배 이하의 압력에서 작동할 것
③ 방파판은 두께 1.6mm 이상의 강철판 또는 이와 동등 이상의 강도, 내식성 및 내열성이 있는 금속성의 것으로 할 것
④ 탱크는 두께 3.2mm 이상의 강철판 또는 이와 동등 이상의 강도, 내식성 및 내열성을 갖는 재질로 할 것

정답 27. ③ 28. ③ 29. ③ 30. ②

해설 이동저장탱크의 안전장치 작동압력[시행규칙 별표10]

㉮ 상용압력이 20kPa 이하인 탱크 : 20kPa 이상 24kPa 이하의 압력

㉯ 상용압력이 20kPa 초과하는 탱크 : 상용압력의 1.1배 이하의 압력

31. 내용적이 20000L인 옥내 저장탱크에 대하여 저장 또는 취급의 허가를 받을 수 있는 최대 용량은? (단, 원칙적인 경우에 한한다.)

① 18000L ② 19000L
③ 19400L ④ 20000L

해설 ㉮ 탱크 용적의 산정기준[시행규칙 제5조] : 위험물을 저장 또는 취급하는 탱크의 용량은 해당 탱크의 내용적에서 공간용적을 뺀 용적으로 한다.

㉯ 탱크의 공간용적[세부기준 제25조] : 탱크의 공간용적은 탱크의 내용적의 $\frac{5}{100}$ 이상 $\frac{10}{100}$ 이하의 용적으로 한다.

㉰ 탱크의 최대 용량 계산 : 공간용적을 최소로 하여야 위험물을 허가 받을 수 있는 최대 용량이 된다.

∴ 탱크 최대 용량=탱크 내용적 − 공간용적

$=\text{탱크 내용적}-\left(\text{탱크 내용적}\times\frac{5}{100}\right)$

$=20000-\left(20000\times\frac{5}{100}\right)=19000\text{L}$

32. 디에틸에테르에 관한 설명 중 틀린 것은?

① 비전도성이므로 정전기를 발생하지 않는다.
② 무색 투명한 유동성의 액체이다.
③ 휘발성이 매우 높고, 마취성을 가진다.
④ 공기와 장시간 접촉하면 폭발성의 과산화물이 생성된다.

해설 디에틸에테르($C_2H_5OC_2H_5$: 에테르)의 특징

㉮ 제4류 위험물 중 특수인화물에 해당되며 지정수량 50L이다.

㉯ 비점(34.48℃)이 낮고 무색투명하며 독특한 냄새가 있는 인화되기 쉬운 액체이다.

㉰ 물에는 녹기 어려우나 알코올에는 잘 녹는다.

㉱ **전기의 불량도체라 정전기가 발생되기 쉽다.**

㉲ 휘발성이 강하고 증기는 마취성이 있어 장시간 흡입하면 위험하다.

㉳ 공기와 장시간 접촉하면 과산화물이 생성되어 가열, 충격, 마찰에 의하여 폭발한다.

㉴ 인화점 및 발화온도가 낮고 연소범위가 넓다.

㉵ 액체 비중 0.719(증기비중 2.55), 비점 34.48℃, 발화점 180℃, 인화점 −45℃, 연소범위 1.91~48%이다.

33. 위험물 안전관리법령상에 따른 다음에 해당하는 동식물유류의 규제에 관한 설명으로 틀린 것은?

> "행정안전부령이 정하는 용기기준과 수납 · 저장기준에 따라 수납되어 저장 · 보관되고 용기의 외부에 물품의 통칭명, 수량 및 화기엄금(화기엄금과 동일한 의미를 갖는 표시를 포함한다)의 표시가 있는 경우"

① 위험물에 해당하지 않는다.
② 제조소등이 아닌 장소에 지정수량 이상 저장할 수 있다.
③ 지정수량 이상을 저장하는 장소도 제조소등 설치허가를 받을 필요가 없다.
④ 화물자동차에 적재하여 운반하는 경우 위험물 안전관리법상 운반기준이 적용되지 않는다.

해설 ㉮ 동식물유류의 정의[시행령 별표1] : 동물의 지육 등 또는 식물의 종자나 과육으로부터 추출한 것으로서 1기압에서 인화점이 250℃ 미만의 것을 말한다. 다만, 법 제20조 제1항의 규정에 의하며 **행정안전부령으로 정하는 용기기준과 수납 · 저장기준에 따라 수납되어 저장 · 보관되고 용기의 외부에 물품의 통칭명, 수량 및 화기엄금(화기엄금과 동일한 의미를 갖는 표시를 포함한다)의 표시가 있는 경우를 제**

정답 31. ② 32. ① 33. ④

외한다.

㉯ 보기에서 주어진 것은 법 적용을 받는 위험물이 아니므로 제조소등이 아닌 장소에 지정수량 이상을 저장할 수 있고, 지정수량 이상을 저장하는 장소도 제조소등의 설치허가를 받을 필요가 없다.

㉰ 문제의 조건이 법 적용을 받는 위험물이 아니더라도 이를 화물자동차에 적재하여 운반하는 경우 위험물 안전관리법상의 운반기준 적용을 받는다.

34. 질산암모늄의 일반적인 성질에 대한 설명으로 옳은 것은?

① 조해성이 없다.
② 무색, 무취의 액체이다.
③ 물에 녹을 때에는 발열한다.
④ 급격한 가열에 의한 폭발의 위험이 있다.

해설 질산암모늄(NH_4NO_3)의 특징

㉮ 제1류 위험물 중 질산염류에 해당되며 지정수량은 300kg이다.

㉯ 무취의 백색 결정 고체로 물, 알코올, 알칼리에 잘 녹는다.

㉰ **조해성이 있으며** 물에 녹을 때는 **흡열반응**을 나타낸다.

㉱ 220℃에서 분해되어 아산화질소(N_2O)와 수증기(H_2O)를 발생하며, 급격한 가열이나 충격을 주면 단독으로 분해·폭발한다.

㉲ 가연물, 유기물을 섞거나 가열, 충격, 마찰을 주면 폭발한다.

㉳ 경유 6%, 질산암모늄 94%를 혼합한 것은 안투폭약이라 하며, 공업용 폭약이 된다.

35. 에틸알코올에 관한 설명 중 옳은 것은?

① 인화점은 0℃ 이하이다.
② 비점은 물보다 낮다.
③ 증기밀도는 메틸알코올보다 작다.
④ 수용성이므로 이산화탄소 소화기는 효과가 없다.

해설 에틸알코올(C_2H_5OH : 에탄올)의 특징

㉮ 제4류 위험물 중 알코올류에 해당되며 지정수량은 400L이다.

㉯ 무색, 투명하고 향긋한 냄새를 가진 액체로 물과 잘 혼합된다.

㉰ 일정한 조건에서 유기용제(벤젠, 아세톤, 가솔린 등)와 잘 혼합된다.

㉱ 메틸알코올과 달리 독성이 없다.

㉲ 고온에서 열분해하면 에틸렌과 물 또는 아세트알데히드와 수소가 된다.

㉳ **소화 방법**은 알코올포, **탄산가스**(CO_2), 분말 소화약제를 이용한 질식소화를 한다.

㉴ 액체 비중 0.79(증기비중 1.59), **비점** 78.3℃, **인화점** 13℃, 착화점 423℃, 연소범위 4.3~19%이다.

참고 증기 밀도$=\frac{\text{분자량}}{22.4}$이고, 에틸알코올의 분자량은 46, 메틸알코올의 분자량은 32이므로 분자량이 큰 에틸알코올의 증기밀도는 메틸알코올보다 크다.

36. 종류(유별)가 다른 위험물을 동일한 옥내 저장소의 동일한 실에 같이 저장하는 경우에 대한 설명으로 틀린 것은? (단, 유별로 정리하여 1m 이상의 간격을 두는 경우에 한한다.)

① 제1류 위험물과 황린은 동일한 옥내 저장소에 저장할 수 있다.
② 제1류 위험물과 제6류 위험물은 동일한 옥내 저장소에 저장할 수 있다.
③ 제1류 위험물 중 알칼리금속의 과산화물과 제5류 위험물은 동일한 옥내 저장소에 저장할 수 있다.
④ 제2류 위험물 중 인화성 고체와 제4류 위험물을 동일한 옥내 저장소에 저장할 수 있다.

해설 유별을 달리하는 위험물의 동일한 저장소에 저장 기준[시행규칙 별표18]

㉮ 유별을 달리하는 위험물은 동일한 저장소에 저장하지 아니하여야 한다.

정답 34. ④ 35. ② 36. ③

㉯ 동일한 저장소에 저장할 수 있는 경우 : 옥내저장소 또는 옥외저장소에 위험물을 유별로 정리하여 저장하고, 서로 1m 이상의 간격을 두는 경우

㉠ 제1류 위험물(**알칼리금속의 과산화물 또는 이를 함유한 것 제외**)과 제5류 위험물

㉡ 제1류 위험물과 제6류 위험물

㉢ 제1류 위험물과 제3류 위험물 중 자연발화성물질(황린 또는 이를 함유한 것에 한한다)

㉣ 제2류 위험물 중 인화성고체와 제4류 위험물

㉤ 제3류 위험물 중 알킬알루미늄등과 제4류 위험물(알킬알루미늄 또는 알킬리튬을 함유한 것에 한한다)

㉥ 제4류 위험물 중 유기과산화물 또는 이를 함유한 것과 제5류 위험물 중 유기과산화물 또는 이를 함유한 것

37. $C_6H_2(NO_2)_3OH$와 $C_2H_5NO_3$의 공통 성질에 해당하는 것은?

① 니트로화합물이다.

② 인화성과 폭발성이 있는 액체이다.

③ 무색의 방향성 액체이다.

④ 에탄올에 녹는다.

해설 제5류 위험물 중 피크린산과 질산에틸 성질

㉮ 피크린산[$C_6H_2(NO_2)_3OH$: 트리니트로페놀]의 성질

㉠ 니트로화합물로 지정수량은 200kg이다.

㉡ 강한 쓴맛과 무취의 독성이 있는 황색의 고체이다.

㉢ 공기 중에서 연소하며, 찬물에는 거의 녹지 않으나 온수, **알코올(에탄올)**, 에테르, 벤젠에 **녹는다.**

㉯ 질산에틸($C_2H_5NO_3$, $C_2H_5ONO_2$)의 성질

㉠ 질산에스테르류로 지정수량은 10kg이다.

㉡ 인화성과 폭발성이 있는 무색, 투명한 액체이다.

㉢ 향긋한 냄새와 단맛이 있고 물에는 녹지 않으나 **알코올(에탄올)**, 에테르에 **녹는다.**

38. 위험물을 저장하는 간이탱크 저장소의 구조 및 설비의 기준으로 옳은 것은?

① 탱크의 두께 2.5mm 이상, 용량 600L 이하

② 탱크의 두께 2.5mm 이상, 용량 800L 이하

③ 탱크의 두께 3.2mm 이상, 용량 600L 이하

④ 탱크의 두께 3.2mm 이상, 용량 800L 이하

해설 간이탱크 저장소 기준[시행규칙 별표9]

㉮ 탱크의 두께 : 3.2mm 이상의 강판

㉯ 용량 : 600L 이하

㉰ 설치 수 : 3 이하 (동일한 품질의 위험물 : 2 이상 설치하지 않는다.)

㉱ 수압시험 : 70kPa의 압력으로 10분간 실시

㉲ 옥외에 설치하는 경우에 너비 1m 이상의 공지를 둔다.

39. 위험물 안전관리법령상 예방규정을 정하여야 하는 제조소등에 해당하지 않는 것은?

① 지정수량 10배 이상의 위험물을 취급하는 제조소

② 이송 취급소

③ 암반탱크 저장소

④ 지정수량의 200배 이상의 위험물을 저장하는 옥내탱크 저장소

해설 예방규정을 정하여야 하는 제조소 등[시행령 제15조]

㉮ 지정수량의 10배 이상의 위험물을 취급하는 제조소

㉯ 지정수량의 100배 이상의 위험물을 저장하는 옥외저장소

㉰ 지정수량의 150배 이상의 위험물을 저장하는 옥내저장소

㉱ 지정수량의 **200배 이상**의 위험물을 저장하는 **옥외탱크저장소**

㉲ 암반탱크저장소

㉳ 이송취급소

㉴ 지정수량의 10배 이상의 위험물을 취급하는 일반취급소

정답 37. ④ 38. ③ 39. ④

40. 유기과산화물의 화재예방상 주의사항으로 틀린 것은?

① 직사광선을 피하고 냉암소에 저장한다.
② 불꽃, 불티 등의 화기 및 열원으로부터 멀리한다.
③ 산화제와 접촉하지 않도록 주의한다.
④ 대형 화재 시 분말소화기를 이용한 질식소화가 유효하다.

해설 유기과산화물(제5류 위험물)의 화재예방상 주의사항
㉮ 직사일광을 피하고 냉암소에 저장한다.
㉯ 불꽃, 불티 등의 화기 및 열원으로부터 멀리하고 산화제, 환원제와도 격리한다.
㉰ 용기의 손상으로 유기과산화물이 누설하거나 오염되지 않도록 한다.
㉱ 같은 장소에 종류가 다른 약품과 함께 저장하지 않는다.
㉲ 알코올류, 아민류, 금속분류, 기타 가연성 물질과 혼합하지 않는다.
㉳ **유기과산화물**은 자체 내에 산소가 함유되어 있기 때문에 **질식소화는 효과가 없으므로**, 다량의 주수에 의한 **냉각소화가 효과적**이다.

41. 위험물 안전관리법령에 따라 기계에 의하여 하역하는 구조로 된 운반용기의 외부에 행하는 표시 내용에 해당하지 않은 것은? (단, 국제해상위험물 규칙에 정한 기준 또는 소방청장이 정하여 고시하는 기준에 적합한 표시를 한 경우는 제외한다.)

① 운반용기의 제조년월
② 제조자의 명칭
③ 겹쳐쌓기 시험하중
④ 용기의 유효기간

해설 기계에 의하여 하역하는 구조로 된 운반용기의 외부에 행하는 표시 내용[시행규칙 별표 19]
㉮ 운반용기의 제조년월 및 제조자의 명칭
㉯ 겹쳐쌓기시험하중
㉰ 운반용기 종류에 따른 중량
　㉠ 플렉시블 외의 운반용기 : 최대총중량
　㉡ 플렉시블 운반용기 : 최대수용중량
㉱ 소방청장이 정하여 고시하는 것

42. 산화성 고체의 저장 및 취급 방법으로 옳지 않은 것은?

① 가연물과 접촉 및 혼합을 피한다.
② 분해를 촉진하는 물품의 접근을 피한다.
③ 조해성 물질의 경우 물속에 보관하고 과열, 충격, 마찰 등을 피하여야 한다.
④ 알칼리금속의 과산화물은 물과의 접촉을 피하여야 한다.

해설 산화성 고체(제1류 위험물)의 저장 및 취급 방법
㉮ 재해 발생의 위험이 있는 가열, 충격, 마찰 등을 피한다.
㉯ **조해성인 것은 습기에 주의**하며, 용기는 밀폐하여 저장한다.
㉰ 분해를 촉진하는 물품의 접근을 피하고, 환기가 잘 되고 서늘한 곳에 저장한다.
㉱ 가연물이나 다른 약품과의 접촉 및 혼합을 피한다.
㉲ 용기의 파손 및 위험물의 누설에 주의한다.
㉳ 알칼리 금속(Li, Na, K, Rb 등)의 과산화물은 물과 급격히 발열반응하므로 접촉을 피하여야 한다.

43. 제5류 위험물을 취급하는 위험물 제조소에 설치하는 주의사항 게시판에서 표시하는 내용과 바탕색, 문자색으로 옳은 것은?

① "화기주의", 백색 바탕에 적색 문자
② "화기주의", 적색 바탕에 백색 문자
③ "화기엄금", 백색 바탕에 적색 문자
④ "화기엄금", 적색 바탕에 백색 문자

정답 40. ④ 41. ④ 42. ③ 43. ④

해설 제조소의 주의사항 게시판[시행규칙 별표4]

위험물의 종류	내용	색상
• 제1류 위험물 중 알칼리금속의 과산화물 • 제3류 위험물 중 금수성물질	"물기엄금"	청색바탕에 백색문자
• 제2류 위험물(인화성 고체 제외)	"화기주의"	적색바탕에 백색문자
• 제2류 위험물 중 인화성 고체 • 제3류 위험물 중 자연발화성물질 • 제4류 위험물 • 제5류 위험물	"화기엄금"	

44. 황의 성질로 옳은 것은?

① 전기 양도체이다.
② 물에는 매우 잘 녹는다.
③ 이산화탄소와 반응한다.
④ 미분은 분진폭발의 위험성이 있다.

해설 황(유황)의 특징

㉮ 제2류 위험물로 지정수량 100kg이다.
㉯ 노란색 고체로 열 및 **전기의 불량도체**이며 **물이나 산에 녹지 않는다.**
㉰ 저온에서는 안정하나 높은 온도에서는 여러 원소와 황화물을 만든다.
㉱ 공기 중에서 연소하면 푸른 불꽃을 발하며, 유독한 아황산가스(SO_2)가 발생한다.
㉲ 산화제나 목탄가루 등과 혼합되어 있을 때 마찰이나 열에 의해 착화, 폭발을 일으킨다.
㉳ 황가루가 공기 중에 떠 있을 때는 분진 폭발의 위험성이 있다.

참고 **이산화탄소(CO_2)와 반응하지 않으므로** 소화방법으로 이산화탄소를 사용한다.

45. 경유를 저장하는 옥외저장탱크의 반지름이 2m 이고, 높이가 12m일 때 탱크 옆판으로부터 방유제까지의 거리는 몇 m 이상이어야 하는가?

① 4 ② 5 ③ 6 ④ 7

해설 옥외탱크저장소의 방유제와 탱크 옆판까지 유지거리[시행규칙 별표6]

㉮ **지름이 15m 미만인 경우** : 탱크 높이의 3분의 1 이상
㉯ 지름이 15m 이상인 경우 : 탱크 높이의 2분의 1 이상
㉰ 인화점이 200℃ 이상인 위험물을 저장 또는 취급하는 것은 옥외저장탱크와 방유제 사이의 거리를 유지하지 않아도 된다.
㉱ 유지거리 계산 : 탱크 지름이 15m 미만인 경우에 해당된다.

$$\therefore \text{유지거리} = \text{탱크높이} \times \frac{1}{3} = 12 \times \frac{1}{3} = 4\text{m 이상}$$

46. 염소산나트륨의 성상에 대한 설명으로 옳지 않은 것은?

① 자신은 불연성 물질이지만 강한 산화제이다.
② 유리를 녹이므로 철제 용기에 저장한다.
③ 열분해하여 산소를 발생한다.
④ 산과 반응하면 유독성의 이산화염소를 발생한다.

해설 염소산나트륨($NaClO_3$)의 특징

㉮ 제1류 위험물 중 염소산염류에 해당되며 지정수량은 50kg이다.
㉯ 무색, 무취의 결정으로 물, 알코올, 글리세린, 에테르 등에 잘 녹는다.
㉰ 불연성 물질이고 조해성이 강하다.
㉱ 300℃ 정도에서 분해하기 시작하여 산소를 발생한다.
㉲ 강력한 산화제로 **철과 반응하여 철제용기를** 부식시킨다(철제용기를 부식시키므로 유리나 플라스틱용기를 사용한다).
㉳ 방습성이 있으므로 섬유, 나무, 먼지 등에 흡수되기 쉽다.
㉴ 산과 반응하여 유독한 이산화염소(ClO_2)가 발생하며, 폭발 위험이 있다.

정답 44. ④ 45. ① 46. ②

47. 다음 위험물 품명 중 지정수량이 나머지 셋과 다른 것은?

① 염소산염류 ② 질산염류
③ 무기과산화물 ④ 과염소산염류

해설 제1류 위험물의 지정수량

품명	지정수량
아염소산염류, 염소산염류, 과염소산염류, 무기과산화물	50kg
브롬산염류, 질산염류, 요오드산염류	300kg
과망간산염류, 중크롬산염류	1000kg

48. 제2류 위험물인 유황의 대표적인 연소 형태는?

① 표면연소 ② 분해연소
③ 증발연소 ④ 자기연소

해설 연소의 종류에 따른 가연물

㉮ 표면연소 : 목탄(숯), 코크스
㉯ 분해연소 : 종이, 석탄, 목재, 중유
㉰ 증발연소 : 가솔린, 등유, 경유, 알코올, 양초, 유황
㉱ 확산연소 : 가연성 기체(수소, 프로판, 부탄, 아세틸렌 등)
㉲ 자기연소 : 제5류 위험물(니트로셀룰로오스, 셀룰로이드, 니트로글리세린 등)

49. 소화난이도 등급 Ⅰ의 옥내탱크 저장소에 설치하는 소화설비가 아닌 것은? (단, 인화점이 70℃ 이상인 제4류 위험물만을 저장, 취급하는 장소이다.)

① 물분무 소화설비, 고정식 포소화설비
② 이동식 외의 이산화탄소 소화설비, 고정식 포소화설비
③ 이동식의 분말 소화설비, 스프링클러 설비
④ 이동식 외의 할로겐화합물 소화설비, 물분무 소화설비

해설 소화난이도 등급 Ⅰ인 옥내탱크 저장소에 설치하여야 할 소화설비[시행규칙 별표17]

구분	소화설비
유황만을 저장 취급하는 것	물분무 소화설비
인화점 70℃ 이상의 제4류 위험물만을 저장 취급하는 것	물분무 소화설비, 고정식 포소화설비, 이동식 이외의 불활성가스소화설비, 이동식 이외의 할로겐화합물소화설비 또는 이동식 이외의 분말소화설비
그 밖의 것	고정식 포소화설비, 이동식 이외의 불활성가스소화설비, 이동식 이외의 할로겐화합물 소화설비 또는 이동식 이외의 분말소화설비

50. 다음 위험물 중 인화점이 가장 낮은 것은?

① 아세톤 ② 이황화탄소
③ 클로로벤젠 ④ 디에틸에테르

해설 제4류 위험물의 인화점

품명		인화점
아세톤	제1석유류	−18℃
이황화탄소	특수인화물	−30℃
클로로벤젠	제2석유류	32℃
디에틸에테르	특수인화물	−45℃

51. 분말소화기의 소화약제로 사용되지 않는 것은?

① 탄산수소나트륨 ② 탄산수소칼륨
③ 과산화나트륨 ④ 인산암모늄

해설 분말소화약제의 종류 및 적응화재

분말 종류	주성분	적응 화재	착색
제1종	중탄산나트륨($NaHCO_3$) [탄산수소나트륨]	B.C	백색
제2종	중탄산칼륨($KHCO_3$) [탄산수소칼륨]	B.C	자색(보라색)
제3종	제1인산암모늄 ($NH_4H_2PO_4$)	A.B.C	담홍색
제4종	중탄산칼륨+요소 [$KHCO_3+(NH_2)_2CO$]	B.C	회색

정답 47. ② 48. ③ 49. ③ 50. ④ 51. ③

참고 과산화나트륨(Na_2O_2) : 제1류 위험물 중 무기과산화물에 해당되며, 소화약제와는 관계없다.

52. 질산이 공기 중에서 분해되어 발생하는 유독한 갈색 증기의 분자량은?

① 16 ② 40 ③ 46 ④ 71

해설 질산(HNO_3) : 제6류 위험물로 공기 중에서 분해하면서 유독성인 이산화질소(NO_2)의 적갈색 증기를 발생한다.

㉮ 반응식 : $4HNO_3 \rightarrow 2H_2O + 4NO_2 + O_2$

㉯ 이산화질소(NO_2)의 분자량 계산 : $14 + (16 \times 2) = 46$

53. 에틸알코올의 증기 비중은 약 얼마인가?

① 0.72 ② 0.91 ③ 1.13 ④ 1.59

해설 에틸알코올(C_2H_5OH)

㉮ 분자량 계산 : $(12 \times 2) + (1 \times 5) + 16 + 1 = 46$

㉯ 증기 비중 계산

$$\therefore \text{비중} = \frac{\text{분자량}}{29} = \frac{46}{29} = 1.586$$

54. 위험물 안전관리법령상 예방규정을 정하여야 하는 제조소등의 관계인은 위험물 제조소등에 대하여 기술기준에 적합한지의 여부를 정기적으로 점검을 하여야 한다. 법적 최소 점검주기에 해당하는 것은? (단, 100만 L 이상의 옥외탱크 저장소는 제외한다.)

① 주 1회 이상 ② 월 1회 이상
③ 6개월 1회 이상 ④ 연 1회 이상

해설 제조소등의 정기점검

㉮ 정기점검 대상[시행령 제16조]

㉠ 관계인이 예방규정을 정하여야 하는 제조소등

㉡ 지하탱크저장소

㉢ 이동탱크저장소

㉣ 위험물을 취급하는 탱크로서 지하에 매설된 탱크가 있는 제조소·주유취급소 또는 일반취급소

㉯ 정기점검 횟수[시행규칙 제64조] : 연 1회 이상

55. 삼황화인과 오황화인의 공통점이 아닌 것은?

① 물과 접촉하여 인화수소가 발생한다.
② 가연성 고체이다.
③ 분자식이 P와 S로 이루어져 있다.
④ 연소 시 오산화인과 이산화황이 생성된다.

해설 삼황화인(P_4S_3)과 오황화인(P_2S_5)의 비교

구분	삼황화인(P_4S_3)	오황화인(P_2S_5)
색상	황색 결정	담황색 결정
비중	2.03	2.09
비점	407℃	514℃
융점	172.5℃	290℃
물에 대한 용해성	불용성	조해성
CS_2에 대한 용해도	소량	76.9g/100g
물과 접촉 시 발생되는 것	황화수소(H_2S) 인산(H_3PO_4)	황화수소(H_2S) 인산(H_3PO_4)
연소 시 생성되는 것	오산화인(P_2O_5) 아황산가스 (SO_2)	오산화인(P_2O_5) 아황산가스 (SO_2)

참고 삼황화인(P_4S_3)과 오황화인(P_2S_5)은 제2류 위험물(가연성 고체) 중 황화린에 해당된다.

56. 탄화알루미늄 1몰을 물과 반응시킬 때 발생하는 가연성 가스의 종류와 양은?

① 에탄, 4몰 ② 에탄, 3몰
③ 메탄, 4몰 ④ 메탄, 3몰

해설 탄화알루미늄(Al_4C_3) : 제3류 위험물 중 알루미늄의 탄화물이며 지정수량 300kg이다.

㉮ 탄화알루미늄 1몰(mol)과 물의 반응식

$Al_4C_3 + 12H_2O \rightarrow 4Al(OH)_3 + 3CH_4 \uparrow$

㉯ 발생하는 가스 : 메탄(CH_4) 3몰(mol)이 발생

정답 52. ③ 53. ④ 54. ④ 55. ① 56. ④

57. 위험물 안전관리법령에 따른 제6류 위험물의 특성에 대한 설명 중 틀린 것은?

① 과염소산은 유기물과 접촉 시 발화의 위험이 있다.
② 과염소산은 불안정하며 강력한 산화성 물질이다.
③ 과산화수소는 알코올, 에테르에 녹지 않는다.
④ 질산은 부식성이 강하고 햇빛에 의해 분해된다.

해설 과산화수소(H_2O_2)는 알코올, 에테르에 녹지만(용해하지만) 석유, 벤젠에는 녹지 않는다.

58. 위험물 안전관리법령에 대한 설명 중 옳지 않은 것은?

① 군부대가 지정수량 이상의 위험물을 군사 목적으로 임시로 저장 또는 취급하는 경우는 제조소등이 아닌 장소에서 지정수량 이상의 위험물을 취급할 수 있다.
② 철도 및 궤도에 의한 위험물의 저장, 취급 및 운반에 있어서는 위험물 안전관리법령을 적용하지 아니한다.
③ 지정수량 미만인 위험물의 저장 또는 취급에 관한 기술상의 기준은 국가화재 안전기준으로 정한다.
④ 업무상 과실로 제조소등에서 위험물을 유출, 방출 또는 확산시켜 사람의 생명, 신체 또는 재산에 대하여 위험을 발생시킨 자는 7년 이하의 금고 또는 2천만원 이하의 벌금에 처한다.

해설 지정수량 미만인 위험물의 저장·취급[법 제4조] : 지정수량 미만인 위험물의 저장 또는 취급에 관한 기술상의 기준은 특별시·광역시·특별자치시·도 및 특별자치도(이하 시·도라 한다)의 조례로 정한다.

59. 다음 중 인화점이 가장 높은 것은?

① 니트로벤젠 ② 클로로벤젠
③ 톨루엔 ④ 에틸벤젠

해설 제4류 위험물의 인화점

품 명		인화점
니트로벤젠	제3석유류	87.8℃
클로로벤젠	제2석유류	32℃
톨루엔	제1석유류	4.5℃
에틸벤젠	제1석유류	18℃

60. 위험물 안전관리법령상 지하탱크 저장소의 위치, 구조 및 설비의 기준에 따라 다음 ( ) 에 들어갈 수치로 옳은 것은?

> 탱크 전용실은 지하의 가장 가까운 벽·피트·가스관 등의 시설물 및 대지 경계선으로부터 (㉠)m 이상 떨어진 곳에 설치하고, 지하 저장탱크와 탱크 전용실의 안쪽과의 사이는 (㉡)m 이상의 간격을 유지하도록 하며, 당해 탱크의 주위에 마른 모래 또는 습기 등에 의하여 응고되지 아니하는 입자 지름 (㉢)mm 이하의 마른 자갈분을 채워야 한다.

① ㉠ : 0.1, ㉡ : 0.1, ㉢ : 5
② ㉠ : 0.1, ㉡ : 0.3, ㉢ : 5
③ ㉠ : 0.1, ㉡ : 0.1, ㉢ : 10
④ ㉠ : 0.1, ㉡ : 0.3, ㉢ : 10

해설 지하탱크 저장소 탱크 전용실 기준[시행규칙 별표8]
㉮ 지하의 가장 가까운 벽·피트·가스관 등의 시설물 및 대지 경계선으로부터 0.1m 이상 떨어진 곳에 설치한다.
㉯ 지하저장탱크와 탱크전용실의 안쪽과의 사이는 0.1m 이상의 간격을 유지한다.
㉰ 당해 탱크의 주위에 마른 모래 또는 습기 등에 의하여 응고되지 아니하는 입자지름 5mm 이하의 마른 자갈분을 채워야 한다.

정답 57. ③ 58. ③ 59. ① 60. ①

2013

2013. 7. 21 시행 (제4회)

1. 주된 연소 형태가 표면연소인 것을 옳게 나타낸 것은?

① 중유, 알코올
② 코크스, 숯
③ 목재, 종이
④ 석탄, 플라스틱

해설 연소의 종류에 따른 가연물
㉮ **표면연소 : 목탄(숯), 코크스**
㉯ 분해연소 : 종이, 석탄, 목재, 중유
㉰ 증발연소 : 가솔린, 등유, 경유, 알코올, 양초, 유황
㉱ 확산연소 : 가연성 기체
㉲ 자기연소 : 제5류 위험물(니트로셀룰로오스, 셀룰로이드, 니트로글리세린 등)

2. 다음 중 화학적 소화에 해당하는 것은?

① 냉각소화 ② 질식소화
③ 제거소화 ④ 억제소화

해설 소화 방법의 분류
㉮ 물리적 소화 방법 : 냉각소화, 제거소화, 질식소화
㉯ 화학적 소화 방법 : 억제소화(부촉매효과)

3. 제3류 위험물 중 금수성 물질에 적응할 수 있는 소화설비는?

① 포소화설비
② 이산화탄소 소화설비
③ 탄산수소염류 분말소화설비
④ 할로겐화합물 소화설비

해설 제3류 위험물 중 금수성 물질에 적응성이 있는 소화설비[시행규칙 별표17]
㉮ 탄산수소염류 분말소화설비 및 분말소화기
㉯ 건조사
㉰ 팽창질석 또는 팽창진주암

4. 가연물이 연소할 때 공기 중의 산소 농도를 떨어뜨려 연소를 중단시키는 소화 방법은?

① 제거소화 ② 질식소화
③ 냉각소화 ④ 억제소화

해설 소화작용(소화효과)
㉮ 제거소화 : 화재 현장에서 가연물을 제거함으로써 화재의 확산을 저지하는 방법으로 소화하는 것이다.
㉯ **질식소화 : 산소공급원을 차단하여** 연소 진행을 억제하는 방법으로 소화하는 것이다.
㉰ 냉각소화 : 물 등을 사용하여 활성화 에너지(점화원)를 냉각시켜 가연물을 발화점 이하로 낮추어 연소가 계속 진행할 수 없도록 하는 방법으로 소화하는 것이다.
㉱ 부촉매 소화(억제소화) : 산화반응에 직접 관계없는 물질을 가하여 연쇄반응의 억제작용을 이용하는 방법으로 소화하는 것이다.

5. 다음 중 오존층 파괴지수가 가장 큰 것은?

① Halon 104 ② Halon 1211
③ Halon 1301 ④ Halon 2402

해설 할로겐 화합물의 오존층 파괴지수(ODP)

구분	오존층 파괴지수
Halon 104	1.1
Halon 1211($CBrClF_2$)	3.0
Halon 1301($CBrF_3$)	10
Halon 2402($C_2Br_2F_4$)	6.0

㈜ 오존층 파괴지수의 숫자가 클수록 오존파괴 정도가 크다는 의미이다.

6. 분말소화약제 중 제1종과 제2종 분말이 각각 열분해될 때 공통적으로 생성되는 물질은?

① N_2, CO_2 ② N_2, O_2
③ H_2O, CO_2 ④ H_2O, N_2

정답 1. ② 2. ④ 3. ③ 4. ② 5. ③ 6. ③

해설 ㉮ 제1종 분말소화약제 반응식

$2NaHCO_3 \rightarrow Na_2CO_3 + H_2O + CO_2$

㉯ 제2종 분말소화약제 반응식

$2KHCO_3 \rightarrow K_2CO_3 + H_2O + CO_2$

7. 발화점이 달라지는 요인으로 가장 거리가 먼 것은?

① 가연성 가스와 공기의 조성비
② 발화를 일으키는 공간의 형태와 크기
③ 가열속도와 가열시간
④ 가열도구와 내구연한

해설 발화점에 영향을 주는 인자(요인)
㉮ 가연성 가스와 공기와의 혼합비
㉯ 발화를 일으키는 공간의 형태와 크기
㉰ 기벽의 재질과 촉매 효과
㉱ 가열속도와 지속시간(가열시간)
㉲ 점화원의 종류와 에너지 투여법

8. 이산화탄소 소화기의 장점으로 옳은 것은?

① 전기설비 화재에 유용하다.
② 마그네슘과 같은 금속분 화재 시 유용하다.
③ 자기반응성 물질의 화재 시 유용하다.
④ 알칼리금속 과산화물 화재 시 유용하다.

해설 이산화탄소 소화기의 특징
㉮ 소화 후 소화약제에 의한 물품의 오손이 거의 없다.
㉯ 전기 절연성이고 장시간 저장해도 물성의 변화가 거의 없다.
㉰ 한랭지에서도 동결의 우려가 없다.
㉱ 자체 압력으로 방출되기 때문에 방출용 동력이 필요하지 않다.
㉲ 약제 방출 시 소음이 발생한다.

참고 이산화탄소 소화기는 전기설비 화재에 적응성이 있고, 마그네슘 및 금속분(제2류 위험물), 자기반응성 물질(제5류 위험물), 알칼리금속 과산화물(제1류 위험물)의 화재에는 적응성이 없다.

9. 다음 중 폭발범위가 가장 넓은 물질은?

① 메탄 ② 톨루엔
③ 에틸알코올 ④ 에틸에테르

해설 각 위험물의 공기 중에서 폭발범위

명칭	폭발범위
메탄	5~15%
톨루엔	1.4~6.7%
에틸알코올	4.3~19%
에틸에테르	1.9~48%

10. 이산화탄소가 소화약제로 사용되는 이유에 대한 설명으로 가장 옳은 것은?

① 산소와의 반응이 느리기 때문이다.
② 산소와 반응하지 않기 때문이다.
③ 착화되어도 곧 불이 꺼지기 때문이다.
④ 산화반응이 되어도 열 발생이 없기 때문이다.

해설 이산화탄소(CO_2)는 산소와 반응하지 않는 불연성 가스로 공기 중의 산소 농도를 낮추어 질식소화의 효과를 나타내므로 물을 사용할 수 없는 전기설비화재 등에 사용한다.

11. 니트로셀룰로오스 화재 시 가장 적합한 소화 방법은?

① 할로겐화합물 소화기를 사용한다.
② 분말소화기를 사용한다.
③ 이산화탄소 소화기를 사용한다.
④ 다량의 물을 사용한다.

해설 니트로셀룰로오스는 산소가 없어도 연소가 가능한 제5류 위험물로 질식소화의 효과는 없으므로 다량의 물을 이용한 주수소화가 효과적이다.

12. 자연발화를 방지하기 위한 방법으로 옳지 않은 것은?

① 습도를 가능한 한 높게 유지한다.
② 열 축적을 방지한다.

정답 7. ④ 8. ① 9. ④ 10. ② 11. ④ 12. ①

③ 저장실의 온도를 낮춘다.
④ 정촉매 작용을 하는 물질을 피한다.

해설 위험물의 자연발화를 방지하는 방법
㉮ 통풍을 잘 시킬 것
㉯ 저장실의 온도를 낮출 것
㉰ 습도가 높은 곳을 피하고, 건조하게 보관할 것
㉱ 열의 축적을 방지할 것
㉲ 가연성가스 발생을 조심할 것
㉳ 불연성가스를 주입하여 공기와의 접촉을 피할 것
㉴ 물질의 표면적을 최대한 작게 할 것
㉵ 정촉매 작용을 하는 물질과의 접촉을 피할 것

13. 건물물의 1층 및 2층 부분만을 방사 능력범위로 하고 지하층 및 3층 이상의 층에 대하여 다른 소화설비를 설치해야 하는 소화설비는?

① 스프링클러 소화설비
② 포 소화설비
③ 옥외 소화전설비
④ 물분무 소화설비

해설 위험물시설의 소화설비 설치[세부기준 제128조]
㉮ 옥내소화전설비 및 이동식 물분무등 소화설비는 화재발생 시 연기가 충만할 우려가 없는 장소 등 쉽게 접근이 가능하고 화재 등에 의한 피해를 받을 우려가 적은 장소에 한하여 설치할 것
㉯ 옥외소화전설비는 건축물의 1층 및 2층 부분만을 방사 능력범위로 하고 건축물의 지하층 및 3층 이상의 층에 대하여 다른 소화설비를 설치할 것. 또한 옥외소화전설비를 옥외 공작물에 대한 소화설비로 하는 경우에도 유효방수거리 등을 고려한 방사 능력범위에 따라 설치할 것

14. 위험물 안전관리법령상 소화난이도 등급 I에 해당하는 제조소의 연면적 기준은?

① 1000m^2 이상　② 800m^2 이상
③ 700m^2 이상　④ 500m^2 이상

해설 제조소, 일반 취급소의 소화난이도 등급 I에 해당되는 시설[시행규칙 별표17]
㉮ 연면적 1000m^2 **이상인** 것
㉯ 지정수량의 100배 이상인 것(고인화점 위험물만을 100℃ 미만의 온도에서 취급하는 것 및 제48조의 위험물을 취급하는 것은 제외)
㉰ 지반면으로부터 6m 이상의 높이에 위험물 취급설비가 있는 것(고인화점 위험물만을 100℃ 미만의 온도에서 취급하는 것은 제외)
㉱ 일반취급소로 사용되는 부분 외의 부분을 갖는 건축물에 설치된 것(내화구조로 개구부 없이 구획된 것, 고인화점 위험물만을 100℃ 미만의 온도에서 취급하는 것 및 화학실험의 일반취급소는 제외)

15. 위험물 취급소의 건축물은 외벽이 내화구조인 경우 연면적 몇 m^2를 1소요단위로 하는가?

① 50　② 100
③ 150　④ 200

해설 소화설비 소요단위 계산방법[시행규칙 별표17]
㉮ 제조소 또는 **취급소의 건축물**
　㉠ **외벽이 내화구조**인 것 : 연면적 100m^2를 1소요단위로 할 것
　㉡ 외벽이 내화구조가 아닌 것 : 연면적 50m^2를 1소요단위로 할 것
㉯ 저장소의 건축물
　㉠ 외벽이 내화구조인 것 : 연면적 150m^2를 1소요단위로 할 것
　㉡ 외벽이 내화구조가 아닌 것 : 연면적 75m^2를 1소요단위로 할 것
㉰ 위험물 : 지정수량의 10배를 1소요단위로 할 것
㉱ 제조소등의 옥외에 설치된 공작물은 외벽이 내화구조인 것으로 간주하고 공작물의 최대수평투영면적을 연면적으로 간주하여 ㉮ 및 ㉯의 규정에 의하여 소요단위를 산정할 것

정답 13. ③ 14. ① 15. ②

16. 금속칼륨의 보호액으로 적당하지 않은 것은?

① 등유 ② 유동파라핀
③ 경유 ④ 에탄올

해설 칼륨(K) : 제3류 위험물(금수성물질)에 해당되며 지정수량은 10kg이다.
㉮ 보호액 : 등유, 경유, 파라핀
㉯ 에탄올(C_2H_5OH)은 칼륨과 반응하여 가연성 기체인 수소(H_2)를 발생시키므로 보호액으로 사용하는 것은 부적합하다.
$2K + 2C_2H_5OH \rightarrow 2C_2H_5OK + H_2 \uparrow$

17. 위험물 제조소에서 지정수량 이상의 위험물을 취급하는 건축물(시설)에는 원칙상 최소 몇 m 이상의 보유공지를 확보하여야 하는가? (단, 최대수량은 지정수량의 10배이다.)

① 1m 이상 ② 3m 이상
③ 5m 이상 ④ 7m 이상

해설 제조소의 보유공지[시행규칙 별표4]

취급하는 위험물의 최대수량	공지의 너비
지정수량의 10배 이하	3m 이상
지정수량의 10배 초과	5m 이상

18. 이송취급소의 배관이 하천을 횡단하는 경우 하천 밑에 매설하는 배관의 외면과 계획하상(계획하상이 최소 하상보다 높은 경우에는 최심하상)과의 거리는?

① 1.2m 이상 ② 2.5m 이상
③ 3.0m 이상 ④ 4.0m 이상

해설 이송취급소 배관의 하천 등 횡단설치[시행규칙 별표15] : 하천 또는 수로의 밑에 배관을 매설하는 경우에는 배관의 외면과 계획하상(계획하상이 최심하상보다 높은 경우에는 최심하상)과의 거리는 다음의 거리로 한다.
㉮ 하천을 횡단하는 경우 : 4.0m 이상
㉯ 수로를 횡단하는 경우
㉠ 하수도(상부가 개방되는 구조로 된 것에 한한다) 또는 운하 : 2.5m 이상
㉡ ㉠의 규정에 의한 수로에 해당되지 아니하는 좁은 수로(용수로 제외) : 1.2m 이상

19. 다음 중 주수소화를 하면 위험성이 증가하는 것은?

① 과산화칼륨 ② 과망간산칼륨
③ 과염소산칼륨 ④ 브롬산칼륨

해설 과산화칼륨(K_2O_2) : 제1류 위험물 중 무기과산화물로 물과 접촉하면 열과 산소가 발생하므로 주수소화는 금물이고 건조사, 팽창질석 또는 팽창진주암, 탄산수소염류 분말소화약제 및 분말소화기를 사용하여야 한다.

20. 메탄 1g이 완전 연소하면 발생되는 이산화탄소는 몇 g인가?

① 1.25 ② 2.75 ③ 14 ④ 44

해설 ㉮ 메탄(CH_4)의 완전연소 반응식
$CH_4 + 2O_2 \rightarrow CO_2 + 2H_2O$
㉯ 이산화탄소 발생량 계산 : 메탄(CH_4)의 분자량은 16이고, 이산화탄소(CO_2)의 분자량은 44이다. 그러므로 메탄 16g이 연소하면 이산화탄소는 44g이 발생하므로 메탄 1g이 연소할 때 발생하는 이산화탄소량을 비례식으로 계산할 수 있다.

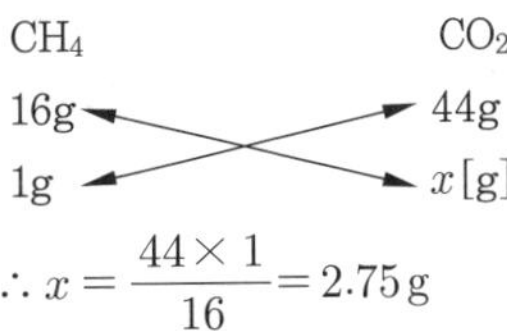

$\therefore x = \frac{44 \times 1}{16} = 2.75\,g$

21. 가연성 고체 위험물의 일반적 성질로서 틀린 것은?

① 비교적 저온에서 착화한다.
② 산화제와의 접촉 가열은 위험하다.
③ 연소속도가 빠르다.
④ 산소를 포함하고 있다.

해설 가연성 고체 위험물(제2류 위험물)의 일반적 성질

2013

정답 16. ④ 17. ② 18. ④ 19. ① 20. ② 21. ④

㉮ 낮은 온도에서 착화하기 쉬운 가연성 물질이다.
㉯ 비중은 1보다 크며, 연소 시 유독가스를 발생하는 것도 있다.
㉰ 연소속도가 대단히 빠르며, 금속분은 물이나 산과 접촉하면 확산 폭발한다.
㉱ 대부분 물에는 불용이며, 산화하기 쉬운 물질이다.
㉲ 강력한 환원성 물질로 산화제와 접촉, 마찰로 착화되면 급격히 연소한다.

참고 산소를 포함하고 있는 것은 제5류 위험물이다.

22. 벤젠에 관한 설명 중 틀린 것은?

① 인화점은 약 −11℃ 정도이다.
② 이황화탄소보다 착화온도가 높다.
③ 벤젠 증기는 마취성은 있으나 독성은 없다.
④ 취급할 때 정전기 발생을 조심해야 한다.

해설 벤젠(C_6H_6)의 특징
㉮ 제4류 위험물 중 제1석유류에 해당되며 지정수량은 200L이다.
㉯ 무색, 투명한 휘발성이 강한 액체로 증기는 **마취성과 독성이 있다.**
㉰ 분자량 78의 방향족 유기화합물로 증기는 공기보다 무겁다.
㉱ 물에는 녹지 않으나 알코올, 에테르 등 유기용제와 잘 섞이고 수지, 유지, 고무 등을 잘 녹인다.
㉲ 불을 붙이면 그을음(C)을 많이 내면서 연소한다.
㉳ 융점이 5.5℃로 겨울철 찬 곳에서 고체가 되는 현상이 발생한다.
㉴ 전기의 불량도체로 취급할 때 정전기발생을 조심해야 한다.
㉵ 액체 비중 0.88(증기비중 2.7), 비점 80.1℃, 발화점 562.2℃, 인화점 −11.1℃, 융점 5.5℃, 연소범위 1.4~7.1%이다.

참고 이황화탄소(CS)의 발화점(착화점) : 100℃

23. 1기압 20℃에서 액상이며 인화점이 200℃ 이상인 물질은?

① 벤젠 ② 톨루엔
③ 글리세린 ④ 실린더유

해설 제4석유류의 정의[시행령 별표1] : 제4석유류라 함은 기어유, 실린더유 그 밖에 1기압에서 인화점이 200℃ 이상 250℃ 미만의 것을 말한다. 다만, 도료류 그 밖의 물품은 가연성 액체량이 40 wt% 이하인 것은 제외한다.

24. 다음 중 질산에스테르류에 속하는 것은?

① 피크린산
② 니트로벤젠
③ 니트로글리세린
④ 트리니트로톨루엔

해설 제5류 위험물 중 질산에스테르류의 종류
㉮ 니트로셀룰로오스($[C_6H_7O_2(ONO_2)_3]_n$)
㉯ 질산에틸($C_2H_5ONO_2$)
㉰ 질산메틸(CH_3ONO_2)
㉱ 니트로글리세린($C_3H_5(ONO_2)_3$)
㉲ 니트로글리콜($C_2H_4(ONO_2)_2$)
㉳ 셀룰로이드류

25. 제6류 위험물의 화재예방 및 진압대책으로 적합하지 않은 것은?

① 가연물과의 접촉을 피한다.
② 과산화수소를 장기 보존할 때는 유리용기를 사용하여 밀전한다.
③ 옥내소화전설비를 사용하여 소화할 수 있다.
④ 물분무 소화설비를 사용하여 소화할 수 있다.

해설 제6류 위험물은 산화성 액체로 가연물과의 접촉을 피하고 화재 시 주수소화가 효과적이다.

참고 유리용기는 알칼리성으로 과산화수소(H_2O_2)의 분해를 촉진하므로 **장기 보존하지 않아야 한다.**

정답 22. ③ 23. ④ 24. ③ 25. ②

26. 지정수량이 50kg이 아닌 위험물은?

① 염소산나트륨 ② 리듐
③ 과산화나트륨 ④ 나트륨

해설 각 위험물의 지정수량

위험물	유별 및 품명	지정수량
염소산나트륨	제1류, 염소산염류	50kg
리튬	제3류, 알칼리금속	50kg
과산화나트륨	제1류, 무기과산화물	50kg
나트륨	제3류, 나트륨	10kg

27. 과산화수소와 산화프로필렌의 공통점으로 옳은 것은?

① 특수인화물이다.
② 분해 시 질소를 발생한다.
③ 끓는점이 100℃ 이하이다.
④ 수용액 상태에서도 자연발화 위험이 있다.

해설 과산화수소(H_2O_2)와
산화프로필렌 (CH_3CHOCH_2) 비교

구분	과산화수소	산화프로필렌
유별	제6류	제4류 특수인화물
지정수량	300kg	50L
위험등급	I	I
연소성	산화성	가연성
색상	무색의 액체 (많은 양은 청색)	무색 투명한 액체
물의 용해도	녹는다.	녹는다.
비점(끓는점)	80.2℃	34℃
인화점	–	–37℃
발화점	–	465℃
액체 비중	1.47	0.83
소화방법	주수소화	소화분말, 탄산가스

28. 제2류 위험물인 마그네슘의 위험성에 관한 설명 중 틀린 것은?

① 더운물과 작용시키면 산소 가스를 발생한다.
② 이산화탄소 중에서도 연소한다.
③ 습기와 반응하여 열이 축적되면 자연발화의 위험이 있다.
④ 공기 중에 부유하면 분진 폭발의 위험이 있다.

해설 마그네슘(Mg)의 위험성
㉮ 마그네슘을 더운물과 작용시키면 수소(H_2) 가스를 발생시킨다.
㉯ 반응식 : $Mg + 2HO \rightarrow Mg(OH)_2 + H_2 \uparrow$

29. 과산화벤조일의 지정수량은 얼마인가?

① 10kg ② 50L
③ 100kg ④ 1000L

해설 과산화벤조일[$(C_6H_5CO)_2O_2$: 벤조일퍼옥사이드]은 제5류 위험물 중 유기과산화물로 지정수량은 10kg이다.

30. 지하탱크 저장소에서 인접한 2개의 지하 저장탱크 용량의 합계가 지정수량의 100배일 경우 탱크 상호간의 최소거리는 얼마인가?

① 0.1m ② 0.3m ③ 0.5m ④ 1m

해설 지하탱크저장소 기준[시행규칙 별표8]
㉮ 지하저장탱크를 2 이상 인접 설치하는 경우 간격 : 상호간에 1m 이상의 간격 유지
㉯ 당해 2 이상의 지하저장탱크의 용량 합계가 지정수량의 100배 이하인 때 : 0.5m 이상의 간격 유지

31. 위험물 안전관리법령에서 정하는 위험등급 I에 해당하지 않는 것은?

① 제3류 위험물 중 지정수량이 20kg인 위험물
② 제4류 위험물 중 특수인화물
③ 제1류 위험물 중 무기과산화물
④ 제5류 위험물 중 지정수량이 100kg인 위험물

정답 26. ④ 27. ③ 28. ① 29. ① 30. ③ 31. ④

해설 위험등급 I의 위험물[시행규칙 별표19]

㉮ 제1류 위험물 중 아염소산염류, 염소산염류, 과염소산염류, 무기과산화물 그 밖에 지정수량이 50kg인 위험물

㉯ 제3류 위험물 중 칼륨, 나트륨, 알킬알루미늄, 알킬리튬, 황린 그 밖에 지정수량이 10kg 또는 20kg인 위험물

㉰ 제4류 위험물 중 특수인화물

㉱ 제5류 위험물 중 유기과산화물, 질산에스테르류 그 밖에 지정수량이 10kg인 위험물

㉲ 제6류 위험물

참고 **제5류 위험물 중 위험등급 I 외의 것은 위험등급 II에 해당된다.**

32. **위험물 안전관리법령에 명시된 아세트알데히드의 옥외 저장탱크에 필요한 설비가 아닌 것은?**

① 보랭장치

② 냉각장치

③ 동합금 배관

④ 불활성 기체를 봉입하는 장치

해설 아세트알데히드(CH_3CHO)등의 옥외탱크 저장소 기준[시행규칙 별표6]

㉮ 옥외 저장탱크의 설비는 동·마그네슘·은·수은 또는 이들을 성분으로 하는 합금으로 만들지 아니할 것

㉯ 옥외 저장탱크에는 냉각장치 또는 보랭장치, 그리고 연소성 혼합기체의 생성에 의한 폭발을 방지하기 위한 불활성의 기체를 봉입하는 장치를 설치할 것

33. **정기점검 대상 제조소 등에 해당하지 않는 것은?**

① 이동탱크 저장소

② 지정수량 120배의 위험물을 저장하는 옥외 저장소

③ 지정수량 120배의 위험물을 저장하는 옥내 저장소

④ 이송 취급소

해설 ㉮ 정기점검 대상 제조소등[시행령 제16조]

㉠ 관계인이 예방규정을 정하여야 하는 제조소등

㉡ 지하탱크저장소

㉢ 이동탱크저장소

㉣ 위험물을 취급하는 탱크로서 지하에 매설된 탱크가 있는 제조소·주유취급소 또는 일반취급소

㉯ 관계인이 예방규정을 정하여야 하는 제조소등[시행령 제15조]

㉠ 지정수량의 10배 이상의 위험물을 취급하는 제조소

㉡ 지정수량의 100배 이상의 위험물을 저장하는 옥외저장소

㉢ 지정수량의 150배 이상의 위험물을 저장하는 옥내저장소

㉣ 지정수량의 200배 이상의 위험물을 저장하는 옥외탱크저장소

㉤ 암반탱크저장소

㉥ 이송취급소

㉦ 지정수량의 10배 이상의 위험물을 취급하는 일반취급소

34. **다음 중 탄화칼슘에 대한 설명으로 옳은 것은?**

① 분자식은 CaC이다.

② 물과의 반응 생성물에는 수산화칼슘이 포함된다.

③ 순수한 흑회색의 불규칙한 덩어리이다.

④ 고온에서도 질소와는 반응하지 않는다.

해설 탄화칼슘(CaC_2 : 카바이드)의 특징

㉮ 제3류 위험물 중 칼슘 또는 알루미늄의 탄화물로 지정수량은 300kg이다.

㉯ **백색의 입방체 결정으로 시판품은 회색, 회흑색을 띠고 있다.**

㉰ 높은 온도에서 강한 환원성을 가지며, 많은 산화물을 환원시킨다.

㉱ 공업적으로 석회와 탄소를 전기로에서 가열하여 제조한다.

㉲ 수증기 및 물과 반응하여 가연성 가스인 아세

정답 32. ③ 33. ③ 34. ②

틸렌(C_2H_2)과 수산화칼슘[$Ca(OH)_2$]이 발생한다.

$CaC_2+2H_2O \rightarrow Ca(OH)_2+C_2H_2\uparrow$

㉳ 상온에서 안정하지만 350℃에서 산화되며, 700℃ **이상에서는 질소와 반응하여** 석회질소($CaCN_2$: 칼슘시아나이드)를 생성한다.

㉴ 시판품은 불순물이 포함되어 있어 유독한 황화수소(H_2S), 인화수소(PH_3 : 포스핀), 암모니아(NH_3) 등을 발생시킨다.

㉵ 비중 2.22, 융점 2370℃, 착화온도 335℃이다.

35. 셀룰로이드에 관한 설명 중 틀린 것은 어느 것인가?

① 물에 잘 녹으며, 자연발화의 위험이 있다.
② 지정수량은 10kg이다.
③ 탄력성이 있는 고체의 형태이다.
④ 장시간 방치된 것은 햇빛, 고온 등에 의해 분해가 촉진된다.

해설 셀룰로이드 특징

㉮ 제5류 위험물 중 질산에스테르류에 해당되며 지정수량은 10kg이다.

㉯ 무색 또는 황색의 반투명하고 탄력성이 있는 고체이다.

㉰ **물에는 녹지 않으며** 알코올, 아세톤, 초산에스테르류에 잘 녹는다.

㉱ 질소를 함유하면서 탄소가 함유된 유기물이다.

㉲ 장시간 방치된 것은 햇빛, 고온 등에 의해 분해가 촉진된다.

㉳ 습기가 많고 온도가 높으면 자연발화의 위험이 있고 연소하면 유독한 가스가 발생된다.

㉴ 비중 1.4, 발화온도 180℃이다.

36. 오황화인이 물과 작용했을 때 주로 발생되는 기체는?

① 포스핀 ② 포스겐
③ 황산가스 ④ 황화수소

해설 오황화인(P_2S_5)

㉮ 제2류 위험물 중 황화린에 해당되며 지정수량 100kg이다.

㉯ 오황화인(P_2S_5)은 물, 알칼리에 의해 황화수소(H_2S)와 인산(H_3PO_4)으로 분해된다.

㉰ 반응식 : $P_2S_5+8H_2O \rightarrow 5H_2S+2H_3PO_4$

37. 다음 물질 중 물보다 비중이 작은 것으로만 이루어진 것은?

① 에테르, 이황화탄소
② 벤젠, 글리세린
③ 가솔린, 에탄올
④ 글리세린, 아닐린

해설 제4류 위험물의 액체 비중

품명		액 비중
에테르	특수인화물	0.719
이황화탄소	특수인화물	1.263
벤젠	제1석유류	0.88
글리세린	제3석유류	1.26
가솔린	제1석유류	0.65~0.8
에탄올	알코올류	0.79
아닐린	제3석유류	1.02

38. 위험물 판매취급소에 관한 설명 중 틀린 것은?

① 위험물을 배합하는 실의 바닥면적은 $6m^2$ 이상 $15m^2$ 이하이어야 한다.
② 제1종 판매취급소는 건축물의 1층에 설치하여야 한다.
③ 일반적으로 페인트점, 화공약품점이 이에 해당된다.
④ 취급하는 위험물의 종류에 따라 제1종과 제2종으로 구분된다.

해설 위험물 판매취급소 구분[시행규칙 별표14]

㉮ **제1종** 판매취급소 : 저장 또는 취급하는 위험물의 수량이 **지정수량의 20배 이하인** 판매취급소이다.

정답 35. ① 36. ④ 37. ③ 38. ④

㉯ **제2종** 판매취급소 : 저장 또는 취급하는 위험물의 수량이 **지정수량의 40배 이하**인 판매취급소이다.

39. 위험물 안전관리법령에 따른 소화설비의 적응성에 관한 내용 중 ( ) 안에 적합한 내용은?

제6류 위험물을 저장 또는 취급하는 장소로서 폭발의 위험이 없는 장소에 한하여 ( )가[이] 제6류 위험물에 대하여 적응성이 있다.

① 할로겐화합물 소화기
② 분말소화기 - 탄산수소염류 소화기
③ 분말소화기 - 그 밖의 것
④ 이산화탄소 소화기

해설 소화설비의 적응성 중 "△" 표시[시행규칙 별표17]

㉮ 제4류 위험물을 저장 또는 취급하는 장소의 살수기준면적에 따라 스프링클러설비의 살수밀도가 규정에 정하는 기준 이상인 경우에는 당해 스프링클러설비가 제4류 위험물에 대하여 적응성이 있음을 표시한다.

㉯ 제6류 위험물을 저장 또는 취급하는 장소로서 폭발의 위험이 없는 장소에 한하여 이산화탄소 소화기가 제6류 위험물에 대하여 적응성이 있음을 표시한다.

40. 위험물 운반용기에 수납하여 적재할 때 차광성이 있는 피복으로 가려야 하는 위험물이 아닌 것은?

① 제1류 위험물 ② 제2류 위험물
③ 제5류 위험물 ④ 제6류 위험물

해설 적재하는 위험물의 성질에 따른 조치[시행규칙 별표19]

㉮ **차광성** 피복으로 가려야 하는 위험물 : **제1류** 위험물, **제3류** 위험물 중 **자연발화성** 물질, **제4류** 위험물 중 **특수인화물**, **제5류** 위험물, **제6류** 위험물

㉯ 방수성 피복으로 덮는 위험물 : 제1류 위험물 중 알칼리금속의 과산화물, 제2류 위험물 중 철분·금속분·마그네슘, 제3류 위험물 중 금수성 물질

㉰ 보랭 컨테이너에 수납하는 위험물 : 제5류 위험물 중 55℃ 이하에서 분해될 우려가 있는 것

㉱ 액체 위험물, 위험등급 Ⅱ의 위험물을 기계에 의하여 하역하는 구조로 된 운반용기 : 충격방지조치

41. 위험물의 운반 및 적재 시 혼재가 불가능한 것으로 연결된 것은? (단, 지정수량의 1/5 이상이다.)

① 제1류와 제6류
② 제4류와 제3류
③ 제2류와 제3류
④ 제5류와 제4류

해설 ㉮ 위험물 운반할 때 혼재 기준[시행규칙 별표19, 부표2]

구분	제1류	제2류	제3류	제4류	제5류	제6류
제1류		×	×	×	×	○
제2류	×		×	○	○	×
제3류	×	×		○	×	×
제4류	×	○	○		○	×
제5류	×	○	×	○		×
제6류	○	×	×	×	×	

○ : 혼합 가능, × : 혼합 불가능

㉯ 이 표는 지정수량의 $\frac{1}{10}$ 이하의 위험물에 대하여는 적용하지 않는다.

42. 염소산칼륨 20kg과 아염소산나트륨 10kg을 과염소산과 함께 저장하는 경우 지정수량 1배로 저장하려면 과염소산은 얼마나 저장할 수 있는가?

① 20kg ② 40kg
③ 80kg ④ 120kg

정답 39. ④ 40. ② 41. ③ 42. ④

해설 ㉮ 각 위험물의 유별 및 지정수량

품명	유별	지정수량
염소산칼륨	제1류 위험물, 염소산염류	50kg
아염소산나트륨	제1류 위험물, 아염소산염류	50kg
과염소산	제6류 위험물	300kg

㉯ 과염소산의 저장량 계산 : 지정수량 배수의 합은 각 위험물량을 지정수량으로 나눈 값의 합이다.

∴ 지정수량 배수의 합

$$=\frac{\text{A 위험물량}}{\text{지정수량}}+\frac{\text{B 위험물량}}{\text{지정수량}}+\frac{\text{C 위험물량}}{\text{지정수량}}$$

$$\therefore 1=\frac{20}{50}+\frac{10}{50}+\frac{x}{300}$$

$$\therefore 1-\left(\frac{20}{50}+\frac{10}{50}\right)=\frac{x}{300}$$

$$\therefore 1-(0.4+0.2)=\frac{x}{300}$$

$$\therefore x=300\times\{1-(0.4+0.2)\}=120\,\text{kg}$$

43. 위험물 안전관리법령상 주유취급소의 소화설비 기준과 관련한 설명 중 틀린 것은 어느 것인가?

① 모든 주유취급소는 소화난이도 등급 Ⅱ 또는 소화난이도 등급 Ⅲ에 속한다.
② 소화난이도 등급 Ⅱ에 해당하는 주유취급소에는 대형 수동식 소화기 및 소형 수동식 소화기 등을 설치하여야 한다.
③ 소화난이도 등급 Ⅲ에 해당하는 주유취급소에는 소형 수동식 소화기 등을 설치하여야 하며, 위험물의 소요단위 산정은 지하탱크 저장소의 기준을 준용한다.
④ 모든 주유취급소의 소화설비 설치를 위해서는 위험물의 소요단위를 산출하여야 한다.

해설 주유취급소의 소화설비 기준[시행규칙 별표17]

㉮ 주유취급소의 소화난이도 등급 Ⅰ은 주유취급소의 직원 외의 자가 출입하는 부분의 면적의 합이 500m³를 초과하는 것, Ⅱ는 옥내주유취급소, Ⅲ은 Ⅰ, Ⅱ 외의 주유취급소이다.〈개정 2014. 6. 23〉

참고 법령 개정 이전에는 모든 주유취급소는 소화난이도등급 Ⅱ와 Ⅲ에 속하는 것으로 되어 있었다.

㉯ 소화난이도 등급 Ⅰ에 해당하는 주유취급소에는 스프링클러설비(건축물에 한정), 소형수동식 소화기등을 설치하여야 한다.
㉰ 소화난이도 등급 Ⅱ에 해당하는 주유취급소에는 대형 수동식 소화기 및 소형 수동식 소화기등을 설치하여야 한다.
㉱ 소화난이도 등급 Ⅲ에 해당하는 주유취급소에는 소형 수동식 소화기등을 설치하여야 한다.
㉲ 주유취급소의 소형소화기등의 설치기준은 능력단위의 수치가 건축물 그 밖의 공작물 및 위험물의 소요단위의 수치에 이르도록 설치하여야 한다.

44. 위험물이 물과 반응하여 발생하는 가스를 잘못 연결한 것은?

① 탄화알루미늄 – 메탄
② 탄화칼슘 – 아세틸렌
③ 인화칼슘 – 에탄
④ 수소화칼슘 – 수소

해설 물(H_2O)과 반응하여 발생하는 가스

㉮ **인화칼슘**(Ca_3P_2 : 인화석회)은 **인화수소**(PH_3 : **포스핀)**를 발생

$Ca_3P_2+6H_2O \rightarrow 3Ca(OH)_2+2PH_3\uparrow$

㉯ 탄화알루미늄(Al_4C_3)은 메탄(CH_4) 가스를 발생

$Al_4C_3+12H_2O \rightarrow 4Al(OH)_3+3CH_4$

㉰ 탄화칼슘(CaC_2)은 아세틸렌(C_2H_2) 가스를 발생

$CaC_2+2H_2O \rightarrow Ca(OH)_2+C_2H_2\uparrow$

㉱ 수소화칼슘(CaH_2)은 수소(H_2) 가스를 발생

$CaH_2+2H_2O \rightarrow Ca(OH)_2+2H_2\uparrow$

45. 제1류 위험물의 일반적인 성질에 해당하지 않는 것은?

① 고체 상태이다.

2013

정답 43. ③ 44. ③ 45. ③

② 분해하여 산소를 발생한다.
③ 가연성 물질이다
④ 산화제이다.

해설 제1류 위험물(산화성 고체)의 공통적인 성질
㉮ 대부분 무색 결정, 백색 분말로 비중이 1보다 크다.
㉯ 물에 잘 녹는 것이 많으며 물과 작용하여 열과 산소를 발생시키는 것도 있다.
㉰ 반응성이 커서 가열, 충격, 마찰 등에 의해서 분해되기 쉽다.
㉱ 일반적으로 **불연성**이며 산소를 많이 함유한 강산화제로서 가연물과 혼입하면 폭발의 위험성이 크다.

46. 다음은 위험물 안전관리법령에 따른 이동 저장탱크의 구조에 관한 기준이다. ( ) 안에 알맞은 수치는?

> 이동 저장탱크는 그 내부에 (㉠)L 이하마다 (㉡)mm 이상의 강철판 또는 이와 동등 이상의 강도, 내열성 및 내식성이 있는 금속성의 것으로 칸막이를 설치하여야 한다. 다만, 고체인 위험물을 저장하거나 고체인 위험물을 가열하여 액체 상태로 저장하는 경우에는 그러하지 아니하다.

① ㉠ 2000, ㉡ 1.6
② ㉠ 2000, ㉡ 3.2
③ ㉠ 4000, ㉡ 1.6
④ ㉠ 4000, ㉡ 3.2

해설 이동저장탱크의 칸막이[시행규칙 별표10]
㉮ 이동저장탱크는 그 내부에 **4000L** 이하마다 **3.2mm 이상**의 강철판 또는 이와 동등 이상의 강도·내열성 및 내식성이 있는 금속성의 것으로 칸막이를 설치하여야 한다.
㉯ 고체인 위험물을 저장하거나 고체인 위험물을 가열하여 액체 상태로 저장하는 경우에는 그러하지 아니하다.

47. 질산나트륨의 성상으로 옳은 것은?

① 황색 결정이다.
② 물에 잘 녹는다.
③ 흑색 화약의 원료이다.
④ 상온에서 자연 분해한다.

해설 질산나트륨($NaNO_3$)의 특징
㉮ 제1류 위험물로 질산염류에 해당되며 지정수량은 300kg이다.
㉯ **무색**, 무취, 투명한 결정 또는 **백색 분말**이다.
㉰ 조해성이 있으며 물, 글리세린에 잘 녹는다.
㉱ 강한 산화제이며 수용액은 중성으로 무수 알코올에는 잘 녹지 않는다.
㉲ 분해온도(380℃)에서 분해되면 아질산나트륨($NaNO_2$)과 산소를 생성한다.
㉳ 가연물, 유기물, 차아황산나트륨과 함께 가열하면 폭발한다.
㉴ 비중 2.27, 융점 308℃, 용해도(0℃) 73이다.

참고 흑색화약의 원료는 질산칼륨(KNO_3)이다.

48. 피크린산 제조에 사용되는 물질과 가장 관계가 있는 것은?

① C_6H_6
② $C_6H_5CH_3$
③ $C_3H_5(OH)_3$
④ C_6H_5OH

해설 피크르산[$C_6H_2(NO_2)_3OH$: 트리니트로페놀]은 페놀(C_6H_5OH)을 진한 황산(H_2SO_4)과 질산(HNO_3)의 혼산으로 니트로화하여 제조한다.

49. 위험물 안전관리법령상 위험물 옥외 저장소에 저장할 수 있는 품명은? (단, 국제해상 위험물규칙에 적합한 용기에 수납하는 경우이다.)

① 특수인화물
② 무기과산화물
③ 알코올류
④ 칼륨

해설 옥외저장소에 지정수량 이상의 위험물을 저장할 수 있는 위험물[시행령 별표2]
㉮ 제2류 위험물 중 유황 또는 인화성고체(인화점이 0℃ 이상인 것에 한한다)
㉯ **제4류 위험물중** 제1석유류(인화점이 0℃ 이

정답 46. ④ 47. ② 48. ④ 49. ③

상인 것에 한한다)·알코올류·제2석유류·제3석유류·제4석유류 및 동식물유류

㉰ 제6류 위험물

㉱ 제2류 위험물 및 제4류 위험물 중 특별시·광역시 또는 도의 조례에서서 정하는 위험물(관세법 제154조의 규정에 의한 보세구역 안에 저장하는 경우에 한한다)

㉲ '국제해사기구에 관한 협약'에 의하여 설치된 국제해사기구가 채택한 '국제해상위험물규칙(IMDG Code)'에 적합한 용기에 수납된 위험물

50. 가연물에 따른 화재의 종류 및 표시색의 연결이 옳은 것은?

① 폴리에틸렌 – 유류화재 – 백색
② 석탄 – 일반화재 – 청색
③ 시너 – 유류화재 – 청색
④ 나무 – 일반화재 – 백색

해설 ㉮ 화재의 분류 및 표시 색상

구분	화재종류	표시 색상
A급 화재	일반화재	백색
B급 화재	유류, 가스 화재	황색
C급 화재	전기 화재	청색
D급 화재	금속 화재	–

㉯ 각 항목의 옳은 내용
① 폴리에틸렌 – 일반화재 – 백색
② 석탄 – 일반화재 – 백색
③ 시너 – 유류화재 – 황색

51. 다음 중 위험물 안전관리법령에 따른 지정수량이 나머지 셋과 다른 하나는?

① 황린 ② 칼륨
③ 나트륨 ④ 알킬리튬

해설 제3류 위험물의 지정수량

위험물	지정수량
황린(P_4)	20kg
칼륨(K)	10kg
나트륨(Na)	10kg
알킬리튬(LiR)	10kg

52. 위험물 안전관리법령에서 정한 정의이다. 무엇의 정의인가?

> 인화성 또는 발화성 등의 성질을 가지는 것으로서 대통령령이 정하는 물품을 말한다.

① 위험물 ② 가연물
③ 특수인화물 ④ 제4류 위험물

해설 위험물의 정의[법 제2조] : 위험물 : 인화성 또는 발화성 등의 성질을 가지는 것으로서 대통령령으로 정하는 물품을 말한다.

53. 다음 중 과염소산나트륨의 성질이 아닌 것은?

① 황색의 분말로 물과 반응하여 산소를 발생한다.
② 가열하면 분해되어 산소를 방출한다.
③ 융점은 약 482℃이고 물에 잘 녹는다.
④ 비중은 약 2.5로 물보다 무겁다.

해설 과염소산나트륨($NaClO_4$)의 특징(성질)

㉮ 제1류 위험물 중 과염소산염류에 해당되며 지정수량 50kg이다.
㉯ 무색, 무취의 사방정계 결정으로 조해성이 있다.
㉰ 물이나 에틸알코올, 아세톤에 잘 녹으나 에테르에는 녹지 않는다.
㉱ 400℃ 부근에서 분해하여 산소를 방출한다.
㉲ 자신은 불연성 물질이지만 강력한 산화제이다.
㉳ 진한 황산과 접촉하면 폭발성가스를 생성하고 폭발 위험이 있다.
㉴ 비중 2.50, 융점 482℃, 용해도(0℃) 170이다.

참고 과염소산나트륨이 물과 반응하여 산소를 발생하는 것이 아니라 물을 가열하여 400℃가 되었을 때 분해하면서 산소를 발생한다.

54. 황린과 적린의 성질에 대한 설명으로 가장 거리가 먼 것은?

① 황린과 적린은 이황화탄소에 녹는다.
② 황린과 적린은 물에 불용이다.

2013

정답 50. ④ 51. ① 52. ① 53. ① 54. ①

③ 적린은 황린에 비하여 화학적으로 활성이 작다.

④ 황린과 적린을 각각 연소시키면 P_2O_5이 생성된다.

해설 황린(P_4)과 적린(P_4)의 비교

구분	황린	적린
유별	제3류	제2류
지정수량	20kg	100kg
위험등급	I	II
색상	백색 또는 담황색 고체	암적색 분말
이황화탄소(CS_2) 용해도	용해한다.	용해하지 않는다.
물의 용해도	용해하지 않는다.	용해하지 않는다.
연소생성물	오산화인(P_2O_5)	오산화인(P_2O_5)
독성	유	무
비중	1.82	2.2
발화점	34℃	260℃
소화방법	분무주수	분무주수

55. 아세트알데히드와 아세톤의 공통 성질에 대한 설명 중 틀린 것은?

① 증기는 공기보다 무겁다.

② 무색 액체로서 인화점이 낮다.

③ 물에 잘 녹는다.

④ 특수인화물로 반응성이 크다.

해설 아세트알데히드와 아세톤의 비교

구분	아세트알데히드	아세톤
분자기호	CH_3CHO	CH_3COCH_3
품명	제4류 위험물 중 특수인화물	제4류 위험물 중 제1석유류
물의 용해도	잘 녹는다.	잘 녹는다.
액체 비중	0.783	0.79
증기비중	1.52	2.0
발화점	185℃	538℃
인화점	−39℃	−18℃
연소범위	4.1~75%	2.6~12.8%

56. 다음 위험물 중 특수인화물이 아닌 것은?

① 메틸에틸케톤 퍼옥사이드

② 산화프로필렌

③ 아세트알데히드

④ 이황화탄소

해설 ㉮ 제4류 위험물 중 특수인화물 종류 : 디에틸에테르($C_2H_5OC_2H_5$: 에테르), 이황화탄소(CS_2), 아세트알데히드(CH_3CHO), 산화프로필렌(CH_3CHOCH_2), 디에틸설파이드(황화디메틸) 등

㉯ 메틸에틸케톤 퍼옥사이드는 제5류 위험물에 해당된다.

57. 분자량이 약 74, 비중이 약 0.71인 물질로서 에탄올 두 분자에서 물이 빠지면서 축합반응이 일어나 생성되는 물질은?

① $C_2H_5OC_2H_5$ ② C_2H_5OH

③ C_6H_5Cl ④ CS_2

해설 에탄올 두 분자($2C_2H_5OH$)에는 에틸(C_2H_5) 2개, 수산기(OH) 2개를 각각 포함하고 있으며 여기에서 물(H_2O)이 빠지면 에틸(C_2H_5) 2개와 산소 원소(O) 1개만 남으므로 $C_2H_5OC_2H_5$(디에틸에테르)가 생성된다.

58. 위험물 관련 신고 및 선임에 관한 사항으로 옳지 않은 것은?

① 제조소의 위치, 구조 변경 없이 위험물의 품명 변경 시는 변경한 날로부터 7일 이내에 신고하여야 한다.

② 제조소 설치자의 지위를 승계한 자는 승계한 날로부터 30일 이내에 신고하여야 한다.

③ 위험물 안전관리자를 선임한 경우는 선임한 날부터 14일 이내에 신고하여야 한다.

④ 위험물 안전관리자가 퇴직한 경우는 퇴직일로부터 30일 이내에 선임하여야 한다.

정답 55. ④ 56. ① 57. ① 58. ①

해설 제조소등의 설치 및 변경허가[법 제6조] : 제조소등의 위치·구조 또는 설비의 변경 없이 위험물의 품명·수량 또는 지정수량의 배수를 변경하고자 하는 자는 **변경하고자 하는 날의 1일 전**까지 행정안전부령이 정하는 바에 따라 시·도지사에게 신고하여야 한다.

59. 다음 중 메탄올에 관한 설명으로 옳지 않은 것은?

① 인화점은 약 11℃이다.
② 술의 원료로 사용된다.
③ 휘발성이 강하다.
④ 최종 산화물은 의산(포름산)이다.

해설 메탄올(CH_3OH : 메틸알코올)의 특징
㉮ 제4류 위험물 중 알코올류에 해당되며 지정수량은 400L이다.
㉯ 휘발성이 강한 무색, 투명한 액체로 물과는 어떤 비율로도 혼합된다.
㉰ 유지, 수지 등을 잘 녹이며, 유기용매에는 농도에 따라서 녹는 정도가 다르다.
㉱ 백금(Pt), 산화구리(CuO) 존재 하에 공기 중에서 서서히 산화하면 포르말린(HCHO), 빠르면 의산(HCOOH)을 거쳐 이산화탄소(CO_2)로 된다.
㉲ 독성이 강하여 소량 마시면 시신경을 마비시키고, 8~20g 정도 먹으면 두통, 복통을 일으키거나 실명을 하며, 30~50g 정도 먹으면 사망한다.
㉳ 인화점 이상이 되면 폭발성 혼합기체를 발생하고, 밀폐된 상태에서는 폭발한다.
㉴ 밝은 곳에서 연소 시 화염의 색깔이 연해서 잘 보이지 않으므로 화상 등에 주의한다.
㉵ 밀봉, 밀전하여 통풍이 잘 되는 냉암소에 저장하고, 용기는 10% 이상의 여유공간을 확보해 둔다.
㉶ 액체 비중 0.79(증기비중 1.1), 비점 63.9℃, 착화점 464℃, 인화점 11℃, 연소범위 7.3~36%이다.

참고 술의 원료로 사용하는 것은 에탄올(C_2H_5OH : 에틸알코올)이다.

60. 옥내 저장소의 동일한 실에 서로 1m 이상의 간격을 두고 저장할 수 없는 것은?

① 제1류 위험물과 제3류 위험물 중 자연발화성 물질(황린 또는 이를 함유한 것에 한한다)
② 제4류 위험물과 제2류 위험물 중 인화성 고체
③ 제1류 위험물과 제4류 위험물
④ 제1류 위험물과 제6류 위험물

해설 유별을 달리하는 위험물의 동일한 저장소에 저장 기준[시행규칙 별표18]
㉮ 유별을 달리하는 위험물은 동일한 저장소에 저장하지 아니하여야 한다.
㉯ 동일한 저장소에 저장할 수 있는 경우 : 옥내저장소 또는 옥외저장소에 위험물을 유별로 정리하여 저장하고, 서로 1m 이상의 간격을 두는 경우
㉠ 제1류 위험물(알칼리금속의 과산화물 또는 이를 함유한 것 제외)과 제5류 위험물
㉡ 제1류 위험물과 제6류 위험물
㉢ 제1류 위험물과 제3류 위험물 중 자연발화성물질(황린 또는 이를 함유한 것에 한한다)
㉣ 제2류 위험물 중 인화성고체와 제4류 위험물
㉤ 제3류 위험물 중 알킬알루미늄등과 제4류 위험물(알킬알루미늄 또는 알킬리튬을 함유한 것에 한한다)
㉥ 제4류 위험물 중 유기과산화물 또는 이를 함유한 것과 제5류 위험물 중 유기과산화물 또는 이를 함유한 것

정답 59. ② 60. ③

2013. 10. 12 시행 (제5회)

1. 제조소등에 전기설비(전기배선, 조명기구 등은 제외)가 설치된 경우에는 면적 몇 m^2 마다 소형 수동식 소화기를 1개 이상 설치하여야 하는가?

① 50　　② 100
③ 150　　④ 200

해설 전기설비의 소화설비[시행규칙 별표17] : 제조소등에 전기설비(전기배선, 조명기구 등은 제외한다)가 설치된 경우에는 당해 장소의 면적 $100m^2$ 마다 소형수동식 소화기를 1개 이상 설치할 것

2. 연쇄반응을 억제하여 소화하는 소화약제는?

① 할론 1301　　② 물
③ 이산화탄소　　④ 포

해설 소화약제의 소화효과
㉮ 물 : 냉각효과
㉯ 산·알칼리 소화약제 : 냉각효과
㉰ 강화액 소화약제 : 냉각소화, 부촉매효과, 일부질식효과
㉱ 이산화탄소 소화약제 : 질식효과, 냉각효과
㉲ **할로겐화합물 소화약제 : 억제효과(부촉매 효과)**
㉳ 포 소화약제 : 질식효과, 냉각효과
㉴ 분말 소화약제 : 질식효과, 냉각효과, 제3종 분말소화약제는 부촉매효과도 있음

3. 위험물 안전관리법령상 지하탱크 저장소에 설치하는 강제 이중벽 탱크에 관한 설명으로 틀린 것은?

① 탱크 본체와 외벽 사이에는 3mm 이상의 감지 층을 둔다.
② 스페이서는 탱크 본체와 재질을 다르게 하여야 한다.
③ 탱크 전용실이 없이 지하에 직접 매설할 수도 있다.
④ 탱크 외면에는 최대시험압력을 지워지지 않도록 표시하여야 한다.

해설 강제 이중벽탱크의 구조[세부기준 제106조]
㉮ 외벽은 완전용입용접 또는 양면겹침이음용접으로 틈이 없도록 제작할 것
㉯ 탱크의 본체와 외벽의 사이에 3mm 이상의 감지층을 둘 것
㉰ 탱크본체와 외벽 사이의 감지층 간격을 유지하기 위한 스페이서를 다음에 의하여 설치할 것
　㉠ 스페이서는 탱크의 고정밴드 위치 및 기초대 위치에 설치할 것
　㉡ **재질은 원칙적으로 탱크본체와 동일한 재료로 할 것**
　㉢ 스페이서와 탱크의 본체와의 용접은 전주필릿용접 또는 부분용접으로 하되, 부분용접으로 하는 경우에는 한 변의 용접비드는 25mm 이상으로 할 것
　㉣ 스페이서 크기는 두께 3mm, 폭 50mm, 길이 380mm 이상일 것
㉱ 누설감지설비는 강제강화플라스틱계 이중벽탱크의 누설감지설비의 기준에 의할 것
㉲ 강제 이중벽탱크의 외면에는 위험물의 종류 및 사용온도범위와 함께 표시사항(제조업체·제조년월 및 제조번호, 탱크의 용량·규격 및 최대시험압력, 형식번호·탱크안전성능 실시자 등)이 지워지지 아니하도록 표시하여야 한다.

4. 단백포 소화약제 제조 공정에서 부동제로 사용하는 것은?

① 에틸렌글리콜　　② 물
③ 가수분해 단백질　④ 황산제1철

해설 포소화약제의 부동제(부동액) : 포소화약제에 제4류 위험물 중 제3석유류에 해당하는 에틸렌글리콜($C_2H_4(OH)_2$)을 첨가하여 포소화약제가 동결되지 않도록 하는 것이다.

정답 1. ② 2. ① 3. ② 4. ①

5. 8L 용량의 소화전용 물통의 능력단위는 얼마인가?

① 0.3 ② 0.5
③ 1.0 ④ 1.5

해설 소화설비의 능력단위[시행규칙 별표17]

소화설비 종류	용량	능력단위
소화전용 물통	8L	0.3
수조(소화전용 물통 3개 포함)	80L	1.5
수조(소화전용 물통 6개 포함)	190L	2.5
마른모래(삽 1개 포함)	50L	0.5
팽창질석 또는 팽창진주암(삽 1개 포함)	160L	1.0

6. 위험물 제조소등별로 설치하여야 하는 경보설비의 종류에 해당하지 않은 것은?

① 비상방송설비
② 비상조명등설비
③ 자동화재탐지설비
④ 비상경보설비

해설 경보설비의 구분[시행규칙 제42조]
㉮ 자동화재 탐지설비
㉯ 비상경보설비(비상벨장치 또는 경종을 포함한다)
㉰ 확성장치(휴대용확성기를 포함한다)
㉱ 비상방송설비

참고 비상조명등설비는 피난설비에 해당된다.

7. 점화원으로 작용할 수 있는 정전기를 방지하기 위한 예방 대책이 아닌 것은?

① 정전기 발생이 우려되는 장소에 접지시설을 한다.
② 실내의 공기를 이온화하여 정전기 발생을 억제한다.
③ 정전기는 습도가 낮을 때 많이 발생하므로 상대습도를 70% 이상으로 한다.
④ 전기의 저항이 큰 물질은 대전이 용이하므로 비전도체 물질을 사용한다.

해설 정전기 방지 대책
㉮ 설비를 접지한다.
㉯ 공기를 이온화한다.
㉰ 공기 중 상대습도를 70% 이상 유지한다.

참고 전기가 통하지 않는 비전도체는 정전기가 발생할 가능성이 더 높아진다.

8. 15℃의 기름 100g에 8000J의 열량을 주면 기름의 온도는 몇 ℃가 되겠는가? (단, 기름의 비열은 2J/g·℃ 이다.)

① 25 ② 45 ③ 50 ④ 55

해설 현열식 $Q = G \times C \times (t_2 - t_1)$에서

$$\therefore t_2 = \frac{Q}{G \times C} + t_1 = \frac{8000}{100 \times 2} + 15 = 55\,℃$$

9. 탱크화재 현상 중 BLEVE(boiling liquid expanding vapor explosion)에 대한 설명으로 옳은 것은?

① 기름 탱크에서의 수증기 폭발 현상이다.
② 비등상태의 액화가스가 기화하여 팽창하고 폭발하는 현상이다.
③ 화재 시 기름 속의 수분이 급격히 증발하여 기름 거품이 되고 팽창해서 기름 탱크에서 밖으로 내뿜어져 나오는 현상이다.
④ 고점도의 기름 속에 수증기를 포함한 볼 형태의 물방울이 형성되어 탱크 밖으로 넘치는 현상이다.

해설 BLEVE(boiling liquid expanding vapor explosion) 현상 : 비등액체팽창증기폭발이라 하며 가연성 액체 저장탱크 주변에서 화재가 발생하여 기상부의 탱크가 국부적으로 가열되면 그 부분이 강도가 약해져 탱크가 파열된다. 이 때 내부의 액화가스가 급격히 유출 팽창되어 화구(fire ball)를 형성하여 폭발하는 형태를 말한다.

10. 위험물을 운반용기에 담아 지정수량의 1/10 초과하여 적재하는 경우 위험물을 혼재하여도 무방한 것은?

정답 5. ① 6. ② 7. ④ 8. ④ 9. ② 10. ①

① 제1류 위험물과 제6류 위험물
② 제2류 위험물과 제6류 위험물
③ 제2류 위험물과 제3류 위험물
④ 제3류 위험물과 제5류 위험물

해설 ㉮ 위험물 운반할 때 혼재 기준[시행규칙 별표19, 부표2]

구분	제1류	제2류	제3류	제4류	제5류	제6류
제1류		×	×	×	×	○
제2류	×		×	○	○	×
제3류	×	×		○	×	×
제4류	×	○	○		○	×
제5류	×	○	×	○		×
제6류	○	×	×	×	×	

○ : 혼합 가능, × : 혼합 불가능

㉯ 이 표는 지정수량의 $\frac{1}{10}$ 이하의 위험물에 대하여는 적용하지 않는다.

11. 위험물의 성질에 따라 강화된 기준을 적용하는 지정과산화물을 저장하는 옥내 저장소에서 지정과산화물에 대한 설명으로 옳은 것은?

① 지정과산화물이란 제5류 위험물 중 유기과산화물 또는 이를 함유한 것으로서 지정수량이 10kg인 것을 말한다.
② 지정과산화물에는 제4류 위험물에 해당하는 것도 포함된다.
③ 지정과산화물이란 유기과산화물과 알킬알루미늄을 말한다.
④ 지정과산화물이란 유기과산화물 중 소방방재청 고시로 지정한 물질을 말한다.

해설 지정과산화물[시행규칙 별표4] : 제5류 위험물 중 유기과산화물 또는 이를 함유하는 것으로서 지정수량이 10kg인 것을 말한다.

참고 옥내 저장소에서 위험물의 성질에 따라 강화된 기준을 적용하는 위험물 종류
㉮ 지정과산화물
㉯ 알킬알루미늄등
㉰ 히드록실아민등

12. 다음과 같은 반응에서 $5m^3$의 탄산가스를 만들기 위해 필요한 탄산수소나트륨의 양은 약 몇 kg 인가? (단, 표준상태이고 나트륨의 원자량은 23이다.)

$$2NaHCO_3 \rightarrow Na_2CO_3 + CO_2 + H_2O$$

① 18.75 ② 37.5 ③ 56.25 ④ 75

해설 탄산수소나트륨($NaHCO_3$)의 분자량은 84이고, 1kmol이 차지하는 체적은 $22.4m^3$이다.

$2NaHCO_3 \rightarrow Na_2CO_3 + CO_2 + H_2O$
$2 \times 84kg$ — $22.4m^3$
$x\,kg$ — $5m^3$

$$\therefore x = \frac{2 \times 84 \times 5}{22.4} = 37.5\,kg$$

13. 지정수량의 100배 이상을 저장 또는 취급하는 옥내 저장소에 설치하여야 하는 경보설비는? (단, 고인화점 위험물만을 저장 또는 취급하는 것은 제외한다.)

① 비상경보설비 ② 자동화재 탐지설비
③ 비상방송설비 ④ 비상조명등설비

해설 경보설비 설치 대상[시행규칙 별표17]
(1) 자동화재 탐지설비
㉮ 제조소 및 일반취급소
㉠ 연면적 $500m^2$ 이상인 것
㉡ 옥내에서 지정수량의 100배 이상을 취급하는 것
㉯ 옥내저장소
㉠ 지정수량의 100배 이상을 저장 또는 취급하는 것
㉡ 저장창고의 연면적이 $150m^2$를 초과하는 것
㉢ 처마높이가 6m 이상인 단층건물의 것
㉣ 옥내저장소로 사용되는 부분 외의 부분이 있는 건축물에 설치된 옥내저장소
㉰ 옥내탱크저장소 : 단층 건물 외의 건축물에 설치된 옥내탱크저장소로서 소화난이도등급 I에 해당하는 곳
㉱ 주유취급소 : 옥내주유취급소

정답 11. ① 12. ② 13. ②

(2) 자동화재 탐지설비, 비상경보설비, 확성장치 또는 비상방송설비 중 1종 이상을 설치해야 하는 경우 : (1)에 해당하지 않는 제조소등으로 지정수량의 10배 이상을 저장 또는 취급하는 것

14. 이산화탄소 소화기 사용 시 줄·톰슨 효과에 의해서 생성되는 물질은?

① 포스겐 ② 일산화탄소
③ 드라이아이스 ④ 수성가스

해설 ㉮ 드라이아이스 : 고체탄산이라고 하며 액체 상태의 이산화탄소가 줄·톰슨 효과에 의하여 온도가 강하되면서 고체(얼음) 상태로 된 것이다.
㉯ 줄·톰슨 효과 : 단열을 한 배관 중에 작은 구멍을 내고 이 관에 압력이 있는 유체를 흐르게 하면 유체가 작은 구멍을 통할 때 유체의 압력이 하강함과 동시에 온도가 떨어지는 현상이다. 이산화탄소 소화기를 사용할 때 줄·톰슨 효과에 의하여 노즐부분에서 드라이아이스가 생성되어 노즐을 폐쇄하는 현상이 발생한다.

15. 금속분, 목탄, 코크스 등의 연소형태에 해당하는 것은?

① 자기연소 ② 증발연소
③ 분해연소 ④ 표면연소

해설 연소형태에 따른 가연물
㉮ 표면연소 : 목탄(숯), 코크스
㉯ 분해연소 : 종이, 석탄, 목재, 중유
㉰ 증발연소 : 가솔린, 등유, 경유, 알코올, 양초, 유황
㉱ 확산연소 : 가연성 기체
㉲ 자기연소 : 제5류 위험물(니트로셀룰로오스, 셀룰로이드, 니트로글리세린 등)

16. 일반 취급소의 형태가 옥외의 공작물로 되어 있는 경우에 있어서 그 최대 수평투영면적이 $500m^2$일 때 설치하여야 하는 소화설비의 소요단위는 몇 단위인가?

① 5단위 ② 10단위
③ 15단위 ④ 20단위

해설 소화설비 소요단위 계산[시행규칙 별표17]
㉮ 제조소 또는 취급소의 건축물
㉠ 외벽이 내화구조인 것 : 연면적 $100m^2$를 1소요단위로 할 것
㉡ 외벽이 내화구조가 아닌 것 : 연면적 $50m^2$를 1소요단위로 할 것
㉯ 저장소의 건축물
㉠ 외벽이 내화구조인 것 : 연면적 $150m^2$를 1소요단위로 할 것
㉡ 외벽이 내화구조가 아닌 것 : 연면적 $75m^2$를 1소요단위로 할 것
㉰ 위험물 : 지정수량의 10배를 1소요단위로 할 것
㉱ **제조소등의 옥외에 설치된 공작물은 외벽이 내화구조인 것으로 간주하고 공작물의 최대수평투영면적을 연면적으로 간주하여 ㉮ 및 ㉯의 규정에 의하여 소요단위를 산정할 것**
㉲ 소요단위 계산 : 일반취급소의 옥외의 공작물이므로 외벽이 내화구조인 것이 되고 최대수평투영면적 $500m^2$가 연면적으로 적용되며, 연면적 $100m^2$가 1소요단위에 해당된다.

$$\therefore \text{소요단위} = \frac{\text{건축물 연면적}}{\text{1소요단위 면적}} = \frac{500}{100} = 5\text{ 단위}$$

17. 수용성 가연성 물질의 화재 시 다량의 물을 방사하여 가연물질의 농도를 연소농도 이하가 되도록 하여 소화시키는 것은 무슨 소화 원리인가?

① 제거소화 ② 촉매소화
③ 희석소화 ④ 억제소화

해설 소화작용(소화효과)
㉮ 제거소화 : 화재 현장에서 가연물을 제거함으로써 화재의 확산을 저지하는 방법으로 소화하는 것이다.
㉯ 질식소화 : 산소공급원을 차단하여 연소 진행을 억제하는 방법으로 소화하는 것이다.

정답 14. ③ 15. ④ 16. ① 17. ③

㉰ 냉각소화 : 물 등을 사용하여 활성화 에너지(점화원)를 냉각시켜 가연물을 발화점 이하로 낮추어 연소가 계속 진행할 수 없도록 하는 방법으로 소화하는 것이다.

㉱ 부촉매 소화(억제소화) : 산화반응에 직접 관계없는 물질을 가하여 연쇄반응의 억제작용을 이용하는 방법으로 소화하는 것이다.

㉲ 희석소화 : 수용성 가연성 위험물인 알코올, 에테르 등의 화재 시 다량의 물을 살포하여 가연성 위험물의 농도를 연소농도 이하가 되도록 하여 화재를 소화시키는 방법이다.

18. 화재별 급수에 따른 화재의 종류 및 표시 색상을 모두 옳게 나타낸 것은?

① A급 : 유류화재 – 황색
② B급 : 유류화재 – 황색
③ A급 : 유류화재 – 백색
④ B급 : 유류화재 – 백색

해설 화재 급수에 따른 화재종류 및 표시 색상

화재 급수	화재종류	표시 색상
A급	일반화재	백색
B급	유류화재	황색
C급	전기화재	청색
D급	금속화재	–

19. 건물의 외벽이 내화구조로서 연면적 $300m^2$의 옥내저장소에 필요한 소화기 소요단위 수는?

① 1단위　　② 2단위
③ 3단위　　④ 4단위

해설 저장소용 건축물로 외벽이 내화구조인 것의 1소요 단위는 연면적이 $150m^2$이다.

$$\therefore \text{ 소요단위} = \frac{\text{건축물 연면적}}{\text{1소요단위 면적}} = \frac{300}{150} = 2\text{ 단위}$$

참고 소화설비 소요단위 계산 기준 및 방법은 16번 해설을 참고하기 바랍니다.

20. 소화난이도 등급 Ⅰ에 해당하지 않는 제조소 등은?

① 제1석유류 위험물을 제조하는 제조소로서 연면적 $1000m^2$ 이상인 것
② 제1석유류 위험물을 저장하는 옥외탱크저장소로서 액표면적이 $40m^2$ 이상인 것
③ 모든 이송취급소
④ 제6류 위험물을 저장하는 암반탱크 저장소

해설 소화난이도 등급 Ⅰ에 해당하는 암반탱크 저장소[시행규칙 별표17]

㉮ 액표면적이 $40m^2$ 이상인 것(제6류 위험물을 저장하는 것 및 고인화점위험물만을 100℃ 미만의 온도에서 저장하는 것은 제외)
㉯ 고체 위험물만을 저장하는 것으로서 지정수량의 100배 이상인 것

21. 다음 중 위험물 안전관리법령에 의한 지정수량이 가장 작은 품명은?

① 질산염류　　② 인화성 고체
③ 금속분　　④ 질산에스테르류

해설 각 위험물의 지정수량

품명	유별	지정수량
질산염류	제1류 위험물	300kg
인화성 고체	제2류 위험물	1000kg
금속분	제2류 위험물	500kg
질산에스테르류	제5류 위험물	10kg

22. 위험물 판매취급소에 대한 설명 중 틀린 것은?

① 제1종 판매취급소라 함은 저장 또는 취급하는 위험물의 수량이 지정수량의 20배 이하인 판매취급소를 말한다.
② 위험물을 배합하는 실의 바닥면적은 $6m^2$ 이상 $15m^2$ 이하이어야 한다.
③ 판매취급소에서는 도료류 외의 제1석유류를 배합하거나 옮겨 담는 작업을 할 수 있다.

정답 18. ② 19. ② 20. ④ 21. ④ 22. ④

④ 제1종 판매취급소는 건축물의 2층까지만 설치가 가능하다.

해설 위험물 판매취급소 기준[시행규칙 별표14] : 제1종 및 제2종 판매취급소는 건축물 1층에 설치하여야 한다.

23. 과염소산암모늄의 위험성에 대한 설명으로 올바르지 않은 것은?

① 급격히 가열하면 폭발의 위험이 있다.
② 건조 시에는 안정하나, 수분 흡수 시에는 폭발한다.
③ 가연성 물질과 혼합하면 위험하다.
④ 강한 충격이나 마찰에 의해 폭발의 위험이 있다.

해설 과염소산암모늄(NH_4ClO_4)의 특징 및 위험성
㉮ 제1류 위험물 중 과염소산염류로 지정수량은 50kg이다.
㉯ 무색, 무취의 결정으로 물, 알코올, 아세톤에는 용해되나 에테르에는 녹지 않는다.
㉰ 강한 충격이나 마찰, 급격히 가열하면 폭발의 위험이 있다.
㉱ 강산과 접촉하거나 가연성 물질 또는 산화성 물질과 혼합하면 폭발 위험이 있다.
㉲ 상온에서 비교적 안정하나 130℃에서 분해하기 시작하여 300℃ 부근에서 급격히 분해하여 폭발한다.
㉳ 비중 1.87, 분해온도 130℃이다.

참고 과염소산암모늄은 **물에 녹을 때 흡열반응을 하기 때문에 수분을 흡수하여도 폭발의 위험성이 없으며**, 화재 시 다량의 주수소화를 한다.

24. 시·도 조례가 정하는 바에 따라 관할 소방서장의 승인을 받아 지정수량 이상의 위험물을 제조소 등이 아닌 장소에서 임시로 저장 또는 취급하는 기간은 최대 며칠 이내인가?

① 30 ② 60 ③ 90 ④ 120

해설 지정수량 이상의 위험물을 임시로 저장 또는 취급 조건[법 제5조]
㉮ 시·도의 조례가 정하는 바에 따라 관할소방서장의 승인을 받아 지정수량 이상의 위험물을 90일 이내의 기간 동안 임시로 저장 또는 취급하는 경우
㉯ 군부대가 지정수량 이상의 위험물을 군사목적으로 임시로 저장 또는 취급하는 경우

참고 임시로 저장 또는 취급하는 장소에서의 저장 또는 취급의 기준과 위치·구조 및 설비의 기준은 시·도의 조례로 정한다.

25. 휘발유에 대한 설명으로 옳은 것은?

① 가연성 증기를 발생하기 쉬우므로 주의한다.
② 발생된 증기는 공기보다 가벼워서 주변으로 확산하기 쉽다.
③ 전기를 잘 통하는 도체이므로 정전기를 발생시키지 않도록 조치한다.
④ 인화점이 상온보다 높으므로 여름철에 각별한 주의가 필요하다.

해설 휘발유(가솔린)의 특징
㉮ 제4류 위험물 중 제1석유류에 해당되며 지정수량 200L이다.
㉯ 탄소수 C_5~C_9까지의 포화(알칸), 불포화(알켄) 탄화수소의 혼합물로 휘발성 액체이다.
㉰ 특이한 냄새가 나는 무색의 액체로 비점이 낮다.
㉱ 물에는 용해되지 않지만 유기용제와는 잘 섞이며 고무, 수지, 유지를 잘 녹인다.
㉲ 액체는 물보다 가볍고, 증기는 공기보다 무겁다.
㉳ 옥탄가를 높이기 위해 첨가제(사에틸납)를 넣으며, 착색된다.
㉴ 휘발 및 인화하기 쉽고, **증기는 공기보다 3~4배 무거워** 누설 시 낮은 곳에 체류하여 연소를 확대시킨다.
㉵ **전기의 불량도체**이며, 정전기 발생에 의한 인화의 위험성이 크다.
㉶ 액체 비중 0.65~0.8(증기비중 3~4), 인화점 −20~−43℃, 발화점 300℃, 연소범위 1.4~7.6%이다.

참고 인화점이 −20~−43℃로 **상온보다 낮다.**

정답 23. ② 24. ③ 25. ①

26. 가솔린의 연소범위에 가장 가까운 것은?

① 1.4~7.6% ② 2.0~23.0%
③ 1.8~36.5% ④ 1.0~50.0%

해설 가솔린(휘발유)의 연소범위 : 1.4~7.6%

27. 다음 중 착화온도가 가장 낮은 것은?

① 등유 ② 가솔린 ③ 아세톤 ④ 톨루엔

해설 제4류 위험물의 착화온도

품 명		착화온도
등유	제2석유류	254℃
가솔린	제1석유류	300℃
아세톤	제1석유류	538℃
톨루엔	제1석유류	552℃

28. 주유취급소 일반점검표와의 점검항목에 따른 점검내용 중 점검방법이 육안점검이 아닌 것은?

① 가연성증기 검지경보설비 – 손상의 유무
② 피난설비의 비상전원 – 정전 시의 점등상황
③ 간이탱크의 가연성 증기 회수밸브 – 작동상황
④ 배관의 전기방식 설비 – 단자의 탈락 유무

해설 주유취급소 일반점검표[세부기준 별지 제16호 서식]

점검항목		점검내용	점검방법
가연성증기 검지경보설비		손상의 유무	육안
		기능의 적부	작동확인
피난설비	유도등 본체	점등상황 및 손상의 유무	육안
		시각장애물의 유무	육안
	비상전원	정전시의 점등상황	작동확인
간이탱크	가연성 증기 회수밸브	작동상황	육안
배관	전기방식 설비	단자의 탈락 유무	육안

29. 다음 각 위험물의 지정수량의 총 합은 몇 kg인가?

알킬리튬, 리튬, 수소화나트륨, 인화칼슘, 탄화칼슘

① 820 ② 900 ③ 960 ④ 1260

해설 제3류 위험물 지정수량 및 총합

품 명		지정수량
알킬리튬		10kg
황린		20kg
수소화나트륨	금속의 수소화물	300kg
인화칼슘	금속의 인화물	300kg
탄화칼슘	칼슘 또는 알루미늄의 탄화물	300kg
지정수량의 총합		960kg

30. 위험물 안전관리법령상 제2류 위험물에 속하지 않은 것은?

① P_4S_3 ② Al ③ Mg ④ Li

해설 리튬(Li)은 제3류 위험물 중 알칼리금속(칼륨, 나트륨 제외)에 해당된다.

31. 위험물 안전관리법령상 유별이 같은 것으로만 나열된 것은?

① 금속의 인화물, 칼슘의 탄화물, 할로겐화합물
② 아조벤젠, 염산히드라진, 질산구아니딘
③ 황린, 적린, 무기과산화물
④ 유기과산화물, 질산에트테르류, 알칼리튬

해설 각 항목의 유별 분류

① 금속의 인화물(제3류), 칼슘의 탄화물(제3류), 할로겐화합물(제6류)
② 아조벤젠, 염산히드라진, 질산구아니딘 : 제5류
③ 황린(제3류), 적린(제2류), 무기과산화물(제1류)
④ 유기과산화물(제5류), 질산에스테르류(제5류), 알킬리튬(제3류)

정답 26. ① 27. ① 28. ② 29. ③ 30. ④ 31. ②

32. 인화성 액체 위험물을 저장하는 옥외탱크 저장소에 설치하는 방유제의 높이 기준은?

① 0.5m 이상 1m 이하
② 0.5m 이상 3m 이하
③ 0.3m 이상 1m 이하
④ 0.3m 이상 3m 이하

해설 옥외탱크 저장소 방유제[시행규칙 별표6]
㉮ 용량 기준
㉠ 탱크가 하나인 경우 : 탱크 용량의 110% 이상
㉡ 2기 이상인 경우 : 탱크 중 용량이 최대인 것의 110% 이상
㉯ 방유제는 높이 0.5m 이상 3m 이하, 두께 0.2m 이상, 지하매설깊이 1m 이상으로 할 것
㉰ 방유제 내의 면적은 8만m^2 이하로 할 것

33. 다음 위험물 중 발화점이 가장 낮은 것은?

① 황 ② 삼황화인
③ 황린 ④ 아세톤

해설 각 위험물의 발화점

품명		발화점
황	제2류 위험물	233℃
삼황화인	제2류 위험물 중 황화린	100℃
황린	제3류 위험물	34℃
아세톤	제4류 위험물 중 제1석유류	538℃

34. 옥내저장소에 질산 600L를 저장하고 있다. 저장하고 있는 질산은 지정수량의 몇 배 인가? (단, 질산의 비중은 1.5이다.)

① 1 ② 2
③ 3 ④ 4

해설 질산(HNO_3)
㉮ 제6류 위험물로 지정수량은 300kg이다.
㉯ 질산 600L를 무게(kg)로 환산
∴ 무게=체적(L)×비중=600×1.5=900kg
㉰ 지수량 배수 계산 : 지정수량 배수는 위험물량을 지정수량으로 나눈 값이다.

$$\therefore \text{지정수량배수} = \frac{\text{위험물량}}{\text{지정수량}} = \frac{600}{300} = 3\text{ 배}$$

35. 염소산나트륨과 반응하여 ClO_2 가스를 발생시키는 것은?

① 글리세린 ② 질소
③ 염산 ④ 산소

해설 ㉮ 염소산나트륨($NaClO_3$)은 염산(HCl)과 반응하여 이산화염소(ClO_2)를 발생시킨다.
㉯ 반응식
$2NaClO_3 + 4HCl \rightarrow 2NaCl + Cl_2 + 2ClO_2 + 2H_2O$

참고 염소산나트륨($NaClO_3$)은 제1류 위험물 중 염소산염류에 해당된다.

36. 다음 중 증기 비중이 가장 큰 것은?

① 벤젠
② 등유
③ 메틸알코올
④ 디에틸에테르

해설 ㉮ 제4류 위험물의 분자량 및 증기 비중

품명	분자량	비중
벤젠(C_6H_6)	78	2.69
등유	–	4~5
메틸알코올(CH_3OH)	32	1.1
디에틸에테르($C_2H_5OC_2H_5$)	74	2.55

㉯ 증기 비중은 $\frac{\text{기체 분자량}}{\text{공기의 평균 분자량(29)}}$ 이므로 분자량이 큰 것이 증기 비중이 크다.

참고 등유는 탄소수 C_9~C_{18}인 포화, 불포화탄화수소의 혼합물로 증기비중은 4~5이다.

37. 위험물 안전관리법령상 옥외저장탱크 중 압력탱크 외의 탱크에 통기관을 설치하여야 할 때 밸브 없는 통기관인 경우 통기관의 지름은 몇 mm 이상으로 하여야 하는가?

① 10 ② 15
③ 20 ④ 30

정답 32. ② 33. ③ 34. ③ 35. ③ 36. ② 37. ④

해설 옥외탱크저장소의 통기관 기준[시행규칙 별표6]

㉮ 밸브 없는 통기관
- ㉠ 직경은 30mm 이상일 것
- ㉡ 선단은 수평면보다 45° 이상 구부려 빗물 등의 침투를 막는 구조로 할 것
- ㉢ 가는 눈의 구리망 등으로 인화방지장치를 할 것.
- ㉣ 가연성의 증기를 회수하기 위한 밸브를 통기관에 설치하는 경우
  - ⓐ 저장탱크에 위험물을 주입하는 경우를 제외하고는 항상 개방되어 있는 구조로 할 것
  - ⓑ 폐쇄하였을 경우에는 10kPa 이하의 압력에서 개방되는 구조로 할 것(유효 단면적은 777.15mm^2 이상이어야 한다)

㉯ 대기밸브 부착 통기관
- ㉠ 5kPa 이하의 압력차이로 작동할 수 있을 것
- ㉡ 인화방지장치를 할 것

38. **위험물 안전관리법령에 의한 지정수량이 나머지 셋과 다른 하나는?**

① 유황 ② 적린
③ 황린 ④ 황화린

해설 각 위험물의 유별 및 지정수량

품명	유별	지정수량
유황, 적린, 황화린	제2류	100kg
황린	제3류	20kg

39. **톨루엔에 대한 설명으로 틀린 것은?**

① 벤젠의 수소 원자 하나가 메틸기로 치환된 것이다.
② 증기는 벤젠보다 가볍고, 휘발성은 더 높다.
③ 독특한 향기를 가진 무색의 액체이다.
④ 물에 녹지 않는다.

해설 톨루엔($C_6H_5CH_3$)의 특징

㉮ 제4류 위험물로 제1석유류에 해당되며 지정수량 200L이다.
㉯ 벤젠의 수소 원자 하나가 메틸기($-CH_3$)로 치환된 것이다.
㉰ 독특한 냄새가 있는 무색의 액체로 벤젠보다는 독성이 약하다.
㉱ 물에는 녹지 않으나 알코올, 에테르, 벤젠과는 잘 섞인다.
㉲ 수지, 유지, 고무 등을 녹인다.
㉳ 액체 비중 0.89(증기비중 3.14), 비점 110.6℃, 착화점 552℃, 인화점 4.5℃, 연소범위 1.4~6.7%이다.

참고 톨루엔($C_6H_5CH_3$)의 분자량 92, 벤젠(C_6H_6)의 분자량은 78이므로 **톨루엔의 증기는 벤젠보다 무겁고**, 휘발성은 낮다.

40. **질산나트륨의 성상에 대한 설명 중 틀린 것은?**

① 조해성이 있다.
② 강력한 환원제이며 물보다 가볍다.
③ 열분해하여 산소를 방출한다.
④ 가연물과 혼합하면 충격에 의해 발화할 수 있다.

해설 질산나트륨($NaNO_3$)의 특징

㉮ 제1류 위험물로 질산염류에 해당되며 지정수량은 300kg이다.
㉯ 무색, 무취, 투명한 결정 또는 백색 분말이다.
㉰ 조해성이 있으며 물, 글리세린에 잘 녹는다.
㉱ **강한 산화제**이며 수용액은 중성으로 무수 알코올에는 잘 녹지 않는다.
㉲ 분해온도(380℃)에서 분해되면 아질산나트륨($NaNO_2$)과 산소(O_2)를 생성한다.
㉳ 가연물, 유기물, 차아황산나트륨과 함께 가열하면 폭발한다.
㉴ 비중 2.27, 융점 308℃, 용해도(0℃) 73이다.

41. **과산화수소의 분해 방지제로서 적합한 것은?**

① 아세톤 ② 인산
③ 황 ④ 암모니아

해설 과산화수소(H_2O_2 : 제6류 위험물)의 분해 방지제(안정제) : 인산(H_3PO_4), 요산($C_5H_4N_4O_3$)

정답 38. ③ 39. ② 40. ② 41. ②

42. 저장용기에 물을 넣어 보관하고 $Ca(OH)_2$을 넣어 pH9의 약 알칼리성으로 유지시키면서 저장하는 물질은?

① 적린 ② 황린
③ 질산 ④ 황화인

해설 황린을 보관하는 물은 석회(CaO)나 수산화칼슘[$Ca(OH)_2$: 소석회]를 넣어 약알칼리성으로 보관하되, 강알칼리가 되어서는 안 된다 [pH9 이상이 되면 인화수소(PH_3)를 발생한다].

43. 위험물 저장탱크 중 부상 지붕구조로 탱크의 지름이 53m 이상 60m 미만인 경우 고정식 포소화설비의 포방출구 종류 및 수량으로 옳은 것은?

① Ⅰ형 8개 이상
② Ⅱ 형 8개 이상
③ Ⅲ 형 10개 이상
④ 특형 10개 이상

해설 고정식 포소화설비 기준[세부기준 제133조]
㉮ 탱크의 지름 53m 이상 60m 미만인 경우 포방출구의 수

구분	고정지붕구조		부상덮개 부착 고정 지붕구조	부상 지붕 구조
포방출구의 종류	Ⅰ형 또는 Ⅱ형	Ⅲ형 또는 Ⅳ형	Ⅱ형	특형
포방출구 수	8	8	8	10

㉯ 탱크의 지름에 따라 포방출구의 개수가 규정되어 있다.

44. 위험물 안전관리법령상 산화성 액체에 해당하지 않는 것은?

① 과염소산
② 과산화수소
③ 과염소산나트륨
④ 질산

해설 산화성 액체(제6류 위험물)의 종류

품명	지정수량
1. 과염소산	300kg
2. 과산화수소	300kg
3. 질산	300kg
4. 행정안전부령으로 정하는 것 : 할로겐간 화합물 → 오불화요오드(IF_5), 오불화브롬(BrF_5), 삼불화브롬(BrF_3)	300kg
5. 제1호 내지 제4호의 하나에 해당하는 어느 하나 이상을 함유한 것	300kg

㉮ 과산화수소는 그 농도가 36 중량% 이상인 것에 한하며, 산화성액체의 성상이 있는 것으로 본다.
㉯ 질산은 그 비중이 1.49 이상인 것에 한하며, 산화성액체의 성상이 있는 것으로 본다.

참고 과염소산나트륨($NaClO_4$)은 제1류 위험물(산화성 고체) 중 과염소산염류에 해당된다.

45. 과산화벤조일에 대한 설명 중 틀린 것은 어느 것인가?

① 진한 황산과 혼촉 시 위험성이 증가한다.
② 폭발성을 방지하기 위하여 희석제를 첨가할 수 있다.
③ 가열하면 약 100℃에서 흰 연기를 내면서 분해한다.
④ 물에 녹으며 무색, 무취의 액체이다.

해설 벤조일퍼옥사이드(과산화벤조일)의 특징
㉮ 제5류 위험물 중 유기과산화물에 해당되며 지정수량은 10kg이다.
㉯ 무색, 무미의 결정 고체로 물에는 잘 녹지 않으나 알코올에는 약간 녹는다.
㉰ 상온에서 안정하며, 강한 산화작용이 있다.
㉱ 가열하면 100℃ 부근에서 백색 연기를 내며 분해한다.
㉲ 빛, 열, 충격, 마찰 등에 의해 폭발의 위험이 있다.
㉳ 강한 산화성 물질로 진한 황산, 질산, 초산 등과 접촉하면 화재나 폭발의 우려가 있다.

2013

정답 42. ② 43. ④ 44. ③ 45. ④

㈇ 수분의 흡수나 불활성 희석제(프탈산디메틸, 프탈산디부틸)의 첨가에 의해 폭발성을 낮출 수도 있다.
㈈ 비중(25℃) 1.33, 융점 103~105℃(분해온도), 발화점 125℃이다.

46. 메탄올과 에탄올의 공통점을 설명한 내용으로 틀린 것은?

① 휘발성의 무색 액체이다.
② 인화점이 0℃ 이하이다.
③ 증기는 공기보다 무겁다.
④ 비중이 물보다 작다.

해설 메탄올(CH_3OH)과 에탄올(C_2H_5OH)의 비교

구분	메탄올	에탄올
상 태	무색의 휘발성 액체	무색의 휘발성 액체
인화점	11℃	13℃
발화점	464℃	423℃
증기 비중	1.1	1.59
액체 비중	0.79	0.79
비점	63.9℃	78.3℃

47. 트리니트로페놀에 대한 일반적인 설명으로 틀린 것은?

① 가연성 물질이다.
② 공업용은 보통 휘황색의 결정이다.
③ 알코올에 녹지 않는다.
④ 납과 화합하여 예민한 금속염을 만든다.

해설 트리니트로페놀[$C_6H_2(NO_2)_3OH$: 피크린산]의 특징

㉮ 제5류 위험물 중 니트로화합물로 지정수량 200kg이다.
㉯ 강한 쓴맛과 독성이 있는 휘황색을 나타내는 편평한 침상 결정이다.
㉰ 찬물에는 거의 녹지 않으나 온수, 알코올, 에테르, 벤젠 등에는 잘 녹는다.
㉱ 중금속(Fe, Cu, Pb 등)과 반응하여 민감한 피크린산염을 형성한다.
㉲ 공기 중에서 서서히 연소하나 뇌관으로는 폭굉을 일으킨다.
㉳ 황색 염료, 농약, 산업용 도폭선의 심약, 뇌관의 첨장약, 군용 폭파약, 피혁공업에 사용한다.
㉴ 단독으로는 타격, 마찰에 둔감하고, 연소할 때 검은 연기(그을음)를 낸다.
㉵ 금속염은 매우 위험하여 가솔린, 알코올, 옥소, 황 등과 혼합된 것에 약간의 마찰이나 타격을 주어도 심하게 폭발한다.
㉶ 비중 1.8, 융점 121℃, 비점 255℃, 발화점 300℃이다.

48. 위험물 저장탱크의 내용적이 300L일 때 탱크에 저장하는 위험물의 총량의 범위로 적합한 것은?

① 240~270L ② 270~285L
③ 290~295L ④ 295~298L

해설 ㉮ 탱크 용적의 산정기준[시행규칙 제5조] : 위험물을 저장 또는 취급하는 탱크의 용량은 해당 탱크의 내용적에서 공간용적을 뺀 용적으로 한다.

㉯ 탱크의 공간용적[세부기준 제25조] : 탱크의 공간용적은 탱크의 내용적의 $\frac{5}{100}$ 이상 $\frac{10}{100}$ 이하의 용적으로 한다.

㉰ 탱크에 저장하는 위험물의 총량 범위 계산

∴ 탱크 총량 범위=탱크 내용적−공간용적

$=\text{탱크 내용적}-\left(\text{탱크 내용적}\times\frac{5}{100}\sim\frac{10}{100}\right)$

$=300-\left(300\times\frac{5}{100}\sim\frac{10}{100}\right)$

$=300-(15\sim30)=285\text{L}\sim270\text{L}$

49. 위험물 안전관리법의 적용 제외와 관련된 내용으로 ( ) 안에 알맞은 것을 모두 나타낸 것은?

> 위험물 안전관리법은 ( )에 의한 위험물의 저장 · 취급 및 운반에 있어서는 이를 적용하지 아니한다.

정답 46. ② 47. ③ 48. ② 49. ①

① 항공기·선박(선박법 제1조의2 제1항에 따른 선박을 말한다)·철도 및 궤도
② 항공기·선박(선박법 제1조의2 제1항에 따른 선박을 말한다)·철도
③ 항공기·철도 및 궤도
④ 철도 및 궤도

해설 적용제외[법 제3조] : 위험물 안전관리법은 항공기·선박(선박법 규정에 따른 선박을 말한다)·철도 및 궤도에 의한 위험물의 저장·취급 및 운반에 있어서는 이를 적용하지 아니한다.

50. 중크롬산칼륨에 대한 설명으로 틀린 것은?

① 열분해하여 산소를 발생한다.
② 물과 알코올에 잘 녹는다.
③ 등적색의 결정으로 쓴맛이 있다.
④ 산화제, 의약품 등에 사용된다.

해설 중크롬산칼륨($K_2Cr_2O_7$)의 특징
㉮ 제1류 위험물 중 중크롬산염류에 해당되며 지정수량은 1000kg이다.
㉯ 흡습성이 있는 등적색 결정으로 쓴맛이 있다.
㉰ 물에는 녹으나 알코올에는 용해되지 않는다.
㉱ 산성 용액에서 강한 산화제 역할하며, 열분해하면 산소를 발생한다.
㉲ 산화제, 의약품 등에 사용된다.
㉳ 부식성이 강하여 피부와 접촉 시 점막을 자극하고, 30g 이상 복용하면 사망한다.
㉴ 단독으로는 안정하지만 가열하거나 유기물, 기타 가연물과 접촉하여 마찰 및 열을 주게 되면 발화 또는 폭발한다.
㉵ 환기가 잘 되는 곳에 보관하고 취급 시 보호구를 착용한다.
㉶ 비중 2.69, 융점 398℃, 분해온도 500℃이다.

51. 위험물 안전관리법령상 염소화규소화합물은 제 몇 류 위험물에 해당하는가?

① 제1류　　② 제2류
③ 제3류　　④ 제5류

해설 염소화규소화합물은 제3류 위험물 중 행정안전부령으로 정하는 물품이다[시행규칙 제3조].

52. 금속 나트륨과 금속 칼륨의 공통적인 성질에 대한 설명으로 옳은 것은?

① 불연성 고체이다.
② 물과 반응하여 산소를 발생한다.
③ 은백색의 매우 단단한 금속이다.
④ 물보다 가벼운 금속이다.

해설 금속 나트륨과 금속 칼륨의 공통적인 성질
㉮ 제3류 위험물로 지정수량 10kg이다.
㉯ 은백색의 경금속으로 금수성물질이며 가연성 고체이다.
㉰ 물과 반응 시 수소(H_2)가 발생한다.
㉱ 나트륨 비중 0.97, 칼륨 비중 0.86으로 물보다 가벼운 금속이다.
㉲ 산화를 방지하기 위하여 보호액(등유, 경유, 파라핀) 속에 넣어 저장한다.
㉳ 소화방법은 건조사(마른 모래)를 이용한 질식소화를 한다.

53. 옥내 저장탱크의 상호간에는 특별한 경우를 제외하고 최소 몇 m 이상의 간격을 유지하여야 하는가?

① 0.1　② 0.2　③ 0.3　④ 0.5

해설 옥내탱크 저장소 기준[시행규칙 별표7]
㉮ 옥내저장탱크는 단층 건축물에 설치된 탱크전용실에 설치할 것
㉯ 옥내저장탱크와 탱크전용실의 벽과의 사이 및 옥내저장탱크 상호간에는 0.5m 이상의 간격을 유지할 것. 다만, 탱크의 점검 및 보수에 지장이 없는 경우에는 그러하지 아니하다.
㉰ 옥내저장탱크의 용량은 지정수량의 40배 이하일 것(제4석유류 및 동식물유류 외의 제4류 위험물에 있어서 당해 수량이 2만 L를 초과할 때에는 2만 L 이하일 것)

54. 위험물 저장 방법에 관한 설명 중 틀린 것은?

① 알킬알루미늄은 물속에 보관한다.
② 황린은 물속에 보관한다.

정답 50. ②　51. ③　52. ④　53. ④　54. ①

③ 금속 나트륨은 등유 속에 보관한다.
④ 금속 칼륨은 경유 속에 보관한다.

해설 알킬알루미늄은 물과 폭발적으로 반응하여 에탄(C_2H_6) 가스를 발생하므로 물속에 보관할 수 없으며, 취급설비와 탱크 저장 시에는 질소 등의 불활성가스 봉입장치를 설치하고, 용기는 밀봉하여 공기와 접촉을 금지한다.

55. 디에틸에테르에 대한 설명 중 틀린 것은 어느 것인가?

① 강산화제와 혼합 시 안전하게 사용할 수 있다.
② 대량으로 저장 시 불활성가스를 봉입한다.
③ 정전기 발생 방지를 위해 주의를 기울여야 한다.
④ 통풍, 환기가 잘 되는 곳에 저장한다.

해설 디에틸에테르($C_2H_5OC_2H_5$: 에테르)의 취급 및 저장 방법
㉮ 제4류 위험물 중 특수인화물에 해당되며 지정수량 50L이다.
㉯ 불꽃 등 화기를 멀리하고 통풍이 잘 되는 곳에 저장한다.
㉰ 공기와 접촉 시 과산화물이 생성되는 것을 방지하기 위해 용기는 갈색 병을 사용한다.
㉱ 증기 누설을 방지하고, 밀전하여 냉암소에 보관한다.
㉲ 용기의 공간용적은 10% 이상 여유 공간을 확보한다.
㉳ 전기의 불량도체라 정전기가 발생되기 쉬우므로 취급 시 주의를 기울여야 한다.

참고 디에틸에테르는 가연성 액체이므로 강산화제와 혼합하면 연소, 폭발 등의 위험이 있다.

56. 위험물 운반에 관한 기준 중 위험등급 I에 해당하는 위험물은?

① 황화인 ② 피크린산
③ 벤조일퍼옥사이드 ④ 질산나트륨

해설 ㉮ 위험등급 I의 위험물[시행규칙 별표19]
㉠ 제1류 위험물 중 아염소산염류, 염소산염류, 과염소산염류, 무기과산화물 그 밖에 지정수량이 50kg인 위험물
㉡ 제3류 위험물 중 칼륨, 나트륨, 알킬알루미늄, 알킬리튬, 황린 그 밖에 지정수량이 10kg 또는 20kg인 위험물
㉢ 제4류 위험물 중 특수인화물
㉣ 제5류 위험물 중 유기과산화물, 질산에스테르류 그 밖에 지정수량이 10kg인 위험물
㉤ 제6류 위험물
㉯ 보기의 위험물 위험등급

품명		지정수량	위험등급
황화인	제2류 위험물	100kg	Ⅱ
피크린산	제5류 위험물 니트로화합물	200kg	Ⅱ
벤조일퍼옥사이드	제5류 위험물 질산에스테르류	10kg	Ⅰ
질산나트륨	제1류 위험물 질산염류	300kg	Ⅱ

57. 위험물의 지하저장탱크 중 압력탱크 외의 탱크에 대해 수압시험을 실시할 때 몇 kPa의 압력으로 하여야 하는가? (단, 소방청장이 정하여 고시하는 기밀시험과 비파괴시험을 동시에 실시하는 방법으로 대신하는 경우는 제외한다.)

① 40 ② 50
③ 60 ④ 70

해설 지하저장탱크 수압시험[시행규칙 별표8]
㉮ 압력탱크 외의 탱크 : 70kPa의 압력
㉯ 압력탱크(최대상용압력이 46.7kPa 이상인 탱크) : 최대상용압력의 1.5배
㉰ 수압시험 시간 : 10분간
㉱ 수압시험은 소방청장이 정하여 고시하는 기밀시험과 비파괴시험을 동시에 실시하는 방법으로 대신할 수 있다.

58. 위험물의 운반에 관한 기준에서 제4석유류와 혼재할 수 없는 위험물은? (단, 위험물은 각각 지정수량의 2배인 경우이다.)

정답 55. ① 56. ③ 57. ④ 58. ④

① 황화인　　② 칼륨
③ 유기과산화물　　④ 과염소산

해설 ㉮ 위험물 운반할 때 혼재 기준[시행규칙 별표19, 부표2]

구분	제1류	제2류	제3류	제4류	제5류	제6류
제1류		×	×	×	×	○
제2류	×		×	○	○	×
제3류	×	×		○	×	×
제4류	×	○	○		○	×
제5류	×	○	×	○		×
제6류	○	×	×	×	×	

○ : 혼합 가능, × : 혼합 불가능

㉯ 이 표는 지정수량의 $\frac{1}{10}$ 이하의 위험물에 대하여는 적용하지 않는다.

㉰ 위험물의 유별 구분과 제4류 위험물과 혼재 여부

품명	유별	혼재 여부
황화인	제2류 위험물	○
칼륨	제3류 위험물	○
유기과산화물	제5류 위험물	○
과염소산	제6류 위험물	×

59. 위험물 안전관리법령상 제5류 위험물의 판정을 위한 시험의 종류로 옳은 것은?

① 폭발성 시험, 가열분해성 시험
② 폭발성 시험, 충격민감성 시험
③ 가열분해성 시험, 착화의 위험성 시험
④ 충격민감성 시험, 착화의 위험성 시험

해설 위험물의 유별에 따른 위험성 시험 방법[위험물안전관리에 관한 세부기준]
㉮ 제1류 위험물 : 산화성고체
㉠ 산화성 시험[세부기준 제3조] : 연소시험
㉡ 충격민감성 시험[세부기준 제5조] : 낙구타격감도 시험
㉯ 제2류 위험물 : 가연성고체
㉠ 착화의 위험성 시험[세부기준 8조] : 작은 불꽃 착화시험
㉡ 인화의 위험성 시험[세부기준 9조] : 인화점 측정
㉰ 제3류 위험물 : 자연발화성물질
㉠ 고체의 공기 중 발화의 위험성 시험[세부기준 11조] : 자연발화 여부
㉡ 액체의 공기 중 발화의 위험성 시험[세부기준 11조] : 자연발화 여부
㉱ 제3류 위험물 : 금수성물질
㉠ 금수성 시험[세부기준 12조] : 물과 접촉하여 발화하거나 가연성가스를 발생할 위험성 시험
㉲ 제4류 위험물 : 인화성액체
㉠ 인화점 측정[세부기준 14조] : 태크밀폐식 인화점측정기
㉳ 제5류 위험물 : 자기반응성물질
㉠ 폭발성 시험[세부기준 18조] : 열분석 시험
㉡ 가열분해성 시험[세부기준 20조] : 압력용기 시험
㉴ 제6류 위험물 : 산화성액체
㉠ 연소시간의 측정시험[세부기준 23조]

60. 2몰의 브롬산칼륨이 모두 열분해되어 생긴 산소의 양은 2기압 27℃에서 약 몇 L 인가?

① 32.42　　② 36.92
③ 41.34　　④ 45.64

해설 ㉮ 브롬산칼륨($KBrO_3$)의 열분해 반응식
$2KBrO_3 \rightarrow 2KBr + 3O_2$
∴ 표준상태(0℃, 1기압)에서 2몰(mol)의 브롬산칼륨이 열분해하면 발생되는 산소는 3몰(mol)이므로 체적으로는 3×22.4L이다.
㉯ 2기압, 27℃에서 산소의 양 계산 :
보일-샤를의 법칙 $\frac{P_1 V_1}{T_1} = \frac{P_2 V_2}{T_2}$ 에서

$$\therefore V_2 = \frac{P_1 V_1 T_2}{P_2 T_1} = \frac{1 \times (3 \times 22.4) \times (273+27)}{2 \times (273+0)} = 36.923\,L$$

참고 브롬산칼륨($KBrO_3$) : 제1류 위험물 중 브롬산염류에 해당된다.

2013

정답 59. ① 60. ②

2014년도 출제문제

2014. 1. 26 시행 (제1회)

1. 니트로셀룰로오스의 자연발화는 일반적으로 무엇에 기인한 것인가?

① 산화열 ② 중합열 ③ 흡착열 ④ 분해열

해설 니트로셀룰로오스($[C_6H_7O_2(ONO_2)_3]_n$)는 제5류 위험물 중 질산에스테르류에 속하며 직사광선, 산, 알칼리 등에 의하여 분해되어 자연발화가 발생되며, 자연발화는 분해열에 기인한 것이다.

2. 인화점 70℃ 이상의 제4류 위험물을 저장하는 암반탱크 저장소에 설치하여야 하는 소화설비들로만 이루어진 것은? (단, 소화난이도등급 Ⅰ에 해당한다.)

① 물분무 소화설비 또는 고정식 포 소화설비
② 이산화탄소 소화설비 또는 물분무 소화설비
③ 할로겐화합물 소화설비 또는 이산화탄소 소화설비
④ 고정식 포 소화설비 또는 할로겐화합물 소화설비

해설 소화난이도등급 Ⅰ의 암반탱크 저장소에 설치하여야 하는 소화설비[시행규칙 별표17]

구분		소화설비
암반탱크 저장소	유황만을 취급하는 것	물분무소화설비
	인화점 70℃ 이상의 제4류 위험물만을 저장 취급하는 것	물분무소화설비 또는 고정식 포소화설비
	그 밖의 것	고정식 포소화설비(포소화설비가 적응성이 없는 경우 분말소화설비)

3. 탄화알루미늄이 물과 반응하여 폭발의 위험이 있는 것은 어떤 가스가 발생하기 때문인가?

① 수소 ② 메탄
③ 아세틸렌 ④ 암모니아

해설 ㉮ 탄화알루미늄(Al_4C_3 : 제3류 위험물)이 물(H_2O)과 반응하여 발생하는 가스는 가연성인 메탄(CH_4)이다.
㉯ 물(H_2O)과의 반응식
$Al_4C_3 + 12H_2O \rightarrow 4Al(OH)_3 + 3CH_4 \uparrow$

4. 위험물 안전관리법령에 따른 옥외소화전 설비의 설치기준에 대해 다음 ( ) 안에 알맞은 수치를 차례대로 나타낸 것은?

> 옥외소화전설비는 모든 옥외소화전(설치개수가 4개 이상인 경우는 4개의 옥외소화전)을 동시에 사용할 경우에 각 노즐선단의 방수압력이 (　　)kPa 이상이고, 방수량이 1분당 (　　)L 이상의 성능이 되도록 할 것

① 350, 260 ② 300, 260
③ 350, 450 ④ 300, 450

해설 옥외소화전설비 설치[시행규칙 별표17]
㉮ 방호대상물의 각 부분에서 하나의 호스 접속구까지의 수평거리가 40m 이하가 되도록 설치할 것. 이 경우 설치개수가 1개일 때는 2개로 하여야 한다.
㉯ 수원의 수량은 옥외소화전의 설치개수(설치개수가 4개 이상인 경우는 4개)에 $13.5m^3$를 곱한 양 이상이 되도록 설치할 것

정답 1. ④ 2. ① 3. ② 4. ③

㉰ 옥외소화전설비는 모든 옥외소화전(설치개수가 4개 이상인 경우는 4개)을 동시에 사용할 경우에 각 노즐선단의 **방수압력이** 350kPa 이상이고, **방수량이 1분당** 450L 이상의 성능이 되도록 할 것

㉱ 옥외소화전설비에는 비상전원을 설치할 것

5. 위험물 제조소에 설치하는 분말소화설비의 기준에서 분말소화약제의 가압용 가스로 사용할 수 있는 것은?

① 헬륨 또는 산소
② 네온 또는 염소
③ 아르곤 또는 산소
④ 질소 또는 이산화탄소

해설 분말소화설비의 가압용 또는 축압용 가스[세부기준 136조] : 질소 또는 이산화탄소

6. 위험물별로 설치하는 소화설비 중 적응성이 없는 것과 연결된 것은?

① 제3류 위험물 중 금수성 물질 이외의 것 – 할로겐화합물 소화설비, 이산화탄소 소화설비
② 제4류 위험물 – 물분무 소화설비, 이산화탄소 소화설비
③ 제5류 위험물 – 포 소화설비, 스프링클러설비
④ 제6류 위험물 – 옥내 소화전설비, 물분무 소화설비

해설 각 항목의 소화설비 적응성 유무

① 할로겐화합물소화설비, 이산화탄소소화설비 : 제3류 위험물 중 금수성 물질 이외의 것에 적응성이 없음
② 물분무소화설비, 이산화탄소소화설비 : 제4류 위험물에 적응성이 있음
③ 포 소화설비, 스프링클러설비 : 제5류 위험물에 적응성이 있음
④ 옥내소화전설비, 물분무소화설비 : 제6류 위험물에 적응성이 있음

7. 아세톤의 위험도를 구하면 얼마인가? (단, 아세톤의 연소범위는 2~13 vol%이다.)

① 0.846　② 1.23
③ 5.5　④ 7.5

해설 $H = \frac{U-L}{L} = \frac{13-2}{2} = 5.5$

여기서, U : 연소범위 상한값
L : 연소범위 하한값

8. 주유 취급소 중 건축물의 2층에 휴게음식점의 용도로 사용하는 것에 있어 해당 건축물의 2층으로부터 직접 주유 취급소의 부지 밖으로 통하는 출입구와 해당 출입구로 통하는 통로·계단에 설치하여야 하는 것은?

① 비상경보설비　② 유도등
③ 비상조명등　④ 확성장치

해설 피난설비 설치기준[시행규칙 별표17]

㉮ 주유취급소 중 건축물의 2층 이상의 부분을 점포·휴게음식점 또는 전시장의 용도로 사용하는 것에 있어서는 당해 건축물의 2층 이상으로부터 주유취급소의 부지 밖으로 통하는 출입구와 당해 출입구로 통하는 통로·계단 및 출입구에 유도등을 설치한다.
㉯ 옥내주유취급소에 있어서는 당해 사무소 등의 출입구 및 피난구와 당해 피난구로 통하는 통로·계단 및 출입구에 유도등을 설치한다.
㉰ 유도등에는 비상전원을 설치한다.

9. 제조소에서 취급하는 제4류 위험물의 최대수량의 합이 지정수량의 24만배 이상 48만배 미만인 사업소의 자체소방대에 두는 화학 소방자동차 수와 소방대원의 인원기준으로 옳은 것은?

① 2대, 4인　② 2대, 12인
③ 3대, 15인　④ 3대, 24인

정답 5. ④　6. ①　7. ③　8. ②　9. ③

해설 자체소방대에 두는 화학소방자동차 및 인원[시행령 별표8]

위험물의 최대수량의 합	화학 소방자동차	소방대원 (조작인원)
지정수량의 12만배 미만	1대	5인
지정수량의 12만배 이상 24만배 미만	2대	10인
지정수량의 24만배 이상 48만배 미만	3대	15인
지정수량의 48만배 이상	4대	20인

10. 제6류 위험물을 저장하는 제조소등에 적응성이 없는 소화설비는?

① 옥외 소화전설비
② 탄산수소염류 분말소화설비
③ 스프링클러설비
④ 포 소화설비

해설 제6류 위험물에 적응성이 없는 소화설비[시행규칙 별표17]
㉮ 불활성가스 소화설비
㉯ 할로겐화합물 소화설비 및 소화기
㉰ 탄산수소염류 분말소화설비 및 분말소화기
㉱ 이산화탄소소화기

11. 소화난이도 등급 I에 해당하는 위험물 제조소 등이 아닌 것은? (단, 원칙적인 경우에 한하며, 다른 조건은 고려하지 않는다.)

① 모든 이송취급소
② 연면적 $600m^2$의 제조소
③ 지정수량의 150배인 옥내 저장소
④ 액 표면적이 $40m^2$인 옥외탱크 저장소

해설 제조소, 일반 취급소의 소화난이도 등급 I에 해당되는 시설[시행규칙 별표17]
㉮ 연면적 $1000m^2$ 이상인 것
㉯ 지정수량의 100배 이상인 것(고인화점 위험물만을 100℃ 미만의 온도에서 취급하는 것 및 제48조의 위험물을 취급하는 것은 제외)
㉰ 지반면으로부터 6m 이상의 높이에 위험물 취급설비가 있는 것(고인화점 위험물만을 100℃ 미만의 온도에서 취급하는 것은 제외)
㉱ 일반취급소로 사용되는 부분 외의 부분을 갖는 건축물에 설치된 것(내화구조로 개구부 없이 구획된 것, 고인화점 위험물만을 100℃ 미만의 온도에서 취급하는 것 및 화학실험의 일반취급소는 제외)

12. 위험물 제조소등에 설치하는 이산화탄소 소화설비의 소화약제 저장용기 설치장소로 적합하지 않은 곳은?

① 방호구역 외의 장소
② 온도가 40℃ 이하이고 온도 변화가 적은 장소
③ 빗물이 침투할 우려가 적은 장소
④ 직사일광이 잘 들어오는 장소

해설 이산화탄소 소화약제 저장용기 설치장소
㉮ 방호구역 외의 장소에 설치할 것
㉯ 온도가 40℃ 이하이고, 온도 변화가 적은 곳에 설치할 것
㉰ 직사광선 및 빗물이 침투할 우려가 없는 곳에 설치할 것
㉱ 방화문으로 구획된 실에 설치할 것
㉲ 용기의 설치장소에는 해당 용기가 설치된 곳임을 표시하는 표지를 할 것
㉳ 용기간의 간격은 점검에 지장이 없도록 3cm 이상의 간격을 유지할 것
㉴ 저장용기와 집합관을 연결하는 연결배관에는 체크밸브를 설치할 것

13. 위험물 제조소등에 설치해야 하는 각 소화설비의 설치기준에 있어 각 노즐 또는 헤드 선단의 방사압력 기준이 나머지 셋과 다른 설비는?

① 옥내소화전설비
② 옥외소화전설비
③ 스프링클러설비
④ 물분무소화설비

정답 10. ② 11. ② 12. ④ 13. ③

해설 각 소화설비 방사압력[시행규칙 별표17]

명칭	방사압력	방수량 (L/min)
옥내소화전설비	350kPa 이상	260 이상
옥외소화전설비	350kPa 이상	450 이상
스프링클러설비	100kPa 이상	80 이상
물분무소화설비	350kPa 이상	–

참고 물분무소화설비의 분무헤드는 방호대상물 표면적 $1m^2$당 1분당 20L의 비율로 계산된 수량을 표준방사량으로 방사할 수 있는 수로 배치하고, 수원은 30분간 방사할 수 있도록 한다.

14. 높이 15m, 지름 20m인 옥외저장탱크에 보유공지의 단축을 위해서 물분무설비로 방호조치를 하는 경우 수원의 양은 약 몇 L 이상으로 하여야 하는가?

① 46496 ② 58090
③ 70259 ④ 95880

해설 공지단축 옥외저장탱크에 물분무설비로 방호조치를 하는 경우에 보유공지의 2분의 1 이상의 너비(최소 3m 이상)로 할 수 있는 방사량 및 수원 기준[시행규칙 별표6]

㉮ 탱크의 표면에 방사하는 물의 양은 탱크의 원주길이 1m에 대하여 분당 37L 이상으로 할 것

㉯ 수원의 양은 ㉮항의 규정에 의한 수량으로 20분 이상 방사할 수 있는 수량으로 할 것

㉰ 수원의 양 계산 : 탱크의 원주길이는 $\pi \times D$ 이다.

∴ 수원의 양

=탱크 원주길이(m)×37(L/min·m)×20(min)

$=(\pi \times 20) \times 37 \times 20 = 46495.571L$

15. 위험물의 품명, 수량 또는 지정수량 배수의 변경신고에 대한 설명으로 옳은 것은?

① 허가청과 협의하여 설치한 군용 위험물시설의 경우에도 적용된다.

② 변경신고는 변경한 날로부터 7일 이내에 완공검사필증을 첨부하여 신고하여야 한다.

③ 위험물의 품명이나 수량의 변경을 위해 제조소등의 위치, 구조 또는 설비를 변경하는 경우에 신고한다.

④ 위험물의 품명, 수량 및 지정수량의 배수를 모두 변경할 때에는 신고를 할 수 없고 허가를 신청하여야 한다.

해설 변경신고[법 제6조·제7조, 시행령 제6조·제7조, 시행규칙 제7조·제8조]

㉮ 군용위험물시설의 설치 및 변경하는 경우에는 당해 제조소등의 설치공사 또는 변경공사를 착수하기 전에 그 공사의설계도서와 행정안전부령이 정하는 서류를 시·도지사에게 제출하여야 한다[시행령 제7조].

㉯ 제조소등의 **위치·구조 또는 설비의 변경 없이** 당해 제조소등에서 저장하거나 취급하는 위험물의 품명·수량 또는 지정수량의 배수를 변경하고자 하는 자는 변경하고자 하는 날의 1일 전까지 행정안전부령이 정하는 바(제조소등 완공검사필증 첨부 등)에 따라 시·도지사에게 신고하여야 한다[법 제6조].

㉰ 제조소등의 **위치·구조 또는 설비** 가운데 행정안전부령이 정하는 사항[시행규칙 별표1의2에 따른 사항]을 **변경**하고자 하는 때에는 시·도지사의 **허가**를 받아야 한다[법 제6조].

참고 제조소등의 위치·구조 또는 설비를 변경하는 경우는 **변경허가**를 받아야 하는 것이고, 위험물의 품명·수량 또는 지정수량의 배수를 변경하는 경우는 **변경신고**를 하는 것이다.

16. 과산화리튬의 화재 현장에서 주수소화가 불가능한 경우는?

① 수소가 발생하기 때문에
② 산소가 발생하기 때문에
③ 이산화탄소가 발생하기 때문에
④ 일산화탄소가 발생하기 때문에

2014

정답 14. ① 15. ① 16. ②

해설 과산화리튬(Li_2O_2) : 제1류 위험물 중 무기과산화물로 물과 반응하여 많은 열과 함께 산소(O_2)를 발생하므로 화재 현장에서 주수소화가 불가능하기 때문에 건조사를 이용한다.

$2Li_2O_2 + 2H_2O \rightarrow 4LiOH + O_2 \uparrow$

17. 알루미늄 분말 화재 시 주수하여서는 안 되는 가장 큰 이유는?

① 수소가 발생하여 연소가 확대되기 때문에
② 유독가스가 발생하여 연소가 확대되기 때문에
③ 산소의 발생으로 연소가 확대되기 때문에
④ 분말의 독성이 강하기 때문에

해설 ㉮ 알루미늄 분말(제2류 위험물 중 금속분, 지정수량 500kg)은 물(H_2O)과 접촉하면 반응하여 가연성인 수소(H_2)를 발생하여 폭발의 위험이 있기 때문에 주수소화는 부적합하므로 건조사(마른 모래)를 이용한다.
㉯ 알루미늄(Al)분과 물의 반응식
$2Al + 6H_2O \rightarrow 2Al(OH)_3 + 3H_2 \uparrow$

18. 위험물 제조소등에 설치하는 옥외 소화전설비의 기준에서 옥외 소호전함은 옥외 소화전으로부터 보행거리 몇 m 이하의 장소에 설치하여야 하는가?

① 1.5 ② 5 ③ 7.5 ④ 10

해설 옥외소화전설비 기준[세부기준 제130조]
㉮ 옥외소화전의 개폐밸브 및 호스접속구는 지반면으로부터 1.5m 이하의 높이에 설치할 것
㉯ 방수용기구를 격납하는 함(이하 "옥외소화전함"이라 한다)은 불연재료로 제작하고 옥외소화전으로부터 보행거리 5m 이하의 장소로서 화재발생 시 쉽게 접근가능하고 화재 등의 피해를 받을 우려가 적은 장소에 설치할 것

19. 질식소화 효과를 주로 사용하는 소화기는?

① 포 소화기
② 강화액 소화기
③ 수(물) 소화기
④ 할로겐화합물 소화기

해설 포(foam) 소화기는 화학포 소화기와 기계포(공기포) 소화기로 분류되며, 방출되는 거품으로 연소물의 덮어 산소를 차단하는 질식소화 효과를 이용하는 소화기이다.

20. 전기화재의 급수와 표시색상을 옳게 나타낸 것은?

① C급 – 백색 ② D급 – 백색
③ C급 – 청색 ④ D급 – 청색

해설 화재 급수에 따른 화재종류 및 표시 색상

화재 급수	화재종류	표시 색상
A급	일반화재	백색
B급	유류화재	황색
C급	전기화재	청색
D급	금속화재	–

21. 인화점이 상온 이상인 위험물은?

① 중유 ② 아세트알데히드
③ 아세톤 ④ 이황화탄소

해설 제4류 위험물의 인화점

품명		인화점
중유	제2석유류	60~150℃
아세트알데히드	특수인화물	−39℃
아세톤	제1석유류	−18℃
이황화탄소	특수인화물	−30℃

22. 알킬알루미늄의 저장 및 취급방법으로 옳은 것은?

① 용기는 완전 밀봉하고 CH_4, C_3H_8 등을 봉입한다.
② C_6H_6 등의 희석제를 넣어준다.
③ 용기의 마개에 다수의 미세한 구멍을 뚫는다.

정답 17. ① 18. ② 19. ① 20. ③ 21. ① 22. ②

④ 통기구가 달린 용기를 사용하여 압력상승을 방지한다.

해설 알킬알루미늄(제3류 위험물)의 저장 및 취급방법

㉮ 용기는 밀봉하고 공기와의 접촉을 금한다.

㉯ 물과 반응하여 가연성 기체인 에탄(C_2H_6)을 발생하므로 접촉을 피한다.

㉰ 취급설비와 탱크 저장 시에는 질소 등의 불활성가스 봉입장치를 설치하여 벤젠(C_6H_6), 헥산(C_6H_{14})과 같은 희석제를 첨가한다.

㉱ 용기 파손으로 인한 공기 중에 누출을 방지한다.

참고 알킬알루미늄은 공기 중에서 자연발화의 위험성이 있으므로 용기 마개에 구멍을 뚫는 것, 통기구가 달린 용기를 사용하여 공기와 접촉되도록 하는 것, 가연성인 메탄(CH_4), 프로판(C_3H_8)을 봉입용 가스로 사용하는 것은 잘못된 저장 및 취급방법이다.

23. 위험물 제조소의 연면적이 몇 m^2 이상이 되면 경보설비 중 자동화재 탐지설비를 설치하여야 하는가?

① 400 ② 500
③ 600 ④ 800

해설 제조소 및 일반취급소에 자동화재 탐지설비만을 설치해야 하는 대상[시행규칙 별표17]

㉮ 연면적 $500m^2$ 이상인 것

㉯ 옥내에서 지정수량의 100배 이상을 취급하는 것(고인화점 위험물만을 100℃ 미만의 온도에서 취급하는 것을 제외한다)

㉰ 일반취급소로 사용되는 부분 외의 부분이 있는 건축물에 설치된 일반취급소(일반취급소와 일반취급소 외의 부분이 내화구조의 바닥 또는 벽으로 개구부 없이 구획된 것을 제외한다)

24. 제조소등에 있어서 위험물의 저장하는 기준으로 잘못된 것은?

① 황린은 제3류 위험물이므로 물기가 없는 건조한 장소에 저장하여야 한다.

② 덩어리 상태의 유황은 위험물 용기에 수납하지 않고 옥내 저장소에 저장할 수 있다.

③ 옥내 저장소에서는 용기에 수납하여 저장하는 위험물의 온도가 55℃를 넘지 아니하도록 필요한 조치를 강구하여야 한다.

④ 이동저장탱크에는 저장 또는 취급하는 위험물의 유별, 품명, 최대수량 및 적재중량을 표시하고 잘 보일 수 있도록 관리하여야 한다.

해설 황린(P_4) : 제3류 위험물로 자연발화성이기 때문에 물속에 저장하여야 한다.

25. 염소산나트륨의 저장 및 취급 시 주의사항으로 틀린 것은?

① 철제용기에 저장은 피해야 한다.

② 열분해 시 이산화탄소가 발생하므로 질식에 유의한다.

③ 조해성이 있으므로 방습에 유의한다.

④ 용기에 밀전(密栓)하여 보관한다.

해설 염소산나트륨($NaClO_3$)의 저장 및 취급

㉮ 조해성이 크므로 방습에 주의하여야 한다.

㉯ 강력한 산화제로 철을 부식시키므로 철제용기에 저장은 피해야 한다.

㉰ 용기는 공기와의 접촉을 방지하기 위하여 밀전하여 보관한다.

㉱ 환기가 잘 되는 냉암소에 보관한다.

㉲ 열분해 시 산소가 발생하므로 취급에 유의한다.

26. 요오드(아이오딘)산 아연의 성질에 대한 설명으로 가장 거리가 먼 것은?

① 결정성 분말이다.

② 유기물과 혼합 시 연소위험이 있다.

③ 환원력이 강하다.

④ 제1류 위험물이다.

해설 요오드(아이오딘)산 아연[$Zn(IO_3)_2 \cdot 6H_2O$]의 특징

정답 23. ② 24. ① 25. ② 26. ③

㉮ 제1류 위험물 중 요오드산염류에 해당되며 지정수량은 300kg이다.
㉯ **산화력이 강한** 고체 또는 분말이다.
㉰ 유기물과 혼합 시 연소위험이 있다.

27. 메틸알코올의 위험성에 대한 설명으로 틀린 것은?

① 겨울에는 인화의 위험이 여름보다 작다.
② 증기 밀도는 가솔린보다 크다.
③ 독성이 있다.
④ 연소범위는 에틸알코올보다 넓다.

해설 ㉮ 메틸알코올(CH_3OH : 메탄올)의 위험성
㉠ 독성이 강하여 소량 마시면 시신경을 마비시키고, 8~20g 정도 먹으면 두통, 복통을 일으키거나 실명을 하며, 30~50g 정도 먹으면 사망한다.
㉡ 휘발성이 강하여 인화점(11℃) 이상이 되면 폭발성 혼합기체를 발생하고, 밀폐된 상태에서는 폭발한다.
㉢ 밝은 곳에서 연소 시 화염의 색깔이 연해서 잘 보이지 않으므로 화상 등에 주의한다.
㉣ 증기는 환각성 물질이고 계절적으로 여름에 위험하다.
㉤ 연소범위 7.3~36%이다(에틸알코올 : 4.3~19%).

㉯ 메틸알코올과 가솔린의 증기 밀도 비교 :
증기 밀도$(\rho) = \dfrac{\text{분자량}}{22.4}$이다.
㉠ 메틸알코올(CH_3OH)의 분자량은 32이다.
$\therefore \rho = \dfrac{32}{22.4} = 1.428\,\text{g/L}$
㉡ 가솔린(C_8H_{18})의 분자량은 114이다.
$\therefore \rho = \dfrac{114}{22.4} = 5.089\,\text{g/L}$

참고 증기 밀도는 메틸알코올이 가솔린보다 작다.

28. 위험물 안전관리법령에서 규정하고 있는 사항으로 틀린 것은?

① 법정의 안전교육을 받아야 하는 사람은 안전관리자로 선임된 자, 탱크시험자의 기술인력으로 종사하는 자, 위험물 운송자로 종사하는 자이다.
② 지정수량의 150배 이상의 위험물을 저장하는 옥내 저장소는 관계인이 예방규정을 정하여야 하는 제조소등에 해당한다.
③ 정기검사의 대상이 되는 것은 액체 위험물을 저장 또는 취급하는 10만 L 이상의 옥외탱크 저장소, 암반탱크 저장소, 이송 취급소이다.
④ 법정의 안전관리교육 이수자와 소방공무원으로 근무한 경력이 3년 이상인 자는 제4류 위험물에 대한 위험물 취급 자격자가 될 수 있다.

해설 정기검사 대상인 제조소등[시행령 제17조] : 액체위험물을 저장 또는 취급하는 **50만 리터** 이상의 옥외탱크저장소

29. 이송취급소의 교체밸브, 제어밸브 등의 설치 기준으로 틀린 것은?

① 밸브는 원칙적으로 이송기지 또는 전용 부지 내에 설치할 것
② 밸브는 그 개폐상태를 설치장소에서 쉽게 확인할 수 있도록 할 것
③ 밸브를 지하에 설치하는 경우에는 점검 상자 안에 설치할 것
④ 밸브는 해당 밸브의 관리에 관계하는 자가 아니면 수동으로만 개폐할 수 있도록 할 것

해설 이송취급소의 교체밸브, 제어밸브 등의 설치기준[시행규칙 별표15]
㉮ 밸브는 원칙적으로 이송기지 또는 전용부지 내에 설치할 것
㉯ 밸브는 그 개폐상태가 당해 밸브의 설치장소에서 쉽게 확인할 수 있도록 할 것
㉰ 밸브를 지하에 설치하는 경우에는 점검상자 안에 설치할 것
㉱ 밸브는 당해 밸브의 관리에 관계하는 자가 아니면 수동으로 **개폐할 수 없도록** 할 것

정답 27. ② 28. ③ 29. ④

30. **위험물 안전관리법령에서 정한 물분무 소화설비의 설치기준으로 적합하지 않은 것은?**

① 고압의 전기설비가 있는 장소에는 해당 전기설비와 분무헤드 및 배관과 사이에 전기절연을 위하여 필요한 공간을 보유한다.
② 스트레이너 및 일제 개방밸브는 제어밸브의 하류측 부근에 스트레이너, 일제 개방밸브의 순으로 설치한다.
③ 물분무 소화설비에 2 이상의 방사구역을 두는 경우에는 화재를 유효하게 소화할 수 있도록 인접하는 방사구역이 상호 중복되도록 한다.
④ 수원의 수위가 수평회전식 펌프보다 낮은 위치에 있는 가압송수장치의 물올림 장치는 타 설비와 겸용하여 설치한다.

해설 물분무소화설비의 기준[세부기준 제132조] : 수원의 수위가 수평회전식 펌프보다 낮은 위치에 있는 가압송수장치의 물올림 장치는 **전용의 물올림탱크를 설치**하고, 물올림탱크의 용량은 가압송수장치를 유효하게 작동할 수 있도록 할 것

31. **위험물 운송책임자의 감독 또는 지원의 방법으로 운송의 감독 또는 지원을 위하여 마련한 별도의 사무실에 운송책임자가 대기하면서 이행하는 사항에 해당하지 않은 것은?**

① 운송 후에 운송경로를 파악하여 관할 경찰관서에 신고하는 것
② 이동탱크 저장소의 운전자에 대하여 수시로 안전확보 상황을 확인하는 것
③ 비상시의 응급처치에 관하여 조언을 하는 것
④ 위험물의 운송 중 안전확보에 관하여 필요한 정보를 제공하고 감독 또는 지원하는 것

해설 위험물운송책임자가 사무실에 대기하면서 이행하는 사항[시행규칙 별표21]
㉮ 운송경로를 **미리 파악**하고 관할소방서 또는 관련업체에 대한 연락체계를 갖추는 것
㉯ 이동탱크저장소의 운전자에 대하여 수시로 안전확보 상황을 확인하는 것
㉰ 비상시의 응급처치에 관하여 조언하는 것
㉱ 그 밖에 위험물의 운송 중 안전확보에 관하여 필요한 정보를 제공하고 감독 또는 지원하는 것

32. **1종 판매취급소에 설치하는 위험물 배합실의 기준으로 틀린 것은?**

① 바닥면적은 $6m^2$ 이상 $15m^2$ 이하일 것
② 내화구조 또는 불연재료로 된 벽으로 구획할 것
③ 출입구는 수시로 열 수 있는 자동폐쇄식의 갑종 방화문으로 설치할 것
④ 출입구 문턱의 높이는 바닥면으로부터 0.2m 이상일 것

해설 위험물을 배합하는 실의 기준[시행규칙 별표14]
㉮ 바닥면적은 $6m^2$ 이상 $15m^2$ 이하로 할 것
㉯ 내화구조 또는 불연재료로 된 벽으로 구획할 것
㉰ 바닥은 위험물이 침투하지 아니하는 구조로 하여 적당한 경사를 두고 집유설비를 할 것
㉱ 출입구에는 수시로 열 수 있는 자동폐쇄식의 갑종방화문을 설치할 것
㉲ 출입구 문턱의 높이는 바닥면으로부터 0.1m 이상으로 할 것
㉳ 내부에 체류한 가연성의 증기 또는 가연성의 미분을 지붕 위로 방출하는 설비를 할 것

33. **규조토에 흡수시켜 다이너마이트를 제조할 때 사용되는 위험물은?**

① 디니트로톨루엔
② 질산에틸
③ 니트로글리세린
④ 니트로셀룰로오스

해설 니트로글리세린[$C_3H_5(ONO_2)_3$]의 특징
㉮ 제5류 위험물 중 질산에스테르류에 해당되며

2014

정답 30. ④ 31. ① 32. ④ 33. ③

지정수량은 10kg이다.

㉯ 순수한 것은 상온에서 무색, 투명한 기름 모양의 액체이나 공업적으로 제조한 것은 담황색을 띠고 있다.

㉰ 상온에서 액체이지만 약 10℃에서 동결하므로 겨울에는 백색의 고체 상태이다.

㉱ 물에는 거의 녹지 않으나 벤젠, 알코올, 클로로포름, 아세톤에 녹는다.

㉲ 점화하면 적은 양은 타기만 하지만 많은 양은 폭굉에 이른다.

㉳ **규조토에 흡수시켜 다이너마이트를 제조할 때 사용된다.**

㉴ 충격이나 마찰에 예민하여 액체 운반은 금지되어 있다.

34. $NaClO_2$을 수납하는 운반용기의 외부에 표시하여야 할 주의사항으로 옳은 것은?

① 화기엄금 및 충격주의
② 화기주의 및 물기엄금
③ 화기·충격주의 및 가연물 접촉주의
④ 화기엄금 및 공기접촉엄금

해설 ㉮ 염소산나트륨($NaClO_2$) : 제1류 위험물 중 **염소산염류**에 해당된다.

㉯ 제1류 위험물 운반용기 외부 표시사항

구분	표시사항
알칼리금속의 과산화물 또는 이를 함유한 것	화기·충격주의, 물기엄금, 가연물 접촉주의
그 밖의 것	**화기·충격주의 및 가연물 접촉주의**

참고 제1류 위험물 외의 운반용기 외부 표시사항은 45번 해설을 참고한다.

35. 이황화탄소 저장 시 물속에 저장하는 이유로 가장 옳은 것은?

① 공기 중 수소와 접촉하여 산화되는 것을 방지하기 위하여
② 공기와 접촉 시 환원하기 때문에
③ 가연성 증기의 발생을 억제하기 위해서
④ 불순물을 제거하기 위하여

해설 이황화탄소(CS_2)는 물보다 무겁고 물에 녹기 어려우므로 물(수조) 속에 저장하여 가연성 증기의 발생을 억제한다.

참고 이황화탄소는 제4류 위험물 중 특수인화물에 해당되며 무색 투명한 휘발성 액체로 연소범위가 1.25~44%이다.

36. 알루미늄의 위험성에 대한 설명 중 틀린 것은?

① 할로겐원소와 접촉 시 자연발화의 위험성이 있다.
② 산과 반응하여 가연성 가스인 수소를 발생한다.
③ 발화하면 다량의 열이 발생한다.
④ 뜨거운 물과 격렬히 반응하여 산화알루미늄을 발생한다.

해설 알루미늄의 위험성

㉮ 제2류 위험물 중 금속분에 해당되며 지정수량은 500kg이다.

㉯ 산화제와 혼합 시 가열, 충격, 마찰에 의하여 착화한다.

㉰ 할로겐원소와 접촉하면 자연발화의 위험성이 있다.

㉱ 발화(연소)하면 많은 열이 발생한다.

㉲ 산, 알칼리, 물과 반응하여 가연성 가스인 수소를 발생한다.

참고 물(뜨거운 물)과 반응하면 수소(H_2)와 수산화알루미늄[$Al(OH)_3$]이 발생한다.

$$2Al + 6H_2O \rightarrow 2Al(OH)_3 + 3H_2 \uparrow$$

37. 위험물 제조소에서 다음과 같이 위험물을 취급하고 있는 경우 각각의 지정수량 배수의 총합은 얼마인가?

- 브롬산나트륨 300kg
- 과산화나트륨 150kg
- 중크롬산나트륨 500kg

① 3.5 ② 4.0 ③ 4.5 ④ 5.0

정답 34. ③ 35. ③ 36. ④ 37. ③

해설 ㉮ 제1류 위험물의 지정수량

품명		지정수량
브롬산나트륨	브롬산염류	300kg
과산화나트륨	무기과산화물	50kg
중크롬산나트륨	중크롬산염류	1000kg

㉯ 지정수량 배수의 합 계산 : 지정수량 배수의 합은 각 위험물량을 지정수량으로 나눈 값의 합이다.

∴ 지정수량 배수의 합

$$= \frac{\text{A 위험물량}}{\text{지정수량}} + \frac{\text{B 위험물량}}{\text{지정수량}} + \frac{\text{C 위험물량}}{\text{지정수량}}$$

$$= \frac{300}{300} + \frac{150}{50} + \frac{500}{1000} = 4.5$$

38. 오황화인과 칠황화인이 물과 반응했을 때 공통으로 나오는 물질은?

① 이산화황　　② 황화수소
③ 인화수소　　④ 삼산화황

해설 ㉮ 오황화인(P_2S_5), 칠황화인(P_4S_7)은 제2류 위험물 중 황화린에 해당되며 물과 반응하면 황화수소(H_2S)와 인산(H_3PO_4)이 발생한다.
㉯ 반응식 : $P_2S_5 + 8H_2O \rightarrow 5H_2S + 2H_3PO_4$

39. 과산화벤조일의 일반적인 성질로 옳은 것은?

① 비중은 약 0.33이다.
② 무미, 무취의 고체이다.
③ 물에는 잘 녹지만 디에틸에테르에는 녹지 않는다.
④ 녹는점은 약 300℃이다.

해설 과산화벤조일(벤조일퍼옥사이드)의 특징
㉮ 제5류 위험물 중 유기과산화물에 해당되며 지정수량은 10kg이다.
㉯ 무색, 무미의 결정 고체로 물에는 잘 녹지 않으나 알코올에는 약간 녹는다.
㉰ 상온에서 안정하며, 강한 산화작용이 있다.
㉱ 가열하면 100℃ 부근에서 백색 연기를 내며 분해한다.
㉲ 빛, 열, 충격, 마찰 등에 의해 폭발의 위험이 있다.
㉳ 강한 산화성 물질로 진한 황산, 질산, 초산 등과 접촉하면 화재나 폭발의 우려가 있다.
㉴ 수분의 흡수나 불활성 희석제(프탈산디메틸, 프탈산디부틸)의 첨가에 의해 폭발성을 낮출 수도 있다.
㉵ 비중(25℃) 1.33, 융점 103~105℃(분해온도), 발화점 125℃이다.

40. 위험물 안전관리법령은 위험물의 유별에 따른 저장, 취급상의 유의사항을 규정하고 있다. 이 규정에서 특히 과열, 충격, 마찰을 피하여야 할 류(類)에 속하는 위험물 품명을 옳게 나열한 것은?

① 히드록실아민, 금속의 아지화합물
② 금속의 산화물, 칼슘의 탄화물
③ 무기금속화합물, 인화성 고체
④ 무기과산화물, 금속의 산화물

해설 위험물의 유별 저장·취급의 공통기준[시행규칙 별표18]
㉮ 과열, 충격, 마찰을 피하여야 할 위험물 : 제1류 위험물, 제5류 위험물
㉯ 예제의 위험물 중에서 히드록실아민, 금속의 아지화합물이 제5류 위험물에 해당된다.
㉰ 예제의 위험물 유별 구분 : 금속의 산화물(비위험물), 칼슘의 탄화물(제3류), 무기금속화합물(비위험물), 인화성 고체(제2류), 무기과산화물(제1류)

41. 제3류 위험물에 대한 설명으로 옳지 않은 것은?

① 황린은 공기 중에 노출되면 자연발화하므로 물속에 저장하여야 한다.
② 나트륨은 물보다 무거우며 석유 등의 보호액 속에 저장하여야 한다.
③ 트리에틸알루미늄은 상온에서 액체 상태로 존재한다.

정답 38. ②　39. ②　40. ①　41. ②

④ 인화칼슘은 물과 반응하여 유독성의 포스핀을 발생한다.

해설 나트륨의 비중은 0.97로 물보다 가벼우며 산화를 방지하기 위하여 보호액(등유, 경유, 파라핀) 속에 넣어 저장한다.

42. **과산화벤조일 100kg을 저장하려 한다. 지정수량의 배수는 얼마인가?**

① 5배 ② 7배
③ 10배 ④ 15배

해설 과산화벤조일[$(C_6H_5CO)_2O_2$: 벤조일퍼옥사이드] : 제5류 위험물 중 유기과산화물에 해당되며 지정수량은 10kg이다.

$$\therefore \text{지정수량 배수} = \frac{\text{위험물량}}{\text{지정수량}} = \frac{100}{10} = 10\text{배}$$

43. **순수한 것은 무색, 투명한 기름상의 액체이고 공업용은 담황색인 위험물로 충격, 마찰에는 매우 예민하고 겨울철에는 동결할 우려가 있는 것은?**

① 펜트리트
② 트리니트로벤젠
③ 니트로글리세린
④ 질산메틸

해설 니트로글리세린[$C_3H_5(ONO_2)_3$]의 특징
㉮ 제5류 위험물 중 질산에스테르류에 해당되며 지정수량은 10kg이다.
㉯ 순수한 것은 상온에서 무색, 투명한 기름 모양의 액체이나 공업적으로 제조한 것은 담황색을 띠고 있다.
㉰ 상온에서 액체이지만 약 10℃에서 동결하므로 겨울에는 백색의 고체 상태이다.

참고 니트로글리세린에 대한 추가적인 설명은 33번 해설을 참고한다.

44. **과산화칼륨이 물 또는 이산화탄소와 반응할 경우 공통적으로 발생하는 물질은 어느 것인가?**

① 산소 ② 과산화수소
③ 수산화칼륨 ④ 수소

해설 ㉮ 과산화칼륨(K_2O_2) : 제1류 위험물 중 무기과산화물로 물(H_2O) 또는 이산화탄소(CO_2)와 반응하면 산소(O_2)가 발생된다.
㉯ 반응식
㉠ 물과 반응 : $2K_2O_2 + 2H_2O \rightarrow 4KOH + O_2 \uparrow$
㉡ CO_2와 반응 : $2K_2O_2 + CO_2 \rightarrow 2K_2CO_3 + O_2 \uparrow$

45. **과산화수소의 운반용기 외부에 표시하여야 하는 주의사항은?**

① 화기주의
② 충격주의
③ 물기엄금
④ 가연물 접촉주의

해설 운반용기의 외부 표시사항[시행규칙 별표19]

유별	구분	표시사항
제1류	알칼리금속의 과산화물 또는 이를 함유한 것	화기·충격주의, 물기엄금, 가연물 접촉주의
	그 밖의 것	화기·충격주의 및 가연물 접촉주의
제2류	철분, 금속분, 마그네슘 또는 어느 하나 이상을 함유한 것	화기주의, 물기엄금
	인화성 고체	화기엄금
	그 밖의 것	화기주의
제3류	자연발화성 물질	화기엄금 및 공기접촉엄금
	금수성물질	물기엄금
제4류		화기엄금
제5류		화기엄금 및 충격주의
제6류		가연물접촉주의

참고 과산화수소(H_2O_2)는 제6류 위험물이므로 운반용기 외부에 "가연물접촉주의"를 표시한다.

정답 42. ③ 43. ③ 44. ① 45. ④

46. 액체 위험물을 운반용기에 수납할 때 내용적의 몇 % 이하의 수납률로 수납하여야 하는가?

① 95 ② 96 ③ 97 ④ 98

해설 운반용기에 의한 수납 적재 기준[시행규칙 별표19]

㉮ 고체 위험물은 운반용기 내용적의 95% 이하로 수납할 것

㉯ **액체 위험물**은 운반용기 내용적의 **98% 이하**로 수납하되, 55℃에서 누설되지 아니하도록 공간용적을 유지하도록 할 것

㉰ 제3류 위험물의 운반용기 수납 기준

㉠ 자연발화성 물질 중 알킬알루미늄 등은 운반용기의 내용적의 90% 이하로 수납하되, 50℃에서 5% 이상의 공간용적을 유지하도록 할 것

㉡ 자연발화성 물질에 있어서는 불활성 기체를 봉입하여 공기와 접하지 아니하도록 할 것

㉢ 자연발화성 물질 외의 물품에 있어서는 파라핀·경유·등유 등의 보호액으로 채우거나 불활성 기체로 밀봉하는 등 수분과 접하지 아니하도록 할 것

47. 위험물 안전관리법령에서 정한 지정수량이 500kg인 것은?

① 황화린 ② 금속분
③ 인화성 고체 ④ 유황

해설 제2류 위험물(가연성 고체)의 지정수량

품명	지정수량	위험등급
황화린	100kg	Ⅱ
적린	100kg	
유황	100kg	
철분	500kg	Ⅲ
금속분	**500kg**	
마그네슘	500kg	
인화성고체	1000kg	
그 밖에 행안부령으로 정하는 것	100kg 또는 500kg	Ⅱ~Ⅲ

48. 건성유에 해당되지 않는 것은?

① 들기름 ② 오동유
③ 아마인유 ④ 피마자유

해설 동식물유류(제4류 위험물)의 구분 및 종류

㉮ 건성유 : 요오드값 130인 이상인 것으로 들기름, 아마인유, 해바라기유, 오동유 등

㉯ 반건성유 : 요오드값 100 이상 130 미만인 것으로 목화씨유, 참기름, 채종유 등

㉰ 불건성유 : 요오드값이 100 미만인 것으로 땅콩기름(낙화생유), 올리브유, 피마자유, 팜유, 야자유, 동백유 등

49. 위험물 안전관리법령상 제5류 위험물의 위험등급에 대한 설명 중 틀린 것은?

① 유기과산화물과 질산에스테르류는 위험등급 Ⅰ에 해당한다.

② 지정수량 100kg인 히드록실아민과 히드록실아민염류는 위험등급 Ⅱ에 해당한다.

③ 지정수량 200kg에 해당되는 품명은 모두 위험등급 Ⅲ에 해당한다.

④ 지정수량 10kg인 품명만 위험등급 Ⅰ에 해당한다.

해설 제5류 위험물의 위험등급 분류[시행규칙 별표19]

㉮ 위험등급 Ⅰ : 유기과산화물, 질산에스테르류 그 밖에 지정수량이 10kg인 위험물

㉯ 위험등급 Ⅱ : 위험등급 Ⅰ 외의 것

㉰ 위험등급 Ⅲ : 해당되는 것 없음

50. 제5류 위험물에 관한 내용으로 틀린 것은?

① $C_2H_5ONO_2$: 상온에서 액체이다.

② $C_6H_2OH(NO_2)_3$: 공기 중 자연분해가 매우 잘 된다.

③ $C_6H_3(NO_2)_2CH_3$: 담황색의 결정이다.

④ $C_3H_5(ONO_2)_3$: 혼산 중에 글리세린을 반응시켜 제조한다.

정답 46. ④ 47. ② 48. ④ 49. ③ 50. ②

해설 제5류 위험물 중 각 품명의 성질

㉮ 질산에틸($C_2H_5ONO_2$) : 녹는점 -112℃로 상온에서 액체이며 물에 녹는다.

㉯ 피크린산[$C_6H_2OH(NO_2)_3$] : 강한 쓴맛과 독성이 있으며 단독으로는 타격, 마찰에 둔감하며 공기 중에서 자연분해가 되지 않고, 중금속(Fe, Cu, Pb)과 반응하여 피크린산염을 생성한다.

㉰ 디니트로톨루엔[$C_6H_3(NO_2)_2CH_3$] : 니트로화합물로 물, 알코올, 에테르에 약간 녹는 담황색의 결정이다.

㉱ 니트로글리세린[$C_3H_5(ONO_2)_3$] : 폭발성이 있는 무색, 투명한 기름 모양의 액체로 글리세린을 반응시켜 제조하며, 규조토에 흡수시켜 다이너마이트를 제조할 때 사용한다.

51. 제4류 위험물에 대한 설명으로 가장 옳은 것은?

① 물과 접촉하면 발열하는 것
② 자기 연소성 물질
③ 많은 산소를 함유하는 강산화제
④ 상온에서 액상인 가연성 액체

해설 제4류 위험물은 상온에서 액체 상태로 인화의 위험성이 있는 가연성 액체이다.

52. 1몰의 에틸알코올이 완전 연소하였을 때 생성되는 이산화탄소는 몇 몰인가?

① 1몰　　② 2몰
③ 3몰　　④ 4몰

해설 ㉮ 에틸알코올(C_2H_5OH)의 완전연소 반응식

$$C_2H_5OH + 3O_2 \rightarrow 2CO_2 + 3H_2O$$

㉯ 생성 이산화탄소 : 에틸알코올 1몰(mol)이 완전연소하면 이산화탄소 2몰(mol)이 생성된다.

53. 과염소산에 대한 설명으로 틀린 것은?

① 물과 접촉하면 발열한다.
② 불연성이지만 유독성이 있다.
③ 증기 비중은 약 3.5이다.
④ 산화제이므로 쉽게 산화할 수 있다.

해설 과염소산($HClO_4$) 특징

㉮ 제6류 위험물(산화성 액체)로 지정수량 300kg이다.

㉯ 무색의 유동하기 쉬운 액체이며, 염소 냄새가 난다.

㉰ 불연성물질로 가열하면 유독성가스를 발생한다.

㉱ 염소산 중에서 가장 강한 산이다.

㉲ 산화력이 강하여 종이, 나무부스러기 등과 접촉하면 연소와 동시에 폭발하기 때문에 접촉을 피한다.

㉳ 물과 접촉하면 심하게 반응하며 발열한다.

㉴ 액체 비중 1.76(증기비중 3.47), 융점 -112℃, 비점 39℃이다.

54. 제조소등에서 위험물을 유출시켜 사람의 신체 또는 재산에 대하여 위험을 발생시킨 자에 대한 벌칙기준으로 옳은 것은 어느 것인가?

① 1년 이상 3년 이하의 징역
② 1년 이상 5년 이하의 징역
③ 1년 이상 7년 이하의 징역
④ 1년 이상 10년 이하의 징역

해설 제조소등에서 위험물을 유출·방출 또는 확산시켜 사람의 생명·신체 또는 재산에 대하여 위험을 발생시킨 자의 벌칙 : 1년 이상 10년 이하의 징역 벌칙[법 제33조]

55. 고정지붕 구조를 가진 높이 15m의 원통 종형 옥외위험물저장탱크 안의 탱크 상부로부터 아래로 1m 지점에 고정식 포 방출구가 설치되어 있다. 이 조건의 탱크를 신설하는 경우 최대 허가량은 얼마인가? (단, 탱크의 내부 단면적은 $100m^2$이고, 탱크 내부에는 별다른 구조물이 없으며, 공간 용적 기준은 만족하는 것으로 가정한다.)

정답 51. ④　52. ②　53. ④　54. ④　55. ②

① $1400m^3$ ② $1370m^3$
③ $1350m^3$ ④ $1300m^3$

해설 탱크의 내용적 및 공간용적[세부기준 제25조]
㉮ 위험물을 저장 또는 취급하는 탱크의 용량은 해당 탱크의 내용적에서 공간용적을 뺀 용적으로 한다[시행규칙 제5조].
㉯ 탱크의 공간용적은 탱크 내용적의 $\frac{5}{100}$ 이상 $\frac{10}{100}$ 이하의 용적으로 한다. 다만, 소화설비(소화약제 방출구를 탱크 안의 윗부분에 설치하는 것에 한한다)를 설치하는 탱크의 공간용적은 당해 소화설비의 소화약제 방출구 아래의 0.3m 이상 1m 미만의 사이의 면으로부터 윗부분의 용적으로 한다.
㉰ 문제의 조건과 기준을 적용하면 탱크의 최소 공간용적은 포방출구 아래 0.3m를 기준으로 위쪽에 해당되는 용적이 공간용적이 되는 것이다. 즉 공간용적에 해당하는 높이는 상부로부터 1.3m이다.
㉱ 탱크의 최대 허가량을 묻는 것이므로 탱크 내용적에서 최소공간용적을 빼준 용적이 최대 허가량이 된다.
∴ 최대 허가량=탱크 내용적−최소 공간용적
=(탱크 단면적×전체 높이)
−(탱크 단면적×공간용적 높이)
=탱크 단면적×(전체높이−공간용적 높이)
$=100\times(15-1.3)=1370m^3$

56. **제4류 위험물의 옥외 저장탱크에 대기 밸브 부착 통기관을 설치할 때 몇 kPa 이하의 압력 차이로 작동하여야 하는가?**

① 5kPa 이하
② 10kPa 이하
③ 15kPa 이하
④ 20kPa 이하

해설 옥외탱크저장소 통기관(대기밸브 부착 통기관) 기준[시행규칙 별표6]
㉮ 5kPa 이하의 압력차이로 작동할 수 있을 것
㉯ 인화방지장치를 할 것

57. **비중은 0.86이고 은백색의 무른 경금속으로 보라색 불꽃을 내면서 연소하는 제3류 위험물은?**

① 칼슘 ② 나트륨
③ 칼륨 ④ 리튬

해설 칼륨(K)의 특징
㉮ 제3류 위험물로 지정수량은 10kg이다.
㉯ **은백색**을 띠는 **무른 금속**으로 녹는점 이상 가열하면 **보라색의 불꽃**을 내면서 연소한다.
㉰ 공기 중의 산소와 반응하여 광택을 잃고 산화칼륨(K_2O)의 회백색으로 변화한다.
㉱ 공기 중에서 수분과 반응하여 수산화물(KOH)과 수소(H_2)를 발생하고, 연소하면 과산화칼륨(K_2O_2)이 된다.
㉲ 화학적으로 활성이 크며, 알코올과 반응하여 칼륨에틸레이트(C_2H_5OK)를 만든다.
㉳ 피부에 접촉되면 화상을 입으며, 연소할 때 발생하는 증기가 피부에 접촉하거나 호흡하면 자극이 된다.
㉴ 산화를 방지하기 위하여 보호액(등유, 경우, 파라핀) 속에 넣어 저장한다.
㉵ 용기 파손 및 보호액 누설에 주의하고, 소량으로 나누어 저장한다.
㉶ **비중** 0.86, 융점 63.7℃, 비점 762℃이다.

58. **위험물 안전관리법령상 제3류 위험물에 속하는 담황색의 고체로서 물속에 보관해야 하는 것은?**

① 황린
② 적린
③ 유황
④ 니트로글리세린

해설 황린(P_4)의 특징
㉮ 제3류 위험물로 지정수량은 20kg이다.
㉯ 백색 또는 **담황색 고체**로 일명 백린이라 한다.
㉰ 강한 마늘 냄새가 나고, 증기는 공기보다 무거운 가연성이며 맹독성 물질이다.
㉱ 물에 녹지 않고 벤젠, 알코올에 약간 용해하며 이황화탄소, 염화황, 삼염화인에 잘 녹는다.

2014

정답 56. ① 57. ③ 58. ①

㉮ 공기를 차단하고 약 260℃로 가열하면 적린이 된다(증기 비중은 4.3으로 공기보다 무겁다).
㉯ 상온에서 증기를 발생하고 서서히 산화하므로 어두운 곳에서 청백색의 인광을 발한다.
㉰ 다른 원소와 반응하여 인화합물을 만들며, 연소할 때 유독성의 오산화인(P_2O_5)이 발생하면서 백색 연기가 난다.
㉱ 자연 발화의 가능성이 있으므로 **물속에만 저장하며**, 온도가 상승 시 물의 산성화가 빨라져 용기를 부식시키므로 직사광선을 막는 차광 덮개를 하여 저장한다.
㉲ 액체 비중 1.82, 증기비중 4.3, 융점 44℃, 비점 280℃, 발화점 34℃이다.

59. 이황화탄소에 관한 설명으로 틀린 것은?

① 비교적 무거운 무색의 고체이다.
② 인화점이 0℃ 이하이다.
③ 약 100℃에서 발화할 수 있다.
④ 이황화탄소의 증기는 유독하다.

해설 이황화탄소(CS_2)의 특징
㉮ 제4류 위험물 중 특수인화물에 해당되며 지정수량은 50L이다.
㉯ **무색, 투명한 액체**로 시판품은 불순물로 인하여 황색을 나타내며 불쾌한 냄새가 난다.
㉰ 물에는 녹지 않으나 알코올, 에테르, 벤젠 등 유기용제에는 잘 녹으며 유지, 수지, 생고무, 황, 황린 등을 녹인다.
㉱ 독성이 있고 직사광선에 의해 서서히 변질되고, 점화하면 청색불꽃을 내며 연소하면서 아황산가스(SO_2)를 발생한다.
㉲ 인화성이 강하고 유독하며, 물과 150℃ 이상 가열하면 분해하여 이산화탄소(CO_2)와 황화수소(H_2S)를 발생한다.
㉳ 직사광선을 피하고 통풍이 잘되는 냉암소에 저장한다.
㉴ 물보다 무겁고 물에 녹기 어려우므로 물(수조) 속에 저장한다.
㉵ 액체 비중 1.263(증기비중 2.62), 비점 46.45℃, 발화점(착화점) 100℃, 인화점 −30℃, 연소범위 1.2~44%이다.

60. 다음은 위험물 안전관리법령에 따른 이동탱크 저장소에 대한 기준이다. ( ) 안에 알맞은 수치를 차례대로 나열한 것은?

> 이동저장탱크는 그 내부에 ( )L 이하마다 ( )mm 이상의 강철판 또는 이와 동등 이상의 강도, 내열성 및 내식성이 있는 금속성의 것으로 칸막이를 설치하여야 한다.

① 2500, 3.2　　② 2500, 4.8
③ 4000, 3.2　　④ 4000, 4.8

해설 이동저장탱크의 칸막이[시행규칙 별표10]
㉮ 이동저장탱크는 그 내부에 4000L 이하마다 3.2mm 이상의 강철판 또는 이와 동등 이상의 강도·내열성 및 내식성이 있는 금속성의 것으로 칸막이를 설치하여야 한다.
㉯ 고체인 위험물을 저장하거나 고체인 위험물을 가열하여 액체 상태로 저장하는 경우에는 그러하지 아니하다.

정답 59. ①　60. ③

2014. 4. 6 시행 (제2회)

1. 증발연소를 하는 물질이 아닌 것은?

① 황 ② 석탄
③ 파라핀 ④ 나프탈렌

해설 연소의 종류에 따른 가연물
㉮ 표면연소 : 목탄(숯), 코크스
㉯ 분해연소 : 종이, 석탄, 목재, 중유
㉰ 증발연소 : 가솔린, 등유, 경유, 알코올, 양초, 유황
㉱ 확산연소 : 가연성 기체
㉲ 자기연소 : 제5류 위험물(니트로셀룰로오스, 셀룰로이드, 니트로글리세린 등)

2. 제5류 위험물의 화재 시 소화방법에 대한 설명으로 옳은 것은?

① 가연성 물질로서 연소속도가 빠르므로 질식소화가 효과적이다.
② 할로겐화합물 소화기가 적응성이 있다.
③ CO_2 및 분말소화기가 적응성이 있다.
④ 다량의 주수에 의한 냉각소화가 효과적이다.

해설 제5류 위험물(자기반응성 물질)은 가연성 물질이며 그 자체가 산소를 함유하고 있으므로 질식소화가 불가능하므로 다량의 주수에 의한 냉각소화가 효과적이다.

3. 1몰의 이황화탄소와 고온의 물이 반응하여 생성되는 독성 기체물질의 부피는 표준상태에서 얼마인가?

① 22.4L ② 44.8L
③ 67.2L ④ 134.4L

해설 ㉮ 이황화탄소(CS_2)와 물(H_2O)과의 반응식
$CS_2 + 2H_2O \rightarrow CO_2 + 2H_2S$
㉯ 유독한 기체물질(황화수소) 부피 계산 : 이황화탄소(CS_2) 1몰(mol)이 물과 반응하면 2몰(mol)의 황화수소(H_2S)가 발생되며, 표준상태에서 1몰(mol)의 기체 부피는 22.4L에 해당된다.
∴ 황화수소의 부피 = 2mol × 22.4L/mol = 44.8L

4. 국소방출방식의 이산화탄소 소화설비의 분사헤드에서 방출되는 소화약제의 방사기준은?

① 10초 이내에 균일하게 방사할 수 있을 것
② 15초 이내에 균일하게 방사할 수 있을 것
③ 30초 이내에 균일하게 방사할 수 있을 것
④ 60초 이내에 균일하게 방사할 수 있을 것

해설 불활성가스 소화설비(이산화탄소 소화설비) 국소방출방식의 분사헤드 기준[세부기준 제134조]
㉮ 분사헤드는 방호대상물의 모든 표면이 분사헤드의 유효사정 내에 있도록 설치할 것
㉯ 소화약제의 방사에 의해서 위험물이 비산되지 않는 장소에 설치할 것
㉰ 방호구역의 체적 $1m^3$당 방사되는 소화약제의 양을 30초 이내에 균일하게 방사할 것

5. 화재 시 이산화탄소를 사용하여 공기 중 산소의 농도를 21 vol%에서 13 vol%로 낮추려면 공기 중 이산화탄소의 농도는 약 몇 vol%가 되어야 하는가?

① 34.3 ② 38.1
③ 42.5 ④ 45.8

해설 공기 중 산소의 체적비율이 21%인 상태에서 이산화탄소(CO_2)에 의하여 산소농도가 감소되는 것이고, 산소농도가 감소되어 발생되는 차이가 공기 중 이산화탄소의 농도가 된다.

$$\therefore CO_2 = \frac{21 - O_2}{21} \times 100 = \frac{21 - 13}{21} \times 100$$
$$= 38.095\,\%$$

정답 1. ② 2. ④ 3. ② 4. ③ 5. ②

2014

6. 포 소화약제에 의한 소화방법으로 다음 중 가장 주된 소화효과는?

① 희석소화 ② 질식소화
③ 제거소화 ④ 자기소화

해설 소화약제의 소화효과
㉮ 물 : 냉각효과
㉯ 산·알칼리 소화약제 : 냉각효과
㉰ 강화액 소화약제 : 냉각소화, 부촉매효과, 일부질식효과
㉱ 이산화탄소 소화약제 : 질식효과, 냉각효과
㉲ 할로겐화합물 소화약제 : 억제효과(부촉매효과)
㉳ **포 소화약제 : 질식효과**, 냉각효과
㉴ 분말 소화약제 : 질식효과, 냉각효과, (제3종 분말소화약제는 부촉매효과도 있음)

7. 알킬리튬에 대한 설명으로 틀린 것은?

① 제3류 위험물이고 지정수량은 10kg이다.
② 가연성의 액체이다.
③ 이산화탄소와는 격렬하게 반응한다.
④ 소화방법으로는 물로 주수는 불가하며 할로겐화합물 소화약제를 사용하여야 한다.

해설 알킬리튬(LiR)의 특징
㉮ 제3류 위험물로 지정수량 10kg이다.
㉯ 알킬기($C_nH_{2n+1}-$)와 리튬(Li)의 유기금속화합물이다.
㉰ 가연성의 액체이며, 이산화탄소와 격렬히 반응한다.
㉱ 공기 또는 물과 접촉하면 분해 폭발한다.
㉲ 소화방법은 건조사, 팽창질석 또는 팽창진주암, 탄산수소염류 분말소화설비 및 분말소화기를 사용한다.

8. 위험물 안전관리법령상 위험물 제조소 등에서 전기설비가 있는 곳에 적응하는 소화설비는?

① 옥내 소화전설비
② 스프링클러설비
③ 포 소화설비
④ 할로겐화합물 소화설비

해설 전기설비에 적응성이 있는 소화설비[시행규칙 별표17]
㉮ 물분무 소화설비
㉯ 불활성가스 소화설비
㉰ 할로겐화합물 소화설비
㉱ 인산염류 및 탄산수소염류 분말소화설비
㉲ 무상수(霧狀水) 소화기
㉳ 무상강화액 소화기
㉴ 이산화탄소 소화기
㉵ 할로겐화합물 소화기
㉶ 인산염류 및 탄산수소염류 분말소화기

참고 적응성이 없는 소화설비 : 옥내소화전 또는 옥외소화전설비, 스프링클러설비, 포소화설비, 봉상수(棒狀水) 소화기, 봉상강화액 소화기, 포 소화기, 건조사

9. Halon 1301 소화약제에 대한 설명으로 틀린 것은?

① 저장 용기에 액체상으로 충전한다.
② 화학식을 CF_3Br이다.
③ 비점이 낮아서 기화가 용이하다.
④ 공기보다 가볍다.

해설 할론 1301(CF_3Br) 특징
㉮ 무색, 무취이고 액체 상태로 저장 용기에 충전한다.
㉯ 비점이 낮아서 기화가 용이하며, 상온에서 기체이다.
㉯ 할론 소화약제 중 독성이 가장 적은 반면 오존파괴지수가 가장 높다.
㉰ 전기전도성이 없고, 기체 비중이 5.17로 공기보다 무거워 심부화재에 효과적이다.
㉱ 소화 시 시야를 방해하지 않기 때문에 피난 시에 방해가 없다.

10. 위험물 제조소의 안전거리 기준으로 틀린 것은?

① 초·중등교육법 및 고등교육법에 의한 학교 : 20m 이상

정답 6. ② 7. ④ 8. ④ 9. ④ 10. ①

② 의료법에 의한 병원급 의료기관 : 30m 이상
③ 문화재보호법 규정에 의한 지정문화재 : 50m 이상
④ 사용전압이 35000V를 초과하는 특고압 가공전선 : 5m 이상

해설 제조소의 안전거리[시행규칙 별표4]

해당 대상물	안전거리
7000V 초과 35000V 이하 전선	3m 이상
35000V 초과 전선	5m 이상
건축물, 주거용 공작물	10m 이상
고압가스, LPG, 도시가스 시설	20m 이상
학교·병원·극장(300명 이상 수용), 다수인 수용시설(20명 이상)	30m 이상
유형문화재, 지정문화재	50m 이상

11. 고온체의 색깔을 낮은 온도부터 옳게 나열한 것은?

① 암적색＜황적색＜백적색＜휘적색
② 휘적색＜백적색＜황적색＜암적색
③ 휘적색＜암적색＜황적색＜백적색
④ 암적색＜휘적색＜황적색＜백적색

해설 연소 빛에 따른 온도

구분	암적색	적색	휘적색	황적색	백적색	휘백색
온도	700℃	850℃	950℃	1100℃	1300℃	1500℃

12. 위험물 안전관리법령상 옥내 주유취급소의 소화난이도 등급은?

① Ⅰ ② Ⅱ ③ Ⅲ ④ Ⅳ

해설 주유취급소의 소화난이도 등급[시행규칙 별표17]

㉮ 소화난이도 등급 Ⅰ : 주유취급소 직원 외의 자가 출입하는 부분 면적의 합이 500m^2를 초과하는 것
㉯ 소화난이도 등급 Ⅱ : 옥내 주유취급소로서 소화난이도 등급 Ⅰ의 제조소등에 해당하지 아니하는 것
㉰ 소화난이도 등급 Ⅲ : 옥내 주유취급소 외의 것으로서 소화난이도등급 Ⅰ의 제조소등에 해당하지 아니하는 것

참고 옥내 주유취급소의 소화난이도 등급은 Ⅱ에 해당된다.

13. 다음 위험물의 화재 시 주수소화가 가능한 것은?

① 철분 ② 마그네슘
③ 나트륨 ④ 황

해설 ㉮ 제2류 위험물인 철분과 마그네슘 및 제3류 위험물인 나트륨은 물(H_2O)과 반응하여 가연성 가스인 수소(H_2)를 발생하므로 주수소화는 부적합하고 건조사, 팽창질석 또는 팽창진주암, 탄산수소염류 분말소화설비 및 분말소화기를 사용하여야 한다.
㉯ 제2류 위험물인 황(유황)은 물이나 산에 녹지 않기 때문에 주수소화가 가능하다.

14. 보기에서 소화기의 사용방법을 옳게 설명한 것을 모두 나열한 것은?

보기
㉠ 적응화재에만 사용할 것 ㉡ 불과 최대한 멀리 떨어져서 사용할 것 ㉢ 바람을 마주보고 풍하에서 풍상 방향으로 사용할 것 ㉣ 양옆으로 비로 쓸 듯이 골고루 사용할 것

① ㉠, ㉡ ② ㉠, ㉢
③ ㉠, ㉣ ④ ㉠, ㉢, ㉣

해설 소화기 사용방법

㉮ 적응화재에만 사용할 것
㉯ 성능에 따라 불 가까이 접근하여 사용할 것
㉰ 바람을 등지고 풍상(風上)에서 풍하(風下)의 방향으로 소화작업을 할 것
㉱ 소화는 양옆으로 비로 쓸 듯이 골고루 방사할 것

2014

정답 11. ④ 12. ② 13. ④ 14. ③

15. 다음의 위험물 중에서 이동탱크 저장소에 의하여 위험물을 운송할 때 운송책임자의 감독, 지원을 받아야 하는 위험물은?

① 알킬리튬
② 아세트알데히드
③ 금속의 수소화물
④ 마그네슘

해설 운송책임자의 감독, 지원을 받아 운송하여야 하는 위험물 종류[시행령 제19조]
㉮ 알킬알루미늄
㉯ 알킬리튬
㉰ 알킬알루미늄 또는 알킬리튬을 함유하는 위험물

16. 다음 중 화재 원인에 대한 설명으로 틀린 것은?

① 연소 대상물의 열전도율이 좋을수록 연소가 잘 된다.
② 온도가 높을수록 연소 위험이 높아진다.
③ 화학적 친화력이 클수록 연소가 잘 된다.
④ 산소와 접촉이 잘 될수록 연소가 잘 된다.

해설 연소 대상물의 열전도율이 좋으면 열의 축적이 되지 않아 연소가 잘 되지 않는다.

17. 위험물 안전관리법령의 소화설비 설치기준에 의하면 옥외소화전설비의 수원의 수량은 옥외소화전 설치개수(설치개수가 4 이상인 경우에는 4)에 몇 m^3을 곱한 양 이상이 되도록 하여야 하는가?

① $7.5m^3$　② $13.5m^3$
③ $20.5m^3$　④ $25.5m^3$

해설 옥외소화전설비 설치기준[시행규칙 별표17] : 수원의 수량은 옥외소화전의 설치개수(설치개수가 4개 이상인 경우는 4개)에 $13.5m^3$를 곱한 양 이상이 되도록 설치할 것

18. 스프링클러설비의 장점이 아닌 것은?

① 화재의 초기 진압에 효율적이다.
② 사용 약제를 쉽게 구할 수 있다.
③ 자동으로 화재를 감지하고 소화할 수 있다.
④ 다른 소화설비보다 구조가 간단하고 시설비가 적다.

해설 스프링클러설비의 장점
㉮ 화재 초기 진화작업에 효과적이다.
㉯ 소화제가 물이므로 가격이 저렴하고 소화 후 시설 복구가 용이하다.
㉰ 조작이 간편하며 안전하다.
㉱ 감지부가 기계적으로 작동되어 오동작이 없다.
㉲ 사람이 없는 야간에도 자동적으로 화재를 감지하여 소화 및 경보를 해 준다.

참고 단점
㉮ 초기 시설비가 많이 소요된다.
㉯ 시공이 복잡하고, 물로 인한 피해가 클 수 있다.

19. 폭발 시 연소파의 전파속도 범위에 가장 가까운 것은?

① 0.1~10m/s
② 100~1000m/s
③ 2000~3500m/s
④ 5000~10000m/s

해설 연소파 및 폭굉의 속도
㉮ 연소파 전파속도(연소속도) : 0.1~10m/s
㉯ 폭굉의 속도(폭속) : 1000~3500m/s

20. 산화제와 환원제를 연소의 4요소와 연관 지어 연결한 것으로 옳은 것은?

① 산화제 – 산소공급원, 환원제 – 가연물
② 산화제 – 가연물, 환원제 – 산소공급원
③ 산화제 – 연쇄반응, 환원제 – 점화원
④ 산화제 – 점화원, 환원제 – 가연물

해설 산화제와 환원제
㉮ 산화제 : 자신은 환원되면서 다른 물질을 산화시키는 것으로 일반적으로 산소공급원을 의

정답 15. ① 16. ① 17. ② 18. ④ 19. ① 20. ①

미한다.

㉯ 환원제 : 자신은 산화되면서 다른 물질을 환원시키는 것으로 일반적으로 가연물을 의미한다.

21. **금속 나트륨에 대한 설명으로 옳지 않은 것은?**

① 물과 격렬히 반응하여 발열하고 수소가스를 발생한다.
② 에틸알코올과 반응하여 나트륨에틸라이트와 수소가스를 발생한다.
③ 할로겐화합물 소화약제는 사용할 수 없다.
④ 은백색의 광택이 있는 중금속이다.

해설 나트륨(Na)의 특징

㉮ 제3류 위험물(금수성 물질)로 지정수량은 10kg이다.
㉯ **은백색의 가벼운 금속**으로 연소시키면 노란 불꽃을 내며 과산화나트륨이 된다.
㉰ 화학적으로 활성이 크며, 모든 비금속 원소와 잘 반응한다.
㉱ 상온에서 물이나 알코올 등과 격렬히 반응하여 수소(H_2)를 발생한다.
㉲ 피부에 접촉되면 화상을 입는다.
㉳ 산화를 방지하기 위해 등유, 경유 속에 넣어 저장한다.
㉴ 용기 파손 및 보호액 누설에 주의하고, 습기나 물과 접촉하지 않도록 저장한다.
㉵ 다량 연소하면 소화가 어려우므로 소량으로 나누어 저장한다.
㉶ 적응성이 있는 소화설비는 건조사, 팽창질석 또는 팽창진주암, 탄산수소염류 분말소화설비 및 분말소화기가 해당된다.
㉷ 비중 0.97, 융점 97.7℃, 비점 880℃, 발화점 121℃이다.

22. **과염소산칼륨과 아염소산나트륨의 공통 성질이 아닌 것은?**

① 지정수량이 50kg이다.
② 열분해 시 산소를 방출한다.
③ 강산화성 물질이며 가연성이다.
④ 상온에서 고체의 형태이다.

해설 과염소산칼륨($KClO_4$)과 아염소산나트륨($NaClO_2$)의 공통 성질

㉮ 제1류 위험물로 지정수량 50kg이고, 위험등급 Ⅰ등급이다.
㉯ 열분해 시 산소를 방출한다.
㉰ 자신은 **불연성**이지만 강력한 **산화제**이다.
㉱ 상온에서 고체의 형태이다(과염소산칼륨 : 사방정계결정, 아염소산나트륨 : 무색의 결정성 분말).

23. **황의 성질에 대한 설명 중 틀린 것은 어느 것인가?**

① 물에 녹지 않으나 이황화탄소에 녹는다.
② 공기 중에서 연소하여 아황산가스를 발생한다.
③ 전도성 물질이므로 정전기 발생에 유의하여야 한다.
④ 분진폭발의 위험성에 주의하여야 한다.

해설 황(유황)의 특징

㉮ 제2류 위험물로 지정수량 100kg이다.
㉯ 노란색 고체로 열 및 **전기의 불량도체**이므로 정전기발생에 유의하여야 한다.
㉰ 물이나 산에는 녹지 않지만 이황화탄소(CS_2)에는 녹는다(단, 고무상 황은 녹지 않음).
㉱ 저온에서는 안정하나 높은 온도에서는 여러 원소와 황화물을 만든다.
㉲ 사방정계를 가열하면 95.5℃에서 단사정계가 되고 단사정계를 계속 가열하면 갈색(160℃)에서 흑색 불투명으로 변하여 250℃에서 유동성이 되고 445℃에서 끓는다.
㉳ 공기 중에서 연소하면 푸른 불꽃을 발하며, 유독한 아황산가스(SO_2)를 발생한다.
㉴ 산화제나 목탄가루 등과 혼합되어 있을 때 마찰이나 열에 의해 착화, 폭발을 일으킨다.
㉵ 황가루가 공기 중에 떠 있을 때는 분진 폭발의 위험성이 있다.
㉶ 이산화탄소(CO_2)와 반응하지 않으므로 소화방법으로 이산화탄소를 사용한다.

정답 21. ④ 22. ③ 23. ③

24. 제5류 위험물의 니트로 화합물에 속하지 않은 것은?

① 니트로벤젠
② 테트릴
③ 트리니트로톨루엔
④ 피크린산

해설 니트로 화합물 종류 : 피크린산, 트리니트로페놀, TNP, 트리니트로톨루엔, 트리니트로벤젠, 테트릴, 트리니트로페닐, 메틸니트라민, 디니트로나프탈렌, 트리메틸렌트리니트라민, 디아노디니트로페놀

참고 니트로벤젠은 제4류 위험물 중 제3석유류에 해당한다.

25. 위험물 저장소에 해당하지 않는 것은?

① 옥외 저장소
② 지하탱크 저장소
③ 이동탱크 저장소
④ 판매 저장소

해설 ㉮ 저장소의 정의[법 제2조] : 지정수량 이상의 위험물을 저장하기 위한 대통령령이 정하는 장소로서 법 제6조 제1항의 규정에 따른 허가를 받은 장소를 말한다.

㉯ 대통령령이 정하는 장소(위험물을 저장하기 위한 장소)[시행령 제4조]

㉠ 옥내저장소	㉡ 옥외탱크저장소
㉢ 옥내탱크저장소	㉣ 지하탱크저장소
㉤ 간이탱크저장소	㉥ 이동탱크저장소
㉦ 옥외저장소	㉧ 암반탱크저장소

26. 위험물 제조소등에서 위험물 안전관리법상 안전거리 규제 대상이 아닌 것은?

① 제6류 위험물을 취급하는 제조소를 제외한 모든 제조소
② 주유취급소
③ 옥외저장소
④ 옥외탱크저장소

해설 제조소의 안전거리 기준[시행규칙 별표4]

㉮ 제조소(**제6류 위험물을 취급하는 제조소를 제외한다**)는 건축물의 외벽 또는 이에 상당하는 공작물의 외측으로부터 당해 제조소의 외벽 또는 이에 상당하는 공작물의 외측까지 안전거리를 두어야 한다.

㉯ 주유취급소는 위험물을 제조 외의 목적으로 취급하기 위한 취급소에 해당되므로 제조소의 안전거리 기준이 적용되지 않는다.

27. 옥외탱크 저장소의 소화설비를 검토 및 적용할 때에 소화난이도 등급 Ⅰ에 해당되는지를 검토하는 탱크 높이의 측정 기준으로서 적합한 것은?

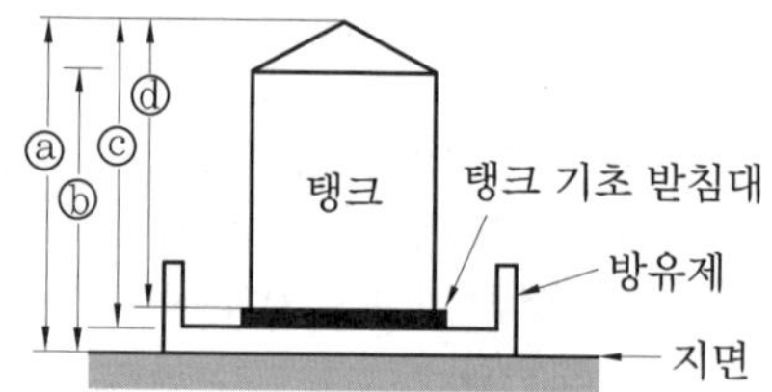

① ⓐ ② ⓑ
③ ⓒ ④ ⓓ

해설 옥외탱크 저장소의 소화난이도 등급 Ⅰ에 해당하는 것[시행규칙 별표17]

㉮ 액표면적이 $40m^2$ 이상인 것(제6류 위험물을 저장하는 것 및 고인화점위험물만을 100℃ 미만의 온도에서 저장하는 것은 제외)

㉯ **지반면으로부터 탱크 옆판의 상단까지 높이**가 6m 이상인 것(제6류 위험물을 저장하는 것 및 고인화점위험물만을 100℃ 미만의 온도에서 저장하는 것은 제외)

㉰ 지중탱크 또는 해상탱크로서 지정수량의 100배 이상인 것(제6류 위험물을 저장하는 것 및 고인화점위험물만을 100℃ 미만의 온도에서 저장하는 것은 제외)

㉱ 고체위험물을 저장하는 것으로서 지정수량의 100배 이상인 것

참고 문제에서 주어진 그림에서 탱크 높이의 측정 기준은 ⓑ번이다.

정답 24. ① 25. ④ 26. ② 27. ②

28. 제2류 위험물의 일반적 성질에 대한 설명으로 가장 거리가 먼 것은?

① 가연성 고체 물질이다.
② 연소 시 연소열이 크고 연소속도가 빠르다.
③ 산소를 포함하여 조연성 가스의 공급이 없이 연소가 가능하다.
④ 비중이 1보다 크고 물에 녹지 않는다.

해설 제2류 위험물의 공통적인 특징
㉮ 비교적 낮은 온도에서 착화하기 쉬운 가연성 고체 물질이다.
㉯ 비중은 1보다 크며, 연소 시 유독가스를 발생하는 것도 있다.
㉰ 연소속도가 대단히 빠르며, 금속분은 물이나 산과 접촉하면 확산 폭발한다.
㉱ 대부분 물에는 불용이며, 산화하기 쉬운 물질이다.
㉲ 강력한 **환원성 물질**로 산화제와 접촉, 마찰로 착화되면 급격히 연소한다.

참고 산소를 포함하여 조연성 가스의 공급이 없이 연소가 가능한 것은 제5류 위험물이다.

29. 다음 중 자연발화의 위험성이 가장 큰 물질은?

① 아마인유 ② 야자유
③ 올리브유 ④ 피마자유

해설 ㉮ 동식물유류를 요오드값에 의하여 분류할 때 요오드값이 크게 되면 불포화도(불포화결합)가 커져 자연발화의 위험이 커진다.

구분	요오드값	종류
건성유	130 이상	들기름, 아마인유, 해바라기유, 오동유
반건성유	100~130 미만	목화씨유, 참기름, 채종유
불건성유	100 미만	땅콩기름(낙화생유), 올리브유, 피마자유, 야자유, 동백유

㉯ 요오드값에 따른 동식물유류의 분류 및 종류

30. 위험물 분류에서 제1석유류에 대한 설명으로 옳은 것은?

① 아세톤, 휘발유 그 밖에 1기압에서 인화점이 섭씨 21도 미만인 것
② 등유, 경유 그 밖에 액체로서 인화점이 섭씨 21도 이상 70도 미만의 것
③ 중유, 도료류로서 인화점이 섭씨 70도 이상 200도 미만의 것
④ 기계유, 실린더유 그 밖의 액체로서 인화점이 섭씨 200도 이상 250도 미만인 것

해설 제4류 위험물의 분류[시행령 별표1]
㉮ 제1석유류 : 아세톤, 휘발유 그 밖의 액체로서 인화점이 21℃ 미만인 것
㉯ 예제의 위험물
②번 항목 : 제4류 위험물 중 제2석유류
③번 항목 : 제4류 위험물 중 제3석유류
④번 항목 : 제4류 위험물 중 제4석유류
㉰ 특수인화물 : 이황화탄소, 디에틸에테르 그 밖에 1기압에서 발화점이 100℃ 이하인 것 또는 인화점이 −20℃ 이하이고 비점이 40℃ 이하인 것
㉱ 알코올류 : 알코올류 : 1분자를 구성하는 탄소원자의 수가 1개부터 3개까지인 포화1가 알코올(변성 알코올을 포함한다)을 말한다.
㉲ 동식물유류 : 동물의 지육 등 또는 식물의 종자나 과육으로부터 추출한 것으로서 1기압에서 인화점이 250℃ 미만의 것

31. 등유의 지정수량에 해당하는 것은?

① 100L ② 200L
③ 1000L ④ 2000L

해설 등유 : 제4류 위험물 중 제2석유류에 속하며 지정수량은 1000L이다.

32. 옥내저장소의 저장창고에 150m^2 이내마다 일정 규격의 격벽을 설치하여 저장하여야 하는 위험물은?

정답 28. ③ 29. ① 30. ① 31. ③ 32. ①

① 제5류 위험물 중 지정과산화물
② 알킬알루미늄등
③ 아세트알데히드등
④ 히드록실아민등

해설 지정과산화물 옥내저장소의 저장창고 기준 [시행규칙 별표5]
㉮ 저장창고는 150m^2 이내마다 격벽으로 구획할 것
㉯ 외벽은 두께 20cm 이상의 철근콘크리트조나 철골철근콘크리트조 또는 두께 30cm 이상의 보강콘크리트블록조로 할 것
㉰ 출입구에는 갑종방화문을 설치할 것
㉱ 창은 바닥면으로부터 2m 이상의 높이에 설치할 것
㉲ 하나의 벽면에 두는 창의 면적의 합계를 당해 벽면의 80분의 1 이내로 할 것
㉳ 하나의 창의 면적은 0.4m^2 이내로 할 것
㉴ 지붕은 중도리 또는 서까래의 간격은 30cm 이하로 할 것

참고 옥내저장소에서 위험물의 성질에 따라 강화된 기준을 적용하는 위험물 종류 : 지정과산화물, 알킬알루미늄등, 히드록실아민등

33. 옥내탱크 저장소 중 탱크 전용실을 단층건물 외의 건축물에 설치하는 경우 탱크 전용실을 건축물의 1층 또는 지하층에만 설치하여야 하는 위험물이 아닌 것은 어느 것인가?

① 제2류 위험물 중 덩어리 유황
② 제3류 위험물 중 황린
③ 제4류 위험물 중 인화점이 38℃ 이상인 위험물
④ 제6류 위험물 중 질산

해설 옥내탱크 저장소 중 탱크 전용실 위치[시행규칙 별표7] : 옥내저장탱크는 탱크 전용실에 설치할 것. 이 경우 **제2류 위험물** 중 황화린·적린 및 **덩어리 유황, 제3류 위험물** 중 **황린, 제6류 위험물** 중 **질산**의 탱크 전용실은 건축물의 1층 또는 **지하층**에 설치하여야 한다.

34. 벤젠 1몰을 충분한 산소가 공급되는 표준상태에서 완전 연소시켰을 때 발생하는 이산화탄소의 양은 몇 L 인가?

① 22.4　　② 134.4
③ 168.8　　④ 224.0

해설 ㉮ 벤젠(C_6H_6)의 완전연소 반응식
$C_6H_6 + 7.5O_2 \rightarrow 6CO_2 + 3H_2O$
㉯ 이산화탄소(CO_2)의 양 계산 : 벤젠 1몰(mol)이 완전 연소하면 이산화탄소 6몰(mol)이 발생하며, 표준상태에서 기체 1몰(mol)의 체적은 22.4L에 해당된다.
∴ CO_2의 양$=6\times22.4=134.4$L

35. 황린의 저장 방법으로 옳은 것은?

① 물속에 저장한다.
② 공기 중에 보관한다.
③ 벤젠 속에 저장한다.
④ 이황화탄소 속에 보관한다.

해설 황린(P_4 : 제3류 위험물)은 자연 발화의 위험성이 있어 **물속에 저장**하며, 온도가 상승 시 물의 산성화가 빨라져 용기를 부식시키므로 직사광선을 막는 차광 덮개를 하여 저장한다.

36. 황화인에 대한 설명 중 옳지 않은 것은 어느 것인가?

① 삼황화인은 황색 결정으로 공기 중 약 100℃에서 발화할 수 있다.
② 오황화인은 담황색 결정으로 조해성이 있다.
③ 오황화인은 물과 접촉하여 유독성 가스를 발생할 위험이 있다.
④ 삼황화인은 연소하여 황화수소 가스를 발생할 위험이 있다.

해설 황화린(황화인)의 특징
㉮ 제2류 위험물로 지정수량 100kg이다.
㉯ 황화린 종류에는 삼황화인(P_4S_3), 오황화인(P_2S_5), 칠황화인(P_4S_7)이 있다.

정답 33. ③　34. ②　35. ①　36. ④

㉰ 삼황화인(P_4S_3)은 물, 염소, 염산, 황산에는 녹지 않으나 질산, 이황화탄소, 알칼리에는 녹는다. 공기 중에서 **연소**하면 **오산화인**(P_2O_5)과 **아황산가스**(SO_2)가 **발생**한다.

㉱ 오황화인(P_2S_5)은 담황색 결정으로 조해성이 있으며 물, 알칼리에 의해 유독한 황화수소(H_2S)와 인산(H_3PO_4)으로 분해된다.

㉲ 칠황화인(P_4S_7)은 담황색 결정으로 조해성이 있으며 찬물에는 서서히, 더운물에는 급격히 녹아 분해되면서 황화수소(H_2S)와 인산(H_3PO_4)을 발생한다.

37. 다음 중 증기의 밀도가 가장 큰 것은?

① 디메틸에테르
② 벤젠
③ 가솔린(옥탄 100%)
④ 에틸알코올

해설 ㉮ 제4류 위험물의 분자량 및 증기 밀도

품명	분자량	증기 밀도
디에틸에테르($C_2H_5OC_2H_5$)	74	3.3
벤젠(C_6H_6)	78	3.48
가솔린(C_8H_{18})	114	5.09
에틸알코올(C_2H_5OH)	46	2.05

㉯ 증기 밀도는 $\frac{\text{기체 분자량}}{22.4}$ 이므로 분자량이 큰 것이 증기 밀도가 크다(증기 밀도 단위 : g/L, kg/m^3).

38. 아세트알데히드의 저장, 취급 시 주의사항으로 틀린 것은?

① 강산화제와의 접촉을 피한다.
② 취급설비에는 구리 합금의 사용을 피한다.
③ 수용성이기 때문에 화재 시 물로 희석소화가 가능하다.
④ 옥외저장 탱크에 저장 시 조연성 가스를 주입한다.

해설 아세트알데히드의 저장, 취급 시 주의사항

㉮ 화학적 활성이 큰 가연성 액체이므로 강산화제와의 접촉을 피한다.

㉯ 구리, 마그네슘 등의 금속과 접촉하면 폭발적으로 반응하므로 취급설비에는 구리 합금의 사용을 피한다.

㉰ 공기와 접촉 시 과산화물을 생성하므로 밀봉, 밀전하여 냉암소에 저장한다.

㉱ 용기 및 탱크 내부에는 질소, 아르곤 등 **불연성가스를 주입**하여 봉입한다.

㉲ 물에 잘 녹는 수용성이기 때문에 화재 시 희석소화가 가능하다.

39. 아염소산염류의 운반용기 중 적응성 있는 내장용기의 종류와 최대 용적이나 중량을 옳게 나타낸 것은? (단, 외장용기의 종류는 나무상자 또는 플라스틱상자이고, 외장용기의 최대 중량은 125kg으로 한다.)

① 금속제 용기 : 20L
② 종이 포대 : 55kg
③ 플라스틱 필름 포대 : 60kg
④ 유리 용기 : 10L

해설 운반용기의 최대용적 또는 중량[시행규칙 별표19 부표1]

㉮ 아염소산염류 : 제1류 위험물 중 위험등급 I 등급, 고체 위험물에 해당된다.

㉯ 외장용기의 종류가 나무상자 또는 플라스틱상자이고, 외장용기의 최대 중량은 125kg일 때 내장용기의 종류 및 최대용적 또는 중량 → [시행규칙 별표19 부표1]의 표에서 찾아야 함

㉠ 유리용기 또는 플라스틱 용기 : 10L → 나무상자 또는 플라스틱상자에 '필요에 따라 불활성의 완충재를 채울 것'의 조건이 있는 경우임

㉡ 금속제 용기 : 30L

㉢ 플라스틱 필름포대 또는 종이포대 : 해당용기 무

정답 37. ③ 38. ④ 39. ④

40. 위험물 안전관리법령상 제조소 등의 정기점검 대상에 해당하지 않는 것은?

① 지정수량 15배의 제조소
② 지정수량 40배의 옥내탱크 저장소
③ 지정수량 50배의 이동탱크 저장소
④ 지정수량 20배의 지하탱크 저장소

해설 ㉮ 정기점검 대상 제조소등[시행령 제16조]
㉠ 관계인이 예방규정을 정하여야 하는 제조소등
㉡ 지하탱크저장소
㉢ 이동탱크저장소
㉣ 위험물을 취급하는 탱크로서 지하에 매설된 탱크가 있는 제조소·주유취급소 또는 일반취급소
㉯ 관계인이 예방규정을 정하여야 하는 제조소등[시행령 제15조]
㉠ 지정수량의 10배 이상의 위험물을 취급하는 제조소
㉡ 지정수량의 100배 이상의 위험물을 저장하는 옥외저장소
㉢ 지정수량의 150배 이상의 위험물을 저장하는 옥내저장소
㉣ 지정수량의 200배 이상의 위험물을 저장하는 옥외탱크저장소
㉤ 암반탱크저장소
㉥ 이송취급소
㉦ 지정수량의 10배 이상의 위험물을 취급하는 일반취급소

41. 질산메틸의 성질에 대한 설명으로 틀린 것은?

① 비점은 약 66℃이다.
② 증기는 공기보다 가볍다.
③ 무색 투명한 액체이다.
④ 자기반응성 물질이다.

해설 질산메틸(CH_3ONO_2)의 특징
㉮ 제5류 위험물 중 질산에스테르류에 해당되며 지정수량은 10kg이다.
㉯ 무색, 투명한 액체로 향긋한 냄새와 단맛이 있다.
㉰ 물에는 녹지 않으나 알코올, 에테르에 녹는다.
㉱ 인화성이 있고 자기반응성 물질이다.
㉲ 화기를 피하고, 통풍이 잘 되는 냉암소에 저장한다.
㉳ 액체 비중 1.22, 증기비중 2.65, 비점 66℃이다.

참고 질산메틸의 증기비중이 2.65이므로 **공기보다 무겁다.**

42. 다음에서 설명하는 위험물에 해당하는 것은?

- 지정수량은 300kg이다.
- 산화성 액체 위험물이다.
- 가열하면 분해하며 유독성가스를 발생한다.
- 증기 비중은 약 3.5이다.

① 브롬산칼륨 ② 클로벤젠
③ 질산 ④ 과염소산

해설 과염소산($HClO_4$) 특징
㉮ 제6류 위험물(**산화성 액체**)로 **지정수량 300kg**이다.
㉯ 무색의 유동하기 쉬운 액체이며, 염소 냄새가 난다.
㉰ 불연성물질로 **가열하면 유독성가스를 발생**한다.
㉱ 염소산 중에서 가장 강한 산이다.
㉲ 산화력이 강하여 종이, 나무부스러기 등과 접촉하면 연소와 동시에 폭발하기 때문에 접촉을 피한다.
㉳ 물과 접촉하면 심하게 반응하며 발열한다.
㉴ 액체 비중 1.76(**증기비중 3.47**), 융점 −112℃, 비점 39℃이다.

43. 염소산나트륨의 저장 및 취급 방법으로 옳지 않은 것은?

① 철제 용기에 저장한다.
② 습기가 없는 찬 장소에 보관한다.

정답 40. ② 41. ② 42. ④ 43. ①

③ 조해성이 크므로 용기는 밀전한다.
④ 가열, 충격, 마찰을 피하고 점화원의 접근을 금한다.

해설 염소산나트륨($NaClO_3$)의 저장 및 취급 방법
㉮ 조해성이 크므로 방습에 주의하여야 한다.
㉯ 강력한 산화제로 철을 부식시키므로 **철제용기에 저장은 피해야** 한다.
㉰ 용기는 공기와의 접촉을 방지하기 위하여 밀전하여 보관한다.
㉱ 환기가 잘 되는 냉암소에 보관한다.
㉲ 열분해 시 산소가 발생하므로 취급에 유의한다.
㉳ 가열, 충격, 마찰을 피하고 점화원의 접근을 금한다.

44. 과산화나트륨 78g과 충분한 양의 물이 반응하여 생성되는 기체의 종류와 생성량을 옳게 나타낸 것은?

① 수소, 1g ② 산소, 16g
③ 수소, 2g ④ 산소, 32g

해설 ㉮ 과산화나트륨(Na_2O_2) : 제1류 위험물 중 무기과산화물에 해당되며 지정수량은 50kg이다.
㉯ 과산화나트륨(Na_2O_2)과 물(H_2O)이 반응하면 수산화나트륨(NaOH)과 산소(O_2)가 생성된다.
㉰ 생성되는 산소량 계산

$$2Na_2O_2 + 2H_2O \rightarrow 4NaOH + O_2$$

2×78g → 32g
78g → x[g]

$$\therefore x = \frac{78 \times 32}{2 \times 78} = 16\,g$$

45. 니트로글리세린을 다공질의 규조토에 흡수시켜 제조한 물질은 어느 것인가?

① 흑색 화약
② 니트로셀룰로오스
③ 다이너마이트
④ 면 화약

해설 니트로글리세린[$C_3H_5(ONO_2)_3$]의 특징
㉮ 제5류 위험물 중 질산에스테르류에 해당되며 지정수량은 10kg이다.
㉯ 순수한 것은 상온에서 무색, 투명한 기름 모양의 액체이나 공업적으로 제조한 것은 담황색을 띠고 있다.
㉰ 상온에서 액체이지만 약 10℃에서 동결하므로 겨울에는 백색의 고체 상태이다.
㉱ 물에는 거의 녹지 않으나 벤젠, 알코올, 클로로포름, 아세톤에 녹는다.
㉲ 점화하면 적은 양은 타기만 하지만 많은 양은 폭굉에 이른다.
㉳ **규조토에 흡수시켜 다이너마이트를 제조할 때 사용된다.**
㉴ 충격이나 마찰에 예민하여 액체 운반은 금지되어 있다.

46. 다음 중 벤젠 증기의 비중에 가장 가까운 값은?

① 0.7 ② 0.9
③ 2.7 ④ 3.9

해설 ㉮ 벤젠(C_6H_6)의 분자량 계산
$\therefore M = (12 \times 6) + (1 \times 6) = 78$
㉯ 증기 비중 계산

$$\therefore \text{증기 비중} = \frac{\text{분자량}}{29} = \frac{78}{29} = 2.689$$

47. 위험물 안전관리법령상 제조소등에 대한 긴급 사용정지 명령 등을 할 수 있는 권한이 없는 자는?

① 시·도지사 ② 소방본부장
③ 소방서장 ④ 소방청장

해설 제조소등에 대한 긴급 사용정지 명령 등[법 제25조] : **시·도지사, 소방본부장** 또는 **소방서장**은 공공의 안전을 유지하거나 재해의 발생을 방지하기 위하여 긴급한 필요가 있다고 인정하는 때에는 제조소등의 관계인에 대하여 당해 제조소등의 사용을 일시 정지하거나 그 사용을 제한할 것을 명할 수 있다.

정답 44. ② 45. ③ 46. ③ 47. ④

48. 위험물 제조소등의 허가에 관계된 설명으로 옳은 것은?

① 제조소등을 변경하고자 하는 경우에는 언제나 허가를 받아야 한다.
② 위험물의 품명을 변경하고자 하는 경우에는 언제나 허가를 받아야 한다.
③ 농예용으로 필요한 난방시설을 위한 지정수량 20배 이하의 저장소는 허가 대상이 아니다.
④ 저장하는 위험물의 변경으로 지정수량의 배수가 달라지는 경우는 언제나 허가대상이 아니다.

해설 위험물 제조소등의 설치 및 변경허가
㉮ 제조소등의 위치·구조 또는 설비 가운데 **행정안전부령이 정하는 사항[시행규칙 별표1의2에 따른 사항]을 변경**하고자 하는 때에는 시·도지사의 허가를 받아야 한다[법 제6조].
㉯ 제조소등의 **위치·구조 또는 설비의 변경 없이** 당해 제조소등에서 저장하거나 취급하는 위험물의 **품명·수량** 또는 **지정수량의 배수를 변경**하고자 하는 자는 변경하고자 하는 날의 1일 전까지 행정안전부령이 정하는 바(제조소등 완공검사필증 첨부 등)에 따라 시·도지사에게 **신고하여야** 한다[법 제6조].
㉰ 허가를 받지 않거나, 신고를 하지 않고 할 수 있는 경우[법 제6조]
㉠ 주택의 난방시설(공동주택의 중앙난방시설을 제외한다)을 위한 저장소 또는 취급소
㉡ 농예용·축산용 또는 수산용으로 필요한 난방시설 또는 건조시설을 위한 지정수량 20배 이하의 저장소

49. 지정과산화물을 저장 또는 취급하는 위험물 옥내저장소의 저장창고 기준에 대한 설명으로 틀린 것은?

① 서까래의 간격은 30cm 이하로 할 것
② 저장창고의 출입구에는 갑종방화문을 설치할 것
③ 저장창고의 외벽을 철근콘크리트조로 할 경우 두께를 10cm 이상으로 할 것
④ 저장창고의 창은 바닥면으로부터 2m 이상의 높이에 둘 것

해설 지정과산화물 옥내저장소의 저장창고 기준 [시행규칙 별표5]
㉮ 저장창고는 $150m^2$ 이내마다 격벽으로 구획할 것
㉯ 외벽은 두께 20cm 이상의 철근콘크리트조나 철골철근콘크리트조 또는 두께 30cm 이상의 보강콘크리트블록조로 할 것
㉰ 출입구에는 갑종방화문을 설치할 것
㉱ 창은 바닥면으로부터 2m 이상의 높이에 설치할 것
㉲ 하나의 벽면에 두는 창의 면적의 합계를 당해 벽면의 80분의 1 이내로 할 것
㉳ 하나의 창의 면적은 $0.4m^2$ 이내로 할 것
㉴ 지붕은 중도리 또는 서까래의 간격은 30cm 이하로 할 것

50. 위험물 제조소등에 옥내소화전설비를 설치할 때 옥내소화전이 가장 많이 설치된 층의 소화전의 개수가 4개일 때 확보하여야 할 수원의 수량은?

① $10.4m^3$ ② $20.8m^3$
③ $31.2m^3$ ④ $41.6m^3$

해설 옥내소화전설비의 수원 수량[시행규칙 별표17]
㉮ 수원의 수량은 옥내소화전이 가장 많이 설치된 층의 옥내소화전 설치개수(설치개수가 5개 이상인 경우는 5개)에 $7.8m^3$를 곱한 양 이상이 되도록 설치할 것
㉯ 수원의 수량 계산
∴ 수량=옥내소화전 설치개수×7.8
=4×7.8=$31.2m^3$

51. 운반을 위하여 위험물을 적재하는 경우에 차광성이 있는 피복으로 가려주어야 하는 것은?

① 특수인화물 ② 제1석유류
③ 알코올류 ④ 동식물유류

정답 48. ③ 49. ③ 50. ③ 51. ①

해설 적재하는 위험물의 성질에 따른 조치[시행규칙 별표19]

㉮ **차광성**이 있는 피복으로 가려야 하는 위험물 : 제1류 위험물, 제3류 위험물 중 자연발화성 물질, 제4류 위험물 중 **특수인화물**, 제5류 위험물, 제6류 위험물

㉯ 방수성이 있는 피복으로 덮는 위험물 : 제1류 위험물 중 알칼리금속의 과산화물, 제2류 위험물 중 철분·금속분·마그네슘, 제3류 위험물 중 금수성 물질

㉰ 보랭 컨테이너에 수납하는 위험물 : 제5류 위험물 중 55℃ 이하에서 분해될 우려가 있는 것

㉱ 액체 위험물, 위험등급 Ⅱ의 위험물을 기계에 의하여 하역하는 구조로 된 운반용기 : 충격방지조치

52. 과염소산나트륨에 대한 설명으로 옳지 않은 것은?

① 가열하면 분해하여 산소를 방출한다.
② 환원제이며 수용액은 강한 환원성이 있다.
③ 수용성이며 조해성이 있다.
④ 제1류 위험물이다.

해설 과염소산나트륨($NaClO_4$)의 특징(성질)

㉮ 제1류 위험물 중 과염소산염류에 해당되며 지정수량 50kg이다.

㉯ 무색, 무취의 사방정계 결정으로 조해성이 있다.

㉰ 물이나 에틸알코올, 아세톤에 잘 녹으나 에테르에는 녹지 않으며(불용), 200℃에서 결정수를 잃고, 400℃ 부근에서 분해하여 산소를 방출한다.

㉱ 자신은 불연성 물질이지만 **강력한 산화제**이다.

㉲ 진한 황산과 접촉하면 폭발성가스를 생성하고 튀는 것과 같은 폭발 위험이 있다.

㉳ 히드라진, 비소, 안티몬, 금속분, 목탄분, 유기물 등이 섞여 있을 때 가열, 충격, 마찰에 의해 폭발한다.

㉴ 용기가 파손되거나 노출되지 않도록 밀봉하여, 환기가 잘 되고 서늘한 곳에 보관한다.

㉵ 비중 2.50, 융점 482℃, 용해도(0℃) 170이다.

53. 위험물 안전관리법령상 지정수량이 다른 하나는?

① 인화칼슘
② 루비듐
③ 칼슘
④ 차아염소산칼륨

해설 각 위험물 지정수량

품명		지정수량
인화칼슘(Ca_3P_2)	제3류 위험물 금속의 인화물	300kg
루비듐(Rb)	제3류 위험물 알칼리금속	50kg
칼슘(Ca)	제3류 위험물 칼슘 또는 알루미늄의 탄화물	300kg
차아염소산칼륨(KClO)	제1류 위험물	300kg

참고 차아염소산칼륨은 제1류 위험물 중 행정안전부령으로 정하는 것[시행규칙 제3조]에 해당된다.

54. 위험물 안전관리법령상 동식물유류의 경우 1기압에서 인화점은 섭씨 몇 도 미만으로 규정하고 있는가?

① 150℃ ② 250℃
③ 450℃ ④ 600℃

해설 동식물유류의 정의[시행령 별표1] : 동물의 지육 등 또는 식물의 종자나 과육으로부터 추출한 것으로서 1기압에서 **인화점이** 250℃ **미만의** 것을 말한다. 다만, 법 제20조 제1항의 규정에 의하며 행정안전부령으로 정하는 용기기준과 수납·저장기준에 따라 수납되어 저장·보관되고 용기의 외부에 물품의 통칭명, 수량 및 화기엄금(화기엄금과 동일한 의미를 갖는 표시를 포함한다)의 표시가 있는 경우를 제외한다.

2014

정답 52. ② 53. ① 54. ②

55. 물과 접촉 시 발열하면서 폭발 위험성이 증가하는 것은?

① 과산화칼륨
② 과망간산나트륨
③ 요오드산칼륨
④ 과염소산칼륨

해설 ㉮ 과산화칼륨(K_2O_2) : 제1류 위험물 중 무기과산화물로 물(H_2O)과 접촉하면 발열과 함께 산소(O_2)가 발생되어 폭발위험성이 증가한다.
㉯ 반응식
$2K_2O_2 + 2H_2O \rightarrow 4KOH + O_2\uparrow + Q\text{kcal}$

56. 위험물 안전관리법에서 규정하고 있는 사항으로 옳지 않은 것은?

① 위험물 저장소를 경매에 의해 시설의 전부를 인수한 경우에는 30일 이내에, 저장소의 용도를 폐지한 경우에는 14일 이내에 시·도지사에게 그 사실을 신고하여야 한다.
② 제조소등의 위치, 구조 및 설비기준을 위반하여 사용한 때에는 시·도지사는 허가취소, 전부 또는 일부의 사용 정지를 명할 수 있다.
③ 경유 20000L를 수산용 건조시설에 사용하는 경우에는 위험물법의 허가는 받지 아니하고 저장소를 설치할 수 있다.
④ 위치, 구조 또는 설비의 변경 없이 저장소에서 저장하는 위험물 지정수량의 배수를 변경하고자 하는 경우에는 변경하고자 하는 날의 1일 전까지 시·도지사에게 신고하여야 한다.

해설 시·도지사가 제조소등 설치허가를 취소하거나 6개월 이내의 기간 동안 사용정지 명할 수 있는 경우[법 제12조]
㉮ 변경허가를 받지 아니하고 제조소등의 위치·구조 또는 설비를 변경한 때
㉯ 완공검사를 받지 아니하고 제조소등을 사용한 때
㉰ 수리·개조 또는 이전의 명령을 위한한 때
㉱ 위험물 안전관리자를 선임하지 아니한 때
㉲ 위험물 안전관리자 대리자를 지정하지 아니한 때
㉳ 정기점검을 하지 아니한 때
㉴ 정기검사를 받지 아니한 때
㉵ 저장·취급기준 준수명령을 위반한 때

참고 법 제36조에 의하여 제조소등의 사용정지 명령을 위반한 자는 1500만원 이하의 벌금에 처한다.

57. 과산화수소의 위험성으로 옳지 않은 것은?

① 산화제로서 불연성 물질이지만 산소를 함유하고 있다.
② 이산화망간 촉매하에서 분해가 촉진된다.
③ 분해를 막기 위해 히드라진을 안정제로 사용할 수 있다.
④ 고농도의 것은 피부에 닿으면 화상의 위험이 있다.

해설 과산화수소(H_2O_2)의 위험성
㉮ 제6류 위험물로 지정수량 300kg이다.
㉯ 열, 햇빛에 의해서 쉽게 분해하여 산소를 방출한다.
㉰ 은(Ag), 백금(Pt) 등 금속분말 또는 산화물(MnO_2, PbO, HgO, CoO_3)과 혼합하면 급격히 반응하여 산소를 방출하여 폭발하기도 한다.
㉱ 용기가 가열되면 내부에 분해산소가 발생하기 때문에 용기가 파열하는 경우도 있다.
㉲ 농도가 높아질수록 불안정하며, 온도가 높아질수록 분해속도가 증가하고 비점 이하에서 폭발한다.
㉳ 분해를 방지하기 위하여 **인산**(H_3PO_4), **요산**($C_5H_4N_4O_3$)을 **안정제**로 사용한다.
㉴ 농도가 60% 이상의 것은 충격에 의해 단독 폭발의 가능성이 있다.
㉵ 농도가 진한 액이 피부에 접촉되면 화상을 입는다.

정답 55. ① 56. ② 57. ③

58. 제조소등의 소화설비 설치 시 소요단위 산정에 관한 내용으로 다음 (　) 안에 알맞은 수치를 차례대로 나열한 것은?

> 제조소 또는 취급소의 건축물은 외벽이 내화구조인 것은 연면적 (　)m^2를 1소요 단위로 하며, 외벽이 내화구조가 아닌 것은 연면적 (　)m^2를 1소요 단위로 한다.

① 200, 100　② 150, 100
③ 150, 50　④ 100, 50

해설 소요단위 계산방법[시행규칙 별표17]
㉮ **제조소 또는 취급소의 건축물**
㉠ 외벽이 **내화구조인 것** : 연면적 100m^2를 1소요단위로 할 것
㉡ 외벽이 **내화구조가 아닌 것** : 연면적 50m^2를 1소요단위로 할 것
㉯ 저장소의 건축물
㉠ 외벽이 내화구조인 것 : 연면적 150m^2를 1소요단위로 할 것
㉡ 외벽이 내화구조가 아닌 것 : 연면적 75m^2를 1소요단위로 할 것
㉰ 위험물 : 지정수량의 10배를 1소요단위로 할 것
㉱ 제조소등의 옥외에 설치된 공작물은 외벽이 내화구조인 것으로 간주하고 공작물의 최대수평투영면적을 연면적으로 간주하여 ㉮ 및 ㉯의 규정에 의하여 소요단위를 산정할 것

59. 탄화칼슘의 취급방법에 대한 설명으로 옳지 않은 것은?

① 물, 습기와의 접촉을 피한다.
② 건조한 장소에 밀봉·밀전하여 보관한다.
③ 습기와 작용하여 다량의 메탄이 발생하므로 저장 중에 메탄가스의 발생 유무를 조사한다.
④ 저장용기에 질소가스 등 불활성가스를 충전하여 저장한다.

해설 탄화칼슘(CaC_2)의 저장 및 취급방법
㉮ 제3류 위험물 중 칼슘 또는 알루미늄의 탄화물로 지정수량은 300kg이다.
㉯ 물, 습기와의 접촉을 피하고 통풍이 잘 되는 건조한 냉암소에 밀봉하여 저장한다.
㉰ 저장 중에 **아세틸렌가스의 발생 유무를 점검**한다.
㉱ 장기간 저장할 용기는 질소 등 불연성가스를 충전하여 저장한다.
㉲ 화기로부터 멀리 떨어진 곳에 저장한다.
㉳ 운반 중에 가열, 마찰, 충격불꽃 등에 주의한다.

참고 탄화칼슘(CaC_2 : 카바이드) 자체는 불연성이나 공기 중 수분 및 물과 접촉되면 가연성인 아세틸렌(C_2H_2)가스를 발생시키므로 건조하고 환기가 잘 되는 장소에 보관하여야 한다.

60. 제5류 위험물의 일반적 성질에 관한 설명으로 옳지 않은 것은?

① 화재발생 시 소화가 곤란하므로 적은 양으로 나누어 저장한다.
② 운반용기 외부에 충격주의, 화기엄금의 주의사항을 표시한다.
③ 자기연소를 일으키며 연소속도가 대단히 빠르다.
④ 가연성물질이므로 질식 소화하는 것이 가장 좋다.

해설 제5류 위험물의 공통적인(일반적인) 성질
㉮ 가연성 물질이며 그 자체가 산소를 함유하므로 자기연소(내부연소)를 일으키기 쉽다.
㉯ 유기물질이며 연소속도가 대단히 빨라서 폭발성이 있다.
㉰ 가열, 마찰, 충격에 의하여 인화 폭발하는 것이 많다.
㉱ 장기간 저장하면 산화반응이 일어나 열분해되어 자연 발화를 일으키는 경우도 있다.

참고 제5류 위험물(자기반응성 물질)은 가연성 물질이며 그 자체가 산소를 함유하고 있으므로 질식소화가 불가능하므로 다량의 주수에 의한 냉각소화가 효과적이다.

정답 58. ④　59. ③　60. ④

2014. 7. 20 시행 (제4회)

1. 화재 시 이산화탄소를 방출하여 산소의 농도를 13 vol%로 낮추어 소화를 하려면 공기 중의 이산화탄소는 몇 vol%가 되어야 하는가?

① 28.1 ② 38.1 ③ 42.86 ④ 48.36

해설 공기 중 산소의 체적비율이 21%인 상태에서 이산화탄소(CO_2)에 의하여 산소농도가 감소되는 것이고, 산소농도가 감소되어 발생되는 차이가 공기 중 이산화탄소의 농도가 된다.

$$\therefore CO_2 = \frac{21 - O_2}{21} \times 100 = \frac{21 - 13}{21} \times 100 = 38.095\%$$

2. 위험물 안전관리법령에 따른 대형 수동식 소화기의 설치기준에서 방호대상물의 각 부분으로부터 하나의 대형 수동식 소화기까지의 보행거리는 몇 m 이하가 되도록 설치하여야 하는가? (단, 옥내소화전설비, 옥외소화전설비, 스프링클러설비 또는 물 분무 등 소화설비와 함께 설치하는 경우는 제외한다.)

① 10 ② 15 ③ 20 ④ 30

해설 수동식 소화기 보행거리 기준[시행규칙 별표17]

㉮ 대형 수동식 소화기 : 30m 이하

㉯ 소형 수동식 소화기 : 20m 이하

3. 알칼리금속의 과산화물 저장창고에 화재가 발생하였을 때 가장 적합한 소화약제는?

① 마른 모래 ② 물

③ 이산화탄소 ④ 할론 1211

해설 알칼리금속의 과산화물(제1류 위험물)에 적응성이 있는 소화설비[시행규칙 별표17]

㉮ 탄산수소염류 분말소화설비 및 분말소화기

㉯ 건조사(마른 모래)

㉰ 팽창질석 또는 팽창진주암

4. 위험물 제조소등에 옥외 소화전을 6개 설치할 경우 수원의 수량은 몇 m^3 이상이어야 하는가?

① $48m^3$ 이상 ② $54m^3$ 이상

③ $60m^3$ 이상 ④ $81m^3$ 이상

해설 ㉮ 옥외소화전설비 설치기준[시행규칙 별표17] : 수원의 수량은 옥외소화전의 설치 개수(설치 개수가 4개 이상인 경우는 4개)에 $13.5m^3$를 곱한 양 이상이 되도록 설치할 것

㉯ 수원의 수량 계산

∴ 수원의 수량 $= 4 \times 13.5 = 54m^3$ 이상

5. 어떤 소화기에 "ABC"라고 표시되어 있다. 다음 중 사용할 수 없는 화재는?

① 금속화재 ② 유류화재

③ 전기화재 ④ 일반화재

해설 화재 종류의 표시

구분	화재 종류	표시 색
A급	일반화재	백색
B급	유류화재	황색
C급	전기화재	청색
D급	금속화재	–

6. 위험물 안전관리법령상 위험물의 품명이 다른 하나는?

① CH_3COOH ② C_6H_5Cl

③ $C_6H_5CH_3$ ④ C_6H_5Br

해설 제4류 위험물의 품명

명칭	품명
아세트산(CH_3COOH)	제2석유류
클로로벤젠(C_6H_5Cl)	제2석유류
톨루엔($C_6H_5CH_3$)	제1석유류
브롬벤젠(C_6H_5Br)	제2석유류

정답 1. ② 2. ④ 3. ① 4. ② 5. ① 6. ③

7. 소화전용 물통 3개를 포함한 수조 80L의 능력단위는?

① 0.3 ② 0.5 ③ 1.0 ④ 1.5

해설 소화설비의 능력단위[시행규칙 별표17]

소화설비 종류	용량	능력단위
소화전용 물통	8L	0.3
수조(소화전용 물통 3개 포함)	80L	1.5
수조(소화전용 물통 6개 포함)	190L	2.5
마른모래(삽 1개 포함)	50L	0.5
팽창질석 또는 팽창진주암(삽 1개 포함)	160L	1.0

8. 위험물 안전관리법령에서 정한 위험물의 유별 성질을 잘못 나타낸 것은?

① 제1류 : 산화성
② 제4류 : 인화성
③ 제5류 : 자기연소성
④ 제6류 : 가연성

해설 위험물의 유별 성질[시행령 별표1]
㉮ 제1류 위험물 : 산화성 고체
㉯ 제2류 위험물 : 가연성 고체
㉰ 제3류 위험물 : 자연발화성 및 금수성 물질
㉱ 제4류 위험물 : 인화성 액체
㉲ 제5류 위험물 : 자기반응성 물질
㉳ 제6류 위험물 : 산화성 액체

9. 위험물 안전관리법령상 제5류 위험물에 적응성이 있는 소화설비는?

① 포 소화설비
② 이산화탄소 소화설비
③ 할로겐화합물 소화설비
④ 탄산수소염류 소화설비

해설 제5류 위험물에 적응성이 있는 소화설비[시행규칙 별표17]
㉮ 옥내소화전 또는 옥외소화전설비
㉯ 스프링클러설비
㉰ 물분무소화설비
㉱ 포소화설비
㉲ 봉상수(棒狀水) 소화기
㉳ 무상수(霧狀水) 소화기
㉴ 봉상강화액소화기
㉵ 무상강화액소화기
㉶ 포소화기
㉷ 물통 또는 건조사
㉸ 건조사
㉹ 팽창질석 또는 팽창진주암

10. 주된 연소의 형태가 나머지 셋과 다른 하나는?

① 아연분 ② 양초
③ 코크스 ④ 목탄

해설 양초는 증발연소에 해당되지만 코크스, 목탄, 아연분과 같은 금속분은 표면연소에 해당된다.

11. 금속은 덩어리 상태보다 분말 상태일 때 연소 위험성이 증가하기 때문에 금속분을 제2류 위험물로 분류하고 있다. 다음 중 연소 위험성이 증가하는 이유로 잘못된 것은?

① 비표면적이 증가하여 반응면적이 증대되기 때문에
② 비열이 증가하여 열의 축적이 용이하기 때문에
③ 복사열의 흡수율이 증가하여 열의 축적이 용이하기 때문에
④ 대전성이 증가하여 정전기가 발생되기 쉽기 때문에

해설 비열은 물질 1kg을 1℃ 상승시키는 데 필요한 열량(kcal, kJ)으로 비열이 증가하면 온도를 상승시키는데 많은 열량이 필요한 것이므로 열의 축적이 어렵게 되기 때문에 연소 위험성은 감소한다.

2014

정답 7. ④ 8. ④ 9. ① 10. ② 11. ②

12. 위험물 안전관리법령상 스프링클러설비가 제4류 위험물에 대하여 적응성을 갖는 경우는?

① 연기가 충만할 우려가 없는 경우
② 방사밀도(살수밀도)가 일정 수치 이상인 경우
③ 지하층의 경우
④ 수용성 위험물인 경우

해설 소화설비의 적응성 중 "△" 표시[시행규칙 별표17]

㉮ 제4류 위험물을 저장 또는 취급하는 장소의 살수기준면적에 따라 스프링클러설비의 살수밀도가 규정에 정하는 기준 이상인 경우에는 당해 스프링클러설비가 제4류 위험물에 대하여 적응성이 있음을 표시한다.

㉯ 제6류 위험물을 저장 또는 취급하는 장소로서 폭발의 위험이 없는 장소에 한하여 이산화탄소 소화기가 제6류 위험물에 대하여 적응성이 있음을 표시한다.

13. 영하 20℃ 이하의 겨울철이나 한랭지에서 사용하기에 적합한 소화기는?

① 분무주수 소화기
② 봉상주수 소화기
③ 물 주수 소화기
④ 강화액 소화기

해설 강화액 소화기 특징

㉮ 물에 탄산칼륨(K_2CO_3)이라는 알칼리금속염류를 용해한 고농도의 수용액을 질소가스를 이용하여 방출한다.

㉯ 어는점(빙점)을 −30℃ 정도까지 낮추어 겨울철 및 한랭지에서도 사용할 수 있다.

㉰ A급 화재에 적응성이 있으며 무상주수(분무)로 하면 B급, C급 화재에도 적응성이 있다.

14. 위험물 안전관리법령상 압력수조를 이용한 옥내 소화전설비의 가압송수장치에서 압력수조의 최소압력(MPa)은? (단, 소방용 호스의 마찰손실 수두압은 3MPa, 배관의 마찰손실 수두압은 1MPa, 낙차의 환산수두압은 1.35MPa 이다.)

① 5.35 ② 5.70
③ 6.00 ④ 6.35

해설 압력수조를 이용한 옥내소화전설비의 최소 압력

$$P = P_1 + P_2 + P_3 + 0.35$$
$$= 3 + 1 + 1.35 + 0.35 = 5.7 \text{ MPa}$$

여기서, P : 필요한 압력(MPa)
P_1 : 소방용 호스의 마찰손실 수두압(MPa)
P_2 : 배관의 마찰손실 수두압(MPa)
P_3 : 낙차의 환산수두압(MPa)

15. 다음 중 화재발생 시 물을 이용한 소화가 효과적인 물질은?

① 트리메틸알루미늄
② 황린
③ 나트륨
④ 인화칼슘

해설 제3류 위험물의 소화방법

㉮ 황린은 물과 반응하지 않기 때문에 화재 시 물을 이용한 냉각소화가 효과적이다.

㉯ 물과 접촉하면 트리메틸알루미늄(품명 : 알킬알루미늄)은 가연성인 에탄(C_2H_6), 나트륨은 수소(H_2), 인화칼슘(Ca_3P_2)은 독성가스인 인화수소(PH_3 : 포스핀)를 발생시키므로 물을 이용한 소화가 부적합하다.

16. 위험물 안전관리법령상 제조소등의 관계인은 제조소 등의 화재예방과 재해발생 시의 비상조치에 필요한 사항을 서면으로 작성하여 허가청에 제출하여야 한다. 이는 무엇에 관한 설명인가?

① 예방규정 ② 소방계획서
③ 비상계획서 ④ 화재영향 평가서

정답 12. ② 13. ④ 14. ② 15. ② 16. ①

해설 예방규정[법 제17조]

㉮ 제조소등의 관계인은 당해 제조소등의 화재 예방과 화재 등 재해발생 시의 비상조치를 위하여 예방규정을 정하여 당해 제조소등의 사용을 시작하기 전에 시·도지사에게 제출하여야 한다.

㉯ 시·도지사는 ㉮항의 규정에 따라 제출한 예방규정이 기준에 적합하지 아니하거나 화재예방이나 재해발생 시의 비상조치를 위하여 필요하다고 인정하는 때에는 이를 반려하거나 그 변경을 명할 수 있다.

㉰ 제조소등의 관계인과 그 종업원은 예방규정을 충분히 잘 익히고 준수하여야 한다.

17. 탄화칼슘과 물이 반응하였을 때 발생하는 가연성 가스의 연소범위에 가장 가까운 것은?

① 2.1~9.5 vol%
② 2.5~81 vol%
③ 4.1~74.2 vol%
④ 15.0~28 vol%

해설 ㉮ 탄화칼슘(CaC_2 : 카바이드)이 물과 반응하면 가연성 가스인 아세틸렌(C_2H_2)이 발생된다.

$CaC_2 + 2H_2O \rightarrow Ca(OH)_2 + C_2H_2$

㉯ 아세틸렌의 공기 중 연소범위(폭발범위) : 2.5~81 vol%

18. 기체 연료가 완전 연소하기에 유리한 이유로 가장 거리가 먼 것은?

① 활성화 에너지가 크다.
② 공기 중에서 확산되기 쉽다.
③ 산소를 충분히 공급 받을 수 있다.
④ 분자의 운동이 활발하다.

해설 기체 연료가 완전 연소하기에 유리한 이유

㉮ 공기 중에서 확산되기 쉽다.

㉯ 산소를 충분히 공급 받을 수 있고, 혼합이 잘 이루어진다.

㉰ 분자의 운동이 활발하다.

㉱ **활성화 에너지가 작다.**

19. 위험물의 소화방법으로 적합하지 않은 것은?

① 적린은 다량의 물로 소화한다.
② 황화인의 소규모 화재 시에는 모래로 질식 소화한다.
③ 알루미늄분은 다량의 물로 소화한다.
④ 황의 소규모 화재 시에는 모래로 질식 소화한다.

해설 제2류 위험물 중 금속분에 해당되는 알루미늄분은 물과 접촉하면 가연성 가스인 수소(H_2)가 발생하므로 물을 이용한 소화방법은 부적합하다.

20. 위험물 안전관리법령에서 정한 소화설비의 소요 단위 산정방법에 대한 설명 중 옳은 것은?

① 위험물은 지정수량의 100배를 1소요 단위로 함
② 저장소용 건축물로 외벽이 내화구조인 것은 연면적 100m²를 1소요 단위로 함
③ 제조소용 건축물로 외벽이 내화구조가 아닌 것은 연면적 50m²를 1소요 단위로 함
④ 저장소용 건축물로 외벽이 내화구조가 아닌 것은 연면적 25m²를 1소요 단위로 함

해설 소요단위 계산방법[시행규칙 별표17]

㉮ **제조소** 또는 취급소의 건축물

㉠ 외벽이 내화구조인 것 : 연면적 100m²를 1소요단위로 할 것

㉡ 외벽이 **내화구조가 아닌 것** : 연면적 50m²를 1소요단위로 할 것

㉯ **저장소**의 건축물

㉠ 외벽이 **내화구조**인 것 : 연면적 150m²를 1소요단위로 할 것

㉡ 외벽이 **내화구조가 아닌 것** : 연면적 75m²를 1소요단위로 할 것

㉰ **위험물** : 지정수량의 10배를 1소요단위로 할 것

정답 17. ② 18. ① 19. ③ 20. ③

㉣ 제조소등의 옥외에 설치된 공작물은 외벽이 내화구조인 것으로 간주하고 공작물의 최대수평투영면적을 연면적으로 간주하여 ㉮ 및 ㉯의 규정에 의하여 소요단위를 산정할 것

21. 위험물 안전관리법령상 다음 ( ) 안에 알맞은 수치는?

옥내 저장소에서 위험물을 저장하는 경우 기계에 의하여 하역하는 구조로 된 용기만을 겹쳐 쌓는 경우에 있어서는 ( ) 미터 높이를 초과하여 용기를 겹쳐 쌓지 아니하여야 한다.

① 2 ② 4
③ 6 ④ 8

해설 위험물을 옥내저장소에 저장하는 경우 용기를 겹쳐 쌓는 높이[시행규칙 별표18]
㉮ 기계에 의하여 하역하는 구조로 된 용기만을 겹쳐 쌓는 경우에는 6m를 초과하지 아니하여야 한다.
㉯ 제4류 위험물 중 제3석유류, 제4석유류 및 동식물유류 용기만을 겹쳐 쌓는 경우에는 4m를 초과하지 아니하여야 한다.
㉰ 그 밖에 경우에는 3m를 초과하지 아니하여야 한다.

22. 질화면을 강면약과 약면약으로 구분하는 기준은?

① 물질의 경화도
② 수산기의 수
③ 질산기의 수
④ 탄소 함유량

해설 제5류 위험물 중 질산에스테르류에 해당되는 니트로셀룰로오스를 질화면이라 한다. 질산기의 수에 따라 강면약(강질화면)과 약면약(약질화면)으로 구분하며 강면약일수록 폭발력이 강하게 나타난다.

23. 지정수량 20배 이상의 제1류 위험물을 저장하는 옥내 저장소에서 내화구조로 하지 않아도 되는 것은? (단, 원칙적인 경우에 한한다.)

① 바닥 ② 보
③ 기둥 ④ 벽

해설 옥내저장소 저장창고 재료[시행규칙 별표5]
㉮ 벽·기둥 및 바닥은 내화구조로 하고, 보와 서까래는 불연재료로 한다.
㉯ 지붕은 가벼운 불연재료로 하고, 천장을 만들지 아니하여야 한다.
㉰ 출입구에는 갑종방화문 또는 을종방화문을 설치한다.
㉱ 창 또는 출입구의 유리는 망입유리로 한다.

24. 다음 중 제1류 위험물에 속하지 않는 것은?

① 질산구아니딘
② 과요오드산
③ 납 또는 요오드의 산화물
④ 염소화이소시아눌산

해설 제1류 위험물 중 '그 밖에 행정안전부령으로 정하는 것'[시행규칙 제3조] : 과요오드산염류, 과요오드산, 크롬·납 또는 요오드의 산화물, 아질산염류, 차아염소산염류, 염소화이소시아눌산, 퍼옥소이황산염류, 퍼옥소붕산염류

참고 제5류 위험물 중 행정안전부령으로 정하는 것 : 질산구아니딘, 금속의 아지화합물

25. 다음 ( ) 안에 알맞은 수치를 차례대로 나열한 것은?

"위험물 암반탱크의 공간용적은 당해 탱크 내에 용출하는 ( )일간의 지하수양에 상당하는 용적과 당해 탱크 내용적의 100분의 ( )의 용적 중에서 보다 큰 용적을 공간용적으로 한다.

① 1, 1 ② 7, 1
③ 1, 5 ④ 7, 5

정답 21. ③ 22. ③ 23. ② 24. ① 25. ②

해설 탱크의 공간용적[위험물안전관리에 관한 세부기준 제25조]

㉮ 탱크의 공간용적은 탱크의 내용적의 $\frac{5}{100}$ 이상 $\frac{10}{100}$ 이하의 용적으로 한다.

㉯ 소화설비(소화약제 방출구를 탱크 안의 윗부분에 설치하는 것에 한한다)를 설치하는 탱크의 공간용적은 소화방출구 아래의 0.3m 이상 1m 미만 사이의 면으로부터 윗부분의 용적으로 한다.

㉰ 암반탱크는 당해 탱크 내에 용출하는 7일간의 지하수의 양에 상당하는 용적과 당해 탱크의 내용적의 $\frac{1}{100}$ 용적 중에서 보다 큰 용적을 공간용적으로 한다.

26. 주유 취급소의 고정 주유설비에서 펌프기기의 주유관 선단에서 최대 토출량으로 틀린 것은?

① 휘발유는 분당 50L 이하
② 경유는 분당 180L 이하
③ 등유는 분당 80L 이하
④ 제1석유류(휘발유 제외)는 분당 100L 이하

해설 주유취급소의 고정주유설비 구조 기준(펌프기기의 주유관 선단에서의 최대토출량)[시행규칙 별표13]

㉮ 제1석유류 : 50L/min 이하
㉯ 경유 : 180L/min 이하
㉰ 등유 : 80L/min 이하
㉱ 이동저장탱크에 주입하기 위한 고정급유설비 : 300L/min 이하
㉲ 토출량 200L/min 이상인 주유설비에 관계된 모든 배관의 안지름 : 40mm 이상

참고 휘발유(가솔린)는 제1석유류에 해당되므로 ㉮항의 규정이 적용되는 것이다.

27. 공기 중에서 산소와 반응하여 과산화물을 생성하는 물질은?

① 디에틸에테르
② 이황화탄소
③ 에틸알코올
④ 과산화나트륨

해설 디에틸에테르($C_2H_5OC_2H_5$: 에테르) : 제4류 위험물 중 특수인화물로 공기와 장시간 접촉하면 과산화물이 생성되어 가열, 충격, 마찰에 의하여 폭발한다. 저장 시에는 갈색 병을 사용한다.

28. 위험물 이동저장탱크의 외부 도장 색상으로 적합하지 않은 것은?

① 제2류 – 적색 ② 제3류 – 청색
③ 제5류 – 황색 ④ 제6류 – 회색

해설 위험물 이동저장탱크의 외부 도장[세부기준 제109조]

유별	도장 색상	유별	도장 색상
제1류	회색	제4류	–
제2류	적색	제5류	황색
제3류	청색	제6류	청색

[비고] 1. 탱크의 앞면과 뒷면을 제외한 면적의 40% 이내의 면적은 다른 유별의 색상 외의 색상으로 도장하는 것이 가능하다.
2. 제4류에 대해서는 도장의 색상 제한이 없으나 적색을 권장한다.

29. 다음 중 제5류 위험물이 아닌 것은?

① 니트로글리세린
② 니트로톨루엔
③ 니트로글리콜
④ 트리니트로톨루엔

해설 ㉮ 니트로글리세린[$C_3H_5(ONO_2)_3$], 니트로글리콜[$C_2H_4(ONO_2)_2$] : 제5류 위험물 중 질산에스테르류에 해당된다.

㉯ 트리니트로톨루엔[$C_6H_2CH_3(NO_2)_3$] : 제5류 위험물 중 니트로화합물에 해당된다.

㉰ 니트로톨루엔 : 제4류 위험물 중 제3석유류에 해당된다.

2014

정답 26. ④ 27. ① 28. ④ 29. ②

30. 벤젠에 대한 설명으로 옳은 것은?

① 휘발성이 강한 액체이다.
② 물에 매우 잘 녹는다.
③ 증기의 비중은 1.5이다.
④ 순수한 것의 융점은 30℃이다.

해설 벤젠(C_6H_6)의 특징

㉮ 제4류 위험물 중 제1석유류에 해당되며 지정수량은 200L이다.
㉯ 무색, 투명한 휘발성이 강한 액체로 증기는 마취성과 독성이 있다.
㉰ 분자량 78의 방향족 유기화합물로 증기는 공기보다 무겁다.
㉱ **물에는 녹지 않으나** 알코올, 에테르 등 유기용제와 잘 섞이고 수지, 유지, 고무 등을 잘 녹인다.
㉲ 불을 붙이면 그을음(C)을 많이 내면서 연소한다.
㉳ 융점이 5.5℃로 겨울철 찬 곳에서 고체가 되는 현상이 발생한다.
㉴ 전기의 불량도체로 취급할 때 정전기발생을 조심해야 한다.
㉵ 액체 비중 0.88(**증기비중 2.7**), 비점 80.1℃, 발화점 562.2℃, 인화점 −11.1℃, **융점 5.5℃**, 연소범위 1.4~7.1%이다.

31. 칼륨의 화재 시 사용 가능한 소화제는 어느 것인가?

① 물　② 마른 모래
③ 이산화탄소　④ 사염화탄소

해설 칼륨(K) : 제3류 위험물(금수성물질)로 적응성이 있는 소화설비는 탄산수소염류 분말소화설비 및 분말소화기, 건조사(마른 모래), 팽창질석 또는 팽창진주암이 해당된다.

32. 다음 위험물 중 발화점이 가장 낮은 것은?

① 피크린산
② TNT
③ 과산화벤조일
④ 니트로셀룰로오스

해설 제5류 위험물의 발화점

품명		발화점
피크린산	니트로화합물	300℃
TNT	니트로화합물	300℃
과산화벤조일	유기과산화물	125℃
니트로셀룰로오스	질산에스테르류	180℃

33. 이황화탄소 기체는 수소 기체보다 20℃, 1기압에서 몇 배 더 무거운가?

① 11　② 22　③ 32　④ 38

해설 기체의 경우 무거운지, 가벼운지 비교는 기체 비중으로 비교하면 되고, 기체 비중은 분자량을 공기의 평균분자량으로 나눈 값이다. 그러므로 이황화탄소와 수소의 무게 비교는 분자량으로 할 수 있다.

㉮ 이황화탄소(CS_2) 분자량 계산 : $12+(32\times2)=76$
㉯ 수소(H_2) 분자량 계산 : $1\times2=2$
㉰ 무게 비교 : $\dfrac{\text{이황화탄소 분자량}}{\text{수소 분자량}}$

$$=\frac{76}{2}=38\text{ 배}$$

34. 건축물 외벽이 내화구조이며, 연면적 300m² 인 위험물 옥내 저장소의 건축물에 대하여 소화설비의 소화능력 단위는 최소한 몇 단위 이상이 되어야 하는가?

① 1단위　② 2단위　③ 3단위　④ 4단위

해설 저장소용 건축물로 외벽이 내화구조인 것의 1소요단위는 연면적이 150m²이다.

$$\therefore \text{소요단위}=\frac{\text{건축물 연면적}}{\text{1소요 단위 면적}}=\frac{300}{150}=2\text{ 단위}$$

35. 등유의 성질에 대한 설명 중 틀린 것은 어느 것인가?

① 증기는 공기보다 가볍다.
② 인화점이 상온보다 높다.
③ 전기에 대해 불량도체이다.

정답 30. ①　31. ②　32. ③　33. ④　34. ②　35. ①

④ 물보다 가볍다.

해설 등유의 특징

㉮ 제4류 위험물 중 제2석유류에 해당되며 지정수량은 1000L이다.

㉯ 탄소수가 C_9~C_{18}인 포화, 불포화탄화수소의 혼합물이다.

㉰ 석유 특유의 냄새가 있으며, 무색 또는 연한 담황색을 나타낸다.

㉱ 원유 증류 시 등유와 중유 사이에서 유출되며, 유출온도 범위는 150~300℃이다.

㉲ 물에는 녹지 않는 불용성이며, 유기용제와 잘 혼합되고 유지, 수지를 잘 녹인다.

㉳ 전기의 불량도체로 정전기 발생에 의한 인화의 위험이 있다.

㉴ 액체 비중 0.79~0.85(증기비중 4~5), 인화점 30~60℃, 발화점 254℃, 융점(녹는점) −51℃, 연소범위 1.1~6.0%이다.

참고 등유 증기는 공기보다 무겁고, 액체는 물보다 가볍다.

36. 다음 위험물 중 지정수량이 가장 작은 것은?

① 니트로글리세린
② 과산화수소
③ 트리니트로톨루엔
④ 피크린산

해설 각 위험물의 지정수량

품명		지정수량
니트로글리세린	제5류 위험물 질산에스테르류	10kg
과산화수소	제6류 위험물	300kg
트리니트로톨루엔	제5류 위험물 니트로화합물	200kg
피크린산	제5류 위험물 니트로화합물	200kg

37. 위험물 운반에 관한 사항 중 위험물 안전관리법령에서 정한 내용과 틀린 것은?

① 운반용기에 수납하는 위험물이 디에틸에테르라면 운반용기 중 최대용적이 1L 이하라 하더라도 규정에 품명, 주의사항 등 표시사항을 부착하여야 한다.

② 운반용기에 담아 적재하는 물품이 황린이라면 파라핀, 경유 등 보호액으로 채워 밀봉한다.

③ 운반용기에 담아 적재하는 물품이 알킬알루미늄이라면 운반용기의 내용적의 90% 이하의 수납률을 유지하여야 한다.

④ 기계에 의하여 하역하는 구조로 된 경질 플라스틱제 운반용기는 제조된 때로부터 5년 이내의 것이어야 한다.

해설 제3류 위험물의 운반용기 수납 기준[시행규칙 별표19]

㉮ 자연발화성 물질 중 알킬알루미늄 등은 운반용기의 내용적의 90% 이하로 수납하되, 50℃에서 5% 이상의 공간용적을 유지하도록 할 것

㉯ 자연발화성 물질에 있어서는 불활성 기체를 봉입하여 공기와 접하지 아니하도록 할 것

㉰ 자연발화성 물질 외의 물품에 있어서는 파라핀·경유·등유 등의 보호액으로 채워 밀봉하거나 불활성 기체를 봉입하여 수분과 접하지 아니하도록 할 것

참고 **황린**은 제3류 위험물 중 **자연발화성 물질**이므로 ㉯항의 규정을 적용해야 한다.

참고 운반용기 외부에 품명, 수량 등을 표시하여 적재하는 위험물 중 제1류·제2류 또는 제4류 위험물(위험등급 Ⅰ의 위험물을 제외)의 운반용기로서 최대용적이 1L 이하인 운반용기의 품명 및 주의사항은 위험물의 통칭명 및 당해 주의사항과 동일한 의미가 있는 다른 표지시로 대신할 수 있다. → 디에틸에테르는 위험등급 Ⅰ이므로 규정대로 부착하여야 한다.

38. 과망간산칼륨의 위험성에 대한 설명 중 틀린 것은?

① 진한 황산과 접촉하면 폭발적으로 반응한다.

② 알코올, 에테르, 글리세린 등 유기물과 접촉을 금한다.

2014

정답 36. ① 37. ② 38. ③

③ 가열하면 약 60℃에서 분해하여 수소를 방출한다.

④ 목탄, 황과 접촉 시 충격에 의해 폭발할 위험성이 있다.

해설 과망간산칼륨($KMnO_4$)의 위험성

㉮ 제1류 위험물 중 과망간산염류에 해당하고, 지정수량은 1000kg이다.

㉯ 240℃에서 **가열하면** 망간산칼륨, 이산화망간, **산소를 발생**한다.

㉰ 목탄, 황 등 환원성 물질과 접촉 시 폭발의 위험이 있다.

㉱ 강산화제이며, 진한 황산과 접촉하면 폭발적으로 반응한다.

㉲ 직사광선(일광)을 차단하고 냉암소에 저장한다.

㉳ 용기는 금속 또는 유리 용기를 사용하며 산, 가연물, 유기물과 격리하여 저장한다.

39. **다음 물질 중에서 위험물 안전관리법상 위험물의 범위에 포함되는 것은?**

① 농도가 40 중량 퍼센트인 과산화수소 350kg

② 비중이 1.40인 질산 350kg

③ 지름 2.5mm의 막대 모양인 마그네슘 500kg

④ 순도가 55 중량 퍼센트인 유황 50kg

해설 위험물의 범위[시행령 별표1]

㉮ 과산화수소(H_2O_2)는 그 농도가 36 중량% 이상인 것이 제6류 위험물 범위이고 지정수량은 300kg이다. 그러므로 예제 ①번은 위험물 범위에 포함된다.

㉯ 질산(HNO_3)은 그 비중이 1.49 이상인 것이 제6류 위험물 범위고 지정수량은 300kg이다. 그러므로 예제 ②번은 위험물 범위에 포함되지 않는다.

㉰ 직경 2mm 이상의 막대모양의 마그네슘(Mg)은 제2류 위험물에서 제외되는 항목이다. 그러므로 예제 ③번은 위험물 범위에 포함되지 않는다.

㉱ 유황은 순도가 60 중량 % 이상인 것이 제2류 위험물 범위이고 지정수량은 100kg 이다. 그러므로 예제 ④번은 위험물 범위에 포함되지 않는다.

40. **질산에틸에 대한 설명 중 틀린 것은?**

① 액체 형태이다.

② 물보다 무겁다.

③ 알코올에 녹는다.

④ 증기는 공기보다 가볍다.

해설 질산에틸($C_2H_5NO_3$)의 특징

㉮ 제5류 위험물 중 질산에스테르류에 해당되며 지정수량은 10kg이다.

㉯ 무색, 투명한 액체로 향긋한 냄새와 단맛이 있다.

㉰ 물에는 녹지 않으나 알코올, 에테르에 녹으며 인화성이 있다.

㉱ 에탄올을 진한 질산에 작용시켜서 얻는다.

㉲ 인화점이 낮아 비점 이상으로 가열하면 폭발한다.

㉳ 아질산과 같이 있으면 폭발한다.

㉴ 화기를 피하고, 통풍이 잘 되는 냉암소에 저장한다.

㉵ 용기는 갈색병을 사용하고 밀전한다.

㉶ 액체 비중 1.11(증기비중 3.14), 비점 88℃, 융점 −112℃, 인화점 −10℃이다.

참고 질산에틸 액체는 물보다, 기체는 공기보다 무겁다.

41. **비스코스레이온 원료로서 비중이 약 1.3, 인화점이 약 −30℃이고, 연소 시 유독한 아황산가스를 발생시키는 위험물은?**

① 황린 ② 이황화탄소

③ 테레핀유 ④ 장뇌유

해설 이황화탄소(CS_2)의 특징

㉮ 제4류 위험물 중 특수인화물에 해당되며 지정수량은 50L이다.

㉯ 무색, 투명한 액체로 시판품은 불순물로 인하여 황색을 나타내며 불쾌한 냄새가 난다.

정답 39. ① 40. ④ 41. ②

㉰ 물에는 녹지 않으나 알코올, 에테르, 벤젠 등 유기용제에는 잘 녹으며 유지, 수지, 생고무, 황, 황린 등을 녹인다.
㉱ 독성이 있고 직사광선에 의해 서서히 변질되고, 점화하면 청색불꽃을 내며 **연소하면서 아황산가스(SO_2)를 발생**한다.
㉲ 인화성이 강하고 유독하며, 물과 150℃ 이상 가열하면 분해하여 이산화탄소(CO_2)와 황화수소(H_2S)를 발생한다.
㉳ 직사광선을 피하고 통풍이 잘되는 냉암소에 저장한다.
㉴ 물보다 무겁고 물에 녹기 어려우므로 물(수조) 속에 저장한다.
㉵ 액체 비중 1.263(증기비중 2.62), 비점 46.45℃, 발화점(착화점) 100℃, 인화점 −30℃, 연소범위 1.2~44%이다.

42. 질산의 비중이 1.5일 때 1소요 단위는 몇 L인가?

① 150 ② 200 ③ 1500 ④ 2000

해설 ㉮ 질산 : 제6류 위험물로 지정수량은 300kg이다.
㉯ 1소요단위 : 지정수량의 10배이다.
∴ 1소요단위=300×10=3000kg
㉰ 무게를 체적단위로 환산

$$\therefore \text{체적(L)} = \frac{\text{무게(kg)}}{\text{비중(kg/L)}} = \frac{3000}{1.5} = 2000\,\text{L}$$

43. 위험물 안전관리법령에 따른 제3류 위험물에 대한 화재예방 또는 소화의 대책으로 틀린 것은?

① 이산화탄소, 할로겐화합물, 분말 소화약제를 사용하여 소화한다.
② 칼륨은 석유, 등유 등의 보호액 속에 저장한다.
③ 알킬알루미늄은 헥산, 톨루엔 등 탄화수소용제를 희석제로 사용한다.
④ 알킬알루미늄, 알킬리튬을 저장하는 탱크에는 불활성가스의 봉입장치를 설치한다.

해설 제3류 위험물에 적응성이 있는 소화설비 [시행규칙 별표17]
㉮ 금수성 물질 : 탄산수소염류 분말소화설비 및 분말소화기, 건조사, 팽창질석 또는 팽창진주암
㉯ 금수성 물질을 제외한 그 밖의 것 : 옥내소화전 또는 옥외소화전설비, 스프링클러설비, 물분무소화설비, 포소화설비, 봉상수(棒狀水) 소화기, 무상수(霧狀水) 소화기, 봉상강화액 소화기, 무상강화액 소화기, 포소화기, 물통 또는 건조사, 건조사, 팽창질석 또는 팽창진주암

참고 제3류 위험물에 이산화탄소, 할로겐화합물은 소화설비로 적응성이 없다.

44. 삼황화인의 연소 시 발생하는 가스에 해당하는 것은?

① 이산화황 ② 황화수소
③ 산소 ④ 인산

해설 삼황화인(P_4S_3) : 제2류 위험물 중 황화린에 해당된다.
㉮ 삼황화인(P_4S_3)의 완전연소 반응식
$P_4S_3 + 8O_2 \rightarrow 2P_2O_5 + 3SO_2$
㉯ 삼화화인이 연소하면 오산화인(P_2O_5)과 이산화황(SO_2 : 아황산가스)이 발생한다.

45. 위험물 저장소에서 다음과 같이 제3류 위험물을 저장하고 있는 경우 지정수량의 몇 배가 보관되어 있는가?

- 칼륨 : 20kg
- 황린 : 40kg
- 칼슘의 탄화물 : 300kg

① 4 ② 5 ③ 6 ④ 7

2014

정답 42. ④ 43. ① 44. ① 45. ②

해설 ㉮ 제3류 위험물의 지정수량

품명	지정수량
칼륨	10kg
황린	20kg
칼슘의 탄화물	300kg

㉯ 지정수량 배수의 합 계산 : 지정수량 배수의 합은 각 위험물량을 지정수량으로 나눈 값의 합이다.

∴ 지정수량 배수의 합

$$= \frac{\text{A 위험물량}}{\text{지정수량}} + \frac{\text{B 위험물량}}{\text{지정수량}} + \frac{\text{C 위험물량}}{\text{지정수량}}$$

$$= \frac{20}{10} + \frac{40}{20} + \frac{300}{300} = 5$$

46. HNO_3에 대한 설명으로 틀린 것은?

① Al, Fe은 진한 질산에서 부동태를 생성해 녹지 않는다.
② 질산과 염산을 3 : 1 비율로 제조한 것을 왕수라고 한다.
③ 부식성이 강하고 흡습성이 있다.
④ 직사광선에서 분해하여 NO_2를 발생한다.

해설 질산(HNO_3)의 특징

㉮ 제6류 위험물로 지정수량 300kg이다.
㉯ 순수한 질산은 무색의 액체로 공기 중에서 물을 흡수하는 성질이 강하다.
㉰ 물과 임의적인 비율로 혼합하면 발열한다.
㉱ 진한 질산을 −42℃ 이하로 냉각시키면 응축, 결정된다.
㉲ 은(Ag), 구리(Cu), 수은(Hg) 등은 다른 산과 작용하지 않지만 질산과는 반응을 하여 질산염과 산화질소를 만든다.
㉳ 진한 질산은 부식성이 크고 산화성이 강하며, 피부에 접촉되면 화상을 입는다.
㉴ 진한 질산을 가열하면 분해하면서 유독성인 이산화질소(NO_2)의 적갈색 증기를 발생한다.
㉵ 질산 자체는 연소성, 폭발성은 없지만 환원성이 강한 물질(황화수소(H_2S), 아민 등)과 혼합하면 발화 또는 폭발한다.
㉶ 불연성이지만 다른 물질의 연소를 돕는 조연성 물질이다.

참고 왕수 : 진한 염산과 진한 질산을 3 : 1의 체적비로 혼합한 액체로 염산이나 질산으로 녹일 수 없는 금이나 백금을 녹이는 성질을 갖는다.

47. 위험물을 유별로 정리하여 상호 1m 이상의 간격을 유지하는 경우에도 동일한 옥내 저장소에 저장할 수 없는 것은?

① 제1류 위험물(알칼리금속의 과산화물 또는 이를 함유한 것을 제외한다)과 제5류 위험물
② 제1류 위험물과 제6류 위험물
③ 제1류 위험물과 제3류 위험물 중 황린
④ 인화성 고체를 제외한 제2류 위험물과 제4류 위험물

해설 유별을 달리하는 위험물의 동일한 저장소에 저장 기준[시행규칙 별표18]

㉮ 유별을 달리하는 위험물은 동일한 저장소에 저장하지 아니하여야 한다.
㉯ 동일한 저장소에 저장할 수 있는 경우 : 옥내저장소 또는 옥외저장소에 위험물을 유별로 정리하여 저장하고, 서로 1m 이상의 간격을 두는 경우
㉠ 제1류 위험물(알칼리금속의 과산화물 또는 이를 함유한 것 제외)과 제5류 위험물
㉡ 제1류 위험물과 제6류 위험물
㉢ 제1류 위험물과 제3류 위험물 중 자연발화성물질(황린 또는 이를 함유한 것에 한한다)
㉣ **제2류 위험물 중 인화성고체와 제4류 위험물**
㉤ 제3류 위험물 중 알킬알루미늄등과 제4류 위험물(알킬알루미늄 또는 알킬리튬을 함유한 것에 한한다)
㉥ 제4류 위험물 중 유기과산화물 또는 이를 함유한 것과 제5류 위험물 중 유기과산화물 또는 이를 함유한 것

48. 적린의 일반적인 성질에 대한 설명으로 틀린 것은?

① 비금속 원소이다.

정답 46. ② 47. ④ 48. ③

② 암적색의 분말이다.
③ 승화온도가 약 260℃이다.
④ 이황화탄소에 녹지 않는다.

해설 적린(P_4)의 특징
㉮ 제2류 위험물로 지정수량 100kg이다.
㉯ 안정한 암적색, 무취의 분말로 황린과 동소체이다.
㉰ 물, 에틸알코올, 가성소다(NaOH), 이황화탄소(CS_2), 에테르, 암모니아에 용해하지 않는다.
㉱ 독성이 없고 어두운 곳에서 인광을 내지 않는다.
㉲ 상온에서 할로겐원소와 반응하지 않는다.
㉳ 독성이 없고 자연발화의 위험성이 없으나 산화물(염소산염류 등의 산화제)과 공존하면 낮은 온도에서도 발화할 수 있다.
㉴ 공기 중에서 연소하면 오산화인(P_2O_5)이 되면서 백색 연기를 낸다.
㉵ 서늘한 장소에 저장하며, 화기접근을 금지한다.
㉶ 산화제, 특히 염소산염류의 혼합은 절대 금지한다.
㉷ 적린의 성질 : 비중 2.2, 융점(43atm) 590℃, 승화점 400℃, **발화점 260℃**

49. 위험물 안전관리법에서 정의하는 다음 용어는 무엇인가?

> "인화성 또는 발화성 등의 성질을 가지는 것으로서 대통령령이 정하는 물품을 말한다."

① 위험물
② 인화성물질
③ 자연발화성물질
④ 가연물

해설 위험물의 정의[법 제2조] : 위험물이란 인화성 또는 발화성 등의 성질을 가지는 것으로서 대통령령으로 정하는 물품을 말한다.

50. 위험물 안전관리법령에 따라 위험물 운반을 위해 적재하는 경우 제4류 위험물과 혼재가 가능한 액화석유가스 또는 압축천연가스의 용기 내용적은 몇 L 미만인가?

① 120　　② 150
③ 180　　④ 200

해설 위험물과 혼재가 가능한 고압가스[세부기준 제149조]
㉮ 내용적이 120L 미만의 용기에 충전한 불활성가스
㉯ 내용적이 120L 미만의 용기에 충전한 액화석유가스 또는 압축천연가스(제4류 위험물과 혼재하는 경우에 한한다)

2014

51. 제1류 위험물 중의 과산화칼륨을 다음과 같이 반응시켰을 때 공통적으로 발생되는 기체는?

> ㉠ 물과 반응을 시켰다.
> ㉡ 가열하였다.
> ㉢ 탄산가스와 반응시켰다.

① 수소　　② 이산화탄소
③ 산소　　④ 이산화황

해설 ㉮ 과산화칼륨(K_2O_2)을 물(H_2O), 이산화탄소(CO_2)와 반응시킨 경우, 가열하면 산소(O_2)가 발생된다.
㉯ 반응식
㉠ 물과 반응 : $2K_2O_2+2H_2O \rightarrow 4KOH+O_2\uparrow$
㉡ CO_2와 반응 : $2K_2O_2+CO_2 \rightarrow 2K_2CO_3+O_2\uparrow$
㉢ 가열 : $2K_2O_2 \rightarrow K_2O+O_2\uparrow$

52. 물과 반응하여 가연성 가스를 발생하지 않는 것은?

① 리튬　　② 나트륨
③ 유황　　④ 칼슘

해설 ㉮ 리튬, 나트륨, 칼슘은 제3류 위험물로 물(H_2O)과 반응하여 가연성 가스인 수소(H_2)를 발생

정답 49. ①　50. ①　51. ③　52. ③

㉠ 리튬(Li)

$Li+HO \rightarrow LiOH+\frac{1}{2}H_2\uparrow +52.7kcal$

㉡ 나트륨(Na)

$2Na+2H_2O \rightarrow 2NaOH+H_2\uparrow +88.2kcal$

㉢ 칼슘(Ca)

$Ca+2H_2O \rightarrow Ca(OH)_2+H_2\uparrow +102kcal$

㉯ 유황(제2류 위험물)은 물에 녹지 않으므로 물과 반응하지 않는다.

53. 제2류 위험물의 종류에 해당되지 않는 것은?

① 마그네슘　② 고형알코올
③ 칼슘　④ 안티몬분

해설 칼슘(Ca)은 제3류 위험물 중 알칼리토금속에 해당된다.

54. 위험물을 저장할 때 필요한 보호물질을 옳게 연결한 것은?

① 황린 – 석유
② 금속 칼륨 – 에탄올
③ 이황화탄소 – 물
④ 금속 나트륨 – 산소

해설 각 위험물의 보호물질

㉮ 황린 : 제3류 위험물로 공기 중에서 산화되어 발화하기 때문에 물속에 저장한다.
㉯ 금속 칼륨, 금속 나트륨 : 제3류 위험물로 물과의 접촉을 피하고, 산화를 방지하기 위해 등유, 경유, 파라핀 속에 저장한다.
㉰ 이황화탄소 : 제4류 위험물로 가연성 증기의 발생을 억제하기 위하여 물속에 저장한다.

55. 위험물 안전관리법령상 위험물의 운반에 관한 기준에 따르면 알코올류의 위험등급은 얼마인가?

① 위험등급 Ⅰ
② 위험등급 Ⅱ
③ 위험등급 Ⅲ
④ 위험등급 Ⅳ

해설 제4류 위험물의 위험등급

분류	위험등급
특수인화물	Ⅰ
제1석유류	Ⅱ
제2석유류	Ⅲ
제3석유류	
알코올류	Ⅱ

56. 위험물의 지정수량이 틀린 것은?

① 과산화칼륨 : 50kg
② 질산나트륨 : 50kg
③ 과망간산나트륨 : 1000kg
④ 중크롬산암모늄 : 1000kg

해설 제1류 위험물의 지정수량

품명		지정수량
과산화칼륨	무기과산화물	50kg
질산나트륨	질산염류	300kg
과망간산나트륨	과망간산염류	1000kg
중크롬산암모늄	중크롬산염류	1000kg

57. "인화점 50℃"의 의미를 가장 옳게 설명한 것은?

① 주변의 온도가 50℃ 이상이 되면 자발적으로 점화원 없이 발화한다.
② 액체의 온도가 50℃ 이상이 되면 가연성 증기를 발생하여 점화원에 의해 인화한다.
③ 액체를 50℃ 이상으로 가열하면 발화한다.
④ 주변의 온도가 50℃일 경우 액체가 발화한다.

해설 ㉮ 인화점 : 가연성 물질이 공기 중에서 점화원에 의하여 연소할 수 있는 최저온도이다.
㉯ "인화점 50℃"의 의미 : 액체의 온도가 50℃ 이상이 되면 가연성 증기를 발생하여 점화원에 의해 인화한다.

참고 ①번 예제는 "발화점 50℃"의 의미를 설명한 것이다.

정답 53. ③　54. ③　55. ②　56. ②　57. ②

58. 위험물 안전관리법령상 위험물 운송 시 제1류 위험물과 혼재 가능한 위험물은? (단, 지정수량의 10배를 초과하는 경우이다.)

① 제2류 위험물 ② 제3류 위험물
③ 제5류 위험물 ④ 제6류 위험물

해설 ㉮ 위험물 운반할 때 혼재 기준[시행규칙 별표19, 부표2]

구분	제1류	제2류	제3류	제4류	제5류	제6류
제1류		×	×	×	×	○
제2류	×		×	○	○	×
제3류	×	×		○	×	×
제4류	×	○	○		○	×
제5류	×	○	×	○		×
제6류	○	×	×	×	×	

○ : 혼합 가능, × : 혼합 불가능

㉯ 이 표는 지정수량의 $\frac{1}{10}$ 이하의 위험물에 대하여는 적용하지 않는다.

59. 에틸렌글리콜의 성질로 옳지 않은 것은?

① 갈색의 액체로 방향성이 있고, 쓴맛이 난다.
② 물, 알코올 등에 잘 녹는다.
③ 분자량은 약 62이고, 비중은 약 1.1이다.
④ 부동액의 원료로 사용된다.

해설 에틸렌글리콜[$C_2H_4(OH)_2$]의 성질
㉮ 산화에틸렌(C_2H_4O)의 수화반응에 의하여 생성된다.
㉯ 무색, 무취의 점성이 있고 단맛이 있는 액체로 섭취하면 유독하다.
㉰ 분자량은 62이고, 비중은 약 1.1이다.
㉱ 부동액 및 냉각제, 유압 유체 및 저온 동결 다이나이트, 수지 제조에 사용된다.

60. 위험물 옥외 저장탱크 중 압력탱크에 저장하는 디에틸에테르 등의 저장온도는 몇 ℃ 이하이어야 하는가?

① 60 ② 40
③ 30 ④ 15

해설 알킬알루미늄등, 아세트알데히드등 및 디에틸에테르등의 저장기준[시행규칙 별표18]
㉮ 옥외저장탱크·옥내저장탱크 또는 지하저장탱크 중 압력탱크 외의 탱크에 저장하는 디에틸에테르등 또는 아세트알데히드등의 온도
㉠ 산화프로필렌과 이를 함유한 것 또는 디에틸에테르등 : 30℃ 이하로 유지할 것
㉡ 아세트알데히드 또는 이를 함유한 것 : 15℃ 이하로 유지할 것
㉯ 옥외저장탱크·옥내저장탱크 또는 지하저장탱크 중 압력탱크에 저장하는 아세트알데히드등 또는 디에틸에테르등의 온도 : 40℃ 이하로 유지할 것
㉰ 보랭장치가 있는 이동저장탱크에 저장하는 아세트알데히드등 또는 디에틸에테르등의 온도 : 당해 위험물의 비점 이하로 유지할 것
㉱ 보랭장치가 없는 이동저장탱크에 저장하는 아세트알데히드등 또는 디에틸에테르등의 온도 : 40℃ 이하로 유지할 것

2014

정답 58. ④ 59. ① 60. ②

2014. 10. 11 시행 (제5회)

1. 분말 소화약제를 방출시키기 위해 주로 사용되는 가압용 가스는?

① 산소 ② 질소
③ 헬륨 ④ 아르곤

해설 분말소화설비의 가압용 또는 축압용 가스 [세부기준 136조] : 질소 또는 이산화탄소

2. 제2류 위험물인 마그네슘에 대한 설명으로 옳지 않은 것은?

① 2mm 체를 통과한 것만 위험물에 해당된다.
② 화재 시 이산화탄소 소화약제로 소화가 가능하다.
③ 가연성 고체로 산소와 반응하여 산화 반응을 한다.
④ 주수소화를 하면 가연성의 수소가스가 발생한다.

해설 ㉮ 마그네슘(Mg) 화재 시 이산화탄소 소화약제를 사용하면 탄소(C) 및 유독성이고 가연성인 일산화탄소(CO)가 발생하므로 부적합하다.

㉯ 반응식 : $2Mg + CO_2 \rightarrow 2MgO + C$

$Mg + CO_2 \rightarrow MgO + CO \uparrow$

㉰ 마그네슘 화재 시 소화설비는 탄산수소염류 분말소화설비 및 분말소화기, 건조사(마른 모래), 팽창질석 및 팽창진주암을 이용한다.

3. 알킬알루미늄의 소화방법으로 가장 적합한 것은?

① 팽창질석에 의한 소화
② 알코올포에 의한 소화
③ 주수에 의한 소화
④ 산·알칼리 소화약제에 의한 소화

해설 알킬알루미늄

㉮ 제3류 위험물로 금수성물질에 해당되며, 물, 산·알칼리, 알코올과 반응하여 가연성가스를 발생한다.

㉯ 적응성이 있는 소화설비는 탄산수소염류 분말소화설비 및 분말소화기, 건조사, 팽창질석 또는 팽창진주암이다.

4. 다음은 어떤 화합물의 구조식인가?

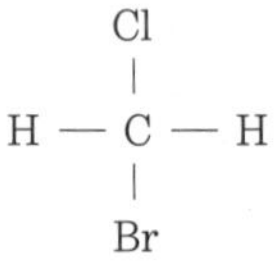

① 할론 1301 ② 할론 1201
③ 할론 1011 ④ 할론 2402

해설 ㉮ 할론(Halon)−abcd → "탄·불·염·취"로 암기

㉠ a : 탄소(C)의 수
㉡ b : 불소(F)의 수
㉢ c : 염소(Cl)의 수
㉣ d : 취소(Br : 브롬)의 수

㉯ 주어진 구조식에서 탄소(C) 1개, 불소(F) 0개, 염소(Cl) 1개, 취소(Br : 브롬) 1개이므로 할론 1011에 해당되며, 화학식(분자식)은 CH_2ClBr이다.

5. 제조소등의 소요단위 산정 시 위험물은 지정수량의 몇 배를 1소요 단위로 하는가?

① 5배 ② 10배
③ 20배 ④ 50배

해설 소요단위 계산방법[시행규칙 별표17]

㉮ 제조소 또는 취급소의 건축물

㉠ 외벽이 내화구조인 것 : 연면적 $100m^2$를 1소요단위로 할 것
㉡ 외벽이 내화구조가 아닌 것 : 연면적 $50m^2$를 1소요단위로 할 것

정답 1. ② 2. ② 3. ① 4. ③ 5. ②

㉯ 저장소의 건축물
㉠ 외벽이 내화구조인 것 : 연면적 150m²를 1소요단위로 할 것
㉡ 외벽이 내화구조가 아닌 것 : 연면적 75m²를 1소요단위로 할 것
㉰ **위험물 : 지정수량의 10배를 1소요단위로 할 것**
㉱ 제조소등의 옥외에 설치된 공작물은 외벽이 내화구조인 것으로 간주하고 공작물의 최대수평투영면적을 연면적으로 간주하여 ㉮ 및 ㉯의 규정에 의하여 소요단위를 산정할 것

6. 양초, 고급 알코올 등과 같은 연료의 가장 일반적인 연소형태는?

① 분무연소 ② 증발연소
③ 표면연소 ④ 분해연소

해설 연소 형태에 따른 가연물
㉮ 표면연소 : 목탄(숯), 코크스
㉯ 분해연소 : 종이, 석탄, 목재, 중유
㉰ **증발연소 : 가솔린, 등유, 경유, 알코올, 양초, 유황**
㉱ 확산연소 : 가연성 기체
㉲ 자기연소 : 제5류 위험물(니트로셀룰로오스, 셀룰로이드, 니트로글리세린 등)

7. 다음은 위험물 안전관리법령에 따른 판매 취급소에 대한 정의이다. ( )에 알맞은 말은?

판매 취급소라 함은 점포에서 위험물을 용기에 담아 판매하기 위하여 지정수량의 (ⓐ)배 이하의 위험물을 (ⓑ)하는 장소

① ⓐ : 20, ⓑ : 취급
② ⓐ : 40, ⓑ : 취급
③ ⓐ : 20, ⓑ : 저장
④ ⓐ : 40, ⓑ : 저장

해설 ㉮ 판매취급소[시행령 별표3] : 점포에서 위험물을 용기에 담아 판매하기 위하여 지정수량의 40배 이하의 위험물을 취급하는 장소
㉯ 판매취급소 구분[시행규칙 별표14]
㉠ 제1종 판매취급소 : 저장 또는 취급하는 위험물의 수량이 지정수량의 20배 이하인 판매취급소이다.
㉡ 제2종 판매취급소 : 저장 또는 취급하는 위험물의 수량이 지정수량의 40배 이하인 판매취급소이다.

8. 위험물 안전관리법령상 위험등급 Ⅰ의 위험물로 옳은 것은?

① 무기과산화물
② 황화인, 적린, 유황
③ 제1석유류
④ 알코올류

해설 위험등급 Ⅰ의 위험물[시행규칙 별표19]
㉮ **제1류 위험물** 중 아염소산염류, 염소산염류, 과염소산염류, **무기과산화물** 그 밖에 지정수량이 50kg인 위험물
㉯ 제3류 위험물 중 칼륨, 나트륨, 알킬알루미늄, 알킬리튬, 황린 그 밖에 지정수량이 10kg 또는 20kg인 위험물
㉰ 제4류 위험물 중 특수인화물
㉱ 제5류 위험물 중 유기과산화물, 질산에스테르류 그 밖에 지정수량이 10kg인 위험물
㉲ 제6류 위험물

2014

9. 위험물 안전관리법령상 자동화재 탐지설비를 설치하지 않고 비상경보설비로 대신할 수 있는 것은?

① 일반취급소로서 연면적 600m²인 것
② 지정수량 20배를 저장하는 옥내 저장소로서 처마높이가 8m인 단층건물
③ 단층건물 외의 건축물에 설치된 지정수량 15배의 옥내탱크 저장소로서 소화난이도 등급 Ⅱ에 속하는 것
④ 지정수량 20배를 저장, 취급하는 옥내 주유취급소

정답 6. ② 7. ② 8. ① 9. ③

해설 각 항목의 경보설비 설치 판단
① 연면적이 $500m^2$ 이상이므로 '자동화재 탐지설비'를 설치하여야 한다.
② 처마높이가 6m 이상인 단층건물이므로 '자동화재 탐지설비'를 설치하여야 한다.
③ 자동화재 탐지설비 설치대상이 아닌 제조소 등에 해당되고, 지정수량의 10배 이상을 저장하는 곳이므로 자동화재 탐지설비, 비상경보, 확성장치, 비상방송설비 중 하나를 선택해서 설치하면 된다.
④ 옥내주유취급소는 무조건 '자동화재 탐지설비'를 설치하여야 한다.

참고 경보설비 설치 대상[시행규칙 별표17]
(1) 자동화재 탐지설비
㉮ 제조소 및 일반취급소
㉠ 연면적 $500m^2$ 이상인 것
㉡ 옥내에서 지정수량의 100배 이상을 취급하는 것
㉯ 옥내저장소
㉠ 지정수량의 100배 이상을 저장 또는 취급하는 것
㉡ 저장창고의 연면적이 $150m^2$를 초과하는 것
㉢ 처마높이가 6m 이상인 단층건물의 것
㉣ 옥내저장소로 사용되는 부분 외의 부분이 있는 건축물에 설치된 옥내저장소
㉰ 옥내탱크저장소 : 단층 건물 외의 건축물에 설치된 옥내탱크저장소로서 소화난이도등급 I에 해당하는 곳
㉱ 주유취급소 : 옥내주유취급소
(2) 자동화재 탐지설비, 비상경보설비, 확성장치 또는 비상방송설비 중 1종 이상을 설치해야 하는 경우 : (1)에 해당하지 않는 제조소등으로 지정수량의 10배 이상을 저장 또는 취급하는 것

10. 위험물 안전관리법령상 제5류 위험물의 화재발생 시 적응성이 있는 소화설비는 어느 것인가?

① 분말 소화설비
② 물 분무 소화설비
③ 이산화탄소 소화설비
④ 할로겐화합물 소화설비

해설 제5류 위험물에 적응성이 있는 소화설비 [시행규칙 별표17]
㉮ 옥내소화전 또는 옥외소화전설비
㉯ 스프링클러설비
㉰ 물분무소화설비
㉱ 포소화설비
㉲ 봉상수(棒狀水) 소화기
㉳ 무상수(霧狀水) 소화기
㉴ 봉상강화액소화기
㉵ 무상강화액소화기
㉶ 포소화기
㉷ 물통 또는 건조사
㉸ 건조사
㉹ 팽창질석 또는 팽창진주암

11. BCF(bromochlorodifluoromethane) 소화약제의 화학식으로 옳은 것은?

① CCl_4 ② CH_2ClBr
③ CF_3Br ④ CF_2ClBr

해설 BCF는 할로겐화합물 소화약제 중에서 탄소(C), 불소(F), 염소(Cl), 취소(Br : 브롬)을 모두 포함하는 것으로 할론 1211(CF_2ClBr)이다.

참고 소화기 분류

분류	소화기 명칭	화학식
CTC 소화기	사염화탄소 소화기	CCl_4
CB 소화기	할론 1011 소화기	CH_2ClBr
MTB 소화기	할론 1301 소화기	CF_3Br
BCF 소화기	할론 1211 소화기	CF_2ClBr
FB 소화기	할론 2402 소화기	$C_2F_4Br_2$

12. 제4류 위험물의 화재에 적응성이 없는 소화기는?

① 포 소화기
② 봉상수 소화기
③ 인산염류 소화기

정답 10. ② 11. ④ 12. ②

④ 이산화탄소 소화기

해설 제4류 위험물에 적응성이 없는 소화기[시행규칙 별표17]
㉮ 봉상수(棒狀水) 소화기
㉯ 무상수(霧狀水) 소화기
㉰ 봉상강화액소화기

13. 위험물 안전관리법령상 자동화재 탐지설비의 경계구역 하나의 면적은 몇 m^2 이하이어야 하는가? (단, 원칙적인 경우에 한한다.)

① 250　② 300
③ 400　④ 600

해설 자동화재 탐지설비 설치기준[시행규칙 별표17]
㉮ 자동화재 탐지설비의 경계구역은 건축물 그 밖의 공작물의 2 이상의 층에 걸치지 아니하도록 할 것. 다만, 하나의 경계구역의 면적이 $500m^2$ 이하이면서 당해 경계구역이 두 개의 층에 걸치는 경우이거나 계단·경사로·승강기의 승강로 그 밖에 이와 유사한 장소에 연기감지기를 설치하는 경우에는 그러하지 아니하다.
㉯ **하나의 경계구역의** 면적은 $600m^2$ **이하**로 하고 그 한 변의 길이는 50m(광전식분리형 감지기를 설치할 경우에는 100m) 이하로 한다. 다만, 당해 건축물 그 밖의 공작물의 출입구에서 그 내부의 전체를 볼 수 있는 경우에는 그 면적을 $1000m^2$ 이하로 할 수 있다.
㉰ 자동화재 탐지설비의 감지기는 지붕(상층이 있는 경우에는 상층의 바닥) 또는 벽의 옥내에 면한 부분(천장이 있는 경우에는 천장 또는 벽의 옥내에 면한 부분 및 천장의 뒷부분)에 유효하게 화재의 발생을 감지할 수 있도록 설치한다.
㉱ 자동화재 탐지설비에는 비상전원을 설치한다.

14. 플래시 오버(flash over)에 대한 설명으로 옳은 것은?

① 대부분 화재 초기(발화기)에 발생한다.
② 대부분 화재 종기(쇠퇴기)에 발생한다.
③ 내장재의 종류와 개구부의 크기에 영향을 받는다.
④ 산소의 공급이 주요 요인이 되어 발생한다.

해설 플래시 오버(flash over) 현상 : 전실화재라 하며 화재로 발생한 열이 주변의 모든 물체가 연소되기 쉬운 상태에 도달하였을 때 순간적으로 강한 화염을 분출하면서 내부 전체를 급격히 태워버리는 현상으로 화재성장기(제1단계)에서 발생한다.

15. 연소의 연쇄반응을 차단 및 억제하여 소화하는 방법은?

① 냉각소화　② 부촉매소화
③ 질식소화　④ 제거소화

해설 소화작용(소화효과)
㉮ 제거소화 : 화재 현장에서 가연물을 제거함으로써 화재의 확산을 저지하는 방법으로 소화하는 것이다.
㉯ 질식소화 : 산소공급원을 차단하여 연소 진행을 억제하는 방법으로 소화하는 것이다.
㉰ 냉각소화 : 물 등을 사용하여 활성화 에너지(점화원)를 냉각시켜 가연물을 발화점 이하로 낮추어 연소가 계속 진행할 수 없도록 하는 방법으로 소화하는 것이다.
㉱ 부촉매소화(억제소화) : 산화반응에 직접 관계없는 물질을 가하여 연쇄반응의 억제작용을 이용하는 방법으로 소화하는 것이다.

16. 취급하는 제4류 위험물의 수량이 지정수량의 30만 배인 일반 취급소가 있는 사업장에 자체소방대를 설치함에 있어서 전체 화학소방차 중 포 수용액을 방사하는 화학소방차는 몇 대 이상 두어야 하는가?

① 필수적인 것은 아니다.
② 1
③ 2
④ 3

2014

정답 13. ④　14. ③　15. ②　16. ③

해설 자체소방대에 두는 화학소방자동차 및 인원[시행령 별표8]

위험물의 최대수량의 합	화학 소방자동차	소방대원 (조작인원)
지정수량의 12만배 미만	1대	5인
지정수량의 12만배 이상 24만배 미만	2대	10인
지정수량의 24만배 이상 48만배 미만	3대	15인
지정수량의 48만배 이상	4대	20인

참고 화학소방차의 기준 등[시행규칙 제75조] : 포수용액을 방사하는 화학소방자동차의 대수는 화학소방자동차의 대수의 3분의 2 이상으로 하여야 한다.

∴ 지정수량 30만 배인 일반취급소에 두어야 하는 **화학소방자동차는 3대** 이지만 **포수용액을 방사하는 경우이므로 보유대수는 2대가 된다.**

17. 위험물 안전관리법령상 제4류 위험물을 지정수량의 3000배 초과 4000배 이하로 저장하는 옥외탱크 저장소의 보유공지는 얼마인가?

① 6m 이상 ② 9m 이상
③ 12m 이상 ④ 15m 이상

해설 옥외탱크저장소의 보유공지 기준[시행규칙 별표6]

저장 또는 취급하는 위험물의 최대수량	공지의 너비
지정수량의 500배 이하	3m 이상
지정수량의 500배 초과 1000배 이하	5m 이상
지정수량의 1000배 초과 2000배 이하	9m 이상
지정수량의 2000배 초과 3000배 이하	12m 이상
지정수량의 3000배 초과 4000배 이하	15m 이상
지정수량의 4000배 초과	당해 탱크의 수평단면의 최대지름(횡형인 경우에는 긴 변)과 높이 중 큰 것과 같은 거리 이상. 다만, 30m 초과의 경우에는 30m 이상으로 할 수 있고, 15m 미만의 경우에는 15m 이상으로 하여야 한다.

18. 충격이나 마찰에 민감하고 가수분해반응을 일으키는 단점을 가지고 있어 이를 개선하여 다이너마이트를 발명하는데 주원료로 사용한 위험물은?

① 셀룰로이드
② 니트로글리세린
③ 트리니트로톨루엔
④ 트리니트로페놀

해설 니트로글리세린[$C_3H_5(ONO_2)_3$]의 특징

㉮ 제5류 위험물 중 질산에스테르류에 해당되며 지정수량은 10kg이다.
㉯ 순수한 것은 상온에서 무색, 투명한 기름 모양의 액체이나 공업적으로 제조한 것은 담황색을 띠고 있다.
㉰ 상온에서 액체이지만 약 10℃에서 동결하므로 겨울에는 백색의 고체 상태이다.
㉱ 물에는 거의 녹지 않으나 벤젠, 알코올, 클로로포름, 아세톤에 녹는다.
㉲ 점화하면 적은 양은 타기만 하지만 많은 양은 폭굉에 이른다.
㉳ **규조토에 흡수시켜 다이너마이트를 제조할 때 사용된다.**
㉴ 충격이나 마찰에 예민하여 액체 운반은 금지되어 있다.

19. 다음 물질 중 분진폭발의 위험이 가장 낮은 것은?

① 마그네슘 가루 ② 아연 가루
③ 밀가루 ④ 시멘트 가루

정답 17. ④ 18. ② 19. ④

해설 분진폭발을 일으키는 물질

㉮ 폭연성 분진 : 금속분말(Mg, Al, Fe 등)

㉯ 가연성 분진 : 소맥분, 전분, 합성수지류, 황, 코코아, 리그린, 석탄분말, 고무분말, 담배분말 등

참고 시멘트 분말, 대리석 분말, 모래 등은 불연성 물질로 분진폭발과는 관련이 없다.

20. 소화기 속에 압축되어 있는 이산화탄소 1.1kg을 표준상태에서 분사하였다. 이산화탄소 부피는 몇 m^3가 되는가?

① 0.56 ② 5.6
③ 11.2 ④ 24.6

해설 표준상태(0℃, 1기압)에서 이산화탄소 1몰(mol)의 분자량은 44g이며 이때의 부피는 22.4 L이다. (1kmol의 상태의 분자량(질량)은 44kg, 부피는 $22.4m^3$ 이다.)

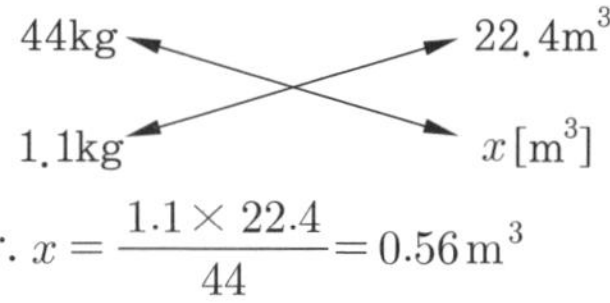

$$\therefore x = \frac{1.1 \times 22.4}{44} = 0.56\,m^3$$

21. 위험물의 품명이 질산염류에 속하지 않는 것은?

① 질산메틸 ② 질산칼륨
③ 질산나트륨 ④ 질산암모늄

해설 질산염류

㉮ 제1류 위험물로 지정수량 300kg이다.

㉯ 질산염류의 종류 : 질산칼륨(KNO_3), 질산나트륨($NaNO_3$), 질산암모늄(NH_4NO_3), 질산바륨[$Ba(NO_3)_2$], 질산코발트[$Co(NO_3)_2$], 질산니켈[$Ni(NO_3)_2$], 질산구리[$Cu(NO_3)_2$], 질산카드뮴[$Cd(NO_3)_2$], 질산납[$Pb(NO_3)_2$], 질산마그네슘[$Mg(NO_3)_2$], 질산은[$AgNO_3$], 질산철[$Fe(NO_3)_2$], 질산스트론튬[$Sr(NO_3)_2$] 등

참고 **질산메틸**(CH_3ONO_2)은 **제5류 위험물** 중 질산에스테르류에 해당된다.

22. 질산암모늄의 일반적인 성질에 대한 설명 중 옳은 것은?

① 불안정한 물질이고 물에 녹을 때 흡열반응을 나타낸다.
② 물에 대한 용해도 값이 매우 작아 물에 거의 불용이다.
③ 가열 시 분해하여 수소를 발생한다.
④ 과일향의 냄새가 나는 적갈색 비결정체이다.

해설 질산암모늄(NH_4NO_3)의 특징

㉮ 제1류 위험물 중 질산염류에 해당되며 지정수량은 300kg이다.

㉯ **무취의 백색 결정** 고체로 물, 알코올, 알칼리에 잘 녹는다.

㉰ 조해성이 있으며 물에 녹을 때는 흡열반응을 나타낸다.

㉱ 220℃에서 **분해되어 아산화질소**(N_2O)와 **수증기**(H_2O)를 **발생**하며, 급격한 가열이나 충격을 주면 단독으로 분해·폭발한다.

㉲ 가연물, 유기물을 섞거나 가열, 충격, 마찰을 주면 폭발한다.

㉳ 경유 6%, 질산암모늄 94%를 혼합한 것은 안투폭약이라 하며, 공업용 폭약이 된다.

23. 황 분말과 혼합했을 때 가열 또는 충격에 의해서 폭발할 위험이 가장 높은 것은?

① 질산암모늄 ② 물
③ 이산화탄소 ④ 마른 모래

해설 황은 제2류 위험물인 가연성 고체이며, 질산암모늄(NH_4NO_3)은 제1류 위험물인 산화성 고체로 가연물인 황에 산소공급원 역할을 하는 질산암모늄이 혼합되었을 때 가열, 충격 등이 가해지면 폭발할 위험성이 있다.

24. 제2석유류에 해당하는 물질로만 짝 지워진 것은?

① 등유, 경유
② 등유, 중유

2014

정답 20. ① 21. ① 22. ① 23. ① 24. ①

③ 글리세린, 기계유
④ 글리세린, 장뇌유

해설 제2석유류

㉮ 정의 : 등유, 경유 그 밖에 1기압에서 인화점이 21℃ 이상 70℃ 미만인 것을 말한다. 다만, 도료류 그 밖의 물품에 있어서 가연성 액체량이 40 중량% 이하이면서 인화점이 40℃ 이상인 동시에 연소점이 60℃ 이상인 것은 제외한다.

㉯ 종류 : 등유, 경유, 의산, 초산, 테레빈유, 장뇌유, 스티렌, 송근유, 에틸셀르솔브, 메틸셀르솔브, 클로로벤젠, 히드라진, 아크릴산 등

25. 삼황화인의 연소 생성물을 옳게 나열한 것은?

① P_2O_5, SO_2　② P_2O_5, H_2S
③ H_3PO_4, SO_2　④ H_3PO_4, H_2S

해설 삼황화인(P_4S_3) : 제2류 위험물 중 황화린에 해당되며 지정수량은 100kg이다.

㉮ 삼황화인(P_4S_3)의 완전연소 반응식

$P_4S_3 + 8O_2 \rightarrow 2P_2O_5 + 3SO_2$

㉯ 삼화화인이 연소하면 오산화인(P_2O_5)과 이산화황(SO_2 : 아황산가스)이 발생한다.

26. 아염소산염류 500kg과 질산염류 3000kg을 함께 저장하는 경우 위험물의 소요단위는 얼마인가?

① 2　② 4　③ 6　④ 8

해설 ㉮ 아염소산염류 : 제1류 위험물로 지정수량은 50kg이다.

㉯ 질산염류 : 제1류 위험물로 지정수량은 300kg이다.

㉰ 지정수량의 10배를 1소요단위로 하며, 위험물이 2종류 이상을 함께 저장하는 경우 각각 소요단위를 계산하여 합산한다.

∴ 소요단위

$$= \frac{\text{A 저장량}}{\text{지정수량} \times 10} + \frac{\text{B 저장량}}{\text{지정수량} \times 10}$$

$$= \frac{500}{50 \times 10} + \frac{3000}{300 \times 10} = 2$$

27. 위험물의 저장 및 취급방법에 대한 설명으로 틀린 것은?

① 적린은 화기와 멀리하고 가열, 충격이 가해지지 않도록 한다.
② 이황화탄소는 발화점이 낮으므로 물속에 저장한다.
③ 마그네슘은 산화제와 혼합되지 않도록 취급한다.
④ 알루미늄분은 분진폭발의 위험이 있으므로 분무 주수하여 저장한다.

해설 제2류 위험물인 알루미늄분은 물(H_2O)과 접촉하면 가연성 가스인 수소(H_2)를 발생하므로 물과의 접촉을 금지하여야 한다.

28. 경유에 대한 설명으로 틀린 것은?

① 물에 녹지 않는다.
② 비중은 1 이하이다.
③ 발화점은 인화점보다 높다.
④ 인화점은 상온 이하이다.

해설 경유의 성질

구분	성질
유별 및 품명	제4류 위험물 중 제2석유류
지정수량	1000L(비수용성)
발화점	257℃
인화점	50~70℃
비중	0.82~0.85
증기 비중	4~5
연소범위	1~6.0%

29. 다음 ( ) 안에 적합한 숫자를 차례대로 나열한 것은?

> 자연발화성 물질 중 알킬알루미늄 등은 운반용기의 내용적의 (　　)% 이하의 수납률로 수납하되, 50℃의 온도에서 (　　)% 이상의 공간용적을 유지하도록 할 것

정답 25. ①　26. ①　27. ④　28. ④　29. ①

① 90, 5 ② 90, 10
③ 95, 5 ④ 95, 10

해설 제3류 위험물의 운반용기 수납 기준[시행규칙 별표19]

㉮ 자연발화성 물질 중 **알킬알루미늄** 등은 운반용기의 내용적의 90% 이하로 수납하되, 50℃에서 5% 이상의 공간용적을 유지하도록 할 것
㉯ 자연발화성 물질에 있어서는 불활성 기체를 봉입하여 공기와 접하지 아니하도록 할 것
㉰ 자연발화성 물질 외의 물품에 있어서는 파라핀·경유등유 등의 보호액으로 채워 밀봉하거나 불활성 기체를 봉입하여 수분과 접하지 아니하도록 할 것

30. 위험물 안전관리법령에서 정한 제5류 위험물 이동저장탱크의 외부 도장 색상은 어느 것인가?

① 황색 ② 회색 ③ 적색 ④ 청색

해설 위험물 이동저장탱크의 외부 도장[세부기준 제109조]

유별	도장 색상	유별	도장 색상
제1류	회색	제4류	−
제2류	적색	제5류	황색
제3류	청색	제6류	청색

[비고] 1. 탱크의 앞면과 뒷면을 제외한 면적의 40% 이내의 면적은 다른 유별의 색상 외의 색상으로 도장하는 것이 가능하다.
2. 제4류에 대해서는 도장의 색상 제한이 없으나 적색을 권장한다.

31. 위험물 안전관리법령에서 정한 제3류 위험물 금수성 물질의 소화설비로 적응성이 있는 것은?

① 이산화탄소 소화설비
② 할로겐화합물 소화설비
③ 인산염류 등 분말 소화설비
④ 탄산수소염류 등 분말 소화설비

해설 제3류 위험물 중 금수성 물질에 적응성이 있는 소화설비[시행규칙 별표17]

㉮ 탄산수소염류 분말소화설비 및 분말소화기
㉯ 건조사
㉰ 팽창질석 또는 팽창진주암

32. 자기 반응성 물질인 제5류 위험물에 해당되는 것은?

① $CH_3(C_6H_4)NO_2$ ② CH_3COCH_3
③ $C_6H_2(NO_2)_3OH$ ④ $C_6H_5NO_2$

해설 각 위험물의 명칭 및 유별 구분

① 니트로톨루엔($CH_3(C_6H_4)NO_2$) : 제4류 위험물 중 제3석유류
② 아세톤(CH_3COCH_3) : 제4류 위험물 중 제1석유류
③ 피크린산($C_6H_2(NO_2)_3OH$) : 제5류 위험물 중 니트로화합물
④ 니트로벤젠($C_6H_5NO_2$) : 제4류 위험물 중 제3석유류

33. 니트로셀룰로오스 5kg과 트리니트로페놀을 함께 저장하려고 한다. 이때 지정수량 1배로 저장하려면 트리니트로페놀을 몇 kg 저장하여야 하는가?

① 5 ② 10 ③ 50 ④ 100

해설 ㉮ 제5류 위험물의 품명 및 지정수량

품명		지정수량
니트로셀룰로오스	질산에스테르류	10kg
트리니트로페놀 (피크린산)	니트로화합물	200kg

㉯ 트리니트로페놀 저장량 계산 : 지정수량 배수의 합은 각 위험물량을 지정수량으로 나눈 값의 합이다.

∴ 지정수량 배수의 합

$$= \frac{\text{A 위험물량}}{\text{지정수량}} + \frac{\text{B 위험물량}}{\text{지정수량}}$$

$$\therefore 1 = \frac{5}{10} + \frac{x}{200}$$

2014

정답 30. ① 31. ④ 32. ③ 33. ④

$\therefore 1-\frac{5}{10}=\frac{x}{200}$, $\therefore 1-0.5=\frac{x}{200}$

$\therefore x=200\times(1-0.5)=100\,\text{kg}$

34. 위험물 안전관리법령상 염소화이소시아놀산은 제 몇 류 위험물인가?

① 제1류　② 제2류
③ 제3류　④ 제4류

해설 제1류 위험물 중 '그 밖에 행정안전부령으로 정하는 것'[시행규칙 제3조] : 과요오드산염류, 과요오드산, 크롬·납 또는 요오드의 산화물, 아질산염류, 차아염소산염류, 염소화이소시아눌산, 퍼옥소이황산염류, 퍼옥소붕산염류

참고 제5류 위험물 중 행정안전부령으로 정하는 것 : 질산구아니딘, 금속의 아지화합물

35. 니트로셀룰로오스의 저장방법으로 올바른 것은?

① 물이나 알코올로 습윤시킨다.
② 에탄올과 에테르 혼액에 침윤시킨다.
③ 수은염을 만들어 저장한다.
④ 산에 용해시켜 저장한다.

해설 니트로셀룰로오스(제5류 위험물)는 건조한 상태에서는 발화의 위험이 있기 때문에 물 또는 알코올 등을 첨가하여 습윤시킨 상태로 저장한다.

36. 과망간산칼륨의 위험성에 대한 설명으로 틀린 것은?

① 황산과 격렬하게 반응한다.
② 유기물과 혼합 시 위험성이 증가한다.
③ 고온으로 가열하면 분해하여 산소와 수소를 방출한다.
④ 목탄, 황 등 환원성 물질과 격리하여 저장해야 한다.

해설 과망간산칼륨($KMnO_4$)의 위험성
㉮ 제1류 위험물 중 과망간산염류에 해당하고, 지정수량은 1000kg이다.
㉯ 240℃에서 가열하면 망간산칼륨, 이산화망간, 산소를 발생한다.
㉰ 목탄, 황 등 환원성 물질과 접촉 시 폭발의 위험이 있다.
㉱ 강산화제이며, 진한 황산과 접촉하면 폭발적으로 반응한다.
㉲ 직사광선(일광)을 차단하고 냉암소에 저장한다.
㉳ 용기는 금속 또는 유리 용기를 사용하며 산, 가연물, 유기물과 격리하여 저장한다.

37. 유별을 달리하는 위험물을 운반할 때 혼재할 수 있는 것은? (단, 지정수량의 $\frac{1}{10}$을 넘는 양을 운반하는 경우이다.)

① 제1류와 제3류　② 제2류와 제4류
③ 제3류와 제5류　④ 제4류와 제6류

해설 ㉮ 위험물 운반할 때 혼재 기준[시행규칙 별표19, 부표2]

구분	제1류	제2류	제3류	제4류	제5류	제6류
제1류		×	×	×	×	○
제2류	×		×	○	○	×
제3류	×	×		○	×	×
제4류	×	○	○		○	×
제5류	×	○	×	○		×
제6류	○	×	×	×	×	

○ : 혼합 가능, × : 혼합 불가능

㉯ 이 표는 지정수량의 $\frac{1}{10}$ 이하의 위험물에 대하여는 적용하지 않는다.

38. 과산화벤조일(벤조일퍼옥사이드)에 대한 설명 중 틀린 것은?

① 환원성 물질과 격리하여 저장한다.
② 물에 녹지 않으나 유기용매에 녹는다.
③ 희석제로 묽은 질산을 사용한다.
④ 결정성의 분말 형태이다.

해설 과산화벤조일(벤조일퍼옥사이드)의 특징
㉮ 제5류 위험물 중 유기과산화물에 해당되며 지정수량은 10kg이다.

정답 34. ① 35. ① 36. ③ 37. ② 38. ③

㉯ 무색, 무미의 결정성의 분말 형태(고체)로 물에는 잘 녹지 않으나 알코올에는 약간 녹는다.
㉰ 상온에서 안정하며, 강한 산화작용이 있다.
㉱ 가열하면 100℃ 부근에서 백색 연기를 내며 분해한다.
㉲ 빛, 열, 충격, 마찰 등에 의해 폭발의 위험이 있다.
㉳ 강한 산화성 물질로 진한 황산, 질산, 초산 등과 접촉하면 화재나 폭발의 우려가 있다.
㉴ 수분의 흡수나 불활성 **희석제(프탈산디메틸, 프탈산디부틸)**의 첨가에 의해 폭발성을 낮출 수도 있다.
㉵ 비중(25℃) 1.33, 융점 103~105℃(분해온도), 발화점 125℃이다.

39. 유황에 대한 설명으로 옳지 않은 것은?

① 연소 시 황색 불꽃을 보이며 유독한 이황화탄소를 발생한다.
② 미세한 분말상태에서 부유하면 분진폭발의 위험이 있다.
③ 마찰에 의해 정전기가 발생할 우려가 있다.
④ 고온에서 용융된 유황은 수소와 반응한다.

해설 황(유황)의 특징
㉮ 제2류 위험물로 지정수량 100kg이다.
㉯ 노란색 고체로 열 및 전기의 불량도체이므로 정전기발생에 유의하여야 한다.
㉰ 물이나 산에는 녹지 않지만 이황화탄소(CS_2)에는 녹는다(단, 고무상 황은 녹지 않음).
㉱ 저온에서는 안정하나 높은 온도에서는 여러 원소와 황화물을 만든다.
㉲ 공기 중에서 **연소**하면 **푸른 불꽃**을 발하며, **유독한 아황산가스**(SO_2)를 발생한다.
㉳ 산화제나 목탄가루 등과 혼합되어 있을 때 마찰이나 열에 의해 착화, 폭발을 일으킨다.
㉴ 황가루가 공기 중에 떠 있을 때는 분진 폭발의 위험성이 있다.
㉵ 이산화탄소(CO_2)와 반응하지 않으므로 소화방법으로 이산화탄소를 사용한다.

40. 정전기로 인한 재해방지 대책 중 틀린 것은?

① 접지를 한다.
② 실내를 건조하게 유지한다.
③ 공기 중의 상대습도를 70% 이상으로 유지한다.
④ 공기를 이온화시킨다.

해설 정전기 방지 대책
㉮ 설비를 접지한다.
㉯ 공기를 이온화한다.
㉰ 공기 중 상대습도를 70% 이상 유지한다.

41. 제4류 위험물에 속하지 않는 것은?

① 아세톤　② 실린더유
③ 트리니트로톨루엔　④ 니트로벤젠

해설 ㉮ 제4류 위험물

품명		지정수량
아세톤	제1석유류	400L
실린더유	제4석유류	6000L
니트로벤젠	제3석유류	4000L

㉯ 트리니트로톨루엔[$C_6H_2CH_3(NO_2)_3$: TNT]은 제5류 위험물 중 니트로화합물에 해당되며, 지정수량은 200kg이다.

42. 제5류 위험물 중 니트로화합물의 지정수량을 옳게 나타낸 것은?

① 10kg　② 100kg
③ 150kg　④ 200kg

해설 제5류 위험물의 지정수량

품명	지정수량
유기과산화물, 질산에스테르류	10kg
히드록실아민, 히드록실아민염류	100kg
니트로화합물, 니트로소화합물, 아조화합물, 디아조화합물, 히드라진 유도체	**200kg**
행정안전부령으로 정하는 것, 제5류 위험물 어느 하나 이상을 함유하는 것	10kg, 100kg, 200kg

정답 39. ① 40. ② 41. ③ 42. ④

43. 다음 중 지정수량이 나머지 셋과 다른 물질은?

① 황화인 ② 적린
③ 칼슘 ④ 유황

해설 각 위험물의 지정수량

품명		지정수량
황화인	제2류 위험물	100kg
적린	제2류 위험물	100kg
칼슘	제3류 위험물	50kg
유황	제2류 위험물	100kg

44. 과염소산칼륨의 성질에 대한 설명 중 틀린 것은?

① 무색, 무취의 결정으로 물에 잘 녹는다.
② 화학식은 $KClO_4$이다.
③ 에탄올, 에테르에는 녹지 않는다.
④ 화약, 폭약, 섬광제 등에 쓰인다.

해설 과염소산칼륨($KClO_4$)의 특징

㉮ 제1류 위험물 중 과염소산염류로 지정수량 50kg이다.
㉯ 무색, 무취, 사방정계 결정으로 물에 녹기 어렵고 알코올, 에테르에도 불용이다.
㉰ 400℃에서 분해하기 시작하여 610℃에서 완전 분해되어 산소를 방출한다.
㉱ 자신은 불연성 물질이지만 강력한 산화제이다.
㉲ 진한 황산과 접촉하면 폭발성 가스를 생성하고 튀는 것과 같은 폭발 위험이 있다.
㉳ 인, 황, 마그네슘, 유기물 등이 섞여 있을 때 가열, 충격, 마찰에 의해 폭발한다.
㉴ 환기가 잘 되고 서늘한 곳에 보관한다.
㉵ 화약, 폭약, 섬광제 등에 사용된다.
㉶ 비중 2.52, 융점 610℃, 용해도(20℃) 1.8이다.

45. 경유 2000L, 글리세린 2000L를 같은 장소에 저장하려고 한다. 지정수량의 배수의 합은 얼마인가?

① 2.5 ② 3.0
③ 3.5 ④ 4.0

해설 제4류 위험물 지정수량

㉮ 경유(제2석유류, 비수용성) : 1000L
㉯ 글리세린(제3석유류, 수용성) : 4000L
㉰ 지정수량 배수의 합 계산 : 지정수량 배수의 합은 각 위험물량을 지정수량으로 나눈 값의 합이다.

∴ 지정수량 배수의 합

$$= \frac{\text{A 위험물량}}{\text{지정수량}} + \frac{\text{B 위험물량}}{\text{지정수량}}$$

$$= \frac{2000}{1000} + \frac{2000}{4000} = 2.5$$

46. 0.99atm, 55℃에서 이산화탄소의 밀도는 약 몇 g/L 인가?

① 0.62 ② 1.62
③ 9.65 ④ 12.65

해설 ㉮ 이산화탄소(CO_2)의 분자량(M) 계산 : $12+(16\times2)=44$

㉯ 0.99atm, 55℃에서 이산화탄소의 밀도 계산 : 이상기체 상태방정식 $PV=\frac{W}{M}RT$를 이용하여 계산한다.

$$\therefore \rho = \frac{W}{V} = \frac{PM}{RT} = \frac{0.99\times 44}{0.082\times(273+55)}$$

$$=1.619\,\text{g/L}$$

47. 다음 중 인화점이 0℃보다 작은 것은 모두 몇 개인가?

$C_2H_5OC_2H_5$, CS_2, CH_3CHO

① 0개 ② 1개
③ 2개 ④ 3개

해설 제4류 위험물 중 특수인화물의 인화점

명칭	인화점
$C_2H_5OC_2H_5$(디에틸에테르)	−45℃
CS_2(이황화탄소)	−30℃
CH_3CHO(아세트알데히드)	−39℃

정답 43. ③ 44. ① 45. ① 46. ② 47. ④

48. 다음은 위험물 안전관리법령상 이동탱크 저장소에 설치하는 게시판의 설치기준에 관한 내용이다. ( ) 안에 해당하지 않는 것은?

> 이동저장탱크의 뒷면 중 보기 쉬운 곳에는 해당 탱크에 저장 또는 취급하는 위험물의 ( )·( )·( ) 및 적재중량을 게시한 게시판을 설치하여야 한다.

① 최대수량 ② 품명
③ 유별 ④ 관리자명

해설 법령 개정으로 삭제된 조항임

참고 현재의 이동탱크 저장소 표지 규정으로 학습하길 바랍니다.

㉮ 부착위치
㉠ 이동탱크 저장소 : 전면 상단 및 후면 상단
㉡ 위험물 운반차량 : 전면 및 후면
㉯ 규격 및 형상 : 60cm 이상×30cm 이상의 횡형 사각형
㉰ 색상 및 문자 : 흑색바탕에 황색의 반사 도료로 "위험물"이라 표기할 것

49. 위험물과 그 보호액 또는 안정제의 연결이 틀린 것은?

① 황린 – 물
② 인화석회 – 물
③ 금속 칼륨 – 등유
④ 알킬알루미늄 – 헥산

해설 각 위험물의 보호물질

㉮ 황린 : 제3류 위험물로 공기 중에서 산화되어 발화하기 때문에 물속에 저장한다.
㉯ 금속 칼륨, 금속 나트륨 : 제3류 위험물로 물과의 접촉을 피하고, 산화를 방지하기 위해 등유, 경유, 파라핀 속에 저장한다.
㉰ 알킬알루미늄 : 제3류 위험물로 취급설비와 탱크 저장 시에는 질소 등의 불활성가스 봉입장치를 설치하여 벤젠(C_6H_6), 헥산(C_6H_{14})과 같은 희석제를 첨가한다.
㉱ 이황화탄소 : 제4류 위험물로 가연성 증기의 발생을 억제하기 위하여 물속에 저장한다.
㉲ 인화석회(Ca_3P_2 : 인화칼슘) : 제3류 위험물로 물, 습기와의 접촉을 피하고 통풍이 잘 되는 건조한 냉암소에 밀봉하여 저장한다. 장기간 저장할 용기는 질소 등 불연성가스를 충전하여 저장한다.

참고 인화석회는 물과 접촉하면 맹독성이고 가연성 가스인 인화수소(PH_3 : 포스핀)이 발생한다.

50. 다음 설명 중 제2석유류에 해당하는 것은? (단, 1기압 상태이다.)

① 착화점이 21℃ 미만인 것
② 착화점이 30℃ 이상 50℃ 미만인 것
③ 인화점이 21℃ 이상 70℃ 미만인 것
④ 인화점이 21℃ 이상 90℃ 미만인 것

해설 제2석유류

㉮ 정의 : 등유, 경유 그 밖에 1기압에서 인화점이 21℃ 이상 70℃ 미만인 것을 말한다. 다만, 도료류 그 밖의 물품에 있어서 가연성 액체량이 40 중량% 이하이면서 인화점이 40℃ 이상인 동시에 연소점이 60℃ 이상인 것은 제외한다.
㉯ 종류 : 등유, 경유, 의산, 초산, 테레빈유, 장뇌유, 스티렌, 송근유, 에틸셀르솔브, 메틸셀르솔브, 클로로벤젠 등

51. 위험물 안전관리법령상 제5류 위험물의 공통된 취급방법으로 옳지 않은 것은?

① 용기의 파손 및 균열에 주의한다.
② 저장 시 과열, 충격, 마찰을 피한다.
③ 운반용기 외부에 주의사항으로 "화기주의" 및 "물기엄금"을 표기한다.
④ 불티, 불꽃, 고온체와의 접근을 피한다.

해설 제5류 위험물의 공통적인(일반적인) 성질

㉮ 가연성 물질이며 그 자체가 산소를 함유하므로 자기연소(내부연소)를 일으키기 쉽다.
㉯ 유기물질이며 연소속도가 대단히 빨라서 폭발성이 있다.
㉰ 가열, 마찰, 충격에 의하여 인화 폭발하는 것이 많다.

정답 48. ④ 49. ② 50. ③ 51. ③

㉣ 장기간 저장하면 산화반응이 일어나 열분해되어 자연 발화를 일으키는 경우도 있다.

참고 제5류 위험물은 운반용기 외부에 "화기엄금" 및 "충격주의" 주의사항을 표시하여야 한다.

52. 위험물 안전관리법령상 옥내소화전설비의 설치기준에서 옥내소화전은 제조소 등의 건축물의 층마다 해당 층의 각 부분에서 하나의 호스 접속구까지의 수평거리가 몇 m 이하가 되도록 설치하여야 하는가?

① 5　② 10
③ 15　④ 25

해설 옥내소화전설비 설치기준[시행규칙 별표17]
㉮ 호스 접속구까지의 수평거리 : 25m 이하
㉯ 수원의 양 : 옥내소화전 설치개수(최고 5개)에 $7.8m^3$를 곱한 양 이상
㉰ 노즐선단의 방수압력 : 350kPa(0.35MPa) 이상
㉱ 노즐에서의 방수량 : 260L/min 이상

53. 위험물 안전관리법령에 따른 위험물의 운송에 관한 설명 중 틀린 것은?

① 알킬리튬과 알킬알루미늄 또는 이 중 어느 하나 이상을 함유한 것은 운송책임자의 감독, 지원을 받아야 한다.
② 이동탱크 저장소에 의하여 위험물을 운송할 때의 운송책임자에는 법정의 교육을 이수하고 관련 업무에 2년 이상 경력이 있는 자도 포함된다.
③ 서울에서 부산까지 금속의 인화물 300kg을 1명의 운전자가 휴식 없이 운송해도 규정위반이 아니다.
④ 운송책임자의 감독 또는 지원 방법에는 동승하는 방법과 별도의 사무실에서 대기하면서 규정된 사항을 이행하는 방법이 있다.

해설 위험물 운송 시에 준수사항[시행규칙 별표21]
㉮ 2명 이상의 운전자로 해야 하는 경우
㉠ 고속국도에 있어서는 340km 이상 운송하는 때
㉡ 그 밖의 도로에 있어서는 200km 이상 운송하는 때
㉯ 1명의 운전자로 할 수 있는 경우
㉠ 규정에 의하여 운송책임자를 동승시킨 경우
㉡ 운송하는 위험물이 제2류 위험물·제3류 위험물(칼슘 또는 알루미늄의 탄화물과 이것만을 함유한 것에 한한다) 또는 제4류 위험물(특수인화물을 제외한다)인 경우
㉢ 운송도중에 2시간 이내마다 20분 이상씩 휴식하는 경우

참고 서울에서 부산까지는 340km 이상이기 때문에 휴식 없이 운송하기 위해서는 2명 이상의 운전자로 해야 한다.

54. 다음은 위험물 안전관리법령에서 정한 내용이다. ( ) 안에 알맞은 용어는?

( )라 함은 고형 알코올 그 밖에 1기압에서 인화점이 섭씨 40도 미만인 고체를 말한다.

① 가연성 고체　② 산화성 고체
③ 인화성 고체　④ 자기반응성 고체

해설 제2류 위험물 품명[시행령 별표1]
㉮ "가연성 고체"라 함은 고체로서 화염에 의한 발화의 위험성 또는 인화의 위험성을 판단하기 위하여 고시로 정하는 시험에서 고시로 정하는 성질과 상태를 나타내는 것을 말한다.
㉯ 유황은 순도가 60 wt% 이상인 것을 말한다. 이 경우 순도측정에 있어서 불순물은 활석 등 불연성물질과 수분에 한한다.
㉰ "철분"이라 함은 철의 분말로소 53μm의 표준체를 통과하는 것이 50 wt% 미만인 것은 제외한다.
㉱ "금속분"이라 함은 알칼리금속·알칼리토류금속철 및 마그네슘 외의 금속의 분말을 말하고, 구리분·니켈분 및 150μm의 체를 통과하는 것이 50 wt% 미만인 것은 제외한다.
㉲ 황화린·적린·유황 및 철분은 '가연성고체'의

정답 52. ④　53. ③　54. ③

규정에 의한 성상이 있는 것으로 본다.

㉳ "인화성 고체"라 함은 고형알코올 그 밖에 1기압에서 인화점이 40℃ 미만인 고체를 말한다.

㉴ 마그네슘을 함유한 것에 있어서는 다음 각목의 1에 해당하는 것은 제외한다.

㉠ 2mm의 체를 통과하지 아니하는 덩어리 상태의 것

㉡ 직경 2mm 이상의 막대 모양의 것

55. 유기과산화물의 저장 또는 운반 시 주의사항으로 옳은 것은?

① 일광이 드는 건조한 곳에 저장한다.
② 가능한 한 대용량으로 저장한다.
③ 알코올류 등 제4류 위험물과 혼재하여 운반할 수 있다.
④ 산화제이므로 다른 강산화제와 같이 저장해도 좋다.

해설 유기과산화물의 저장 또는 운반 시 주의사항

㉮ 저장 시 주의사항

㉠ **직사일광을 피하고** 냉암소에 저장한다.

㉡ 불꽃, 불티 등의 화기 및 열원으로부터 멀리하고 **산화제, 환원제와도 격리**한다.

㉢ 용기의 손상으로 유기과산화물이 누설하거나 오염되지 않도록 한다.

㉣ 같은 장소에 종류가 다른 약품과 함께 저장하지 않는다.

㉤ 알코올류, 아민류, 금속분류, 기타 가연성 물질과 혼합하지 않는다.

㉥ 화재 발생에 대비해 소량씩 나누어 분산 저장한다.

㉯ 운반 시 주의사항

㉠ 유기과산화물은 제5류 위험물이므로 운반할 때 제4류 위험물과 혼재가 가능하다.

㉡ 혼재기준은 37번 해설을 참고한다.

56. 제3류 위험물에 해당하는 것은?

① 유황 ② 적린
③ 황린 ④ 삼황화인

해설 각 위험물의 유별 구분

품명	유별	지정수량
유황	제2류 위험물	100kg
적린	제2류 위험물	100kg
황린	**제3류 위험물**	**20kg**
삼황화인	제2류 위험물 중 황화린	100kg

57. 제조소등의 관계인이 예방규정을 정하여야 하는 제조소등이 아닌 것은?

① 지정수량 100배의 위험물을 저장하는 옥외탱크 저장소
② 지정수량 150배의 위험물을 저장하는 옥내 저장소
③ 지정수량 10배의 위험물을 취급하는 제조소
④ 지정수량 5배의 위험물을 취급하는 이송취급소

해설 예방규정을 정하여야 하는 제조소등[시행령 제15조]

㉮ 지정수량의 10배 이상의 위험물을 취급하는 제조소

㉯ 지정수량의 100배 이상의 위험물을 저장하는 옥외저장소

㉰ 지정수량의 150배 이상의 위험물을 저장하는 옥내저장소

㉱ 지정수량의 **200배** 이상의 위험물을 저장하는 **옥외탱크저장소**

㉲ 암반탱크 저장소

㉳ 이송취급소

㉴ 지정수량의 10배 이상의 위험물을 취급하는 일반취급소

58. 황린의 위험성에 대한 설명으로 틀린 것은?

① 공기 중에서 자연발화의 위험성이 있다.
② 연소 시 발생되는 증기는 유독하다.
③ 화학적 활성이 커서 CO_2, H_2O와 격렬히 반응한다.

2014

정답 55. ③ 56. ③ 57. ① 58. ③

④ 강알칼리 용액과 반응하여 독성가스를 발생한다.

해설 황린(P_4)의 위험성

㉮ 제3류 위험물로 지정수량은 20kg이다.

㉯ 공기와의 접촉은 자연발화의 원인이 되므로 위험하다.

㉰ 공기보다 무거운 가연성이며 맹독성 물질로 0.0098g에서 중독현상, 0.02~0.05g에서는 사망한다.

㉱ 연소하면 발생되는 백색의 증기는 유독성의 오산화인(P_2O_5)이다.

㉲ 피부에 노출되면 화상을 입으며, 근육 또는 뼈 속으로 흡수되는 성질이 있다.

㉳ KOH 등 강알칼리 용액과 반응하여 맹독성의 포스겐($COCl_2$) 가스를 발생한다.

㉴ 자연발화의 위험성이 있어 물속에 저장한다.

참고 다른 원소와 반응하여 인화합물을 만들지만, 물(H_2O), 이산화탄소(CO_2)와는 반응하지 않는다.

59. **다음 그림의 원통형 종으로 설치된 탱크에서 공간용적을 내용적의 10%라고 하면 탱크용량(허가용량)은 약 얼마인가?**

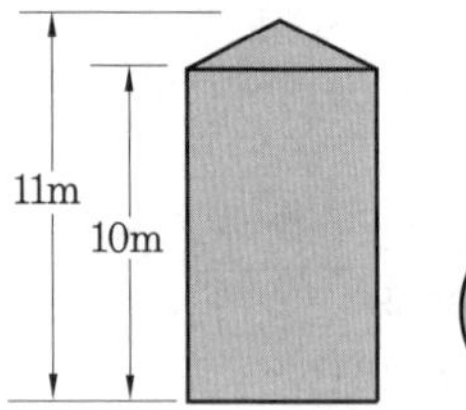

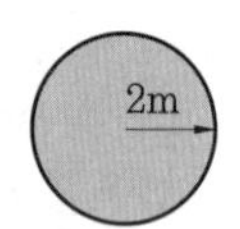

① 113.04 ② 124.04
③ 129.06 ④ 138.16

해설 ㉮ 탱크 용적의 산정기준[시행규칙 제5조] : 위험물을 저장 또는 취급하는 탱크의 용량은 해당 탱크의 내용적에서 공간용적을 뺀 용적으로 한다.

㉯ 탱크의 공간용적[세부기준 제25조] : 탱크의 공간용적은 탱크의 내용적의 $\frac{5}{100}$ 이상 $\frac{10}{100}$ 이하의 용적으로 한다. → 문제에서 공간용적은 내용적의 10%로 주어졌음

㉰ 탱크의 허가용량 계산 : 탱크의 허가용량은 내용적에서 공간용적 10%를 뺀 것이므로 허가용량은 내용적의 90%에 해당된다.

∴ 탱크 허가용량=탱크 내용적 − 공간용적

$= \text{탱크 내용적} \times 0.9$

$= (\pi \times D \times L) \times 0.9$

$= \{\pi \times (2 \times 2) \times 10\} \times 0.9$

$= 113.097\,\text{m}^3$

60. **지하탱크 저장소에 대한 설명으로 옳지 않은 것은?**

① 탱크전용실의 벽의 두께는 0.3m 이상이어야 한다.

② 지하저장탱크의 윗부분은 지면으로부터 0.6m 이상 아래에 있어야 한다.

③ 지하저장탱크와 탱크전용실 안쪽과의 간격은 0.1m 이상의 간격을 유지한다.

④ 지하저장탱크에는 두께 0.1m 이상의 철근콘크리트조로 된 뚜껑을 설치한다.

해설 지하탱크저장소 탱크 전용실 기준 [시행규칙 별표8]

㉮ 지하저장탱크의 벽·바닥 및 뚜껑은 두께 0.3m 이상의 철근콘크리트구조 또는 이와 동등 이상의 강도가 있는 구조로 설치할 것

㉯ 지하의 벽·피트·가스관 등 시설물 및 대지 경계선으로 0.1m 이상 떨어진 곳에 설치할 것

㉰ 지하저장탱크와 탱크전용실 안쪽과의 사이는 0.1m 이상의 간격을 유지할 것

㉱ 지하저장탱크 주위에는 마른 모래 또는 입자지름 5mm 이하의 마른 자갈분을 채울 것

㉲ 지하저장탱크 윗부분과 지면과의 거리는 0.6m 이상의 거리를 유지할 것

㉳ 지하저장탱크를 2 이상 인접 설치하는 경우 상호간에 1m 이상의 간격을 유지할 것

정답 59. ① 60. ④

2015년도 출제문제

2015. 1. 25 시행 (제1회)

1. 제3종 분말 소화약제의 열분해 반응식을 옳게 나타낸 것은?

① $NH_4H_2PO_4 \rightarrow HPO_3 + NH_3 + H_2O$
② $2KNO_3 \rightarrow 2KNO_2 + O_2$
③ $KClO_4 \rightarrow KCl + 2O_2$
④ $2CaHCO_3 \rightarrow 2CaO + H_2CO_3$

해설 분말 소화약제의 열분해 반응식
㉮ 제1종 : $2NaHCO_3 \rightarrow NaCO_3 + CO_2 + H_2O$
㉯ 제2종 : $2KHCO_3 \rightarrow K_2CO_3 + CO_2 + H_2O$
㉰ 제3종 : $NH_4H_2PO_4 \rightarrow HPO_3 + NH_3 + H_2O$
㉱ 제4종 : $2KHCO_3 + (NH_2)_2CO \rightarrow K_2CO_3 + 2NH_3 + 2CO_2$

2. 위험물 안전관리법령상 제2류 위험물 중 지정수량이 500kg인 물질에 의한 화재는 어느 것인가?

① A급 화재 ② B급 화재
③ C급 화재 ④ D급 화재

해설 ㉮ 제2류 위험물 중 지정수량이 500kg에 해당하는 품명은 철분, 마그네슘, 금속분이다.
㉯ 철분, 마그네슘, 금속분은 금속화재에 해당된다.
㉰ 금속화재는 화재 분류 시 D급으로 분류된다.

3. 위험물 제조소등의 용도 폐지신고에 대한 설명으로 옳지 않은 것은?

① 용도폐지 후 30일 이내에 신고하여야 한다.
② 완공검사필증을 첨부한 용도 폐지신고서를 제출하는 방법으로 신고한다.
③ 전자문서로 된 용도 폐지신고서를 제출하는 방법으로 신고한다.
④ 신고의무의 주체는 해당 제조소등의 관계인이다.

해설 제조소등의 용도 폐지신고[법 제11조]
㉮ 제조소등 관계인은 제조소등의 용도를 폐지한 때에는 용도를 폐지한 날부터 14일 이내에 시·도지사에게 신고하여야 한다.
㉯ 제조소등의 용도폐지신고를 하고자 하는 자는 신고서와 제조소등의 완공검사필증을 첨부하여 시·도지사 또는 소방서장에게 제출하여야 한다[시행규칙 제23조].

4. 할로겐 화합물의 소화약제 중 할론 2402의 화학식은?

① $C_2Br_4F_2$ ② $C_2Cl_4F_2$
③ $C_2Cl_4Br_2$ ④ $C_2F_4Br_2$

해설 ㉮ 할론(Halon)−abcd → "탄·불·염·취"로 암기
㉠ a : 탄소(C)의 수
㉡ b : 불소(F)의 수
㉢ c : 염소(Cl)의 수
㉣ d : 취소(Br : 브롬)의 수
㉯ 주어진 할론 번호에서 탄소(C) 2개, 불소(F) 4개, 염소(Cl) 0개, 취소(Br : 브롬) 2개이므로 할론 2402에 해당되는 화학식(분자식)은 $C_2F_4Br_2$이다.

5. 위험물 제조소등에 설치하여야 하는 자동화재 탐지설비의 설치기준에 대한 설명 중 틀린 것은?

2015

정답 1. ① 2. ④ 3. ① 4. ④ 5. ①

① 자동화재 탐지설비의 경계구역은 건축물 그 밖의 공작물의 2 이상의 층에 걸치도록 할 것
② 하나의 경계구역에서 그 한 변의 길이는 50m(광전식 분리형 감지기를 설치한 경우에는 100m) 이하로 할 것
③ 자동화재 탐지설비의 감지기는 지붕 또는 벽의 옥내에 면한 부분에 유효하게 화재의 발생을 감지할 수 있도록 설치할 것
④ 자동화재 탐지설비에는 비상전원을 설치할 것

해설 자동화재 탐지설비 설치기준[시행규칙 별표17]

㉮ 자동화재 탐지설비의 경계구역은 건축물 그 밖의 공작물의 2 이상의 층에 걸치지 아니하도록 할 것. 다만, 하나의 경계구역의 면적이 $500m^2$ 이하이면서 당해 경계구역이 두 개의 층에 걸치는 경우이거나 계단·경사로·승강기의 승강로 그 밖에 이와 유사한 장소에 연기감지기를 설치하는 경우에는 그러하지 아니하다.

㉯ 하나의 경계구역의 면적은 $600m^2$ 이하로 하고 그 한 변의 길이는 50m(광전식분리형 감지기를 설치할 경우에는 100m) 이하로 할 것. 다만, 당해 건축물 그 밖의 공작물의 출입구에서 그 내부의 전체를 볼 수 있는 경우에는 그 면적을 $1000m^2$ 이하로 할 수 있다.

㉰ 자동화재 탐지설비의 감지기는 지붕(상층이 있는 경우에는 상층의 바닥) 또는 벽의 옥내에 면한 부분(천장이 있는 경우에는 천장 또는 벽의 옥내에 면한 부분 및 천장의 뒷부분)에 유효하게 화재의 발생을 감지할 수 있도록 설치할 것

㉱ 자동화재 탐지설비에는 비상전원을 설치할 것

6. 수소, 아세틸렌과 같은 가연성 가스가 공기 중 누출되어 연소하는 형식에 가장 가까운 것은?

① 확산연소　② 증발연소
③ 분해연소　④ 표면연소

해설 확산연소 : 가연성 가스를 대기 중에 분출 확산시켜 연소하는 것으로 수소, 아세틸렌, 프로판, 부탄 등의 연소가 이에 해당된다.

7. 알코올류 20000L에 대한 소화설비 설치 시 소요단위는?

① 5　② 10　③ 15　④ 20

해설 ㉮ 알코올 : 제4류 위험물로 지정수량은 400L이다.
㉯ 1소요단위는 지정수량의 10배이다.

$$\therefore \text{소요단위} = \frac{\text{위험물의 양}}{\text{지정수량} \times 10} = \frac{20000}{400 \times 10} = 5$$

8. 위험물 안전관리법령상 분말소화설비의 기준에서 규정한 전역방출방식 또는 국소방출방식 분말 소화설비의 가압용 또는 축압용 가스에 해당하는 것은?

① 네온 가스　② 아르곤 가스
③ 수소 가스　④ 이산화탄소 가스

해설 분말소화설비의 가압용 또는 축압용 가스 [세부기준 136조] : 질소 또는 이산화탄소

9. 과산화칼륨의 저장창고에서 화재가 발생하였다. 다음 중 가장 적합한 소화약제는 어느 것인가?

① 물　② 이산화탄소
③ 마른 모래　④ 염산

해설 과산화칼륨(K_2O_2)

㉮ 제1류 위험물 중 무기과산화물에 해당되며, 물과 접촉하면 많은 열과 산소를 발생하여 폭발의 위험성이 있고, 이산화탄소와 반응하여 산소가 발생된다.

㉯ 적응성이 있는 소화설비(소화약제)는 건조사, 팽창질석 또는 팽창진주암, 탄산수소염류 분말소화설비 및 분말소화기이다.

정답 6. ①　7. ①　8. ④　9. ③

10. 위험물 안전관리법령에 의해 옥외저장소에 저장을 허가받을 수 없는 위험물은?

① 제2류 위험물 중 유황(금속제 드럼에 수납)
② 제4류 위험물 중 가솔린(금속제 드럼에 수납)
③ 제6류 위험물
④ 국제해상 위험물규칙(IMDG code)에 적합한 용기에 수납된 위험물

해설 옥외저장소에 지정수량 이상의 위험물을 저장할 수 있는 위험물[시행령 별표2]
㉮ 제2류 위험물 중 유황 또는 인화성고체(인화점이 0℃ 이상인 것에 한한다)
㉯ 제4류 위험물중 **제1석유류(인화점이 0℃ 이상인 것**에 한한다)·알코올류·제2석유류·제3석유류·제4석유류 및 동식물유류
㉰ 제6류 위험물
㉱ 제2류 위험물 및 제4류 위험물 중 특별시·광역시 또는 도의 조례에서서 정하는 위험물(관세법 제154조의 규정에 의한 보세구역 안에 저장하는 경우에 한한다)
㉲ '국제해사기구에 관한 협약'에 의하여 설치된 국제해사기구가 채택한 '국제해상위험물규칙(IMDG Code)'에 적합한 용기에 수납된 위험물

참고 가솔린은 제4류 위험물 중 제1석유류로 **인화점이** −20 ~ −43℃이기 때문에 옥외저장소에 저장을 허가 받을 수 없다.

11. 플래시 오버에 대한 설명으로 틀린 것은?

① 국소화재에서 실내의 가연물들이 연소하는 대화재로의 전이
② 환기 지배형 화재에서 연료 지배형 화재로의 전이
③ 실내의 천장 쪽에 축적된 미연소 가연성 증기나 가스를 통한 화염의 급격한 전파
④ 내화건축물의 실내화재 온도 상황으로 보아 성장기에서 최성기로의 진입

해설 플래시 오버(flash over) 현상 : 전실화재라 하며 화재로 발생한 열이 주변의 모든 물체가 연소되기 쉬운 상태에 도달하였을 때 순간적으로 강한 화염을 분출하면서 내부 전체를 급격히 태워버리는 현상으로 화재성장기(제1단계)에서 발생하며, 연료지배형 화재에서 환기지배형 화재로 전이되는 경향이 있다.

12. 위험물 안전관리법령상 제3류 위험물 중 금수성 물질의 화재에 적응성이 있는 소화설비는?

① 탄산수소염류의 분말 소화설비
② 이산화탄소 소화설비
③ 할로겐화합물 소화설비
④ 인산염류의 분말 소화설비

해설 제3류 위험물 중 금수성 물질에 적응성이 있는 소화설비[시행규칙 별표17]
㉮ 탄산수소염류 분말소화설비 및 분말소화기
㉯ 건조사
㉰ 팽창질석 또는 팽창진주암

13. 제1종, 제2종, 제3종 분말 소화약제의 주성분에 해당하지 않는 것은?

① 탄산수소나트륨
② 황산마그네슘
③ 탄산수소칼륨
④ 인산암모늄

해설 분말소화약제의 종류 및 적응화재

분말 종류	주성분	적응 화재	착색
제1종	중탄산나트륨($NaHCO_3$) [탄산수소나트륨]	B.C	백색
제2종	중탄산칼륨($KHCO_3$) [탄산수소칼륨]	B.C	자색 (보라색)
제3종	제1인산암모늄 ($NH_4H_2PO_4$)	A.B.C	담홍색
제4종	중탄산칼륨+요소 ($KHCO_3+(NH_2)_2CO$)	B.C	회색

정답 10. ② 11. ② 12. ① 13. ②

2015

14. 가연성 액화가스의 탱크 주위에서 화재가 발생한 경우에 탱크의 가열로 인하여 그 부분의 강도가 약해져 탱크가 파열됨으로 내부의 가열된 액화가스가 급속히 팽창하면서 폭발하는 현상은?

① 블레이브(BLEVE) 현상
② 보일 오버(boil over) 현상
③ 플래시 백(flash back) 현상
④ 백 드래프트(back draft) 현상

해설 ㉮ BLEVE(boiling liquid expanding vapor explosion) 현상 : 비등액체팽창증기폭발이라 하며 가연성 액체 저장탱크 주변에서 화재가 발생하여 기상부의 탱크가 국부적으로 가열되면 그 부분이 강도가 약해져 탱크가 파열된다. 이 때 내부의 액화가스가 급격히 유출 팽창되어 화구(fire ball)를 형성하여 폭발하는 형태를 말한다.
㉯ 보일 오버(boil over) 현상 : 유류탱크 화재시 탱크 저부의 비점이 낮은 불순물이 연소열에 의하여 이상팽창하면서 다량의 기름이 탱크 밖으로 비산하는 현상을 말한다.
㉰ 플래시 백(flash back) 현상 : 화염이 버너 노즐부분까지 되돌아와서 연소하는 현상을 말한다.
㉱ 백 드래프트(back draft) 현상 : 페쇄된 건축물 내에서 산소가 부족한 상태로 연소가 되다가 갑자기 실내에 다량의 공기가 공급될 때 폭발적 발화현상이 발생하는 것으로 화재의 성장기와 감퇴기에서 주로 발생된다.

15. 소화효과에 대한 설명으로 틀린 것은?

① 기화잠열이 큰 소화약제를 사용할 경우 냉각소화 효과를 기대할 수 있다.
② 이산화탄소에 의한 소화는 주로 질식소화로 화재를 진압한다.
③ 할로겐화합물 소화약제는 주로 냉각소화를 한다.
④ 분말 소화약제는 질식효과와 부촉매 효과 등으로 화재를 진압한다.

해설 소화약제의 소화효과
㉮ 물 : 냉각효과
㉯ 산·알칼리 소화약제 : 냉각효과
㉰ 강화액 소화약제 : 냉각소화, 부촉매효과, 일부질식효과
㉱ 이산화탄소 소화약제 : 질식효과, 냉각효과
㉲ 할로겐화합물 소화약제 : 억제효과(부촉매효과)
㉳ 포 소화약제 : 질식효과, 냉각효과
㉴ 분말 소화약제 : 질식효과, 냉각효과, 제3종 분말소화약제는 부촉매효과도 있음

16. 건조사와 같은 불연성 고체로 가연물을 덮는 것은 어떤 소화에 해당하는가?

① 제거소화 ② 질식소화
③ 냉각소화 ④ 억제소화

해설 소화작용(소화효과)
㉮ 제거소화 : 화재 현장에서 가연물을 제거함으로써 화재의 확산을 저지하는 방법으로 소화하는 것이다.
㉯ 질식소화 : 산소공급원을 차단하여 연소 진행을 억제하는 방법으로 소화하는 것이다.
㉰ 냉각소화 : 물 등을 사용하여 활성화 에너지(점화원)를 냉각시켜 가연물을 발화점 이하로 낮추어 연소가 계속 진행할 수 없도록 하는 방법으로 소화하는 것이다.
㉱ 부촉매소화(억제소화) : 산화반응에 직접 관계없는 물질을 가하여 연쇄반응의 억제작용을 이용하는 방법으로 소화하는 것이다.

17. 금속 칼륨과 금속 나트륨은 어떻게 보관하여야 하는가?

① 공기 중에 노출하여 보관
② 물속에 넣어서 밀봉하여 보관
③ 석유 속에 넣어서 밀봉하여 보관
④ 그늘지고 통풍이 잘 되는 곳에 산소 분위기에서 보관

해설 ㉮ 제3류 위험물인 금속칼륨, 금속나트륨은 공기 중의 수분과 반응하여 가연성인 수소를 발생하고, 산소와 반응하여 산화하는 것을 방

정답 14. ① 15. ③ 16. ② 17. ③

지하기 위하여 보호액 속에 넣어 보관한다.
㉯ 보호액 : 등유, 경유, 파라핀

18. **위험물 제조소등에 설치하는 고정식 포 소화설비의 기준에서 포헤드 방식의 포헤드는 방호대상물의 표면적 몇 m^2당 1개 이상의 헤드를 설치하여야 하는가?**

① 3 ② 9 ③ 15 ④ 30

해설 포헤드방식의 포헤드 설치 기준[세부기준 제133조]
㉮ 포헤드는 방호대상물의 모든 표면이 포헤드의 유효사정 내에 있도록 설치할 것
㉯ 방호대상물의 표면적 $9m^2$당 1개의 포헤드를, $1m^2$당 방사량이 6.5L/min 이상의 비율로 계산한 양의 포수용액을 표준방사량으로 방사할 수 있도록 설치할 것
㉰ 방사구역은 $100m^2$ 이상으로 할 것

19. **위험물 안전관리법령에 따른 스프링클러 헤드의 설치방법에 대한 설명으로 옳지 않은 것은?**

① 개방형 헤드는 반사판으로부터 하방으로 0.45m, 수평방향으로 0.3m 공간을 확보할 것
② 폐쇄형 헤드는 가연성물질 수납 부분에 설치 시 반사판으로부터 하방으로 0.9m, 수평방향으로 0.4m의 공간을 확보할 것
③ 폐쇄형 헤드 중 개구부에 설치하는 것은 해당 개구부의 상단으로부터 높이 0.15m 이내의 벽면에 설치할 것
④ 폐쇄형 헤드 설치 시 급배기용 덕트의 긴 변의 길이가 1.2m를 초과하는 것이 있는 경우에는 해당 덕트의 윗부분에만 헤드를 설치할 것

해설 폐쇄형 스프링클러헤드 설치 기준[세부기준 제131조] : 급배기용 덕트 등의 긴변의 길이가 1.2m를 초과하는 것이 있는 경우에는 당해 덕트 등의 아랫면에도 스프링클러헤드를 설치할 것

20. **Mg, Na의 화재에 이산화탄소 소화기를 사용하였다. 화재 현장에서 발생되는 현상은?**

① 이산화탄소가 부착면을 만들어 질식소화 된다.
② 이산화탄소가 방출되어 냉각소화 된다.
③ 이산화탄소가 Mg, Na과 반응하여 화재가 확대된다.
④ 부촉매 효과에 의해 소화된다.

해설 ㉮ 제2류 위험물인 마그네슘(Mg)과 제3류 위험물인 나트륨(Na)의 화재에 이산화탄소 소화기를 사용하면 가연성물질인 탄소(C)를 발생시켜 화재를 확대시킨다.
㉯ 반응식 : $2Mg+CO_2 \rightarrow 2MgO+C$

21. **위험물 안전관리법령상의 제3류 위험물 중 금수성 물질에 해당하는 것은?**

① 황린 ② 적린
③ 마그네슘 ④ 칼륨

해설 각 위험물의 유별 및 성질

품명	유별 및 성질	지정수량
황린	제3류 위험물 자연발화성 물질	20kg
적린	제2류 위험물 가연성 고체	100kg
마그네슘		500kg
칼륨	제3류 위험물 금수성 물질	10kg

22. **다음 중 위험성이 더욱 증가하는 경우는 어느 것인가?**

① 황린을 수산화칼슘 수용액에 넣었다.
② 나트륨을 등유 속에 넣었다.
③ 트리에틸알루미늄 보관 용기 내에 아르곤 가스를 봉입시켰다.
④ 니트로셀룰로오스를 알코올 수용액에 넣었다.

정답 18. ② 19. ④ 20. ③ 21. ④ 22. ①

해설 ㉮ 황린(제3류 위험물)을 수산화칼슘 수용액에 넣으면 독성물질이 포스핀(PH_3)이 생성된다.

㉯ 반응식 : $3Ca(OH)_2+2P_4+6H_2O$
$\rightarrow 3Ca(H_2PO_2)_2+2PH_3$

23. 적린의 성질에 대한 설명 중 옳지 않은 것은?

① 황린과 성분 원소가 같다.
② 발화온도는 황린보다 낮다.
③ 물, 이황화탄소에 녹지 않는다.
④ 브롬화인에 녹는다.

해설 적린(P_4)의 특징
㉮ 제2류 위험물로 지정수량 100kg이다.
㉯ 안정한 암적색, 무취의 분말로 **황린과 동소체**이다.
㉰ 물, 에틸알코올, 가성소다(NaOH), **이황화탄소(CS_2)**, 에테르, 암모니아에 **용해하지 않는다.**
㉱ 독성이 없고 어두운 곳에서 인광을 내지 않는다.
㉲ 상온에서 할로겐원소와 반응하지 않는다.
㉳ 독성이 없고 자연발화의 위험성이 없으나 산화물(염소산염류 등의 산화제)과 공존하면 낮은 온도에서도 발화할 수 있다.
㉴ 공기 중에서 연소하면 오산화인(P_2O_5)이 되면서 백색 연기를 낸다.
㉵ 적린의 성질 : 비중 2.2, 융점(43atm) 590℃, 승화점 400℃, **발화점 260℃**

참고 황린의 발화온도는 34℃로 적린이 높다.

24. 과산화칼륨과 과산화마그네슘이 염산과 각각 반응했을 때 공통으로 나오는 물질의 지정수량은?

① 50L ② 100kg
③ 300kg ④ 1000L

해설 ㉮ 제1류 위험물 중 무기과산화물인 과산화칼륨(K_2O_2)과 과산화마그네슘(MgO_2)이 염산(HCl)과 반응하면 과산화수소(H_2O_2)가 발생한다.
㉯ 과산화수소(H_2O_2)는 제6류 위험물(산화성 액체)로 지정수량은 300kg이다.

25. 트리메틸알루미늄이 물과 반응 시 생성되는 물질은?

① 산화알루미늄 ② 메탄
③ 메틸알코올 ④ 에탄

해설 트리메틸알루미늄[$(CH_3)_3Al$] : 제3류 위험물 중 알킬알루미늄에 해당되며 지정수량은 10kg이다.
㉮ 물(H_2O)과 반응하면 수산화알루미늄[$Al(OH)_3$]과 메탄(CH_4)이 발생한다.
㉯ 반응식 : $(CH_3)_3Al+3H_2O \rightarrow Al(OH)_3+3CH_4$

26. 소화설비의 기준에서 용량 160L 팽창질석의 능력단위는?

① 0.5 ② 1.0 ③ 1.5 ④ 2.5

해설 소화설비의 능력단위[시행규칙 별표17]

소화설비	용량	능력단위
소화전용 물통	8L	0.3
수조(소화전용 물통 3개 포함)	80L	1.5
수조(소화전용 물통 6개 포함)	190L	2.5
마른 모래(삽 1개 포함)	50L	0.5
팽창질석 또는 팽창진주암(삽 1개 포함)	160L	1.0

27. 위험물 안전관리법령상 위험물 운반 시 차광성이 있는 피복으로 덮지 않아도 되는 것은?

① 제1류 위험물
② 제2류 위험물
③ 제3류 위험물 중 자연발화성 물질
④ 제5류 위험물

해설 적재하는 위험물의 성질에 따른 조치[시행규칙 별표19]

정답 23. ② 24. ③ 25. ② 26. ② 27. ②

㉮ **차광성이 있는 피복으로 가려야 하는 위험물** : 제1류 위험물, 제3류 위험물 중 자연발화성 물질, 제4류 위험물 중 특수인화물, 제5류 위험물, 제6류 위험물
㉯ 방수성이 있는 피복으로 덮는 위험물 : 제1류 위험물 중 알칼리금속의 과산화물, 제2류 위험물 중 철분·금속분·마그네슘, 제3류 위험물 중 금수성 물질
㉰ 보랭 컨테이너에 수납하는 위험물 : 제5류 위험물 중 55℃ 이하에서 분해될 우려가 있는 것
㉱ 액체 위험물, 위험등급 Ⅱ의 위험물을 기계에 의하여 하역하는 구조로 된 운반용기 : 충격방지조치

28. 이동탱크 저장소에 의한 위험물의 운송 시 준수하여야 하는 기준에서 다음 중 어떤 위험물을 운송할 때 위험물 운송자는 위험물 안전카드를 휴대하여야 하는가?

① 특수인화물 및 제1석유류
② 알코올류 및 제2석유류
③ 제3석유류 및 동식물유류
④ 제4석유류

해설 이동탱크저장소에 의한 위험물 운송 시에 준수하여야 하는 기준[시행규칙 별표21]
㉮ 위험물(**제4류 위험물에 있어서는 특수인화물 및 제1석유류**에 한한다)을 운송하게 하는 자는 **위험물안전카드**를 위험물운송자로 하여금 **휴대**하게 할 것
㉯ 위험물운송자는 위험물안전카드를 휴대하고 당해 카드에 기재된 내용에 따를 것

29. 위험물 안전관리법령상 행정안전부령으로 정하는 제1류 위험물에 해당하지 않는 것은 어느 것인가?

① 과요오드산
② 질산구아니딘
③ 차아염소산염류
④ 염소화이소시아눌산

해설 제1류 위험물 중 '그 밖에 행정안전부령으로 정하는 것'[시행규칙 제3조] : 과요오드산염류, 과요오드산, 크롬 · 납 또는 요오드의 산화물, 아질산염류, 차아염소산염류, 염소화이소시아눌산, 퍼옥소이황산염류, 퍼옥소붕산염류

참고 제5류 위험물 중 행정안전부령으로 정하는 것 : 질산구아니딘, 금속의 아지화합물

30. 흑색 화약 원료로 사용되는 위험물의 유별을 옳게 나타낸 것은?

① 제1류, 제2류
② 제1류, 제4류
③ 제2류, 제4류
④ 제4류, 제5류

해설 흑색 화약의 원료별 유별 구분

원료 명칭	비율	유별
질산칼륨	75%	제1류 위험물
황	15%	제2류 위험물
목탄	10%	−

31. 제1류 위험물이 아닌 것은 어느 것인가?

① Na_2O_2 ② $NaClO_3$
③ NH_4ClO_4 ④ $HClO_4$

해설 각 위험물의 유별 구분

품명	유별
과산화나트륨(Na_2O_2)	제1류 위험물
염소산나트륨($NaClO_3$)	제1류 위험물
과염소산암모늄(NH_4ClO_4)	제1류 위험물
과염소산($HClO_4$)	제6류 위험물

32. 소화난이도 등급 Ⅰ의 옥내저장소에 설치하여야 하는 소화설비에 해당하지 않는 것은?

① 옥외소화전설비
② 연결살수설비
③ 스프링클러설비
④ 물분무 소화설비

정답 28. ① 29. ② 30. ① 31. ④ 32. ②

해설 소화난이도등급 I에 해당하는 옥내저장소에 갖추어야할 소화설비[시행규칙 별표17]
㉮ 처마높이가 6m 이상인 단층 건물 또는 다른 용도의 부분이 있는 건축물에 설치한 옥내저장소 : 스프링클러설비 또는 이동식 외의 물분무등 소화설비
㉯ 그 밖의 것 : **옥외소화전설비, 스프링클러설비, 이동식 외의 물분무등 소화설비 또는 이동식 포소화설비**(포소화전을 옥외에 설치하는 것에 한한다)

33. 적린의 위험성에 관한 설명 중 옳은 것은?

① 공기 중에 방치하면 폭발한다.
② 산소와 반응하여 포스핀가스를 발생한다.
③ 연소 시 적색의 오산화인이 발생한다.
④ 강산화제와 혼합하면 충격, 마찰에 의해 발화할 수 있다.

해설 적린(P_4)의 위험성
㉮ 독성이 없고 자연발화의 위험성이 없으나 산화물(염소산염류 등의 산화제)과 공존하면 낮은 온도에서도 발화할 수 있다.
㉯ 공기 중에서 **연소하면 오산화인**(P_2O_5)이 되면서 **백색 연기**를 낸다.
㉰ 서늘한 장소에 저장하며, 화기접근을 금지한다.
㉱ 산화제, 특히 염소산염류의 혼합은 절대 금지한다.

참고 산소와 반응하는 것이 공기 중에서 연소하는 것과 같은 것이다.

34. 디에틸에테르에 대한 설명으로 옳은 것은?

① 연소하면 아황산가스를 발생하고, 마취제로 사용한다.
② 증기는 공기보다 무거우므로 물속에 보관한다.
③ 에탄올을 진한 황산을 이용해 축합 반응시켜 제조할 수 있다.
④ 제4류 위험물 중 연소범위가 좁은 편에 속한다.

해설 디에틸에테르($C_2H_5OC_2H_5$: 에테르)의 특징
㉮ 제4류 위험물 중 특수인화물에 해당되며 지정수량 50L이다.
㉯ 연소하면 이산화탄소(CO_2)와 수증기(H_2O)가 발생된다.
㉰ 액체 비중 0.719로 물보다 가볍고, 증기 비중은 2.55로 공기보다 무겁다.
㉱ 연소범위가 1.91~48%로 제4류 위험물 중에서 넓은 편에 속한다.
㉲ 디에틸에테르는 에탄올(에틸알코올)에 황산을 촉매로 사용하여 축합(탈수)반응에 의하여 제조한다.

35. 위험물 제조소에 설치하는 안전장치 중 위험물의 성질에 따라 안전밸브의 작동이 곤란한 가압설비에 한하여 설치하는 것은?

① 파괴판
② 안전밸브를 병용하는 경보장치
③ 감압측에 안전밸브를 부착한 감압밸브
④ 연성계

해설 압력계 및 안전장치 설치[시행규칙 별표4] : 파괴판은 위험물의 성질에 따라 안전밸브의 작동이 곤란한 가압설비에 한한다.
㉮ 자동적으로 압력의 상승을 정지시키는 장치
㉯ 감압측에 안전밸브를 부착한 감압밸브
㉰ 안전밸브를 병용하는 경보장치
㉱ 파괴판

36. 트리니트로톨루엔의 성질에 대한 설명 중 옳지 않은 것은?

① 담황색의 결정이다.
② 폭약으로 사용된다.
③ 자연분해의 위험성이 적어 장기간 저장이 가능하다.
④ 조해성과 흡습성이 매우 크다.

해설 트리니트로톨루엔($C_6H_2CH_3(NO_2)_3$: TNT)의 특징
㉮ 제5류 위험물 중 니트로 화합물로 지정수량 200kg이다.

정답 33. ④ 34. ③ 35. ① 36. ④

㉯ 담황색의 주상결정으로 햇빛을 받으면 다갈색으로 변한다.
㉰ 물에는 녹지 않으나 알코올, 벤젠, 에테르, 아세톤에는 잘 녹는다.
㉱ 충격감도는 피크린산보다 약간 둔하지만 급격한 타격을 주면 폭발한다.
㉲ 3개의 이성질체($\alpha-$, $\beta-$, $\gamma-$)가 있으며 α형인 2, 4, 6-트리니트로톨루엔이 폭발력이 가장 강하다.
㉳ 폭발력이 크고, 피해범위도 넓고, 위험성이 크므로 세심한 주의가 요구된다.
㉴ 비중 1.8, 융점 81℃, 비점 240℃, 발화점 300℃이다.

참고 트리니트로톨루엔은 물에 녹지 않기 때문에 조해성과 흡습성은 없다.

37. 과산화나트륨이 물과 반응하면 어떤 물질과 산소를 발생하는가?

① 수산화나트륨
② 수산화칼륨
③ 질산나트륨
④ 아염소산나트륨

해설 과산화나트륨(Na_2O_2) : 제1류 위험물 중 무기과산화물이다.
㉮ 과산화나트륨이 물(H_2O)과 반응하면 수산화나트륨($NaOH$)과 산소(O_2)가 발생한다.
㉯ 반응식 : $2Na_2O_2 + 2H_2O \rightarrow 4NaOH + O_2\uparrow$

38. 다음 중 물에 녹고 물보다 가벼운 물질로 인화점이 가장 낮은 것은?

① 아세톤 ② 이황화탄소
③ 벤젠 ④ 산화프로필렌

해설 제4류 위험물의 인하점 및 수용성 여부

품명	인화점	수용성 여부
아세톤	-18℃	수용성
이황화탄소	-30℃	비수용성
벤젠	-11.1℃	비수용성
산화프로필렌	-37℃	수용성

39. 과염소산칼륨과 가연성 고체 위험물이 혼합되는 것은 위험하다. 그 주된 이유는 무엇인가?

① 전기가 발생하고 자연 가열되기 때문이다.
② 중합반응을 하여 열이 발생되기 때문이다.
③ 혼합하면 과염소산칼륨이 연소하기 쉬운 액체로 변하기 때문이다.
④ 가열, 충격 및 마찰에 의하여 발화, 폭발 위험이 높아지기 때문이다.

해설 과염소산칼륨($KClO_4$)의 제1류 위험물로 자신은 불연성이지만 가연성 고체 위험물(인, 황, 마그네슘, 유기물)이 혼합되는 것이 위험한 이유는 강력한 산화제이기 때문에 가열, 충격, 마찰에 의해 발화, 폭발의 위험이 높아지기 때문이다.

2015

40. 유황의 성질을 설명한 것으로 옳은 것은?

① 전기의 양도체이다.
② 물에 잘 녹는다.
③ 연소하기 어려워 분진 폭발의 위험이 없다.
④ 높은 온도에서 탄소와 반응하여 이황화탄소가 생긴다.

해설 황(유황)의 특징
㉮ 제2류 위험물로 지정수량 100kg이다.
㉯ 노란색 고체로 열 및 **전기의 불량도체**이므로 정전기발생에 유의하여야 한다.
㉰ 물이나 산에는 녹지 않지만 이황화탄소(CS_2)에는 녹는다(단, 고무상 황은 녹지 않음).
㉱ 저온에서는 안정하나 높은 온도에서는 여러 원소와 황화물을 만든다.
㉲ 공기 중에서 연소하면 푸른 불꽃을 발하며, 유독한 아황산가스(SO_2)를 발생한다.
㉳ 산화제나 목탄가루 등과 혼합되어 있을 때 마찰이나 열에 의해 착화, 폭발을 일으킨다.
㉴ 황가루가 공기 중에 떠 있을 때는 분진 폭발의 위험성이 있다.
㉵ 이산화탄소(CO_2)와 반응하지 않으므로 소화방법으로 이산화탄소를 사용한다.

정답 37. ① 38. ④ 39. ④ 40. ④

㉶ 고온에서 탄소(C)와 반응시키면 이황화탄소(CS_2)가 생성된다(반응식 : $2S+C \rightarrow CS_2$).

41. 위험물의 품명 분류가 잘못된 것은?

① 제1석유류 : 휘발유
② 제2석유류 : 경유
③ 제3석유류 : 포름산
④ 제4석유류 : 기어유

해설 포름산(HCOOH) : 의산, 개미산으로 불러지는 것으로 제2석유류에 속한다.

42. 다음 중 발화점이 가장 낮은 것은?

① 이황화탄소 ② 산화프로필렌
③ 휘발유 ④ 메탄올

해설 제4류 위험물의 발화점

품명		발화점
이황화탄소	특수인화물	100℃
산화프로필렌	특수인화물	465℃
휘발유	제1석유류	300℃
메탄올	알코올류	464℃

43. 제5류 위험물의 위험성에 대한 설명으로 옳지 않은 것은?

① 가연성 물질이다.
② 대부분 외부의 산소 없이도 연소하며, 연소속도가 빠르다.
③ 물에 잘 녹지 않으며 물과의 반응 위험성이 크다.
④ 가열, 충격, 타격 등에 민감하여 강산화제 또는 강산류와 접촉 시 위험하다.

해설 제5류 위험물의 위험성(공통적인 성질)
㉮ 가연성 물질이며 그 자체가 산소를 함유하므로 자기연소(내부연소)를 일으키기 쉽다.
㉯ 유기물질이며 연소속도가 대단히 빨라서 폭발성이 있다.
㉰ 가열, 마찰, 충격에 의하여 인화 폭발하는 것이 많다.
㉱ 장기간 저장하면 산화반응이 일어나 열분해되어 자연 발화를 일으키는 경우도 있다.

참고 제5류 위험물은 물에 잘 녹지 않기 때문에 물과의 반응 위험성이 적어 화재 시 다량의 물로 냉각 소화한다.

44. 질산칼륨에 대한 설명 중 옳은 것은 어느 것인가?

① 유기물 및 강산에 보관할 때 매우 안정하다.
② 열에 안정하여 1000℃를 넘는 고온에서도 분해되지 않는다.
③ 알코올에는 잘 녹으나 물, 글리세린에는 잘 녹지 않는다.
④ 무색, 무취의 결정 또는 분말로서 화약원료로 사용된다.

해설 질산칼륨(KNO_3)의 특징
㉮ 제1류 위험물 중 질산염류에 해당되며 지정수량은 300kg이다.
㉯ 무색 또는 백색 결정분말로 짠맛과 자극성이 있다.
㉰ 물이나 글리세린에는 잘 녹으나 알코올에는 녹지 않는다.
㉱ 강산화제로 가연성 분말이나 유기물과의 접촉은 매우 위험하다.
㉲ 흡습성이나 조해성이 없다.
㉳ 400℃ 정도로 가열하면 아질산칼륨(KNO_2)과 산소(O_2)가 발생한다.
㉴ 흑색 화약의 원료(질산칼륨 75%, 황 15%, 목탄 10%)로 사용한다.
㉵ 유기물과 접촉을 피하고, 건조한 장소에 보관한다.
㉶ 비중 2.10, 융점 339℃, 용해도(15℃) 26, 분해온도 400℃이다.

정답 41. ③ 42. ① 43. ③ 44. ④

45. [보기]에서 설명하는 물질은 무엇인가?

보기
• 살균제 및 소독제로 사용된다. • 분해할 때 발생하는 발생기 산소(O)는 난분해성 유기물질을 산화시킬 수 있다.

① $HClO_4$ ② CH_3OH
③ H_2O_2 ④ H_2SO_4

해설 과산화수소(H_2O_2)의 특징
㉮ 제6류 위험물로 지정수량 300kg이다.
㉯ 순수한 것은 점성이 있는 무색의 액체이나 양이 많을 경우에는 청색을 나타낸다.
㉰ 강한 산화성이 있고 물, 알코올, 에테르 등에는 용해하지만 석유, 벤젠에는 녹지 않는다.
㉱ 알칼리 용액에서는 급격히 분해하나 약산성에서는 분해하기 어렵다.
㉲ 시판품은 30~40%의 수용액으로 분해되기 쉬워 안정제(인산[H_3PO_4], 요산[$C_5H_4N_4O_3$])를 가한다.
㉳ **소독약으로 사용**되는 옥시풀은 과산화수소 3%인 용액이다.
㉴ 비중(0℃) 1.465, 융점 −0.89℃, 비점 80.2℃이다.

참고 과산화수소는 그 농도가 36 중량% 이상인 것에 한하여 위험물로 간주한다.

46. [보기]의 위험물 중 비중이 물보다 큰 것은 모두 몇 개인가?

보기
과염소산, 과산화수소, 질산

① 0 ② 1
③ 2 ④ 3

해설 제6류 위험물의 액체 비중

품명	액체 비중
과염소산	1.76
과산화수소	1.465
질산	1.5

참고 제6류 위험물은 산화성 액체로 강산성을 나타내며 **비중이 1보다 크며** 물에 잘 녹고 물과 접촉하면 발열하는 성질을 갖는다.

47. 위험물 안전관리법령상 위험물 제조소와의 안전거리가 가장 먼 것은?

① '고등교육법'에서 정하는 학교
② '의료법'에 따른 병원급 의료기관
③ '고압가스 안전관리법'에 의하여 허가를 받은 고압가스 제조시설
④ '문화재 보호법'에 의한 유형문화재와 기념물 중 지정문화재

해설 제조소의 안전거리[시행규칙 별표4]

해당 대상물	안전거리
7000V 초과 35000V 이하 전선	3m 이상
35000V 초과 전선	5m 이상
건축물, 주거용 공작물	10m 이상
고압가스, LPG, 도시가스 시설	20m 이상
학교·병원·극장(300명 이상 수용), 다수인 수용시설(20명 이상)	30m 이상
유형문화재, 지정문화재	50m 이상

48. 칼륨을 물에 반응시키면 격렬한 반응이 일어난다. 이때 발생하는 기체는 무엇인가?

① 산소 ② 수소
③ 질소 ④ 이산화탄소

해설 칼륨(K)
㉮ 제3류 위험물로 물에 반응시키면 가연성 가스인 수소(H_2)가 발생한다.
㉯ 반응식 : $2K + 2H_2O \rightarrow 2KOH + H_2 \uparrow$

49. 위험물 안전관리법령상의 위험물 운반에 관한 기준에서 액체 위험물은 운반용기 내용적의 몇 % 이하의 수납률로 수납하여야 하는가?

① 80 ② 85 ③ 90 ④ 98

2015

정답 45. ③ 46. ④ 47. ④ 48. ② 49. ④

해설 운반용기에 의한 수납 적재 기준[시행규칙 별표19]

㉮ 고체 위험물은 운반용기 내용적의 95% 이하의 수납률로 수납할 것

㉯ 액체 위험물은 운반용기 내용적의 98% 이하의 수납률로 수납하되, 55℃의 온도에서 누설되지 아니하도록 충분한 공간용적을 유지하도록 할 것

50. 메틸알코올의 위험성으로 옳지 않은 것은?

① 나트륨과 반응하여 수소기체를 발생한다.
② 휘발성이 강하다.
③ 연소범위가 알코올류 중 가장 좁다.
④ 인화점이 상온(25℃)보다 낮다.

해설 메틸알코올(CH_3OH : 메탄올)의 위험성

㉮ 독성이 강하여 소량 마시면 시신경을 마비시키고, 8~20g 정도 먹으면 두통, 복통을 일으키거나 실명을 하며, 30~50g 정도 먹으면 사망한다.

㉯ 휘발성이 강하여 인화점(11℃) 이상이 되면 폭발성 혼합기체를 발생하고, 밀폐된 상태에서는 폭발한다.

㉰ 밝은 곳에서 연소 시 화염의 색깔이 연해서 잘 보이지 않으므로 화상 등에 주의한다.

㉱ 증기는 환각성 물질이고 계절적으로 여름에 위험하다.

㉲ 연소범위 7.3~36%이다(에틸알코올 : 4.3~19%).

51. 위험물 제조소의 건축물 구조기준 중 연소의 우려가 있는 외벽은 출입구 외의 개구부가 없는 내화구조의 벽으로 하여야 한다. 이때 연소의 우려가 있는 외벽은 제조소가 설치된 부지의 경계선에서 몇 m 이내에 있는 외벽을 말하는가? (단, 단층 건물일 경우이다.)

① 3 ② 4 ③ 5 ④ 6

해설 연소의 우려가 있는 외벽[세부기준 제41조] : 연소의 우려가 있는 외벽은 다음에 정하는 선을 기산점으로 하여 3m(2층 이상의 층에 대해서는 5m) 이내에 있는 제조소등의 외벽을 말한다.

㉮ 제조소등이 설치된 부지의 경계

㉯ 제조소등에 인접한 도로의 중심선

㉰ 제조소등의 외벽과 동일부지 내의 다른 건축물의 외벽간의 중심선

52. 위험물 안전관리법령상 제6류 위험물에 해당하는 것은?

① 황산
② 염산
③ 질산염류
④ 할로겐간 화합물

해설 제6류 위험물 종류 : 산화성 액체

품명	지정수량
1. 과염소산	300kg
2. 과산화수소	300kg
3. 질산	300kg
4. 행정안전부령으로 정하는 것 : 할로겐간 화합물 → 오불화요오드(IF_5), 오불화브롬(BrF_5), 삼불화브롬(BrF_3)	300kg
5. 제1호 내지 제4호의 하나에 해당하는 어느 하나 이상을 함유한 것	300kg

㉮ 과산화수소는 그 농도가 36 중량% 이상인 것에 한하며, 산화성액체의 성상이 있는 것으로 본다.

㉯ 질산은 그 비중이 1.49 이상인 것에 한하며, 산화성액체의 성상이 있는 것으로 본다.

53. 질산이 직사일광에 노출될 때 어떻게 되는가?

① 분해되지는 않으나 붉은색으로 변한다.
② 분해되지는 않으나 녹색으로 변한다.
③ 분해되어 질소를 발생한다.
④ 분해되어 이산화질소를 발생한다.

해설 질산(HNO_3) : 제6류 위험물로 공기 중에서 분해하면서 유독성인 이산화질소(NO_2)의 적갈색 증기를 발생한다.

참고 반응식 : $4HNO_3 \rightarrow 2H_2O + 4NO_2 + O_2$

정답 50. ③ 51. ① 52. ④ 53. ④

54. 위험물 안전관리법령상 제2류 위험물의 위험등급에 대한 설명으로 옳은 것은?

① 제2류 위험물은 위험등급 Ⅰ에 해당되는 품명이 없다.
② 제2류 위험물 중 위험등급 Ⅲ에 해당되는 품명은 지정수량이 500kg인 품명만 해당된다.
③ 제2류 위험물 중 황화린, 적린, 유황 등 지정수량이 100kg인 품명은 위험등급 Ⅰ에 해당된다.
④ 제2류 위험물 중 지정수량이 1000kg인 인화성 고체는 위험등급 Ⅱ에 해당된다.

해설 제2류 위험물 위험등급 분류
[시행규칙 별표19]
㉮ 위험등급 Ⅰ : 해당되는 품명이 없음
㉯ 위험등급 Ⅱ : 황화린, 적린, 유황 그 밖에 지정수량이 100kg인 위험물
㉰ 위험등급 Ⅲ : 위험등급 Ⅰ, Ⅱ 외의 것으로 지정수량 500kg인 철분, 금속분, 마그네슘 및 지정수량 1000kg인 인화성고체가 해당된다.

55. 위험물 저장탱크의 공간용적은 탱크 내용적의 얼마 이상, 얼마 이하로 하는가?

① $\frac{2}{100}$ 이상, $\frac{3}{100}$ 이하
② $\frac{2}{100}$ 이상, $\frac{5}{100}$ 이하
③ $\frac{5}{100}$ 이상, $\frac{10}{100}$ 이하
④ $\frac{10}{100}$ 이상, $\frac{20}{100}$ 이하

해설 탱크의 공간용적[세부기준 제25조]
㉮ 탱크의 공간용적은 탱크의 내용적의 $\frac{5}{100}$ 이상 $\frac{10}{100}$ 이하의 용적으로 한다.
㉯ 소화설비(소화약제 방출구를 탱크 안의 윗부분에 설치하는 것에 한한다)를 설치하는 탱크의 공간용적은 소화방출구 아래의 0.3m 이상 1m 미만 사이의 면으로부터 윗부분의 용적으로 한다.
㉰ 암반탱크는 당해 탱크 내에 용출하는 7일간의 지하수의 양에 상당하는 용적과 당해 탱크의 내용적의 $\frac{1}{100}$ 용적 중에서 보다 큰 용적을 공간용적으로 한다.

56. 칼륨이 에틸알코올과 반응할 때 나타나는 현상은?

① 산소가스를 발생한다.
② 칼륨에틸레이트를 생성한다.
③ 칼륨과 물이 반응할 때와 동일한 생성물이 생성한다.
④ 에틸알코올이 산화되어 아세트알데히드를 생성한다.

해설 칼륨(K) : 제3류 위험물로 지정수량 10kg이다.
㉮ 칼륨이 에틸알코올(C_2H_5OH : 제4류 위험물)과 반응할 때 나타나는 현상
㉠ 수소(H_2)가스를 발생한다.
㉡ 칼륨에틸레이트(C_2H_5OK)를 생성한다.
㉢ 반응식 : $2K+2C_2H_5OH \rightarrow 2C_2H_5OK+H_2\uparrow$
㉯ 칼륨과 수분(물)이 반응하면 수산화칼륨(KOH)과 수소(H_2)가 발생한다.

참고 에틸알코올이 산화되면 아세트알데히드를 생성하지만, 에틸알코올이 칼륨과 반응하는 과정에서는 산화가 이루어지지 않는다.

57. 지정수량 20배의 알코올류를 저장하는 옥외탱크 저장소의 경우 펌프실 외의 장소에 설치하는 펌프설비의 기준으로 옳지 않은 것은?

① 펌프설비 주위에는 3m 이상의 공지를 보유한다.
② 펌프설비 그 직하의 지반면 주위에 높이 0.15m 이상의 턱을 만든다.
③ 펌프설비 그 직하의 지반면의 최저부에는 집유설비를 만든다.
④ 집유설비에는 위험물이 배수구에 유입되지 않도록 유분리장치를 만든다.

2015

정답 54. ① 55. ③ 56. ② 57. ④

해설 옥외탱크 저장소의 펌프실 외의 장소에 설하는 펌프설비의 기준[시행규칙 별표6)] : ①, ②, ③ 외

㉮ 지반면은 콘크리트 등 위험물이 스며들지 아니하는 재료로 적당히 경사지게 한다.

㉯ 제4류 위험물을 취급하는 펌프설비에 있어서 위험물이 직접 배수구에 유입하지 않도록 집유설비에 유분리장치를 설치하는 조건은 20℃의 물 100g에 용해되는 양이 1g 미만인 것에 적용되는 기준이다. 그러므로 문제에서 주어진 **알코올은 수용성**이므로 **유분리장치를 설치하지 않아도 된다.**

58. 제5류 위험물 중 유기과산화물 30kg과 히드록실아민 500kg을 함께 보관하는 경우 지정수량의 몇 배 인가?

① 3배　　② 8배
③ 10배　　④ 18배

해설 제5류 위험물 지정수량

㉮ 유기과산화물 : 10kg

㉯ 히드록실아민 : 100kg

㉰ 지정수량 배수의 합 계산 : 지정수량 배수의 합은 각 위험물량을 지정수량으로 나눈 값의 합이다.

∴ 지정수량 배수의 합

$$= \frac{\text{A 위험물량}}{\text{지정수량}} + \frac{\text{B 위험물량}}{\text{지정수량}}$$

$$= \frac{30}{10} + \frac{500}{100} = 8\text{ 배}$$

59. 위험물 안전관리법령상 품명이 금속분에 해당하는 것은? (단, 150μm의 체를 통과하는 것이 50wt% 이상인 경우이다.)

① 니켈분
② 마그네슘분
③ 알루미늄분
④ 구리분

해설 제2류 위험물(가연성 고체)

㉮ 금속분의 정의[시행령 별표1] : 알칼리금속, 알칼리토금속, 철 및 마그네슘 외의 금속의 분말을 말하며 구리분, 니켈분 및 150μm의 체를 통과하는 것이 50 wt% 미만인 것은 제외한다.

㉯ 알루미늄분 : 제2류 위험물 중 금속분 품명에 해당되며, 아연(Zn)분, 안티몬(Sb)분, 주석(Sn)분도 금속분에 포함된다.

㉰ 마그네슘 : 제2류 위험물에 해당되지만 품명이 금속분이 아닌 마그네슘 품명으로 분류된다.

㉱ 구리분, 니켈분 : 제2류 위험물 중 금속분 품명에서 제외되는 것이다.

60. 아세톤의 성질에 대한 설명으로 옳은 것은?

① 자연발화성 때문에 유기용제로서 사용할 수 없다.
② 무색, 무취이고 겨울철에 쉽게 응고한다.
③ 증기 비중은 약 0.79이고 요오드포름 반응을 한다.
④ 물에 잘 녹으며 끓는점이 60℃보다 낮다.

해설 아세톤(CH_3COCH_3)의 특징

㉮ 제4류 위험물 중 제1석유류에 해당되며 수용성이기 때문에 지정수량은 400L이다.

㉯ 무색의 휘발성 액체로 **독특한 냄새**가 있는 인화성 물질이다.

㉰ 물, 알코올, 에테르, 가솔린, 클로로포름 등 유기용제와 잘 섞인다.

㉱ 직사광선에 의해 분해하고, 보관 중 황색으로 변색되며 수지, 유지, 섬유, 고무, 유기물 등을 용해시킨다.

㉲ 비점과 인화점이 낮아 인화의 위험이 크다.

㉳ 독성은 거의 없으나 피부에 닿으면 탈지작용과 증기를 다량으로 흡입하면 구토 현상이 나타난다.

㉴ 액체 비중 0.79(**증기비중** 2.0), 비점 56.6℃, 발화점 538℃, 인화점 −18℃, 연소범위 2.6~1 2.8%이다.

참고 아세톤은 자연발화성은 없으며, 유기용제로 사용할 수 있으며, 요오드포름반응을 한다.

정답 58. ② 59. ③ 60. ④

2015. 4. 4 시행 (제2회)

1. 위험물 안전관리법령에 따라 다음 (   ) 안에 알맞은 용어는?

> 주유취급소 중 건축물의 2층 이상의 부분을 점포, 휴게음식점 또는 전시장의 용도로 사용하는 것에 있어서는 당해 건축물의 2층 이상으로부터 주유취급소의 부지 밖으로 통하는 출입구와 당해 출입구로 통하는 통로, 계단 및 출입구에 (   )을[를] 설치하여야 한다.

① 피난사다리 ② 경보기
③ 유도등 ④ CCTV

해설 피난설비 설치기준[시행규칙 별표17]
㉮ 주유취급소 중 건축물의 2층 이상의 부분을 점포·휴게음식점 또는 전시장의 용도로 사용하는 것에 있어서는 당해 건축물의 2층 이상으로부터 주유취급소의 부지 밖으로 통하는 출입구와 당해 출입구로 통하는 통로·계단 및 출입구에 유도등을 설치할 것
㉯ 옥내주유취급소에 있어서는 당해 사무소 등의 출입구 및 피난구와 당해 피난구로 통하는 통로·계단 및 출입구에 유도등을 설치할 것
㉰ 유도등에는 비상전원을 설치할 것

2. 물이 소화약제로 쓰이는 이유로 가장 거리가 먼 것은?

① 쉽게 구할 수 있다.
② 제거소화가 잘 된다.
③ 취급이 간편하다.
④ 기화잠열이 크다.

해설 소화약제로 물의 장점
㉮ 증발(기화)잠열이 539kcal/kg으로 매우 크다.
㉯ 냉각소화에 효과적이다.
㉰ 쉽게 구할 수 있고 비용이 저렴하다.
㉱ 취급이 간편하다.

3. 위험물 안전관리법령상 전기설비에 적응성이 없는 소화설비는?

① 포 소화설비
② 불활성가스 소화설비
③ 할로겐화합물 소화설비
④ 물분무 소화설비

해설 전기설비에 적응성이 있는 소화설비[시행규칙 별표17]
㉮ 물분무 소화설비
㉯ 불활성가스 소화설비
㉰ 할로겐화합물 소화설비
㉱ 인산염류 및 탄산수소염류 분말소화설비
㉲ 무상수(霧狀水) 소화기
㉳ 무상강화액 소화기
㉴ 이산화탄소 소화기
㉵ 할로겐화합물 소화기
㉶ 인산염류 및 탄산수소염류 분말소화기

참고 적응성이 없는 소화설비 : 옥내소화전 또는 옥외소화전설비, 스프링클러설비, 포소화설비, 봉상수(棒狀水) 소화기, 봉상강화액 소화기, 포 소화기, 건조사

4. 니트로셀룰로오스의 저장, 취급방법으로 틀린 것은?

① 직사광선을 피해 저장한다.
② 되도록 장기간 보관하여 안정화된 후에 사용한다.
③ 유기과산화물류, 강산화제와의 접촉을 피한다.
④ 건조 상태에 이르면 위험하므로 습한 상태를 유지한다.

해설 니트로셀룰로오스($[C_6H_7O_2(ONO_2)_3]_n$)의 저장, 취급방법
㉮ 제5류 위험물 중 질산에스테르류에 해당되며, 지정수량은 10kg이다.

정답 1. ③ 2. ② 3. ① 4. ②

㉯ 햇빛, 산, 알칼리에 의해 분해, 자연 발화하므로 직사광선을 피해 저장한다.
㉰ 건조한 상태에서는 발화의 위험이 있으므로 함수알코올(물+알코올)을 습윤시킨다.
㉱ 자기반응성 물질이므로 유기과산화물류, 강산화제와의 접촉을 피한다.

참고 장기간 보관하면 니트로셀룰로오스는 자기반응성 물질이라 위험성이 증대할 수 있다.

5. 위험물 안전관리법령상 제3류 위험물의 금수성 물질 화재 시 적응성이 있는 소화약제는?

① 탄산수소염류분말
② 물
③ 이산화탄소
④ 할로겐화합물

해설 제3류 위험물 중 금수성 물질에 적응성이 있는 소화설비[시행규칙 별표17]
㉮ 탄산수소염류 분말소화설비 및 분말소화기
㉯ 건조사
㉰ 팽창질석 또는 팽창진주암

6. 할론 1301의 증기 비중은? (단, 불소의 원자량은 19, 브롬의 원자량은 80, 염소의 원자량은 35.5이고 공기의 분자량은 29이다.)

① 2.14 ② 4.15
③ 5.14 ④ 6.15

해설 할론 1301 증기 비중
㉮ 할론 1301의 분자식 : 탄소(C) 1개, 불소(F) 3개, 염소 0개, 취소(Br : 브롬) 1개의 화합물이므로 화학식(분자식)은 CF_3Br이다.
㉯ 분자량 계산 : $12+(19\times3)+80=149$
㉰ 증기 비중 계산

$$\therefore \text{증기 비중} = \frac{\text{분자량}}{\text{공기의 분자량}} = \frac{149}{29} = 5.137$$

7. 위험물 안전관리법령상 간이탱크 저장소에 대한 설명 중 틀린 것은?

① 간이탱크 저장소의 용량은 600L 이하여야 한다.
② 하나의 간이탱크 저장소에 설치하는 간이저장탱크는 5개 이하여야 한다.
③ 간이저장탱크는 두께 3.2mm 이상의 강판으로 흠이 없도록 제작하여야 한다.
④ 간이저장탱크는 70kPa의 압력으로 10분간의 수압시험을 실시하여 새거나 변형되지 않아야 한다.

해설 간이탱크 저장소 설치 수[시행규칙 별표9]
㉮ 하나의 간이탱크저장소에 설치하는 간이저장탱크 수는 3 이하로 한다.
㉯ 동일한 품질의 위험물의 간이저장탱크를 2 이상 설치하지 않는다.

8. 가연성 물질과 주된 연소형태의 연결이 틀린 것은?

① 종이, 섬유 – 분해연소
② 셀룰로이드, TNT – 자기연소
③ 목재, 석탄 – 표면연소
④ 유황, 알코올 – 증발연소

해설 연소의 종류에 따른 가연물
㉮ 표면연소 : 목탄(숯), 코크스
㉯ 분해연소 : 종이, 석탄, 목재, 중유
㉰ 증발연소 : 가솔린, 등유, 경유, 알코올, 양초, 유황
㉱ 확산연소 : 가연성 기체
㉲ 자기연소 : 제5류 위험물(니트로셀룰로오스, 셀룰로이드, 니트로글리세린 등)

9. B, C급 화재뿐만 아니라 A급 화재까지도 사용이 가능한 분말 소화약제는?

① 제1종 분말 소화약제
② 제2종 분말 소화약제
③ 제3종 분말 소화약제
④ 제4종 분말 소화약제

정답 5. ① 6. ③ 7. ② 8. ③ 9. ③

해설 분말소화약제의 종류 및 적응화재

종류	주성분	적응화재	착색
제1종 분말	중탄산나트륨 ($NaHCO_3$)	B.C	백색
제2종 분말	중탄산칼륨 ($KHCO_3$)	B.C	자색
제3종 분말	제1인산암모늄 ($NH_4H_2PO_4$)	A.B.C	담홍색
제4종 분말	중탄산칼륨+요소 [$KHCO_3$+ $(NH_2)_2CO$]	B.C	회색

10. **식용유 화재 시 제1종 분말 소화약제를 이용하여 화재의 제어가 가능하다. 이때의 소화원리에 가장 가까운 것은?**

① 촉매효과에 의한 질식소화
② 비누화 반응에 의한 질식소화
③ 요오드화에 의한 냉각소화
④ 가스분해 반응에 의한 냉각소화

해설 유지(기름)를 가수분해시켜 지방산을 염으로 만들 때 알칼리(Na)를 충분히 넣어주면 쉽게 가수분해가 이루어지고 비누화가 되기 때문에 식용유 화재의 제어가 가능하며, 제1종 분말소화약제가 여기에 해당된다.

11. **위험물 안전관리법령에서 정한 자동화재 탐지설비에 대한 기준으로 틀린 것은? (단, 원칙적인 경우에 한한다.)**

① 경계구역은 건축물 그 밖의 공작물의 2 이상의 층에 걸치지 아니하도록 할 것
② 하나의 경계구역의 면적은 600m^2 이하로 할 것
③ 하나의 경계구역의 한 변 길이는 30m 이하로 할 것
④ 자동화재 탐지설비에는 비상전원을 설치할 것

해설 자동화재 탐지설비 설치기준[시행규칙 별표17]

㉮ 자동화재 탐지설비의 경계구역은 건축물 그 밖의 공작물의 2 이상의 층에 걸치지 아니하도록 할 것. 다만, 하나의 경계구역의 면적이 500m^2 이하이면서 당해 경계구역이 두 개의 층에 걸치는 경우이거나 계단·경사로·승강기의 승강로 그 밖에 이와 유사한 장소에 연기감지기를 설치하는 경우에는 그러하지 아니하다.

㉯ **하나의 경계구역**의 면적은 600m^2 이하로 하고 그 **한 변의 길이**는 50m(광전식분리형 감지기를 설치할 경우에는 100m) 이하로 할 것. 다만, 당해 건축물 그 밖의 공작물의 출입구에서 그 내부의 전체를 볼 수 있는 경우에는 그 면적을 1000m^2 이하로 할 수 있다.

㉰ 자동화재 탐지설비의 감지기는 지붕(상층이 있는 경우에는 상층의 바닥) 또는 벽의 옥내에 면한 부분(천장이 있는 경우에는 천장 또는 벽의 옥내에 면한 부분 및 천장의 뒷부분)에 유효하게 화재의 발생을 감지할 수 있도록 설치할 것

㉱ 자동화재 탐지설비에는 비상전원을 설치할 것

12. **다음 중 산화성 물질이 아닌 것은?**

① 무기과산화물 ② 과염소산
③ 질산염류 ④ 마그네슘

해설 산화성 물질

㉮ 제1류 위험물 : 산화성 고체로 아염소산염류, 염소산염류, 과염소산염류, 무기과산화물, 브롬산염류, 질산염류, 요오드산염류, 과망간산염류, 중크롬산염류 등이다.

㉯ 제6류 위험물 : 산화성 액체로 과염소산, 과산화수소, 질산 등이다.

참고 마그네슘은 제2류 위험물로 가연성 고체에 해당된다.

13. **위험물 제조소에서 국소방식의 배출설비 배출능력은 1시간당 배출장소 용적의 몇 배 이상인 것으로 하여야 하는가?**

① 5 ② 10 ③ 15 ④ 20

정답 10. ② 11. ③ 12. ④ 13. ④

해설 제조소의 배출설비 배출능력[시행규칙 별표4]

㉮ 국소방식 : 1시간당 **배출장소 용적의 20배** 이상

㉯ 전역방식 : 1시간당 바닥면적 $1m^2$당 $18m^3$ 이상

14. 유류화재 시 발생하는 이상 현상인 보일 오버(boil over)의 방지대책으로 가장 거리가 먼 것은?

① 탱크 하부에 배수관을 설치하여 탱크 저면의 수층을 방지한다.

② 적당한 시기에 모래나 팽창질석, 비등석을 넣어 물의 과열을 방지한다.

③ 냉각수를 대량 첨가하여 유류와 물의 과열을 방지한다.

④ 탱크 내용물의 기계적 교반을 통하여 에멀션 상태로 하여 수층 형성을 방지한다.

해설 보일 오버(boil over) 현상 : 유류탱크 화재 시 탱크 저부의 비점이 낮은 불순물이 연소열에 의하여 이상팽창하면서 다량의 기름이 탱크 밖으로 비산하는 현상으로 냉각수를 대량 첨가하면 보일 오버 현상을 더 크게 할 수 있어 위험한 상태가 되므로 금지한다.

15. 20℃의 물 100kg이 100℃ 수증기로 증발하면 최대 몇 kcal의 열량을 흡수할 수 있는가? (단, 물의 증발잠열은 540kcal 이다.)

① 540 ② 7800

③ 62000 ④ 108000

해설 소요열량 계산

㉮ 20℃ 물 → 100℃ 물 : 현열

$\therefore Q_1 = G \times C \times \Delta t$

$= 100 \times 1 \times (100 - 20) = 8000\,\text{kcal}$

㉯ 100℃ 물 → 100℃ 수증기 : 잠열

$\therefore Q_2 = G \times \gamma = 100 \times 540 = 54000\,\text{kcal}$

㉰ 합계 소요열량 계산

$\therefore Q = Q_1 + Q_2 = 8000 + 54000$

$= 62000\,\text{kcal}$

16. 제5류 위험물의 화재 시 적응성이 있는 소화설비는?

① 분말 소화설비

② 할로겐화합물 소화설비

③ 물 분무 소화설비

④ 이산화탄소 소화설비

해설 제5류 위험물에 적응성이 있는 소화설비[시행규칙 별표17]

㉮ 옥내소화전 또는 옥외소화전설비

㉯ 스프링클러설비

㉰ 물분무소화설비

㉱ 포소화설비

㉲ 봉상수(棒狀水) 소화기

㉳ 무상수(霧狀水) 소화기

㉴ 봉상강화액소화기

㉵ 무상강화액소화기

㉶ 포소화기

㉷ 물통 또는 건조사

㉸ 건조사

㉹ 팽창질석 또는 팽창진주암

17. 위험물 안전관리법에서 정한 정전기를 유효하게 제거할 수 있는 방법에 해당하지 않는 것은?

① 위험물 이송 시 배관 내 유속을 빠르게 하는 방법

② 공기를 이온화하는 방법

③ 접지에 의한 방법

④ 공기 중의 상대습도를 70% 이상으로 하는 방법

해설 정전기 제거설비 설치[시행규칙 별표4]

㉮ 접지에 의한 방법

㉯ 공기 중의 상대습도를 70% 이상으로 하는 방법

㉰ 공기를 이온화하는 방법

정답 14. ③ 15. ③ 16. ③ 17. ①

18. 가연물이 고체 덩어리보다 분말 가루일 때 위험성이 더 큰 이유로 가장 옳은 것은?

① 공기와 접촉 면적이 크기 때문이다.
② 열전도율이 크기 때문이다.
③ 흡열반응을 하기 때문이다.
④ 활성 에너지가 크기 때문이다.

해설 가연물이 고체 덩어리보다 분말 가루일 때 위험성이 더 커지는 이유는 공기와 접촉 면적이 커지고, 활성화 에너지가 작아지기 때문이다.

19. 다음 중 소화약제로 사용할 수 없는 물질은?

① 이산화탄소
② 제1인산암모늄
③ 탄산수소나트륨
④ 브롬산암모늄

해설 브롬산암모늄은 제1류 위험물(산화성 고체)에 해당하는 것으로 소화약제로 사용하는 것은 부적합하다.

20. 물과 접촉하면 열과 산소가 발생하는 것은?

① $NaClO_2$　② $NaClO_3$
③ $KMnO_4$　④ Na_2O_2

해설 제1류 위험물
㉮ 물과 접촉하면 열과 산소가 발생하는 것은 알칼리금속(Li, Na, K, Rb)의 과산화물이다. → 과산화나트륨(Na_2O_2), 과산화칼륨(K_2O_2), 과산화리튬(Li_2O_2)
㉯ 과산화나트륨(Na_2O_2) 및 과산화칼륨(K_2O_2)과 물(H_2O)의 반응식
$2Na_2O_2+2H_2O \rightarrow 4NaOH+O_2\uparrow+Q$[kcal]
$2K_2O_2+2H_2O \rightarrow 4KOH+O_2\uparrow+Q$[kcal]

참고 ㉮ 아염소산나트륨($NaClO_2$) : 제1류 위험물 중 아염소산염류
㉯ 염소산나트륨($NaClO_3$) : 제1류 위험물 중 염소산염류
㉰ 과망간산칼륨($KMnO_4$) : 제1류 위험물 중 과망간산염류

21. 위험물에 대한 설명으로 틀린 것은?

① 적린은 연소하면 유독성 물질이 발생한다.
② 마그네슘은 연소하면 가연성 수소가스가 발생한다.
③ 유황은 분진폭발의 위험이 있다.
④ 황화인에는 P_4S_3, P_2S_5, P_4S_7 등이 있다.

해설 제2류 위험물 : 가연성 고체
㉮ 적린은 연소하면 유독성 물질인 오산화인(P_2O_5)이 되면서 백색 연기를 낸다.
㉯ 유황가루가 공기 중에 떠 있을 때는 분진폭발의 위험성이 있다.
㉰ 황화린(황화인)에는 삼황화인(P_4S_3), 오황화인(P_2S_5), 칠황화인(P_4S_7) 등이 있다.
㉱ 마그네슘은 물과 반응하여 수소(H_2)를 발생하며, 연소하면 산화마그네슘(MgO)으로 된다.
㉠ 물과 반응식 : $Mg+2H_2O \rightarrow Mg(OH)_2+H_2\uparrow$
㉡ 연소 반응식 : $2Mg+O_2 \rightarrow 2MgO+287.4$kcal

22. 위험물 안전관리법령상 옥내저장탱크와 탱크전용실의 벽과의 사이 및 옥내저장탱크의 상호간에는 몇 m 이상의 간격을 유지하여야 하는가? (단, 탱크의 점검 및 보수에 지장이 없는 경우는 제외한다.)

① 0.5　② 1
③ 1.5　④ 2

해설 옥내탱크 저장소 기준[시행규칙 별표7]
㉮ 옥내저장탱크는 단층 건축물에 설치된 탱크전용실에 설치할 것
㉯ 옥내저장탱크와 탱크전용실의 벽과의 사이 및 옥내저장탱크 상호간에는 0.5m 이상의 간격을 유지할 것. 다만, 탱크의 점검 및 보수에 지장이 없는 경우에는 그러하지 아니하다.
㉰ 옥내저장탱크의 용량은 지정수량의 40배 이하일 것(제4석유류 및 동식물유류 외의 제4류 위험물에 있어서 당해 수량이 2만 L를 초과할 때에는 2만 L 이하일 것)

2015

정답 18. ①　19. ④　20. ④　21. ②　22. ①

23. 벤조일퍼옥사이드에 대한 설명으로 틀린 것은?

① 무색, 무취의 투명한 액체이다.
② 가급적 소분하여 저장한다.
③ 제5류 위험물에 해당한다.
④ 품명은 유기과산화물이다.

해설 벤조일퍼옥사이드(과산화벤조일)의 특징
㉮ 제5류 위험물 중 유기과산화물에 해당되며 지정수량은 10kg이다.
㉯ 무색, 무미의 결정 고체로 물에는 잘 녹지 않으나 알코올에는 약간 녹는다.
㉰ 상온에서 안정하며, 강한 산화작용이 있다.
㉱ 가열하면 100℃ 부근에서 백색 연기를 내며 분해한다.
㉲ 빛, 열, 충격, 마찰 등에 의해 폭발의 위험이 있다.
㉳ 강한 산화성 물질로 진한 황산, 질산, 초산 등과 접촉하면 화재나 폭발의 우려가 있다.
㉴ 수분의 흡수나 불활성 희석제(프탈산디메틸, 프탈산디부틸)의 첨가에 의해 폭발성을 낮출 수도 있다.
㉵ 직사광선을 피하고 소분하여 냉암소에 저장한다.
㉶ 비중(25℃) 1.33, 융점 103~105℃(분해온도), 발화점 125℃이다.

24. 2가지 물질을 섞었을 때 수소가 발생하는 것은?

① 칼륨과 에탄올
② 과산화마그네슘과 염화수소
③ 과산화칼륨과 탄산가스
④ 오황화인과 물

해설 ㉮ 칼륨(제3류 위험물)이 에틸알코올(C_2H_5OH : 제4류 위험물)과 반응할 때 나타나는 현상
㉠ 수소(H_2)가스를 발생한다.
㉡ 칼륨에틸레이트(C_2H_5OK)를 생성한다.
㉢ 반응식 : $2K+2C_2H_5OH \rightarrow 2C_2H_5OK+H_2\uparrow$
㉯ 제1류 위험물 중 무기과산화물인 과산화칼륨(K_2O_2)과 과산화마그네슘(MgO_2)이 염화수소(HCl)와 반응하면 과산화수소(H_2O_2)가 발생한다.
㉰ 과산화칼륨과 탄산가스(CO_2)가 반응하면 산소(O_2)가 발생된다.
㉱ 오황화인(P_2S_5)과 물(H_2O)이 반응하면 황화수소(H_2S)와 인산(H_3PO_4)으로 분해된다.

25. 다음 위험물의 지정수량 배수의 총합은 얼마인가?

- 질산 : 150kg
- 과산화수소 : 420kg
- 과염소산 : 300kg

① 2.5 ② 2.9
③ 3.4 ④ 3.9

해설 ㉮ 제6류 위험물의 지정수량

품명	지정수량
질산	300kg
과산화수소	300kg
과염소산	300kg

㉯ 지정수량 배수의 합 계산 : 지정수량 배수의 합은 각 위험물량을 지정수량으로 나눈 값의 합이다.
∴ 지정수량 배수의 합

$$= \frac{A\text{ 위험물량}}{\text{지정수량}} + \frac{B\text{ 위험물량}}{\text{지정수량}} + \frac{C\text{ 위험물량}}{\text{지정수량}}$$

$$= \frac{150}{300} + \frac{420}{300} + \frac{300}{300} = 2.9$$

26. 위험물 안전관리법령상 운송책임자의 감독, 지원을 받아 운송하여야 하는 위험물은?

① 알킬리튬 ② 과산화수소
③ 가솔린 ④ 경유

해설 운송책임자의 감독, 지원을 받아 운송하여야 하는 위험물 종류[시행령 제19조]
㉮ 알킬알루미늄

정답 23. ① 24. ① 25. ② 26. ①

㉯ 알킬리튬
㉰ 알킬알루미늄 또는 알킬리튬을 함유하는 위험물

27. **'자동화재 탐지설비 일반점검표'의 점검내용이 "변형·손상의 유무, 표시의 적부, 경계구역 일람도의 적부, 기능의 적부"인 점검항목은?**

① 감지기　② 중계기
③ 수신기　④ 발신기

해설 '자동화재 탐지설비 일반점검표' 내용[세부기준 별지 제24호 서식]

점검항목	점검내용	점검방법
감지기	변형·손상의 유무	육안
	감지장해의 유무	육안
	기능의 적부	작동확인
중계기	변형·손상의 유무	육안
	표시의 적부	육안
	기능의 적부	작동확인
수신기(통합조작반)	**변형·손상의 유무**	육안
	표시의 적부	육안
	경계구역일람도의 적부	육안
	기능의 적부	작동확인
주음향장치 지구음향장치	변형·손상의 유무	육안
	기능의 적부	작동확인
발신기	변형·손상의 유무	육안
	기능의 적부	작동확인
비상전원	변형·손상의 유무	육안
	전환의 적부	작동확인
배선	변형·손상의 유무	육안
	접속단자의 풀림·탈락의 유무	육안

28. **위험물 안전관리법령상 지정수량 10배 이상의 위험물을 저장하는 제조소에 설치하여야 하는 경보설비의 종류가 아닌 것은?**

① 자동화재 탐지설비
② 자동화재 속보설비
③ 휴대용 확성기
④ 비상방송설비

해설 경보설비의 기준[시행규칙 제42조]
㉮ 지정수량의 **10배 이상**의 위험물을 저장 또는 취급하는 제조소등(이동탱크저장소를 제외한다)에는 화재발생 시 이를 알릴 수 있는 경보설비를 설치하여야 한다.
㉯ 경보설비는 **자동화재 탐지설비·비상경보설비**(비상벨장치 또는 경종을 포함한다)·확성장치(**휴대용확성기**를 포함한다) 및 **비상방송설비**로 구분한다.
㉰ 자동신호장치를 갖춘 스프링클러설비 또는 물분무등 소화설비를 설치한 제조소등에 있어서는 자동화재 탐지설비를 설치한 것으로 본다.

29. **위험물 안전관리법령상 특수인화물의 정의에 관한 내용이다. (　) 안에 알맞은 수치를 차례대로 나타낸 것은?**

> "특수인화물"이라 함은 이황화탄소, 디에틸에테르 그 밖에 1기압에서 발화점이 섭씨 100도 이하인 것 또는 인화점이 섭씨 영하 (　)도 이하이고 비점이 섭씨 (　)도 이하인 것을 말한다.

① 40, 20　② 20, 40
③ 20, 100　④ 40, 100

해설 위험물 품명의 정의[시행령 별표1] : "특수인화물"이라 함은 이황화탄소, 디에틸에테르 그 밖에 1기압에서 발화점이 100℃ 이하인 것 또는 인화점이 −20℃ 이하이고 비점이 40℃ 이하인 것을 말한다.

30. **제4류 위험물의 옥외저장탱크에 설치하는 밸브 없는 통기관은 지름이 얼마 이상인 것으로 설치해야 되는가? (단, 압력탱크는 제외한다.)**

① 10mm　② 20mm
③ 30mm　④ 40mm

정답 27. ③　28. ②　29. ②　30. ③

해설 옥외탱크저장소의 통기관 기준[시행규칙 별표6]

㉮ 밸브 없는 통기관
- ㉠ 직경은 30mm 이상일 것
- ㉡ 선단은 수평면보다 45° 이상 구부려 빗물 등의 침투를 막는 구조로 할 것
- ㉢ 가는 눈의 구리망 등으로 인화방지장치를 할 것. 다만, 인화점 70℃ 이상의 위험물만을 인화점 미만의 온도로 저장 또는 취급하는 탱크의 통기관은 그러하지 않다.
- ㉣ 가연성의 증기를 회수하기 위한 밸브를 통기관에 설치하는 경우
  - 저장탱크에 위험물을 주입하는 경우를 제외하고는 항상 개방되어 있는 구조로 할 것
  - 폐쇄하였을 경우에는 10kPa 이하의 압력에서 개방되는 구조로 할 것(유효 단면적은 777.15mm^2 이상이어야 한다)

㉯ 대기밸브 부착 통기관
- ㉠ 5kPa 이하의 압력차이로 작동할 수 있을 것
- ㉡ 인화방지장치를 할 것

31. 위험물 안전관리법령상 위험등급 I의 위험물에 해당하는 것은?

① 무기과산화물
② 황화인, 적린, 유황
③ 제1석유류
④ 알코올류

해설 위험등급 I의 위험물[시행규칙 별표19]

㉮ 제1류 위험물 중 아염소산염류, 염소산염류, 과염소산염류, 무기과산화물 그 밖에 지정수량이 50kg인 위험물

㉯ 제3류 위험물 중 칼륨, 나트륨, 알킬알루미늄, 알킬리튬, 황린 그 밖에 지정수량이 10kg 또는 20kg인 위험물

㉰ 제4류 위험물 중 특수인화물

㉱ 제5류 위험물 중 유기과산화물, 질산에스테르류 그 밖에 지정수량이 10kg인 위험물

㉲ 제6류 위험물

32. 페놀을 황산과 질산의 혼산으로 니트로화하여 제조하는 제5류 위험물은?

① 아세트산
② 피크르산
③ 니트로글리콜
④ 질산에틸

해설 ㉮ 피크르산($C_6H_2(NO_2)_3OH$: 트리니트로페놀) : 제5류 위험물 중 니트로화합물이며 지정수량 200kg이다.

㉯ 제조법 : 피크르산[$C_6H_2(NO_2)_3OH$: 트리니트로페놀]은 페놀(C_6H_5OH)을 진한 황산(H_2SO_4)과 질산(HNO_3)의 혼산으로 니트로화하여 제조한다.

33. 금속염을 불꽃반응 실험을 한 결과 노란색의 불꽃이 나타났다. 이 금속염에 포함된 금속은 무엇인가?

① Cu ② K
③ Na ④ Li

해설 불꽃반응색

명칭	불꽃색
나트륨(Na)	노란색
칼륨(K)	보라색
리튬(Li)	적색
구리(Cu)	청록색

34. 위험물 안전관리법령에서 정한 메틸알코올의 지정수량을 kg 단위로 환산하면 얼마인가? (단, 메틸알코올의 비중은 0.8이다.)

① 200 ② 320
③ 400 ④ 450

해설 메틸알코올(CH_3OH : 메탄올) : 제4류 위험물 중 알코올류에 해당되며, 지정수량 400L이다.

∴ 무게 = 체적(L) × 비중
= 400 × 0.8 = 320kg

정답 31. ① 32. ② 33. ③ 34. ②

35. [보기]에서 나열한 위험물의 공통 성질을 옳게 설명한 것은?

보기
나트륨, 황린, 트리에틸알루미늄

① 상온, 상압에서 고체의 형태를 나타낸다.
② 상온, 상압에서 액체의 형태를 나타낸다.
③ 금수성 물질이다.
④ 자연발화의 위험이 있다.

해설 각 위험물의 성질

㉮ 나트륨(Na) : 제3류 위험물 중 **자연발화성** 물질 및 금수성 물질의 고체로 지정수량은 10kg이다.

㉯ 황린(P_4) : 제3류 위험물 중 **자연발화성** 물질의 고체로 지정수량은 20kg이다.

㉰ 트리에틸알루미늄 : 제3류 위험물 중 **자연발화성** 물질 및 금수성 물질의 액체로 지정수량은 10kg이다.

36. 위험물 안전관리법령상 제1류 위험물의 질산염류가 아닌 것은?

① 질산은 ② 질산암모늄
③ 질산섬유소 ④ 질산나트륨

해설 질산염류

㉮ 제1류 위험물로 지정수량 300kg이다.

㉯ 질산염류의 종류 : 질산칼륨(KNO_3), **질산나트륨**($NaNO_3$), **질산암모늄**(NH_4NO_3), 질산바륨[$Ba(NO_3)_2$], 질산코발트[$Co(NO_3)_2$], 질산니켈[$Ni(NO_3)_2$], 질산구리[$Cu(NO_3)_2$], 질산카드뮴[$Cd(NO_3)_2$], 질산납[$Pb(NO_3)_2$], 질산마그네슘[$Mg(NO_3)_2$], **질산은**[$AgNO_3$], 질산철[$Fe(NO_3)_2$], 질산스트론튬[$Sr(NO_3)_2$] 등

37. 위험물 안전관리법령상 제3류 위험물에 해당하지 않는 것은?

① 적린 ② 나트륨
③ 칼륨 ④ 황린

해설 제3류 위험물(자연발화성 물질 및 금수성 물질)의 종류

품명	지정수량
칼륨, 나트륨, 알킬알루미늄, 알킬리튬	10kg
황린	20kg
알칼리금속 및 알카리토금속, 유기금속화합물	50kg
금속의 수소화물 및 인화물, 칼슘 또는 알루미늄의 탄화물	300kg
그 밖에 행정안전부령으로 정하는 것 : 염소화규소화합물	10kg, 20kg, 50kg 또는 300kg

참고 적린은 제2류 위험물(가연성 고체)로 지정수량 100kg이다.

38. 산화성 액체인 질산의 분자식으로 옳은 것은?

① HNO_2 ② HNO_3 ③ NO_2 ④ NO_3

해설 질산

㉮ 제6류 위험물의 산화성 액체로 지정수량 300kg이다.

㉯ 분자식(화학식) : HNO_3로 분자량 63이다.

39. 위험물 안전관리법령상 제4류 위험물 운반용기의 외부에 표시해야 하는 사항이 아닌 것은?

① 규정에 의한 주의사항
② 위험물의 품명 및 위험등급
③ 위험물의 관리자 및 지정수량
④ 위험물의 화학명

해설 운반용기 외부 표시사항[시행규칙 별표19]

㉮ 공통 표시사항

㉠ 위험물의 품명·위험등급·화학명 및 수용성("수용성"표시는 제4류 위험물로서 수용성인 것에 한한다)

㉡ 위험물의 수량

㉯ 위험물에 따른 주의사항 : 제4류 위험물인 경우 "화기엄금"

2015

정답 35. ④ 36. ③ 37. ① 38. ② 39. ③

40. 위험물 안전관리법령상 그림과 같이 횡으로 설치한 원형 탱크의 용량은 약 몇 m^3인가? (단, 공간용적은 내용적의 10/100이다.)

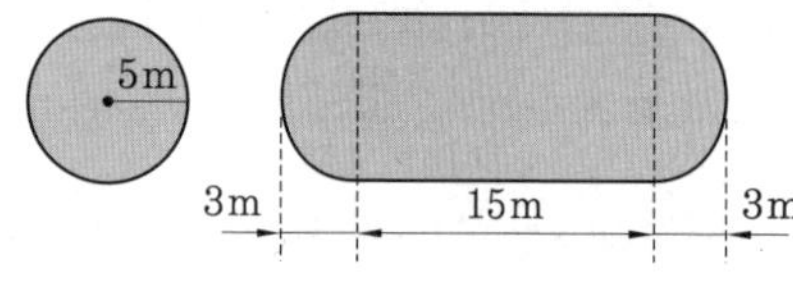

① 1690.9 ② 1335.1
③ 1268.4 ④ 1204.7

해설 공간용적은 내용적의 10%이므로 탱크용량은 내용적의 90%에 해당된다.

$$\therefore V = \pi \times r^2 \times \left(l + \frac{l_1 + l_2}{3}\right) \times 0.9$$
$$= \pi \times 5^2 \times \left(15 + \frac{3+3}{3}\right) \times 0.9$$
$$= 1201.659\,m^3$$

41. 위험물 안전관리법령에서 정한 아세트알데히드 등을 취급하는 제조소의 특례에 관한 내용이다. ( ) 안에 해당하는 물질이 아닌 것은?

> "아세트알데히드등을 취급하는 설비는 ( )·( )·( )·( ) 또는 이들을 성분으로 하는 합금으로 만들지 아니할 것

① 동 ② 은
③ 금 ④ 마그네슘

해설 아세트알데히드등을 취급하는 제조소의 특례기준[시행규칙 별표4]

㉮ 아세트알데히드등을 취급하는 설비는 은·수은·동·마그네슘 또는 이들을 성분으로 하는 합금으로 만들지 아니할 것

㉯ 아세트알데히드등을 취급하는 설비에는 연소성 혼합기체의 생성에 의한 폭발을 방지하기 위한 불활성기체 또는 수증기를 봉입하는 장치를 갖출 것

㉰ 아세트알데히드등을 취급하는 탱크에는 냉각장치 또는 저온을 유지하기 위한 장치(보랭장치) 및 연소성 혼합기체의 생성에 의한 폭발을 방지하기 위한 불활성기체를 봉입하는 장치를 갖출 것. 다만 지하에 있는 탱크가 아세트알데히드등의 온도를 저온으로 유지할 수 있는 구조인 경우에는 냉각장치 및 보랭장치를 갖추지 아니할 수 있다.

㉱ 냉각장치 또는 보랭장치는 2 이상 설치하여 하나의 냉각장치 또는 보랭장치가 고장난 때에도 일정 온도를 유지할 수 있도록 하고, 비상전원을 갖출 것

㉲ 아세트알데히드등을 취급하는 탱크를 지하에 매설하는 경우에는 당해 탱크를 탱크전용실에 설치할 것

42. 다음 반응식과 같이 벤젠 1kg이 연소할 때 발생되는 CO_2의 양은 약 몇 m^3인가? (단, 27℃, 750mmHg 기준이다.)

$$C_6H_6 + 7.5O_2 \rightarrow 6CO_2 + 3H_2O$$

① 0.72 ② 1.22
③ 1.92 ④ 2.42

해설 ㉮ 표준상태[0℃, 1기압(760mmHg)]에서 CO_2의 양 계산 : 아보가드로의 법칙에 의하여 벤젠 78kg이 반응하여 생성되는 이산화탄소(CO_2)는 6킬로몰(kmol)이고, 1킬로몰(kmol)의 체적은 22.4m^3이다.

$C_6H_6 + 7.5O_2 \rightarrow 6CO_2 + 3H_2O$

78kg → $6 \times 22.4m^3$

1kg → $x[m^3]$

$$\therefore x = \frac{1 \times 6 \times 22.4}{78} = 1.723\,m^3$$

㉯ 27℃, 750mmHg 상태에서의 체적(V_2) 계산 :

보일-샤를의 법칙 $\frac{P_1 V_1}{T_1} = \frac{P_2 V_2}{T_2}$에서

$$\therefore V_2 = \frac{P_1 V_1 T_2}{P_2 T_1}$$
$$= \frac{760 \times 1.723 \times (273+27)}{750 \times 273}$$
$$= 1.918\,m^3$$

정답 40. ④ 41. ③ 42. ③

43. 다음 중 등유에 관한 설명으로 틀린 것은?

① 물보다 가볍다.
② 녹는점은 상온보다 높다.
③ 발화점은 상온보다 높다.
④ 증기는 공기보다 무겁다.

해설 등유의 특징

㉮ 제4류 위험물 중 제2석유류에 해당되며 지정수량은 1000L이다.
㉯ 탄소수가 C_9~C_{18}인 포화, 불포화탄화수소의 혼합물이다.
㉰ 석유 특유의 냄새가 있으며, 무색 또는 연한 담황색을 나타낸다.
㉱ 원유 증류 시 등유와 중유 사이에서 유출되며, 유출온도 범위는 150~300℃이다.
㉲ 물에는 녹지 않는 불용성이며, 유기용제와 잘 혼합되고 유지, 수지를 잘 녹인다.
㉳ 전기의 불량도체로 정전기 발생에 의한 인화의 위험이 있다.
㉴ 액체 비중 0.79~0.85(증기비중 4~5), 인화점 30~60℃, 발화점 254℃, 융점(녹는점) −51℃, 연소범위 1.1~6.0%이다.

참고 등유 증기는 공기보다 무겁고, 액체는 물보다 가볍고, 융점(녹는점)이 −51℃로 **상온보다 매우 낮은** 편이다.

44. 벤젠(C_6H_6)의 일반 성질로서 틀린 것은?

① 휘발성이 강한 액체이다.
② 인화점은 가솔린보다 낮다.
③ 물에 녹지 않는다.
④ 화학적으로 공명구조를 이루고 있다.

해설 벤젠(C_6H_6)의 특징

㉮ 제4류 위험물 중 제1석유류에 해당되며 지정수량은 200L이다.
㉯ 무색, 투명한 휘발성이 강한 액체로 증기는 마취성과 독성이 있다.
㉰ 분자량 78의 방향족 유기화합물로 증기는 공기보다 무겁다.
㉱ 물에는 녹지 않으나 알코올, 에테르 등 유기용제와 잘 섞이고 수지, 유지, 고무 등을 잘 녹인다.
㉲ 불을 붙이면 그을음(C)을 많이 내면서 연소한다.
㉳ 융점이 5.5℃로 겨울철 찬 곳에서 고체가 되는 현상이 발생한다.
㉴ 전기의 불량도체로 취급할 때 정전기발생을 조심해야 한다.
㉵ 액체 비중 0.88(증기비중 2.7), 비점 80.1℃, 발화점 562.2℃, 인화점 −11.1℃, 융점 5.5℃, 연소범위 1.4~7.1%이다.

참고 벤젠의 인화점은 −11.0℃이고, 가솔린의 인화점은 −20~−43℃ 정도이다. 그러므로 벤젠은 가솔린보다 인화점이 높다.

2015

45. 위험물 안전관리법령에 의한 위험물에 속하지 않는 것은?

① CaC_2　　② S
③ P_2O_5　　④ K

해설 오산화인(P_2O_5)은 황린, 적린이 연소에 의하여 생성되는 물질로 위험물에는 해당되지 않는다.

참고 각 위험물의 유별

㉮ CaC_2(탄화칼슘) : 제3류 위험물로 금수성 물질의 고체로 지정수량은 300kg이다.
㉯ S(유황) : 제2류 위험물로 가연성 고체이며 지정수량은 100kg이다.
㉰ K(칼륨) : 제3류 위험물로 자연발화성 물질 및 금수성 물질의 고체로 지정수량은 10kg이다.

46. 제4류 위험물을 저장 및 취급하는 위험물 제조소에 설치한 "화기엄금" 게시판의 색상으로 올바른 것은?

① 적색 바탕에 흑색 문자
② 흑색 바탕에 적색 문자
③ 백색 바탕에 적색 문자
④ 적색 바탕에 백색 문자

정답 43. ② 44. ② 45. ③ 46. ④

해설 제조소의 주의사항 게시판[시행규칙 별표4]

위험물의 종류	내용	색상
• 제1류 위험물 중 알칼리금속의 과산화물 • 제3류 위험물 중 금수성물질	"물기엄금"	청색바탕에 백색문자
• 제2류 위험물(인화성 고체 제외)	"화기주의"	적색바탕에 백색문자
• 제2류 위험물 중 인화성 고체 • 제3류 위험물 중 자연발화성물질 • **제4류 위험물** • 제5류 위험물	"화기엄금"	적색바탕에 백색문자

47. 과염소산암모늄에 대한 설명으로 옳은 것은?

① 물에 용해되지 않는다.
② 청록색의 침상결정이다.
③ 130℃에서 분해하기 시작하여 CO_2 가스를 방출한다.
④ 아세톤, 알코올에 용해된다.

해설 과염소산암모늄(NH_4ClO_4)의 특징

㉮ 제1류 위험물 중 과염소산염류로 지정수량은 50kg이다.
㉯ **무색, 무취의 결정**으로 물, 알코올, 아세톤에는 **용해**되나 에테르에는 녹지 않는다.
㉰ 강한 충격이나 마찰, 급격히 가열하면 폭발의 위험이 있다.
㉱ 강산과 접촉하거나 가연성 물질 또는 산화성 물질과 혼합하면 폭발 위험이 있다.
㉲ 상온에서 비교적 안정하나 130℃에서 분해하기 시작하여 300℃ 부근에서 급격히 분해하여 폭발한다.
㉳ 비중 1.87, 분해온도 130℃이다.

참고 과염소산암모늄은 물에 녹을 때 흡열반응을 하기 때문에 수분을 흡수하여도 폭발의 위험성이 없으며, 화재 시 다량의 주수소화를 한다.

48. 휘발유의 일반적인 성질에 관한 설명으로 틀린 것은?

① 인화점이 0℃ 보다 낮다.
② 위험물 안전관리법령상 제1석유류에 해당한다.
③ 전기에 대해 비전도성 물질이다.
④ 순수한 것은 청색이나 안전을 위해 검은색으로 착색해서 사용해야 한다.

해설 휘발유(가솔린)의 특징

㉮ 제4류 위험물 중 제1석유류에 해당되며 지정수량 200L이다.
㉯ 탄소수 C_5~C_9까지의 포화(알칸), 불포화(알켄) 탄화수소의 혼합물로 휘발성 액체이다.
㉰ 특이한 냄새가 나는 **무색의 액체**로 비점이 낮다.
㉱ 물에는 용해되지 않지만 유기용제와는 잘 섞이며 고무, 수지, 유지를 잘 녹인다.
㉲ 액체는 물보다 가볍고, 증기는 공기보다 무겁다.
㉳ 옥탄가를 높이기 위해 첨가제(사에틸납)를 넣으며, 착색된다.
㉴ 휘발 및 인화하기 쉽고, 증기는 공기보다 3~4배 무거워 누설 시 낮은 곳에 체류하여 연소를 확대시킨다.
㉵ 전기의 불량도체이며, 정전기 발생에 의한 인화의 위험성이 크다.
㉶ 액체 비중 0.65~0.8(증기비중 3~4), 인화점 −20 ~ −43℃, 발화점 300℃, 연소범위 1.4~7.6% 이다.

49. 톨루엔에 대한 설명으로 틀린 것은?

① 휘발성이 있고 가연성 액체이다.
② 증기는 마취성이 있다.
③ 알코올, 에테르, 벤젠 등과 잘 섞인다.
④ 노란색 액체로 냄새가 없다.

해설 톨루엔($C_6H_5CH_3$)의 특징

㉮ 제4류 위험물로 제1석유류에 해당되며 지정수량 200L 이다.
㉯ 벤젠의 수소 원자 하나가 메틸기($-CH_3$)로 치환된 것이다.

정답 47. ④ 48. ④ 49. ④

㉰ 독특한 냄새가 있는 무색의 액체로 벤젠보다는 독성이 약하다.
㉱ 물에는 녹지 않으나 알코올, 에테르, 벤젠과는 잘 섞인다.
㉲ 수지, 유지, 고무 등을 녹인다.
㉳ 액체 비중 0.89(증기비중 3.14), 비점 110.6℃, 착화점 552℃, 인화점 4.5℃, 연소범위 1.4~6.7% 이다.

50. 위험물 안전관리법령상 혼재할 수 없는 위험물은? (단, 위험물은 지정수량의 1/10을 초과하는 경우이다.)

① 적린과 황린
② 질산염류와 질산
③ 칼륨과 특수인화물
④ 무기과산화물과 유황

해설 ㉮ 위험물 운반할 때 혼재 기준[시행규칙 별표19, 부표2]

구분	제1류	제2류	제3류	제4류	제5류	제6류
제1류		×	×	×	×	○
제2류	×		×	○	○	×
제3류	×	×		○	×	×
제4류	×	○	○		○	×
제5류	×	○	×	○		×
제6류	○	×	×	×	×	

○ : 혼합 가능, × : 혼합 불가능

㉯ 이 표는 지정수량의 $\frac{1}{10}$ 이하의 위험물에 대하여는 적용하지 않는다.

참고 예제의 위험물 유별 분류
적린 : 제2류, 황린 : 제3류, 질산염류 : 제1류, 질산 : 제6류, 칼륨 : 제3류, 특수인화물 : 제4류, 무기과산화물 : 제1류, 유황 : 제2류

51. 위험물의 품명과 지정수량이 잘못 짝지어진 것은?

① 황화인 – 50kg
② 마그네슘 – 500kg
③ 알킬알루미늄 – 10kg
④ 황린 – 20kg

해설 각 위험물의 지정수량

품명	유별	지정수량
황화린(황화인)	제2류 위험물	100kg
마그네슘	제2류 위험물	500kg
알킬알루미늄	제3류 위험물	10kg
황린	제3류 위험물	20kg

52. 디에틸에테르의 성질에 대한 설명으로 옳은 것은?

① 발화온도는 400℃이다.
② 증기는 공기보다 가볍고, 액상은 물보다 무겁다.
③ 알코올에 용해되지 않지만 물에 잘 녹는다.
④ 연소범위는 1.9~48% 정도이다.

해설 디에틸에테르($C_2H_5OC_2H_5$: 에테르)의 특징
㉮ 제4류 위험물 중 특수인화물에 해당되며 지정수량 50L이다.
㉯ 비점(34.48℃)이 낮고 무색투명하며 독특한 냄새가 있는 인화되기 쉬운 액체이다.
㉰ 물에는 녹기 어려우나 알코올에는 잘 녹는다.
㉱ 전기의 불량도체라 정전기가 발생되기 쉽다.
㉲ 휘발성이 강하고 증기는 마취성이 있어 장시간 흡입하면 위험하다.
㉳ 공기와 장시간 접촉하면 과산화물이 생성되어 가열, 충격, 마찰에 의하여 폭발한다.
㉴ 인화점 및 발화온도가 낮고 연소범위가 넓다.
㉵ 건조 시 정전기에 의하여 발화하는 경우도 있다.
㉳ 불꽃 등 화기를 멀리하고 통풍이 잘 되는 곳에 저장한다.
㉴ 공기와 접촉 시 과산화물이 생성되는 것을 방지하기 위해 용기는 갈색 병을 사용한다.
㉵ 증기 누설을 방지하고, 밀전하여 냉암소에 보관한다.
㉶ 용기의 공간용적은 10% 이상 여유 공간을 확보한다.
㉷ 액체 비중 0.719(증기비중 2.55), 비점 34.48℃, 발화점 180℃, 인화점 −45℃, 연소범위 1.91~48%이다.

2015

정답 50. ① 51. ① 52. ④

53. 다음 물질 중 인화점이 가장 낮은 것은?

① CH_3COCH_3 ② $C_2H_5OC_2H_5$
③ $CH_3(CH_2)_3OH$ ④ CH_3OH

해설 제4류 위험물의 인화점

품명		인화점
아세톤 (CH_3COCH_3)	제1석유류	−18℃
디에틸에테르 ($C_2H_5OC_2H_5$)	특수인화물	−45℃
부틸알코올 ($CH_3(CH_2)_3OH$)	알코올류	28℃
메탄올(CH_3OH)	알코올류	11℃

54. 과산화수소의 성질에 대한 설명으로 옳지 않은 것은?

① 산화성이 강한 무색 투명한 액체이다.
② 위험물 안전관리법령상 일정 비중 이상일 때 위험물로 취급한다.
③ 가열에 의해 분해하면 산소가 발생한다.
④ 소독약으로 사용할 수 있다.

해설 과산화수소(H_2O_2)의 특징

㉮ 제6류 위험물로 지정수량 300kg이다.
㉯ 순수한 것은 점성이 있는 무색의 액체이나 양이 많을 경우에는 청색을 나타낸다.
㉰ 강한 산화성이 있고 물, 알코올, 에테르 등에는 용해하지만 석유, 벤젠에는 녹지 않는다.
㉱ 알칼리 용액에서는 급격히 분해하나 약산성에서는 분해하기 어렵다.
㉲ 시판품은 30~40%의 수용액으로 분해되기 쉬워 안정제(인산[H_3PO_4], 요산[$C_5H_4N_4O_3$])를 가한다.
㉳ 소독약으로 사용되는 옥시풀은 과산화수소 3%인 용액이다.
㉴ 비중(0℃) 1.465, 융점 −0.89℃, 비점 80.2℃이다.

참고 과산화수소는 그 농도가 36 **중량% 이상**인 것에 한하여 위험물로 간주한다.

55. 질산과 과염소산의 공통 성질에 해당하지 않는 것은?

① 산소를 함유하고 있다.
② 불연성 물질이다.
③ 강산이다.
④ 비점이 상온보다 낮다.

해설 질산(HNO_3)과 과염소산($HClO_4$)의 비교

구분	질산	과염소산
유별	제6류 위험물	제6류 위험물
성질	산화성 액체	산화성 액체
산성	강한 산성	강한 산성
물과 반응	심하게 반응하여 발열	물과 혼합되고 발열
액체 비중	1.49	1.76
증기 비중	2.17	3.47
비점	86℃	39℃

참고 질산과 과염소산의 비점은 상온보다 높다.

56. 다음 물질 중 위험물 유별에 따른 구분이 나머지 셋과 다른 하나는?

① 질산은 ② 질산메틸
③ 무수크롬산 ④ 질산암모늄

해설 각 위험물의 유별

㉮ 질산은($AgNO_3$), 질산암모늄(NH_4NO_3), 무수크롬산 : 제1류 위험물
㉯ 질산메틸(CH_3ONO_2) : 제5류 위험물

57. 니트로셀룰로오스의 안전한 저장을 위해 사용하는 물질은?

① 페놀 ② 황산
③ 에탄올 ④ 아닐린

해설 니트로셀룰로오스(제5류 위험물)는 건조한 상태에서는 발화의 위험이 있기 때문에 물 또는 알코올(에탄올) 등을 첨가하여 습윤시킨 상태로 저장한다.

정답 53. ② 54. ② 55. ④ 56. ② 57. ③

58. 1분자 내에 포함된 탄소의 수가 가장 많은 것은?

① 아세톤 ② 톨루엔
③ 아세트산 ④ 이황화탄소

해설 ㉮ 각 위험물의 분자기호 및 탄소의 수

명칭	탄소의 수
아세톤(CH_3COCH_3)	3개
톨루엔($C_6H_5CH_3$)	7개
아세트산(CH_3COOH)	2개
이황화탄소(CS_2)	1개

㉯ 예제에 주어진 위험물 중에서 탄소의 수가 가장 많은 것은 톨루엔($C_6H_5CH_3$)이고, 가장 적은 것은 이황화탄소(CS_2)이다.

59. 다음 중 위험물 안전관리법령에 따라 정한 지정수량이 나머지 셋과 다른 것은?

① 황화인 ② 적린
③ 유황 ④ 철분

해설 제2류 위험물의 지정수량

품명	지정수량
황화인(황화린)	100kg
적린	100kg
유황	100kg
철분	500kg

60. 위험물 안전관리법령상 해당하는 품명이 나머지 셋과 다른 것은?

① 트리니트로페놀
② 트리니트로톨루엔
③ 니트로셀룰로오스
④ 테트릴

해설 ㉮ 제5류 위험물의 품명

품명	
트리니트로페놀 [$C_6H_2(NO_2)_3O$: 피크린산]	니트로화합물
트리니트로톨루엔 [$C_6H_2CH_3(NO_2)_3$: TNT]	니트로화합물
니트로셀룰로오스 [$C_6H_7O_2(ONO_2)_3]_n$: 질화면	질산에스테르류
테트릴	니트로화합물

㉯ 지정수량은 니트로화합물 200kg, 질산에스테르류 10kg이다.

2015

정답 58. ② 59. ④ 60. ③

2015. 7. 19 시행 (제4회)

1. 팽창진주암(삽 1개 포함)의 능력단위 1은 용량이 몇 L 인가?

① 70 ② 100 ③ 130 ④ 160

해설 소화설비의 능력단위[시행규칙 별표17]

소화설비	용량	능력단위
소화전용 물통	8L	0.3
수조(소화전용 물통 3개 포함)	80L	1.5
수조(소화전용 물통 6개 포함)	190L	2.5
마른 모래(삽 1개 포함)	50L	0.5
팽창질석 또는 팽창진주암(삽 1개 포함)	160L	1.0

2. 위험물의 저장창고에 화재가 발생하였을 때 주수(注水)에 의한 소화가 오히려 더 위험한 것은?

① 염소산칼륨 ② 과염소산나트륨
③ 질산암모늄 ④ 탄화칼슘

해설 탄화칼슘(CaC_2)

㉮ 제3류 위험물로 탄화칼슘 자체는 불연성이지만 물과 반응하여 가연성 가스인 아세틸렌(C_2H_2)이 발생되기 때문에 주수에 의한 소화는 화재를 확대시킨다.

㉯ 적응성이 있는 소화설비 : 탄산수소염류 분말소화설비 및 분말소화기, 건조사, 팽창질석 또는 팽창진주암

3. 과산화나트륨의 화재 시 물을 사용한 소화가 위험한 이유는?

① 수소와 열을 발생하므로
② 산소와 열을 발생하므로
③ 수소를 발생하고 이 가스가 폭발적으로 연소하므로
④ 산소를 발생하고 이 가스가 폭발적으로 연소하므로

해설 ㉮ 과산화나트륨(Na_2O_2)은 제1류 위험물로 흡습성이 있으며 물과 반응하여 많은 열과 함께 산소(O_2)와 수산화나트륨(NaOH)을 발생하므로 소화 시 주수소화는 부적합하다.

㉯ 반응식 : $2Na_2O_2 + 2H_2O \rightarrow 4NaOH + O_2 \uparrow$

4. 제1종 분말소화약제의 적응 화재 종류는 어느 것인가?

① A급 ② B.C급
③ A.B급 ④ A.B.C급

해설 분말소화약제의 종류 및 적응화재

종류	주성분	적응화재	착색
제1종 분말	중탄산나트륨 ($NaHCO_3$)	B.C	백색
제2종 분말	중탄산칼륨 ($KHCO_3$)	B.C	자색 (보라색)
제3종 분말	제1인산암모늄 ($NH_4H_2PO_4$)	A.B.C	담홍색
제4종 분말	중탄산칼륨+요소 [$KHCO_3 + (NH_2)_2CO$]	B.C	회색

5. 피난설비를 설치하여야 하는 위험물 제조소등에 해당하는 것은?

① 건축물의 2층 부분을 자동차 정비소로 사용하는 주유취급소
② 건축물의 2층 부분을 전시장으로 사용하는 주유취급소
③ 건축물의 1층 부분을 주유사무소로 사용하는 주유취급소
④ 건축물의 1층 부분을 관계자의 주거시설로 사용하는 주유취급소

정답 1. ④ 2. ④ 3. ② 4. ② 5. ②

해설 피난설비 설치 대상[시행규칙 제43조]

㉮ 주유취급소 중 건축물의 2층 이상의 부분을 점포·휴게음식점 또는 전시장의 용도로 사용하는 것

㉯ 옥내주유취급소

6. 위험물 안전관리법령상 위험물을 유별로 정리하여 저장하면서 서로 1m 이상의 간격을 두면 동일한 옥내 저장소에 저장할 수 있는 경우는?

① 제1류 위험물과 제3류 위험물 중 금수성 물질을 저장하는 경우
② 제1류 위험물과 제4류 위험물을 저장하는 경우
③ 제1류 위험물과 제6류 위험물을 저장하는 경우
④ 제2류 위험물 중 금속분과 제4류 위험물 중 동식물유류를 저장하는 경우

해설 유별을 달리하는 위험물의 동일한 저장소에 저장 기준[시행규칙 별표18]

㉮ 유별을 달리하는 위험물은 동일한 저장소에 저장하지 아니하여야 한다.

㉯ 동일한 저장소에 저장할 수 있는 경우 : 옥내저장소 또는 옥외저장소에 위험물을 유별로 정리하여 저장하고, 서로 1m 이상의 간격을 두는 경우

㉠ 제1류 위험물(알칼리금속의 과산화물 또는 이를 함유한 것 제외)과 제5류 위험물
㉡ **제1류 위험물과 제6류 위험물**
㉢ 제1류 위험물과 제3류 위험물 중 자연발화성물질(황린 또는 이를 함유한 것에 한한다)
㉣ 제2류 위험물 중 인화성고체와 제4류 위험물
㉤ 제3류 위험물 중 알킬알루미늄등과 제4류 위험물(알킬알루미늄 또는 알킬리튬을 함유한 것에 한한다)
㉥ 제4류 위험물 중 유기과산화물 또는 이를 함유한 것과 제5류 위험물 중 유기과산화물 또는 이를 함유한 것

7. 연소의 3요소를 모두 포함하는 것은?

① 과염소산, 산소, 불꽃
② 마그네슘분말, 연소열, 수소
③ 아세톤, 수소, 산소
④ 불꽃, 아세톤, 질산암모늄

해설 ㉮ 연소의 3요소 : 가연물질, 산소공급원, 점화원

㉯ 예제에서 가연물질은 아세톤, 산소공급원은 질산암모늄, 점화원은 불꽃이 해당된다.

8. 위험물 안전관리법령상 경보설비로 자동화재 탐지설비를 설치해야 할 위험물 제조소의 규모의 기준에 대한 설명으로 옳은 것은?

① 연면적 $500m^2$ 이상인 것
② 연면적 $1000m^2$ 이상인 것
③ 연면적 $1500m^2$ 이상인 것
④ 연면적 $2000m^2$ 이상인 것

해설 제조소 및 일반취급소에 자동화재 탐지설비만을 설치해야 하는 대상[시행규칙 별표17]

㉮ 연면적 $500m^2$ 이상인 것

㉯ 옥내에서 지정수량의 100배 이상을 취급하는 것(고인화점 위험물만을 100℃ 미만의 온도에서 취급하는 것을 제외한다)

㉰ 일반취급소로 사용되는 부분 외의 부분이 있는 건축물에 설치된 일반취급소(일반취급소와 일반취급소 외의 부분이 내화구조의 바닥 또는 벽으로 개구부 없이 구획된 것을 제외한다)

9. 액화 이산화탄소 1kg이 25℃, 2atm에서 방출되어 모두 기체가 되었다. 방출된 기체상의 이산화탄소 부피는 약 몇 L 인가?

① 238 ② 278
③ 308 ④ 340

해설 ㉮ 이산화탄소(CO_2)의 분자량(M) 계산 : $12+(16\times2)=44$

㉯ 기체상태의 이산화탄소 부피(L) 계산 : 이상기체 상태방정식 $PV=\frac{W}{M}RT$를 이용하여

정답 6. ③ 7. ④ 8. ① 9. ②

계산

$$\therefore V = \frac{WRT}{PM}$$

$$= \frac{(1\times10^3)\times0.082\times(273+25)}{2\times44}$$

$$= 277.681\,\text{L}$$

㉰ 이상기체 상태방정식 공식 : $PV = \frac{W}{M}RT$

P : 압력(atm) → 2atm
V : 부피(L) → 구하여야 할 부피
M : 분자량(g/mol) → 44
W : 질량(g) → 1kg=1×10^3g=1000g
R : 기체상수(0.082L·atm/mol·K)
T : 절대온도(K) → 273+25K

10. 위험물 안전관리법령에서 정한 "물분무등 소화설비"의 종류에 속하지 않는 것은 어느 것인가?

① 스프링클러설비
② 포 소화설비
③ 분말 소화설비
④ 이산화탄소 소화설비

해설 물분무등 소화설비 종류[시행규칙 별표17]
㉮ 물분무 소화설비
㉯ 포 소화설비
㉰ 불활성가스 소화설비
㉱ 할로겐화합물 소화설비
㉲ 분말 소화설비 : 인산염류, 탄산수소염류, 그 밖의 것

11. 혼합물인 위험물이 복수의 성상을 가지는 경우에 적용하는 품명에 관한 설명으로 틀린 것은?

① 산화성 고체의 성상 및 가연성 고체의 성상을 가지는 경우 : 산화성 고체의 품명
② 산화성 고체의 성상 및 자기반응성 물질의 성상을 가지는 경우 : 자기반응성 물질의 품명
③ 가연성고체의 성상과 자연발화성 물질의 성상 및 금수성 물질의 성상을 가지는 경우 : 자기발화성 물질 및 금수성 물질의 품명
④ 인화성 액체의 성상 및 자기반응성 물질의 성상을 가지는 경우 : 자기반응성 물질의 품명

해설 복수성상 물품에 속하는 품명[시행령 별표1]
㉮ **산화성고체의 성상 및 가연성고체의 성상**을 가지는 경우 : **제2류 가연성고체**의 규정에 의한 품명
㉯ 산화성고체의 성상 및 자기반응성물질의 성상을 가지는 경우 : 제5류 자기반응성물질의 규정에 의한 품명
㉰ 가연성고체의 성상과 자연발화성물질의 성상 및 금수성물질의 성상을 가지는 경우 : 제3류 자연발화성물질 및 금수성물질의 규정에 의한 품명
㉱ 자연발화성물질의 성상, 금수성물질의 성상 및 인화성액체의 성상을 가지는 경우 : 제3류 자연발화성물질 및 금수성물질의 규정에 의한 품명
㉲ 인화성액체의 성상 및 자기반응성물질의 성상을 가지는 경우 : 제5류 자기반응성물질의 규정에 의한 품명

12. 제3류 위험물 중 금수성 물질에 적응성이 있는 소화설비는?

① 할로겐화합물 소화설비
② 포 소화설비
③ 이산화탄소 소화설비
④ 탄산수소염류 분말 소화설비

해설 제3류 위험물 중 금수성 물질에 적응성이 있는 소화설비[시행규칙 별표17]
㉮ 탄산수소염류 분말소화설비 및 분말소화기
㉯ 건조사
㉰ 팽창질석 또는 팽창진주암

정답 10. ① 11. ① 12. ④

13. 제6류 위험물을 저장하는 장소에 적응성이 있는 소화설비가 아닌 것은?

① 물분무 소화설비
② 포 소화설비
③ 이산화탄소 소화설비
④ 옥내 소화전설비

해설 제6류 위험물에 적응성이 있는 소화설비 [시행규칙 별표17]

㉮ 옥내소화전 또는 옥외소화전설비
㉯ 스프링클러설비
㉰ 물분무 소화설비
㉱ 포 소화설비
㉲ 인산염류 분말 소화설비
㉳ 봉상수(棒狀水) 소화기
㉴ 무상수(霧狀水) 소화기
㉵ 봉상강화액 소화기
㉶ 무상강화액 소화기
㉷ 포 소화기
㉸ 인산염류 분말 소화기
㉹ 물통 또는 건조사
㉺ 건조사
㉻ 팽창질석 또는 팽창진주암

참고 문제에서 묻는 것은 적응성이 없는 소화설비로 적응성이 있는 소화설비 외에는 적응성이 없는 것이다.

14. $NH_4H_2PO_4$이 열분해하여 생성되는 물질 중 암모니아와 수증기의 부피 비율은?

① 1 : 1
② 1 : 2
③ 2 : 1
④ 3 : 2

해설 제3종 분말 소화약제의 열분해

㉮ 인산암모늄($NH_4H_2PO_4$)이 열분해하여 생성되는 물질은 암모니아(NH_3)와 수증기(H_2O)이며 부피비는 1 : 1이다.
㉯ 반응식 : $NH_4H_2PO_4 \rightarrow HPO_3 + NH_3 + H_2O$

15. 소화약제에 따른 주된 소화효과로 틀린 것은?

① 수성막포 소화약제 : 질식효과
② 제2종 분말 소화약제 : 탈수탄화효과
③ 이산화탄소 소화약제 : 질식효과
④ 할로겐화합물 소화약제 : 화학억제효과

해설 소화약제의 소화효과

㉮ 물 : 냉각효과
㉯ 산·알칼리 소화약제 : 냉각효과
㉰ 강화액 소화약제 : 냉각소화, 부촉매효과, 일부질식효과
㉱ 이산화탄소 소화약제 : 질식효과, 냉각효과
㉲ 할로겐화합물 소화약제 : 억제효과(부촉매효과)
㉳ 포 소화약제 : 질식효과, 냉각효과
㉴ 분말 소화약제 : 질식효과, 냉각효과
  ㉠ 제2종 분말 소화약제는 중탄산칼륨으로 질식효과가 있음
  ㉡ 제3종 분말소화약제는 부촉매효과도 있음

16. 제5류 위험물을 저장 또는 취급하는 장소에 적응성이 있는 소화설비는?

① 포 소화설비
② 분말 소화설비
③ 이산화탄소 소화설비
④ 할로겐화합물 소화설비

해설 제5류 위험물에 적응성이 있는 소화설비 [시행규칙 별표17]

㉮ 옥내소화전 또는 옥외소화전설비
㉯ 스프링클러설비
㉰ 물분무 소화설비
㉱ 포 소화설비
㉲ 봉상수(棒狀水) 소화기
㉳ 무상수(霧狀水) 소화기
㉴ 봉상강화액 소화기
㉵ 무상강화액 소화기
㉶ 포 소화기
㉷ 물통 또는 건조사
㉸ 건조사
㉹ 팽창질석 또는 팽창진주암

정답 13. ③ 14. ① 15. ② 16. ①

17. 옥외 저장소에 덩어리 상태의 유황만을 지반면에 설치한 경계표시의 안쪽에서 저장할 경우 하나의 경계표시의 내부 면적은 몇 m^2 이하이어야 하는가?

① 75 ② 100
③ 150 ④ 300

해설 덩어리 상태의 유황만을 저장하는 옥외 저장소 기준[시행규칙 별표11]
㉮ 하나의 경계표시의 내부의 면적은 $100m^2$ 이하일 것
㉯ 2 이상의 경계표시를 설치하는 경우에는 각각의 내부 면적을 합산한 면적은 $1000m^2$ 이하로 하고, 인접하는 경계표시와의 간격을 보유공지 너비의 1/2 이상으로 할 것. 다만, 저장 또는 취급하는 위험물의 최대수량이 지정수량의 200배 이상인 경우에는 경계표시와의 간격을 10m 이상으로 하여야 한다.
㉰ 경계표시는 불연재료로 만드는 동시에 유황이 새지 아니하는 구조로 할 것
㉱ 경계표시의 높이는 1.5m 이하로 할 것
㉲ 경계표시에는 유황이 넘치거나 비산하는 것을 방지하기 위한 천막 등을 고정하는 장치를 설치하되, 천막 등을 고정하는 장치는 경계표시의 길이 2m 마다 한 개 이상 설치할 것
㉳ 유황을 저장 또는 취급하는 장소의 주위에는 배수구와 분리장치를 설치할 것

18. 위험물 시설에 설비하는 자동화재 탐지설비의 하나의 경계구역 면적과 그 한 변의 길이의 기준으로 옳은 것은? (단, 광전식 분리형 감지기를 설치하지 않은 경우이다.)

① $300m^2$ 이하, 50m 이하
② $300m^2$ 이하, 100m 이하
③ $600m^2$ 이하, 50m 이하
④ $600m^2$ 이하, 100m 이하

해설 자동화재 탐지설비 설치기준[시행규칙 별표17]
㉮ 자동화재 탐지설비의 경계구역은 건축물 그 밖의 공작물의 2 이상의 층에 걸치지 아니하도록 할 것. 다만, 하나의 경계구역의 면적이 $500m^2$ 이하이면서 당해 경계구역이 두 개의 층에 걸치는 경우이거나 계단·경사로·승강기의 승강로 그 밖에 이와 유사한 장소에 연기감지기를 설치하는 경우에는 그러하지 아니하다.
㉯ 하나의 경계구역의 면적은 $600m^2$ 이하로 하고 그 한 변의 길이는 50m(광전식분리형 감지기를 설치할 경우에는 100m) 이하로 할 것. 다만, 당해 건축물 그 밖의 공작물의 출입구에서 그 내부의 전체를 볼 수 있는 경우에는 그 면적을 $1000m^2$ 이하로 할 수 있다.
㉰ 자동화재 탐지설비의 감지기는 지붕(상층이 있는 경우에는 상층의 바닥) 또는 벽의 옥내에 면한 부분(천장이 있는 경우에는 천장 또는 벽의 옥내에 면한 부분 및 천장의 뒷부분)에 유효하게 화재의 발생을 감지할 수 있도록 설치할 것
㉱ 자동화재 탐지설비에는 비상전원을 설치할 것

19. 위험물 안전관리법령에서 정한 탱크 안전성능 검사의 구분에 해당하지 않는 것은 어느 것인가?

① 기초·지반검사
② 충수·수압검사
③ 용접부 검사
④ 배관 검사

해설 탱크 안전성능 검사의 종류[시행령 제8조]
㉮ 기초·지반검사
㉯ 충수·수압검사
㉰ 용접부 검사
㉱ 암반 탱크 검사

20. 화재의 종류와 가연물이 옳게 연결된 것은?

① A급 – 플라스틱
② B급 – 섬유
③ A급 – 페인트
④ B급 – 나무

정답 17. ② 18. ③ 19. ④ 20. ①

해설 화재의 분류 및 표시 색상

구분	화재종류	표시 색상
A급 화재	일반화재	백색
B급 화재	유류, 가스 화재	황색
C급 화재	전기 화재	청색
D급 화재	금속 화재	–

21. 위험물 안전관리법령상 위험물의 운송에 있어서 운송책임자의 감독 또는 지원을 받아 운송하여야 하는 위험물에 속하지 않는 것은?

① $Al(CH_3)_3$　② CH_3Li
③ $Cd(CH_3)_2$　④ $Al(C_4H_9)_3$

해설 ㉮ 운송책임자의 감독, 지원을 받아 운송하여야 하는 위험물 종류[시행령 제19조]
㉠ 알킬알루미늄
㉡ 알킬리튬
㉢ 알킬알루미늄 또는 알킬리튬을 함유하는 위험물
㉯ 예제의 위험물 명칭
㉠ $Al(CH_3)_3$: 트리메틸알루미늄으로 제3류 위험물 중 알킬알루미늄에 해당된다.
㉡ CH_3Li : 메틸리튬으로 제3류 위험물 중 알킬리튬에 해당된다.
㉢ $Cd(CH_3)_2$: 디메틸카드뮴으로 제3류 위험물 중 유기금속화합물에 해당된다.
㉣ $Al(C_4H_9)_3$: 트리이소부틸알루미늄으로 제3류 위험물 중 알킬알루미늄에 해당된다.

22. 위험물 탱크의 용량은 탱크의 내용적에서 공간용적을 뺀 용적으로 한다. 이 경우 소화약제 방출구를 탱크 안의 윗부분에 설치하는 탱크의 공간용적은 당해 소화설비 소화약제 방출구 아래의 어느 범위의 면으로부터 윗부분의 용적으로 하는가?

① 0.1m 이상 0.5m 미만 사이의 면
② 0.3m 이상 1m 미만 사이의 면
③ 0.5m 이상 1m 미만 사이의 면
④ 0.5m 이상 1.5m 미만 사이의 면

해설 탱크의 내용적 및 공간용적[세부기준 제25조]
㉮ 위험물을 저장 또는 취급하는 탱크의 용량은 해당 탱크의 내용적에서 공간용적을 뺀 용적으로 한다[시행규칙 제5조].
㉯ 탱크의 공간용적은 탱크 내용적의 100분의 5 이상 100분의 10 이하의 용적으로 한다. 다만, 소화설비(소화약제 방출구를 탱크 안의 윗부분에 설치하는 것에 한한다)를 설치하는 탱크의 공간용적은 당해 소화설비의 소화약제 방출구 아래의 0.3m 이상 1m 미만의 사이의 면으로부터 윗부분의 용적으로 한다.

23. 다음 위험물 중 비중이 물보다 큰 것은 어느 것인가?

① 디에틸에테르　② 아세트알데히드
③ 산화프로필렌　④ 이황화탄소

해설 제4류 위험물 중 특수인화물 품명의 비중

품명	액체 비중	증기 비중
디에틸에테르 ($C_2H_5OC_2H_5$)	0.719	2.55
아세트알데히드 (CH_3CHO)	0.783	1.52
산화프로필렌 (CH_3CHOCH_2)	0.83	2.0
이황화탄소(CS_2)	1.263	2.62

24. 과산화나트륨에 대한 설명 중 틀린 것은?

① 순수한 것은 백색이다.
② 상온에서 물과 반응하여 수소 가스를 발생한다.
③ 화재 발생 시 주수소화는 위험할 수 있다.
④ CO 및 CO_2 제거제를 제조할 때 사용된다.

해설 과산화나트륨(Na_2O_2)의 특징
㉮ 제1류 위험물 중 무기과산화물에 해당되며 지정수량은 50kg이다.
㉯ 순수한 것은 백색이지만 보통은 담황색을 띠고 있는 결정분말이다.

2015

정답 21. ③　22. ②　23. ④　24. ②

㉰ 공기 중에서 탄산가스를 흡수하여 탄산염이 된다.

㉱ 조해성이 있으며 물과 반응하여 많은 열과 함께 산소(O_2)와 수산화나트륨(NaOH)을 발생한다.

㉲ 가열하면 분해되어 산화나트륨(Na_2O)과 산소가 발생한다.

㉳ 강산화제로 용융물은 금, 니켈을 제외한 금속을 부식시킨다.

㉴ 알코올에는 녹지 않으나, 묽은 산과 반응하여 과산화수소(H_2O_2)를 생성시킨다.

㉵ 탄화칼슘(CaC_2), 마그네슘, 알루미늄 분말, 초산(CH_3COOH), 에테르($C_2H_5OC_2H_5$) 등과 혼합하면 발화하거나 폭발의 위험이 있다.

㉶ 비중 2.805, 융점 및 분해온도 460℃이다.

㉷ 주수 소화는 금물이고, 마른 모래(건조사)를 이용한다.

25. 위험물 안전관리법령에서 정한 품명이 서로 다른 물질을 나열한 것은?

① 이황화탄소, 디에틸에테르
② 에틸알코올, 고형알코올
③ 등유, 경유
④ 중유, 클레오소트유

해설 제4류 위험물 품명에 따른 분류

㉮ 특수인화물 : 디에틸에테르($C_2H_5OC_2H_5$: 에테르), 이황화탄소(CS_2), 아세트알데히드(CH_3CHO), 산화프로필렌(CH_3CHOCH_2), 디에틸설파이드(황화디메틸) 등

㉯ 제1석유류 : 아세톤(CH_3COCH_3 : 디메틸케톤), 가솔린(C_5H_{12}~C_9H_{20} : 휘발유), 벤젠(C_6H_6 : 벤졸), 톨루엔($C_6H_5CH_3$: 메틸벤젠), 크실렌[$C_6H_4(CH_3)_2$: 디메틸벤젠], 초산에스테르류, 의산(개미산) 에스테르류, 메틸에틸케톤($CH_3COC_2H_5$), 피리딘(C_5H_5N) 등

㉰ 알코올류 : 메틸알코올(CH_3OH : 메탄올), 에틸알코올(C_2H_5OH : 에탄올), 이소프로필알코올, 변성알코올

㉱ 제2석유류 : 등유, 경유, 의산(포름산), 초산, 테레핀유, 장뇌유, 스티렌, 송근유, 에틸셀르솔브(에틸글리콜), 메틸셀르솔브(메틸글리콜), 클로로벤젠, 아크릴산

㉲ 제3석유류 : 중유, 클레오소트유, 에틸렌글리콜, 글리세린, 니트로벤젠, 아닐린, 담금질유

㉳ 제4석유류 : 기어유, 실린더유, 방청유, 절삭유

㉴ 동식물유류 : 들기름, 아마인유, 참기름, 목화씨유, 올리브유, 피마자유 등

참고 고형알코올은 제2류 위험물 중 인화성고체에 해당된다.

26. 위험물 옥내저장소에 과염소산 300kg, 과산화수소 300kg을 저장하고 있다. 저장창고에는 지정수량 몇 배의 위험물을 저장하고 있는가?

① 4　　② 3
③ 2　　④ 1

해설 제6류 위험물 지정수량

㉮ 과염소산 : 30g

㉯ 과산화수소 : 300kg

㉰ 지정수량 배수의 합 계산 : 지정수량 배수의 합은 각 위험물량을 지정수량으로 나눈 값의 합이다.

∴ 지정수량 배수의 합

$$= \frac{\text{A 위험물량}}{\text{지정수량}} + \frac{\text{B 위험물량}}{\text{지정수량}}$$

$$= \frac{300}{300} + \frac{300}{300} = 2 \text{ 배}$$

27. 위험물 안전관리자를 해임할 때에는 해임한 날로부터 며칠 이내에 위험물 안전관리자를 다시 선임하여야 하는가?

① 7　　② 14
③ 30　　④ 60

해설 위험물 안전관리자[법 제15조]

㉮ 안전관리자를 선임한 제조소등의 관계인은 그 안전관리자를 해임, 퇴직한 때에는 해임, 퇴직한 날부터 30일 이내에 안전관리자를 선임하여야 한다.

정답 25. ② 26. ③ 27. ③

㉯ 제조소등의 관계인은 안전관리자를 선임한 날부터 14일 이내에 소방본부장 또는 소방서장에게 신고하여야 한다.

㉰ 안전관리자 대리자(代理者)의 직무 대행 기간은 30일을 초과할 수 없다.

28. 염소산염류 250kg, 요오드산염류 600kg, 질산염류 900kg을 저장하고 있는 경우 지정수량의 몇 배가 보관되어 있는가?

① 5배　② 7배
③ 10배　④ 12배

해설 ㉮ 제1류 위험물의 지정수량

품명	지정수량
염소산염류	50kg
요오드산염류	300kg
질산염류	300kg

㉯ 지정수량 배수의 합 계산 : 지정수량 배수의 합은 각 위험물량을 지정수량으로 나눈 값의 합이다.

∴ 지정수량 배수의 합

$$= \frac{\text{A 위험물량}}{\text{지정수량}} + \frac{\text{B 위험물량}}{\text{지정수량}} + \frac{\text{C 위험물량}}{\text{지정수량}}$$

$$= \frac{250}{50} + \frac{600}{300} + \frac{900}{300} = 10\text{ 배}$$

29. 위험물 안전관리법령상 품명이 "유기과산화물"인 것으로만 나열된 것은?

① 과산화벤조일, 과산화메틸에틸케톤
② 과산화벤조일, 과산화마그네슘
③ 과산화마그네슘, 과산화메틸에틸케톤
④ 과산화초산, 과산화수소

해설 유기과산화물

㉮ 제5류 위험물이며 지정수량은 10kg이다.

㉯ 종류

- 과산화벤조일[$(C_6H_5CO)_2O_2$: 벤조일퍼옥사이드]
- 메틸에틸케톤퍼옥사이드[$(CH_3COC_2H_5)_2O_2$: 과산화메틸에틸케톤]

30. 위험물 안전관리법령상 판매취급소에 관한 설명으로 옳지 않은 것은?

① 건축물의 1층에 설치하여야 한다.
② 위험물을 저장하는 탱크시설을 갖추어야 한다.
③ 건축물의 다른 부분과는 내화구조의 격벽으로 구획하여야 한다.
④ 제조소와 달리 안전거리 또는 보유공지에 관한 규제를 받지 않는다.

해설 판매취급소 기준[시행규칙 별표14]

㉮ 저장 또는 판매하는 위험물의 수량이 20배 이하인 1종 판매취급소와 40배 이하인 2종 판매취급소로 분류한다.

㉯ 판매취급소는 건축물 1층에 설치하여야 한다.

㉰ "위험물 판매취급소(O종)"라는 표지와 방화에 관한 게시판을 설치하여야 한다.

㉱ 제조소와 달리 안전거리 또는 보유공지에 관한 규제를 받지 않는다.

㉲ 건축물의 다른 부분과는 내화구조의 격벽으로 구획하여야 한다.

㉳ 판매취급소 출입구는 갑종방화문 또는 을종방화물을 설치하여야 한다.

㉴ 창 및 출입구에 유리를 사용하는 경우 망입유리로 하여야 한다.

참고 판매취급소는 점포에서 위험물을 용기에 담아 판매하기 위하여 위험물을 취급하는 장소로 위험물을 저장하는 탱크시설을 갖추지 않아도 된다.

31. 위험물 안전관리법령에 의한 위험물 운송에 관한 규정으로 틀린 것은?

① 이동탱크 저장소에 의하여 위험물을 운송하는 자는 당해 위험물을 취급할 수 있는 국가기술자격자 또는 안전교육을 받은 자이어야 한다.
② 안전관리자, 탱크시험자, 위험물 운송자 등 위험물의 안전관리와 관련된 업무를 수행하는 자는 시·도지사가 실시하는 안전교육을 받아야 한다.

정답 28. ③　29. ①　30. ②　31. ②

2015

③ 운송책임자의 범위, 감독 또는 지원의 방법 등에 관한 구체적인 기준은 행정안전부령으로 정한다.

④ 위험물 운송자는 이동탱크 저장소에 의하여 위험물을 운송하는 때에는 행정안전부령으로 정하는 기준을 준수하는 등 당해 위험물의 안전 확보를 위하여 세심한 주의를 기울여야 한다.

해설 안전교육[법 제28조]

㉮ 안전관리자·탱크시험자·위험물운송자 등은 **소방청장**이 실시하는 안전교육을 받아야 한다.

㉯ 법 30조 및 시행령 제22조에 의하여 소방청장은 안전관리자 및 위험물운송자의 안전교육을 한국소방안전원에, 탱크시험자의 안전교육을 한국소방산업기술원에 위탁하여 실시한다.

32. 과산화수소의 성질에 대한 설명 중 틀린 것은?

① 알칼리성 용액에 의해 분해될 수 있다.
② 산화제로 사용할 수 있다.
③ 농도가 높을수록 안정하다.
④ 열, 햇빛에 의해 분해될 수 있다.

해설 과산화수소(H_2O_2)의 위험성

㉮ 제6류 위험물로 지정수량 300kg이다.

㉯ 열, 햇빛에 의해서 쉽게 분해하여 산소를 방출한다.

㉰ 은(Ag), 백금(Pt) 등 금속분말 또는 산화물(MnO_2, PbO, HgO, CoO_3)과 혼합하면 급격히 반응하여 산소를 방출하여 폭발하기도 한다.

㉱ 용기가 가열되면 내부에 분해산소가 발생하기 때문에 용기가 파열하는 경우도 있다.

㉲ **농도가 높아질수록 불안정하며**, 온도가 높아질수록 분해속도가 증가하고 비점 이하에서 폭발한다.

㉳ 분해를 방지하기 위하여 인산(H_3PO_4), 요산($C_5H_4N_4O_3$)을 안정제로 사용한다.

㉴ 농도가 60% 이상의 것은 충격에 의해 단독 폭발의 가능성이 있다.

㉵ 농도가 진한 액이 피부에 접촉되면 화상을 입는다.

33. $C_6H_2CH_3(NO_2)_3$을 녹이는 용제가 아닌 것은?

① 물 ② 벤젠
③ 에테르 ④ 아세톤

해설 트리니트로톨루엔[$C_6H_2CH_3(NO_2)_3$: TNT]

㉮ 제5류 위험물 중 니트로화합물로 지정수량 200kg이다.

㉯ 물에는 녹지 않지만 알코올, 벤젠, 에테르, 아세톤에는 잘 녹는다.

참고 트리니트로톨루엔의 용제로 사용하는 것이 알코올, 벤젠, 에테르, 아세톤이다.

34. 제6류 위험물을 저장하는 옥내탱크 저장소로서 단층 건물에 설치된 것의 소화 난이도 등급은?

① Ⅰ 등급 ② Ⅱ 등급
③ Ⅲ 등급 ④ 해당 없음

해설 소화난이도 등급[시행규칙 별표17]

㉮ 옥내탱크 저장소로서 단층 건물에 위험물을 취급하는 것은 소화난이도 등급 Ⅱ에 해당되지만 제6류 위험물만을 저장하는 경우에는 제외되는 경우이다.

㉯ 옥내탱크 저장소에 6류 위험물을 저장하는 경우 소화난이도 등급은 어디에도 해당되지 않는다.

35. 황린에 관한 설명 중 틀린 것은?

① 물에 잘 녹는다.
② 화재 시 물로 냉각소화 할 수 있다.
③ 적린에 비해 불안정하다.
④ 적린과 동소체이다.

해설 황린(P_4)의 특징

㉮ 제3류 위험물로 지정수량은 20kg이다.

정답 32. ③ 33. ① 34. ④ 35. ①

㉯ 백색 또는 담황색 고체로 일명 백린이라 한다.

㉰ 강한 마늘 냄새가 나고, 증기는 공기보다 무거운 가연성이며 맹독성 물질이다.

㉱ **물에 녹지 않고** 벤젠, 알코올에 약간 용해하며 이황화탄소, 염화황, 삼염화인에 잘 녹는다.

㉲ 공기를 차단하고 약 260℃로 가열하면 적린이 된다(적린과 동소체이며 적린에 비해 불안정적하다).

㉳ 상온에서 증기를 발생하고 서서히 산화하므로 어두운 곳에서 청백색의 인광을 발한다.

㉴ 다른 원소와 반응하여 인화합물을 만들며, 연소할 때 유독성의 오산화인(P_2O_5)이 발생하면서 백색 연기가 난다.

㉵ 자연 발화의 가능성이 있으므로 물속에만 저장하며, 온도가 상승 시 물의 산성화가 빨라져 용기를 부식시키므로 직사광선을 막는 차광 덮개를 하여 저장한다.

㉶ 액체 비중 1.82, 증기비중 4.3, 융점 44℃, 비점 280℃, 발화점 34℃이다.

36. 다음 그림의 시험장치는 제 몇 류 위험물의 위험성 판정을 위한 것인가? (단, 고체물질의 위험성 판정이다.)

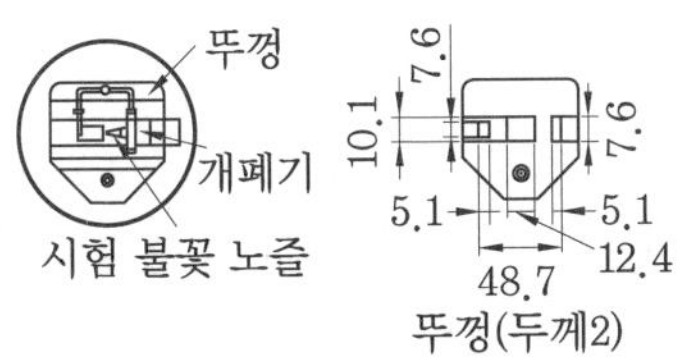

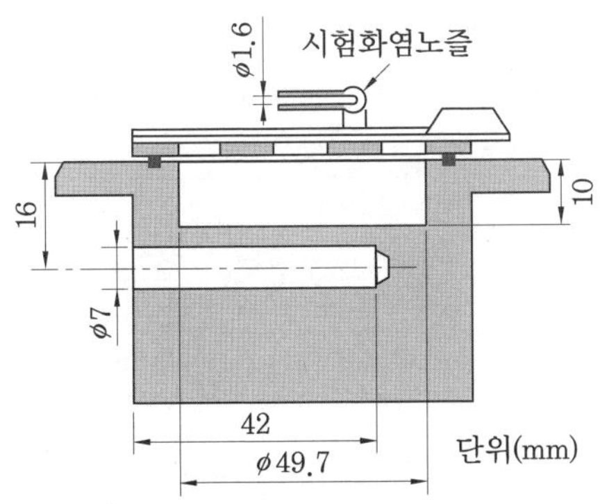

① 제1류 ② 제2류
③ 제3류 ④ 제4류

해설 고체의 인화 위험성 시험방법[세부기준 제9조] : 그림은 가연성고체(제2류 위험물)에 인화의 위험성을 시험하는 신속평형법 시료컵이다.

37. 위험물 안전관리법령상 에틸렌글리콜과 혼재하여 운반할 수 없는 위험물은? (단, 지정수량의 10배일 경우이다.)

① 유황
② 과망간산나트륨
③ 알루미늄분
④ 트리니트로톨루엔

해설 ㉮ 위험물 운반할 때 혼재 기준[시행규칙 별표19, 부표2]

구분	제1류	제2류	제3류	제4류	제5류	제6류
제1류		×	×	×	×	○
제2류	×		×	○	○	×
제3류	×	×		○	×	×
제4류	×	○	○		○	×
제5류	×	○	×	○		×
제6류	○	×	×	×	×	

○ : 혼합 가능, × : 혼합 불가능

㉯ 이 표는 지정수량의 $\frac{1}{10}$ 이하의 위험물에 대하여는 적용하지 않는다.

㉰ 에틸렌글리콜은 제4류 위험물 중 제3석유류이다. 그러므로 혼재가 가능한 것은 제2류, 제3류, 제5류 위험물이고, **혼재할 수 없는 것은 제1류, 제6류** 위험물이다.

㉱ 각 위험물의 유별

㉠ 유황 : 제2류 위험물

㉡ **과망간산나트륨 : 제1류** 위험물 중 과망간산염류

㉢ 알루미늄분 : 제2류 위험물 중 금속분

㉣ 트리니트로톨루엔 : 제5류 위험물 중 니트로화합물

정답 36. ② 37. ②

38. 제2석유류만으로 짝지어진 것은?

① 시클로헥산 – 피리딘
② 염화아세틸 – 휘발유
③ 시클로헥산 – 중유
④ 아크릴산 – 포름산

해설 ㉮ 제2석유류의 종류 : 등유, 경유, **의산(포름산)**, 초산, 테레핀유, 장뇌유, 스티렌, 송근유, 에틸셀르솔브(에틸글리콜), 메틸셀르솔브(메틸글리콜), 클로로벤젠, 히드라진, **아크릴산**
㉯ 제1석유류 : 시클로헥산, 피리딘, 염화아세틸, 휘발유
㉰ 제3석유류 : 중유

39. 다음 중 물과의 반응성이 가장 낮은 것은?

① 인화알루미늄 ② 트리에틸알루미늄
③ 오황화인 ④ 황린

해설 각 위험물의 물과의 반응성
㉮ 인화알루미늄(AlP) : 제3류 위험물 중 금속의 인화물에 해당되며 물과 반응하면 가연성 가스이면서 유독한 **인화수소**(PH_3 : 포스핀)을 발생한다.
㉯ 트리에틸알루미늄 : 제3류 위험물 중 알킬알루미늄에 해당되며 물과 반응하면 가연성 가스인 **에탄**(C_2H_6)을 발생한다.
㉰ 오황화인(P_2S_5) : 제2류 위험물 중 황화린에 해당되며 물과 반응하면 가연성 가스이면서 유독한 **황화수소**(H_2S)가 발생한다.
㉱ 황린(P_4) : 제3류 위험물로 물과의 **반응성이 아주 낮은 것**으로 자연발화의 가능성 때문에 물속에 넣어 보관한다.

40. 금속 나트륨, 금속 칼륨 등을 보호액 속에 저장하는 이유를 옳게 설명한 것은?

① 온도를 낮추기 위하여
② 승화하는 것을 막기 위하여
③ 공기와의 접촉을 막기 위하여
④ 운반 시 충격을 적게 하기 위하여

해설 금속 나트륨과 금속 칼륨의 공통적인 성질
㉮ 제3류 위험물로 지정수량 10kg이다.
㉯ 은백색의 경금속으로 금수성물질이며 가연성 고체이다.
㉰ 물과 반응 시 수소(H_2)를 발생한다.
㉱ 나트륨 비중 0.97, 칼륨 비중 0.86으로 물보다 가벼운 금속이다.
㉲ **산화를 방지**하기 위하여 **보호액**(등유, 경유, 파라핀) 속에 넣어 저장한다.
㉳ 소화방법은 건조사(마른 모래)를 이용한 질식 소화를 한다.

41. 위험물 안전관리법령에서 정한 특수인화물의 발화점 기준으로 옳은 것은?

① 1기압에서 100℃ 이하
② 0기압에서 100℃ 이하
③ 1기압에서 25℃ 이하
④ 0기압에서 25℃ 이하

해설 특수인화물의 정의[시행령 별표1]
㉮ "특수인화물"이라 함은 이황화탄소, 디에틸에테르 그 밖에 1기압에서 발화점이 100℃ 이하인 것 또는 인화점이 −20℃ 이하이고 비점이 40℃ 이하인 것을 말한다.
㉯ 특수인화물의 발화점 기준 : 1기압에서 발화점이 100℃ 이하

42. 위험물의 지정수량이 잘못된 것은?

① $(C_2H_5)_3Al$: 10kg ② Ca : 50kg
③ LiH : 300kg ④ Al_4C_3 : 500kg

해설 제3류 위험물의 지정수량

품명		지정수량
트리에틸알루미늄 [$(C_2H_5)_3Al$]	알킬알루미늄	10kg
칼슘(Ca)	알칼리토금속	50kg
수소화리튬 (LiH)	금속의 수소화물	300kg
탄화알루미늄(Al_4C_3)	알루미늄탄화물	300kg

정답 38. ④ 39. ④ 40. ③ 41. ① 42. ④

43. 다음 중 요오드값이 가장 낮은 것은?

① 해바라기유　② 오동유
③ 아마인유　④ 낙화생유

해설 요오드값에 따른 동식물유류의 분류 및 종류

구분	요오드값	종류
건성유	130 이상	들기름, 아마인유, 해바라기유, 오동유
반건성유	100~130 미만	목화씨유, 참기름, 채종유
불건성유	100 미만	땅콩기름(낙화생유), 올리브유, 피마자유, 야자유, 동백유

44. 탄소 80%, 수소 14%, 황 6%인 물질 1kg이 완전 연소하기 위해 필요한 이론공기량은 약 몇 kg인가? (단, 공기 중 산소는 23wt%이다.)

① 3.31　② 7.05
③ 11.62　④ 14.41

해설 $A_0 = 11.49\,C + 34.5\left(H - \frac{O}{8}\right) + 4.3\,S$
$= 11.49 \times 0.8 + 34.5 \times 0.14 + 4.3 \times 0.06$
$= 14.28\,kg/kg$

45. 다음 중 위험물 운반용기의 외부에 "제4류"와 "위험등급 Ⅱ"의 표시만 보이고 품명이 잘 보이지 않을 때 예상할 수 있는 수납 위험물의 품명은?

① 제1석유류　② 제2석유류
③ 제3석유류　④ 제4석유류

해설 제4류 위험물의 위험등급에 따른 품명
㉮ 위험등급 Ⅰ : 특수인화물
㉯ 위험등급 Ⅱ : 제1석유류, 알코올류
㉰ 위험등급 Ⅲ : 제2석유류, 제3석유류, 제4석유류, 동식물유류

46. 질산의 저장 및 취급법이 아닌 것은?

① 직사광선을 차단한다.
② 분해 방지를 위해 요산, 인산 등을 가한다.
③ 유기물과 접촉을 피한다.
④ 갈색 병에 넣어 보관한다.

해설 질산(HNO_3)의 저장 및 취급법
㉮ 제6류 위험물(산화성액체)로 지정수량 300kg이다.
㉯ 직사광선에 의해 분해되므로 갈색병에 넣어 냉암소에 보관한다.
㉰ 테레핀유, 탄화칼슘, 금속분 및 가연성물질과는 격리시켜 저장하여야 한다.
㉱ 산화력과 부식성이 강해 피부에 접촉되면 화상을 입는다.
㉲ 질산 자체는 연소성, 폭발성은 없지만 환원성이 강한 물질(황화수소, 아민 등)과 혼합하면 발화 또는 폭발한다.

참고 분해방지를 위해 요산($C_5H_4N_4O_3$), 인산(H_3PO_4) 등의 안정제를 가하는 것은 제6류 위험물인 과산화수소(H_2O_2)이다.

47. 아세톤의 완전 연소반응식에서 (　)에 알맞은 계수를 차례대로 옳게 나타낸 것은?

$CH_3COCH_3 + (\quad)O_2 \rightarrow (\quad)CO_2 + 3H_2O$

① 3, 4　② 4, 3
③ 6, 3　④ 3, 6

해설 ㉮ 탄화수소의 완전 연소반응식

$$C_mH_n + \left(m + \frac{n}{4}\right)O_2 \rightarrow m\,CO_2 + \frac{n}{2}H_2O$$

㉯ 산소(O_2) 몰(mol) 수 계산 : 아세톤의 분자식에서 탄소 원자수는 3개, 수소 원자수는 6개이다. 그러므로 산소의 몰수는 $\left(3 + \frac{6}{4}\right) = 4.5$인데 아세톤에 산소 원자가 1개 있으므로 필요로 하는 산소 분자(O_2)에서 산소원자 0.5를 제외하면 필요로 하는 산소 몰수는 4가 된다. (또는 아세톤이 완전 연소 후 생성되는 물질에서 산소 원자의 수는 이산화탄소에서 6개, 수증기에서 3개 이므로 합은 9개이다. 그러므로

정답 43. ④　44. ④　45. ①　46. ②　47. ②

필요로 하는 산소 원자수는 9개가 되지만 아세톤에 산소 원자가 1개 있으므로 이것을 제외하면 8개가 되며 산소 몰(mol) 수는 4가 된다.)

㈐ 이산화탄소(CO_2) 몰 수 계산 : 이산화탄소의 몰수는 탄소의 수와 같으므로 3이 된다.

㈑ 아세톤의 완전 연소반응식

$CH_3COCH_3+4O_2 \rightarrow 3CO_2+3H_2O$

48. 다음 중 위험등급 Ⅰ의 위험물이 아닌 것은?

① 무기과산화물 ② 적린
③ 나트륨 ④ 과산화수소

해설 위험등급 Ⅰ의 위험물[시행규칙 별표19]

㈎ 제1류 위험물 중 아염소산염류, 염소산염류, 과염소산염류, **무기과산화물** 그 밖에 지정수량이 50kg인 위험물

㈏ 제3류 위험물 중 칼륨, **나트륨**, 알킬알루미늄, 알킬리튬, 황린 그 밖에 지정수량이 10kg 또는 20kg인 위험물

㈐ 제4류 위험물 중 특수인화물

㈑ 제5류 위험물 중 유기과산화물, 질산에스테르류 그 밖에 지정수량이 10kg인 위험물

㈒ **제6류 위험물**

참고 적린은 제2류 위험물로 위험등급 Ⅱ에 해당된다.

49. 디에틸에테르의 보관, 취급에 관한 설명으로 틀린 것은?

① 용기는 밀봉하여 보관한다.
② 환기가 잘 되는 곳에 보관한다.
③ 정전기가 발생하지 않도록 취급한다.
④ 저장용기에 빈 공간이 없게 가득 채워 보관한다.

해설 디에틸에테르($C_2H_5OC_2H_5$: 에테르)의 특징

㈎ 제4류 위험물 중 특수인화물에 해당되며 지정수량 50L이다.

㈏ 비점(34.48℃)이 낮고 무색투명하며 독특한 냄새가 있는 인화되기 쉬운 액체이다.

㈐ 물에는 녹기 어려우나 알코올에는 잘 녹는다.

㈑ 전기의 불량도체라 정전기가 발생되기 쉽다.

㈒ 휘발성이 강하고 증기는 마취성이 있어 장시간 흡입하면 위험하다.

㈓ 공기와 장시간 접촉하면 과산화물이 생성되어 가열, 충격, 마찰에 의하여 폭발한다.

㈔ 인화점 및 발화온도가 낮고 연소범위가 넓다.

㈕ 건조 시 정전기에 의하여 발화하는 경우도 있다.

㈓ 불꽃 등 화기를 멀리하고 통풍이 잘 되는 곳에 저장한다.

㈔ 공기와 접촉 시 과산화물이 생성되는 것을 방지하기 위해 용기는 갈색 병을 사용한다.

㈕ 증기 누설을 방지하고, 밀전하여 냉암소에 보관한다.

㈖ 용기의 공간용적은 10% 이상 여유 공간을 확보한다.

㈗ 액체 비중 0.719(증기비중 2.55), 비점 34.48℃, 발화점 180℃, 인화점 −45℃, 연소범위 1.91~48%이다.

50. 시클로헥산에 관한 설명으로 가장 거리가 먼 것은?

① 고리형 분자구조를 가진 방향족 탄화수소 화합물이다.
② 화학식은 C_6H_{12}이다.
③ 비수용성 위험물이다.
④ 제4류 제1석유류에 속한다.

해설 시클로헥산(C_6H_{12}) : 제4류 위험물 중 제1석유류에 해당되는 비수용성으로 탄소 고리모양의 분자구조를 가진 지환족 탄화수소 화합물이다. 방향족 탄화수소 화합물은 벤젠(C_6H_6)과 같이 이중결합구조를 갖는 화합물이다.

51. 옥외 저장소에서 저장 또는 취급할 수 있는 위험물이 아닌 것은? (단, 국제해상 위험물 규칙에 적합한 용기에 수납된 위험물의 경우는 제외한다.)

① 제2류 위험물 중 유황
② 제1류 위험물 중 과염소산염류

정답 48. ② 49. ④ 50. ① 51. ②

③ 제6류 위험물
④ 제2류 위험물 중 인화점이 10℃인 인화성 고체

해설 옥외저장소에 지정수량 이상의 위험물을 저장할 수 있는 위험물[시행령 별표2]
㉮ 제2류 위험물 중 **유황** 또는 인화성고체(인화점이 0℃ **이상**인 것에 한한다)
㉯ 제4류 위험물중 제1석유류(인화점이 0℃ 이상인 것에 한한다)·알코올류·제2석유류·제3석유류·제4석유류 및 동식물유류
㉰ **제6류 위험물**
㉱ 제2류 위험물 및 제4류 위험물 중 특별시·광역시 또는 도의 조례에서서 정하는 위험물(관세법 제154조의 규정에 의한 보세구역 안에 저장하는 경우에 한한다)
㉲ '국제해사기구에 관한 협약'에 의하여 설치된 국제해사기구가 채택한 '국제해상위험물규칙(IMDG Code)'에 적합한 용기에 수납된 위험물

52. **시약(고체)의 명칭이 불분명한 시약병의 내용물을 확인하려고 뚜껑을 열어 시계접시에 소량을 담아놓고 공기 중에서 햇빛을 받는 곳에 방치하던 중 시계접시에서 갑자기 연소현상이 일어났다. 다음 물질 중 이 시약의 명칭으로 예상할 수 있는 것은?**

① 황　② 황린
③ 적린　④ 질산암모늄

해설 공기 중에서 햇빛(직사광선)을 받았을 때 자연발화현상이 발생하는 위험물은 제3류 위험물인 황린이며, 이런 위험을 방지하기 위하여 물속 넣어 보관하고 있다.

53. **무색의 액체로 융점이 −112℃이고 물과 접촉하면 심하게 발열하는 제6류 위험물은?**

① 과산화수소　② 과염소산
③ 질산　④ 오불화요오드

해설 과염소산($HClO_4$) 특징
㉮ 제6류 위험물(산화성 액체)로 지정수량 300kg이다.
㉯ **무색**의 유동하기 쉬운 **액체**이며, 염소 냄새가 난다.
㉰ 불연성물질로 가열하면 유독성가스를 발생한다.
㉱ 염소산 중에서 가장 강한 산이다.
㉲ 산화력이 강하여 종이, 나무부스러기 등과 접촉하면 연소와 동시에 폭발하기 때문에 접촉을 피한다.
㉳ **물과 접촉하면 심하게 반응하며 발열한다.**
㉴ 액체 비중 1.76(증기비중 3.47), **융점** −112℃, 비점 39℃ 이다.

54. **히드라진에 대한 설명으로 틀린 것은?**

① 외관은 물과 같이 무색 투명하다.
② 가열하면 분해하여 가스를 발생한다.
③ 위험물 안전관리법령상 제4류 위험물에 해당한다.
④ 알코올류, 물 등의 비극성 용매에 잘 녹는다.

해설 히드라진(N_2H_4)의 특징
㉮ 제4류 위험물 중 제2석유류에 해당되며 지정수량 2000L이다.
㉯ 무색의 수용성 액체로 물과 같이 투명하다.
㉰ 물, 알코올과는 어떤 비율로도 혼합되지만 에테르, 클로로포름에는 녹지 않는다.
㉱ 유리를 침식하고 코르크나 고무를 분해한다.
㉲ 가열하면 분해하여 암모니아(NH_3)와 질소(N_2)를 발생한다.
㉳ 증기가 공기와 혼합하면 폭발적으로 연소한다.

55. **황의 성상에 관한 설명으로 틀린 것은?**

① 연소할 때 발생하는 가스는 냄새를 가지고 있으나 인체에 무해하다.
② 미분이 공기 중에 떠 있을 때 분진폭발의 우려가 있다.

2015

정답 52. ② 53. ② 54. ④ 55. ①

③ 용융된 황을 물에서 급냉하면 고무상 황을 얻을 수 있다.
④ 연소할 때 아황산가스를 발생한다.

해설 황(유황)의 특징
㉮ 제2류 위험물로 지정수량 100kg이다.
㉯ 노란색 고체로 열 및 전기의 불량도체이므로 정전기발생에 유의하여야 한다.
㉰ 물이나 산에는 녹지 않지만 이황화탄소(CS_2)에는 녹는다(단, 고무상 황은 녹지 않음).
㉱ 저온에서는 안정하나 높은 온도에서는 여러 원소와 황화물을 만든다.
㉲ 공기 중에서 **연소하면** 푸른 불꽃을 발하며, **유독한 아황산가스**(SO_2)를 발생한다.
㉳ 산화제나 목탄가루 등과 혼합되어 있을 때 마찰이나 열에 의해 착화, 폭발을 일으킨다.
㉴ 황가루가 공기 중에 떠 있을 때는 분진 폭발의 위험성이 있다.
㉵ 이산화탄소(CO_2)와 반응하지 않으므로 소화방법으로 이산화탄소를 사용한다.

56. 이황화탄소를 화재예방상 물속에 저장하는 이유는?

① 불순물을 물에 용해시키기 위해
② 가연성 증기의 발생을 억제하기 위해
③ 상온에서 수소가스를 발생시키기 때문에
④ 공기와 접촉하면 즉시 폭발하기 때문에

해설 이황화탄소(CS_2)는 물보다 무겁고 물에 녹기 어려우므로 물(수조) 속에 저장하여 가연성 증기의 발생을 억제한다.

참고 이황화탄소는 제4류 위험물 중 특수인화물에 해당되며 무색 투명한 휘발성 액체로 연소범위가 1.25~44%이다.

57. 위험물 제조소 및 일반 취급소에 설치하는 자동화재 탐지설비의 설치기준으로 틀린 것은?

① 하나의 경계구역은 600m^2 이하로 하고, 한 변의 길이는 50m 이하로 한다.
② 주요한 출입구에서 내부전체를 볼 수 있는 경우 경계구역은 1000m^2 이하로 할 수 있다.
③ 광전식 분리형 감지기를 설치할 경우에는 하나의 경계구역을 1000m^2 이하로 할 수 있다.
④ 비상전원을 설치하여 한다.

해설 자동화재 탐지설비 설치기준[시행규칙 별표17]
㉮ 자동화재 탐지설비의 경계구역은 건축물 그 밖의 공작물의 2 이상의 층에 걸치지 아니하도록 할 것. 다만, 하나의 경계구역의 면적이 500m^2 이하이면서 당해 경계구역이 두 개의 층에 걸치는 경우이거나 계단·경사로·승강기의 승강로 그 밖에 이와 유사한 장소에 연기감지기를 설치하는 경우에는 그러하지 아니하다.
㉯ 하나의 경계구역의 면적은 600m^2 이하로 하고 그 한 변의 길이는 50m(**광전식분리형 감지기를 설치할 경우에는** 100m) 이하로 할 것. 다만, 당해 건축물 그 밖의 공작물의 출입구에서 그 내부의 전체를 볼 수 있는 경우에는 그 면적을 1000m^2 이하로 할 수 있다.
㉰ 자동화재 탐지설비의 감지기는 지붕(상층이 있는 경우에는 상층의 바닥) 또는 벽의 옥내에 면한 부분(천장이 있는 경우에는 천장 또는 벽의 옥내에 면한 부분 및 천장의 뒷부분)에 유효하게 화재의 발생을 감지할 수 있도록 설치할 것
㉱ 자동화재 탐지설비에는 비상전원을 설치할 것

58. 무기과산화물의 일반적인 성질에 대한 설명으로 틀린 것은?

① 과산화수소의 수소가 금속으로 치환된 화합물이다.
② 산화력이 강해 스스로 쉽게 산화한다.
③ 가열하면 분해되어 산소를 발생한다.
④ 물과의 반응성이 크다.

해설 무기과산화물의 일반적인 성질
㉮ 제1류 위험물(산화성 고체)로 지정수량 50kg이다.

정답 56. ② 57. ③ 58. ②

㉯ 과산화수소(H_2O_2)의 수소가 나트륨(Na), 칼륨(K)으로 치환하는 경우 과산화나트륨(Na_2O_2), 과산화칼륨(K_2O_2)과 같은 무기과산화물이 생성된다.

㉰ 무기과산화물은 산화성 고체로 가연물이 연소할 때 산소를 잃으므로 자신은 환원하는 성질을 갖는다.

㉱ 가열하면 분해되면서 산소를 발생한다.

㉲ 물과의 반응성이 커서 많은 열과 함께 산소를 발생한다.

59. 과염소산의 성질로 옳지 않은 것은?

① 산화성 액체이다.

② 무기화합물이며 물보다 무겁다.

③ 불연성 물질이다.

④ 증기는 공기보다 가볍다.

해설 과염소산($HClO_4$)의 성질

㉮ 분자량 100.5로 증기비중 3.47로 공기보다 무겁다.

㉯ 액체 비중은 1.76으로 물보다 무겁다.

참고 과염소산의 특징은 53번 해설을 참고한다.

60. 알킬알루미늄등 또는 아세트알데히드등을 취급하는 제조소의 특례기준으로서 옳은 것은?

① 알킬알루미늄등을 취급하는 설비에는 불활성기체 또는 수증기를 봉입하는 장치를 설치한다.

② 알킬알루미늄등을 취급하는 설비는 은, 수은, 동, 마그네슘을 성분으로 하는 것으로 만들지 않는다.

③ 아세트알데히드등을 취급하는 탱크에는 냉각장치 또는 보랭장치 및 불활성기체 봉입장치를 설치한다.

④ 아세트알데히드등을 취급하는 설비의 주위에는 누설범위를 국한하기 위한 설비와 누설되었을 때 안전한 장소에 설치된 저장실에 유입시킬 수 있는 설비를 갖춘다.

해설 알킬알루미늄등 또는 아세트알데히드등을 취급하는 제조소의 특례기준[시행규칙 별표4]

㉮ 알킬알루미늄등을 취급하는 제조소의 특례기준

㉠ **알킬알루미늄등**을 취급하는 설비의 주위에는 **누설범위를 국한하기 위한 설비와 누설된** 알킬알루미늄등을 안전한 장소에 설치된 저장실에 **유입시킬 수 있는 설비**를 갖출 것

㉡ **알킬알루미늄등**을 취급하는 설비에는 **불활성기체를 봉입하는 장치**를 갖출 것

㉯ 아세트알데히드등을 취급하는 제조소의 특례기준

㉠ **아세트알데히드등**을 취급하는 설비는 은·수은·동·마그네슘 또는 이들을 성분으로 하는 합금으로 **만들지 아니할 것**

㉡ 아세트알데히드등을 취급하는 설비에는 연소성 혼합기체의 생성에 의한 폭발을 방지하기 위한 불활성기체 또는 수증기를 봉입하는 장치를 갖출 것

㉢ **아세트알데히드등**을 취급하는 탱크에는 **냉각장치** 또는 저온을 유지하기 위한 장치(**보랭장치**) 및 연소성 혼합기체의 생성에 의한 폭발을 방지하기 위한 **불활성기체를 봉입하는 장치**를 갖출 것. 다만 지하에 있는 탱크가 아세트알데히드등의 온도를 저온으로 유지할 수 있는 구조인 경우에는 냉각장치 및 보랭장치를 갖추지 아니할 수 있다.

㉣ 냉각장치 또는 보랭장치는 2 이상 설치하여 하나의 냉각장치 또는 보랭장치가 고장난 때에도 일정 온도를 유지할 수 있도록 하고, 비상전원을 갖출 것

㉤ 아세트알데히드등을 취급하는 탱크를 지하에 매설하는 경우에는 당해 탱크를 탱크전용실에 설치할 것

2015

정답 59. ④ 60. ③

2015. 10. 10 시행 (제5회)

1. 제조소의 옥외에 모두 3기의 휘발유 취급탱크를 설치하고 그 주위에 방유제를 설치하고자 한다. 방유제 안에 설치하는 각 취급탱크의 용량이 5만 L, 3만 L, 2만 L일 때 필요한 방유제의 용량은 몇 L 이상인가?

① 66000 ② 60000
③ 33000 ④ 30000

해설 제조소의 방유제 용량[시행규칙 별표4]

㉮ 위험물 제조소의 옥외에 있는 위험물 취급탱크의 방유제 용량

㉠ 1기일 때 : 탱크용량×0.5

㉡ 2기 이상일 때 : (최대탱크용량×0.5)+(나머지 탱크 용량 합계×0.1)

㉯ 방유제 용량 계산

∴ 방유제 용량=(50000×0.5)+(30000×0.1)+(20000×0.1)
=30000 L

2. 위험물 안전관리법령에 따라 위험물을 유별로 정리하여 서로 1m 이상의 간격을 두었을 때 옥내 저장소에서 함께 저장하는 것이 가능한 경우가 아닌 것은?

① 제1류 위험물(알칼리금속의 과산화물 또는 이를 함유한 것을 제외한다)과 제5류 위험물을 저장하는 경우
② 제3류 위험물 중 알킬알루미늄과 제4류 위험물(알킬알루미늄 또는 알킬리튬을 함유한 것에 한한다)을 저장하는 경우
③ 제1류 위험물과 제3류 위험물 중 금수성 물질을 저장하는 경우
④ 제2류 위험물 중 인화성고체와 제4류 위험물을 저장하는 경우

해설 유별을 달리하는 위험물의 동일한 저장소에 저장 기준[시행규칙 별표18]

㉮ 유별을 달리하는 위험물은 동일한 저장소에 저장하지 아니하여야 한다.

㉯ 동일한 저장소에 **저장할 수 있는 경우** : 옥내저장소 또는 옥외저장소에 위험물을 유별로 정리하여 저장하고, 서로 1m 이상의 간격을 두는 경우

㉠ 제1류 위험물(알칼리금속의 과산화물 또는 이를 함유한 것 제외)과 제5류 위험물

㉡ 제1류 위험물과 제6류 위험물

㉢ **제1류 위험물**과 제3류 위험물 중 **자연발화성물질**(황린 또는 이를 함유한 것에 한한다)

㉣ 제2류 위험물 중 인화성고체와 제4류 위험물

㉤ 제3류 위험물 중 알킬알루미늄등과 제4류 위험물(알킬알루미늄 또는 알킬리튬을 함유한 것에 한한다)

㉥ 제4류 위험물 중 유기과산화물 또는 이를 함유한 것과 제5류 위험물 중 유기과산화물 또는 이를 함유한 것

참고 문제에서 묻고 있는 것은 유별을 달리하는 위험물을 **저장할 수 없는** 것을 묻는 것이므로 제1류 위험물과 제3류 위험물 중 금수성물질은 저장할 수 없는 것이다.

3. 스프링클러설비의 소화작용으로 가장 거리가 먼 것은?

① 질식작용
② 희석작용
③ 냉각작용
④ 억제작용

해설 스프링클러설비의 주된 소화작용은 냉각작용(냉각소화)이지만 일부 질식자용과 희석작용을 한다. 연소의 연쇄반응을 억제하는 방법(억제작용, 부촉매효과)으로 소화작용을 하는 것은 할로겐화합물 소화설비로 물을 소화약제로 사용하는 스프링클러설비와는 관련이 없다.

정답 1. ④ 2. ③ 3. ④

4. 금속화재를 옳게 설명한 것은?

① C급 화재이고, 표시색상은 청색이다.
② C급 화재이고, 표시색상은 없다.
③ D급 화재이고, 표시색상은 청색이다.
④ D급 화재이고, 표시색상은 없다.

해설 화재종류에 따른 급수와 표시색

구분	화재종류	표시색
A급	일반화재	백색
B급	유류화재	황색
C급	전기화재	청색
D급	금속화재	무색

5. 위험물 안전관리법령상 개방형 스프링클러 헤드를 이용하는 스프링클러설비에서 수동식 개방밸브를 개방 조작하는데 필요한 힘은 얼마 이하가 되도록 설치하여야 하는가?

① 5kgf ② 10kgf
③ 15kgf ④ 20kgf

해설 개방형 스프링클러헤드를 이용하는 스프링클러설비 중 일제개방밸브 및 수동식 개방밸브 기준[세부기준 제131조]

㉮ 일제개방밸브의 기동조작부 및 수동식 개방밸브는 바닥면으로부터 1.5m 이하의 높이에 설치할 것
㉯ 방수구역마다 설치할 것
㉰ 작용하는 압력은 당해 밸브의 최고사용압력 이하로 할 것
㉱ 2차측 배관부분에는 당해 방수구역에 방수하지 않고 당해 밸브의 작동시험을 할 수 있는 장치를 설치할 것
㉲ 수동식 개방밸브를 개방하는데 **필요한 힘이 15kgf 이하가** 되도록 설치할 것

6. 과산화바륨과 물이 반응하였을 때 발생하는 것은?

① 수소 ② 산소
③ 탄산가스 ④ 수성가스

해설 과산화바륨(BaO_2)

㉮ 제1류 위험물 중 무기과산화물에 해당되며 지정수량 50kg이다.
㉯ 과산화바륨(BaO_2)이 물(H_2O)과 반응하여 과산화수소(H_2O_2)와 산소(O_2)가 발생하면서 발열한다.

$BaO_2 + 2H_2O \rightarrow Ba(OH)_2 + H_2O_2$

$2H_2O_2 \rightarrow 2H_2O + O_2 \uparrow$

7. 트리에틸알루미늄의 화재 시 사용할 수 있는 소화약제(설비)가 아닌 것은?

① 마른 모래 ② 팽창질석
③ 팽창진주암 ④ 이산화탄소

해설 ㉮ 트리에틸알루미늄[TEAL : $(C_2H_5)_3Al$] : 제3류 위험물 중 알킬알루미늄으로 금수성물질에 해당된다.
㉯ 적응성이 있는 소화약제(설비) : 건조사(마른 모래), 팽창질석 또는 팽창진주암, 탄산수소염류 분말소화설비 및 소화기

2015

8. 할로겐화합물 소화약제의 주된 소화효과는?

① 부촉매효과 ② 희석효과
③ 파괴효과 ④ 냉각효과

해설 소화약제의 소화효과

㉮ 물 : 냉각효과
㉯ 산·알칼리 소화약제 : 냉각효과
㉰ 강화액 소화약제 : 냉각소화, 부촉매효과, 일부질식효과
㉱ 이산화탄소 소화약제 : 질식효과, 냉각효과
㉲ 할로겐화합물 소화약제 : 억제효과(부촉매효과)
㉳ 포 소화약제 : 질식효과, 냉각효과
㉴ 분말 소화약제 : 질식효과, 냉각효과, 제3종 분말소화약제는 부촉매효과도 있음

9. 가연물이 되기 쉬운 조건이 아닌 것은?

① 산소와 친화력이 클 것
② 열전도율이 클 것
③ 발열량이 클 것
④ 활성화에너지가 작을 것

정답 4. ④ 5. ③ 6. ② 7. ④ 8. ① 9. ②

해설 가연물의 구비조건
㉮ 발열량이 크고, 열전도율이 작을 것
㉯ 산소와 친화력이 좋고 표면적이 넓을 것
㉰ 활성화 에너지(점화에너지)가 작을 것
㉱ 연쇄반응이 있고, 건조도가 높을 것(수분 함량이 적을 것)

참고 가연물의 열전도율이 크게 되면 자신이 보유하고 있는 열이 적게 되어 착화 및 연소가 어려워지게 된다.

10. 위험물 안전관리법령상 옥내 주유 취급소에 있어서 해당 사무소 등의 출입구 및 피난구와 당해 피난구로 통하는 통로, 계단 및 출입구에 무엇을 설치해야 하는가?

① 화재감지기
② 스프링클러설비
③ 자동화재 탐지설비
④ 유도등

해설 피난설비 설치기준[시행규칙 별표17]
㉮ 주유취급소 중 건축물의 2층 이상의 부분을 점포·휴게음식점 또는 전시장의 용도로 사용하는 것에 있어서는 당해 건축물의 2층 이상으로부터 주유취급소의 부지 밖으로 통하는 출입구와 당해 출입구로 통하는 통로·계단 및 출입구에 유도등을 설치하여야 한다.
㉯ 옥내주유취급소에 있어서는 당해 사무소 등의 출입구 및 피난구와 당해 피난구로 통하는 통로·계단 및 출입구에 유도등을 설치하여야 한다.
㉰ 유도등에는 비상전원을 설치하여야 한다.

11. 철분, 금속분, 마그네슘의 화재에 적응성이 있는 소화약제는?

① 탄산수소염류분말
② 할로겐화합물
③ 물
④ 이산화탄소

해설 제2류 위험물 중 철분, 금속분, 마그네슘에 적응성이 있는 소화설비[시행규칙 별표17]
㉮ 탄산수소염류 분말소화설비 및 분말소화기
㉯ 건조사
㉰ 팽창질석 또는 팽창진주암

12. 제1종 분말 소화약제의 주성분으로 사용되는 것은?

① $KHCO_3$　　② H_2SO_4
③ $NaHCO_3$　　④ $NH_4H_2PO_4$

해설 분말소화약제의 종류 및 적응화재

분말 종류	주성분	적응 화재	착색
제1종	중탄산나트륨 ($NaHCO_3$) [탄산수소나트륨]	B.C	백색
제2종	중탄산칼륨($KHCO_3$) [탄산수소칼륨]	B.C	자색 (보라색)
제3종	제1인산암모늄 ($NH_4H_2PO_4$)	A.B.C	담홍색
제4종	중탄산칼륨+요소 [$KHCO_3+(NH_2)_2CO$]	B.C	회색

13. 소화설비의 설치기준에서 유기과산화물 1000kg은 몇 소요단위에 해당하는가?

① 10　　② 20
③ 100　　④ 200

해설 ㉮ 유기과산화물 : 제5류 위험물로 지정수량은 10kg이다.
㉯ 지정수량의 10배를 1소요단위로 한다.

$$\therefore \text{소요단위} = \frac{\text{저장량}}{\text{지정수량} \times 10} = \frac{1000}{10 \times 10} = 10$$

14. 위험물 안전관리법령상 주유취급소에서의 위험물 취급기준으로 옳지 않은 것은?

① 자동차에 주유할 때에는 고정 주유설비를 이용하여 직접 주유할 것
② 자동차에 경유 위험물을 주유할 때에는 자동차의 원동기를 반드시 정지시킬 것

정답 10. ④　11. ①　12. ③　13. ①　14. ②

③ 고정 주유설비에는 당해 주유설비에 접속한 전용탱크 또는 간이탱크의 배관 외의 것을 통하여서는 위험물을 공급하지 아니할 것

④ 고정 주유설비에 접속하는 탱크에 위험물을 주입할 때에는 당해 탱크에 접속된 고정 주유설비의 사용을 중지할 것

해설 주유취급소 취급기준[시행규칙 별표18]

㉮ 자동차 등에 인화점 40℃ 미만의 위험물을 주유할 때는 자동차의 원동기(엔진)를 정지시켜야 한다.

㉯ 경유는 제4류 위험물 중 제2석유류로 인화점이 50~70℃이므로 반드시 원동기를 정지시킬 필요는 없다.

15. 위험물 안전관리자에 대한 설명 중 옳지 않은 것은?

① 이동탱크 저장소는 위험물 안전관리자 선임대상에 해당되지 않는다.

② 위험물 안전관리자가 퇴직한 경우 퇴직한 날부터 30일 이내에 다시 안전관리자를 선임하여야 한다.

③ 위험물 안전관리자를 선임한 경우에는 선임한 날로부터 14일 이내에 소방본부장 또는 소방서장에게 신고하여야 한다.

④ 위험물 안전관리자가 일시적으로 직무를 수행할 수 없는 경우에는 안전교육을 받고 6개월 이상 실무 경력이 있는 사람을 대리자로 지정할 수 있다.

해설 위험물 안전관리자[법 제15조]

㉮ 안전관리자 대리자(代理者)의 직무 대행 기간은 30일을 초과할 수 없다.

㉯ 행정안전부령이 정하는 대리자[시행규칙 제54조]

㉠ 안전교육을 받은 자

㉡ 제조소등의 위험물 안전관리업무에 있어서 안전관리자를 지휘·감독하는 직위에 있는 자

16. Halon 1211에 해당하는 물질의 분자식은?

① CBr_2FCl　② CF_2ClBr

③ CCl_2FBr　④ FC_2BrCl

해설 ㉮ 할론(Halon)−abcd → "**탄·불·염·취**"로 암기

㉠ a : 탄소(C)의 수

㉡ b : 불소(F)의 수

㉢ c : 염소(Cl)의 수

㉣ d : 취소(Br : 브롬)의 수

㉯ 주어진 할론 번호 '1211'에서 탄소(C) 1개, 불소(F) 2개, 염소(Cl) 1개, 취소(Br : 브롬) 1개이므로 화학식(분자식)은 CF_2ClBr이다.

17. 주유취급소의 벽(담)에 유리를 부착할 수 있는 기준에 대한 설명으로 옳은 것은?

① 유리부착 위치는 주입구, 고정주유설비로부터 2m 이상 이격되어야 한다.

② 지반면으로부터 50cm를 초과하는 부분에 한하여 설치하여야 한다.

③ 하나의 유리판 가로의 길이는 2m 이내로 한다.

④ 유리의 구조는 기준에 맞는 강화유리로 하여야 한다.

해설 주유취급소 벽에 유리를 부착할 수 있는 기준[시행규칙 별표13]

㉮ 유리를 부착하는 위치는 주입구, 고정주유설비 및 고정급유설비로부터 **4m 이상** 이격될 것

㉯ 지반면으로부터 70cm를 초과하는 부분에 한하여 유리를 부착할 것

㉰ 하나의 유리판의 가로의 길이는 2m 이내일 것

㉱ 유리판의 테두리를 금속제의 구조물에 견고하게 고정하고 해당 구조물을 담 또는 벽에 견고하게 부착할 것

㉲ 유리의 구조는 **접합유리**로 하되 '유리구획 부분의 내화시험방법(KS F 2845)'에 따라 시험하여 비차열 30분 이상의 방화성능이 인정될 것

㉳ 유리를 부착하는 범위는 전체 담 또는 벽 길이의 10분의 2를 초과하지 아니할 것

2015

정답 15. ④ 16. ② 17. ③

18. **위험물 안전관리법령에서 정한 지정수량이 나머지 셋과 다른 물질은?**

① 아세트산　② 히드라진
③ 클로로벤젠　④ 니트로벤젠

해설 ㉮ 제4류 위험물의 지정수량

품명		지정수량
아세트산 (CH_3COOH)	제2석유류 수용성	2000L
히드라진 (N_2H_4)	제2석유류 수용성	2000L
클로로벤젠 (C_6H_5Cl)	제2석유류 비수용성	1000L
니트로벤젠 ($C_6H_5NO_2$)	제3석유류 비수용성	2000L

㉯ 제2석유류의 지정수량은 비수용성 1000L, 수용성 2000L이다.
㉰ 제3석유류의 지정수량은 비수용성 2000L, 수용성 4000L이다.

19. **제3류 위험물을 취급하는 제조소는 300명 이상을 수용할 수 있는 극장으로부터 몇 m 이상의 안전거리를 유지하여야 하는가?**

① 5　② 10　③ 30　④ 70

해설 제조소의 안전거리[시행규칙 별표4]

해당 대상물	안전거리
7000V 초과 35000V 이하 전선	3m 이상
35000V 초과 전선	5m 이상
건축물, 주거용 공작물	10m 이상
고압가스, LPG, 도시가스 시설	20m 이상
학교·병원·극장(300명 이상 수용), 다수인 수용시설(20명 이상)	30m 이상
유형문화재, 지정문화재	50m 이상

20. **표준상태에서 탄소 1몰이 완전히 연소하면 몇 L의 이산화탄소가 생성되는가?**

① 11.2　② 22.4
③ 44.8　④ 56.8

해설 ㉮ 탄소(C)의 완전연소 반응식
$C+O_2 \rightarrow CO_2$
㉯ 표준상태에서 탄소(C) 1몰(mol)이 완전 연소하면 이산화탄소(CO_2) 1몰이 생성되고, 1몰의 체적은 22.4L에 해당된다.

21. **위험물 안전관리법령에서 정한 알킬알루미늄 등을 저장 또는 취급하는 이동탱크 저장소에 비치해야 하는 물품이 아닌 것은?**

① 방호복　② 고무장갑
③ 비상조명등　④ 휴대용 확성기

해설 제조소등에서의 저장 기준[시행규칙 별표18]
㉮ 알킬알루미늄등을 저장 또는 취급하는 이동탱크저장소에는 긴급시의 연락처, 응급조치에 관하여 필요한 사항을 기재한 서류, **방호복, 고무장갑**, 밸브 등을 죄는 결합공구 및 **휴대용 확성기**를 비치하여야 한다.
㉯ 이동탱크저장소에는 당해 이동탱크저장소의 완공검사필증 및 정기점검기록을 비치하여야 한다.

22. **제4류 위험물에 대한 일반적인 설명으로 옳지 않은 것은?**

① 대부분 연소 하한값이 낮다.
② 발생증기는 가연성이며 대부분 공기보다 무겁다.
③ 대부분 무기화합물이므로 정전기 발생에 주의한다.
④ 인화점이 낮을수록 화재 위험성이 높다.

해설 제4류 위험물의 공통적인(일반적인) 성질
㉮ 상온에서 액체이며, 대단히 인화되기 쉽다.
㉯ 물보다 가볍고, 대부분 물에 녹기 어렵다.
㉰ 증기는 공기보다 무겁다.
㉱ 착화온도가 낮은 것은 위험하다.
㉲ 증기와 공기가 약간 혼합되어 있어도 연소한다.
㉳ 전기의 불량도체라 정전기 발생의 가능성이 높고, 정전기에 의하여 인화할 수 있다.

참고 제4류 위험물은 대부분 유기화합물에 해당된다.

정답 18. ③　19. ③　20. ②　21. ③　22. ③

23. **위험물 안전관리법령에서 정한 아세트알데히드 등을 취급하는 제조소의 특례에 따라 다음 ( )에 해당하지 않는 것은?**

> "아세트알데히드 등을 취급하는 설비는 ( )·( )·동·( ) 또는 이들을 성분으로 하는 합금으로 만들지 아니할 것

① 금　　② 은
③ 수은　　④ 마그네슘

해설 아세트알데히드등을 취급하는 제조소의 특례기준[시행규칙 별표4]

㉮ 아세트알데히드등을 취급하는 설비는 **은·수은·동·마그네슘** 또는 이들을 성분으로 하는 합금으로 만들지 아니할 것

㉯ 아세트알데히드등을 취급하는 설비에는 연소성 혼합기체의 생성에 의한 폭발을 방지하기 위한 불활성기체 또는 수증기를 봉입하는 장치를 갖출 것

㉰ 아세트알데히드등을 취급하는 탱크에는 냉각장치 또는 저온을 유지하기 위한 장치(보랭장치) 및 연소성 혼합기체의 생성에 의한 폭발을 방지하기 위한 불활성기체를 봉입하는 장치를 갖출 것. 다만 지하에 있는 탱크가 아세트알데히드등의 온도를 저온으로 유지할 수 있는 구조인 경우에는 냉각장치 및 보랭장치를 갖추지 아니할 수 있다.

㉱ 냉각장치 또는 보랭장치는 2 이상 설치하여 하나의 냉각장치 또는 보랭장치가 고장난 때에도 일정 온도를 유지할 수 있도록 하고, 비상전원을 갖출 것

㉲ 아세트알데히드등을 취급하는 탱크를 지하에 매설하는 경우에는 당해 탱크를 탱크전용실에 설치할 것

24. **위험물 안전관리법령상 이동탱크 저장소에 의한 위험물의 운송 시 장거리에 걸친 운송을 하는 때에는 2명 이상의 운전자로 하는 것이 원칙이다. 다음 중 예외적으로 1명의 운전자가 운송하여도 되는 경우의 기준으로 옳은 것은?**

① 운송 도중에 2시간 이내마다 10분 이상씩 휴식하는 경우
② 운송 도중에 2시간 이내마다 20분 이상씩 휴식하는 경우
③ 운송 도중에 4시간 이내마다 10분 이상씩 휴식하는 경우
④ 운송 도중에 4시간 이내마다 20분 이상씩 휴식하는 경우

해설 위험물 운송 시에 준수사항
[시행규칙 별표21]

㉮ 2명 이상의 운전자로 해야 하는 경우
㉠ 고속국도에 있어서는 340km 이상 운송하는 때
㉡ 그 밖의 도로에 있어서는 200km 이상 운송하는 때

㉯ **1명의 운전자로 할 수 있는 경우**
㉠ 규정에 의하여 운송책임자를 동승시킨 경우
㉡ 운송하는 위험물이 제2류 위험물·제3류 위험물(칼슘 또는 알루미늄의 탄화물과 이것만을 함유한 것에 한한다) 또는 제4류 위험물(특수인화물을 제외한다)인 경우
㉢ 운송도중에 2시간 이내마다 20분 이상씩 휴식하는 경우

25. **나트륨에 관한 설명으로 옳은 것은?**

① 물보다 무겁다.
② 융점이 100℃ 보다 높다.
③ 물과 격렬히 반응하여 산소를 발생시키고 발열한다.
④ 등유는 반응이 일어나지 않아 저장에 사용된다.

해설 나트륨(Na)의 특징

㉮ 제3류 위험물로 지정수량은 10kg이다.
㉯ 은백색의 가벼운 금속으로 연소시키면 노란 불꽃을 내며 과산화나트륨이 된다.
㉰ 화학적으로 활성이 크며, 모든 비금속 원소와 잘 반응한다.
㉱ 상온에서 물이나 알코올 등과 격렬히 반응하여 수소(H_2)를 발생한다.

2015

정답 23. ① 24. ② 25. ④

㉤ 피부에 접촉되면 화상을 입는다.
㉥ 산화를 방지하기 위해 등유, 경유 속에 넣어 저장한다.
㉦ 용기 파손 및 보호액 누설에 주의하고, 습기나 물과 접촉하지 않도록 저장한다.
㉧ 다량 연소하면 소화가 어려우므로 소량으로 나누어 저장한다.
㉤ 적응성이 있는 소화설비는 건조사, 팽창질석 또는 팽창진주암, 탄산수소염류 분말소화설비 및 분말소화기가 해당된다.
㉥ 비중 0.97, 융점 97.7℃, 비점 880℃, 발화점 121℃이다.

26. 위험물을 저장하는 탱크의 공간용적 산정기준이다. ( )에 알맞은 수치로 옳은 것은?

> 일반탱크에 있어서는 당해 탱크 내에 용출하는 ( )일간의 지하수의 양에 상당하는 용적과 당해 탱크의 내용적의 ( )의 용적 중에서 보다 큰 용적을 공간용적으로 한다.

① 7, $\frac{1}{100}$　② 7, $\frac{5}{100}$
③ 10, $\frac{1}{100}$　④ 10, $\frac{5}{100}$

해설 탱크의 공간용적[세부기준 제25조]
㉮ 탱크의 공간용적은 탱크의 내용적의 $\frac{5}{100}$ 이상 $\frac{10}{100}$ 이하의 용적으로 한다.
㉯ 소화설비(소화약제 방출구를 탱크 안의 윗부분에 설치하는 것에 한한다)를 설치하는 탱크의 공간용적은 소화방출구 아래의 0.3m 이상 1m 미만 사이의 면으로부터 윗부분의 용적으로 한다.
㉰ **암반탱크**는 당해 탱크 내에 용출하는 7일간의 지하수의 양에 상당하는 용적과 당해 탱크의 내용적의 $\frac{1}{100}$ 용적 중에서 보다 큰 용적을 공간용적으로 한다.

27. 위험물 안전관리법령상 예방규정을 정하여야 하는 제조소등의 관계인은 위험물 제조소등에 대하여 기술기준에 적합한지의 여부를 정기적으로 점검을 하여야 한다. 법적 최소 점검주기에 해당하는 것은? (단, 100만 L 이상의 옥외탱크 저장소는 제외한다.)

① 월 1회 이상　② 6개월 1회 이상
③ 연 1회 이상　④ 2년 1회 이상

해설 제조소등의 정기점검
㉮ 정기점검 대상[시행령 제16조]
㉠ 관계인이 예방규정을 정하여야 하는 제조소등
㉡ 지하탱크저장소
㉢ 이동탱크저장소
㉣ 위험물을 취급하는 탱크로서 지하에 매설된 탱크가 있는 제조소·주유취급소 또는 일반취급소
㉯ 정기점검 횟수[시행규칙 제64조] : 연 1회 이상

28. $CH_3COC_2H_5$의 명칭 및 지정수량을 옳게 나타낸 것은?

① 메틸에틸케톤, 50L
② 메틸에틸케톤, 200L
③ 메틸에틸에테르, 50L
④ 메틸에틸에테르, 200L

해설 메틸에틸케톤($CH_3COC_2H_5$)의 유별 및 지정수량
㉮ 제4류 위험물 중 제1석유류에 해당된다.
㉯ 비수용성으로 지정수량 200L이다.
㉰ 비중 0.81(증기비중 2.41), 비점 80℃, 발화점 516℃, 인화점 −1℃, 연소범위 1.8~10%이다.

29. 위험물 안전관리법령상 제4석유류를 저장하는 옥내저장탱크의 용량은 지정수량의 몇 배 이하이어야 하는가?

① 20　② 40
③ 100　④ 150

정답 26. ① 27. ③ 28. ② 29. ②

해설 옥내탱크 저장소 기준[시행규칙 별표7]

㉮ 옥내저장탱크는 단층 건축물에 설치된 탱크전용실에 설치할 것

㉯ 옥내저장탱크와 탱크전용실의 벽과의 사이 및 옥내저장탱크 상호간에는 0.5m 이상의 간격을 유지할 것. 다만, 탱크의 점검 및 보수에 지장이 없는 경우에는 그러하지 아니하다.

㉰ 옥내저장탱크의 **용량**은 지정수량의 40배 이하일 것(제4석유류 및 동식물유류 외의 제4류 위험물에 있어서 당해 수량이 2만 L를 초과할 때에는 2만 L 이하일 것)

30. 위험물 제조소의 환기설비 중 급기구는 급기구가 설치된 실의 바닥면적 몇 m^2마다 1개 이상으로 설치하여야 하는가?

① 100 ② 150 ③ 200 ④ 800

해설 제조소의 환기설비 기준[시행규칙 별표4]

㉮ 환기는 자연배기방식으로 할 것

㉯ 급기구는 당해 급기구가 설치된 실의 바닥면적 $150m^2$ 마다 1개 이상으로 하되, 급기구의 크기는 $800cm^2$ 이상으로 한다.

㉰ 급기구는 낮은 곳에 설치하고 가는 눈의 구리망 등으로 인화방지망을 설치할 것

㉱ 환기구는 지붕 위 또는 지상 2m 이상의 높이에 회전식 고정벤투레이터 또는 루프팬방식으로 설치할 것

31. 다음 중 위험물 제조소등의 종류가 아닌 것은?

① 간이탱크 저장소
② 일반 취급소
③ 이송 취급소
④ 이동판매 취급소

해설 용어의 정의[법 제2조]

㉮ "제조소등"이라 함은 제조소·저장소 및 취급소를 말한다.

㉯ "제조소"라 함은 위험물을 제조할 목적으로 지정수량 이상의 위험물을 취급하기 위하여 법 규정에 따른 허가를 받은 장소를 말한다.

㉰ "저장소"라 함은 지정수량 이상의 위험물을 저장하기 위한 대통령령이 정하는 장소로서 법 규정에 따른 허가를 받은 장소를 말한다.

㉱ "취급소"라 함은 지정수량 이상의 위험물을 제조 외의 목적으로 취급하기 위한 대통령령으로 정하는 장소로서 법 규정에 따른 허가를 받은 장소를 말한다.

참고 취급소는 주유취급소, 판매취급소, 이송취급소, 일반취급소가 해당되며 이동판매취급소는 법 규정에는 없는 취급소이다.

32. 공기를 차단하고 황린을 약 몇 ℃로 가열하면 적린이 생성되는가?

① 60 ② 100
③ 150 ④ 260

해설 황린을 공기를 차단하고 약 260℃로 가열하면 적린이 된다.

33. 위험물 안전관리법령상 정기점검 대상인 제조소등의 조건이 아닌 것은?

① 예방규정 작성대상인 제조소등
② 지하탱크 저장소
③ 이동탱크 저장소
④ 지정수량 5배의 위험물을 취급하는 옥외탱크를 둔 제조소

해설 ㉮ 정기점검 대상 제조소등[시행령 제16조]

㉠ 관계인이 예방규정을 정하여야 하는 제조소등

㉡ 지하탱크저장소

㉢ 이동탱크저장소

㉣ 위험물을 취급하는 탱크로서 지하에 매설된 탱크가 있는 제조소·주유취급소 또는 일반취급소

㉯ 관계인이 예방규정을 정하여야 하는 제조소등[시행령 제15조]

㉠ 정수량의 10배 이상의 위험물을 취급하는 제조소

㉡ 정수량의 100배 이상의 위험물을 저장하는 옥외저장소

2015

정답 30. ② 31. ④ 32. ④ 33. ④

㉢ 정수량의 150배 이상의 위험물을 저장하는 옥내저장소
㉣ 정수량의 200배 이상의 위험물을 저장하는 옥외탱크저장소
㉤ 반탱크저장소
㉥ 송취급소
㉦ 정수량의 10배 이상의 위험물을 취급하는 일반취급소

34. 다음 중 지정수량이 가장 큰 것은?

① 과염소산칼륨 ② 트리니트로톨루엔
③ 황린 ④ 유황

해설 각 위험물의 지정수량

품명		지정수량
과염소산칼륨 ($KClO_4$)	제1류 위험물 과염소산염류	50kg
트리니트로톨루엔 [$C_6H_2CH_3(NO_2)_3$]	제5류 위험물 니트로화합물	200kg
황린	제3류 위험물	20kg
유황	제2류 위험물	100kg

35. 제2류 위험물에 대한 설명으로 옳지 않은 것은?

① 대부분 물보다 가벼우므로 주수소화는 어려움이 있다.
② 점화원으로부터 멀리하고 가열을 피한다.
③ 금속분을 물과의 접촉을 피한다.
④ 용기 파손으로 인한 위험물의 누설에 주의한다.

해설 제2류 위험물의 성질은 가연성 고체로 물보다 무거운 것들이 대부분이고 철분, 금속분, 마그네슘 외의 품명은 화재 시 주수소화가 효과적이다(철분, 금속분, 마그네슘은 건조사를 이용).

36. 다음 물질 중 물에 대한 용해도가 가장 낮은 것은?

① 아크릴산 ② 아세트알데히드
③ 벤젠 ④ 글리세린

해설 제4류 위험물의 성질

품명		성질
아크릴산	제2석유류	수용성
아세트알데히드	특수인화물	수용성
벤젠	제1석유류	비수용성
글리세린	제3석유류	수용성

참고 비수용성 위험물이 수용성 위험물보다 물에 대한 용해도가 낮다.

37. 분자량이 약 110인 무기과산화물로 물과 접촉하여 발열하는 것은?

① 과산화마그네슘 ② 과산화벤젠
③ 과산화칼슘 ④ 과산화칼륨

해설 과산화칼륨(K_2O_2)
㉮ 제1류 위험물 중 무기과산화물에 해당되며 지정수량 50kg이다.
㉯ 과산화칼륨은 물과 접촉하여 반응하면 많은 열과 산소(O_2)를 발생하여 폭발의 위험성이 있다.

$$2K_2O_2 + 2H_2O \rightarrow 4KOH + O_2\uparrow + Q\text{kcal}$$

㉰ 분자량 계산 : (39×2)+(16×2)=110

38. 1차 알코올에 대한 설명으로 가장 적절한 것은?

① OH기의 수가 하나이다.
② OH기가 결합된 탄소 원자에 붙은 알킬기의 수가 하나이다.
③ 가장 간단한 알코올이다.
④ 탄소의 수가 하나인 알코올이다.

해설 알코올의 분류
㉮ 수산기(−OH)가 결합된 탄소 원자에 붙은 알킬기(C_nH_{2n+1})의 수에 따른 분류
㉠ 1차 알코올 : 탄소 원자에 알킬기 1개 존재 → 에틸알코올[C_2H_5OH]
㉡ 2차 알코올 : 탄소 원자에 알킬기 2개 존재 → 이소프로필알코올[$(CH_3)_2CHOH$]
㉢ 3차 알코올 : 탄소 원자에 알킬기 3개 존재 → 트리메틸카비놀[$(CH_3)_3COH$]

정답 34. ② 35. ① 36. ③ 37. ④ 38. ②

㉯ 수산기(−OH)의 수에 따른 분류

명칭	분자속의 OH수	일반식	보기
1가 알코올	1개	$C_nH_{2n+1}OH$	에틸알코올 [C_2H_5OH]
2가 알코올	2개	$C_nH_{2n}(OH)_2$	에틸렌글리콜 [$C_2H_4(OH)_2$]
3가 알코올	3개	$C_nH_{2n-1}(OH)_3$	글리세린 [$C_3H_5(OH)_3$]

39. **위험물 안전관리법령상 산화성 액체에 대한 설명으로 옳은 것은?**

① 과산화수소는 농도와 밀도가 비례한다.
② 과산화수소는 농도가 높을수록 끓는점이 낮아진다.
③ 질산은 상온에서 불연성이지만 고온으로 가열하면 스스로 발화한다.
④ 질산을 황산과 일정 비율로 혼합하여 왕수를 제조할 수 있다.

해설 산화성 액체[제6류 위험물]

㉮ 밀도(kg/m^3)는 단위 체적당 질량으로 농도가 증가하면 밀도도 증가하므로 과산화수소는 농도와 밀도가 비례한다.

㉯ 과산화수소는 농도가 높을수록 끓는점(비점)이 높아진다.

㉰ 질산은 상온에서 산화성 물질이라 가열해도 발화되지 않고 분해하면서 유독성인 이산화질소(NO_2)의 적갈색 증기를 발생한다.

㉱ 왕수는 진한 염산과 진한 질산을 3 : 1의 체적비로 혼합한 액체로 염산이나 질산으로 녹일 수 없는 금이나 백금을 녹이는 성질을 갖는다.

40. **위험물 안전관리법령상 제4류 위험물 운반용기의 외부에 표시하여야 하는 주의사항을 모두 옳게 나타낸 것은?**

① 화기엄금 및 충격주의
② 가연물 접촉주의
③ 화기엄금
④ 화기주의 및 충격주의

해설 운반용기의 외부 표시사항[시행규칙 별표19]

유별	구분	표시사항
제1류	알칼리금속의 과산화물 또는 이를 함유한 것	화기·충격주의, 물기엄금, 가연물 접촉주의
	그 밖의 것	화기·충격주의 및 가연물 접촉주의
제2류	철분, 금속분, 마그네슘 또는 어느 하나 이상을 함유한 것	화기주의, 물기엄금
	인화성 고체	화기엄금
	그 밖의 것	화기주의
제3류	자연발화성 물질	화기엄금 및 공기접촉엄금
	금수성물질	물기엄금
제4류		**화기엄금**
제5류		화기엄금 및 충격주의
제6류		가연물접촉주의

41. **알루미늄분이 염산과 반응하였을 경우 생성되는 가연성가스는?**

① 산소 ② 질소
③ 메탄 ④ 수소

해설 알루미늄(Al)분 : 제2류 위험물로 금속분에 해당된다.

㉮ 물과 반응하여 수소(H_2)를 발생한다.
$2Al+6H_2O \rightarrow 2Al(OH)_3+3H_2\uparrow$

㉯ 산(HCl : 염산), 알칼리(NaOH : 가성소다)와 반응하여 수소(H_2)를 발생한다.
$2Al+6HCl \rightarrow 2AlCl_3+3H_2\uparrow$
$2Al+2NaOH+2H_2O \rightarrow 2NaAlO_2+3H_2\uparrow$

42. **휘발유의 성질 및 취급 시의 주의사항에 관한 설명 중 틀린 것은?**

① 증기가 모여 있지 않도록 통풍을 잘 시킨다.

2015

정답 39. ① 40. ③ 41. ④ 42. ②

② 인화점이 상온이므로 상온 이상에서는 취급 시 각별한 주의가 필요하다.
③ 정전기 발생에 주의해야 한다.
④ 강산화제 등과 혼촉 시 발화할 위험이 있다.

해설 휘발유의 성질

구분	성질
발화점	300℃
인화점	−20~−43℃
액체 비중	0.65~0.8
증기 비중	3~4
연소범위	1.4~7.6%

참고 인화점이 −20~−43℃로 상온보다 낮으므로 취급 시 각별한 주의가 필요하며 특히 여름철에 주의하여야 한다.

43. **위험물 안전관리법령에서 정한 주유취급소의 고정 주유설비 주위에 보유하여야 하는 주유공지의 기준은?**

① 너비 10m 이상, 길이 6m 이상
② 너비 15m 이상, 길이 6m 이상
③ 너비 10m 이상, 길이 10m 이상
④ 너비 15m 이상, 길이 10m 이상

해설 주유공지 기준[시행규칙 별표13]
㉮ 주유공지 : 고정주유설비의 주위에 주유를 받으려는 자동차 등이 출입할 수 있도록 한 공지
㉯ 고정주유설비 : 펌프기기 및 호스기기로 되어 위험물을 자동차 등에 직접 주유하기 위한 설비로서 현수식의 것을 포함한다.
㉰ 주유공지 기준 : 고정주유설비 주위에 너비 15m 이상, 길이 6m 이상의 콘크리트 등으로 포장한 공지를 보유할 것

44. **위험물 안전관리법령상 벌칙의 기준이 나머지 셋과 다른 하나는?**

① 제조소등에 대한 긴급 사용정지 제한 명령을 위반한 자
② 탱크시험자로 등록하지 아니하고 탱크시험자의 업무를 한 자
③ 저장소 또는 제조소등이 아닌 장소에서 지정수량 이상의 위험물을 저장 또는 취급한 자
④ 제조소등의 완공검사를 받지 아니하고 위험물을 저장, 취급한 자

해설 벌칙 기준[법 제33조~법37조]
㉮ ①, ②번 항목 : 1년 이하의 징역 또는 1천만원 이하의 벌금
㉯ ③번 항목은 시험이 시행된 2015년에는 1년 이하의 징역 또는 1천만원 이하의 벌금형 이었지만 2017. 3. 21 법령 개정으로 '3년 이하의 징역 또는 3천만원 이하의 벌금' 형으로 변경되었음
㉰ ④번 항목 : 1천 500만원 이하의 벌금

45. **위험물 안전관리법령에서 정하는 위험등급 Ⅱ에 해당하지 않는 것은?**

① 제1류 위험물 중 질산염류
② 제2류 위험물 중 적린
③ 제3류 위험물 중 유기금속화합물
④ 제4류 위험물 중 제2석유류

해설 위험등급 Ⅱ의 위험물[시행규칙 별표19]
㉮ 제1류 위험물 중 브롬산염류, 질산염류, 요오드산염류 그 밖에 지정수량이 300kg인 위험물
㉯ 제2류 위험물 중 황화린, 적린, 유황 그 밖에 지정수량이 100kg인 위험물
㉰ 제3류 위험물 중 알칼리금소(칼륨 및 나트륨을 제외한다) 및 알칼리토금속, 유기금속화합물(알킬알루미늄 및 알킬리튬을 제외한다) 그 밖에 지정수량이 50kg인 위험물
㉱ 제4류 위험물 중 제1석유류 및 알코올류
㉲ 제5류 위험물 중 위험등급 Ⅰ 외의 것

참고 제4류 위험물 중 제2석유류는 위험등급 Ⅲ에 해당된다.

정답 43. ② 44. ④ 45. ④

46. 니트로셀룰로오스의 위험성에 대하여 옳게 설명한 것은?

① 물과 혼합하면 위험성이 감소된다.
② 공기 중에서 산화되지만 자연발화의 위험은 없다.
③ 건조할수록 발화의 위험성이 낮다.
④ 알코올과 반응하여 발화한다.

해설 니트로셀룰로오스의 위험성
㉮ 햇빛, 산, 알칼리에 의해 분해되면서 **자연발화 한다.**
㉯ **건조할수록** 충격, 마찰에 민감하여 **발화되기 쉽다.**
㉰ 물과 혼합할수록 위험성이 감소되므로 저장, 수송할 때는 물 20%나 알코올 30%로 습윤시킨다.
㉱ 130℃ 정도에서 서서히 분해되고 180℃에서 불꽃을 내며 급격히 연소하여 완전 분해되면 150배의 기체가 된다.
㉲ 불꽃 등 화기를 멀리하고 마찰, 충격에 주의하고 냉암소에 저장한다.

47. $C_6H_2(NO_2)_3OH$와 CH_3NO_3의 공통 성질에 해당하는 것은?

① 니트로화합물이다.
② 인화성과 폭발성이 있는 액체이다.
③ 무색의 방향성 액체이다.
④ 에탄올에 녹는다.

해설 트리니트로페놀[$C_6H_2(NO_2)_3OH$]과 질산메틸(CH_3NO_3)의 비교

구분	트리니트로페놀	질산메틸
유별	제5류 위험물	제5류 위험물
품명	니트로화합물	질산에스테르류
인화성 및 폭발성	인화 및 폭발	인화
색깔	휘황색 고체	무색, 투명 액체
냄새, 맛	무취	향긋한 냄새
물의 용해성	온수에 용해	녹지 않음
에탄올 용해성	녹는다	녹는다

48. 위험물 안전관리법령에서 정한 소화설비의 설치기준에 따라 다음 (   )에 알맞은 숫자를 차례대로 나타낸 것은?

> "제조소등에 전기설비(전기배선, 조명기구 등은 제외한다)가 설치된 경우에는 당해 장소의 면적 (   )m^2 마다 소형 수동식 소화기를 (   )개 이상 설치할 것"

① 50, 1 ② 50, 2
③ 100, 1 ④ 100, 2

해설 전기설비의 소화설비[시행규칙 별표17] : 제조소등에 전기설비(전기배선, 조명기구 등을 제외한다)가 설치된 경우에는 당해 장소의 면적 100m^2 마다 소형수동식 소화기를 1개 이상 설치할 것

49. 알루미늄 분말의 저장 방법 중 옳은 것은?

① 에틸알코올 수용액에 넣어 보관한다.
② 밀폐 용기에 넣어 건조한 곳에 보관한다.
③ 폴리에틸렌병에 넣어 수분이 많은 곳에 보관한다.
④ 염산 수용액에 넣어 보관한다.

해설 알루미늄 분말의 저장 방법
㉮ 제2류 위험물 중 금속분에 해당되며 물이나 산과 접촉하여 가연성 가스인 수소가 발생된다.
㉯ 할로겐원소와 접촉하면 자연발화의 위험성이 있다.
㉰ 이런 이유 때문에 알루미늄분은 밀폐 용기에 넣어 건조한 곳에 보관하여야 한다.

참고 물, 산과 반응하여 수소가 발생하는 반응식은 41번 해설을 참고한다.

50. 산을 가하면 이산화염소를 발생시키는 물질로 분자량이 약 90.5인 것은 어느 것인가?

① 아염소산나트륨
② 브롬산나트륨
③ 옥소산칼륨(요오드산칼륨)
④ 중크롬산나트륨

정답 46. ① 47. ④ 48. ③ 49. ② 50. ①

해설 아염소산나트륨($NaClO_2$)

㉮ 제1류 위험물 중 아염소산염류에 해당되며, 지정수량은 50kg이다.

㉯ 산(HCl : 염산)과 반응하면 유독가스 이산화염소(ClO_2) 및 염화나트륨(NaCl), 과산화수소(H_2O_2)가 발생된다.

㉰ 반응식

$3NaClO_2 + 2HCl \rightarrow 3NaCl + 2ClO_2 + H_2O_2$

51. 니트로글리세린에 관한 설명으로 틀린 것은?

① 상온에서 액체 상태이다.
② 물에는 잘 녹지만 유기 용매에는 녹지 않는다.
③ 충격 및 마찰에 민감하므로 주의해야 한다.
④ 다이너마이트의 원료로 쓰인다.

해설 니트로글리세린[$C_3H_5(ONO_2)_3$]의 특징

㉮ 제5류 위험물 중 질산에스테르류에 해당되며 지정수량은 10kg이다.

㉯ 순수한 것은 상온에서 무색, 투명한 기름 모양의 액체이나 공업적으로 제조한 것은 담황색을 띠고 있다.

㉰ 상온에서 액체이지만 약 10℃에서 동결하므로 겨울에는 백색의 고체 상태이다.

㉱ 물에는 거의 녹지 않으나 벤젠, 알코올, 클로로포름, 아세톤에 녹는다.

㉲ 점화하면 적은 양은 타기만 하지만 많은 양은 폭굉에 이른다.

㉳ 규조토에 흡수시켜 다이너마이트를 제조할 때 사용된다.

㉴ 충격이나 마찰에 예민하여 액체 운반은 금지되어 있다.

52. 아세트산에틸의 일반 성질 중 틀린 것은 어느 것인가?

① 과일 냄새를 가진 휘발성 액체이다.
② 증기는 공기보다 무거워 낮은 곳에 체류한다.
③ 강산화제와의 혼촉은 위험하다.
④ 인화점은 −20℃ 이하이다.

해설 아세트산에틸[$CH_3COOC_2H_5$: 초산에틸]의 특징

㉮ 제4류 위험물 중 제1석유류의 초산에스테르류에 해당되며 비수용성으로 지정수량은 200L이다.

㉯ 무색, 투명한 가연성 액체로 딸기향의 과일 냄새가 난다.

㉰ 물에는 약간 녹으며 알코올, 아세톤, 에테르 등 유기용매에 잘 녹는다.

㉱ 유지, 수지, 셀룰로오스 유도체 등을 잘 녹인다.

㉲ 가수분해되기 쉬우며 물이 있으면 상온에서 서서히 초산과 에틸알코올로 분해한다.

㉳ 휘발성, 인화성이 커서 수용액 상태에서도 인화의 위험이 있다.

㉴ 비중 0.9, 비점 77℃, 발화점 427℃, 인화점 −4.4℃, 폭발범위 2.2~11.4%이다.

53. 위험물 안전관리법령상 운송책임자의 감독, 지원을 받아 운송하여야 하는 위험물에 해당하는 것은?

① 알킬알루미늄, 산화프로필렌, 알킬리튬
② 알킬알루미늄, 산화프로필렌
③ 알킬알루미늄, 알킬리튬
④ 산화프로필렌, 알킬리튬

해설 운송책임자의 감독, 지원을 받아 운송하여야 하는 위험물 종류[시행령 제19조]

㉮ 알킬알루미늄

㉯ 알킬리튬

㉰ 알킬알루미늄 또는 알킬리튬을 함유하는 위험물

54. 위험물 안전관리법령상 다음 (   )에 알맞은 수치를 모두 합한 것은?

- 과염소산의 지정수량은 (   )kg이다.
- 과산화수소는 농도가 (   ) wt% 미만인 것은 위험물에 해당하지 않는다.
- 질산의 비중이 (   ) 이상인 것만 위험물로 규정한다.

정답 51. ② 52. ④ 53. ③ 54. ③

① 349.36　　② 549.36
③ 337.49　　④ 537.49

해설 각 항목에 해당하는 수치
㉮ 과염소산의 지정수량은 300kg이다.
㉯ 과산화수소는 농도가 36 wt% 미만인 것은 위험물에 해당하지 않는다.
㉰ 질산의 비중이 1.49 이상인 것만 위험물로 규정한다.
㉱ 각 항목의 수치 합계 계산
$\therefore 300+36+1.49=337.49$

55. **살충제 원료로 사용되기도 하는 암회색 물질로 물과 반응하여 포스핀 가스를 발생할 위험이 있는 것은?**

① 인화아연　　② 수소화나트륨
③ 칼륨　　④ 나트륨

해설 인화아연(Zn_3P_2)의 특징
㉮ 제3류 위험물 중 금속의 인화물에 해당되며 지정수량은 300kg이다.
㉯ 암회색의 물질로 살충제 원료로 사용한다.
㉰ 물과 반응하여 악취가 나는 맹독성이고 가연성 가스인 인화수소(PH_3 : 포스핀)를 발생한다.
$Zn_3P_2+6H_2O \rightarrow 3Zn(OH)_2+2PH_3\uparrow$

56. **유황의 특성 및 위험성에 대한 설명으로 틀린 것은?**

① 산화성 물질이므로 환원성 물질과 접촉을 피해야 한다.
② 전기의 부도체이므로 전기 절연체로 쓰인다.
③ 공기 중 연소 시 유해가스를 발생한다.
④ 분말 상태인 경우 분진 폭발의 위험성이 있다.

해설 유황의 특성 및 위험성
㉮ 제2류 위험물로 지정수량 100kg이다.
㉯ 노란색 고체로 열 및 **전기의 불량도체**이므로 정전기발생에 유의하여야 한다.
㉰ 물이나 산에는 녹지 않지만 이황화탄소(CS_2)에는 녹는다(단, 고무상 황은 녹지 않음).
㉱ 저온에서는 안정하나 높은 온도에서는 여러 원소와 황화물을 만든다.
㉲ 공기 중에서 연소하면 푸른 불꽃을 발하며, 유독한 아황산가스(SO_2)를 발생한다.
㉳ 산화제나 목탄가루 등과 혼합되어 있을 때 마찰이나 열에 의해 착화, 폭발을 일으킨다.
㉴ 황가루가 공기 중에 떠 있을 때는 분진 폭발의 위험성이 있다.

참고 유황은 가연성 고체로 환원성 성질(가연물)을 가지므로 산화성 물질과의 접촉을 피해야 한다.

57. **과산화벤조일 취급 시 주의사항에 대한 설명 중 틀린 것은?**

① 수분을 포함하고 있으면 폭발하기 쉽다.
② 가열, 충격, 마찰을 피해야 한다.
③ 저장용기는 차고 어두운 곳에 보관한다.
④ 희석제를 첨가하여 폭발성을 낮출 수 있다.

해설 벤조일퍼옥사이드(과산화벤조일)의 특징
㉮ 제5류 위험물 중 유기과산화물에 해당되며 지정수량은 10kg이다.
㉯ 무색, 무미의 결정 고체로 물에는 잘 녹지 않으나 알코올에는 약간 녹는다.
㉰ 상온에서 안정하며, 강한 산화작용이 있다.
㉱ 가열하면 100℃ 부근에서 백색 연기를 내며 분해한다.
㉲ 빛, 열, 충격, 마찰 등에 의해 폭발의 위험이 있다.
㉳ 강한 산화성 물질로 진한 황산, 질산, 초산 등과 접촉하면 화재나 폭발의 우려가 있다.
㉴ **수분의 흡수**나 불활성 희석제(프탈산디메틸, 프탈산디부틸)의 첨가에 의해 **폭발성을 낮출 수도 있다.**
㉵ 직사광선을 피하고 소분하여 냉암소에 저장한다.
㉶ 비중(25℃) 1.33, 융점 103~105℃(분해온도), 발화점 125℃이다.

정답 55. ①　56. ①　57. ①

58. 과염소산칼륨의 성질에 관한 설명 중 틀린 것은?

① 무색, 무취의 결정이다.
② 알코올, 에테르에 잘 녹는다.
③ 진한 황산과 접촉하면 폭발할 위험이 있다.
④ 400℃ 이상으로 가열하면 분해하여 산소가 발생할 수 있다.

해설 과염소산칼륨($KClO_4$)의 특징
㉮ 제1류 위험물 중 과염소산염류로 지정수량 50kg이다.
㉯ 무색, 무취, 사방정계 결정으로 물에 녹기 어렵고 알코올, 에테르에도 불용이다.
㉰ 400℃에서 분해하기 시작하여 610℃에서 완전 분해되어 산소를 방출한다.
㉱ 자신은 불연성 물질이지만 강력한 산화제이다.
㉲ 진한 황산과 접촉하면 폭발성 가스를 생성하고 튀는 것과 같은 폭발 위험이 있다.
㉳ 인, 황, 마그네슘, 유기물 등이 섞여 있을 때 가열, 충격, 마찰에 의해 폭발한다.
㉴ 환기가 잘 되고 서늘한 곳에 보관한다.
㉵ 화약, 폭약, 섬광제 등에 사용된다.
㉶ 비중 2.52, 융점 610℃, 용해도(20℃) 1.8이다.

59. 분말의 형태로서 150 마이크로미터(μm)의 체를 통과하는 것이 50 중량퍼센트 이상인 것만 위험물로 취급되는 것은?

① Zn ② Fe ③ Ni ④ Cu

해설 제2류 위험물(가연성 고체)[시행령 별표1]
㉮ 금속분 : 알칼리금속, 알칼리토금속, 철 및 마그네슘 외의 금속의 분말을 말하며 구리분, 니켈분 및 150μm의 체를 통과하는 것이 50 wt% 미만인 것은 제외한다[아연(Zn)분은 위험물로 취급된다].
㉯ 철분 : 철의 분말로서 53μm의 표준체를 통과하는 것이 50 중량% 미만인 것은 제외한다[철(Fe)분은 별도의 규정을 적용받는다].
㉰ 구리(Cu)분, 니켈(Ni)분 : 제2류 위험물 중 금속분 품명에서 제외되는 것이다.
㉱ 제2류 위험물 중 금속분 품명에 해당되는 것은 150μm의 체를 통과하는 것이 50 wt% 이상인 알루미늄(Al)분, 아연(Zn)분, 안티몬(Sb)분, 주석(Sn)분이다.

60. 다음 물질 중 인화점이 가장 높은 것은 어느 것인가?

① 아세톤
② 디에틸에테르
③ 메탄올
④ 벤젠

해설 제4류 위험물의 인화점

품 명		인화점
아세톤 (CH_3COCH_3)	제1석유류	−18℃
디에틸에테르 ($C_2H_5OC_2H_5$)	특수인화물	−45℃
메탄올(CH_3OH)	알코올류	11℃
벤젠(C_6H_6)	제1석유류	−11.1℃

정답 58. ② 59. ① 60. ③

2016년도 출제문제

2016. 1. 24 시행 (제1회)

1. 위험물 제조소의 경우 연면적이 최소 몇 m^2이면 자동화재 탐지설비를 설치해야 하는가? (단, 원칙적인 경우에 한한다.)

① 100 ② 300 ③ 500 ④ 1000

해설 제조소 및 일반취급소에 자동화재 탐지설비만을 설치해야 하는 대상[시행규칙 별표17]
㉮ 연면적 $500m^2$ 이상인 것
㉯ 옥내에서 지정수량의 100배 이상을 취급하는 것(고인화점 위험물만을 100℃ 미만의 온도에서 취급하는 것을 제외한다)
㉰ 일반취급소로 사용되는 부분 외의 부분이 있는 건축물에 설치된 일반취급소(일반취급소와 일반취급소 외의 부분이 내화구조의 바닥 또는 벽으로 개구부 없이 구획된 것을 제외한다)

2. 메틸알코올 8000L에 대한 소화능력으로 삽을 포함한 마른 모래를 몇 L 설치하여야 하는가?

① 100 ② 200 ③ 300 ④ 400

해설 ㉮ 소화설비의 능력단위(소요단위)[시행규칙 별표17]

소화설비	용량	능력단위
소화전용 물통	8L	0.3
수조(소화전용 물통 3개 포함)	80L	1.5
수조(소화전용 물통 6개 포함)	190L	2.5
마른 모래(삽 1개 포함)	50L	0.5
팽창질석 또는 팽창진주암(삽 1개 포함)	160L	1.0

㉯ 메틸알코올의 지정수량 : 400L
㉰ 소요단위 계산 : 지정수량의 10배를 1소요단위로 한다.

$$\therefore \text{소요단위} = \frac{\text{저장량}}{\text{지정수량} \times 10} = \frac{8000}{400 \times 10} = 2$$

㉱ 마른 모래 계산 : 마른 모래 50L가 0.5능력단위(소요단위)이다.

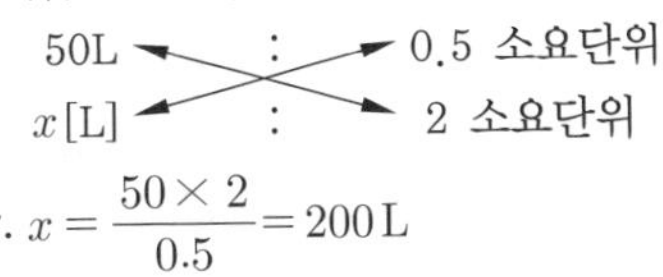

$$\therefore x = \frac{50 \times 2}{0.5} = 200\,\text{L}$$

3. 지정수량의 몇 배 이상의 위험물을 취급하는 제조소에는 화재발생 시 이를 알릴 수 있는 경보설비를 설치하여야 하는가?

① 5 ② 10 ③ 20 ④ 100

해설 경보설비의 기준[시행규칙 제42조]
㉮ 지정수량의 10배 이상의 위험물을 저장 또는 취급하는 제조소등(이동탱크저장소를 제외한다)에는 화재발생 시 이를 알릴 수 있는 경보설비를 설치한다.
㉯ 경보설비는 자동화재 탐지설비·비상경보설비(비상벨장치 또는 경종을 포함한다)·확성장치(휴대용확성기를 포함한다) 및 비상방송설비로 구분한다.
㉰ 자동신호장치를 갖춘 스프링클러설비 또는 물분무등 소화설비를 설치한 제조소등에 있어서는 자동화재 탐지설비를 설치한 것으로 본다.

4. 피크르산의 위험성과 소화방법에 대한 설명으로 틀린 것은?

① 금속과 화합하여 예민한 금속염이 만들어질 수 있다.
② 운반 시 건조한 것보다는 물에 젖게 하는 것이 안전하다.
③ 알코올과 혼합된 것은 충격에 의한 폭발 위험이 있다.

2016

정답 1. ③ 2. ② 3. ② 4. ④

④ 화재 시에는 질식소화가 효과적이다.

해설 피크르산[$C_6H_2(NO_2)_3OH$: 트리니트로페놀]의 위험성 및 소화방법

㉮ 중금속(Fe, Cu, Pb 등)과 반응하여 민감한 피크린산염을 형성한다.

㉯ 공기 중에서 서서히 연소하나 뇌관으로는 폭굉을 일으킨다.

㉰ 황색 염료, 농약, 산업용 도폭선의 심약, 뇌관의 첨장약, 군용 폭파약, 피혁공업에 사용한다.

㉱ 단독으로는 타격, 마찰에 둔감하지만, 금속염은 매우 위험하여 가솔린, 알코올, 옥소, 황 등과 혼합된 것에 약간의 마찰이나 타격을 주어도 심하게 폭발한다.

㉲ 건조된 것일수록 주의하여 다루고, 운반 시에는 물에 젖게 하는 것이 안전하다.

㉳ 화기와 멀리하고, 산화하기 쉬운 물질과 혼합되지 않도록 한다.

㉴ 화재 시 다량의 주수에 의한 냉각소화가 효과적이다.

5. 단층 건물에 설치하는 옥내탱크 저장소의 탱크전용실에 비수용성의 제2석유류 위험물을 저장하는 탱크 1개를 설치할 경우 설치할 수 있는 탱크의 최대용량은?

① 10000L

② 20000L

③ 40000L

④ 80000L

해설 옥내탱크 저장소 기준[시행규칙 별표7]

㉮ 옥내저장탱크는 단층 건축물에 설치된 탱크전용실에 설치할 것

㉯ 옥내저장탱크의 용량은 지정수량의 40배 이하일 것(제4석유류 및 동식물유류 외의 **제4류 위험물**에 있어서 당해 수량이 2만 L를 초과할 때에는 2만 L 이하일 것)

참고 문제에서 제2석유류를 저장하는 경우이므로 지정수량에 관계없이 탱크의 **최대용량은** 20000L 이 되는 것이다.

6. 위험물 안전관리법령상 제6류 위험물에 적응성이 없는 것은?

① 스프링클러설비

② 포 소화설비

③ 불활성가스 소화설비

④ 물분무 소화설비

해설 제6류 위험물에 적응성이 없는 소화설비[시행규칙 별표17]

㉮ 불활성가스 소화설비

㉯ 할로겐화합물 소화설비 및 소화기

㉰ 탄산수소염류 분말소화설비 및 분말소화기

㉱ 이산화탄소 소화기

7. 위험물 안전관리법령상 위험물 옥외탱크 저장소에 방화에 관하여 필요한 사항을 게시한 게시판에 기재하여야 하는 내용이 아닌 것은?

① 위험물의 지정수량의 배수

② 위험물의 저장최대수량

③ 위험물의 품명

④ 위험물의 성질

해설 제조소에 설치하는 방화에 관한 게시판[시행규칙 별표4]

㉮ 게시위치 : 제조소 보기 쉬운 곳

㉯ 크기 : 한 변의 길이가 0.3m 이상, 다른 한 변의 길이 0.6m 이상인 직사각형

㉰ 내용 : 저장 또는 취급하는 위험물의 유별·품명, 저장최대수량, 지정수량의 배수, 안전관리자의 성명 또는 직명

㉱ 색상 : 백색 바탕에 흑색 문자

8. 주된 연소형태가 증발연소인 것은?

① 나트륨 ② 코크스

③ 양초 ④ 니트로셀룰로오스

해설 각 위험물의 연소형태

㉮ 나트륨, 코크스 : 표면연소

㉯ 양초 : 증발연소

㉰ 니트로셀룰로오스 : 자기연소

정답 5. ② 6. ③ 7. ④ 8. ③

9. 금속화재에 마른 모래를 피복하여 소화하는 방법은?

① 제거소화 ② 질식소화
③ 냉각소화 ④ 억제소화

해설 소화작용(소화효과)
㉮ 제거소화 : 화재 현장에서 가연물을 제거함으로써 화재의 확산을 저지하는 방법으로 소화하는 것이다.
㉯ **질식소화 : 산소공급원을 차단**하여 연소 진행을 억제하는 방법으로 소화하는 것이다.
㉰ 냉각소화 : 물 등을 사용하여 활성화 에너지(점화원)를 냉각시켜 가연물을 발화점 이하로 낮추어 연소가 계속 진행할 수 없도록 하는 방법으로 소화하는 것이다.
㉱ 부촉매소화(억제소화) : 산화반응에 직접 관계없는 물질을 가하여 연쇄반응의 억제작용을 이용하는 방법으로 소화하는 것이다.

10. 위험물 안전관리법령상 위험등급 Ⅰ의 위험물에 해당하는 것은?

① 무기과산화물 ② 황화인
③ 제1석유류 ④ 유황

해설 위험등급 Ⅰ의 위험물[시행규칙 별표19]
㉮ 제1류 위험물 중 아염소산염류, 염소산염류, 과염소산염류, **무기과산화물** 그 밖에 지정수량이 50kg인 위험물
㉯ 제3류 위험물 중 칼륨, 나트륨, 알킬알루미늄, 알킬리튬, 황린 그 밖에 지정수량이 10kg 또는 20kg인 위험물
㉰ 제4류 위험물 중 특수인화물
㉱ 제5류 위험물 중 유기과산화물, 질산에스테르류 그 밖에 지정수량이 10kg인 위험물
㉲ 제6류 위험물

11. 위험물 안전관리법령상 옥내저장소에서 기계에 의하여 하역하는 구조로 된 용기만을 겹쳐 쌓아 위험물을 저장하는 경우 그 높이는 몇 m를 초과하지 않아야 하는가?

① 2 ② 4 ③ 6 ④ 8

해설 위험물을 옥내저장소에 저장하는 경우 용기를 겹쳐 쌓는 높이[시행규칙 별표18]
㉮ **기계에 의하여 하역**하는 구조로 된 용기만을 겹쳐 쌓는 경우에는 6m를 초과하지 아니하여야 한다.
㉯ 제4류 위험물 중 제3석유류, 제4석유류 및 동식물유류 용기만을 겹쳐 쌓는 경우에는 4m를 초과하지 아니하여야 한다.
㉰ 그 밖에 경우에는 3m를 초과하지 아니하여야 한다.

12. 연소가 잘 이루어지는 조건으로 거리가 먼 것은?

① 가연물의 발열량이 클 것
② 가연물의 열전도율이 클 것
③ 가연물과 산소와의 접촉 표면적이 클 것
④ 가연물의 활성화 에너지가 작을 것

해설 가연물의 구비조건(연소가 잘 이루어지기 위한 조건)
㉮ 발열량이 크고, 열전도율이 작을 것
㉯ 산소와 친화력이 좋고 표면적이 넓을 것
㉰ 활성화 에너지(점화에너지)가 작을 것
㉱ 연쇄반응이 있고, 건조도가 높을 것(수분 함량이 적을 것)

참고 가연물의 열전도율이 크게 되면 자신이 보유하고 있는 열이 적게 되어 착화 및 연소가 어려워지게 된다.

13. 위험물 안전관리법령상 위험물의 운반에 관한 기준에서 적재 시 혼재가 가능한 위험물을 옳게 나타낸 것은? (단, 각각 지정수량의 10배 이상인 경우이다.)

① 제1류와 제4류
② 제3류와 제6류
③ 제1류와 제5류
④ 제2류와 제4류

해설 ㉮ 위험물 운반할 때 혼재 기준[시행규칙 별표19, 부표2]

2016

정답 9. ② 10. ① 11. ③ 12. ② 13. ④

구분	제1류	제2류	제3류	제4류	제5류	제6류
제1류	╲	×	×	×	×	○
제2류	×	╲	×	○	○	×
제3류	×	×	╲	○	×	×
제4류	×	○	○	╲	○	×
제5류	×	○	×	○	╲	×
제6류	○	×	×	×	×	╲

○ : 혼합 가능, × : 혼합 불가능

㉯ 이 표는 지정수량의 $\frac{1}{10}$ 이하의 위험물에 대하여는 적용하지 않는다.

14. 석유류가 연소할 때 발생하는 가스로 강한 자극적인 냄새가 나며 취급하는 장치를 부식시키는 것은?

① H_2 ② CH_4 ③ NH_3 ④ SO_2

해설 ㉮ 석유류에 함유된 황(S) 성분이 연소하면서 유독성이 아황산가스(SO_2)가 발생하며 수분과 반응하여 황산(H_2SO_4)을 생성하고 장치를 부식시킨다.

㉯ 반응식 : $S+O_2 \rightarrow SO_2$

15. 위험물 제조소 표지 및 게시판에 대한 설명이다. 위험물 안전관리법령상 옳지 않은 것은?

① 표지는 한 변의 길이가 0.3m, 다른 한 변의 길이가 0.6m 이상으로 하여야 한다.

② 표지의 바탕은 백색, 문자는 흑색으로 하여야 한다.

③ 취급하는 위험물에 따라 규정에 의한 주의사항을 표시한 게시판을 설치하여야 한다.

④ 제2류 위험물(인화성 고체 제외)은 "화기엄금" 주의사항 게시판을 설치하여야 한다.

해설 표지 및 게시판[시행규칙 별표4]

㉮ 표지 : 제조소에는 보기 쉬운 곳에 "위험물 제조소"라는 표시를 한 표지를 설치한다.

㉠ 크기 : 한 변의 길이가 0.3m 이상, 다른 한 변의 길이가 0.6m 이상인 직사각형

㉡ 색상 : 백색 바탕에 흑색 문자

㉯ 주의사항 게시판

위험물의 종류	내용	색상
• 제1류 위험물 중 알칼리금속의 과산화물 • 제3류 위험물 중 금수성물질	"물기엄금"	청색바탕에 백색문자
• 제2류 위험물(인화성 고체 제외)	"화기주의"	적색바탕에 백색문자
• 제2류 위험물 중 인화성 고체 • 제3류 위험물 중 자연발화성물질 • 제4류 위험물 • 제5류 위험물	"화기엄금"	적색바탕에 백색문자

참고 방화에 관한 게시판 규정은 7번 해설을 참고한다.

16. 다음 그림과 같이 횡으로 설치한 원통형 위험물탱크에 대하여 탱크의 용량을 구하면 약 몇 m^3인가? (단, 공간용적은 탱크 내용적의 $\frac{5}{100}$로 한다.)

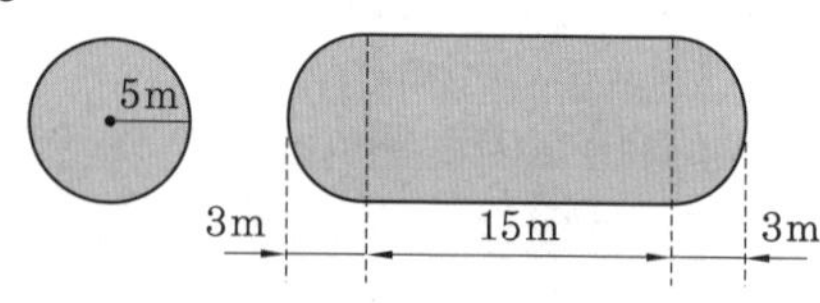

① 52.4 ② 291.6

③ 994.8 ④ 1047.2

해설 ㉮ 탱크의 내용적 계산

$$\therefore V = \pi \times r^2 \times \left(l + \frac{l_1 + l_2}{3}\right)$$

$$= \pi \times 5^2 \times \left(10 + \frac{5+5}{3}\right)$$

$$= 1047.197\,m^3$$

㉯ 공간용적 계산 : 공간용적은 탱크 내용적의 $\frac{5}{100}$ 이다.

정답 14. ④ 15. ④ 16. ③

$$\therefore V' = 1047.197 \times \frac{5}{100} = 52.359\,m^3$$

㉰ 탱크 용량 계산

∴ 탱크 용량=내용적−공간용적

$=1047.197-52.359=994.838m^3$

17. 위험물을 취급함에 있어서 정전기를 유효하게 제거하기 위한 설비를 설치하고자 한다. 위험물 안전관리법령상 공기 중의 상대습도를 몇 % 이상 되게 하여야 하는가?

① 50 ② 60 ③ 70 ④ 80

해설 정전기 제거설비 설치[시행규칙 별표4]

㉮ 접지에 의한 방법

㉯ 공기 중의 상대습도를 70% 이상으로 하는 방법

㉰ 공기를 이온화하는 방법

18. 제3종 분말 소화약제의 열분해 시 생성되는 메타인산의 화학식은?

① H_3PO_4 ② HPO_3

③ $H_4P_2O_7$ ④ $CO(NH_2)_2$

해설 제3종 분말 소화약제

㉮ 제3종 분말 소화약제 주성분인 제1인산암모늄($NH_4H_2PO_4$)의 열분해 시 생성되는 것은 메타인산(HPO_3), 암모니아(NH_3), 물(H_2O)이다.

㉯ 반응식 : $NH_4H_2PO_4 \rightarrow HPO_3 + NH_3 + H_2O$

19. 위험물 안전관리법령상 제조소등의 관계인은 예방규정을 정하여 누구에게 제출하여야 하는가?

① 소방청장 또는 행정안전부장관

② 소방청장 또는 소방서장

③ 시·도지사 또는 소방서장

④ 한국소방안전원장 또는 소방청장

해설 예방규정[법 제17조]

㉮ 제조소등의 관계인은 제조소등의 화재예방과 화재 등 재해발생 시의 비상조치를 위하여 예방규정을 정하여 제조소등의 사용을 시작하기 전에 시·도지사에게 제출하여야 한다.

㉯ 시·도지사는 제출한 예방규정이 기준에 적합하지 아니하거나 화재예방이나 재해발생 시의 비상조치를 위하여 필요하다고 인정하는 때에는 이를 반려하거나 그 변경을 명할 수 있다.

참고 시행령 제21조에 따라 예방규정의 수리·반려 및 변경명령은 소방서장에게 권한이 위임된다.

20. 연소의 3요소를 모두 갖춘 것은 어느 것인가?

① 휘발유+공기+수소

② 적린+수소+성냥불

③ 성냥불+황+염소산암모늄

④ 알코올+수소+염소산암모늄

해설 연소의 3요소 및 해당 물질

㉮ 가연물질 : 황

㉯ 산소공급원 : 염소산암모늄

㉰ 점화원 : 성냥불

21. 위험물의 저장방법에 대한 설명으로 옳은 것은?

① 황화린은 알코올 또는 과산화물 속에 저장하여 보관한다.

② 마그네슘은 건조하면 분진폭발의 위험성이 있으므로 물에 습윤하여 저장한다.

③ 적린은 화재예방을 위해 할로겐 원소와 혼합하여 저장한다.

④ 수소화리튬은 저장용기에 아르곤과 같은 불활성 기체를 봉입한다.

해설 각 위험물의 저장방법

① 황화린(제2류 위험물) : 냉암소에 보관 → 가연성고체이므로 과산화물과 접촉하면 자연발화 할 수 있다.

② 마그네슘(제2류 위험물) : 산화제, 수분, 할로겐원소와 접촉을 피해 보관 → 수분과 접촉 시 수소가 발생하므로 습윤하여 저장하는 것은 위험하다.

③ 적린(제2류 위험물) : 서늘한 장소 → 할로겐원소는 조연성 성질을 가지므로 혼합하여 저

정답 17. ③ 18. ② 19. ③ 20. ③ 21. ④

장하면 위험하다.

④ 수소화리튬(제3류 위험물) : 공기 중 수분과 접촉하면 반응하여 수소를 발생하므로 저장용기에 아르곤과 같은 불활성 기체를 봉입하여 저장한다.

22. 다음은 P_2S와 물의 화학반응이다. ( )에 알맞은 숫자를 차례대로 나열한 것은?

$$P_2S_5 + (\ )H_2O \rightarrow (\ )H_2S + (\ )H_3PO_4$$

① 2, 8, 5 ② 2, 5, 8
③ 8, 5, 2 ④ 8, 2, 5

해설 오황화인(P_2S_5)

㉮ 제2류 위험물 중 황화린에 해당되며 지정수량 100kg이다.

㉯ 오황화인(P_2S_5)은 물, 알칼리에 의해 황화수소(H_2S)와 인산(H_3PO_4)으로 분해된다.

㉰ 반응식 : $P_2S_5 + 8H_2O \rightarrow 5H_2S + 2H_3PO_4$

23. 위험물 안전관리법령상 제조소에서 취급하는 제4류 위험물의 최대수량의 합이 지정수량의 12만배 미만인 사업소에 두어야 하는 화학소방자동차 및 자체소방대원의 수의 기준으로 옳은 것은?

① 1대 – 5인 ② 2대 – 10인
③ 3대 – 15인 ④ 4대 – 20인

해설 자체소방대에 두는 화학소방자동차 및 인원[시행령 별표8]

위험물의 최대수량의 합	화학 소방자동차	소방대원 (조작인원)
지정수량의 12만배 미만	1대	5인
지정수량의 12만배 이상 24만배 미만	2대	10인
지정수량의 24만배 이상 48만배 미만	3대	15인
지정수량의 48만배 이상	4대	20인

24. 위험물 안전관리법령상 위험물 운반용기의 외부에 표시하여야 하는 사항에 해당하지 않는 것은?

① 위험물에 따라 규정된 주의사항
② 위험물의 지정수량
③ 위험물의 수량
④ 위험물의 품명

해설 운반용기 외부 표시사항[시행규칙 별표19]

㉮ 공통 표시사항

㉠ 위험물의 품명·위험등급·화학명 및 수용성("수용성"표시는 제4류 위험물로서 수용성인 것에 한한다)

㉡ 위험물의 수량

㉯ 위험물에 따른 주의사항

25. 염소산칼륨의 성질에 대한 설명으로 옳은 것은?

① 가연성 고체이다.
② 강력한 산화제이다.
③ 물보다 가볍다.
④ 열분해하면 수소를 발생한다.

해설 염소산칼륨($KClO_3$)의 특징

㉮ 제1류 위험물 중 염소산염류에 해당되며 지정수량 50kg이다.

㉯ 자신은 **불연성 물질**이며, 광택이 있는 무색의 고체 또는 백색 분말이다.

㉰ 글리세린 및 온수에 잘 녹고, 알코올 및 냉수에는 녹기 어렵다.

㉱ 400℃ 부근에서 분해되기 시작하여 540~560℃에서 과염소산칼륨($KClO_4$)을 거쳐 염화칼륨(KCl)과 **산소**(O_2)를 방출한다.

㉲ 가연성이나 산화성 물질 및 강산 촉매인 중금속염의 혼합은 폭발의 위험성이 있다.

㉳ 산화하기 쉬운 물질이므로 강산, 중금속류와의 혼합을 피하고 가열, 충격, 마찰에 주의한다.

㉴ 환기가 잘 되고 서늘한 곳에 보관하고 용기가 파손되거나 노출되지 않도록 한다.

㉵ **비중 2.32**, 융점 368.4℃, 용해도(20℃) 7.3이다.

정답 22. ③ 23. ① 24. ② 25. ②

26. 위험물 안전관리법령상 운반차량에 혼재해서 적재할 수 없는 것은? (단, 각각의 지정수량은 10배인 경우이다.)

① 염소화규소화합물 – 특수인화물
② 고형알코올 – 니트로화합물
③ 염소산염류 – 질산
④ 질산구아니딘 – 황린

해설 각 위험물의 유별 및 혼재 여부
㉮ 염소화규소화합물(제3류) – 특수인화물(제4류) → 혼재 가능
㉯ 고형알코올(제4류) – 니트로화합물(제5류) → 혼재 가능
㉰ 염소산염류(제1류) – 질산(제6류) → 혼재 가능
㉱ 질산구아니딘(제5류) – 황린(제3류) → 혼재 불가능

참고 위험물 유별 혼재 가능 여부의 구체적인 사항은 13번 해설을 참고한다.

27. 가솔린의 연소범위(vol%)에 가장 가까운 것은?

① 1.4~7.6　　② 8.3~11.4
③ 12.5~19.7　　④ 22.3~32.8

해설 공기 중에서 가솔린의 연소범위(폭발범위)는 1.4~7.6 vol%이다.

28. 위험물의 저장방법에 대한 설명 중 틀린 것은?

① 황린은 공기와의 접촉을 피해 물속에 저장한다.
② 황은 정전기의 축적을 방지하여 저장한다.
③ 알루미늄 분말은 건조한 공기 중에서 분진폭발의 위험이 있으므로 정기적으로 분무상의 물을 뿌려야 한다.
④ 황화인은 산화제와의 혼합을 피해 격리해야 한다.

해설 알루미늄 분말 : 제2류 위험물 중 금속분
㉮ 물과 접촉하면 가연성인 수소(H_2)가스를 발생하므로 위험하다.
㉯ 반응식 : $2Al+6H_2O \rightarrow 2Al(OH)_3+3H_2\uparrow$

29. 저장하는 위험물의 최대수량이 지정수량의 15배일 경우 건축물의 벽, 기둥 및 바닥이 내화구조로 된 위험물 옥내저장소의 보유공지는 몇 m 이상이어야 하는가?

① 0.5　　② 1
③ 2　　④ 3

해설 옥내 저장소의 보유공지 기준
[시행규칙 별표5]

저장 또는 취급하는 위험물의 최대수량	공지의 너비	
	벽·기둥 및 바닥이 내화구조로 된 건축물	그 밖의 건축물
지정수량의 5배 이하	–	0.5m 이상
지정수량의 5배 초과 10배 이하	1m 이상	1.5m 이상
지정수량의 10배 초과 20배 이하	2m 이상	3m 이상
지정수량의 20배 초과 50배 이하	3m 이상	5m 이상
지정수량의 50배 초과 200배 이하	5m 이상	10m 이상
지정수량의 200배 초과	10m 이상	15m 이상

30. 제4류 위험물의 화재예방 및 취급방법으로 옳지 않은 것은?

① 이황화탄소는 물속에 저장한다.
② 아세톤은 일광에 의해 분해될 수 있으므로 갈색병에 보관한다.
③ 초산은 내산성 용기에 저장하여야 한다.
④ 건성유는 다공성 가연물과 함께 보관한다.

2016

정답 26. ④　27. ①　28. ③　29. ③　30. ④

해설 건성유(제4류 위험물 중 동식물유류)는 불포화결합이 커서 자연발화의 위험성이 있으므로 누설에 주의하여야 하며 가연물 및 화기의 접근을 피해야 한다.

31. 위험물 안전관리법령상 품명이 나머지 셋과 다른 하나는?

① 트리니트로톨루엔
② 니트로글리세린
③ 니트로글리콜
④ 셀룰로이드

해설 제5류 위험물의 품명 및 지정수량

위험물 명칭	품명	지정수량
트리니트로톨루엔	니트로화합물	200kg
니트로글리세린	질산에스테르류	10kg
니트로글리콜		
셀룰로이드		

32. 부틸리튬(n－butyl lithium)에 대한 설명으로 옳은 것은?

① 무색의 가연성 고체이며 자극성이 있다.
② 증기는 공기보가 가볍고 점화원에 의해 선화의 위험이 있다.
③ 화재발생 시 이산화탄소 소화설비는 적응성이 없다.
④ 탄화수소나 다른 극성의 액체에 용해가 잘 되며 휘발성은 없다.

해설 부틸리튬(C_4H_9Li)의 특징
㉮ 제3류 위험물 중 알킬리튬에 해당되며 지정수량 10kg 이다.
㉯ 상온에서 액체 상태로 휘발성이 강하다.
㉰ 물과 반응하여 열과 가연성 가스를 발생한다.
㉱ 소화방법은 건조사, 팽창질석 또는 팽창진주암, 탄산수소염류 분말소화설비 및 분말소화기를 사용한다(이산화탄소 소화설비는 적응성이 없다).

33. 니트로글리세린은 여름철(30℃)과 겨울철(0℃)에 어떤 상태인가?

① 여름 － 기체, 겨울 － 액체
② 여름 － 액체, 겨울 － 액체
③ 여름 － 액체, 겨울 － 고체
④ 여름 － 고체, 겨울 － 고체

해설 니트로글리세린[$C_3H_5(ONO_2)_3$]의 상태
㉮ 제5류 위험물 중 질산에스테르류에 해당되며 지정수량 10kg이다.
㉯ 비점 160℃, 융점 2.8℃로 약 10℃ 정도에서 동결하므로 겨울에는 고체 상태, 여름에는 액체 상태이다.

34. 정기점검 대상 제조소등에 해당하지 않는 것은?

① 이동탱크 저장소
② 지정수량 120배의 위험물을 저장하는 옥외저장소
③ 지정수량 120배의 위험물을 저장하는 옥내저장소
④ 이송 취급소

해설 ㉮ 정기점검 대상 제조소등[시행령 제16조]
㉠ 관계인이 예방규정을 정하여야 하는 제조소등
㉡ 지하탱크 저장소
㉢ 이동탱크 저장소
㉣ 위험물을 취급하는 탱크로서 지하에 매설된 탱크가 있는 제조소·주유취급소 또는 일반취급소
㉯ 관계인이 예방규정을 정하여야 하는 제조소등[시행령 제15조]
㉠ 지정수량의 10배 이상의 위험물을 취급하는 제조소
㉡ 지정수량의 100배 이상의 위험물을 저장하는 옥외저장소
㉢ 지정수량의 150배 이상의 위험물을 저장하는 옥내저장소
㉣ 지정수량의 200배 이상의 위험물을 저장하는 옥외탱크저장소

정답 31. ① 32. ③ 33. ③ 34. ③

ⓜ 암반탱크저장소
ⓑ 이송취급소
ⓢ 지정수량의 10배 이상의 위험물을 취급하는 일반취급소

35. 위험물 안전관리법령상 자동화재 탐지설비의 설치기준으로 옳지 않은 것은?

① 경계구역은 건축물의 최소 2개 이상의 층에 걸치도록 할 것
② 하나의 경계구역의 면적은 600m^2 이하로 할 것
③ 감지기는 지붕 또는 벽의 옥내에 면한 부분에 유효하게 화재의 발생을 감지할 수 있도록 설치할 것
④ 비상전원을 설치할 것

해설 자동화재 탐지설비 설치기준
[시행규칙 별표17]
㉮ 자동화재 탐지설비의 경계구역은 건축물 그 밖의 공작물의 2 이상의 층에 **걸치지 아니하도록 할 것**. 다만, 하나의 경계구역의 면적이 500m^2 이하이면서 당해 경계구역이 두 개의 층에 걸치는 경우이거나 계단·경사로·승강기의 승강로 그 밖에 이와 유사한 장소에 연기감지기를 설치하는 경우에는 그러하지 아니하다.
㉯ 하나의 경계구역의 면적은 600m^2 이하로 하고 그 한 변의 길이는 50m(광전식분리형 감지기를 설치할 경우에는 100m) 이하로 할 것. 다만, 당해 건축물 그 밖의 공작물의 출입구에서 그 내부의 전체를 볼 수 있는 경우에는 그 면적을 1000m^2 이하로 할 수 있다.
㉰ 자동화재 탐지설비의 감지기는 지붕(상층이 있는 경우에는 상층의 바닥) 또는 벽의 옥내에 면한 부분(천장이 있는 경우에는 천장 또는 벽의 옥내에 면한 부분 및 천장의 뒷부분)에 유효하게 화재의 발생을 감지할 수 있도록 설치할 것
㉱ 자동화재 탐지설비에는 비상전원을 설치할 것

36. 위험물에 대한 설명으로 틀린 것은?

① 과산화나트륨은 산화성이 있다.
② 과산화나트륨은 인화점이 매우 낮다.
③ 과산화바륨과 염산을 반응시키면 과산화수소가 생긴다.
④ 과산화바륨의 비중은 물보다 크다.

해설 과산화나트륨(Na_2O_2)은 제1류 위험물(산화성 고체) 중 무기과산화물로 불연성에 해당되므로 인화점 자체가 없다.

37. 위험물 안전관리법령상 지정수량이 50kg인 것은?

① $KMnO_4$ ② $KClO_2$
③ $NaIO_3$ ④ NH_4NO_3

해설 제1류 위험물의 지정수량

품명		지정수량
과망간산칼륨 ($KMnO_4$)	과망간산염류	1000kg
아염소산칼륨 ($KClO_2$)	아염소산염류	50kg
요오드산나트륨 ($NaIO_3$)	요오드산염류	300kg
질산암모늄 (NH_4NO_3)	질산염류	300kg

38. 적린이 연소하였을 때 발생하는 물질은?

① 인화수소 ② 포스겐
③ 오산화인 ④ 이산화황

해설 적린(P_4) : 제2류 위험물(가연성 고체)
㉮ 공기 중에서 연소하면 오산화인(P_2O_5)이 되면서 백색 연기를 낸다.
㉯ 반응식 : $P_4 + 5O_2 \rightarrow 2P_2O_5$

39. 다음 중 상온에서 액체인 물질로만 조합된 것은?

① 질산메틸, 니트로글리세린
② 피크린산, 질산메틸

2016

정답 35. ① 36. ② 37. ② 38. ③ 39. ①

③ 트리니트로톨루엔, 디니트로벤젠
④ 니트로글리콜, 테트릴

해설 각 위험물의 상온에서 상태
㉮ 질산메틸(액체), 니트로글리세린(액체)
㉯ 피그린산(고체), 질산메틸(액체)
㉰ 트리니트로톨루엔(고체), 디니트로벤젠(고체)
㉱ 니트로글리콜(액체), 테트릴(고체)

40. 제3류 위험물 중 금수성 물질을 제외한 위험물에 적응성이 있는 소화설비가 아닌 것은?

① 분말 소화설비 ② 스프링클러설비
③ 옥내소화전설비 ④ 포 소화설비

해설 제3류 위험물 중 금수성 물질을 제외한 그 밖의 것에 적응성이 있는 소화설비
[시행규칙 별표17]
㉮ 옥내소화전 또는 옥외소화전설비
㉯ 스프링클러설비
㉰ 물분무 소화설비
㉱ 포 소화설비
㉲ 봉상수(棒狀水) 소화기
㉳ 무상수(霧狀水) 소화기
㉴ 봉상강화액 소화기
㉵ 무상강화액 소화기
㉶ 포 소화기
㉷ 기타 : 물통 또는 건조사, 건조사, 팽창질석 또는 팽창진주암

41. 니트로화합물, 니트로소화합물, 질산에스테르류, 히드록실아민을 각각 50kg씩 저장하고 있을 때 지정수량의 배수가 가장 큰 것은?

① 니트로화합물 ② 니트로소화합물
③ 질산에스테르류 ④ 히드록실아민

해설 ㉮ 제5류 위험물의 지정수량

명칭	지정수량	지정수량 배수
니트로화합물	200kg	0.25
니트로소화합물	200kg	0.25
질산에스테르류	10kg	5
히드록실아민	100kg	0.5

㉯ 지정수량 배수는 $\frac{물질량}{지정수량}$이다.

42. 위험물 안전관리법령상 운송책임자의 감독, 지원을 받아 운송하여야 하는 위험물에 해당하는 것은?

① 특수인화물 ② 알킬리튬
③ 질산구아니딘 ④ 히드라진 유도체

해설 운송책임자의 감독, 지원을 받아 운송하여야 하는 위험물 종류[시행령 제19조]
㉮ 알킬알루미늄
㉯ 알킬리튬
㉰ 알킬알루미늄 또는 알킬리튬을 함유하는 위험물

43. 질산암모늄에 대한 설명으로 옳은 것은?

① 물에 녹을 때 발열 반응한다.
② 가열하면 폭발적으로 분해하여 산소와 암모니아를 생성한다.
③ 소화방법으로 질식소화가 좋다.
④ 단독으로도 급격한 가열, 충격으로 분해, 폭발할 수 있다.

해설 질산암모늄(NH_4NO_3)의 특징
㉮ 제1류 위험물 중 질산염류에 해당되며 지정수량은 300kg이다.
㉯ 무취의 백색 결정 고체로 물, 알코올, 알칼리에 잘 녹는다.
㉰ 조해성이 있으며 물에 녹을 때는 흡열반응을 나타낸다.
㉱ 220℃에서 분해되어 아산화질소(N_2O)와 수증기(H_2O)를 발생하며, 급격한 가열이나 충격을 주면 단독으로 분해·폭발한다.
㉲ 가연물, 유기물을 섞거나 가열, 충격, 마찰을 주면 폭발한다.
㉳ 경유 6%, 질산암모늄 94%를 혼합한 것은 안투폭약이라 하며, 공업용 폭약이 된다.
㉴ 화재 시 소화방법으로는 주수소화가 적합하다.

정답 40. ① 41. ③ 42. ② 43. ④

44. 위험물 안전관리법에서 정의한 "제조소"의 의미로 가장 옳은 것은?

① "제조소"라 함은 위험물을 제조할 목적으로 지정수량 이상의 위험물을 취급하기 위하여 허가를 받은 장소임
② "제조소"라 함은 지정수량 이상의 위험물을 제조할 목적으로 위험물을 취급하기 위하여 허가를 받은 장소임
③ "제조소"라 함은 지정수량 이상의 위험물을 제조할 목적으로 지정수량 이상의 위험물을 취급하기 위하여 허가를 받은 장소임
④ "제조소"라 함은 위험물을 제조할 목적으로 위험물을 취급하기 위하여 허가를 받은 장소임

해설 용어의 정의[법 제2조]
㉮ "위험물"이라 함은 인화성 또는 발화성 등의 성질을 가지는 것으로서 대통령령이 정하는 물품을 말한다.
㉯ "지정수량"이라 함은 위험물의 종류별로 위험성을 고려하여 대통령령이 정하는 수량으로서 '제조소등'의 설치허가 등에 있어서 최저의 기준이 수량을 말한다.
㉰ "제조소"라 함은 위험물을 제조할 목적으로 지정수량 이상의 위험물을 취급하기 위하여 법 제6조 제1항의 규정에 따른 허가를 받은 장소를 말한다.
㉱ "저장소"라 함은 지정수량 이상의 위험물을 저장하기 위한 대통령령이 정하는 장소로서 법 제6조 제1항의 규정에 따른 허가를 받은 장소를 말한다.
㉲ "취급소"라 함은 지정수량 이상의 위험물을 제조 외의 목적으로 취급하기 위한 대통령령으로 정하는 장소로서 법 제6조 제1항의 규정에 따른 허가를 받은 장소를 말한다.
㉳ "제조소등"이라 함은 제조소·저장소 및 취급소를 말한다.

45. 탄화칼슘의 성질에 대하여 옳게 설명한 것은?

① 공기 중에서 아르곤과 반응하여 불연성 기체를 발생한다.
② 공기 중에서 질소와 반응하여 유독한 기체를 낸다.
③ 물과 반응하면 탄소가 생성된다.
④ 물과 반응하여 아세틸렌가스가 생성된다.

해설 탄화칼슘(CaC_2)
㉮ 제3류 위험물 중 칼슘 또는 알루미늄의 탄화물로 지정수량은 300kg이다.
㉯ 탄화칼슘(CaC_2)이 물(H_2O)과 반응하면 가연성인 아세틸렌(C_2H_2)가스가 발생한다.
㉰ 반응식 : $CaC_2 + 2H_2O \rightarrow Ca(OH)_2 + C_2H_2$

46. 위험물 안전관리법령상 "연소의 우려가 있는 외벽"은 기산점이 되는 선으로부터 3m(2층 이상의 층에 대해서는 5m) 이내에 있는 제조소등의 외벽을 말하는데 이 기산점이 되는 선에 해당하지 않는 것은?

① 동일 부지 내의 다른 건축물과 제조소 부지 간의 중심선
② 제조소등에 인접한 도로의 중심선
③ 제조소등이 설치된 부지의 경계선
④ 제조소등의 외벽과 동일 부지 내의 다른 건축물의 외벽 간의 중심선

해설 연소의 우려가 있는 외벽[세부기준 제41조] : 연소의 우려가 있는 외벽은 다음에 정하는 선을 기산점으로 하여 3m(2층 이상의 층에 대해서는 5m) 이내에 있는 제조소등의 외벽을 말한다.
㉮ 제조소등이 설치된 부지의 경계
㉯ 제조소등에 인접한 도로의 중심선
㉰ 제조소등의 외벽과 동일부지 내의 다른 건축물의 외벽간의 중심선

47. 위험물 안전관리법령에 명기된 위험물의 운반용기 재질에 포함되지 않는 것은?

① 고무류　　② 유리

2016

정답 44. ① 45. ④ 46. ① 47. ③

③ 도자기 ④ 종이

해설 운반용기[시행규칙 별표19]

㉮ 운반용기의 재질은 강판·알루미늄판·양철판·유리·금속판·종이·플라스틱·섬유판·고무류·합성섬유·삼·짚 또는 나무로 한다.

㉯ 운반용기는 견고하여 쉽게 파손될 우려가 없고, 그 입구로부터 수납된 위험물이 샐 우려가 없도록 하여야 한다.

48. 특수인화물 200L와 제4석유류 12000L를 저장할 때 각각의 지정수량 배수의 합은 얼마인가?

① 3 ② 4 ③ 5 ④ 6

해설 제4류 위험물 지정수량

㉮ 특수인화물 : 50L

㉯ 제4석유류 : 6000L

㉰ 지정수량 배수의 합 계산 : 지정수량 배수의 합은 각 위험물량을 지정수량으로 나눈 값의 합이다.

∴ 지정수량 배수의 합

$$= \frac{\text{A 위험물량}}{\text{지정수량}} + \frac{\text{B 위험물량}}{\text{지정수량}}$$

$$= \frac{200}{50} + \frac{12000}{6000} = 6$$

49. 다음 위험물 중 착화온도가 가장 높은 것은?

① 이황화탄소 ② 디에틸에테르

③ 아세트알데히드 ④ 산화프로필렌

해설 제4류 위험물 중 특수인화물의 착화온도

품명	착화온도(발화점)
이황화탄소	100℃
디에틸에테르	180℃
아세트알데히드	185℃
산화프로필렌	465℃

50. 동·식물유류에 대한 설명 중 틀린 것은 어느 것인가?

① 연소하면 열에 의해 액온이 상승하여 화재가 커질 위험이 있다.

② 요오드값이 낮을수록 자연발화의 위험이 높다.

③ 동유는 건성유이므로 자연발화의 위험이 있다.

④ 요오드값이 100~130인 것을 반건성유라고 한다.

해설 동식물유류 특징

㉮ 제4류 위험물로 지정수량 10000L이다.

㉯ 동물의 지육 또는 식물의 종자나 과육으로부터 추출한 것으로서 1기압에서 인화점이 250℃ 미만인 것이다.

㉰ 요오드값이 크면 불포화도가 커지고, 작아지면 불포화도가 작아진다.

㉱ 불포화결합이 많이 포함되어 있을수록 자연발화를 일으키기 쉽다.

㉲ 요오드값에 따른 분류 및 종류

구분	요오드값	종류
건성유	130 이상	들기름, 아마인유, 해바라기유, 오동유(동유)
반건성유	100~130 미만	목화씨유, 참기름, 채종유
불건성유	100 미만	땅콩기름(낙화생유), 올리브유, 피마자유, 야자유, 동백유

51. 위험물 안전관리법령상 위험물 운반 시 방수성 덮개를 하지 않아도 되는 위험물은?

① 나트륨 ② 적린

③ 철분 ④ 과산화칼륨

해설 적재하는 위험물의 성질에 따른 조치[시행규칙 별표19]

㉮ 차광성 피복으로 가리는 위험물 : 제1류 위험물, 제3류 위험물 중 자연발화성 물질, 제4류 위험물 중 특수인화물, 제5류 위험물, 제6류 위험물

㉯ 방수성 피복으로 덮는 위험물 : 제1류 위험물 중 알칼리금속의 과산화물, 제2류 위험물 중

정답 48. ④ 49. ④ 50. ② 51. ②

철분·금속분·마그네슘, 제3류 위험물 중 금수성 물질

㉰ 보랭 컨테이너에 수납하는 위험물 : 제5류 위험물 중 55℃ 이하에서 분해될 우려가 있는 것

㉱ 액체 위험물, 위험등급 Ⅱ의 위험물을 기계에 의하여 하역하는 구조로 된 운반용기 : 충격방지조치

참고 적린은 제2류 위험물이지만 방수성 피복으로 덮는 것에서 제외되는 경우이다.

52. 연소할 때 연기가 거의 나지 않아 밝은 곳에서 연소상태를 잘 느끼지 못하는 물질로 독성이 매우 강해 먹으면 실명 또는 사망에 이를 수 있는 것은?

① 메틸알코올
② 에틸알코올
③ 등유
④ 경유

해설 메틸알코올(CH_3OH : 메탄올)의 위험성

㉮ 독성이 강하여 소량 마시면 시신경을 마비시키고, 8~20g 정도 먹으면 두통, 복통을 일으키거나 실명을 하며, 30~50g 정도 먹으면 사망한다.

㉯ 휘발성이 강하여 인화점(11℃) 이상이 되면 폭발성 혼합기체를 발생하고, 밀폐된 상태에서는 폭발한다.

㉰ 밝은 곳에서 연소 시 화염의 색깔이 연해서 잘 보이지 않으므로 화상 등에 주의한다.

㉱ 증기는 환각성 물질이고 계절적으로 여름에 위험하다.

㉲ 연소범위 7.3~36%이다.

53. 질산과 과산화수소의 공통적인 성질을 옳게 설명한 것은?

① 물보다 가볍다.
② 물에 녹는다.
③ 점성이 큰 액체로서 환원제이다.
④ 연소가 매우 잘 된다.

해설 질산(HNO_3)과 과산화수소(H_2O_2)의 비교

구분	질산	과산화수소
유별	제6류 위험물	제6류 위험물
성질	산화성 액체	산화성 액체
점성	무색의 액체	점성 액체
물에 용해성	녹는다	녹는다
액체 비중	1.49	1.465
증기 비중	2.17	1.17
비점	86℃	80.2℃

54. 제조소등의 위치, 구조 또는 설비의 변경 없이 해당 제조소등에서 저장하거나 취급하는 위험물의 품명, 수량 또는 지정수량의 배수를 변경하고자 하는 자는 변경하고자 하는 날의 며칠 전까지 행정안전부령이 정하는 바에 따라 시·도지사에게 신고하여야 하는가?

① 1일 ② 14일 ③ 21일 ④ 30일

해설 위험물 시설의 설치 및 변경 등[법 제6조] : 제조소등의 위치·구조 또는 설비의 변경 없이 위험물의 품명·수량 또는 지정수량의 배수를 변경하고자 하는 자는 **변경하고자 하는 날의 1일 전**까지 행정안전부령이 정하는 바에 따라 시·도지사에게 신고하여야 한다.

55. 과산화벤조일과 과염소산의 지정수량의 합은 몇 kg인가?

① 310 ② 350 ③ 400 ④ 500

해설 ㉮ 과산화벤조일[$(C_6H_5CO)_2O_2$] : 제5류 위험물 중 유기과산화물에 해당되며 지정수량은 10kg이다.

㉯ 과염소산($HClO_4$) : 제6류 위험물로 지정수량은 300kg이다.

㉰ 지정수량 합은 각각의 지정수량을 합한 것이다.

∴ 지정수량 합=10+300=310kg

56. 황가루가 공기 중에 떠 있을 때의 주된 위험성에 해당하는 것은?

① 수증기 발생 ② 전기 감전

정답 52. ① 53. ② 54. ① 55. ① 56. ③

2016

③ 분진폭발 ④ 인화성가스 발생

해설 황가루가 공기 중에 떠 있을 때는 분진 폭발의 위험성이 있으며, 분진폭발의 위험성이 있는 물질로는 제2류 위험물에 해당하는 철분, 금속분, 마그네슘분 등이 해당된다.

57. 위험물의 인화점에 대한 설명으로 옳은 것은?

① 톨루엔이 벤젠보다 낮다.
② 피리딘이 톨루엔보다 낮다.
③ 벤젠이 아세톤보다 낮다.
④ 아세톤이 피리딘보다 낮다.

해설 ㉮ 각 위험물의 인화점 비교

명칭	인화점
톨루엔	4.5℃
벤젠	−11.1℃
피리딘	20℃
아세톤	−18℃

㉯ 인화점이 낮은 것에서 높은 순서 : 아세톤 <벤젠<톨루엔<피리딘

58. 저장 또는 취급하는 위험물의 최대수량이 지정수량의 500배 이하일 때 옥외 저장탱크의 측면으로부터 몇 m 이상의 보유공지를 유지하여야 하는가? (단, 제6류 위험물은 제외한다.)

① 1 ② 2 ③ 3 ④ 4

해설 옥외탱크저장소의 보유공지 기준[시행규칙 별표6]

저장 또는 취급하는 위험물의 최대수량	공지의 너비
지정수량의 500배 이하	3m 이상
지정수량의 500배 초과 1000배 이하	5m 이상
지정수량의 1000배 초과 2000배 이하	9m 이상
지정수량의 2000배 초과 3000배 이하	12m 이상
지정수량의 3000배 초과 4000배 이하	15m 이상

참고 지정수량의 4000배 초과의 경우, 당해 탱크의 수평단면의 최대지름(횡형인 경우에는 긴 변)과 높이 중 큰 것과 같은 거리 이상이어야 한다. 다만, 30m 초과의 경우에는 30m 이상으로 할 수 있고, 15m 미만의 경우에는 15m 이상으로 하여야 한다.

59. 위험물 안전관리법령상 옥내 저장소 저장창고의 바닥은 물이 스며 나오거나 스며들지 아니하는 구조로 하여야 한다. 다음 중 반드시 이 구조로 하지 않아도 되는 위험물은?

① 제1류 위험물 중 알칼리금속의 과산화물
② 제4류 위험물
③ 제5류 위험물
④ 제2류 위험물 중 철분

해설 옥내저장소 저장창고 바닥의 물이 스며 나오거나 스며들지 않는 구조로 하여야 할 위험물[시행규칙 별표5]

㉮ 제1류 위험물 중 알칼리금속의 과산화물 또는 이를 함유하는 것
㉯ 제2류 위험물 중 철분·금속분·마그네슘 또는 이중 어느 하나 이상을 함유하는 것
㉰ 제3류 위험물 중 금수성물질 또는 제4류 위험물

60. 다음 중 산화성 고체 위험물에 속하지 않는 것은?

① Na_2O_2
② $HClO_4$
③ NH_4ClO_4
④ $KClO_3$

해설 산화성 고체와 액체 위험물 구분

㉮ 산화성 고체 : 제1류 위험물로 과산화나트륨(Na_2O_2), 과염소산암모늄(NH_4ClO_4), 염소산칼륨($KClO_3$)이 해당된다.
㉯ 산화성 액체 : 제6류 위험물로 과염소산($HClO_4$), 질산(HNO_3), 과산화수소(H_2O_2)가 해당된다.

정답 57. ④ 58. ③ 59. ③ 60. ②

2016. 4. 2 시행 (제2회)

1. 제4류 위험물의 화재 시 물을 이용한 소화를 시도하기 전에 고려해야 하는 위험물의 성질로 가장 옳은 것은?

① 수용성, 비중 ② 증기비중, 끓는점
③ 색상, 발화점 ④ 분해온도, 녹는점

해설 제4류 위험물은 인화성 액체로 물에 녹는지 여부(수용성)와 물보다 가벼운지, 무거운지를 판단하는 비중을 고려해야 한다. 물에 녹는 수용성인 경우 물을 소화제 사용하면 냉각효과와 함께 희석효과를 기대할 수 있는 반면 비수용성이며 비중이 1보다 작은(물보다 가벼운 경우) 경우에는 화재를 확대시킬 위험이 있으므로 물을 소화제로 사용하는 것은 부적합하다.

2. 점화에너지 중 물리적 변화에서 얻어지는 것은?

① 압축열 ② 산화열
③ 중합열 ④ 분해열

해설 점화에너지의 분류
㉮ 물리적 에너지 : 압축열, 마찰열
㉯ 화학적 에너지 : 산화열, 중합열, 분해열, 연소열
㉰ 전기적 에너지 : 전기저항, 정전기, 낙뢰

3. 금속분의 연소 시 주수소화하면 위험한 원인으로 옳은 것은?

① 물에 녹아 산이 된다.
② 물과 작용하여 유독가스를 발생한다.
③ 물과 작용하여 수소가스를 발생한다.
④ 물과 작용하여 산소가스를 발생한다.

해설 ㉮ 금속분(제2류 위험물, 지정수량 500kg)은 물(H_2O)과 접촉하면 반응하여 가연성인 수소(H_2)를 발생하여 폭발의 위험이 있기 때문에 주수소화는 부적합하므로 건조사(마른 모래)를 이용한다.
㉯ 알루미늄(Al)분과 물의 반응식
$2Al + 6H_2O \rightarrow 2Al(OH)_3 + 3H_2 \uparrow$

4. 유류 저장탱크 화재에서 일어나는 현상으로 거리가 먼 것은?

① 보일 오버
② 플래시 오버
③ 슬롭오버
④ BLEVE

해설 유류 저장탱크 화재 시 일어나는 현상
㉮ 블레이브(BLEVE) 현상 : 비등액체팽창 증기폭발
㉯ 보일 오버(boil over) 현상 : 유류 저장탱크 화재 시 탱크 저부의 비점이 낮은 불순물이 연소열에 의하여 이상팽창하면서 다량의 기름이 탱크 밖으로 비산하는 현상
㉰ 슬롭오버(slop over) 현상 : 유류 저장탱크 화재 시 포소화약제를 방사하면 물이 기화되어 다량의 기름이 탱크 밖으로 비산하는 현상

참고 플래시 오버(flash over) 현상 : 전실화재라 하며 화재로 발생한 열이 주변의 모든 물체가 연소되기 쉬운 상태에 도달하였을 때 순간적으로 강한 화염을 분출하면서 내부 전체를 급격히 태워버리는 현상으로 화재성장기(제1단계)에서 발생한다.

5. 정전기 방지대책으로 가장 거리가 먼 것은?

① 접지를 한다.
② 공기를 이온화한다.
③ 21% 이상의 산소농도를 유지하도록 한다.
④ 공기의 상대습도를 70% 이상으로 한다.

해설 정전기 방지 대책
㉮ 설비를 접지한다.
㉯ 공기를 이온화한다.
㉰ 공기 중 상대습도를 70% 이상 유지한다.

2016

정답 1. ① 2. ① 3. ③ 4. ② 5. ③

6. 폭발의 종류에 따른 물질이 잘못 짝지어진 것은?

① 분해폭발 – 아세틸렌, 산화에틸렌
② 분진폭발 – 금속분, 밀가루
③ 중합폭발 – 시안화수소, 염화비닐
④ 산화폭발 – 히드라진, 과산화수소

해설 폭발의 종류에 따른 물질
㉮ 산화폭발 : 가연성 기체 또는 가연성 액체의 증기
㉯ 분해폭발 : 아세틸렌, 산화에틸렌, 과산화수소
㉰ 분무폭발 : 가연성 액체의 무적(안개방울)
㉱ 분진폭발 : 가연성 고체의 미분
㉲ 중합폭발 : 산화에틸렌, 시안화수소, 염화비닐, 히드라진

7. 착화온도가 낮아지는 원인과 가장 관계가 있는 것은?

① 발열량이 적을 때
② 압력이 높을 때
③ 습도가 높을 때
④ 산소와의 결합력이 나쁠 때

해설 착화온도(발화온도)가 낮아지는 조건
㉮ 압력이 높을 때
㉯ 발열량이 높을 때
㉰ 열전도율이 작고 습도가 낮을 때
㉱ 산소와 친화력이 클 때
㉲ 산소농도가 높을 때
㉳ 분자구조가 복잡할수록
㉴ 반응활성도가 클수록

8. 제5류 위험물의 화재 예방상 유의사항 및 화재 시 소화방법에 관한 설명으로 옳지 않은 것은?

① 대량의 주수에 의한 소화가 좋다.
② 화재 초기에는 질식소화가 효과적이다.
③ 일부 물질의 경우 운반 또는 저장 시 안정제를 사용해야 한다.
④ 가연물과 산소공급원이 같이 있는 상태이므로 점화원의 방지에 유의하여야 한다.

해설 제5류 위험물(자기반응성 물질)은 가연성 물질이며 그 자체가 산소를 함유하고 있으므로 질식소화가 불가능하므로 다량의 주수에 의한 냉각소화가 효과적이다.

9. 과염소산의 화재예방에 요구되는 주의사항에 대한 설명으로 옳은 것은?

① 유기물과 접촉 시 발화의 위험이 있기 때문에 가연물과 접촉시키지 않는다.
② 자연발화의 위험이 높으므로 냉각시켜 보관한다.
③ 공기 중 발화하므로 공기와의 접촉을 피해야 한다.
④ 액체 상태는 위험하므로 고체 상태로 보관한다.

해설 과염소산($HClO_4$)의 취급 시 주의사항
㉮ 제6류 위험물 산화성 액체로 지정수량 300kg이다.
㉯ 산화력이 강하여 유기물과 접촉 시 발화의 위험이 있기 때문에 가연물과 접촉시키지 않는다.
㉰ 불연성 물질이라 공기 중에 자연발화의 위험은 없지만 공기 중에 방치하면 분해하고, 가열하면 폭발한다.
㉱ 물과 접촉하면 심하게 반응하므로 비, 눈 등에 노출되지 않도록 한다.
㉲ 유리, 도자기 등의 용기에 넣어 통풍이 잘 되는 곳에 보관한다.
㉳ 직사광선을 차단하고 유기물, 가연성 물질의 접촉을 피한다.

10. 15℃의 기름 100g에 8000J의 열량을 주면 기름의 온도는 몇 ℃가 되겠는가? (단, 기름의 비열은 2J/g·℃ 이다.)

① 25　② 45
③ 50　④ 55

정답 6. ④ 7. ② 8. ② 9. ① 10. ④

해설 현열식 $Q = G \times C \times (t_2 - t_1)$에서

$$\therefore t_2 = t_1 + \frac{Q}{G \times C} = 15 + \frac{8000}{100 \times 2} = 55\,℃$$

11. 제6류 위험물의 화재에 적응성이 없는 소화설비는?

① 옥내소화전설비
② 스프링클러설비
③ 포 소화설비
④ 불활성가스 소화설비

해설 제6류 위험물에 적응성이 없는 소화설비 [시행규칙 별표17]
㉮ 불활성가스 소화설비
㉯ 할로겐화합물 소화설비 및 소화기
㉰ 탄산수소염류 분말소화설비 및 분말소화기
㉱ 이산화탄소 소화기

12. 소화약제로서 물의 단점인 동결현상을 방지하기 위하여 주로 사용되는 물질은?

① 에틸알코올
② 글리세린
③ 에틸글리콜
④ 탄산칼슘

해설 에틸렌글리콜[$C_2H_4(OH)_2$]의 성질
㉮ 산화에틸렌(C_2H_4O)의 수화반응에 의하여 생성된다.
㉯ 무색, 무취의 점성이 있고 단맛이 있는 액체로 섭취하면 유독하다.
㉰ 분자량은 62이고, 비중은 약 1.1이다.
㉱ 부동액 및 냉각제, 유압 유체 및 저온 동결 다이나이트, 수지 제조에 사용된다.

13. 다음 중 D급 화재에 해당하는 것은?

① 플라스틱 화재
② 나트륨 화재
③ 휘발유 화재
④ 전기 화재

해설 ㉮ 화재의 분류 및 표시 색상

구분	화재종류	표시 색상
A급 화재	일반화재	백색
B급 화재	유류, 가스 화재	황색
C급 화재	전기 화재	청색
D급 화재	금속 화재	–

㉯ 나트륨(Na) : 제3류 위험물로 공기 중에서 연소시키면 노란 불꽃을 내며 과산화나트륨(Na_2O_2)이 된다.
㉰ 반응식 : $4Na + O_2 \rightarrow 2Na_2O_2$

14. 위험물 안전관리법령상 철분, 금속분, 마그네슘에 적응성이 있는 소화설비는 다음 중 어느 것인가?

① 불활성가스 소화설비
② 할로겐화합물 소화설비
③ 포 소화설비
④ 탄산수소염류 소화설비

해설 제2류 위험물 중 철분, 금속분, 마그네슘에 적응성이 있는 소화설비[시행규칙 별표17]
㉮ 탄산수소염류 분말소화설비 및 분말소화기
㉯ 건조사
㉰ 팽창질석 또는 팽창진주암

15. 위험물 안전관리법령상 제4류 위험물에 적응성이 없는 소화설비는?

① 옥내소화전설비
② 포 소화설비
③ 불활성가스 소화설비
④ 할로겐화합물 소화설비

해설 제4류 위험물에 적응성이 없는 소화설비 [시행규칙 별표17]
㉮ 옥내소화전 또는 옥외소화전설비
㉯ 봉상수(棒狀水) 소화기
㉰ 무상수(霧狀水) 소화기
㉱ 봉상강화액 소화기
㉲ 물통 또는 건조사

정답 11. ④ 12. ③ 13. ② 14. ④ 15. ①

참고 스프링클러설비는 요구하는 규정을 충족할 때만 적응성이 있음

16. 물은 냉각소화가 주된 대표적인 소화약제이다. 물의 소화효과를 높이기 위하여 무상주수를 함으로써 부가적으로 작용하는 소화효과로 이루어진 것은?

① 질식 소화작용, 제거 소화작용
② 질식 소화작용, 유화 소화작용
③ 타격 소화작용, 유화 소화작용
④ 타격 소화작용, 피복 소화작용

해설 물은 화재 시 봉상주수하여 증발잠열을 이용한 냉각소화가 주된 소화효과지만, 안개모양으로 무상주수를 하여 산소를 차단시키는 질식효과와 유류 화재 시에 뿌려진 물이 얇은 막을 형성하여 유류 표면을 뒤덮는 유화효과도 갖는다.

17. 소화약제인 강화액의 주성분에 해당하는 것은?

① K_2CO_3 ② K_2O_2
③ CaO_2 ④ $KBrO_3$

해설 강화액 소화약제 : 물에 탄산칼륨(K_2CO_3)을 용해하여 빙점을 −30℃ 정도까지 낮추어 겨울철 및 한랭지에서도 사용할 수 있도록 한 소화약제이다.

18. 위험물 안전관리법령상 소화설비의 적응성에 관한 내용이다. 옳은 것은?

① 마른 모래는 대상물 중 제1류~제6류 위험물에 적응성이 있다.
② 팽창질석은 전기설비를 포함한 모든 대상물에 적응성이 있다.
③ 분말 소화약제는 셀룰로이드류의 화재에 가장 적당하다.
④ 물 분무소화설비는 전기설비에 사용할 수 없다.

해설 소화설비의 적응성[시행규칙 별표17]
㉮ 건조사(마른 모래) : 제1류~제6류 위험물에 적응성이 있다. 전기설비, 건축물·그 밖의 공작물에는 적응성이 없다.
㉯ 팽창질석 또는 팽창진주암 : 제1류~제6류 위험물에 적응성이 있다. 전기설비, 건축물·그 밖의 공작물에는 적응성이 없다.
㉰ 분말 소화약제(인산염류, 탄산수소염류) : 제5류 위험물인 셀룰로이드류에는 적응성이 없다.
㉱ 물분무소화설비 : 전기설비에 적응성이 있다.

19. 다음 중 공기포 소화약제가 아닌 것은?

① 단백포 소화약제
② 합성 계면활성제포 소화약제
③ 화학포 소화약제
④ 수성막포 소화약제

해설 공기포 소화약제의 종류
㉮ 단백포 소화약제
㉯ 합성 계면활성제포 소화약제
㉰ 수성막포 소화약제
㉱ 내알코올포 소화약제

20. 분말 소화약제 중 제1종과 제2종 분말이 각각 열분해될 때 공통적으로 생성되는 물질은?

① N_2, CO_2 ② N_2, O_2
③ H_2O, CO_2 ④ H_2O, N_2

해설 분말 소화약제의 열분해 반응식
㉮ 제1종 : $2NaHCO_3 \rightarrow NaCO_3 + CO_2 + H_2O$
㉯ 제2종 : $2KHCO_3 \rightarrow K_2CO_3 + CO_2 + H_2O$
㉰ 제3종 : $NH_4H_2PO_4 \rightarrow HPO_3 + NH_3 + H_2O$
㉱ 제4종 : $2KHCO_3 + (NH_2)_2CO \rightarrow K_2CO_3 + 2NH_3 + 2CO_2$

21. 포름산에 대한 설명으로 옳지 않은 것은?

① 물, 알코올, 에테르에 잘 녹는다.
② 개미산이라고도 한다.

정답 16. ② 17. ① 18. ① 19. ③ 20. ③ 21. ③

③ 강한 산화제이다.
④ 녹는점이 상온보다 낮다.

해설 포름산(HCOOH)의 특징
㉮ 제4류 위험물 중 제2석유류에 해당되며 수용성으로 지정수량 2000L이다.
㉯ 의산, 개미산으로 불려진다.
㉰ 자극성 냄새가 나는 무색, 투명한 액체이다.
㉱ 초산보다 산성이 강하며, 피부에 닿으면 수종을 일으킨다.
㉲ **강한 환원제**이며 물, 알코올, 에테르에 어떤 비율로도 혼합된다.
㉳ 황산과 함께 가열하면 분해하여 일산화탄소(CO)가 발생한다.
㉴ 불이 붙으면 푸른 불꽃을 내면서 연소한다.
㉵ 액체 비중 1.22(증기비중 1.59), 인화점 69℃, 착화점 601℃이다.

22. 제3류 위험물에 해당하는 것은?

① NaH ② Al
③ Mg ④ P_4S_3

해설 각 위험물의 유별 구분

품명		지정수량
수소화나트륨 (NaH)	제3류 위험물 금속의 수소화물	300kg
알루미늄 (Al)	제2류 위험물 금속분	500kg
마그네슘 (Mg)	제2류 위험물 마그네슘	500kg
삼황화인 (P_4S_3)	제2류 위험물 황화린	100kg

23. 지방족 탄화수소가 아닌 것은?

① 톨루엔
② 아세트알데히드
③ 아세톤
④ 디에틸에테르

해설 탄화수소 화합물 분류
㉮ 지방족 탄화수소 : 사슬모양으로 연결된 것으로 아세톤(CH_3COCH_3), 디에틸에테르($C_2H_5OC_2H_5$), 아세트알데히드(CH_3CHO) 등이 해당된다.
㉯ **방향족** 탄화수소 : 고리모양으로 연결된 것으로 벤젠(C_6H_6), **톨루엔**($C_6H_5CH_3$), 크실레[$C_6H_4(CH_3)_2$] 등이 해당된다.

24. 위험물 안전관리법령상 위험물의 지정수량으로 옳지 않은 것은?

① 니트로셀룰로오스 : 10kg
② 히드록실아민 : 100kg
③ 아조벤젠 : 50kg
④ 트리니트로페놀 : 200kg

해설 제5류 위험물 지정수량

품명		지정수량
니트로셀룰로오스	질산에스테르류	10kg
히드록실아민	히드록실아민	100kg
아조벤젠	아조화합물	200kg
트리니트로페놀	니트로화합물	200kg

25. 셀룰로이드에 대한 설명으로 옳은 것은?

① 질소가 함유된 무기물이다.
② 질소가 함유된 유기물이다.
③ 유기의 염화물이다.
④ 무기의 염화물이다.

해설 셀룰로이드 특징
㉮ 제5류 위험물 중 질산에스테르류에 해당되며 지정수량은 10kg이다.
㉯ 무색 또는 황색의 반투명하고 탄력성이 있는 고체이다.
㉰ 물에는 녹지 않으며 알코올, 아세톤, 초산에스테르류에 잘 녹는다.
㉱ **질소를 함유하면서 탄소가 함유된 유기물이다.**
㉲ 장시간 방치된 것은 햇빛, 고온 등에 의해 분해가 촉진된다.
㉳ 습기가 많고 온도가 높으면 자연발화의 위험이 있고 연소하면 유독한 가스가 발생된다.
㉴ 비중 1.4, 발화온도 180℃이다.

2016

정답 22. ① 23. ① 24. ③ 25. ②

26. 에틸알코올의 증기 비중은 약 얼마인가?

① 0.72 ② 0.91
③ 1.13 ④ 1.59

해설 에틸알코올(C_2H_5OH)

㉮ 제4류 위험물 중 알코올류에 해당되며 지정수량 400L이다.

㉯ 분자량 계산 : (12×2)+(1×5)+16+1=46

㉰ 증기 비중 계산

$$\therefore \text{증기 비중} = \frac{\text{분자량}}{29} = \frac{46}{29} = 1.586$$

27. 과염소산나트륨의 성질이 아닌 것은?

① 물과 급격히 반응하여 산소를 발생한다.
② 가열하면 분해되어 조연성 가스를 방출한다.
③ 융점은 400℃ 보다 높다.
④ 비중은 물보다 무겁다.

해설 과염소산나트륨($NaClO_4$)의 특징(성질)

㉮ 제1류 위험물 중 과염소산염류에 해당되며 지정수량 50kg이다.

㉯ 무색, 무취의 사방정계 결정으로 조해성이 있다.

㉰ 물이나 에틸알코올, 아세톤에 잘 녹으나 에테르에는 녹지 않으며(불용), 200℃에서 결정수를 잃고, 400℃ 부근에서 분해하여 산소를 방출한다.

㉱ 자신은 불연성 물질이지만 강력한 산화제이다.

㉲ 진한 황산과 접촉하면 폭발성가스를 생성하고 튀는 것과 같은 폭발 위험이 있다.

㉳ 히드라진, 비소, 안티몬, 금속분, 목탄분, 유기물 등이 섞여 있을 때 가열, 충격, 마찰에 의해 폭발한다.

㉴ 용기가 파손되거나 노출되지 않도록 밀봉하여, 환기가 잘 되고 서늘한 곳에 보관한다.

㉵ 비중 2.50, 융점 482℃, 용해도(0℃) 170이다.

참고 과염소산나트륨이 물과 급격히 반응하여 산소를 발생하는 것이 아니라 물을 가열하여 400℃가 되었을 때 분해하면서 산소를 발생한다.

28. 화학적으로 알코올을 분류할 때 3가 알코올에 해당하는 것은?

① 에탄올 ② 메탄올
③ 에틸렌글리콜 ④ 글리세린

해설 알코올의 분류

㉮ 수산기(−OH)가 결합된 탄소 원자에 붙은 알킬기(C_nH_{2n+1})의 수에 따른 분류

㉠ 1차 알코올 : 탄소 원자에 알킬기 1개 존재 → 에틸알코올[C_2H_5OH]

㉡ 2차 알코올 : 탄소 원자에 알킬기 2개 존재 → 이소프로필알코올[$(CH_3)_2CHOH$]

㉢ 3차 알코올 : 탄소 원자에 알킬기 3개 존재 → 트리메틸카비놀[$(CH_3)_3COH$]

㉯ 수산기(−OH)의 수에 따른 분류

명칭	분자속의 OH수	일반식	보기
1가 알코올	1개	$C_nH_{2n+1}OH$	에틸알코올 [C_2H_5OH]
2가 알코올	2개	$C_nH_{2n}(OH)_2$	에틸렌글리콜 [$C_2H_4(OH)_2$]
3가 알코올	3개	$C_nH_{2n-1}(OH)_3$	글리세린 [$C_3H_5(OH)_3$]

29. 인화칼슘이 물과 반응할 경우에 대한 설명 중 틀린 것은?

① 발생 가스는 가연성이다.
② 포스겐 가스가 발생한다.
③ 발생 가스는 독성이 강하다.
④ $Ca(OH)_2$가 생성된다.

해설 인화칼슘(Ca_3P_2) : 인화석회

㉮ 제3류 위험물 중 금속의 인화물로 지정수량 300kg이다.

㉯ 물(H_2O), 산(HCl : 염산)과 반응하여 가연성 가스이면서 유독한 포스핀(PH_3 : 인화수소)을 발생시킨다.

㉰ 반응식

$Ca_3P_2+6H_2O \rightarrow 3Ca(OH)_2+2PH_3\uparrow+Q$[kcal]

$Ca_3P_2+6HCl \rightarrow 3CaCl_2+2PH_3\uparrow+Q$[kcal]

정답 26. ④ 27. ① 28. ④ 29. ②

참고 포스겐($COCl_2$)은 사염화탄소(CCl_4) 소화기를 사용할 때 발생하는 것으로 독성가스이고, 불연성가스이다.

30. 위험물 안전관리법령상 품명이 다른 하나는?

① 니트로글리콜 ② 니트로글리세린
③ 셀룰로이드 ④ 테트릴

해설 제5류 위험물의 품명 및 지정수량

위험물 명칭	품명	지정수량
니트로글리콜	질산에스테르류	10kg
니트로글리세린		
셀룰로이드		
테트릴	니트로화합물	200kg

31. 주수소화를 할 수 없는 위험물은?

① 금속분 ② 적린
③ 유황 ④ 과망간산칼륨

해설 ㉮ 금속분(제2류 위험물, 지정수량 500kg)은 물(H_2O)과 접촉하면 반응하여 가연성인 수소(H_2)를 발생하여 폭발의 위험이 있기 때문에 주수소화는 부적합하므로 건조사(마른 모래)를 이용한다.
㉯ 알루미늄(Al)분과 물의 반응식
$2Al + 6H_2O \rightarrow 2Al(OH)_3 + 3H_2 \uparrow$

32. 제1류 위험물 중 흑색화약의 원료로 사용되는 것은?

① KNO_3 ② $NaNO_3$
③ BaO_2 ④ NH_4NO_3

해설 흑색 화약의 원료별 유별 구분

원료 명칭	비율	유별 및 품명
질산칼륨	75%	제1류 위험물 중 질산염류
황	15%	제2류 위험물 중 유황
목탄	10%	–

33. 다음 중 제6류 위험물에 해당하는 것은?

① IF_5 ② $HClO_3$
③ NO_3 ④ H_2O

해설 제6류 위험물(산화성 액체) 종류 및 지정수량

품명	지정수량
과염소산($HClO_4$)	300kg
과산화수소(H_2O_2)	300kg
질산(HNO_3)	300kg
그 밖에 행정안전부령으로 정하는 것 : 할로겐간 화합물 → 오불화요오드(IF_5), 오불화브롬(BrF_5), 삼불화브롬(BrF_3)	300kg

34. 다음 중 제4류 위험물에 해당하는 것은?

① $Pb(N_3)_2$ ② CH_3ONO_2
③ N_2H_4 ④ NH_2OH

해설 각 위험물의 유별 분류

명칭	유별 및 품명	지정수량
아지화납 [$Pb(N_3)_2$]	제5류 위험물 행안부령이 정하는 것 : 금속의 아지화합물	200kg
질산메틸 (CH_3ONO_2)	제5류 위험물 질산에스테르류	10kg
히드라진 (N_2H_4)	**제4류 위험물 제2석유류**	2000L
히드록실아민 (NH_2OH)	제5류 위험물 히드록실아민	100kg

35. 다음의 분말은 모두 150마이크로미터의 체를 통과하는 것이 50중량퍼센트 이상이 된다. 이 분말 중 위험물 안전관리법령상 품명이 "금속분"으로 분류되는 것은?

① 철분 ② 구리분
③ 알루미늄분 ④ 니켈분

2016

정답 30. ④ 31. ① 32. ① 33. ① 34. ③ 35. ③

해설 제2류 위험물 : 가연성 고체

㉮ 금속분의 정의[시행령 별표1] : 알칼리금속, 알칼리토금속, 철 및 마그네슘 외의 금속의 분말을 말하며 구리분, 니켈분 및 150μm의 체를 통과하는 것이 50 wt% 미만인 것은 제외한다.

㉯ 알루미늄분 : 제2류 위험물 중 금속분 품명에 해당되며, 아연(Zn)분, 안티몬(Sb)분, 주석(Sn)분도 금속분에 포함된다.

㉰ 철분 : 철의 분말로서 53μm의 표준체를 통과하는 것이 50 중량% 미만인 것은 제외한다[철(Fe)분은 별도의 규정을 적용받는다].

㉱ 마그네슘 : 제2류 위험물에 해당되지만 품명이 금속분이 아닌 마그네슘 품명으로 분류된다.

㉲ 구리분, 니켈분 : 제2류 위험물 중 금속분 품명에서 제외되는 것이다.

36. 다음 중 분자량이 가장 큰 위험물은?

① 과염소산 ② 과산화수소
③ 질산 ④ 히드라진

해설 각 위험물의 분자기호 및 분자량

㉮ 과염소산($HClO_4$) : $1+35.5+(16\times4)=100.5$

㉯ 과산화수소(H_2O_2) : $(1\times2)+(16\times2)=34$

㉰ 질산(HNO_3) : $1+14+(16\times3)=63$

㉱ 히드라진(N_2H_4) : $(14\times2)+(1\times4)=32$

참고 각 원소의 원자량 : 수소(H) 1, 질소(N) 14, 산소(O) 16, 염소(Cl) 35.5

37. 인화칼슘, 탄화알루미늄, 나트륨이 물과 반응하였을 때 발생하는 가스에 해당하지 않는 것은?

① 포스핀 가스 ② 수소
③ 이황화탄소 ④ 메탄

해설 각 위험물이 물과 반응할 때 발생하는 가스

㉮ 인화칼슘(Ca_3P_2 : 인화석회)은 포스핀(PH_3 : 인화수소)를 발생

$Ca_3P_2+6H_2O \rightarrow 3Ca(OH)_2+2PH_3\uparrow$

㉯ 탄화알루미늄(Al_4C_3)은 메탄(CH_4) 가스를 발생

$Al_4C_3+12H_2O \rightarrow 4Al(OH)_3+3CH_4\uparrow$

㉰ 나트륨(Na)은 수소(H_2) 가스를 발생

$2Na+2H_2O \rightarrow 2NaOH+H_2\uparrow$

38. 연소 시 발생하는 가스를 옳게 나타낸 것은?

① 황린 – 황산가스
② 황 – 무수인산가스
③ 적린 – 아황산가스
④ 삼황화사인(삼황화인) – 아황산가스

해설 각 위험물이 연소 시 발생하는 가스

㉮ 황린 : 오산화인(P_2O_5)을 발생

$P_4+5O_2 \rightarrow 2P_2O_5\uparrow$

㉯ 황 : 아황산가스(SO_2)를 발생

$S+O_2 \rightarrow SO_2\uparrow$

㉰ 적린 : 오산화인(P_2O_5)을 발생

$P_4+5O_2 \rightarrow 2P_2O_5\uparrow$

㉱ 삼황화사인(삼황화인) : 오산화인(P_2O_5)과 아황산가스(SO_2)를 발생

$P_4S_3+8O_2 \rightarrow 2P_2O_5\uparrow+3SO_2\uparrow$

39. 염소산나트륨에 대한 설명으로 틀린 것은?

① 조해성이 크므로 보관용기는 밀봉하는 것이 좋다.
② 무색, 무취의 고체이다.
③ 산과 반응하여 유독성의 이산화나트륨 가스가 발생한다.
④ 물, 알코올, 글리세린에 녹는다.

해설 염소산나트륨($NaClO_3$)의 특징

㉮ 제1류 위험물 중 염소산염류에 해당되며 지정수량은 50kg이다.

㉯ 무색, 무취의 결정으로 물, 알코올, 글리세린, 에테르 등에 잘 녹는다.

㉰ 불연성 물질이고 조해성이 강하다.

㉱ 300℃ 정도에서 분해하기 시작하여 산소를 발생한다.

㉲ 강력한 산화제로 철과 반응하여 철제용기를 부식시킨다(철제용기를 부식시키므로 유리나 플라스틱용기를 사용한다).

정답 36. ① 37. ③ 38. ④ 39. ③

㉳ 방습성이 있으므로 섬유, 나무, 먼지 등에 흡수되기 쉽다.

㉴ **산과 반응하여** 유독한 **이산화염소**(ClO_2)가 **발생**하며, 폭발 위험이 있다.

40. 질산칼륨을 약 400℃에서 가열하여 열분해 시킬 때 주로 생성되는 물질은?

① 질산과 산소
② 질산과 칼륨
③ 아질산칼륨과 산소
④ 아질산칼륨과 질소

해설 질산칼륨(KNO_3)

㉮ 제1류 위험물 중 질산염류에 해당되며 지정수량은 300kg이다.

㉯ 400℃ 정도로 가열하면 아질산칼륨(KNO_2)과 산소(O_2)가 발생한다.

㉰ 반응식 : $2KNO_3 \rightarrow 2KNO_2 + O_2\uparrow$

41. 위험물 안전관리법령에서 정한 피난설비에 관한 내용이다. (　　)에 알맞은 것은?

> 주유 취급소 중 건축물의 2층 이상의 부분을 점포, 휴게음식점 또는 전시장의 용도로 사용하는 것에 있어서는 해당 건축물의 2층 이상으로부터 주유 취급소의 부지 밖으로 통하는 출입구와 해당 출입구로 통하는 통로, 계단 및 출입구에 (　　)을[를] 설치하여야 한다.

① 피난사다리
② 유도등
③ 공기호흡기
④ 시각경보기

해설 피난설비 설치기준[시행규칙 별표17]

㉮ 주유취급소 중 건축물의 2층 이상의 부분을 점포·휴게음식점 또는 전시장의 용도로 사용하는 것에 있어서는 당해 건축물의 2층 이상으로부터 주유취급소의 부지 밖으로 통하는 출입구와 당해 출입구로 통하는 통로·계단 및 출입구에 **유도등**을 설치하여야 한다.

㉯ 옥내주유취급소에 있어서는 당해 사무소 등의 출입구 및 피난구와 당해 피난구로 통하는 통로·계단 및 출입구에 유도등을 설치하여야 한다.

㉰ 유도등에는 비상전원을 설치하여야 한다.

42. 옥내 저장소에 제3류 위험물인 황린을 저장하면서 위험물 안전관리법령에 의한 최소한의 보유공지로 3m를 옥내 저장소 주위에 확보하였다. 이 옥내 저장소에 저장하고 있는 황린의 수량은? (단, 옥내 저장소의 구조는 벽, 기둥 및 바닥이 내화구조로 되어 있고 그 외의 다른 사항은 고려하지 않는다.)

① 100kg 초과 500kg 이하
② 400kg 초과 1000kg 이하
③ 500kg 초과 5000kg 이하
④ 1000kg 초과 40000kg 이하

해설 ㉮ 옥내 저장소의 보유공지 기준 [시행규칙 별표5]

저장 또는 취급하는 위험물의 최대수량	공지의 너비	
	벽·기둥 및 바닥이 내화구조로 된 건축물	그 밖의 건축물
지정수량의 5배 이하	–	0.5m 이상
지정수량의 5배 초과 10배 이하	1m 이상	1.5m 이상
지정수량의 10배 초과 20배 이하	2m 이상	3m 이상
지정수량의 20배 초과 50배 이하	3m 이상	5m 이상
지정수량의 50배 초과 200배 이하	5m 이상	10m 이상
지정수량의 200배 초과	10m 이상	15m 이상

2016

정답 40. ③ 41. ② 42. ②

㉯ 황린은 제3류 위험물로 지정수량은 20kg이다.
㉰ 문제에서 보유공지가 3m로 주어졌으므로 표에서 해당되는 지정수량을 찾으면 '20배 초과 50배 이하'에 해당된다.
㉱ 황린의 수량 계산 : 지정수량의 20배와 50배 적용
∴ 20kg×20배=400kg,
20kg×50배=1000kg
㉲ 황린의 수량은 **400kg 초과 1000kg 이하**에 해당된다.

43. 위험물 안전관리법령상 이동탱크저장소에 의한 위험물 운송 시 위험물운송자는 장거리에 걸치는 운송을 하는 때에는 2명 이상의 운전자로 하여야 한다. 다음 중 그러하지 않아도 되는 경우가 아닌 것은?

① 적린을 운송하는 경우
② 알루미늄의 탄화물을 운송하는 경우
③ 이황화탄소를 운송하는 경우
④ 운송 도중에 2시간 이내마다 20분 이상씩 휴식을 하는 경우

해설 위험물 운송 시에 준수사항
[시행규칙 별표21]
㉮ 2명 이상의 운전자로 해야 하는 경우
㉠ 고속국도 : 340km 이상 운송하는 때
㉡ 그 밖의 도로 : 200km 이상 운송하는 때
㉯ 1명의 운전자로 할 수 있는 경우
㉠ 규정에 의하여 운송책임자를 동승시킨 경우
㉡ 운송하는 위험물이 제2류 위험물·제3류 위험물(칼슘 또는 알루미늄의 탄화물과 이것만을 함유한 것에 한한다) 또는 제4류 위험물(**특수인화물을 제외**한다)인 경우
㉢ 운송도중에 2시간 이내마다 20분 이상씩 휴식하는 경우

참고 이황화탄소(CS_2)는 제4류 위험물 중 **특수인화물에 해당**되므로 2명 이상의 운전자로 해야 한다.
※ 문제에서 묻고 있는 것은 2명 이상의 운전자로 하여야 하는 것을 찾는 문제임

44. 각각 지정수량의 10배인 위험물을 운반할 경우 제5류 위험물과 혼재 가능한 위험물에 해당하는 것은?

① 제1류 위험물
② 제2류 위험물
③ 제3류 위험물
④ 제6류 위험물

해설 ㉮ 위험물 운반할 때 혼재 기준[시행규칙 별표19, 부표2]

구분	제1류	제2류	제3류	제4류	제5류	제6류
제1류		×	×	×	×	○
제2류	×		×	○	○	×
제3류	×	×		○	×	×
제4류	×	○	○		○	×
제5류	×	○	×	○		×
제6류	○	×	×	×	×	

○ : 혼합 가능, × : 혼합 불가능

㉯ 이 표는 지정수량의 $\frac{1}{10}$ 이하의 위험물에 대하여는 적용하지 않는다.

45. 위험물 안전관리법령상 옥외탱크 저장소의 기준에 따라 다음의 인화성 액체위험물을 저장하는 옥외저장탱크 1~4호를 동일의 방유제 내에 설치하는 경우 방유제에 필요한 최소 용량으로서 옳은 것은? (단, 암반탱크 또는 특수액체위험물 탱크의 경우는 제외한다.)

- 1호 탱크 : 등유 1500kL
- 2호 탱크 : 가솔린 1000kL
- 3호 탱크 : 경유 500kL
- 4호 탱크 : 중유 250kL

① 1650kL ② 150kL
③ 500kL ④ 250kL

해설 옥외탱크 저장소 방유제 용량 기준[시행규칙 별표6]
㉮ 탱크가 하나인 경우 : 탱크 용량의 110% 이상

정답 43. ③ 44. ② 45. ①

㉯ 2기 이상인 경우 : 탱크 중 용량이 최대인 것의 110% 이상

∴ 방유제 용량=1500×1.1=1650kL

46. 위험물 안전관리법령상 사업소의 관계인이 자체 소방대를 설치하여야 할 제조소등의 기준으로 옳은 것은?

① 제4류 위험물을 지정수량의 3천배 이상 취급하는 제조소 또는 일반취급소
② 제4류 위험물을 지정수량의 5천배 이상 취급하는 제조소 또는 일반취급소
③ 제4류 위험물 중 특수인화물을 지정수량의 3천배 이상 취급하는 제조소 또는 일반취급소
④ 제4류 위험물 중 특수인화물을 지정수량의 5천배 이상 취급하는 제조소 또는 일반취급소

해설 제조소등에 자체소방대를 두어야 할 대상[시행령 18조] : 지정수량의 3000배의 제4류 위험물을 취급하는 제조소 또는 일반취급소

47. 소화난이도 등급 Ⅱ의 제조소에 소화설비를 설치할 때 대형 수동식 소화기와 함께 설치하여야 하는 소형 수동식 소화기의 능력단위에 관한 설명으로 옳은 것은?

① 위험물의 소요단위에 해당하는 능력단위의 소형 수동식 소화기등을 설치할 것
② 위험물의 소요단위의 $\frac{1}{2}$ 이상에 해당하는 능력단위의 소형 수동식 소화기등을 설치할 것
③ 위험물의 소요단위의 $\frac{1}{5}$ 이상에 해당하는 능력단위의 소형 수동식 소화기등을 설치할 것
④ 위험물의 소요단위의 10배 이상에 해당하는 능력단위의 소형 수동식 소화기등을 설치할 것

해설 소화난이도 등급 Ⅱ의 제조소에 소화설비를 설치 기준[시행규칙 별표17]
㉮ 방사능력 범위 내에 당해 건축물, 그 밖의 공작물 및 위험물이 포함되도록 대형수동식소화기를 설치할 것
㉯ 당해 위험물의 소요단위의 $\frac{1}{5}$ 이상에 해당되는 능력단위의 소형수동식 소화기등을 설치할 것

48. 다음 중 위험물 안전관리법이 적용되는 영역은 어느 것인가?

① 항공기에 의한 대한민국 영공에서의 위험물의 저장, 취급 및 운반
② 궤도에 의한 위험물의 저장, 취급 및 운반
③ 철도에 의한 위험물의 저장, 취급 및 운반
④ 자가용 승용차에 의한 지정수량 이하의 위험물의 저장, 취급 및 운반

해설 위험물 안전관리법 적용 제외[법 제3조] : 위험물 안전관리법은 항공기·선박(선박법에 따른 선박을 말한다)·철도 및 궤도에 의한 위험물의 저장·취급 및 운반에 있어서는 이를 적용하지 아니한다.

49. 위험물 안전관리법령상 위험물의 운반 시 운반용기는 다음의 기준에 따라 수납 적재하여야 한다. 다음 중 틀린 것은?

① 수납하는 위험물과 위험한 반응을 일으키지 않아야 한다.
② 고체 위험물은 운반용기 내용적의 95% 이하로 수납하여야 한다.
③ 액체 위험물은 운반용기 내용적의 95% 이하로 수납하여야 한다.
④ 하나의 외장용기에는 다른 종류의 위험물을 수납하지 않는다.

해설 운반용기에 의한 수납 적재 기준[시행규칙 별표19]
㉮ 위험물이 온도변화 등에 의하여 누설되지 않

2016

정답 46. ① 47. ③ 48. ④ 49. ③

도록 밀봉하여 수납할 것

㉯ 수납하는 위험물과 반응을 일으키지 않는 위험물의 성질에 적합한 재질의 운반용기에 수납할 수 있다.

㉰ 고체 위험물은 내용적의 95% 이하로 수납할 것

㉱ **액체 위험물은 내용적의 98% 이하로 수납하**되, 55℃에서 누설되지 아니하도록 공간용적을 유지하도록 할 것

㉲ 하나의 외장용기에는 다른 종류의 위험물을 수납하지 아니할 것

㉳ 위험물이 전락(轉落), 운반용기가 전도·낙하 또는 파손되지 않도록 적재한다.

㉴ 운반용기는 수납구를 위로 향하게 적재한다.

㉵ 위험물을 수납한 운반용기를 겹쳐 쌓는 경우에는 높이를 3m 이하로 한다.

50. 위험물 안전관리법령상 위험물을 운반하기 위해 적재할 때 예를 들어 제6류 위험물은 1가지 유별(제1류 위험물)하고만 혼재할 수 있다. 다음 중 가장 많은 유별과 혼재가 가능한 것은? (단, 지정수량의 $\frac{1}{10}$을 초과하는 위험물이다.)

① 제1류 ② 제2류

③ 제3류 ④ 제4류

해설 위험물 6종류 중 다른 유별과 혼재가 가장 많이 가능한 유별은 제4류 위험물로 3종류이다.

참고 제4류 위험물과 혼재가 가능한 위험물 : 제2류, 제3류, 제5류

※ 자세한 내용은 44번 해설의 표를 참고한다.

51. 다음 위험물 중에서 옥외 저장소에서 저장, 취급할 수 없는 것은? (단, 특별시, 광역시 또는 도의 조례에서 정하는 위험물과 IDMG code에 적합한 용기에 수납된 위험물의 경우는 제외한다.)

① 아세트산 ② 에틸렌글리콜

③ 크레오소트유 ④ 아세톤

해설 ㉮ 옥외저장소에 지정수량 이상의 위험물을 저장할 수 있는 위험물[시행령 별표2]

㉠ 제2류 위험물 중 유황 또는 인화성고체(인화점이 0℃ 이상인 것에 한한다)

㉡ 제4류 위험물중 제1석유류(인화점이 0℃ 이상인 것에 한한다)·알코올류·제2석유류·제3석유류·제4석유류 및 동식물유류

㉢ 제6류 위험물

㉣ 제2류 위험물 및 제4류 위험물 중 특별시·광역시 또는 도의 조례에서서 정하는 위험물(관세법 제154조의 규정에 의한 보세구역 안에 저장하는 경우에 한한다)

㉤ '국제해사기구에 관한 협약'에 의하여 설치된 국제해사기구가 채택한 '국제해상위험물규칙(IMDG Code)'에 적합한 용기에 수납된 위험물

㉯ 예제에 주어진 위험물의 구분

㉠ 아세트산(CH_3COOH) : 제4류 위험물 중 제2석유류

㉡ 에틸렌글리콜[$C_2H_4(OH)_2$] : 제4류 위험물 중 제3석유류

㉢ 크레오소트유 : 제4류 위험물 중 제3석유류

㉣ 아세톤(CH_3COCH_3) : 제4류 위험물 중 제1석유류

참고 아세톤은 제4류 위험물 중 제1석유류로 인화점이 −18℃이기 때문에 옥외저장소에서 저장, 취급할 수 없다.

52. 디에틸에테르에 대한 설명으로 틀린 것은?

① 일반식은 R−CO−R'이다.

② 연소범위는 약 1.9~48%이다.

③ 증기 비중 값이 비중 값보다 크다.

④ 휘발성이 높고 마취성을 가진다.

해설 ㉮ 디에틸에테르의 분자기호 $C_4H_{10}O$을 $C_2H_5OC_2H_5$로 표시할 수 있으며 알킬(R, R')과 알킬사이에 산소(O)가 결합된 것으로 일반식은 R−O−R'로 표기된다.

㉯ 일반식 R−CO−R'로 표기되는 것은 아세톤(CH_3COCH_3)이다.

정답 50. ④ 51. ④ 52. ①

53. 위험물 안전관리법령상 지하탱크 저장소 탱크전용실의 안쪽과 지하저장탱크와의 사이는 몇 m 이상의 간격을 유지하여야 하는가?

① 0.1 ② 0.2
③ 0.3 ④ 0.5

해설 지하탱크 저장소의 탱크 전용실 기준[시행규칙 별표8]

㉮ 지하의 가장 가까운 벽·피트·가스관 등의 시설물 및 대지 경계선으로부터 0.1m 이상 떨어진 곳에 설치한다.

㉯ **지하저장탱크와 탱크전용실의 안쪽과의 사이는 0.1m 이상의 간격을 유지한다.**

㉰ 당해 탱크의 주위에 마른 모래 또는 입자지름 5mm 이하의 마른 자갈분을 채운다.

54. 다음 ( ) 안에 들어갈 수치를 순서대로 올바르게 나열한 것은? (단, 제4류 위험물에 적응성을 갖기 위한 살수밀도기준을 적용하는 경우를 제외한다.)

> 위험물 제조소등에 설치하는 폐쇄형 헤드의 스프링클러설비는 30개의 헤드를 동시에 사용할 경우 각 선단의 방사압력이 ( )kPa 이상이고 방수량이 1분당 ( )L 이상이어야 한다.

① 100, 80 ② 120, 80
③ 100, 100 ④ 120, 100

해설 스프링클러설비 설치기준[시행규칙 별표17]

㉮ 방사압력과 방수량 : 폐쇄형 헤드 30개를 동시에 사용할 경우 각 선단의 **방사압력이 100kPa 이상이고, 방수량이 1분당 80L 이상**의 성능이 되도록 하여야 한다.

㉯ 수원의 수량 : 폐쇄형 헤드를 사용하는 것은 30(헤드의 설치개수가 30 미만인 것은 당해 설치개수), 개방형 헤드를 사용하는 것은 가장 많이 설치된 방사구역의 설치개수에 $2.4m^3$를 곱한 이상이 되도록 설치하여야 한다.

55. 위험물 안전관리법령상 제조소 등의 위치, 구조 또는 설비 가운데 행정안전부령이 정하는 사항을 변경허가를 받지 아니하고 제조소 등의 위치, 구조 또는 설비를 변경한 때 1차 행정처분 기준으로 옳은 것은?

① 사용정지 15일
② 경고 또는 사용정지 15일
③ 사용정지 30일
④ 경고 또는 업무정지 30일

해설 제조소에 대한 행정처분 기준 [시행규칙 별표2]

위반사항	행정처분기준		
	1차	2차	3차
수리·개조 또는 이전의 명령을 위반한 때	사용정지 30일	사용정지 90일	허가취소
저장·취급기준 준수명령을 위반한 때	사용정지 30일	사용정지 60일	허가취소
완공검사를 받지 아니하고 제조소등을 사용한 때	사용정지 15일	사용정지 60일	허가취소
위험물안전관리자를 선임하지 아니한 때			
변경허가를 받지 아니하고 제조소등의 위치·구조 또는 설비를 변경한 때	**경고 또는 사용정지 15일**	사용정지 60일	허가취소
위험물안전관리자 대리자를 지정하지 아니한 때	사용정지 10일	사용정지 30일	허가취소
정기점검을 받지 아니한 때			
정기검사를 받지 아니한 때			

정답 53. ① 54. ① 55. ②

2016

56. 위험물 안전관리법령상 제조소 등의 관계인이 정기적으로 점검하여야 할 대상이 아닌 것은?

① 지정수량의 10배 이상의 위험물을 취급하는 제조소
② 지하탱크 저장소
③ 이동탱크 저장소
④ 지정수량의 100배 이상의 위험물을 저장하는 옥외탱크 저장소

해설 ㉮ 정기점검 대상 제조소등[시행령 제16조]
㉠ 관계인이 예방규정을 정하여야 하는 제조소등
㉡ 지하탱크 저장소
㉢ 이동탱크 저장소
㉣ 위험물을 취급하는 탱크로서 지하에 매설된 탱크가 있는 제조소·주유취급소 또는 일반취급소
㉯ 관계인이 예방규정을 정하여야 하는 제조소등[시행령 제15조]
㉠ 지정수량의 10배 이상의 위험물을 취급하는 제조소
㉡ 지정수량의 100배 이상의 위험물을 저장하는 옥외 저장소
㉢ 지정수량의 150배 이상의 위험물을 저장하는 옥내 저장소
㉣ 지정수량의 200배 이상의 위험물을 저장하는 옥외탱크 저장소
㉤ 암반탱크 저장소
㉥ 이송취급소
㉦ 지정수량의 10배 이상의 위험물을 취급하는 일반취급소

57. 위험물 안전관리법령상 위험물 제조소의 옥외에 있는 하나의 액체 위험물 취급탱크 주위에 설치하는 방유제의 용량은 해당 탱크용량의 몇 % 이상으로 하여야 하는가?

① 50% ② 60%
③ 100% ④ 110%

해설 제조소의 옥외에 있는 방유제
[시행규칙 별표4]
㉮ 하나의 액체 위험물 탱크 : 당해 탱크용량의 50% 이상
㉯ 2 이상의 액체 위험물 탱크 : 당해 탱크 중 용량이 최대인 것의 50%에 나머지 탱크용량 합계의 10%를 가산한 양 이상

58. 위험물 안전관리법령상 이송취급소에 설치하는 경보설비의 기준에 따라 이송기지에 설치하여야 하는 경보설비로만 이루어진 것은?

① 확성장치, 비상벨장치
② 비상방송설비, 비상경보설비
③ 확성장치, 비상방송설비
④ 비상방송설비, 자동화재탐지설비

해설 이송취급소에 설치하는 경보설비[시행규칙 별표15]
㉮ 이송기지에는 비상벨장치 및 확성장치를 설치할 것
㉯ 가연성증기를 발생하는 위험물을 취급하는 펌프실 등에는 가연성증기 경보설비를 설치할 것

59. 위험물 안전관리법령상 위험물의 탱크 내용적 및 공간용적에 관한 기준으로 틀린 것은 어느 것인가?

① 위험물을 저장 또는 취급하는 탱크의 용량은 해당 탱크 내용적에서 공간용적을 뺀 용적으로 한다.
② 탱크의 공간용적은 탱크의 내용적의 $\frac{5}{100}$ 이상 $\frac{10}{100}$ 이하의 용적으로 한다.
③ 소화설비(소화약제 방출구를 탱크 안의 윗부분에 설치하는 것에 한한다)를 설치하는 탱크의 공간용적은 해당 소화설비의 소화약제 방출구 아래의 0.3m 이상 1m 미만 사이의 면으로부터 윗부분의 용적으로 한다.

정답 56. ④ 57. ① 58. ① 59. ④

④ 암반탱크에 있어서는 해당 탱크 내에 용출하는 30일간의 지하수의 양에 상당하는 용적과 해당 탱크의 내용적의 $\frac{1}{100}$의 용적 중에서 보다 큰 용적을 공간용적으로 한다.

해설 탱크의 공간용적[세부기준 제25조]

㉮ 탱크의 공간용적은 탱크의 내용적의 $\frac{5}{100}$ 이상 $\frac{10}{100}$ 이하의 용적으로 한다.

㉯ 소화설비(소화약제 방출구를 탱크 안의 윗부분에 설치하는 것에 한한다)를 설치하는 탱크의 공간용적은 소화방출구 아래의 0.3m 이상 1m 미만 사이의 면으로부터 윗부분의 용적으로 한다.

㉰ 암반탱크는 당해 탱크 내에 용출하는 7일간의 지하수의 양에 상당하는 용적과 당해 탱크의 내용적의 $\frac{1}{100}$ 용적 중에서 보다 큰 용적을 공간용적으로 한다.

60. 위험물 안전관리법령상 위험등급의 종류가 나머지 셋과 다른 하나는?

① 제1류 위험물 중 중크롬산염류
② 제2류 위험물 중 인화성 고체
③ 제3류 위험물 중 금속의 인화물
④ 제4류 위험물 중 알코올류

해설 각 위험물의 위험등급

㉮ 중크롬산염류 : 지정수량 1000kg으로 위험등급 Ⅲ

㉯ 인화성 고체 : 지정수량 1000kg으로 위험등급 Ⅲ

㉰ 금속의 인화물 : 지정수량 300kg으로 위험등급 Ⅲ

㉱ 알코올류 : 지정수량에 관계없이 제1석유류와 함께 위험등급 Ⅱ로 분류된다.

2016

정답 60. ④

2016. 7. 10 시행 (제4회)

1. 다음과 같은 반응에서 $5m^3$의 탄산가스를 만들기 위해 필요한 탄산수소나트륨의 양은 약 몇 kg인가? (단, 표준상태이고, 나트륨의 원자량은 23이다.)

$$2NaHCO_3 \rightarrow Na_2CO_3 + CO_2 + H_2O$$

① 18.75 ② 37.5
③ 56.25 ④ 75

해설 탄산수소나트륨($NaHCO_3$)의 분자량은 84이고, 1kmol이 차지하는 체적은 $22.4m^3$ 이다.

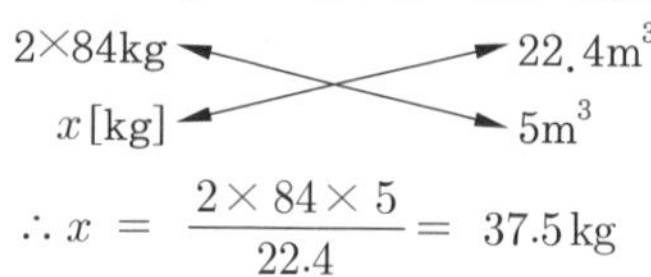

$2NaHCO_3 \rightarrow Na_2CO_3 + CO_2 + H_2O$

$2 \times 84kg$ — $22.4m^3$

$x[kg]$ — $5m^3$

$$\therefore x = \frac{2 \times 84 \times 5}{22.4} = 37.5\,kg$$

2. 연소의 3요소인 산소의 공급원이 될 수 없는 것은?

① H_2O_2 ② KNO_3 ③ HNO_3 ④ CO_2

해설 각 물질의 특성

명칭	유별	비고
과산화수소(H_2O_2)	제6류	산화성 액체
질산칼륨(KNO_3)	제1류	산화성 고체
질산(HNO_3)	제6류	산화성 액체
이산화탄소(CO_2)	–	불연성 가스

3. 탄화칼슘은 물과 반응 시 위험성이 증가하는 물질이다. 주수소화 시 물과 반응하면 어떤 가스가 발생하는가?

① 수소 ② 메탄
③ 에탄 ④ 아세틸렌

해설 ㉮ 탄화칼슘(CaC_2 : 카바이드) : 제3류 위험물로 물과 반응하여 가연성 기체인 아세틸렌(C_2H_2)가스를 발생한다.

㉯ 반응식 : $CaC_2 + 2H_2O \rightarrow Ca(OH)_2 + C_2H_2$

4. 위험물의 자연발화를 방지하는 방법으로 가장 거리가 먼 것은?

① 통풍을 잘 시킬 것
② 저장실의 온도를 낮출 것
③ 습도가 높은 곳에 저장할 것
④ 정촉매 작용을 하는 물질과의 접촉을 피할 것

해설 위험물의 자연발화를 방지하는 방법

㉮ 통풍을 잘 시킬 것
㉯ 저장실의 온도를 낮출 것
㉰ 습도가 높은 곳을 피하고, 건조하게 보관할 것
㉱ 열의 축적을 방지할 것
㉲ 가연성가스 발생을 조심할 것
㉳ 불연성가스를 주입하여 공기와의 접촉을 피할 것
㉴ 물질의 표면적을 최대한 작게 할 것
㉵ 정촉매 작용을 하는 물질과의 접촉을 피할 것

5. 공기 중의 산소농도를 한계산소량 이하로 낮추어 연소를 중지시키는 소화방법은 어느 것인가?

① 냉각소화 ② 제거소화
③ 억제소화 ④ 질식소화

해설 소화작용(소화효과)

㉮ 제거소화 : 화재 현장에서 가연물을 제거함으로써 화재의 확산을 저지하는 방법으로 소화하는 것이다.
㉯ 질식소화 : 산소공급원을 차단하여 연소 진행을 억제하는 방법으로 소화하는 것이다.
㉰ 냉각소화 : 물 등을 사용하여 활성화 에너지(점화원)를 냉각시켜 가연물을 발화점 이하로 낮추어 연소가 계속 진행할 수 없도록 하는 방법으로 소화하는 것이다.

정답 1. ② 2. ④ 3. ④ 4. ③ 5. ④

㉱ 부촉매소화(억제소화) : 산화반응에 직접 관계없는 물질을 가하여 연쇄반응의 억제작용을 이용하는 방법으로 소화하는 것이다.

6. **제5류 위험물의 화재 시 가장 적당한 소화방법은?**

① 물에 의한 냉각소화
② 질소에 의한 질식소화
③ 사염화탄소에 의한 부촉매소화
④ 이산화탄소에 의한 질식소화

해설 제5류 위험물(자기반응성 물질)은 가연성 물질이며 그 자체가 산소를 함유하고 있으므로 질식소화가 불가능하므로 다량의 주수에 의한 냉각소화가 효과적이다.

7. **인화칼슘이 물과 반응하였을 때 발생하는 가스는?**

① 수소　　② 포스겐
③ 포스핀　　④ 아세틸렌

해설 인화칼슘(Ca_3P_2) : 인화석회
㉮ 제3류 위험물 중 금속의 인화물로 지정수량 300kg이다.
㉯ 물(H_2O), 산(HCl : 염산)과 반응하여 유독한 포스핀(PH_3 : 인화수소)을 발생시킨다.
㉰ 반응식
$Ca_3P_2+6H_2O \rightarrow 3Ca(OH)_2+2PH_3\uparrow+Q[kcal]$
$Ca_3P_2+6HCl \rightarrow 3CaCl_2+2PH_3\uparrow+Q[kcal]$

8. **위험물 안전관리법령상 제3류 위험물 중 금수성 물질의 제조소에 설치하는 주의사항 게시판의 바탕색과 문자색을 옳게 나타낸 것은?**

① 청색바탕에 황색문자
② 황색바탕에 청색문자
③ 청색바탕에 백색문자
④ 백색바탕에 청색문자

해설 제조소의 주의사항 게시판[시행규칙 별표4]

위험물의 종류	내용	색상
• 제1류 위험물 중 알칼리금속의 과산화물 • 제3류 위험물 중 금수성물질	"물기엄금"	청색바탕에 백색문자
• 제2류 위험물(인화성 고체 제외)	"화기주의"	적색바탕에 백색문자
• 제2류 위험물 중 인화성 고체 • 제3류 위험물 중 자연발화성물질 • 제4류 위험물 • 제5류 위험물	"화기엄금"	적색바탕에 백색문자

9. **폭굉유도거리(DID)가 짧아지는 경우는?**

① 정상 연소속도가 작은 혼합가스일수록 짧아진다.
② 압력이 높을수록 짧아진다.
③ 관지름이 넓을수록 짧아진다.
④ 점화원의 에너지가 약할수록 짧아진다.

해설 ㉮ 폭굉(detonation)의 정의 : 가스중의 음속보다도 화염 전파속도가 큰 경우로서 파면선단에 충격파라고 하는 압력파가 생겨 격렬한 파괴작용을 일으키는 현상
㉯ 폭굉 유도거리(DID) : 최초의 완만한 연소가 격렬한 폭굉으로 발전될 때까지의 거리이다.
㉰ 폭굉유도거리(DID)가 짧아지는 조건
㉠ 정상 연소속도가 큰 혼합가스일수록
㉡ 관 속에 방해물이 있거나 관지름이 가늘수록
㉢ 압력이 높을수록
㉣ 점화원의 에너지가 클수록

10. **연소에 대한 설명으로 옳지 않은 것은 어느 것인가?**

① 산화되기 쉬운 것일수록 타기 쉽다.
② 산소와의 접촉 면적이 큰 것일수록 타기 쉽다.

2016

정답 6. ① 7. ③ 8. ③ 9. ② 10. ④

③ 충분한 산소가 있어야 타기 쉽다.
④ 열전도율이 큰 것일수록 타기 쉽다.

해설 열전도율이 크면 가연물에 열의 축적이 되지 않기 때문에 잘 타지 않는(잘 연소되지 않는) 현상이 발생한다.

11. **위험물 안전관리법령상 제4류 위험물에 적응성이 있는 소화기가 아닌 것은?**

① 이산화탄소 소화기
② 봉상강화액 소화기
③ 포 소화기
④ 인산염류분말 소화기

해설 제4류 위험물에 적응성이 있는 소화기[시행규칙 별표17]
㉮ 무상강화액 소화기
㉯ 포 소화기
㉰ 이산화탄소 소화기
㉱ 할로겐화합물 소화기
㉲ 인산염류 및 탄산수소염류 소화기

12. **위험물 안전관리법령상 알칼리금속의 과산화물에 적응성이 있는 소화설비는?**

① 할로겐화합물 소화설비
② 탄산수소염류분말 소화설비
③ 물분무 소화설비
④ 스프링클러설비

해설 제1류 위험물 중 알칼리금속 과산화물에 적응성이 있는 소화설비[시행규칙 별표17]
㉮ 탄산수소염류 분말소화설비 및 분말소화기
㉯ 건조사(마른 모래)
㉰ 팽창질석 또는 팽창진주암

13. **수성막포 소화약제에 사용되는 계면활성제는?**

① 염화단백포 계면활성제
② 산소계 계면활성제
③ 황산계 계면활성제
④ 불소계 계면활성제

해설 포 소화약제 중 기름 화재 진압용으로 가장 우수한 효과를 갖는 수성막포 소화약제에는 불소계 계면활성제를 사용하고 있다.

14. **강화액 소화약제의 주된 소화 원리에 해당하는 것은?**

① 냉각 소화 ② 절연 소화
③ 제거 소화 ④ 발포 소화

해설 강화액 소화약제의 구성은 '물+탄산칼륨(K_2CO_3)'으로 주된 소화원리(소화효과)는 냉각소화이며 일부 억제소화 및 질식소화의 효과가 있다.

15. **Halon 1001의 화학식에서 수소원자의 수는?**

① 0 ② 1 ③ 2 ④ 3

해설 ㉮ 할론(Halon)−abcd의 구조식
㉠ a : 탄소(C)의 수
㉡ b : 불소(F)의 수
㉢ c : 염소(Cl)의 수
㉣ d : 취소(Br)의 수
㉯ 할로겐화합물은 탄소(C) 원자에 4개의 원자들이 연결되어 있어야 하는데 Halon 1001은 탄소(C) 1개, 취소(Br 브롬) 1개만 존재하므로 3개의 자리가 비워져 있고 그 자리에는 수소(H) 원자가 채워져야 한다. 그러므로 Halon 1001의 분자식은 CH_3Br이 되고 수소(H) 원자의 수는 3개가 된다.

16. **질소와 아르곤과 이산화탄소의 용량비가 52 : 40 : 8인 혼합물 소화약제에 해당하는 것은?**

① IG − 541 ② HCFC BLEND A
③ HFC − 125 ④ HFC − 23

해설 불활성가스 소화설비 용량비에 따른 명칭[세부기준 제134조]
㉮ IG−100 : 질소 100%
㉯ IG−55 : 질소 50%, 아르곤 50%

정답 11. ② 12. ② 13. ④ 14. ① 15. ④ 16. ①

㉰ IG－541 : 질소 52%, 아르곤 40%, 이산화탄소 8%

17. 탄산칼륨을 물에 용해시킨 강화액 소화약제의 pH에 가장 가까운 값은?

① 1 ② 4 ③ 7 ④ 12

해설 강화액 소화약제의 구성은 '물＋K_2CO_3'으로 알칼리성(pH12)을 나타낸다.

18. 이산화탄소 소화약제에 관한 설명 중 틀린 것은?

① 소화약제에 의한 오손이 없다.
② 소화약제 중 증발잠열이 가장 크다.
③ 전기절연성이 있다.
④ 장기간 저장이 가능하다.

해설 이산화탄소(CO_2)의 특징

㉮ 무색, 무미, 무취의 기체로 공기보다 무겁고 불연성이다.
㉯ 독성이 없지만 과량 존재 시 산소부족으로 질식할 수 있다.
㉰ 비점 －78.5℃로 냉각, 압축에 의하여 액화된다.
㉱ 전기의 불량도체이고, 장기간 저장이 가능하다.
㉲ 소화약제에 의한 오손이 없고, 질식효과와 냉각효과가 있다.
㉳ 자체압력을 이용하므로 압력원이 필요하지 않고 할로겐소화약제보다 경제적이다.

참고 0℃에서의 증발잠열은 이산화탄소가 56kcal/kg, 물은 597kcal/kg이다.

19. 불활성기체 소화약제의 기본 성분이 아닌 것은?

① 헬륨 ② 질소
③ 불소 ④ 아르곤

해설 불활성기체 소화약제[할로겐화합물 및 불활성기체 소화설비의 화재안전기준(NFSC107A) 제3조] : "불활성기체 소화약제"란 헬륨, 네온, 아르곤 또는 질소가스 중 하나 이상의 원소를 기본성분으로 하는 소화약제를 말한다.

20. 물과 친화력이 있는 수용성 용매의 화재에 보통의 포 소화약제를 사용하면 포가 파괴되기 때문에 소화효과를 잃게 된다. 이와 같은 단점을 보완한 소화약제로 가연성인 수용성 용매의 화재에 유효한 효과를 가지고 있는 것은?

① 알코올형포 소화약제
② 단백포 소화약제
③ 합성계면활성제포 소화약제
④ 수성막포 소화약제

해설 알코올형포(내알코올포) 소화약제 : 알코올과 같은 수용성 액체에는 포가 파괴되는 현상으로 인해 소화효과를 잃게 되는 것을 방지하기 위해 단백질 가스분해물에 합성세제를 혼합하여 제조한 소화약제이다.

21. 질산과 과염소산의 공통 성질이 아닌 것은?

① 가연성이며 강산화제이다.
② 비중이 1보다 크다.
③ 가연물과 혼합으로 발화의 위험이 있다.
④ 물과 접촉하면 발열한다.

해설 질산(HNO_3)과 과염소산($HClO_4$)의 비교

구분	질산	과염소산
유별	제6류 위험물	제6류 위험물
성질	산화성 액체	산화성 액체
산성	강한 산성	강한 산성
물과 반응	심하게 반응하여 발열	물과 혼합되고 발열
액체 비중	1.49	1.76
증기 비중	2.17	3.47
비점	86℃	39℃

참고 제6류 위험물인 질산과 과염소산 자체는 연소성, 폭발성이 없는 산화성 액체이다.

2016

정답 17. ④ 18. ② 19. ③ 20. ① 21. ①

22. 물과 반응하여 가연성 가스를 발생하지 않는 것은?

① 칼륨
② 과산화칼륨
③ 탄화알루미늄
④ 트리에틸알루미늄

해설 각 위험물이 물(H_2O)과 반응하였을 때 발생하는 가스

㉮ 칼륨(K)과 물 : 수소(H_2)
$2K+2H_2O \rightarrow 2KOH+H_2$

㉯ 과산화칼륨(K_2O_2)과 물 : 산소(O_2) → 조연성 가스
$2K_2O_2+2H_2O \rightarrow 4KOH+O_2$

㉰ 탄화알루미늄(Al_4C_3)과 물 : 메탄(CH_4)
$Al_4C_3+12H_2O \rightarrow 4Al(OH)_3+3CH_4$

㉱ 트리에틸알루미늄[$(C_2H_5)_3Al$]과 물 : 에탄(C_2H_6)
$(C_2H_5)_3Al+3H_2O \rightarrow Al(OH)_3+3C_2H_6$

23. 다음 중 제6류 위험물이 아닌 것은?

① 할로겐화합물
② 과염소산
③ 아염소산
④ 과산화수소

해설 제6류 위험물 종류 : 산화성 액체

품명	지정수량
1. 과염소산	300kg
2. 과산화수소	300kg
3. 질산	300kg
4. 행정안전부령으로 정하는 것 : 할로겐간 화합물 → 오불화요오드(IF_5), 오불화브롬(BrF_5), 삼불화브롬(BrF_3)	300kg
5. 제1호 내지 제4호의 하나에 해당하는 어느 하나 이상을 함유한 것	300kg

㉮ 과산화수소는 그 농도가 36 중량% 이상인 것에 한하며, 산화성액체의 성상이 있는 것으로 본다.

㉯ 질산은 그 비중이 1.49 이상인 것에 한하며, 산화성액체의 성상이 있는 것으로 본다.

참고 아염소산($HClO_2$)은 위험물에 해당되지 않는다.

24. 위험물 안전관리법령에서는 특수인화물을 1기압에서 발화점이 100℃ 이하인 것 또는 인화점은 얼마 이하이고 비점이 40℃ 이하인 것으로 정의하는가?

① −10℃ ② −20℃
③ −30℃ ④ −40℃

해설 특수인화물의 정의[시행령 별표1] : "특수인화물"이라 함은 이황화탄소, 디에틸에테르 그 밖에 1기압에서 발화점이 100℃ 이하인 것 또는 인화점이 −20℃ 이하이고 비점이 40℃ 이하인 것을 말한다.

25. 다음 중 제1류 위험물에 해당되지 않는 것은?

① 염소산칼륨 ② 과염소산암모늄
③ 과산화바륨 ④ 질산구아니딘

해설 제1류 위험물의 지정수량

품명		지정수량
염소산칼륨 ($KClO_3$)	염소산염류	50kg
과염소산암모늄 (NH_4ClO_4)	과염소산염류	50kg
과산화바륨 (BaO_2)	무기과산화물	50kg

참고 제5류 위험물 중 행정안전부령으로 정하는 것 : 질산구아니딘, 금속의 아지화합물

26. 니트로글리세린에 대한 설명으로 옳은 것은?

① 물에 매우 잘 녹는다.
② 공기 중에서 점화하면 연소하나 폭발의 위험이 없다.
③ 충격에 대하여 민감하여 폭발을 일으키기 쉽다.

정답 22. ② 23. ③ 24. ② 25. ④ 26. ③

④ 제5류 위험물의 니트로화합물에 속한다.

해설 니트로글리세린[$C_3H_5(ONO_2)_3$]의 특징

㉮ **제5류 위험물 중 질산에스테르류에 해당**되며 지정수량은 10kg이다.

㉯ 순수한 것은 상온에서 무색, 투명한 기름 모양의 액체이나 공업적으로 제조한 것은 담황색을 띠고 있다.

㉰ 상온에서 액체이지만 약 10℃에서 동결하므로 겨울에는 백색의 고체 상태이다.

㉱ **물에는 거의 녹지 않으나** 벤젠, 알코올, 클로로포름, 아세톤에 녹는다.

㉲ 점화하면 적은 양은 타기만 하지만 **많은 양은 폭굉에 이른다.**

㉳ 규조토에 흡수시켜 다이너마이트를 제조할 때 사용된다.

㉴ **충격이나 마찰에 예민하여** 액체 운반은 금지되어 있다.

27. 과산화나트륨에 대한 설명으로 틀린 것은?

① 알코올에 잘 녹아서 산소와 수소를 발생시킨다.
② 상온에서 물과 격렬하게 반응한다.
③ 비중이 약 2.8이다.
④ 조해성 물질이다.

해설 과산화나트륨(Na_2O_2)의 특징

㉮ 제1류 위험물 중 무기과산화물에 해당되며 지정수량은 50kg이다.

㉯ 순수한 것은 백색이지만 보통은 담황색을 띠고 있는 결정분말이다.

㉰ 공기 중에서 탄산가스를 흡수하여 탄산염이 된다.

㉱ 조해성이 있으며 물과 반응하여 많은 열과 함께 산소(O_2)와 수산화나트륨(NaOH)을 발생한다.

㉲ 가열하면 분해되어 산화나트륨(Na_2O)과 산소가 발생한다.

㉳ 강산화제로 용융물은 금, 니켈을 제외한 금속을 부식시킨다.

㉴ **알코올에는 녹지 않으나**, 묽은 산과 반응하여 과산화수소(H_2O_2)를 생성시킨다.

㉵ 탄화칼슘(CaC_2), 마그네슘, 알루미늄 분말, 초산(CH_3COOH), 에테르($C_2H_5OC_2H_5$) 등과 혼합하면 발화하거나 폭발의 위험이 있다.

㉶ 비중 2.805, 융점 및 분해온도 460℃이다.

㉷ 주수 소화는 금물이고, 마른 모래(건조사)를 이용한다.

28. 다음 위험물 중 지정수량이 나머지 셋과 다른 하나는?

① 마그네슘 ② 금속분
③ 철분 ④ 유황

해설 제2류 위험물의 지정수량

품명	지정수량
마그네슘	500kg
금속분	500kg
철분	500kg
유황	100kg

29. 제4류 위험물의 일반적인 성질에 대한 설명 중 틀린 것은?

① 대부분 유기화합물이다.
② 액체 상태이다.
③ 대부분 물보다 가볍다.
④ 대부분 물에 녹기 쉽다.

해설 제4류 위험물의 공통적인(일반적인) 성질

㉮ 상온에서 액체이며, 대단히 인화되기 쉽다.

㉯ 물보다 가볍고, 대부분 물에 녹기 어렵다.

㉰ 증기는 공기보다 무겁다.

㉱ 착화온도가 낮은 것은 위험하다.

㉲ 증기와 공기가 약간 혼합되어 있어도 연소한다.

㉳ 전기의 불량도체라 정전기 발생의 가능성이 높고, 정전기에 의하여 인화할 수 있다.

㉴ 대부분 유기화합물에 해당된다.

30. 다음 물질 중 과염소산칼륨과 혼합 했을 때 발화폭발의 위험이 가장 높은 것은?

① 석면 ② 금 ③ 유리 ④ 목탄

2016

정답 27. ① 28. ④ 29. ④ 30. ④

해설 과염소산칼륨($KClO_4$)의 제1류 위험물로 자신은 불연성이지만 강력한 산화제이기 때문에 가연성 고체 위험물(인, 황, 마그네슘, 유기물) 및 목탄과 같은 가연물이 혼합되었을 때 가열, 충격, 마찰에 의해 발화, 폭발의 위험이 높아진다.

31. 피리딘의 일반적인 성질에 대한 설명 중 틀린 것은?

① 순수한 것은 무색 액체이다.
② 약알칼리성을 나타낸다.
③ 물보다 가볍고, 증기는 공기보다 무겁다.
④ 흡습성이 없고 비수용성이다.

해설 피리딘(C_5H_5N)의 특징

㉮ 제4류 위험물로 제1석유류에 해당되며 수용성물질이라 지정수량은 400L이다.
㉯ 순수한 것은 무색 액체이나 불순물 때문에 담황색을 나타낸다.
㉰ 강한 악취와 **흡수성이** 있고, 질산과 함께 가열해도 분해하지 않는다.
㉱ 산, 알칼리에 안정하고 물, 알코올, 에테르, 유류 등에 **잘 녹으며** 많은 유기물을 들을 녹인다.
㉲ 약 알칼리성을 나타내고 독성이 있으므로 취급할 때 증기를 흡입하지 않도록 주의한다.
㉳ 화기를 멀리하고 통풍이 잘 되는 냉암소에 보관한다.
㉴ 비중 0.973(증기비중 2.73), 비점 115.5℃, 발화점 482.2℃, 인화점 20℃, 연소범위 1.8~12.4%이다.

32. 메틸리튬과 물의 반응생성물로 옳은 것은?

① 메탄, 수소화리튬
② 메탄, 수산화리튬
③ 에탄, 수소화리튬
④ 에탄, 수산화리튬

해설 메틸리튬(CH_3Li)

㉮ 제3류 위험물 중 알킬리튬에 해당되며 지정수량 10kg이다.
㉯ 메틸리튬(CH_3Li)이 물(H_2O)과 반응하면 수산화리튬($LiOH$)과 메탄(CH_4)이 발생한다.
㉰ 반응식 : $CH_3Li + H_2O \rightarrow LiOH + CH_4\uparrow$

33. 위험물의 성질에 대한 설명 중 틀린 것은?

① 황린은 공기 중에서 산화할 수 있다.
② 적린은 $KClO_3$와 혼합하면 위험하다.
③ 황은 물에 매우 잘 녹는다.
④ 황화인은 가연성 고체이다.

해설 각 위험물의 성질

㉮ 황린(P_4)은 제3류 위험물로 공기 중에서 자연발화(산화)의 가능성이 있어 물속에 저장하고 있다.
㉯ 적린(P_4)은 제2류 위험물 가연성 고체(분말)로 염소산칼륨($KClO_3$)과 같은 염소산염류(제1류 위험물, 산화성 고체)와 혼합하면 자연발화할 수 있는 위험이 있다.
㉰ **황(유황)**은 제2류 위험물로 이황화탄소(CS_2)에 잘 녹지만(단, 고무상 황은 물에 녹지 않음) **물에는 녹지 않는다.**
㉱ 황화인(황화린)은 제2류 위험물 가연성 고체로 자연발화성이므로 산화제, 금속분, 과산화물과 격리하여 저장한다.

34. 다음 중 인화점이 가장 높은 것은?

① 등유
② 벤젠
③ 아세톤
④ 아세트알데히드

해설 제4류 위험물의 인화점

품명		인화점
등유	제2석유류	30~60℃
벤젠	제1석유류	−11.1℃
아세톤	제1석유류	−18℃
아세트알데히드	특수인화물	−39℃

35. 다음 위험물 중 물보다 가벼운 것은?

① 메틸에틸케톤 ② 니트로벤젠
③ 에틸렌글리콜 ④ 글리세린

정답 31. ④ 32. ② 33. ③ 34. ① 35. ①

해설 제4류 위험물의 액체 비중

품명		액체 비중
메틸에틸케톤 ($CH_3COC_2H_5$)	제1석유류	0.81
니트로벤젠 ($C_6H_5NO_2$)	제3석유류	1.2
에틸렌글리콜 [$C_2H_4(OH)_2$]	제3석유류	1.116
글리세린 [$C_3H_5(OH)_3$]	제3석유류	1.26

참고 액체 비중이 1보다 작은 것은 물보다 가벼운 것이고, 1보다 큰 것은 물보다 무거운 것이다.

36. 트리니트로톨루엔의 작용기에 해당하는 것은?

① −NO ② $-NO_2$
③ $-NO_3$ ④ $-NO_4$

해설 트리니트로톨루엔[$C_6H_2CH_3(NO_2)_3$] : 제5류 위험물 중 니트로화합물에 해당된다. 톨루엔($C_6H_5CH_3$)의 수소 3개를 **니트로기($-NO_2$)**로 치환된 화합물로 3개의 이성질체가 있으며 일명 TNT라 불려진다.

37. 제5류 위험물로만 나열되지 않은 것은?

① 과산화벤조일, 질산메틸
② 과산화초산, 디니트로벤젠
③ 과산화요소, 니트로글리콜
④ 아세토니트릴, 트리니트로톨루엔

해설 각 위험물의 유별 및 품명

위험물 명칭	유별	품명
과산화벤조일	제5류	니트로화합물
질산메틸		질산에스테르류
과산화초산		유기과산화물
디니트로벤젠		니트로화합물
과산화요소		유기과산화물
니트로글리콜		질산에스테르류
아세토니트릴	제4류	제1석유류
트리니트로톨루엔	제5류	니트로화합물

참고 아세토니트릴은 제4류 위험물 중 제1석유류에 속하는 것으로 에테르와 같은 냄새가 나는 무색의 액체이다. 물, 알코올 등에 녹으며 가수분해하면 아세트아미드와 아세트산을 생성한다.

38. 제4류 위험물인 클로로벤젠의 지정수량으로 옳은 것은?

① 200L ② 400L
③ 1000L ④ 2000L

해설 클로로벤젠(C_6H_5Cl)의 특징
㉮ 제4류 위험물 중 제2석유류에 해당되며 **지정수량은 1000L**이다.
㉯ 석유와 비슷한 냄새를 가진 무색의 액체이다.
㉰ 물에는 녹지 않는 비수용성이지만 유기용제와는 잘 혼합된다.
㉱ 증기는 약한 독성과 마취성이 있다.
㉲ 액체 비중 1.1(증기비중 3.9), 비점 132.2℃, 인화점 32℃, 발화점 637.7℃, 연소범위 1.3~7.1%이다.

39. 알루미늄분의 성질에 대한 설명으로 옳은 것은?

① 금속 중에서 연소열량이 가장 작다.
② 끓는 물과 반응해서 수소를 발생한다.
③ 수산화나트륨 수용액과 반응해서 산소를 발생한다.
④ 안전한 저장을 위해 할로겐 원소와 혼합한다.

해설 알루미늄(Al)분의 특징
㉮ 제2류 위험물 중 금속분에 해당되며 지정수량은 500kg이다.
㉯ 산화제와 혼합 시 가열, 충격, 마찰에 의하여 착화한다.
㉰ **할로겐원소**와 접촉하면 **자연발화**의 위험성이 있다.
㉱ 발화(연소)하면 **많은 열이 발생**한다.
㉲ **산, 알칼리,** 물과 반응하여 가연성 가스인 수소(H_2)를 발생한다.

2016

정답 36. ② 37. ④ 38. ③ 39. ②

참고 물(뜨거운 물)과 반응하면 수소(H_2)와 수산화 알루미늄[$Al(OH)_3$]이 발생한다.

$2Al+6H_2O \rightarrow 2Al(OH)_3+3H_2\uparrow$

40. 아조화합물 800kg, 히드록실아민 300kg, 유기과산화물 40kg의 총 양은 지정수량의 몇 배에 해당하는가?

① 7배 ② 9배 ③ 10배 ④ 11배

해설 ㉮ 제5류 위험물의 지정수량

품명	지정수량	위험물량
아조화합물	200kg	800kg
히드록실아민	100kg	300kg
유기과산화물	10kg	40kg

㉯ 지정수량 배수의 합 계산 : 지정수량 배수의 합은 각 위험물량을 지정수량으로 나눈 값의 합이다.

∴ 지정수량 배수의 합

$$=\frac{\text{A 위험물량}}{\text{지정수량}}+\frac{\text{B 위험물량}}{\text{지정수량}}+\frac{\text{C 위험물량}}{\text{지정수량}}$$

$$=\frac{800}{200}+\frac{300}{100}+\frac{40}{10}=11\text{ 배}$$

41. 위험물 안전관리법령상 위험물 제조소에 설치하는 배출설비에 대한 내용으로 틀린 것은?

① 배출설비는 예외적인 경우를 제외하고는 국소방식으로 하여야 한다.
② 배출설비는 강제배출 방식으로 한다.
③ 급기구는 낮은 장소에 설치하고 인화방지망을 설치한다.
④ 배출구는 지상 2m 이상 높이에 연소의 우려가 없는 곳에 설치한다.

해설 제조소의 배출설비 설치기준 [시행규칙 별표4]

㉮ 배출설비는 국소방식으로 하여야 한다. 다만, 다음의 경우 전역방식으로 할 수 있다.
  ㉠ 위험물 취급설비가 배관이음 등으로만 된 경우
  ㉡ 건축물의 구조·작업장소의 분포 등의 조건에 의하여 전역방식이 유효한 경우

㉯ 배출설비는 배풍기·배출덕트·후드 등을 이용하여 강제적으로 배출하는 것으로 하여야 한다.

㉰ 배출능력은 1시간당 배출장소 용적의 20배 이상인 것으로 하여야 한다. 다만, 전역방식의 경우에는 바닥면적 $1m^2$당 $18m^3$ 이상으로 할 수 있다.

㉱ 배출설비의 급기구 및 배출구는 다음 기준에 의하여야 한다.
  ㉠ **급기구는 높은 곳에** 설치하고, 가는 눈의 구리망 등으로 인화방지망을 설치할 것
  ㉡ 배출구는 지상 2m 이상으로서 연소의 우려가 없는 장소에 설치하고, 배출덕트가 관통하는 벽부분의 바로 가까이에 화재 시 자동으로 폐쇄되는 방화댐퍼를 설치할 것

㉲ 배풍기는 강제배기방식으로 하고, 옥내덕트의 내압이 대기압 이상이 되지 아니하는 위치에 설치하여야 한다.

42. 위험물 안전관리법령상 주유취급소 중 건축물의 2층을 휴게음식점의 용도로 사용하는 것에 있어 해당 건축물의 2층으로부터 직접 주유취급소의 부지 밖으로 통하는 출입구와 해당 출입구로 통하는 통로, 계단에 설치하여야 하는 것은?

① 비상경보설비 ② 유도등
③ 비상조명등 ④ 확성장치

해설 피난설비 설치기준[시행규칙 별표17]

㉮ 주유취급소 중 건축물의 2층 이상의 부분을 점포·휴게음식점 또는 전시장의 용도로 사용하는 것에 있어서는 당해 건축물의 2층 이상으로부터 주유취급소의 부지 밖으로 통하는 출입구와 당해 출입구로 통하는 통로·계단 및 출입구에 유도등을 설치하여야 한다.

㉯ 옥내주유취급소에 있어서는 당해 사무소 등의 출입구 및 피난구와 당해 피난구로 통하는 통로·계단 및 출입구에 유도등을 설치하여야 한다.

㉰ 유도등에는 비상전원을 설치하여야 한다.

정답 40. ④ 41. ③ 42. ②

43. 아염소산나트륨의 저장 및 취급 시 주의사항으로 가장 거리가 먼 것은?

① 물속에 넣어 냉암소에 저장한다.
② 강산류와의 접촉을 피한다.
③ 취급 시 충격, 마찰을 피한다.
④ 가연성 물질과 접촉을 피한다.

해설 아염소산나트륨의 저장 및 취급 시 주의사항
㉮ 비교적 안정하나 유기물, 금속분 등 환원성 물질과 격리시킨다.
㉯ 건조한 냉암소에 저장한다.
㉰ 강산류, 분해를 촉진하는 물품과의 접촉을 피한다.
㉱ 습기에 주의하여 밀봉, 밀전한다.

44. 인화점이 21℃ 미만인 액체 위험물의 옥외저장탱크 주입구에 설치하는 "옥외저장탱크 주입구"라고 표시한 게시판의 바탕 및 문자색을 옳게 나타낸 것은?

① 백색바탕 – 적색문자
② 적색바탕 – 백색문자
③ 백색바탕 – 흑색문자
④ 흑색바탕 – 백색문자

해설 액체 위험물 옥외저장탱크 주입구 기준[시행규칙 별표6]
㉮ 화재예방 상 지장이 없는 장소에 설치할 것
㉯ 주입호스 또는 주입관과 결합할 수 있고, 결합하였을 때 새지 않을 것
㉰ 주입구에는 밸브 또는 뚜껑을 설치할 것
㉱ 주입구 부근에 정전기를 유효하게 제거하기 위한 접지전극을 설치할 것
㉲ 인화점이 21℃ 미만인 위험물의 경우 게시판을 설치할 것
㉠ 게시판은 한 변이 0.3m 이상, 다른 한 변이 0.6m 이상인 직사각형으로 할 것
㉡ "**옥외저장탱크 주입구**"라고 표시 외에 주의사항을 표시
㉢ **백색바탕**에 **흑색문자**로 할 것(단, 주의사항은 적색문자)
㉳ 주입구 주위에는 방유턱 및 집유설비 등의 장치를 설치할 것

45. 위험물의 운반에 관한 기준에서 다음 (　　)에 알맞은 온도는 몇 ℃ 인가?

적재하는 제5류 위험물 중 (　　)℃ 이하의 온도에서 분해될 우려가 있는 것은 보랭 컨테이너에 수납하는 등 적정한 온도관리를 유지하여야 한다.

① 40　② 50　③ 55　④ 60

해설 적재하는 위험물의 성질에 따른 조치[시행규칙 별표19] : 제5류 위험물 중 55℃ **이하**의 온도에서 분해될 우려가 있는 것은 보랭 컨테이너에 수납하는 등 적정한 온도관리를 할 것

46. 위험물 안전관리법령상 배출설비를 설치하여야 하는 옥내저장소의 기준에 해당하는 것은?

① 가연성 증기가 액화할 우려가 있는 장소
② 모든 장소의 옥내저장소
③ 가연성 미분이 체류할 우려가 있는 장소
④ 인화점이 70℃ 미만인 위험물의 옥내저장소

해설 옥내저장소 배출설비 기준[시행규칙 별표5] : **인화점이** 70℃ **미만**인 위험물의 저장창고(옥내저장소)에 있어서는 내부에 체류한 가연성의 증기를 지붕 위로 배출하는 설비를 갖추어야 한다.

47. 위험물 안전관리법령상 연면적이 450m² 인 저장소의 건축물 외벽이 내화구조가 아닌 경우 이 저장소의 소화기 소요단위는?

① 3　② 4.5　③ 6　④ 9

해설 저장소 건축물의 소요단위 계산방법[시행규칙 별표17]
㉮ 외벽이 내화구조인 것 : 연면적 150m²를 1소요단위로 할 것

정답 43. ①　44. ③　45. ③　46. ④　47. ③

㉯ 외벽이 내화구조가 아닌 것 : 연면적 75m²를 1소요단위로 할 것

㉰ 소요단위 계산 : 외벽이 내화구조가 아니므로 연면적 75m²가 1소요단위에 해당된다.

$$\therefore \text{소요단위} = \frac{\text{건축물 연면적}}{\text{1소요단위 면적}} = \frac{450}{75} = 6\text{ 단위}$$

48. 위험물 안전관리법령상 위험물 안전관리자의 책무에 해당하지 않는 것은?

① 화재 등의 재난이 발생한 경우 소방관서 등에 대한 연락업무

② 화재 등의 재난이 발생한 경우 응급조치

③ 위험물의 취급에 관한 일지의 작성, 기록

④ 위험물 안전관리자의 선임, 신고

해설 위험물 안전관리자의 책무[시행규칙 제55조]

㉮ 위험물의 취급 작업에 참여하여 작업이 규정에 적합하도록 해당 작업자에 대하여 지시 및 감독하는 업무

㉯ 화재 등의 재난이 발생한 경우 응급조치 및 소방관서 등에 대한 연락업무

㉰ 위험물시설의 안전을 담당하는 자를 따로 두는 제조소등의 경우에는 그 담당자에게 다음 규정에 의한 업무의 지시, 그 밖의 제조소등의 경우에는 다음의 업무

㉠ 제조소등의 위치·구조 및 설비를 기술기준에 적합하도록 유지하기 위한 점검과 점검상황의 기록·보존

㉡ 제조소등의 구조 또는 설비의 이상을 발견한 경우 관계자에 대한 연락 및 응급조치

㉢ 화재가 발생하거나 화재발생의 위험성이 현저한 경우 소방관서 등에 대한 연락 빛 응급조치

㉣ 제조소등의 계측장치·제어장치 및 안전장치 등의 적정한 유지·관리

㉤ 제조소등의 설계도서 정비·보존 및 구조 및 설비의 안전에 관한 사무의 처리

㉱ 화재 등의 재해의 방지와 응급조치에 관하여 인접하는 제조소등과 그 밖의 관련되는 시설의 관계자와 협조체제의 유지

㉲ 위험물의 취급에 관한 일지의 작성·기록

㉳ 그 밖에 위험물을 수납한 용기를 차량에 적재하는 작업, 위험물설비를 보수하는 작업 등 위험물의 취급과 관련된 작업의 안전에 관하여 필요한 감독의 수행

참고 위험물 안전관리자의 선임 및 신고는 관계인이 하여야 하는 사항이다.

49. 위험물 안전관리법령상 옥내소화전설비의 기준에 따르면 펌프를 이용한 가압송수장치에서 펌프의 토출량은 옥내 소화전의 설치개수가 가장 많은 층에 대해 해당 설치개수(5개 이상인 경우에는 5개)에 얼마를 곱한 양 이상이 되도록 하여야 하는가?

① 260L/min ② 360L/min

③ 460L/min ④ 560L/min

해설 옥내소화전설비 설치기준[시행규칙 별표17] : 옥내소화전설비는 각층을 기준으로 당해 층의 모든 옥내소화전(설치개수가 5개 이상인 경우는 5개)을 동시에 사용할 경우에 각 노즐선단의 방수압력이 350kPa(0.35MPa) 이상이고 방수량이 1분당 260L 이상의 성능이 되도록 할 것

50. 위험물 안전관리법령상 주유취급소에 설치, 운영할 수 없는 건축물 또는 시설은?

① 주유 취급소를 출입하는 사람을 대상으로 하는 그림 전시장

② 주유 취급소를 출입하는 사람을 대상으로 하는 일반음식점

③ 주유원 주거 시설

④ 주유 취급소를 출입하는 사람을 대상으로 하는 휴게음식점

해설 주유취급소에 허용되는 건축물 또는 시설[시행규칙 별표13]

㉮ 주유 또는 등유·경유를 옮겨 담기 위한 작업장

㉯ 주유취급소의 업무를 행하기 위한 사무소

㉰ 자동차 등의 점검 및 간이정비를 위한 작업장

정답 48. ④ 49. ① 50. ②

㉣ 자동차 등의 세정을 위한 작업장
㉤ 주유취급소에 출입하는 사람을 대상으로 한 점포·**휴게음식점** 또는 전시장
㉥ 주유취급소의 관계자가 거주하는 주거시설
㉦ 전기자동차용 충전설비
㉧ 그 밖의 소방청장이 정하여 고시하는 건축물 또는 시설

참고 휴게음식점은 설치가 가능하지만 **일반음식점**은 설치할 수 없는 시설이다.

51. **제2류 위험물 중 인화성 고체의 제조소에 설치하는 주의사항 게시판에 표시할 내용을 옳게 나타낸 것은?**

① 적색바탕에 백색문자로 "화기엄금" 표시
② 적색바탕에 백색문자로 "화기주의" 표시
③ 백색바탕에 적색문자로 "화기엄금" 표시
④ 백색바탕에 적색문자로 "화기주의" 표시

해설 제조소의 주의사항 게시판[시행규칙 별표4]

위험물의 종류	내용	색상
• 제1류 위험물 중 알칼리금속의 과산화물 • 제3류 위험물 중 금수성물질	"물기엄금"	청색바탕에 백색문자
• 제2류 위험물(인화성 고체 제외)	"화기주의"	적색바탕에 백색문자
• **제2류 위험물 중 인화성 고체** • 제3류 위험물 중 자연발화성물질 • 제4류 위험물 • 제5류 위험물	"화기엄금"	적색바탕에 백색문자

52. **위험물 안전관리법령상 옥내탱크저장소의 기준에서 옥내저장탱크 상호간에는 몇 m 이상의 간격을 유지하여야 하는가?**

① 0.3 ② 0.5 ③ 0.7 ④ 1.0

해설 옥내탱크 저장소 기준[시행규칙 별표7]
㉮ 옥내저장탱크는 단층 건축물에 설치된 탱크전용실에 설치할 것
㉯ 옥내저장탱크와 탱크전용실의 벽과의 사이 및 **옥내저장탱크 상호간**에는 **0.5m 이상의 간격**을 유지할 것. 다만, 탱크의 점검 및 보수에 지장이 없는 경우에는 그러하지 아니하다.
㉰ 옥내저장탱크의 용량은 지정수량의 40배 이하일 것(제4석유류 및 동식물유류 외의 제4류 위험물에 있어서 당해 수량이 2만 L를 초과할 때에는 2만 L 이하일 것)

53. **위험물 안전관리법령상 소화전용 물통 8L의 능력단위는?**

① 0.3 ② 0.5 ③ 1.0 ④ 1.5

해설 소화설비의 능력단위[시행규칙 별표17]

소화설비 종류	용량	능력단위
소화전용 물통	8L	0.3
수조 (소화전용 물통 3개 포함)	80L	1.5
수조 (소화전용 물통 6개 포함)	190L	2.5
마른모래(삽 1개 포함)	50L	0.5
팽창질석 또는 팽창진주암(삽 1개 포함)	160L	1.0

54. **위험물 안전관리법령상 제4류 위험물의 품명에 따른 위험등급과 옥내저장소 하나의 저장창고 바닥면적 기준을 옳게 나열한 것은? (단, 전용의 독립된 단층건물에 설치하며, 구획된 실이 없는 하나의 저장창고인 경우에 한한다.)**

① 제1석유류 : 위험등급 Ⅰ
최대 바닥면적 $1000m^2$
② 제2석유류 : 위험등급 Ⅰ
최대 바닥면적 $2000m^2$
③ 제3석유류 : 위험등급 Ⅱ
최대 바닥면적 $2000m^2$
④ 알코올류 : 위험등급 Ⅱ
최대 바닥면적 $1000m^2$

2016

정답 51. ① 52. ② 53. ① 54. ④

해설 ㉮ 옥내저장소에서 하나의 저장창고 바닥면적을 1000m² 이하로 하는 위험물[시행규칙 별표5

㉠ 제1류 위험물 중 아염소산염류, 염소산염류, 과염소산염류, 무기과산화물 그 밖에 지정수량이 50kg인 위험물

㉡ 제3류 위험물 중 칼륨, 나트륨, 알킬알루미늄, 알킬리튬 그 밖에 지정수량이 10kg인 위험물 및 황린

㉢ 제4류 위험물 중 특수인화물, 제1석유류 및 알코올류

㉣ 제5류 위험물 중 유기과산화물, 질산에스테르류 그 밖에 지정수량이 10kg인 위험물

㉤ 제6류 위험물

㉯ 제4류 위험물의 위험등급 분류

㉠ 위험등급 Ⅰ : 특수인화물

㉡ 위험등급 Ⅱ : 제1석유류, 알코올류

㉢ 위험등급 Ⅲ : ㉠, ㉡에 정하지 아니한 것

55. 위험물 옥외저장탱크의 통기관에 관한 사항으로 옳지 않은 것은?

① 밸브 없는 통기관의 지름은 30mm 이상으로 한다.

② 대기밸브부착 통기관은 항시 열려 있어야 한다.

③ 밸브 없는 통기관의 선단은 수평면보다 45도 이상 구부려 빗물 등의 침투를 막는 구조로 한다.

④ 대기밸브부착 통기관은 5kPa 이하의 압력차이로 작동할 수 있어야 한다.

해설 옥외탱크저장소의 통기관 기준[시행규칙 별표6]

㉮ 밸브 없는 통기관

㉠ 지름은 30mm 이상일 것

㉡ 선단은 수평면보다 45° 이상 구부려 빗물 등의 침투를 막는 구조로 할 것

㉢ 가는 눈의 구리망 등으로 인화방지장치를 할 것. 다만, 인화점 70℃ 이상의 위험물만을 인화점 미만의 온도로 저장 또는 취급하는 탱크의 통기관은 그러하지 않다.

㉣ 가연성의 증기를 회수하기 위한 밸브를 통기관에 설치하는 경우

• 저장탱크에 위험물을 주입하는 경우를 제외하고는 항상 개방되어 있는 구조로 할 것

• 폐쇄하였을 경우에는 10kPa 이하의 압력에서 개방되는 구조로 할 것(유효 단면적은 777.15mm² 이상이어야 한다)

㉯ 대기밸브 부착 통기관

㉠ 5kPa 이하의 압력차이로 작동할 수 있을 것

㉡ 인화방지장치를 할 것

참고 대기밸브 부착 통기관은 밸브가 부착되어 있는 통기관으로 **평상시에는 닫혀 있다**가 압력차이가 발생하면 5kPa 이하에서 밸브가 개방되는 통기관이다.

56. 위험물 안전관리법령상 지정수량의 $\frac{1}{10}$을 초과하는 위험물을 운반할 때 혼재할 수 없는 경우는?

① 제1류 위험물과 제6류 위험물

② 제2류 위험물과 제4류 위험물

③ 제4류 위험물과 제5류 위험물

④ 제5류 위험물과 제3류 위험물

해설 ㉮ 위험물 운반할 때 혼재 기준[시행규칙 별표19, 부표2]

구분	제1류	제2류	제3류	제4류	제5류	제6류
제1류		×	×	×	×	○
제2류	×		×	○	○	×
제3류	×	×		○	×	×
제4류	×	○	○		○	×
제5류	×	○	×	○		×
제6류	○	×	×	×	×	

○ : 혼합 가능, × : 혼합 불가능

㉯ 이 표는 지정수량의 $\frac{1}{10}$ 이하의 위험물에 대하여는 적용하지 않는다.

정답 55. ② 56. ④

57. 이동저장탱크에 알킬알루미늄을 저장하는 경우에 불활성 기체를 봉입하는데 이때의 압력은 몇 kPa 이하이어야 하는가?

① 10 ② 20 ③ 30 ④ 40

해설 알킬알루미늄등, 아세트알데히드등 및 디에틸에테르등의 저장기준[시행규칙 별표18]

㉮ 옥외저장탱크 또는 옥내저장탱크 중 압력탱크에 있어서는 알킬알루미늄등의 취출에 의하여 압력이 상용압력 이하로 저하하지 아니하도록 하고, 압력탱크 외의 탱크에 있어서는 알킬알루미늄등의 취출이나 온도의 저하의 의한 공기의 혼입을 방지할 수 있도록 불활성의 기체를 봉입할 것

㉯ 옥외저장탱크·옥내저장탱크 또는 이동저장탱크에 새롭게 알킬알루미늄등을 주입하는 때에는 미리 당해 탱크 안의 공기를 불활성기체와 치환하여 둘 것

㉰ 이동저장탱크에 알킬알루미늄등을 저장하는 경우에는 20kPa 이하의 압력으로 불활성의 기체를 봉입하여 둘 것

58. 위험물 옥외저장소에서 지정수량 200배 초과의 위험물을 저장할 경우 경계표시 주위의 보유공지 너비는 몇 m 이상으로 하여야 하는가? (단, 제4류 위험물과 제6류 위험물이 아닌 경우이다.)

① 0.5 ② 2.5 ③ 10 ④ 15

해설 위험물 옥외저장소 보유공지 기준[시행규칙 별표11]

저장 또는 취급하는 위험물의 최대수량	공지의 너비
지정수량의 10배 이하	3m 이상
지정수량의 10배 초과 20배 이하	5m 이상
지정수량의 20배 초과 50배 이하	9m 이상
지정수량의 50배 초과 200배 이하	12m 이상
지정수량의 200배 초과	15m 이상

참고 제4류 위험물 중 제4석유류와 제6류 위험물을 저장 또는 취급하는 옥외저장소는 보유공지 너비의 $\frac{1}{3}$ 이상의 너비로 할 수 있다.

59. 위험물 안전관리법령상 옥외저장소 중 덩어리 상태의 유황만을 지반면에 설치한 경계표시의 안쪽에서 저장 또는 취급할 때 경계표시의 높이는 몇 m 이하로 하여야 하는가?

① 1 ② 1.5 ③ 2 ④ 2.5

해설 덩어리 상태의 유황만을 저장하는 옥외 저장소 기준[시행규칙 별표11]

㉮ 하나의 경계표시의 내부의 면적은 $100m^2$ 이하일 것

㉯ 2 이상의 경계표시를 설치하는 경우에는 각각의 내부 면적을 합산한 면적은 $1000m^2$ 이하로 하고, 인접하는 경계표시와의 간격을 보유공지 너비의 $\frac{1}{2}$ 이상으로 할 것. 다만, 저장 또는 취급하는 위험물의 최대수량이 지정수량의 200배 이상인 경우에는 경계표시와의 간격을 10m 이상으로 하여야 한다.

㉰ 경계표시는 불연재료로 만드는 동시에 유황이 새지 아니하는 구조로 할 것

㉱ **경계표시의 높이는 1.5m 이하로 할 것**

㉲ 경계표시에는 유황이 넘치거나 비산하는 것을 방지하기 위한 천막 등을 고정하는 장치를 설치하되, 천막 등을 고정하는 장치는 경계표시의 길이 2m 마다 한 개 이상 설치할 것

㉳ 유황을 저장 또는 취급하는 장소의 주위에는 배수구와 분리장치를 설치할 것

60. 다음 그림과 같은 위험물 저장탱크의 내용적은 약 몇 m^3 인가?

① 4681
② 5482
③ 6283
④ 7080

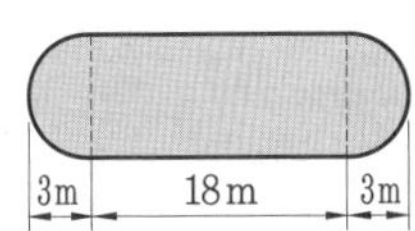

해설 $V=\pi\times r^2\times\left(l+\frac{l_1+l_2}{3}\right)$

$=\pi\times 10^2\times\left(18+\frac{3+3}{3}\right)=6283.185\,m^3$

일러두기 : 2016년 제5회부터는 CBT 방식으로 시행되어 문제가 공개되지 않습니다.

정답 57. ② 58. ④ 59. ② 60. ③

CBT 모의고사

일러두기 : [CBT 모의고사 정답 및 해설]은 저자가 운영하는 카페에서 PDF로 다운로드하여 활용할 수 있습니다.

저자 카페 : cafe.naver.com/gas21

제1회 CBT 모의고사

1. 제3종 분말소화약제의 주요 성분에 해당하는 것은?

① 인산암모늄
② 탄산수소나트륨
③ 탄산수소칼륨
④ 요소

2. 소화설비의 설치기준에서 유기과산화물 1000kg은 몇 소요단위에 해당하는가?

① 10 ② 20
③ 30 ④ 40

3. 연소 위험성이 큰 휘발유 등은 배관을 통하여 이송할 경우 안전을 위하여 유속을 느리게 해주는 것이 바람직하다. 이는 배관 내에서 발생할 수 있는 어떤 에너지를 억제하기 위함인가?

① 유도에너지 ② 분해에너지
③ 정전기에너지 ④ 아크에너지

4. 1몰의 이황화탄소와 고온의 물이 반응하여 생성되는 유독한 기체물질의 부피는 표준상태에서 얼마인가?

① 22.4L ② 44.8L
③ 67.2L ④ 134.4L

5. 전기설비에 적응성이 없는 소화설비는?

① 불활성가스 소화설비
② 물분무 소화설비
③ 포 소화설비
④ 할로겐화합물 소화설비

6. 물질의 발화온도가 낮아지는 경우는?

① 발열량이 작을 때
② 산소의 농도가 작을 때
③ 화학적 활성도가 클 때
④ 산소와 친화력이 작을 때

7. 휘발유의 소화방법으로 옳지 않은 것은?

① 분말 소화약제를 사용한다.
② 포 소화약제를 사용한다.
③ 물통 또는 수조로 주수소화한다.
④ 이산화탄소에 의한 질식소화한다.

8. 팽창질석(삽 1개 포함) 160L의 소화능력단위는?

① 0.5 ② 1.0
③ 1.5 ④ 2.0

9. 플래시 오버(flash over)에 관한 설명이 아닌 것은?

① 실내화재에서 발생하는 현상
② 순간적인 연소확대 현상
③ 발생시점은 초기에서 성장기로 넘어가는 분기점
④ 화재로 인하여 온도가 급격히 상승하여 화재가 순간적으로 실내 전체에 확산되어 연소되는 현상

10. 화재 시 이산화탄소를 방출하여 산소의 농도를 13 vol%로 낮추어 소화를 하려면 공기 중의 이산화탄소는 몇 vol%가 되어야 하는가?

① 28.1 ② 38.1
③ 42.86 ④ 48.36

11. 자연발화의 방지법이 아닌 것은?

① 습도를 높게 유지할 것
② 저장실의 온도를 낮출 것
③ 퇴적 및 수납 시 열축적이 없을 것
④ 통풍을 잘 시킬 것

12. 화학식과 Halon 번호를 옳게 연결한 것은?

① CBr_2F_2 – 1202
② $C_2Br_2F_2$ – 2422
③ $CBrClF_2$ – 1102
④ $C_2Br_2F_4$ – 1242

13. 액체연료의 연소형태가 아닌 것은?

① 확산연소 ② 증발연소
③ 액면연소 ④ 분무연소

14. 어떤 소화기에 "ABC"라고 표시되어 있다. 다음 중 사용할 수 없는 화재는?

① 금속화재 ② 유류화재
③ 전기화재 ④ 일반화재

15. 분진폭발의 원인 물질로 작용할 위험성이 가장 낮은 것은?

① 마그네슘 분말 ② 밀가루
③ 담배 분말 ④ 시멘트 분말

16. 소화작용에 대한 설명 중 옳지 않은 것은?

① 가연물의 온도를 낮추는 소화는 냉각작용이다.
② 물의 주된 소화작용 중 하나는 냉각작용이다.
③ 연소에 필요한 산소의 공급원을 차단하는 소화는 제거작용이다.
④ 가스화재 시 밸브를 차단하는 것은 제거작용이다.

17. 소화설비의 기준에서 이산화탄소 소화설비가 적응성이 있는 대상물은?

① 알칼리금속 과산화물
② 철분
③ 인화성 고체
④ 제3류 위험물의 금수성물질

18. 분자 내의 니트로기와 같이 쉽게 산소를 유리할 수 있는 기를 가지고 있는 화합물의 연소 형태는?

① 표면연소 ② 분해연소
③ 증발연소 ④ 자기연소

19. 지정수량은 20kg이고, 백색 또는 담황색 고체이며 비중은 약 1.82이고 융점은 약 44℃이며, 비점은 약 280℃이고 증기 비중은 약 4.3인 위험물은?

① 적린 ② 황린
③ 유황 ④ 마그네슘

20. 유기과산화물의 화재예방상 주의사항으로 틀린 것은?

① 열원으로부터 멀리한다.
② 직사광선을 피해야 한다.
③ 용기의 파손에 의해서 누출되면 위험하므로 정기적으로 점검하여야 한다.
④ 산화제와 격리하고 환원제와 접촉시켜야 한다.

21. 분말의 형태로서 150마이크로미터(μm)의 체를 통과하는 것이 50중량퍼센트 이상인 것만 위험물로 취급되는 것은?

① Fe ② Sn
③ Ni ④ Cu

22. 상온에서 액체인 물질로만 조합된 것은?

① 질산에틸, 니트로글리세린
② 피크린산, 질산메틸
③ 트리니트로톨루엔, 디니트로벤젠
④ 니트로글리콜, 테트릴

23. 다음 중 인화점이 가장 낮은 것은?

① 이소펜탄
② 아세톤
③ 디에틸에테르
④ 이황화탄소

24. 위험물 안전관리에 관한 세부기준에서 정한 위험물의 유별에 따른 위험성 시험 방법을 옳게 연결한 것은?

① 제1류 – 가열분해성 시험
② 제2류 – 작은 불꽃 착화시험
③ 제5류 – 충격민감성 시험
④ 제6류 – 낙구타격감도 시험

25. 과염소산의 저장 및 취급방법으로 틀린 것은?

① 종이, 나무부스러기 등과의 접촉을 피한다.
② 직사광선을 피하고, 통풍이 잘 되는 장소에 보관한다.
③ 금속분과의 접촉을 피한다.
④ 분해방지제로 NH_3 또는 $BaCl_2$를 사용한다.

26. CaC_2의 저장 장소로서 적합한 곳은?

① 가스가 발생하므로 밀전을 하지 않고 공기 중에 보관한다.
② HCl 수용액 속에 저장한다.
③ CCl_4 분위기의 수분이 많은 장소에 보관한다.
④ 건조하고 환기가 잘 되는 장소에 보관한다.

27. 위험물 안전관리법령상 소화설비에 해당하지 않는 것은?

① 옥외 소화전설비
② 스프링클러설비
③ 할로겐화합물 소화설비
④ 연결살수설비

28. 위험물탱크 성능시험자가 갖추어야 할 등록기준에 해당되지 않는 것은?

① 기술능력 ② 시설
③ 장비 ④ 경력

29. 과산화벤조일과 과염소산의 지정수량의 합은 몇 kg 인가?

① 310 ② 350 ③ 400 ④ 500

30. 위험물에 대한 유별 구분이 잘못된 것은?

① 브롬산염류 – 제1류 위험물
② 유황 – 제2류 위험물
③ 금속의 인화물 – 제3류 위험물
④ 무기과산화물 – 제5류 위험물

31. 화재 시 내알코올포 소화약제를 사용하는 것이 가장 적합한 위험물은?

① 아세톤 ② 휘발유
③ 경유 ④ 등유

32. 위험물을 유별로 정리하여 상호 1m 이상의 간격을 유지하는 경우에도 동일한 옥내저장소에 저장할 수 없는 것은?

① 제1류 위험물(알칼리금속의 과산화물 또는 이를 함유한 것을 제외한다)과 제5류 위험물
② 제1류 위험물과 제6 위험물
③ 제1류 위험물과 제3류 위험물 중 황린
④ 인화성 고체를 제외한 제2류 위험물과 제4류 위험물

33. 무색 또는 옅은 청색의 액체로 농도가 36 wt% 이상인 것을 위험물로 간주하는 것은?

① 과산화수소　② 과염소산
③ 질산　④ 초산

34. 제4류 위험물 중 특수인화물로만 나열된 것은?

① 아세트알데히드, 산화프로필렌, 염화아세틸
② 산화프로필렌, 염화아세틸, 부틸알데히드
③ 부틸알데히드, 이소프로필아민, 디에틸에테르
④ 이황화탄소, 황화디메틸, 이소프로필아민

35. 질산의 비중이 1.5일 때 1소요단위는 몇 L인가?

① 150　② 200　③ 1500　④ 2000

36. 경유에 대한 설명으로 틀린 것은?

① 품명은 제3석유류이다.
② 디젤기관의 연료로 사용할 수 있다.
③ 원유의 증류 시 등유와 중유 사이에서 유출된다.
④ K, Na의 보호액으로 사용할 수 있다.

37. 위험물 제조소등에 경보설비를 설치해야 하는 경우가 아닌 것은? (단, 지정수량의 10배 이상을 저장 또는 취급하는 경우이다.)

① 이동탱크 저장소
② 단층 건물로 처마 높이가 6m인 옥내 저장소
③ 단층 건물 외의 건축물에 설치된 옥내탱크 저장소로서 소화난이도 등급 Ⅰ에 해당하는 것
④ 옥내주유 취급소

38. 탱크의 공간용적은 탱크 내용적의 100분의 (　) 이상, 100분의 (　) 이하의 용적으로 한다. 괄호 안의 숫자를 차례대로 올바르게 나열한 것은? (단, 소화설비를 설치하는 경우와 암반탱크는 제외한다.)

① 5, 10　② 5, 15
③ 10, 15　④ 10, 20

39. 니트로셀룰로오스에 대한 설명으로 틀린 것은?

① 다이너마이트의 원료로 사용된다.
② 물과 혼합하면 위험성이 감소된다.
③ 셀룰로오스에 진한 질산과 진한 황산을 작용시켜 만든다.
④ 품명이 니트로화합물이다.

40. 제4류 위험물에 속하지 않는 것은?

① 아세톤　② 실린더유
③ 과산화벤조일　④ 니트로벤젠

41. 과산화마그네슘에 대한 설명으로 옳은 것은?

① 산화제, 표백제, 살균제 등으로 사용된다.
② 물에 녹지 않기 때문에 습기와 접촉해도 무방하다.
③ 물과 반응하여 금속 마그네슘을 생성한다.
④ 염산과 반응하면 산소와 수소를 발생한다.

42. 위험물 안전관리법령에 따라 제조소등의 관계인이 예방규정을 정하여야 하는 제조소등에 해당하지 않는 것은?

① 지정수량의 200배 이상의 위험물을 저장하는 옥외 탱크 저장소
② 지정수량의 10배 이상의 위험물을 취급하는 제조소
③ 암반탱크 저장소
④ 지하탱크 저장소

43. 다음 중 같은 위험등급의 위험물로만 이루어지지 않은 것은?

① Fe, Sb, Mg
② Zn, Al, S
③ 황화린, 적린, 칼슘
④ 메탄올, 에탄올, 벤젠

44. 다음 위험물 중 지정수량이 가장 큰 것은?

① 질산에틸
② 과산화수소
③ 트리니트로톨루엔
④ 피크르산

45. 지정수량 10배의 위험물을 운반할 때 혼재가 가능한 것은?

① 제1류 위험물과 제2류 위험물
② 제1류 위험물과 제4류 위험물
③ 제4류 위험물과 제5류 위험물
④ 제5류 위험물과 제3류 위험물

46. 위험물 안전관리법령의 규정에 따라 운반용기의 외부에 "화기엄금" 및 "충격주의"를 표시하고, 적재하는 경우 차광성이 있는 피복으로 가리며, 55℃ 이하에서 분해될 우려가 있는 경우 보랭 컨테이너에 수납하여 적정한 온도관리를 하는 예방조치를 하여야 하는 위험물은?

① 제1류 위험물
② 제2류 위험물
③ 제3류 위험물
④ 제5류 위험물

47. 건축물 외벽이 내화구조이며 연면적 $300m^2$인 위험물 옥내 저장소의 건축물에 대하여 소화설비의 소화능력 단위는 최소한 몇 단위 이상이 되어야 하는가?

① 1단위　　② 2단위
③ 3단위　　④ 4단위

48. 수소화칼슘이 물과 반응하였을 때의 생성물은?

① 칼슘과 수소
② 수산화칼슘과 수소
③ 칼슘과 산소
④ 수산화칼슘과 산소

49. 과염소산칼륨과 아염소산나트륨의 공통 성질이 아닌 것은?

① 지정수량이 50kg이다.
② 열분해 시 산소를 방출한다.
③ 강산화성 물질이며 가연성이다.
④ 상온에서 고체의 형태이다.

50. 위험성 예방을 위해 물 속에 저장하는 것은?

① 칠황화린　　② 이황화탄소
③ 오황화린　　④ 톨루엔

51. 착화점이 232℃에 가장 가까운 위험물은?

① 삼황화린　　② 오황화린
③ 적린　　④ 유황

52. $NaClO_3$에 대한 설명으로 옳은 것은?

① 물, 알코올에 녹지 않는다.
② 가연성 물질로 무색, 무취의 결정이다.
③ 유리를 부식시키므로 철제용기에 저장한다.
④ 산과 반응하여 유독성의 ClO_2를 발생한다.

53. 물과 접촉하면 위험성이 증가하므로 주수소화를 할 수 없는 물질은?

① $KClO_3$　　② $NaNO_3$
③ Na_2O_2　　④ $(C_6H_5CO)_2O_2$

54. 금속 나트륨에 관한 설명으로 옳은 것은?

① 물보다 무겁다.
② 융점이 100℃ 보다 높다.
③ 물과 격렬히 반응하여 산소를 발생하고 발열한다.
④ 등유는 반응이 일어나지 않아 저장액으로 이용된다.

55. 메탄올과 에탄올의 공통점에 대한 설명으로 틀린 것은?

① 증기 비중이 같다.
② 무색 투명한 액체이다.
③ 비중이 1보다 작다.
④ 물에 잘 녹는다.

56. 동식물유류에 대한 설명으로 틀린 것은?

① 아마인유는 건성유이다.
② 불포화결합이 적을수록 자연발화의 위험이 커진다.
③ 요오드값이 100 이하인 것을 불건성유라 한다.
④ 건성유는 공기 중 산화중합으로 생긴 고체가 도막을 형성할 수 있다.

57. 물과 반응하여 아세틸렌을 발생하는 것은?

① NaH ② Al_4C_3
③ CaC_2 ④ $(C_2H_5)_3Al$

58. 지정수량이 나머지 셋과 다른 하나는?

① 칼슘 ② 나트륨아미드
③ 인화아연 ④ 바륨

59. 위험물 제조소에 설치하는 안전장치 중 위험물의 성질에 따라 안전밸브의 작동이 곤란한 가압설비에 한하여 설치하는 것은?

① 파괴판
② 안전밸브를 병용하는 경보장치
③ 감압측에 안전밸브를 부착한 감압밸브
④ 연성계

60. 제6류 위험물에 대한 설명으로 틀린 것은?

① 위험등급 Ⅰ에 속한다.
② 자신이 산화되는 산화성 물질이다.
③ 지정수량이 300kg이다.
④ 오불화브롬은 제6류 위험물이다.

제2회 CBT 모의고사

1. 위험물의 화재위험에 관한 제반조건을 설명한 것으로 옳은 것은?

① 인화점이 높을수록, 연소범위가 넓을수록 위험하다.
② 인화점이 낮을수록, 연소범위가 좁을수록 위험하다.
③ 인화점이 높을수록, 연소범위가 좁을수록 위험하다.
④ 인화점이 낮을수록, 연소범위가 넓을수록 위험하다.

2. 휘발유, 등유, 경유 등의 제4류 위험물에 화재가 발생하였을 때 소화방법으로 가장 옳은 것은?

① 포 소화설비로 질식소화시킨다.
② 다량의 물을 위험물에 직접 주수하여 소화한다.
③ 강산화성 소화제를 사용하여 중화시켜 소화한다.
④ 염소산칼륨 또는 염화나트륨이 주성분인 소화약제로 표면을 덮어 소화한다.

3. 옥외탱크 저장소에 연소성 혼합기체의 생성에 의한 폭발을 방지하기 위하여 불활성의 기체를 봉입하는 장치를 설치하여야 하는 위험물질은?

① $CH_3COC_2H_5$
② C_5H_5N
③ CH_3CHO
④ C_6H_5Cl

4. 위험물을 취급함에 있어서 정전기가 발생할 우려가 있는 설비에 정전기를 유효하게 제거할 수 있는 방법에 해당하지 않는 것은?

① 위험물의 유속을 높이는 방법
② 공기를 이온화하는 방법
③ 공기 중의 상대습도를 70% 이상으로 하는 방법
④ 접지에 의한 방법

5. 위험물 안전관리자를 해임한 후 며칠 이내에 후임자를 선임하여야 하는가?

① 14일
② 15일
③ 20일
④ 30일

6. 다음 위험물 중 착화온도가 가장 낮은 것은?

① 이황화탄소
② 디에틸에테르
③ 아세톤
④ 아세트알데히드

7. 공장 창고에 보관 되었던 톨루엔이 유출되어 미상의 점화원에 의해 착화되어 화재가 발생하였다면 이 화재의 분류로 옳은 것은?

① A급 화재
② B급 화재
③ C급 화재
④ D급 화재

8. 위험물안전관리법령상 자동화재 탐지설비를 설치하지 않고 비상경보설비로 대신할 수 있는 것은?

① 일반취급소로서 연면적 $600m^2$인 것
② 지정수량 20배를 저장하는 옥내저장소로서 처마높이가 8m인 단층건물
③ 단층건물 외의 건축물에 설치된 지정수량 15배의 옥내탱크 저장소로서 소화난이도 등급 Ⅱ에 속하는 것
④ 지정수량 20배를 저장, 취급하는 옥내주유 취급소

9. A급, B급, C급 화재에 모두 적용이 가능한 소화약제는?

① 제1종 분말소화약제
② 제2종 분말소화약제
③ 제3종 분말소화약제
④ 제4종 분말소화약제

10. BCF 소화기의 약제를 화학식으로 옳게 나타낸 것은?

① CCl_4 ② CH_2ClBr
③ CF_3Br ④ CF_2ClBr

11. 물의 소화능력을 강화시키기 위해 개발된 것으로 한랭지 또는 겨울철에도 사용할 수 있는 소화기에 해당하는 것은?

① 산·알칼리 소화
② 강화액 소화기
③ 포 소화기
④ 할로겐화합물 소화기

12. 위험물 안전관리법령에서 정한 자동화재 탐지설비에 대한 기준으로 틀린 것은? (단, 원칙적인 경우에 한한다.)

① 경계구역은 건축물, 그 밖의 공작물의 2 이상의 층에 걸치지 아니하도록 할 것
② 하나의 경계구역의 면적은 $600m^2$ 이하로 할 것
③ 하나의 경계구역의 한 변 길이는 30m 이하로 할 것
④ 자동화재 탐지설비에는 비상전원을 설치할 것

13. 이산화탄소 소화기의 특징에 대한 설명으로 틀린 것은?

① 소화약제에 의한 오손이 거의 없다.
② 약제 방출 시 소음이 없다.
③ 전기화재에 유효하다.
④ 장시간 저장해도 물성의 변화가 거의 없다.

14. 소화약제에 따른 주된 소화효과로 틀린 것은?

① 수성막포 소화약제 : 질식효과
② 제2종 분말소화약제 : 탈수탄화효과
③ 이산화탄소 소화약제 : 질식효과
④ 할로겐화합물 소화약제 : 화학억제효과

15. 소화전용 물통 8리터의 능력단위는 얼마인가?

① 0.1 ② 0.3
③ 0.5 ④ 1.0

16. 액화 이산화탄소 1kg이 25℃, 2atm에서 방출되어 모두 기체가 되었다. 방출된 기체상의 이산화탄소 부피는 약 몇 L인가?

① 278 ② 556
③ 1111 ④ 1985

17. 금속분의 화재 시 주수해서는 안 되는 이유로 가장 옳은 것은?

① 산소가 발생하기 때문에
② 수소가 발생하기 때문에
③ 질소가 발생하기 때문에
④ 유독가스가 발생하기 때문에

18. 위험물 안전관리법상 제3석유류의 액체상태의 판단기준은?

① 1기압과 섭씨 20도에서 액상인 것
② 1기압과 섭씨 25도에서 액상인 것
③ 기압에 무관하게 섭씨 20도에서 액상인 것
④ 기압에 무관하게 섭씨 25도에서 액상인 것

19. 가연성 고체의 미세한 분말이 일정 농도 이상 공기 중에 분산되어 있을 때 점화원에 의하여 연소 폭발되는 현상은?

① 분진폭발 ② 산화폭발
③ 분해폭발 ④ 중합폭발

20. 제조소의 옥외에 모두 3기의 휘발유 취급탱크를 설치하고 그 주위에 방유제를 설치하고자 한다. 방유제 안에 설치하는 각 취급탱크의 용량이 5만 L, 3만 L, 2만 L 일 때 필요한 방유제의 용량은 몇 L 이상인가?

① 66000 ② 60000
③ 33000 ④ 30000

21. 위험물을 보관하는 방법에 대한 설명 중 틀린 것은?

① 염소산나트륨 : 철제 용기의 사용을 피한다.
② 산화프로필렌 : 저장 시 구리용기에 질소 등 불활성 기체를 충전한다.
③ 트리에틸알루미늄 : 용기는 밀봉하고 질소 등 불활성 기체를 충전한다.
④ 황화린 : 냉암소에 저장한다.

22. 위험물의 운반 시 혼재가 가능한 것은? (단, 지정수량 10배의 위험물인 경우이다.)

① 제1류 위험물과 제2류 위험물
② 제2류 위험물과 제3류 위험물
③ 제4류 위험물과 제5류 위험물
④ 제5류 위험물과 제6류 위험물

23. 과산화바륨의 취급에 대한 설명 중 틀린 것은?

① 직사광선을 피하고, 냉암소에 둔다.
② 유기물, 산 등의 접촉을 피한다.
③ 피부와 직접적인 접촉을 피한다.
④ 화재 시 주수소화가 효과적이다.

24. 휘발유를 저장하던 이동저장탱크에 등유나 경유를 탱크 상부로부터 주입할 때 액 표면이 일정 높이가 될 때까지 위험물의 주입관 내 유속을 몇 m/s 이하로 하여야 하는가?

① 1 ② 2 ③ 3 ④ 5

25. CH_3ONO_2의 소화방법에 대한 설명으로 옳은 것은?

① 물을 주수하여 냉각소화한다.
② 이산화탄소 소화기로 질식소화한다.
③ 할로겐화합물 소화기로 질식소화한다.
④ 건조사로 냉각소화한다.

26. 아세톤의 성질에 관한 설명으로 옳은 것은?

① 비중은 1.02이다.
② 물에 불용이고, 에테르에 잘 녹는다.
③ 증기 자체는 무해하나, 피부에 닿으면 탈지작용이 있다.
④ 인화점이 0℃보다 낮다.

27. 금속나트륨의 올바른 취급으로 가장 거리가 먼 것은?

① 보호액 속에서 노출되지 않도록 주의한다.
② 수분 또는 습기와 접촉되지 않도록 주의한다.
③ 용기에서 꺼낼 때는 손을 깨끗이 닦고 만져야 한다.
④ 다량 연소하면 소화가 어려우므로 가급적 소량으로 나누어 저장한다.

28. 인화점이 100℃ 보다 낮은 물질은?

① 아닐린
② 에틸렌글리콜
③ 글리세린
④ 실린더유

29. 제3류 위험물인 칼륨의 성질이 아닌 것은?

① 물과 반응하여 수산화물과 수소를 만든다.
② 원자가 전자가 2개로 쉽게 2가의 양이온이 되어 반응한다.
③ 원자량은 약 39이다.
④ 은백색의 광택을 가지는 연하고 가벼운 고체로 칼로 쉽게 잘라진다.

30. 다음 그림과 같은 위험물 저장탱크의 내용적은 약 몇 m^3인가?

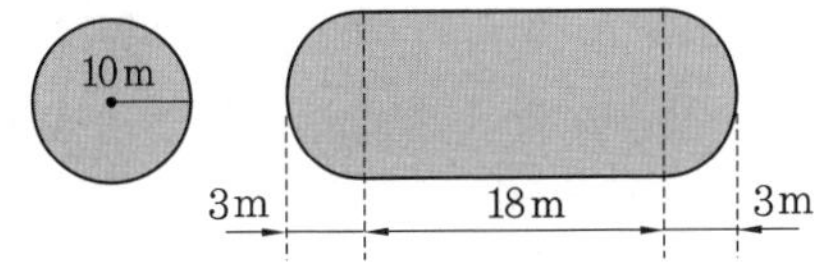

① 4681
② 5482
③ 6283
④ 7080

31. 제2류 위험물과 산화제를 혼합하면 위험한 이유로 가장 적합한 것은?

① 제2류 위험물이 가연성 액체이기 때문에
② 제2류 위험물이 환원제로 작용하기 때문에
③ 제2류 위험물은 자연발화의 위험이 있기 때문에
④ 제2류 위험물은 물 또는 습기를 잘 머금고 있기 때문에

32. 상온에서 액상인 것으로만 나열된 것은?

① 니트로셀룰로오스, 니트로글리세린
② 질산에틸, 니트로글리세린
③ 질산에틸, 피크린산
④ 니트로셀룰로오스, 셀룰로이드

33. 자기반응성 물질의 화재 예방법으로 가장 거리가 먼 것은?

① 마찰을 피한다.
② 불꽃의 접근을 피한다.
③ 고온체로 건조시켜 보관한다.
④ 운반용기 외부에 "화기엄금" 및 "충격주의"를 표시한다.

34. 제6류 위험물의 위험성에 대한 설명으로 틀린 것은?

① 질산을 가열할 대 발생하는 적갈색 증기는 무해하지만 가연성이며 폭발성이 강하다.
② 고농도의 과산화수소는 충격, 마찰에 의해서 단독으로도 분해 폭발할 수 있다.
③ 과염소산은 유기물과 접촉 시 발화 또는 폭발할 위험이 있다.
④ 과산화수소는 햇빛에 의해서 분해되며, 촉매(MnO_2) 하에서 분해가 촉진된다.

35. 위험물 안전관리법령상 위험물의 운반에 관한 기준에 따르면 지정수량 얼마 이하의 위험물에 대하여는 "유별을 달리하는 위험물의 혼재기준"을 적용하지 아니하여도 되는가?

① $\frac{1}{2}$ ② $\frac{1}{3}$ ③ $\frac{1}{5}$ ④ $\frac{1}{10}$

36. 위험물의 지정수량이 나머지 셋과 다른 하나는?

① $NaClO_4$ ② MgO_2
③ KNO_3 ④ NH_4ClO_3

37. 트리니트로톨루엔에 대한 설명으로 가장 거리가 먼 것은?

① 물에 녹지 않으나 알코올에는 녹는다.
② 직사광선에 노출되면 다갈색으로 변한다.
③ 공기 중에 노출되면 쉽게 가수분해한다.
④ 이성질체가 존재한다.

38. 위험물의 성질에 관한 설명 중 옳은 것은?

① 벤젠과 톨루엔 중 인화온도가 낮은 것은 톨루엔이다.
② 디에틸에테르는 휘발성이 높으며 마취성이 있다.
③ 에틸알코올은 물이 조금이라도 섞이면 불연성 액체가 된다.
④ 휘발유는 전기 양도체이므로 정전기 발생이 위험하다.

39. 위험물 안전관리법령상 품명이 질산에스테르류에 속하지 않는 것은?

① 질산에틸
② 니트로글리세린
③ 니트로톨루엔
④ 니트로셀룰로오스

40. 위험물의 품명과 지정수량이 잘못 짝지어진 것은?

① 황화린 – 100kg
② 알킬알루미늄 – 10kg
③ 마그네슘 – 500kg
④ 황린 – 10kg

41. 지정수량의 10배 이상의 위험물을 취급하는 제조소에는 피뢰침을 설치하여야 하지만 제 몇 류 위험물을 취급하는 경우는 이를 제외할 수 있는가?

① 제2류 위험물 ② 제4류 위험물
③ 제5류 위험물 ④ 제6류 위험물

42. 니트로셀룰로오스에 관한 설명으로 옳은 것은?

① 용제에는 전혀 녹지 않는다.
② 질화도가 클수록 위험성이 증가한다.
③ 물과 작용하여 수소를 발생한다.
④ 화재발생 시 질식소화가 가장 적합하다.

43. '제조소 일반점검표'에 기재되어 있는 위험물 취급설비 중 안전장치의 점검내용이 아닌 것은?

① 회전부 등의 급유상태의 적부
② 부식, 손상의 유무
③ 고정상황의 적부
④ 기능의 적부

44. 이동탱크 저장소에 의한 위험물의 운송 시 준수하여야 하는 기준에서 다음 중 어떤 위험물을 운송할 때 위험물 운송자는 위험물 안전카드를 휴대하여야 하는가?

① 특수인화물 및 제1석유류
② 알코올류 및 제2석유류
③ 제3석유류 및 동식물유류
④ 제4석유류

45. 제2류 위험물 중 지정수량이 잘못 연결된 것은?

① 유황 – 100kg
② 철분 – 500kg
③ 금속분 – 500kg
④ 인화성 고체 – 500kg

46. 다음은 위험물 안전관리법령에서 정의한 동식물유류에 관한 내용이다. ( ) 안에 알맞은 수치는?

동물의 지육 등 또는 식물의 종자나 과육으로부터 추출한 것으로서 1기압에서 인화점이 섭씨 ( )도 미만인 것을 말한다.

① 21　　② 200
③ 250　　④ 300

47. 지하탱크 저장소 탱크전용실의 안쪽과 지하저장탱크와의 사이는 몇 m 이상의 간격을 유지하여야 하는가?

① 0.1　　② 0.2
③ 0.3　　④ 0.5

48. 이황화탄소에 대한 설명으로 틀린 것은?

① 순수한 것은 황색을 띠고 냄새가 없다.
② 증기는 유독하며 신경계통에 장애를 준다.
③ 물에 녹지 않는다.
④ 연소 시 유독성의 가스를 발생한다.

49. 위험물 안전관리법상 설치허가 및 완공검사 절차에 관한 설명으로 틀린 것은?

① 지정수량의 3천배 이상의 위험물을 취급하는 제조소는 한국소방산업기술원으로부터 당해 제조소의 구조, 설비에 관한 기술검토를 받아야 한다.
② 50만 리터 이상인 옥외탱크 저장소는 한국소방산업기술원으로부터 당해 탱크의 기초, 지반 및 탱크본체에 관한 기술검토를 받아야 한다.
③ 지정수량의 1천배 이상의 제4류 위험물을 취급하는 일반취급소의 완공검사는 한국소방산업기술원이 실시한다.
④ 50만 리터 이상인 옥외탱크 저장소의 완공검사는 한국소방산업기술원이 실시한다.

50. 위험물 안전관리법령상 할로겐화합물 소화기가 적응성이 있는 위험물은

① 나트륨　　② 질산메틸
③ 이황화탄소　　④ 과산화나트륨

51. 히드록실아민을 취급하는 제조소에 두어야 하는 최소한의 안전거리(D)를 구하는 산식으로 옳은 것은? (단, N은 당해 제조소에서 취급하는 히드록실아민의 지정수량 배수를 나타낸다.)

① $D=51.1\sqrt[4]{N}$
② $D=51.1\sqrt[3]{N}$
③ $D=31.1\sqrt[4]{N}$
④ $D=31.1\sqrt[3]{N}$

52. 제3류 위험물 중 금수성 물질을 제외한 위험물에 적응성이 있는 소화설비가 아닌 것은?

① 분말 소화설비
② 스프링클러설비
③ 팽창질석
④ 포소화설비

53. 적린과 동소체 관계에 있는 위험물은?

① 오황화린　　② 인화알루미늄
③ 인화칼슘　　④ 황린

54. 제조소의 건축물 구조기준 중 연소의 우려가 있는 외벽은 출입구 외의 개구부가 없는 내화구조의 벽으로 하여야 한다. 이때 연소의 우려가 있는 외벽은 제조소가 설치된 부지의 경계선에서 몇 m 이내에 있는 외벽을 말하는가? (단, 단층 건물일 경우이다.)

① 3 ② 4 ③ 5 ④ 6

55. 위험물 저장탱크의 공간용적은 탱크 내용적의 얼마 이상, 얼마 이하로 하는가?

① $\frac{2}{100}$ 이상, $\frac{3}{100}$ 이하

② $\frac{2}{100}$ 이상, $\frac{5}{100}$ 이하

③ $\frac{5}{100}$ 이상, $\frac{10}{100}$ 이하

④ $\frac{10}{100}$ 이상, $\frac{20}{100}$ 이하

56. 과망간산칼륨의 일반적인 성질에 관한 설명 중 틀린 것은?

① 강한 살균력과 산화력이 있다.
② 금속성 광택이 있는 무색의 결정이다.
③ 가열분해시키면 산소를 방출한다.
④ 비중은 약 2.7이다.

57. 제조소의 게시판 사항 중 위험물의 종류에 다른 주의사항이 옳게 연결된 것은?

① 제2류 위험물(인화성 고체 제외) – 화기엄금
② 제3류 위험물 중 금수성 물질 – 물기엄금
③ 제4류 위험물 – 화기주의
④ 제5류 위험물 – 물기엄금

58. 제5류 위험물이 아닌 것은?

① 클로로벤젠
② 과산화벤조일
③ 염산히드라진
④ 아조벤젠

59. 위험물 안전관리법에서 사용하는 용어의 정의 중 틀린 것은?

① "지정수량"은 위험물의 종류별로 위험성을 고려하여 대통령령이 정하는 수량이다.
② "제조소"라 함은 위험물을 제조할 목적으로 지정수량 이상의 위험물을 취급하기 위하여 규정에 따라 허가를 받은 장소이다.
③ "저장소"라 함은 지정수량 이상의 위험물을 저장하기 위한 대통령령이 정하는 정소로서 규정에 따라 허가를 받은 장소를 말한다.
④ "제조소등"이라 함은 제조소, 저장소 및 이동탱크를 말한다.

60. 위험물의 유별과 성질을 잘못 연결한 것은?

① 제2류 – 가연성 고체
② 제3류 – 자연발화성 및 금수성 물질
③ 제5류 – 자기반응성물질
④ 제6류 – 산화성 고체

제3회 CBT 모의고사

1. 지정수량 10배의 위험물을 저장 또는 취급하는 제조소에 있어서 연면적이 최소 몇 m^2이면 자동화재 탐지설비를 설치해야 하는가?

① 100 ② 300
③ 500 ④ 1000

2. 황린에 대한 설명으로 옳지 않은 것은?

① 연소하면 악취가 있는 것은 검은색 연기를 낸다.
② 공기 중에서 자연발화할 수 있다.
③ 수중에 저장하여야 한다.
④ 자체 증기도 유독하다.

3. 다음 중 화재 시 사용하면 독성의 $COCl_2$ 가스를 발생시킬 위험이 가장 높은 소화약제는?

① 액화이산화탄소 ② 제1종 분말
③ 사염화탄소 ④ 공기포

4. 위험물 안전관리법령상 탄산수소염류의 분말 소화기가 적응성을 갖는 위험물이 아닌 것은?

① 과염소산 ② 철분
③ 톨루엔 ④ 아세톤

5. 소화기에 "A-2"로 표시되어 있었다면 숫자 "2"가 의미하는 것은 무엇인가?

① 소화기의 제조번호
② 소화기의 소요단위
③ 소화기의 능력단위
④ 소화기의 사용순위

6. 화재 시 물을 이용한 냉각소화를 할 경우 오히려 위험성이 증가하는 물질은?

① 질산에틸 ② 마그네슘
③ 적린 ④ 황

7. 석유류가 연소할 때 발생하는 가스로 강한 자극적인 냄새가 나며 취급하는 장치를 부식시키는 것은?

① H_2 ② CH_4 ③ NH_3 ④ SO_2

8. 위험물 유별에 따른 성질과 해당 품명의 예가 잘못 연결된 것은?

① 제1류 – 산화성 고체 : 무기과산화물
② 제2류 – 가연성 고체 : 금속분
③ 제3류 – 자연발화성 물질 및 금수성 물질 : 황화린
④ 제5류 – 자기반응성물질 : 히드록실아민염류

9. 위험물 안전관리법령에 따른 건축물 그 밖의 공작물 또는 위험물의 소요단위의 계산방법의 기준으로 옳은 것은?

① 위험물은 지정수량의 100배를 1소요단위로 할 것
② 저장소의 건축물은 외벽에 내화구조인 것은 연면적 $100m^2$를 1소요단위로 할 것
③ 저장소의 건축물은 외벽이 내화구조가 아닌 것은 연면적 $50m^2$를 1소요단위로 할 것
④ 제조소 또는 취급소용으로서 옥외에 있는 공작물인 경우 최대수평투영면적 $100m^2$를 1소요단위로 할 것

10. 위험물 안전관리법령상 "특수인화물"이라 함은 이황화탄소, 디에틸에테르 그 밖에 1기압에서 발화점이 섭씨 ( )도 이하인 것 또는 인화점이 섭씨 영하 ( )도 이하이고 비점이 섭씨 40도 이하인 것을 말한다. 괄호 안에 알맞은 수치를 차례대로 옳게 나열한 것은?

① 100, 20 ② 25, 0
③ 100, 0 ④ 25, 20

11. 다음 중 발화점이 낮아지는 경우는?

① 화학적 활성도가 낮을 때
② 발열량이 클 때
③ 산소와 친화력이 나쁠 때
④ CO_2와 친화력이 높을 때

12. 옥외 저장소에 덩어리 상태의 유황만을 지반면에 설치한 경계표시의 안쪽에서 저장할 경우 하나의 경계표시의 내부면적은 몇 m^2 이하이어야 하는가?

① 75 ② 100
③ 300 ④ 500

13. 연소의 종류와 가연물을 연결한 것이 잘못된 것은?

① 증발연소 – 가솔린, 알코올
② 표면연소 – 코크스, 목탄
③ 분해연소 – 목재, 종이
④ 자기연소 – 에테르, 나프탈렌

14. 화재종류 중 금속화재에 해당하는 것은?

① A급 ② B급
③ C급 ④ D급

15. 물과 접촉하면 열과 산소가 발생하는 것은?

① $NaClO_2$ ② $NaClO_3$
③ $KMnO_4$ ④ Na_2O_2

16. 금속분의 연소 시 주수소화하면 위험한 원인으로 옳은 것은?

① 물에 녹아 산이 된다.
② 물과 작용하여 유독가스를 발생한다.
③ 물과 작용하여 수소가스를 발생한다.
④ 물과 작용하여 산소가스를 발생한다.

17. 트리에틸알루미늄의 화재 시 사용할 수 있는 소화약제(설비)가 아닌 것은?

① 마른 모래 ② 팽창질석
③ 팽창진주암 ④ 이산화탄소

18. 공정 및 장치에서 분진폭발을 예방하기 위한 조치로서 가장 거리가 먼 것은?

① 플랜트는 공정별로 분류하고 폭발의 파급을 피할 수 있도록 분진취급 공정을 습식으로 한다.
② 분진이 물과 반응하는 경우는 물 대신 휘발성이 적은 유류를 사용하는 것이 좋다.
③ 배관의 연결부위나 기계가동에 의해 분진이 누출될 염려가 있는 곳은 흡인이나 밀폐를 철저히 한다.
④ 가연성분진을 취급하는 장치류는 밀폐하지 말고 분진이 외부로 누출되도록 한다.

19. 위험물 안전관리법상 제조소 등에 대한 긴급 사용정지 명령에 관한 설명으로 옳은 것은?

① 시·도지사는 명령을 할 수 없다.
② 제조소등의 관계인뿐 아니라 해당시설을 사용하는 자에게도 명령할 수 있다.
③ 제조소등의 관계자에게 위법사유가 없는 경우에도 명령할 수 있다.
④ 제조소등의 위험물 취급설비의 중대한 결함이 발견되거나 사고우려가 인정되는 경우에만 명령할 수 있다.

20. **주유취급소에 다음과 같이 전용탱크를 설치하였다. 최대로 저장·취급할 수 있는 용량은 얼마인가? (단, 고속소로 외의 도로변에 설치하는 자동차용 주유취급소인 경우이다.)**

보기
• 간이탱크 : 2기 • 폐유탱크 등 : 1기 • 고정주유설비 및 급유설비 접속하는 전용탱크 : 2기

① 103200리터
② 104600리터
③ 123200리터
④ 124200리터

21. **다음 위험물 중 물에 대한 용해도가 가장 낮은 것은?**

① 아크릴산
② 아세트알데히드
③ 벤젠
④ 글리세린

22. **위험물의 저장방법에 대한 설명으로 옳은 것은?**

① 황화린은 알코올 또는 과산화물 속에 저장하여 보관한다.
② 마그네슘은 건조하면 분진폭발의 위험성이 있으므로 물에 습윤하여 저장한다.
③ 적린은 화재예방을 위해 할로겐 원소와 혼합하여 저장한다.
④ 수소화리튬은 저장용기에 아르곤과 같은 불활성 기체를 봉입한다.

23. **질산에틸과 아세톤의 공통적인 성질 및 취급방법으로 옳은 것은?**

① 휘발성이 낮기 때문에 마개 없는 병에 보관하여도 무방하다.
② 점성이 커서 다른 용기에 옮길 때 가열하여 더운 상태에서 옮긴다.
③ 통풍이 잘 되는 곳에 보관하고 불꽃 등의 화기를 피하여야 한다.
④ 인화점이 높으나 증기압이 낮으므로 햇빛에 노출된 곳에 저장이 가능하다.

24. **위험물 안전관리법령에 의해 위험물을 취급함에 있어서 발생하는 정전기를 유효하게 제거하는 방법으로 옳지 않은 것은?**

① 인화방지망 설치
② 접지 실시
③ 공기 이온화
④ 상대습도를 70% 이상 유지

25. **제2류 위험물을 수납하는 운반용기의 외부에 표시하여야 하는 주의사항으로 옳은 것은?**

① 제2류 위험물 중 철분, 금속분, 마그네슘 또는 이들 중 어느 하나 이상을 함유한 것에 있어서는 "화기주의" 및 "물기주의", 인화성 고체에 있어서는 "화기엄금", 그 밖의 것에 있어서는 "화기주의"
② 제2류 위험물 중 철분, 금속분, 마그네슘 또는 이들 중 어느 하나 이상을 함유한 것에 있어서는 "화기주의" 및 "물기엄금", 인화성 고체에 있어서는 "화기주의", 그 밖의 것에 있어서는 "화기엄금"
③ 제2류 위험물 중 철분, 금속분, 마그네슘 또는 이들 중 어느 하나 이상을 함유한 것에 있어서는 "화기주의" 및 "물기엄금", 인화성 고체에 있어서는 "화기엄금", 그 밖의 것에 있어서는 "화기주의"
④ 제2류 위험물 중 철분, 금속분, 마그네슘 또는 이들 중 어느 하나 이상을 함유한 것에 있어서는 "화기엄금" 및 "물기엄금", 인화성 고체에 있어서는 "화기엄금", 그 밖의 것에 있어서는 "화기주의"

26. "보랭장치가 있는 이동저장탱크에 저장하는 아세트알데히드등 또는 디에틸에테르등의 온도는 당해 위험물의 ( ) 이하로 유지하여야 한다." 괄호 안에 들어갈 알맞은 단어는?

① 비점 ② 인화점
③ 융해점 ④ 발화점

27. '자동화재 탐지설비 일반점검표'의 점검내용이 "변형·손상의 유무, 표시의 적부, 경계구역 일람도의 적부, 기능의 적부"인 점검항목은?

① 감지기 ② 중계기
③ 수신기 ④ 발신기

28. 제4류 위험물의 일반적 성질에 대한 설명으로 틀린 것은?

① 발생증기가 가연성이며 공기보다 무거운 물질이 많다.
② 정전기에 의하여도 인화할 수 있다.
③ 상온에서 액체이다.
④ 전기도체이다.

29. 트리니트로톨루엔에 관한 설명으로 옳지 않은 것은?

① 일광을 쪼이면 갈색으로 변한다.
② 녹는점은 약 81℃이다.
③ 아세톤에 잘 녹는다.
④ 비중은 약 1.8인 액체이다.

30. 제5류 위험물의 일반적인 성질에 대한 설명 중 틀린 것은?

① 자기연소를 일으키며 연소 속도가 빠르다.
② 무기물이므로 폭발의 위험이 있다.
③ 운반용기 외부에 "화기엄금" 및 "충격주의" 주의사항 표시를 하여야 한다.
④ 강산화제 또는 강 산류와 접촉 시 위험성이 증가한다.

31. $KMnO_4$의 지정수량은 몇 kg인가?

① 50 ② 100 ③ 300 ④ 1000

32. 알코올에 관한 설명으로 옳지 않은 것은?

① 1가 알코올은 OH기의 수가 1개인 알코올을 말한다.
② 2차 알코올은 1차 알코올이 산화된 것이다.
③ 2차 알코올이 수소를 잃으면 케톤이 된다.
④ 알데히드가 환원되면 1차 알코올이 된다.

33. 제조소 및 일반취급소에 설치하는 자동화재 탐지설비의 설치기준으로 틀린 것은?

① 하나의 경계구역은 $600m^2$ 이하로 하고, 한 변의 길이는 50m 이하로 한다.
② 주요한 출입구에서 내부 전체를 볼 수 있는 경우 경계구역은 $1000m^2$ 이하로 할 수 있다.
③ 하나의 경계구역이 $300m^2$ 이하이면 2개 층을 하나의 경계구역으로 할 수 있다.
④ 비상전원을 설치하여야 한다.

34. 그림과 같이 횡으로 설치한 원형탱크의 용량은 약 몇 m^3인가? (단, 공간용적은 내용적의 $\frac{10}{100}$ 이다.)

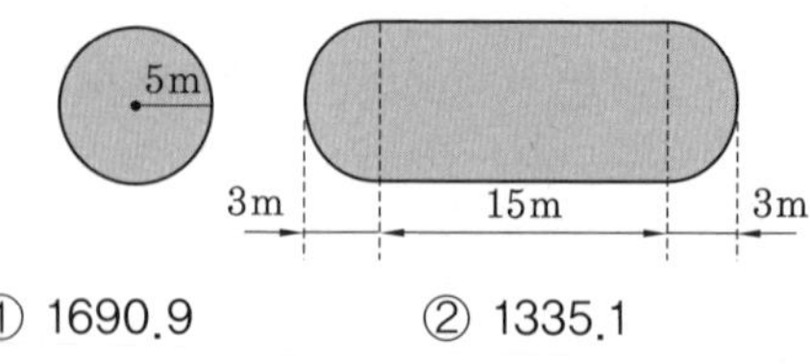

① 1690.9 ② 1335.1
③ 1268.4 ④ 1201.7

35. 제6류 위험물에 해당하지 않는 것은?

① 농도가 50 wt%인 과산화수소
② 비중이 1.5인 질산
③ 과요오드산
④ 삼불화브롬

36. 이황화탄소의 성질에 대한 설명 중 틀린 것은?

① 연소할 때 주로 황화수소를 발생한다.
② 증기 비중은 약 2.6이다.
③ 보호액으로 물을 사용한다.
④ 인화점이 약 −30℃이다.

37. 하나의 위험물 저장소에 다음과 같이 2가지 위험물을 저장하고 있다. 지정수량 이상에 해당하는 것은?

① 브롬산칼륨 80kg, 염소산칼륨 40kg
② 질산 100kg, 과산화수소 150kg
③ 질산칼륨 120kg, 중크롬산나트륨 500kg
④ 휘발유 20L, 윤활유 2000L

38. 알킬알루미늄등 또는 아세트알데히드등을 취급하는 제조소의 특례기준으로서 옳은 것은?

① 알킬알루미늄등을 취급하는 설비에는 불활성기체 또는 수증기를 봉입하는 장치를 설치한다.
② 알킬알루미늄등을 취급하는 설비는 은, 수은, 동, 마그네슘을 성분으로 하는 것으로 만들지 않는다.
③ 아세트알데히드등을 취급하는 탱크에는 냉각장치 또는 보랭장치 및 불활성기체 봉입장치를 설치한다.
④ 아세트알데히드등을 취급하는 설비의 주위에는 누설범위를 국한하기 위한 설비와 누설되었을 때 안전한 장소에 설치된 저장실에 유입시킬 수 있는 설비를 갖춘다.

39. 적린에 관한 설명 중 틀린 것은?

① 물에 잘 녹는다.
② 화재 시 물로 냉각소화할 수 있다.
③ 황린에 비해 안정하다.
④ 황린과 동소체이다.

40. 탄화칼슘에 대한 설명으로 틀린 것은?

① 시판품은 흑회색이며 불규칙한 형태의 고체이다.
② 물과 작용하여 산화칼슘과 아세틸렌을 만든다.
③ 고온에서 질소와 반응하여 칼슘시안아미드(석회질소)가 생성된다.
④ 비중은 약 2.2이다.

41. 크레오소트유에 대한 설명으로 틀린 것은?

① 제3석유류에 속한다.
② 무취이고 증기는 독성이 없다.
③ 상온에서 액체이다.
④ 물보다 무겁고 물에 녹지 않는다.

42. 운송책임자의 감독, 지원을 받아 운송하여야 하는 위험물은?

① 알킬알루미늄
② 금속나트륨
③ 메틸에틸케톤
④ 트리니트로톨루엔

43. 복수의 성상을 가지는 위험물에 대한 품명지정의 기준상 유별의 연결이 틀린 것은?

① 산화성 고체의 성상 및 가연성 고체의 성상을 가지는 경우 : 가연성 고체
② 산화성 고체의 성상 및 자기반응성물질의 성상을 가지는 경우 : 자기반응성물질
③ 가연성 고체의 성상과 자연발화성물질의 성상을 가지는 경우 : 자연발화성물질 및 금수성물질
④ 인화성 액체의 성상 및 자기반응성물질의 성상을 가지는 경우 : 인화성 액체

44. 다음 중 산을 가하면 이산화염소를 발생시키는 물질은?

① 아염소산나트륨
② 브롬산나트륨
③ 옥소산칼륨(요오드산칼륨)
④ 중크롬산나트륨

45. 용량 50만 L 이상의 옥외탱크 저장소에 대하여 변경허가를 받고자 할 때, 한국소방산업기술원으로부터 탱크의 기초, 지반 및 탱크본체에 대한 기술검토를 받아야 한다. 다만, 소방방재청장이 고시하는 부분적인 사항을 변경하는 경우에는 기술검토가 면제되는데 다음 중 기술검토가 면제되는 경우가 아닌 것은?

① 노즐, 맨홀을 포함한 동일한 형태의 지붕판의 교체
② 탱크 밑판에 있어서 밑판 표면적의 50% 미만의 육성보수공사
③ 탱크의 옆판 중 최하단 옆판에 있어서 옆판 표면적의 30% 이내의 교체
④ 옆판 중심선의 600mm 이내의 밑판에 있어서 밑판의 원주길이 10% 미만에 해당하는 밑판의 교체

46. 금속나트륨, 금속칼륨 등을 보호액 속에 저장하는 이유를 가장 옳게 설명한 것은?

① 온도를 낮추기 위하여
② 승화하는 것을 막기 위하여
③ 공기와의 접촉을 막기 위하여
④ 운반 시 충격을 적게 하기 위하여

47. 제3류 위험물에 해당하는 것은?

① NaH ② Al
③ Mg ④ P_4S_3

48. 니트로셀룰로오스의 저장, 취급방법으로 옳은 것은?

① 건조한 상태로 보관하여야 한다.
② 물 또는 알코올 등을 첨가하여 습윤시켜야 한다.
③ 물기에 접촉하면 위험하므로 제습제를 첨가하여야 한다.
④ 알코올에 접촉하면 자연발화의 위험이 있으므로 주의하여야 한다.

49. 주유취급소에 설치하는 "주유중엔진정지"라는 표시를 한 게시판의 바탕과 문자의 색상을 차례대로 옳게 나타낸 것은?

① 황색, 흑색
② 흑색, 황색
③ 백색, 흑색
④ 흑색, 백색

50. 고형알코올 2000kg과 철분 1000kg의 각각 지정수량 배수의 총합은 얼마인가?

① 3 ② 4
③ 5 ④ 6

51. 제3류 위험물 중 은백색 광택이 있고, 노란색 불꽃을 내며 연소하며, 비중이 약 0.97, 융점이 97.7℃인 물질의 지정수량은 몇 kg 인가?

① 10 ② 20
③ 50 ④ 300

52. 위험물에 대한 설명으로 옳은 것은?

① 이황화탄소는 연소 시 유독성 황화수소가스를 발생한다.
② 디에틸에테르는 물에 잘 녹지 않지만 유지 등을 잘 녹이는 용제이다.
③ 등유는 가솔린보다 인화점이 높으나, 인화점은 0℃ 미만이므로 인화의 위험성은 매우 높다.
④ 경유는 등유와 비슷한 성질을 가지지만 증기 비중이 공기보다 가볍다는 차이점이 있다.

53. 제1류 위험물에 해당하지 않는 것은?

① 납의 산화물
② 질산구아니딘
③ 퍼옥소이황산염류
④ 염소화이소시아눌산

54. 벤젠을 저장하는 옥외탱크 저장소가 액표면적이 $45m^2$인 경우 소화난이도 등급은?

① 소화난이도 등급 Ⅰ
② 소화난이도 등급 Ⅱ
③ 소화난이도 등급 Ⅲ
④ 제시된 조건으로 판단할 수 없음

55. 위험물 옥외저장탱크의 통기관에 관한 사항으로 옳지 않은 것은?

① 밸브 없는 통기관의 직경은 30mm 이상으로 한다.
② 대기밸브부착 통기관은 항시 열려 있어야 한다.
③ 밸브 없는 통기관의 선단은 수평면보다 45도 이상 구부려 빗물 등의 침투를 막는 구조로 한다.
④ 대기밸브부착 통기관은 5kPa 이하의 압력차이로 작동할 수 있어야 한다.

56. 적린과 유황의 공통되는 일반적 성질이 아닌 것은?

① 비중이 1보다 크다.
② 연소하기 쉽다.
③ 산화되기 쉽다.
④ 물에 잘 녹는다.

57. 셀룰로이드에 대한 설명으로 옳은 것은?

① 질소가 함유된 유기물이다.
② 질소가 함유된 무기물이다.
③ 유기의 염화물이다.
④ 무기의 염화물이다.

58. 무색투명한 휘발성 액체로서 물에 녹지 않고 물보다 무거워서 물속에 보관하는 위험물은?

① 경유
② 황린
③ 유황
④ 이황화탄소

59. 과산화수소에 대한 설명으로 틀린 것은?

① 불연성 물질이다.
② 농도가 약 3 wt%이면 단독으로 분해폭발 한다.
③ 산화성 물질이다.
④ 점성이 있는 액체로 물에 용해된다.

60. 제4류 위험물 중 제2석유류의 위험등급 기준은?

① 위험등급 Ⅰ의 위험물
② 위험등급 Ⅱ의 위험물
③ 위험등급 Ⅲ의 위험물
④ 위험등급 Ⅳ의 위험물

제4회 CBT 모의고사

1. 과산화수소에 대한 설명으로 틀린 것은?

① 불연성이다.
② 물보다 무겁다.
③ 산화성 액체이다.
④ 지정수량은 300L이다.

2. 할로겐화합물 소화약제의 가장 주된 소화효과에 해당하는 것은?

① 제거 효과　② 억제 효과
③ 냉각 효과　④ 질식 효과

3. 위험물 안전관리자의 책무에 해당하지 않는 것은?

① 화재 등의 재난이 발생한 경우 소방관서 등에 대한 연락업무
② 화재 등의 재난이 발생한 경우 응급조치
③ 위험물의 취급에 관한 일지의 작성, 기록
④ 위험물 안전관리자의 선임, 신고

4. 위험물 안전관리법령에서 정한 경보설비가 아닌 것은?

① 자동화재 탐지설비
② 비상조명설비
③ 비상경보설비
④ 비상방송설비

5. 위험물 안전관리법령상 전기설비에 대하여 적응성이 없는 소화설비는?

① 물분무 소화설비
② 불활성가스 소화설비
③ 포 소화설비
④ 할로겐화합물 소화설비

6. 위험물 안전관리법령상 제조소의 위치, 구조 및 설비의 기준에 따르면 가연성 증기가 체류할 우려가 있는 건축물은 배출장소의 용적이 500m^3일 때 시간당 배출능력(국소방식)을 얼마 이상인 것으로 하여야 하는가?

① 5000m^3　② 10000m^3
③ 20000m^3　④ 40000m^3

7. 제3류 위험물을 취급하는 제조소는 300명 이상을 수용할 수 있는 극장으로부터 몇 m 이상의 안전거리를 유지하여야 하는가?

① 5　② 10　③ 30　④ 70

8. 메틸알코올 8000리터에 대한 소화능력으로 삽을 포함한 마른 모래를 몇 리터 설치하여야 하는가?

① 100　② 200
③ 300　④ 400

9. 위험물 안전관리법령에 따라 다음 (　) 안에 알맞은 용어는?

> 주유취급소 중 건축물의 2층 이상의 부분을 점포, 휴게음식점 또는 전시장의 용도로 사용하는 것에 있어서는 당해 건축물의 2층 이상으로부터 직접 주유취급소의 부지 밖으로 통하는 출입구와 당해 부지 밖으로 통하는 출입구와 당해 출입구로 통하는 통로, 계단 및 출입구에 (　)을[를] 설치하여야 한다.

① 피난사다리　② 경보기
③ 유도등　④ CCTV

10. 비전도성 인화성 액체가 관이나 탱크 내에서 움직일 때 정전기가 발생하기 쉬운 조건으로 가장 거리가 먼 것은?

① 흐름의 낙차가 클 때
② 느린 유속으로 흐를 때
③ 심한 와류가 생성될 때
④ 필터를 통과할 때

11. 금속화재에 대한 설명으로 틀린 것은?

① 마그네슘과 같은 가연성 금속의 화재를 말한다.
② 주수소화 시 물과 반응하여 가연성 가스를 발생하는 경우가 있다.
③ 화재 시 금속화재용 분말 소화약제를 사용할 수 있다.
④ D급 화재라고 하며 표시하는 색상은 청색이다.

12. 다음 중 산화성 액체 위험물의 화재예방 상 가장 주의해야 할 점은?

① 0℃ 이하로 냉각시킨다.
② 공기와의 접촉을 피한다.
③ 가연물과의 접촉을 피한다.
④ 금속용기에 저장한다.

13. 다음 중 연소반응이 일어날 수 있는 가능성이 가장 큰 물질은?

① 산소와 친화력이 작고, 활성화 에너지가 작은 물질
② 산소와 친화력이 크고, 활성화 에너지가 큰 물질
③ 산소와 친화력이 작고, 활성화 에너지가 큰 물질
④ 산소와 친화력이 크고, 활성화 에너지가 작은 물질

14. 위험등급이 나머지 셋과 다른 것은?

① 알칼리금속
② 아염소산염류
③ 질산에스테르류
④ 제6류 위험물

15. 옥내 저장소에 관한 위험물 안전관리법령의 내용으로 옳지 않은 것은?

① 지정과산화물을 저장하는 옥내 저장소의 경우 바닥면적 $150m^2$ 이내마다 격벽으로 구획을 하여야 한다.
② 옥내 저장소에는 원칙상 안전거리를 두어야 하나, 제6류 위험물을 저장하는 경우에는 안전거리를 두지 않을 수 있다.
③ 아세톤을 처마높이 6m 미만인 단층건물에 저장하는 경우 저장창고의 바닥면적은 $1000m^2$ 이하로 하여야 한다.
④ 복합용도의 건축물에 설치하는 옥내 저장소는 해당 용도로 사용하는 부분의 바닥면적을 $100m^2$ 이하로 하여야 한다.

16. 연료의 일반적인 연소형태에 관한 설명 중 틀린 것은?

① 목재와 같은 고체연료는 연소 초기에는 불꽃을 내면서 연소하나 후기에는 점점 불꽃이 없어져 무염(無炎)연소 형태로 연소한다.
② 알코올과 같은 액체연료는 증발에 의해 생긴 증기가 공기 중에서 연소하는 증발연소의 형태로 연소한다.
③ 기체연료는 액체연료, 고체연료와 다르게 비정상적 연소인 폭발현상이 나타나지 않는다.
④ 석탄과 같은 고체연료는 열분해하여 발생한 가연성 기체가 공기 중에서 연소하는 분해연소 형태로 연소한다.

17. 금수성 물질 저장시설에 설치하는 주의사항 게시판의 바탕색과 문자색을 옳게 나타낸 것은?

① 적색바탕에 백색문자
② 백색바탕에 적색문자
③ 청색바탕에 백색문자
④ 백색바탕에 청색문자

18. 위험물 안전관리법령에 의한 안전교육에 대한 설명으로 옳은 것은?

① 제조소등의 관계인은 교육대상자에 대하여 안전교육을 받게 할 의무가 있다.
② 안전관리자, 탱크시험자의 기술인력 및 위험물운송자는 안전교육을 받을 의무가 없다.
③ 탱크시험자의 업무에 대한 강습교육을 받으면 탱크시험자의 기술인력이 될 수 있다.
④ 소방서장은 교육대상자가 교육을 받지 아니한 때에는 그 자격을 정지하거나 취소할 수 있다.

19. 철분, 마그네슘, 금속분에 적응성이 있는 소화설비는?

① 스프링클러설비
② 할로겐화합물 소화설비
③ 대형 수동식 포 소화기
④ 건조사

20. 물의 소화능력을 향상시키고 동절기 또는 한랭지에서도 사용할 수 있도록 탄산칼륨 등의 알칼리 금속염을 첨가한 소화약제는?

① 강화액
② 할로겐화합물
③ 이산화탄소
④ 포(Foam)

21. 염소산염류에 대한 설명으로 옳은 것은?

① 염소산칼륨은 환원제이다.
② 염소산나트륨은 조해성이 있다.
③ 염소산암모늄은 위험물이 아니다.
④ 염소산칼륨은 냉수와 알코올에 잘 녹는다.

22. 제2류 위험물에 대한 설명 중 틀린 것은?

① 유황은 물에 녹지 않는다.
② 오황화인은 CS_2에 녹는다.
③ 삼화화인은 가연성 물질이다.
④ 칠황화인은 더운물에 분해되어 이산화황을 발생한다.

23. 칼륨의 저장 시 사용하는 보호물질로 다음 중 가장 적합한 것은?

① 에탄올
② 사염화탄소
③ 등유
④ 이산화탄소

24. 위험물의 운반에 관한 기준에 따르면 아세톤의 위험등급은 얼마인가?

① 위험등급 Ⅰ　② 위험등급 Ⅱ
③ 위험등급 Ⅲ　④ 위험등급 Ⅳ

25. 위험물 안전관리법령상 품명이 나머지 셋과 다른 하나는?

① 트리니트로톨루엔
② 니트로글리세린
③ 니트로글리콜
④ 셀룰로이드

26. 아염소산염류 500kg과 질산염류 3000kg을 함께 저장하는 경우 위험물의 소요단위는 얼마인가?

① 2　② 4　③ 6　④ 8

27. 위험물의 저장 및 취급방법에 대한 설명으로 틀린 것은?

① 적린은 화기와 멀리하고 가열, 충격이 가해지지 않도록 한다.
② 황린은 자연발화성이 있으므로 물속에 저장한다.
③ 마그네슘은 산화제와 혼합되지 않도록 취급한다.
④ 알루미늄분은 분진폭발의 위험이 있으므로 분무 주수하여 저장한다.

28. 서로 반응할 때 수소가 발생하지 않는 것은?

① 리튬+염산 ② 탄화칼슘+물
③ 수소화칼륨+물 ④ 루비듐+물

29. 다음 중 발화점이 가장 낮은 것은?

① 이황화탄소 ② 산화프로필렌
③ 휘발유 ④ 메탄올

30. 정기점검 대상 제조소등에 해당하지 않는 것은?

① 이동탱크 저장소
② 지정수량 100배 이상의 위험물 옥외 저장소
③ 지정수량 100배 이상의 위험물 옥내 저장소
④ 이송 취급소

31. 황린과 적린의 공통성질이 아닌 것은?

① 물에 녹지 않는다.
② 이황화탄소에 잘 녹는다.
③ 연소 시 오산화인을 생성한다.
④ 화재 시 물을 사용하여 소화를 할 수 있다.

32. 메탄올과 비교한 에탄올의 성질에 대한 설명으로 틀린 것은?

① 인화점이 낮다.
② 발화점이 낮다.
③ 증기 비중이 크다.
④ 비점이 높다.

33. 알칼리금속 과산화물에 적응성이 있는 소화설비는?

① 할로겐화합물 소화설비
② 탄산수소염류분말 소화설비
③ 물분무 소화설비
④ 스프링클러설비

34. 지정수량이 300kg인 위험물에 해당하는 것은?

① $NaBrO_3$ ② CaO_2
③ $KClO_4$ ④ $NaClO_2$

35. 제2류 위험물이 아닌 것은?

① 황화린 ② 적린
③ 황린 ④ 철분

36. 휘발유에 대한 설명으로 옳지 않은 것은?

① 전기양도체이므로 정전기 발생에 주의해야 한다.
② 빈 드럼통이라도 가연성 가스가 남아 있을 수 있으므로 취급에 주의해야 한다.
③ 취급, 저장 시 환기를 잘 시켜야 한다.
④ 직사광선을 피해 통풍이 잘 되는 곳에 저장한다.

37. 아염소산나트륨의 저장 및 취급 시 주의사항으로 가장 거리가 먼 것은?

① 물속에 넣어 냉암소에 저장한다.
② 강산류와 접촉을 피한다.
③ 취급 시 충격, 마찰을 피한다.
④ 가연성 물질과 접촉을 피한다.

38. 공기 중에서 갈색 연기를 내는 물질은?

① 중크롬산암모늄 ② 톨루엔
③ 벤젠 ④ 발연질산

39. 상온에서 CaC_2를 장기간 보관할 때 사용하는 물질로 다음 중 가장 적합한 것은?

① 물 ② 알코올 수용액
③ 질소가스 ④ 아세틸렌가스

40. 위험물 안전관리법령상 위험물에 해당하는 것은?

① 아황산
② 비중이 1.41인 질산
③ 53마이크로미터의 표준체를 통과하는 것이 50 중량% 이상인 철의 분말
④ 농도가 15 중량% 인 과산화수소

41. 분자량이 약 169인 백색의 정방정계 분말로서 알칼리토금속의 과산화물 중 매우 안정한 물질이며 테르밋의 점화제 용도로 사용되는 제1류 위험물은?

① 과산화칼슘 ② 과산화바륨
③ 과산화마그네슘 ④ 과산화칼륨

42. 산화프로필렌의 성상에 대한 설명 중 틀린 것은?

① 청색의 휘발성이 강한 액체이다.
② 인화점이 낮은 인화성 액체이다.
③ 물에 잘 녹는다.
④ 에테르향의 냄새를 가진다.

43. 메틸알코올의 연소범위를 더 좁게 하기 위하여 첨가하는 물질이 아닌 것은?

① 질소 ② 산소
③ 이산화탄소 ④ 아르곤

44. 위험물의 성질에 대한 설명으로 틀린 것은?

① 인화칼슘은 물과 반응하여 유독한 가스를 발생한다.
② 금속나트륨은 물과 반응하여 산소를 발생시키고 발열한다.
③ 아세트알데히드는 연소하여 이산화탄소와 물을 발생한다.
④ 질산에틸은 물에 녹지 않고 인화되기 쉽다.

45. 지정과산화물 옥내 저장소의 저장창고 출입구 및 창의 설치기준으로 틀린 것은?

① 창은 바닥면으로부터 2m 이상의 높이에 설치한다.
② 하나의 창의 면적을 $0.4m^2$ 이내로 한다.
③ 하나의 벽면에 두는 창의 면적의 합계를 해당 벽면의 면적의 80분의 1이 초과되도록 한다.
④ 출입구에는 갑종방화문을 설치한다.

46. 벤조일퍼옥사이드의 위험성에 대한 설명으로 틀린 것은?

① 상온에서 분해되며 수분이 흡수되면 폭발성을 가지므로 건조된 상태로 보관, 운반한다.
② 강산에 의해 분해 폭발의 위험이 있다.
③ 충격, 마찰 등에 의해 분해되어 폭발할 위험이 있다.
④ 가연성 물질과 접촉하면 발화의 위험이 높다.

47. 알킬알루미늄을 저장하는 용기에 봉입하는 가스로 다음 중 가장 적합한 것은?

① 포스겐 ② 인화수소
③ 질소가스 ④ 아황산가스

48. 지하저장탱크에 경보음이 울리는 방법으로 과충전 방지장치를 설치하고자 한다. 탱크 용량의 최소 몇 %가 찰 때 경보음이 울리도록 하여야 하는가?

① 80 ② 85
③ 90 ④ 95

49. 물과 반응하여 가연성 가스를 발생하지 않는 것은?

① 나트륨
② 과산화나트륨
③ 탄화알루미늄
④ 트리에틸알루미늄

50. 위험물 안전관리법령에 따른 위험물의 운송에 관한 설명 중 틀린 것은?

① 알킬리튬과 알킬알루미늄 또는 이 중 어느 하나 이상을 함유한 것은 운송책임자의 감독, 지원을 받아야 한다.
② 이동탱크 저장소에 의하여 위험물을 운송할 때의 운송책임자에는 법정의 교육을 이수하고 관련 업무에 2년 이상 경력이 있는 자도 포함된다.
③ 서울에서 부산까지 금속의 인화물 300kg을 1명의 운전자가 휴식 없이 운송해도 규정위반이 아니다.
④ 운송책임자의 감독 또는 지원의 방법에는 동승하는 방법과 별도의 사무실에서 대기하면서 규정된 사항을 이행하는 방법이 있다.

51. 다음 중 지정수량이 가장 큰 것은?

① 과염소산칼륨
② 트리니트로톨루엔
③ 황린
④ 유황

52. 위험물의 운반에 관한 기준에서 적재방법 기준으로 틀린 것은?

① 고체 위험물은 운반용기의 내용적 95% 이하의 수납률로 수납할 것
② 액체 위험물은 운반용기의 내용적 98% 이하의 수납률로 수납할 것
③ 알킬알루미늄은 운반용기 내용적의 95% 이하의 수납률로 수납하되, 50℃의 온도에서 5% 이상의 공간용적을 유지할 것
④ 제3류 위험물 중 자연발화성 물질에 있어서는 불활성 기체를 봉입하여 밀봉하는 등 공기와 접하지 아니하도록 할 것

53. 저장 또는 취급하는 위험물의 최대수량이 지정수량의 500배 이하일 때 옥외저장탱크의 측면으로부터 몇 m 이상의 보유공지를 유지하여야 하는가? (단, 제6류 위험물은 제외한다.)

① 1 ② 2 ③ 3 ④ 4

54. 특수인화물 200L와 제4석유류 12000L를 저장할 때 각각의 지정수량 배수의 합은 얼마인가?

① 3 ② 4 ③ 5 ④ 6

55. 위험물제조소등에 자체소방대를 두어야 할 대상으로 옳은 것은?

① 지정수량 300배 이상의 제4류 위험물을 취급하는 저장소
② 지정수량 300배 이상의 제4류 위험물을 취급하는 제조소
③ 지정수량 3000배 이상의 제4류 위험물을 취급하는 저장소
④ 지정수량 3000배 이상의 제4류 위험물을 취급하는 제조소

56. 과염소산에 대한 설명 중 틀린 것은?

① 산화제로 이용된다.
② 휘발성이 강한 가연성 물질이다.
③ 철, 아연, 구리와 격렬하게 반응한다.
④ 증기 비중이 약 3.5이다.

57. 제5류 위험물 중 유기과산화물을 함유한 것으로서 위험물에서 제외되는 것의 기준이 아닌 것은?

① 과산화벤조일의 함유량이 35.5 중량퍼센트 미만인 것으로서 전분가루, 황산칼슘2수화물 또는 인산1수소칼슘2수화물과의 혼합물
② 비스(4클로로벤조일)퍼옥사이드의 함유량이 30 중량퍼센트 미만인 것으로서 불활성 고체와의 혼합물
③ 1·4비스(2-터셔리부틸퍼옥시이소프로필)벤젠의 함유량이 40 중량퍼센트 미만인 것으로서 불활성 고체와의 혼합물
④ 시크로헥사놀퍼옥사이드의 함유량이 40 중량퍼센트 미만인 것으로서 불활성 고체와의 혼합물

58. 위험물 제조소의 기준에 있어서 위험물을 취급하는 건축물의 구조로 적당하지 않은 것은?

① 지하층이 없도록 하여야 한다.
② 연소의 우려가 있는 외벽은 내화구조의 벽으로 하여야 한다.
③ 출입구는 연소의 우려가 있는 외벽에 설치하는 경우 을종방화문을 설치하여야 한다.
④ 지붕은 폭발력이 위로 방출될 정도의 가벼운 불연재료로 덮는다.

59. 위험물 안전관리법에서 규정하고 있는 내용으로 틀린 것은?

① 민사집행법에 의한 경매, 국세징수법 또는 지방세법에 의한 압류재산의 매각절차에 따라 제조소등의 시설의 전부를 인수한 자는 그 설치자의 지위를 승계한다.
② 금치산자 또는 한정치산자, 탱크시험자의 등록이 취소된 날로부터 2년이 지나지 아니한 자는 탱크시험자로 등록하거나 탱크시험자의 업무에 종사할 수 없다.
③ 농예용, 축산용으로 필요한 난방시설 또는 건조시설을 위한 지정수량 20배 이하의 취급소는 신고를 하지 아니하고 위험물의 품명, 수량을 변경할 수 있다.
④ 법정의 완공검사를 받지 아니하고 제조소등을 사요한 때 시·도지사는 허가를 취소하거나 6월 이내의 기간을 정하여 사용정지를 명할 수 있다.

60. 위험물 관련 신고 및 선임에 관한 사항으로 옳지 않은 것은?

① 제조소의 위치, 구조 변경 없이 위험물의 품명 변경 시는 변경하고자 하는 날의 14일 이전까지 신고하여야 한다.
② 제조소 설치자의 지위를 승계한자는 승계한 날로부터 30일 이내에 신고하여야 한다.
③ 위험물 안전관리자를 선임한 경우는 선임한 날로부터 14일 이내에 신고하여야 한다.
④ 위험물 안전관리자가 퇴직한 경우는 퇴직일로부터 30일 이내에 선임하여야 한다.

CBT 모의고사 정답 및 해설

제1회 CBT 모의고사

제1회 정답

1	2	3	4	5	6	7	8	9	10
①	①	③	②	③	③	③	②	③	②
11	12	13	14	15	16	17	18	19	20
①	①	①	①	④	③	③	④	②	④
21	22	23	24	25	26	27	28	29	30
②	①	①	②	④	④	④	④	①	④
31	32	33	34	35	36	37	38	39	40
①	④	①	④	④	①	①	①	④	③
41	42	43	44	45	46	47	48	49	50
①	④	②	②	③	④	②	②	③	②
51	52	53	54	55	56	57	58	59	60
④	④	③	④	①	②	③	③	①	②

1. 분말소화약제의 종류 및 적응화재

분말 종류	주성분	적응 화재	착색
제1종	중탄산나트륨 ($NaHCO_3$: 중조)	B.C	백색
제2종	중탄산칼륨($KHCO_3$)	B.C	자색 (보라색)
제3종	제1인산암모늄 ($NH_4H_2PO_4$)	A.B.C	담홍색
제4종	중탄산칼륨+요소 [$KHCO_3+(NH_2)_2CO$]	B.C	회색

2. ㉮ 유기과산화물 : 제5류 위험물로 지정수량은 10kg이다.

㉯ 지정수량의 10배를 1소요단위로 한다.

$$\therefore \text{소요단위} = \frac{\text{저장량}}{\text{지정수량} \times 10} = \frac{1000}{10 \times 10} = 10$$

3. 정전기 발생 억제대책

㉮ 유속을 1m/s 이하로 유지한다.

㉯ 분진 및 먼지 등의 이물질을 제거한다.

㉰ 액체 및 기체의 분출을 방지한다.

참고 유체의 속도가 빠르면 마찰로 인하여 발생하는 정전기 에너지가 크기 때문에 유속을 느리게 해 주어야 한다.

4. ㉮ 이황화탄소(CS_2)와 물(H_2O)과의 반응식

$CS_2+2H_2O \rightarrow CO_2+2H_2S$

㉯ 유독한 기체물질(황화수소) 부피 계산 : 이황화탄소(CS_2) 1몰(mol)이 물과 반응하면 2몰(mol)의 황화수소(H_2S)가 발생되며, 표준상태에서 1몰(mol)의 기체 부피는 22.4L에 해당된다.

∴ 황화수소의 부피 $=2\text{mol}\times22.4\text{L/mol}=44.8\text{L}$

5. 전기설비에 적응성이 있는 소화설비[시행규칙 별표17]

㉮ 물분무 소화설비

㉯ 불활성가스 소화설비

㉰ 할로겐화합물 소화설비

㉱ 인산염류 및 탄산수소염류 분말소화설비

㉲ 무상수(霧狀水) 소화기

㉳ 무상강화액 소화기

㉴ 이산화탄소 소화기

㉵ 할로겐화합물 소화기

㉶ 인산염류 및 탄산수소염류 분말소화기

참고 적응성이 없는 소화설비 : 옥내소화전 또는 옥외소화전설비, 스프링클러설비, 포 소화설비, 봉상수(棒狀水) 소화기, 봉상강화액 소화기, 포소화기, 건조사

6. 발화온도가 낮아지는 조건

㉮ 압력이 높을 때
㉯ 발열량이 높을 때
㉰ 열전도율이 작고 습도가 낮을 때
㉱ 산소와 친화력이 클 때
㉲ 산소농도가 높을 때
㉳ 분자구조가 복잡할수록
㉴ 반응활성도가 클수록

7. 휘발유(제4류 위험물 중 제1석유류)는 비수용성이기 때문에 소화방법은 포말소화나 탄산가스, 분말을 이용한 질식소화가 효과적이다.

8. 소화설비의 능력단위[시행규칙 별표17]

소화설비	용량	능력단위
소화전용 물통	8L	0.3
수조(소화전용 물통 3개 포함)	80L	1.5
수조(소화전용 물통 6개 포함)	190L	2.5
마른 모래(삽 1개 포함)	50L	0.5
팽창질석 또는 팽창진주암(삽 1개 포함)	160L	1.0

9. 플래시오버(flash over) 현상 : 전실화재라 하며 화재로 발생한 열이 주변의 모든 물체가 연소되기 쉬운 상태에 도달하였을 때 순간적으로 강한 화염을 분출하면서 내부 전체를 급격히 태워버리는 현상으로 화재성장기(제1단계)에서 발생한다.

10. 공기 중 산소의 체적비율이 21%인 상태에서 이산화탄소(CO_2)에 의하여 산소농도가 감소되는 것이고, 산소농도가 감소되어 발생되는 차이가 공기 중 이산화탄소의 농도가 된다.

$$\therefore CO_2 = \frac{21 - O_2}{21} \times 100 = \frac{21 - 13}{21} \times 100 = 38.095\,\%$$

11. 위험물의 자연발화를 방지하는 방법

㉮ 통풍을 잘 시킬 것
㉯ 저장실의 온도를 낮출 것
㉰ 습도가 높은 곳을 피하고, 건조하게 보관할 것
㉱ 열의 축적을 방지할 것
㉲ 가연성가스 발생을 조심할 것
㉳ 불연성가스를 주입하여 공기와의 접촉을 피할 것
㉴ 물질의 표면적을 최대한 작게 할 것
㉵ 정촉매 작용을 하는 물질과의 접촉을 피할 것

12. (1) 화학식과 Halon 번호

화학식	Halon 번호
$CBrF_3$	1301
$CBrClF_2$	1211
$C_2Br_2F_4$	2402
CBr_2F_2	1202
$C_2Br_2F_2$	2202(할론 소화약제 번호가 없음)

(2) 할론(Halon)－abcd → "탄·불·염·취"로 암기

㉮ a : 탄소(C)의 수
㉯ b : 불소(F)의 수
㉰ c : 염소(Cl)의 수
㉱ d : 취소(Br : 브롬)의 수

13. 액체연료의 연소형태 종류

㉮ 액면연소 : 액체연료의 표면에서 연소하는 것으로 화염의 복사열 및 대류로 연료가 가열되어 발생된 증기가 공기와 혼합하여 연소하는 방법이다.
㉯ 등심연소 : 연료를 심지로 빨아올려 대류나 복사열에 의하여 발생한 증기가 등심(심지)의 상부나 측면에서 연소하는 것이다.
㉰ 분무연소 : 액체연료를 노즐에서 고속으로 분출, 무화(霧化)시켜 표면적을 크게 하여 공기나 산소와의 혼합을 좋게 하여 연소시키는 것으로 공업적으로 많이 사용되는 방법이다.
㉱ 증발연소 : 액체연료를 증발관 등에서 미리 증발시켜 기체연료와 같은 형태로 연소시키는 방

법이다.

참고 확산연소는 공기(또는 산소)와 기체연료를 각각 연소실에 공급하고, 연료와 공기의 경계면에서 자연확산으로 연소할 수 있는 적당한 혼합기를 형성한 부분에서 연소가 일어나는 것으로 외부 혼합형에 해당된다.

14. 화재 종류의 표시

구분	화재 종류	표시색
A급	일반화재	백색
B급	유류화재	황색
C급	전기화재	청색
D급	금속화재	−

15. 분진폭발을 일으키는 물질

㉮ 폭연성 분진 : 금속분말(Mg, Al, Fe 등)

㉯ 가연성 분진 : 소맥분, 전분, 합성수지류, 황, 코코아, 리그린, 석탄분말, 고무분말, 담배분말 등

참고 시멘트 분말, 대리석 분말 등은 불연성물질로 분진폭발과는 관련이 없다.

16. 소화작용(소화효과)

㉮ 제거소화 : 화재 현장에서 가연물을 제거함으로써 화재의 확산을 저지하는 방법으로 소화하는 것이다.

㉯ 질식소화 : 산소공급원을 차단하여 연소 진행을 억제하는 방법으로 소화하는 것이다.

㉰ 냉각소화 : 물 등을 사용하여 활성화 에너지(점화원)를 냉각시켜 가연물을 발화점 이하로 낮추어 연소가 계속 진행할 수 없도록 하는 방법으로 소화하는 것이다.

㉱ 부촉매소화(억제소화) : 산화반응에 직접 관계없는 물질을 가하여 연쇄반응의 억제작용을 이용하는 방법으로 소화하는 것이다.

17. 불활성가스 소화설비(이산화탄소 소화설비)의 적응성이 있는 대상물[시행규칙 별표17] : 전기설비, 제2류 위험물 중 인화성고체, 제4류 위험물

참고 ①, ②, ④ 항목의 물질에 적응성이 있는 소화설비 : 탄산수소염류 분말소화설비 및 소화기, 그 밖의 분말소화설비 및 소화기, 건조사, 팽창질석 또는 팽창진주암

18. 니트로화합물은 유기화합물의 수소 원자(H)가 니트로기($-NO_2$)로 치환된 화합물로 피크린산, 트리니트로톨루엔(TNT)이 대표적이며 제5류 위험물로 분류되며, 제5류 위험물의 연소형태는 자기연소에 해당된다.

19. 황린(P_4)의 특징

㉮ 제3류 위험물로 지정수량은 20kg이다.

㉯ 백색 또는 담황색 고체로 일명 백린이라 한다.

㉰ 강한 마늘 냄새가 나고, 증기는 공기보다 무거운 가연성이며 맹독성 물질이다.

㉱ 물에 녹지 않고 벤젠, 알코올에 약간 용해하며 이황화탄소, 염화황, 삼염화인에 잘 녹는다.

㉲ 공기를 차단하고 약 260℃로 가열하면 적린이 된다(증기 비중은 4.3으로 공기보다 무겁다).

㉳ 상온에서 증기를 발생하고 서서히 산화하므로 어두운 곳에서 청백색의 인광을 발한다.

㉴ 다른 원소와 반응하여 인화합물을 만들며, 연소할 때 유독성의 오산화인(P_2O_5)이 발생하면서 백색 연기가 난다.

㉵ 액체 비중 1.82, 증기비중 4.3, 융점 44℃, 비점 280℃, 발화점 34℃이다.

20. 유기과산화물(제5류 위험물)의 화재예방상 주의사항

㉮ 직사일광을 피하고 냉암소에 저장한다.

㉯ 불꽃, 불티 등의 화기 및 열원으로부터 멀리하고 산화제, 환원제와도 격리한다.

㉰ 용기의 손상으로 유기과산화물이 누설하거나 오염되지 않도록 한다.

㉱ 같은 장소에 종류가 다른 약품과 함께 저장하지 않는다.

㉲ 알코올류, 아민류, 금속분류, 기타 가연성 물질과 혼합하지 않는다.

㉳ 유기과산화물은 자체 내에 산소가 함유되어 있기 때문에 질식소화는 효과가 없으므로, 다

량의 주수에 의한 냉각소화가 효과적이다.

21. 제2류 위험물의 품명 [시행령 별표1]

㉮ 철분 : 철의 분말로서 53μm의 표준체를 통과하는 것이 50 중량% 미만인 것은 제외한다.

㉯ 금속분 : 알칼리금속·알칼리토류금속·철 및 마그네슘 외의 금속의 분말을 말하고, 구리분·니켈분 및 150μm의 체를 통과하는 것이 50 중량% 미만인 것은 제외한다.

㉰ 마그네슘 및 마그네슘을 함유한 것에 있어서 제외하는 것

㉠ 2mm의 체를 통과하지 아니하는 덩어리 상태의 것

㉡ 직경 2mm 이상의 막대 모양의 것

참고 구리(Cu), 니켈(Ni) : 50중량% 이상이 되어도 제2류 위험물 중 금속분 품명에서 제외되는 것이다.

22. 제5류 위험물의 상온에서 상태

품명		상태
질산에틸	질산에스테르류	액체
니트로글리세린	질산에스테르류	액체
피크린산	니트로화합물	고체
질산메틸	질산에스테르류	액체
트리니트로톨루엔	니트로화합물	고체
디니트로벤젠	니트로화합물	고체
니트로글리콜	질산에스테르류	액체
테트릴	니트로화합물	고체

23. 각 위험물의 인화점

품명	인화점
이소펜탄	−51℃
아세톤	−18℃
디에틸에테르	−45℃
이황화탄소	−30℃

24. 위험물의 유별에 따른 위험성 시험 방법 : 위험물 안전관리에 관한 세부기준

㉮ 제1류 위험물 : 산화성고체

㉠ 산화성 시험[세부기준 제3조] : 연소시험

㉡ 충격민감성 시험[세부기준 제5조] : 낙구타격감도 시험

㉯ 제2류 위험물 : 가연성고체

㉠ 착화의 위험성 시험[세부기준 8조] : 작은 불꽃 착화시험

㉡ 인화의 위험성 시험[세부기준 9조] : 인화점 측정

㉰ 제3류 위험물 : 자연발화성물질

㉠ 고체의 공기 중 발화의 위험성 시험[세부기준 11조] : 자연발화 여부

㉡ 액체의 공기 중 발화의 위험성 시험[세부기준 11조] : 자연발화 여부

㉱ 제3류 위험물 : 금수성물질

㉠ 금수성 시험[세부기준 12조] : 물과 접촉하여 발화하거나 가연성가스를 발생할 위험성 시험

㉲ 제4류 위험물 : 인화성액체

㉠ 인화점 측정[세부기준 14조] : 태크밀폐식 인화점측정기

㉳ 제5류 위험물 : 자기반응성물질

㉠ 폭발성 시험[세부기준 18조] : 열분석 시험

㉡ 가열분해성 시험[세부기준 20조] : 압력용기 시험

㉴ 제6류 위험물 : 산화성액체

㉠ 연소시간의 측정시험[세부기준 23조]

25. 과염소산(제5류 위험물)의 저장 및 취급방법

㉮ 공기 중에 방치하면 분해하고, 가열하면 폭발한다.

㉯ 산화력이 강하여 종이, 나무부스러기 등과 접촉하면 연소와 동시에 폭발하기 때문에 접촉을 피한다.

㉰ 물과 접촉하면 심하게 반응하므로 비, 눈 등에 노출되지 않도록 한다.

㉱ 유리, 도자기 등의 용기에 넣어 통풍이 잘 되는 곳에 보관한다.

㉲ 직사광선을 차단하고 유기물, 가연성 물질의 접촉을 피한다.

참고 암모니아(NH_3)는 가연성이기 때문에 접촉 시 격렬하게 반응하여 폭발, 비산의 위험이 있다.

26. 탄화칼슘(CaC_2 : 제3류 위험물)의 저장 및 취급 방법

㉮ 물, 습기와의 접촉을 피하고 통풍이 잘 되는 건조한 냉암소에 밀봉하여 저장한다.

㉯ 저장 중에 아세틸렌가스의 발생 유무를 점검한다.

㉰ 장기간 저장할 용기는 질소 등 불연성가스를 충전하여 저장한다.

㉱ 화기로부터 멀리 떨어진 곳에 저장한다.

㉲ 운반 중에 가열, 마찰, 충격불꽃 등에 주의한다.

참고 탄화칼슘(CaC_2 : 카바이드) 자체는 불연성이나 공기 중 수분과 만나면 아세틸렌(C_2H_2) 가스를 발생시키므로 건조하고 환기가 잘 되는 장소에 보관하여야 한다.

27. 위험물 안전관리법령상 소화설비의 종류 : 옥내소화전 또는 옥외소화전, 스프링클러설비, 물분무 등 소화설비(물분무 소화설비, 포 소화설비, 불활성가스 소화설비, 할로겐화합물 소화설비, 분말 소화설비), 대형·소형 수동식소화기, 건조사

참고 연결살수설비는 소화활동설비에 해당된다.

28. 탱크시험자의 기술능력·시설 및 장비 [시행령 별표7]

㉮ 기술능력 : 필수능력

㉠ 위험물기능장·위험물산업기사 또는 위험물기능사 중 1명 이상

㉡ 비파괴검사기술사 1명 이상 또는 초음파비파괴검사·자기비파괴검사 및 침투비파괴검사별로 기사 또는 산업기사 각 1명 이상

㉯ 시설 : 전용사무실

㉰ 필수장비 : 자기탐상시험기, 초음파두께측정기 및 영상초음파탐상시험기, 방사선투과시험기 및 초음파탐상시험기 중 하나

29. ㉮ 각 위험물의 지정수량

품명	유별	지정수량
과산화벤조일	제5류 위험물 중 유기과산화물	10kg
과염소산	제6류 위험물	300kg

㉯ 지정수량 합 계산

∴ 지정수량 합=10+300=310kg

30. 무기과산화물은 제1류 위험물에 해당되며 지정수량은 50kg이다.

31. ㉮ 내알코올포 소화약제 : 알코올과 같은 수용성 액체에는 포가 파괴되는 현상으로 인해 소화효과를 잃게 되는 것을 방지하기 위해 단백질 가스분해물에 합성세제를 혼합하여 제조한 소화약제이다.

㉯ 각 위험물의 성질

품명	성질
아세톤	수용성
휘발유	비수용성
경유	비수용성
등유	비수용성

32. 유별을 달리하는 위험물의 동일한 저장소에 저장 기준 [시행규칙 별표18]

㉮ 유별을 달리하는 위험물은 동일한 저장소에 저장하지 아니하여야 한다.

㉯ 동일한 저장소에 저장할 수 있는 경우 : 옥내저장소 또는 옥외저장소에 위험물을 유별로 정리하여 저장하고, 서로 1m 이상의 간격을 두는 경우

㉠ 제1류 위험물(알칼리금속의 과산화물 또는 이를 함유한 것 제외)과 제5류 위험물

㉡ 제1류 위험물과 제6류 위험물

㉢ 제1류 위험물과 제3류 위험물 중 자연발화성물질(황린 또는 이를 함유한 것에 한한다)

㉣ 제2류 위험물 중 인화성고체와 제4류 위험물

㉤ 제3류 위험물 중 알킬알루미늄등과 제4류

위험물(알킬알루미늄 또는 알킬리튬을 함유한 것에 한한다)

㉥ 제4류 위험물 중 유기과산화물 또는 이를 함유한 것과 제5류 위험물 중 유기과산화물 또는 이를 함유한 것

33. 과산화수소(H_2O_2)의 특징

㉮ 제6류 위험물로 지정수량 300kg이다.

㉯ 순수한 것은 점성이 있는 무색의 액체이나 양이 많을 경우에는 청색을 나타낸다.

㉰ 강한 산화성이 있고 물, 알코올, 에테르 등에는 용해하지만 석유, 벤젠에는 녹지 않는다.

㉱ 알칼리 용액에서는 급격히 분해하나 약산성에서는 분해하기 어렵다.

㉲ 시판품은 30~40%의 수용액으로 분해되기 쉬워 안정제[인산(H_3PO_4), 요산($C_5H_4N_4O_3$)]를 가한다.

㉳ 소독약으로 사용되는 옥시풀은 과산화수소 3%인 용액이다.

㉴ 비중(0℃) 1.465, 융점 −0.89℃, 비점 80.2℃이다.

참고 과산화수소는 그 농도가 36 중량% 이상인 것에 한하여 위험물로 간주한다.

34. ㉮ 제4류 위험물 중 특수인화물 종류 : 에테르(디에틸에테르), 이황화탄소, 아세트알데히드, 산화프로필렌, 디에틸설파이드(황화디메틸) 등

㉯ 지정수량 : 50L

35. ㉮ 질산 : 제6류 위험물로 지정수량은 300kg이다.

㉯ 1소요단위 : 지정수량의 10배이다.

∴ 1소요단위=300×10=3000kg

㉰ 무게를 체적단위로 환산

$$\therefore \text{체적}(L) = \frac{\text{무게}(kg)}{\text{비중}(kg/L)} = \frac{3000}{1.5} = 2000\,L$$

36. 경유의 특징

㉮ 제4류 위험물 중 제2석유류이며, 지정수량은 1000L이다.

㉯ 탄소수가 C_{15}~C_{20}인 포화, 불포화탄화수소의 혼합물로 유출온도의 범위는 200~350℃이다.

㉰ 담황색 또는 담갈색의 액체로 등유와 비슷한 성질을 갖고 있으며 디젤기관의 연료로 사용한다.

㉱ 물에는 녹지 않는 불용성이며, 품질은 세탄가로 정한다.

㉲ 칼륨(K), 나트륨(Na)의 보호액으로 사용할 수 있다.

㉳ 액체 비중 0.82~0.85(증기비중 4~5), 인화점 50~70℃, 발화점 257℃, 연소범위 1~6%이다.

37. 이동탱크 저장소는 경보설비 설치제외 대상이다[시행규칙 제42조].

38. 탱크의 공간용적 [위험물안전관리에 관한 세부기준 제25조]

㉮ 탱크의 공간용적은 탱크의 내용적의 $\frac{5}{100}$ 이상 $\frac{10}{100}$ 이하의 용적으로 한다.

㉯ 소화설비(소화약제 방출구를 탱크 안의 윗부분에 설치하는 것에 한한다)를 설치하는 탱크의 공간용적은 소화방출구 아래의 0.3m 이상 1m 미만 사이의 면으로부터 윗부분의 용적으로 한다.

㉰ 암반탱크는 당해 탱크 내에 용출하는 7일간의 지하수의 양에 상당하는 용적과 당해 탱크의 내용적의 $\frac{1}{100}$ 용적 중에서 보다 큰 용적을 공간용적으로 한다.

39. 니트로셀룰로오스의 특징

㉮ 제5류 위험물 중 질산에스테르류에 해당되며, 지정수량은 10kg이다.

㉯ 천연 셀룰로오스에 진한 질산과 진한 황산을 작용시켜 제조한다.

㉰ 맛과 냄새가 없고 초산에틸, 초산아밀, 아세톤, 에테르 등에는 용해하나 물에는 녹지 않는다.

㉱ 햇빛, 산, 알칼리에 의해 분해, 자연 발화한다.

㉤ 질화도가 클수록 폭발의 위험성이 증가하며 폭약의 원료로 사용한다.
㉥ 건조한 상태에서는 발화의 위험이 있다.
㉦ 물과 혼합할수록 위험성이 감소하므로 저장 및 수송할 때에는 함수알코올(물+알코올)을 습윤시킨다.

40. 제4류 위험물 종류 및 지정수량

품명		지정수량
특수인화물 : 에테르, 이황화탄소, 아세트알데히드, 산화프로필렌		50L
제1석유류	비수용성 : 가솔린, 벤젠, 톨루엔, 크실렌	200L
	수용성 : 아세톤, 초산에스테르류, 피리딘	400L
알코올류 : 메틸알코올, 에틸알코올, 이소프로필알코올, 변성알코올		400L
제2석유류	비수용성 : 등유, 경유, 테레핀유, 장뇌유, 스티렌, 송근유	1000L
	수용성 : 의산, 초산, 에틸셀르솔브, 메틸셀르솔브, 클로로벤젠	2000L
제3석유류	비수용성 : 중유, 크레오소트유, 니트로벤젠, 아닐린, 담금질유	2000L
	수용성 : 에틸클리콜, 글리세린	4000L
제4석유류 : 기어유, 실린더유, 방청유, 윤활유		6000L
동식물유류 : 들기름, 아마인유, 피마자유		10000L

참고 과산화벤조일은 제5류 위험물 중 유기과산화물에 해당된다.

41. 과산화마그네슘의 특징

㉮ 제1류 위험물 중 무기과산화물로 지정수량은 50kg이다.
㉯ 순수한 것은 백색이지만 보통은 담황색을 띠고 있는 결정분말이다.
㉰ 공기 중에서 탄산가스를 흡수하여 탄산염이 되며, 물에 의해서는 수산화나트륨과 산소로 분해된다.
㉱ 가열하면 분해되어 산화나트륨(Na_2O)과 산소가 발생한다.
㉲ 강산화제로 용융물은 금, 니켈을 제외한 금속을 부식시킨다.
㉳ 알코올에는 녹지 않으나, 묽은 산과 반응하여 과산화수소(H_2O_2)를 생성시킨다.
㉴ 산화제, 표백제, 살균제 등으로 사용된다.

42. 예방규정을 정하여야 하는 제조소등 [시행령 제15조]

㉮ 지정수량의 10배 이상의 위험물을 취급하는 제조소
㉯ 지정수량의 100배 이상의 위험물을 저장하는 옥외저장소
㉰ 지정수량의 150배 이상의 위험물을 저장하는 옥내저장소
㉱ 지정수량의 200배 이상의 위험물을 저장하는 옥외탱크저장소
㉲ 암반탱크저장소
㉳ 이송취급소
㉴ 지정수량의 10배 이상의 위험물을 취급하는 일반취급소.

43. 각 위험물의 위험등급

품명	위험등급	유별	지정수량
철분(Fe)	Ⅲ	제2류	500kg
안티몬분(Sb)	Ⅲ	제2류	500kg
마그네슘(Mg)	Ⅲ	제2류	500kg
아연(Zn)	Ⅲ	제2류	500kg
알루미늄(Al)	Ⅲ	제2류	500kg
황(S)	Ⅱ	제2류	100kg
황화린	Ⅱ	제2류	100kg
적린	Ⅱ	제2류	100kg
칼슘	Ⅱ	제3류	300kg
메탄올	Ⅱ	제4류	400L
에탄올	Ⅱ	제4류	400L
벤젠	Ⅱ	제4류	200L

44. 각 위험물의 지정수량 및 유별

품명	지정수량	유별
질산에틸	10kg	제5류
과산화수소	300kg	제6류
트리니트로톨루엔	200kg	제5류
피크르산	200kg	제5류

45. ㉮ 위험물 운반할 때 혼재 기준[시행규칙 별표 19]

구분	제1류	제2류	제3류	제4류	제5류	제6류
제1류		×	×	×	×	○
제2류	×		×	○	○	×
제3류	×	×		○	×	×
제4류	×	○	○		○	×
제5류	×	×	×	○		×
제6류	○	×	×	×	×	

○ : 혼합 가능, × : 혼합 불가능

㉯ 이 표는 지정수량의 $\frac{1}{10}$ 이하의 위험물에 대하여는 적용하지 않는다.

46. ㉮ 운반용기의 외부 표시사항[시행규칙 별표19]

유별	구분	표시사항
제1류	알칼리금속의 과산화물 또는 이를 함유한 것	화기·충격주의, 물기엄금, 가연물 접촉주의
	그 밖의 것	화기·충격주의 및 가연물 접촉주의
제2류	철분, 금속분, 마그네슘 또는 어느 하나 이상을 함유한 것	화기주의, 물기엄금
	인화성 고체	화기엄금
	그 밖의 것	화기주의
제3류	자연발화성 물질	화기엄금 및 공기접촉엄금
	금수성 물질	물기엄금
제4류		화기엄금
제5류		화기엄금 및 충격주의
제6류		가연물접촉주의

㉯ 적재하는 위험물 성질에 따른 조치 : 5류 위험물인 경우

㉠ 제1류 위험물, 제3류 위험물 중 자연발화성 물질, 제4류 위험물 중 특수인화물, 제5류 위험물 또는 제6류 위험물은 차광성이 있는 피복으로 가릴 것

㉡ 제5류 위험물 중 55℃ 이하의 온도에서 분해될 우려가 있는 것은 보랭 컨테이너에 수납하는 등 적정한 온도관리를 할 것

47. **소화설비 소요단위 계산**[시행규칙 별표17]

㉮ 제조소 또는 취급소의 건축물

㉠ 외벽이 내화구조인 것 : 연면적 $100m^2$를 1소요단위로 할 것

㉡ 외벽이 내화구조가 아닌 것 : 연면적 $50m^2$를 1소요단위로 할 것

㉯ 저장소의 건축물

㉠ 외벽이 내화구조인 것 : 연면적 $150m^2$를 1소요단위로 할 것

㉡ 외벽이 내화구조가 아닌 것 : 연면적 $75m^2$를 1소요단위로 할 것

㉰ 위험물 : 지정수량의 10배를 1소요단위로 할 것

㉱ 제조소등의 옥외에 설치된 공작물은 외벽이 내화구조인 것으로 간주하고 공작물의 최대수평투영면적을 연면적으로 간주하여 ㉮ 및 ㉯의 규정에 의하여 소요단위를 산정할 것

㉲ 소요단위 계산 : 옥내저장소이고 외벽이 내화구조이므로 연면적 $150m^2$가 1소요단위에 해당된다.

$$\therefore \text{소요단위} = \frac{\text{건축물 연면적}}{\text{1소요단위 면적}} = \frac{300}{150} = 2\text{단위}$$

48. ㉮ 수소화칼슘 : 제3류 위험물 중 금속의 수소화물로 지정수량 300kg이다.

㉯ 수소화칼슘(CaH_2)이 물과 반응하면 수산화칼슘($Ca(OH)_2$)과 수소(H_2)를 발생하면서 발열한다.

㉰ 반응식

$CaH_2 + 2H_2O \rightarrow Ca(OH)_2 + 2H_2\uparrow + 48kcal$

49. 과염소산칼륨($KClO_4$)과 아염소산나트륨($NaClO_2$)은 제1류 위험물에 해당되며, 제1류 위험물은 산화성 고체로 불연성 물질이다.

50. 물 속에 저장하는 위험물

㉮ 이황화탄소(CS_2) : 제4류 위험물 중 특수인화물이고 지정수량 50L이다.

㉯ 황린(P_4) : 제3류 위험물이고 지정수량 20kg이다.

51. 각 위험물의 착화점

품명	착화점
삼황화린	약 100℃
오황화린	142℃
적린	260℃
유황	232.2℃

52. 염소산나트륨($NaClO_3$)의 특징

㉮ 제1류 위험물 중 염소산염류에 해당되며 지정수량은 50kg이다.

㉯ 무색, 무취의 결정으로 물, 알코올, 글리세린, 에테르 등에 잘 녹는다.

㉰ 불연성 물질이고 조해성이 강하다.

㉱ 300℃ 정도에서 분해하기 시작하여 산소를 발생한다.

㉲ 강력한 산화제로 철과 반응하여 철제용기를 부식시킨다.

㉳ 방습성이 있으므로 섬유, 나무, 먼지 등에 흡수되기 쉽다.

㉴ 산과 반응하여 유독한 이산화염소(ClO_2)가 발생하며, 폭발 위험이 있다.

53. ㉮ 과산화나트륨(Na_2O_2)은 제1류 위험물로 흡습성이 있으며 물과 반응하여 많은 열과 함께 산소(O_2)와 수산화나트륨($NaOH$)을 발생하므로 소화 시 주수소화는 부적합하다.

㉯ 반응식 : $2Na_2O_2 + 2H_2O \rightarrow 4NaOH + O_2 \uparrow$

㉰ 염소산칼륨($KClO_3$), 질산나트륨($NaNO_3$)은 제1류 위험물로 물과의 위험성은 없다.

㉱ 과산화벤조일[$(C_6H_5CO)_2O_2$]은 제5류 위험물로 물을 첨가하면 폭발성을 낮출 수 있다.

54. 나트륨(Na)의 특징

㉮ 제3류 위험물로 지정수량은 10kg이다.

㉯ 은백색의 가벼운 금속으로 연소시키면 노란 불꽃을 내며 과산화나트륨이 된다.

㉰ 화학적으로 활성이 크며, 모든 비금속 원소와 잘 반응한다.

㉱ 상온에서 물이나 알코올 등과 격렬히 반응하여 수소(H_2)를 발생한다.

㉲ 피부에 접촉되면 화상을 입는다.

㉳ 산화를 방지하기 위해 등유, 경유 속에 넣어 저장한다.

㉴ 용기 파손 및 보호액 누설에 주의하고, 습기나 물과 접촉하지 않도록 저장한다.

㉵ 다량 연소하면 소화가 어려우므로 소량으로 나누어 저장한다.

㉲ 비중 0.97, 융점 97.7℃, 비점 880℃, 발화점 121℃이다.

55. 메탄올과 에탄올의 증기 비중

구분	분자량	증기비중
메탄올(메틸알코올) (CH_3OH)	32	1.1
에탄올(에틸알코올) (C_2H_5OH)	46	1.59

㉮ 메탄올의 분자량 계산 : $12+(1\times3)+16+1=32$

㉯ 에탄올의 분자량 계산 : $(12\times2)+(1\times5)+16+1=46$

㉰ 증기의 비중$=\dfrac{\text{분자량}}{\text{공기의 평균분자량(29)}}$

56. 동식물유류 특징

㉮ 제4류 위험물로 지정수량 10000L이다.

㉯ 동물의 지육 또는 식물의 종자나 과육으로부터 추출한 것으로서 1기압에서 인화점이 250℃ 미만인 것이다.

㉰ 요오드값이 크면 불포화도가 커지고, 작아지면 불포화도가 작아진다.

㉱ 불포화결합이 많이 포함되어 있을수록 자연발화를 일으키기 쉽다.

㉲ 요오드값에 따른 분류 및 종류

구분	요오드값	종류
건성유	130 이상	들기름, 아마인유, 해바라기유, 오동유
반건성유	100~130 미만	목화씨유, 참기름, 채종유
불건성유	100 미만	땅콩기름(낙화생유), 올리브유, 피마자유, 야자유, 동백유

57. ㉮ 탄화칼슘(카바이드 : CaC_2) : 제3류 위험물로 물(H_2O)과 반응하여 수산화칼슘($Ca(OH)_2$)과 가연성 가스인 아세틸렌(C_2H_2)이 발생한다.

㉯ 반응식 : $CaC_2 + 2H_2O \rightarrow Ca(OH)_2 + C_2H_2$

58. **제3류 위험물의 지정수량**

품명		지정수량
칼슘(Ca)	알칼리토금속	50kg
나트륨아미드 ($NaNH_2$)	유기금속화합물	50kg
인화아연 (Zn_3P_2)	금속인화물	300kg
바륨(Ba)	알칼리토금속	50kg

59. **압력계 및 안전장치 설치**[시행규칙 별표4] : 파괴판은 위험물의 성질에 따라 안전밸브의 작동이 곤란한 가압설비에 한한다.

㉮ 자동적으로 압력의 상승을 정지시키는 장치

㉯ 감압측에 안전밸브를 부착한 감압밸브

㉰ 안전밸브를 병용하는 경보장치

㉱ 파괴판

60. **제6류 위험물의 공통적인 성질**

㉮ 불연성 물질이지만 산소를 많이 포함하고 있어 다른 물질의 연소를 돕는 조연성 물질이다.

㉯ 강산성의 액체로 비중이 1보다 크며, 물에 잘 녹고 물과 접촉하면 발열한다.

㉰ 부식성이 강하며 증기는 유독하고 제1류 위험물과 혼합하면 폭발할 수 있다.

㉱ 가연물과 유기물 등과의 혼합으로 발화한다.

㉲ 제6류 위험물은 모두 지정수량 300kg이고 위험등급은 Ⅰ등급이다.

참고 오불화브롬(BrF_5)은 할로겐간 화합물(행정안전부령으로 정하는 것)로 제6류 위험물에 속한다.

제2회 CBT 모의고사

제2회 정답

1	2	3	4	5	6	7	8	9	10
④	①	③	①	④	①	②	③	③	④
11	12	13	14	15	16	17	18	19	20
②	③	②	②	②	①	②	①	①	④
21	22	23	24	25	26	27	28	29	30
②	③	④	①	①	④	③	①	②	③
31	32	33	34	35	36	37	38	39	40
②	②	③	①	④	③	③	②	③	④
41	42	43	44	45	46	47	48	49	50
④	②	①	①	④	③	①	①	③	③
51	52	53	54	55	56	57	58	59	60
②	①	④	①	③	②	②	①	④	④

1. 위험물의 화재위험이 높아지는 경우

㉮ 인화점 및 발화점이 낮을수록
㉯ 연소범위가 넓을수록
㉰ 연소범위 하한값이 낮을수록
㉱ 위험물의 온도 및 압력이 높을수록
㉲ 위험물의 활성화 에너지가 작을수록

2. 제4류 위험물에 적응성이 있는 소화설비 [시행규칙 별표17]

㉮ 물분무 소화설비
㉯ 포 소화설비
㉰ 불활성가스 소화설비
㉱ 할로겐화합물 소화설비
㉲ 인산염류 등 및 탄산수소염류 등 분말 소화설비
㉳ 무상강화액 소화기
㉴ 포 소화기
㉵ 이산화탄소 소화기
㉶ 할로겐화합물 소화기
㉷ 인산염류 및 탄산수소염류 소화기
㉸ 건조사
㉹ 팽창질석 또는 팽창진주암
㉻ 스프링클러설비 : 경우에 따라 적응성이 있음

참고 제4류 위험물은 물을 이용한 냉각소화보다는 포, 이산화탄소, 할로겐화합물, 분말 등을 이용한 질식소화가 효과적이다.

3. 아세트알데히드(CH_3CHO)등의 옥외탱크 저장소 기준 [시행규칙 별표6]

㉮ 옥외저장탱크의 설비는 동·마그네슘·은·수은 또는 이들을 성분으로 하는 합금으로 만들지 아니할 것
㉯ 옥외저장탱크에는 냉각장치 또는 보랭장치, 그리고 연소성 혼합기체의 생성에 의한 폭발을 방지하기 위한 불활성의 기체를 봉입하는 장치를 설치할 것

참고 각 항목의 위험물 명칭
① 메틸에틸케톤($CH_3COC_2H_5$)
② 피리딘(C_5H_5N)
③ 아세트알데히드(CH_3CHO)
④ 클로로벤젠(C_6H_5Cl)

4. 정전기 제거설비 설치 [시행규칙 별표4] : 위험물을 취급함에 있어서 정전기가 발생할 우려가 있는 설비에는 다음 중 하나에 해당하는 방법으로 정전기를 유효하게 제거할 수 있는 설비를 설치하여야 한다.

㉮ 접지에 의한 방법
㉯ 공기 중의 상대습도를 70% 이상으로 하는 방법
㉰ 공기를 이온화하는 방법

참고 위험물의 유속이 높으면 정전기가 발생할 가능성이 높아지므로 유속을 낮추어야 한다.

5. 위험물 안전관리자 [법 제15조]

㉮ 안전관리자를 선임한 제조소등의 관계인은 안전관리자를 해임, 퇴직한 때에는 해임, 퇴직한 날부터 30일 이내에 다시 안전관리자를 선임하여야 한다.
㉯ 제조소등의 관계인은 안전관리자를 선임한 경우에는 선임한 날부터 14일 이내에 소방본부장 또는 소방서장에게 신고하여야 한다.

㉰ 안전관리자를 선임한 제조소등의 관계인은 안전관리자가 일시적으로 직무를 수행할 수 없거나 안전관리자의 해임 또는 퇴직과 동시에 다른 안전관리자를 선임하지 못하는 경우에는 행정안전부령이 정하는 자를 대리자(代理者)로 지정하여 그 직무를 대행하게 하여야 한다. 이 경우 직무를 대행하는 기간은 30일을 초과할 수 없다.

6. 각 위험물의 착화온도(발화점)

품명	착화온도
이황화탄소	100℃
디에틸에테르	180℃
아세톤	538℃
아세트알데히드	185℃

7. 톨루엔($C_6H_5CH_3$)은 제4류 위험물 중 제1석유류에 해당되며 화재 분류 시 B급 화재에 해당된다.

8. 각 항목의 경보설비 설치 판단

① 연면적이 500m² 이상이므로 '자동화재 탐지설비'를 설치하여야 한다.

② 처마높이가 6m 이상인 단층건물이므로 '자동화재 탐지설비'를 설치하여야 한다.

③ 자동화재 탐지설비 설치대상이 아닌 제조소등에 해당되고, 지정수량의 10배 이상을 저장하는 곳이므로 자동화재 탐지설비, 비상경보, 확성장치, 비상방송설비 중 하나를 선택해서 설치하면 된다.

④ 옥내주유취급소는 무조건 '자동화재 탐지설비'를 설치하여야 한다.

참고 경보설비 설치 대상[시행규칙 별표17]

(1) 자동화재 탐지설비

㉮ 제조소 및 일반취급소

㉠ 연면적 500m² 이상인 것

㉡ 옥내에서 지정수량의 100배 이상을 취급하는 것

㉯ 옥내저장소

㉠ 지정수량의 100배 이상을 저장 또는 취급하는 것

㉡ 저장창고의 연면적이 150m²를 초과하는 것

㉢ 처마높이가 6m 이상인 단층건물의 것

㉣ 옥내저장소로 사용되는 부분 외의 부분이 있는 건축물에 설치된 옥내저장소

㉰ 옥내탱크저장소 : 단층 건물 외의 건축물에 설치된 옥내탱크저장소로서 소화난이도등급 Ⅰ에 해당하는 곳

㉱ 주유취급소 : 옥내주유취급소

(2) 자동화재 탐지설비, 비상경보설비, 확성장치 또는 비상방송설비 중 1종 이상을 설치해야 하는 경우 : (1)에 해당하지 않는 제조소등으로 지정수량의 10배 이상을 저장 또는 취급하는 것

9. 분말소화약제의 종류 및 적응화재

종류	주성분	적응화재	착색
제1종 분말	중탄산나트륨 ($NaHCO_3$)	B.C	백색
제2종 분말	중탄산칼륨 ($KHCO_3$)	B.C	자색 (보라색)
제3종 분말	제1인산암모늄 ($NH_4H_2PO_4$)	A.B.C	담홍색
제4종 분말	중탄산칼륨+요소 [$KHCO_3+(NH_2)_2CO$]	B.C	회색

10. 소화기 분류

구분	소화기 명칭	화학식
CTC 소화기	사염화탄소 소화기	CCl_4
CB 소화기	할론 1011 소화기	CH_2ClBr
MTB 소화기	할론 1301 소화기	CF_3Br
BCF 소화기	할론 1211 소화기	CF_2ClBr
FB 소화기	할론 2402 소화기	$C_2F_4Br_2$

참고 BCF는 할로겐화합물 소화약제 중에서 탄소(C), 불소(F), 염소(Cl), 취소(Br : 브롬)을 모두 포함하는 것으로 할론 1211(CF_2ClBr)이다.

11. 강화액 소화기 : 물에 탄산칼륨(K_2CO_3)을 용해하여 빙점을 −30℃ 정도까지 낮추어 겨울철 및 한랭지에서도 사용할 수 있도록 한 소화기이다.

12. 자동화재 탐지설비 설치기준 [시행규칙 별표17]

㉮ 자동화재 탐지설비의 경계구역은 건축물 그 밖의 공작물의 2 이상의 층에 걸치지 아니하도록 할 것. 다만, 하나의 경계구역의 면적이 $500m^2$ 이하이면서 당해 경계구역이 두 개의 층에 걸치는 경우이거나 계단·경사로·승강기의 승강로 그 밖에 이와 유사한 장소에 연기감지기를 설치하는 경우에는 그러하지 아니하다.

㉯ 하나의 경계구역의 면적은 $600m^2$ 이하로 하고 그 한 변의 길이는 50m(광전식분리형 감지기를 설치할 경우에는 100m) 이하로 할 것. 다만, 당해 건축물 그 밖의 공작물의 출입구에서 그 내부의 전체를 볼 수 있는 경우에는 그 면적을 $1000m^2$ 이하로 할 수 있다.

㉰ 자동화재 탐지설비의 감지기는 지붕(상층이 있는 경우에는 상층의 바닥) 또는 벽의 옥내에 면한 부분(천장이 있는 경우에는 천장 또는 벽의 옥내에 면한 부분 및 천장의 뒷부분)에 유효하게 화재의 발생을 감지할 수 있도록 설치할 것

㉱ 자동화재 탐지설비에는 비상전원을 설치할 것

13. 이산화탄소 소화기의 특징

㉮ 소화 후 소화약제에 의한 물품의 오손이 거의 없다.

㉯ 전기 절연성이고 장시간 저장해도 물성의 변화가 거의 없다.

㉰ 한랭지에서도 동결의 우려가 없다.

㉱ 자체 압력으로 방출되기 때문에 방출용 동력이 필요하지 않다.

㉲ 약제 방출 시 소음이 발생한다.

14. 소화약제의 소화효과

㉮ 물 : 냉각효과

㉯ 산·알칼리 소화약제 : 냉각효과

㉰ 강화액 소화약제 : 냉각소화, 부촉매효과, 일부질식효과

㉱ 이산화탄소 소화약제 : 질식효과, 냉각효과

㉲ 할로겐화합물 소화약제 : 억제효과(부촉매효과)

㉳ 포 소화약제 : 질식효과, 냉각효과

㉴ 분말 소화약제 : 질식효과, 냉각효과, 제3종 분말소화약제는 부촉매효과도 있음

15. 소화설비의 능력단위 [시행규칙 별표17]

소화설비 종류	용량	능력단위
소화전용 물통	8L	0.3
수조(소화전용 물통 3개 포함)	80L	1.5
수조(소화전용 물통 6개 포함)	190L	2.5
마른모래(삽 1개 포함)	50L	0.5
팽창질석 또는 팽창진주암(삽 1개 포함)	160L	1.0

16. ㉮ 이산화탄소(CO_2)의 분자량(M) 계산 : $12+(16\times2)=44$

㉯ 기체상태의 이산화탄소 부피(L) 계산 : 이상기체 상태방정식 $PV=\frac{W}{M}RT$를 이용하여 계산

$$\therefore V=\frac{WRT}{PM}$$

$$=\frac{(1\times10^3)\times0.082\times(273+25)}{2\times44}$$

$$=277.681\,\text{L}$$

㉰ 이상기체 상태방정식 공식 : $PV=\frac{W}{M}RT$

P : 압력(atm) → 2atm

V : 부피(L) → 구하여야 할 부피임

M : 분자량(g/mol) → 44

W : 질량(g) → $1kg=1\times10^3g=1000g$

R : 기체상수(0.082L·atm/mol·K)

T : 절대온도(K) → 273+25K

17. ㉮ 금속분(제2류 위험물, 지정수량 500kg)은 물(H_2O)과 접촉하면 반응하여 가연성인 수소(H_2)를 발생하여 폭발의 위험이 있기 때문에 주수소화는 부적합하므로 건조사(마른 모래)를 이용한다.

㉯ 알루미늄(Al)분과 물의 반응식

$2Al+6H_2O \rightarrow 2Al(OH)_3+3H_2\uparrow$

18. 위험물 및 지정수량 [시행령 별표1]

㉮ "인화성 액체"라 함은 액체(제3석유류, 제4석유류 및 동식물유류의 경우 1기압과 20℃에서 액체인 것만 해당한다)로서 인화의 위험성이 있는 것을 말한다.

㉯ "제3석유류"라 함은 중유, 클레오소트유 그 밖에 1기압에서 인화점이 70℃ 이상 200℃ 미만인 것을 말한다. 다만, 도료류 그 밖의 물품은 가연성 액체량이 40 중량% 이하인 것은 제외한다.

19. 폭발의 종류

㉮ 산화폭발 : 가연성 기체 또는 가연성 액체의 증기와 조연성 기체가 일정한 비율로 혼합되어 있을 때 점화원에 의하여 착화되어 일어나는 폭발이다.

㉯ 분해폭발 : 분해할 때 발열반응 하는 기체가 분해될 때 점화원에 의하여 착화되어 일어나는 폭발이다.

㉰ 분무폭발 : 가연성 액체의 무적(안개방울)이 공기 중에 일정농도 이상으로 분산되어 있을 때 점화원에 의하여 착화되어 일어나는 폭발이다.

㉱ 분진폭발 : 가연성 고체의 미분이 공기 중에 분산된 상태에서 점화원에 의해서 일어나는 폭발이다.

㉲ 중합폭발 : 중합반응이 일어날 때 발생하는 중합열에 의하여 발생하는 폭발이다.

20. 제조소의 방유제 용량 [시행규칙 별표4]

㉮ 위험물 제조소의 옥외에 있는 위험물 취급탱크의 방유제 용량

㉠ 1기일 때 : 탱크용량×0.5

㉡ 2기 이상일 때 : (최대탱크용량×0.5)+(나머지 탱크 용량 합계×0.1)

㉯ 방유제 용량 계산

∴ 방유제 용량
=(50000×0.5)+(30000×0.1)+(20000×0.1)
=30000L

21. 산화프로필렌(CH_3CHOCH_2) : 제4류 위험물 중 특수인화물, 지정수량 50L

㉮ 증기와 액체는 구리, 은, 마그네슘 등의 금속이나 합금과 접촉하면 폭발성인 아세틸라이드를 생성한다.

$$C_3H_6O+2Cu \rightarrow Cu_2C_2+CH_4+H_2O$$

(Cu_2C_2 : 동아세틸라이드)

㉯ 보관 방법 : 공기와 접촉 시 과산화물을 생성하므로 용기 내부에 질소, 아르곤 등 불활성기체를 충전하여 냉암소에 저장한다.

22. ㉮ 위험물 운반할 때 혼재 기준[시행규칙 별표 19, 부표2]

구분	제1류	제2류	제3류	제4류	제5류	제6류
제1류		×	×	×	×	○
제2류	×		×	○	○	×
제3류	×	×		○	×	×
제4류	×	○	○		○	×
제5류	×	○	×	○		×
제6류	○	×	×	×	×	

○ : 혼합 가능, × : 혼합 불가능

㉯ 이 표는 지정수량의 $\frac{1}{10}$ 이하의 위험물에 대하여는 적용하지 않는다.

23. 과산화바륨(BaO_2) 특징

㉮ 제1류 위험물 중 무기과산화물에 해당되며, 지정수량은 50kg이다.

㉯ 백색 또는 회색의 정방정계 결정분말로 알칼리토금속의 과산화물 중 제일 안정하다.

㉰ 물에는 약간 녹으나 알코올, 에테르, 아세톤에는 녹지 않는다.

㉱ 묽은 산에는 녹으며, 수화물($BaO_2 \cdot 8H_2O$)은 100℃에서 결정수를 잃는다.

㉲ 산 및 온수에 분해되어(반응하여) 과산화수소(H_2O_2)와 산소가 발생하면서 발열한다.

㉳ 고온으로 가열하면 열분해되어 산소를 발생하고, 폭발하기도 한다.

㉴ 산화되기 쉬운 물질, 습한 종이, 섬유소 등과

섞이면 폭발하는 경우도 있다.
㉶ 소화방법 : 탄산가스(CO_2), 사염화탄소(CCl_4) 및 마른 모래(건조사)의 질식소화
㉷ 비중 4.96, 융점 450℃, 분해온도 840℃이다.

24. **제조소등에서의 위험물의 저장 및 취급 기준**[시행규칙 별표18] : 휘발유를 저장하던 이동저장탱크에 등유나 경유를 주입할 때 또는 등유나 경유를 저장하던 이동저장탱크에 휘발유를 주입할 때에는 다음의 기준에 따라 정전기 등에 의한 재해를 방지하기 위한 조치를 할 것
㉮ 이동저장탱크의 상부로부터 위험물을 주입할 때에는 위험물의 액표면이 주입관의 선단을 넘는 높이가 될 때까지 그 주입관 내의 유속을 1m/s 이하로 할 것
㉯ 이동저장탱크의 밑부분으로부터 위험물을 주입할 때에는 위험물의 액표면이 주입관의 정상부분을 넘는 높이가 될 때까지 그 주입배관 내의 유속을 1m/s 이하로 할 것
㉰ 그 밖의 방법에 의한 위험물의 주입은 이동저장탱크에 가연성증기가 잔류하지 아니하도록 조치하고 안전한 상태로 있음을 확인한 후에 할 것

25. **질산메틸(CH_3ONO_2)의 소화방법** : 질산메틸은 물에 녹지 않는 제5류 위험물로 소화방법은 물을 주수하여 냉각소화를 한다.

26. **아세톤(CH_3COCH_3)의 특징**
㉮ 제4류 위험물 중 제1석유류에 해당되며 수용성이기 때문에 지정수량은 400L이다.
㉯ 무색의 휘발성 액체로 독특한 냄새가 있는 인화성 물질이다.
㉰ 물, 알코올, 에테르, 가솔린, 클로로포름 등 유기용제와 잘 섞인다.
㉱ 직사광선에 의해 분해하고, 보관 중 황색으로 변색되며 수지, 유지, 섬유, 고무, 유기물 등을 용해시킨다.
㉲ 비점과 인화점이 낮아 인화의 위험이 크다.
㉳ 독성은 거의 없으나 피부에 닿으면 탈지작용과 증기를 다량으로 흡입하면 구토 현상이 나타난다.
㉴ 액체 비중 0.79(증기비중 2.0), 비점 56.6℃, 발화점 538℃, 인화점 −18℃, 연소범위 2.6~12.8%이다.

27. **나트륨(Na)의 특징**
㉮ 제3류 위험물로 지정수량은 10kg이다.
㉯ 은백색의 가벼운 금속으로 연소시키면 노란 불꽃을 내며 과산화나트륨이 된다.
㉰ 화학적으로 활성이 크며, 모든 비금속 원소와 잘 반응한다.
㉱ 상온에서 물이나 알코올 등과 격렬히 반응하여 수소(H_2)를 발생한다.
㉲ 피부에 접촉되면 화상을 입는다.
㉳ 산화를 방지하기 위해 등유, 경유 속에 넣어 저장한다.
㉴ 용기 파손 및 보호액 누설에 주의하고, 습기나 물과 접촉하지 않도록 저장한다.
㉵ 다량 연소하면 소화가 어려우므로 소량으로 나누어 저장한다.
㉶ 비중 0.97, 융점 97.7℃, 비점 880℃, 발화점 121℃이다.

28. **각 위험물의 인화점**

품명	인화점
아닐린	75℃
에틸렌글리콜	111℃
글리세린	160℃
실린더유	220~250℃

29. **칼륨(K)의 특징**
㉮ 제3류 위험물로 지정수량은 10kg이다.
㉯ 은백색을 띠는 무른 금속으로 녹는점 이상 가열하면 보라색의 불꽃을 내면서 연소한다.
㉰ 공기 중의 산소와 반응하여 광택을 잃고 산화칼륨(K_2O)의 회백색으로 변화한다.
㉱ 공기 중에서 수분과 반응하여 수산화물(KOH)과 수소(H_2)를 발생하고, 연소하면 과산화칼륨

(K_2O_2)이 된다.

㉮ 화학적으로 활성이 크며, 알코올과 반응하여 칼륨에틸레이트(C_2H_5OK)를 만든다.

㉯ 피부에 접촉되면 화상을 입으며, 연소할 때 발생하는 증기가 피부에 접촉하거나 호흡하면 자극한다.

㉰ 산화를 방지하기 위하여 보호액(등유, 경우, 파라핀) 속에 넣어 저장한다.

㉱ 용기 파손 및 보호액 누설에 주의하고, 소량으로 나누어 저장한다.

㉲ 비중 0.86, 융점 63.7℃, 비점 762℃이다.

참고 칼륨(K)은 알칼리금속으로 +1가 원소이므로 원자가전자가 1개로 쉽게 1가의 양이온으로 되어 반응한다.

30. $V = \pi \times r^2 \times \left(l + \frac{l_1 + l_2}{3}\right)$

$= \pi \times 10^2 \times \left(18 + \frac{3+3}{3}\right) = 6283.185\,m^3$

31. 제2류 위험물의 공통적인 특징

㉮ 비교적 낮은 온도에서 착화하기 쉬운 가연성 물질이다.

㉯ 비중은 1보다 크며, 연소 시 유독가스를 발생하는 것도 있다.

㉰ 연소속도가 대단히 빠르며, 금속분은 물이나 산과 접촉하면 확산 폭발한다.

㉱ 대부분 물에는 불용이며, 산화하기 쉬운 물질이다.

㉲ 강력한 환원성 물질로 산화제와 접촉, 마찰로 착화되면 급격히 연소한다.

32. 제5류 위험물의 상온에서 상태

품명(지정수량)		상태
질산에스테르류 (100kg)	니트로셀룰로오스	고체
	니트로글리세린	액체
	질산에틸	액체
	셀룰로이드	고체
니트로화합물(200kg)	피크린산	고체

33. 자기반응성 물질(제5류 위험물)은 가연성 물질이며 그 자체가 산소를 함유하고 있으므로 가열, 마찰, 충격에 의하여 인화 폭발의 위험성이 있으므로 가열, 마찰, 충격 등을 피하고 화기로부터 멀리하여 보관한다.

34. 질산(HNO_3)

㉮ 진한 질산을 가열하면 분해하면서 유독성인 이산화질소(NO_2)의 적갈색 증기가 발생한다.

㉯ 반응식 : $4HNO_3 \rightarrow 2H_2O + 4NO_2 + O_2$

35. 유별을 달리하는 위험물 운반할 때 혼재 기준 [시행규칙 별표19, 부표2]에서 지정수량의 $\frac{1}{10}$ 이하의 위험물에 대하여는 적용하지 않는다.

36. 제1류 위험물의 지정수량

품명		지정수량
과염소산나트륨 ($NaClO_4$)	과염소산염류	50kg
과산화마그네슘 (MgO_2)	무기과산화물	50kg
질산칼륨 (KNO_3)	질산염류	300kg
과염소산암모늄 (NH_4ClO_3)	과염소산염류	50kg

37. 트리니트로톨루엔[$C_6H_2CH_3(NO_2)_3$: TNT]의 특징

㉮ 제5류 위험물 중 니트로 화합물로 지정수량 200kg이다.

㉯ 담황색의 주상결정으로 햇빛을 받으면 다갈색으로 변한다.

㉰ 물에는 녹지 않으나 알코올, 벤젠, 에테르, 아세톤에는 잘 녹는다.

㉱ 충격감도는 피크린산보다 약간 둔하지만 급격한 타격을 주면 폭발한다.

㉲ 3개의 이성질체($\alpha-$, $\beta-$, $\gamma-$)가 있으며 α형인 2, 4, 6-트리니트로톨루엔이 폭발력이 가장 강하다.

㉳ 폭발력이 크고, 피해범위도 넓고, 위험성이 크므로 세심한 주의가 요구된다.

㊀ 비중 1.8, 융점 81℃, 비점 240℃, 발화점 300℃ 이다.

38. (1) 각 항목의 옳은 설명

① 벤젠(C_6H_6)의 인화점 −11.1℃, 톨루엔($C_6H_5CH_3$)의 인화점 4.5℃ 이므로 인화점이 낮은 것은 벤젠이다.

③ 에틸알코올은 농도가 36wt% 이상이면 위험물로 분류하고 있으므로 물이 조금 섞여도 연소가 가능하다.

④ 휘발유는 전기의 불량도체라 정전기가 발생하기 쉽고 이로 인하여 위험성이 있다.

(2) 디에틸에테르($C_2H_5OC_2H_5$)의 특징

㉮ 제4류 위험물 중 특수인화물에 해당되며 에테르로 불려진다. 지정수량은 50L이다.

㉯ 무색투명하며 독특한 냄새가 있는 인화되기 쉬운 액체이다.

㉰ 물에는 녹기 어려우나 알코올에는 잘 녹는다.

㉱ 전기의 불량도체라 정전기가 발생되기 쉽다.

㉲ 휘발성이 강하고 증기는 마취성이 있어 장시간 흡입하면 위험하다.

㉳ 인화점이 −45℃로 제4류 위험물 중 가장 낮다.

39. 제5류 위험물 중 질산에스테르류의 종류

㉮ 니트로셀룰로오스($[C_6H_7O_2(ONO_2)_3]_n$)

㉯ 질산에틸($C_2H_5ONO_2$)

㉰ 질산메틸(CH_3ONO_2)

㉱ 니트로글리세린($C_3H_5(ONO_2)_3$)

㉲ 니트로글리콜($C_2H_4(ONO_2)_2$)

㉳ 셀룰로이드류

참고 니트로톨루엔은 제4류 위험물 중 제3석유류에 해당된다.

40. 각 위험물의 지정수량

품명	유별	지정수량
황화린	제2류	100kg
알킬알루미늄	제3류	10kg
마그네슘	제2류	500kg
황린	제3류	20kg

41. **제조소의 피뢰설비 기준**[시행규칙 별표4] : 지정수량의 10배 이상의 위험물을 취급하는 제조소(제6류 위험물을 취급하는 위험물 제조소를 제외한다)에는 피뢰침을 설치하여야 한다. 다만, 제조소의 주위의 상황에 따라 안전상 지장이 없는 경우에는 피뢰침을 설치하지 아니할 수 있다.

42. **니트로셀룰로오스($[C_6H_7O_2(ONO_2)_3]_n$)의 특징**

㉮ 제5류 위험물 중 질산에스테르류에 해당되며, 지정수량은 10kg이다.

㉯ 천연 셀룰로오스에 진한 질산과 진한 황산을 작용시켜 제조한다.

㉰ 맛과 냄새가 없고 초산에틸, 초산아밀, 아세톤, 에테르 등에는 용해하나 물에는 녹지 않는다.

㉱ 햇빛, 산, 알칼리에 의해 분해, 자연 발화한다.

㉲ 질화도가 클수록 폭발의 위험성이 증가하며 폭약의 원료로 사용한다.

㉳ 건조한 상태에서는 발화의 위험이 있다.

㉴ 물과 혼합할수록 위험성이 감소하므로 저장 및 수송할 때에는 함수알코올(물+알코올)을 습윤시킨다.

㉵ 소화방법은 다량의 주수나 건조사를 사용한다.

43. **제조소 일반점검표의 위험물 취급설비 중 안전장치의 점검내용**[위험물안전관리에 관한 세부기준 별지 제9호 서식]

점검항목	점검내용	점검방법
안전장치	부식, 손상의 유무	육안
	고정상황의 적부	육안
	기능의 적부	작동확인

참고 회전부 등의 급유상태의 적부(육안)는 구동장치의 점검내용이다.

44. **이동탱크저장소에 의한 위험물 운송 시에 준수하여야 하는 기준**[시행규칙 별표21]

㉮ 위험물(제4류 위험물에 있어서는 특수인화물 및 제1석유류에 한한다)을 운송하게 하는 자는 위험물안전카드를 위험물운송자로 하여금 휴대하게 할 것

㉯ 위험물운송자는 위험물안전카드를 휴대하고 당해 카드에 기재된 내용에 따를 것

45. 제2류 위험물의 지정수량

품명	위험등급	지정수량
황화린, 적린, 유황	Ⅱ	100kg
철분, 금속분, 마그네슘	Ⅲ	500kg
그 밖에 행정안전부령이 정하는 것	Ⅱ, Ⅲ	100kg 또는 500kg
인화성 고체	Ⅲ	1000kg

46. **동식물유류의 정의**[시행령 별표1] : "동식물유류"라 함은 동물의 지육 등 또는 식물의 종자나 과육으로부터 추출한 것으로서 1기압에서 인화점이 섭씨 250도 미만인 것을 말한다.

47. **지하탱크 저장소의 탱크 전용실 기준**[시행규칙 별표8]

㉮ 지하의 가장 가까운 벽·피트·가스관 등의 시설물 및 대지 경계선으로부터 0.1m 이상 떨어진 곳에 설치한다.

㉯ 지하저장탱크와 탱크전용실의 안쪽과의 사이는 0.1m 이상의 간격을 유지한다.

㉰ 당해 탱크의 주위에 마른 모래 또는 입자지름 5mm 이하의 마른 자갈분을 채운다.

48. **이황화탄소(CS_2)의 특징**

㉮ 제4류 위험물 중 특수인화물에 해당되며 지정수량은 50L이다.

㉯ 무색, 투명한 액체로 시판품은 불순물로 인하여 황색을 나타내며 불쾌한 냄새가 난다.

㉰ 물에는 녹지 않으나 알코올, 에테르, 벤젠 등 유기용제에는 잘 녹으며 유지, 수지, 생고무, 황, 황린 등을 녹인다.

㉱ 독성이 있고 직사광선에 의해 서서히 변질되고, 점화하면 청색불꽃을 내며 연소하면서 아황산가스(SO_2)를 발생한다.

㉲ 인화성이 강하고 유독하며, 물과 150℃ 이상 가열하면 분해하여 이산화탄소(CO_2)와 황화수소(H_2S)를 발생한다.

㉳ 직사광선을 피하고 통풍이 잘되는 냉암소에 저장한다.

㉴ 물보다 무겁고 물에 녹기 어려우므로 물(수조) 속에 저장한다.

㉵ 액체 비중 1.263(증기비중 2.62), 비점 46.45℃, 발화점(착화점) 100℃, 인화점 −30℃, 연소범위 1.2~44%이다.

49. ㉮ 제조소등의 설치 및 변경의 허가[시행령 제6조]

㉠ 지정수량의 3천배 이상의 위험물을 취급하는 제조소 또는 일반취급소의 구조, 설비에 관한 사항의 기술검토는 한국소방산업기술원으로부터 받는다.

㉡ 저장용량 50만 리터 이상인 옥외탱크 저장소 또는 암반탱크 저장소의 위험물 탱크의 기초, 지반, 탱크본체 및 소화설비에 관한 사항의 기술검토는 한국소방산업기술원으로부터 받는다.

㉯ 한국소방산업기술원에 완공검사 업무를 위탁[시행령 제22조]

㉠ 지정수량의 3천배 이상의 위험물을 취급하는 제조소 또는 일반취급소의 설치 또는 변경에 따른 완공검사

㉡ 저장용량 50만 리터 이상인 옥외탱크 저장소 또는 암반탱크 저장소의 설치 또는 변경에 따른 완공검사

50. ㉮ 할로겐화합물 소화기가 적응성이 있는 위험물[시행규칙 별표17]

㉠ 전기설비

㉡ 제2류 위험물 중 인화성고체

㉢ 제4류 위험물

㉯ 각 물질의 유별 및 적응성이 있는 소화기

㉠ 나트륨 : 제3류 위험물(금수성물질) → 탄산수소염류 분말소화기

㉡ 질산메틸 : 제5류 위험물 → 봉상수(棒狀水) 소화기, 무상수(霧狀水) 소화기, 봉상강화액 소화기, 무상강화액 소화기, 포소화기

㉢ 이황화탄소 : 제4류 위험물 → 무상강화액 소화기, 포소화기, 이산화탄소 소화기, 할로겐화합물 소화기, 인산염류 분말소화기, 탄산수소염류 분말소화기

㉣ 과산화나트륨 : 제1류 위험물(과산화물) → 탄산수소염류 분말소화기

51. 히드록실아민 등을 취급하는 제조소 안전거리 산정식 [시행규칙 별표4]

$D=51.1\sqrt[3]{N}$

여기서, D : 안전거리(m)

N : 해당 제조소에서 취급하는 히드록실아민등의 지정수량의 배수

52. 제3류 위험물 중 금수성 물질을 제외한 그 밖의 것에 적응성이 있는 소화설비 [시행규칙 별표17]

㉮ 옥내소화전 또는 옥외소화전설비
㉯ 스프링클러설비
㉰ 물분무 소화설비
㉱ 포 소화설비
㉲ 봉상수(棒狀水) 소화기
㉳ 무상수(霧狀水) 소화기
㉴ 봉상강화액 소화기
㉵ 무상강화액 소화기
㉶ 포 소화기
㉷ 기타 : 물통 또는 건조사, 건조사, 팽창질석 또는 팽창진주암

53. ㉮ 동소체란 동일한 원소로 이루어져 있어 분자기호가 같고 성질이 다르지만 연소 후 최종 생성물이 같은 물질이다.

㉯ 황린과 적린은 분자기호가 P_4이지만 성질이 다르므로 적린은 제2류 위험물로, 황린은 제3류 위험물로 분류하며 연소 후 오산화인(P_2O_5)이 생성되는 것은 같다.

54. 제조소등의 연소의 우려가 있는 외벽 [위험물안전관리에 관한 세부기준 제41조] : 연소의 우려가 있는 외벽은 다음에서 정한 선을 기산점으로 하여 3m(2층 이상의 층에 대해서는 5m) 이내에 있는 제조소등의 외벽을 말한다.

㉮ 제조소등이 설치된 부지의 경계선
㉯ 제조소등에 인접한 도로의 중심선
㉰ 제조소등의 외벽과 동일부지 내의 다른 건축물의 외벽간의 중심선

55. 탱크의 공간용적 [위험물안전관리에 관한 세부기준 제25조]

㉮ 탱크의 공간용적은 탱크의 내용적의 $\frac{5}{100}$ 이상 $\frac{10}{100}$ 이하의 용적으로 한다.

㉯ 소화설비(소화약제 방출구를 탱크 안의 윗부분에 설치하는 것에 한한다)를 설치하는 탱크의 공간용적은 소화방출구 아래의 0.3m 이상 1m 미만 사이의 면으로부터 윗부분의 용적으로 한다.

㉰ 암반탱크는 당해 탱크 내에 용출하는 7일간의 지하수의 양에 상당하는 용적과 당해 탱크의 내용적의 $\frac{1}{100}$ 용적 중에서 보다 큰 용적을 공간용적으로 한다.

56. 과망간산칼륨($KMnO_4$)의 특징

㉮ 제1류 위험물 중 과망간산염류에 해당하고, 지정수량은 1000kg이다.
㉯ 흑자색의 사방정계 결정으로 붉은색 금속광택이 있고 단맛이 있다.
㉰ 염산과 반응하여 염소를 발생한다.
㉱ 물에 녹아 진한 보라색이 되며, 강한 산화력과 살균력이 있다.
㉲ 메탄올, 빙초산, 아세톤에 녹는다.
㉳ 240℃에서 가열하면 망간산칼륨, 이산화망간, 산소를 발생한다.
㉴ 2분자가 중성 또는 알칼리성과 반응하면 3원자의 산소를 방출한다.

㉵ 목탄, 황 등 환원성 물질과 접촉 시 폭발의 위험이 있다.

㉶ 강산화제이며, 진한 황산과 접촉하면 폭발적으로 반응한다.

㉷ 직사광선(일광)을 차단하고 냉암소에 저장한다.

㉸ 용기는 금속 또는 유리 용기를 사용하며 산, 가연물, 유기물과 격리하여 저장한다.

㉹ 비중 2.7, 분해온도 240℃이다.

57. 제조소의 주의사항 게시판 [시행규칙 별표4]

위험물의 종류	내용	색상
• 제1류 위험물 중 알칼리금속의 과산화물 • 제3류 위험물 중 금수성물질	"물기엄금"	청색바탕에 백색문자
• 제2류 위험물(인화성 고체 제외)	"화기주의"	적색바탕에 백색문자
• 제2류 위험물 중 인화성 고체 • 제3류 위험물 중 자연발화성물질 • 제4류 위험물 • 제5류 위험물	"화기엄금"	적색바탕에 백색문자

58. 클로로벤젠(C_6H_5Cl) : 제4류 위험물 중 제2석유류에 해당되며, 비수용성이다.

59. 용어의 정의 [법 제2조]

㉮ "위험물"이라 함은 인화성 또는 발화성 등의 성질을 가지는 것으로서 대통령령이 정하는 물품을 말한다.

㉯ "지정수량"이라 함은 위험물의 종류별로 위험성을 고려하여 대통령령이 정하는 수량으로서 '제조소등'의 설치허가 등에 있어서 최저의 기준이 수량을 말한다.

㉰ "제조소"라 함은 위험물을 제조할 목적으로 지정수량 이상의 위험물을 취급하기 위하여 법 제6조 제1항의 규정에 따른 허가를 받은 장소를 말한다.

㉱ "저장소"라 함은 지정수량 이상의 위험물을 저장하기 위한 대통령령이 정하는 장소로서 법 제6조 제1항의 규정에 따른 허가를 받은 장소를 말한다.

㉲ "취급소"라 함은 지정수량 이상의 위험물을 제조 외의 목적으로 취급하기 위한 대통령령으로 정하는 장소로서 법 제6조 제1항의 규정에 따른 허가를 받은 장소를 말한다.

㉳ "제조소등"이라 함은 제조소·저장소 및 취급소를 말한다.

60. 위험물의 유별 성질 [시행령 별표1]

㉮ 제1류 위험물 : 산화성 고체

㉯ 제2류 위험물 : 가연성 고체

㉰ 제3류 위험물 : 자연발화성 및 금수성 물질

㉱ 제4류 위험물 : 인화성 액체

㉲ 제5류 위험물 : 자기반응성 물질

㉳ 제6류 위험물 : 산화성 액체

제3회 CBT 모의고사

제3회 정답

1	2	3	4	5	6	7	8	9	10
③	①	③	①	③	②	④	③	④	①
11	12	13	14	15	16	17	18	19	20
②	②	④	④	④	③	④	④	④	①
21	22	23	24	25	26	27	28	29	30
③	④	③	①	③	①	③	④	④	②
31	32	33	34	35	36	37	38	39	40
④	②	③	④	③	①	①	③	①	②
41	42	43	44	45	46	47	48	49	50
②	①	④	①	③	③	①	②	①	②
51	52	53	54	55	56	57	58	59	60
①	②	②	①	②	④	①	④	②	③

1. 제조소 및 일반취급소에 자동화재 탐지설비만을 설치해야 하는 대상[시행규칙 별표17]

㉮ 연면적 500m^2 이상인 것

㉯ 옥내에서 지정수량의 100배 이상을 취급하는 것(고인화점 위험물만을 100℃ 미만의 온도에서 취급하는 것을 제외한다)

㉰ 일반취급소로 사용되는 부분 외의 부분이 있는 건축물에 설치된 일반취급소(일반취급소와 일반취급소 외의 부분이 내화구조의 바닥 또는 벽으로 개구부 없이 구획된 것을 제외한다)

2. 황린(P_4)의 특징

㉮ 제3류 위험물로 지정수량은 20kg이다.

㉯ 백색 또는 담황색 고체로 일명 백린이라 한다.

㉰ 강한 마늘 냄새가 나고, 증기는 공기보다 무거운 가연성이며 맹독성 물질이다.

㉱ 물에 녹지 않고 벤젠, 알코올에 약간 용해하며 이황화탄소, 염화황, 삼염화인에 잘 녹는다.

㉲ 공기를 차단하고 약 260℃로 가열하면 적린이 된다(증기 비중은 4.3으로 공기보다 무겁다).

㉳ 상온에서 증기를 발생하고 서서히 산화하므로 어두운 곳에서 청백색의 인광을 발한다.

㉴ 다른 원소와 반응하여 인화합물을 만들며, 연소할 때 유독성의 오산화인(P_2O_5)이 발생하면서 백색 연기가 난다.

㉵ 자연 발화의 가능성이 있으므로 물속에만 저장하며, 온도가 상승 시 물의 산성화가 빨라져 용기를 부식시키므로 직사광선을 막는 차광 덮개를 하여 저장한다.

㉶ 액체 비중 1.82, 증기비중 4.3, 융점 44℃, 비점 280℃, 발화점 34℃이다.

3. ㉮ 사염화탄소(CCl_4) 소화약제를 사용할 때 유독성 가스인 포스겐($COCl_2$)이 생성될 위험성이 있다.

㉯ 반응식 : $2CCl_4 + O_2 \rightarrow 2COCl_2 + 2Cl_2$

4. ㉮ 탄산수소염류의 분말소화기가 적응성을 갖는 위험물 종류[시행규칙 별표17]

㉠ 전기설비

㉡ 제1류 위험물 중 알칼리금속, 과산화물

㉢ 제2류 위험물 중 철분·금속분·마그네슘 및 인화성고체

㉣ 제3류 위험물 중 금수성물품

㉤ 제4류 위험물

㉯ 각 물질의 유별 구분

㉠ 철분 : 제2류 위험물

㉡ 톨루엔, 아세톤 : 제4류 위험물

㉢ 과염소산 : 제6류 위험물

5. 소화기 표시 "A-2" 의미

㉮ A : 소화기의 적응 화재 → A급 화재로 일반화재

㉯ 2 : 소화기의 능력 단위

6. ㉮ 마그네슘은 제2류 위험물(지정수량 500kg)로 물(H_2O)과 접촉하면 반응하여 가연성인 수소(H_2)를 발생하여 폭발의 위험이 있기 때문에 물에 의한 소화는 부적합하므로 탄산수소염류 분말소화설비 및 분말소화기, 건조사(마른 모래), 팽창질석 및 팽창진주암을 이용한다.

㉯ 물과 반응식 : $Mg + 2H_2O \rightarrow Mg(OH)_2 + H_2\uparrow$

7. ㉮ 석유류에 함유된 황(S) 성분이 연소하면서 유독성이 아황산가스(SO_2)가 발생하며 수분과 반응하여 황산(H_2SO_4)을 생성하고 장치를 부식시킨다.

㉯ 반응식 : $S+O_2 \rightarrow SO_2$

8. 위험물 유별 및 품명

유별	성질	품명
제1류	산화성 고체	아염소산염류, 염소산염류, 과염소산염류, 무기과산화물, 브롬산염류, 질산염류, 요오드산염류, 과망간산염류, 중크롬산염류
제2류	가연성 고체	황화린, 적린, 유황, 철분, 금속분, 마그네슘, 인화성고체
제3류	자연발화성 물질 및 금수성물질	칼륨, 나트륨, 알킬알루미늄, 알킬리튬, 황린, 알칼리금속 및 알칼리토금속, 유기금속화합물, 금속의 수소화물, 금속인화물, 칼슘 또는 알루미늄 탄화물
제4류	인화성 액체	특수인화물, 제1석유류, 알코올류, 제2석유류, 제3석유류, 제4석유류, 동식물유류
제5류	자기반응성 물질	유기과산화물, 질산에스테르류, 니트로화합물, 니트로소화합물, 아조화합물, 디아조화합물, 히드라진유도체, 히드록실아민, 히드록실아민염류
제6류	산화성 액체	과염소산, 과산화수소, 질산

참고 황화린은 제2류 위험물로 가연성고체에 해당된다.

9. 소화설비 소요단위 계산방법 [시행규칙 별표17]

㉮ 제조소 또는 취급소의 건축물

㉠ 외벽이 내화구조인 것 : 연면적 $100m^2$를 1소요단위로 할 것

㉡ 외벽이 내화구조가 아닌 것 : 연면적 $50m^2$를 1소요단위로 할 것

㉯ 저장소의 건축물

㉠ 외벽이 내화구조인 것 : 연면적 $150m^2$를 1소요단위로 할 것

㉡ 외벽이 내화구조가 아닌 것 : 연면적 $75m^2$를 1소요단위로 할 것

㉰ 위험물 : 지정수량의 10배를 1소요단위로 할 것

㉱ 제조소등의 옥외에 설치된 공작물은 외벽이 내화구조인 것으로 간주하고 공작물의 최대수평투영면적을 연면적으로 간주하여 ㉮ 및 ㉯의 규정에 의하여 소요단위를 산정할 것

10. 특수인화물의 정의 [시행령 별표1] : 이황화탄소, 디에틸에테르 그 밖에 1기압에서 발화점이 100℃ 이하인 것 또는 인화점이 −20℃ 이하이고 비점이 40℃ 이하인 것을 말한다.

11. 발화온도가 낮아지는 조건

㉮ 압력이 높을 때

㉯ 발열량이 높을 때

㉰ 열전도율이 작고 습도가 낮을 때

㉱ 산소와 친화력이 클 때

㉲ 산소농도가 높을 때

㉳ 분자구조가 복잡할수록

㉴ 반응활성도가 클수록

12. 덩어리 상태의 유황만을 저장하는 옥외 저장소 기준 [시행규칙 별표11]

㉮ 하나의 경계표시의 내부의 면적은 $100m^2$ 이하일 것

㉯ 2 이상의 경계표시를 설치하는 경우에는 각각의 내부 면적을 합산한 면적은 $1000m^2$ 이하로 하고, 인접하는 경계표시와의 간격을 보유 공지 너비의 1/2 이상으로 할 것. 다만, 저장 또는 취급하는 위험물의 최대수량이 지정수량의 200배 이상인 경우에는 경계표시와의 간격을 10m 이상으로 하여야 한다.

㉰ 경계표시는 불연재료로 만드는 동시에 유황이 새지 아니하는 구조로 할 것

㉱ 경계표시의 높이는 1.5m 이하로 할 것

㉮ 경계표시에는 유황이 넘치거나 비산하는 것을 방지하기 위한 천막 등을 고정하는 장치를 설치하되, 천막 등을 고정하는 장치는 경계표시의 길이 2m 마다 한 개 이상 설치할 것
㉯ 유황을 저장 또는 취급하는 장소의 주위에는 배수구와 분리장치를 설치할 것

13. **연소의 종류에 따른 가연물**

㉮ 표면연소 : 목탄(숯), 코크스
㉯ 분해연소 : 종이, 석탄, 목재, 중유
㉰ 증발연소 : 가솔린, 등유, 경유, 알코올, 양초, 유황
㉱ 확산연소 : 가연성 기체(수소, 프로판, 부탄, 아세틸렌 등)
㉲ 자기연소 : 제5류 위험물(니트로셀룰로오스, 셀룰로이드, 니트로글리세린 등)

참고 에테르는 제4류 위험물 중 특수인화물, 나프탈렌은 비위험물이다.

14. **화재의 분류 및 표시 색상**

구분	화재종류	표시 색상
A급 화재	일반화재	백색
B급 화재	유류, 가스 화재	황색
C급 화재	전기 화재	청색
D급 화재	금속 화재	–

15. **제1류 위험물**

㉮ 물과 접촉하면 열과 산소가 발생하는 것은 알칼리금속(Li, Na, K, Rb)의 과산화물이다. → 과산화나트륨(Na_2O_2), 과산화칼륨(K_2O_2), 과산화리튬(Li_2O_2)
㉯ 과산화나트륨(Na_2O_2) 및 과산화칼륨(K_2O_2)과 물(H_2O)의 반응식

$2Na_2O_2 + 2H_2O \rightarrow 4NaOH + O_2\uparrow + Q$[kcal]

$2K_2O_2 + 2H_2O \rightarrow 4KOH + O_2\uparrow + Q$[kcal]

참고 ㉮ 아염소산나트륨($NaClO_2$) : 제1류 위험물 중 아염소산염류
㉯ 염소산나트륨($NaClO_3$) : 제1류 위험물 중 염소산염류
㉰ 과망간산칼륨($KMnO_4$) : 제1류 위험물 중 과망간산염류

16. ㉮ 금속분(제2류 위험물, 지정수량 500kg)은 물(H_2O)과 접촉하면 반응하여 가연성인 수소(H_2)를 발생하여 폭발의 위험이 있기 때문에 주수소화는 부적합하므로 건조사(마른 모래)를 이용한다.
㉯ 알루미늄(Al)분과 물의 반응식

$2Al + 6H_2O \rightarrow 2Al(OH)_3 + 3H_2\uparrow$

17. ㉮ 트리에틸알루미늄[TEAL : $(C_2H_5)_3Al$] : 제3류 위험물 중 알킬알루미늄으로 금수성물질에 해당된다.
㉯ 적응성이 있는 소화약제(설비) : 건조사(마른 모래), 팽창질석 또는 팽창진주암, 탄산수소염류 분말소화설비 및 분말소화기

18. 가연성분진을 취급하는 장치류는 밀폐하여 분진이 외부로 누출되지 않도록 해야 한다.

19. **제조소등에 대한 긴급 사용정지 명령 등**[법 제25조] : 시·도지사, 소방본부장 또는 소방서장은 공공의 안전을 유지하거나 재해의 발생을 방지하기 위하여 긴급한 필요가 있다고 인정하는 때에는 제조소등의 관계인에 대하여 당해 제조소등의 사용을 일시 정지하거나 그 사용을 제한할 것을 명할 수 있다.

20. ㉮ 간이탱크저장소 기준[시행규칙 별표9] : 간이저장탱크의 용량은 600L 이하이어야 한다.
㉯ 주유 취급소에 설치 가능한 탱크 기준[시행규칙 별표13]
㉠ 자동차 등에 주유하기 위한 고정주유설비에 직접 접속하는 전용탱크 : 50000L 이하
㉡ 고정급유설비에 직접 접속하는 전용탱크 : 50000L 이하
㉢ 보일러 등에 직접 접속하는 전용탱크 : 10000L 이하
㉣ 자동차 등을 점검·정비하는 작업장 등에서 사용하는 폐유·윤활유의 전용탱크 : 2000L 이하

ⓜ 고정주유설비 또는 고정급유설비에 직접 접속하는 3기 이하의 간이탱크

ⓑ 고속국도 주유취급소 : 60000L 이하

㉰ 최대로 저장·취급할 수 있는 용량 계산

㉠ 간이탱크 1기에 저장·취급할 수 있는 양은 600L 이므로 2기에는 2×600L이다.

㉡ 폐유탱크 1기에 저장·취급할 수 있는 양은 2천L이다.

㉢ 고정주유설비, 고정급유설비 전용탱크는 5만L 이므로 2기에는 2×5만L이다.

∴ 최대량=(2×600)+2000+(2×50000)
=103200L

21. 각 위험물의 용해도

품명	용해도
아크릴산	1000g/L
아세트알데히드	1000g/L
벤젠	0 (물에 녹지 않음)
글리세린	1000g/L

22. 각 위험물의 저장방법

① 황화린(제2류 위험물) : 냉암소에 보관 → 가연성고체이므로 과산화물과 접촉하면 자연발화 할 수 있다.

② 마그네슘(제2류 위험물) : 산화제, 수분, 할로겐원소와 접촉을 피해 보관 → 수분과 접촉 시 수소가 발생하므로 습윤하여 저장하는 것은 위험하다.

③ 적린(제2류 위험물) : 서늘한 장소 → 할로겐원소는 조연성 성질을 가지므로 혼합하여 저장하면 위험하다.

④ 수소화리튬(제3류 위험물) : 공기 중 수분과 접촉하면 반응하여 수소를 발생하므로 저장용기에 아르곤과 같은 불활성 기체를 봉입하여 저장한다.

23. 질산에틸과 아세톤의 공통점

㉮ 휘발성이 강한 액체이므로 용기는 밀전하여 보관한다.

㉯ 인화점이 낮아(질산에틸 : −10℃, 아세톤 : −18℃) 연소가 쉽고, 폭발의 위험성이 있다.

㉰ 불꽃 등의 화기를 피하여야 하고 통풍이 잘 되는 곳에 보관한다.

참고 ㉮ 질산에틸($C_2H_5ONO_2$) : 제5류 위험물

㉯ 아세톤(CH_3COCH_3) : 제4류 위험물 중 제1석유류

24. 정전기 제거설비 설치 [시행규칙 별표4] : 위험물을 취급함에 있어서 정전기가 발생할 우려가 있는 설비에는 다음 중 하나에 해당하는 방법으로 정전기를 유효하게 제거할 수 있는 설비를 설치하여야 한다.

㉮ 접지에 의한 방법

㉯ 공기 중의 상대습도를 70% 이상으로 하는 방법

㉰ 공기를 이온화하는 방법

25. 운반용기의 외부 표시사항 [시행규칙 별표19]

유별	구분	표시사항
제1류	알칼리금속의 과산화물 또는 이를 함유한 것	화기·충격주의, 물기엄금, 가연물 접촉주의
	그 밖의 것	화기·충격주의 및 가연물 접촉주의
제2류	철분, 금속분, 마그네슘 또는 어느 하나 이상을 함유한 것	화기주의, 물기엄금
	인화성 고체	화기엄금
	그 밖의 것	화기주의
제3류	자연발화성 물질	화기엄금 및 공기접촉엄금
	금수성물질	물기엄금
제4류		화기엄금
제5류		화기엄금 및 충격주의
제6류		가연물접촉주의

26. 제조소등에서의 위험물 저장 기준 [시행규칙 별표18]

㉮ 보랭장치가 있는 이동저장탱크에 저장하는

아세트알데히드 또는 디에틸에테르등의 온도는 당해 위험물의 비점 이하로 유지할 것
㉯ 보랭장치가 없는 이동저장탱크에 저장하는 아세트알데히드 또는 디에틸에테르등의 온도는 40℃ 이하로 유지할 것

27. **'자동화재 탐지설비 일반점검표' 내용** [세부기준 별지 제24호 서식]

점검항목	점검내용	점검방법
감지기	변형·손상의 유무	육안
	감지장해의 유무	육안
	기능의 적부	작동확인
중계기	변형·손상의 유무	육안
	표시의 적부	육안
	기능의 적부	작동확인
수신기 (통합조작반)	변형·손상의 유무	육안
	표시의 적부	육안
	경계구역일람도의 적부	육안
	기능의 적부	작동확인
주음향장치 지구음향장치	변형·손상의 유무	육안
	기능의 적부	작동확인
발신기	변형·손상의 유무	육안
	기능의 적부	작동확인
비상전원	변형·손상의 유무	육안
	전환의 적부	작동확인
배선	변형·손상의 유무	육안
	접속단자의 풀림·탈락의 유무	육안

28. **제4류 위험물의 공통적인(일반적인) 성질**

㉮ 상온에서 액체이며, 대단히 인화되기 쉽다.
㉯ 물보다 가볍고, 대부분 물에 녹기 어렵다.
㉰ 증기는 공기보다 무겁다.
㉱ 착화온도가 낮은 것은 위험하다.
㉲ 증기와 공기가 약간 혼합되어 있어도 연소한다.
㉳ 전기의 불량도체라 정전기 발생의 가능성이 높고, 정전기에 의하여 인화할 수 있다.

29. **트리니트로톨루엔($C_6H_2CH_3(NO_2)_3$: TNT)의 특징**

㉮ 제5류 위험물 중 니트로화합물로 지정수량 200kg이다.
㉯ 담황색의 주상결정으로 햇빛을 받으면 다갈색으로 변한다.
㉰ 물에는 녹지 않으나 알코올, 벤젠, 에테르, 아세톤에는 잘 녹는다.
㉱ 충격감도는 피크린산보다 약간 둔하지만 급격한 타격을 주면 폭발한다.
㉲ 3개의 이성질체($\alpha-$, $\beta-$, $\gamma-$)가 있으며 α형인 2, 4, 6-트리니트로톨루엔이 폭발력이 가장 강하다.
㉳ 폭발력이 크고, 피해범위도 넓고, 위험성이 크므로 세심한 주의가 요구된다.
㉴ 비중 1.8, 융점 81℃, 비점 240℃, 발화점 300℃이다.

30. **제5류 위험물의 공통적인(일반적인) 성질**

㉮ 가연성 물질이며 그 자체가 산소를 함유하므로 자기연소(내부연소)를 일으키기 쉽다.
㉯ 유기물질이며 연소속도가 대단히 빨라서 폭발성이 있다.
㉰ 가열, 마찰, 충격에 의하여 인화 폭발하는 것이 많다.
㉱ 장기간 저장하면 산화반응이 일어나 열분해되어 자연 발화를 일으키는 경우도 있다.

31. 제1류 위험물 중 과망간산염류($KMnO_4$), 중크롬산염류의 지정수량은 1000kg이다.

㉮ 제1류 위험물 중 과망간산염류의 지정수량 : 1000kg
㉯ 과망간염류의 종류 : 과망간산칼륨($KMnO_4$), 과망간산나트륨($NaMnO_4$), 과망간산칼슘[$Ca(MnO_4)_2 \cdot 2H_2O$], 과망간산암모늄(NH_4MnO_4)

32. **알코올의 특징**

㉮ 알코올은 탄화수소의 수소(H)가 수산기(−OH : 알킬기, 히드록시기)로 치환된 화합물로 수산기(−OH)의 수에 따라 1가, 2가, 3가 알코올로 분류된다.

부록

㉯ 알코올류는 일반적으로 수용성이지만 분자량이 증가함에 따라 물에 녹기 어려워지고 분자량이 커질수록 이성질체도 많아진다.

㉰ 2차 알코올은 수산기(−OH)가 2개인 것으로 1차 알코올이 산화(수소를 잃거나 산소를 얻는 것)되어도 수산기(알킬)의 수는 변하지 않기 때문에 1차 알코올의 산화와는 관계가 없다.

㉱ 2차 알코올인 이소프로필알코올[$(CH_3)_2CHOH$]이 수소를 잃으면 디메틸케톤(CH_3COCH_3 : 아세톤)이 된다.

㉲ 아세트알데히드(CH_3CHO)가 환원되면 1차 알코올인 에틸알코올(C_2H_5HO)이 된다.

참고 ㉮ 산화 : 분자, 원자 또는 이온이 산소를 얻거나 수소 또는 전자를 잃는 것을 말한다.
㉯ 환원 : 원자 또는 이온이 산소를 잃거나 수소 또는 전자를 얻는 것을 말한다.

33. **자동화재 탐지설비 설치 기준** [시행규칙 별표17]

㉮ 자동화재 탐지설비의 경계구역은 건축물 그 밖의 공작물의 2 이상의 층에 걸치지 아니하도록 할 것. 다만, 하나의 경계구역의 면적이 500m^2 이하이면서 당해 경계구역이 두 개의 층에 걸치는 경우이거나 계단·경사로·승강기의 승강로 그 밖에 이와 유사한 장소에 연기감지기를 설치하는 경우에는 그러하지 아니하다.

㉯ 하나의 경계구역의 면적은 600m^2 이하로 하고 그 한 변의 길이는 50m(광전식분리형 감지기를 설치할 경우에는 100m) 이하로 할 것. 다만, 당해 건축물 그 밖의 공작물의 출입구에서 그 내부의 전체를 볼 수 있는 경우에는 그 면적을 1000m^2 이하로 할 수 있다.

㉰ 자동화재 탐지설비의 감지기는 지붕(상층이 있는 경우에는 상층의 바닥) 또는 벽의 옥내에 면한 부분(천장이 있는 경우에는 천장 또는 벽의 옥내에 면한 부분 및 천장의 뒷부분)에 유효하게 화재의 발생을 감지할 수 있도록 설치할 것

㉱ 자동화재 탐지설비에는 비상전원을 설치할 것

34. 공간용적은 내용적의 10%이므로 탱크용량은 내용적의 90%에 해당된다.

$$\therefore V = \pi \times r^2 \times \left(l + \frac{l_1 + l_2}{3}\right) \times 0.9$$

$$= \pi \times 5^2 \times \left(15 + \frac{3+3}{3}\right) \times 0.9$$

$$= 1201.659\,m^3$$

35. **제6류 위험물 종류 :** 산화성 액체

품명	지정수량
1. 과염소산	300kg
2. 과산화수소	300kg
3. 질산	300kg
4. 행정안전부령으로 정하는 것 : 할로겐간 화합물 → 오불화요오드(IF_5), 오불화브롬(BrF_5), 삼불화브롬(BrF_3)	300kg
5. 제1호 내지 제4호의 하나에 해당하는 어느 하나 이상을 함유한 것	300kg

㉮ 과산화수소는 그 농도가 36 중량% 이상인 것에 한하며, 산화성액체의 성상이 있는 것으로 본다.

㉯ 질산은 그 비중이 1.49 이상인 것에 한하며, 산화성액체의 성상이 있는 것으로 본다.

36. **이황화탄소(CS_2)의 특징**

㉮ 제4류 위험물 중 특수인화물에 해당되며 지정수량은 50L이다.

㉯ 무색, 투명한 액체로 시판품은 불순물로 인하여 황색을 나타내며 불쾌한 냄새가 난다.

㉰ 물에는 녹지 않으나 알코올, 에테르, 벤젠 등 유기용제에는 잘 녹으며 유지, 수지, 생고무, 황, 황린 등을 녹인다.

㉱ 독성이 있고 직사광선에 의해 서서히 변질되고, 점화하면 청색불꽃을 내며 연소하면서 아황산가스(SO_2)를 발생한다.

㉲ 인화성이 강하고 유독하며, 물과 150℃ 이상 가열하면 분해하여 이산화탄소(CO_2)와 황화수소(H_2S)를 발생한다.

㉳ 직사광선을 피하고 통풍이 잘되는 냉암소에 저장한다.

㉳ 물보다 무겁고 물에 녹기 어려우므로 물(수조) 속에 저장한다.

㉴ 액체 비중 1.263(증기비중 2.62), 비점 46.45℃, 발화점(착화점) 100℃, 인화점 −30℃, 연소범위 1.2~44%이다.

37. ㉮ 각 위험물의 지정수량

품명	지정수량	유별
브롬산칼륨	300kg	제1류
염소산칼륨	50kg	제1류
질산	300kg	제5류
과산화수소	300kg	제6류
질산칼륨	300kg	제1류
중크롬산나트륨	1000kg	제1류
휘발유	200L	제4류
윤활유	6000L	제4류

㉯ 지정수량 배수의 합 계산 : 지정수량 배수의 합은 각 위험물량을 지정수량으로 나눈 값의 합이다.

∴지정수량 배수의 합

$$= \frac{\text{A 위험물량}}{\text{지정수량}} + \frac{\text{B 위험물량}}{\text{지정수량}}$$

① $\frac{80}{300} + \frac{40}{50} = 1.066$ 배

② $\frac{100}{300} + \frac{150}{300} = 0.833$ 배

③ $\frac{120}{300} + \frac{500}{1000} = 0.9$ 배

④ $\frac{20}{200} + \frac{2000}{6000} = 0.433$ 배

참고 각각의 지정수량 배수를 합산한 값이 1 이상 나오는 것이 지정수량 이상에 해당되는 경우이다.

38. 알킬알루미늄등 또는 아세트알데히드등을 취급하는 제조소의 특례기준[시행규칙 별표4]

㉮ 알킬알루미늄등을 취급하는 제조소의 특례기준

㉠ 알킬알루미늄등을 취급하는 설비의 주위에는 누설범위를 국한하기 위한 설비와 누설된 알킬알루미늄등을 안전한 장소에 설치된 저장실에 유입시킬 수 있는 설비를 갖출 것

㉡ 알킬알루미늄등을 취급하는 설비에는 불활성기체를 봉입하는 장치를 갖출 것

㉯ 아세트알데히드등을 취급하는 제조소의 특례기준

㉠ 아세트알데히드등을 취급하는 설비는 은·수은·동·마그네슘 또는 이들을 성분으로 하는 합금으로 만들지 아니할 것

㉡ 아세트알데히드등을 취급하는 설비에는 연소성 혼합기체의 생성에 의한 폭발을 방지하기 위한 불활성기체 또는 수증기를 봉입하는 장치를 갖출 것

㉢ 아세트알데히드등을 취급하는 탱크에는 냉각장치 또는 저온을 유지하기 위한 장치(보랭장치) 및 연소성 혼합기체의 생성에 의한 폭발을 방지하기 위한 불활성기체를 봉입하는 장치를 갖출 것. 다만 지하에 있는 탱크가 아세트알데히드등의 온도를 저온으로 유지할 수 있는 구조인 경우에는 냉각장치 및 보랭장치를 갖추지 아니할 수 있다.

㉣ 냉각장치 또는 보랭장치는 2 이상 설치하여 하나의 냉각장치 또는 보랭장치가 고장난 때에도 일정 온도를 유지할 수 있도록 하고, 비상전원을 갖출 것

㉤ 아세트알데히드등을 취급하는 탱크를 지하에 매설하는 경우에는 당해 탱크를 탱크전용실에 설치할 것

39. 적린(P_4)의 특징

㉮ 제2류 위험물로 지정수량 100kg이다.

㉯ 안정한 암적색, 무취의 분말로 황린과 동소체이다.

㉰ 물, 에틸알코올, 가성소다(NaOH), 이황화탄소(CS_2), 에테르, 암모니아에 용해하지 않는다.

㉱ 독성이 없고 어두운 곳에서 인광을 내지 않는다.

㉲ 상온에서 할로겐원소와 반응하지 않는다.

㉳ 독성이 없고 자연발화의 위험성이 없으나 산화물(염소산염류 등의 산화제)과 공존하면 낮은 온도에서도 발화할 수 있다.

㉳ 공기 중에서 연소하면 오산화인(P_2O_5)이 되면서 백색 연기를 낸다.

㉴ 서늘한 장소에 저장하며, 화기접근을 금지한다.

㉵ 산화제, 특히 염소산염류의 혼합은 절대 금지한다.

㉶ 적린의 성질 : 비중 2.2, 융점(43atm) 590℃, 승화점 400℃, 발화점 260℃

40. 탄화칼슘(카바이드 : CaC_2)의 특징

㉮ 제3류 위험물 중 칼슘 또는 알루미늄의 탄화물로 지정수량은 300kg이다.

㉯ 백색의 입방체 결정으로 시판품은 회색, 회흑색을 띠고 있다.

㉰ 높은 온도에서 강한 환원성을 가지며, 많은 산화물을 환원시킨다.

㉱ 공업적으로 석회와 탄소를 전기로에서 가열하여 제조한다.

㉲ 수증기 및 물과 반응하여 가연성 가스인 아세틸렌(C_2H_2)과 수산화칼슘[$Ca(OH)_2$]이 발생한다.

$CaC_2 + 2H_2O \rightarrow Ca(OH)_2 + C_2H_2 \uparrow$

㉳ 상온에서 안정하지만 350℃에서 산화되며, 700℃ 이상에서는 질소와 반응하여 석회질소($CaCN_2$: 칼슘시아나이드)를 생성한다.

㉴ 시판품은 불순물이 포함되어 있어 유독한 황화수소(H_2S), 인화수소(PH_3 : 포스핀), 암모니아(NH_3) 등을 발생시킨다.

㉵ 비중 2.22, 융점 2370℃, 착화온도 335℃이다.

41. 크레오소트유(타르유, 액체피치유) 특징

㉮ 제4류 위험물 중 제3석유류(비수용성)에 해당되며 지정수량은 2000L이다.

㉯ 콜타르를 230~300℃에서 증류할 때 얻는 혼합물로 주성분은 나프탈렌과 안트라센을 포함하고 있는 혼합물이다.

㉰ 황색 또는 암녹색 기름 모양의 액체로 독특한 냄새가 있으며 증기는 독성을 가지고 있다.

㉱ 물에는 녹지 않는 불용이지만 알코올, 에테르, 벤젠, 톨루엔에 잘 녹는다.

㉲ 타르산이 많이 포함된 것은 금속에 대하여 부식성이 있으며, 살균성이 있다.

㉳ 타르산이 많이 포함된 것은 내산성 용기에 저장한다.

㉴ 비중 1.02~1.05, 비점 194~400℃, 인화점 74℃, 발화점 336℃이다.

42. 운송책임자의 감독, 지원을 받아 운송하여야 하는 위험물 종류 [시행령 제19조]

㉮ 알킬알루미늄

㉯ 알킬리튬

㉰ 알킬알루미늄 또는 알킬리튬을 함유하는 위험물

43. 복수성상 물품에 속하는 품명 [시행령 별표1]

㉮ 산화성고체의 성상 및 가연성고체의 성상을 가지는 경우 : 제2류 가연성고체의 규정에 의한 품명

㉯ 산화성고체의 성상 및 자기반응성물질의 성상을 가지는 경우 : 제5류 자기반응성물질의 규정에 의한 품명

㉰ 가연성고체의 성상과 자연발화성물질의 성상 및 금수성물질의 성상을 가지는 경우 : 제3류 자연발화성물질 및 금수성물질의 규정에 의한 품명

㉱ 자연발화성물질의 성상, 금수성물질의 성상 및 인화성액체의 성상을 가지는 경우 : 제3류 자연발화성물질 및 금수성물질의 규정에 의한 품명

㉲ 인화성액체의 성상 및 자기반응성물질의 성상을 가지는 경우 : 제5류 자기반응성물질의 규정에 의한 품명

44. 아염소산나트륨($NaClO_2$)

㉮ 제1류 위험물 중 아염소산염류에 해당되며, 지정수량은 50kg이다.

㉯ 산(HCl : 염산)과 반응하면 유독가스 이산화염소(ClO_2) 및 염화나트륨(NaCl), 과산화수소(H_2O_2)가 발생한다.

㉰ 반응식

$3NaClO_2 + 2HCl \rightarrow 3NaCl + 2ClO_2 + H_2O_2$

45. 기술검토를 받지 아니하는 변경 [위험물안전관리에 관한 세부기준 제24조]

㉮ 옥외저장탱크의 지붕판(노즐·맨홀 등을 포함한다)의 교체(동일한 형태의 것으로 교체하는 경우에 한한다)

㉯ 옥외저장탱크의 옆판(노즐·맨홀 등을 포함한다)의 교체 중 다음 어느 하나에 해당하는 경우

㉠ 최하단 옆판을 교체하는 경우에는 옆판 표면적의 10% 이내의 교체

㉡ 최하단 외의 옆판을 교체하는 경우에는 옆판 표면적의 30% 이내의 교체

㉰ 옥외저장탱크의 밑판(옆판의 중심선으로부터 600mm 이내의 밑판에 있어서는 당해 밑판의 원주길이의 10% 미만에 해당하는 밑판에 한한다)의 교체

㉱ 옥외저장탱크의 밑판 또는 옆판(노즐·맨홀 등을 포함한다)의 정비(밑판 또는 옆판의 표면적의 50% 미만의 겹침보수공사 또는 육성보수공사를 포함한다)

㉲ 옥외탱크저장소의 기초·지반의 정비

㉳ 암반탱크의 내벽의 정비

㉴ 제조소 또는 일반취급소의 구조·설비를 변경하는 경우에 변경에 의한 위험물 취급량의 증가가 지정수량의 3천배 미만인 경우

㉵ ㉮항 내지 ㉳항의 경우와 유사한 경우로서 한국소방산업기술원(이하 "기술원"이라 한다)이 부분적 변경에 해당한다고 인정하는 경우

46. ㉮ 제3류 위험물인 금속나트륨, 금속칼륨 등을 보호액 속에 저장하는 이유 : 공기 중의 수분과 반응하여 가연성인 수소를 발생하는 것과 산소와 반응하여 산화하는 것을 방지하기 위하여

㉯ 보호액 : 등유, 경유, 파라핀

47. 각 위험물의 유별 구분

품명		지정수량
수소화나트륨 (NaH)	제3류 위험물 금속의 수소화물	300kg
알루미늄(Al)	제2류 위험물 금속분	500kg
마그네슘(Mg)	제2류 위험물 마그네슘	500kg
삼황화인(P_4S_3)	제2류 위험물 황화린	100kg

48. 니트로셀룰로오스(제5류 위험물)는 건조한 상태에서는 발화의 위험이 있기 때문에 물 또는 알코올 등을 첨가하여 습윤시킨 상태로 저장한다.

49. 주유취급소의 표지 및 게시판 설치 [시행규칙 별표13]

㉮ "위험물 주유취급소"라는 표지와 방화에 관하여 필요한 사항을 게시한 게시판을 설치(백색 바탕에 흑색 문자)

㉯ 황색바탕에 흑색문자로 "주유중엔진정지"라는 표시한 게시판을 설치

㉰ 크기 : 한 변의 길이 0.3m 이상, 다른 한 변의 길이 0.6m 이상

50. 제2류 위험물 지정수량

㉮ 고형알코올(인화성 고체) : 1000kg

㉯ 철분 : 500kg

㉰ 지정수량 배수의 합 계산 : 지정수량 배수의 합은 각 위험물량을 지정수량으로 나눈 값의 합이다.

∴ 지정수량 배수의 합

$$= \frac{\text{A 위험물량}}{\text{지정수량}} + \frac{\text{B 위험물량}}{\text{지정수량}}$$

$$= \frac{2000}{1000} + \frac{1000}{500} = 4$$

51. 나트륨(Na)의 특징

㉮ 제3류 위험물로 지정수량은 10kg이다.

㉯ 은백색의 가벼운 금속으로 연소시키면 노란

모의고사

불꽃을 내며 과산화나트륨이 된다.

㉰ 화학적으로 활성이 크며, 모든 비금속 원소와 잘 반응한다.

㉱ 상온에서 물이나 알코올 등과 격렬히 반응하여 수소(H_2)를 발생한다.

㉲ 피부에 접촉되면 화상을 입는다.

㉳ 산화를 방지하기 위해 등유, 경유 속에 넣어 저장한다.

㉴ 용기 파손 및 보호액 누설에 주의하고, 습기나 물과 접촉하지 않도록 저장한다.

㉵ 다량 연소하면 소화가 어려우므로 소량으로 나누어 저장한다.

㉲ 비중 0.97, 융점 97.7℃, 비점 880℃, 발화점 121℃이다.

52. (1) 각 항목의 옳은 설명

① 이황화탄소(CS_2)는 연소 시 유독성의 아황산가스(SO_2)를 발생한다.

③ 등유(인화점 30~60℃)는 가솔린(인화점 −20~−43℃)보다 인화점이 높지만, 등유는 인화점이 21℃ 이상 70℃ 미만인 제2석유류이다.

④ 경유는 등유와 비슷한 성질을 가지지만, 증기비중이 두 가지 모두 4~5로 공기보다 무겁다.

(2) 디에틸에테르($C_2H_5OC_2H_5$)의 특징

㉮ 제4류 위험물 중 특수인화물에 해당되며 에테르로 불려진다. 지정수량은 50L이다.

㉯ 무색투명하며 독특한 냄새가 있는 인화되기 쉬운 액체이다.

㉰ 물에는 녹기 어려우나 알코올에는 잘 녹는다.

㉱ 전기의 불량도체라 정전기가 발생되기 쉽다.

㉲ 휘발성이 강하고 증기는 마취성이 있어 장시간 흡입하면 위험하다.

㉳ 인화점이 −45℃로 제4류 위험물 중 가장 낮다.

53. 제1류 위험물 중 '그 밖에 행정안전부령으로 정하는 것' [시행규칙 제3조] : 과요오드산염류, 과요오드산, 크롬 · 납 또는 요오드의 산화물, 아질산염류, 차아염소산염류, 염소화이소시아눌산, 퍼옥소이황산염류, 퍼옥소붕산염류

참고 제5류 위험물 중 행정안전부령으로 정하는 것 : 질산구아니딘, 금속의 아지화합물

54. 소화난이도 등급 Ⅰ에 해당하는 옥외탱크 저장소 [시행규칙 별표17]

㉮ 액표면적이 40m² 이상인 것(제6류 위험물을 저장하는 것 및 고인화점위험물만을 100℃ 미만의 온도에서 저장하는 것은 제외)

㉯ 지반면으로부터 탱크 옆판의 상단까지 높이가 6m 이상인 것(제6류 위험물을 저장하는 것 및 고인화점위험물만을 100℃ 미만의 온도에서 저장하는 것은 제외)

㉰ 지중탱크 또는 해상탱크로서 지정수량의 100배 이상인 것(제6류 위험물을 저장하는 것 및 고인화점위험물만을 100℃ 미만의 온도에서 저장하는 것은 제외)

㉱ 고체위험물을 저장하는 것으로서 지정수량의 100배 이상인 것

55. 옥외탱크저장소의 통기관 기준 [시행규칙 별표6]

㉮ 밸브 없는 통기관

㉠ 직경은 30mm 이상일 것

㉡ 선단은 수평면보다 45° 이상 구부려 빗물 등의 침투를 막는 구조로 할 것

㉢ 가는 눈의 구리망 등으로 인화방지장치를 할 것. 다만, 인화점 70℃ 이상의 위험물만을 인화점 미만의 온도로 저장 또는 취급하는 탱크의 통기관은 그러하지 않다.

㉣ 가연성의 증기를 회수하기 위한 밸브를 통기관에 설치하는 경우

ⓐ 저장탱크에 위험물을 주입하는 경우를 제외하고는 항상 개방되어 있는 구조로 할 것

ⓑ 폐쇄하였을 경우에는 10kPa 이하의 압력에서 개방되는 구조로 할 것(유효 단면적은 777.15mm² 이상이어야 한다)

㉯ 대기밸브 부착 통기관

㉠ 5kPa 이하의 압력차이로 작동할 수 있을 것

㉡ 인화방지장치를 할 것

참고 대기밸브 부착 통기관은 밸브가 부착되어 있는 통기관으로 평상시에는 닫혀 있다가 압력 차이가 발생하면 5kPa 이하에서 밸브가 개방되는 통기관이다.

56. 적린(P_4)과 유황(S)의 비교

구분	적린	유황
유별	제2류	제2류
지정수량	100kg	100kg
위험등급	Ⅱ	Ⅱ
색상	암적색 분말	노란색 고체
이황화탄소(CS_2) 용해도	용해하지 않는다.	잘 용해함 (고무상 황은 녹지 않음)
물의 용해도	용해하지 않는다.	용해하지 않는다.
연소생성물	오산화인(P_2O_5)	아황산가스(SO_2)
비중	2.2	1.96(단사황)
소화방법	분무주수	분무주수

참고 적린과 유황 모두 물에 녹지 않는다.

57. 셀룰로이드 특징

㉮ 제5류 위험물 중 질산에스테르류에 해당되며 지정수량은 10kg이다.

㉯ 무색 또는 황색의 반투명하고 탄력성이 있는 고체이다.

㉰ 물에는 녹지 않으며 알코올, 아세톤, 초산에스테르류에 잘 녹는다.

㉱ 질소를 함유하면서 탄소가 함유된 유기물이다.

㉲ 장시간 방치된 것은 햇빛, 고온 등에 의해 분해가 촉진된다.

㉳ 습기가 많고 온도가 높으면 자연발화의 위험이 있고 연소하면 유독한 가스가 발생된다.

㉴ 비중 1.4, 발화온도 180℃이다.

58. 이황화탄소(CS_2) : 무색·투명한 액체로 시판품은 불순물로 인하여 황색을 나타내며 불쾌한 냄새가 난다. 물에 녹지 않고 보관할 때에는 물(수조) 속에 저장한다.

참고 이황화탄소의 자세한 특징은 36번 해설을 참고한다.

59. 과산화수소(H_2O_2)의 특징

㉮ 제6류 위험물로 지정수량 300kg이다.

㉯ 순수한 것은 점성이 있는 무색의 액체이나 양이 많을 경우에는 청색을 나타낸다.

㉰ 강한 산화성이 있고 물, 알코올, 에테르 등에는 용해하지만 석유, 벤젠에는 녹지 않는다.

㉱ 알칼리 용액에서는 급격히 분해하나 약산성에서는 분해하기 어렵다.

㉲ 시판품은 30~40%의 수용액으로 분해되기 쉬워 안정제[인산[H_3PO_4), 요($C_5H_4N_4O_3$)]를 가한다.

㉳ 소독약으로 사용되는 옥시풀은 과산화수소 3%인 용액이다.

㉴ 비중(0℃) 1.465, 융점 −0.89℃, 비점 80.2℃이다.

참고 과산화수소는 농도가 60% 이상의 것은 충격에 의하여 단독 폭발의 가능성이 있다.

60. 제4류 위험물의 위험등급

품명	지정수량		위험등급
특수인화물	50L		Ⅰ
제1석유류	비수용성	200L	Ⅱ
	수용성	400L	
알코올유	400L		
제2석유류	비수용성	1000L	Ⅲ
	수용성	2000L	
제3석유류	비수용성	2000L	
	수용성	4000L	
제4석유류	6000L		
동식물유류	10000L		

제4회 CBT 모의고사

제4회 정답

1	2	3	4	5	6	7	8	9	10
④	②	④	②	③	②	③	②	③	②
11	12	13	14	15	16	17	18	19	20
④	③	④	①	④	③	③	①	④	①
21	22	23	24	25	26	27	28	29	30
②	④	③	②	①	①	④	②	①	③
31	32	33	34	35	36	37	38	39	40
②	①	②	①	③	①	①	④	③	③
41	42	43	44	45	46	47	48	49	50
②	①	②	②	③	①	③	③	②	③
51	52	53	54	55	56	57	58	59	60
②	③	③	④	④	②	④	③	③	①

1. 과산화수소(H_2O_2)의 특징

㉮ 제6류 위험물로 지정수량 300kg이다.

㉯ 순수한 것은 점성이 있는 무색의 액체이나 양이 많을 경우에는 청색을 나타낸다.

㉰ 강한 산화성이 있고 물, 알코올, 에테르 등에는 용해하지만 석유, 벤젠에는 녹지 않는다.

㉱ 알칼리 용액에서는 급격히 분해하나 약산성에서는 분해하기 어렵다.

㉲ 시판품은 30~40%의 수용액으로 분해되기 쉬워 안정제(인산[H_3PO_4], 요산[$C_5H_4N_4O_3$])를 가한다.

㉳ 소독약으로 사용되는 옥시풀은 과산화수소 3%인 용액이다.

㉴ 비중(0℃) 1.465, 융점 −0.89℃, 비점 80.2℃이다.

㉵ 과산화수소는 그 농도가 36 wt% 이상인 것에 한하여 위험물로 본다.

2. 소화약제의 소화효과

㉮ 물 : 냉각효과

㉯ 산·알칼리 소화약제 : 냉각효과

㉰ 강화액 소화약제 : 냉각소화, 부촉매효과, 일부질식효과

㉱ 이산화탄소 소화약제 : 질식효과, 냉각효과

㉲ 할로겐화합물 소화약제 : 억제효과(부촉매효과)

㉳ 포 소화약제 : 질식효과, 냉각효과

㉴ 분말 소화약제 : 질식효과, 냉각효과, 제3종 분말소화약제는 부촉매효과도 있음

3. 위험물 안전관리자의 책무 [시행규칙 제55조]

㉮ 위험물의 취급작업에 참여하여 작업이 규정에 적합하도록 해당 작업자에 대하여 지시 및 감독하는 업무

㉯ 화재 등의 재난이 발생한 경우 응급조치 및 소방관서 등에 대한 연락업무

㉰ 위험물시설의 안전을 담당하는 자를 따로 두는 제조소등의 경우에는 그 담당자에게 다음 규정에 의한 업무의 지시, 그 밖의 제조소등의 경우에는 다음의 업무

㉠ 제조소등의 위치·구조 및 설비를 기술기준에 적합하도록 유지하기 위한 점검과 점검상황의 기록·보존

㉡ 제조소등의 구조 또는 설비의 이상을 발견한 경우 관계자에 대한 연락 및 응급조치

㉢ 화재가 발생하거나 화재발생의 위험성이 현저한 경우 소방관서 등에 대한 연락 빛 응급조치

㉣ 제조소등의 계측장치·제어장치 및 안전장치 등의 적정한 유지·관리

㉤ 제조소등의 설계도서 정비·보존 및 구조 및 설비의 안전에 관한 사무의 처리

㉱ 화재 등의 재해의 방지와 응급조치에 관하여 인접하는 제조소등과 그 밖의 관련되는 시설의 관계자와 협조체제의 유지

㉲ 위험물의 취급에 관한 일지의 작성·기록

㉳ 그 밖에 위험물을 수납한 용기를 차량에 적재하는 작업, 위험물설비를 보수하는 작업 등 위험물의 취급과 관련된 작업의 안전에 관하여 필요한 감독의 수행

참고 위험물 안전관리자의 선임 및 신고는 관계인이 하여야 하는 사항이다.

4. 경보설비의 구분 [시행규칙 제42조]

㉮ 자동화재 탐지설비
㉯ 비상경보설비(비상벨장치 또는 경종을 포함한다)
㉰ 확성장치(휴대용확성기를 포함한다)
㉱ 비상방송설비

참고 비상조명설비는 피난설비에 해당된다.

5. 전기설비에 적응성이 있는 소화설비 [위험물 안전관리법 시행규칙 별표17]

㉮ 물분무 소화설비
㉯ 불활성가스 소화설비
㉰ 할로겐화합물 소화설비
㉱ 인산염류 및 탄산수소염류 분말 소화설비
㉲ 무상수(霧狀水) 소화기
㉳ 무상강화액 소화기
㉴ 이산화탄소 소화기
㉵ 할로겐화합물 소화기
㉶ 인산염류 및 탄산수소염류 분말 소화기

참고 적응성이 없는 소화설비 : 옥내소화전 또는 옥외소화전설비, 스플링클러설비, 포 소화설비, 봉상수(棒狀水) 소화기, 봉상강화액 소화기, 포 소화기, 건조사

6. 제조소의 배출설비 설치기준 [시행규칙 별표4]

㉮ 배출설비는 국소방식으로 하여야 한다. 다만, 다음의 경우 전역방식으로 할 수 있다.
　㉠ 위험물 취급설비가 배관이음 등으로만 된 경우
　㉡ 건축물의 구조·작업장소의 분포 등의 조건에 의하여 전역방식이 유효한 경우
㉯ 배출설비는 배풍기·배출덕트·후드 등을 이용하여 강제적으로 배출하는 것으로 하여야 한다.
㉰ 배출능력은 1시간당 배출장소 용적의 20배 이상인 것으로 하여야 한다. 다만, 전역방식의 경우에는 바닥면적 $1m^2$당 $18m^3$ 이상으로 할 수 있다.
㉱ 배출설비의 급기구 및 배출구는 다음 기준에 의하여야 한다.
　㉠ 급기구는 높은 곳에 설치하고, 가는 눈의 구리망 등으로 인화방지망을 설치할 것
　㉡ 배출구는 지상 2m 이상으로서 연소의 우려가 없는 장소에 설치하고, 배출덕트가 관통하는 벽부분의 바로 가까이에 화재 시 자동으로 폐쇄되는 방화댐퍼를 설치할 것
㉲ 배풍기는 강제배기방식으로 하고, 옥내덕트의 내압이 대기압 이상이 되지 아니하는 위치에 설치하여야 한다.

∴ 배출능력 = 배출장소 용적×20
　　　　　 = 500×20 = $10000m^3$

7. 제조소의 안전거리 [시행규칙 별표4]

해당 대상물	안전거리
7000V 초과 35000V 이하 전선	3m 이상
35000V 초과 전선	5m 이상
건축물, 주거용 공작물	10m 이상
고압가스, LPG, 도시가스 시설	20m 이상
학교·병원·극장(300명 이상 수용), 다수인 수용시설(20명 이상)	30m 이상
유형문화재, 지정문화재	50m 이상

8. ㉮ 소화설비의 능력단위(소요단위) [시행규칙 별표17]

소화설비	용량	능력단위
소화전용 물통	8L	0.3
수조(소화전용 물통 3개 포함)	80L	1.5
수조(소화전용 물통 6개 포함)	190L	2.5
마른 모래(삽 1개 포함)	50L	0.5
팽창질석 또는 팽창진주암(삽 1개 포함)	160L	1.0

㉯ 메틸알코올의 지정수량 : 400L
㉰ 소요단위 계산 : 지정수량의 10배를 1소요단위로 한다.

$$\therefore \text{소요단위} = \frac{\text{저장량}}{\text{지정수량} \times 10}$$

$$= \frac{8000}{400 \times 10} = 2$$

㉣ 마른 모래 계산 : 마른 모래 50L가 0.5능력단위(소요단위)이다.

50L : 0.5 소요단위
x[L] : 2 소요단위

$$\therefore x = \frac{50 \times 2}{0.5} = 200\,\text{L}$$

9. 피난설비 설치기준 [시행규칙 별표17]

㉮ 주유취급소 중 건축물의 2층 이상의 부분을 점포·휴게음식점 또는 전시장의 용도로 사용하는 것에 있어서는 당해 건축물의 2층 이상으로부터 주유취급소의 부지 밖으로 통하는 출입구와 당해 출입구로 통하는 통로·계단 및 출입구에 유도등을 설치하여야 한다.

㉯ 옥내주유취급소에 있어서는 당해 사무소 등의 출입구 및 피난구와 당해 피난구로 통하는 통로·계단 및 출입구에 유도등을 설치하여야 한다.

㉰ 유도등에는 비상전원을 설치하여야 한다.

10. 비전도성 인화성 액체가 관이나 탱크 내에서 유속이 빠를 때 정전기가 쉽게 발생한다. 따라서 유속을 1m/s 이하로 느리게 하여 정전기 발생을 억제하여야 한다.

11. 화재종류에 따른 급수와 표시 색

구분	화재종류	표시 색
A급	일반화재	백색
B급	유류화재	황색
C급	전기화재	청색
D급	금속화재	무색

12. 위험물 유별 저장·취급의 공통기준 [시행규칙 별표18]

㉮ 제1류 위험물 : 가연물과의 접촉·혼합, 분해를 촉진하는 물품과의 접근 또는 과열·충격·마찰 등을 피한다. 알칼리금속의 과산화물은 물과의 접촉을 피한다.

㉯ 제2류 위험물 : 산화제와의 접촉·혼합, 불티·불꽃·고온체와의 접근 또는 과열을 피한다. 철분·금속분·마그네슘은 물이나 산과의 접촉을 피하고, 인화성고체는 증기를 발생시키지 않는다.

㉰ 제3류 위험물 : 자연발화성물질은 불티·불꽃·고온체와의 접근·과열 또는 공기와 접촉을 피한다. 금수성물질은 물과의 접촉을 피한다.

㉱ 제4류 위험물 : 불티·불꽃·고온체와의 접근·과열을 피한다. 증기를 발생시키지 않는다.

㉲ 제5류 위험물 : 불티·불꽃·고온체와의 접근이나 과열·충격·마찰을 피한다.

㉳ 제6류 위험물 : 가연물과의 접촉·혼합이나 분해를 촉진하는 물품과의 접근 또는 과열을 피한다.

참고 산화성 액체 위험물은 제6류 위험물을 지칭하는 것이다.

13. 가연물의 구비조건

㉮ 발열량이 크고, 열전도율이 작을 것
㉯ 산소와 친화력이 좋고 표면적이 넓을 것
㉰ 활성화 에너지(점화에너지)가 작을 것
㉱ 연쇄반응이 있고, 건조도가 높을 것(수분 함량이 적을 것)

참고 산소와 친화력이 크고, 활성화 에너지(점화에너지)가 작은 물질이 연소반응이 일어날 가능성이 크다.

14. 각 위험물의 위험등급 [시행규칙 별표19]

품명	위험등급	유별
알칼리금속	Ⅱ	제3류
아염소산염류	Ⅰ	제1류
질산에스테르류	Ⅰ	제5류
제6류 위험물	Ⅰ	제6류

15. 복합용도 건축물의 옥내저장소 기준 [시행규칙 별표5]

㉮ 벽·기둥·바닥 및 보가 내화구조인 건축물의 1층 또는 2층의 어느 하나에 설치한다.

㉯ 바닥은 지면보다 높게 설치하고, 층고를 6m 미만으로 한다.
㉰ 바닥면적은 $75m^2$ 이하로 한다.
㉱ 출입구 외의 개구부가 없는 두께 70mm 이상의 철근콘크리트조 또는 동등 이상의 강도가 있는 구조의 바닥 또는 벽으로 다른 부분과 구획되도록 한다.
㉲ 출입구는 수시로 열 수 있는 자동폐쇄방식의 갑종방화문을 설치한다.
㉳ 옥내저장소로 사용되는 부분에는 창을 설치하지 않는다.
㉴ 환기설비 및 배출설비에는 방화댐퍼를 설치한다.

16. 기체연료는 확산연소 형태로 연소하고, 연소속도가 빨라 혼합기체가 단시간 내에 연소하며 압력상승이 급격이 일어나는 폭발현상이 나타날 수 있다.

17. 제조소의 주의사항 게시판 [시행규칙 별표4]

위험물의 종류	내용	색상
• 제1류 위험물 중 알칼리금속의 과산화물 • 제3류 위험물 중 금수성물질	"물기엄금"	청색바탕에 백색문자
• 제2류 위험물(인화성 고체 제외)	"화기주의"	적색바탕에 백색문자
• 제2류 위험물 중 인화성 고체 • 제3류 위험물 중 자연발화성물질 • 제4류 위험물 • 제5류 위험물	"화기엄금"	

18. 안전교육 [법 제28조, 시행령 20조, 시행규칙 78조]
㉮ 안전관리자로 선임된 자, 탱크시험자의 기술인력으로 선임된 자, 위험물운송자로 종사하는 자는 소방청장이 실시하는 교육을 받아야 한다.
㉯ 제조소등의 관계인은 교육대상자에 대하여 필요한 안전교육을 받게 하여야 한다.
㉰ 시·도지사, 소방본부장 또는 소방서장은 교육대상자가 교육을 받지 아니한 때에는 그 교육대상자가 교육을 받을 때까지 이 법의 규정에 따라 그 자격으로 행하는 행위를 제한할 수 있다.
㉱ 안전관리자 및 위험물운송자가 되고자 하는 자는 신규종사 전에 강습교육을 받으면 업무를 할 수 있다.
참고 탱크시험자의 기술인력으로 선임된 자는 기술원에서 실시하는 실무교육을 받아야 한다.

19. 제2류 위험물 중 철분, 금속분, 마그네슘에 적응성이 있는 소화설비 [시행규칙 별표17]
㉮ 탄산수소염류 분말소화설비 및 분말소화기
㉯ 건조사
㉰ 팽창질석 또는 팽창진주암

20. 강화액 소화약제의 특징
㉮ 물에 탄산칼륨(K_2CO_3)을 용해하여 빙점을 −30℃ 정도까지 낮추어 겨울철 및 한랭지에서도 사용할 수 있도록 한 소화약제이다.
㉯ 소화약제의 구성은 '물+K_2CO_3'으로 알칼리성(pH12)이다.
㉰ 축압식(소화약제+압축공기)과 가압식으로 구분한다.
㉱ 소화효과는 냉각소화, 부촉매효과(억제효과), 일부 질식소화이다.

21. ㉮ 염소산염류
㉠ 제1류 위험물 산화성 고체로 지정수량은 50kg이다.
㉡ 품명에는 염소산칼륨($KClO_3$), 염소산나트륨($NaClO_3$), 염소산암모늄(NH_4ClO_3)이 있다.
㉯ 각 항목의 옳은 설명
① 염소산칼륨은 산화제이다.
③ 염소산암모늄은 제1류 위험물 중 염소산염류에 해당하는 위험물이다.
④ 염소산칼륨은 글리세린 및 온수에 잘 녹고, 알코올 및 냉수에는 녹기 어렵다.

22. 황화린의 특징

㉮ 제2류 위험물로 지정수량 100kg이다.

㉯ 황화린 종류에는 삼황화인(P_4S_3), 오황화인(P_2S_5), 칠황화인(P_4S_7)이 있다.

㉰ 삼황화인(P_4S_3)은 물, 염소, 염산, 황산에는 녹지 않으나 질산, 이황화탄소, 알칼리에는 녹는다.

㉱ 오황화인(P_2S_5)은 물, 알칼리에 의해 황화수소(H_2S)와 인산(H_3PO_4)으로 분해된다.

㉲ 칠황화인(P_4S_7)은 찬물에는 서서히, 더운물에는 급격히 녹아 분해되면서 황화수소와 인산을 발생한다.

23. 칼륨(K)은 산화를 방지하기 위하여 보호액(등유, 경유, 파라핀) 속에 넣어 저장한다.

24. 제4류 위험물 중 위험등급 II에 해당되는 것

품명		지정수량
제1석유류	비수용성 : 가솔린, 벤젠, 톨루엔, 초산메틸, 초산에틸, 초산프로필, 부틸에스테르, 의산에틸, 의산프로필, 의산부틸	22L
	수용성 : 아세톤, 의산메틸, 의산프로필, 피리딘	400L
알코올류	메틸알코올, 에틸알코올, 이소프로필알코올, 변성알코올	400L

참고 제4석유류 중 위험등급 Ⅱ에 해당하는 것은 제1석유류와 알코올류가 해당된다.

25. 제5류 위험물 품명

㉮ 니트로화합물(지정수량 200kg) : 피크린산, 트리니트로톨루엔

㉯ 질산에스테르류(지정수량 10kg) : 니트로셀룰로오스, 질산에틸, 질산메틸, 니트로글리세린, 니트로클리콜, 셀룰로이드류

26. ㉮ 아염소산염류 : 제1류 위험물로 지정수량은 50kg이다.

㉯ 질산염류 : 제1류 위험물로 지정수량은 300kg이다.

㉰ 지정수량의 10배를 1소요단위로 하며, 위험물이 2종류 이상을 함께 저장하는 경우 각각 소요단위를 계산하여 합산한다.

$$\therefore \text{소요단위} = \frac{\text{A 저장량}}{\text{지정수량} \times 10} + \frac{\text{B 저장량}}{\text{지정수량} \times 10}$$

$$= \frac{500}{50 \times 10} + \frac{3000}{300 \times 10} = 2$$

27. ㉮ 알루미늄분 : 제2류 위험물로 지정수량 500kg이다. 분진폭발의 위험이 있지만 물(H_2O)과 반응하여 수소를 발생하여 폭발의 위험이 있으므로 분무 주수 후 저장은 부적합하다.

㉯ 물과 반응식

$2Al + 6H_2O \rightarrow 2Al(OH)_3 + 3H_2\uparrow$

28. ㉮ 탄화칼슘(CaC_2)이 물(H_2O)과 반응하면 아세틸렌(C_2H_2) 가스가 발생한다.

㉯ 반응식 : $CaC_2 + 2H_2O \rightarrow Ca(OH)_2 + C_2H_2\uparrow$

29. 각 위험물의 발화점(착화점)

품명	발화점
이황화탄소	100℃
산화프로필렌	465℃
휘발유(가솔린)	300℃
메탄올	464℃

30. ㉮ 정기점검 대상 제조소등[시행령 제16조]

㉠ 관계인이 예방규정을 정하여야 하는 제조소등

㉡ 지하탱크저장소

㉢ 이동탱크저장소

㉣ 위험물을 취급하는 탱크로서 지하에 매설된 탱크가 있는 제조소·주유취급소 또는 일반취급소

㉯ 관계인이 예방규정을 정하여야 하는 제조소등[시행령 제15조]

㉠ 지정수량의 10배 이상의 위험물을 취급하는 제조소

㉡ 지정수량의 100배 이상의 위험물을 저장하는 옥외저장소
㉢ 지정수량의 150배 이상의 위험물을 저장하는 옥내저장소
㉣ 지정수량의 200배 이상의 위험물을 저장하는 옥외탱크저장소
㉤ 암반탱크저장소
㉥ 이송취급소
㉦ 지정수량의 10배 이상의 위험물을 취급하는 일반취급소

31. 황린(P_4)과 적린(P_4)의 비교

구분	황린	적린
유별	제3류	제2류
지정수량	20kg	100kg
위험등급	Ⅰ	Ⅱ
색상	백색 또는 담황색 고체	암적색 분말
이황화탄소(CS_2) 용해도	용해한다.	용해하지 않는다.
물의 용해도	용해하지 않는다.	용해하지 않는다.
연소생성물	오산화인(P_2O_5)	오산화인(P_2O_5)
독성	유	무
비중	1.82	2.2
발화점	34℃	260℃
소화방법	분무주수	분무주수

32. 메탄올(CH_3OH)과 에탄올(C_2H_5OH)의 비교

구분	메탄올	에탄올
인화점	11℃	13℃
발화점	464℃	423℃
증기 비중	1.1	1.59
액체 비중	0.79	0.79
비점	63.9℃	78.3℃

33. 제1류 위험물 중 알칼리금속 과산화물에 적응성이 있는 소화설비 [시행규칙 별표17]

㉮ 탄산수소염류 분말소화설비
㉯ 그 밖의 것 분말소화설비
㉰ 탄산수소염류 분말소화기
㉱ 그 밖의 것 분말소화기
㉲ 건조사
㉳ 팽창질석 또는 팽창진주암

34. 제1류 위험물의 지정수량

품명		지정수량
브롬산나트륨($NaBrO_3$)	브롬산염류	300kg
과산화칼슘(CaO_2)	무기과산화물	50kg
과염소산칼륨($KClO_4$)	과염소산염류	50kg
아염소산나트륨($NaClO_2$)	아염소산염류	50kg

35. 황린은 제3류 위험물에 해당된다.

36. 휘발유(가솔린)의 특징

㉮ 제4류 위험물 중 제1석유류에 해당되며 지정수량 200L이다.
㉯ 탄소수 C_5~C_9까지의 포화(알칸), 불포화(알켄) 탄화수소의 혼합물로 휘발성 액체이다.
㉰ 특이한 냄새가 나는 무색의 액체로 비점이 낮다.
㉱ 물에는 용해되지 않지만 유기용제와는 잘 섞이며 고무, 수지, 유지를 잘 녹인다.
㉲ 액체는 물보다 가볍고, 증기는 공기보다 무겁다.
㉳ 옥탄가를 높이기 위해 첨가제(사에틸납)를 넣으며, 착색된다.
㉴ 휘발 및 인화하기 쉽고, 증기는 공기보다 3~4배 무거워 누설 시 낮은 곳에 체류하여 연소를 확대시킨다.
㉵ 전기의 불량도체이며, 정전기 발생에 의한 인화의 위험성이 크다.
㉶ 액체 비중 0.65~0.8(증기비중 3~4), 인화점 −20～−43℃, 발화점 300℃, 연소범위 1.4~7.6%이다.

37. **아염소산나트륨의 저장 및 취급 시 주의사항**

㉮ 비교적 안정하나 유기물, 금속분 등 환원성 물질과 격리시킨다.
㉯ 건조한 냉암소에 저장한다.
㉰ 강산류, 분해를 촉진하는 물품과의 접촉을 피한다.
㉱ 습기에 주의하여 밀봉, 밀전한다.

38. ㉮ 진한 질산을 가열하면 분해하면서 이산화질소(NO_2)의 갈색 증기를 발생한다.
㉯ 반응식 : $4HNO_3 \rightarrow 2H_2O + 4NO_2 + O_2$

39. **탄화칼슘(CaC_2 : 제3류 위험물)의 저장 및 취급 방법**

㉮ 물, 습기와의 접촉을 피하고 통풍이 잘 되는 건조한 냉암소에 밀봉하여 저장한다.
㉯ 저장 중에 아세틸렌가스의 발생 유무를 점검한다.
㉰ 장기간 저장할 용기는 질소 등 불연성가스를 충전하여 저장한다.
㉱ 화기로부터 멀리 떨어진 곳에 저장한다.
㉲ 운반 중에 가열, 마찰, 충격불꽃 등에 주의한다.

40. **위험물 안전관리법령상 위험물** [시행령 별표1]

㉮ 아황산(SO_2) : 황(S)이 연소할 때 발생하는 유독성 기체로 위험물에 해당되지 않는다.
㉯ 질산 : 비중이 1.49 이상인 것에 한한다.
㉰ 철분 : 철의 분말로서 53μm의 표준체를 통과하는 것이 50wt% 미만인 것은 제외한다.
㉱ 과산화수 : 농도가 36wt% 이상인 것에 한한다.

41. **과산화바륨(BaO_2) 특징**

㉮ 제1류 위험물 중 무기과산화물에 해당되며, 지정수량은 50kg이다.
㉯ 백색 또는 회색의 정방정계 결정분말로 알칼리토금속의 과산화물 중 제일 안정하다.
㉰ 물에는 약간 녹으나 알코올, 에테르, 아세톤에는 녹지 않는다.
㉱ 묽은 산에는 녹으며, 수화물($BaO_2 \cdot 8H_2O$)은 100℃에서 결정수를 잃는다.
㉲ 산 및 온수에 분해되어(반응하여) 과산화수소(H_2O_2)와 산소가 발생하면서 발열한다.
㉳ 고온으로 가열하면 열분해되어 산소를 발생하고, 폭발하기도 한다.
㉴ 산화되기 쉬운 물질, 습한 종이, 섬유소 등과 섞이면 폭발하는 경우도 있다.
㉵ 소화방법 : 탄산가스(CO_2), 사염화탄소(CCl_4) 및 마른 모래(건조사)의 질식소화
㉶ 비중 4.96, 융점 450℃, 분해온도 840℃이다.

참고 각 물질의 분자량
㉮ 과산화칼슘(CaO_2) : $40+(16\times2)=72$
㉯ 과산화바륨(BaO_2) : $137+(16\times2)=169$
㉰ 과산화마그네슘(MgO_2) : $24+(16\times2)=56$
㉱ 과산화칼륨(K_2O_2) : $(39\times2)+(16\times2)=110$

42. **산화프로필렌(CH_3CHOCH_2)의 특징**

㉮ 제4류 위험물 중 특수인화물로 지정수량 50L이다.
㉯ 무색, 투명한 에테르 냄새가 나는 휘발성 액체이다.
㉰ 물, 에테르, 벤젠 등의 많은 용제에 녹는다.
㉱ 화학적 활성이 크며 산, 알칼리, 마그네슘의 촉매하에서 중합반응을 한다.
㉲ 증기와 액체는 구리, 은, 마그네슘 등의 금속이나 합금과 접촉하면 폭발성인 아세틸라이드를 생성한다.
㉳ 휘발성이 좋아 인화하기 쉽고, 연소범위가 넓어 위험성이 크다.
㉴ 액체 비중 0.83, 증기비중 2.0, 비점 34℃, 인화점 −37℃, 발화점 465℃, 연소범위 2.1~38.5%이다.

43. 가연성 물질에 산소를 첨가하면 산소농도 증가에 의하여 연소범위가 넓어지며, 불연성 기체(아르곤, 이산화탄소, 질소, 수증기 등)를 첨가하면 산소의 농도가 낮아져 연소범위가 좁아지게 된다.

44. 위험물의 성질

㉮ 인화칼슘은 물과 반응하여 유독한 포스핀(PH_3)을 발생한다.

㉯ 금속나트륨과 물과 반응하여 가연성 기체인 수소(H_2)를 발생시키고 발열한다.

$2Na+2H_2O \rightarrow 2NaOH+H_2$

㉰ 아세트알데히드(CH_3CHO)는 연소하여 이산화탄소(CO_2)와 물(H_2O)을 발생한다.

㉱ 질산에틸(제5류 위험물)은 물에 녹지 않고, 인화되기 쉽다.

45. 지정과산화물 옥내저장소의 저장창고 기준 [시행규칙 별표5]

㉮ 저장창고는 $150m^2$ 이내마다 격벽으로 구획할 것

㉯ 외벽은 두께 20cm 이상의 철근콘크리트조나 철골철근콘크리트조 또는 두께 30cm 이상의 보강콘크리트블록조로 할 것

㉰ 출입구에는 갑종방화문을 설치할 것

㉱ 창은 바닥면으로부터 2m 이상의 높이에 설치한다.

㉲ 하나의 벽면에 두는 창의 면적의 합계를 당해 벽면의 80분의 1 이내로 한다.

㉳ 하나의 창의 면적은 $0.4m^2$ 이내로 할 것

㉴ 지붕은 중도리 또는 서까래의 간격은 30cm 이하로 할 것

46. 벤조일퍼옥사이드(과산화벤조일)의 특징

㉮ 제5류 위험물 중 유기과산화물에 해당되며 지정수량은 10kg이다.

㉯ 무색, 무미의 결정 고체로 물에는 잘 녹지 않으나 알코올에는 약간 녹는다.

㉰ 상온에서 안정하며, 강한 산화작용이 있다.

㉱ 가열하면 100℃ 부근에서 백색 연기를 내며 분해한다.

㉲ 비중(25℃) 1.33, 융점 103~105℃(분해온도), 발화점 125℃이다.

㉳ 빛, 열, 충격, 마찰 등에 의해 폭발의 위험이 있다.

㉴ 강한 산화성 물질로 진한 황산, 질산, 초산 등과 접촉하면 화재나 폭발의 우려가 있다.

㉵ 수분의 흡수나 불활성 희석제(프탈산디메틸, 프탈산디부틸)의 첨가에 의해 폭발성을 낮출 수도 있다.

47. 알킬알루미늄(제3류 위험물, 지정수량 10kg)은 공기 중의 수분과 접촉하여 가연성 기체인 에탄(C_2H_6)을 발생하므로 취급설비와 탱크 저장 시에는 질소 등의 불활성가스를 봉입하여 저장한다.

48. 지하탱크 저장소의 과충전 방지장치 설치 [시행규칙 별표8]

㉮ 탱크용량을 초과하는 위험물이 주입될 때 자동으로 그 주입구를 폐쇄하거나 위험물의 공급을 자동으로 차단하는 방법

㉯ 탱크 용량의 90%가 찰 때 경보음을 울리는 방법

49. 각 위험물이 물(H_2O)과 반응하였을 때 발생하는 가스

㉮ 나트륨(Na)과 물 : 수소(H_2)

$2Na+2H_2O \rightarrow 2NaOH+H_2$

㉯ 과산화나트륨(Na_2O_2)과 물 : 산소(O_2) → 조연성 가스

$2Na_2O_2+2H_2O \rightarrow 4NaOH+O_2$

㉰ 탄화알루미늄(Al_4C_3)과 물 : 메탄(CH_4)

$Al_4C_3+12H_2O \rightarrow 4Al(OH)_3+3CH_4$

㉱ 트리에틸알루미늄[$(C_2H_5)_3Al$]과 물 : 에탄(C_2H_6)

$(C_2H_5)_3Al+3H_2O \rightarrow Al(OH)_3+3C_2H_6$

50. 위험물 운송 시에 준수사항 [시행규칙 별표21]

㉮ 2명 이상의 운전자로 해야 하는 경우

㉠ 고속국도 : 340km 이상 운송하는 때

㉡ 그 밖의 도로 : 200km 이상 운송하는 때

㉯ 1명의 운전자로 할 수 있는 경우

㉠ 규정에 의하여 운송책임자를 동승시킨 경우

㉡ 운송하는 위험물이 제2류 위험물·제3류 위

험물(칼슘 또는 알루미늄의 탄화물과 이것만을 함유한 것에 한한다) 또는 제4류 위험물(특수인화물을 제외한다)인 경우

㉢ 운송도중에 2시간 이내마다 20분 이상씩 휴식하는 경우

참고 서울에서 부산까지는 340km 이상이기 때문에 휴식 없이 운송하기 위해서는 2명 이상의 운전자로 해야 한다.

51. 각 위험물의 지정수량

품명		지정수량
과염소산칼륨 ($KClO_4$)	제1류 위험물 과염소산염류	50kg
트리니트로톨루엔 [$C_6H_2CH_3(NO_2)_3$]	제5류 위험물 니트로화합물	200kg
황린	제3류 위험물	20kg
유황	제2류 위험물	100kg

52. 운반용기에 의한 수납 적재 기준 [시행규칙 별표19]

㉮ 고체 위험물은 운반용기 내용적의 95% 이하로 수납할 것

㉯ 액체 위험물은 운반용기 내용적의 98% 이하로 수납하되, 55℃에서 누설되지 아니하도록 공간용적을 유지하도록 할 것

㉰ 제3류 위험물의 운반용기 수납 기준

㉠ 자연발화성 물질 중 알킬알루미늄 등은 운반용기의 내용적의 90% 이하로 수납하되, 50℃에서 5% 이상의 공간용적을 유지하도록 할 것

㉡ 자연발화성 물질에 있어서는 불활성 기체를 봉입하여 공기와 접하지 아니하도록 할 것

㉢ 자연발화성 물질 외의 물품에 있어서는 파라핀·경유·등유 등의 보호액으로 채우거나 불활성 기체를 봉입하여 수분과 접하지 아니하도록 할 것

53. 옥외탱크저장소의 보유공지 기준 [시행규칙 별표6]

저장 또는 취급하는 위험물의 최대수량	공지의 너비
지정수량의 500배 이하	3m 이상
지정수량의 500배 초과 1000배 이하	5m 이상
지정수량의 1000배 초과 2000배 이하	9m 이상
지정수량의 2000배 초과 3000배 이하	12m 이상
지정수량의 3000배 초과 4000배 이하	15m 이상

참고 지정수량의 4000배 초과의 경우 당해 탱크의 수평단면의 최대지름(횡형인 경우에는 긴 변)과 높이 중 큰 것과 같은 거리 이상. 다만, 30m 초과의 경우에는 30m 이상으로 할 수 있고, 15m 미만의 경우에는 15m 이상으로 하여야 한다.

54. 제4류 위험물 지정수량

㉮ 특수인화물 : 50L

㉯ 제4석유류 : 6000L

㉰ 지정수량 배수의 합 계산 : 지정수량 배수의 합은 각 위험물량을 지정수량으로 나눈 값의 합이다.

∴ 지정수량 배수의 합

$$= \frac{\text{A 위험물량}}{\text{지정수량}} + \frac{\text{B 위험물량}}{\text{지정수량}}$$

$$= \frac{200}{50} + \frac{12000}{6000} = 6$$

55. 제조소등에 자체소방대를 두어야 할 대상 [시행령 18조] : 지정수량 3000배 이상의 제4류 위험물을 취급하는 제조소 또는 일반취급소

56. 과염소산($HClO_4$) 특징

㉮ 제6류 위험물(산화성 액체)로 지정수량 300kg 이다.

㉯ 무색의 유동하기 쉬운 액체이며, 염소 냄새가 난다.

㉰ 불연성물질로 가열하면 유독성가스를 발생한다.

㉱ 염소산 중에서 가장 강한 산이다.

㉲ 산화력이 강하여 종이, 나무부스러기 등과 접촉하면 연소와 동시에 폭발하기 때문에 접촉을 피한다.

㉳ 물과 접촉하면 심하게 반응하며 발열한다.

㉴ 액체 비중 1.76(증기비중 3.47), 융점 −112℃, 비점 39℃이다.

57. **제5류 위험물에서 유기과산화물 함유하는 것 중에서 위험물에서 제외되는 것** [시행령 별표1]

㉮ 과산화벤조일의 함유량이 35.5wt% 미만인 것으로서 전분가류, 황산칼슘2수화물 또는 인산1수소칼슘2수화물과의 혼합물

㉯ 비스(4클로로벤조일)퍼옥사이드의 함유량이 30wt% 미만인 것으로서 불활성고체와의 혼합물

㉰ 과산화지크밀의 함유량이 40wt% 미만인 것으로서 불활성고체와의 혼합물

㉱ 1·4비스(2−터셔리부틸퍼옥시이소프로필) 벤젠의 함유량이 40wt% 미만인 것으로서 불활성고체와의 혼합물

㉲ 시크로헥사놀퍼옥사이드의 함유량이 30wt% 미만인 것으로서 불활성고체와의 혼합물

58. **제조소의 건축물 기준** [시행규칙 별표4]

㉮ 지하층이 없도록 하여야 한다.

㉯ 벽·기둥·바닥·보·서까래 및 계단을 불연재료로 하고, 연소의 우려가 있는 외벽은 출입구외의 개구부가 없는 내화구조의 벽으로 하여야 한다.

㉰ 지붕은 폭발력이 위로 방출될 정도의 가벼운 불연재료로 덮어야 한다.

㉱ 출입구와 비상구는 갑종방화문 또는 을종방화문을 설치하되, 연소의 우려가 있는 외벽에 설치하는 출입구에는 수시로 열 수 있는 자동폐쇄식의 갑종방화문을 설치하여야 한다.

㉲ 위험물을 취급하는 건축물의 창 및 출입구에 유리를 이용하는 경우에는 망입유리로 하여야 한다.

㉳ 액체의 위험물을 취급하는 건축물의 바닥은 위험물이 스며들지 못하는 재료를 사용하고, 적당한 경사를 두어 그 최저부에 집유설비를 하여야 한다.

59. **위험물시설의 설치 및 변경 등** [법 제6조] : 허가를 받지 않고 제조소등을 설치하거나 그 위치·구조 또는 설비를 변경할 수 있으며, 신고를 하지 않고 위험물의 품명·수량 또는 지정수량의 배수를 변경할 수 있는 경우

㉮ 주택의 난방시설(공동주택의 중앙난방시설을 제외한다)을 위한 저장소 또는 취급소

㉯ 농예용·축산용 또는 수산용으로 필요한 난방시설 또는 건조시설을 위한 지정수량 20배 이하의 저장소

60. **위험물 시설의 설치 및 변경 등** [법 제6조] : 제조소등의 위치·구조 또는 설비의 변경 없이 위험물의 품명·수량 또는 지정수량의 배수를 변경하고자 하는 자는 변경하고자 하는 날의 1일 전까지 행정안전부령이 정하는 바에 따라 시·도지사에게 신고하여야 한다.

위험물기능사 필기 총정리

2020년 6월 10일 인쇄
2020년 6월 15일 발행

저 자 : 서상희
펴낸이 : 이정일

펴낸곳 : 도서출판 **일진사**
www.iljinsa.com
(우) 04317 서울시 용산구 효창원로 64길 6
전화 : 704-1616 / 팩스 : 715-3536
등록 : 제1979-000009호 (1979.4.2)

값 28,000 원

ISBN : 978-89-429-1637-5